国家能源集团
CHN ENERGY

水力发电厂
技术监督手册

（上册）

SHUILI FADIANCHANG
JISHU JIANDU SHOUCE

冯树臣 等 编著

中国电力出版社
CHINA ELECTRIC POWER PRESS

内 容 提 要

为适应水力发电厂发展需要，规范和加强水力发电技术监督工作，指导水力发电技术监督工作规范、科学、有效开展，保证水力发电厂及电网安全、稳定、经济和环保运行，预防人身、设备设施事故和故障的发生，依据国家、行业相关标准、规范，经充分调研与深入论证，特编著本书。

本书分为水力发电厂绝缘、继电保护、电测、励磁、电能质量、金属、自动化、水轮机、水工、化学、环保水保、电力监控系统安全防护监督 12 个专业，切合实际，应用性强，涵盖了水力发电企业设备设施和系统在设计选型、安全调试、交接验收、生产运行、检修维护等过程中的相关监督范围、项目、内容、指标等技术要求，并列举了各专业常见事故案例，反事故措施重点要求、常用监督标准目录等内容。

本书适用于水力发电厂全过程的技术监督工作，也可作为水力发电行业技术人员的工具书。

图书在版编目（CIP）数据

水力发电厂技术监督手册/冯树臣等编著．—北京：中国电力出版社，2021.11
ISBN 978 - 7 - 5198 - 6195 - 7

Ⅰ．①水…　Ⅱ．①冯…　Ⅲ．①水力发电站－技术监督－手册　Ⅳ．①TV752 - 62

中国版本图书馆 CIP 数据核字（2021）第 233125 号

出版发行：中国电力出版社
地　　址：北京市东城区北京站西街 19 号（邮政编码 100005）
网　　址：http://www.cepp.sgcc.com.cn
责任编辑：安小丹（010-63412367）　董艳荣
责任校对：黄　蓓　郝军燕　李　楠　马　宁　于　维　王海南
装帧设计：赵姗姗
责任印制：吴　迪

印　　刷：三河市万龙印装有限公司
版　　次：2021 年 11 月第一版
印　　次：2021 年 11 月北京第一次印刷
开　　本：787 毫米×1092 毫米　16 开本
印　　张：73.25
字　　数：1828 千字
印　　数：0001—1000 册
定　　价：390.00 元（上、下册）

编 委 会

主　　任　冯树臣

副 主 任　杨　勤　张立东　王文飚　许　琦

委　　员　（按姓氏笔画排序）

李秋白　杨希刚　邹祖建　沈鲁锋　陈　兵

陈智梁　郝　鹏　胡先龙　姚纪伟　常金旺

雒建中

编 写 组

编写人员　（按姓氏笔画排序）

王融慧　冯树臣　田　建　乔　磊　江建明

李向东　李红川　杨　胜　宋功益　易瑞吉

郑　凯　高宗宝　唐　力　黄宗坤　蒋致乐

游　娟　潘彦霖　薛　晨

审查人员　（按姓氏笔画排序）

万　晖　牛光利　牛晓光　刘仕辉　刘爱军

李志强　吴笃超　张　强　周智华　单银忠

靳守宏

　　截至 2020 年底，全国水力发电累计装机容量达到 3.7 亿 kW，占总发电装机容量的比重达 16.8%，年水力发电量为 13552.1 亿 kWh，平均利用小时为 3827h，同比增加 130h，水力发电装机规模稳居世界第一，为加速低碳转型，实现"碳达峰、碳中和"目标持续发挥关键作用。

　　为适应水力发电企业发展的需要，进一步加强和规范水力发电技术监督工作，实现水力发电厂规划可研、工程设计、设备采购、设备制造、设备验收、运输储存、安装调试、竣工验收、运维检修、退役报废的全过程监督管理，指导水力发电厂技术监督工作规范、科学、有效开展，保障水力发电厂及电网安全、稳定、经济和环保运行，避免人身、设备设施事故和故障的发生，国家能源集团组织集团公司电力产业部、国家能源集团科学技术研究院有限公司编写了《水力发电厂技术监督手册》。

　　本书分为绝缘、继电保护、电测、励磁、电能质量、金属、自动化、水轮机、水工、化学、环保水保、电力监控系统安全防护监督 12 个部分，涵盖了水力发电企业设备设施和系统在设计选型、安装调试、交接验收、生产运行、检修维护等过程中的相关监督范围、项目、内容、指标等技术要求，并列举了各专业常见事故案例、反事故措施重点要求、常用监督标准目录等内容。本书在编写过程中力求根据水力发电厂的特点和现状，总结以往技术监督工作经验，切合实际，应用性强，便于操作执行。

　　本书在编写过程中得到了国能大渡河流域水电开发有限公司及其所属各发电企业领导和专业技术人员的大力帮助和支持，在此表示衷心的感谢！希望本书能成为水力发电厂技术监督工作人员的工具书，对各专业技术监督工作有所帮助，为提高水力发电厂技术监督水平发挥积极的作用。

　　由于编者水平有限，难免存在疏漏和不当之处，敬请广大读者批评指正，以便在日后的版本修订中加以完善。

编著者

2021 年 10 月 16 日

目录

第二部分　继电保护监督

第三部分　电　测　监　督

第四部分 励 磁 监 督

第五部分　电能质量监督

下 册

第六部分 金 属 监 督

第七部分 自动化监督

第八部分　水　轮　机　监　督

第九部分　水　工　监　督

第十部分　化　学　监　督

第十一部分　环保水保监督

第十二部分　电力监控系统安全防护监督

第一部分
绝缘监督

第一章

绝 缘 技 术 监 督 管 理

第一节　绝缘技术监督概述

绝缘技术监督是电力建设、生产中技术监督的重要组成部分，是保证电站安全生产的重要措施，是保证电气设备安全、稳定、经济运行的重要手段之一，也是发电企业生产技术管理的一项重要基础工作。绝缘技术监督以安全和质量为中心，以标准为依据，以有效的测试和管理为手段，对高压电气设备绝缘状况和影响到绝缘性能的污秽状况、接地装置状况、过电压保护等进行全过程监督，以确保高压电气设备在良好绝缘状态下运行，防止绝缘事故的发生。绝缘技术监督实行从规划科研、工程设计、设备采购、设备制造、设备验收、运输储存、安装调试、竣工验收、运维检修、退役报废的全过程监督和管理。绝缘技术监督认真贯彻执行国家、行业及企业有关规程标准与反事故措施；掌握电气设备的绝缘变化规律，及时发现和消除绝缘缺陷；分析绝缘事故；制定反事故措施，不断提高电气设备运行的安全可靠性。绝缘技术监督工作应加强技术培训和技术交流，依靠技术进步，采用和推广成熟、行之有效的新技术、新方法，不断提高绝缘技术监督的专业水平。

为规范绝缘技术监督，各集团公司应制定绝缘技术监督反事故技术措施、绝缘技术监督管理标准、绝缘技术监督实施细则、绝缘技术监督评价标准和定期工作标准等，各分子公司和发电企业应建立绝缘技术监督组织机构和监督网络，制定明确的分级、分工负责制、岗位责任制和完善的考核办法，制定适合本企业的绝缘技术监督实施细则，收集并更新绝缘技术标准，制定年度绝缘技术监督计划，定期召开绝缘技术监督会议，分析绝缘技术监督中存在的问题，提出切实可行的解决措施。

第二节　组织机构及职责

一、组织机构

各发电企业应建立健全由生产副总经理或总工程师领导下的绝缘技术监督网，并在生技部门或其他设备管理部门设立绝缘监督专责工程师，在生产副总经理或总工程师领导下统筹安排，开展绝缘技术监督工作。

（一）主管生产副总经理或总工程师的职责

（1）领导发电企业绝缘监督工作，落实绝缘技术监督责任制；贯彻上级有关绝缘技术监督的各项规章制度和要求；审批本企业绝缘技术监督实施细则。

（2）审批绝缘技术监督工作规划、计划。

（3）组织落实运行、检修、技改、日常管理、定期监测、试验等工作中的绝缘技术监督要求。

（4）安排召开绝缘技术监督工作会议，检查、总结、考核本企业绝缘技术监督工作。

（5）组织分析本企业绝缘技术监督存在的问题，采取措施，提高技术监督工作效果和水平。

（二）发电企业绝缘技术监督专责工程师职责

（1）认真贯彻执行上级有关绝缘监督的各项规章制度和要求，组织编写本企业的绝缘技术监督实施细则和相关措施。

（2）组织编写绝缘技术监督工作规划、计划。

（3）落实运行、检修、技改、日常管理、定期监测、试验等工作中的绝缘技术监督的要求。

（4）定期召开绝缘技术监督工作会议；分析、总结本企业绝缘技术监督工作情况，指导绝缘技术监督工作。

（5）按要求及时报送各类绝缘监督报表、报告。其中包括运行、试验、检修中发现的设备绝缘缺陷、设备损坏事故、污闪与过电压事故、定期工作等，对危及安全的重大缺陷应立即上报。

（6）分析本企业绝缘技术监督存在的问题，采取措施，提高技术监督工作效果和水平。

（7）建立健全本企业电气设备技术档案，并熟悉掌握主要设备绝缘状况及防污闪、接地、过电压保护等工作情况。

（8）协助本企业有关部门解决绝缘技术监督工作中的技术问题并组织专业培训。

第三节　技术监督范围、内容及指标

一、技术监督范围

绝缘技术监督的电气设备主要包括同步发电机；额定电压 6kV 及以上电压等级的变压器、电抗器、高压开关设备、组合电器、互感器、避雷器、高压电动机、电力电缆、高压电容器、穿墙套管、母线、接地装置、架空线路等。

发电机包括常规水力发电厂的水轮发电机及抽水蓄能电站的发电机；电抗器是指干式限流电抗器、油浸式电抗器和消弧线圈；高压开关设备是指 6kV 及以上的敞开式开关设备；电力电缆是指 6kV 及以上的电力电缆；母线是指 6kV 及以上的硬母线、软母线及金属封闭母线（包括相应的绝缘部件）；架空线路是指自用系统中 6kV 及以上等级的架空电力线路。

其他电压等级及容量的电气设备可参照执行。

二、技术监督内容

电气设备的绝缘强度、防污闪、过电压保护及接地系统、预防性试验周期等是否满足相关标准要求；开展绝缘事故分析；绝缘事故防控措施制定和落实。绝缘技术监督全寿命周期各阶段任务如下：

（1）规划可研阶段：监督规划可研相关资料是否满足有关可研标准、设备选型标准、反事故措施、差异化设计要求等。

（2）工程设计阶段：监督工程设计图纸、施工图纸、设备选型等内容是否满足有关工程设计标准、设备选型标准、反事故措施、差异化设计要求等。

（3）设备采购阶段：依据采购标准和有关技术标准要求，监督设备招标、评标环节所选设备是否符合安全可靠、技术先进、运行稳定、高性价比的原则。对停止供货（或停止使用）、不满足反事故措施、未经鉴定、未经入网检测或入网检测不合格的产品，应提出书面禁用意见。

（4）设备制造阶段：监督设备制造过程中订货合同和有关技术标准的执行情况，必要时可派遣监督人员到制造厂采取过程见证、部件抽测、试验复测等方式开展专项技术监督。

（5）设备验收阶段：设备验收阶段分为出厂验收和现场验收。出厂验收阶段，监督设备工艺、装置性能、监测报告等是否满足订货合同、设计图纸、相关标准和招投标文件要求；现场验收阶段，依据现场交接验收有关要求，监督设备供货单与供货合同及实物一致性等。

（6）安装储存阶段：监督设备运输、储存过程中有关技术标准和反事故措施的执行情况。

（7）安装调试阶段：依据 GB 50147《电气装置安装工程 高压电器施工及验收规范》等标准，监督安装单位及人员资质、工艺控制资料、安装过程是否符合相关规定，对重要工艺环节开展安装质量抽检；在设备单体调试、分部调试、系统启动试运行过程中，监督调试方案、重要记录、调试仪器设备、调试人员是否满足相关标准和反事故措施的要求。

（8）竣工验收阶段：对前期各阶段技术监督发现问题的整改落实情况进行监督检查。涉网设备或机组投产前，技术监督单位应结合工程竣工验收，组织开展现场技术监督，编写《工程投产前技术监督报告》，并作为工程验收依据之一，与工程竣工资料一起存档。

（9）运维检修阶段：监督设备状态信息收集、状态评估、检修策略制定、检修计划编制、检修实施和绩效评价等工作中相关技术标准和反事故措施的执行情况。

（10）退役报废阶段：监督设备退役报废处理过程中相关技术标准和反事故措施的执行情况。

三、主要技术监督指标

（1）全年电气设备预试完成率不小于96%。

（2）全年绝缘缺陷消除率达100%。

第四节 绝缘技术监督制度及相关资料

一、绝缘技术监督制度

（1）绝缘技术监督实施细则。

（2）电气设备运行规程。

（3）电气设备检修规程。

（4）现场巡回检查制度和清洁制度。

（5）检修工作票和验收制度。

（6）电气设备缺陷统计及重大电气故障分析管理制度。

（7）工具、材料、备品备件管理制度。

（8）技术资料、图纸管理制度。

（9）电气人员技术考核培训制度。

（10）试验用仪器仪表管理制度。

（11）设备质量监督检查签字验收制度。

（12）试验报告审核及归档制度。

二、技术资料

（1）电气设备一次系统图、防雷保护与接地网图纸。

（2）电气一次设备说明书，计算书，设计图纸，设备安装、维护说明书等原始设计资料。

（3）电气一次设备的出厂试验报告。

（4）电气一次设备台账，应包括型号、主要参数、制造厂家、出厂日期、投运日期等。

（5）电气设备外绝缘台账，应包括所有设备（含变压器套管、断路器断口及均压电容等）的爬电比距。

三、主要记录

（1）电气设备定期巡视、检查、运行记录。

（2）电气设备异常、障碍、事故记录汇编。

（3）电气设备缺陷及处理记录：要求记录描述清楚，总结简明扼要、重点突出。

（4）电气设备的重大事故和缺陷相关会议记录及报告：应包括解体检查，分析原因、制定对策等。

（5）电气设备检修记录：应按照相关规程进行电气设备的检修工作，并进行质量验收，超期未修，应上报有关领导和绝缘监督专责人备案。

（6）试验情况记录：历次试验记录应连续完整。

（7）交接试验报告和预防性试验报告。

（8）设备改造的技术方案、措施、专题总结及机组大修总结、检修总结：应完整，并整理归档。

四、试验仪器

（1）建立试验设备、仪器台账，具有使用说明书。

（2）试验设备、仪器、仪表应清洁，妥善存放。

（3）有准确度要求的试验设备应定期校验，并标识。

（4）电气试验仪器校验证书或合格证应在有效期内。

五、试验报告注意事项

1. 一般试验报告

试验报告应有设备基本参数、试验依据、试验仪表、试验中间数据、试验指标及判断标准、环境条件、分结论及总结论。与历史数据比较时应写出关键的历史数据，并计算出具体的判断指标，列出判断标准。

2. 特殊试验报告

除一般试验报告的要求外，特殊试验报告尚应写出试验方法和中间过程。如接地电阻测试报告应用大电流法进行测试，应写出试验过程中采用的方法和试验引线的距离，试验结果参数电流、电压和阻抗等应记录完整。

第五节 绝缘技术监督告警

一、一般告警

绝缘监督一般告警见表 1-1-1。

表 1-1-1 绝 缘 监 督 一 般 告 警

序号	一般告警项目
1	带缺陷继续运行，但不至于在短期内造成设备损坏、停机和系统不稳定
1.1	发电机
1.2	主变压器、高压厂用变压器、高压电抗器
1.3	电抗器、气体绝缘金属封闭开关设备（gas insulated switchgear，GIS）、断路器、互感器、避雷器、耦合电容器、接地装置、穿墙套管和电力电缆
1.4	高压厂用系统频发缺陷或重要缺陷
2	预试周期超过规程规定
2.1	发电机
2.2	主变压器、高压厂用变压器、高压电抗器
2.3	电抗器、GIS、断路器、互感器、避雷器、耦合电容器、接地装置、穿墙套管和电力电缆
3	集团公司技术监督制度落实不到位
4	技术监督重点项目或重要定期检验项目未开展

二、重要告警

绝缘监督重要告警见表 1-1-2。

表 1-1-2 绝 缘 监 督 重 要 告 警

序号	重要告警项目
1	带缺陷运行，危及系统、设备安全及降低设备出力的
1.1	发电机
1.2	主变压器、高压厂用变压器、高压电抗器
1.3	电抗器、GIS、断路器、互感器、避雷器、耦合电容器、接地装置、穿墙套管和电力电缆

第六节 高压电气设备定期工作

高压电气设备定期工作见表 1-1-3。

表 1-1-3　　　　　　　　　高压电气设备定期工作

工作类型	周期（时间要求）	工作内容
一、日常运行监督项目	3~5 年	发电机中性点位移电压及定子绕组电容电流测试
	每季	330kV 及以上变压器和电抗器，或容量 240MVA 及以上的变压器油色谱分析
	每半年	220kV 或容量 120MVA 及以上的变压器和电抗器油色谱分析
	每年	66kV 及以上或容量 8MVA 及以上的变压器和电抗器油色谱分析
	运行 10 年及以上（以后每 5 年）	变压器油中糠醛含量测定
	投运 3~5 年	500kV 变压器和电抗器及 150MVA 以上升压变压器油中糠醛含量测定
	每年	330kV 和 500kV 变压器、电抗器油中水分测试
	每 1~3 年	变压器气体继电器校验；电容型套管的 $\tan\delta$ 和电容值测试
	每 6 年	变压器绕组变形（频响法和低电压短路阻抗法）
	6 个月~1 年	分接开关油室内绝缘油测试
	交接和大修时	变压器压力释放阀校验
	每年	GIS（220kV 及以下电压等级）、开关柜局部放电带电检测
	每半年	GIS（330kV 及以上电压等级）局部放电带电检测
	1~3 年	互感器油色谱试验
	每 1~3 年	运行中 SF_6 气体湿度检测（新投运或分解检修后 1 年；运行 1 年后若无异常，3 年 1 次）
	每 1~3 年	SF_6 气体密度继电器校验
	每年雷雨季前后	金属氧化物避雷器运行电压下的交流泄漏电流测试
	每年雷雨季节前	绝缘子表面污秽物的等值盐密、灰密测试
	每 5 年	零值绝缘子测试
	每年	地网电气完整性测试（设备接地引下线导通测试）
	每 6 年	地网接地阻抗（遇有接地装置改造或其他必要时，应进行针对性测试，对于土壤腐蚀性较强的区域，应缩短测试周期）
	每 6 年	橡塑电缆进行 20~300Hz 交流耐压试验（110kV 以下）；110kV 及以上电压等级电缆视必要性进行耐压试验
	每季度	发电机红外测温
	每年不少于 1 次	110kV 及以下配电设备红外测温
	每年不少于 2 次，至少 1 次精确测试	220kV 及以上配电设备（不含变压器）红外测温

续表

工作类型	周期（时间要求）	工作内容
一、日常运行监督项目	每年不少于2次，至少2次精确测试	220kV及以上变压器红外测温
	每周1次	变压器铁心及夹件接地电流测试（有在线检测设备的，可以不专门作定期工作，但对在线监测设备需每年校核一次）
	10年后每5年	隔离开关中部和根部无损探伤
	每年	接地装置及接地引下线热稳定容量校核
	每年	断路器遮断容量校核
	每年	电流互感器动热稳定校核
	每5年	接地网开挖检查
二、检修监督项目	A修	发电机：空载特性试验；定子绕组直流电阻测试；定子绕组泄漏电流及直流耐压试验；定子绕组交流耐压试验；定子绕组端部电晕试验；定子槽部线圈防晕层对地电位测试；转子绕组直流电阻测量；转子绕组交流阻抗及功率损耗试验；发电机出口电压互感器局部放电试验；轴电压测量；发电机定子穿心螺杆绝缘电阻测试；发电机组和励磁机轴承绝缘电阻测试等
	A修（必要时）	发电机定子铁心磁化试验（或EL CID法）；发电机三相稳态短路特性试验；发电机定子绕组局部放电试验；发电机定子绕组绝缘老化鉴定试验
	A修	主变压器、高压厂用变压器、励磁变压器、启备变压器：绕组的介损测试；电容型套管的 $\tan\delta$ 和电容值测试；绕组直流电阻测试；绕组泄漏电流测试；交流耐压试验（66kV及以下）；局部放电试验（220kV及以上大修后）；气体继电器校验
	A修	SF_6 断路器：微水测试、SF_6 气体检漏试验、交流耐压试验；机械特性试验；分合闸电磁铁的动作电压测试；分合闸线圈直流电阻测试；导电回路电阻测试；SF_6 气体密度监视器检验
	A修	真空断路器：交流耐压试验；导电回路电阻测试；机械特性试验；操作机构合闸接触器和分、合闸电磁铁的最低动作电压测试；真空灭弧室真空度测量
	A修	电磁式电压互感器：空载电流测量；电压比测试；交流耐压试验；介损测试；电容式电压互感器：中间变压器直流电阻测试；电压比测试；介损测试
	A修	电流互感器：介损及电容量测试；交流耐压试验；极性检查；各分接头的变比检查；一次绕组直流电阻测量

工作类型	周期（时间要求）	工作内容
二、检修监督项目	A修	金属氧化物避雷器：直流 1mA 电压（U_{1mA}——直流参考电压）及 $0.75U_{1mA}$ 下的泄漏电流测试
	A修	隔离开关：交流耐压试验、导电回路电阻测量、操动机构的动作情况测试
	A修	封闭母线：交流耐压试验
	大修时	GIS 中的电压互感器、电流互感器、避雷器试验可用在线监测代替，未装设在线监测的，大修时需进行全套试验（电磁式电压互感器空载特性试验除外）
	B、C修	根据设备状况可以选做 A、B 修项目
	变压器大修后	变压器中性点耐压试验；变压器局部放电试验；变压器绕组变形试验
三、技改监督项目	技改前	方案、可行性研究评估。发电机变压器增容或冷却系统改造前温升试验（额定工况、最大出力）、发电机通风试验
	技改后	完成规程、标准要求的各项交接试验。发电机变压器增容或冷却系统改造后温升试验（额定工况、最大出力）、通风试验、进相试验
四、优化提升及事故分析	事故后	查找故障点，分析事故原因，提出整改意见，编写完整的事故分析报告
	及时	对无法及时消除的装置性缺陷制定相应的技改计划
	事故后	运行中变压器受短路电流冲击应进行绕组变形试验

第二章

发 电 机 技 术 监 督

第一节　水轮发电机基础知识

一、水轮发电机类型

水轮发电机分为立式和卧式两种，立式主要应用于大中容量的水轮发电机，卧式一般多用于小容量的水轮发电机和高速冲击式或低速贯流式水轮发电机。立式水轮发电机的轴承为直立式，水轮机布置在发电机的下方，水轮机和发电机都有轴承，分为水车轴承与发电机轴承，再利用两装置轴承之间的中间轴将两装置相互连接，即可通过水轮机带动发电机。卧式水轮发电机的轴承为横躺式，水轮机与发电机相互平行放置，其轴承也是区分为水车轴承与发电机轴承，而卧式水轮发电机会受到地心引力惯性影响，因此在水轮机与发电机之间还需要有飞轮的设计，来控制轴承旋转以避免失控。贯流式水轮发电机主要由贯流式水轮机来驱动发电机，贯流式水轮发电机具有结构紧凑、质量轻的特点，这种形式的水轮发电机大多广泛应用于低水头的水力发电厂。

水轮发电机由定子、转子、端盖及轴承等部件构成，定子由机座、定子铁心、定子绕组以及固定这些部分的其他结构件组成。转子由转子铁心、磁轭、磁极绕组、滑环、风扇及转轴等部件组成。由轴承及端盖将发电机的定子、转子连接组装起来，使转子能在定子中旋转，切割磁力线，产生感应电动势。

二、发电机主要部件结构

由于水轮发电机普遍采用立式结构。本节以立式水轮发电机为例介绍发电机与电气相关的主要部件结构。

（一）机座

发电机定子基础图如图 1-2-1 所示，定子基座一般用钢板焊接，上环与下环相连接，下环与基础板相连，基础板埋入混凝土内，由基础螺栓固定。在下环与基础板间装有径向销钉，在中环上安装着定子铁心，在中环垂直方向焊有数条定位筋，用托板固定在各中环上，也有取消上下环结构的，用简单的连接件与上机架和基础相连。近年来，有些大尺寸定子，为了防止发电机运行时因基座和定子铁心的热膨

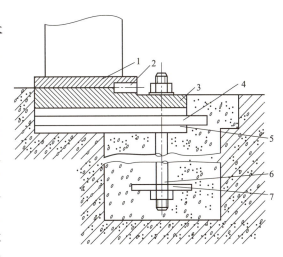

图 1-2-1　发电机定子基础图
1—定子基座下环；2—径向销钉；3—基础板；4—楔子板；
5—基础垫板；6—基础螺栓；7—筋板

胀不一致引起的翘曲变形，采取浮动式机座。机座放置在基础板上，取消了基础螺栓，用固定在基础板上的定位销和机座上的径向槽定位，机座膨胀或收缩时，机座仅需克服机座与基础间的摩擦力可自由伸缩，而不变动机组中心，保持了定子圆度，从而避免了定子变成椭圆形而导致铁心冲片破坏、定子温升过高、定子振动等现象。

（二）定子铁心

定子铁心是定子的一个重要部件，是磁路的主要组成部分并用以固定线圈。铁心一般由 0.35～0.5mm 厚的两面涂有绝缘漆的扇形硅钢片叠压而成。空冷式水轮发电机铁心沿高度方向分成若干段，每段高 40～45mm，段与段间以"工"字形衬条隔成通风沟，供通风散热之用。铁心上下端有齿压板，通过定子拉紧螺杆将叠片压紧。铁心外圆有鸽尾槽，通过定位筋和托板将整个铁心固定在机座的内侧。铁心内侧有矩形嵌线槽，用以嵌放线圈。为了减少机座承受的径向力和减小铁心的轴向波浪度，有的发电机采用所谓"浮动式铁心"，其特点是在冷态时，铁心与机座定位筋间预留有一较小间隙，当铁心受热膨胀时，此间隙较小或消失，当机座与铁心温度不一致时，相互之间可以自由膨胀，从而大大减小机座承受的径向力。为使铁心相对于机座能自由膨胀和收缩，铁心上下两端采用小齿连接片，并在齿连接片调整螺栓与机座环板接触处加二氧化钼润滑。

（三）定子绕组

1. 定子绕组种类

水轮发电机定子绕组主要采用圈式和条式两种。水轮发电机大部分采用全空冷方式，大型水轮发电机也有采用定子绕组水内冷和蒸发冷却方式的。

圈式线圈由若干匝组成，每一匝又可由多股绝缘铜线组成，其两个边分别嵌入定子槽内上下层，许多圈式线圈嵌入定子槽内后，按照一定的规律连接起来组成叠绕组，双层圈式线圈多用于中小型水轮发电机。

条式线圈即棒式线圈，在定子铁心槽中沿高度方向放两个线棒，嵌线后用焊接方式将线棒彼此连接起来，组成定子绕组，每个线棒由小截面的单根铜股线组成，线棒中的股线沿宽度方向布置两排，高度方向彼此间要进行换位，以降低涡流损耗和减小股线间温差，水轮发电机普遍采用条式线圈。

定子绕组的股线经过编织、换位和胶化成型后，包绕主绝缘。绝缘特性要求：①足够的电气强度和机械强度；②具有较高的传热性能和耐热性能；③在强电场、工作温度、频繁电磁场振动的综合作用下的耐老化性能；④较薄的厚度和较好的耐电晕性、耐油性、耐潮湿性等；⑤必须选用合适的黏合剂及黏接工艺。

2. 定子绝缘种类

定子绕组是用扁铜线绕制而成，外包绝缘材料。发电机绝缘分为沥青云母绝缘、环氧粉云母绝缘和 F 级绝缘。目前多采用 F 级绝缘，尚有部分老旧机组采用 B 级绝缘。

沥青云母绝缘，系以纸或绸为衬底，沥青为黏合剂，用云母鳞片黏合成云母带，连续缠绕在定子线棒的槽部和端部，真空浸渍干燥，并浸渍沥青。由于绝缘为连续式结构，所以槽部和端部绝缘的击穿电压彼此接近。角部的云母带由于不易缠绕均匀，所以端部绝缘为薄弱环节。沥青云母绝缘的主要缺点为绝缘强度和抗拉强度低较低。

环氧云母绝缘又称为黄绝缘，是以云母鳞片或粉云母纸为基本材料、环氧树脂或聚酯树脂为黏合剂、玻璃纤维为衬底做成的环氧或聚酯云母带。在固化或成形的股线上连续包缠到要求尺寸，然后经模压或液压而制成。此种绝缘一旦固化后，不会因加热而软化，所以这种绝缘又称为热固性绝缘。此种绝缘的槽部绝缘具有击穿电场强度高、介损小、拉断强度高、导热系数高、与铜线的热膨胀差小等优点，由于热固性绝缘材料与定子铁心槽壁可能接触不好，在运行中易产生电腐蚀。

F级绝缘与环氧云母绝缘基本材料相同，只是黏合剂不同，黏合剂采用环氧桐马，与环氧云母绝缘具有相同的特性，但绝缘强度比环氧云母绝缘高。

3. 绝缘材料及绝缘体系

（1）主绝缘材料。定子线棒直线部分最重要的绝缘材料是主绝缘材料，主要有环氧玻璃粉云母带、胶黏剂和（或）浸渍漆等。

主绝缘由云母带（连续式绝缘）或云母箔绕包而成。目前业内多采用煅烧粉云母或水冲大鳞片粉云母，云母纸厚度已由 0.05mm 增至 0.1mm，标重约 $180g/m^2$。为提高主绝缘的介电性能，有些公司采用了单面补强或以大网格玻璃布补强的云母带，其主绝缘的云母含量高达 63%。主绝缘的力学性能主要取决于补强的材质。有的云母带或云母箔采用 0.023mm 的单面玻璃布或聚酯薄膜或 0.023～0.025mm 的双面玻璃布等作为补强，其中聚酯纤维纸的耐电晕性和耐热性虽不及玻璃布，但其抗冲强度比玻璃布高数十倍以上。

胶黏剂和浸渍漆是影响主绝缘工艺和性能的重要因素，对粉云母制品尤其重要。胶黏剂和浸渍漆以双酚 A 环氧、酚醛环氧、脂环族环氧、脂肪族环氧树脂为主，加入固化剂、催化剂和稳定剂以及活性稀释剂等配制而成。

（2）主绝缘体系。环氧云母绝缘体系按含胶量和工艺分为多胶和少胶两大体系。①多胶体系云母带胶含量大，达 35%～40%，但云母含量较低，适用于热模压工艺；在导线胶化成型后连续半叠包云母带到要求尺寸，然后在模具中热压成型。②少胶体系云母带胶含量少，为 5%～10%，但云母含量高、结构疏松、吸胶能力强，适用于真空压力浸渍（VPI）工艺；在导线胶化成型后连续半叠包云母带到要求尺寸。对于中小型电机圈式线圈，嵌线后整体真空压力浸渍（GVPI）无溶剂浸渍漆，然后整体烘焙固化成型；对于大型发电机条式线棒，则进行单支线棒真空压力浸渍（SVPI），然后直线部分或直线与端部一起在模具中热压固化成型，最后嵌线装配。对于大型/特大型发电机而言，单支线棒多胶模压体系和单支线棒少胶 VPI 体系两种制造工艺都能制造出符合标准要求的定子绝缘线棒。由于两种工艺路线所固有的特点及各自的适应性，所以在可见的未来均具有巨大的生命力和竞争力。

4. 防晕层结构

槽部防晕层结构，通常是在线棒槽部绝缘表面涂刷低阻半导体漆（电阻率为 $10^3～10^5$ $\Omega \cdot cm$），并绕半导体石棉带。这种防晕结构使绝缘表面和定子铁心接触处具有相同的电位，同时使通风沟边缘的电场分布变得均匀，降低了轴向磁场，因而能起到消除电晕的作用。端部槽口处的电场集中，轴向场强最高。为防止此处出现电晕，需增加一级或二级恒电阻率防晕层（电阻率上限一般为 $5 \times 10^9～10^{10}$ $\Omega \cdot cm$，下限一般为 $10^7～5 \times 10^{10}$ $\Omega \cdot cm$）或非线性电阻防晕层。

（四）转子磁极

发电机转子磁极是产生磁场的部件，当直流励磁电流通入发电机磁极线圈后就产生磁通。转子磁极由磁极铁心、磁极线圈和阻尼绕组三部分组成，发电机转子总剖面图如图 1-2-2 所示。

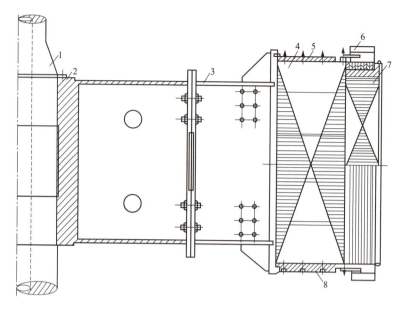

图 1-2-2　发电机转子总剖面图

1—主轴；2—轮辐；3—支臂；4—磁轭；5—端连接片；6—风扇；7—磁极；8—制动板

磁极铁心一般由 1.5mm 厚钢板冲片叠压而成。两端设有磁极连接片，通过拉紧螺杆与冲片紧固成整体。磁极铁心尾部为"T"形尾槽或鸽尾形，磁极铁心尾部套入"T"形尾槽或鸽尾槽内，借助于磁极键将磁极固定在磁轭上。

磁极绕组多采用扁铜排绕成，匝间用环氧玻璃上胶坯布作绝缘。极身对地绝缘采用云母烫包结构或由环氧玻璃布板加工而成。目前磁极绕组多采用 F 级绝缘，尚有部分老旧机组采用 B 级绝缘。

阻尼绕组组装在磁极极靴上，由阻尼铜条和两端的阻尼环组成。转子组装时，将各极之间的阻尼环用铜片制成软接头搭接成整体，形成纵横阻尼绕组，其主要作用是当水轮发电机发生振荡时起阻尼作用，使发电机运行稳定。在不对称运行时，它能提高负序能力。

（五）转子磁轭

转子磁轭作用是产生转动惯量和固定磁极，同时也是磁路的一部分。磁轭在运转时承受扭矩和磁极与磁轭本身离心力的作用。磁轭通过支架与轮毂和轴连在一起，这种结构的磁轭由扇形铁片交错叠成整圆并用拉紧螺栓紧固，大、中容量水轮发电机转子磁轭一般为此结构形式。

扇形叠片磁轭是利用交叉叠片方式一层一层进行叠装，层与层之间相错一定的极距值（一个或半个），在叠装过程中用销钉定位，沿轴向分成若干段，每段的厚度为 250～500mm，段间用通风沟片隔开，以形成通风沟。为了减小磁轭的倾斜度和波浪度，在磁轭上下端装有压板（也有用制动环代替下连接片的），用拉紧螺栓将磁轭紧固。

磁轭和转子支架的固定连接有径向键和切向键两种结构。在磁极和转子支架键槽中打进一对斜形键（称磁轭键），使磁轭与支架连成一体，传递扭矩。为保证磁轭和径向膨胀，打键时必须加热磁轭。为防止磁轭轴向移动，常用卡键固定，卡键由锁定板固定，锁定板通过磁轭拉紧螺杆固定在磁轭连接片上。切向键是由固定在转子支架上的键梁（凸极键）与固定在磁轭上的侧面楔组成。当磁轭受离心力和热力作用时，磁轭可以自由膨胀，使转子支架与磁轭间即可传递力矩，又可保持同心。这样就可解决因热力和离心力作用，可能使磁轭产生椭圆而引起的机组振动和出力摆动问题，从而增强了机组的稳定性和安全运行，但这种结构对磁轭的整体性要求较高。

第二节　发电机设备选型

一、依据

发电机的技术条件应符合 GB/T 755《旋转电机　定额和性能》、GB/T 7894《水轮发电机基本技术条件》、DL/T 5186《水力发电厂机电设计技术规范》、GB/T 1029《三相同步电机试验方法》、GB/T 20835《发电机定子铁心磁化试验导则》、JB/T 8439《使用于高海拔地区的高压交流电机防电晕技术要求》、DL/T 5090《水力发电厂过电压保护和绝缘配合设计技术导则》和相关反事故措施的要求。尤其应注意考虑发电机与原动机容量配合、机组的进相运行能力、负序能力及短时失磁异步运行能力等问题。

二、基本要求

（1）当发电机及其附属设备的设计结构及新技术、新材料的采用足以引起某些特性参数或经济效益发生重大变化时，应经过工厂试验、工业试验等阶段，并由主管部门组织用户、科研等单位鉴定合格后才可正式使用。

（2）发电机的型式和结构选择应优先考虑安全可靠，同时应选用技术先进、工艺成熟、高效节能的产品。

（3）定子线棒的绝缘应采用真空压力浸渍或加热模压固化工艺成型。其端部绝缘应采用防晕层与主绝缘一次成型的结构和工艺。

（4）定子铁心穿心螺杆宜采用全绝缘结构，若采用分段绝缘结构，应有可靠措施防止穿心螺杆和铁心间脏污进入，造成穿心螺杆绝缘下降。

（5）磁极连接线应采用软连接或其他抗疲劳结构，连接线的受力情况要经计算分析安全可靠后方可使用。

（6）发电机优先采用定子绕组、转子绕组及定子铁心均为空气冷却的全空冷方式。当特大型水轮发电机受槽电流和热负荷等限制难以采用全空冷方式时，可采用定子绕组介质直接冷却、转子绕组和定子铁心为空气冷却的方式。

（7）固定定子绕组的端箍及齿连接片的压指应采用非磁性材料，风洞内金属连接片材料（如挡风支架）应采用不锈钢等非磁性材料。

（8）发电机定子铁心、压指、压圈、屏蔽层、定子绕组层间埋置足够数量的测温元件，埋置工艺确保测温准确、长期可靠工作。

（9）设备选型审查及联络会的结果应形成文件并归档，以作为后续工作的依据。

三、技术要求

（1）使用环境条件。海拔不超过 1000m；冷却空气温度不超过 40℃；空气冷却器、油冷却器和水直接冷却定子绕组的热交换器进水温度不高于 28℃，不低于 5℃；水直接冷却定子绕组的进水温度为 30～40℃，25℃时水的电导率不大于 0.4～2.0μS/cm，pH 值为 7.0～9.0，硬度小于 2μmol/L；厂房内的相对湿度不超过 85%。

（2）水轮发电机整根定子线棒（线圈）常态介质损耗角正切及其增量的测量每台按 3% 抽检，常态介质损耗正切值及其增量限值见表 1-2-1。

表 1-2-1　　　　　　　　　常态介质损耗正切值及其增量限值

试验电压	$0.2U_N$	$0.2U_N \sim 0.6U_N$
介质损耗正切值及其增量	$\tan\delta$	$\Delta\tan\delta = \tan\delta_{0.6UN} - \tan\delta_{0.2UN}$
指标值（%）	$\leqslant 2$	$\leqslant 1$

注　U_N 为发电机额定电压，kV。每台水轮发电机按 3% 抽检，如不合格，则加倍抽试。
　　$\Delta\tan\delta = \tan\delta_{0.6UN} - \tan\delta_{0.2UN}$ 为 $0.6U_N$ 与 $0.2U_N$ 电压下的介质损耗增量。

（3）定子线棒的工频击穿电压值一般为 5.5～6.0 倍额定电压，并通过抽样试验进行验证。

（4）定子铁心由高导磁率、低损耗、无时效、机械性能优良的优质冷轧硅钢片叠成。大容量、高转速或轭部较宽的水轮发电机定子铁心，宜采用具有可靠绝缘的高强度、低碳合金钢穿心螺杆、分段冷压及整体热压工艺压紧。铁心磁化试验参照 GB/T 20835《发电机定子铁心磁化试验导则》执行。

（5）中、低速大容量水轮发电机的定子和转子组装后，定子内圆和转子外圆半径的最大或最小值分别与其设计半径之差应不大于设计气隙值的 ±4%。定子与转子间气隙的最大值或最小值与其平均值之差应不超过平均值的 8%。

（6）水轮发电机的转子绕组应能承受 2 倍额定励磁电流，空气冷却的水轮发电机历时 50s，水直接冷却或加强空气冷却的水轮发电机不少于 20s。

（7）额定容量为 125MVA 及以下的空冷水轮发电机允许负序电流标幺值为 12%；额定容量大于 125MVA 的空冷水轮发电机为 9%。空冷水轮发电机的暂态负序能力为 $(I_2/I_N)^2 \times t = 40$。其中，$I_2$ 为发电机负序电流，I_N 为发电机定子绕组额定电流，t 为运行时间。

（8）额定电压为 6.3kV 及以上的水轮发电机，海拔在 1000m 及以下时，其定子单根线棒（线圈）应在 1.5 倍额定电压下不起晕；整机耐电压时，在 1.05 倍额定电压下，端部应无明显晕带和连续的金黄色亮点；当海拔超过 1000m 时，电晕起始电压试验值应按 JB/T 8439《高压电机使用于高海拔地区的防电晕技术要求》进行修正。

（9）水轮发电机的电气参数如同步电抗、瞬态电抗、超瞬态电抗、短路比及时间常数等应满足电力系统运行的要求，其交、直轴超瞬态电抗（不饱和值）之比（X''_q/X''_d）一般为 0.98～1.25。

（10）大容量水轮发电机定子机座及其与上机架和基础的连接结构应能适应热胀冷缩的要求，并采取措施防止铁心产生翘曲变形，且其下环板与定子铁心的结合形式应便于现场安装和调整，宜采用大齿压板结构。

（11）为使定子线棒（线圈）与线槽紧密配合，线棒在槽内的固定可采用半导体"U"形槽衬、含半导体硅橡胶的半导体无纺布将线棒包绕嵌入槽内或在线棒表面涂覆半导体硅胶等措施。要求定子绕组槽电位不超过 10V。

（12）水轮发电机在空载额定电压和额定转速时，定子绕组线电压波形的谐波畸变率（THD）应不超过 5%。

（13）发电机定子绕组过电流倍数与相应的允许持续时间应按表 1-2-2 确定，但达到运行持续时间的电流次数平均每年不超过 2 次。

表 1-2-2　　　　　　　　　　定子绕组允许过电流倍数与时间关系

定子过电流倍数	允许持续时间（min）	
	空气冷却定子绕组	水直接冷却定子绕组
1.10	60	60
1.15	15	15
1.20	6	6
1.25	5	5
1.30	4	4
1.40	3	2
1.50	2	1

（14）额定电压为 6.3kV 及以上的水轮发电机在进行交流耐压试验前，应对定子绕组进行 3 倍额定电压的直流耐压试验和泄漏电流测定。试验分阶段升压，每阶段为 0.5 倍额定电压，每阶段停留 1min。泄漏电流应不随时间延长而增大，各相泄漏电流的差值应不大于最小值的 50%。

（15）水轮发电机的定子绕组和转子绕组应按表 1-2-3 中规定的试验标准进行 50Hz 交流耐压试验，历时 1min 不被击穿。

表 1-2-3　　　　　　　　　　绕组绝缘耐电压试验标准

序号	水轮发电机部件		试验电压（kV）	备注
1	定子条式线圈	成品线圈	$2.75U_N + 6.5$	适用于整台条式线圈在工地嵌装，且定子额定电压为 $6.3kV \leqslant U_N \leqslant 24kV$ 的水轮发电机。对 $U_N > 24kV$ 的条式线圈的耐电压试验按专门技术协议，细节可参见 JB/T 6204《高压交流电机定子线圈及绕组绝缘耐电压试验规范》
		嵌装前	$2.75U_N + 2.5$	
		下层线圈嵌装后	$2.5U_N + 2.0$	
		上层线圈嵌装后（打完槽楔）	$2.5U_N + 1.0$	
		定子安装完成	$2.0U_N + 1.0$	
2	定子圈式线圈	成品线圈	$2.75U_N + 6.5$	适用于整台圈式线圈在工地嵌装，且定子额定电压为 $6.3kV \leqslant U_N \leqslant 24kV$ 的水轮发电机。线圈绝缘耐雷电冲击电压峰值为 $4U_N + 5.0$，匝间绝缘耐陡峭波前冲击电压峰值为 $0.65 \times (4U_N + 5.0)$，并通过抽样试验进行验证，其试验方法见 JB/T 10098《交流电机定子成型线圈耐冲击电压水平》
		嵌装前	$2.75U_N + 2.5$	
		下层线圈嵌装后	$2.5U_N + 2.0$	
		上层线圈嵌装后（打完槽楔）	$2.5U_N + 1.0$	
		定子安装完成	$2.0U_N + 1.0$	

续表

序号	水轮发电机部件		试验电压（kV）	备注
3	水直接冷却定子条式线圈	成品线圈	$2.75U_N+6.5$	适用于整台条式线圈在工地嵌装，且定子额定电压为 $6.3kV{\leqslant}U_N{\leqslant}24kV$ 的水轮发电机。对 $U_N>24kV$ 的条式线圈的耐电压试验按专门技术协议
		嵌装前	$2.75U_N+2.5$	
		下层线圈嵌装后	$2.5U_N+2.0$	
		上层线圈嵌装后（打完槽楔）	$2.5U_N+1.0$	
		整体无水	$2.0U_N+6.0$	
		整体有水	$2.0U_N+1.0$	
4	转子绕组	额定励磁电压为 500V 及以下	10 倍额定励磁电压（最低为 1500V）	
		额定励磁电压为 500V 以上	2 倍额定励磁电压+4000V	

（16）水轮发电机允许双福振动值应不大于表 1-2-4 的规定。

表 1-2-4　　　　　　　　　　水轮发电机允许双福振动值

机组型式	项目	额定转速 n_N（r/min）				
		$n_N<100$	$100{\leqslant}n_N<250$	$250{\leqslant}n_N<375$	$375{\leqslant}n_N{\leqslant}750$	$n_N>750$
立式机组	带推力轴承支架的垂直振动	0.08	0.07	0.05	0.04	0.03
	带导轴承支架的水平振动	0.11	0.09	0.07	0.05	0.04
	定子铁心部位机座水平振动	0.04	0.03	0.02	0.02	0.02
	定子铁心振动（100Hz 双振幅值）	0.03	0.03	0.03	0.03	0.03
卧式机组	各部轴承垂直振动	0.11	0.09	0.07	0.05	0.04
灯泡贯流式机组	推力支架的轴向振动	0.10	0.08			
	各导轴承的径向振动	0.12	0.10			
	灯泡头的径向振动	0.12	0.10			

（17）在水轮发电机盖板外缘上方垂直距离 1m 处测量的噪声水平，额定转速为 250 r/min 及以下者不超过 80dB（A），额定转速大于 250r/min 者不超过 85dB（A）。噪声测定方法参见 GB/T 10069.1《旋转电机噪声测定方法及限值　第 1 部分：旋转电机噪声测定方法》。

（18）水轮发电机的损耗和效率采用量热法测定，参见 GB/T 5321《量热法测定电机的损耗和效率》，其损耗包括定子绕组的铜损耗及铁心损耗、转子绕组的铜损耗、风损耗和摩擦损耗、轴承损耗、推力轴承损耗（仅计及分摊给水轮发电机转动部分的损耗值）、杂散损耗、励磁系统损耗（包括励磁变压器、整流变压器及电压调节器损耗）、电刷电气和摩擦损耗、其他损耗（包括推力轴承外循环油泵、外加冷却风机功率等）、水直接冷却系统损耗（如有）。

第三节　发电机监造与出厂验收

一、一般规定

设备监造是以国家和行业相关法律、规章、标准及设备供货合同为依据，按合同确定的设备质量见证项目，在制造过程中监督检查合同设备的生产制造过程是否符合设备供货合同、有关规范、标准，包括专业技术规范的要求。

设备监造的目的是监理单位代表委托人见证合同产品与合同的符合性，协助和促进制造厂保证设备制造质量，严格把好质量关，努力消灭常见性、多发性、重复性质量问题，把产品缺陷消除在制造厂内，防止不合格品出厂。

设备监造工作建立在制造单位技术管理和质量管理体系良好运行基础上。监造工作不代替制造单位自行检验的责任，也不代替用户对合同设备的最终检验，设备的质量由与委托人签订设备供货合同的设备制造单位全面负责。

二、依据

发电机应进行监造和出厂验收。监造工作应符合 DL/T 586《电力设备监造技术导则》要求，并全面落实订货技术要求和联络设计文件要求，发现问题及时消除；出厂试验应符合 GB/T 7894《水轮发电机基本技术条件》要求。

三、监造内容

（1）发电机主要结构部分的材料如金属材料、电工材料等应按国家标准进行检查验收。重要部件如定子机座、定子冲片、定子线棒、转子支架、磁轭冲片、磁极、发电机轴、上下机架、推力轴承、空气冷却器等的原材料材质、关键部件的加工精度见证。

（2）出厂试验按相关标准、规程及订货合同或协议中的试验项目进行，且试验结果应合格，型式试验项目、特殊试验项目应提供合格、有效的试验报告。订货合同规定的见证项目，应由验收人员参加。主要见证试验内容：

1）硅钢片材质及电磁性能试验；

2）定子线棒电磁线材质检查；

3）定子线棒电气试验；

4）磁极铁心及电磁线材质检查（质量证明书）；

5）磁极电气试验。

（3）水轮发电机组制造质量见证项目。

水轮发电机组制造质量见证项目见表1-2-5。

表 1-2-5 水轮发电机组制造质量见证项目

序号	监造部件	见证项目	H	W	R	备注
1	定子	1 定子机座				
		1.1 材料检查（质量证明书）			√	
		1.2 结构焊接及探伤检查		√	√	
		1.3 尺寸及结合面间隙检查		√		
		2 定子冲片				
		2.1 硅钢片材质及电磁性能试验			√	
		2.2 冲片尺寸及外观、漆膜检查		√		
		3 定子线棒				
		3.1 电磁线材质检查（质量证明书）			√	
		3.2 线棒外形尺寸及电气试验	√	√		首台首批线棒为H点
		4 定子铁心装配		√		如果有
		5 定子装配		√		如果有
2	转子	1 转子中心体及转子支架				
		1.1 材料检查（质量证明书）			√	
		1.2 结构焊接及探伤检查		√		
		1.3 加工尺寸及组装检查		√		
		2 磁轭冲片				
		2.1 材料检查（质量证明书）			√	
		2.2 冲片外观及叠检或三维检测		√		
		3 磁极				
		3.1 铁心及电磁线材质检查（质量证明书）			√	
		3.2 磁极铁心叠压质量及尺寸检查		√		
		3.3 磁极线圈尺寸及匝间耐压试验检查		√	√	
		3.4 磁极电气试验及称重检查	√	√		
3	发电机轴/上端轴	1 材料检查及探伤检查			√	
		2 加工尺寸、形位公差及表面粗糙度检查		√		
4	空气冷却器	耐压试验		√		
5	上下机架	1 材料检查（质量证明书）			√	
		2 结构焊接及探伤检查		√	√	
		3 加工尺寸及组装检查		√		

续表

序号	监造部件	见证项目	见证方式			备注
			H	W	R	
6	推力轴承（贯流式机组组合轴承）	1　各部件材料检查（质量证明书）			√	
		2　镜板加工尺寸及表面粗糙度检查		√		
		3　推力头加工尺寸及探伤检查		√	√	
		4　支撑结构加工尺寸检查			√	
		5　推力瓦加工质量和瓦面粗糙度检查			√	
		6　油冷却器耐压试验		√		

注　H 表示停工待检点；W 表示质量见证点；R 表示文件见证点。

四、技术要求

（1）发电机各部件的加工应符合图纸的要求。工件公差应符合相关国家标准。对标准零件的加工应保证其通用性，对相同工件的加工应保证其互换性。

（2）厂内主要试验项目应符合订货技术要求和联络设计文件要求，一般包括：

1）定子线棒股线间耐电压试验；

2）定子绕组槽部表面电阻测定；

3）定子绕组冷热状态的介质损耗角正切及其常态增量测量、起晕电压测定；

4）定子绕组工频击穿电压试验；

5）定子绕组工频耐电压试验；

6）定子多匝叠绕线圈匝间耐电压试验（含耐雷电冲击电压试验）；

7）转子绕组匝间耐电压试验；

8）转子绕组直流电阻测量；

9）转子磁极绝缘电阻测量；

10）转子磁极工频交流耐电压试验；

11）转子磁极交流阻抗测定。

（3）监造工作结束后，应提交监造报告，监造报告内容应翔实，需包括产品制造过程中出现的问题及处理的方法和结果等。

第四节　发电机运输、安装及交接试验

一、依据

发电机运输应符合 GB/T 7894《水轮发电机基本技术条件》要求；发电机安装应严格按照 GB/T 8564《水轮发电机组安装技术规范》和 DL/T 5113.11《水电水利基本建设工程　单工程质量等级评定标准　第 11 部分：灯泡贯流式水轮发电机组安装工程》及相关要求执行；发电机交接试验应按照 GB 50150《电气装置安装工程　电气设备交接试验标准》、订货技术要求、调试大纲及其他相关规程和反事故措施的要求进行。

21

二、技术要求

（一）一般要求

水轮发电机的部件无论是整体运输或分件运输，都应符合运输部门对产品运输装载机加固的有关规定。定子、转子及部件运输时，应妥善包装，良好固定，采取防雨雪、防潮、防锈、防腐蚀、防震、防冲击等措施，以防止在运输过程中发生滑移和碰坏。

（二）储存要求

水轮发电机、励磁装置及其所有附件运到工地后，均应储存在有掩蔽的库房内，并将以下部件储存在温度不低于5℃的干燥保温库内：

（1）定子绕组和下线后的定子。

（2）转子绕组和磁极装配。

（3）定子和转子冲片。

（4）推力轴承和导轴承。

（5）转轴。

（6）集电环。

（7）空气冷却器、油冷却器。

（8）高压油顶起装置。

（9）励磁装置和测速装置。

（10）精密仪器、各种盘柜、互感器、电气绝缘部件等。

（11）特殊材料（润滑油、绝缘带、绝缘漆等）应按制造厂保管说明存放。

（三）交接试验项目

（1）定子铁心磁化（铁损）试验。

（2）水直接冷却定子绕组的水压、流量和检漏试验。

（3）定子绕组对机壳及绕组相互间的绝缘电阻测定。

（4）测温元件绝缘电阻测定。

（5）定子绕组在实际冷态下的直流电阻测定。

（6）定子绕组对机壳直流耐压试验。

（7）定子绕组对机壳及绕组相互间工频交流耐压试验。

（8）测量转子绕组的绝缘电阻。

（9）定子绕组整体起晕电压试验。

（10）定子绕组对地电容电流测量。

（11）转子绕组绝缘电阻测定。

（12）转子绕组的直流电阻测量。

（13）转子绕组工频交流耐电压试验。

（14）转子单个磁极交流阻抗测定。

（15）转子绕组的交流阻抗和功率损耗测定。

（16）轴承绝缘电阻测定。

（17）水流量试验。

（四）启动试运行的主要试验项目

（1）轴承温度测定。

（2）振动、摆度测定。

（3）动平衡校核。

（4）过速试验。

（5）相序测定。

（6）轴电压测定。

（7）空载特性测定。

（8）三相稳态短路测定。

（9）残压测定。

（10）甩负荷试验。

（五）主要性能试验项目

（1）定子绕组和转子绕组短时过电流试验。

（2）电压电话谐波因数（THD）测定。

（3）噪声水平测定。

（4）定子、转子绕组电抗和时间常数测定。

（5）出力试验（温升试验）。

（6）效率试验及损耗测定。

（7）过励调相及进相运行试验。

（8）三相突然短路试验。

（9）通风试验。

（六）验收图纸资料检查

投产验收时应进行现场实地查看，并对发电机订货相关文件、设计联络文件、监造报告、出厂试验报告、设计图纸资料、开箱验收记录、安装记录、缺陷处理报告、监理报告、交接试验报告、调试报告等全部技术资料进行详细检查，审查其完整性、正确性和适用性。

（七）整改要求

投产验收中发现安装施工及调试不规范、交接试验和性能试验方法不正确、项目不全或结果不合格、设备达不到相关技术要求、基础资料不全等不符合技术监督要求的问题时，要立即整改，直至验收合格。

第五节 发 电 机 运 行

一、依据

应根据 DL/T 751《水轮发电机运行规程》、DL/T 1524《发电机红外检测方法及评定导则》和 DL/T 664《带电设备红外诊断应用规范》等相关规定，结合本单位机组特点制定发电机运行规程并严格执行。水轮发电机状态监测应满足 GB 28570《水轮发电机组状态在线监测系统技术导则》。

二、监督要求

（一）一般规定

（1）发电机连续运行的最高电压应遵守制造厂的规定，但最高不得大于额定值的 110%。发电机的最低运行电压应根据稳定运行的要求来确定，一般不应低于额定值的 90%。

（2）发电机进相运行应满足系统稳定的限制、定子端部温升的限制、定子电流的限制、厂用电电压的限制、系统电压的限制。

（3）在额定负荷及正常的冷却条件下运行时，空气冷却及水内冷发电机各部分的温度限值和温升限值，应按制造厂家的规定或表 1-2-6 的规定。

表 1-2-6　　　　　定子、转子绕组和定子铁心等部件允许温升限值　　　　　　　　K

部位	不同等级绝缘材料的最高允许温升限值					
	B 级（130℃）			F 级（155℃）		
	温度计法	电阻法	检温计法	温度计法	电阻法	检温计法
空气冷却的定子绕组	—	80	85	—	105	110
定子铁心	—	—	85	—	—	105
内冷却水定子绕组的出水	25	—	25	25	—	25
两层及以上的转子绕组	—	80	—	—	100	—
表面裸露的单层转子绕组	—	90	—	—	110	—
不与绕组接触的其他部件	这些部件的温升应不损坏该部件本身或任何与其相邻部件的绝缘					
集电环	75	—	—	85	—	—

注　定子和转子绝缘应采用耐热等级为 B 级（130℃）及以上的绝缘材料。

（二）发电机本体运行中的监视、检查和维护

（1）发电机所有监视仪表，如定子绕组、定子铁心、进风、出风温度，发电机各部轴承的温度、振动及润滑系统和冷却系统的油位、油压、水温、水压、流量等的检查，记录间隔时间，应根据设备运行状况、机组运行年限、记录仪表和计算机配置等具体情况在现场运行规程中明确。

（2）发电机及附属设备应定期进行巡视和检查。特殊运行方式或不正常运行情况下，应增加巡视和检查频次。在发生短路故障后，应组织对发电机进行检查。对新投入或检修后的发电机，第一次带负荷时应增加巡视和检查频次。

（3）加强运行中发电机的振动与无功出力变化情况监视。如果振动伴随无功变化，则可能是发电机转子有严重的匝间短路。此时，首先控制转子电流，若振动突然增大，应立即停运发电机。

（4）发电机运行中应巡视检查项目。

1）上位机、下位机旁监控盘运行正常，机组状态显示正常，机组运行参数显示正常；

2）发电机保护装置运行正常，信号指示正确，机组各保护投入正确，无报警信号；

3）机组故障录波装置运行正常，无故障和告警信号；

4）发电机运转声音正常，无异声、异味和异常振动；

5）机组制动柜制动气压正常，各电磁阀位置正确，测速装置运行正常，转速信号正确；

6）机组轴电流监测装置运行正常，发电机轴电流小于规定值；

7）机组振动摆度测量装置运行正常，各部位振动摆度正常；

8）发电机引出线连接处及中性点连接处无过热现象；

9）集电环、刷架、引线等清洁、完整、接线紧固，运行中电刷无火花、跳动，电刷磨损量在正常范围内，电刷与刷握无卡住现象，电刷引线无发黑、断线；

10）定子绕组、定子铁心、转子回路、励磁系统各设备运行正常，各表计指示正确，各元件及接头无发热；

11）励磁变压器各部温度正常，各接头接触良好、无发热；

12）出口断路器、隔离开关运行正常，闭锁关系位置正确，各压力值在正常范围，各连接部分无过热现象，外壳接地线接地良好；

13）各电压互感器完好，一、二次接线及电压互感器二次空气断路器或熔断器完好，电压指示正常；

14）出口母线各部温度正常，外壳接地良好；

15）风洞内无异声、异味、火花、异物和异常振动；

16）推力、上导、下导轴承油槽油位、油色、油温正常，排油雾装置正常，各部位无甩油、漏油及集油、积水现象；

17）发电机各空气冷却器温度均匀，进出风温度、冷却水压力正常，阀门位置正确，管路阀门无渗漏，无过热或结露现象；

18）发电机端子箱内各连接端子连接稳固，无发热、变色现象；

19）发电机及其附近无异物，外壳接地良好，二次端子箱门关闭；

20）发电机的消防设施齐全、可靠，消防水压正常。

（三）发电机红外测温

应定期对发电机各部件温度进行红外测温并分析，尤其注意与历史数据的对比分析，发现异常，应查找原因，制定处理措施。

1. 集电环和电刷的红外检测。

（1）红外测温检测原则。对于新投产机组大修后的发电机，应在带电运行1周内进行检测；更换电刷、检修集电环或刷架装置后，应在带电运行1周内进行检测；发电机运行中，检测周期宜为3个月，必要时可缩短检测周期。

（2）检测方法。选择红外热成像仪；打开集电环罩，选择合适的观察位置，沿集电环径向方向进行温度监测；应检测并比较所有电刷的温差情况；电刷温度异常时，应检查电刷和集电环表面的磨损情况，并监测电刷电流的分布情况；应记录环境温度、励磁电流、发电机负荷、被测对象温度及检测时间等参数。

（3）判定标准。发电机的集电环温升或温度限值应符合表1-2-6的规定，各电刷之间的温度不应有明显变化。

2. 发电机定子端部温度检测

（1）检测原则。对定子绕组端部可视的水轮发电机，运行中宜进行定子绕组端部温度的红外检测，并重点关注并头套的温度差异。

（2）检测方法。试验前，应检测定子绕组端部的环境温度；检测定子绕组端部温度时，应在上方、下方分别选择合适位置，检测这个圆周上所有绕组的温度及温差情况；检测并头套温度时，应注意相间各并头接头的温度差异。

（3）评定标准。当定子绕组端部或并头接头温差达到 3K 及以上时，温度高者为不合格部位。

（四）集电环定期巡视项目

（1）集电环上电刷的打火情况。

（2）电刷在刷框内应能自由上下活动（一般间隙为 0.1～0.2mm），并检查电刷有无摇动、跳动或卡住的情形，电刷是否过热。

（3）电刷连接软线是否完整，接触是否完好，有无发热的情况。

（4）电刷与集电环接触面不应小于电刷截面的 75%。

（5）电刷的磨损程度（允许程度应在现场运行规程中明确规定）。

（6）刷框和刷架上有无灰尘积垢。

（7）定期对电刷弹簧压力和集电环温度进行检测，集电环表面应无变色、过热现象，其温升应满足规定。

（五）电刷检查

检查电刷时，可按顺序将其由刷框抽出，需更换电刷时，在同一时间内，每个刷架上只许换一个电刷；对于大型机组，刷架在运行中可抽出一组进行更换。大型机组应配有碳粉收集装置，并定期检查其工作情况和定期取出碳粉。换上的电刷应研磨良好并与集电环表面吻合，且新旧电刷型号应一致。

（六）发电机出线母线的红外检测

1. 检测原则

对于新投产及大修前、后的发电机，应进行检测；发电机运行中，可每年检测一次，必要时可缩短检测周期。

2. 检测方法

对于发电机出线和套管可视部位应检测其温度及相间温差；应检测封闭母线外壳温度及相间温差。对于装有红外观察窗口的封闭母线，应检查内部导电杆的温度及相间温差；应检测敞开式母线的温度及相间温差；应检测发电机出口附属结构件的温度；应注意相同型号、相同结构的发电机及其出线母线在相同条件下的温度比较；应记录环境温度、发电机负荷、被测对象温度及检测时间等参数。

3. 评定标准

（1）封闭母线各部位的温度和温升限值应符合表 1-2-7 的规定，且在相同位置部位的温度不应有明显差异。

表 1-2-7 封闭母线各部位的温度和温升限值

封闭母线的部件		温度限值（℃）	温升限值（K）
导电杆		90	50
螺栓紧固的导体或外壳的接触面	镀银	105	65
	不镀银	70	30
外壳		70	30
外壳支撑结构		70	30

（2）敞开式母线的温度和温升限值可参照表 1-2-7 中对封闭母线导电杆的规定，且相

间温度不应有明显差异。

（3）对于相同型号、相同结构的发电机及其出线母线，在相同条件下，出线母线各部件的温度不应有明显差异。

（七）封闭母线

（1）发电机采用封闭母线时，应焊接良好、严密、不漏水，应能监测接头及其他易发热部位的温度，运行中应进行定期测量。采用微正压装置的离相封闭母线，其漏气量应满足GB/T 8349《金属封闭母线》的规定。

（2）发电机封闭母线的外壳及支撑结构的金属部位应通过接地导线可靠接地，不连式离相封闭母线的每一段外壳上只允许有一点接地，其接地板或接地导线截面应具备承受短路电流的能力。当母线通过短路电流时，外壳的感应电压应不超过24V。

（3）加强封闭母线微正压装置的运行管理。

1）微正压装置的气源宜取用仪用压缩空气，应具有滤油、滤水过滤（除湿）功能，定期进行封闭母线内空气湿度的测量。有条件时在封闭母线内安装空气湿度在线监测装置。发电机封闭母线的运行与维护按照DL/T 1769《发电厂封闭母线运行与维护导则》和NB/T 25036《发电厂离相封闭母线技术要求》进行。

2）发电机封闭母线应有防止结露、积水的措施。采用微正压装置的，应投入自动运行，在运行中加强巡视检查，保证空气压缩机和干燥器工作正常；微正压装置长时间连续运行而不停顿时，应查明原因；安装了封闭母线泄水设备的，应定期排水；采用热风保养装置时，启用和停运应符合制造厂家技术要求，运行中应坚持气路畅通，各部件应完好，调压过滤器应清洁、无堵塞；采用强迫空气冷却装置时，应于离相封闭母线连接处设置绝缘、隔振及监测进出口空气温度和流量的装置，停运时应符合厂家技术文件要求，并加强巡视检查；安装空气干燥装置的，应定期检查装置的运行状态，确保发电机封闭母线运行正常。

（八）空气冷却器

1. 冷风温度要求

空气冷却器冷却水系统的水温较低时，其空气冷却器的冷风温度应调整至冷却器不结露为宜，发电机在运行中应密切监视空气冷却器进出口温差，若温差显著变化，应分析原因，采取措施加以解决。

2. 水内冷发电机的冷却系统技术要求

冷却水管路线图应设有检漏装置、冷却水水质监测和报警装置。冷却水处理应按照DL/T 1039《发电机内冷水处理导则》的相关规定执行；发电机内冷水系统投运前，循环冷却塔应彻底冲洗，不应留有杂质。对于新投运或检修机组，其内部应检查和清扫；内冷水系统补水管应设置冲洗排污管；内冷水系统应设置冲洗排污出水管；内冷水系统应定期进行正反冲洗；各组冷却水管出水口（包括汇水管）均应装设测温装置，定子绕组的进水温度不宜超过40℃。进水温度下限应在现场运行规程中明确。

（九）特殊运行方式

（1）发电机能否进相运行应遵守制造厂的规定，并通过温升试验和进相试验确定。进相试验深度应根据发电机端部结构件的发热和在电网中运行的稳定性以及进相试验确定。发电机进相深度的限制因素为系统稳定性、定子端部温升、定子电流、厂用电压、升压站高压母线电压。

（2）作调相运行的发电机在调相运行时，其励磁电流不应超过额定值。

（3）承担调峰、调频运行的发电机，应适当增加对线棒绝缘和槽内固定的检查频次。

（十）轴承温度允许值

推力轴承巴氏合金瓦为 80℃；导轴承巴氏合金瓦为 75℃；推力轴承塑料瓦体为 55℃；导轴承塑料瓦体为 55℃；座式滑动轴承巴氏合金瓦为 80℃。

三、发电机状态监测

1. 机组振动、摆度

对机组的稳定状态、暂态过程（包括瞬态）的振动、摆度进行分析，提供波形、频谱、轴心轨迹、空间轴线、趋势图等时域和频域进行分析。

2. 轴向位移

对大轴轴向位置的变化进行分析。

3. 压力脉动

对各过电流部位稳态运行、暂态过程（包括瞬态）的压力脉动进行分析。

4. 空气间隙

对发电机定子和转子之间的空气间隙进行监测分析，计算定子和转子不圆度、定子和转子中心相对偏移量和偏移方位、定子和转子间气隙，分析机组静态与动态下气隙参数的相对关系和气隙的变化趋势。

5. 磁通密度

应对发电机定子和转子之间的磁通密度进行监测分析，计算各磁极的磁通密度等特征参数，提供磁通密度与工况参数的关系和系统工况下磁通密度的长期变化趋势，辅助分析转子磁极匝间短路和磁极松动等引起回路故障的可能性。

6. 局部放电

监测水轮发电机在运行状态下定子绕组的局部放电脉冲信号，提供长期趋势分析，分析判断局部放电发生的大致部位。

第六节　发电机检修

一、依据

发电机的检修周期及项目应参照 DL/T 838《发电企业设备检修导则》、DL/T 817《立式水轮发电机检修技术规程》、GB/T 35709《灯泡贯流式水轮发电机组检修规程》和 DL/T 1246《水电站设备状态检修管理导则》规定及制造厂技术要求。

二、检修原则

（1）发电企业可根据设备的状况调整各级检修的项目，原则上在一个 A 级检修周期内所有的标准项目都必须进行检修。

（2）特殊项目为标准项目以外的检修项目以及执行反事故措施、节能措施、技改措施等项目；重大特殊项目是指技术复杂、工期长、费用高或对系统设备结构有重大改变的项目。

发电企业可根据需要安排在各级检修中。

三、检修级别

1. A 级检修标准项目

（1）制造厂要求的项目。

（2）全面解体、定期检查、清扫、测量、调整和修理。

（3）定期监测、试验、校验和鉴定。

（4）按规定需要定期更换零部件的项目。

（5）按各项技术监督规定检查项目。

（6）消除设备和系统的缺陷和隐患。

2. B 级检修项目

根据机组设备状态评价及系统的特点和运行状况，有针对性地实施部分 A 级检修项目和定期滚动检修项目。

3. C 级检修标准项目

（1）消除运行中发生的缺陷。

（2）重点清扫、检查和处理易损、易磨部件，必要时进行实测和试验。

（3）按各项技术监督规定检查项目。

4. D 级检修项目

消除设备和系统的缺陷。

四、立式水轮发电机检修

（一）检修间隔及检修停用时间

水轮发电机检修间隔及检修停用时间见表 1-2-8。

表 1-2-8   水轮发电机检修间隔及检修停用时间

检修类别	检修间隔（年）	检修停用时间（天）
A 级检修	6～10	30～90
B 级检修	3～5	20～60
C 级检修	0.5～2	5～12
D 级检修	出现影响发电机安全运行缺陷时	1～3

（二）检修原则

（1）新机投产后的一年宜根据发电机运行状况安排一次检查性 B 级检修。

（2）对运行状态较好的发电机，经过技术鉴定确认后，宜逐步延长检修间隔。

（3）在发电机运行或检修过程中，发现有危及机组安全运行的重大设备缺陷，应立即停机检修或延长检修时间。

（4）为防止发电机失修，确保设备完好，凡发电机技术状况不好的，进过技术鉴定确认出现下列状况，并报主管单位批准后，可对表中的检修间隔、检修停用时间进行调整：

1）主要运行参数经常超过规定值，机组效率和功率明显降低。

2）机组振动或摆度不合格，而 C 级检修不能消除。

3）定子或转子绕组绝缘不良或部件发生变形、损伤，威胁安全运行。

（三）发电机 B 级检修项目

发电机 B 级检修项目见表 1-2-9。

表 1-2-9　　　　　　　　　　　发电机 B 级检修项目

序号	部件名称	检修标准项目	特殊项目
1	定子	（1）定子基座组合螺栓、基础螺栓、销钉及焊缝检查、处理，分瓣定子焊缝检查、处理，径向千斤顶检查、处理。 （2）定子铁心压紧螺栓外观检查。 （3）定子绕组端部及其支撑环检查、处理，齿压板修复。 （4）定子绕组及槽口部位检查、处理。 （5）汇流排检查、处理。 （6）内水冷却定子绕组检查、处理。 （7）蒸发冷却定子绕组检查、处理。 （8）测温装置、元件及回路检查、核对	齿压板更换；支撑环更换；铁心压紧螺杆更换；在不吊转子的情况下更换少量绕组；铁心松动处理；测温元件更换
2	转子	（1）空气间隙测量。 （2）转子支架焊缝检查、处理，组合螺栓、磁极键、磁轭卡键检查、处理，磁轭螺栓检查、处理，转子引线及各连接头和固定件检查、处理。 （3）制动环及其挡块清扫、检查、处理。 （4）集电环及绝缘支柱清扫、检查、处理。 （5）电刷装置及引线检查、调整或更换	在不吊转子的情况下更换少量磁极；磁轭下沉处理，磁轭键修复；极绕组、引线或阻尼绕组更换；极绕组匝间绝缘处理
3	轴承	（1）油槽排油、充油、油化验、滤油或换油。 （2）推力头、卡环、镜板等轴承转动部分清扫、检查、处理。 （3）轴承座检查、处理。 （4）推力轴承支撑结构检查、试验，推力瓦受理、调整。 （5）巴氏合金推力瓦和导轴瓦检查、修复、更换。 （6）弹性金属塑料瓦表面检查，磨损量测量。 （7）导轴承各部位检查、处理，导轴瓦间隙测量、调整。 （8）轴承绝缘检查、处理。 （9）油槽油冷却器分解检查、处理，油冷却系统严密性耐压试验。 （10）吸排油雾系统清扫、检查、处理，推力轴承高压油顶起装置（含滤网）清扫、检查、处理，有效性试验。 （11）推力外循环冷却系统清扫、检查、处理，严密性耐压试验。 （12）瓦温、油温、油位、油混水、振动、摆度等自动化元件和回路检查、处理或更换。 （13）油槽清扫、渗漏试验	
4	主轴	（1）主轴法兰、轴颈检查、处理。 （2）轴线检查调整（包括转桨式机组的受油器操作油管）。 （3）主轴中心补气系统检查、处理。 （4）主轴接地装置清扫、检查或更换	
5	机架	上机架、下机架或推力机架清扫、检查，径向或切向支撑装置清扫、检查	

续表

序号	部件名称	检修标准项目	特殊项目
6	附属系统	(1) 空气冷却器解体、清扫、检查、处理，通风部件检查、修复，空气冷却系统严密性耐压试验。 (2) 制动器闸块与制动环间隙检查，制动环闸块更换，制动柜检查，制动器系统清扫、检查，严密性耐压试验、模拟实验，制动系统电气回路校验，行程开关检查、调整。 (3) 吸尘系统清扫、检查。 (4) 顶转子系统检查、处理，顶转子操作及试验。 (5) 灭火系统检查、处理。 (6) 上、下挡风板清扫、检查、修复。 (7) 上下盖板清扫、检查、修复。 (8) 内水冷却系统解体、检查、处理和严密性耐压试验。 (9) 蒸发冷却系统解体、检查、处理和严密性耐压试验。 (10) 油、水、气管路阀门清扫、检查、渗漏处理。 (11) 表计检查、标定。 (12) 补漆、标识标牌修复或更换	
7	励磁系统	(1) 励磁系统及各回路、元器件清扫、检查、转子紧固及试验。 (2) 励磁变压器清扫、检查，各部位接头、电缆头、电缆线检查、处理、紧固及试验。 (3) 励磁专用电流互感器、电压互感器、电源变压器清扫、检查及接线紧固，二次回路检查，端子紧固及试验。 (4) 励磁调节器，功率柜，灭磁开关屏、柜、元器件的清扫、检查，插件紧固及试验。 (5) 冷却系统清扫、检查，管路积尘、结垢处理及试验。 (6) 冷却系统检修、保养。 (7) 灭磁开关以及各交直流开关检查、调整	
8	电气一次、二次系统及其他	(1) 中性点设备、引出线、出口断路器、母线、电流互感器、电压互感器、避雷器清扫、检查，各部位接头、电缆头、电缆线及螺栓清扫、检查、紧固及试验。 (2) 表计和自动化元件清扫、检查及校验。 (3) 保护装置、安全自动装置、故障录波装置及回路、元器件清扫、检查，端子紧固及试验。 (4) 监控系统及各回路、元器件清扫、检查，端子紧固及试验。 (5) 手/自动同期装置及回路、元器件清扫、检查，端子紧固及试验。 (6) 测速装置和回路、元器件清扫、检查，端子紧固及试验。 (7) 电气振动系统及回路、元器件清扫、检查，端子紧固及试验。 (8) 振动摆度、测温、空气间隙、局部放电和轴电流等监测系统清扫、检查，端子紧固及试验。 (9) 电缆防火系统检查、修复、孔洞封堵及试验。 (10) 其他相关装置、屏柜清扫、检查、紧固及试验	

(四) 发电机 A 级检修项目

发电机 A 级检修项目除实施 B 级检修项目外，还应实施表 1-2-10 规定项目。

表 1-2-10　　　　　　　　　　　　A 级检修补充项目

序号	部件名称	检修标准项目	特殊项目
1	定子	（1）绕组及槽口部位检查，槽楔检查、修理，通风沟清扫、检查。 （2）绕组防晕处理。 （3）分瓣定期合缝处理。 （4）端部接头、垫块及绑线检查、处理。 （5）圆度、中心、水平和高程测量、调整，椭圆度处理。 （6）内水冷却定子绕组检查、处理和试验。 （7）蒸发冷却定子绕组检查、处理和试验。 （8）定子清扫、喷漆	绕组更换；铁心重叠
2	转子	（1）转子吊出、吊入。 （2）各部位（包括通风沟）清扫、检查。 （3）转子圆度及磁极标高测定、调整。 （4）4.磁极接头、阻尼环、极间撑块检查、处理，部分磁极更换。 （5）制动环检查、处理或更换。 （6）转子清扫、喷漆	
3	轴承	（1）镜板表面检查、研磨、修复。 （2）推力头、卡环检查及处理	
4	机架	（1）机架检查、处理。 （2）机架中心、水平、高程等测量及调整	
5	附属系统	制动器及其系统解体检查、处理、试验	

五、贯流式水轮发电机检修

发电机本体检修标准项目见表 1-2-11。

表 1-2-11　　　　　　　　　发电机本体检修标准项目

序号	设备名称	标准项目	检修等级 C	B	A
1	定子	1. 机械部分			
		（1）机组排水孔、排水管检查疏通	√	√	√
		（2）消防管道及喷嘴检查	√	√	√
		（3）上、下游法兰面渗漏检查处理	√	√	√
		（4）定子连接螺栓紧固	√	√	√
		（5）齿压板检查		√	√
		（6）定子机座和铁心检查、处理			√
		（7）定子圆度检查			√
		2. 电气部分			
		（1）定子绕组槽部、端部及整体检查、清扫、处理	√	√	√
		（2）定子铁心检查、清扫、处理		√	√
		（3）定子铁心通风沟检查、清扫、处理			√

续表

序号	设备名称	标准项目	检修等级		
			C	B	A
1	定子	1. 机械部分			
		（1）定子槽楔检查、清扫、处理			√
		（2）定子引出线检查、清扫、处理	√	√	√
		（3）定子各紧固件检查、紧固	√	√	√
		（4）定子吹扫、绝缘检查恢复、干燥	√	√	√
2	转子	1. 机械部分			
		（1）上、下游空气间隙测量	√	√	√
		（2）制动环裂纹及磨损情况检查	√	√	√
		（3）机械锁定检查	√	√	√
		（4）转子与大轴连接螺栓无损检测	√	√	√
		（5）转子连接螺栓紧固检查	√	√	√
		（6）转子支架焊缝无损检测检查处理		√	√
		（7）测量调整转子圆度及磁极标高			√
		2. 电气部分			
		（1）转子磁极及其接头检查、清扫、处理	√	√	√
		（2）转子磁极阻尼条、阻尼环及其接头检查、清扫、处理	√	√	√
		（3）转子励磁引线检查、清扫、处理	√	√	√
		（4）转子集电环、电刷检查及更换	√	√	√
		（5）电刷检查、更换	√	√	√
		（6）转子各紧固件检查、紧固	√	√	√
		（7）转子吹扫、绝缘检查恢复及改造	√	√	√
3	中性点设备	电气部分			
		（1）中性点母线及其支撑检查、清扫、处理	√	√	√
		（2）中性点隔离开关操动机构检查、维护	√	√	√
		（3）中性点消弧线圈（接地变压器）检查、清扫、处理	√	√	√
		（4）中性点设备各紧固件检查、紧固	√	√	√
		（5）中性点接地装置屏柜检查、清扫、补漆	√	√	√

第七节 发电机试验

一、依据

发电机预防性试验的试验周期、项目和要求按照 DL/T 1768《旋转电机预防性试验规程》、DL/T 298《发电机定子绕组端部电晕检测与评定导则》的规定及制造厂技术要求执行，特殊试验按照 GB/T 20833.1《旋转电机 绕组绝缘 第1部分：离线局部放电测量》、

DL/T 492《发电机环氧云母定子绕组绝缘老化鉴定导则》、GB/T 1029《三相同步电机试验方法》、GB/T 5321《量热法测定电机的损耗和效率》等执行。发电机红外检测按照 DL/T 1524《发电机红外检测方法及评定导则》和 DL/T 664《带电设备红外诊断应用规范》执行。

二、发电机试验项目

(1) 定子绕组绝缘电阻、吸收比或极化指数。

(2) 定子绕组直流电阻测量。

(3) 定子绕组泄漏电流和直流耐压试验。

(4) 定子绕组工频交流耐压试验。

(5) 转子绕组绝缘电阻测量。

(6) 转子绕组直流电阻测量。

(7) 转子绕组交流耐压试验。

(8) 发电机定子铁心磁化（铁损）试验。

(9) 转子绕组的交流阻抗和功率损耗试验。

(10) 定子槽部线圈防晕层对地电位测试。

(11) 定子绕组内部水系统通流性试验。

(12) 定子绕组端部电晕测试。

(13) 轴电压。

(14) 定子绕组绝缘老化鉴定试验。

(15) 空载特性试验。

(16) 短路特性试验。

(17) 检查相序。

(18) 温升试验。

(19) 效率试验。

(20) 红外测温。

三、发电机特殊试验

(1) 红外检测。

1) 进行定子铁心损耗试验时，应使用红外热像仪进行温度分布测量。

2) 必要时可利用红外热成像仪进行定子绕组接头的开焊、端箍缺陷的查找，以及用于线棒通流试验的检查。

(2) A 修时应按照 DL/T 298《发电机定子绕组端部电晕检测与评定导则》进行定子绕组端部电晕试验，根据试验结果指导发电机定子绕组防晕层检修工作。

(3) 必要时应按照 GB/T 20833.1《旋转电机 绕组绝缘 第 1 部分：离线局部放电测量》进行发电机定子绕组局部放电试验。

(4) 对发电机运行年久（一般运行时间在 20 年以上）、运行或预防性试验中多次发生绝缘击穿或必要时、在线局部放电数据表明定子绕组绝缘有分层等老化特征时，应结合机组检修进行绝缘老化鉴定试验，新机投产后第一次 A 级或 B 级检修时，应对定子绕组绝缘进行老化鉴定试验，并留取初始数据，以便进行趋势分析。B级和F级绝缘可参照DL/T 492《发电机环氧云母定子绕组绝缘老化鉴定导则》进行发电机定子绕组绝缘老化鉴定试验。

（5）新投产发电机和改造后的发电机应按照GB/T 1029《三相同步电机试验方法》进行温升试验，以确定发电机出力。

（6）新投产发电机和改造后的发电机应按照GB/T 5321《量热法测定电机的损耗和效率》进行发电机损耗和效率试验。

第八节　发电机常规试验分析

一、定子、转子绕组绝缘电阻试验

测试发电机定子绕组绝缘电阻时，对于额定电压在6.3～10.5kV的，可选2500V的绝缘电阻表；对于额定电压在10.5～15.75kV的，可选5000V的绝缘电阻表；额定电压大于15.75kV的可选5000～10000V的绝缘电阻表。

发电机定子绕组对机壳或绕组间的绝缘电阻值在换算至100℃，应不低于按式（1-2-1）计算的数值，即

$$R = \frac{U_N}{1000 + 0.01S_n} \qquad (1-2-1)$$

式中　R——对应温度为100℃的绕组热态绝缘电阻计算值，MΩ；

　　　U_N——水轮发电机的额定电压，V；

　　　S_n——水轮发电机的额定容量，kVA。

对于目前使用的交流绕组成型线圈，40℃下的最低允许绝缘电阻值为100MΩ。

对于干燥清洁的发电机，在t（℃）的定子绕组绝缘电阻值R_i（MΩ），可按式（1-2-2）进行修正，即

$$R_t = R \times 1.6^{\frac{100-t}{10}} \qquad (1-2-2)$$

式中　R_t——定子绕组换算至100℃温度下的绝缘电阻，MΩ；

　　　R——试验绝缘电阻，MΩ；

　　　t——试验温度，℃。

A级绝缘吸收比不小于1.3；极化指数不小于1.5；B级绝缘或F级绝缘吸收比不小于1.6，极化指数不小于2.0。当1min绝缘电阻在5000MΩ（40℃）以上，极化指数就没有意义了，就不需要用极化指数来衡量绕组的绝缘状况。

转子磁极挂装前及挂装后的绝缘电阻值互相比较无显著差别，且在室温为10～40℃用1000V绝缘电阻表测量时，其绕组绝缘电阻值应不小于5MΩ。挂装后转子整体的绝缘电阻值应不小于0.5MΩ。

二、定子绕组直流电阻试验

定子绕组直流电阻应在冷态下进行测量，绕组表面温度与周围空气温度不应大于±3℃。直流电阻应换算至相同温度下进行比较，按式（1-2-3）进行换算，即

$$R_x = R_0 \frac{T + t_x}{T + t_0} \qquad (1-2-3)$$

式中　R_x——换算至温度为 t_x 时的电阻，Ω；

　　　R_0——温度为 t_0 时的电阻，Ω；

　　　T——常数，铜导体为 235，铝导体为 225；

　　　t_x——需换算 R_x 的温度，℃；

　　　t_0——测量 R_0 时的温度，℃。

相间（或分支间）差别及其历年的相对变化大于 1‰时，应引起注意。各相或各分支的直流电阻值，在校正了由于引线长度不同而引起的误差后，相互之间的差别不得大于最小值的 2%。换算至系统温度下与初次（出厂或交接时）测量值比较，相差不得大于最小值的 2%。超出此限值者，应查明原因。

三、定子绕组直流泄漏及耐压试验

检修前，应在停机后清除污秽前，尽量在热状态下进行，应分段在 0.5、1.0、1.5、2.0、2.5、$3.0U_N$（交接最高试验电压为 $3.0U_N$，A 级检修，最高试验电压为 $2.5U_N$）下，停留 1min，读取泄漏电流。

泄漏电流随温度升高而增大，对 B 级热固性绝缘可按式（1-2-4）进行换算，即

$$I_{t2} = I_{t1} 1.6^{\frac{t_2 - t_1}{10}} \qquad (1-2-4)$$

式中　I_{t2}——直流泄漏电流换算值，μA；

　　　I_{t1}——直流泄漏电流测试值，μA；

　　　t_2——换算温度，℃；

　　　t_1——测试直流泄漏电流时的绕组温度，℃。

试验结果分析如下：

(1) 试验应在停机后清除污秽前热状态下进行。

(2) 在规定的试验电压下，各相泄漏电流的差别不大于最小值的 100%。

(3) 泄漏电流不随时间的延长而增大。

四、定子绕组交流耐压试验

目前发电机定子绕组可采用工频交流耐压试验，也可采用超低频交流耐压试验。对于工频交流耐压试验，要求频率为 45～55Hz；对于超低频耐压试验频率为 0.1Hz，试验电压峰值为工频试验电压的 1.2 倍，此种试验的设备容量小，设备轻便。

检修前，应在停机后清除污秽前，尽量在热状态下进行。

交接时定子绕组交流耐压试验电压见表 1-2-12。

表 1-2-12　　　　　　　　交接时定子绕组交流耐压试验电压

容量（kW）	额定电压（V）	试验电压（V）
10000 以下	36 以上	$(1000 + 2U_N) \times 0.8$，最低为 1200
10000 及以上	24000 以下	$(1000 + 2U_N) \times 0.8$
10000 及以上	24000 及以上	与厂家协商

现场组装的水轮发电机定子绕组工艺过程中的绝缘交流耐压试验，应按 GB/T 8564《水轮发电机组安装技术规范》的有关规定执行。对于预防性试验：大修前，运行 20 年及以下，试验电压为 $1.5U_N$；运行 20 年及以上，试验电压为 $1.3\sim1.5U_N$。检修前，应在停机后清除污垢前，尽量在热状态下进行试验。在 30 年寿命期内，不会因交流耐压试验的积累效应而引起发电机绝缘击穿。

五、转子绕组交流阻抗及功率损耗试验

（一）试验接线

发电机转子绕组交流阻抗测试接线如图 1-2-3 所示。

转子绕组发生匝间短路时，交流阻抗会下降，功率损耗会增加，转子绕组交流阻抗和功率损耗测试是判断转子绕组匝间短路最灵敏最简便的方法。

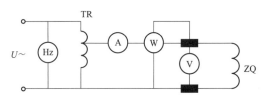

图 1-2-3　发电机转子绕组交流阻抗测试接线图

Hz—频率表；A—电流表；W—功率表；V—电压表；TR—调压器；ZQ—发电机转子绕组

（二）主要影响因素

1. 膛内、膛外的影响

因为转子膛内磁阻比在膛外时要小，所以相同条件下膛内交流阻抗比膛外时大；由于膛内转子绕组功率损耗包括定子铁损在内，相同条件下膛内转子绕组功率损耗比膛外时大。

2. 定子、转子气隙大小的影响

发电机定子、转子之间的气隙减小，磁阻减小，磁通增加，定子铁损增加，因此转子绕组交流阻抗和功率损耗均增加；反之，气隙增大，交流阻抗和功率损耗均减小。

3. 槽楔的影响

存在槽楔时，减小了磁阻，槽楔上产生涡流损耗，因此转子绕组交流阻抗和功率损耗增加。

4. 试验电压的影响

交流阻抗和功率损耗随电压升高而增加。

5. 静态、动态影响

转子绕组尺寸示意图如图 1-2-4 所示。当转子旋转时，随着转速升高，绕组的离心力增大并压向槽楔，使 h_1 和 h_2 减小，磁阻增大，磁通减小，阻尼作用增强，去磁效应增加，导致阻抗下降，损耗增加。

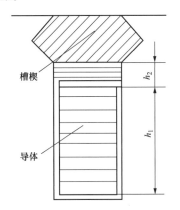

图 1-2-4　转子绕组尺寸示意图

（三）测试结果分析

发电机转子绕组交流阻抗和功率损耗影响因素较多，如电压、护环、槽楔、剩磁等，一定要在相同位置（膛内、膛外），相同状态（静态、动态），相同参数（同一转速、同一电压），相同状况（打入或未打入槽楔等）下测交流阻抗和功率损耗，并与历史数据比较，对凸级发电机，可测各磁极阻抗，相互比较。

第九节　定子绕组电腐蚀试验分析

一、电腐蚀现象

定子绕组绝缘表面与定子绕组槽壁失去电接触产生放电烧伤绝缘表面及化学腐蚀的现象称为电腐蚀。严重者将防晕层烧成蚕食状，大部分或全部变酥脱落，线棒上表面烧成麻点、麻坑；定子槽楔或垫条烧成蜂窝状，甚至局部烧尽。对于防晕层与主绝缘表面内游离严重者，在线棒防晕层与主绝缘之间见到因游离而形成的浅黄色和白色粉末。有时还会出现定子测温元件带电现象等。

由于黄绝缘和 F 级绝缘是热固性材料，发电机定子槽部线棒绝缘表面和槽壁之间易产生间隙，致使发电机运行中线棒表面对地电位升高，当表面电位达到气隙击穿电压时，即产生放电，这种放电是一种高能量的电容性放电，对定子线棒表面产生热能和机械作用，产生 O_3 及氮的氧化物（NO、N_2O、N_2O_4 等），与水作用形成 HNO_3，腐蚀线棒表面防晕层、主绝缘、槽楔、垫条。

二、电腐蚀产生的原因

当线棒在槽中存在间隙时，发电机槽电位测试等效电路如图 1－2－5 所示。

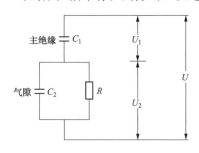

图 1－2－5　发电机槽电位测试等效电路图
U—外施电压，kV；U_1—主绝缘电压，kV；
U_2—气隙电压，kV；C_1—主绝缘电容，F；
C_2—气隙电容，F；R—气隙电阻，Ω

由

$$\dot{U} = \dot{U}_1 + \dot{U}_2$$

$$j\omega C_1 U_1 = j\omega C_2 U_2 + \frac{\dot{U}_2}{R}$$

得

$$\dot{U}_2 = \dot{U} \frac{j\omega C_1}{j\omega C_1 + j\omega C_2 + \dfrac{1}{R}} \qquad (1-2-5)$$

（1）间隙电压 U_2 与绝缘电容 C_1 有关。黄绝缘或 F 级绝缘的介电系数 ε 大于黑绝缘的，相同机组黄绝缘或 F 级绝缘的电容量大，发电机运行中槽内绝缘与槽壁之间间隙上电压 U_2 也增大，因此黄绝缘或 F 级绝缘容易放电。

（2）间隙电压 U_2 与槽壁接触电阻 R 有关。发电机运行中防晕层和槽壁产生相对位移，槽壁接触电阻 R 增加，间隙电压 U_2 增加，黄绝缘发或 F 级绝缘发电机易于放电。

（3）间隙电压 U_2 与所加电压 U 有关。发电机运行中线棒所处对地电位越高，则间隙电压 U_2 越大，越容易放电。

三、电腐蚀规律

（1）发电机电压等级、冷却方式、绝缘材料的影响。

1）电压等级越高，电腐蚀越严重。

2）空冷发电机易发生电腐蚀。

3）黄绝缘或 F 级绝缘发电机比沥青云母绝缘发电机易发生电腐蚀。

（2）同一台机组中线棒所处位置（上下层），电位高低的影响。

1）上层线棒电腐蚀概率大，上层比下层少一个接触面，上层线棒电磁力大，易磨损。

2）高电压线棒电腐蚀概率大。

四、产生电腐蚀条件

1. 定子绝缘外表面与铁心失去电接触

由图 1-2-5 可知

$$C_1 = \frac{\varepsilon_1 S_1}{d_1}$$

$$C_2 = \frac{\varepsilon_2 S_2}{d_2}$$

$$U_1 = U \frac{C_2}{C_1 + C_2}$$

$$U_2 = U \frac{C_1}{C_1 + C_2} \qquad (1-2-6)$$

式中　ε_1——绝缘介电系数，F/m；

　　　S_1——绝缘对应面积，m^2；

　　　d_1——绝缘厚度，mm；

　　　ε_2——气隙介电系数，F/m；

　　　S_2——气隙对应面积，m^2；

　　　d_2——气隙距离，mm。

（1）当接触不良时，气隙上的电压为

$$U_2 \neq 0$$

（2）气隙场强达放电场强时放电，气隙场强为

$$E_2 = \frac{U}{d_2 + d_1 \frac{\varepsilon_2}{\varepsilon_1}} \qquad (1-2-7)$$

式中　E_2——气隙场强，kV/mm。

当气隙场强大于空气击穿场强时，气隙就会放电。

2. 需有一定的时间积累

当气隙放电时，会慢慢腐蚀绝缘表面防晕层和主绝缘，可能会经过一段时间或较长时间才会出现绝缘击穿现象。

五、防止电腐蚀的措施

（1）槽内垫条采用半导体垫条，提高防晕性能。

（2）定子槽内喷半导体漆。

（3）保证线棒尺寸和定子铁心尺寸紧密配合。

（4）定子槽楔要压紧。

（5）提高半导体漆的性能，选用性能稳定的半导体漆。

六、测试电腐蚀的方法

1. 测量线棒出槽口处表面绝缘电阻

线棒发生电腐蚀时，在线棒出槽口往往有烧伤痕迹，使防晕层损坏，从而使表面电阻 R_i 增大，当 $R_i > 5 \times 10^5$ Ω 时，即有发生电腐蚀的可能。一般采用 500V 绝缘电阻表，火线接触到槽口线棒表面，地线接到附近铁心，测试绝缘电阻。

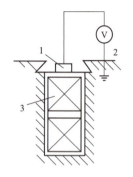

图 1-2-6　槽电位测试示意图
1—测试电极；2—电压表；3—线棒

2. 测量线棒的表面电位

槽电位测试示意如图 1-2-6 所示。

退出槽楔，施加额定相电压，用高内阻电压表探测线棒的表面电位。也可从通风沟处探测。

判断标准：良好接触时，表面电位小于 10V；130～150V 时，可能产生火花放电；大于 100V，可能发生电腐蚀。

3. 测量定子线棒测温元件的感应电动势

仅适用于水内冷机组（因每槽出水皆有测温元件）。

判断标准：防晕层完好时，感应电动势大于 6V；防晕层不良时，感应电动势大于 200V 甚至 500～600V；大于 50V 时，则认为可能有电腐蚀存在。

第十节　定子绕组绝缘介质损耗试验分析

一、发电机定子绕组介质损耗应用场合

发电机在制造中，定子主绝缘难免残存一些气隙。

（1）电厂在重绕定子绝缘后下线前，需做单线棒绝缘的介损检测，确定绝缘质量。

（2）对运行年久的老旧发电机进行绝缘老化鉴定试验时需做单线棒和整相绕组的介质损耗。

二、介质损耗基本知识

发电机定子绕组绝缘等效电路如图 1-2-7 所示。

$$\tan\delta = \frac{I_R}{I_C} = \frac{1}{\omega C_x R_x} \qquad (1-2-8)$$

$$P = U\frac{U}{R_x} = U^2 \omega C_x \tan\delta \qquad (1-2-9)$$

式中　δ——介质损失角；

　　I_R——介质中的阻性电流，A；

　　I_C——介质中的容性电流，A；

　　ω——角频率，rad/s；

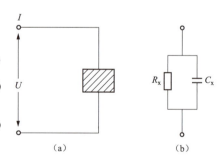

图 1-2-7　发电机定子绕组绝缘等效电路图
（a）示意图；（b）等值电路图

C_x——绝缘等效电容，F；

R_x——绝缘等效电阻，Ω；

P——介质中的功率损耗，W；

U——试验时外施交流电压，V。

P 与 $\tan\delta$ 成正比，故定子绝缘质量的优劣可直接由 $\tan\delta$ 来判定，通常用高压西林电桥和自动电桥测量。自动电桥通过比较试品回路和标准电容回路的相角差，确定 $\tan\delta$。

三、介损测试仪原理

1. 西林电桥原理

西林电桥原理接线如图 1-2-8 所示。

通过调节 R_3 和 C_4 可使电桥平衡，此时检流计 P 内无电流流过，可得

$$C_x = \frac{R_4}{R_3} C_N \qquad (1-2-10)$$

$$R_x = \frac{C_4}{C_N} R_3 \qquad (1-2-11)$$

$$\tan\delta = \omega C_4 R_4 \qquad (1-2-12)$$

在频率 f 为 50Hz 时，$\omega = 2\pi f = 100\pi$，一般取 $R_4 = \dfrac{10000}{\pi}$，则 $\tan\delta = C_4$（C_4 以 μF 计）。

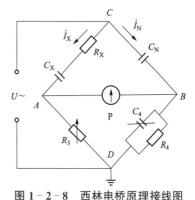

图 1-2-8 西林电桥原理接线图

C_X、R_X—被试品的电容和电阻；R_3—无感可调电阻；

C_N—高压标准电容器；C_4—可调电容器；

R_4—无感固定电阻；P—检流计

2. 自动介质损耗测试仪

数字式介质损耗测试仪的基本原理为矢量电压法，即利用两个高精度电流互感器，把流过标准电容器 C_N 和试品 C_x 的电流 I_N 和 I_x 转换为适合计算机测量的电压信号 U_N 和 U_x，然后通过数模转换，A/D 采样将电流模拟信号变为数字信号，通过傅里叶变换（FFT）数学运算，确定信号主频并进行数字滤波，分别求出这两个电压信号的实部和虚部分量，从而得到被测电流信号 I_x 和 I_N 的基波分量及其矢量夹角 δ。由于 C_N 为无损耗标准电容器，且其电容量 C_N 已知，故可方便地求出试品的大容量和介质损耗 $\tan\delta$ 等参数。自动介质损耗测试仪原理图如图 1-2-9 所示。

通过测量 I_x 回路和 I_N 回路的电流夹角，从而确定 $\tan\delta$。

四、介质损耗影响分析

1. $\tan\delta$ 与温度的关系

$\tan\delta$ 随温度升高而增加，一般测量 $\tan\delta$ 最好在 10～30℃下测量。

2. $\tan\delta$ 与试验电压的关系

良好绝缘的 $\tan\delta$ 不随电压升高而明显增加，当绝缘有缺陷时，则 $\tan\delta$ 随试验电压升高而明显增加，发电机定子绕组绝缘老化时，$\tan\delta$ 与试验电压的关系曲线如图 1-2-10 所示。

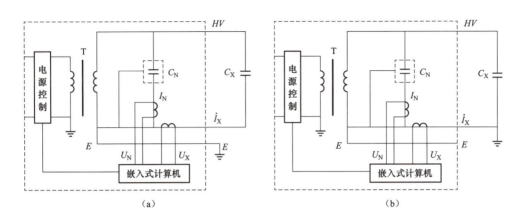

图 1-2-9　自动介质损耗测试仪原理图

（a）测量不接地试品；（b）测量接地试品

3. tanδ 与试品电容的关系

定子绕组绝缘等值电路如图 1-2-11 所示。可将发电机定子绕组绝缘看成由许多电容和电阻并联组成的，所测得 tanδ 是并联后的综合值。

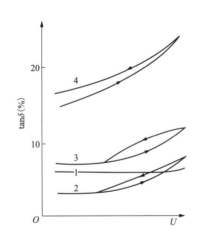

图 1-2-10　tanδ 与试验电压的关系曲线

1—绝缘良好的情况；2—绝缘老化的情况；

3——绝缘中存在气隙的情况；

4—绝缘受潮的情况

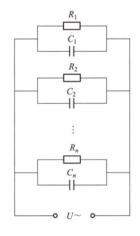

图 1-2-11　定子绕组绝缘等值电路图

R_1、R_2、…、R_n—并联等效电阻；

C_1、C_2、…、C_n—并联等效电容

$$\tan\delta = \frac{C_1\tan\delta_1 + C_2\tan\delta_2 + \cdots + C_n\tan\delta_n}{C_1 + C_2 + \cdots + C_n} \qquad (1-2-13)$$

tanδ 不能仅反映发电机的局部集中性缺陷，但当发电机绝缘普遍老化时，各部分 tanδ 都会增加，因此 tanδ 可作为定子绝缘老化判断指标。

第十一节 定子绕组局部放电试验分析

一、原理

当定子绕组绝缘老化时，介质内部将出现气泡，当外施电压大于放电电压时，气泡将放电，即产生局部放电，它可以慢慢损坏绝缘，日积月累最后导致绝缘击穿。定子绕组局部放电等效电路如图 1-2-12 所示。

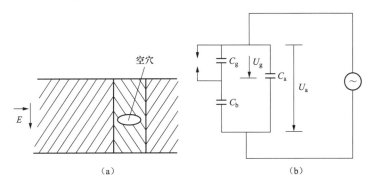

图 1-2-12 定子绕组局部放电等效电路图

（a）介质内空隙；（b）等效电路

C_g—空穴电容；C_b—绝缘介质与空穴串联部分的电容；C_a—介质其余部分的电容；U_g—空穴电压；

U_a—绝缘介质的外施电压

由图 1-2-12 可得

$$U_g = \frac{C_g}{C_g // C_b} U_a = \frac{C_g + C_b}{C_b} U_m \sin\omega t \tag{1-2-14}$$

当 U_a 升高，U_g 升高，达到气隙放电电压时，C_g 开始放电。

二、放电量参数

（一）真实放电量 q

真实放电量为两端等效电容乘以电压差，即

$$q = \Delta U_g C_g \tag{1-2-15}$$

式中 ΔU_g——气隙上的电压因放电而产生的电压降低值。

（二）视在放电量 q_r

视在放电量 q_r 为 C_a 上的放电电量，即

$$q_r = \Delta U_a C_a \tag{1-2-16}$$

式中 ΔU_a——在 C_a 上的压降。

（三）放电重复率

放电重复率为每秒钟的放电次数。

（四）放电能量

放电能量为气隙中每次放电所消耗的能量，即

$$W = \int_0^\infty U_g(t) i_g(t) \mathrm{d}t \tag{1-2-17}$$

式中　W——气隙每次放电消耗的功率，W；

　$U_g(t)$——气隙上的电压，V；

　$i_g(t)$——通过气隙的电流，A。

（五）起始放电电压和熄灭电压

起始放电电压为试品施加电压由低往上升高开始放电时的电压。起始熄灭电压为试品施加电压由高往下降低开始熄灭时的电压。

（六）几个指标表达式

1. 真实放电量

$$q_r = (C_g + C_a /\!/ C_b)(U_g - U_r)$$

$$= \left(C_g + \frac{C_a C_b}{C_a + C_b} \right)(U_g - U_r) = \frac{C_a C_g + C_b C_g + C_a C_b}{C_a + C_b}(U_g - U_r) \tag{1-2-18}$$

式中　U_r——局部放电剩余电压，该值无法测定。

2. 视在放电量

$$q = \Delta U_a C_a = \frac{C_b}{C_a + C_b} \Delta \mu C_a = \frac{C_b C_a}{C_a + C_b}(U_g - U_r)$$

$$\frac{q_r}{q} = \frac{C_a C_g + C_b C_g + C_a C_b}{C_b C_a} \tag{1-2-19}$$

局放仪所测局部放电为视在放电量。

3. 放电次数

$$n = 2fN$$

式中　f——频率；

　N——每半周放电次数。

4. 放电能量

$$W = \int_0^\infty U_g(t) i_r(t) \mathrm{d}t = \int_0^\infty U_g(t) \left[-C_g \frac{\mathrm{d}U_g(t)}{\mathrm{d}t} \right] \mathrm{d}t = -C_g \int_{U_g}^{U_r} U_g(t) \mathrm{d}U_g(t) = C_g(U_g^2 - U_r^2)$$

$$\tag{1-2-20}$$

三、试验接线

发电机定子绕组局部放电试验接线见图 1-2-13。

要求 C_k 内部无放电，$C_k = 500 \sim 2000 \mathrm{pF}$。

四、发电机定子绕组局部放电应用场合

发电机在新机单线棒进行局部放电试验，确定线棒绝缘质量；在大修时，当怀疑发电机绝缘存在放电现象时进行局部放电试验，以确定发电机绝缘缺陷；在发电机定子绕组进行绝缘老化鉴定时进行局部放电试验，以确定发电机绝缘老化情况，同时可以确定绝缘剩余寿命。

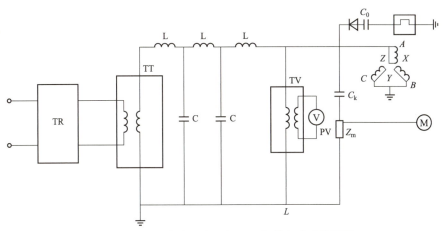

图 1‐2‐13 发电机定子绕组局部放电试验接线图

TR—调压器；TT—试验变压器；L、C—滤波电感和滤波电容；TV—电压互感器；C_k—耦合电容；

Z_m—监测阻抗；C_0—校正电容；M—局部放电测试仪

五、评定标准

1. 离线局部放电试验评定

新绕组和绕组部件的最大试验电压可以为相电压和线电压，评定原则如下：

（1）使用相同的测量方法和具有相同技术参数的测量设备，同一定子在一段时间内局部放电量趋势。

（2）使用相同的测量方法和具有相同技术参数的测量设备，具有相同设计的几个定子绕组间的局部放电量对比。

（3）使用相同的测量方法和具有相同技术参数的测量设备，一个定子绕组不同相之间的局部放电量对比。

2. 水轮发电机单根线棒最大视在放电量

水轮发电机单根线棒最大视在放电量参考限值见表 1‐2‐13。

表 1‐2‐13 水轮发电机单根线棒最大视在放电量参考限值

环氧云母绝缘	
试验电压	局放量（pC）
额定相电压	1500
额定线电压	3000

3. 黄绝缘或 F 级绝缘发电机绝缘老化判断标准

在额定相电压下最大局部放电量不超过 10000pC。

第十二节 定子绕组绝缘老化鉴定试验分析

一、鉴定意义

发电机定子绕组绝缘在运行中长期受温度差、电场、电磁力、热应力以及环境等因素作用，其机械特性、介电特性逐渐变坏，电气强度降低，即发生老化。当绝缘进入普遍老化阶段后，在运行和耐压试验中频繁击穿，即使倒位运行仍不能好转，绝缘寿命临近终止。这时应该全部重绕（更换）绝缘。

对于尚有一定电气强度和整体性较好的定子绕组绝缘应允许继续运行，以便充分利用其余度。因为更换整台定子线棒绝缘，费用昂贵。如果判断不准，提前更换会造成物质的浪费。因此，准确地判明绝缘的老化程度和剩余寿命，以便为发电机定子绕组绝缘继续运行或更换提供科学依据，是十分重要的问题。

二、试验依据

试验依据为 DL/T 492《发电机环氧云母定子绕组绝缘老化鉴定导则》。

三、试验周期

当绝缘老化程度达到下列状况时，应考虑更换绝缘：

（1）运行时间超过 20 年。

（2）运行中或预试中多次发生绝缘击穿。

（3）外观及解剖检查发现绝缘严重发胖、流胶、脱落、龟裂、失去弹性，内部游离严重等老化现象。

（4）绝缘老化鉴定试验不合格者。

四、试验项目

（1）整相绕组（分支）对地及其他绕组（分支）和单根线棒介质损耗试验。

（2）测量轴向绕组（或分支）对地及其他绕组（分支）和电容增加率试验。

（3）测量整相绕组（或分支）及单根线棒的局部放电试验。

（4）整相绕组（或分支）及单根线棒的介电强度试验。

五、鉴定程序和原则

（1）进行绝缘老化鉴定试验时，应对发电机过负荷和超温运行时间、历次事故原因及处理情况、历次检修中发现的问题及试验情况、在线局部放电数据等进行综合分析，以对绝缘运行状况作出评定。

（2）鉴定试验时，应事先做整相绕组绝缘老化鉴定试验，如果试验结果与历次试验结果相比，出现异常并不符合规定时，应做单根线棒的抽样鉴定试验和解剖检查，如果发现绝缘分层发空严重、固化不良、失去整体性、局部放电严重及股间绝缘破坏等老化现象，鉴定结果即为该发电机环氧云母定子绕组绝缘老化。

（3）单根线棒抽样试验的数量为对于水轮发电机一般不应少于 6 根，选取的部位应以上层为主，并考虑线棒的不同运行电位。

（4）由于环境因素对诊断性试验的结果影响较大，进行各相试验的历史数据分析时应充分考虑其影响。

（5）鉴定试验可参考类似绝缘系统的试验数据。

第十三节　定子绕组绝缘寿命评估

一、定子绕组绝缘寿命评估

剩余击穿电压倍数经验公式为

$$\frac{U_{\mathrm{b}}}{U_{\mathrm{N}}}=12-2.2\log Q_{\mathrm{m}}-280\times\left(\frac{\tan\delta_0}{R_1 C_0}\right)^2 \qquad (1-2-21)$$

式中　U_{b}——剩余击穿电压，kV；

　　　U_{N}——额定电压，kV；

　　　Q_{m}——在额定电压下的最大局部放电量，pC；

　　　R_1——直流 1min 时的绝缘电阻，Ω；

　　　C_0——2kV 电压下的电容，F；

　　$\tan\delta_0$——2kV 下的介质损耗角正切，％。

二、剩余击穿电压与原始击穿电压的关系

日立公司对大量发电机综合老化线圈抽样试验并用最小二乘法分析得出经验公式，环氧绝缘 D-图形法的推断值几乎都在实测值的 95％可信区间内。

剩余击穿电压与原始击穿电压的百分比为

$$U_{\mathrm{BD}}(\%)=100-1.8\times(\Delta-0.8)-27.4\log\left(\frac{Q_{\mathrm{m}}}{1500}\right) \qquad (1-2-22)$$

式中　U_{BD}（％）——剩余击穿电压与原始击穿电压的百分比，％；

　　　　　Δ——放电参数，即 $\Delta\tan\delta_0$ 与 ΔI 之和；

　　　　Q_{m}——额定电压下的最大局部放电量，pC；

　　$\Delta\tan\delta_0$——额定电压与 2kV 电压下的介质损耗之差；

　　　　ΔI——交流电流增加率。

国外有关文献认为：当击穿电压值下降至初始值的 50％以下时，即为该绝缘的寿命终点。当电机在按照设计要求运行并得到较好的维护时，绕组绝缘的击穿电压与运行时间基本上呈线性关系。此时，寿命 $L=50\%/$绝缘击穿电压的年平均下降率，剩余寿命 $L'=L-$实际运行年份。

三、发电机定子绕组绝缘寿命评估实例

某水力发电厂 2 号发电机（额定电压为 6.3kV，额定功率为 12MW），于 1996 年投产发电，2005 年增容（额定功率为 15MW）改造更换绕组，2017 年进行寿命评估相关试验，截至 2017 年投产时间为 12 年，发电机定子额定电压 U_{N} 为 6.3kV，局部放电量 Q_{m} 为 7110pC，2kV 下的电容值 C 为 0.05499×10^{-6}F；2kV 下的介质损耗角正切 $\tan\delta_0$（％）为 1.09；直流下 1min 时的绝缘电阻 R_1 为 $3210\times10^6\Omega$，剩余击穿电压倍数为

$$\frac{U_{\mathrm{b}}}{U_{\mathrm{N}}}=12-2.2\times\log7110-280\times\left(\frac{1.09}{3210\times10^6\times0.05499\times10^{-6}}\right)^2$$

$$=3.515$$

放电参数 $\Delta = \Delta\tan\delta_0$（％）$+ \Delta I$，$\Delta\tan\delta_0$（％）为 1.09，$\Delta I$ 为 0，局部放电量 Q_m 为 7110pC，则

$$U_{BD}(\%) = 100 - 1.8 \times (1.09 - 0.8) - 27.4 \times \log\left(\frac{7110}{1500}\right) = 80.96$$

已运行年限 12 年，每年寿命下降率为 1.585％，U_{BD}（％）下降为 50％即认为寿命终止，总寿命为 32 年，剩余寿命为 20 年。

第十四节　发电机定子铁心故障检测（EL CID）试验

一、试验原理

EL CID 是一种用电磁方法监测铁心叠片的方法，能对定子铁心片间故障进行可靠和安全的检测。该方法所施加励磁电流仅仅为传统铁损试验励磁电流的一小部分（4％），用于在铁心内部感应产生故障电流，用监测线圈取电流信号用定子铁心故障探测仪进行分析。避免了高磁通测试法带来的诸多问题，如操作烦琐、检测工作量大、无法准确定位缺陷深度、施加大电流对设备带来的二次损伤等，能够准确地发现故障区域，无论故障区域在铁齿表面还是深埋在表面之下。

EL CID 采用 4％的额定磁密，在定子铁心片间绝缘层的任何缺陷部位会产生故障电流，该电流产生的磁场会在铁心表面产生磁位梯度，通过一种特殊绕制的绕组 Chattock 电位计来测量磁势差。Chattock 电位计输出的信号大小等比于两端的磁势差。磁势差的检测包括两部分：励磁电流产生的在铁心表面的恒定磁场，铁心内故障电流在铁心表面形成的磁势差。这两种信号都会被 Chattock 电位计检测到。

通过在铁心表面沿铁心槽进行纵向扫描，每一次对每个槽和其相邻 2 个铁齿进行检查，以达到覆盖铁心内全部表面的目的。Chattock 电位计固定于每两个相邻齿的外缘，其输出信号将包括励磁磁场及感应的故障电流的信息。

EL CID 将接收 Chattock 电位计信号，并将它与励磁电流的参考信号进行分析。检测信号与参考信号同相的部分主要是来自励磁电流产生的磁场。该相位成分相对较大，其无论铁心有无故障存在，它都会在铁心各部位存在。

因故障所引起的电流称为 QUADRATURE 正交电流，与励磁电流有 90°相位差。信号处理主机通过参考信号（透过电流传感器取自励磁电流）及同步侦测器分离 Chattock 电位计信号内的 QUADRATURE 正交电流成分。可显示及记录这两种信号，并且用于随后的分析中。信号处理主机能直接显示故障电流值。

信号处理主机会记录 Chattock 电位计检测来自每两个相邻铁心齿的信号，以给出每个槽的 QUADRATURE 正交电流曲线。这些曲线会显示故障位置及故障电流幅值，通过手持小型的 Chattock 电位计对铁心齿面和线槽内壁（在定子线棒取出的情况下）进行测量可进一步确认故障点位置。

EL CID 是一种高敏感度的检测技术，经验及众多的实际案例显示，如果 QUADRATURE 正交电流（试验 4％额定励磁）超过 100mA 时，就需要进一步对铁心进行检查。这个准则对应到采用额定磁通检测法对系统的故障检测时，有 5～10℃的温差。

二、试验接线

定子铁心 EL CID 试验接线如图 1-2-14 所示。

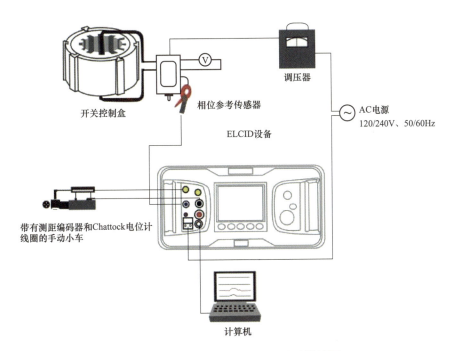

开关控制盒
相位参考传感器
调压器
ELCID设备
AC电源
120/240V、50/60Hz
带有测距编码器和Chattock电位计线圈的手动小车
计算机

图 1-2-14 定子铁心 EL CID 试验接线图

第十五节 发电机事故案例分析

【案例 1】 某水力发电厂发电机定子绕组交流耐压试验时绝缘击穿

一、事件经过

发电机型号为 SF175-68/1280，定子电压为 13.8kV，定子电流为 8614.2A，额定容量为 205.9MVA/175MW，额定功率因数为 0.85，定子绕组为 F 级绝缘。

发电机大修时均通过了 1min 直流耐压试验，泄漏电流合格。在进行三相绕组交流耐压试验时，C 相通过了 $1.5U_N$ 1min 交流耐压试验，B 相电压升到 15kV 时绝缘击穿；A 相电压升高到 19.8kV 时，绝缘击穿。A 相 83 号槽下层线棒下端部绝缘击穿部位如图 1-2-15 所示，B 相 512 号槽下层线棒下端部绝缘击穿部位如图 1-2-16 所示。512 号、83 号槽两根下层线棒绝缘击穿位置均在下端直线部位宽面槽口垫块处，在交流耐压试验时通过绝缘表面对下端铁心进行放电，绝缘击穿点距离铁心放电部位长度均为 80mm 左右，线棒上的烧伤痕迹与定子铁心烧伤痕迹吻合，两根定子故障线棒放电位置和相应定子铁心槽内四周均无异物，无明显机械损伤。两根线棒绝缘击穿部位和放电通道基本相同，均为膛内正对线棒左侧部位。

图1-2-15　A相83号槽下层线棒　　　　图1-2-16　B相512号槽下层线棒
　　　下端部绝缘击穿部位　　　　　　　　　　下端部绝缘击穿部位

二、原因分析

发电机定子绕组端部绑扎结构如图1-2-17所示。由于发电机定子绕组端部绑扎仅有两道，且斜边垫块布置在靠并头部位的第二道绑扎内，端部弧线部位悬臂梁太长，在运行中受电磁力的作用，定子绕组端部引起振动，在第一道绑扎垫块部位正好是受力点，在此部位引起绝缘疲劳损伤，产生局部放电，使该部位绝缘酥松变白。由此，可以确定定子绕组端部绑扎结构不合理是造成此次定子绕组端部绝缘故障的主要原因。

三、采取措施

在端部增加了一道绑扎，如图1-2-18所示。

图1-2-17　发电机定子绕组端部绑扎　　　图1-2-18　制造厂提供的定子绕组端部
　　结构（绑扎2道）　　　　　　　　　　　结构（绑扎3道）

【案例2】　某水力发电厂测温元件引线错误引起发电机定子绝缘接地

一、事件经过

发电机型号为SF650-48/1450，额定容量为722.2MVA，额定功率为650MW，额定电压为 18kV，额定电流为 23165.3A，Y 型接线，48 极，每相 8 分支，每分支 24 槽，共576 槽。

发电机 C 相定子绕组 198 号槽下层线棒发生单相接地，定子层间绝缘损伤如图 1－2－19～图 1－2－21 所示。检查发现 198 号槽上层线棒槽部直线部位存在 2 处过热烧损部位，对应的下层线棒槽部直线部位同样存在 2 处过热烧损部位，烧损部位云母绝缘存在碳化现象，下层线棒表面绝缘损伤较上层线棒严重，其中一处距下端出槽口约 110cm，损伤部位长 62cm；另一处距下端出槽口约 46cm，损伤部位长 25cm，均为线棒层间部位。2 处线棒损伤部位间绝缘垫条及内部测温元件引线均烧断，该层间垫条内的主用、备用测温元件均完好。

图 1－2－19　198 号上层线棒绝缘损伤部位局部图

图 1－2－20　198 号下层线棒绝缘损伤部位局部图

该机组定子线棒层间共布置 144 根测温垫条，根据垫条中测温电阻在槽内高度不同，分为上、中、下三种类型，每个类型各占 48 槽，故障前垫条内的测温引线有 18 槽存在损坏现象，除本次拔出的 198 号槽外，还有 17 只线棒层间测温电阻引线损坏。

线棒层间测温电阻安装在绝缘垫条中，为主用、备用两套测温电阻，背靠背布置，测温电阻引线与槽内线棒平行布置，每个测温电阻有 3 根芯线，外包网状金属屏蔽层（材料为镁铝合金），屏蔽层外为耐高温的聚四氟乙烯绝缘护套，如图 1－2－22 所示。因该绝缘护套线

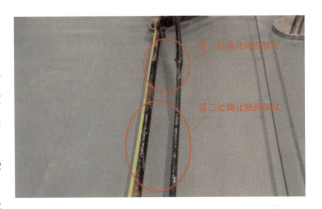

图 1－2－21　198 号上、下层线棒绝缘损伤部位全图

径为 3.2mm，层间垫条厚度仅为 5mm，造成嵌装困难，故设备供应商采用剥除绝缘护套（剥除后线径为 2.2mm），嵌装灌胶的方式制成绝缘垫条，磨除绝缘垫条外层绝缘部分后测温电阻引线在条中的走向如图 1－2－23 所示。

测温元件引线在剥除外绝缘护套后，因工艺安装时没有分隔金属屏蔽层，造成两套测温元件金属屏蔽线碰触，引起一点甚至多点短路，短路电阻接近为 0Ω。

两套测温元件的金属屏蔽线在发电机上端部转接，如图 1－2－24 所示，转接后的金属屏蔽线在风洞端子箱处一点接地，如图 1－2－25 所示。对测温元件检查试验时只测量芯线间电阻，未检查屏蔽线间绝缘情况，导致未提早发现测温元件隐患。风洞内接入端子箱的芯

线外屏蔽线未对芯线全长屏蔽，屏蔽效果不佳。

图 1-2-22　测温电阻在垫条中的布置

图 1-2-23　测温电阻引线在垫条中的走向

图 1-2-24　测温元件屏蔽线转接位置图

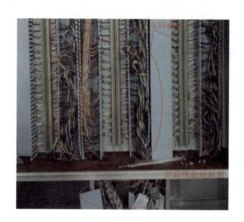

图 1-2-25　测温元件屏蔽线接地线位置

除 198 号槽测温垫条烧损外，在拔出其余 25 槽上层线棒时，拔下来的测温垫条中同样存在一根测温垫条有发热破损的情况，如图 1-2-26 所示。

图 1-2-26　测温元件显示正常的绝缘垫条有一根存在绝缘放电破损

二、原因分析

测温元件引线剥除屏蔽层外绝缘护套是引起本次发电机产生接地故障的根本原因，分析如下：

测温元件金属屏蔽线在发电机交变磁场中切割磁力线感应电压，因引线布置和走向不完全相同，两屏蔽线间存在电压差。由于垫条内测温元件屏蔽线距离较近并裸露，致使两屏蔽线沿轴向的垫条内发生多点短路，测温元件屏蔽线在机外端子箱处一点接地，由于屏蔽线回路阻抗较小，屏蔽线中会有较大的电流产生。但屏蔽线截面较测温电阻芯线截面大，不容易烧断。

发电机在运行中，每槽上下层线棒层间主备测温元件屏蔽线间距离较近，两屏蔽线间沿轴向方向存在不同的电位差。当该电位差产生的场强大于空气间隙的击穿场强时会击穿空气间隙，甚至产生电弧放电，加之屏蔽线间存在多点短路，放电点或短路点是随机的，可能存在一段或几段测温垫条内屏蔽线短路。因屏蔽线存在放电或多点短路，在定子槽内形成多种组合环流，发热集中在某一点上，当该点烧断就不再形成环流，又集中在下一个接触点上发热，直到再次烧断开路。放电和短路电流产生的热量导致层间垫条过热老化，造成绝缘垫条碳化损伤，绝缘强度降低，最终造成线棒绝缘局部碳化击穿，酿成单相接地故障。

由于测温电阻为 100Ω 以上，当测温元件芯线间发生短路时，产生的电流较小，所以测温电阻完好。屏蔽线中电流产生的热量烧断紧邻的测温元件芯线，导致两套测温元件在 DCS（分散控制系统）中为坏点，无显示。

测温元件金属屏蔽线中感应电动势与交链磁通大小成正比，即与短路点间回路包围面积大小有关，由于绝缘垫条制作过程中，屏蔽线间短路位置和短路点接触电阻随机，造成屏蔽线间放电情况和短路电流大小不尽相同，测温元件屏蔽线和芯线发热情况也不相同，所以测温元件损坏程度也不相同。

第三章

变 压 器 技 术 监 督

第一节 电力变压器基础知识

一、变压器原理

变压器的主要作用是降低或升高电压，传输功率。当正弦交流电压加在变压器初级绕组两端时，导线中就有交变电流并产生交变磁通，它沿着铁心穿过变压器初级绕组和次级绕组形成闭合磁路。在次级绕组中感应出互感电动势，同时在初级绕组上感应出一个自感电动势，其方向与所加电压方向相反而幅度相近，从而限制了原边电流的大小。为了保持主磁通的存在就需要有一定的电能消耗，并且变压器本身也有一定的损耗，尽管此时次级没接负载，初级绕组中仍有一定的电流，这个电流被称为空载电流。

当变压器的初级绕组通电后，线圈所产生的磁通在铁心流动，因为铁心本身也是导体，在垂直于磁力线的平面上就会感应电动势，这个电动势在铁心的断面上形成闭合回路并产生电流，好像一个旋涡，称为涡流。这个涡流使变压器的损耗增加，并且使变压器的铁心发热，变压器的温升增加。由涡流所产生的损耗称为铁损。另外，要绕制变压器需要用大量的铜线，这些铜导线存在着电阻，电流流过时电阻会消耗一定的功率，这部分损耗往往变成热量而消耗，称这种损耗为铜损。所以变压器的温升主要由铁损和铜损产生。

由于变压器存在着铁损与铜损，所以它的输出功率永远小于输入功率，为此引入了一个效率 η 的参数来对此进行描述，$\eta=$ 输出功率/输入功率。

二、变压器分类

（1）按变压器绕组耦合主磁通的方式，变压器分为双绕组、三绕组、自耦变压器。双绕组变压器为一个铁心柱套两个绕组，产生两种电压；三绕组变压器为一个铁心柱套三个绕组，产生三种电压；自耦变压器为一个铁心柱套一个绕组，产生两种电压。绕组的一部分为公共绕组，另一部分为串联绕组，公共绕组为低压绕组，公共绕组与串联绕组串联，成为高压绕组。一般自耦的变压器，附有单独的低压绕组，这种自耦变压器的公共绕组称为中压绕组。

（2）按冷却方式分类，变压器分为干式（自冷）、油浸（自冷）、氟化物（蒸发冷却）变压器。

（3）按铁心或绕组结构分类，变压器分为心式、壳式变压器。

（4）按电源相数分类，变压器分为单相、三相和多相变压器。

三、变压器结构

变压器包括变压器铁心、绕组、油箱和绝缘系统部分。

（一）铁心

铁心是变压器主磁通的磁路，心式变压器的铁心是由主轴和铁轭两部分组成。为了便于运输，降低上下铁轭的高度，并增加两个旁轭，以弥补上下铁轭的截面积缩小后导磁能力的不足。

1. 主磁通磁路部分

铁心的主磁通磁路部分由导磁材料和阻磁材料构成的。导磁材料是硅钢片，阻磁材料是硅钢片表面的涂层及铁心各部分的隔磁附件。

2. 机械结构部分

铁心的机械结构部分由绑扎使用的硅钢片和紧固框架组成。硅钢片绑扎使用的是有机纤维材料，框架由钢材（包括普通钢材和低导磁钢材）制造。框架包括夹件、拉板、拉带、撑板及撑脚，采用螺栓连接。

（二）绕组

1. 分类

绕组分为圆筒式（又称层式）和盘式（又称饼式）绕组两大类。

（1）圆筒式绕组是将带匝绝缘的导线沿轴向，一匝接一匝地缠绕。因为多层圆筒式绕组的层与层之间使用绝缘纸或油道作为层间绝缘，所以又名层式绕组。

（2）盘式绕组是将带匝绝缘的导线，沿幅向一匝接一匝地缠绕。绕完一个线段以后，形成一个圆环，称为盘式绕组，又叫饼式绕组，可以沿幅向增加匝数，或者沿轴向增加盘数，满足电压升高的需要，简称连续式绕组。

采用纠结或插入电容，增加绕组的纵向有效电容，使雷电冲击电压沿绕组的分布趋于均匀，以降低纵绝缘上承受的雷电冲击电压，从而提高绕组绝缘耐受雷电冲击的水平。因此，连续式绕组衍生出纠结连续式绕组或全纠结式绕组，还衍生出内屏蔽（插入电容）连续式绕组。

（3）箔式绕组是沿铝箔或铜箔幅向一层一层缠绕的绕组，箔的宽度等于绕组的轴向高度，每层为一匝，以纸或漆膜为匝绝缘。因此，箔式绕组是单匝多层圆筒式绕组，是一种特殊的圆筒式绕组。

2. 构成

（1）变压器绕组由绕组（一组线匝）、引线（包括套管）和分接开关等构成。绕组由导电体和绝缘体构成。

（2）绕组使用的导电体是铜（或铝）。铜（或铝）的优点是导电性能好，缺点是材料为塑性，容易发生永久变形，永久变形有累积效应。

（3）绕组的绝缘是油与纸合理结合而成的油纸绝缘。油纸绝缘的性价比优越，但它是变压器中最容易劣化变质的组成部分，尤其是水分对绝缘强度有较大的危害性。

（三）油箱

1. 分类

油箱本体分可拆式油箱和不可拆式油箱。可拆式油箱是指钟罩式油箱或可以揭盖的筒式油箱。不可拆式油箱是指本体不使用螺栓连接的油箱。

2. 构成

变压器油箱是盛油和保存器身的容器，主要由油箱本体、储油柜装置、承力部件三部分组成。

油箱本体不需要传动的部分采用钢板焊接而成；需要拆动的部分是法兰盘，用螺栓连接。法兰盘（包括钟罩式油箱上下节油箱的箱沿）上有专门加工的密封槽、配合耐油的密封胶垫，防止发生油渗漏。一台大型电力变压器的焊缝总长度达几米，密封胶垫有上百个，避免渗漏是油箱制造技术的核心。油箱是由钢材制造，容易腐蚀。预防锈蚀也是油箱制造技术的一个重要方面。

储油柜装置是由油室、气室、吸湿型呼吸器、油位表、气体继电器以及积污盒等组成的一个小系统。油箱内部的压力依靠储油柜不断吞吐油保持稳定，为变压器内绝缘实现全封闭创造了条件。储油柜按耐受真空的能力可分为真空储油柜和非真空储油柜。

变压器在运输中和长期运行中，可能遭受各种机械力的作用。针对各种作用力，变压器配备了完整的承力系统，包括定位钉、吊攀、千斤顶座、地脚螺孔及各种加强铁等。有的油箱还带小车及车轮固定装置。

（四）绝缘系统

1. 分类

（1）内绝缘和外绝缘。内绝缘是指与大气隔离的一部分绝缘。无水分入侵的条件下，绝缘强度与大气无关。外绝缘是指大气中的一部分绝缘，外绝缘强度与大气条件有密切关系。例如：高压套管在污秽地区的雾天易发生闪络事故，经垂直安装的高压套管在下大雨时易发生雨淋闪络事故。

（2）全绝缘和分级绝缘。全绝缘是指绕组两端（包括引线和套管）的绝缘水平相同。分级绝缘是指绕组中性点端（包括引线和套管）的绝缘水平低于出线端绝缘水平的绝缘结构。星形连接组的绕组才有分级绝缘。中性点端的绝缘水平与变压器的运行方式有关。

2. 构成

（1）内绝缘系统。变压器的内绝缘系统包括主绝缘、纵绝缘、端绝缘、中性点绝缘及引线绝缘等。油浸变压器的所有内绝缘都是由绝缘纸和变压器油组成的。

（2）外绝缘系统。变压器的外绝缘系统包括空气间隙和沿面爬电距离两部分。空气间隙是指相对地距离和相间距离。例如：高压套管端头与储油柜、冷却装置及中性点接地端子间油流是相间的外绝缘。

外绝缘的沿面爬电距离是指沿瓷套表面的爬电距离，与瓷套的瓷群数量和形状有关。套管的沿面爬电距离是变压器外绝缘的薄弱环节。变压器运行中的污闪或雨闪都是由爬电引起的。

四、散热系统

（一）散热方式的分类

变压器在运行中的电能损耗绝大部分转化为热能，使变压器的温度升高。变压器运行时，并不需要冷却，而是将发热和散热平衡，以保证变压器的运行温度处于合适的水平，散热方式如下：

（1）ONAN：油流和空气都是自然对流循环。

（2）ONAF：油流自然对流循环，空气强迫循环。

（3）OFAF：油流和空气都是强迫循环，但绕组内部油流是自然对流循环。

（4）ODAF：油流和空气都是强迫循环，但绕组内部的油流是强迫导向循环。

（5）OFWF：油流和水流都是强迫循环，但绕组内部的油流是自然对流循环。

（6）ODWF：油流和水流都是强迫循环，但绕组内部的油流是强迫导向循环。

（二）构成

以散热器为主体的散热器系统。散热器分管式散热器和片式散热器。管式散热器现在已经很少使用，现在普遍使用片式散热器。

片式散热器的优点是节能、省维护，缺点是占据空间体积和地面面积特别大。在变压器运行温度越低越好的错误观点影响下，片式散热器不配备风机、油泵，也就没有控制散热器能力的设施。

以冷却器为主体的散热器系统。冷却器分风冷却器和水冷却器。风冷却器系统由风冷却器本体、油管、蝶阀、潜油泵、油流继电器、风扇（风机）、温度计及控制设备组成。水冷却系统由水冷却器本体、油管、水管、油泵、各种阀门、压力表、温度计及控制设备等组成。由于配备温度测量及控制设备，可以主动控制变压器的运行温度。

风冷却器的优点是冷却容量能满足任何大容量变压器的需要；缺点是散热翅片容易污染和腐蚀，使用寿命比变压器短，运行时有比较大的噪声。

水冷却器的优点是冷却容量大，占地面积小，噪声低，特别适用于水力发电厂的变压器；缺点是如果冷却水渗入变压器，必然引起绕组烧毁事故。因此，选择油、水可靠隔离的产品，以保证冷却水不渗入变压器内部。

五、屏蔽系统

（一）分类

按改善电场分布或漏磁场分布，屏蔽系统分为电屏蔽、磁屏蔽及电磁联合屏蔽三种类型。

（二）构成

1. 铁心柱的电屏蔽

铁心柱电屏蔽的构成，早先是在纸板上贴薄铜条，引出线连接各铜条后经夹件接地。为了避免在铁心柱上形成短路环，整个电屏蔽是由互相绝缘的两部分组成。铁心柱电屏蔽的构成，有时是用半导体纸代替薄铜条的组合体，也是分成两部分，分别经夹件接地，而更先进的方法是铁心的绑扎与屏蔽结合，使用半导体带连续包扎铁心柱，直接保持与铁心同电位。

2. 金属尖端的电屏蔽

金属尖端的电屏蔽一般是铝制半球盖在尖端上。高压绕组附近的绝缘螺栓的螺栓头外露过多也可能形成尖端。屏蔽的方法是用纸板或绝缘螺母覆盖。

3. 油箱壁或夹件的磁屏蔽

油箱壁磁屏蔽由长条硅钢片叠成磁分路，其厚度取决于50Hz电磁波的渗透深度，一般为20mm。油箱壁磁屏蔽下端的引出线与油箱连接，保持同电位。为了预防磁屏蔽发生多点接地，磁屏蔽由油箱壁之间使用纸板绝缘。

夹件的磁屏蔽也是由条状硅钢片叠成，压紧在夹件上，以避免成为悬浮导体，并用绝缘纸板与铁轭隔离，以避免铁心发生多点接地故障。

4. 套管升高座内壁的磁屏蔽

套管升高座内壁的磁屏蔽是由铜板或铝板制作的圆筒，紧贴套管升高座放置。引线大电流产生的漏磁在铜或铝导体内产生涡流。涡流产生的磁场方向与引线大电流产生的磁场方向相反，削弱了进入套管升高座钢板中的漏磁。

5. 油箱壁的电磁联合屏蔽

油箱壁的电磁联合屏蔽是在油箱壁屏蔽的中部外面，使用绝缘螺栓固定厚度不小于8mm的铝板。铝板的内表面覆盖纸板是为了与硅钢片条（磁屏蔽）绝缘，外面覆盖纸板是为了加强与高压绕组中部的绝缘强度。

六、压力释放阀

压力释放阀是利用弹簧在阀片上施加一定的压力，阀片受到的油压超过弹簧的额定压力时，压力释放阀开启而排油。随油的流速增加，阀片受到的压力下降，阀片的开启程度下降，因此，压力释放阀动作后，排放的油量不多，不能使油箱内部的压力迅速显著下降。

七、变压器的关键材料

（一）铁心材料

大型变压器铁心使用的都是晶粒取向冷轧硅钢片，部分配电变压器采用非晶合金材料的电工钢片。晶粒取向冷轧硅钢片铁心特性为非线性、易饱和，为降低铁心的空载电流和空载损耗，晶粒取向冷轧硅钢片铁心采用全斜（45°倾角）步进叠积，用绑扎和夹件紧固。非晶合金材料的电工钢片优点是使变压器的空载损耗小，缺点是价格高、机械强度差，适用于轻负载的小型配电变压器。

1. 晶粒取向冷轧硅钢片的损耗

晶粒取向冷轧硅钢片的损耗由两部分组成：磁滞损耗，即磁畴运动产生的损耗；涡流损耗，包括涡流通过金属时在电阻上产生的损耗和磁畴壁移动产生的损耗。这种铁心磁通密度为1.7T，硅钢片的品牌选择取决于对变压器空载损耗的要求。例如：厚度为0.3mm、单位损耗为1.05W/kg的硅钢片不能满足要求时，需要选择厚度为0.27mm、单位损耗为0.95W/kg的硅钢片；厚度为0.27mm的硅钢片仍不能满足要求时，需要选择经过激光辐射、单位损耗由0.95W/kg降至0.85W/kg的硅钢片。

2. 晶粒取向冷轧硅钢片的剩磁

铁心越饱和，剩磁越大。例如：变压器的励磁电流超过额定空载电流的10%，铁心便趋于饱和。如果用超过空载电流几十倍的直流电流测量绕组直流电阻，铁心极度饱和，剩磁特别大。

3. 晶粒取向冷轧硅钢片的稳定性

晶粒取向冷轧硅钢片是利用机械应力促使磁畴向便于磁化的方向排列，从而改善导磁性能。在冲击、剪切、振动、冲孔或弯曲等机械应力的反作用下，导磁性能将有所下降。导磁材料越好的硅钢片，稳定性可能越差。

4. 硅钢片的表面涂层

硅钢片表面涂有无机磷化高温烧结涂层，其厚度为0.0015～0.002mm，可承受高达

820℃的高温，绝缘电阻系数为 $60\sim105\Omega\cdot cm^2$，该涂层的作用如下：

（1）阻止磁通在两硅钢片间穿越，使磁通在每个硅钢片中均匀分布，以减少损耗。

（2）两硅钢片之间不绝缘，而是高电阻导通，因此铁心一点接地，整个铁心处于地电位。

（3）涂层的张应力削弱硅钢片的磁致伸缩，起到降低噪声的作用。

（二）导电材料

绕制大型电力变压器绕组的导线包括扁线、组合线及换位导线。导线的材质为铜和铝，现代大型变压器几乎全部使用铜线。铜线的含铜量至少应该达到99.9%，20℃时的电导率为 $0.017241\Omega\cdot cm^2/m$。

铜导线属于弹、塑性材料。铜导线变形的特点：在比例极限以下，是弹性变形；超过比例极限，会发生永久变形。变压器绕组电流大于额定电流时，作用于绕组的电磁应力在比例极限以下时，铜导线只有弹性变形，没有累计效应。作用于绕组的电磁应力超过比例极限时，铜导线发生永久变形，有累计效应。当永久变形积累到损伤绝缘结构的程度时，容易导致绝缘事故，因此，变压器运行中，应该尽可能避免绕组过电流。

（三）绝缘材料

油浸变压器内的绝缘结构是液体油和固体绝缘的油浸式纸绝缘结构，简称油纸绝缘。

1. 油纸绝缘的强度

变压器油是用石油提炼而成的，介电系数为2.2；纸绝缘是由木质纤维构成的，介电系数为4.4。油与木质纤维合理结合后的绝缘强度明显比油和纸单独的绝缘强度高。例如，匝绝缘在空气中的1mm工频击穿强度为10kV/mm左右。浸渍击穿电压50kV（击穿强度为20kV/mm）后，匝绝缘的1min工频击穿强度大于30kV/mm。

2. 油纸绝缘中的水分

（1）油纸绝缘中有大量的水分。油和纸中的水分都可以活动，而且不停地交换。在特定条件下，进出油或纸中水分相等时，达到平衡。

（2）温度驱散水分聚集，而电场吸引水分聚集。变压器在运行中，温度和电场的分布是不均匀的，温度和电场是变化的，因此水分的平衡是相对的，不平衡是绝对的。

（3）油纸绝缘的击穿强度与含水量的关系。在常温下，油纸匝绝缘的1mm工频击穿强度与含水量的大致关系为含水量为0.5%时，击穿强度为100%；含水量为3%时，击穿强度为95%；含水量为6%时，击穿强度为85%；含水量为9%时，击穿强度为60%。匝绝缘中局部水量密度达到足以引起破坏性局部放电的程度，才可能导致匝绝缘击穿事故的发生。由此可见，水分在油纸绝缘中的分布是不均匀的，油纸绝缘的允许含水量密度与电场强度有关。

第二节 变压器选型

一、依据

电力变压器的设计、选型应符合 GB/T 17468《电力变压器选用导则》、GB/T 13499《电力变压器应用导则》、GB 1094.1《电力变压器 第1部分：总则》、GB 1094.2《电力变

压器　第2部分：温升》、GB 1094.3《电力变压器　第3部分：绝缘水平、绝缘试验和外绝缘空气间隙》、GB 1094.5《电力变压器　第5部分：承受短路的能力》等电力变压器标准和相关反事故措施的要求。油浸电力变压器的技术参数和要求应满足GB/T 6451《油浸式电力变压器技术参数和要求》等相关标准的规定；干式变压器的技术参数和要求应满足GB 1094.11《电力变压器　第11部分：干式变压器》和GB/T 10228《干式变压器技术参数和要求》等标准的规定。

二、技术要求

（1）应对变压器的重要技术性能提出要求，包括容量、短路阻抗、损耗、绝缘水平、温升、噪声、抗短路能力、过励磁能力等。

（2）应对套管、分接开关、冷却器（散热器）、硅钢片、导线和绝缘材料等重要组件、部件和材料的性能提出要求。

（3）应选择具有良好运行业绩和成熟制造经验生产厂家的产品。订货所选变压器厂必须通过同类型产品的突发短路试验，并向制造厂索取做过突发短路试验变压器的试验报告和抗短路能力动态计算报告；在设计联络会前，应取得所订购变压器的抗短路能力计算报告。

（4）变压器套管外绝缘不仅要提出与所在地区污秽等级相适应的爬电比距要求，也应对伞裙形状提出要求。重污区可选用大小伞结构瓷套；应要求制造厂提供淋雨条件下套管人工污秽试验的型式试验报告；不得订购有机黏结接缝过多的瓷套管和密集形伞裙的瓷套管，防止瓷套出现裂纹断裂和外绝缘污闪、雨闪故障。

（5）变压器（电抗器）的设计联络会除讨论变压器（电抗器）外部接口、内部结构配置、试验、运输、生产进度等问题外，还应着重讨论设计中的电磁场、电动力、温升和负荷能力等计算分析报告，保证设备有足够的抗短路能力、绝缘裕度和负荷能力。

（6）变压器冷却器风扇电动机应采用防水电动机，潜油泵应选用转速不大于1500r/min的低速油泵。

第三节　变压器监造

一、依据

220kV及以上电压等级的变压器应赴厂监造和验收。监造工作应符合DL/T 586《电力设备监造技术导则》的要求，并全面落实变压器（电抗器）订货技术要求和设计联络文件的要求，使制造中发现的问题及时得到消除。

二、重点监造项目

大型变压器制造质量见证项目见表1-3-1。

表 1-3-1 　　　　　　　　　　　　　大型变压器制造质量见证项目

序号	监造部件	见证项目	见证方式			
			H	W	R	备注
1	主要原材料	1　电磁线原材料质量保证书			√	
		2　硅钢片				
		2.1　原材料质量保证书			√	
		2.2　电磁感应强度试验			√	
		2.3　铁损试验			√	
		3　变压器油原材料质量保证书			√	
		4　绝缘纸板				
		4.1　原材料质量保证书			√	
		4.2　理化检验报告			√	
		5　钢板原材料质量保证书			√	
2	主要配套件	1　套管				
		1.1　出厂试验报告			√	
		1.2　特性试验报告			√	
		2　无励磁分接开关/有载分接开关出厂试验报告			√	
		3　套管式电流互感器出厂试验报告			√	
		4　冷却器/散热器出厂试验报告			√	
		5　潜油泵/风机出厂试验报告			√	
		6　压力释放阀出厂试验报告			√	
		7　温控器出厂试验报告			√	
		8　气体继电器出厂试验报告			√	
		9　油流继电器出厂试验报告			√	
		10　阀门出厂试验报告			√	
		11　储油柜性能试验报告			√	
		12　控制箱性能试验报告			√	
3	部套制造	1　油箱				
		1.1　油箱机械强度试验		√	√	
		1.2　油箱试漏检验			√	
		2　铁心				
		2.1　铁心外观、尺寸检查			√	
		2.2　铁心油道绝缘试验		√		
		3　绕组				
		3.1　绕组质量、尺寸检查			√	
		3.2　绕组压装与处理		√		

续表

序号	监造部件	见证项目	见证方式			
			H	W	R	备注
4	器身装配	1　器身绝缘的装配				
		1.1　各绕组套装牢固性检查		√		
		1.2　器身绝缘的主要尺寸检查		√		
		2　引线及分接开关装配				
		2.1　引线装焊		√		
		2.2　开关、引线支架牢固性检查		√		
		2.3　引线的绝缘距离检查		√		
		3　器身干燥的真空度、温度及时间记录		√		
5	总装配	1　出炉装配				
		1.1　箱内清洁度检查		√		
		1.2　带电部分对油箱清洁度的绝缘距离检查		√		
		2　注油的真空度、油温、时间及静放电时间记录		√		
6	整机试验	1　密封渗油试验		√		
		2　例行试验				
		2.1　绕组直流电阻测量		√		
		2.2　电压比测量和联结组标号检定		√		
		2.3　绕组连同套管介质损耗及电容测量		√		
		2.4　绕组对地绝缘电阻、吸收比或极化指数测量		√		
		2.5　铁心和夹件绝缘电阻测量		√		
		2.6　短路阻抗和负载损耗测量		√		
		2.7　空载电流和空载损耗测量		√		
		2.8　外施工频耐压试验		√		
		2.9　长时感应耐压试验	√			
		2.10　操作冲击试验	√			
		2.11　雷电全波冲击试验	√			
		2.12　有载分接开关试验		√		
		2.13　绝缘油化验及色谱分析		√		
		3　型式试验				
		3.1　绝缘型式试验		√	√	
		3.2　温升试验		√	√	
		3.3　油箱机械强度试验		√	√	
		4　特殊试验				
		4.1　绕组对地和绕组间的电容测定		√		
		4.2　三相变压器零序阻抗测量		√		
		4.3　空载电流谐波测量		√		

序号	监造部件	见证项目	见证方式			
			H	W	R	备注
6	整机试验	4.4　短时感应耐压试验	√			
		4.5　声级测量		√		
		4.6　长时间空载试验		√		
		4.7　油流静电测量和转动油泵时的局部放电测量		√		
		4.8　风扇和油泵电动机所吸收功率测量			√	
		4.9　无线电干扰水平测量			√	
		4.10　短路承受能力计算书			√	
		4.11　其他			√	
7	抗震能力	变压器抗震能力论证报告			√	
8	吊心检查	现场检查		√		
9	出厂包装	现场检查		√		

三、主要监造项目

（1）原材料（硅钢片、电磁线、绝缘油等）的质量保证书、性能试验报告。

（2）组件（套管、分接开关、气体继电器等）的质量保证书、出厂或型式试验报告，压力释放阀、气体继电器、套管电流互感器等还应有工厂校验报告。

（3）局部放电试验。

（4）感应耐压试验。

（5）转动油泵时的局部放电测量。

四、出厂局放试验的要求

（1）110kV 及以上变压器，测量电压为 $1.5U_m/\sqrt{3}$（U_m 为设备最高电压）时，自耦变压器中压端局部放电量不大于 100pC；其他不大于 100pC。

（2）110kV 变压器，测量电压为 $1.5U_m/\sqrt{3}$ 时，局部放电量不大于 100pC。

（3）500kV 变压器应分别在油泵全部停止和全部开启时（除备用油泵）进行局部放电试验。

五、报告要求

（1）按变压器赴厂监造关键控制点的要求进行监造，监造验收工作结束后，赴厂人员应提交监造报告，并作为设备原始资料存档。监造报告内容包括产品结构简述、监造内容、方式、要求和结果，同类产品型式试验报告，并如实反映产品制造过程中出现的问题及处理的方法和结果等。

（2）向制造厂索取主要材料和附件的工厂检验报告和生产厂家出厂试验报告，工厂试验时应将供货的套管安装在变压器上进行试验，所有附件在出厂时均应按实际使用方式经过整体预装。

第四节　变压器的运输、安装和交接试验

一、依据

应按 GB 50148《电气装置安装工程 电力变压器、油浸电抗器、互感器施工及验收规范》、GB 50150《电气装置安装工程　电气设备交接试验标准》、DL/T 722《变压器油中溶解气体分析和判断导则》、订货技术要求、调试大纲及反事故措施的规定进行交接验收试验。

二、技术要求

（1）变压器、电抗器在装卸和运输过程中，不应有严重的冲击和振动。电压在 220kV 及以上且容量在 150MVA 及以上的变压器和电压在 330kV 及以上的电抗器均应按照相应规范安装具有时标且有合适量程的三维冲击记录仪，冲击允许值应符合制造厂及合同的规定。到达目的地后，制造厂、运输部门、用户三方人员应共同验收，记录纸和押运记录应提供用户留存。

（2）变压器在运输和现场保管时必须保持密封。对于充气运输的变压器，运输中油箱内的气压应保持在 0.01~0.03MPa，干燥气体的露点必须低于 −40℃，变压器、电抗器内始终保持正压力，并设压力表进行监视。现场存放时，负责保管单位应每天记录一次密封气体压力。安装前，应测定密封气体的压力及露点（压力≥0.01MPa，露点为 −40℃），以判断固体绝缘是否受潮。当发现受潮时，必须进行干燥处理，合格后方可投入运行。干式变压器在运输途中，应采取防雨和防潮措施。

（3）安装施工单位应严格按制造厂"电力变压器安装使用说明书"的要求和 GB 50148《电气装置安装工程 电力变压器、油浸电抗器、互感器施工及验收规范》的规定进行现场安装，确保设备安装质量。

（4）安装在供货变压器上的套管必须是进行出厂试验时该变压器所用的套管。油纸电容套管安装就位后，110~220kV 套管应静放 24h，330~500kV 套管应静放 36h 后方可带电。

（5）交接验收试验重点监督项目。

1）局部放电试验。

2）交流耐压试验。

3）频响法和低电压短路阻抗法绕组变形试验。

4）各分接头直流电阻试验。

5）绝缘油试验。

（6）新投运的变压器油中气体含量的要求：在注油静置后与耐压和局部放电试验 24h 后，两次测得的氢、乙炔和总烃含量应无明显区别，气体含量见表 1-3-2。

表 1-3-2　　　　　新投运的变压器油中气体含量　　　　　μL/L

气体	电压	氢	乙炔	总烃
变压器和电抗器	330kV 及以上	<10	0.1	<10
	220kV 及以下	<30	0.1	<20

续表

气体	电压	氢	乙炔	总烃
套管	330kV 及以上	<50	0.1	<10
	220kV 及以下	<150	0.1	<10

注 1. 套管中的绝缘油有出厂试验报告，现场可不进行试验。

2. 电压等级为 500kV 的套管绝缘油，宜进行油中溶解气体的色谱分析。

（7）新油在注入设备前，应首先对其进行脱气、脱水处理，新油净化后的指标见表 1-3-3。

表 1-3-3 新油净化后的指标

项目	设备电压等级（kV）					
	1000	750	500	330	220	66～110
击穿电压（kV）	≥75	≥75	≥65	≥55	≥45	≥45
含水量（mg/L）	≤8	≤10	≤10	≤10	≤15	≤20
介质损耗 $\tan\delta$（90℃）	≤0.005					
颗粒污染度（粒）*	≤1000	≤1000	≤2000	—	—	—

注 必要时，新净化后可按照 DL/T 722《变压器油中溶解气体分析和判断导则》进行油中气体组分含量的检验。

* 100mL 油中对于 5μm 的颗粒度。

（8）新油注入设备后，为了对设备本身进行干燥、脱气，一般需进行热油循环处理。

（9）在变压器投运前应对其油品作一次全分析，并进行气相色谱分析，作为交接试验数据。

（10）投产验收时应进行现场实地查看，并对变压器订货相关文件、设计联络文件、监造报告、出厂试验报告、设计图纸资料、开箱验收记录、安装记录、缺陷处理报告、监理报告、交接试验报告、调试报告等全部技术资料进行详细检查，审查其完整性、正确性和适用性。

（11）投产验收中发现安装施工及调试不规范、交接试验方法不正确、项目不全或结果不合格、设备达不到相关技术要求、基础资料不全等不符合技术监督要求的问题时，要立即整改，直至验收合格。

第五节 变压器的运行

一、依据

应根据 DL/T 572《电力变压器运行规程》、DL/T 664《带电设备红外诊断应用规范》等相关规定，结合本单位变压器特点制定变压器运行规程并严格执行。

二、技术要求

1. 油浸式变压器顶层油温在额定电压下的一般限值

油浸式变压器顶层油温在额定电压下的一般限值见表 1-3-4。

表 1-3-4　　　　　油浸式变压器顶层油温在额定电压下的一般限值　　　　　℃

冷却方式	冷却介质最高温度	最高顶层油温
自然循环自冷、风冷	40	95
强迫油循环风冷	40	85
强迫油循环水冷	30	70

2. 运行中变压器油中溶解气体含量注意值

运行中变压器油中溶解气体含量注意值超过表 1-3-5 所列规定值时，应引起注意。

表 1-3-5　　　　　　运行中设备油中溶解气体含量注意值　　　　　　mL/L

气体	电压等级	氢气	乙炔	总烃	一氧化碳	二氧化碳
变压器和电抗器	330kV 及以上	150	1	150	①	①
	220kV 及以下	150	5	150	①	①
套管	330kV 及以上	500	1	150	—	—
	220kV 及以下	500	2	150	—	—

① 固体绝缘的正常老化过程与故障情况下的劣化分解，表现在油中 CO 和 CO_2 的含量上，一般没有严格的界限。随着油和固体绝缘材料的老化，CO 和 CO_2 会呈现有规律的增长，当增长趋势发生变化时，应与其他气体的变化情况进行综合分析，判断固体是否涉及了固体绝缘。当故障涉及固体绝缘材料时，一般 CO_2/CO 小于 3，最好用 CO_2 和 CO 的增量进行计算；当固体绝缘材料老化时，一般 CO_2/CO 大于 7。

3. 变压器绝对产气速率和相对产气速率注意值

变压器绝对产气速率注意值见表 1-3-6；总烃的相对产气速注意值为 10%（总烃起始含量很低的设备，不宜采用此判据）。

表 1-3-6　　　　　　　变压器绝对产气速率注意值　　　　　　　mL/d

类型	氢	乙炔	总烃	一氧化碳	二氧化碳
密封式	10	0.2	12	100	200
开放式	5	0.1	6	50	100

注 1. 对乙炔<0.1μL/L 且总烃小于新设备投运要求时，总烃的绝对产气速率可不作分析（判断）。
　　2. 新设备投运初期，一氧化碳和二氧化碳的产气速率可能会超过表中的注意值。
　　3. 当检测周期已缩短时，本表中注意值仅供参考，周期较短时，不适用。

4. 注意值的应用原则

（1）气体含量及产气速率不是划分设备内部有无故障的唯一判断依据。当气体含量超过注意值时，应按短检测周期，结合产气速率进行判断。若气体含量超过注意值但长期稳定，可在超过注意值的情况下运行；另外，气体含量虽低于注意值，但产气速率超过注意值，也应缩短检测周期。

（2）对 330kV 及以上电压等级设备，当油中首次检测到 C_2H_2（≥0.1μL/L）时应引起注意。

（3）当产气速率突然增长或故障性质发生变化时，须视情况采取必要措施。

（4）影响油中 H_2 含量的因素较多，若仅 H_2 含量超过注意值，但无明显增长趋势，也可判断为正常。

（5）注意区别非故障情况下的气体来源。

三、巡视检查

变压器的日常巡视，每天至少一次，每周进行一次夜间巡视。

1. 巡视检查内容

变压器的巡视检查一般包括以下内容：

（1）变压器的油位和温度计应正常，储油柜的油位应与温度相对应，各部位无渗油、漏油。

（2）套管油位应正常，套管外部无破损裂纹、无严重油污、无放电痕迹及其他异常现象。

（3）持续跟踪并记录油温和绕组温度，特别是高温天气及峰值负荷时温度。如果变压器温度有明显的增长趋势，而负荷并没有增加，在确认温度计正常的情况下，要检查了解冷却器是否积污严重。

（4）检查吸湿器中干燥剂的颜色，当大约 2/3 干燥剂的颜色显示已受潮时，应予更换或进行再生处理；若干燥剂的变色速度异常（横比或纵比），应进行处理。

（5）检查风扇、油泵、水泵运转正常，油流继电器工作正常，特别注意变压器冷却器潜油泵负压区出现的渗漏。

（6）仔细辨听变压器的噪声，响声均匀、正常。

（7）水冷却器的油压应大于水压（制造厂另有规定者除外）。

（8）压力释放器及安全气道应完好、无损。

（9）各控制箱和二次端子箱应关严，无受潮，温控装置工作正常。

（10）引线接头、电缆、母线应无发热迹象。

（11）有载分接开关的分接位置及电源指示应正常。

（12）气体继电器内应无气体（一般情况）。

（13）干式变压器的外部表面应无积污。

（14）变压器室的门、窗、照明应完好，房屋不漏水，温度正常。

（15）现场规程中根据变压器的结构特点补充检查的其他项目。

2. 定期检查内容

（1）各部位的接地应完好，并定期测量铁心和夹件的接地电流。

（2）强油循环冷却的变压器应作冷却装置的自动切换试验。

（3）外壳及箱沿应无异常发热。

（4）有载调压装置的动作情况应正确。

（5）各种标志应齐全、明显。

（6）各种保护装置应齐全、良好。

（7）各种温度计应在检定周期内，超温信号应正确、可靠。

（8）消防设施应齐全、完好。

（9）贮油池和排油设施应保持良好状态。

（10）室内变压器通风设备应完好。

（11）检查变压器及散热装置无任何渗漏油。

（12）电容式套管末屏有无异常声响或其他接地不良现象。

（13）变压器红外测温。

3. 特殊巡视检查内容

在下列情况下应对变压器进行特殊巡视检查，增加巡视检查次数：

（1）新设备或经过检修、改造的变压器在投运 72h 内。

（2）有严重缺陷时。

（3）气象突变（如大风、大雾、大雪、冰雹、寒潮等）时。

（4）雷雨季节特别是雷雨后。

（5）高温季节、高峰负载期间。

四、运行中其他注意事项

（1）变压器受到近区短路冲击未跳闸时，应立即进行油中溶解气体组分分析，并跟踪油中溶解气体组分数据的变化趋势，若发现异常，应进行局部放电带电检测，必要时安排停电检查。变压器受到近区短路冲击跳闸后，应开展油中溶解气体组分分析，直流电阻、绕组变形及其他诊断性试验，综合判断无异常后方可投入运行。

（2）冷却器应根据运行温度的规定，及时启停，将变压器的温升控制在比较稳定的水平。

（3）运行中油流继电器指示异常时，应及时处理，并检查油流继电器挡板是否损坏脱落。

（4）变压器在运行中滤油、补油、换潜油泵或更换净油器的吸附剂时，或当油位计的油面异常升高或呼吸系统有异常现象，需要打开放气或放油阀门时，应将其重瓦斯改接信号，此时其他保护装置仍应接跳闸。

（5）对于油中含水量超标或本体绝缘性能不良的变压器，如在寒冬季节停运一段时间，则投运前要用真空加热滤油机进行热油循环，按 DL/T 596《电力设备预防性试验规程》试验合格后再带电运行。

（6）加强潜油泵、储油柜的密封监测，如发现密封不良应及时处理，应特别注意变压器冷却器潜油泵负压区出现的渗漏油。

（7）变压器内部故障跳闸后，应切除油泵，避免故障产生的游离碳、金属微粒等异物进入变压器的非故障部位。

（8）为保证冷却效果，变压器冷却器每 1～2 年应进行一次冲洗，变压器的风冷却器每 1～2 年用压缩空气或水进行一次外部冲洗，宜安排在大负荷来临前进行。

（9）运行在中性点有效接地系统中的中性点不接地变压器，在投运、停运以及事故跳闸过程中，为防止出现中性点位移过电压，必须装设可靠的过电压保护。在投切空载变压器时，中性点必须可靠接地。

（10）铁心、夹件通过小套管引出接地的变压器，应将接地引线引至适当位置，以便在运行中监测接地线中是否有环流，环流应小于 100mA。当运行中环流异常增长变化时，应尽快查明原因，严重时应检查处理并采取措施，例如铁心多点接地而接地电流较大，又无法消除时，可在接地回路中串入限流电阻作为临时性措施，将电流限制在 300mA 左右，并加强监视。

（11）作为备品的 110kV 及以上套管，应竖直放置。如水平存放，其抬高角度应符合制造厂要求，以防止电容芯子露出油面受潮。对水平放置保存期超过一年的 110kV 及以上套管，当不能确保电容芯子全部浸没在油面以下时，安装前应进行局部放电试验、额定电压下的介质损耗试验和油色谱分析。

（12）装有密封胶囊和隔膜的大容量变压器，必须严格按照制造厂说明书规定的工艺要求进行注油，防止空气进入。结合大修或有必要时对胶囊和隔膜的完好性进行检查。

（13）对于装有金属波纹管贮油柜的变压器，如发现波纹管焊缝渗漏，应及时更换处理。要防止异物卡涩导轨，保证呼吸顺畅。

（14）压力释放阀的安装应保证事故喷油畅通，并且不致喷入电缆沟、母线及其他设备上，必要时应予遮挡，事故放油阀应安装在变压器下部，且放油口朝下。

五、有载调压变压器相关特殊要求

（1）正常情况下，一般使用远方电气控制。当检修、调试、远方电气控制回路故障和必要时，可使用就地电气控制或手摇操作。当分接开关处在极限位置又必须手摇操作时，必须确认操作方向无误后方可进行。

（2）手动分接变换操作必须在一个分接变换完成后方可进行第二次分接变换。操作时应同时观察电压表和电流表的指示，不允许出现回零、突跳、无变化等异常情况，分接位置指示器及动作计数器的指示等都应有相应变动。

（3）分接开关必须装有计数器，在采用自动控制方式时，应每天定时记录分接变换次数。当计数器失灵时，应暂停使用自动控制器，查明原因，故障消除后，方可恢复自动控制；在采用手动控制方式时，每次分接变换操作都应将操作时间、分接位置、电压变化情况做好记录，每月记录累计动作次数。

（4）当变动分接开关操作电源后，在未确证电源相序是否正确前，禁止在极限位置进行电气控制操作。

（5）运行中分接开关的气体继电器应有校验合格有效的测试报告。运行中多次分接变换后，气体继电器动作发信，应及时放气。若分接变换不频繁而发信频繁，应做好记录，并暂停分接变换，查明原因。若气体继电器动作跳闸，必须查明原因，按 DL/T 572《电力变压器运行规程》的有关规定办理。在未查明原因消除故障前，不得将变压器及其分接开关投入运行。

（6）当怀疑油室因密封缺陷而渗漏，致使油室油位异常升高、降低或变压器本体绝缘油的色谱气体含量超标时，应暂停分接变换操作，调整油位，进行追踪分析。

（7）运行中分接开关油室内绝缘油应符合表 1-3-7 的要求。

表 1-3-7　　　　有载分接开关运行中油质要求

序号	项目	1 类开关 （用于中性点）	2 类开关 （用于线端或中部）	备注
1	击穿电压 （kV）	≥30	≥40	允许分接变换操作
2		<30	<40	停止自动电压控制器的使用
3		<25	<30	停止分接变换操作并及时处理
4	含水量（μL/L）	≤40	≤30	若大于应及时处理

六、分接开关巡视检查项目

（1）电压指示应在规定电压偏差范围内。

（2）控制器电源指示灯显示正常。

（3）分接位置指示器应指示正确。操动机构中分接位置指示、自动控制装置分接位置指示、远方分接位置指示应一致，三相分接位置指示应一致。

（4）分接开关储油柜的油位、油色、吸湿器及其干燥剂均应正常。

（5）分接开关及其附件各部位应无渗漏油。

（6）计数器动作正常，能及时记录分接变换次数。

（7）电动机构箱内部应清洁，润滑油位正常，机构箱门关闭严密，防潮、防尘、防小动物等密封措施良好。

（8）分接开关加热器应完好，并按要求及时投切。

第六节　变压器检修

一、依据

变压器检修的项目、周期、工艺及其试验项目按 DL/T 573《电力变压器检修导则》的有关规定和制造厂的要求执行；分接开关检修项目、周期、要求与试验项目、周期和标准应按 DL/T 574《变压器分接开关运行维修导则》有关规定和制造厂技术要求执行。

二、变压器检修原则

（1）DL/T 573《电力变压器检修导则》推荐的检修周期和项目。

（2）结构特点和制造情况。

（3）运行中存在的缺陷及其严重程度。

（4）负载状况和绝缘老化情况。

（5）历次电气试验和绝缘油分析及在线监测设备的检测结果。

（6）与变压器有关的故障和事故情况。

（7）变压器的重要性。

三、变压器检修策略

（1）推荐采用计划检修和状态检修相结合的检修策略，变压器检修项目应根据运行情况和状态评价的结果动态调整。

（2）运行中的变压器出口短路后，经综合诊断分析，可考虑大修。

（3）箱沿焊接的变压器或制造厂另有规定者，若经过试验与检查并结合运行情况，判断有内部故障或本体严重渗漏时，可进行大修。

（4）运行中的变压器，当发现异常状况或经试验判明有内部故障时，应进行大修。

（5）设计或制造中存在共性缺陷的变压器可进行有针对性大修。

（6）变压器大修周期一般应在 10 年以上。

四、变压器有载分接开关检修原则

（1）DL/T 574《变压器分接开关运行维修导则》推荐的检修周期和项目。
（2）制造厂有关的规定。
（3）动作次数。
（4）运行中存在的缺陷及其严重程度。
（5）历次电气试验和绝缘油分析结果。
（6）变压器的重要性。

六、变压器检修项目

（一）大修项目

（1）绕组、引线装置的检修。
（2）铁心、铁心紧固件（穿心螺杆、夹件、拉带、绑带等）、压钉、连接片及接地片的检修。
（3）冷却系统的解体检修，包括冷却器、油泵、油流继电器、水泵、压差继电器、风扇、阀门及管道等。
（4）安全保护装置的检修及校验，包括压力释放装置、气体继电器、速动油压继电器及控流阀等。
（5）油保护装置的解体检修，包括储油柜、吸湿器及净油器等。
（6）测温装置的校验，包括压力式温度计、电阻温度计（绕组温度计）及棒形温度计等。
（7）操作控制箱的检修和试验。
（8）无励磁分解开关或有载分接开关的检修。
（9）全部阀门和放气塞的检修。
（10）全部密封胶垫的更换。
（11）必要时对其绝缘进行干燥处理。
（12）变压器油的处理。
（13）清扫油箱并进行喷涂油漆。
（14）检查接地系统。
（15）大修的试验和试运行。

（二）小修项目

（1）处理已发现的缺陷。
（2）放出储油柜积污器中的油污。
（3）检修油位计，包括调整油位。
（4）检修冷却油泵、风扇，必要时清洗冷却器管束。
（5）检修安全保护装置。
（6）检修油保护装置（净油器、吸湿器）。
（7）检修测温装置。

（8）检修调压装置、测量装置及控制箱，并进行调试。

（9）检修全部阀门和放气塞，检查全部密封状态，处理渗漏油。

（10）清扫套管和检查导电接头（包括套管将军帽）。

（11）检查接地系统。

（12）清扫油箱和附件，必要时进行补漆。

（13）按有关规定进行测量和试验。

六、重点注意事项

（1）定期对套管进行清扫，防止污秽闪络和大雨时闪络。在严重污秽地区运行的变压器，可在瓷套上涂防污闪涂料等。

（2）气体继电器应定期校验，消除因接点短接等造成的误动因素。

（3）大修后的变压器应严格按照有关标准或厂家规定进行真空注油和热油循环，真空度、抽真空时间、注油速度及热油循环时间、温度均应达到要求。对有载分接开关的油箱应同时按照相同要求抽真空。

（4）变压器在吊检和内部检查时应防止绝缘受伤。安装变压器穿缆式套管应防止引线扭结，不得过分用力吊拉引线。如引线过长或过短应查明原因予以处理。检修时严禁蹬踩引线和绝缘支架。

（5）检修中需要更换绝缘件时，应采用符合制造厂要求、检验合格的材料和部件，并经干燥处理。

（6）在检修时应测试铁心绝缘，如有多点接地应查明原因，消除故障。

（7）变压器套管上部注油孔的螺栓胶垫，应结合检修检查更换。

（8）在大修时，应注意检查引线、均压环（球）、木支架、胶木螺钉等是否有变形、损坏或松脱。注意去除裸露引线上的毛刺及尖角，发现引线绝缘有损伤的应予修复。对线端调压的变压器要特别注意检查分接引线的绝缘状况。对高压引出线结构及套管下部的绝缘筒应在制造厂代表指导下安装，并检查各绝缘结构件的位置，校核其绝缘距离及等电位连接线的正确性。

（9）检修时应检查无励磁分接开关的弹簧状况、触头表面镀层及接触情况、分接引线是否断裂及紧固件是否松动。为防止拨叉产生悬浮电位放电，应采取等电位连接措施。

（10）变压器安装和检修后，投入运行前必须多次排除套管升高座、油管道中的死区、冷却器顶部等处的残存气体。强油循环变压器在投运前，要启动全部冷却设备使油循环，停泵排除残留气体后方可带电运行。更换或检修各类冷却器后，不得在变压器带电情况下将新装和检修过的冷却器直接投入，防止安装和检修过程中在冷却器或油管路中残留的空气进入变压器。

（11）在安装、大修吊罩或进入检查时，除应尽量缩短器身暴露于空气的时间外，还要防止工具、材料等异物遗留在变压器内。进行真空油处理时，要防止真空滤油机轴承磨损或滤网损坏造成金属粉末或异物进入变压器。为防止真空泵停用或发生故障时，真空泵润滑油被吸入变压器本体，真空系统应装设止回阀或缓冲罐。

（12）大修、事故检修或换油后的变压器，在施加电压前静止时间不应少于以下规定：110kV及以下24h，220kV及以下48h，500kV及以下72h。

（13）除制造厂有特殊规定外，在安装变压器时应进入油箱检查清扫，必要时应吊罩检查、清除箱底异物。导向冷却的变压器要注意清除进油管道和联箱中的异物。

（14）变压器安装或更换冷却器时，必须用合格绝缘油反复冲洗油管道、冷却器和潜油泵内部，直至冲洗后的油试验合格并无异物为止。如发现异物较多，应进一步检查处理。

（15）变压器潜油泵的轴承应采取 E 级或 D 级，禁止使用无铭牌、无级别的轴承。对已运行的变压器，其高转速潜油泵（转速大于 1500r/min）宜进行更换。

（16）复装时注意检查钟罩顶部与铁心上夹件的间隙，如有碰触，应及时消除。

第七节　变 压 器 试 验

一、依据

变压器预防性试验应符合 DL/T 596《电力设备预防性试验规程》、JB/T 501《电力变压器试验导则》、DL/T 573《电力变压器检修导则》及制造厂的要求。变压器红外检测应符合 DL/T 664《带电设备红外诊断应用规范》的规定。检修试验可分为状态预知性试验、诊断性试验和大修试验。以停电试验为主，带电检测试验和在线监测试验可做参考。

二、试验项目

（一）状态预知性试验项目

（1）变压器温度监测（在线监测或带电监测）。

（2）变压器铁心、夹件、中性点对地电流（在线监测或带电检测）。

（3）本体和套管中绝缘油试验，包括油简化试验、高温介质损耗或电阻率测定，油中溶解气体油色谱分析、油中含水量测定（在线监测或其他）。

（4）变压器局部放电试验（带电监测、在线监测或其他）。

（5）红外测温试验（带电检测）。

（6）测量绕组连同套管的直流电阻（停电）。

（7）测量绕组连同套管的绝缘电阻、吸收比或极化指数（停电）。

（8）测量绕组连同套管的介质损耗因数与电容量（停电）。

（9）测量绕组连同套管的直流泄漏电流（停电）。

（10）铁心、夹件对地及相互之间绝缘电阻测量（停电）。

（11）电容套管试验、介质损耗因数与电容量、末屏绝缘电阻测试（停电）。

（12）低电压短路阻抗试验与绕组频率特性试验（停电）。

（13）有载调压开关切换装置的检查和试验（停电）。

（14）电源（动力）回路的绝缘试验（停电）。

（15）继电保护信号回路的绝缘试验（停电）。

（二）诊断性试验项目

（1）本体和套管的绝缘油试验，包括燃点试验、介质损耗因数试验、耐压试验、杂质外观检查、电阻率测定、油中溶解气体色谱分析、油中含水量测定。

（2）测量绕组连同套管的直流电阻。

（3）测量绕组连同套管的绝缘电阻、吸收比或极化指数。

（4）测量绕组连同套管的介质损耗因数与电容量。

（5）测量绕组连同套管的直流泄漏电流。

（6）测量各绕组的变压比和接线组别。

（7）铁心、夹件对地及相互之间绝缘电阻测量。

（8）中性点套管试验，截止损耗因素与电容量、末屏绝缘电阻测试。

（9）低电压短路阻抗试验或频响法绕组变形试验。

（10）单相空载损耗测量。

（11）单相负载损耗和短路阻抗测量。

（12）交流耐压试验。

（13）感应耐压试验带局部放电量测量。

（14）操作波感应耐压试验。

（15）有载调压切换装置的检查和试验。

（三）大修试验项目

1. 大修前的试验项目

（1）本体和套管的绝缘油试验。

（2）测量绕组的绝缘电阻和吸收比或极化指数。

（3）测量绕组连同套管一起的直流泄漏试验。

（4）测量绕组连同套管的介质损耗因数与电容量。

（5）测量绕组连同套管一起的直流电阻（所有分接头位置）。

（6）电容套管试验，介质损耗因数与电容量、末屏绝缘电阻测试。

（7）铁心、夹件对地及相互之间绝缘电阻测量。

（8）有载调压切换装置的检查和试验。

（9）必要时可增加其他试验项目（如变比试验、损耗试验、短路阻抗测量、局部放电试验等）

2. 大修中的试验项目

（1）测量变压器铁心对夹件、穿心螺栓（或拉带），钢压板及铁心电场屏蔽对铁心，铁心下夹件对下油箱的绝缘电阻，磁屏蔽对油箱的绝缘电阻。

（2）必要时测量无励磁分接开关的接触电阻及其传动杆的绝缘电阻。

（3）必要时做套管电流互感器的特性试验。

（4）组、部件的特性试验。

（5）有载分接开关的测量与试验。

（6）必要时可增加其他试验项目（如铁心分布电压测量，单独对套管进行额定电压下的介质损耗因数与电容量测量、局部放电和耐压试验等）。

（7）非电量保护装置的校验。

3. 大修后的试验项目

（1）测量绕组的绝缘电阻和吸收比或极化指数。

（2）测量绕组连同套管的直流泄漏电流。

（3）测量绕组连同套管的介质损耗因数与电容量。

（4）电容套管试验，介质损耗因数与电容量及末屏绝缘电阻测试。

（5）冷却装置的检查和试验。

（6）本体、有载分接开关和套管中的绝缘油试验，包括燃点试验、介质损耗因数试验、耐压试验、杂质外观检查、电阻率测定、油中溶解气体色谱分析及油中含水量测定。

（7）测量绕组连同套管一起的直流电阻（所有分接位置上），对多中路引出的低压绕组应测量各支路的直流电阻及联结后的直流电阻。

（8）检查有载调压装置的动作情况及顺序。

（9）测量铁心（夹件）外引对地绝缘电阻。

（10）总装后对变压器油箱和冷却器作整体密封油压试验。

（11）绕组连同套管一起的交流耐压试验（有条件时）。

（12）测量绕组所有分接头的变压比及联结组别。

（13）电源（动力）回路的绝缘试验。

（14）继电保护信号回路的绝缘试验。

（15）检查相位。

（16）必要时进行变压器的空载损耗试验。

（17）必要时进行变压器的短路阻抗试验。

（18）必要时进行感应耐压试验带局部放电量测量。

（19）额定电压下的冲击合闸。

（20）空载试运行前后变压器油的色谱分析。

三、变压器一般试验要求

（1）事故抢修所装上的套管，投运后的首次计划停运时，应进行套管介质损耗测量，必要时可取油样做色谱分析。

（2）停运时间超过 6 个月的变压器在重新投入运行前，应按预试规程要求进行有关试验。

（3）改造后的变压器应进行温升试验，以确定其负荷能力。

（4）变压器承受短路冲击后，应记录并上报短路电流峰值、短路电路持续时间，必要时应开展绕组变形测试、直流电阻测量及油色谱分析等试验。

四、变压器特殊试验要求

（一）红外检测

（1）新建、改建或大修后的变压器，应在投运带负荷后不超过 1 个月内（但至少在 24h 后）进行一次检测。

（2）220kV 及以上变压器每年不少于两次检测，其中一次可在大负荷前，另一次可在停电检修及预试前。110kV 及以下变压器每年检测一次。

（3）宜每年进行一次精确检测，做好记录，将测试数据及图像存入红外数据库。

（二）局部放电试验

（1）运行中变压器油色谱异常，怀疑设备存在放电性故障，必要时可进行现场局部放电试验。

（2）220kV 及以上电压等级变压器在大修后，必须进行现场局部放电试验。

（3）更换绝缘部件或部分绕组并经干燥处理后的变压器，必须进行现场局部放电试验。

（三）绕组变形试验

变压器在遭受出口短路、近区多次短路后，应做低电压短路阻抗测试及用频响法测试绕组变形，并与原始记录进行比较，同时应结合短路事故冲击后的其他电气试验项目进行综合分析。

（四）糠醛含量测试

对运行年久（10 年及以上）、温升过高的变压器、500kV 变压器和电抗器及 150MVA 以上升压变压器投运 3～5 年后，可进行油中糠醛含量测定，以确定绝缘老化的程度；必要时可取纸样做聚合度测量，进行绝缘老化鉴定。

五、变压器和电抗器油试验

（1）新变压器和电抗器在投运和变压器大修后按下列规定进行油色谱分析：220kV 及以上的所有变压器、容量 120MVA 及以上的发电厂主变压器和 330kV 及以上的电抗器在投运后的 4、10、30 天各做一次气相色谱分析（500kV 设备还应在投运后第一天进行一次）。

（2）在运行中按检测周期进行油色谱分析：330kV 及以上变压器和电抗器为 3 个月；220kV 变压器或 120MVA 及以上的发电厂主变压器为 6 个月；8MVA 及以上的变压器为 1 年；8MVA 以下的油浸式变压器自行规定。

（3）变压器和电抗器油简化分析的重点项目：330kV 和 500kV 变压器、电抗器油每年进行一次微水测试和油中含气量（体积分数）测试；66kV 及以上的变压器、电抗器和 1000kVA 及以上站用、厂用变压器油，每年进行一次油击穿电压试验；35kV 及以下变压器油试验周期为 3 年进行一次油击穿电压试验。

六、有载分接开关的试验

分接开关新投运 1～2 年或分接变换 5000 次，切换开关或选择开关应进行一次吊罩检查。运行中分接开关油室内绝缘油，每 6 个月至 1 年或分接变换 2000～4000 次，至少采样 1 次进行微水及击穿电压试验。分接开关检修超周期或累计分接变换次数达到所规定的限值时，应安排检修，并对开关的切换时间进行测试。

第八节　变压器常规试验分析

一、绕组连同套管的直流电阻测量

测量应在各分接头的所有位置上进行。

不同温度下电阻值换算关系为

$$R_2 = R_1 \frac{T + t_2}{T + t_1} \tag{1-3-1}$$

式中　R_1、R_2——温度在 t_1、t_2 时的电阻值；

　　　　T——计算用常数，铜导线取 235，铝导线取 225。

1600kVA 及以下三相变压器，各相测得值的相互差值应小于平均值的 4%，线间测得值的相互差值应小于平均值的 2%；1600kVA 以上三相变压器，各相测得值的相互差值应小于平均值的 2%，线间测得值的相互差值应小于平均值的 1%。变压器绕组的直流电阻与同温下产品出厂实测值比较，相应变化不应低于 2%。

由于变压器结构等原因，三相相互之间的差值超过规定值时，可按与出厂值进行比较，还应注意直流电阻试验后剩磁对其他试验项目的影响。

二、铁心及夹件（有外引接地线的）对地绝缘电阻

同时应测量铁心与夹件之间的绝缘电阻。采用 2500V 绝缘电阻表测量，持续时间 1min，应无闪络及击穿现象。66kV 及以上电压等级绝缘电阻值不宜小于 100MΩ；35kV 及以下电压等级绝缘电阻值不宜小于 10MΩ，应注意同等处理条件下的绝缘电阻值的纵向变化。

三、测量绕组连同套管的绝缘电阻、吸收比或极化指数

绝缘电阻值宜换算至同一温度（建议为 20℃）时的数值进行比较；吸收比和极化指数不进行温度换算。油浸式电力变压器绝缘电阻的温度换算系数见表 1-3-8。

表 1-3-8　　　　　　　　油浸式电力变压器绝缘电阻的温度换算系数

温度差 K	5	10	15	20	25	30	35	40	45	50	55	60
换算系数 A	1.2	1.5	1.8	2.3	2.8	3.4	4.1	5.1	6.2	7.5	9.2	11.2

注　1. 表中 K 为实测温度减去 20℃ 的绝对值。

　　2. 测量温度以上层油温为准。

当测量绝缘电阻的温度差不是表 1-3-8 中所列数值时，其换算系数 A 可用线性插入法确定，也可按式（1-3-1）计算，即

$$A = 1.5K/10 \qquad\qquad (1-3-2)$$

校正到 20℃ 的绝缘电阻值可用下述公式进行计算，即

当实测温度为 20℃ 以上时

$$R_{20} = AR_i \qquad\qquad (1-3-3)$$

当实测温度为 20℃ 以下时

$$R_{20} = R_i/A \qquad\qquad (1-3-4)$$

式中　R_{20}——校正到 20℃ 时的绝缘电阻值，MΩ；

　　　R_i——在测量温度下的绝缘电阻值，MΩ。

测量时铁心、夹件及非测量绕组应接地，测量绕组应短接，套管应清洁、干燥。变压器电压等级为 66kV 及以上时，宜应用 5000V 绝缘电阻表；其他电压等级可应用 2500、1000V 或 500V 绝缘电阻表。绝缘电阻对温度很敏感，尽可能在上层油温低于 50℃ 时测量。

变压器电压等级为 35kV 及以上应测量吸收比。吸收比与产品出厂值相比应无明显差别，在常温下不应小于 1.3；当 R_{60s} 大于或等于 3000MΩ 时，吸收比可不作要求。变压器电压等级为 220kV 及以上时，宜测量极化指数，极化指数不应小于 1.3。测得值与产品出厂值相比，应无明显差别；当 1min 绝缘电阻 R_{60s} 大于或等于 10000MΩ 时，极化指数可不作要求。

绝缘电阻值应满足用户要求且纵横比较应无明显差别。当无出厂试验报告或其他参考数据时，油浸电力变压器绕组绝缘电阻的最低允许值可参照表 1-3-9。

表 1 - 3 - 9　　　　　油浸电力变压器绕组绝缘电阻的最低允许值　　　　　MΩ

序号	高压绕组电压等级（kV）	温度（℃）								
		5	10	20	30	40	50	60	70	80
1	3～10	675	450	300	200	130	90	60	40	25
2	20～35	900	600	400	270	180	120	80	50	35
3	66～330	1800	1200	800	540	360	240	160	100	70
4	500	4500	3000	2000	1350	900	600	400	270	180

四、套管试验

若没有特殊说明，以下项目均指套管联结绕组时的非独立试验。

采用 2500V 绝缘电阻表测量套管主绝缘的绝缘电阻，绝缘电阻值不应低于 10000MΩ，并注意吸收比的变化。66kV 及以上的电容性套管，应测量"抽压小套管"对法兰或"测量小套管"对法兰的绝缘电阻，采用 2500V 绝缘电阻表测量，绝缘电阻值不应低于 1000MΩ。

五、介质损耗因数与电容量测量

20kV 及以上非纯瓷套管的介质损失角正切值 $\tan\delta$ 和电容值应符合表 1 - 3 - 10 规定。

表 1 - 3 - 10　　　　20kV 及以上非纯瓷套管的介质损失角正切值 $\tan\delta$ 和电容值

序号	套管形式	绝缘介质	额定电压（kV）		
			20～35	66～110	220～500
1	电容型	油浸纸	1.0	1.0	0.8
		胶浸纸（包括充胶型和胶纸电容型）	3.5	2.0	1.0
		浇铸树脂	2.5	2.5	2.0
		气体	2.5	2.5	2.0
		复合绝缘	2.5	2.5	2.0
2	非电容型	浇注树脂	2.5	2.5	2.0

电容量与产品铭牌值或出厂试验值相比，其差值应在 ±5% 范围内。

当电容型套管末屏对地绝缘电阻小于 1000MΩ 时，应测量末屏对地 $\tan\delta$，其值不低于 2%（注：施加末屏对地的电压值不得大于 2000V）。

当怀疑套管有缺陷时，可单独对套管测量高电压下的 $\tan\delta$，施加电压通常为 0.5～1.0 倍最大工作相电压，其间的增长量不大于表 1 - 3 - 11 所列数据。

表 1 - 3 - 11　　　　　　套管 $\tan\delta$ 随施加电压变化的允许增量　　　　　　%

套管类型	油浸纸	复合绝缘	胶浸纸（包括充胶型和胶纸电容型）	气体	浇铸树脂
允许增量	0.1	0.1	0.1	0.1	0.2

注　施加电压通常为 0.5～1.0 倍最大工作相电压。

不便断开高压引线时，试验电压可施加至末屏上（注：施加末屏对地的电压值不得大于 2000V），套管高压引线接地。纵向与横向比较采用此类试验接线方式所测数据。当怀疑存在故障时应断开高压引线重新按常规方法进行校验。

六、套管绝缘油试验

当套管允许取油样时，宜进行油中溶解气体的色谱分析，当油中溶解气体组分含量超过下列数值时，应引起注意。

（1）H_2；500μL/L。

（2）C_2H_2：1μL/L（220～500kV）、2μL/L（110kV及以下）。

（3）CH_4：100μL/L。

七、套管交流耐压及局部放电试验

当怀疑套管有较严重缺陷时，可单独对套管进行交流耐压试验，同时进行局部放电测量。施加的交流电压值为出厂试验值的80%。局部放电量不宜大于表1-3-12中数值，当大于表1-3-12中数值时应注意与出厂值进行比较，综合分析判断。

表1-3-12　　　　　　　套管视在局部放电量标准　　　　　　　　　　pC

套管类型	油浸纸	复合绝缘	胶浸纸（包括充胶型和胶纸电容型）	气体	浇铸树脂
局部放电量	20	20	250	20	250

注 施加电压通常为1.05倍最大工作相电压，对于投运时间不大于3年的，施加电压宜为1.5倍最大工作相电压，局部放电量要求不变。

八、有载调压切换装置的检查和试验

变压器宜进行有载调压切换过程试验。综合分析切换装置所有分接位置的过渡电阻值、切换时间值、三相同步偏差、正反向切换时间偏差。

测量过渡电阻的装置和切换时间，宜满足以下要求：

（1）整个过渡过程及桥接时间与出厂值相比不宜超过1倍。

（2）三相开始动作时间差值和最后接通时间差值不宜大于正常桥接时间。

（3）过渡电阻值三相差值不应超过20%。在变压器无电压下手动、电动各操作5个循环。其中电动操作时电源电压为额定电压的85%及以上。操作无卡涩、联动程序，电气和机械限位正常；循环操作后进行绕组连同套管在所有分接位置的直流电阻和电压比测量。

切换开关油箱内绝缘油的击穿电压大于30kV，如果装有在线滤油装置，则要求击穿电压宜大于40kV。油色谱及微水试验宜同时进行以作参考。

九、测量绕组连同套管的直流泄漏电流

当变压器电压等级为66kV及以上时，宜测量直流泄漏电流，参考值见表1-3-13和表1-3-14。

表1-3-13　　　　　　油浸式电力变压器绕组直流泄漏电流参考值

序号	绕组额定电压（kV）	直流试验电压（kV）	绕组泄漏电流值（μA）							
			10	20	30	40	50	60	70	80
1	2～3	5	11	17	25	39	55	83	125	178
2	6～15	10	22	33	50	77	112	166	250	356

续表

序号	绕组额定电压（kV）	直流试验电压（kV）	绕组泄漏电流值（μA）							
			10	20	30	40	50	60	70	80
3	20～35	20	33	50	74	111	167	250	400	570
4	63～330	40	33	50	74	111	167	250	400	570
5	500	60	20	30	45	67	100	150	235	330

注　绕组额定电压为13.8kV及15.75kV者，按10kV级标准；18kV时，按20kV级标准；分级绝缘变压器仍按被试绕组电压等级的标准。

表1-3-14　　　　　　　油浸式电力变压器直流泄漏试验电压标准　　　　　　　　　kV

绕组额定电压	6～10	20～35	63～330	500
试验电压	10	20	40	60

十、绕组连同套管的交流耐压试验

对于66kV及以下电压等级的变压器，宜在所有接线端子上进行交流耐压试验。根据 GB 50150《电气装置安装工程　电气设备交接试验标准》的相关规定实施的交流电压值为出厂试验电压值的80%（见表1-3-15）。当采用外施交流电压耐压方法时，应根据绕组的系统标称电压确定耐受电压值；当采用感应耐压方法时，低压侧可不再进行耐压试验，但当对低压侧绝缘有怀疑时，应单独对低压侧进行耐压试验（采用外施交流耐压试验方法）。

表1-3-15　　　　　　　油浸式电力变压器交流耐压试验电压标准　　　　　　　　　kV

序号	系统标称电压	设备最高电压	交流耐受电压
1	3	3.6	14
2	6	7.2	20
3	10	12.0	28
4	15	17.5	36
5	20	24.0	44
6	35	40.5	68
7	66	72.5	112
8	110	126	160

注　1. 绕组额定电压为13.8kV时，按10kV级标准；15.75kV时，按15kV级标准；18kV时，按20kV级标准。
　　2. 当表中交流耐受电压值与出厂值的80%有冲突时宜采用出厂值的80%。

对于110kV及以上电压等级的绝缘变压器，中性点应进行交流耐压试验，试验耐受电压为出厂试验电压值的80%（见表1-3-16）。其他接线端子可不进行交流耐压试验。但当低压侧绕组的系统标称电压为20kV及以下时，或者对低压侧有怀疑时宜单独对低压侧进行交流耐压试验（采用外施交流电压耐压方法）。

表 1-3-16		110kV 及以上的电力变压器中性点交流耐压试验标准			kV
序号	系统标称电压	设备最高电压	中性点方式	出厂交流耐受电压	交接交流耐受电压
1	110	126	不直接接地	95	76
2	220	252	直接接地	85	68
			不直接接地	200	160
3	330	363	直接接地	85	68
			不直接接地	230	184
4	500	550	直接接地	85	68
			经小阻抗接地	140	112

交流耐压试验可以采用交流电压耐压试验方法，也可以采用感应耐压试验的方法。试验电压波形尽可能接近正弦，试验电压值为测量电压的峰峰值除以 $\sqrt{2}$。当施加的交流电压频率等于或小于 2 倍额定频率时，全电压下试验时间为 60s；当试验电压频率（f）大于 2 倍额定频率（f_n）时，全电压下试验时间为 $120 \times \dfrac{f}{f_\mathrm{n}}$（s），但不少于 15s。

十一、绕组连同套管的局部放电试验

电压等级在 220kV 及以上变压器大修后宜进行局部放电试验。局部放电试验方法及判断方法，均参考 GB 1094.3《电力变压器 第 3 部分：绝缘水平、绝缘试验和外绝缘空气间隙》中的有关规定进行，但试验电压和判断标准如下：

（1）不再进行 $U_1 = 1.7 U_\mathrm{m}/\sqrt{3}$ 电压下的局放激发（更换变压器绕组的除外或根据用户要求）。

（2）对于 220kV 及以上电压等级变压器，$U_2 = 1.5 U_\mathrm{m}/\sqrt{3}$（连续视在局部放电量不大于 500pC）或 $1.3 U_\mathrm{m}/\sqrt{3}$（连续视在局部放电量不大于 300pC，激发电压为 1.5 倍），视试验条件而定。对运行超过 15 年的变压器，宜在 $1.3 U_\mathrm{m}/\sqrt{3}$（连续视在局部放电量不大于 300pC）或在 $1.1 U_\mathrm{m}/\sqrt{3}$（连续视在局部放电量不大于 300pC，激发电压为 1.3 倍）电压下试验。

1）对于三绕组变压器（包括自耦变压器），当在某一绕组施加电压时，其他绕组线端对地电压值不得大于出厂交流耐压值的 80%，当大于该值时宜降低试验电压直至不大于该值，此时测量的连续视在局部放电量最多不大于 500pC。

2）试验宜在运行分接位置进行。

3）发电机变压器进行局部放电测量时宜同时测量低压侧绕组局部放电量。

4）在电压上升到 U_2 及由 U_2 下降的过程中，应记录可能出现的局部放电电压和起始熄灭电压。应记录 $1.0 U_\mathrm{m}/\sqrt{3}$ 及 $1.1 U_\mathrm{m}/\sqrt{3}$ 下视在局部放电量。

5）当视在局部放电量大于上述标准时应进行综合分析判断。

十二、操作波感应耐压试验

（1）当怀疑绕组存在匝间绝缘缺陷时可进行操作波感应耐压试验。在变压器低压侧施加电压，高压侧测量。

（2）如果进行了操作波感应耐压试验则可以不要求外施交流耐压和感应耐压试验。

（3）具体试验方法可参考 GB 1094.3《电力变压器　第 3 部分：绝缘水平　绝缘试验和外绝缘空气间隙》中"操作冲击试验"和 GB/T 1094.4《电力变压器　第 4 部分：电力变压器和电抗器的雷电冲击和操作冲击试验导则》。

十三、额定电压下的冲击合闸试验

全部更换绕组或部分更换绕组后宜进行 3 次额定电压下的冲击合闸试验，每次间隔时间宜为 5min，无异常现象；冲击合闸宜在变压器高压侧进行；对中性点接地的电力系统，试验时变压器中性点必须接地；发电机-变压器组中间连接无操作断开点的变压器，可不进行冲击合闸试验。不涉及更换绕组的大修，大修后不进行冲击合闸试验。

十四、低电压短路阻抗试验与绕组特征图谱试验

（1）当变压器线端曾遭受突发短路（包括单相对地、两相对地、相间以及三相之间）或者发现运行温度偏高及异常的，或者以前尚未进行过低电压短路阻抗试验与绕组特征图谱的应进行该试验。

（2）对于 35kV 及以下电压等级变压器，宜采用低电压短路阻抗法；对于 66kV 及以上电压等级变压器，宜采用频率响应法测量绕组特征图谱。

第九节　变压器绕组变形试验分析

一、频率响应法检测原理

在较高频率的电压作用下，变压器的每个绕组均可视为一个由线性电阻、电感（互感）、电容等分布参数构成的无源线性双口网络，其内部特性可通过传递函数 $H(j\omega)$ 描述。如果绕组发生变形，绕组内部的分布电感、电容等参数必然改变，导致其等效网络传递函数 $H(j\omega)$ 的零点和极点发生变化，使网络的频率响应特性发生变化。

用频率响应分析法检测变压器绕组变形，是通过检测变压器各个绕组的幅频响应特性，并对检测结果进行纵向或横向比较，根据幅频响应特性的差异，判断变压器可能发生的绕组变形。

二、频率响应法的基本检测回路

连续改变外施正弦波激励源 U_S 的频率 f，测量在不同频率下的响应端电压 U_2 和激励端电压 U_1 的信号幅值之比，获得指定激励端和响应端情况下绕组的幅频响应曲线。频率响应分析法的基本检测回路如图 1-3-1 所示。

三、试验条件

变压器绕组变形检测应在所有直流试验项目之前或者在绕组充分放电以后进行，必要时应进行退磁处理。应根据接线要求和接线方式，逐一对变压器的各个绕组进行检测，分别记录幅频响应特性曲线。

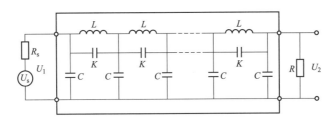

图 1-3-1　频率响应分析法的基本检测回路

L、K 及 C—绕组单位长度的分布电感、分布电容及对地分布电容；U_1、U_2—等效网络的激励端电压和响应端电压；
U_s—正弦波激励信号源电压；R_s—信号源输出阻抗；R—匹配电阻

四、接线要求

（1）检测前应拆除与变压器套管端部相连的所有引线，并使拆除的引线尽可能远离被测变压器套管。对于套管引线无法拆除的变压器，可利用套管末屏抽头作为激励端或响应端进行检测，或者打开距离变压器套管较近的其他端头进行测量，但应注明，并应与同样条件下的检测结果作比较。

（2）变压器绕组的幅频响应特性与分接开关的位置有关，宜在最高分接位置下检测，或者应保证每次检测时分接开关均处于相同的位置。

（3）检测现场应提供 AC 220V 电源，当现场干扰严重时宜通过隔离电源对检测设备进行供电。

五、接线要求及接线方式

（1）所有接线均应稳定、可靠，应使用专用的接线夹具，减小接触电阻。

（2）对同一台或同型号变压器宜采用相同的接线方式。激励端和响应端上的测试电缆及接地引线均可沿套管的瓷套引下。接地线不能缠绕，应就近与变压器的金属箱体进行电气连接，以保持良好的高频接地性能。

（3）应按照图 1-3-2 所示的方式选定信号的激励（输入）端和响应（检测）端，以便日后对检测结果进行标准化管理。

六、分析判断

（一）分析判断原则

用频率响应分析法判断变压器绕组变形，主要是对绕组的幅频响应特性进行纵向或横向比较，并综合考虑变压器遭受短路冲击的情况、变压器结构、电气试验及油中溶解气体分析等因素。根据相

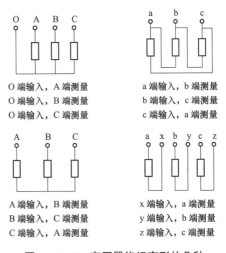

**图 1-3-2　变压器绕组变形的几种
常用检测接线方式**

关系数的大小，可较直观地反映出变压器绕组幅频响应特性的变化，通常可作为判断变压器绕组变形的辅助手段。

（二）纵向比较法

纵向比较法是指对同一台变压器、同一绕组、同一分接开关位置、不同时期的幅频响应特性进行比较，根据幅频响应特性的变化判断变压器的绕组变形。该方法具有较高的检测灵敏度和判断准确性，但需要预先获得变压器原始的幅频响应特性。

（三）横向比较法

横向比较法是指对变压器同一电压等级的三相绕组幅频响应特性进行比较，必要时借鉴同一制造厂在同一时期制造的同型号变压器的幅频响应特性，来判断变压器绕组是否变形。该方法不需要变压器原始的幅频响应特性，现场应用较为方便，但应排除变压器的三相绕组发生相似程度的变形或者正常变压器三相绕组的幅频响应特性本身存在差异的可能性。

七、试验结果分析

（1）典型的变压器绕组幅频响应特性曲线，通常包含多个明显的波峰和波谷。经验及理论分析表明，幅频响应特性曲线中的波峰或波谷分布位置及分布数量的变化，是分析变压器绕组变形的重要依据。

（2）幅频响应特性曲线低频段（1～100kHz）的波峰或波谷位置发生明显变化，通常预示着绕组的电感改变，可能存在匝间或饼间短路的情况。频率较低时，绕组的对地电容及饼间电容所形成的容抗较大，而感抗较小，如果绕组的电感发生变化，会导致其幅频响应特性曲线低频部分的波峰或波谷位置发生明显移动。对于绝大多数变压器，其三相绕组低频段的响应特性曲线应非常相似，如果存在差异则应及时查明原因。

（3）幅频响应特性曲线中频段（100～600kHz）的波峰或波谷位置发生明显变化，通常预示着绕组发生扭曲和鼓包等局部变形现象。在该频率范围内的幅频响应特性曲线具有较多的波峰和波谷，能够灵敏地反映出绕组分布电感、电容的变化。

（4）幅频响应特性曲线高频段（>600kHz）的波峰或波谷位置发生明显变化，通常预示着绕组的对地电容改变，可能存在绕组整体移位或引线位移等情况。频率较高时，绕组的感抗较大，容抗较小，由于绕组的饼间电容远大于对地电容，波峰和波谷分布位置主要以对地电容的影响为主。

八、干扰波形分析

在对测得的变压器绕组幅频响应特性曲线进行分析时，首先应甄别测试数据的有效性。通常情况下，变压器绕组的幅频响应特性曲线应是连续和平滑的，其幅值大多分布在−70～0dB 范围内，仅有部分有可能会超过 0dB 或者低于−70dB。

如果发现测得的数据曲线存在毛刺、尖峰、整体平移或反向的情况，首先应查明原因并在解决后重新进行测试，直至获得有效的测试数据。

1. 毛刺

如果测得的幅频响应特性曲线含有毛刺，通常应进行如下检查和处理；

（1）测试回路接触不良造成的（如存在不稳定的接触电阻）。一方面可检查更换测试引线；另一方面确认套管端头的接触是否良好或接地是否可靠。

（2）测试现场周围是否有使用电钻、电焊机、切割机等电动工具现场作业，必要时可暂停此类器械的运作，然后重新接线测量。

（3）测试仪自身的工作状态是否正常，可通过所配置的检测单元进行自检。

2. 尖峰

如果测得的幅频响应特性曲线中含有尖峰曲线，通常应进行如下检查和处理：

（1）测试中手机信号的引入。测试人员尽量不要在套管接线端接、打电话。

（2）测试线缆的突然移动。

3. 整体平移

如果测得的幅频响应特性曲线中含有整体平移曲线，通常应进行如下检查和处理：

（1）测得电缆的芯针松动，使得信号变弱，曲线平移。与正常的频响数据相比，如果当前测得曲线整体明显上移，应检查连接激励端测试电缆；如果整体下移则应重点检查连接响应端的测试电缆。

（2）如果测试回路接地不良（即没有可靠地与变压器外壳连接），通常仅会表现出局部平移现象。

（3）测试仪自身的工作状态是否正常，可通过所配置的校验单元进行自检。

4. 整体反向

如果测得的幅频响应特性曲线中含有整体反向曲线，一般是由于接线错误造成的，应全面检查是否按试验要求正确接线。

九、用相关系数 *R* 辅助判断变压器绕组变形

通过相关系数可以定量描述出两条波形曲线之间的相似程度，通常可作为辅助手段用于分析变压器的绕组变形情况，具体结果还应根据变压器的运行情况及其他信息综合判断。

十、变压器绕组变形程度的关系

相关系数与变压器绕组变形程度的关系见表 1-3-17。

表 1-3-17　　　　相关系数与变压器绕组变形程度的关系（仅供参考）

绕组变形程度	相关系数
严重变形	$R_{LF}<0.6$
明显变形	$1.0>R_{LF}\geqslant0.6$ 或 $R_{MF}<0.6$
轻度变形	$2.0>R_{LF}\geqslant1.0$ 或 $0.6\leqslant R_{MF}<1.0$
正常绕组	$R_{LF}\geqslant2.0$ 和 $R_{MF}<1.0$ 和 $R_{HF}<0.6$

注　R_{LF} 为曲线在低频段（1～100kHz）内的相关系数；R_{MF} 为曲线在中频段（100～600kHz）内的相关系数；R_{HF} 为曲线在高频段（600～1000kHz）内的相关系数。

第十节　油浸变压器绝缘老化判定试验分析

一、变压器寿命

油浸式变压器寿命一般是指油纸绝缘系统的寿命。因为绝缘油可以在变压器使用寿命期间再生或更换，而绝缘的老化过程是不可逆的，所以变压器寿命实际是指绝缘纸和层压纸板

（简称纸绝缘）的寿命。绝缘纸寿命的判据，主要取决于机械特性。变压器的实际寿命除制造质量外，与运行条件关系很大。正常运行的变压器寿命应该在 30 年以上，达不到以上寿命而退役，通常是设备隐患或其他原因所致。

二、绝缘老化机理

变压器油主要是由许多不同分子量的碳氢化合物组成的混合物，基本以烷烃、环烷烃和少部分芳香烃为主。在变压器的正常运行温度下，油不会产生热分解。油的老化与温度有关，但主要是氧化导致，铜是油氧化的催化剂。实际上，对不能与氧气完全隔离的油纸绝缘设备，即使长期不运行，也同样存在老化问题。油中吸收氧在水分、温度作用下使老化加速，生成醇、醛、酮等氧化物及酸性化合物，最终析出油泥。油氧化反应形成少量的 CO、CO_2，随着运行中气体的积累，CO 和 CO_2 将成为油中气体的主要组分，还有少量 H_2 和低分子的烃类气体如甲烷、乙烷、乙烯等。烃类气体的迅速增加是在非正常的油温（有故障）下产生的。

变压器的纸绝缘属于纤维素绝缘材料，在热的作用下，将会发生分子裂解的化学反应，即热解降解反应。温度升高时反应加速，加之水解和氧化的作用，使绝缘材料加剧分解。运行中的变压器纸绝缘的热解降解、水解降解和氧化降解三种反应同时存在。即使在相同的运行温度下，变压器绝缘老化速度也会因含水量、含氧量等诸多因素的不同而不同，因此变压器油纸绝缘处于高电场下，还会产生电老化。如果各部位绝缘的工作场强超过了允许值，就会产生具有不同能量放电特性的绝缘分解气体。

三、绝缘老化判断的测试项目及原理

由老化的机理可知，纸绝缘降解的结果，首先为纤维素大分子的断裂，表现为聚合度的下降和机械强度的降低；其次是伴随降解过程，可得到溶解在油中的多种老化产物，如 CO、CO_2 和糠醛等。因此，测试变压器中纸绝缘的聚合度和油中相应老化产物的含量，可推测变压器纸绝缘的老化状态。

1. 纸绝缘的聚合度

一个纤维素分子中所包含的 D-葡萄糖单体的含量，称作该纤维素的聚合度。目前运行的大型变压器所使用的新绝缘纸（板）的平均聚合度一般在 1000 左右，这时的纸绝缘有很好的韧性和强度。纸绝缘的纤维素分子在温度、氧和水分等长期作用下发生降解，大分子断裂成为较小的分子，使聚合度降低、材料的韧性和强度下降。

聚合度同纸的抗张强度有相关性，因此测试样品的聚合度对判断变压器整体老化程度或对可以直接取到纸样的故障部位的老化情况是有意义的。测试纸（板）的聚合度对样品无尺寸、形状等严格要求，但需在变压器放油后采集。

2. 油中糠醛

当绝缘纸（板）劣化时，纤维素降解生成一部分 D-葡萄糖单糖，它在变压器运行条件下很不稳定，容易分解，最后产生一系列氧杂环化合物溶解在变压器油中。糠醛是纤维素大分子降解后形成的一种主要氧杂环化合物。合格的变压器油不含糠醛，变压器内部非纤维素绝缘材料的老化也不产生糠醛，变压器油中的糠醛是唯有纸绝缘老化才生成的产物。因此，测试油中糠醛含量，可以反映变压器纸绝缘的老化情况。

3. 油中气体

监视油中气体，是变压器运行中监测内部故障有效且广泛采用的方法。充分利用每台变压器的定期测试结果，加以认真整理分析，有可能得到有关绝缘老化状态的信息，为进一步的判断提供参考。

纸绝缘的正常老化与故障情况下的劣化分解，表现在油中 CO 和 CO_2 含量上一般没有严格的界限，规律也不明显，这主要是由于从空气中吸收的 CO_2、绝缘纸（板）老化及油的长期氧化形成 CO 和 CO_2 的基值过高造成的。但是从变压器运行过程中的长期速率来观察，仍然有一定的规律可循。无故障变压器，在投运后的前 1～2 年，CO、CO_2，特别是 CO 产气率是比较高的，然后逐年下降；多年运行后，含量的增长曲线渐趋饱和。当绝缘发生局部或大面积的深度老化时，CO、CO_2 产气速率会剧增。当故障温度较高涉及油分解时，烃类气体也会随之增加。

四、判断及影响因素

（一）纸绝缘的聚合度

新变压器纸绝缘的聚合度大多在 1000 左右。试验表明，纸的抗张强度等随聚合度下降而逐渐下降。聚合度降到 250 时，抗拉强度出现突变，说明纸深度老化；聚合度为 150 时，绝缘纸完全丧失机械强度。建议当变压器中采集的纸或纸板样品的聚合度降低到 250 时，应对该变压器的纸绝缘老化引起注意；如果从气体分析中已发现存在局部过热的可能，则部分绝缘有可能已炭化，机械强度会受到影响，此时糠醛含量也应较高，则不宜再继续运行；或鉴于对设备的可靠性要求较高，且有条件更换时，也可考虑退出运行。当纸或纸板样品的聚合度降低到近 150 时，应当考虑该变压器退出运行。

尽管聚合度是表征纸的机械强度的一个重要参数，由于变压器复杂的绝缘结构和取样位置的限制，所取纸板或垫块等样品的聚合度往往高于老化严重部位纸绝缘的聚合度。但是正常老化的变压器，其不同部位纸的集合度分布有一定规律性，因此能取到的样品聚合度也可大致判断变压器绝缘老化状况。如果属于故障性的局部绝缘加速老化，在不能取到该老化部位样品的情况下，测试结果反映的老化程度是不真实的，只能代表取样部位的聚合度。

另外，样品的聚合度有时可能比实际情况偏低，如取某些引线的外包绝缘纸，即使纸已过度老化，但不一定代表变压器内部绝缘情况。引线绝缘的老化可能是引线设计电流密度过大或焊接不良，虽然油的过度老化对其他部位的绝缘也有影响，但引线绝缘暴露在油中的面积大，影响也大。还有，在设备检修中被焊接高温烤焦的绝缘纸的聚合度也偏低。因此，取引线绝缘时应避免取属于棉纤维的白布带。为了从测试结果得到正确判断，应在多个部位取样，以便尽可能真实地反映整体绝缘的聚合度。

取样部位包括绕组上下部位的垫块、绝缘纸板、引线纸绝缘、散落在油箱内的纸片等。各不同部位的取样量应大于 2g。

有吊检机会时，在下述情况下取纸样：油中糠醛含量超过注意值；负载率较高的变压器运行 25 年左右；变压器准备退役前。

（二）油中糠醛

1. 判据

（1）变压器的油中糠醛含量应随运行时间的增加而增加，但不同变压器除了制造商的固有差异外，还因运行中环境温度、负载率等不同，造成在相同运行时间内糠醛含量的分散性。

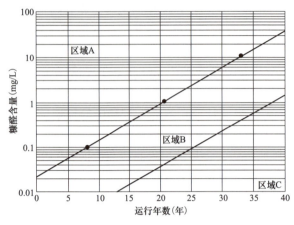

图 1-3-3　变压器油中糠醛含量与运行时间的关系

（2）变压器油纸比例不同，测试结果用毫克量表示，使相同老化状况的不同设备的测试结果出现不同。

（3）变压器油处理也是油箱糠醛含量的主要因素。

（4）变压器油中糠醛含量与运行年限关系及注意值见图1-3-3和表1-3-18。根据统计分析，大部分变压器运行时间与油中糠醛含量在区域 B 范围内，区域 B 和 C 的数据占总数据的90％以上，区域 A 不到10％。因此，将不同运行年落入区域 A 的变压器油中糠醛含量的下限值［$\log(f) = -1.65 + 0.08t$，其中，f 为糠醛含量，mg/L；t 为运行年数，年］作为可能存在纸绝缘非正常老化的注意值。

表 1-3-18　　　　　变压器油中糠醛含量与运行年限关系的注意值

运行年限（年）	1~5	5~10	10~15	15~20
糠醛含量（mg/L）	0.1	0.2	0.4	0.75

注　1. 含量在表中值时，一般为非正常老化需跟踪检测，并注意增长率。
　　 2. 测试值对于 4mg/L 时，认为绝缘老化已比较严重。

（5）当油中糠醛含量落入区域 A 时，应了解变压器运行的历史和现状。如是否经受或多次经受急救性负载、运行温度是否过高、冷却系统和油路是否异常、油中含水量是否过高、是否存在局部过热老化等。

为诊断设备绝缘是否确实存在故障（老化），应根据具体情况缩短分析周期，监测油中糠醛和 CO、CO_2 含量及其增长速度，并应避免外界因素对测试结果的影响。

1）对运行时间不太长（如少于 10 年）的变压器，当油中糠醛含量过高时，尤其需要重视。

2）对重点监视的变压器，应当定期测定糠醛含量，观察变化趋势。一旦发现糠醛含量高就应引起重视。在连续监测中，测到糠醛含量高而后又降低，往往是受到干扰所致。

2. 影响因素

（1）糠醛在油和纸之间的平衡关系会受温度影响，变压器运行温度变化时，油中糠醛含量会随之波动。

（2）变压器进行真空滤油处理时，随着脱气系统真空度的提高、滤油温度的升高、脱气时间的增加，油中糠醛含量相应下降。变压器油经过某些吸附剂处理后，油中糠醛全部消失。

（3）变压器油中放置硅胶（或其他吸附剂）后，由于硅胶的吸附作用，油中糠醛含量明显下降。装有净油器的变压器，油中糠醛含量随吸附剂量和吸附剂更换时间的不同而有不同程度的下降，每次更换吸附剂后可能出现一个较大降幅。

（4）变压器更换新油或油经处理后，纸绝缘中仍然吸附有原变压器油。这时，油中糠醛含量先大幅度降低，然后由于纸绝缘中的糠醛向油中扩散，油中糠醛含量逐渐回升，最后达到平衡。

针对以上情况，为了弥补由于更换新油或油处理造成变压器油中糠醛含量降低，影响连续监测变压器绝缘老化状况，应当在更换新油或油处理前以及之后数周各取一个油样品，以便获得油中糠醛的变化数据。对于非强迫油循环冷却的变压器，油处理后可适当推迟取样时间，以使糠醛在油纸之间达到充分的平衡。变压器连续运行后的绝缘老化判断，应当将换油或油处理前后的糠醛变化差值计算进去。

3. 取样

在下述情况下需取油样：

（1）需了解绝缘老化情况时。

（2）油中气体色谱分析判断有过热故障，需确定是否涉及纸绝缘时。

（3）在取纸样测聚合度前。

（4）大修前和变压器重新投运 1～2 个月后。

（5）超过注意值时，可在 1 年内监测 1 次。

（三）油中 CO 和 CO_2

1. 指标

正常情况下，随着运行年数的增加，绝缘材料老化，使 CO、CO_2 的含量逐渐增加。由于 CO_2 较易溶解于油中，而 CO 在油中的溶解度小、易逸散，因此，CO_2/CO 一般是随着运行年限的增加而逐渐变大的，当 $CO_2/CO>7$，认为绝缘可能老化，也可能是大面积低温过热故障引起的非正常老化。

2. CO 变化规律

（1）随着变压器运行时间增加，CO 含量虽有波动，总的是增加的趋势。

（2）变压器于投入运行后，CO 含量开始增加速度快，而后逐渐减缓，正常情况下不应发生陡增。

（3）不同变压器投运初期 CO 含量差别很大。

据此提出如下经验公式，不满足时要引起注意。

$$C_n < C_{n-1} \times 1.2^{\frac{2}{n}} \qquad (1-3-5)$$

式中　C_n——运行 n 年的 CO 年平均含量，μL/L；

　　　n——运行年数，$n \geqslant 2$。

根据统计结果，得出经验公式，即

$$C \leqslant 1000(2+n) \qquad (1-3-6)$$

式中　C——运行 n 年的 CO_2 年平均含量，μL/L。

第十一节　变压器事故案例分析

【案例】　某电厂变压器烧毁事故

一、事件经过

某电厂主变压器（SFP10-370000/500 强迫油循环风冷）运行中着火，变压器本体、附件、散热器、冷却器控制柜、电缆及周边草木等均着火烧损严重，如图1-3-4和图1-3-5所示。变压器油喷出在电缆沟内，污染电缆。

图1-3-4 主变压器烧毁外观图

图1-3-5 主变压器及附属设备烧损外观图

变压器本体油箱严重变形、油箱四周加强筋多处开裂，两个压力释放阀动作喷油，55t多变压器油全部烧完，油箱内存在大量燃烧后遗留的炭黑物，绕组整体严重污染，A相高压套管连同升高座一起冲脱掉落在地上，如图1-3-6和图1-3-7所示。

图1-3-6 变压器本体油箱严重变形

图1-3-7 A相高压套管及升高座掉落在地上

变压器三相高压套管（器身以外部分）上瓷套破碎。变压器B相高压侧套管下瓷套（器身以内部分）炸碎、绝缘成型件严重受损，A相高压侧套管下瓷套（器身以内部分）炸碎，导电管下部和底座烧熔、绝缘成型件（包括均压管）也烧毁，C相高压侧套管下瓷套（器身以内部分）完整，A、B相瓷套末屏被烧熔。三相高压套管下瓷套（器身以内部分）烧损情况如图1-3-8所示。变压器B相高压绕组下端部靠近底部铁心处严重变形，如图1-3-9所示。变压器无载分接开关烧毁，动、静触头脱离，如图1-3-10所示。变压器低压侧引线和调压引线绝缘全部烧毁。

进行三相高压套管绝缘解剖检查，未发现绝缘纸放电痕迹。A相套管升高座变形严重，升高座内电流互感器全部烧毁，在A相高压套管下瓷套导电管引线部位对升高座套筒内壁放电，A相高压套管下瓷套（器身以内部分）导电管底座烧熔部位放电部位如图1-3-11所示，升高座套筒内壁3个放电点如图1-3-12所示。将B相高压绕组、低压绕组吊出后，面对高压侧右方下铁轭的上表面铁心上有4个放电点，面对低压侧右方下铁轭的上表面铁心

上有 3 个放电点，变压器 B 相高压绕组下端部线匝多处烧断。如图 1 - 3 - 13～图 1 - 3 - 16
所示。

图 1 - 3 - 8　三相高压套管下瓷套烧损情况图

图 1 - 3 - 9　B 相高压绕组下端部靠近底部
铁心处变形图

图 1 - 3 - 10　变压器无载分接开关烧毁

图 1 - 3 - 11　A 相高压套管下瓷套烧熔部位图

图 1 - 3 - 12　A 相套管升高座套筒内壁放电点

图 1 - 3 - 13　面对高压侧铁心上放电点图

图 1-3-14　面对低压侧铁心上放电点

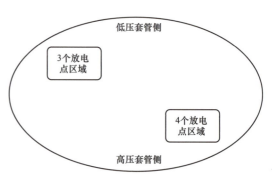

图 1-3-15　B 相高压线圈放电点区域俯视图

图 1-3-16　变压器 B 相高压绕组
下端部线匝烧断

二、原因分析

主变压器在制造过程中遗留有局部缺陷，2006 年刚投入运行时的色谱数据说明了变压器油纸绝缘中存在局部放电，这个局部放电过程一直持续到 2007 年 12 月，涉及固体绝缘，只是故障发展缓慢。2014 年 10 月 12 日以后，到 2014 年 10 月 23 日这 11 天时间，故障发展快。变压器经过近 10 年的运行，在长期电磁振动下，使缺陷逐步发展扩大，匝间绝缘因局部放电加速老化，甚至发糊、变脆。乙炔气体的出现，表明故障由局部放电转化为火花放电，最终导致匝间绝缘破损脱落，形成 B 相匝间短路，并对底部铁心放电。在持续的电弧作用下，变压器油急剧分解，产生大量 H_2、C_2H_2 和 C_2H_4 等可燃气体（由于变压器大火持续了 10 多个小时，未取到事故后变压器油样），变压器箱体内部压力骤增，导致油箱严重变形，四周加强筋开裂，变压器油质急剧劣化后，油击穿强度严重下降，由于 A 相套管末端电场分布不均匀，电场强度高，导致对升高座外壳内壁放电击穿，在电弧作用下 A 相套管升高座内油急剧分解，压力剧增，A 相套管升高座空间狭窄，压力来不及释放，使 A 相套管及升高座整体冲出，脱离变压器本体，大量空气进入变压器内部引起变压器着火燃烧。

三、暴露问题

（1）制造工艺把关不严，致使变压器出厂局部放电偏大，运行中对油色谱试验数据分析分析不到位，未能及时发现变压器的局部放电缺陷。

（2）没有按预试规程要求对 500kV 及以上变压器测量吸收比和极化指数，不能判断变压器的绝缘是否受潮。

（3）变压器绕组直流泄漏试验，高压侧绕组在 60kV 直流电压下的泄漏电流为 83μA（试验时变压器上层油温为 30℃），大于规程规定的 45μA（同一温度下）参考值的要求；

把泄漏电流换算到同一温度下与交接时的泄漏电流进行比较，纵比互差为 144.7%，由泄漏电流换算成 20℃ 绝缘电阻值为 1085MΩ，与同温度下交接数据 8600MΩ 进行比较，变化较大，绝缘电阻下降了 87%，不符合规程规定。

（4）绝缘监督把关不严，未能严格按照 DL/T 596《电力设备预防性试验规程》完成绝缘油和变压器规定的试验项目，如绝缘油 90℃ 下的介质损耗因数 tanδ 和油的含气量试验，未完成变压器吸收比、极化指数等绝缘试验，对试验数据未能进行全面的综合分析，从而使有可能事先发现的隐患无法发现。

四、防范措施

（1）加强变压器油的色谱分析，运行中的变压器不能按照 DL/T 596—2021《电力设备预防性试验规程》中表 5 列出的要求指标进行简单分析，否则会造成故障漏判；而应当根据 DL/T 722《变压器油中溶解气体分析和判断导则》进行综合判断，不能局限于"导则"规定的注意值，且要特别重视乙炔、氢气、总烃等重要特征气体的产气速率。当怀疑设备异常时，应根据"导则"要求缩短色谱分析周期。对 330kV 及以上电压等级设备，当油中首次检测到 C_2H_2（$\geqslant 0.1\mu L/L$）时应引起注意。当产气速率突然增长或故障性质发生变化时，须视情况采取必要措施。

（2）应重视变压器的油色谱分析工作，规范变压器油的取样、分析的作业流程，保证数据真实、可靠，对存在异常征兆的设备做到早分析、早诊断、早处理，避免发生事故，建议建设网络化色谱系统。

（3）加强对预防性试验的管理工作，要保证现场试验的质量，对试验结果必须进行全面的、历史的综合分析和比较，既要对照历次试验结果，也要对照同类设备或不同相别的试验结果，根据变化规律和趋势，经全面分析后做出判断。500kV 变压器应严格控制油中含水量、含气量、油耐压强度和介质损耗因数四项指标，其数值必须满足规程要求。

（4）当发现变压器有异常状态或经试验判明有内部故障时，应依据 DL/T 573—2010《电力变压器检修导则》中 7.1.1.3 的要求进行大修或故障消除。

第四章

GIS 技 术 监 督

第一节　GIS 基础知识

一、GIS 基本结构

由于 SF_6 气体具有优异的绝缘性能，把电站的各种电气设备装在充满 SF_6 气体的容器内，从而大大缩小电站的空间和占地，这就是气体绝缘封闭开关设备（简称 GIS）。

GIS 一般为圆筒结构，即将各种元件如断路器、隔离开关、接地开关、互感器、避雷器、母线等装在外壳接地的金属圆筒中。为了缩小体积，GIS 内部采用了稍不均匀电场设计，内部各元件的外形尽量做得圆滑、光洁，从而能在小的空间尺寸中得到尽可能高的绝缘强度。为了防止内部发生绝缘事故时，造成事故扩大，GIS 利用盆式绝缘子将其内部分隔成一个个隔室单元。同时在每个隔室都装有用于监视 SF_6 密度的密度继电器，防止因为漏气导致绝缘下降及开断能力下降而造成事故。

GIS 与一般电站设备的配置不同的是 GIS 除装有接地开关外，往往还设有快速接地开关。快速接地开关和接地开关是两种用途完全不同的开关。接地开关设在断路器两侧的隔离开关旁边，仅起到断路器检修时两侧接地的作用。而快速接地开关设在出线回路的出线隔离开关靠线路一侧，它的作用是当 GIS 线路侧发生单相接地故障时，故障线路两侧开关断开后，故障电流被切断，但由于正常相与故障相之间存在感应电动势，此感应电动势将继续为通道提供潜供电流，因而电弧常常不能完全熄灭。为此，在故障线路两侧开关断开时，自动装置动作立即合上快速接地开关，将故障相的感应电动势短接，电弧最终熄灭。这样，电弧的熄灭也就为下一步开关的重合闸成功创造了条件。快速接地开关在合闸操作瞬间的高速度，大大减轻了其在尚未合上前，预击穿电弧对触头的严重烧损。

二、开关设备和控制回路的接地

1. 主回路的接地

为了保证维护工作的安全性，需要触及或可能触及的主回路的所有部件应能够接地。如果连续的回路有带电的可能性，采用关合能力等于额定峰值耐受电流的接地开关；如果能够肯定连接的回路不带电，采用没有关合能力或关合能力小于额定峰值耐受电流的接地开关。此外，外壳打开后，在对回路元件进行维修期间，事先通过开关接地之处，应有可能与可移开的接地装置连接。

2. 外壳的接地

外壳应和地连接，所有不属于主回路和辅助回路的金属部件都应接地。对于外壳、框架等的相互连接，允许采用螺栓或焊接紧固的方式来保证电气连续性。考虑到他们需要承载的电流引起的热的和电气负荷，应保证接地回路的电气连续性。

3. 低压力和高压力闭锁和监控装置

每个隔室的气体密度或温度补偿的气体压力应连续监测。监测装置对压力或密度至少应提供两段报警水平（报警和最低功能压力或密度），高压设备运行期间，应能够对其他监控装置进行检查。

4. 联锁装置

对于用作隔离断口和接地的主回路中安装的电器，应满足：

（1）在维护期间用于保证隔离断口的主回路中的电器，应提供联锁装置以防止合闸。

（2）接地开关应提供联锁装置以避免分闸。

（3）接地开关应和相应的隔离开关联锁。

（4）负荷开关以及隔离开关应和相应的断路器联锁，以防止相应的断路器未分闸的情况下负荷开关或隔离开关的分闸或合闸。

5. 压力配合

由于不同的使用条件，所以 GIS 内部的压力可以不同于额定充入压力。因温度和湿度间的泄漏而导致的压力升高会产生附加的机械应力。因泄漏而导致的压力降低会减低绝缘性能。

压力配合：型式试验压力＞出厂试验压力＞设计压力＞额定充入压力＞报警压力。

6. 伸缩节

伸缩节（如果有）主要用于装配调整、吸收基础间的相对位移或热胀冷缩的收缩率等。制造厂应根据试验的目的、允许的位移量和位移方向等选定伸缩节的结构。

三、GIS 的注意事项

（1）由于 GIS 一般安装在户内，而 SF_6 气体的比重远比空气大，为防止因 SF_6 泄漏而造成人员的窒息，GIS 室的下部应该装设排气装置。

（2）由于 GIS 内部是按不均匀电场设计的，对电极表面的光洁度，以及内部清洁的要求都很高，所以对电极的毛刺和内部是否存在灰尘和杂质都非常敏感。GIS 在运输和安装过程中，由于现场条件的限制，难免会造成电极表面的损伤，对盆式绝缘子表面造成脏污，或在隔离室内带入灰尘及异物等，这些因素都会严重影响 GIS 的绝缘水平。交流耐压试验是发现这些缺陷的非常有效的手段。因此，交流耐压试验是 GIS 现场交接试验中必不可少的试验项目。

（3）关于 GIS 开展开关机械特性试验和回路电阻试验的接线及注意事项。由于 GIS 的主导电回路是完全封闭的，所以开展以上试验时的接线方式也有所不同，并会带来某些特殊问题。当需要对 GIS 某元件进行测试时，其一次接线可通过该元件临近的检修接地开关接入。GIS 在设计中，特别将检修接地开关与外壳的连接考虑为活动接地的方式，当解开接地连接片后，接地开关的接地极便与 GIS 的外壳处于绝缘状态。此时，如果将接地开关通过隔离开关接到被测元件上，那么就可以通过此接地开关的接地极将该元件的一次接线引出 GIS 的外壳进行测试了。

第二节 GIS 选型及出厂试验

一、依据

GIS 订货应符合 DL/T 617《气体绝缘金属封闭开关设备技术条件》、DL/T 728《气体绝缘金属封闭开关设备选用导则》和 GB 7674《额定电压 72.5kV 及以上气体绝缘金属封闭开关设备》等标准和相关反事故的要求。

二、出厂试验项目

（1）主回路的绝缘试验。
（2）辅助和控制回路的试验。
（3）主回路电阻的测量。
（4）局部放电试验。
（5）密封性试验。
（6）机械特性试验。
（7）电气、气动和其他辅助装置试验。
（8）接线检查。
（9）外壳强度试验。
（10）SF_6 气体湿度测量。

三、特殊出厂试验项目

（1）合闸电阻测量。
（2）并联电容器局部放电试验、介质损耗因数、电容量测量。
（3）互感器变比试验。
（4）绝缘件工频泄漏电流、耐受电压和局部放电试验。
（5）金属氧化物避雷器性能试验。
（6）瓷套的压力试验。
（7）操动机构中的电动机、油泵或气泵的性能试验。

四、温升

GIS 组成元件的温升应不超过元件相应标准规定的允许温升。对运行人员易接触的外壳，其温升不应超过 30K；对运行人员易接近，但正常操作时不需接触的外壳，其温升不应超过 40K；对运行人员不接触的部位，允许温升可提高到 65K，但应保证周围绝缘材料和密封等材料不致损坏，并需作出明显的高温标记。

第三节　GIS 运输、安装和交接试验

一、依据

安装施工单位应严格按 GB 50147《电气装置安装工程　高压电器施工及验收规范》、制造厂"安装说明书"和基建移交生产达标要求进行现场安装工作。GIS 在现场安装后、投入运行前的交接试验项目和要求，应符合 GB 50150《电气装置安装工程　电气设备交接试验标准》及 DL/T 618《气体绝缘金属封闭开关设备现场交接试验规程》以及制造厂技术要求等有关规定执行。SF_6 气体压力、泄漏率和含水量应符合 GB 50150《电气装置安装工程　电气

设备交接试验标准》及产品技术文件的规定。

二、技术要求

（1）GIS 应在密封和充低压力的干燥气体（如 SF_6 或 N_2）的情况下包装、运输和储存，以免潮气侵入。

（2）GIS 应包装规范，并应能保证各组成元件在运输过程中不致遭到破坏、变形、丢失及受潮。对于外露的密封面，应有预防腐蚀和损坏的措施。各运输单元应适合于运输及装卸的要求，并有标志，以便用户组装。包装箱上应有运输、储存过程中必须注意事项的明显标志和符号。出厂产品应附有产品合格证书（包括出厂试验数据）和装箱单。

（3）GIS 每个运输单元应安装冲击记录仪，以检查 GIS 在运输过程中有否受到冲击等情况。

（4）220kV 及以上设备重点监督项目：交流耐压试验、SF_6 气体含水量测试。

（5）SF_6 密度继电器与开关设备本体之间的连接方式应满足不拆卸校验密度继电器的要求。

（6）新安装为便于试验和检修，GIS 的母线避雷器和电压互感器、电缆进线间隔的避雷器、线路电压互感器应设置独立的隔离开关或隔离断口；架空进线的 GIS 线路间隔的避雷器和线路电压互感器宜采用外置结构。

第四节　GIS 运 行

一、依据

按 DL/T 603《气体绝缘金属封闭开关设备运行维护规程》和 GB/T 12022《工业六氟化硫》的要求进行运行维护。

二、巡视内容

每天至少 1 次。对运行中的 GIS 设备进行外观检查，主要检查设备有无异常情况，并做好记录。如有异常情况应按规定上报并处理。

（1）标志牌的名称和编号齐全、完好。

（2）外壳、支架等有无锈蚀、损坏，瓷套有无开裂、破损或污秽情况。外壳漆膜是否有局部颜色加深或烧焦、起皮现象。

（3）GIS 室内的照明、通风和防火系统及各种监测装置是否正常、完好。GIS 室氧量仪指示不低于 18％，SF_6 气体含量不超过 1000μL/L，无异常声音或异味。

（4）断路器、隔离开关、接地开关及快速接地开关的位置指示正确，并与当时实际运行工况相符。

（5）气室压力表、油位计的指示是否在正常范围内，并记录压力值。

（6）检查断路器和隔离开关的动作指示是否正常，记录其累积动作次数。

（7）避雷器在线监测仪指示正确，并记录泄漏电流值和动作次数。

（8）各种指示灯、信号灯和带电监测装置的指示是否正常，控制开关的位置是否正确，控制柜内加热器的工作状态是否按规定投入或切除。

（9）外部接线端子有无过热情况，汇控柜内有无异常现象。

（10）接地端子有无发热现象，接触应完好。金属外壳的温度是否超过规定值。

（11）各类箱、门关闭严密。

（12）各类管道及阀门有无损伤、锈蚀，阀门的开闭位置是否正确，管道的绝缘法兰与绝缘支架是否良好。

（13）压力释放装置有无异常，其释放出口有无障碍物。

（14）设备有无漏气（SF_6气体、压缩空气）、漏油（液压油、电缆油）。

（15）可见的绝缘件有无老化、剥落，有无裂纹。

三、　GIS 中 SF_6 气体监督

（1）SF_6气体泄漏监测：根据 SF_6 气体压力、温度曲线、监视气体压力变化，发现异常，应查明原因。

（2）气体压力监测：检查次数和抄表依实际情况而定。

（3）气体泄漏检查：当发现压力表在同一温度下，相邻两次读数的差值达 0.01～0.03MPa 时，应进行气体泄漏检查。

（4）SF_6气体补充气：根据监测各气室的 SF_6 气体压力的结果，对低于额定值的气室，应补充 SF_6 气体，并做好记录。GIS 设备补气时，应符合新气质量标准。

（5）SF_6气体湿度检测：定期进行微水含量检测，如发现不合格情况应及时进行处理。允许标准见表 1-4-1，或按制造厂标准。

表 1-4-1　　　　　　　　　SF_6 气体湿度允许标准　　　　　　　　　　μL/L

气室	有电弧分解的气室	无电弧分解的气室
交接验收值	≤150	≤250
运行允许值	≤300	≤500

注　测量时环境温度为 20℃，大气压力为 101325Pa。

四、　SF_6 新气的质量管理

（1）SF_6新气到货后，应检查是否有制造厂的质量证明书，其内容包括制造厂名称、产品名称、气瓶编号、净重、生产日期和检验报告单。

（2）SF_6新气到货的一个月内，以不少于每批一瓶抽样检验，按 GB/T 12022《工业六氟化硫》和 DL/T 603《气体绝缘金属封闭开关设备运行维护规程》的要求进行复核。

（3）对于国外进口的新气，应进行抽样检验，可按 GB/T 12022《工业六氟化硫》验收。

（4）充气前，每瓶 SF_6 气体都应复核湿度，不得超过表 1-4-2 中的规定。

表 1-4-2　　　　　　　　　SF_6 新气质量标准

项目名称	标准值（GB/T 12022）
纯度（SF_6）（质量分数）	≥99.8%
空气（$N_2 + O_2$ 或 Air）（质量分数）	≤0.05%

续表

项目名称	标准值（GB/T 12022）
四氟化碳（CF_4）（质量分数）	$\leqslant 0.05\%$
湿度（H_2O）	$\leqslant 8\mu g/g$
酸度（以 HF 计）	$\leqslant 0.3\mu g/g$
可水解氟化物（以 HF 计）	$\leqslant 1.0\mu g/g$
矿物油	$\leqslant 10\mu g/g$
毒性	生物试验无毒

第五节　GIS　检　修

一、依据

应按 DL/T 603《气体绝缘金属封闭开关设备运行维护规程》的规定进行检修。

二、定期检查内容

GIS 处于全部或部分停电状态下，专门组织的维修检查。宜每 4 年进行 1 次，或因实际情况而定。

（1）对操动机构进行维修检查，处理漏油、漏气或缺陷，更换损坏零部件。

（2）维修检查辅助开关。

（3）检查或校验压力表、压力开关、密度继电器或密度压力表和动作压力值。

（4）检查传动部位及齿轮等的磨损情况，对转动部件添加润滑剂。

（5）断路器的机械特性及动作电压试验。

（6）检查各种外露连杆的紧固情况。

（7）检查接地装置。

（8）必要时进行绝缘电阻、回路电阻测量。

（9）油漆或补漆。

（10）清扫 GIS 外壳，对压缩空气系统进行排污。

三、GIS 的分解检查

断路器达到规定的开断次数或累计开断电流值；GIS 某部位发生异常现象、某气室发生内部故障；达到规定的分解检修周期时，应对断路器或其他设备进行分解检修，其内容与范围应根据运行中所发生的问题而定，这类分解检修宜由制造厂承包进行。GIS 解体检修后，应按 DL/T 603《气体绝缘金属封闭开关设备运行维护规程》的规定进行试验及验收。

（一）检修原则

断路器本体一般不用检修，在达到制造厂规定的操作次数或达到表 1-4-3 的操作次数应进行分解检修。断路器分解检修时，应有制造厂技术人员在场指导下进行。检修时将主回路元件解体进行检查，根据需要更换不能继续使用的零部件。

使用条件	规定操作次数
空载操作	3000
开断负荷电流	2000
开断额定短路电流	15

表 1-4-3　　　　　　　　断路器动作（或累计开断电流）次数　　　　　　　　　次

（二）检修内容与周期

每 15 年或按制造厂规定应对主回路元件进行 1 次大修，主要内容包括电气回路、操动机构、气体处理、绝缘件检查、相关试验。

第六节　GIS 试 验

一、依据

GIS 预防性试验的项目、周期、要求应符合 DL/T 596《电力设备预防性试验规程》、DL/T 1250《气体绝缘金属封闭开关设备带电超声局部放电检测应用导则》的规定。GIS 交接试验应符合 DL/T 618《气体绝缘金属封闭开关设备现场交接试验规程》。GIS 解体检修后的试验应按 DL/T 603《气体绝缘金属封闭开关设备运行维护规程》执行。

二、试验项目

试验项目包括绝缘电阻测量、主回路耐压试验、元件试验、主回路电阻测量、密封试验、联锁试验、湿度测量、局部放电试验（必要时）。

SF_6 新气到货后，充入设备前应按 GB/T 120220《工业六氟化硫》和 DL/T 603《气体绝缘金属封闭开关设备运行维护规程》验收。SF_6 密度继电器及压力表应按规定定期校验。

三、重要监督指标

（1）气体泄漏标准：每个气室年漏气率小于 1%，交接时每个气室年漏气率小于 0.5%。

（2）SF_6 气体湿度：新设备投入运行后 1 年监测 1 次；运行 1 年后若无异常情况，可间隔 1～3 年检测 1 次。

第七节　GIS 常规试验分析

一、主回路电阻测量

制造厂应提供每个元件（或每个单元）的回路电阻控制值和出厂实测值。主回路电阻测量应采用直流压降法，测试电流不小于 100A。现场测试值不得超过允许值，还应注意三相平衡度的比较。有引线套管的可利用引线套管注入测量电流进行测量。

若接地开关导电杆与外壳绝缘时，可临时解开接地连接线，利用回路上的两组接地开关导电杆关合到测量回路上进行测量。

若接地开关导电杆与外壳不能绝缘分隔时，可先测量导体与外壳的并联电阻 R_0 和外壳的直流电阻 R_1，然后按式（1-4-1）换算，即

$$R = \frac{R_0 R_1}{R_1 - R_0} \tag{1-4-1}$$

二、元件试验

各元件试验按 GB 50150《电气装置安装工程　电气设备交接试验标准》有关规定进行，但对无法独立进行试验的元件可不单独进行试验。

若金属氧化物避雷器、电磁式电压互感器与母线之间连接有隔离开关，在工频耐压试验前进行老练试验时，可将隔离开关合上，加额定电压检查电磁式电压互感器的变化以及金属氧化物避雷器阻性电流和全电流。

若交流耐压试验采用调频电源时，电磁式电压互感器经计算其频率不会引起饱和，经与制造厂协商可与主回路一起进行耐压试验。

三、SF$_6$ 气体的验收试验

新气到货后，应检查是否有制造厂的质量证明书，其内容包括生产厂家名称、产品名称、气瓶编号、净重、生产日期和检验报告单。新气到货一个月后，每批抽样数量按 GB 12022《工业六氟化硫》规定执行。

四、SF$_6$ 气体湿度测量

充入 GIS 内的气体，在充气前，必须每瓶 SF$_6$ 气体都应进行湿度测量，且不得超过 GB 12022《工业六氟化硫》规定值。按 GB/T 5832.2《气体分析　微量水分的测定》和 DL/T 506《六氟化硫电气设备中绝缘气体湿度测量方法》技术要求进行测量，测量 SF$_6$ 气体湿度的方法通常有露点法、电解法、阻容法等，各种方法所使用仪器必须每年定期送检。

SF$_6$ 气体湿度测量必须在充气至额定气体压力下至少静止 24h 后进行。测量时，环境相对湿度一般不大于 85%。测量值（修正到 20℃的值）应符合要求如下要求：

交接验收值：有电弧分解物的气室，湿度小于等于 150μL/L；无电弧分解物的气室，湿度小于或等于 250μL/L。

五、气体密封性试验

（一）年漏气率
每个气室的年漏气率不应大于 0.5%。

（二）气体密封性试验依据
气体密封性试验的技术要求按 GB/T 11023《高压开关设备六氟化硫气体密封试验方法》执行。

（三）检验方法
密封性试验分定性检漏和定量检漏两个部分。定性检漏仅作为检测 GIS 漏气与否的一种手段，是定量检漏前的预检。

　　1. 定性检漏

　　（1）抽真空检漏。当试品抽真空到真空度达到 113Pa 开始计算时间，维持真空泵运转至少在 30min 以上；停泵并与泵隔离，静观 30min 后读取真空度为 A；再静观 5h 以上，读取真空度为 B，当 $B-A\leqslant67Pa$（极限允许值为 133Pa）时，则认为抽真空合格，试品密封良好。

　　（2）检漏仪检漏。用高灵敏度（不低于 1×10^{-8}）的气体检漏仪沿着外壳缝隙、接头结合面、法兰密封、转动密封、滑动密封面、表计接口等部位，用不大于 2.5mm/s 的速度在上述部位缓慢移动，检漏仪无反应，则认为气室的密封性能良好。

　　2. 定量检漏

　　应在充气到额定气压 24h 后进行定量检漏。定量检漏是在每个隔室进行的，通常采用局部包扎法。GIS 的密封面用塑料薄膜包扎，经过 24h 后，测定包扎室内 SF_6 气体的浓度并通过计算确定年漏气率，具体计算按 GB 11023《高压开关设备六氟化硫气体密封试验方法》中方法进行。也可对每个密封部位进行包扎，历时 5h 后，测得的 SF_6 气体含量（体积分数）不大于 $15\mu L/L$ 为合格。

六、气体密度继电器及压力表校验

　　气体密度继电器应校验其接点动作值与返回值，并符合其产品技术条件的规定。压力表示值的误差与变差均应在表计相应等级的允许误差范围内。校验方法可以用标准表在设备上进行核对，也可以在标准校验台上进行校验。

七、机械操作及机械特性试验

（一）机械操作试验

　　断路器、隔离开关、接地开关安装完毕后，按 DL/T 402《高压交流断路器》和 GB 3309《高压开关设备常温下的机械试验》进行机械操作试验，其性能应符合产品技术条件要求。

（二）断路器机械特性试验

　　断路器对合闸时间、分闸时间、合分时间、合闸同期性、分闸同期性、合闸速度、分闸速度等参数进行测量，并应符合产品技术条件的要求。

八、联锁与闭锁装置检查

　　对 GIS 的不同元件之间设置的各种联锁与闭锁装置均应进行不少于 3 次的操作试验，其联锁与闭锁应可靠、准确。

九、主回路绝缘试验

（一）试验目的

　　为检查试品总体安装后是否存在各种导致内部故障的隐患（包括包装、运输、储存和安装调试中的损坏、存在异物等），验证其绝缘性能是否良好、是否满足有关标准的要求。GIS 的每一新安装部分、扩建部分和分解检修部分应进行现场绝缘试验。在耐压试验时，原有相邻部分应断电并接地，否则，应采取措施，防止突然击穿对原有部分造成损坏。在扩建部分安装后或在原有设备的主要部分检修后，为了对扩建部分或检修部分进行试验，有时候试验电压不得不施加到原有设备或其未经检修的部分，这时的试验程序和新安装的设备相同。耐受电压试验加压方式要尽量避免对同一部位重复加压。

（二）对被试品的要求

被试品安装完毕，并充入合格的 SF_6 气体，气体密度应保持在额定值。密封性试验和湿度测量合格，现场所有其他试验项目合格后才可以进行耐压试验。

（三）在试验时应被隔开的部件

在试验时应被隔开的部件包括高压电缆和架空线、电力变压器、电抗器、电磁式电压互感器（如采用变频电源，电磁式电压互感器经频率计算，不会引起磁饱和，也可以和主回路一起耐压，但必须经制造厂确认）、避雷器。

（四）试验频率

耐压试验中由于条件限制，未考核到的部分，可考虑通过系统施加运行电压进行检验，时间不少于 1h。试验电压的频率一般在 30～300Hz 的范围内。

（五）冲击电压波形

冲击电压包括雷电冲击电压和操作冲击电压，按波形特征分为非周期性波（标准冲击波）和振荡波两种：

（1）雷电冲击电压。雷电冲击电压波的波前时间不大于 8μS；振荡形雷电冲击波的波头时间不大于 15μS。

（2）操作冲击电压。操作冲击电压试验对检查存在的污染和异常电场结构特别有效，并且所有试验设备比较简单，因而适用于较高额定电压的 GIS 的现场耐压试验。

（3）操作冲击波（包括振荡操作冲击）的波头时间一般应为 150～1000μS。

（六）试验电压值

（1）交流试验电压值。现场交流耐压试验（相对地）电压值为出厂耐压试验时施加电压值的 80％，如果用户有特殊要求时，可与制造厂协商后确定。

（2）冲击试验电压值。雷电冲击试验和操作冲击试验试验值为型式试验施加电压值的 80％。

（七）试验判据

（1）如果 GIS 设备的每个部件均已按选定的试验程序耐受规定的试验电压而无击穿放电，则认为被试 GIS 设备通过试验。

（2）在试验过程中如果发生击穿放电，可采用下述步骤：

1）如果该设备或气隔还能经受规定的试验电压，则该放电为自恢复放电，认为耐压试验通过；如果重复试验失败，则耐压试验不通过，应进一步检查。

2）根据放电能量和放电引起的声、光、电、化学等各种效应及耐压试验中进行的其他故障诊断技术所提供的资料，综合判断放电气室。

3）打开放电气室进行检查，确定故障部位，修复后，再进行规定的耐压试验。

十、老炼试验

（1）老炼试验不是要求的试验，也不能代替交流耐压试验，除非其试验电压升到交流耐压试验的电压规定值。老炼试验应在现场耐压试验前进行，老炼试验通过逐次增加电压达到下述两个目的：

1）将设备中可能存在的活动微粒迁移到低电场区域。

2）通过放电烧掉细小的微粒或电极上的毛刺、附着的尘埃等。

（2）老炼试验施加的电压和时间没有明确的规定，可由制造厂与用户协商，也可参考以下程序：

1）1.1倍设备额定相对地电压10min，然后下降至零。

2）1.0倍设备额定相对地电压5min，然后升到1.73倍设备额定相对地电压3min，最后上升到现场交流耐压额定值1min。

第八节　GIS局部放电试验分析

局部放电测量有助于检查气室绝缘金属封闭开关设备内部多种缺陷，因而它是安装后耐压试验很好的补充。但由于传统的电测法难以实现。现有运行经验表明，采用超声波检测法以及超高频局部放电检测法可取得较好的效果，如有条件宜尽量争取实施。

一、试验依据

按照DL/T 1250《气体绝缘金属封闭开关设备带电超声局部放电监测应用导则》要求进行GIS局部放电试验。

二、检测周期

（一）交接试验

在GIS交流试验通过后，应将电压将至$U_r/\sqrt{3}$（U_r为GIS额定电压），进行一次超声波局部放电监测，作为起始数据。

（二）运行中设备

应在设备投运后1个月内进行一次运行电压下的检测，记录每一测试点的测试数据作为参考，今后运行中测试应与历史数据进行纵向比对。500kV（330kV）及以上电压等级设备半年检测一次，220kV及以下电压等级设备一年检测一次。对存在异常的GIS，在该异常不能完全判定时，可根据GIS的运行工况，缩短检测周期。

三、测试点选择

对于GIS，在断路器的断口处、隔离开关、接地开关、电流互感器、电压互感器、避雷器、导体连接部件等处均应设置测试点。一般在GIS壳体轴线方向每1m左右选取一处，测量点尽量选择在隔室侧下方。对于较长的母线气室，可适当放宽检测点的间距。如存在异常信号，则应在该隔室进行多点监测，且在该处壳体圆切面上至少选取3个点进行比较，查找信号最大点的位置，同时可将相间间隔（相）的检测值作为参考进行数值比对。

四、判断依据

1. 故障部位判断依据

在连续模式下，有效值或峰值幅值超过背景噪声或50Hz/100Hz相关性出现，可判断内部存在缺陷。

用移动传感器，测试气室不同的部位，并通过以下两种方法判断缺陷在罐体或中心导体上。

方法一：通过调整测量频带，可识别是中心导体上还是壳体上的缺陷，测量频率从 100kHz 减小到 50kHz，如果 50Hz 信号幅值和 100Hz 信号幅值都明显减小，则缺陷在壳体上；信号水平不变，则缺陷在中心导体上。

方法二：如果信号水平的最大值在 GIS 罐体表面的较大范围出现，则故障源在中心导体上；如果最大值在一个特定点出现，则故障点在壳体上。

2. 毛刺放电

根据现有经验，毛刺一般在壳体上，但导体上的毛刺危害更大。只要信号高于背景值，都应根据工况酌情处理。

(1) 如果毛刺放电发生在母线壳体上，信号的峰值 $V_{peak}<2mV$，可继续运行。

(2) 如果毛刺放电发生在导体上，信号的峰值 $V_{peak}>2mV$，建议停电处理或密切监测。

(3) 对于 110kV 或 220kV 电压等级的 GIS，可按照上述标准执行。对于 330kV 和 500kV 及以上 GIS，由于母线筒直径大，信号衰减较大，标准应视运行状况有所提高。

(4) 对于断路器气室，由于内部结构更复杂，绝缘间距相对短，应更严格要求。

(5) 在交流耐压试验过程中发现毛刺放电现象，即便低于标准值，也应进行处理。

3. 自由金属颗粒

GIS 内部存在的颗粒是有害的。他的随机运动可能引起信号增大或消失。颗粒掉进壳体陷阱中不再运动时，可等同于毛刺。

对于运行中的 GIS，在下列情况下可不进行处理：

(1) 背景噪声 $<V_{peak}<20mV$，且 $T<50ms$。

(2) $50ms<T<100ms$，且峰值背景噪声 $<V_{peak}<10mV$。

注：V_{peak} 为颗粒信号的峰值；T 为飞行时间。

对于新投运的 GIS 和大修后的 GIS，当 $V_{peak}>20mV$ 即应处理。

4. 悬浮电位

经验表明，电位悬浮一般发生在断路器气室的屏蔽松动、TV 和 TV 气室绝缘支撑偏移、气室连接部位接插件偏离或螺栓松动等。GIS 内部只要形成了电位悬浮就是危险的，应加强监测，有条件应及时处理。

对于 110kV GIS，如果 100Hz 信号幅值远小于 50Hz 信号幅值，且 $V_{peak}>10mV$，应缩短监测周期并密切监测其增长量。如果 100Hz 信号幅值/50Hz 型号幅值介于 1～2 且 $V_{peak}>20mV$，应停电处理。对于 330kV 和 500kV 及以上 GIS，应提高标准。

5. 绝缘子上的微粒

目前，有关绝缘子表面上的颗粒发出的超声信号经验有限，调查也表明这些放电没有确定的超声信号。一些初步研究表明，来自绝缘子上大颗粒的信号可以被灵敏的传感器探测出来。其基本特征如下：

(1) 信号不像自由颗粒那样变化大，有一定的稳定值。

(2) 表现出 50Hz 的相关性较强，但一般 100Hz 的成分也有。

(3) 在紧邻盆子附近信号强，距离远后则很弱。

目前还很难给出此类缺陷制定相关危险性判断，但如果发现，就是非常有害的，应及时处理。如果在 GIS 交接耐压试验中发现此问题，建议进行擦拭。

第九节　GIS 事故案例分析

【案例】某厂 GIS 母线发生短路事故案例

一、事件经过

GIS Ⅱ 段母线 B 相接地开关气室中的吸附剂包脱落，导致母线导体对壳体电弧放电，吸附剂装置内放电烧损部位如图 1-4-1 所示，吸附剂储存装置端盖板如图 1-4-2 所示，吸附剂装置安装位置如图 1-4-3 所示。

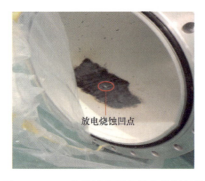

图 1-4-1　吸附剂装置内放电烧损部位

放电烧蚀凹点

图 1-4-2　吸附剂储存装置端盖板

二、原因分析

吸附剂储存装置安装位置不合理。母线接地开关吸附剂储存装置设计安装位置为 ES（接地开关）壳体斜下方约 45°角（从上往下俯视），在两包吸附剂（700g）的重力作用下，存在吸附剂端盖板易脱落，引发吸附剂脱出吸附剂装置的隐患。

吸附剂储存装置中盖板存在固定不牢靠。吸附剂端盖板为网状结构、径向周沿有 4 个卡扣，卡扣嵌入吸附

吸附剂安装部位

图 1-4-3　吸附剂装置安装位置

剂装置内壁凹槽的深度目测只有 1mm 左右，在承受吸附剂重量和开关分合动作振动冲击的情况下，卡扣易松动，导致吸附剂装置端盖板脱落，如图 1-4-4 所示。

500kV GIS 开关多次分合闸过程中产生振动，造成 B 相接地开关气室中吸附剂储存装置端盖板松动脱落，吸附剂在脱落瞬间，母线与壳体间的绝缘距离减小（吸附剂包吸潮后绝缘强度很低），改变了电场分布，导致导体通过吸附剂包对壳体产生电弧放电，发生 B 相短路接地现象，B 相短路接地后，500kV Ⅱ 段母线 1 号保护母差动作、2 号保护母差动作，母

线侧开关分闸，切除故障点。

图 1‑4‑4　吸附剂装置配合和端盖板卡扣结构图

三、暴露问题

GIS 设备选型技术条件未作充分论证，制造阶段监理也未发现吸附剂装置位置设置不合理和吸附剂储存装置中端盖挡板卡扣固定不牢的情况，在运行中定期检查 GIS 设备的各部件情况不到位，未及时发现设备缺陷。

四、防范措施

（1）改进吸附剂储存装置安装位置。重新设计此处吸附剂装置安装位置，由斜下方 45°改为下部斜上方 45°或安装位置设计在垂直段壳体上（见图 1‑4‑3）。

（2）改进吸附剂储存装置中端盖挡板卡扣的设计。加深 4 个端盖挡板"两高两矮"卡扣的嵌入深度。

（3）通过观察孔和内窥镜检查其余同结构气室中是否存在端盖挡板封装不良的现象，并定期进行检查。

第五章

断 路 器 技 术 监 督

第一节 断路器基础知识

一、高压断路器的基本结构

高压断路器（瓷柱式断路器）的基本结构可以大体看成由灭弧室、绝缘支柱、操动机构

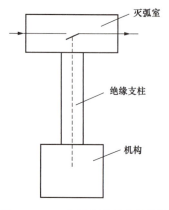

图 1-5-1 高压开关基本结构图

三大部分组成。其基本结构如图 1-5-1 所示。灭弧室由绝缘外壳和装在内部的动、静触头以及灭弧介质等部分构成。操作机构则通过绝缘拉杆驱动动柱头进行合闸或分闸操作。高压断路器分为油断路器、真空断路器、SF$_6$断路器，目前油开关基本被淘汰。

二、真空断路器

1. 真空介质的特点

在高真空度的情况下，真空有非常好的绝缘性能。在均匀电场下，真空的击穿电压可达 30kV/mm 以上。因此，真空是非常好的介质。另外，由于真空电弧独特的性质，又使得真空具有非常好的灭弧性能。

通常，大气中的电弧（闪电）通道被约束在某一狭小的空间内，其形态就像树根一样，呈喷射状，在平板电极间形成一个个形状像圆锥形体的、截面积不断扩大的电弧。这种电弧被称之为扩散型电弧。

2. 真空断路器灭弧室结构

真空断路器灭弧室主要由动、静触头以及将其封闭起来的壳体组成，内部抽 $10^{-4}\sim10^{-3}$Pa 的高真空，其基本结构如图 1-5-2 所示。其中静触头固定在上法兰上，动触头通过金属波纹管与下法兰焊接，从而保证动触头在运动时，灭弧室内部仍然是一个高度密闭的空间。

由于真空断路器的绝缘性能非常好，所以动、静触头间的开距可以做得很小。对于 10kV 断路器，其开具一般为 10mm 左右，35kV 断路器则为 22mm 左右。这些金属屏蔽罩的作用是吸收开断电弧时所产生的金属蒸汽，否则这些金属蒸汽将沉淀在绝缘外壳内壁上，致使灭弧室内绝缘之间失效。金属屏蔽罩的另

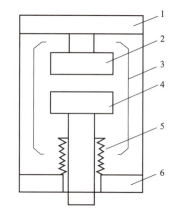

图 1-5-2 真空断路器灭弧室基本结构图

1—上法兰；2—静触头；3—屏蔽罩；
4—动触头；5—波纹管；6—下法兰

108

外一个作用，则是阻挡开断电流时可能产生的射线，避免其对人体造成危害。

3. 真空断路器过电压问题

在真空开关的使用中，常常要考虑过电压问题。由于真空断路器电弧具有扩散型电弧的特点，所以真空电弧有着非常强的自熄弧能力。交流断路器都是利用交流电流过零瞬间，电弧输入功率为零的时刻，通过冷却电弧通道，使动、静触头间的绝缘恢复来实现熄弧的。而真空电弧常常是在电流下降而尚未达到过零点时，由于输入的热量达不到电弧维持燃烧所需的数值，而在瞬间突然熄灭，真空电弧的这一现象，被称为真空断路器的"截流"现象，而此电弧熄灭的电流值被称为"截流值"。真空断路器的截流值一般为几安培到几十安培。尽管此截流电流值看起来不算大，但是其电弧灭弧的速度非常快，一般仅为几微秒，电流变化率却很大。当负载为感性负载时，产生的感应电压就会非常大。尽管通过触头材料的不断改进，使真空断路器的截流值从几十安下降到了 3～5A，但是在开断感性负载时所产生的过电压值仍然是很高的。因此，对于感性负载条件下使用的真空开关，必须使用过电压保护装置。

三、 SF$_6$ 断路器

1. SF$_6$ 气体的特点

SF$_6$ 气体是一种人工合成的无毒无味的惰性气体，比重是空气的 5 倍。SF$_6$ 气体的最显著特点是稳定，在正常情况下，不与任何其他的物质发生化学反应，SF$_6$ 分子在电场或高温下难于电离分解，反之，SF$_6$ 被电离分解后又很容易复合，重新恢复成中性的分子。

正是由于 SF$_6$ 气体分子的这些特点，使得 SF$_6$ 气体具有非常好的绝缘性能和灭弧性能，在 2 个大气压下，SF$_6$ 气体的绝缘强度已相当于绝缘油的绝缘强度，而实际应用时，常常用到 4～6 个大气压，这时 SF$_6$ 气体的绝缘性能远远优于绝缘油的绝缘性能。

当 SF$_6$ 气体加上电压时，在电场的作用下，空气中的自由电子在向正极性快速地运动过程中，许多被水分子所吸收，使水分子带上了负电荷。由于水分子的质量远远大于电子的质量，从而大大降低了电子的运动速度，难于碰撞出更多的正负离子，从而提高了空气的绝缘强度，这一现象被称为"电负性"现象。由于 SF$_6$ 分子非常稳定，SF$_6$ 气体具有很好的灭弧性能，SF$_6$ 是在高电压领域中已知的性能最好的灭弧介质。

2. SF$_6$ 断路器灭弧室的基本结构和工作原理

SF$_6$ 断路器灭弧室的内部基本结构示意如图 1－5－3 所示。其动触头的形状像一个带金属杆的圆筒。圆筒与内部环状的压气活塞间形成一个压气枪，桶的底部中央装有弧触指，压气活塞固定在灭弧室的下法兰上；而静触指与动触头遥相对应，静触指的中央是弧触头，静触指和弧触头连接成一体，像一个同心的圆筒，固定在上法兰上。

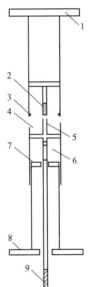

图 1－5－3 SF$_6$ 断路器灭弧室
的内部基本结构示意图

1—上法兰；2—弧触头；3—静触头；
4—动触头；5—弧触指；6—压气腔；
7—压气活塞；8—下法兰；
9—绝缘拉杆

3. SF_6 断路器的动作过程

断路器合闸时，绝缘拉杆推动动触头向上运动，动触头上的弧触指和静触指上的弧触头首先接通，进而动触头才与静触指接通。分闸时，动触头向下运动，动触头和静触指首先分离，由于此瞬间弧触头与弧触指是接通的，动触头与静触指间仍处于等电位状态，不会产生电弧而造成动触头与静触头的烧损。动触头进一步向下运动，其弧触指和弧触头分离，于是在弧触指和弧触头间产生电弧，随着动触头向下运动，压气腔内的 SF_6 气体受到挤压，从压气孔吹出，在灭弧室的约束下，猛烈吹向电弧的根部而使电弧熄灭，断路器的分闸过程完成。

4. SF_6 断路器使用中的注意事项

弧触头和弧触指采用的是耐电弧的钨合金材料，又因 SF_6 气体具有很好的灭弧性能，开断电弧时对触头的烧损很轻微，再加上 SF_6 气体是惰性气体，对断路器内部的元件起了很好的保护作用，所以 SF_6 断路器相对于油开关是非常长寿的，一般厂家给出的寿命是 20 年，实际寿命可以达到 $30 \sim 50$ 年，许多 SF_6 断路器的损坏并不是由于产品的寿命已到尽头，而是制造质量差，断路器还处于寿命中期，设备自身出故障了。为了让 SF_6 断路器服务更长的时间，在服务期间尽量少出故障，也减少后期的麻烦，首先，应该选用质量过硬的产品；其次，产品在交接试验期间做好试验，把好质量关，努力做到不让有缺陷的产品投入运行。

在 SF_6 断路器中水分的存在无疑是有害的，尽管 SF_6 气体在常温下不和任何物质发生化学反应，但是在电弧的作用下，被电离的 SF_6 分子的成分有可能与水分子中氢或氧原子发生反应，而生成 HF 及其他低氟化合物等，这些物质通常是有毒有害的，另外，水分的存在无疑会对断路器内部的绝缘产生影响。这是特别要引起注意的。

第二节　断路器订货

一、依据

高压断路器的设计选型应符合 DL/T 402《高压交流断路器》、DL/T 486《高压交流隔离开关和接地开关》、DL/T 615《交流高压断路器参数选用导则》、GB 1984《高压交流断路器》等标准和有关反事故措施的规定，对 $220 \sim 500 kV$ 高压断路器应满足相关标准的要求。高压开关设备有关参数选择应考虑电网发展需要，留有适当裕度，特别是开断电流、外绝缘配置等技术指标。

二、技术要求

（1）断路器应选用无油化产品，其中真空断路器应选用本体和机构一体化设计制造的产品。

（2）高压开关柜应选用功能完备的加强绝缘型产品，其外绝缘应满足以下条件：

1）空气绝缘净距离：$\geqslant 125 mm$（对 12kV）、$\geqslant 360 mm$（对 40.5kV）；

2）爬电比距：$\geqslant 18 mm/kV$（对瓷质绝缘）、$\geqslant 20 mm/kV$（对有机绝缘）。

（3）开关柜中的绝缘件（如绝缘子、套管、隔板和触头罩等）严禁采用酚醛树脂、聚氯乙烯及聚碳酸酯等有机绝缘材料，应采用阻燃性绝缘材料（如环氧或 SMC 材料）。

（4）在开关柜的配电室中配置通风防潮设备，在梅雨、多雨季节时启动，防止凝露导致绝缘事故。

（5）为防止开关柜火灾蔓延，在开关柜的柜间、母线室之间及与本柜其他功能气室之间应采取有效的封堵隔离措施。另外，应加强柜内二次线的防护，二次线宜由阻燃型软管或金属软管包裹，防止二次线损伤。

（6）主变压器、启动备用变压器高压侧断路器宜选用三相机械联动的断路器。

（7）断路器必须符合当地防污等级要求。

第三节　高压断路器的运输、安装和交接试验

一、依据

新装的断路器交接试验必须严格按照 GB 50150《电气装置安装工程　电气设备交接试验标准》进行。

二、技术要求

（1）断路器及其操动机构应能保证断路器各零部件在运输过程中不致遭到脏污、损坏、变形、丢失及受潮。对于其中的绝缘部分及由有机绝缘材料制成的绝缘件应特别加以保护，以免损坏和受潮；对于外露的接触表面，应有预防腐蚀的措施。SF_6 断路器在运输和装卸过程中，不得倒置、碰撞或受到剧烈的振动。

（2）SF_6 断路器在运输过程中，应充以符合标准的 SF_6 气体或 N_2。

（3）SF_6 断路器的安装，应在无风沙、无雨雪的天气下进行；灭弧室检查组装时，空气相对湿度应小于 80％，并应采取防潮、防尘措施。

（4）SF_6 断路器的安装应在制造厂家技术人员的指导下进行，安装应符合产品技术文件要求，且应符合下列规定：

1）应按制造厂的部件编号和规定顺序进行组装，不得混装。

2）断路器的固定应符合产品技术文件要求且牢固可靠。支架或底座与基础的垫片不宜超过 3 片，其总厚度不应大于 10mm，各垫片尺寸应与机座相符且连接牢靠。

3）同相各支柱瓷套的法兰面宜在同一水平面上，各支柱中心线间距离的误差不应大于 5mm，相间中心距离的误差不应大于 5mm。

4）所有部件的安装位置正确，并按产品技术文件要求保持其应有的水平或垂直位置。

5）密封槽面应清洁，无划伤痕迹；已用过的密封垫（圈）不得使用；涂密封脂时，不得使其流入密封垫（圈）内侧而与六氟化硫气体接触。

6）应按产品技术文件要求更换吸附剂。

7）应按产品技术文件要求选用吊装器具、吊点及吊装程序。

8）密封部位的螺栓应使用力矩扳手紧固，其力矩值应符合产品技术文件要求。

9）按产品技术文件要求涂抹防水胶。

（5）断路器调整后的各项动作参数，应符合产品的技术规定。

（6）设备载流部分检查以及引下线连接应符合下列规定：

1）设备载流部分的可挠连接不得有折损、表面凹陷及锈蚀。

2）设备接线端子的接触表面应平整、清洁、无氧化膜，镀银部分不得挫磨。

3）设备接线端子连接面应涂以薄层电力复合脂。

4）连接螺栓应齐全、紧固，紧固力矩符合 GB 50149《电气装置安装工程母线装置施工及验收规范》的有关规定。

5）引下线的连接不应使设备接线端子受到超过允许的承受应力。

（7）220kV 及以上设备重点监督项目：交流耐压试验、SF_6 气体含水量测试。

（8）新装 72.5kV 及以上电压等级断路器的绝缘拉杆，在安装前必须进行外观检查，不得有开裂起皱、接头松动及超过允许限度的变形。除进行泄漏试验外，必要时应进行工频耐压试验。

第四节　高压断路器运行

一、依据

按照 GB/T 11022《高压开关设备和控制设备标准的共用技术要求》、GB 1984《交流高压断路器》及相关规程、反事故措施执行。

二、断路器巡视项目

日常巡视，升压站每天当班巡视不少于一次；夜间闭灯巡视，升压站每周一次。

（一）油断路器

（1）标志牌的名称和编号齐全、完好。

（2）断路器的分、合位置指示正确，与当时实际运行工况相符。

（3）本体无渗、漏油痕迹，无锈蚀，无放电，无异声。

（4）套管、绝缘子无断裂，无裂纹，无损伤，无放电。

（5）绝缘油位在正常范围内，油色透明，无炭黑悬浮物。

（6）放油阀关闭紧密，无渗、漏油。

（7）引线的连接部位接触良好，无过热。

（8）连杆、转轴、拐臂无裂纹，无变形。

（9）端子箱电源开关完好，名称标注齐全、封堵良好，箱门关闭严密。

（10）接地螺栓压接良好，无锈蚀。

（11）基础无下沉、无倾斜。

（12）断路器环境良好。户外断路器栅栏完好，设备附近无杂草和杂物；配电室的门窗、通风及照明应良好。

（二）SF_6 断路器

（1）标志牌的名称和编号齐全、完好。

（2）套管、绝缘子无断裂，无裂纹，无损伤，无放电。

（3）分、合位置指示正确，与当时实际运行工况相符。

(4) 各部分及管道无异声（漏气声、振动声）及异味，管道夹头正常。

(5) 软连接及各导流压接点压接良好，无过热变色，无断股。

(6) 控制、信号电源正常，无异常信号发出。

(7) SF_6 气体压力表或密度表在正常范围内记录压力值。

(8) 端子箱电源开关完好，名称标注齐全，封堵良好，箱门关闭严密。

(9) 各连杆、传动机构无弯曲，无变形，无锈蚀，轴销齐全。

(10) 接地螺栓压接良好，无锈蚀。

(11) 基础无下沉，无倾斜。

(三) 真空断路器

(1) 标志牌的名称和编号齐全、完好。

(2) 灭弧室无放电，无异声，无破损，无变色。

(3) 分、合位置指示正确，并与当时实际运行工况相符。

(4) 绝缘拉杆完好，无裂纹。

(5) 各连杆、传动机构无弯曲，无变形，无锈蚀，轴销齐全。

(6) 引线连接部位接触良好，无过热、变色。

(7) 分、合位置指示正确，与当时实际运行工况相符。

(8) 端子箱电源开关完好，名称标注齐全，封堵良好，箱门关闭严密。

(9) 接地螺栓压接良好，无锈蚀。

三、操动机构巡视项目

(一) 电磁操动机构

(1) 机构箱门平整、开启灵活、关闭紧密。

(2) 检查分、合闸线圈及合闸接触器线圈无冒烟异味。

(3) 直流电源回路接线端子无松脱，无铜绿或锈蚀。

(4) 加热器正常、完好。

(二) 液压机构

(1) 机构箱门平整、开启灵活、关闭紧密。

(2) 检查油箱油位正常，无渗、漏油。

(3) 高压油的油压在允许范围内。

(4) 每天记录油泵启动次数。

(5) 机构箱内无异味。

(6) 加热器正常、完好。

(三) 弹簧机构

(1) 机构箱门平整、开启灵活、关闭紧密。

(2) 断路器在运行状态，储能电动机的电源闸刀或熔丝应在闭合位置。

(3) 检查储能电动机、行程开关触点无卡住和变形，分、合闸线圈无冒烟异味。

(4) 断路器在分闸备用状态时，分闸连杆应复归，分闸锁扣到位，合闸弹簧应储能。

(5) 防凝露加热器良好。

四、断路器绝缘油油质监督

（1）新油或再生油使用前应按 DL/T 596《电力设备预防性试验规程》规定的项目进行试验，注入断路器后再进行取样试验，结果记入档案。

（2）运行中绝缘油应按 DL/T 596《电力设备预防性试验规程》进行定期试验。

（3）绝缘油试验发现有水分或电气绝缘强度不合格，以及可能影响断路器安全运行的其他不合格项目时，应及时处理。

（4）油位降低至下限以下时，应及时补充同一牌号的绝缘油，如需与其他牌号混用需作混油试验。

五、SF_6 断路器气体监督

（1）新装 SF_6 断路器投运前必须复测断路器本体内部气体的含水量和泄漏情况，灭弧室气室的含水量应小于 $150\mu L/L$（体积比），其他气室应小于 $250\mu L/L$（体积比），断路器年漏气率小于 1%。

（2）运行中的 SF_6 断路器应定期测量 SF_6 气体含水量，新装或大修后，一年内复测一次，如湿度符合要求，则正常运行中 $1\sim3$ 年 1 次。灭弧室气室含水量应小于 $300\mu L/L$（体积比），其他气室小于 $500\mu L/L$（体积比）。

（3）新气及库存 SF_6 气应按 SF_6 管理导则定期检验，进口 SF_6 新气亦应复检验收入库，检查时按批号作抽样检验，分析复核主要技术指标，凡未经分析证明符合技术指标的气体（不论是新气还是回收的气体）均应贴上"严禁使用"标志。

（4）SF_6 断路器需补气时，应使用检验合格的 SF_6 气体。

（5）SF_6 断路器应定期进行微水含量和泄漏检测，运行中 SF_6 气体微量水分或漏气率不合格时，应及时处理，处理时，气体应予回收，不得随意向大气排放，以防止污染环境及造成人员中毒事故。

六、断路器操动机构的监督

（1）操动机构脱扣线圈的端子动作电压应满足：低于额定电压的 30% 时，应不动作；高于额定电压的 65% 时，应可靠动作。

（2）操动机构合闸操作动作电压在额定电压的 $85\%\sim110\%$ 时，应可靠动作。对电磁机构，当断路器关合电流峰值小于 $50kA$ 时，直流操作电压范围为额定电压的 $80\%\sim110\%$。

（3）气动机构合闸，压缩空气气源的压力应基本保持稳定，一般变化幅值不大于 $\pm50kPa$。

（4）液压操动机构及采用差压原理的气动机构应具有防"失压慢分"装置，并配有防"失压慢分"的机构卡具。

（5）液压或气动机构的工作压力大于 $1MPa$（表压）时，应有压力安全释放装置。

（6）加强操动机构的维护，保证机构箱密封良好，防雨、防尘、通风、防潮及防小动物进入等性能良好，并保持内部干燥、清洁。机构箱应有通风和防潮措施，以防线圈、端子排等受潮、凝露、生锈。

（7）液压机构箱应有隔热防寒措施。液压机构应定期检查回路有无渗漏油现象，应注意

液压油油质的变化，必要时应及时滤油或换油，防止液压油中的水分使控制阀体生锈，造成拒动。做好油泵累计启动时间记录。

（8）气动机构宜加装汽水分离装置和自动排污装置，防止压缩空气中的凝结水使控制阀体生锈，造成拒动。未加装汽水分离装置和自动排污装置的气动机构应定期放水，如放水发现油污时应检修空气压缩机。在冬季或低温季节前，对气动机构应及时投入加热设备，防止压缩空气回路结冰造成拒动。气动机构各运动部位应保持润滑。做好空气压缩机的累计启动时间的记录。

（9）液压机构发生失压故障时必须及时停电处理。为防止重新打压造成慢分，必须采取防止开关慢分的措施。

七、其他注意事项

（1）断路器运行中，由于某种原因造成油断路器严重缺油，SF_6 断路器气体压力异常、液压（气动）操动机构压力异常导致断路器分合闸闭锁时，严禁对断路器进行操作。严禁油断路器在严重缺油情况下运行。油断路器开断故障电流后，应检查其喷油及油位变化情况，当发现喷油时，应查明原因并及时处理。

（2）为防止运行断路器绝缘拉杆断裂造成拒动，应定期检查分合闸缓冲器，防止由于缓冲器性能不良使绝缘拉杆在传动过程中受冲击，同时应加强监视分合闸指示器与绝缘拉杆相连的运动部件相对位置有无变化，并定期做断路器机械特性试验，以及时发现问题。

（3）积极开展真空断路器真空度测试，预防由于真空度下降引发的事故。

（4）根据可能出现的系统最大负荷运行方式，每年应核算开关设备安装地点的断流容量，并采取措施防止由于断流容量不足而造成开关设备烧损或爆炸。

（5）对每台断路器的年动作次数应作出统计，正常操作次数和短路故障开断次数应分别统计。

（6）定期用红外热像仪检查断路器的接头部，特别在高峰负荷或高温天气，要加强对运行设备温升的监视，发现异常应及时处理。

（7）长期处于备用状态的断路器应定期进行分、合操作检查。在低温地区还应采取防寒措施和进行低温下的操作试验。

（8）手车柜内应有安全可靠的闭锁装置，杜绝断路器在合闸位置推入手车。

（9）室内安装运行的 SF_6 断路器设备，应设置一定数量的氧量仪和 SF_6 浓度报警仪。

第五节 高压断路器检修

一、依据

按照 GB/T 11022《高压开关设备和控制设备标准的共用技术要求》、GB 1984《交流高压断路器》及相关规程、反事故措施执行。

二、技术要求

（1）断路器应按规定的检修周期和实际累计短路开断次数及状态进行检修，尤其要加强对绝缘拉杆、机构的检修，防止断路器绝缘拉杆拉断、拒分、拒合和误动，以及灭弧室的烧损或爆炸，预防液压机构的漏油和慢分。

（2）对 72.5kV 及以上电压等级少油断路器在新装前及投运一年后应检查铝帽上是否有砂眼，密封端面是否平整，应针对不同情况分别处理，如采取加装防雨帽等措施。在检查维护时应注意检查呼吸孔，防止被油漆等物堵死。

（3）检修时应对断路器的各连接拐臂、联板、轴、销进行检查，如发现弯曲、变形或断裂，应找出原因，更换零件并采取预防措施。

（4）当断路器大修时，应检查液压（气动）机构分、合闸阀的阀针是否松动或变形，防止由于阀针松动或变形造成断路器拒动；检查分、合闸铁心应动作灵活，无卡涩现象，以防拒分或拒合。

（5）调整断路器时应用慢分、慢合检查有无卡涩，各种弹簧和缓冲装置应调整和使用在其允许的拉伸或压缩限度内，并定期检查有无变形或损坏。

（6）各种断路器的油缓冲器应调整适当。在调试时，应特别注意检查油缓冲器的缓冲行程和触头弹跳情况，以验证缓冲器性能是否良好，防止由于缓冲器失效造成拐臂和传动机构损坏。禁止在缓冲器无油状态下进行快速操作。低温地区使用的油缓冲器应采用适合低温环境条件的缓冲油。

（7）断路器操动机构检修后，应检查操动机构脱扣器的动作电压是否符合 30％和 65％额定操作电压的要求。合闸机构在 80％（或 85％）额定操作电压下，可靠动作。

第六节　高压断路器试验

一、依据

检修期间，断路器应按 DL/T 596《电力设备预防性试验规程》进行预防性试验，按照 DL/T 664《带电设备红外诊断应用规范》进行红外测温。

二、技术要求

（1）加强断路器合闸电阻的检测和试验，防止断路器合闸电阻缺陷引发故障。在断路器产品出厂试验、交接试验及预防性试验中，应对合闸电阻的阻值、断路器主断口与合闸电阻断口的配合关系进行测试。

（2）SF_6 密度继电器及压力表应按规定定期校验。

（3）断路器红外检测的方法、周期、要求应符合 DL/T 664《带电设备红外诊断应用规范》的规定。

（4）真空断路器交流耐压试验应在断路器投运一年内进行一次。以后按正常预防性试验周期进行。

第七节　高压断路器遮断容量校核实例

某电厂 4 台发电机，型号为 SF165‐66/13640，容量为 165MW，额定电压为 15.75kV，通过变压器升高至500kV，为扩大单元接线，通过计算三相短路电流，校核断路器遮断容量。

一、 500kV侧断路器遮断容量校核

变压器高压侧短路时各电源对断路器供给的短路电流值见表1-5-1。

表1-5-1　　变压器高压侧短路时各电源对断路器供给的短路电流值

电源	基准电流 I_j（kA）	电抗标幺值	计算电抗标幺值	I''_*（零秒短路电流标幺值）	I''（电流有名值，kA）
系统	0.110	0.006265	0.006265	159.62	17.56
1～4号发电机	0.8065	0.05385	0.3949	2.80	2.26
系统和3台发电机短路电流之和	—	—	—	—	19.26

对于变压器高压侧断路器短路开断电流应大于19.26kA，变压器高压侧和线路侧断路器额定短路开断电流均为63kA，满足要求。

二、 15.75kV侧断路器遮断容量校核

变压器高压侧短路时各电源对断路器供给的短路电流值见表1-5-2。

表1-5-2　　变压器高压侧短路时各电源对断路器供给的短路电流值

电源	基准电流 I_j（kA）	电抗标幺值	计算电抗标幺值	I''_*（零秒短路电流标幺值）	I''（电流有名值，kA）
系统	3.666	0.04806	0.04806	20.81	76.28
1、2号发电机	6.721	0.0682	0.2500	4.4	59.14
3、4号发电机	20.162	0.8262	3.0295	0.33	4.44
系统和2台（3、4号）发电机短路电流之和	—	—	—	—	80.72

对于发电机出口侧短路开断电流应大于80.72kA，断路器额定短路开断电流为130kA，满足要求。

第八节　高压断路器事故案例

【案例】 110kV断路器同期异常

一、事件经过

2002年5月，某电厂利用对发电机组进行检修的机会，顺便对该机组在升压站的某110kV SF$_6$断路器进行了时间量的测试，发现该断路器的合闸及分闸的同期时间超标。发电机检修完毕后，该电厂认为同期时间超一点不会有问题，同时考虑DL/T 596《电力设备预防性试验规程》并不要求做机械特性试验（预试时断路器机械特性试验是2005年以后才增加到DL/T 596《电力设备预防性试验规程》的），便将此断路器投运，该断路器在投运后

10min 便发生爆炸。当时断路器的电流不到 500A，爆炸的瓷套碎片最远打到了 70m 以外，同时打坏周围多台设备。

二、原因分析

事后检查，该断路器三相连动的连接杆出现了松动。这次事故正是由于连接杆松动后，各相动、静触头动作不一致，其中某相的动触头未能"合到位"所造成的。动、静触头动作由于"预击穿"而产生电弧，持续燃烧的电弧加热 SF_6 气体；或是动、静触头由于接触不良，接触电阻太大，其发热功率过大，使得 SF_6 气体受热膨胀，压力大大增加，而导致灭弧室爆炸。

三、暴露问题

此案例说明，在分析试验结果的时候，应结合断路器的具体结构来考虑。对于三相联动的断路器来说，各相的动触头是通过机械彼此连成一体的，运动情况应该是一致的，其同期时间应该是一个非常确定的数值。如果同期时间发生了变化，便可以非常明确地判断它们之间的连接状态一定出现了异常。

第六章

互感器技术监督

第一节 互感器基础知识

互感器是电力系统中供测量和保护用的主要设备。在高压电路中，为了测量电路中的电流和电压，通常采用电压和电流互感器，将高压、大电流变成低压（100、$100/\sqrt{3}$ V）和小电流（5、1A）。电流互感器分为电磁式电流互感器和光纤电流互感器，电压互感器分为电磁式电压互感器和电容式电压互感器。

一、电磁式电流互感器

电力系统广泛应用的是电磁式电流互感器，它的工作原理和变压器相似，其特点：①一次绕组串联在电路中，并且匝数较少；②二次绕组所接仪表和继电器的电流线圈阻抗很小，在正常情况下，电流互感器在接近短路情况下运行。

电磁式电流互感器按安装地点分为户内式、户外式及装入式，35kV 及以上多制成户外式，装入式是套在 35kV 及以上变压器的套管上，也成为套管式。按安装方法分为穿墙式和支持式，穿墙式装在墙壁或金属结构的孔中，支持式则安装在平面或支柱上。按绝缘分为干式、浇注式、气体式、油浸式，干式用绝缘胶浸渍，适用于低压户内的电流互感器；浇注式利用环氧树脂作绝缘，浇注成型，适用于 35kV 及以下的户内电流互感器；油浸式多为户外形设备；气体式采用 SF_6 气体作为绝缘。

二、电磁式电压互感器

电磁式电压互感器工作原理和变压器相同。电压互感器特点：①体积很小，类似小容量变压器；②二次侧负荷比较恒定，所接测量仪表和继电器的电压线圈阻抗很大，在正常运行时，电压互感器接近于空载状态。

电磁式电压互感器按安装地点分为户内式、户外式，35kV 以上多制成户外式，35kV 及以下多制成户内式。按安装方式分为穿墙式和支持式，穿墙式装在墙壁或金属结构的孔中，支持式则安装在平面或支柱上。按绝缘分为干式、浇注式、油浸和充气式，干式适用于 3～35kV 户内装置；浇注式适用于 3～35kV 户内装置；油浸式适用于 10kV 以上的户外配电装置；充气式用于 SF_6 全封闭电器中。

油浸式电压互感器按其结构可分为普通式和串级式，3～35kV 都作成普通式，与普通小型变压器相似。110kV 及以上的电压互感器普遍作成串级式结构，其特点为线圈和铁心采用分级绝缘，简化绝缘结构。

三、电容式电压互感器

电容式电压互感器是在原有电容套管电压抽取装置的基础上研制而成的，在被测装置的相和地之间接有分压电容 C_1 和 C_2，在 C_2 支路并联中间变压器，可供 110kV 及以上系统测量电压之用。

第二节　互感器订货

一、依据

互感器的订货技术要求应符合 DL/T 725《电力用电流互感器使用技术规范》、DL/T 726《电力用电磁式电压互感器使用技术规范》、GB 20840.3《互感器　第 3 部分：电磁式电压互感器的补充技术要求》、GB/T 20840.5《互感器　第 5 部分：电容式电压互感器的补充技术说明》、GB 1208《电流互感器》、GB 20840.2《互感器　第 2 部分：电流互感器的补充技术要求》、GB/T 14285《继电保护和安全自动装置技术规程》和 DL/T 866《电流互感器和电压互感器选择及计算导则》等标准和反事故措施的有关规定。

二、技术要求

（1）电压互感器的技术参数和性能应满足 GB 20840.3 的要求；电容式电压互感器应满足 GB/T 20840.5 的要求，当分压电容有套管引出时应注意对内部场强的影响，电磁单元应填充变压器油，宜设置取油阀和注油孔；保护用电流互感器的暂态特性应满足 GB 20840.2 的要求。

（2）电流互感器的技术参数和性能应满足 GB 1208《电流互感器》、GB/T 20840.5 及 GB/T 14285《继电保护和安全自动装置技术规程》的要求。

（3）保护用电流互感器的暂态特性应满足 GB 20840.2 及 GB/T 14285《继电保护和安全自动装置技术规程》的要求。

第三节　互感器的运输和交接试验

一、依据

互感器设备运输应按照 DL/T 725《电力用电流互感器使用技术规范》、GB 1208《电流互感器》要求进行；互感器交接验收应按照 GB 50148《电气装置安装工程　电力变压器、油浸电抗器、互感器施工及验收规范》和 GB 50150《电气装置安装工程　电气设备交接试验标准》进行。

二、技术要求

（1）互感器的包装应保证产品及其组件、零件的整个运输和储存期间不致损坏及松动。干式互感器的包装还应保证互感器在整个运输和储存期间不得受到雨淋。

（2）互感器在运输过程中应无严重震动、颠簸和冲击现象。

（3）交接试验项目。

1）测量绕组的绝缘电阻。

2）测量 35kV 及以上电压等级互感器的介质损耗角正切值 $\tan\delta$。

3）局部放电试验。

4）交流耐压试验。

5）绝缘介质性能试验。

6）测量绕组的直流电阻。

7）检查联结组别和极性。

8）误差测量。

9）测量电流互感器的励磁特性曲线。

10）测量电磁式电压互感器的励磁特性。

11）电容式电压互感器（CVT）的检测。

12）密封性能检查。

13）测量铁心加紧螺栓的绝缘电阻。

（4）SF_6封闭式组合电器中的电流互感器和套管式电流互感器的试验应进行上条中1）、6）、7）、8）、9）的项目。

第四节 互 感 器 运 行

一、依据

SF_6气体管理按 GB/T 8905《六氟化硫电气设备中气体管理和检测导则》、GB/T 12022《工业六氟化硫》和 DL/T 596《电力设备预防性试验规程》的规定进行；绝缘油管理按 GB/T 14542《变压器油维护管理导则》、GB/T 7595《运行中变压器油质量》和 DL/T 596《电力设备预防性试验规程》的规定进行。

二、日常巡视

(一) 巡检要求

互感器应定期巡视，每值不少于一次；夜间闭灯巡视：每周不少于一次；如巡视发现设备异常应及时汇报，并做好记录，随时注视其发展。各类互感器运行中巡视检查，应包括以下基本内容：

(二) 巡检内容

1. 油浸式互感器

（1）设备外观是否完整无损，各部连接是否牢固可靠。

（2）外绝缘表面是否清洁，有无裂纹及放电现象。

（3）油色、油位是否正常，膨胀器是否正常。

（4）有无渗漏油现象。

（5）有无异常振动，异常音响及异味。

（6）各部位接地是否良好［注意检查电流互感器末屏连接情况与电压互感器 N（X）端连接情况］。

（7）电流互感器是否过负荷，引线端子是否过热或出现火花，接头螺栓有无松动现象。

（8）电压互感器端子箱内熔断器及自动断路器等二次元件是否正常。

(9) 特殊巡视补充的其他项目，视运行工况要求确定。

2. 电容式电压互感器

除与上条油浸式互感器相关项目相同外，尚应注意检查项目如下：

(1) 330kV 及以上电容式电压互感器分压电容器各节之间防晕罩连接是否可靠。

(2) 分压电容器低压端子 N 是否与载波回路连接或直接可靠接地。

(3) 电磁单元各部分是否正常，阻尼器是否接入并正常运行。

(4) 分压电容器及电磁单元有无渗漏油。

3. SF_6 气体绝缘互感器

除与上条油浸式互感器相关项目相同外，应特别注意检查项目如下：

(1) 检查压力表指示是否在正常规定范围，有无漏气现象，密度继电器是否正常。

(2) 复合绝缘套管表面是否清洁、完整、无裂纹、无放电痕迹、无老化迹象，憎水性良好。

4. 树脂浇注互感器

(1) 互感器有无过热，有无异常振动及声响。

(2) 互感器有无受潮，外露铁心有无锈蚀。

(3) 外绝缘表面是否积灰、粉蚀、开裂，有无放电现象。

三、互感器绝缘油监督

(1) 当油中溶解气体色谱分析异常，含水量、含气量和击穿强度等项目试验不合格时，应分析原因并及时处理。

(2) 互感器油位不足应及时补充，应补充试验合格的同油源同品牌绝缘油。如需混油时，必须按规定进行有关试验，合格后方可进行。

四、互感器 SF_6 气体监督

(1) 运行中应巡视检查气体密度表，产品年漏气率应小于 1%。

(2) 补充的气体应按有关规定进行试验，合格后方可补气。

(3) 若压力表偏出绿色正常压力区时，应引起注意，并及时按制造厂要求停电补充合格的 SF_6 新气，控制补气速度约为 0.1MPa/h，一般应停电补气。

(4) 要特别注意充气管路的除潮干燥。

(5) 运行中 SF_6 气体含水量不超过 $500\mu L/L$（换算至 20℃），若超标时应尽快处理。

五、互感器停用条件

当发生下列情况之一时，应立即将互感器停用（注意保护的投切）：

(1) 电压互感器高压熔断器连续熔断 2～3 次。

(2) 高压套管严重裂纹、破损，互感器有严重放电，已威胁安全运行时。

(3) 互感器内部有严重异声、异味、冒烟或着火。

(4) 油浸式互感器严重漏油，看不到油位；SF_6 气体绝缘互感器严重漏气、压力表指示为零；电容式电压互感器分压电容器出现漏油时。

(5) 互感器本体或引线端子有严重过热时。

（6）膨胀器永久性变形或漏油。

（7）压力释放装置（防爆片）已冲破。

（8）电流互感器末屏开路，二次开路；电压互感器接地端子 N（X）开路、二次短路，不能消除时。

（9）树脂浇注互感器出现表面严重裂纹、放电。

六、定期运行分析内容

（1）异常现象、缺陷产生的原因及发展规律。

（2）故障或事故原因分析，处理情况和采取的对策。

（3）根据系统变化、环境情况等作出事故预想。

（4）对涉及电量结算的互感器，按 DL/T 448《电能计量装置技术管理规程》要求定期进行误差性能试验。

七、其他注意事项

（1）硅橡胶套管应经常检查硅橡胶表面有无放电现象，如果有放电现象应及时处理。

（2）运行人员正常巡视应检查记录互感器油位情况。对运行中渗漏油的互感器，应根据情况限期处理，必要时进行油样分析，对于含水量异常的互感器要加强监视或进行油处理。油浸式互感器严重漏油及电容式电压互感器电容单元渗漏油的应立即停止运行。

（3）应及时处理或更换已确认存在严重缺陷的互感器。对怀疑存在缺陷的互感器，应缩短试验周期进行跟踪检查和分析，查明原因。对于全密封型互感器，油中气体色谱分析仅 H_2 单项超过注意值时，应跟踪分析，注意其产气速率，并综合诊断，如产气速率增长较快，应加强监视；如监测数据稳定，则属非故障性氢超标，可安排脱气处理；当发现油中有乙炔时，按相关标准规定执行。对绝缘状况有怀疑的互感器应运回试验室进行全面的电气绝缘性能试验，包括局部放电试验。

（4）如运行中互感器的膨胀器异常伸长顶起上盖，应立即退出运行。当互感器出现异常响声时应退出运行。当电压互感器二次电压异常时，应迅速查明原因并及时处理。

（5）在运行方式安排和倒闸操作中应尽量避免用带断口电容的断路器投切带有电磁式电压互感器的空母线；当运行方式不能满足要求时，应进行事故预想，及早制定预防措施，必要时可装设专门消除此类谐振的装置。

（6）当采用电磁单元为电源测量电容式电压互感器的电容分压器 C_1 和 C_2 的电容量和介损时，必须严格按照制造厂说明书规定进行。

（7）根据电网发展情况，应注意验算电流互感器动热稳定电流是否满足要求。若互感器所在变电站短路电流超过互感器铭牌规定的动热稳定电流值时，应及时改变变比或安排更换。

（8）每年至少进行一次红外成像测温等带电监测工作，以及时发现运行中互感器的缺陷。

第五节 互感器检修及试验

一、依据

互感器检修项目、内容、工艺及质量应符合 DL/T 727《互感器运行检修导则》相关规定及制造厂要求。

二、检修

（1）互感器检修随机组检修计划安排，临时性检修针对运行中发现的严重缺陷及时进行。

（2）220kV 及以上电压等级的油浸式互感器不应进行现场解体检修。

三、试验

（1）高压互感器检修时的试验和预防性试验应按照 DL/T 727《互感器运行检修导则》、DL/T 596《电力设备预防性试验规程》规定及制造厂要求进行，并满足其相关要求。

（2）互感器红外检测的方法、周期、要求应符合 DL/T 664《带电设备红外诊断应用规范》的规定。

第六节 电流互感器动热稳定校核实例

一、动热稳定校核方法

（一）动稳定校核

短路电流倍数为

$$K_d = \frac{I_{ch}}{\sqrt{2}\,I_{le}} \qquad (1-6-1)$$

式中　K_d——短路电流倍数；

　　　I_{ch}——短路冲击电流，A；

　　　I_{le}——互感器额定电流，A。

（二）热稳定校核

热稳定容量为

$$Q_d = I''^2 t + TI''^2 \qquad (1-6-2)$$

式中　Q_d——热稳定容量，$kA^2 \cdot s$；

　　　I''——0s 短路电流，kA；

　　　t——短路持续时间，s；

　　　T——非周期分量等效时间，s，见表 1-6-1。

表 1-6-1　　　　　　　　　　　　　非周期分量等效时间

短路点	T	
	$t \leqslant 0.1$	$t > 0.1$
发电机出口及母线	0.15	0.5
发电厂升高电压母线及出线发电机电压电抗器后	0.08	0.1
变电站各级电压母线及出线	0.05	

$$t = t_b + t_d \quad\quad\quad\quad (1-6-3)$$

式中 t_b——继电保护装置动作时间，s；

$\quad\quad t_d$——断路器的全分闸时间，s。

二、案例

某电厂4台发电机，型号为SF165-66/13640，容量为165MW，额定电压为15.75kV，通过变压器升高至500kV，为扩大单元接线，通过计算冲击电流，校核电流互感器动热稳定。

1. 电流互感器动热稳定校核

变压器高压侧短路时短路冲击电流计算结果列于表1-6-2中。电流互感器动稳定校核结果见表1-6-3。

表1-6-2　　　　变压器高压侧短路时各短路冲击电流计算结果　　　　kA

电源	I''有名值	冲击电流
系统	17.56	46.00
1~4号发电机	2.26	6.08
系统和3台发电机短路电之和	19.26	50.56

表1-6-3　　　　　　　电流互感器动稳定校核结果

互感器位置	变比	短路电流倍数	短路电流允许倍数	结果
发电机出口主母线内	3000/1	1.192	40	满足
电缆进线	1000/1	11.306	40	满足
500kV线路	3000/1	11.92	40	满足

2. 热稳定校验

电流互感器热稳定校核结果见表1-6-4。

表1-6-4　　　　　　　电流互感器热稳定校核结果

互感器位置	变比	热稳定容量（kA² · s）	短路电流倍数	短路电流允许倍数	结果
断路器两侧	3000/1	100.156	3.34	21	满足
电缆进线	1000/1	100.156	10.01	63	满足
500kV线路	3000/1	100.156	3.34	21	满足

第七节　互感器事故案例分析

【案例】 某厂220kV B相TA爆炸事故分析

某电厂201 B相TA型号为LB9-220W2；额定电流比为1250/5；额定短时热电流为40kA，额定动稳定电流为100kA（峰值）；生产日期为2007年3月；额定电压为252kV。

一、事故经过

2014 年 11 月 25 日 15 时，电厂电气班在升压站进行接地导通测试，路经 201TA 时，发现 B 相 TA 支柱下面有大量油迹，漏油点在 TA 下面末屏处，其油位在 −5℃ 偏上对应油位。机组停运后发现 201 B 相 TA 末屏（陶瓷材料）已经断裂，且有孔洞。末屏接地线两头鼻子接线紧固，但接地线有部分丝线断裂，见图 1－6－1。停电后进行检查，发现 TA 内油已漏至升高座末屏处。

图 1－6－1　201 B 相 TA 末屏漏油
（2014 年 11 月 25 日）

油色谱分析结果中乙炔含量为 0.7μL/L，其他气体含量正常。更换了 201 三相 TA 的末屏，并对 B 相 TA 重新注入合格的油，经过三次排气后油位达到合格。对 201 B 相 TA 取油样进行化验，H_2 含量为 1440.5μL/L，总烃含量为 251.4μL/L，均超过注意值（均为 150μL/L）。

运行中 201 B 相 TA 着火爆炸，有部分设备在 B 相 TA 炸裂时受到不同程度的损伤，其中 261 开关出线侧 A 相电容式 TV 绝缘子及 201 A 相、C 相绝缘子裙边炸伤比较严重。201 B 相 TA 主导电杆裸露在外，电缆纸几乎全部烧焦，膨胀器被炸歪，B 相 TA 周围到处都是灭火器黄色泡沫，末屏有烧伤痕迹，二次端子箱未见明显故障，具体见图 1－6－2～图 1－6－10。

图 1－6－2　201 B 相 TA 爆炸图 1

图 1－6－3　201 B 相 TA 爆炸图 2

图 1－6－4　201 B 相 TA 爆炸图 3

图 1－6－5　201 B 相 TA 爆炸图 4

图 1-6-6 201 B 相 TA 爆炸图 5

图 1-6-7 201 B 相 TA 爆炸图 6

图 1-6-8 201 断路器 A 相套管损伤图 1

图 1-6-9 201 断路器 A 相套管损伤图 2

261 断路器 A 相出线 TV 套管裙边有小块裂纹，如图 1-6-11 所示。

图 1-6-10 201 断路器 C 相套管损伤图

图 1-6-11 261 线路出线 TV 套管损伤图

二、原因分析

因 201 B 相 TA 小套管龟裂，引起漏油。该 TA 末屏存在缺陷易引起末屏开路，运行中末屏开路后形成的悬浮电压对套管放电，根据油样色谱分析结果中乙炔含量为 0.7μL/L，判断 B 相 TA 内部有放电现象，按厂家建议对 201 TA 和 202 TA 末屏（共 6 个）进行了更换。对更换末屏后的 201 B 相 TA 全部更换新油，试验结果均合格，投运 7 天后 B 相 TA 发生爆炸事故。

　　经现场查看后初步判断，201 B 相 TA 小套管龟裂、漏油事故中末屏接地不良留下绝缘损伤隐患，在 201 B 相 TA 运行 7 天中造成绝缘损伤加剧，最终导致贯穿性击穿，气体急剧增加，导致 201 B 相 TA 发生单相对地短路，温度急剧上升，最终造成 201 开关 B 相 TA 炸裂。根据事发前两小时 201 B 相 TA 取样油色谱分析中乙炔含量 2.2μL/L、总烃 251.4μL/L、H_2 1440.5μL/L 均严重超过 DL/T 596《电力设备预防性试验规程》中规定的乙炔含量 1μL/L、总烃 150μL/L、H_2 150μL/L 要求值。事后采用三比值法、大卫三角形法对油样中气体含量进行分析，结果为放电引起绝缘击穿，导致 201 B 相 TA 发生单相短路接地，最终引起炸裂。

三、暴露问题

　　综上所述，本次 201 B 相 TA 爆炸根本原因是该 TA 末屏存在工艺缺陷，造成末屏开路运行，导致末屏对套管放电；在 B 相 TA 小套管龟裂、漏油事故后对 201 B 相 TA 进行了试验，在已进行的试验结果均合格的情况下未能彻底深入查出 TA 末屏的工艺缺陷，为 B 相 TA 爆炸埋下安全隐患。

第七章

外绝缘防污闪技术监督

第一节 绝缘子基础知识

一、绝缘子类别

绝缘子包括瓷绝缘子、玻璃绝缘子和复合绝缘子。绝缘子尺寸和大小是多种多样的，按其用途分为线路绝缘子和电站绝缘子，或户内绝缘子和户外绝缘子；按其形状又分为悬式绝缘子、针式绝缘子、支柱绝缘子、棒形绝缘子、套管绝缘子和拉线绝缘子等。

二、绝缘子结构

瓷件（或玻璃件）是绝缘子的主要组成部分，它除了作为绝缘外，还具有较高的机械强度，为保证瓷件的机电强度，要求瓷质坚固、均匀、无气孔。为增加绝缘子表面的抗电强度和抗污闪能力，瓷件常具有裙边和凸棱，并在瓷件表面涂以白色或有色的瓷釉，而瓷釉有较强的化学稳定性，且能增加绝缘子的机械强度。

三、低值或零值绝缘子

绝缘子在搬运和施工过程中，可能会因碰撞而留下伤痕；在运行过程中，可能由于雷击事故，而使其破碎或损伤；由于机械负荷和高电压的长期联合作用，而导致劣化；这都将使其击穿电压不断下降，当下降至小于沿面干闪电压时，就被称为低值绝缘子。低值绝缘子的极限，即内部击穿电压为零时，就称为零值绝缘子。当绝缘子串存在低值或零值绝缘子时，在污秽环境中，在过电压甚至在工作电压下就易发生闪络事故。因此，及时检出运行中存在的不良绝缘子，排除隐患，对减少电力系统事故，提高供电可靠性是很重要的。

第二节 外绝缘的配置、订货、验收、安装和交接试验

一、依据

防污设计应遵循 GB 50061《66kV 及以下架空电力线路设计规范》、GB 50545《110～750kV 架空送电线路设计规范》、GB 560064《交流电气装置的过电压保护和绝缘配合设计规范》、DL/T 729《户内绝缘子运行条件电气部分》的有关要求；交接试验应按照 GB 50150《电气装置安装工程 电气设备交接试验标准》进行。

二、技术要求

（1）外绝缘的配置应满足相应污秽等级对爬电比距的要求，并宜取该等级爬电比距的

上限。

（2）新建和扩建电气设备的电瓷外绝缘爬距配置应依据经审定的污秽区分布图为基础，并综合考虑环境污染变化因素，在留有裕度的前提下选取绝缘子的种类、伞型和爬距。

（3）室内设备外绝缘爬距应符合 DL/T 729《户内绝缘子运行条件电气部分》的规定，并应达到相应于所在区域污秽等级的配置要求，严重潮湿的地区要提高爬距。

（4）绝缘子的订货应按照设计审查后确定的要求，在电瓷质量检测单位近期检测合格的产品中择优选定，其中合成绝缘子的订货必须在认证合格的企业中进行。

（5）绝缘子包装件运至施工现场，必须认真检查运输和装卸过程中包装件是否完好。绝缘子现场储存应符合相关标准的规定。对已破损包装件内的绝缘子应另行储存，以待检查。绝缘子现场开箱检验时，必须按照标准和合同规定的有关外观检查标准，对绝缘子（包括金属附件及其热镀锌层）逐个进行外观检查。

（6）合成绝缘子存放期间及安装过程中，严禁任何可能损坏绝缘子的行为；在安装合成绝缘子时，严禁反装均压环。

（7）绝缘子安装时，应按 GB 50150《电气装置安装工程 电气设备交接试验标准》有关规定进行绝缘电阻测量和交流耐压试验。其中对盘形悬式瓷绝缘子的绝缘电阻测量应逐只进行。

第三节 外绝缘的运行

一、依据

外绝缘的运行按照 DL/T 627《绝缘子用常温固化硅橡胶防污闪涂料》、DL/T 741《架空输电线路运行规程》、DL/T 864《标称电压高于 1000V 交流架空线路用复合绝缘子使用导则》执行。

二、技术要求

（1）外绝缘清扫应以现场污秽度监测为指导，并结合运行经验，合理安排清扫周期，提高清扫效果。110～500kV 电压等级每年清扫一次，宜安排在污闪频发季节前 1～2 个月内进行。

（2）当外绝缘环境发生明显变化及新的污染源出现时，应核对设备外绝缘爬距，不满足污秽等级要求的应予以调整；如受条件限制不能调整的，应采取必要的防污闪补救措施。

（3）室温固化硅橡胶（RTV）防污闪涂料的技术要求。

1）选用的 RTV 防污闪涂料应符合 DL/T 627《绝缘子用常温固化硅橡胶防污闪涂料》的技术要求。

2）运行中的 RTV 涂层出现起皮、脱落、龟裂等现象，应视为失效，采取复涂等措施。

3）对涂覆 RTV 的设备设置憎水性监测点并作憎水性检测，检测周期为 1 年，监测点的选择原则是在每个生产厂家的每批 RTV 中，选择电压等级最高的一台设备的其中一相作为测量点。

（4）绝缘子的运行维护应按照 DL/T 741《架空输电线路运行规程》、DL/T 864《标称电压高于 1000V 交流架空线路用复合绝缘子使用导则》和 DL/T 596《电力设备预防性试验规程》执行，日常巡视时，应注意玻璃绝缘子自爆、复合绝缘子伞裙破损、均压环倾斜等异常情况。定期统计绝缘子劣化率，并对绝缘子运行情况做出评估分析。

第四节 外 绝 缘 的 试 验

一、依据

现场污秽度测量的方法、使用仪器和测量周期按 GB/T 26218《污秽条件下使用的高压绝缘子的选择和尺寸确定》（所有部分）中的规定执行。支柱绝缘子、悬式绝缘子和合成绝缘子的试验项目、周期和要求应符合 DL/T 596《电力设备预防性试验规程》的规定；合成绝缘子的运行性能检验项目按 DL/T 1000.3《标称电压高于 1000V 架空线路用绝缘子使用导则 第 3 部分：交流系统用棒形悬式复合绝缘子》执行；按照 DL/T 664《带电设备红外诊断应用规范》的周期、方法、要求进行设备外绝缘红外检测。

二、技术要求

（1）定期进行取样瓷瓶盐密及灰密测量，掌握所在地区的年度现场污秽度及自清洗性能和积污规律，以现场污秽度指导全厂外绝缘配合工作。现场污秽度测量点选择的要求：

1）厂内每个电压等级选择 1、2 个测量点。在现场污秽度测量中，通常使用由 7～9 个参照盘形悬式绝缘子组成的串（最好是 9 个盘形悬式绝缘子组成的串，以避免端部影响）或使用一个最少有 14 个伞的参照长棒形绝缘子为一个测点，不带电的绝缘子串的安装高度应尽可能接近于线路或母线绝缘子的安装高度。

2）现场污秽度测量点的选取要从悬式绝缘子逐渐过渡到棒形支柱绝缘子。

3）明显污秽成分复杂地段应适当增加测量点。

（2）按照 DL/T 596《电力设备预防性试验规程》的要求，做好绝缘子低、零值检测工作，并及时更换低、零值绝缘子。

（3）绝缘子投运后应在 2 年内普测一次，再根据所测劣化率和运行经验，可延长检测周期，但最长不能超过 10 年。

（4）按照 DL/T 1000.3《标称电压高于 1000V 架空线路用绝缘子使用导则 第 3 部分：交流系统用棒形悬式复合绝缘子》的要求，对运行时间 10 年的复合绝缘子进行抽检试验，第一次抽检 6 年后应进行第二次抽样。复合绝缘子憎水性试验周期及评定准则见表 1-7-1。

表 1-7-1　　　　　　　　　复合绝缘子憎水性检验周期及评定准则

憎水性等级 HC	监测周期（年）	评定准则
1～2	6	继续运行
3～4	3	继续运行
5	1	继续运行，需跟踪检测
6	—	退出运行

第八章

接 地 装 置 技 术 监 督

第一节　接地装置基础知识

一、接地的分类

接地是保证人身安全以及电气设备和过电压保护装置正常工作的非常重要的环节，按其目的可分为如下四类：

1. 工作接地

在电力系统中，利用大地作为导线或根据正常运行方式的需要将网络的某一点接地，称为工作接地。例如电力变压器的中性点的直接接地就属于这类接地，通常要求工作接地的接地电阻为 0.5～1Ω。

2. 保护接地

将电气设备在正常情况下不带电的金属部分与大地连接，以保证人身安全，这种接地称为保护接地。例如电机、变压器以及高压电器的外壳的接地都属于这一类接地，保护接地的接地电阻为 1～10Ω。

3. 防雷接地

为安全导泄强大的雷电流，将过电压保护装置的一端接地，称为防雷接地（也称为过电压保护接地）。例如避雷针（线）、避雷器的接地都属于这类接地。从广义上讲，它是一种特殊的工作接地。防雷接地的接地电阻的大小直接影响过电压保护效果，通常取为 1～30Ω。

4. 静电接地

为释放静电电荷，防止静电危险而设置的接地，称为静电接地。例如易燃油；天然气气罐和管道的接地等都属于这类接地。静电接地的接地电阻要求小于 1000Ω。

二、接地的几个基本概念

（一）接地体及接地装置

1. 接地体

埋入地中并直接与大地（包括土壤、江、河、湖、井水）接触的金属导体，称为接地体或接地极，有自然接地体（如地下的金属管道、金属构件、钢筋混凝土杆基础等）和人工接地体（如埋入地中的角钢、圆钢、铁管、深埋的圆钢、铁带等）之分，人工接地体有垂直接地体和水平接地体两种基本形式。垂直接地体一般采用直径为 30～60mm、长度为 2～3m 的铁管做成；水平接地体一般采用宽为 20～40mm、厚度不小于 4mm 的铁带或直径为 10～20mm 的圆钢做成。接地体埋设在地下的深度应大于 0.5～0.8m，以保证不受机械损伤，并减小接地体周围土壤的水分受季节的影响。

2. 接地线

连接电气设备的接地部分与接地体用的金属导体称为接地线，一般可用钢筋、钢绞线、铁带或角钢等做成。

3. 接地装置

接地体和接地线的总和称为接地装置。

（二）接地

将电力设备、杆塔或过电压保护装置用接地线与接地体连接起来，称为接地。

（三）地

这里所说的地是电气上的地，其特点是该处土壤中没有电流，即该处的电位等于零。理论上讲，这个地距接地体无穷远，实际上，在距离接地体 20m 以外的地方电位基本趋近于零，一般把这种地方称为电气上的"地"。

（四）接触电位差与跨步电位差

1. 接触电位差

接地故障（短路）电流流过接地装置时，大地表面形成分布电位，在地面上到设备水平距离为 1.0m 处与设备外壳、构架或墙壁离地面的垂直距离 2.0m 处两点间的电位差称为接触电位差。

2. 跨步电位差

接地故障（短路）电流流过接地装置时，地面上水平距离为 1.0m 的两点间的电位差称为跨步电位差。

（五）接地阻抗和接地电阻

在给定频率下，系统、装置或设备的给定点与参考地之间的阻抗称为接地阻抗，接地阻抗的虚部为接地电阻，接地阻抗中接地电阻为主要成分。接地电阻又有工频接地电阻和冲击接地电阻之分。工频接地电阻是指通过接地体流入地中的工频电流求得的电阻，而冲击接地电阻是指按通过接地体流入地中的冲击电流求得的接地电阻。影响接地电阻的主要因素是土壤电阻率、接地体的尺寸和形状以及埋入的深度等。

（六）土壤电阻率

土壤电阻率也称为土壤电阻系数，以每边长为 1cm 的正立方体的土壤电阻来表示，其单位为 Ω·m 或 Ω·cm。土壤电阻率随土壤的性质、含水量、温度、化学成分、物理性质等情况的不同而不同。因此，在设计时要根据当地的实际地质情况，并要考虑季节的影响，选取其中最大值作为设计依据，一般以实测值作为依据。

三、接地装置的型式

（一）接地电阻的要求

在电网中，由于保护接地、工作接地和防雷接地的作用不同，所以对接地电阻值有不同的要求，1kV 以上电气设备接地电阻允许值见表 1-8-1。表 1-8-1 中采用工频接地电阻作标准，是为了便于检查和测量。

（二）电站接地装置的型式

电站的接地网应满足工作、安全和防雷保护的接地要求。一般的做法是根据安全和工作接地要求敷设一个统一的接地网，然后再在避雷针和避雷器下面加装集中接地体以满足防雷接地的要求。

表 1 - 8 - 1　　　　　　　　1kV 以上电气设备接地电阻允许值

序号	设备名称		接地电阻允许值（Ω）
1	大接地短路电流系统的电力设备		一般地区 $\leqslant \dfrac{2000}{I}$；高土壤电阻率地区采用 隔离措施后 $\leqslant \dfrac{5000}{I}$
2	小接地短路电流系统的电力设备		$\dfrac{250}{I}$
3	小接地短路电流系统中无避雷线的配电线路杆塔		30
4	有避雷线的 配电线路杆塔	$\rho < 1000 \Omega \cdot m$	10
		$\rho < 100 \sim 500 \Omega \cdot m$	15
		$\rho < 500 \sim 1000 \Omega \cdot m$	20
		$\rho < 1000 \sim 2000 \Omega \cdot m$	25
		$\rho > 2000 \Omega \cdot m$	30
5	配电变压器	100kVA 及以上	4
		100kVA 以下	10
6	独立避雷针		10
7	人身安全接地		4
8	高土壤电阻率地区	小接地短路电流系统	15
9		大接地短路电流系统	5

注　I 为入地短路电流；ρ 为电阻率。

电站接地体一般以水平接地体为主，并采用网格形，以便使地面的电位比较均匀，接地网均压带的总根数在 18 根及以下时，用长孔地网较为经济；在 19 根以下时，用方孔地网较为经济。网格形接地网如图 1 - 8 - 1 所示。

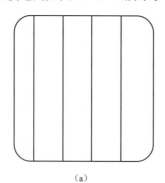
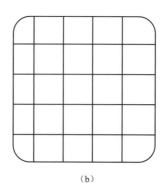

（a）　　　　　　　　　　　　　　（b）

图 1 - 8 - 1　网格形接地网
（a）长孔接地图；（b）方孔接地网

接地网常用 4×40mm 扁钢或 φ20 圆钢敷设，埋入地下 0.6～0.8m，其面积大体与变电站的面积相同，两水平接地带的间距为 3～10m，需按接触电位差和跨步电位差的要求确定。

第二节 接地装置的设计、施工和验收

一、依据

接地装置应按 GB 50169《电气装置安装工程接地装置施工及验收规范》和 GB/T 50065《交流电气装置的接地设计规范》等有关规定进行设计、施工、验收。

二、技术要求

（1）在工程设计时，应认真吸取接地网事故的教训，并按照相关规程规定的要求，改进和完善接地网设计。审查地表电位梯度分布、跨步电位差、接触电位差、接地阻抗等指标的安全性和合理性，以及防腐、防盗措施的有效性。

（2）新建工程设计，应结合长期规划考虑接地装置（包括设备接地引下线）的热稳定容量，并提出接地装置的热稳定容量计算报告。

（3）在扩建工程设计中，除应满足新建工程接地装置的热稳定容量要求以外，还应对前期已投运的接地装置进行热稳定容量校核，不满足要求的必须在本期的基建工程中一并进行改造。

（4）接地装置腐蚀比较严重的电厂宜采用铜质材料的接地网，不应使用降阻剂。

（5）变压器中性点应有两根与主接地网不同地点（不同干线）连接的接地引下线，且每根引下线均应符合热稳定的要求。重要设备及设备架构等宜有两根与主接地网不同地点连接的接地引下线，且每根接地引下线均应符合热稳定要求。连接引线应便于定期进行检查测试。

（6）当输电线路的避雷线和电厂的接地装置相连时，应采取措施使避雷线和接地装置有便于分开的连接点。

（7）施工单位应严格按照设计要求进行施工。预留的设备、设施的接地引下线必须确认合格，隐蔽工程必须经监理单位和建设单位验收合格后，方可回填土；并应分别测量两个最近的接地引下线之间的回路电阻，确保接地网连接完好。

（8）接地装置的焊接质量与检查应符合 GB/T 50065《交流电气装置的接地设计规范》、GB 50169《电气装置安装工程接地装置施工及验收规范》及其他有关规定，各种设备与主接地网的连接必须可靠；扩建接地网与原接地网间应为多点连接。

（9）对高土壤电阻率地区的接地网，在接地电阻难以满足要求时，应由设计确定采用相应措施后，方可投入运行。

（10）接地装置验收测试应在土建完工后尽快进行；进行接地装置交接试验时，必须确保接地装置隔离，排除与接地装置连接的接地中性点、架空地线和电缆外皮的分流对测试结果及评价的影响。

（11）接地装置交接验收时的重点监督项目：电气完整性、地表电位梯度分布、跨步电位差、接触电位差、接地阻抗测量。

第三节　接地装置的运行

一、依据

按照 DL/T 475《接地装置特性参数测量导则》定期进行接地引下线导通测试。

二、技术要求

（1）对于已投运的接地装置，应根据地区短路容量的变化，校核接地装置（包括设备接地引下线）的热稳定容量，并结合短路容量变化情况和接地装置的腐蚀程度有针对性地对接地装置进行改造。对不接地、经消弧线圈接地、经低阻或高阻接地系统，必须按异点两相接地校核接地装置的热稳定容量。

（2）接地引下线的导通检测工作应每年进行一次，其检测范围、方法、评定应符合 DL/T 475《接地装置特性参数测量导则》的要求，并根据历次测量结果进行分析比较，以决定是否需要进行开挖、处理。

（3）定期（时间间隔应不大于 5 年）通过开挖抽查等手段确定接地网的腐蚀情况，铜质材料接地体的接地网不必定期开挖检查。若接地网接地阻抗或接触电压和跨步电压测量不符合设计要求，怀疑接地网被严重腐蚀时，应进行开挖检查。如发现接地网腐蚀较为严重，应及时进行处理。

第四节　接地装置的试验

一、依据

接地装置试验的项目、周期、要求应符合 DL/T 596《电力设备预防性试验规程》和 DL/T 475《接地装置特性参数测量导则》的规定。

二、测试内容

大型接地装置的特性参数测试应该包含以下内容：电气完整性测试，接地阻抗测试（含分流测试）、场区地表电位梯度分布测试、接触电位差和跨步电位差的测试，其他接地装置的特性参数测试中应尽量包含以上内容。

三、测试时间

接地装置的特性参数大都与土壤的潮湿程度密切相关，因此接地装置的状况评估和验收测试应尽量在干燥季节和土壤未冻结时进行；不应在雷、雨、雪中或雨、雪后立即进行。

四、测试周期

大型接地装置的交接试验应进行各项特性参数的测试，电气完整性测试宜每年进行一次；接地阻抗（含分流测试）、场区地表电位梯度分布、跨步电位差、接触电位差等参数，正常情况下宜 5~6 年测试一次；遇有接地装置改造或其他必要时，应进行针对性测试。对于土壤腐蚀性较强的区域，应缩短测试周期。

五、测试结果的评估

进行接地装置的状况评估和工程验收时应根据特性参数测试的各项结果，并结合当地情况和以往的运行经验综合判断，不应片面强调某一项指标，同时接地装置的热容量应满足要求。如接地阻抗是表征接地装置状况的一个重要参数，但并不是唯一的、绝对的参数指标，它概要性地反映了接地装置的状况，而且与接地装置的面积和所在地的地质情况有密切的关系。因此判断接地阻抗是否合格，首先应符合 GB/T 50065—2011《交流电气装置的接地设计规范》中 4.2 的有关规定，同时要根据实际情况，包括地形、地质、接地装置的大小和运行年限等进行综合判断。

第五节　接地网试验分析

一、接地装置的电气完整性测试

（一）试验方法

首先选定一个很可能与主地网连接良好的设备的接地引下线为参考点，再测试周围电气设备接地部分与参考点之间的直流电阻。如果开始即有很多设备测试结果不良，宜考虑更换参考点。

（二）测试范围

1. 变电站的接地装置

各个电压等级的场区之间；各高压和低压设备，包括构架、分线箱、汇控箱、电源箱等之间；主控及内部各接地干线，场区内和附近的通信及内部各接地干线之间；独立避雷针及微波塔与主地网之间；以及其他必要部分与主地网之间。

2. 电厂的接地装置

除变电站内容同上，还应测试其他局部地网与主地网之间；厂房与主地网之间；各发电机单元与主地网之间；每个单元内部各重要设备及部分、避雷针、油库、水力发电厂的大坝，以及其他必要的部分与主地网之间。

（三）测试仪器

测试宜选用专门仪器，仪器的分辨率不大于 1mΩ，准确度不低于 1.0 级。也可借鉴直流电桥的原理，在被试电气设备的接地部分与参考点之间加恒定直流电流，再用高内阻电压表测试由该电流在参考点通过接地装置到被试设备的接地部分这段金属导体上产生的电压降，并换算到电阻值。采用其他方法时应注意扣除测试引线的电阻。

（四）测试结果的判断和处理

按下列要求对测试结果进行判断和处理：

（1）状况良好的设备测试值应在 50mΩ 以下。

（2）50~200mΩ 的设备状况尚可，宜在以后例行测试中重点关注其变化，重要的设备宜在适当时候检查处理。

（3）200mΩ~1Ω 的设备状况不佳，对重要的设备应尽快检查处理，其他设备宜在适当时候检查处理。

（4）1Ω以上的设备与主地网未连接，应尽快检查处理。

（5）独立避雷针的测试值应在500mΩ以上，否则视为没有独立。

（6）测试中相对值明显高于其他设备，而绝对值又不大的，按状况尚可对待。

二、接地装置工频特性参数的测试

（一）基本要求

1. 试验电源的选择

宜采用异频电流法测试接地装置的工频特性参数。试验电流频率宜在40～60Hz范围，为标准正弦波波形，电流幅值通常不宜小于3A。对于试验现场干扰大的时候可加大测试电流，同时需要特别注意试验安全。

如果采用工频电流测试接地装置的工频特性参数，应采用独立电源或经隔离变压器供电，并尽可能加大试验电流，试验电流不宜小于50A，并应特别注意试验的安全问题，如电流极和试验回路的看护。

2. 测试回路的布置

测试接地装置工频特性参数的电流极应布置得尽量远，参见图1-8-2，通常电流极与被试接地装置中心的距离 d_{CG} 应为被试接地装置最大对角线长度 D 的4～5倍；对超大型的接地装置的布线可利用架空线路做电流线和电位线；当远距离放线有困难时，在土壤电阻率均匀地区 d_{CG} 可取2D，在土壤电阻率不均匀地区可取3D。

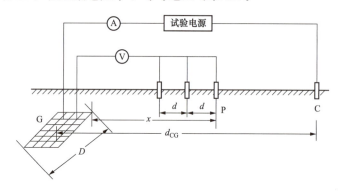

图1-8-2 电位降法测试接地阻抗示意图

G—被试接地装置；C—电流极；P—电位极；D—被试接地装置最大对角线长度；d_{CG}—电流极与被试接地装置中心的距离；x—电位极与被试接地装置边缘的距离；d—测试距离间隔

测试回路应尽量避开河流、湖泊、道路口；尽量远离地下金属管路和运行中的输电线路，避免与之长段并行，当与之交叉时应垂直跨越。

任何一种测试方法，电流线和电位线之间都应尽量保持远距离，以减小电流线与电位线之间互感的影响。

3. 电流极和电位极

电流极的接地电阻值应尽量小，以保证整个电流回路阻抗足够小，设备输出的试验电流足够大。可采用人工接地极或利用不带避雷线的高压输电线路的铁塔作为电流极。如电流极接地电阻偏高，可采用多个电流极并联或向其周围泼水的方式降阻。

电位极应紧密而不松动地插入土壤中 20cm 以上。试验过程中电流线和电位线均应保持良好绝缘，接头连接可靠，避免裸露、浸水。

4．试验电流的注入

试验电流是为了模拟系统接地短路故障电流而注入接地装置的，以测试其接地阻抗、分流、场区地表电位梯度分布、接触电位差、跨步电位差等各项工频特性参数。试验电流的注入点宜选择单相接地短路电流大的场区里电气导通测试中结果良好的设备接地引下线处，一般选择在变压器中性点附近或场区边缘。小型接地装置的测试可根据具体情况参照进行。

（二）接地阻抗的测试

1．接地阻抗的测试方法

（1）电位降法。电位降法测试接地阻抗示意如图 1-8-2 所示。流过被试接地装置 G 和电流极 C 的电流 I 使地面电位变化，电位极 P 从 G 的边缘开始向外移动，电位线与电流线夹角通常在 45°左右，可以更大，但一般不宜小于 30°，每间隔 d（50m 或 100m 或 200m）测试一次 P 与 G 之间的电位差 U，绘出 U 与 x 的变化曲线。曲线平坦处即电位零点，与曲线起点间的电位差值即为在试验电流下被试接地装置的电位差 U_m，接地装置的接地阻抗 Z 有为

$$Z = \frac{U_m}{I \times K} \qquad (1-8-1)$$

$$K = \frac{I_G}{I} \times 100\% \qquad (1-8-2)$$

式中　K——地网分流系数；

　　　I_G——实际流过地网的电流，A。

如果电位降曲线的平坦点难以确定，则可能是受被试接地装置或电流极 C 的影响，考虑延长电流回路；或者是地下情况复杂，考虑以其他方法来测试和校验。

（2）电流—电压表三极法。

1）直线法。电流线和电位线同方向（同路径）放设称为三极法中的直线法，见图 1-8-3。d_{PG} 通常为 0.5～0.6 倍 d_{CG}。电位极 P 应在被测接地装置 G 与电流极 C 连线方向移动三次，每次移动的距离为 d_{CG} 的 5%左右，三次测试的结果误差在 5%以内即可。

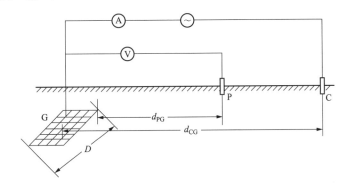

图 1-8-3　电流—电压表三极法测试接地阻抗示意图

G—被试接地装置；C—电流极；P—电位极；D—被试接地装置最大对角线长度；d_{CG}—电流极与被试接地装置中心的距离；d_{PG}—电位极与被试接地装置边缘的距离

一般在放线路径狭窄困难和土壤电阻率均匀的情况下，接地阻抗测试才采用直线法，应尤其注意使电流线和电位线保持尽量远的距离，以减小互感耦合对测试结果的影响。

2）30°夹角法。如果土壤电阻率均匀，可采用 d_{CG} 和 d_{PG} 相等的等腰三角形布线，此时使 θ 约为 30°，$d_{CG}=d_{PG}=2D$。

3）远离夹角法。通常情况下接地装置接地阻抗的测试宜采用电流和电位线夹角布置的方式。θ 通常为 45°以上，一般不宜小于 30°，d_{PG} 的长度与 d_{CG} 相近。接地阻抗可用式（1-8-3）修正，即

$$Z = \cfrac{Z'}{1-\cfrac{D}{2}\left(\cfrac{1}{d_{PG}}+\cfrac{1}{d_{CG}}-\cfrac{1}{\sqrt{d_{PG}^2+d_{CG}^2-2d_{PG}d_{CG}\cos\theta}}\right)} \tag{1-8-3}$$

式中 θ——电流线和电位线的夹角；

Z'——接地阻抗的测试值。

4）反向法。反向法是远离夹角法的特殊形式，即电位线和电流线之间的夹角约为 180°，有利于尽可能地减小电位线与电流线之间的互感，布线要求和修正公式与远离夹角法相同。

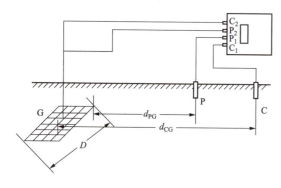

图 1-8-4 接地阻抗测试仪接线示意图

G—被试接地装置；C—电流极；P—电位极；D—被试接地装置最大对角线长度；d_{CG}—电流极与被试接地装置中心的距离；d_{PG}—电位极与被试接地装置边缘的距离

2. 接地阻抗测试仪法

接地装置较小时，可采用接地阻抗测试仪测接地阻抗，见图 1-8-4。

图 1-8-4 中的仪表是四端子式，有些仪表是三端子式，即 C_2 和 P_2 合并为一，测试原理和方法均相同，即电流-电压表三极法的简易组合式，仪器通常由电池供电，也可以是绝缘电阻表形式，布线的要求参照三极法。

3. 工频电流法

工频电流法基本采用电流-电压表三极法，布线要求同三极法。工频电流法可分为倒相法和倒相增量法，分别如下：

（1）倒相法。通常接地装置中有不平衡零序电流，为消除其对接地阻抗测试的影响，除了增大试验电流，可采用倒相法。接地阻抗的计算公式为

$$Z = \sqrt{\frac{U_1^2+U_2^2-2U_0^2}{2I^2}} \tag{1-8-4}$$

式中 U_1、U_2——倒相前后接地装置上的试验电压；

U_0——不加试验电压时接地装置的对地电压，即零序电流在接地装置上产生的电压降；

I——注入接地装置中的试验电流，试验电流在倒相前后保持不变。

如果试验电源是三相的，也可将三相电源分别加在接地装置，保持试验电流 I 不变，通过式（1-8-4）得到 Z，以消除地中零序电流对接地阻抗测试值的影响，即

$$Z = \sqrt{\frac{U_A^2 + U_B^2 + U_C^2 - 3U_0^2}{3I^2}} \qquad (1-8-5)$$

式中 U_A、U_B、U_C——将 A、B、C 三相分别加到接地装置上时的试验电压；

$\qquad\quad U_0$——不加试验电压时接地装置的对地电压；

$\qquad\quad I$——注入接地装置中的试验电流，倒相前后保持不变。

（2）倒相增量法。对于电铁牵引站这样有间歇性大工作电流注入的接地装置，其接地阻抗的测试可以采用倒相增量法，即使试验电流与不平衡零序电流同相位，再施加一次增量试验电流，可以通过式（1-8-6）得到 Z，以消除地中零序电流对接地阻抗测试值的影响。倒相增量法对试验电流的要求与异频电流法相似，即试验电流尽量小，但不宜小于 1A，即

$$Z = \sqrt{\frac{(U_1 - U_0)^2}{I^2}} = \frac{U_1 - U_0}{I} \qquad (1-8-6)$$

式中 U_1——将增量试验电流叠加在不平衡零序电流上时，接地装置的试验电压；

$\qquad\quad U_0$——不加试验电流时接地装置的对地电压，即零序电流在接地装置上产生的电压降；

$\qquad\quad I$——注入接地装置中的增量试验电流。

倒相增量法的试验电流、电压的测试和阻抗的计算可以通过专用仪器来实现。

（3）分流测试。对于有架空避雷线和金属屏蔽两端接地的电缆出线的变电站，线路杆塔接地装置和远方地网对试验电流 I 进行了分流，对接地装置接地阻抗的测试造成很大影响，因此应进行架空避雷线和电缆金属屏蔽的分流测试，见图 1-8-5。

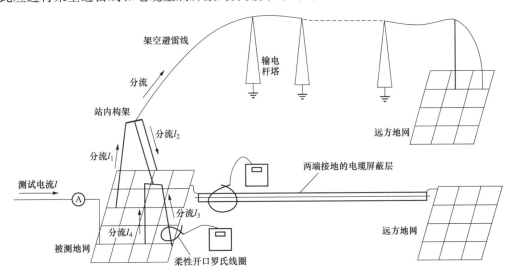

图 1-8-5 变电站的分流测试示意图

分流测试应是相量测试，即测试分流的幅值和其相对于试验电流的相角，并将所有的分流进行相量运算，得到地网分流系数 K，以修正接地阻抗。即分流的相量和 $I_\Sigma \angle\theta_\Sigma = I_1 \angle\theta_1 + I_2 \angle\theta_2 + \cdots + I_n \angle\theta_n$，地网实际散流的相量 $I_G \angle\theta_G = I \angle 0° + I_\Sigma \angle\theta_\Sigma$，地网分流系数 K 见式（1-8-2）。

一般采用具有相量测试功能的柔性罗氏线圈对与避雷线相连的金属构架基脚以及出线电

缆沟的电缆簇进行分流向量测试。

(三) 场区地表电位梯度分布测试

1. 测试范围

场区地表电位梯度分布是表征接地装置状况的重要参数，大型接地装置的验收试验和状况评估应测试接地装置所在场区地表电位梯度分布曲线，中小型接地装置则应视具体情况尽量测试，某些重点关注的部分也可测试。

2. 测试方法

接地装置如图 1-8-2 所示，施加试验电流后，将被试场区合理划分，场区地表电位梯度分布用若干条测试线来表述。测试线根据设备数量、重要性等因素布置，线的间距通常在 30m 左右。在测试线路径上中部选择一根与主网连接良好的设备接地引下线为参考点，从测试线的起点，等间距（间距 d 通常为 1m 或 2m）测试地表与参考点之间的电位 U，直至终点，测试示意见图 1-8-6。绘制各条 U-x 曲线，即场区地表电位梯度分布曲线。

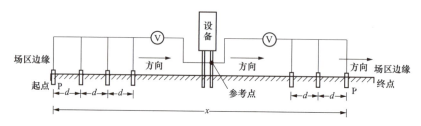

图 1-8-6 场区地表电位梯度分布测试示意图

P—电位极；d—测试间距

当间距 d 为 1m 时，场区地表电位梯度分布曲线上相邻两点之间的电位差 U'_T 按式（1-8-7）折算，得到实际系统故障时的单位场区地表电位梯度 U_T，即

$$U_T = U'_T \frac{I_s}{I_m} \tag{1-8-7}$$

式中 I_s——被测接地装置内系统单相接地故障电流；

       I_m——注入地网的测试电流。

电位极 P 可采用铁钎，如果场区是水泥路面，可采用包裹湿抹布的直径 20cm 的金属圆盘，并压上重物。测试线较长时应注意电磁感应的干扰。

3. 测试结果的判定

状况良好的接地装置的场区地表电位梯度分布曲线表现比较平坦，通常曲线两端有些抬高；有剧烈起伏或突变通常说明接地装置状况不良。当该接地装置所在的变电站的有效接地系统的最大单相接地短路电流不超过 35kA 时，折算后得到的单位场区地表电位梯度通常在 20V/m 以下，一般不超过 60V/m，如果接近或超过 80V/m 则应尽快查明原因予以处理解决。当该接地装置所在的变电站的有效接地系统的最大单相接地短路电流超过 35kA 时，折算后参照以上原则判断测试结果。

(四) 跨步电位差和接触电位差的测试

接地装置如图 1-8-2 所示施加试验电流后，根据在所关心的区域，如场区边缘、重要通道处测试跨步电位差。测试电极可用铁钎紧密插入土壤中，如果场区是水泥路面，可采用包裹湿抹布的直径 20cm 的金属圆盘，并压上重物。可选择一个测量点，并以该点为圆心，在半径 1.0m 的圆弧上，选取 3～4 个不同方向测试，找出跨步电位差最大值 U_s'，按式（1-8-8）折算成最大入地电流下的实际值 U_s'，与 GB/T 50065—2011《交流电气装置的接地设计规范》中 4.2 规定的安全界定值进行比较判断。

$$U_s = U_s' \frac{I_s}{I_m} \tag{1-8-8}$$

式中 I_s——被测接地装置内系统单相接地故障电流；

I_m——注入地网的测试电流。

根据图 1-8-7 还可测试设备的接触电位差，测试电极的处理与测跨步电位差相同。重点是场区边缘和运行人员常接触的设备，如隔离开关、构架等。可以待测设备为圆心，在半径 1.0m 的圆弧上，选取 3～4 个不同方向测试点，找出接触电位差最大测试值，参照式（1-8-8）折算成最大入地电流下的实际值，与 GB/T 50065—2011《交流电气装置的接地设计规范》中 4.2 规定的安全界定值进行比较判断。实际的接触电位差值也可参照式（1-8-8）折算。

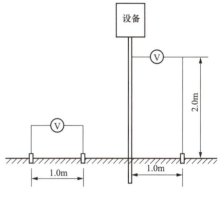

图 1-8-7 跨步电位差、接触电位差测试示意图

（五）接地装置工频特性参数测试值有效性的判断

由于现场干扰（主要是工频干扰）的存在，使得接地阻抗以及场区地表电位梯度分布、跨步电位差、接触电位差的测试结果有时存在较大误差。当现场干扰较强或对测试结果有怀疑时，应改变试验电流大小和频率多次测试，观察结果的重复性。正确的测试数据应与测试电流的大小成正比。应保证现场测试的信噪比在仪器能保证测试精度的范围内，否则应设法加大测试电流提高信噪比，或选用抗干扰性能更强的仪器。

第六节　接地引下线热稳定容量校核

一、目的意义

系统发生接地短路故障时，在继电保护隔离故障前，持续的接地故障电流流经接地导体所带来的热效应非常显著，接地网导体应能够承受系统最大运行方式和最恶劣系统短路初始条件下工频故障电流载流而不发生断裂或熔断。

发电厂或变电站设备接地导体（线）和接地网导体的截面，应按接地短路电流进行热稳定校验。首先应校核当前或将来发电厂或变电站核算的系统最大短路电流水平，以确定现有设备接地引下线和接地网能够承受的最大短路电流、运行变电站每年调度部门给出的年度发电厂或变电站最大短路电流，进行接地网和接地引下线的热稳定校核核算。新建变电站和需进行接地网改造的变电站，故障电流原则上应选择变电站远景接线情况下（15～20 年），站内发生接地故障时的接地故障电流。当系统远景不是十分明确时，取站内断路器最大开断短路电流值。

二、校核方法

根据热稳定条件，未考虑腐蚀时，接地引下线的最小截面应符合式（1-8-9）的要求，即

$$S_g \geqslant \frac{I_g}{C}\sqrt{t_e} \qquad (1-8-9)$$

式中 S_e——接地线的最小截面，mm^2；

I_g——流过接地导体（线）的最大接地故障不对称电流有效值，A，按工程设计水平年系统最大运行方式确定；

C——接地线材料的热稳定系数，根据材料的种类、性能及最高允许温度和短路前接地线的初始温度确定，钢材材质取70，铜质材质取210；

t_e——短路的等效持续时间，s。

热稳定校验用的时间可按下列规定计算：

（1）发电厂和变电站的继电保护装置配置有2套速动主保护、近接地后备保护、断路器失灵保护和自动重合闸时，t_e应按式（1-8-10）取值

$$t_e \geqslant t_m + t_f + t_o \qquad (1-8-10)$$

式中 t_m——主保护动作时间，s；

t_f——断路器失灵保护动作时间，s；

t_o——断路器开断时间，s。

（2）配有1套速动主保护、近或远（或远近结合的）后备保护和自动重合闸，有或无断路器失灵保护时，t_e应按式（1-8-11）取值

$$t_e \geqslant t_o + t_r \qquad (1-8-11)$$

式中 t_r——第一级后备保护的动作时间，s。

热稳定校验应分别按地上接地导体和地下接地导体两个部分进行。根据热稳定条件，未考虑腐蚀时，接地网接地体和接地极的最小截面面积，不宜小于连至接地网的接地导体（线）截面面积的75%。

同一电压等级接地体截面面积不同时，应按最小截面面积进行核算。对于腐蚀情况严重的接地体，应根据该接地体的有效截面面积进行接地体的热稳定校验。有效截面面积指已处理过腐蚀表面的接地体的截面面积。

部分变电站由于运行时间较长，曾进行过多次接地网改造，接地体截面面积存在多种规格，应以最小截面面积进行校验。

热稳定校核时应考虑腐蚀因素的影响，结合接地网开挖检查的导体腐蚀程度进行校正。可根据接地网导体的规格尺寸和实测的年平均深入度，计算运行若干年后接地体的截面面积，比较并评价接地体目前的截面面积是否满足接地体热稳定条件确定的最小截面面积要求，同时根据腐蚀率预测剩余使用寿命是否满足接地装置的设计使用年限要求。

三、校核实例

某电厂4台发电机，型号为SF165-66/13640，容量为165MW，额定电压为15.75kV，通过变压器升高至500kV，为扩大单元接线，通过计算单相接地入地短路电流，进行接地引下线热稳定校核。

(一) 500kV 入地短路电流的计算

I_{max} 取值为接地短路时的最大（500kV 系统单相接地短路）接地短路电流，其值为 18.581kA，分流系数 S_{fl} 取 0.5，S_{f2} 取 0.9，流经变压器中性点的电流总和按图 1-8-8 求取。

流过变压器中性点的电流为

$$I_n = \frac{X_{01}}{X_{01}+X_{02}} I_{max}$$
$$= \frac{0.009782}{0.009782+0.01975} \times 18.581$$
$$= 6.155 \ (kA)$$

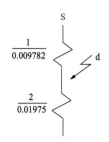

图 1-8-8 零序阻抗网络图
1—系统零序阻抗；2—发电机
等效零序阻抗

当厂内发生短路时：

入地电流为

$$I_g = (I_{max}-I_n) \times S_{fl}$$
$$= (18.581-6.155) \times 0.5$$
$$= 6.213kA$$

当厂外发生短路时：

入地电流为

$$I_g = I_n \times S_{f2} = 6.155 \times 0.9 = 5.540 \ (kA)$$

综合上述结果，入地短路电流值取较大者，即

$$I_g = 6.213kA$$

计及直流分量偏移的经接地网的最大接地故障不对称电流有效值为

$$I_G = D_f \times I_g = 1.2686 \times 6.213 = 7.881 \ (kA)$$

式中 D_f——衰减系数，故障时延时取 0.17s，最大值为 1.2685。

(二) 接地装置及接地引下线热稳定容量校核

根据热稳定条件，引下线的最小截面面积要求为

$$S_e \geqslant \frac{I_g}{C} \times \sqrt{t_e} = \frac{7881}{70} \times \sqrt{0.17} = 46.42 (mm^2)$$

式中 t_e——短路电流的等效持续时间，为主保护动作时间（0s）、断路器失灵保护动作时间（0.13s）和断路器开断时间（0.04s）之和，为 0.17s；

I_g——计及直流分量偏移的经接地网的最大接地故障不对称电流有效值，A。

主接地网材料的最小截面面积按接地引下线的 75% 考虑：$S_{jd} = 75\% \times 46.42 = 34.815mm^2$。

根据《电力工程电气设计手册 电气一次部分》查得镀锌扁钢埋于地下的部分，其腐蚀速度取 0.065mm/年（指总厚度）。

寿命按 30 年考虑，则 30 年后扁钢将损失的厚度 d' 为 $30 \times 0.065 = 1.95$（mm）。

500kV 设备及变压器中性点接地引下线选用 $L \times d$（60×5）热镀锌扁钢，经过 30 年腐蚀后的截面面积为 $S(L-d') \times (d-d') = (60-1.95) \times (5-1.95) = 177.05$（mm²）$> 46.42mm^2$。

接地引下线截面积满足热稳定容量的要求。

第七节　接地网测试及改造实例

【实例】 某高电阻率地区主接地网改造

一、试验判断指标计算

(一) 基本情况

两台发电机采用扩大单元接线方式。

发电机型号为 SF15－12/2860，额定功率为 15MW，额定电压为 6.3kV，额定电流为 1571A，额定功率因数为 0.875，直轴超瞬变电抗为 0.2020，负序电抗为 0.2149；变压器基本参数型号为 SF11－40000/110，额定容量为 40000kVA，额定电压为 121000±2×2.5%/6.3kV，短路阻抗为 10.34%，连接组别为 YNd11。

(二) 单相短路电流计算

两台发电机采用扩大单元接线方式，系统阻抗如表 1－8－2 所示。

表 1－8－2 　　　　　　　　　　　系　统　阻　抗

短路点	正序阻抗		零序阻抗	
	大方式	小方式	大方式	小方式
110kV 母线	1.18	1.97	1.61	3.6

注 阻抗值为标幺值，计算基准容量为 1000MVA，基准电压为 115kV。

1 号发电机正序阻抗标幺值归算值为

$$X_1 = \frac{X''_d \times S_j}{S_{fe}} = \frac{0.202 \times 1000}{15/0.875} = 11.78$$

式中　X''_d——发电机直轴超瞬变电抗标幺值；

S_j——基准容量，kVA；

S_{fe}——发电机额定容量，kVA。

1 号发电机负序阻抗标幺值归算值为

$$X_2 = \frac{X''_d \times S_j}{S_{fe}} = \frac{0.2149 \times 1000}{15/0.875} = 12.54$$

主变压器短路阻抗标幺值归算值为

$$X_3 = \frac{U_k \times S_j}{S_{be}} = \frac{0.1034 \times 1000}{40} = 2.585$$

式中　U_k——变压器短路阻抗标幺值；

S_{be}——变压器额定容量，kVA。

110kV 侧短路时为

正序综合电抗标幺值为

$$X_{1\Sigma} = 1.036$$

负序综合电抗标幺值为

$$X_{2\Sigma} = 1.041$$

零序综合电抗标幺值为

$$X_{0\Sigma} = 0.992$$

正序电流的标幺值为

$$I''_1 = \frac{1}{X_{1\Sigma} + X_{2\Sigma} + X_{0\Sigma}} = \frac{1}{1.036 + 1.041 + 0.992} = 0.3258$$

单相短路电流为

$$I''^{(1)} = mI''^{(1)}_1 = 3 \times \frac{1000}{\sqrt{3} \times 115} \times 0.3258 = 4.9070 \ (\text{kA})$$

（三）110kV 入地短路电流的计算

流经变压器中性点的电流为

$$I_n = = \frac{X_{01}}{X_{01} + X_{02}} = \frac{1.610}{1.610 + 2.585} \times 4.9070 = 1.8833 \ (\text{kA})$$

当厂内发生短路时，入地电流为

$$I_g = (I''^{(1)} - I_n) \times S_{f1} = (4.9070 - 1.8833) \times 0.5 = 1.5119 \ (\text{kA})$$

当厂外发生短路时，入地电流为

$$I_g = I_n \times S_{f2} = 1.8833 \times 0.9 = 1.6950 \ (\text{kA})$$

综合上述结果，入地短路电流值取较大者：$I_g = 1.6950$kA。

计及直流分量偏移的经接地网的最大接地故障不对称电流有效值为

$$I_G = D_f \times I_g = 1.1479 \times 1.6950 = 1.9457 \ (\text{kA})$$

式中　D_f——衰减系数，故障时延取 0.4s，最大值为 1.1479。

（四）接地电阻判断标准

$$R = \frac{2000}{1946} = 1.028 (\Omega)$$

在高土壤电阻率地区，在采取隔离措施的情况下，接地电阻可以增大到 $R = \frac{5000}{1946} = 2.569 \ (\Omega)$。

（五）接触电位差和跨步电位差换算公式

将接触电位差和跨步电位差换算至入地短路电流下，则

$$U'_s = U_s \times \frac{I}{I_g} \tag{1-8-12}$$

式中　I——试验注入电流，A；

　　　I_g——被测接地装置内系统单相接地故障电流，A。

二、试验方法

（一）接地电阻测试

本次采用异频电流法测试大型接地装置的工频特性参数，试验电流宜在 3～20A，频率宜在 40～60Hz 范围，异于工频又尽量接近工频。

该厂主接地网的对角线长约 180m，按照 492m 设置电流极（位于 N30°49′39″、E110°25′23″），272m 设置电压极（位于 N30°49′40″、E116°25′31″），电压极与电流极之间的距离为 230m，起始点位于 N30°49′49″、E116°25′39″，计算电流极与电压极之间的夹角为

10.58°。分别在 48Hz 和 52Hz 下测量接地阻抗，换算至频率为 50Hz 下的接地阻抗，取其平均值作为主接地网的接地阻抗。

（二）接触电位差和跨步电位差测量

测量距离设备 1.0m、距离地面 2.0m 处两点间的电位差。

测量距离接地设备 1.0、2.0、3.0、4.0、5.0、6.0m 处两点间的电位差，测试原理如图 1-8-7 所示。

三、试验结果

（一）接地阻抗测试

接地阻抗测试数据见表 1-8-3。

表 1-8-3　　　　　　　　　接地阻抗测试数据

测量序号	电流注入点	注入电流 (A)	试验频率 (Hz)	电压极电压 (V)	接地阻抗 Z (Ω)	换算至工频下的接地阻抗 Z (Ω)	工频下的接地阻抗幅值 $\lvert Z \rvert$ (Ω)	电压极与升压站距离 (m)
1	升压站	4.86	48	22.93	4.709+j0.215	4.709+j0.224	4.714	297
1	升压站	4.92	52	23.18	4.707+j0.225	4.707+j0.216	4.712	297
2	升压站	4.92	48	19.39	3.940+j0.204	3.940+j0.13	3.946	272
2	升压站	4.94	52	19.51	3.950+j0.208	3.950+j0.200	3.955	272
3	升压站	4.87	48	17.01	3.481+j0.186	3.481+j0.194	3.486	252
3	升压站	4.90	52	17.10	3.493+j0.195	3.493+j0.188	3.498	252
4	升压站	4.88	48	15.82	3.283+j0.226	3.283+j0.235	3.291	232
4	升压站	4.87	52	16.05	3.298+j0.229	3.298+j0.220	3.305	232
5	升压站	4.86	48	15.28	3.140+j0.236	3.140+j0.246	3.150	212
5	升压站	4.84	52	15.29	3.146+j0.239	3.146+j0.230	3.154	212
要求值		$R \leqslant 2000/I$ 或采取隔离措施时 $R \leqslant 5000/I$						

在电压极从 232m（占电流接地极与起始点距离的 47.15%）移动至 212m（占电流接地极与起始点距离的 43.01%）后，接地阻抗的变化率在 5% 左右，满足 DL/T 475《接地装置特性参数测量导则》相关要求，综合考虑各种因素，接地阻抗值取为 3.140+j0.246 和 3.146+j0.230 的平均值，即幅值为 3.152Ω。

由于电压极和电流极之间存在夹角，需要进行修正，按式（1-8-13）进行修正，接地阻抗

$$Z' = \frac{Z}{1 - \dfrac{D}{2}\left(\dfrac{1}{d_{PG}} + \dfrac{1}{d_{CG}} - \dfrac{1}{\sqrt{d_{PG}{}^2 + d_{CG}{}^2 - 2D_{PG}d_{CG}\cos\theta}}\right)}$$

$$= \frac{3.152}{1 - \dfrac{180}{2} \times \left(\dfrac{1}{212} + \dfrac{1}{492} - \dfrac{1}{\sqrt{212^2 + 492^2 - 2 \times 212 \times 492 \times \cos 10.58°}}\right)}$$

$$= 4.459 \ (\Omega) \tag{1-8-13}$$

用倒向法消除干扰：接地装置中有不平衡电流，为消除其对三极法测试接地阻抗的影响，采用倒向法。电压极与升压站距离为212m时，进行了倒向测试，接地阻抗按式（1-8-3）进行计算，测试结果如表1-8-4所示。

表1-8-4　　　　　　　　　　　　　接地电阻倒向测试结果

频率 (Hz)	注入电流 (A)	零序电压 U_0 (V)	正向时测得 电压极电压 (V)	倒向时测得 电压极电压 (V)	阻抗值 (Ω)
48	4.86	0.02	15.28	15.66	3.183
52	4.84	0.02	15.29	15.61	3.192

由表1-8-4测试结果可知，用异频法测试接地阻抗时零序电流的影响较小。

（二）接触电位差测量

接触电位差测试数据如表1-8-5所示。

表1-8-5　　　　　　　　　　　　　接触电位差测试数据

电流注入点	主变压器接地点				
部位	主变压器断路器侧411	主变压器	毛仙线断路器523DL	110kV母线电压互感器	毛仙线断路器4A5DL
试验电流（A）	4.8				
接触电位差（mV）	0.18	3.85	1.05	0.53	0.11
换算电流（A）	4907				
换算后接触电位差（V）	0.18	3.81	1.04	0.52	0.11
要求值	DL/T 475《接地装置特性参数测量导则》规定：当接地装置所在的变电站、升压站有效接地系统的最大单相接地短路电流不超过35kA时，跨步电位差一般不宜大于85V				

（三）跨步电位差测量

跨步电位差测试数据如表1-8-6所示。

表1-8-6　　　　　　　　　　　　　跨步电位差测试数据

电流注入点	主变压器接地点				
方向	指向变电站外部				
距离（m）	1.0	2.0	3.0	4.0	5.0	6.0
试验电流（A）	4.8				
相邻两点间电位差（mV）	1.22	11.70	28.0	4.38	0.69	0.21
换算电流（A）	4907				
换算后相邻两点间电位差（V）	1.21	11.58	27.70	4.33	0.68	0.21
要求值	DL/T 475《接地装置特性参数测量导则》规定：当接地装置所在的变电站、升压站有效接地系统的最大单相接地短路电流不超过35kA时，跨步电位差一般不宜大于80V				

（四）试验结果分析

（1）主接地网接地阻抗值修正后的最终值为4.459Ω，不满足DL/T 475的要求（<2.569Ω）。

由于接地网敷设在山上，该地区为高土壤电阻率地区，接地阻抗很难满足要求，建议在附近河内敷设地网。

（2）最大接触电位差为3.94V，最大跨步电位差为28.62V，满足DL/T 475《接地装置特性参数测量导则》中规定"当接地装置所在的变电站、升压站有效接地系统的最大单相接地短路电流不超过35kA时，跨步电位差一般不宜大于80V、接触电位差一般不宜超过85V"的要求。

四、改造情况

（一）电站现场基本情况

电站所处地质为角闪石斑状花岗岩，山体表面为风化沙层，泄水河道皆为裸露岩石。电站厂房等建筑依山而建，另一侧贴临河道，河道外侧是陡峭山崖。电站可通行或施工的区域狭小，山体虽有灌木生长覆盖，但地形高低起伏，且土层稀薄，接地施工难度极大；厂区部分，地表基本为水泥混凝土砌筑，且建筑物或设施密布，亦无空余之地。升压站外形如图1-8-9所示，河床如图1-8-10所示。

图1-8-9 升压站外形　　　　　　　图1-8-10 河床

（二）接地网改造的基本思路

充分利用各种自然接地体接地并校验其热稳定性，采用水下接地、外引接地、更换土壤等方式，尽量降低接地电阻；同时，重视并采用分流、均压和隔离、屏蔽等措施。故此，本次改造的重点包括合理选择并安装新的接地系统，降低接地电阻，提升泄流能力；装设避雷防涌器件；减小接触电位差、跨步电位差；增设屏蔽防护网，实现均压和等电位连接，使电站接地回路构成均衡电位接地系统。

在接地工程中，由理论分析和实际试验得知，通常延长接地体在40～60m的范围内效果较好，而在超出100m后冲击阻抗不再显著下降。电站周围两侧为河道，河床完全为裸露岩石，对岸则是陡峭山体，施工困难。原有主接地网是在靠站一侧的山体上，地势高于站址，并且延伸达百米之远；可以说对原接地网进行改造的空间与效果都十分有限。

主接地网的改造，一方面是对原网连接状况进行测量、检查、检修，保证其完整。另一方面，在临站的河道内以及进站道路方向寻找选择合适位置，对接地网予以加长加强，以期能够实现接地电阻的有效降低。

（三）接地网改造措施

（1）以原有从升压站引出的两根接地圆钢为主干，检查并试验其从升压站接地引下线导通性；如有开断，则查找出来并做连接处理，采用的圆钢与原来同规格。

（2）查找原山顶部位的南北两线的环状接地体，外观检查腐蚀状况，并试验其导通性能。如锈蚀并不十分严重，则使其完整连接导通。如无从查找，或多处断失、严重锈蚀，则考虑另行开挖和敷设接地体。3、4号塔之间的密闭环状线路，总长大约为200m，环网内部敷设2条连接线，长各约25m，加之新旧接地体之间的连接，总长以270m计。因接近山顶地势稍平坦，此处施工可开挖沟槽，并将接地体埋入其中；接地体包括圆钢或铜包钢线水平接地网、角钢垂直接地极、石墨接地块、离子接地电极等；石墨接地块、离子接地极周围添加敷设降阻剂。热镀锌圆钢选用$\phi 20$，每米质量为2.5kg；铜包钢绞线选用150mm^2，每米质量为1.23kg。

（3）将上述环网与原有接地网两根主干圆钢连接牢靠。

（4）在靠近4号塔附近，山体北侧和西南侧有2处较平缓的山坳，在这里查找土壤条件较好、土质稍厚的部位开挖，深度尽量深，分别敷设水平接地网和石墨接地块、垂直接地极，条件允许时，垂直接地极采用离子电极；石墨接地块、垂直电极周围添加敷设降阻剂，以降阻和提高导电性能，并增强泄流能力。两处新的接地网大小、形状、走向等，按照现场实际地形决定，长度暂各以150m计算。

（5）从4号塔西侧低凹处，新增一条主干接地线，南北向延伸连接山北侧新接地网、4号塔附近原有环网接地体，西南侧新接地网，并向南侧山坡下延伸至入站道路边上。此处长度约为300m。

（6）在此凹坡与道路交口，道路2侧各有一片面积数十平方米的平坦地块，在此处整片开挖，并尽可能深挖，将挖出的砂石碎片剔除。开挖后，采用铜材接地体敷设接地网，并加装离子接地极，浇灌降阻剂。从外部运入黏土、黑土，填埋、替换掉电阻率高的砂石。道路两边的接地网需要横向破挖路面，2条沟槽深度不小于1m，以2根铜排相互连接。此处的用料包括：40×4铜排160多米，铜排质量约为280kg；离子接地极7根，接地极长度为1.5～3m/根；降阻剂4t，火泥熔接焊点40处，外运回填土20m^3。如若防盗，可在施工后铺设一层水泥地面，同时在地面上预留若干存水渗水孔。

（7）沿入站道路山坡边缘，往电站方向开挖沟槽，敷设接地体，装设若干离子电极和石墨接地块，敷设降阻剂，更换部分土壤。另外，再查找出原有接地网南侧外缘线上的3～5点，新接地线沿途与该接地网外缘线就近连接；新敷设的接地线至站前2条道路交接处，可分为两路进站，一路沿消防通道至升压站、厂房，另一路沿入厂道路或河道侧壁至河道内新安装的接地网。所经之处，如遇有金属接地体则予以连接。此线路长度按600m计。

（8）在电站侧旁的河道内，设计安装2组水下接地网。虽然河道内岩石裸露且部分时间积水较少，但实际上还是有利用的价值。其一，上游数十米处河道存在一处长期积水的凹坑，水深可达1～2m，面积在50～100m^{2}之间，因为常年有一定深度的积水，可以将接地体加工成立方体地笼，潜放入水。其二，电站发电多在雨季，运行时，在电站出水口下游河道内存在水流，恰是利用的时机。站的下游30m，即是两个河道的汇接处，雨季水量更大，可在此敷设水下接地网。此处在枯水期，部分河床可能部分裸露，故接地体只需采用单层网格状即可。其三，在两河道相交处，可能富有地下水源，当实地测量验证后，可考虑钻挖深井 1～2 口。

（9）水下接地网，采用 $\phi22$ 圆钢焊接制作，也可以采用 $150mm^2$ 铜包钢软线以火泥熔接方式焊接成网。水下接地网最需解决的是在安装后能够抵御流水的冲击，因此需采取一定的固定方式加以锚固。上游的接地笼因为本身处于凹坑之中，只需略加沉压一般便无大碍；而下游汇口处，流水冲击力更强，则需要在河床上钻挖一定数量的钎孔，使用钢筋扦插后注入混凝土，钢钎上部与接地网焊接固定牢靠。

（10）上、下游 2 个水下接地网之间采用 $\phi22$ 圆钢连接成一体。连接圆钢也需要采用钢钎固定，以抵御流水的冲击。

（11）此处河道河床处是站域内最低的地方，距主厂房也较近，适合于泄流散流。设计建议：在此处安装 2 套加长 10m 离子接地极，2 套 3m 离子接地极。接地极孔采用钻机钻挖，孔径为 20～30cm，深度稍长于电极长度。将电极放入井孔，调配好专用降阻剂并缓慢注入井中，至完全充满，将电极引线铜线与接地连接圆钢火泥熔接，再将电极用混凝土覆盖井口，并在上面留有渗水孔。

（12）河道内的接地网及接地极，在电站的上下游分别与厂房北侧新增接地网、入站道路新增接地线相连接，构成密闭环网。电站厂房附近的新增接地网、接地极具体部位及尺寸需根据实地状况决定，以可开挖宜施工为准。

（13）考虑山体上水平沟槽的开挖难以做到规整划一，采用圆钢扁钢都存在敷设困难的情况，而如果大量接地体裸露，则降阻效果必会大受影响；因此对新敷设的水平接地体，除一些特殊线段外，推荐采用铜包钢软线或钢绞线。

五、验收试验

改造后接地阻抗测试值为 1.565Ω，与改造前测试值 4.458Ω，降低较多，效果非常明显，改造十分成功。

第九章

金属氧化物避雷器技术监督

第一节 金属氧化物基础知识

一、金属氧化物避雷器结构

金属氧化物避雷器又称氧化锌避雷器，是用氧化锌阀片叠装而成的。氧化锌阀片是以氧化锌为主并掺以 Sb、Bi、Mn、Cr 等金属氧化物烧制而成的。氧化锌的电阻率为 $1\sim10\Omega\cdot cm$，晶界层的电阻率为 $10^{13}\sim10^{14}\Omega\cdot cm$。当施加较低电压时，晶界层近似绝缘状态，电压几乎都加在晶界层上，流过避雷器的电流只有毫安量级；电压升高时，晶界层由高阻变低阻，流过的电流急剧增大。在系统正常情况下，流过氧化锌避雷器的电流只有数百微安至 1mA 左右。金属氧化物避雷器结构如图 1-9-1 所示。

二、金属氧化物避雷器优点

（1）基本无续流，耐多重雷击或多次操作波的能力强。

（2）伏安特性对称，正负极性过电压保护水平相当。

（3）无串联间隙，动作快，伏安特性平坦，残压低，不产生截波。

（4）氧化锌阀片可以并联使用，因此对增大电流和降低残压都容易实现，为组装超高压避雷器提供了方便。

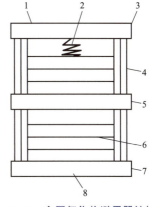

图 1-9-1 金属氧化物避雷器结构图

1—上金属板；2—弹簧或金属垫高件；

3、7—螺钉；4—绝缘拉杆；

5—绝缘固定套板；6—阀片；

8—隔板

三、金属氧化物主要参数定义

1. 额定电压

额定电压指由动作负载试验确定的避雷器上下两端子间允许的最大工频电压有效值，避雷器在该电压下应能正常工作。

2. 持续运行电压

持续运行电压指允许持续加在避雷器两端子间的工频电压有效值，一般小于额定电压。

3. 持续电流

持续电流指在持续运行电压下，流过避雷器的电流，包括阻性电流和容性电流。

4. 直流参考电压

直流参考电压指 1mA 直流电流通过电阻元件时，在其两端所测得的直流电压值。

5. 残压

残压指放电电流通过避雷器时其端子间的最大电压峰值。

第二节　金属氧化物避雷器的订购和交接试验

一、依据

金属氧化物避雷器的选型、验收应符合 DL/T 804《交流电力系统金属氧化物避雷器使用导则》和 GB 50147《电气装置安装工程高压电器施工及验收规范》的规定。

二、技术要求

（1）用于保护干式变压器、发电机灭磁回路、GIS 等的特殊金属氧化物避雷器，其特性参数由用户根据设备的特点与厂家协商确定。

（2）安装前应取下运输时用以保护金属氧化物避雷器防爆片的上下盖子，防爆片应完整无损。

（3）避雷器的排气通道应通畅；排出的气体不致引起相间或对地闪络，并不得喷向其他电气设备。

（4）避雷器引线的连接不应使端子受到超过允许的承受应力。

（5）避雷器施工验收时，应进行下列检查：

1）现场制作件应符合设计要求。

2）避雷器外部应完整、无缺损，封口处密封良好。

3）避雷器应安装牢固，其垂直度应符合要求，均压环应水平。

4）在线监测表计及放电计数器密封应良好，绝缘垫及接地应良好、牢固。

5）油漆应完整，相色正确。

6）交接试验应合格。

（6）避雷器交接验收项目，应包括下列内容：

1）测量金属氧化物避雷器及基座绝缘电阻。

2）测量金属氧化物避雷器的工频参考电压和持续电流。

3）测量金属氧化物避雷器直流参考电压和 0.75 倍直流参考电压下的泄漏电流。

4）检查放电计数器动作情况及监视电流表指示。

5）工频放电电压试验。

无间隙金属氧化物避雷器的试验项目为 1）、2）、3）、4），其中 2）、3）可选做一项；有间隙金属氧化物避雷器的试验项目为 1）、5）。

第三节　金属氧化物避雷器的运行及试验

一、依据

（1）金属氧化物避雷器试验按 DL/T 596《电力设备预防性试验规程》和 DL/T 804

《交流电力系统金属氧化物避雷器使用导则》有关的试验项目开展。

（2）红外检测的周期、方法、要求应符合 DL/T 664《带电设备红外诊断应用规范》的要求。定期用红外热像仪扫描避雷器本体、电气连接部位等，检查是否存在异常温升。

二、巡视项目

（1）检查是否有影响设备安全运行的障碍物、附着物。

（2）检查绝缘外套有破损、裂纹和电蚀痕迹。

（3）110kV 及以上电压等级避雷器宜安装全电流和阻性电流在线监测表计。对已安装在线监测表计的避雷器，每天至少巡视一次，每半月记录一次，并加强数据分析。

三、泄漏电流测试

（1）新投产的 110kV 及以上避雷器应三个月后测量一次，三个月以后半年再测量一次。以后每年雷雨季前后各测量一次，应在晴朗天气下进行。

（2）测量时应记录电压、环境温度、大气条件以及外套污秽状况等运行条件。

测量结果与出厂或投运时，以及前几次的数据进行比较，如发现异常可与同类设备的测量数据进行比较。必要时可停电进行直流参考电压等有关项目的测量。

四、全电流和阻性电流测试

严格遵守避雷器交流泄漏电流测试周期，雷雨季节前、后各测量一次，测试数据应包括全电流和阻性电流。

第十章

电 缆 技 术 监 督

第一节 电力电缆基础知识

一、电缆分类

电力电缆分为纸绝缘电力电缆、自容式充油电力电缆和橡塑（又称交联聚乙烯）电力电缆。电力电缆主要由电缆芯、绝缘层和防护层组成。目前电厂大部分均使用交链聚乙烯电力电缆，由于其电气性能和耐热性能都很好、传输容量较大、结构轻便、易于弯曲、附件接头简单、安装敷设方便、不受高度落差的限制，特别是没有漏油和引起火灾的危害，因此应用广泛。

二、交联聚乙烯电缆的结构特点

交联聚乙烯电缆和油浸纸绝缘统包电缆的区别除了相间主绝缘是聚乙烯塑料以及芯线形状是圆形之外，还有两层半导体胶涂层。在芯线的外表面涂有第一层半导体胶，它可以克服电晕及游离放电，使芯线与绝缘层之间有良好的过度。在相间绝缘外表面涂有第二层半导体胶，同时挤包了一层 0.1mm 厚的薄钢带，他们组成了良好的相间屏蔽层，保护着电缆，使之几乎不能发生相间故障，如图 1-10-1 所示。由于交联聚乙烯电缆与油纸绝缘电缆材质、结构不同，直流试验电压对绝缘寿命的影响也不同，因此不宜对交联聚乙烯电缆绝缘进行直流耐压试验，应进行交流耐压试验。单相交联聚乙烯电缆如图 1-10-2 所示。

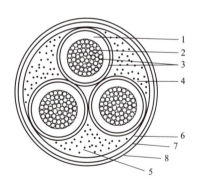

图 1-10-1　交联聚乙烯电缆构造示意图

1—绝缘层；2—线芯；3—半导体胶层；

4—铜带屏蔽层；5—填料；6—塑料内层；

7—铠装层；8—塑料外层

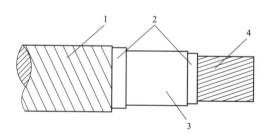

图 1-10-2　单相交联聚乙烯电缆

1—薄铜带屏蔽层；2—半导体胶涂层；

3—塑料相间主绝缘；4—导电线芯

第二节 电力电缆的设计、敷设与验收

一、依据

电力电缆线路的设计选型应根据 GB 50217《电力工程电缆设计标准》、GB/T 11017《额定电压 110kV（$U_m=126kV$）交联聚乙烯绝缘电力电缆及其附件》（所有部分）、GB/T 18890《额定电压 220kV（$U_m=252kV$）交联聚乙烯绝缘电力电缆及其附件》（所有部分）和 GB 14049《额定电压 10kV 架空绝缘电缆》、GB 50168《电气装置安装工程 电缆线路施工及验收规范》、SL 344《水利水电工程电缆设计规范》、DLGJ 154《电缆防火措施设计和施工验收标准》等各相应电压等级的电缆产品标准进行。

二、技术要求

（1）审查电缆的绝缘、截面、金属护套、外护套、敷设方式等以及电缆附件的选择是否安全、经济、合理；审查电缆敷设路径设计是否合理，包括运行条件是否良好，运行维护是否方便，防水、防盗、防外力破坏、防虫害的措施是否有效等。

（2）新建、扩建工程中的电缆选择与敷设应按相关规程规定。

（3）电缆交接时应按 GB 50150《电气装置安装工程 电气设备交接试验标准》的规定进行试验。

（4）新建、扩建工程中，各项电缆防火工程应与主体工程同时投产，应重点注意的防火措施包括：

1）主厂房内的热力管道与架空电缆应保持足够的间距，其中与控制电缆的距离不小于 0.5m，与动力电缆的距离不小于 1m。靠近高温管道、阀门等热体的电缆应采取隔热、防火措施。

2）在密集敷设电缆的主控制室下电缆夹层和电缆沟内，不得布置热力管道、油气管以及其他可能引起着火的管道和设备。

3）对于新建、扩建主厂，燃油及其他易燃易爆场所，宜选用阻燃电缆。

4）严格按正确的设计图册施工，做到布线整齐，各类电缆按规定分层布置，电缆的弯曲半径应符合要求，避免任意交叉，并留出足够的人行通道。

5）控制室、开关室、计算机室等通往电缆夹层、隧道、穿越楼板、墙壁、柜、盘等处的所有电缆孔洞和盘面之间的缝隙（含电缆穿墙套管与电缆之间缝隙）必须采用合格的不燃或阻燃材料封堵，靠近带油设备的电缆沟盖板应密封，扩建工程和检修中损伤的阻火墙应及时恢复封堵。

6）扩建工程敷设电缆时，应加强与运行单位密切配合，对贯穿在役机组产生的电缆孔洞和损伤的阻火墙，应及时恢复封堵。

7）电缆竖井和电缆沟应分段做防火隔离，对敷设在隧道和厂房内构架上的电缆要采取分段阻燃措施；并排安装的多个电缆头之间应加装隔板或填充阻燃材料。

8）应尽量减少电缆中间接头的数量。如需要，应按工艺要求制作安装电缆头，经质量验收合格后，再用耐火防爆槽盒将其封闭。

9）对于 400V 重要动力电缆应选用阻燃型电缆。已采用非阻燃型塑料电缆的，应复查

电缆在敷设中是否已采用分层阻燃措施，否则应尽快采取补救措施或及时更换电缆，以防电缆过热着火时引发全厂停电事故。

10）在电缆交叉、密集及中间接头等部位应设置自动灭火装置。重要的电缆隧道、夹层应安装温度火焰、烟气监视报警器，并保证可靠运行。

11）直流系统的电缆应采用阻燃电缆，两组电池的电缆应尽可能单独铺设。

（5）电力电缆不应浸泡在水中（海底电缆等除外），单芯电缆不应有外护套破损，油纸绝缘电缆不应有漏油、压力箱失压现象。

第三节　电力电缆的运行

一、巡查周期

（1）敷设在土中、隧道中以及沿桥梁架设的电缆，每三个月至少一次。

（2）电缆竖井内的电缆，每半年至少一次。

（3）电缆沟、隧道、电缆井、电缆架及电缆线段等的巡查，至少每三个月一次。

二、巡查内容

（1）对敷设在地下的每一电缆线路，应查看路面是否正常、有无挖掘痕迹及路线标桩是否完整无缺等。

（2）对户外与架空线连接的电缆和终端头应检查终端头是否完整，引出线的接点有无发热现象，靠近地面一段电缆是否被车辆撞碰等。

（3）对电缆中间接头定期进行测温。多根并列电缆要检查电流分配和电缆外皮的温度情况。防止因接触不良而引起电缆过负荷或烧坏接点。

（4）隧道内的电缆要检查电缆位置是否正常、接头有无变形漏油、温度是否异常、构件是否失落及通风、排水、照明等设施是否完整。特别要注意防火设施是否完善。

（5）检查电缆夹层、竖井、电缆隧道和电缆沟等部位是否保持清洁、不积粉尘、不积水，安全电压的照明是否充足，是否堆放杂物。

三、巡查结果处理

（1）应将巡视电缆线路的结果记入巡视记录簿内，并根据巡视结果，采取对策予以处理。

（2）如发现电缆线路有重要缺陷，应做好记录，填写重要缺陷通知单，并及时采取措施，消除缺陷。

第四节　电力电缆的试验

一、依据

电力电缆试验按照 DL/T 596《电力设备预防性试验规程》有关规定进行；电缆状态检测可参照 Q/GDW 11223《高压电缆状态检修技术规范》进行。

二、电力电缆试验

(一) 电缆耐压试验

电力电缆试验按照 DL/T 596《电力设备预防性试验规程》有关规定进行，但《电力设备预防性试验规程》中"直流耐压试验"项目宜采用"20～300Hz 交流耐压试验"替代，试验标准按各电网公司制定的预试规程或参考表 1-10-1 执行，周期不超过 6 年。

表 1-10-1　　　　橡塑绝缘电力电缆 20～300Hz 交流耐压试验标准（预试）

电压等级（kV）	试验电压	耐压时间（min）
10	$2.0U_0$	5
35	$1.6U_0$	5
66、110	$1.6U_0$	5
220	$1.36U_0$	5
500	$1.36U_0$	5

注　U_0 为电缆导体与绝缘屏蔽层或金属护套之间的额定电压。

(二) 电缆状态检测

1. 试验分类

电缆状态检测以检测方式可分为在线检测和离线检测，在线检测主要有红外检测、金属护层接地电流检测、局部放电检测等；离线检测主要有变频谐振试验下的局部放电检测、震荡波电缆局部放电检测（OWTS）等。

2. 电缆状态试验方法的使用范围

电缆状态试验方法的使用范围见表 1-10-2。

表 1-10-2　　　　　　　　电缆状态试验方法的使用范围

试验方法	适用电缆	重点检测部位	针对缺陷	监测方法	备注
红外热像	35kV 及以上电缆	终端、接头	连接不良、受潮、绝缘缺陷	在线	必做
金属护层接地电流	110kV 及以上电缆	接地系统	电缆接地系统缺陷	在线	必做
高频局部放电	110kV 及以上电缆	终端、接头	绝缘缺陷	在线	必做
超高频局部放电	110kV 及以上电缆	终端、接头	绝缘缺陷	在线	选用
超声波	110kV 及以上电缆	终端、接头	绝缘缺陷	在线	选用
变频谐振试验下的局部放电	110kV 及以上电缆	终端、接头	绝缘缺陷	离线	必做
OWTS 震荡波电缆局部放电	35kV 电缆	终端、接头	绝缘缺陷	离线	必做

第五节　电缆状态检测

一、红外测温

(一) 电缆红外检测周期

电缆红外检测周期见表 1-10-3。

表 1-10-3　　　　　　　　　　　电缆红外检测周期

电压等级（kV）	部位	周期	说明
35～110	终端、接头	（1）投运或大修后1个月内。 （2）其他6个月1次。 （3）必要时	（1）电缆中间接头具备检测条件的可以开展红外带电检测，不具备检测条件的可以采用其他检测方式代替。 （2）当电缆线路负荷较重或迎峰度夏期间、保电期间可根据需要适当增加检测次数
220	终端、接头	（1）投运或大修后1个月内。 （2）其他3个月1次。 （3）必要时	
500	终端、接头	（1）投运或大修后1个月内。 （2）其他1个月1次。 （3）必要时	

（二）电缆红外检测的诊断依据

电缆红外检测的诊断依据见表 1-10-4。

表 1-10-4　　　　　　　　　电缆红外检测的诊断依据

部位	测试结果	结果判断	建议策略
金属连接部位	相间温差<6℃	正常	按正常周期进行
	6℃≤相间温差<10℃	异常	应加强监测，适当缩短检测周期
	相间温差≥10℃	缺陷	应停电检查
终端、接头	相间温差<2℃	正常	按正常周期进行
	2℃≤相间温差<4℃	异常	应加强监测，适当缩短检测周期
	相间温差≥4℃	缺陷	应停电检查

二、高压电缆线路金属护层接地电流检测

（一）金属护层接地电流检测

高压电缆线路金属护层接地电流检测周期见表 1-10-5。

表 1-10-5　　　　　　高压电缆线路金属护层接地电流检测周期

电压等级（kV）	周期	说明
110（66）	（1）投运或大修后1个月内。 （2）其他3个月1次。 （3）必要时	（1）当电缆线路负荷较重或迎峰度夏、保电期间应适当缩短检测周期。 （2）对运行环境差、设备陈旧及缺陷设备要增加检测次数。 （3）可根据设备的实际运行情况和测试环境作适当的调整。 （4）金属护层接地电流在线监测可替代外护套接地电流的带电检测
220	（1）投运或大修后1个月内。 （2）其他3个月1次。 （3）必要时	
500	（1）投运或大修后1个月内。 （2）其他1个月1次。 （3）必要时	

（二）诊断依据

高压电缆线路金属护层接地电流检测诊断依据见表1-10-6。

表1-10-6　　　　　　　高压电缆线路金属护层接地电流检测诊断依据

测试结果	结果判断	建议策略
满足下面全部条件： (1) 接地电流绝对值＜50A； (2) 接地电流与负荷比值＜20%； (3) 单相接地电流最大值/最小值≤3	正常	按正常周期进行
满足下面全部条件： (1) 50A≤接地电流绝对值≤100A； (2) 20%≤接地电流与负荷比值≤50%； (3) 3≤单相接地电流最大值/最小值≤5	注意	应加强监测，适当缩短检测周期
满足下面任何一项条件时： (1) 接地电流绝对值＞100A； (2) 20%≤接地电流与负荷比值＞50%； (3) 单相接地电流最大值/最小值＞5	缺陷	应停电检查

三、高频局部放电检测

（一）检测周期

高压电缆高频局部放电检测的检测周期见表1-10-7。

表1-10-7　　　　　　　高压电缆高频局部放电检测的检测周期

电压等级（kV）	周期	说明
110（66）	(1) 投运或大修后1个月内。 (2) 投运3年内至少每年1次；3年后根据线路的实际情况，每3～5年1次；20年后根据电缆状态评估结果，每1～3年1次。 (3) 必要时	(1) 当电缆线路负荷较重或迎峰度夏、保电期间应适当缩短检测周期。 (2) 对运行环境差、设备陈旧及缺陷设备要增加检测次数。 (3) 高频局部放电在线检测可替代高频局部放电带电检测
220	(1) 投运或大修后1个月内。 (2) 投运3年内至少每年1次；3年后根据线路的实际情况，每3～5年1次；20年后根据电缆状态评估结果，每1～3年1次。 (3) 必要时	
500	(1) 投运或大修后1个月内。 (2) 投运3年内至少每年1次；3年后根据线路的实际情况，每3～5年1次；20年后根据电缆状态评估结果，每1～3年1次。 (3) 必要时	

（二）诊断依据

在某个测试点测试到异常信号时，首先根据局放评定要素对检测到的异常信号进行判断，如根据相位图谱特征判断测量信号是否具备与电源信号相关性。如为疑似放电信号，继续如下步骤：

（1）根据异常信号的图谱特征尤其是信号频率分布情况判断信号源位置是在测试点附近还是远离测试点。

（2）对发现异常信号的测试点（接头）两边相邻的电缆附件进行测试，通过3个测试点的检测信号比较分析，如信号幅值、上升沿时间、频率分布等来判断信号源的位置来自哪一侧方向。

（3）对逐个中间接头测试，找到离局部放电源位置最近的电缆附件，然后通过分析该电缆附件检测到的波形特征、频率分布、反射波时间等信息初步综合判断出局部放电源的位置。

（4）以上方法为初测，确定的是局部放电源的大概位置，如需精确定位，可选择在信号源两边的电缆附件敷设光纤进行定位或采用综合应用超声波局部放电仪等其他定位方式。

电缆高频局部放电检测的诊断依据见表1-10-8。

表1-10-8　　　　　　　　　电缆高频局部放电检测的诊断依据

状态	测试结果	图谱特征	建议策略
正常	无典型放电图谱	无放电特征	按正常周期进行
注意	具备放电特征且放电幅值较小	有可疑放电特征，放电相位图谱180°分布特征不明显，幅值正负模糊	缩短检测周期
缺陷	具备放电特征且放电幅值较大	有可疑放电特征，放电相位图谱180°分布特征明显，幅值正负分明	密切监视，观察其发展情况，必要时停电处理

四、超高频局部放电检测

1. 检测周期

高压电缆超高频局部放电检测的检测周期见表1-10-9。

表1-10-9　　　　　　　高压电缆超高频局部放电检测的检测周期

电压等级（kV）	周期	说明
110（66）	（1）投运或大修后1个月内。 （2）投运3年内至少每年1次；3年后根据线路的实际情况，每3～5年1次；20年后根据电缆状态评估结果，每1～3年1次。 （3）必要时	（1）当电缆线路负荷较重或迎峰度夏、保电期间应适当缩短检测周期。 （2）对运行环境差、设备陈旧及缺陷设备应增加检测次数。 （3）超高频局部放电在线监测可替代高频局部放电带电检测
220	（1）投运或大修后1个月内。 （2）投运3年内至少每年1次；3年后根据线路的实际情况，每3～5年1次；20年后根据电缆状态评估结果，每1～3年1次。 （3）必要时	
500	（1）投运或大修后1个月内。 （2）投运3年内至少每年1次；3年后根据线路的实际情况，每3～5年1次；20年后根据电缆状态评估结果，每1～3年1次。 （3）必要时	

2．诊断依据

首先根据相位图谱特征判断测量信号是否具备与电源信号相关性。若具备，说明存在局部放电，继续如下步骤：

（1）排除外界环境干扰，将传感器放置于电缆接头上检测信号，与在空气中检测信号进行比较，若一致并且信号较小，则基本可判断为外部干扰；若不一样或变大，则需进一步检测判断。

（2）检测到相邻间隔的信号，根据各检测间隔的幅值大小（即信号衰减特性）初步定位局部放电部位。

（3）可进一步分析峰值图形、放电速率图形和三维检测图形，综合判断放电类型。

（4）在条件具备时，综合应用超声波局部放电仪等仪器进行精确的定位。

五、超声波检测

1．检测周期

高压电缆超声波检测周期见表1－10－10。

表1－10－10　　　　　高压电缆超声波检测周期

电压等级（kV）	周期	说明
110（66）	（1）投运或大修后1个月内。 （2）投运3年内至少每年1次；3年后根据线路的实际情况，每3～5年1次；20年后根据电缆状态评估结果，每1～3年1次。 （3）必要时	（1）当电缆线路负荷较重或迎峰度夏、保电期间应适当缩短检测周期。 （2）对运行环境差、设备陈旧及缺陷设备要增加检测次数
220	（1）投运或大修后1个月内。 （2）投运3年内至少每年1次；3年后根据线路的实际情况，每3～5年1次；20年后根据电缆状态评估结果，每1～3年1次。 （3）必要时	
500	（1）投运或大修后1个月内。 （2）投运3年内至少每年1次；3年后根据线路的实际情况，每3～5年1次；20年后根据电缆状态评估结果，每1～3年1次。 （3）必要时	

2．诊断依据

根据相位图谱特征判断测量信号是否具备与电源信号相关性。

正常的电源设备，不同相别测量结果应该相似。如果信号的声音明显有异常，判断电缆设备或邻近设备可能存在放电。应与此测试点附近不同部位的测试结果进行横向比对（单相的设备可对比A、B、C三相同样部位的测量结果），如果结果不一致，可判断此测试点异常。也可以对同一测试点不同时间段测试结果进行纵向对比，看是否有变化，如果测量值有增大，可判断此测试点内存在异常。

电缆超声波检测诊断依据见表1－10－11。

表 1-10-11 电缆超声波检测诊断依据

结果判断	测试结果	建议策略
正常	无典型放电波形且数据≤0dB	按正常周期进行
注意	>1dB，且<3dB	缩短检测周期，必要时停电处理
缺陷	>3dB	密切监视，观察其发展情况，应停电处理

注 由于现阶段暂时无法由超声波检测的数据给出缺陷的具体等级，目前仅能对测得的结果初步判断为正常、异常或缺陷。

六、变频震荡试验下的局部放电检测

(一) 检测周期

下列情况应进行变频谐振试验电压下的局部放电检测：

(1) 110kV 及以下交联聚乙烯电缆芯投运时。

(2) 110kV 及以上交联聚乙烯电缆或附件更换投运时（试验只针对更换电缆和附件）。

(3) 必要时。

(二) 现场试验方法

(1) 检测部位：对具备条件的所有电缆终端、接头。

(2) 将传感器安装于某一部位，选择合适的频率范围。

(3) 试验电压应逐步升至 U_0（导体与地之间的额定电压）并保持 10min，然后缓慢升高至 $1.4U_0$ 并保持 10min，直至升至试验值，并保持一定的时间。

(4) 对所有检测部位进行高频局部放电检测。

七、 OWTS 震荡波电缆局部放电检测

(一) 试验条件

(1) 35kV 交联聚乙烯电缆新投运时。

(2) 35kV 交联聚乙烯电缆或附件更换投运时。

(3) 必要时。

(二) 现场检测方法

(1) 测试前电缆接地放电。

(2) 测量电缆绝缘电阻，比较相间绝缘电阻的阻值和历史变化情况。

(3) 试验电压应逐步升至 $1.7U_0$ 并保持一定的时间，依次进行局部放电测量。

第十一章

绝缘监督常见问题

绝缘监督常见问题见表 1-11-1。

表 1-11-1　　　　　　　　　　　　　　绝缘监督常见问题

序号	常见问题
1	技术监督制度不完善,未结合电厂实际编写,特别是牵涉发电机部分
2	技术监督标准不全,未及时更新
3	技术监督台账不完善
4	部分企业未执行绝缘告警制度
5	高压试验报告不规范,未严格按照 DL/T 596《电力设备预防性试验规程》和 DL/T 1768《旋转电机预防性试验规程》进行试验分析,主要表现为无试验判断依据,试验数据未作纵向、横向比较分析就直接得出结论等
6	未作发电机电容电流和位移电位测试
7	未作发电机电晕试验
8	未作发电机槽电位测试
9	发电机交流耐压试验记录中无频率和电容电流数据
10	未同时用频响法和短路阻抗法作变压器绕组变形试验
11	主变压器铁心、夹件电流测试不规范,表现为测试周期偏长、测量设备量程偏大等
12	未提供主变压器抗短路能力计算报告
13	变压器超周期未检修,误认为变压器永远不检修
14	主变压器压力释放阀从不校验
15	对交联聚乙烯电缆用直流耐压试验代替交流耐压试验
16	未按雷雨季节前后均应开展避雷器带电测试的要求开展避雷器阻性电流和全电流测试
17	主接地网接地电阻测试不规范,表现为接地阻抗判断标准错误,未计算入地短路电流,无中间计算过程和记录数据如电流、电压、功率,未测试接触电位差、跨步电位差等
18	接地引下线搭接面扁钢不满足搭接长度大于 2 倍宽度的要求
19	未开展接地装置及接地引下线热稳定容量校核、断路器遮断容量校核、TA 动热稳定校核或校核报告存在较多问题
20	红外测温不规范,表现为未记录环境温度、电流数据,无判断标准

第十二章

电气一次设备重点反事故技术措施

一、水轮发电机

（1）在 A 级或 B 级检修中，测试发电机转子绕组交流阻抗和功率损耗时，对于显极式转子应对每个磁极进行交流阻抗测试，试验电压峰值不超过额定励磁电压，在相同条件、相同电压下进行纵向和横向比较。

（2）频繁调峰运行或运行时间达到 20 年的发电机，或者运行中出现转子绕组匝间短路迹象的发电机（如振动增加或与历史比较同等励磁电流时对应的有功和无功功率下降明显），或者在常规检修试验（如交流阻抗和功率损耗测量试验）中认为可能有匝间短路的发电机，应查找匝间短路部位并加以消除，有条件的可加装转子绕组动态匝间短路在线监测装置。

（3）发电机出口、中性点引线连接部分应可靠，机组运行中应定期对励磁变压器至静止励磁装置的分相电缆、静止励磁装置至转子滑环电缆、转子滑环进行红外成像测温检查。对于有条件的发电机应定期开展定子绕组端部和定子铁心红外测温。对于风洞内发电机定子引线和引线穿墙部位进行红外测温。

（4）检修时应对定子铁心进行仔细检查，发现异常现象，如局部松齿、铁心片短缺、外表面附着黑色油污等，应结合实际异常情况进行发电机定子铁心故障诊断试验（EL CID）或温升及铁损试验，检查铁心片间绝缘有无短路以及铁心发热情况，分析缺陷原因，并及时进行处理。

（5）发电机额定电压在 6.3kV 及以上的系统，当发电机内部发生单相接地故障不要求瞬时切机时，发电机单相接地故障电流最高允许值按制造厂的规定，制造厂无规定时可参照表 1-12-1 所列数据。当定子接地保护报警时，应立即停机。

表 1-12-1　　　　　　　　　发电机定子绕组单相接地故障电流允许值

发电机额定电压（kV）	3.15～6.30	10.50	13.80～15.75	18.00～26.00
单相接地故障电流允许值（A）	≤4.0	≤3.0	≤2.0	≤1.0

（6）发电机内部发生单相接地故障要求瞬时切机时，发电机中性点宜采用高电阻或高阻抗接地方式，电阻器或电阻器与电抗器宜接在单相变压器的二次绕组上。单相接地故障电流允许值按制造厂的规定，制造厂无规定时为 10～15A，位移电压不超过 10% 发电机额定相电压，单相接地故障电流和发电机中性点位移电压应通过试验确定。

（7）防止发电机产生自励磁风险。

对于带长线路运行的小容量机组如贯流式机组，应对发电机自励磁风险进行评估，特别应对发电机突然甩负荷转速升高的自励磁风险进行评估，并采取加装电抗器等措施。

（8）防止发电机非全相运行。

1）新建的发电机-变压器接线方式，220kV 及以下电压等级机组并网断路器宜选用机械联动的三相操作断路器。

2）凡与 220kV 及以上系统连接的发电机和变压器组保护，当出现非全相运行时，其相关保护应及时启动断路器失灵保护。在主断路器无法断开时，断开与其连接在同一母线上的所有电源。

3）已装设发电机出口断路器的机组，出现非全相运行时，直接跳发电机出口断路器。

二、变压器

（1）加强变压器选型、订货、验收及投运的全过程管理。240MVA 及以下容量变压器应选用通过短路承受能力试验验证的产品；500kV 变压器和 240MVA 以上容量变压器应优先选用通过短路承受能力试验验证的相似产品。生产厂家应提供同类产品短路承受能力试验报告或短路承受能力计算报告。在设计阶段，应取得拟订购变压器的短路承受能力计算报告，并开展短路承受能力复核工作，220kV 及以上电压等级的变压器还应取得抗震计算报告。

（2）全电缆线路禁止采用重合闸。对于含电缆的混合线路应根据电缆线路距离出口的位置、电缆线路的比例等实际情况采取停用重合闸等措施，防止变压器连续遭受短路冲击。

（3）变压器受到近区短路冲击未跳闸时，应立即进行油中溶解气体组分分析，并跟踪油中溶解气体组分数据的变化趋势，若发现异常，应进行局部放电带电检测，必要时安排停电检查。变压器受到近区短路冲击跳闸后，应开展油中溶解气体组分分析、直流电阻、绕组变形及其他诊断性试验，综合判断无异常后方可投入运行。

（4）根据系统容量变化及运行方式改变开展变压器抗短路能力的校核工作，对不满足要求的变压器，有选择地采取加装中性点小电抗、限流电抗器、改造或更换等措施。

（5）出厂试验时应将供货的套管安装在变压器上进行试验；密封性试验应将供货的散热器（冷却器）安装在变压器上进行试验；主要附件（套管、分接开关、冷却装置、导油管等）在出厂时均应按实际使用方式经过整体预装。

（6）出厂局部放电试验测量电压为 $1.5U_m/\sqrt{3}$ 时，110（66）kV 电压等级变压器高压侧的局部放电量不大于 100pC；220kV 及以上电压等级变压器高压侧、中压侧的局部放电量不大于 100pC；330kV 及以上电压等级强迫油循环变压器应在潜油泵全部开启时（除备用潜油泵）进行局部放电试验，试验电压为 $1.3U_m/\sqrt{3}$，局部放电量应不大于 100pC。

（7）生产厂家首次设计、新型号或有运行特殊要求的变压器在首批次生产系列中应进行例行试验、型式试验和特殊试验（承受短路能力的试验视实际情况而定）。

（8）新安装和大修后的变压器应严格按照有关标准或厂家规定进行抽真空、真空注油和热油循环，真空度、抽真空时间、注油速度及热油循环时间、温度均应达到要求。对采用有载分接开关的变压器油箱应同时按要求抽真空，但应注意抽真空前应用连通管接通本体与开关油室。为防止真空计水银倒灌进设备中，禁止使用麦氏真空计。

（9）变压器器身暴露在空气中的时间：空气相对湿度不大于 65％为 16h，空气相对湿度不大于 75％为 12h。对于分体运输、现场组装的变压器有条件时宜进行真空煤油气相干燥。

（10）装有密封胶囊、隔膜或波纹管式储油柜的变压器，必须严格按照制造厂说明书规定的工艺要求进行注油，防止空气进入或漏油，并结合大修或停电对胶囊和隔膜、波纹管式储油柜的完好性进行检查。

（11）充气运输的变压器运到现场后，必须密切监视气体压力，压力过低时（低于

0.01MPa）要补干燥气体，现场放置时间超过 3 个月的变压器应注油保存，并装上储油柜，严防进水受潮。注油前，必须测定密封气体的压力，核查密封状况，必要时应进行检漏试验。为防止变压器在安装和运行中进水受潮，套管顶部将军帽、储油柜顶部、套管升高座及其连管等处必须密封良好。必要时应测露点。如已发现绝缘受潮，应及时采取相应措施。

（12）变压器新油应由生产厂家提供新油无腐蚀性硫、结构簇、糠醛及油中颗粒度报告。对 500kV 及以上电压等级的变压器还应提供 T501 等检测报告。油运抵现场后，应取样在化学和电气绝缘试验合格后，方能注入变压器内。

（13）110kV（66kV）及以上变压器在运输过程中，应按照相应规范安装具有时标且有合适量程的三维冲击记录仪。主变压器就位后，制造厂、运输部门、监理、用户四方人员应共同验收，记录纸和押运记录应提供用户留存。

（14）110kV（66kV）及以上电压等级变压器、50MVA 及以上机组高压厂用电变压器在出厂和投产前，应用频响法和低电压短路阻抗测试绕组变形以留原始记录；110kV（66kV）及以上电压等级和 120MVA 及以上容量的变压器在新安装时应进行现场局部放电试验，高压端的局部放电量不大于 100pC；对 110kV（66kV）电压等级变压器在新安装时应抽样进行额定电压下空载损耗试验和负载损耗试验；如有条件时，500kV 并联电抗器在新安装时可进行现场局部放电试验。

（15）加强变压器运行巡视，应特别注意变压器冷却器潜油泵负压区出现的渗漏油，如果出现渗漏应切换停运冷却器组进行堵漏，消除渗漏点。

（16）对运行 10 年以上的变压器必须进行一次油中糠醛含量测试，加强油质管理，对运行中油应严格执行有关标准，对不同油种的混油应慎重。

（17）对运行年限超过 15 年的储油柜胶囊和隔膜应更换。

（18）对运行超过 20 年的薄绝缘、铝绕组变压器，不再对本体进行改造性大修，也不应进行迁移安装，应加强技术监督工作并安排更换。

（19）220kV 及以上电压等级变压器拆装套管需内部接线或进入后，应进行现场局部放电试验。变压器在吊检和内部检查时应防止绝缘受伤。安装变压器穿缆式套管应防止引线扭结，不得过分用力吊拉引线。如引线过长或过短应查明原因予以处理。检修时严禁蹬踩引线和绝缘支架。

（20）积极开展红外成像检测，新建、改扩建或大修后的变压器（电抗器），应在投运带负荷后不超过 1 个月内（但至少在 24h 以后）进行一次精确检测。220kV 及以上电压等级的变压器（电抗器）每年在夏季前后应至少各进行一次精确检测。在高温大负荷运行期间，对 220kV 及以上电压等级变压器（电抗器）应增加红外检测次数。精确检测的测量数据和图像应制作报告存档保存。

（21）铁心、夹件通过小套管引出接地的变压器，应将接地引线引至适当位置，以便在运行中监测接地线中有无环流，当运行中环流异常变化，应尽快查明原因，严重时应采取措施及时处理，电流一般控制在 100mA 以下，当铁心多点接地而接地电流超过 100mA 又无法消除时，可在接地回路中串入限流电阻作为临时性措施，将电流限制在 300mA 左右，并加强监视。

（22）应严格按照试验周期进行油色谱检验。220kV 及以上变压器宜装设在线油色谱监测装置，如果装设在线油色谱监测装置，每年应至少进行一次与离线检测数据的比对分析，比对结果合格后装置可继续运行。

（23）大型强迫油循环风冷变压器在设备选型阶段，除考虑满足容量要求外，应增加对冷却器组冷却风扇通流能力的要求，以防止大型变压器在高温大负荷运行条件下，冷却器全投造成变压器内部油流过快，使变压器油与内部绝缘部件摩擦产生静电，油中带电发生变压器绝缘事故。

（24）停运时间超过 6 个月的变压器在重新投入运行前，应按预试规程要求进行有关试验。

（25）新安装的气体继电器必须经校验合格后方可使用；气体继电器应在真空注油完毕后再安装；气体保护投运前必须对信号跳闸回路进行传动试验。

（26）气体继电器应定期校验。当气体继电器发出轻瓦斯动作信号时，应立即检查气体继电器，及时取气样检验，以判明气体成分，同时取油样进行色谱分析，查明原因及时排除。不宜从运行中的变压器气体继电器取气阀直接取气；未安装气体继电器采气盒的，宜结合变压器停电检修加装采气盒，采气盒应安装在便于取气的位置。

（27）压力释放阀在交接和变压器大修时应进行校验。

（28）运行中的变压器的冷却器油回路或通向储油柜各阀门由关闭位置旋转至开启位置时，以及当油位计的油面异常升高或呼吸系统有异常现象，需要打开放油或放气阀门时，均应先将变压器重瓦斯保护退出改投信号。

（29）变压器运行中，若需将气体继电器集气室的气体排出时，为防止误碰探针，造成气体保护跳闸可将变压器重瓦斯保护切换为信号方式；排气结束后，应将重瓦斯保护恢复为跳闸方式。

（30）吸湿器安装后，应保证呼吸顺畅且油杯内有可见气泡。寒冷地区的冬季，变压器本体及有载分接开关吸湿器硅胶受潮达到 2/3 时，应及时进行更换，避免因结冰融化导致变压器重瓦斯误动作。

（31）无励磁分接开关在改变分接位置后，必须测量使用分接的直流电阻和变比；有载分接开关检修后，应测量全程的直流电阻和变比，合格后方可投运。

（32）有载分接开关在安装时应按出厂说明书进行调试检查。要特别注意分接引线距离和固定状况、动静触头间的接触情况和操动机构指示位置的正确性。新安装的有载分接开关，应对切换程序与时间进行测试。

（33）加强有载分接开关的运行维护管理。当开关动作次数或运行时间达到制造厂规定值时，应进行检修，并对开关的切换程序与时间进行测试。运行中分接开关油室内绝缘油，每 6 个月至 1 年或分接变换 2000～4000 次，至少采样 1 次进行微水及击穿电压试验。

（34）油纸电容套管在最低环境温度下不应出现负压，应避免频繁取油样分析而造成其负压。运行人员正常巡视应检查记录套管油位情况，注意保持套管油位正常。套管渗漏油时，应及时处理，防止内部受潮损坏。

（35）加强套管末屏接地检测、检修及运行维护管理，每次拆接末屏后应检查末屏接地状况。新安装的变压器不宜安装套管在线监测装置（IDD），已安装的套管在线监测装置应保证末屏接地良好。

（36）运行中变压器套管油位视窗无法看清时，继续运行过程中应按周期结合红外成像技术掌握套管内部油位变化情况，防止套管事故发生。

（37）新订购强迫油循环变压器的潜油泵应选用转速不大于 1500r/min 的低速潜油泵，对运行中转速大于 1500r/min 的潜油泵应进行更换。禁止使用无铭牌、无级别的轴承的潜油泵。

（38）对强油循环的变压器，在按规定程序开启所有油泵（包括备用）后整个冷却装置上不应出现负压。

（39）强油循环的冷却系统必须配置两个相互独立的电源，并具备自动切换功能，并定期进行切换试验，有关信号装置应齐全可靠。

（40）新建或扩建变压器一般不采用水冷方式。对特殊场合必须采用水冷却系统的，应采用双层铜管冷却系统。

（41）强油循环结构的潜油泵启动应逐台启用，延时间隔应在 30s 以上，以防止气体继电器误动。

（42）对目前正在使用的单铜管水冷却变压器，应始终保持油压大于水压，并加强运行维护工作，同时应采取有效的运行监视方法，及时发现冷却系统泄漏故障。

三、GIS

（1）GIS 在设计过程中应特别注意气室的划分，避免某处故障后劣化的六氟化硫气体造成 GIS 的其他带电部位闪络，同时也应考虑检修维护的便捷性，保证最大气室气体量不超过 8h 的气体处理设备的处理能力。

（2）六氟化硫断路器设备内部的绝缘操作杆、盆式绝缘子、支撑绝缘子等部件必须经过局部放电试验方可装配，要求在试验电压下单个绝缘件的局部放电量不大于 3pC。GIS 断路器内部辅助绝缘拉杆必须经耐压试验通过后方可装配。

（3）对于新安装的断路器，密度继电器与开关设备本体之间的连接方式应满足不拆卸校验密度继电器的要求。密度继电器应装设在与断路器或 GIS 本体同一运行环境温度的位置，以保证其报警、闭锁触点正确动作。220kV 及以上 GIS 分箱结构的断路器每相应安装独立的密度继电器。户外安装的密度继电器应设置防雨罩，密度继电器防雨箱（罩）应能将表、控制电缆接线端子一起放入，防止指示表、控制电缆接线盒和充放气接口进水受潮。

（4）为便于试验和检修，新建 GIS 的母线避雷器和电压互感器、电缆进线间隔的避雷器、线路电压互感器应设置独立的隔离开关或隔离断口；架空进线的 GIS 线路间隔的避雷器和线路电压互感器宜采用外置结构。

（5）为防止机组并网断路器单相异常导通造成机组损伤，新建 220kV 及以下电压等级的机组并网的断路器应采用三相机械联动式结构。

（6）开关设备机构箱、汇控箱内应有完善的驱潮防潮装置，防止凝露造成二次设备损坏。

（7）室内或地下布置的 GIS、六氟化硫断路器设备室，应配置相应的六氟化硫泄漏检测报警、强力通风及氧含量检测系统。

（8）GIS、罐式断路器及 500kV 及以上电压等级的柱式断路器现场安装过程中，必须采取有效的防尘措施，如移动防尘帐篷等，GIS 的孔、盖等打开时，必须使用防尘罩进行封盖。安装现场环境太差、尘土较多或相邻部分正在进行土建施工等情况下应停止安装。

（9）严格按有关规定对新装 GIS、罐式断路器进行现场耐压，耐压过程中应进行局部放电检测。GIS 出厂试验、现场交接耐压试验中，如发生放电现象，无论是否为自恢复放电，均应解体或开盖检查，查找放电部位。对发现有绝缘损伤或有闪络痕迹的绝缘部件均应进行更换。

（10）加强断路器合闸电阻的检测和试验，防止断路器合闸电阻缺陷引发故障。在断路器产品出厂试验、交接试验及例行试验中，应对断路器主触头与合闸电阻触头的时间配合关系进行测试，有条件时应测量合闸电阻的阻值。断路器分闸回路不应采用 RC 加速设计。已投运断路器分闸回路采用 RC 加速设计的，应随设备换型进行改造。

（11）应加强运行中 GIS 和罐式断路器的带电局部放电检测工作。在大修后应进行局部放电检测，在大负荷前、经受短路电流冲击后必要时应进行局部放电检测，对于局部放电量异常的设备，应同时结合六氟化硫气体分解物检测技术进行综合分析和判断。

（12）当断路器液压机构突然失压时应申请停电处理。在设备停电前，严禁人为启动油泵，防止断路器慢分。

（13）新建 220kV 及以上电压等级 GIS 宜加装内置局部放电传感器。

（14）设备吸附剂装置必须具有可靠的防脱落措施，满足承受断路器、隔离开关分合闸操作冲击要求。

（15）GIS 设备设计时应预测隔离开关开合管线产生的快速暂态过电压（VFTO）。当 VFTO 会损坏绝缘时，宜避免引起危险的操作方式或在隔离开关加装阻尼电阻。

四、高压断路器

（1）新订货断路器应优先选用弹簧机构、液压机构（包括弹簧储能液压机构）。

（2）对于新安装的断路器，密度继电器与开关设备本体之间的连接方式应满足不拆卸校验密度继电器的要求。户外安装的密度继电器应设置防雨罩，密度继电器防雨箱（罩）应能将表、控制电缆接线端子一起放入，防止指示表、控制电缆接线盒和充放气接口进水受潮。

（3）为防止机组并网断路器单相异常导通造成机组损伤，新建 220kV 及以下电压等级的机组并网的断路器应采用三相机械联动式结构。

（4）机组并网断路器宜在并网断路器与机组侧隔离开关间装设带电显示装置，在并网操作时先合入并网断路器的母线侧隔离开关，确认装设的带电显示装置显示无电时方可合入并网断路器的机组/主变压器侧隔离开关。

（5）开关设备机构箱、汇控箱内应有完善的驱潮防潮装置，防止凝露造成二次设备损坏。

（6）六氟化硫开关设备现场安装过程中，在进行抽真空处理时，应采用出口带有电磁阀的真空处理设备，且在使用前应检查电磁阀动作可靠，防止抽真空设备意外断电造成真空泵油倒灌进入设备内部。并且在真空处理结束后应检查抽真空管的滤芯有无油渍。为防止真空计水银倒灌进行设备中，禁止使用麦氏真空计。

（7）断路器安装后必须对其二次回路中的防跳继电器、非全相继电器进行传动，并保证在模拟手合于故障条件下断路器不会发生跳跃现象。

（8）加强断路器合闸电阻的检测和试验，防止断路器合闸电阻缺陷引发故障。在断路器产品出厂试验、交接试验及例行试验中，应对断路器主触头与合闸电阻触头的时间配合关系进行测试，有条件时应测量合闸电阻的阻值。断路器分闸回路不应采用 RC 加速设计。已投运断路器分闸回路采用 RC 加速设计的，应随设备换型进行改造。

（9）当断路器液压机构突然失压时应申请停电处理。在设备停电前，严禁人为启动油泵，防止断路器慢分。

（10）弹簧机构断路器应定期进行机械特性试验，测试其行程曲线是否符合厂家标准曲线要求。

（11）根据可能出现的系统最大负荷运行方式，每年应核算开关设备安装地点的开断容量，并采取措施防止由于开断容量不足而造成开关设备烧损或爆炸。

（12）新投的分相弹簧机构断路器的防跳继电器、非全相继电器不应安装在机构箱内，应装在独立的汇控箱内。

五、互感器

1. 防止各类油浸式互感器事故

（1）油浸式互感器应选用带金属膨胀器微正压结构型式。

（2）所选用电流互感器的动、热稳定性能应满足安装地点系统短路容量的远期要求，一次绕组串联时也应满足安装地点系统短路容量的要求。

（3）电磁式电压互感器在交接试验时，应进行空载电流测量。励磁特性的拐点电压应大于 $1.5U_m/\sqrt{3}$（中性点有效接地系统）或 $1.9U_m/\sqrt{3}$（中性点非有效接地系统）。

（4）在交接试验时，110（66）kV 及以上电压等级的油浸式电流互感器，应逐台进行交流耐压试验。试验前应保证充足的静置时间，其中 110（66）kV 互感器不少于 24h，220～330kV 互感器不少于 48h，500kV 互感器不少于 72h。试验前后应进行油中溶解气体对比分析。

（5）对于 220kV 及以上等级的电容式电压互感器（CVT），其耦合电容器部分是分成多节的，安装时必须按照出厂时的编号以及上下顺序进行安装，严禁互换。如其中一节出现问题不能使用，应整套 CVT 返厂或修理，出厂时应进行全套出厂试验，一般不允许在现场调配单节或多节电容器。在特殊情况下必须现场更换其中的单节或多节电容器时，必须对该 CVT 进行角差、比差校验。

（6）220kV 及以上电压等级电流互感器运输时应在每辆运输车上安装冲击记录仪，设备运抵现场后应检查确认，记录数值超过 10g（重力加速度），应返厂检查。110kV 及以下电压等级电流互感器应直立安放运输。

（7）事故抢修的油浸式互感器应保证绝缘试验前静置时间，其中 330kV 及以上设备静置时间应大于 36h，110（66）～220kV 设备静置时间应大于 24h。

（8）新投运的 110（66）kV 及以上电压等级电流互感器，1～2 年内应取油样进行油中溶解气体组分、微水分析，取样后检查油位应符合设备技术文件的要求。对于明确要求不取油样的产品，确需取样或补油时应由生产厂家配合进行。

（9）旧型带隔膜式及气垫式储油柜的互感器，应加装金属膨胀器进行密封改造。现场密封改造应在晴好天气进行。对尚未改造的互感器应每年检查顶部密封状况，对老化的胶垫与隔膜应予以更换。对隔膜上有积水的互感器，应对其本体和绝缘油进行有关试验，试验不合格的互感器应退出运行。绝缘性能有问题的老旧互感器，退出运行不再进行改造。

（10）对硅橡胶套管和加装硅橡胶伞裙的瓷套，应经常检查硅橡胶表面有无放电或老化、龟裂现象，如果有应及时处理。

（11）运行人员正常巡视应检查记录互感器油位情况。对运行中渗漏油的互感器，应根据情况限期处理，必要时进行油样分析，对于含水量异常的互感器要加强监视或进行油处理。油浸式互感器严重漏油及电容式电压互感器电容单元漏油的应立即停止运行。

（12）应及时处理或更换已确认存在严重缺陷的互感器。对怀疑存在缺陷的互感器，应缩短试验周期进行跟踪检查和分析查明原因。对于全密封型互感器，油中气体色谱分析仅 H_2 单项超过注意值时，应跟踪分析，注意其产气速率，并综合诊断：如产气速率增长较快，应加强监视；如监测数据稳定，则属非故障性氢超标，可安排脱气处理；当发现油中有乙炔时，按相关标准规定执行。对绝缘状况有怀疑的互感器应运回试验室进行全面的电气绝缘性能试验，包括局部放电试验。

（13）根据电网发展情况，应注意验算电流互感器动热稳定电流是否满足要求。若互感器所在变电站短路电流超过互感器铭牌规定的动热稳定电流值时，应及时改变变比或安排更换。

（14）严格按照 DL/T 664《带电设备红外诊断应用规范》的规定，开展互感器的精确测温工作。新建、改扩建或大修后的互感器，应在投运后不超过 1 个月内（但至少在 24h 以后）进行一次精确检测。220kV 及以上电压等级的互感器每年在夏季前后应至少各进行一次精确检测。在高温大负荷运行期间，对 220kV 及以上电压等级互感器应增加红外成像检测次数。精确检测的测量数据和图像应归档保存。

（15）加强电流互感器末屏接地检测、检修及运行维护管理。对结构不合理、截面偏小、强度不够的末屏应进行改造；对采用螺栓式引出的末屏，检修时要防止螺杆转动，检修结束后应检查确认末屏接地是否良好。

2. 防止气体绝缘互感器事故

（1）出厂试验时各项试验包括局部放电试验和耐压试验必须逐台进行。

（2）110kV 及以下电压等级互感器应直立安放运输，220kV 及以上电压等级互感器应满足卧倒运输的要求。运输时 110（66）kV 产品每批次超过 10 台时，每车装 10g 振动子 2 个，低于 10 台时每车装 10g 振动子 1 个；220kV 产品每台安装 10g 振动子 1 个；330kV 及以上电压等级每台安装带时标的三维冲击记录仪。到达目的地后检查振动记录装置的记录，若记录数值超过 10g 一次或 10g 振动子落下，则产品应返厂解体检查。

（3）气体绝缘电流互感器运输时所充气压应严格控制在微正压状态。

（4）进行安装时，密封检查合格后方可对互感器充六氟化硫气体至额定压力，静置 24h 后进行六氟化硫气体微水测量。气体密度表、继电器必须经校验合格。

（5）气体绝缘电流互感器安装后应进行现场老练试验，老练试验后进行耐压试验，试验电压为出厂试验值的 80%。

（6）运行中应巡视检查气体密度表，产品年漏气率应小于 0.5%。

（7）气体绝缘互感器严重漏气导致压力低于报警值时应立即退出运行。运行中的电流互感器气体压力下降到 0.2MPa（相对压力）以下，检修后应进行老练和交流耐压试验。

（8）长期微渗的气体绝缘互感器应开展 SF_6 气体微水检测和带电检漏，必要时可缩短检测周期。年漏气率大于 1% 时，应及时处理。

（9）六氟化硫气体压力低报警信号宜接入控制室。

（10）SF_6 继电器与互感器设备本体之间的连接方式应满足不拆卸校验密度继电器的要求，户外安装应加装防雨罩。

六、外绝缘防污闪

（1）新建和扩建发电、变电设备应依据最新版污区分布图进行外绝缘配置。中重污区的外绝缘配置宜采用硅橡胶类防污闪产品，包括线路复合绝缘子、支柱复合绝缘子、复合套管、瓷绝缘子（含悬式绝缘子、支柱绝缘子及套管）和玻璃绝缘子表面喷涂防污闪涂料等。选站时应避让 d、e 级污区；如不能避让，变电站宜采用 GIS、HGIS（不含母线的 GIS）设备或全户内变电站。

（2）中性点不接地系统的设备外绝缘配置至少应比中性点接地系统配置高一级，直至达到 e 级污秽等级的配置要求。

（3）外绝缘配置不满足污区分布图要求及防覆冰（雪）闪络、大（暴）雨闪络要求的发电、变电设备应予以改造，中重污区的防污闪改造应优先采用硅橡胶类防污闪产品。

（4）清扫（含停电及带电清扫、带电水冲洗）作为辅助性防污闪措施，可用于暂不满足防污闪配置要求的发电、变电设备及污染特殊严重区域的发电、变电设备，如硅橡胶类防污闪产品已不能有效适应的粉尘特殊严重区域、高污染和高湿度条件同时出现的快速积污区域、雨水充沛地区出现超长无降水期导致绝缘子的现场污秽度可能超过设计标准的区域等，且应重点关注自洁性能较差的绝缘子。

（5）加强零值、低值瓷绝缘子的检测，及时更换自爆玻璃绝缘子及零值、低值瓷绝缘子。

（6）坚持定期（每年一次）对变电设备外绝缘表面的盐密和灰密进行测量，根据盐密和灰密测试结果确定污秽等级。取样瓷瓶应按 GB/T 26218.1《污秽条件下使用的高压绝缘子的选择和尺寸确定　第 1 部分：定义、信息和一般原则》要求进行安装，安装高度应尽可能接近于线路或母线绝缘子的安装高度。应进行污秽调查和运行巡视，及时根据变化情况采取防污闪措施，做好防污闪的基础工作。

（7）绝缘子表面涂覆防污闪涂料和加装防污闪辅助伞裙是防止变电设备污闪的重要措施，其中避雷器不宜单独加装辅助伞裙，宜将防污闪辅助伞裙与防污闪涂料结合使用；隔离开关动触头支持绝缘子和操作绝缘子使用防污闪辅助伞裙时要根据绝缘子尺寸和间距选择合适的辅助伞裙尺寸、数量及安装位置。

（8）宜优先选用加强 RTV-Ⅱ型防污闪涂料，防污闪辅助伞裙的材料性能与复合绝缘子的高温硫化硅橡胶一致。

（9）户内非密封设备外绝缘与户外设备外绝缘的防污闪配置级差不宜大于一级。应在设计、基建阶段考虑户内设备的防尘和除湿条件，确保设备运行环境良好。

七、接地装置

（1）对于 110kV（66kV）及以上新建、改建变电站，在中性或酸性土壤地区，接地装置选用热镀锌钢为宜，在强碱性土壤地区或者其站址土壤和地下水条件会引起钢质材料严重腐蚀的中性土壤地区，宜采用铜质、铜覆钢（铜层厚度不小于 0.25mm）或者其他具有防腐性能材质的接地网。对于室内变电站及地下变电站应采用铜质材料的接地网。铜材料间或铜材料与其他金属间的连接，须采用放热焊接，不得采用电弧焊接或压接。变电站内接地装置宜采用同一种材料。当采用不同材料进行混连时，地下部分应采用同一种材料连接。

（2）在新建工程设计中，校验接地引下线热稳定所用电流应不小于远期可能出现的入地短路电流最大值；接地装置接地体的截面面积不小于连接至该接地装置接地引下线截面面积的75%。并提出考虑30年腐蚀后接地装置的热稳定容量计算报告。

（3）在扩建工程设计中，除应满足新建工程接地装置的热稳定容量要求以外，还应对前期已投运的接地装置进行热稳定容量校核，不满足要求的必须进行改造。

（4）变压器中性点应有两根与接地网主网格的不同边连接的接地引下线，并且每根接地引下线均应符合热稳定校核的要求。主设备及设备架构等宜有两根与主接地网不同干线连接的接地引下线，并且每根接地引下线均应符合热稳定校核的要求。连接引线应便于定期进行检查测试。

（5）施工企业应严格按照设计要求进行施工，预留设备、设施的接地引下线必须经确认合格，隐蔽工程必须经监理和建设单位验收合格，在此基础上方可回填土。同时，应按DL/T 475《接地装置特性参数测量导则》的要求进行接地引下线导通性测试，测试结果是交接验收资料的必备内容，竣工时应全部交甲方备存。

（6）接地装置的焊接质量必须符合有关规定要求，各设备与主接地网的连接必须可靠，扩建接地网与原接地网间应为多点连接。接地线与接地极的连接应用焊接，接地线与电气设备的连接可用螺栓或者焊接，用螺栓连接时应设防松螺母或防松垫片。

（7）位于高土壤电阻率地区的接地网，在接地阻抗难以满足要求时，应采用完善的均压及隔离措施，防止人身及设备事故，方可投入运行。对弱电设备应有完善的隔离或限压措施，防止接地故障时地电位的升高造成设备损坏。

（8）对于已投运的接地装置，应每年根据变电站短路容量的变化，校核接地装置（包括设备接地引下线）的热稳定容量，并结合短路容量变化情况和接地装置的腐蚀程度有针对性地对接地装置进行改造。对于发电厂中的不接地、经消弧线圈接地、经低阻或高阻接地系统，必须按异点两相接地校核接地装置的热稳定容量。

（9）接地装置引下线的导通检测工作宜每年进行一次，应根据历次接地引下线的导通检测结果进行分析比较，以决定是否需要进行开挖检查、处理，严禁设备失地运行。

（10）定期（时间间隔应不大于5年）通过开挖抽查等手段确定接地网的腐蚀情况，每站抽检5~8个点。铜质材料接地体地网整体情况评估合格的不必定期开挖检查。若接地网接地阻抗或接触电位差和跨步电位差测量不符合设计要求，怀疑接地网严重腐蚀时，应扩大开挖检查范围。如发现接地网腐蚀较为严重，应及时进行处理。

八、金属氧化物避雷器

（1）110kV及以上电压等级的金属氧化物避雷器，必须坚持在运行中按规程要求进行带电试验。当发现异常情况时，应及时查明原因。35kV及以上电压等级金属氧化物避雷器可用带电测试替代定期停电试验，但应3~5年进行一次停电试验。

（2）严格遵守避雷器交流泄漏电流测试周期，雷雨季节前、后各测量一次，测试数据应包括全电流及阻性电流。

（3）110kV 及以上电压等级避雷器应安装交流泄漏电流在线监测表计。对已安装在线监测表计的避雷器，每天至少巡视一次，每半月记录一次，并加强数据分析。强雷雨天气后应进行特巡。

九、电力电缆

（1）应根据线路输送容量、系统运行条件、电缆路径、敷设方式等合理选择电缆和附件结构型式。

（2）应避免电缆通道邻近热力管线、腐蚀性、易燃易爆介质的管道，确实不能避开时，应符合 GB 50168《电气装置安装工程电缆线路施工及验收规范》中 5.2.3、5.4.4 等相关要求。

（3）同一受电端的双回或多回电缆线路宜选用不同制造商的电缆、附件。110kV（66kV）及以上电压等级电缆的 GIS 终端和油浸终端宜选择插拔式。

（4）运行在潮湿或浸水环境中的 110kV（66kV）及以上电压等级的电缆应有纵向阻水功能，电缆附件应密封防潮；35kV 及以下电压等级电缆附件的密封防潮性能应能满足长期运行需要。

（5）电缆主绝缘、单心电缆的金属屏蔽层、金属护层应有可靠的过电压保护措施。统包型电缆的金属屏蔽层、金属护层应两端直接接地。

（6）设计时应合理安排电缆段长，尽量减少电缆接头的数量，严禁在电缆夹层、桥架和竖井等缆线密集区域布置电力电缆接头。

（7）在电缆运输过程中，应防止电缆受到碰撞、挤压等导致的机械损伤，严禁倒放。电缆敷设过程中应严格控制牵引力、侧压力和弯曲半径。

（8）应检测电缆金属护层接地电阻、端子接触电阻，必须满足设计要求和相关技术规范要求。

（9）金属护层采取交叉互联方式时，应逐相进行导通测试，确保连接方式正确。金属护层对地绝缘电阻应试验合格，过电压限制元件在安装前应检测合格。

（10）运行部门应加强电缆线路负荷和温度的检（监）测，防止过负荷运行，多条并联的电缆应分别进行测量。巡视过程中应检测电缆终端、电缆附件、接地系统等的关键接点的温度。

（11）严禁金属护层不接地运行。应严格按照运行规程巡检接地端子、过电压限制元件，发现问题应及时处理。

（12）严格按照电缆终端头、中间接头的制作工艺要求制作相关电缆附件并进行电气试验合格；定期检查电缆终端头及接头温度、放电痕迹和机械损伤等情况。

（13）对橡塑绝缘电力电缆主绝缘进行绝缘考核时，交接和预防性试验不应做直流耐压试验，而应做交流耐压试验。

（14）同一负荷的双路或多路电缆，不宜布置在相邻位置。

（15）电缆通道、夹层及管孔等应满足电缆弯曲半径的要求，110kV（66kV）及以上电缆的支架应满足电缆蛇形敷设的要求。电缆应严格按照设计要求进行敷设、固定。

（16）电缆支架、固定金具、排管的机械强度应符合设计和长期安全运行的要求，且无尖锐棱角。

（17）应对完整的金属护层接地系统进行交接试验，包括电缆外护套、同轴电缆、接地电缆、接地箱、互联箱等。交叉互联系统导体对地绝缘强度应不低于电缆外护套的绝缘水平。

（18）应严格按照试验规程对电缆金属护层的接地系统开展运行状态检测、试验。

（19）应严格按试验规程规定检测金属护层接地电流、接地线连接点温度，发现异常应及时处理。

附录 1-1　绝缘技术监督标准

1. GB/T 755《旋转电机　定额和性能》
2. GB/T 7354《高电压试验技术　局部放电测量》
3. GB/T 7894《水轮发电机基本技术条件》
4. GB/T 8564《水轮发电机组安装技术规范》
5. GB/T 10228《干式变压器技术参数和要求》
6. GB/T 14542《变压器油维护管理导则》
7. GB/T 17468《电力变压器选用导则》
8. GB 20840.3《互感器　第 3 部分：电磁式电压互感器的补充技术要求》
9. GB/T 20840.5《互感器　第 5 部分：电容式电压互感器的补充技术要求》
10. GB/T 26218.1《污秽条件下使用的高压绝缘子的选择和尺寸确定　第 1 部分：定义、信息和一般原则》
11. GB 50150《电气装置安装工程　电气设备交接试验标准》
12. GB 50064《交流电气装置的过电压保护和绝缘配合》
13. GB/T 50065《交流电气装置的接地设计规范》
14. GB 50217《电力工程电缆设计标准》
15. NB/T 42093.2《干式变压器绝缘系统　热评定试验规程　第 2 部分：600V 及以下绕组》
16. NB/T 35067《水力发电厂过电压保护和绝缘配合设计技术导则》
17. NB/T 42152《非线性金属氧化物电阻片通用技术要求》
18. NB/T 42153《交流插拔式无间隙金属氧化物避雷器》
19. DL/T 1051《电力技术监督导则》
20. DL/T 363《超、特高压电力变压器（电抗器）设备监造导则》
21. DL/T 402《高压交流断路器》
22. DL/T 474.1《现场绝缘试验实施导则　绝缘电阻、吸收比和极化指数试验》
23. DL/T 474.2《现场绝缘试验实施导则　直流高电压试验》
24. DL/T 474.3《现场绝缘试验实施导则　介质损耗因数 tanδ 试验》
25. DL/T 474.4《现场绝缘试验实施导则　交流耐压试验》
26. DL/T 474.5《现场绝缘试验导则　避雷器试验》
27. DL/T 475《接地装置特性参数测量导则》
28. DL/T 486《高压交流隔离开关和接地开关》
29. DL/T 572《电力变压器运行规程》
30. DL/T 573《电力变压器检修导则》
31. DL/T 574《变压器分接开关运行维修导则》
32. DL/T 586《电力设备监造技术导则》
33. DL/T 596《电力设备预防性试验规程》

34. DL/T 603《气体绝缘金属封闭开关设备运行维护规程》

35. DL/T 615《交流高压断路器参数选用导则》

36. DL/T 617《气体绝缘金属封闭开关设备技术条件》

37. DL/T 618《气体绝缘金属封闭开关设备现场交接试验规程》

38. DL/T 640《高压交流跌落式熔断器》

39. DL/T 664《带电设备红外诊断应用规范》

40. DL/T 725《电力用电流互感器使用技术规范》

41. DL/T 726《电力用电磁式电压互感器使用技术规范》

42. DL/T 727《互感器运行检修导则》

43. DL/T 728《气体绝缘金属封闭开关设备选用导则》

44. DL/T 751《水轮发电机运行规程》

45. DL/T 800《电力企业标准编写导则》

46. DL/T 804《交流电力系统金属氧化物避雷器使用导则》

47. DL/T 838《发电企业设备检修导则》

48. DL/T 846.5《高电压测试设备通用技术条件　第 5 部分：六氟化硫气体湿度仪》

49. DL/T 848.2《高压试验装置通用技术条件　第 2 部分：工频高压试验装置》

50. DL/T 866《电流互感器和电压互感器选择及计算导则》

51. DL/T 984《油浸式变压器绝缘老化判断导则》

52. DL/T 1015《现场直流和交流耐压试验电压测量系统的使用导则》

53. DL/T 1093《电力变压器绕组变形的电抗法检测判断导则》

54. DL/T 1094《电力变压器用绝缘油选用导则》

55. DL/T 1250《气体绝缘金属封闭开关设备带电超声局部放电检测应用导则》

56. DL/T 1524《发电机红外检测方法及评定导则》

57. DL/T 1768《旋转电机预防性试验规程》

58. DL/T 1799《电力变压器直流偏磁耐受能力试验方法》

59. DL/T 1805《电力变压器用有载分接开关选用导则》

60. DL/T 1806《油浸式电力变压器用绝缘纸板及绝缘件选用导则》

61. DL/T 1807《油浸式电力变压器、电抗器局部放电超声波检测与定位导则》

62. DL/T 1808《干式空心电抗器匝间过电压现场试验导则》

63. DL/T 1809《水电厂设备状态检修决策支持系统技术导则》

64. DL/T 1810《110（66）kV 六氟化硫气体绝缘电力变压器使用技术条件》

65. DL/T 1813《油浸式非晶合金铁心配电变压器选用导则》

66. DL/T 1814《油浸式电力变压器工厂试验油中溶解气体分析判断导则》

67. DL/T 1848《220kV 和 110kV 变压器中性点过电压保护技术规范》

68. DL/T 1884.3《现场污秽度测量及评定　第 3 部分：污秽成分测定方法》

69. DL/T 1959《电子式电压互感器状态评价导则》

70. DL/T 1971《水轮发电机组状态在线监测系统运行维护与检修试验规程》

71. DL/T 1980《变压器绝缘纸（板）平均含水量测定法　频域介电谱法》

72. DL/T 1985《六氟化硫混合绝缘气体混气比检测方法》

73. DL/T 1986《六氟化硫混合气体绝缘设备气体检测技术规范》

74. DL/T 1987《六氟化硫气体泄漏在线监测报警装置技术条件》

75. DL/T 2044《输电系统谐波引发谐振过电压计算导则》

76. DL/T 2045《中性点不接地系统铁磁谐振防治技术导则》

77. DL/T 2006《干式空心电抗器匝间绝过电压试验设备技术规范》

78. DL/T 2008《电力变压器、封闭式组合电器、电力电缆复合式连接现场试验方法》

79. DL/T 2011《大型发电机定子绕组现场更换处理试验规程》

80. DL/T 5113.11《水电水利基本建设工程　单工程质量等级评定标准　第 11 部分：灯泡贯流式水轮发电机组安装工程》

81. DL/T 5161.1《电气装置安装工程质量检验及评定规程　第 1 部分：通则》

82. DL/T 5352《高压配电装置设计规范》

83. DL/T 5161.6《电气装置安装工程质量检验及评定规程　第 6 部分：接地装置施工质量检验》

84. DL/T 5161.7《电气装置安装工程质量检验及评定规程　第 7 部分：旋转电机施工质量检验》

85. DL/T 5161.3《电气装置安装工程质量检验及评定规程　第 3 部分：电力变压器、油浸电抗器、互感器施工质量检验》

86. DL/Z 1812《低功耗电容式电压互感器选用导则》

87. T/CSEE 0042《大型发电机定子线棒及绕组离线局部放电测量评定导则》

88. T/CSEE 0094《发电机中性点经变压器接地成套装置技术条件》

89. T/CEC 188《550kV 及以下气体绝缘金属封闭开关设备（GIS）用绝缘拉杆》

90. T/CEC 201《电力变压器绕组变形的扫频阻抗法检测判断导则》

91. Q/GDW 11300《水电站绝缘技术监督导则》

附录 1-2 电气设备绝缘预试完成情况季度统计表

（资料性）

填报单位：   年 月 日

设备名称	电压等级（kV）	总件数	预试统计			绝缘缺陷统计			
			当季应试	应试未试数量	完成率（%）	当季发现数量	累计未消除数量	当季消除数量	消除率（%）
发电机		人工	人工	人工	计算	人工	人工	人工	计算
变压器	500								
	330								
	220								
	110								
	35								
	10								
	6								
电抗器	500								
	330								
	220								
	110								
	35								
	10								
	6								
断路器	500								
	330								
	220								
	110								
	35								
	10								
	6								
电流互感器	500								
	330								
	220								
	110								
	35								
	10								
	6								

续表

设备名称	电压等级(kV)	总件数	预试统计			绝缘缺陷统计			
			当季应试	应试未试数量	完成率(%)	当季发现数量	累计未消除数量	当季消除数量	消除率(%)
电压互感器	500								
	330								
	220								
	110								
	35								
	10								
	6								
避雷器	500								
	330								
	220								
	110								
	35								
	10								
	6								
电容器	500								
	330								
	220								
	110								
	35								
	10								
	6								
套管	500								
	330								
	220								
	110								
	35								
	10								
	6								
电力电缆	220								
	110								
	35								
	10								
	6								
其他									
合计									

　注　发电、变电设备预试情况统计表，设备填写顺序依次为发电机（台）、变压器（台）、电抗器（相）、断路器（相）、电流互感器（相）、电压互感器（相）、避雷器（相）、电容器（相）、套管（支）、电力电缆（条）。

批准：　　　　　　　　　　审核：　　　　　　　　　　填报：

附录1-3 电气设备绝缘缺陷、损坏与事故情况季报表

（资料性）

填报单位：　　　　　　　　　　　　　　　　　　　　　　　　　　　　年　月　日

分类	设备名称、设备运行编号	缺陷、损坏事故发生日期、事故概况、原因分析、处理措施及处理情况	性质	是否构成事故
发电机				
变压器				
电抗器				
断路器				
电流互感器				
电压互感器				
避雷器				
电容器				
套管				
电力电缆				
其他				

注　1. 经试验不合格的设备，必须写出具体数据（含油色谱分析结果）。

　　2. 缺陷、损坏、事故的概况，必须明确具体，如具体过程、情况、部位、数据、尺寸、时间、产生的原因。

　　3. 性质分为：缺陷、损坏。

批准：　　　　　　　　　　　　　　审核：　　　　　　　　　　　　　填报：

参 考 文 献

[1] 李建明，朱康．高压电气设备试验方法．北京：中国电力出版社，2000.
[2] 刘云．水轮发电机故障处理与检修．北京：中国水利水电出版社，2002.
[3] 王绍禹，周德贵．大型发电机绝缘的运行特性与试验．北京：水利电力出版社，1991.
[4] 董宝骅．大型油浸电力变压器应用技术．北京：中国电力出版社，2014.
[5] 李宏仁．高压开关现场技术精要．西安：西安交通大学出版社，2014.
[6] 陈化刚．电气设备预防性试验方法．北京：水利电力出版社，1993.

第二部分

继电保护监督

第一章

监督范围、主要指标及监督管理

第一节 监督范围及主要指标

继电保护监督要按照统一标准和分级管理的原则，实行从设计、制造、监造、施工、调试、试运、运行、检修、技术改造、停用（或转备用）的全过程、全方位技术监督。

继电保护技术监督工作要依靠科技进步，采用和推广先进的有成熟运行经验的继电保护设备，不断提高设备运行水平和继电保护专业技术水平。

1. 监督范围

（1）继电保护装置包括发电机、变压器、电抗器、开关（包括 GIS）、电流互感器、电压互感器、耦合电容器、电缆、母线、输电线路、高压电机等设备的继电保护装置。

（2）系统安全自动装置包括自动重合闸、备用设备及备用电源自动投入装置、自动准同期、故障录波器及其他保证系统稳定的自动装置等。

（3）控制屏、信号屏与继电保护有关的继电器和元件。

（4）连接保护装置的二次回路。

（5）继电保护专用的通道设备。

（6）直流系统。

2. 主要指标

（1）主系统继电保护及安全自动装置投入率100％。

（2）全厂继电保护及安全自动装置正确动作率不低于98％。

（3）故障录波器完好率100％。

第二节 监督网络及职责

发电企业是技术监督工作的执行主体，同时承担管理责任和监督责任。发电企业主要职责如下。

（1）建立发电企业技术监督三级网络，健全技术监督组织机构，落实技术监督岗位责任制，确保监督网络有效运转。

生产副总经理（副厂长）或总工程师（或基建副总经理）是本单位技术监督的第一负责人（技术监督领导小组组长），生产技术部门（或工程管理部门）技术监督主管执行全厂管理职能，各专业主管承担本专业监督职责，其他生产部门和班组是执行主体。

1）继电保护专业技术监督网络第一级，生产副总经理或总工程师（或基建副总经理），职责是第一管理责任人（技术监督领导小组组长）。

2）继电保护专业技术监督网络第二级，技术监督继电保护专业主管，职责是负责全厂继电保护专业的监督管理工作。

3）继电保护专业技术监督网络第三级，电气班或继保班从事继电保护专业工作的人员，职责是继电保护专业工作的执行主体。

（2）贯彻执行国家、行业和集团公司电力技术监督的标准、规程、制度、导则和技术措施等。制定符合本企业实际情况的技术监督制度及实施细则。

（3）按时完成集团公司技术监督管理平台各项业务。

（4）制定落实本企业技术监督年度目标和工作计划，按时编报技术监督有关报表和定期报告。

（5）持续推进本企业技术监督对标管理，制定对标管理办法，定期开展技术监督对标工作；根据对标结果找差距，制定并落实整改措施。

（6）掌握本企业设备的运行、检修和缺陷情况，对技术监督重大问题，要认真分析原因，制定防范措施，及时消除隐患，并按时上报有关情况。

（7）按所在电网并网发电厂辅助服务管理实施细则、发电厂并网运行管理实施细则的要求开展涉及电网安全、调度、检修、技术管理等技术监督工作。

（8）根据企业实际情况，建立必要的试验室和计量标准室，配置必要的检验和计量设备，做好量值传递工作。不具备试验条件的，要根据规范要求及时委托开展相关工作。

（9）建立健全电力建设、生产全过程技术档案（含设备台账）。

（10）开展技术监督自查自评，配合上级单位做好检查评价工作，抓好本企业技术监督检查评价问题的闭环整改。

（11）开展各级设备隐患、缺陷或事故的技术分析和调查工作，制定技术措施并严格落实。

（12）定期组织召开本企业技术监督工作会议，开展专业技术培训，推广和采用先进管理经验和新技术、新设备、新材料、新工艺。

第三节　档案资料

1. 发电企业应具备的技术资料

发电企业应至少具备以下技术资料：二次回路（包括控制及信号回路）原理图；一次设备主接线图及主设备参数；继电保护配置图；继电保护、自动装置及控制屏的端子排图；继电保护、自动装置的原理说明书、原理逻辑图；程序框图、分板图、装焊图及元器件参数；继电保护及安全自动装置校验大纲；继电保护及安全自动装置的投产试验报告及上一次校验报告；继电保护、安全自动装置及二次回路改进说明；最新年度综合电抗，及保护定值定期校核的原始计算资料；最新继电保护整定（校核）方案及校核报告。

2. 发电企业应归档的各种记录

发电企业应归档的各种记录如下：继电保护设备台账及运行检修日志；继电保护及自动装置设备缺陷、处理记录及动作分析报告（含录波图）；设备技术改造或改进的详细说明；机组继电保护检修、检定和试验调整记录；继电保护及自动装置故障后的补充检验记录；试验用标准仪器仪表维修、检定记录；计算机系统软件和应用软件备份；事故通报学习记录；反事故措施整改措施及执行记录。

第四节　告　警　管　理

1. 一般告警

一般告警项目见表 2-1-1。

表 2-1-1　　　　　　　　　一 般 告 警 项 目

序号	一般告警项目
1	技术监督制度落实不到位
2	技术监督重点项目或重要定期检验项目未做
3	新建、改建、扩建设备投产，继电保护装置不能同期全部投产
4	基建调试不良，验收不严，继电保护及安全自动装置投产一年内多次出现异常或发生不正确动作
5	在检查、抽查过程中发现继电保护及安全自动装置以及所属二次回路存在较严重的安全隐患
6	因年度校验质量原因，校验周期内继电保护及安全自动装置连续两次退出运行
7	全厂保护年正确动作率低于98%
8	现场保护装置未按上级要求执行最新定值校核
9	继电保护及安全自动装置整定计算错误，并下达至现场执行
10	不及时执行继电保护反事故措施
11	故障录波器无法正常投运

2. 重要告警

重要告警项目见表 2-1-2。

表 2-1-2　　　　　　　重 要 告 警 项 目

序号	重要告警项目
1	未按有关规定进行保护选型，致使未经鉴定或不合格产品入网运行
2	主系统（发电机-变压器组、线路、母线保护）保护年正确动作率低于95%
3	未认真吸取事故教训，重复发生同类型的继电保护事故
4	未利用大修技术改造机会落实继电保护反事故措施

第五节　定　期　工　作

为规范技术监督定期工作范围、周期及频次，建议继电保护专业定期工作内容见表 2-1-3。

表 2-1-3　　　　　　　　继电保护专业定期工作内容

工作类型	周期（时间要求）	工作内容
日常运行监督项目	每月	对蓄电池组所有的单体浮充端电压进行至少一次测量记录
	每年雨季前	巡视现场端子箱、机构箱的封堵措施，及时消除封堵不严和封堵设施脱落缺陷
	每年	根据最新年度电网定期提供的系统阻抗值，安排专人每年对所辖设备的整定值进行全面复算和校核，并满足电网稳定运行的要求

续表

工作类型	周期（时间要求）	工作内容
日常运行监督项目	每年	按照电网调度部门的要求，及时上报主设备继电保护参数及定值
	每年	编制年度校验计划，结合机组、线路检修完成
	每1～2年	对微机型继电保护试验装置进行一次全面检测
	每1～2年或必要时	对发电机出口电压互感器一次侧的熔断器根据实际情况进行更换
	每4～6年	进行升压站继电保护及自动化装置的检验工作
	每4～6年或必要时	校核继电保护通信设备传输信号的可靠性和冗余度及通道传输时间
	每4～5年或必要时	更换数字式保护装置的电源板（或模件）
	每1～2年	运行1年以后的防酸蓄电池组，每1～2年做一次核对性放电试验
	每年	运行了4年以后的阀控密封蓄电池组，每年做一次核对性放电试验
	每6年或必要时	开展直流断路器上、下级之间的级差配合关系校验，进行直流断路器的级差配合试验
	每6年或必要时	校核发电机变压器组非电量保护中所有涉及直接跳闸的强电开入回路的启动功率不应低于5W
	每6年或必要时	校核断路器防跳回路的完好性
	每6年或必要时	校核220kV及以上断路器本体三相不一致保护的正确性
检修监督项目	A修	完成发电机-变压器组保护定期校验：含装置单体试验、分系统及整组传动试验
	A修	完成同期、备自投等自动化设备的定期校验：含装置单体试验、分系统及整组传动试验
	A修	完成厂用系统保护定期校验：含装置单体试验、分系统及整组传动试验
	A修	对已运行的母线、变压器和发电机-变压器组差动保护电流互感器二次回路负载进行10％误差计算和分析，校核主设备各侧二次负载的平衡情况，并留有足够裕度
	A修	结合变压器检修工作，认真校验气体继电器的整定动作情况及温度保护元件的整定动作情况
	A修	结合检修，检查继电保护接地系统和抗干扰措施是否处于良好状态
	B/C修	由各厂根据检修项目任务书确定发电机-变压器组保护及安全自动装置、厂用电系统保护的各项检修试验项目
技改监督项目	技改前	编制并签定符合各项技术标准、规程要求的设备技术协议，并组织专业人员进行讨论确定
	技改	完成规程、标准要求的各项交接试验，并确认试验结果合格
	技改	完成规程、标准要求的设备带负荷及投入试验，并确认试验结果合格
	技改后	技改后及时完成工程竣工图纸、设备有关技术资料及说明书，备品备件、专用试验设备、工器具，试验报告的移交工作
	技改后	新安装装置在设备投运一年内开展一次设备全面校验

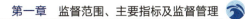

续表

工作类型	周期（时间要求）	工作内容
优化提升及事故分析	事故后	查找故障点，分析事故原因，提出整改意见及预防措施，编写完整的事故分析报告
	及时	对无法及时消除的装置性缺陷制定相应的技改计划

第二章

基础知识与保护配置

第一节 继电保护基础知识

一、基本概念

（一）一次系统

发电厂和变电站中直接与生产和输配电能有关的设备称为一次设备，包括发电机、变压器、断路器、隔离开关、母线、互感器、电抗器、移相电容器、避雷器、输配电线路等。由一次设备连接的系统称为一次系统。

（二）二次系统

对一次电气设备进行监视、测量、操作、控制和起保护作用的辅助设备称为二次设备，如各种继电器、信号装置、测量仪表、控制开关、控制电缆、操作电源和小母线等。由二次设备连接成的回路称为二次回路或二次系统。

（三）继电保护和安全自动装置

当电力系统中的电力元件（如发电机、线路等）或电力系统本身发生了故障，危及电力系统安全运行时，需要向运行值班人员及时发出警告信号，并直接向所控制的断路器发出跳闸命令以终止这些事件发展的一种自动化措施和设备。实现这种自动化措施、用于保护电力元件的成套硬件设备，一般通称为继电保护装置；用于保护电力系统的，则通称为电力系统安全自动装置。

继电保护装置和安全自动装置均属于电气二次设备。

继电保护主要利用电力系统中元件发生短路或异常情况时的电气量（电流、电压、功率、频率等）的变化，构成继电保护动作的原理，也有其他的物理量，如变压器油箱内故障时伴随的产生的大量气体和油流速度的增大或油压强度的增高。大多数情况下，不管反应哪种物理量，继电保护装置都可分为测量部分（和定值调整部分）、逻辑部分、执行部分。

继电保护装置是保证电力元件安全运行的基本装备，任何电力元件不得在无继电保护的状态下运行；电力系统安全自动装置则用以快速恢复电力系统的完整性，防止发生和中止已开始发生的、足以引起电力系统长期大面积停电的重大系统事故，如失去电力系统稳定、频率崩溃或电压崩溃等。

（四）继电保护分类

电力系统中的电力设备和线路，应装设故障和异常运行的保护装置。应对各种故障的保护有主保护和后备保护，必要时可增设辅助保护。

1. 主保护

主保护是满足系统稳定和设备安全要求能以最快速度有选择地切除被保护设备和线路故障的保护。

2. 后备保护

后备保护是主保护或断路器拒动时，用以切除故障的保护。后备保护可分为远后备和近后备两种方式。

远后备是当主保护或断路器拒动时，由相邻电力设备或线路的保护来实现的保护。

近后备是当主保护拒动时，由该电力设备或线路的另一套保护实现后备的保护，当断路器拒动时，由断路器失灵保护来实现的后备保护。

3. 辅助保护

辅助保护是为补充主保护和后备保护的性能或当主保护和后备保护退出运行时而增设的简单保护。

4. 异常运行保护

异常运行保护是反应被保护电力设备或线路异常运行状态的保护。

（五）继电保护的基本任务

在保护设备发生故障时能够准确、快速、有选择地给距离故障元件最近的断路器发出跳闸命令，将故障元件从系统中切除，最大限度减少对元件本身的损坏，降低对电力系统安全供电的影响，满足电力系统稳定性要求。

对不正常运行状态或异常工况，根据运行维护条件，动作于发出信号。减负荷或跳闸并能够和自动重合闸相配合。一般不要求保护迅速动作，而是根据对电力系统及其元件的危害程度规定一定的延时。

（六）对继电保护性能的基本要求

1. 可靠性

保护装置的可靠性指在该保护装置规定的保护范围内发生了它应该动作的故障时，它不应该拒绝动作，必须快速、准确地将故障切除。而在任何其他该保护不应该动作的情况下，则不应该误动作（可靠不动作）。可靠性主要取决于保护装置本身的质量和运行维护水平，一般来说，保护装置的组成元件的质量越高、接线越简单、回路中继电器的触点越少，保护装置的工作就越可靠。同时，精细的制造工艺、正确的调整试验、良好的运行维护以及丰富的运行经验，对于提高保护的可靠性也具有重要的作用。

2. 选择性

继电保护动作的选择性是指保护装置动作时，仅将故障元件从电力系统中切除，使停电范围尽量缩小，以保证系统中的无故障部分仍能继续安全运行。

3. 速动性

快速地切除故障可以提高电力系统并列运行的稳定性，减少用户在电压降低的情况下工作的时间，以及缩小故障元件的损坏程度。因此，在发生故障时，应力求保护装置能迅速动作，切除故障。

4. 灵敏性

继电保护的灵敏性是指对于其保护范围内发生故障或不正常运行状态的反应能力，一般以灵敏系数来描述。满足灵敏性要求的保护装置应该是在事先规定的保护范围内部故障时，不论短路点的位置、短路的类型如何，以及短路点是否有过渡电阻，都能敏锐感觉，正确反应。

二、继电保护专业术语

1. 电力系统

电力系统是指由发电、供电（输电、变电、配电）、用电设施以及为保障其正常运行所需要的继电保护和安全自动装置、计量装置、调度自动化、电力通信等二次设施构成的统一整体。

2. 继电保护系统

继电保护系统是指由保护装置、合并单元、智能终端、交换机、通道、二次回路等构成，实现继电保护功能的系统。

3. 准确度

准确度是指测得结果与约定真值接近的程度。

4. 动作准确度

装置的动作准确度包括了固有准确度和由于影响量造成的变差。

5. 配合

电力系统中的保护相互之间应进行配合。所谓配合是指在两维平面（横坐标为保护范围，纵坐标为动作时间）上，整定定值曲线（多折线）与 配合定值曲线（多折线）不相交，其间的空隙是配合系数。根据配合的实际状况，通常可将之分为完全配合、不完全配合、完全不配合三类。

（1）完全配合是指需要配合的两保护在保护范围和动作时间上均能配合，即满足选择性要求。

（2）不完全配合是指需要配合的两保护在动作时间上能配合，但是保护范围无法配合。

（3）完全不配合是指需要配合的两保护在保护范围和动作时间上均不能配合，即无法满足选择性要求。

6. 重合闸整定时间

重合闸整定时间是指从断路器主触点断开故障到断路器收到合闸脉冲的时间。因此，实际的线路断电时间应为重合闸整定时间加上断路器固有合闸时间。

7. 停机

停机是指断开发电机或发电机-变压器组断路器，灭磁，关闭原动机导水叶，断开厂用电分支断路器。

8. 解列灭磁

解列灭磁是指断开发电机或发电机-变压器组断路器，灭磁，原动机甩负荷。

9. 解列

解列是指断开发电机或发电机-变压器组断路器，原动机甩负荷。

10. 减励磁

减励磁是指降低励磁。

11. 减出力

减出力是指将原动机出力减至给定值。

12. 缩小事故范围

缩小事故范围是指断开母联断路器或分断断路器。

13. 跳闸

跳闸是指跳开断路器。

14. 信号

信号是指发出声光信号。

15. 最大运行方式

最大运行方式是系统在该方式下运行时，具有最小的短路阻抗值，发生短路后产生的短路电流最大的一种运行方式。一般根据系统最大运行方式的短路电流值来校验所选用的开关电器的稳定性。

16. 最小运行方式

最小运行方式是系统在该方式下运行时，具有最大的短路阻抗值，发生短路后产生的短路电流最小的一种运行方式。一般根据系统最小运行方式的短路电流值来校验继电保护装置的灵敏度。

17. 电力技术监督

电力技术监督是指在电力规划、设计、建设及发电、供电、用电全过程中，以安全和质量为中心，依据国家、行业有关标准、规程，采用有效的测试和管理手段，对电力设备的健康水平及与安全、质量、经济运行有关的重要参数、性能、指标进行监测与控制，以确保其安全、优质、经济运行。

三、发电机继电保护

发电机是电力系统中最重要的设备，它的安全运行对保证电力系统的正常工作和电能质量起着决定性的作用。同时发电机本身也是一个十分贵重的电器设备，因此，应该针对各种不同的故障和不正常运行状态，装设性能完善的继电保护装置。

（一）发电机的故障类型

1. 定子绕组相间短路

定子绕组相间短路对发电机的危害最大。产生很大的短路电流使绕组过热，故障点的电弧将破坏绝缘，烧坏铁心和绕组，甚至导致发电机着火。

2. 定子绕组匝间短路

定子绕组匝间短路时，被短路的部分绕组内将产生很大的环流，从而引起故障处温度升高，绝缘破坏，并有可能转变成单相接地和相间短路。

3. 定子绕组单相接地

当发生定子绕组单相接地故障时，发电机电压网络的电容电流将流过故障点，当电流较大时，会使铁心局部熔化，给修理工作带来很大的困难。

4. 励磁回路一点或两点接地

当励磁回路一点接地时，由于没有构成接地电流回路，因此对发电机没有直接的危害。如果再发生另一点接地，就会造成励磁回路两点接地短路，可能烧坏励磁绕组和铁心。此外，由于转子磁通的对称性被破坏，还会引起机组强烈的振动。

（二）发电机的不正常运行状态

1. 励磁电流急剧下降或消失

发电机励磁系统故障或自动灭磁开关误跳闸，引起励磁电流急剧下降或消失。在此情况下，发电机由同步转入异步运行状态，并从系统吸收无功功率。系统无功不足时，将引起电压下降，甚至使系统崩溃。同时，引起定子电流增加和转子过热，威胁发电机安全。

2. 外部短路引起定子绕组过电流

发电机绕组过电流将引起发电机定子绕组温度升高，加速绝缘老化，缩短机组寿命，也可能发展成为发电机内部故障。

3. 负荷超过发电机额定容量而引起的过负荷

电机过负荷的危害和定子绕组过电流的危害相同。

4. 转子表层过热

电力系统发生不对称短路或发电机三相负荷不对称时，将有负序电流流过定子绕组，在发电机中产生对转子的两倍同步转速旋转的磁场，从而在转子中感应出倍频电流。此电流可能造成转子局部灼伤，严重时会使保护环受热松脱。特别是大型机组，这种威胁更加突出。

5. 定子绕组过电压

调速系统惯性较大的发电机因突然甩负荷，转速急剧上升，发电机电压迅速升高，造成定子绕组绝缘击穿。

（三）发电机异常运行状态

发电机异常运行状态包含发电机失步、发电机逆功率、非全相运行以及励磁回路故障或励磁时间过长而引起的转子绕组过负荷等。

四、变压器继电保护基础知识

（一）发电厂变压器主要类型

发电厂变压器按照功能分主要有主变压器、高压站用变压器、低压站用变压器、励磁变压器等。

（二）变压器中性点接地方式

电网中性点的接地方式决定了主变压器中性点的接地方式。变压器中性点接地方式一般分为中性点非直接接地方式和中性点直接接地方式。

1. 中性点非直接接地方式

中性点非直接接地方式主要包括中性点不接地方式、中性点经消弧线圈接地方式、中性点经高电阻接地方式。

（1）中性点不接地方式。这种方式最简单，单相接地时允许带故障运行 2h，供电连续性好，但由于过电压水平高，要求有较高的绝缘水平，不宜用于 110kV 及以上电网。

（2）中性点经消弧线圈接地方式。当接地电容电流超过允许值时，可采用消弧线圈补充电容电流，保证接地电弧瞬间熄灭，以消除弧光间歇接地过电压。

（3）中性点经电阻接地方式。当接地电容电流超过允许值时，也可采用中性点经电阻接地方式，此接地方式和经消弧线圈接地方式相比，改变了接地电流相位，加速泄放回路中的残余电荷，促使接地电弧自熄。

2. 中性点直接接地方式

中性点直接接地方式单相短路电流很大，线路或设备须立即切除，增加了断路器负担，降低了供电连续性。但由于过电压较低，绝缘水平下降，减少了设备造价，故适用于 110kV 及以上电网。

（三）变压器的接线组别

对于三相变压器来说，由于变压器是由三个一次侧绕组和三个二次侧绕组组成，而一次侧绕组和二次侧绕组间、电压和电流都存在着相位关系，因此三相变压器就有了接线组别之分。所谓接线组别就是指二次侧绕组线电压和一次侧绕组对应线电压的相位差。

（四）变压器的常见故障

变压器的故障可分为内部故障和外部故障两种。

1. 变压器内部故障

变压器内部故障是指变压器油箱里面发生的各种故障，其主要类型有各项绕组之间发生的相间短路、单相绕组部分线匝之间发生的匝间短路、单相绕组或引出线通过外壳发生的单相接地故障等。

2. 变压器外部故障

变压器外部故障是指变压器油箱外部绝缘套管及其引出线上发生的各种故障，其类型主要有绝缘套管闪络或破碎而发生的单相接地（通过外壳）短路、引出线之间发生的相间故障等。

（五）变压器的不正常工作状态

变压器器的不正常工作状态主要包括由于外部短路或过负荷引起的过电流、油箱漏油造成的油面降低、变压器中性点电压升高、由于外加电压过高或频率降低引起的过励磁等。

五、厂用电继电保护基础知识

1. 厂用电保护主要组成

厂用电保护主要包含高压厂用变压器保护、低压厂用变压器保护、高压厂用馈线保护、高压厂用电动机保护、高压厂用母线保护、低压厂用电系统（0.4kV 部分）保护以及备用电源切换装置。

2. 厂用电系统继电保护整定计算的主要任务

在工程设计阶段保护装置选型时，确定保护装置的技术规范；对现场实际应用的保护装置，通过整定计算，确定其运行参数（给出定值）。从而使继电保护装置正确地发挥作用，防止事故扩大，维持厂用电系统的稳定运行。

3. 厂用电保护的基本要求和整定原则

（1）保护定值应满足可靠性的要求。对于过电流保护，应按最大运行方式或正常运行时可能出现的最大电流进行计算，并选用合理的可靠系数。

（2）保护定值应满足选择性的要求。各级保护间应要求动作值和动作时间逐级可靠配合。因配合级数过多影响上级保护的快速性时，可缩短时间级差。时间级差可取 0.2～0.5s，不应小于 0.2s。厂用馈线两端保护应有定值和时间上的配合，但当保护配合困难或因配合级数过多影响上级保护的快速性时，厂用馈线两端的保护可不考虑定值和时间的配合。当保护定值配合存在困难，比如零序保护需要与下一级相间保护配合时，为避免因这种配合带来上级保护灵敏度不够的情况，上级保护宜按最小灵敏度要求计算定值并校验可靠性是否满足要求。

（3）保护定值应满足灵敏性要求。对于过电流保护，在满足可靠性要求的前提下，保护定值应取较小值；应按最小运行方式最小故障电流值验算保护的灵敏系数，并应确保灵敏系数满足本保护要求。

（4）保护定值应满足速动性要求，在满足选择性要求的前提下，保护动作时间宜取较小值。

第二节　保护配置的基本要求

（1）在确定继电保护配置和构成方案时，应综合考虑以下几个方面：电力设备和电力网的结构特点，水力发电厂自动化水平及运行值班方式的特点；故障出现的概率和可能造成的后果；水力发电厂近期规划；经济上的合理性；国内和国外的经验；应具有一定的先进性；便于运行和维护。

（2）水力发电厂继电保护的选型、配置应满足电力网结构和电厂电气主接线的要求，保证发电厂主设备和电网运行的安全性，并考虑电力网和电厂运行方式的灵活性。

（3）对导致水力发电厂继电保护不能保证电力系统安全运行的电厂电气主接线形式和运行方式，应限制使用。

（4）水力发电厂继电保护装置应与被保护设备同步投运。

（5）水力发电厂继电保护装置的新产品，应按相关国家规定的要求和程序进行检测或鉴定，合格后，方可推广使用。

（6）水力发电厂中的电力设备、联络线及短引线和近区及厂用线路，应装设短路故障和异常运行的保护装置，电力设备、联络线及短引线和近区及厂用线路短路故障的保护应有主保护和后备保护（近后备或远后备），必要时可增设辅助保护。

（7）当采用远后备方式时，在短路电流水平低且对电网不致造成影响的情况下（如变压器或电抗器后面发生短路或电流助增作用很大的相邻线路上发生短路等），如果为了满足相邻保护区末端短路时的灵敏性要求，将使保护过分复杂或在技术上难以实现时，可以缩小后备保护作用的范围。必要时，可加设近后备保护。

（8）制定保护配置方案时，对两种故障同时出现的稀有情况可仅保证切除故障。

（9）在各类保护装置接于电流互感器二次绕组时，同时考虑既要消除保护死区，又要尽可能减轻电流互感器本身故障时所产生的影响。电流互感器的布置位置应使保护区划分清晰，使相邻元件主保护范围有效搭接。

（10）保护装置在电压互感器二次回路一相、两相或三相同时断线、失压时，应发告警信号，并闭锁可能误动作的保护。保护装置在电流互感器二次回路不正常或断线时，应发告警信号，除母线保护外，允许跳闸。

（11）除预先规定的以外，保护装置不应因系统振荡引起误动或拒动。

（12）在确定继电保护装置的配置方案时，应优先选用具有成熟运行经验的数字式保护装置。

（13）当装设双重化数字式保护装置时应配置两套完整、独立的继电保护装置，每套保护装置应能处理可能发生的所有类型的故障；两套保护装置之间不应有电气联系，其中一套保护故障或退出时不应影响另一套保护的运行；宜将主保护（包括纵联、横联保护等）及后备保护综合在一套保护装置内。

（14）对仅配置一套主保护的设备，应采用主保护与后备保护相互独立的装置。

（15）为便于运行管理和有利于性能配合，同一水力发电厂内的继电保护装置的形式、品种不宜过多。

（16）使用于 220kV 及以上电压或 100MVA 及以上容量的变压器、电抗器的非电量保护应相对独立，并具有独立的电源回路和跳闸出口回路。

第三节 发电机保护配置

一、一般原则

（1）容量在 6MW 及以上、800MW 及以下的发电机应对下列故障及异常运行方式装设相应的保护。

1）定子绕组相间短路。

2）定子绕组匝间短路。

3）定子绕组分支断线。

4）定子绕组接地。

5）发电机外部相间短路。

6）定子绕组过电压。

7）定子绕组过负荷。

8）转子表层（负序）过负荷。

9）励磁绕组过负荷。

10）励磁回路一点接地。

11）励磁电流异常下降或消失。

12）定子铁心过励磁。

13）调相运行时与系统解列。

14）发电机逆功率。

15）失步。

16）频率异常。

17）轴绝缘破坏。

18）发电机突然加电压。

19）其他故障及异常运行。

（2）所设各项保护，宜根据故障和异常运行方式的性质，分别动作于以下结果。

1）停机：断开发电机断路器、灭磁，关闭导水叶。

2）解列灭磁：断开发电机断路器、灭磁，关闭导水叶至空载位置。

3）解列：断开发电机断路器，关闭导水叶至空载位置。

4）减出力：将水轮机出力减到给定值。

5）缩小故障影响范围：例如断开预定的其他断路器。

6）程序跳闸：先将导水叶关闭至空载位置，再断开发电机断路器并灭磁。

7）信号：发出声光信号。

（3）对 100MW 及以上发电机应装设双重化保护。

（4）如发电机有电气制动要求，所有电气保护动作时应闭锁电气制动投入。电气制动停机过程中，应闭锁可能发生误动的保护。

二、发电机定子绕组及其引出线的相间短路、定子匝间短路保护

（1）6MW 及以上的发电机应装设纵联差动保护，作为定子绕组及其引出线的相间短路的主保护，保护应瞬时动作于停机。

1）对 100MW 以下发电机-变压器组，当发电机与变压器之间有断路器时，发电机应装设单独的纵联差动保护。

2）对 100MW 及以上发电机-变压器组，应装设双重化保护，每一套主保护应具有发电机纵联差动保护和变压器纵联差动保护功能。

（2）对于定子绕组为星形接线，每相有并联分支且中性点有分支引出端子的发电机，应装设零序电流型横差保护或裂相横差保护，作为发电机内部匝间短路的主保护，保护应瞬时动作于停机。

（3）50MW 及以上的发电机，当定子绕组为星形接线、中性点只有三个引出端子时，根据用户和制造厂的要求，也可装设专用的匝间短路保护，保护应动作于停机。

（4）纵联差动保护及裂相横差保护应采用三相接线方案。

（5）纵联差动保护装置应采取措施减轻在穿越性短路、穿越性励磁涌流及非同步合闸过程中电流互感器饱和及剩磁的影响，提高保护动作的可靠性。

三、发电机定子绕组的单相接地故障保护

（1）应根据发电机中性点接地方式和发电机接地电流允许值装设不同的接地保护。

（2）当单相接地故障电流（不考虑消弧线圈的补偿作用）大于允许值时应装设单相接地保护装置。对于与母线直接连接的发电机定子绕组单相接地保护功能宜具有选择性。保护带时限动作于信号，但当消弧线圈退出运行或由于其他原因使残余电流大于接地电流允许值时，应切换为动作于停机。当单相接地故障电流小于允许值时可由单相接地监视装置动作于信号，必要时动作于停机。为了在发电机与系统并列前检查有无接地故障，保护装置应能监视发电机端零序电压值。

（3）可根据发电机中性点不同的接地方式装设不同的单相接地保护装置或单相接地监视装置。

1）中性点不接地或经单相电压互感器接地方式。这种接地方式用于单相接地电容电流小于允许值的中小型发电机。这种接地方式的发电机单相接地监视装置可装于机端出口（或母线）电压互感器的开口三角侧或中性点侧单相电压互感器的二次侧，监视装置的监视范围应为定子绕组的 80% 以上，宜采用滤过式零序过电压元件。保护延时动作于信号，必要时动作于停机。

2）中性点经消弧线圈接地方式。当单相接地电容电流大于允许值时，发电机中性点可经消弧线圈接地，对单相接地电容电流进行补偿，宜采用过补偿方式，当发电机系统电容电流变化不大时，也可采用欠补偿。100MW 以下的发电机，应装设保护区不小于 90% 的定子接地保护；100MW 及以上的发电机，应装设保护区为 100% 的定子接地保护。保护延时动作于信号，必要时动作于停机。为检查发电机定子绕组和发电机回路的绝缘状况，保护装置应能监视发电机端零序电压值。

3）中性点经配电变压器的有效接地方式。当发电机-变压器组单元接线的 100MW 及以上发电机采用这种接地方式时，应装设保护区为 100％定子的单相接地保护。保护瞬时动作于停机。100％定子接地保护宜采用外加电源原理的保护。

（4）200MW 及以上的发电机定子接地保护如采用基波零序电压加三次谐波电压的形式，宜将基波零序电压保护与三次谐波电压保护的出口分开，基波零序电压保护动作于停机。

四、发电机及引出线相间短路故障的近后备保护和发电机相邻元件相间短路故障的远后备保护

（1）50MW 以下的非自并励的发电机，宜装设复合电压（包括负序电压及线电压）启动的过电流保护，电流宜取自发电机的中性点侧电流互感器。灵敏度不满足要求时可增设负序过电流保护。

（2）50MW 及以上的非自并励的发电机，宜装设负序过电流保护和单元件低压启动过电流保护，电流元件宜取自发电机中性点侧电流互感器。

（3）自并励发电机，宜采用带电流记忆的复合电压过电流保护，电流宜取自发电机中性点侧电流互感器。

（4）当作为相邻元件（变压器）的远后备时，应按保护区末端相间短路验算保护灵敏度，保护区不宜伸出相邻线路保护第一段范围。

（5）复合电压过电流保护宜带有两段时限，以较短的时限动作于缩小故障影响范围或动作于解列、解列灭磁，较长的时限动作于停机。

（6）并列运行的发电机和发电机-变压器组的后备保护，对所连接母线的相间短路故障，应具有必要的灵敏度系数，并不宜低于规定值。

五、发电机定子绕组过电压保护

发电机应装设过电压保护，其整定值根据定子绕组绝缘状况决定。过电压保护宜动作于停机或解列灭磁。

六、发电机定子绕组过负荷保护

（1）定子绕组间接冷却的发电机，应装设定时限过负荷保护，保护带时限动作于信号。

（2）定子绕组为直接冷却且过负荷能力较低（如 1.5 倍、60s）的发电机，应装设由定时限和反时限两部分组成的过负荷保护。

1）定时限部分动作电流按正常运行最大励磁电流下能可靠返回的条件整定，保护带时限动作于信号。

2）反时限部分动作特性按发电机定子绕组的过负荷能力确定，是定子绕组在发热方面的安全保护。保护装置应能反应电流变化时发电机定子绕组热积累过程，不考虑在灵敏系数和时限方面与其他相间短路保护相配合，保护动作于停机。

七、发电机转子表层（负序）过负荷保护

发电机转子承受负序电流的能力，以下式表示，即

$$I^2t = A$$

式中　I^2——以额定电流为基准的负序电流标幺值；

　　　t——允许不对称运行时间，s；

　　　A——常数。

对空气冷却的水轮发电机，$A=40s$；对定子绕组水直接冷却的水轮发电机，$A=20s$。对不对称负荷、非全相运行以及外部不对称短路引起的负序电流，应按下列规定装设发电机转子表层过负荷保护。150MW 及以上的发电机，应装设定时限负序过负荷保护。保护的动作电流按躲过发电机长期允许的负序电流值和躲过最大负荷下负序电流滤过器的不平衡电流整定，带时限动作于信号。

八、 励磁绕组过负荷保护

（1）对 100MW 及以上采用晶闸管整流励磁系统的发电机，应装设励磁绕组过负荷保护。

（2）对 300MW 以下采用晶闸管整流励磁系统的发电机，可装设定时限励磁绕组过负荷保护。保护带时限动作于信号，必要时动作于解列灭磁或程序跳闸。

（3）对 300MW 及以上的发电机，其励磁绕组过负荷保护可由定时限和反时限两部分组成。

1）定时限部分。定时限部分动作电流按正常运行最大励磁电流下能可靠返回的条件整定，保护带时限动作于信号。

2）反时限部分。反时限部分动作特性按发电机励磁绕组的过负荷能力确定。保护应能反应电流变化时励磁绕组的热积累过程，保护动作于解列灭磁或程序跳闸。

九、发电机励磁回路一点接地保护

发电机应装设专用的励磁回路一点接地保护装置，保护装置应能有效地消除励磁回路中交、直流分量的影响。在同期并列、增减负荷、系统振荡等暂态过程中，保护装置不应误动作。保护带时限动作于信号，有条件时可动作于程序跳闸。

十、 励磁电流异常下降或完全消失的失磁保护

（1）发电机应装设失磁保护，保护应带时限动作于解列。

（2）在外部短路、系统振荡、发电机正常进相运行以及电压回路断线等情况下，失磁保护不应误动作。

十一、定子铁心过励磁保护

（1）300MW 及以上发电机，应装设定子铁心过励磁保护。保护装置可装设由低定值和高定值两部分组成的定时限过励磁保护或反时限过励磁保护，有条件时应优先装设反时限过励磁保护。

1）定时限过励磁保护。定时限过励磁保护低定值带时限动作于信号和降低励磁电流，高定值动作于解列灭磁。

2）反时限过励磁保护。其反时限特性曲线由上限定时限、反时限、下限定时限三部分组成。上限定时限、反时限动作于解列灭磁；下限定时限动作于信号。反时限的保护特性曲

线应与发电机的允许过励磁能力相配合。

（2）发电机-变压器组间无断路器时可共用一套过励磁保护，其保护装于发电机电压侧，定值按发电机或变压器的过励磁能力较低的要求整定。

（3）过励磁保护一般采用伏赫兹原理构成。

十二、调相失电保护

对有调相运行工况的水轮发电机组，在调相运行工况下，应装设与系统解列即失去电源的保护，保护带时限动作于停机。

十三、逆功率保护

对于发电机有可能变电动机运行的异常运行方式，宜装设逆功率保护，保护带时限动作于解列。

十四、失步保护

（1）200MW 及以上发电机应装设失步保护，当系统发生非稳定振荡时保护系统或发电机安全。

（2）在短路故障、系统同步振荡、电压回路断线等情况下，保护不应误动作。

（3）失步保护通常动作于信号。当振荡中心在发电机-变压器组内部，失步运行时间超过整定值或电流振荡次数超过规定值时，保护还应动作于解列。保护应具有电流闭锁元件，断开断路器时的电流不超过断路器允许开断的失步电流。

十五、频率异常保护

对高于额定频率带负载运行的 100MW 及以上水轮发电机，应装设高频率保护。保护动作于解列灭磁或程序跳闸。

十六、发电机启停机保护

（1）对于在低转速下可能加励磁电压的发电机发生定子接地故障或相间短路故障，200MW 及以上发电机应装设起停机保护。保护动作于停机。

（2）发电机启停机保护在机组正常频率运行时应退出，以免发生误动作。

十七、轴电流保护

（1）推力轴承或导轴承绝缘损坏时，在感应电压作用下产生轴电流，为防止轴瓦过热烧损，对 15MW 及以上灯泡式水轮发电机和 100MW 及以上其他形式的发电机宜装设轴电流保护。

（2）轴电流保护可采用套于大轴上的特殊专用电流互感器作为测量元件。保护设两个定值，低定值动作于信号，高定值可带一定时限动作于解列灭磁。也可采用其他专用的轴绝缘监测装置。

十八、发电机突加电压保护

对于发电机出口断路器误合闸，突然加上三相电压的故障，300MW 及以上发电机宜装设突加电压保护，保护动作于解列灭磁或停机。如发电机出口断路器拒动，应启动失灵保护，断开所有有关电源支路。发电机并网后，此保护能可靠退出。

第四节　主变压器保护配置

一、一般原则

（1）对容量 8MVA 及以上、890MVA 及以下主变压器和联络变压器的下列故障及异常运行方式，应装设相应的保护装置。

1）绕组及其引出线的相间短路和在中性点直接接地侧或经小电抗接地侧的单相接地短路。

2）绕组的匝间短路。

3）外部相间短路引起的过电流。

4）中性点直接接地或经小电抗接地电力网中，外部接地短路引起的过电流及中性点过电压。

5）中性点非有效接地侧单相接地故障。

6）过负荷。

7）过励磁。

8）油面降低。

9）变压器油温、绕组温度过高及油箱压力过高和冷却系统故障。

（2）220kV 及以上电压等级或 100MVA 及以上容量的变压器，除非电量保护外，应装设双重化保护。

二、气体保护

（1）油浸式变压器、有载调压装置，以及嵌入变压器油箱的高压电缆终端盒，均应装设气体保护，作为变压器绕组相间、匝间、层间以及中性点直接接地侧单相接地短路和调压装置、高压电缆终端盒内部短路的主保护。

（2）轻瓦斯保护，当油浸式变压器、有载调压装置、高压电缆终端盒的壳内故障产生轻微瓦斯或油面下降时，应瞬时动作于信号。

（3）重瓦斯保护，当油浸式变压器、有载调压装置、高压电缆终端盒的壳内故障产生大量瓦斯时，应瞬时动作于断开变压器各侧断路器。

（4）气体保护应采取措施，防止因气体继电器的引线故障、振动等引起气体保护误动作。

三、变压器引出线、套管及内部的短路故障主保护

（1）容量在 8MVA 及以上的变压器应装设纵联差动保护。

（2）对 100MW 以下发电机-变压器组，当发电机与变压器之间有断路器时，变压器应装设单独的主保护。

（3）电压等级在 110kV 及以上、容量在 100MVA 及以上的变压器，可增设零序差动

保护。

（4）单相变压器宜装设分侧电流差动保护。

（5）纵联差动保护应符合下列要求，并瞬时动作断开变压器各侧断路器。

1）保护装置应采用三相式接线原理的纵联差动保护。

2）保护装置应能躲开变压器励磁涌流和外部短路产生的不平衡电流。

3）在变压器过励磁时不应误动作。

4）在电流回路断线时应发出断线信号并允许差动保护动作跳闸。

5）差动保护范围应包括变压器套管及其引出线。如不能包括引出线时，则应与相邻元件主保护（如母线差动、发电机差动等保护）相互搭接，并要求搭接有效，在其发生故障时，应有效地切除故障；也可采用快速切除故障的辅助保护，如断路器失灵保护。对具有旁路断路器的变压器，在变压器断路器退出工作由旁路断路器代替时，纵联差动保护可以利用变压器套管内的电流互感器，此时套管和引线故障由后备保护动作切除；如对电网安全稳定运行有要求时，应将纵联差动保护切至旁路断路器的电流互感器。

四、相间短路后备保护

（1）变压器相间短路后备保护应作为变压器主保护和相邻元件保护的后备，对变压器各侧母线的相间短路应具有必要的灵敏度。为简化保护，当保护作为相邻线路的远后备时，可适当降低对保护灵敏度的要求。

（2）变压器相间短路后备保护宜选用过电流保护，过电流保护不能满足灵敏性要求时，宜采用复合电压（负序电压和线间电压）启动的过电流保护或复合电流保护（负序电流和单相式电压启动的过电流保护）。保护带延时断开相应的断路器。

（3）根据各侧接线、连接的系统和电源情况的不同，应配置不同的变压器相间短路后备保护，该保护宜考虑能反应电流互感器与断路器之间的故障。

1）单侧电源双绕组变压器和三绕组变压器，相间短路后备保护宜装于各侧。双绕组变压器非电源侧保护带两段时限，第一时限断开本侧母联或分段断路器，缩小故障影响范围；第二时限断开变压器各侧断路器。三绕组变压器非电源侧保护带三段时限，第一时限断开本侧母联或分段断路器，缩小故障影响范围；第二时限断开本侧断路器；第三时限断开变压器各侧断路器。电源侧保护带一段时限，断开变压器各侧断路器。

2）两侧或三侧有电源的双绕组变压器和三绕组变压器，各侧相间短路后备保护可带两段或三段时限。为满足选择性的要求或为降低后备保护的动作时间，相间短路后备保护可带方向，方向宜指向各侧母线，但断开变压器各侧断路器的后备保护不带方向。

3）对有倒送电运行的双绕组变压器，在高压侧装设三相过电流保护装置，采用短延时动作于断开变压器高压侧断路器。正常运行时，可用发电机断路器辅助触点进行联锁切除，保护出口回路。

4）如变压器低压侧无专用母线保护，变压器高压侧相间短路后备保护对低压侧母线相间短路灵敏度不够时，为提高切除低压侧母线故障的可靠性，可在变压器低压侧配置两套相间短路后备保护。该两套后备保护接至不同的电流互感器。

5）发电机-变压器组，在变压器低压侧不另设相间短路后备保护，而利用装于发电机中性点侧的相间短路后备保护，作为高压侧外部、变压器和分支线相间短路后备保护。

五、单相接地过电流和过电压后备保护

（1）110kV 及以上中性点直接接地的电力网中，如变压器的中性点直接接地运行，对外部单相接地引起的过电流，应装设零序电流保护。

1）110、220kV 中性点直接接地的升压变压器，可装设两段式延时零序过电流保护，每段设两个时限，以较短的时限动作于缩小故障影响范围，或动作于断开本侧断路器；以较长的时限动作于断开变压器各侧断路器。

2）330kV 及以上的变压器，高压侧零序一段只带一段时限动作断开变压器本侧断路器；零序二段也只带一段时限，动作于断开变压器各侧断路器。

3）对自耦变压器和高、中压侧中性点都直接接地的三绕组变压器，当有选择性要求时，应增设方向元件，方向宜指向各侧母线。

4）普通变压器的零序电流保护，应接入变压器中性点引出线上的电流互感器二次绕组，零序电流方向保护也可接入高、中压侧三相电流互感器的零序回路。

5）自耦变压器的零序电流保护，应接入高、中压侧三相电流互感器的零序回路。

6）对自耦变压器，为增加切除单相接地短路的可靠性，可在变压器中性点回路增设零序过电流保护。

（2）110、220kV 中性点直接接地的电力网中，如低压侧有电源的变压器中性点可能接地运行或不接地运行时，则对外部单相接地引起的过电流，以及因失去接地中性点引起的电压升高，应按下列规定装设保护。

1）全绝缘变压器。应按规定装设零序电流保护，以满足变压器中性点直接接地运行的要求。此外，应增设零序过电压保护，当变压器所连接的电力网失去接地中性点时，零序过电压保护经 0.3～0.5s 时限动作于断开变压器各侧断路器。

2）分级绝缘变压器。为限制此类变压器中性点不接地运行时可能出现的中性点过电压，应在变压器中性点装设放电间隙。此时应按规定装设零序电流保护，并增设反应零序电压和间隙放电电流的零序电流、电压保护。当电力网单相接地且失去接地中性点时，间隙零序电流、电压保护经 0.3～0.5s 时限动作于断开变压器各侧断路器。

（3）110kV 以下中性点非有效接地的电力网中，对变压器内部及其引出线单相接地故障引起的过电压，应装设零序过电压保护，零序电压可引自该侧电压互感器的剩余绕组或中性点电压互感器（消弧线圈）。保护带时限动作于信号。

（4）对于有倒送电运行要求的变压器，应装设低压侧零序电压保护，经延时动作于信号。

六、对称过负荷保护

根据变压器实际可能出现过负荷的情况，应装设过负荷保护。过负荷保护具有定时限或反时限的动作特性，按与过电流保护时限相配合的原则整定，动作于信号。

七、过励磁保护

（1）对于高压侧为 330kV 及以上的变压器，为防止由于频率降低和/或电压升高引起变压器磁密过高而损坏变压器，应装设过励磁保护。当单元接线发电机与变压器之间无断路器

时，可与发电机过励磁保护相结合。

（2）保护应具有定时限或反时限特性，并应与被保护变压器的过励磁特性相配合。定时限保护由两段式延时过励磁保护组成，保护设高、低两个定值，低定值带时限动作于信号，高定值带时限动作于断开变压器各侧断路器。

八、温度、油箱压力、油位和冷却系统等保护

（1）对变压器温度及油箱内压力升高超过允许值、油位异常和冷却系统故障，应按现行电力变压器标准要求，装设可作用于信号或动作于跳闸的保护装置。

（2）反应变压器油温及绕组温度升高，应装设温度保护。与变压器油箱结合的高压电缆终端盒，应单独装设反应油温的温度继电器，以反应终端盒的油温过热。油温保护分为温度升高和温度过高两级，温度升高动作于信号，温度过高动作于断开变压器各侧断路器；绕组温度保护动作于信号。

（3）应装设变压器油位升高和降低保护。与变压器油箱结合的高压电缆盒、有载调压装置，也应装设油位异常保护。所有油位升高和降低保护，瞬时动作于信号，必要时也可动作于断开变压器各侧断路器。

（4）强迫油循环风冷或强迫油循环水冷变压器，应装设冷却系统故障保护。当冷却系统全停后，保护动作于信号；保护经变压器失去强冷条件后允许的运行时间，动作于断开变压器各侧断路器。

（5）对变压器油箱内压力升高，应装设压力释放保护，保护瞬时动作于信号，必要时也可动作于断开变压器各侧断路器。

第五节　厂用电保护配置

一、高压厂用变压器保护

高压厂用变压器应按下列规定装设保护。

（一）纵联差动保护

高压厂用变压器容量为 6.3MVA 及以上时，应装设纵联差动保护，作为变压器内部故障和引出线相间短路故障的主保护。保护瞬时动作于断开变压器各侧断路器。

（二）电流速断保护

对 6.3MVA 以下的变压器，应在电源侧装设电流速断保护，作为变压器绕组及高压侧引出线的相间短路故障的主保护。保护瞬时动作于断开变压器各侧断路器。当电流速断保护灵敏度不满足要求时，也可装设纵联差动保护。

（三）过电流保护

应装设过电流保护，作为变压器及相邻元件的相间短路故障的后备保护。保护装于电源侧，可设两个或三个时限，当高压侧有断路器时，第一时限动作于断开变压器低压侧母联断路器，第二时限动作于断开变压器各侧断路器。当高压厂用变压器高压侧无断路器或只有负荷开关时，则保护第一时限动作于断开变压器低压侧母联断路器，第二时限动作于断开变压器低压侧断路器，第三时限动作于断开变压器高压侧相邻断路器。

（四）过负荷保护

根据可能过负荷情况，可装设对称过负荷保护，保护装于高压侧，带时限动作于信号。

（五）单相接地保护

变压器高压侧接于不直接接地系统（或经消弧线圈接地）时，电源侧可与其引接母线共用单相接地保护，不另设单相接地保护。变压器高压侧接于 110kV 及以上中性点直接接地的电力系统时，应装设零序电流和零序电流电压保护，保护带时限动作于断开变压器各侧断路器。变压器低压侧为不接地系统时，应装设接地指示装置（绝缘检查与监测），可与低压侧母线单相接地指示装置共用。

（六）气体保护

0.4MVA 及以上油浸式变压器应装设气体保护。当变压器壳内故障产生轻微瓦斯或油面下降时保护动作于信号，当产生大量瓦斯时保护应瞬时动作于断开变压器各侧断路器。

（七）温度保护

反应变压器油温及绕组温度升高，应装设温度保护。油浸式变压器绕组温度保护动作于信号，油温保护分为温度升高和温度过高两级，温度升高动作于信号，温度过高动作于断开变压器各侧断路器；干式变压器绕组温度保护分为温度升高和温度过高两级，温度升高动作于信号，温度过高动作于断开变压器各侧断路器。

二、低压厂用变压器

低压厂用变压器应按下列规定装设保护。

（一）电流速断保护

应装设电流速断保护，作为变压器绕组及高压侧引出线相间短路故障的主保护。保护瞬时动作于断开低压厂用变压器各侧断路器。低压厂用变压器容量在 2MVA 及以上，当电流速断保护灵敏性不符合要求时，也可装设纵联差动保护。

（二）过电流保护

应装设过电流保护，作为变压器及相邻元件的相间短路故障的后备保护。保护装于电源侧，可设两个或三个时限，当高压侧有断路器时，第一时限动作于断开变压器低压侧母联断路器，第二时限动作于断开变压器各侧断路器。当低压厂用变压器高压侧无断路器或只有负荷开关时，则保护第一时限动作于断开变压器低压侧母联断路器，第二时限动作于断开厂用变压器低压侧断路器，第三时限动作于断开变压器高压侧相邻断路器。

（三）单相接地保护

高压侧可与其引接母线共用单相接地保护，不另设单相接地保护。

（四）零序过电流保护

当变压器低压侧中性点直接接地时，应装设零序过电流保护，作为变压器低压侧单相接地短路故障的后备保护。保护可设两个或三个时限，当高压侧有断路器时，第一时限动作于断开变压器低压侧母联断路器，第二时限动作于断开变压器各侧断路器。当低压厂用变压器高压侧无断路器或只有负荷开关时，则保护第一时限动作于断开变压器低压侧母联断路器，第二时限动作于断开变压器低压侧断路器，第三时限动作于断开变压器高压侧相邻断路器。

（五）气体保护

0.4MVA 及以上油浸式变压器应装设气体保护。当变压器壳内故障产生轻微瓦斯或油面下降时保护动作于信号，当产生大量瓦斯时保护应瞬时动作于断开变压器各侧断路器。

（六）温度保护

反应变压器油温及绕组温度升高，应装设温度保护。油浸式变压器绕组温度保护动作于信号，油温保护分为温度升高和温度过高两级，温度升高动作于信号，温度过高动作于断开变压器各侧断路器；干式变压器绕组温度保护分为温度升高和温度过高两级，温度升高动作于信号，温度过高动作于断开变压器各侧断路器。

三、励磁变压器保护

励磁变压器一般可装设下列保护。

（一）纵联差动保护

励磁变压器容量为 6.3MVA 及以上时，应装设纵联差动保护。作为变压器内部故障和引出线相间短路故障的主保护，瞬时动作于停机。

（二）电流速断保护

对 6.3MVA 以下的励磁变压器，应在高压侧装设电流速断保护，作为变压器绕组及高压侧引出线的相间短路故障的主保护，瞬时动作于停机。当电流速断保护灵敏度不满足要求时，也可装设纵联差动保护。

（三）过电流保护

应装设过电流保护，作为励磁变压器绕组及引出线和相邻元件相间短路故障的后备保护，带时限动作于停机。

（四）气体保护

0.4MVA 及以上油浸式变压器应装设气体保护。当变压器壳内故障产生轻微瓦斯或油面下降时保护动作于信号，当产生大量瓦斯时保护应瞬时动作于停机。

（五）温度保护

反应变压器油温及绕组温度升高，应装设温度保护。油浸式变压器绕组温度保护动作于信号，油温保护分为温度升高和温度过高两级，温度升高动作于信号，温度过高动作于断开变压器各侧断路器；干式变压器绕组温度保护分为温度升高和温度过高两级，温度升高动作于信号，温度过高动作于断开变压器各侧断路器。

四、厂用电动机保护

（一）220V/400V 低压厂用电动机保护

对 220V/400V 低压厂用电动机，对下列故障及异常运行方式，应装设相应的保护：定子绕组相间短路；定子绕组单相接地短路；定子绕组过负荷；定子绕组断相；定子绕组低电压。

1. 相间短路保护

电动机应装设相间短路保护，作为电动机定子绕组内及引出线上的相间短路故障的保护。保护动作于跳闸。相间短路保护可由熔断器、断路器本身的短路脱扣器或专用电动机保护装置实现。

2. 单相接地短路保护

电动机应装设单相接地短路保护，作为电动机定子绕组内及引出线上的单相接地短路故障的保护，保护动作于跳闸。单相接地短路保护可由相间短路保护兼作，对容量在 55kW 及以上的电动机，当相间短路保护不能满足单相接地短路保护的灵敏度时，宜单独装设零序电流原理的单相接地短路保护。对 100kW 及以上的电动机，宜单独装设零序电流原理的单相接地短路保护。

3. 过负荷保护

对易过负荷的电动机应装设定子绕组过负荷保护，保护动作于信号或跳闸。过负荷保护可由热继电器、软启动器的过载保护或专用电动机保护装置实现。

4. 断相保护

当电动机由熔短器作为定子绕组短路保护时，应装设断相保护，保护动作于信号或断开电动机主回路。断相保护可由软启动器或专用电动机保护装置实现。

5. 低电压保护

下列电动机应装设低电压保护，保护应动作于断路器跳闸。

（1）当电源电压短时降低或短时中断后又恢复时，为保证重要电动机自启动而需要断开的次要电动机。

（2）当电源电压短时降低或中断后，不允许或不需要自启动的电动机。

（3）需要自启动，但为保证人身和设备安全，在电源电压长时间消失后，须从电力网中自动断开的电动机。

（4）属Ⅰ类负荷并装有自动投入装置的备用机械的电动机。

（二）3～10kV 高压厂用电动机保护

3～10kV 高压厂用异步电动机和同步电动机，对定子绕组相间短路、定子绕组单相接地、定子绕组过负荷、定子绕组低电压、同步电动机失步、同步电动机失磁、同步电动机出现非同步冲击电流、相电流不平衡及断相等故障及异常运行方式，应装设相应的保护。

1. 纵联差动保护

2MW 及以上的电动机应装设纵联差动保护，作为电动机绕组内及引出线上的相间短路故障的保护。对于 2MW 以下中性点具有分相引线的电动机，当电流速断保护灵敏度不够时，宜装纵联差动保护，保护瞬时动作于断路器跳闸，对于有自动灭磁装置的同步电动机保护还应动作于灭磁。

2. 电流速断保护

对未装设纵联差动保护的电动机或纵联差动保护仅保护电动机绕组而不包括电缆时，应装设电流速断保护，保护瞬时动作于断路器跳闸，对于有自动灭磁装置的同步电动机保护还应动作于灭磁。

3. 过电流保护

电动机宜装设过电流保护，作为纵联差动保护的后备保护，保护带定时限或反时限动作于断路器跳闸。2MW 及以上电动机，为反应电动机相电流的不平衡，也作为短路故障的主保护的后备保护，可装设负序过电流保护，保护动作于信号或跳闸。

4. 单相接地保护

对单相接地，当接地电流大于 5A 时，应装设单相接地保护。单相接地电流为 10A 及以上时，保护动作于跳闸；单相接地电流为 10A 以下时，保护动作于信号或跳闸。

5. 过负荷保护

下列电动机应装设过负荷保护。

（1）生产过程易发生过负荷的电动机，保护装置应根据负荷特性，带时限动作于信号或跳闸。

（2）启动或自启动困难，需要防止启动或自启动时间过长的电动机，保护动作于跳闸。

6. 低电压保护

下列电动机应装设低电压保护，保护应动作于断路器跳闸。

（1）当电源电压短时降低或短时中断后又恢复时，为保证重要电动机自启动而需要断开的次要电动机。

（2）当电源电压短时降低或中断后，不允许或不需要自启动的电动机。

（3）需要自启动，但为保证人身和设备安全，在电源电压长时间消失后，须从电力网中自动断开的电动机。

（4）属Ⅰ类负荷并装有自动投入装置的备用机械的电动机。

7. 失步保护

对同步电动机失步，应装设失步保护，保护带时限动作，对于重要电动机，动作于再同步控制回路，不能再同步或不需要再同步的电动机，则应动作于跳闸。

8. 失磁保护

对于负荷变动大的同步电动机，当用反应定子过负荷的失步保护时，应增设失磁保护，失磁保护带时限动作于跳闸。

9. 非同步冲击的保护

对不允许非同步冲击的同步电动机，应装设防止电源中断再恢复时造成非同步冲击的保护。保护应确保在电源恢复前动作。重要电动机的保护，宜动作于再同步控制回路。不能再同步或不需要再同步的电动机，保护应动作于跳闸。

第六节　断路器失灵及三相不一致保护配置

（1）220～750kV 断路器以及 300MW 及以上发电机出口断路器，应装设断路器失灵保护。100～300MW 发电机出口断路器，宜装设断路器失灵保护。110kV 断路器根据电力系统要求也可装设断路器失灵保护。断路器失灵保护应满足以下规定。

1）线路或电力设备的后备保护采用近后备方式。

2）线路保护采用远后备方式，如由其他线路或变压器的后备保护切除故障将扩大停电范围，并引起严重后果时。

3）如断路器与电流互感器之间发生故障不能由该回路主保护切除形成保护死区，而由其他线路或变压器后备保护切除又将扩大停电范围，并引起严重后果时（必要时，可为该保护死区增设保护，以快速切除该故障）。

（2）对 220～750kV 分相操作的断路器，可只考虑断路器单相拒动的情况。断路器失灵保护应符合下列要求。

（3）为提高动作可靠性，必须同时具备下列条件，断路器失灵保护方可启动。

1）故障线路或设备的保护能瞬时复归的出口继电器动作后不返回（故障切除后，启动失灵的保护出口返回时间应不大于 30ms）。

2）断路器未断开的判别元件动作后不返回。当主设备保护出口继电器返回时间不符合要求时，判别元件应双重化。

（4）失灵保护的判别元件一般应为相电流元件。发电机-变压器组或变压器断路器失灵保护的电流判别元件还应采用零序电流和负序电流元件。判别元件的动作时间和返回时间均不应大于 20ms。

（5）不允许由非电量保护动作启动失灵保护。断路器失灵保护动作宜无时限再次动作于本断路器跳闸，经一时限动作于断开相邻断路器。对于单、双母线的失灵保护，以较短时限动作于断开与拒动断路器相关的母联及分段断路器，再经一时限动作于断开与拒动断路器连接在同一母线上的所有有源支路的断路器。

（6）失灵保护装设闭锁元件的原则。

1）3/2、4/3 断路器接线的失灵保护不装设闭锁元件。

2）有专用跳闸出口回路的单母线及双母线断路器失灵保护应装设电压闭锁元件。可在启动出口继电器的逻辑中设置电压闭锁回路，也可在每个跳闸出口触点回路上串接电压闭锁触点。母联或分段断路器的跳闸回路可不经电压闭锁触点控制。

3）与母差保护共用跳闸出口回路的失灵保护不装设独立的闭锁元件，应共用母差保护的闭锁元件。

4）发电机、变压器及高压电抗器断路器的失灵保护，为防止闭锁元件灵敏度不足，应采取相应措施或不设闭锁回路。

（7）双母线的失灵保护应能自动适应连接元件运行位置的切换。

（8）失灵保护动作跳闸应满足下列要求。

1）对具有双跳闸线圈的相邻断路器，应同时动作于两组跳闸回路。

2）对远方跳对侧断路器的，宜利用两个传输通道传送跳闸命令。

3）应闭锁重合闸。

（9）对 220～750kV 断路器三相不一致故障，应尽量采用断路器本体的三相不一致保护，而不再另外设置三相不一致保护。如断路器本身无三相不一致保护，则应为该断路器配置三相不一致保护，保护延时动作于跳闸。

第七节　电流互感器综合误差分析

一、计算内容

继电保护用的电流互感器需要计算 5%或 10%误差曲线。

二、计算方法

根据实测励磁电流 I_0、试验电压 U、线圈内阻 R_2 进行计算。

线圈漏抗为

$$Z_2 \approx 2R_2 \qquad (2-2-1)$$

内部电动势为

$$E_0 = U - I_0 Z_2 \qquad (2-2-2)$$

允许总负载为

$$Z_2 + Z_y = E_0 / (9I_0) \qquad (2-2-3)$$

允许二次负载为

$$Z_y = E_0 / (9I_0) - Z_2 \qquad (2-2-4)$$

额定电流倍数为

$$M = 2I_0 \qquad (2-2-5)$$

三、实例

一台 LB-220 电流互感器（次级额定电流为 1A）基本参数及二次负载测试结果见表 2-2-1，电流互感器 10% 误差曲线的测量与计算结果见表 2-2-2。其最终目的是要计算出二次允许负载 Z_{Ymax}。根据表中数据绘制 10% 误差时的 Z_{Ymax} 与短路电流倍数 M 的关系曲线。根据不同的短路电流倍数可以查出不同的最大允许负载阻抗。假设该电流互感器使用在最大短路电流 $I_K = 18kA$ 处，则短路电流倍数 $M = 15$，查出 $Z_{Ymax} = 3.9\Omega$，大于实测二次负载 1.96Ω，结论是可以满足要求的。

表 2-2-1　　　　　LB-220 电流互感器基本参数及二次负载测试结果

一次额定电流（A）	二次额定电流（A）	准确度级
1200	5	10P20
通入二次电流（A）	测量二次电压（V）	实测二次负载（Z_L，Ω）
5	9.8	1.96

如果现场测量 Z_2 较为困难，一般根据使用的互感器型号不同用经验公式 $Z_2 \approx (1\sim3) R_2$ 求得，电流互感器 10% 误差曲线的测量与计算结果见表 2-2-2。

表 2-2-2　　　　　电流互感器 10% 误差曲线的测量与计算结果

项目		结果							
励磁电流	I_0（A）	0.5	1	2	4	5	6	8	10
试验电压	U_0（V）	280	290	298	300	306	308	310	311
线圈内阻	R_2（Ω）	0.353							
线圈漏抗	Z_2（Ω）	0.706							
内部电动势	E_0（V）	279	289	296	297	302	304	304	304
允许总负载	$Z_2 + Z_Y$（Ω）	62.1	32.1	16.5	8.25	6.72	5.63	4.22	3.37
允许二次负载	Z_Y（Ω）	61.4	31.4	15.9	7.55	6.02	4.92	3.52	2.67
额定电流倍数	M	1	2	4	8	10	12	16	20

第三章

设 计 阶 段

第一节 技 术 要 求

继电保护设计中，保护屏、保护装置本体、保护原理、保护装置用直流中间继电器、跳（合）闸出口继电器及相关回路、信号回路、跳闸连接片等的设计应符合 GB/T 14285《继电保护和安全自动装置技术规程》、DL 478《静态继电保护及安全自动装置通用技术条件》和国家能源办〔2019〕767 号《国家能源投资集团有限责任公司电力二十五项重点反事故措施》、国能安全〔2014〕161 号《防止电力生产事故的二十五项重点要求》等相关要求。

一、环境条件

（一）正常工作大气条件

（1）环境温度：−10～+55℃。

（2）相对湿度：5%～95%（装置内部既无凝露，也不应结冰）。

（3）大气压力：80～106kPa。

（二）储存、运输环境条件

（1）储存环境温度为−25～+55℃，相对湿度不大于85%。

（2）运输环境温度为−25～+70℃，相对湿度不大于85%。

（3）当储存、运输环境条件超出上述范围时，由用户与制造商商定。

（三）周围环境

装置的安装环境应符合以下要求。

（1）应遮阳、挡雨雪，防御雷击、沙尘，通风。

（2）不允许有超过电磁兼容检验规定的电磁干扰存在。

（3）安装场地应符合 GB/T 9361《计算机场地安全要求》中 B 类安全要求的规定。

（4）使用地点不出现超过 GB/T 11287《电气继电器 第 21 部分：量度继电器和保护装置的振动、冲击、碰撞和地震试验 第 1 篇：振动试验（正弦）》规定的严酷等级为 1 级的振动，运输储存过程不出现超过 GB/T 14537《量度继电器和保护装置的冲击与碰撞试验》规定的严酷等级为 1 级的冲击和碰撞。

（5）无爆炸危险的介质，周围介质中不应含有能腐蚀金属、破坏绝缘和表面镀覆及涂覆层的介质及导电介质，不允许有明显的水汽，不允许有严重的霉菌存在。

（6）安装场所有可靠的接地点，并符合相关标准的规定。

（四）特殊使用条件

（1）当超出环境规定的条件时，由用户与制造商商定。

（2）当安装地点的环境温度明显超过正常工作环境条件时，优先使用的环境温度范围规定如下。

1) 特别寒冷地区：$-25 \sim +55℃$。

2) 特别炎热地区：$-10 \sim +70℃$。

二、额定电气参数

(一) 额定直流工作电源 (辅助激励量)

对装置直流工作电源 (辅助激励量) 的规定如下。

(1) 额定电压：220、110V。

(2) 允许偏差：$-20\% \sim 10\%$。

(3) 纹波系数：不大于 5%。

(二) 激励量

对装置的激励量规定如下：

(1) 交流电压额定值 U_N：$100/\sqrt{3}$、100V。

(2) 交流电流额定值 I_N：1A 或 5A。

(3) 频率额定值 f_N：50Hz。

三、准确度和变差

(一) 固有准确度

准确度用相关标准规定的基准条件下连续 5 次测量中最大相对误差或绝对误差表示。

1. 交流电流回路固有准确度

交流电流在 $0.05 \sim 20I_N$ 范围内，相对误差不大于 2.5% 或绝对误差不大于 $0.01I_N$；或者交流电流在 $0.1 \sim 40I_N$ 范围内，相对误差不大于 2.5% 或绝对误差不大 $0.02I_N$。

2. 交流电压回路固有准确度

当交流电压在 $0.01 \sim 1.5U_N$ 范围内，相对误差不大于 2.5% 或绝对误差不大于 $0.002U_N$。

3. 零序电压、电流回路固有准确度

零序电压、电流回路的准确测量范围和准确度要求由产品标准或制造商产品文件规定。

4. 复合量输入的元件固有准确度

对于复合量输入的元件固有准确度要求由产品标准或制造商的产品文件规定。

(二) 变差

(1) 变差以百分数表示。

(2) 环境温度在规定的范围内变化引起的变差不应大于 2.5%。

(3) 其他影响量引起的变差要求由产品标准或制造商产品文件规定。

(三) 延时时间

(1) 装置时间整定值的准确度：不应大于 1% 或 40ms。

(2) 反时限时间元件时的固有准确度由产品标准或制造商产品文件规定。

(四) 动作准确度

在正常工作大气条件，连续 5 次测得的动作准确度误差 (以百分数表示) 均不应大于 5.0%。

第二节　装　置　设　计

（1）采用双重化配置的两套保护装置应安装在各自保护柜内，并应充分考虑运行和检修时的安全性。

（2）有关断路器的选型应与保护双重化配置相适应，必须具备双跳闸线圈机构。

（3）纵联保护应优先采用光纤通道。

（4）宜将被保护设备或线路的主保护（包括纵联、横联保护等）及后备保护综合在一整套装置内，共用直流电源输入回路及交流电压互感器和电流互感器的二次回路。该装置应能反应被保护设备或线路的各种故障及异常状态，并动作于跳闸或给出信号。

（5）对仅配置一套主保护的设备，应采用主保护与后备保护相互独立的装置。

（6）保护装置应尽可能根据输入的电流、电压量，自行判别系统运行状态的变化，减少外接相关的输入信号来执行其应完成的功能。

（7）对适用于110kV及以上电压线路的保护装置，应具有测量故障点距离的功能。故障测距的精度要求为，对金属性短路误差不大于线路全长的±3%。

（8）对适用于220kV及以上电压线路的保护装置，应满足：除具有全线速动的纵联保护功能外，还应至少具有三段式相间、接地距离保护，反时限和/或定时限零序方向电流保护的后备保护功能；对有监视的保护通道，在系统正常情况下，通道发生故障或出现异常情况时，应发出告警信号；能适用于弱电源情况；在交流失压情况下，应具有在失压情况下自动投入的后备保护功能，并允许不保证选择性。

（9）保护装置应具有在线自动检测功能，包括保护硬件损坏、功能失效和二次回路异常运行状态的自动检测。

（10）自动检测必须是在线自动检测，不应由外部手段启动；并应实现完善的检测，做到只要不告警，装置就处于正常工作状态，但应防止误告警。

（11）除出口继电器外，装置内的任一元件损坏时，装置不应误动作跳闸，自动检测回路应能发出告警或装置异常信号，并给出有关信息指明损坏元件的所在部位，在最不利情况下应能将故障定位至模块（插件）。

（12）保护装置的定值应满足保护功能的要求，应尽可能做到简单、易整定；用于旁路保护或其他定值经常需要改变时，宜设置多套（一般不少于8套）可切换的定值。

（13）保护装置必须具有故障记录功能，以记录保护的动作过程，为分析保护动作行为提供详细、全面的数据信息，但不要求代替专用的故障录波器。

（14）保护装置故障记录的要求：记录内容应为故障时的输入模拟量和开关量、输出开关量、动作元件、动作时间、返回时间、相别；应能保证发生故障时不丢失故障记录信息；应能保证在装置直流电源消失时，不丢失已记录信息；保护装置应以时间顺序记录的方式记录正常运行的操作信息，如开关变位、开入量输入变位、连接片切换、定值修改、定值区切换等，记录应保证充足的容量；保护装置应能输出装置的自检信息及故障记录，故障记录应包括时间，动作事件报告，动作采样值数据报告，开入、开出和内部状态信息，定值报告等。装置应具有数字/图形输出功能及通用的输出接口。

（15）时钟和时钟同步，保护装置应设硬件时钟电路，装置失去直流电源时，硬件时钟应能正常工作；保护装置应配置与外部授时源的对时信号接口。

（16）保护装置应配置能与自动化系统相连的通信接口，通信协议符合 DL/T 667《远动设备及系统　第 5 部分：传输规约　第 103 篇：继电保护设备信息接口配套标准》继电保护设备信息接口配套标准。并宜提供必要的功能软件，如通信及维护软件、定值整定辅助软件、故障记录分析软件、调试辅助软件等。

（17）保护装置应具有独立的直流电源变换器供内部回路使用的电源，拉、合装置直流电源或直流电压缓慢下降及上升时，装置不应误动作。直流消失时，应有输出触点以启动告警信号。直流电源恢复（包括缓慢恢复）时，变换器应能自启动。

（18）保护装置不应要求其交、直流输入回路外接抗干扰元件来满足有关电磁兼容标准的要求。

（19）保护装置的软件应设有安全防护措施，防止程序出现不符合要求的更改。

（20）使用于 220kV 及以上电压的电力设备非电量保护应相对独立，并具有独立的跳闸出口回路。

（21）继电器和保护装置的直流工作电压，应保证在外部电源为 80％～115％额定电压条件下可靠工作。

（22）跳闸出口应能自保持，直至断路器断开。自保持宜由断路器的操作回路来实现。

（23）自动化系统通信的数字式保护装置应能送出或接收以下类型的信息。装置的识别信息、安装位置信息；开关量输入（例如断路器位置、保护投入连接片等）；异常信号（包括装置本身的异常和外部回路的异常）；故障信息（故障记录、内部逻辑量的事件顺序记录）；模拟量测量值；装置的定值及定值区号；自动化系统的有关控制信息和断路器跳合闸命令、时钟对时命令等。

第三节　直　流　设　计

（1）330kV 及以上电压等级升压站应采用三台充电、浮充电装置，两组蓄电池组的供电方式。

（2）重要的 220kV 升压站应采用三台充电、浮充电装置，两组蓄电池组的供电方式。

（3）继电保护的直流电源，电压纹波系数应不大于 2％，最低电压不低于额定电压的 85％，最高电压不高于额定电压的 110％。

（4）选用充电、浮充电装置，应满足稳压精度优于 0.5％、稳流精度优于 1％、输出电压纹波系数不大于 1％的技术要求。

（5）对装置的直流熔断器或自动开关及相关回路配置的基本要求应不出现寄生回路，并增强保护功能的冗余度。

（6）装置电源的直流熔断器或自动开关的配置应满足如下要求。采用近后备原则，装置双重化配置时，两套装置应有不同的电源供电，并分别设有专用的直流熔断器或自动开关；由一套装置控制多组断路器（例如母线保护、变压器差动保护、发电机差动保护、各种双断路器接线方式的线路保护等）时，保护装置与每一断路器的操作回路应分别由专用的直流熔断器或自动开关供电；有两组跳闸线圈的断路器，其每一跳闸回路应分别由专用的直流熔断器或自动开关供电；单断路器接线的线路保护装置可与断路器操作回路合用直流熔断器或自动开关，也可分别使用独立的直流熔断器或自动开关；采用远后备原则配置保护时，其所有保护装置，以及断路器操作回路等，可仅由一组直流熔断器或自动开关供电。

（7）信号回路应由专用的直流熔断器或自动开关供电，不得与其他回路混用。

（8）由不同熔断器或自动开关供电的两套保护装置的直流逻辑回路间不允许有任何电的联系。

（9）直流系统的电缆应采用阻燃电缆，两组蓄电池的电缆应分别铺设在各自独立的通道内，尽量避免与交流电缆并排铺设，在穿越电缆竖井时，两组蓄电池电缆应加穿金属套管。

（10）每一套独立的保护装置应设有直流电源消失的报警回路。

（11）上、下级直流熔断器或自动开关之间应有选择性。各级熔断器的定值整定，应保证级差的合理配合。上、下级熔体之间（同一系列产品）额定电流值，应保证 2 至 4 级级差，电源端选上限，网络末端选下限；为防止事故情况下蓄电池组总熔断器无选择性熔断，该熔断器与分熔断器之间，应保证 3～4 级级差；直流系统用断路器应采用具有自动脱扣功能的直流断路器，不应用普通交流断路器替代；当直流断路器与熔断器配合时，应考虑动作特性的不同，对级差做适当调整，直流断路器下一级不应再接熔断器。

（12）直流系统的馈出线应采用辐射状供电方式，不应采用环状供电方式。

（13）大型水力发电厂、升压站控制用直流系统与保护用直流系统应相互独立。

第四节　二 次 回 路 设 计

二次回路的工作电压不宜超过 250V，最高不应超过 500V；互感器二次回路连接的负荷，不应超过继电保护工作准确等级所规定的负荷范围；应采用铜芯的控制电缆和绝缘导线。在绝缘可能受到油侵蚀的地方，应采用耐油绝缘导线；按机械强度要求，控制电缆或绝缘导线的芯线最小截面面积，强电控制回路，不应小于 1.5 mm^2，屏、柜内导线的芯线截面面积应不小于 1.0 mm^2；弱电控制回路，不应小于 0.5mm^2。电缆芯线截面的选择还应符合下列要求：电流回路应使电流互感器的工作准确等级符合继电保护的要求。无可靠依据时，可按断路器的断流容量确定最大短路电流；电压回路全部继电保护动作时，电压互感器到继电保护屏的电缆压降不应超过额定电压的 3％；操作回路在最大负荷下，电源引出端到断路器分、合闸线圈的电压降，不应超过额定电压的 10％。

（1）在同一根电缆中不宜有不同安装单元的电缆芯。对双重化保护的电流回路、电压回路、直流电源回路、双跳闸绕组的控制回路等，两套系统不应合用一根多芯电缆。

（2）保护和控制设备的直流电源、交流电流、电压及信号引入回路应采用屏蔽电缆。

（3）电厂重要设备和线路的继电保护和自动装置，应有经常监视操作电源的装置。各断路器的跳闸回路，重要设备和线路的断路器合闸回路，以及装有自动重合装置的断路器合闸回路，应装设回路完整性的监视装置。监视装置可发出光信号或声光信号，或通过自动化系统向远方传送信号。

（4）在有振动的地方，应采取防止导线接头松脱和继电器、装置误动作的措施。

（5）屏、柜和屏、柜上设备的前面和后面，应有必要的标志。

（6）电流互感器的二次回路不宜进行切换。当需要切换时，应采取防止开路的措施。

（7）气体继电器至保护柜的电缆应减少中间转接环节，若有转接柜则要做好防水、防尘及防小动物等防护措施。

（8）保护用电流互感器。保护用电流互感器的要求准确性能应符合 DL/T 866《电流互感器和电压互感器选择及计算导则》的有关规定；电流互感器带实际二次负荷在稳态短路电流下的准确限值系数或励磁特性（含饱和拐点）应能满足所接保护装置动作可靠性的要求；电流互感器在短路电流含有非周期分量的暂态过程中和存在剩磁的条件下，可能使其严重饱和而导致很大的暂态误差；在选择保护用电流互感器时，应根据所用保护装置的特性和暂态饱和可能引起的后果等因素，慎重确定互感器暂态影响的对策，必要时应选择能适应暂态要求的 TP 类电流互感器，其特性应符合 GB 20840.2《互感器　第 2 部分：电流互感器的补充技术要求》的要求，如保护装置具有减轻互感器暂态饱和影响的功能，可按保护装置的要求选用适当的电流互感器；330kV 及以上系统保护、高压侧为 330kV 及以上的变压器和 300MW 及以上的发电机-变压器组差动保护用电流互感器宜采用 TPY 电流互感器，互感器在短路暂态过程中误差应不超过规定值；220kV 系统保护、高压侧为 220kV 的变压器和 100～200MW 级的发电机-变压器组差动保护用电流互感器可采用 P 类、PR 类或 PX 类电流互感器。互感器可按稳态短路条件进行计算选择，为减轻可能发生的暂态饱和影响宜具有适当暂态系数。220kV 系统的暂态系数不宜低于 2，100～200MW 级机组外部故障的暂态系数不宜低于 10；110kV 及以下系统保护用电流互感器可采用 P 类电流互感器；母线保护用电流互感器可按保护装置的要求或按稳态短路条件选用；保护用电流互感器的配置及二次绕组的分配应尽量避免主保护出现死区，按近后备原则配置的两套主保护应分别接入互感器的不同二次绕组；差动保护用电流互感器的相关特性应一致；宜选用具有多次级的电流互感器。

（9）保护用电压互感器。保护用电压互感器应能在电力系统故障时将一次电压准确传变至二次侧，传变误差及暂态响应应符合 DL/T 866《电流互感器和电压互感器选择及计算导则》的有关规定。电磁式电压互感器应避免出现铁磁谐振；电压互感器的二次输出额定容量及实际负荷应在保证互感器准确等级的范围内；双断路器接线按近后备原则配备的两套主保护，应分别接入电压互感器的不同二次绕组；对双母线接线按近后备原则配置的两套主保护，可以合用电压互感器的同一二次绕组；在电压互感器二次回路中，除开口三角线圈和另有规定者（例如自动调整励磁装置）外，应装设自动开关或熔断器。接有距离保护时，宜装设自动开关。

（10）互感器的安全接地。

1）电流互感器的二次回路必须有且只能有一点接地，一般在端子箱经端子排接地。但对于有几组电流互感器连接在一起的保护装置，如母差保护、各种双断路器主接线的保护等，则应在保护屏上经端子排接地。

2）电流互感器二次回路中性点应分别一点接地，接地线截面面积不应小于 4mm^2，且不得与其他回路接地线压在同一接线鼻子内。

3）电压互感器的二次回路只允许有一点接地，接地点宜设在控制室内。独立的、与其他互感器无电联系的电压互感器也可在开关场实现一点接地。为保证接地可靠，各电压互感器的中性线不得接有可能断开的开关或熔断器等。

4）已在控制室一点接地的电压互感器二次绕组，必要时，可在开关场将二次绕组中性点经放电间隙或氧化锌阀片接地。

5）两根开关场引出线中的 N 线必须分开，不得共用。

（11）断路器及隔离开关。

1）断路器应尽量附有防止跳跃的回路。采用串联自保持时，接入跳合闸回路的自保持线圈，其动作电流不应大于额定跳合闸电流的50%，线圈压降小于额定值的5%。

2）断路器应有足够数量的、动作逻辑正确、接触可靠的辅助触点供保护装置使用。辅助触点与主触头的动作时间差不大于10ms。

3）隔离开关应有足够数量的、动作逻辑正确、接触可靠的辅助触点供保护装置使用。

4）断路器及隔离开关的辅助触点不足时不允许用重动继电器扩充触点。以防重动继电器由于其所在直流母线失电而误动造成系统误判，导致断路器的误动作。

（12）抗电磁干扰措施。

1）发电厂继电保护装置应满足国家及电力行业有关电磁兼容标准，并通过相关部门检测。

2）对继电保护及有关设备，为减缓高频电磁干扰的耦合，应在有关场所设置符合下列要求的等电位接地网。

3）装设静态保护和控制装置的屏柜地面下宜用截面面积不小于$100mm^2$的接地铜排直接连接构成等电位接地母线。接地母线应首末可靠连接成环网，并用截面面积不小于$50mm^2$、不少于4根铜排与厂接地网直接连接。

4）静态保护和控制装置的屏柜下部应设有截面面积不小于$100mm^2$的接地铜排。屏柜上装置的接地端子应用截面面积不小于$4mm^2$的多股铜线和接地铜排相连。接地铜排应用截面面积不小于$50mm^2$的铜排与地面下的等电位接地母线相连。

5）控制电缆应具有必要的屏蔽措施并妥善接地。

（13）控制电缆屏蔽及接地措施。

1）在电缆敷设时，应充分利用自然屏蔽物的屏蔽作用。必要时，可与保护用电缆平行设置专用屏蔽线。

2）屏蔽电缆的屏蔽层应在开关场和控制室内两端接地。在控制室内屏蔽层宜在保护屏上接于屏柜内的等电位接地铜排；在开关场屏蔽层应在与高压设备有一定距离的端子箱接地。互感器每相二次回路经两芯屏蔽电缆从高压箱体引至端子箱，该电缆屏蔽层在高压箱体和端子箱两端接地。

3）电力线载波用同轴电缆屏蔽层应在两端分别接地，并紧靠同轴电缆敷设截面面积不小于$100mm^2$两端接地的铜导线。

4）传送音频信号应采用屏蔽双绞线，其屏蔽层应在两端接地。

5）传送数字信号的保护与通信设备间的距离大于50m时，应采用光缆。

6）对于低频、低电平模拟信号的电缆，如热电偶用电缆，屏蔽层必须在最不平衡端或电路本身接地处一点接地。

7）对于双层屏蔽电缆，内屏蔽应一端接地，外屏蔽应两端接地。

（14）电缆及导线的布线。

1）交流和直流回路不应合用同一根电缆。

2）强电和弱电回路不应合用一根电缆。

3）保护用电缆与电力电缆不应同层敷设。

4）交流电流和交流电压不应合用同一根电缆。双重化配置的保护设备不应合用同一根电缆。

5）保护用电缆敷设路径，尽可能避开高压母线及高频暂态电流的入地点，如避雷器和避雷针的接地点、并联电容器、电容式电压互感器、结合电容及电容式套管等设备。

6）与保护连接的同一回路应在同一根电缆中走线。

（15）保护输入回路和电源回路应根据具体情况采用必要的减缓电磁干扰措施。

1）保护的输入、输出回路应使用空触点、光耦或隔离变压器隔离。

2）直流电压在110V及以上的中间继电器应在线圈端子上并联电容或反向二极管作为消弧回路，在电容及二极管上都必须串入数百欧的低值电阻，以防止电容或二极管短路时将中间继电器线圈短接。二极管反向击穿电压不宜低于1000V。

（16）继电保护通道。

1）装置的通道一般采用下列传输媒介。光纤（不宜采用自承式光缆及缠绕式光缆）、微波、电力线载波、导引线电缆、具有光纤通道的线路等，应优先采用光纤作为传送信息的通道。

2）按双重化原则配置的保护，传送信息的通道按以下原则考虑。

a. 两套装置的通道应互相独立，且通道及加工设备的电源也应互相独立。具有光纤通道的线路，两套装置宜均采用光纤通道传送信息，对短线路宜分别使用专用光纤芯；对中长线路，宜分别独立使用2Mbit/s口，还宜分别使用独立的光端机。

b. 具有光纤迂回通道时，两套装置宜使用不同的光纤通道。对双回线路，但仅其中一回线路有光纤通道且按上述原则采用光纤通道传送信息外，另一回线路传送信息的通道宜采用下列方式：如同杆并架双回线，两套装置均采用光纤通道传送信息，并分别使用不同的光纤芯或PCM终端；如非同杆并架双回线，其一套装置采用另一回线路的光纤通道，另一套装置采用其他通道，如电力线载波、微波或光纤的其他迂回通道等。

c. 当两套装置均采用微波通道时，宜使用两条不同路由的微波通道，在不具备两条路由条件而仅有一条微波通道时，应使用不同的PCM终端，或其中一套装置采用电力线载波传送信息。当两套装置均采用电力线载波通道传送信息时，应由不同的载波机、远方信号传输装置或远方跳闸装置传送信息。

d. 传输信息的通道设备应满足传输时间、可靠性的要求。其传输时间应符合下列要求：传输线路纵联保护信息的数字式通道传输时间应不大于12ms；点对点的数字式通道传输时间应不大于5ms。传输线路纵联保护信息的模拟式通道传输时间，对允许式应不大于15ms；对采用专用信号传输设备的闭锁式应不大于5ms。系统安全稳定控制信息的通道传输时间应根据实际控制要求确定，原则上应尽可能快。点对点传输时，传输时间要求应与线路纵联保护相同。信息传输接收装置在对侧发信信号消失后收信输出的返回时间应不大于通道传输时间。

第四章

验 收 阶 段

第一节 装置投运前和竣工后的试验项目

（一）装置投运前的试验项目

（1）保护装置投运必须做到"新建工程投入时，全部设计并已安装的继电保护和自动装置应同时投入"，以保证新建工程的安全投产。

（2）新安装的继电保护装置投运前，应以订货合同、技术协议、设计图样和技术说明书及有关验收规范等有关规定为依据进行调试，并按定值通知单进行整定。检验整定完毕，并经验收合格后方允许投入运行。

（3）新设备投入运行前，基建单位应按有关规定，与电厂进行图纸资料、仪器仪表、专用工具、备品备件和试验报告等移交工作。

（二）装置竣工后的验收项目

新安装的保护装置竣工后，其验收主要项目如下。

（1）电气设备及线路有关实测参数完整、正确。

（2）全部保护装置竣工图纸符合实际。

（3）装置定值符合整定通知单要求。

（4）检验项目及结果符合检验规程的规定。

（5）核对电流互感器变比及伏安特性，其二次负荷满足误差要求。

（6）检查屏前、后的设备整齐、完好，回路绝缘良好，标志齐全、正确。

（7）检查二次电缆绝缘良好，标号齐全、正确。

（8）向量测试报告齐全。

（9）用一次负荷电流和工作电压进行验收试验，判断互感器极性、变比及其回路的正确性，判断方向、差动、距离、高频等保护装置有关元件及接线的正确性。

（10）调试单位提供的继电保护试验报告齐全。

第二节 并网前继电保护专项检查

入网投运前的继电保护专项检查是继电保护技术监督工作的重要环节，是贯彻"安全第一、预防为主"方针的具体体现，应按照"统一领导、分级管理、协同工作"原则，常态化开展继电保护专项检查活动。入网投运前的继电保护专项检查工作，是实现继电保护全过程管理的一个重要环节。并网电厂和主网直供用户并入电网前，由技术监督单位对入网继电保护的设计审查、设备选型、安装调试、运行准备等多方面实施全方位的检查，目的是及时发现继电保护隐患，及时消除缺陷，预防继电保护事故在入网后发生，保证电网和入网设备的安全运行。

一、主要内容

检查的主要内容包括从设备、设计、安装、调试到运行准备等涉及继电保护的各个方面。其目的是为了入网继电保护在正式并网前，继电保护专业的各项工作包括保护装置、保护定值、保护回路、保护信号等符合国家和行业的相关规程规范及标准、反事故措施，符合设计和设备厂家的技术要求，保证继电保护的正确可靠，使入网继电保护的各项工作最终能够满足正式入网运行的条件。

二、检查的范围

（一）现场实地检查

现场实地检查的范围包括与受检机组及系统继电保护相关的集控室、继电保护室、直流小室、厂用配电室、变压器本体以及升压站等区域，主要针对保护装置、二次回路以及相关设备等进行检查，检查设计、安装是否符合规程规范和反事故措施的要求，检查是否完成装置调试、各开关及保护逻辑的传动试验等，并对保护装置进行现场抽查试验及保护逻辑的联锁传动试验。

（二）图纸资料的检查

除了检查图纸资料的完整性，还应包括对继电保护设备的选型、继电保护逻辑设计的合理性及反事故措施是否贯彻执行、继电保护定值的正确性、调试报告是否完整无漏项以及运行检修规程等进行检查。

三、必备条件和要求

（1）检查前应完成的工作，涉及继电保护的所有设备和二次回路的安装调试工作已经结束，并经验收合格。

（2）受检单位应备齐继电保护相关图纸资料，包括设备技术说明书和设计图纸等；备齐继电保护的相关调试报告或原始调试记录；准备好运行检修规程和运行维护人员详细清单（包括姓名、职称、学历及联系电话等）。

（3）受检单位应按机组启动工期提前联系检查单位，并协调相关配合人员到场，保证与相关单位的通信联系沟通；调试单位应准备好必要的继电保护测试工器具。

（4）继电保护专项检查的检查时间。受检单位在确认现场具备检查条件后，应在正式并网前（或开关站送电前）7～10天内通知检查单位进行现场检查。

四、检查的主要内容

并网前继电保护专项检查主要内容及检查方法见表2-4-1。

表2-4-1 并网前继电保护专项检查主要内容及检查方法

项目	检查内容	检查方法
1. 二次回路安装情况	1.1 应采用专门的电流端子排	现场实地检查
	1.2 二次端子连接，一个端子不能连接三根及以上电流线	现场实地检查
	1.3 设计未使用的二次电缆应进行规范处理	现场实地检查
	1.4 现场实际接线与设计图纸应该图实相符	现场实地检查、查阅设计图纸

项目	检查内容	检查方法
1. 二次回路安装情况	1.5　二次回路上是否存在连接松动、接线错位及接点不通等情况	现场实地检查、查阅设计图纸、保护逻辑传动试验
	1.6　其他不符合规程规范的情况	现场实地检查
2. 交流电压回路	2.1　TV 的每一个星型二次绕组，都装设有交流空气开关	现场实地检查、查阅设计图纸
	2.2　为防止二次电缆故障时，空气开关应能起有效保护作用，交流空气开关的额定电流为 3～5A	现场实地检查
	2.3　TV 二次回路交流空气开关的额定电流等参数配置情况应满足要求	现场实地检查、查阅设计图纸
	2.4　星形和三角绕组二次 N 端不能共线。TV 的中性线 N 的连接不能成环，例如，开口三角绕组的中性线 N 应与二次绕组的中性线 N 分开，且不能在电缆的两端同时并接	现场实地检查、查阅设计图纸
	2.5　TV 三角绕组二次不应装设空气开关	现场实地检查、查阅设计图纸
	2.6　放电间隙的安装应正确、规范	现场实地检查、查阅设计图纸
	2.7　其他不符合规程规范的情况	现场实地检查
3. 接地情况检查	3.1　在控制室应有独立于地网的不小于 100mm² 的等电位铜排，该接地铜排与地网在控制室有 4 点可靠连接	现场实地检查
	3.2　保护屏的接地铜排（大于 50mm²）应与等电位铜排可靠连接	现场实地检查
	3.3　用于微机保护的电缆必须采用屏蔽电缆，控制电缆屏蔽层应两端接地（不小于 4mm²）	现场实地检查
	3.4　站内通信电缆屏蔽层应采用一端接地	现场实地检查
	3.5　继电保护室各保护屏柜、GIS 站及发电机出口就地 TA、TV 端子箱的接地应明显并且可靠	现场实地检查
	3.6　全站的 TV 接地点应明显并且可靠，中性线 N 连接的 TV 有一点且只有一点可靠接地	现场实地检查、查阅设计图纸
	3.7　全站的 TA 接地点应明显并且可靠，中性线 N 有一点且只有一点可靠接地。用于和电流的各组 TA 的 N 线应在保护屏相连并一点接地	现场实地检查、查阅设计图纸
	3.8　其他不符合规程规范的情况	现场实地检查
4. 继电保护装置	4.1　继电保护装置设计选型是否符合相关要求	现场实地检查、查阅装置说明书
	4.2　保护配置能否满足相关保护配置原则	现场实地检查、查阅装置说明书、设计保护配置图
	4.3　各保护装置外观检查，包括装置及柜体	现场实地检查
	4.4　保护装置 GPS 或北斗自动对时	现场实地检查
	4.5　屏柜上是否有设计未使用的元器件没有拆除或未设置警示标识	现场实地检查
	4.6　其他不符合规程规范的情况	现场实地检查

项目	检查内容	检查方法
5. 继电保护定值	5.1　整定计算单位应出具书面保护定值整定书，并加盖公章	查阅定值整定书
	5.2　现场厂站内应有按照保护装置定值格式的、经电厂运行部门和分管领导签字盖章的定值清单	查阅定值清单
	5.3　保护定值书所包含定值项应全面、完整，应将变压器非电量保护、同期装置、故障录波及厂用 400V 定值纳入统一管理	查阅定值清单
	5.4　发电机、变压器保护装置的整定书和定值通知单应报调度中心继电保护处备案。其中，发电机组的定子过电压、定子低电压、过负荷、低频率、高频率、过激磁、失步、失磁保护及主变压器零序电流、零序电压的配置方案和整定方案及定值应满足有关规定并报调度机构审核	查阅相关审核手续、向调度机构咨询
	5.5　保护定值清单应规范，应包含有 TA、TV 变比及保护的出口方式；出口方式是否正确并与设计出口矩阵相符	查阅定值清单、查阅设计图纸
	5.6　各类保护装置的实际整定值与保护定值清单必须保持一致	现场实地检查、查阅定值清单
	5.7　厂内各保护整定值应满足选择性、快速性、可靠性和灵敏性的要求，并符合相关规程和反事故措施的规定	查阅定值清单、查阅保护装置说明书、查阅设计图纸
	5.8　线路开关三相不一致保护时间与重合闸时间的配合应满足要求	现场实地检查、查阅定值清单
	5.9　主变压器零序保护与线路零序保护时间配合应符合要求	现场实地检查、查阅定值清单
	5.10　变压器开关机构内和保护操作箱内三相不一致时间的整定是否正确	现场实地检查、查阅定值清单
	5.11　变压器的重瓦斯保护作用于跳闸，轻瓦斯保护作用于信号	现场实地检查、查阅定值清单
	5.12　变压器压力释放保护应作用于信号	现场实地检查、查阅定值清单
	5.13　变压器绕组温度保护不跳闸	现场实地检查、查阅定值清单
	5.14　强油循环变压器的本体油温度保护一段作用于信号，二段作用于跳闸，用一段输出闭锁二段输出	现场实地检查、查阅定值清单、查阅设计出口逻辑图
	5.15　冷却器全停逻辑符合要求，一般油温超过 75℃、延时 20min 跳闸。若冷却器全停、60min 不经油温闭锁直接跳闸	现场实地检查、查阅定值清单、查阅设计出口逻辑图、查阅装置原理图
	5.16　厂内其他不符合定值管理规范的情况	现场实地检查、查阅定值清单

项目	检查内容	检查方法
6. 直流系统	6.1　直流电源应为辐射状敷设，正常为分裂运行，不能形成环网	现场实地检查、查阅设计图纸
	6.2　直流回路的各级供电应采用直流空气开关，不能采用交流空气开关	现场实地检查、查阅设计图纸
	6.3　直流空气开关上、下级参数的配合必须符合级差要求，应按有关规定分级配置	现场实地检查、查阅设计图纸
	6.4　同一支路上直流熔断器和空气开关不应混用	现场实地检查、查阅设计图纸
	6.5　应按要求清理并编制全站直流空气开关配合分布图	查阅相关图纸资料
	6.6　直流系统绝缘监测装置能否正常工作，各报警值的整定应正确	现场实地检查、查阅运行值班记录
	6.7　严禁交、直流回路合用一根电缆	现场实地检查
	6.8　双重化的保护装置应分别由不同直流回路的直流熔断器供电，每一开关的操作回路应由专用的直流熔断器供电	现场实地检查、查阅设计图纸
	6.9　220kV 开关为有两组跳闸线圈的开关，其每一跳闸回路应分别由专用的直流熔断器供电，互相之间不切换，并取自不同直流电压母线	现场实地检查、查阅设计图纸
	6.10　由不同熔断器供电的两套保护装置的直流逻辑回路间不允许有任何电的联系，如有必要，必须经空触点输出	现场实地检查、查阅设计图纸
	6.11　非电量保护应采用单独的直流电源供电，不得与电量保护混用	现场实地检查、查阅设计图纸
	6.12　防误装置电源与继电保护及控制回路电源应独立	现场实地检查、查阅设计图纸
	6.13　直流屏上元件及空气开关的标签应规范、正确，防止标签与所供负荷不一致的情况出现	现场实地检查、查阅设计图纸
	6.14　其他不符合规程规范的情况	现场实地检查、查阅设计图纸
7. 技术资料	7.1　设计图纸、厂家资料等应齐全	查阅设计图纸、查阅厂家资料
	7.2　设计是否符合标准化设计规范，保护逻辑是否正确合理，并符合相关要求	查阅设计图纸、查阅装置原理图
	7.3　设计保护配置是否满足相关规程要求，是否存在保护漏项；出口矩阵是否正确、合理	查阅设计保护配置图和出口矩阵图、查阅装置原理图、保护逻辑传动试验
	7.4　设计图纸上，各接地点的标示是否明确	查阅设计图纸
	7.5　厂家技术资料是否与现场实际相符，同时检查是否符合设计要求	现场实地检查、查阅装置技术说明书、保护逻辑传动试验

项目	检查内容	检查方法
7. 技术资料	7.6 设计与装置的接口应正确对应	现场实地检查、查阅设计图纸、查阅装置原理图、保护逻辑传动试验
	7.7 调试报告中，试验项目应齐全，应有包括整定值的校验、所有保护带开关的整组传动试验、保护连接片的唯一对应关系检查等内容	查阅试验原始记录、查阅正式调试报告
	7.8 调试报告中所采用的试验方法及试验结果应正确，符合相关规程规范要求	查阅试验原始记录、查阅正式调试报告
	7.9 现场应有正式的调试报告，并经相关部门签字验收合格	查阅正式调试报告
	7.10 现场应有继电保护相关管理制度，如保护定值管理制度、缺陷管理制度、备品备件管理制度、文档资料管理制度等	查阅相关管理制度
	7.11 现场班组应有继电保护的相关规程规范、反事故措施等	深入班组检查
8. 运行准备	8.1 现场运行、检修规程应为经过审核批准的正式版本	运行规程查阅、检修规程查阅
	8.2 现场运行规程应齐全，各类保护装置均应有现场运行规程	运行规程查阅
	8.3 运行规程内容应与现场实际相符，具有可操作性，且已落实到空气开关、连接片的操作	运行规程查阅
	8.4 检修规程内容应与现场实际相符，应有包括检修周期、检修项目、检修方法及检修结果评价标准等相关内容，并对检修工作具有实际的指导意义	检修规程查阅
	8.5 保护屏应按调度命名，在保护屏上明确标识	现场实地检查
	8.6 保护屏上各元器件的标识应清晰、正确、规范	现场实地检查
	8.7 保护连接片应有明确的设计和功能双重标识，符合双标签要求	现场实地检查
	8.8 设计未使用的连接片应标注为备用，备用连接片应拆除	现场实地检查
	8.9 二次电缆套头标识应清晰、正确、规范。	现场实地检查
	8.10 应完成各保护屏柜二次电缆孔洞的防火封堵	现场实地检查
9. 其他反事故措施执行情况	9.1 220kV 及以上电压等级线路保护应按双重化配置	现场实地检查、查阅设计图纸
	9.2 220kV 及以上电压等级变压器、高抗、串补、滤波器等设备微机保护应按双重化配置	现场实地检查、查阅设计图纸
	9.3 双重保护两套保护装置的交流电压、交流电流分别取自电压互感器和电流互感器互相独立的绕组，其保护范围应实现交叉重叠，避免死区	现场实地检查、查阅设计图纸

续表

项目	检查内容	检查方法
9. 其他反事故措施标准执行情况	9.4　双重保护两套保护装置之间应无电气联系	现场实地检查、查阅设计图纸
	9.5　每套保护均应含有完整的主、后备保护，能反应被保护设备的各种故障及异常状态，并能作用于跳闸或给出信号	现场实地检查、查阅设计图纸、查阅装置技术说明书
	9.6　有关开关的选型应与保护双重化配置相适应，必须具备双跳闸线圈机构	现场实地检查、查阅相关图纸
	9.7　发电机和3/2接线的断路器失灵保护不应经复合电压闭锁	查阅设计和装置原理图
	9.8　按技术规程规定的具体要求，保护装置内的三相不一致保护和断路器机构的三相位置不一致保护宜同时采用，如断路器机构无三相不一致保护，则应投入保护装置的三相不一致保护	现场实地检查、查阅相关图纸
	9.9　线路纵联保护的通道（含光纤、微波、载波等通道及加工设备和供电电源等）、远方跳闸及就地判别装置应遵循相互独立的原则按双重化配置	现场实地检查、查阅相关图纸
	9.10　纵联保护采用光纤通道	现场实地检查、查阅相关资料
	9.11　户外主变压器气体继电器应加装防雨罩	现场实地检查

第五章

运 行 阶 段

第一节　运行规程的主要内容

各发电企业应按照 DL/T 587《继电保护和安全自动装置运行管理规程》及制造厂提供的资料等及时编制、修订继电保护运行规程，在工作中必须严格执行各项规章制度及反事故措施和安全技术措施。防止"误碰、误整定、误接线"。

继电保护装置运行规程一般应包含以下主要内容。

（1）适用范围。

（2）规范性引用文件。

（3）保护配置情况简介。

（4）装置外部回路系统图。

（5）保护连接片、切换开关、按钮及其操作。

（6）保护定值操作。

（7）事件报告及报告打印操作。

（8）运行注意事项。

（9）保护装置使用说明。

第二节　运 行 管 理

运行中应根据本企业的实际情况，编制继电保护安装、调试与定期检验的工艺流程和二次回路验收条例（大纲），保证继电保护安装、调试与检验的质量符合相关规程和技术标准的要求。应加强发电机及变压器主保护、母线差动保护、断路器失灵保护、线路快速保护等重要保护的运行维护，重视快速主保护的备品备件管理和消缺工作。应将备品备件的配备及母差等快速主保护因缺陷超时停役纳入技术监督工作考核中。

数字式继电保护装置室内最大相对湿度不应超过 75％，应防止灰尘和不良气体侵入。数字式继电保护装置室内环境温度应在 5～30℃范围内，若超过此范围应装设空调。

应加强继电保护的微机试验装置的检验、管理与防病毒工作，防止因试验设备性能、特性不良而引起对保护装置的误整定、误试验。继电保护专业要与通信专业密切配合，防止因通信设备的问题而引起保护不正确动作。要建立与完善阻波器、结合滤波器等高频通道加工设备的定期检修制度，落实责任制，消除检修管理的死区。

结合技术监督检查、检修和运行维护工作，检查本企业继电保护接地系统和抗干扰措施是否处于良好状态。结合变压器检修工作，应认真校验气体继电器的整定动作情况。对大型变压器应配备经校验性能良好、整定正确的气体继电器作为备品，并做好相应的管理工作。

（1）对运行中的保护装置及自动装置的外部接线进行改动，必须履行如下程序。

1）先在原图上做好修改，经主管技术领导批准。

2）按图施工，不允许凭记忆工作；拆动二次回路时必须逐一做好记录，恢复时严格核对；

3）改完后，应作相应的逻辑回路整组试验，确认回路、极性及整定值完全正确，然后交由值班运行人员确认后再申请投入运行。

4）完成工作后，应立即通知现场与主管继电保护部门修改图纸，工作负责人在现场修改图上签字，没有修改的原图应作废。

（2）母线差动保护停用时，应尽量避免倒闸操作。母线差动保护检修时，应充分考虑异常气象条件的影响，在保证质量的前提下，合理安排检修作业程序，尽可能缩短母线差动保护的检修时间。

（3）新投产的发电机-变压器组、变压器、母线、线路等保护应认真编写启动方案呈报有关主管部门审批，做好事故预想，并采取防止保护不正确动作的有效措施。设备启动正常后应及时恢复为正常运行方式，确保故障能可靠切除。

（4）检修设备在投运前，应认真检查各项安全措施恢复情况，防止电压二次回路（特别是开口三角形回路）短路、电流二次回路（特别是备用的二次回路）开路和不符合运行要求的接地点的现象。在一次设备进行操作或电压互感器并列时，应采取防止距离保护失压，以及变压器差动保护和低阻抗保护误动的有效措施。

（5）在下列情况下应停用整套数字式继电保护装置。

1）数字式继电保护装置使用的交流电压、交流电流、开关量输入、开关量输出回路作业；

2）装置内部作业；

3）继电保护人员输入定值。

（6）对于发电机出口电压互感器一次侧的熔断器应根据实际情况定期更换，以防发电机长期振动而磨损，造成熔丝自动熔断所引起的误动。数字式保护装置的电源板（或模件）宜每4~5年更换一次，以免由此引起保护拒动或误启动。

（7）各级维电保护部门应建立并完普继电保护缺陷管理制度，提高保护装置的运行率。对频发的设备缺陷，应及时组织专题分析，查明原因，编写技术分析与评估报告，对存在的问题和安全隐患，应提出解决办法和整改措施。

第三节　技　术　管　理

优先通过保护装置自身实现相关保护功能，尽可能减少外部输入量，以降低对相关回路和设备的依赖。优化回路设计，在确保可靠实现保护装置功能的前提下，尽可能减少装置间的连线。

为了便于运行管理和装置检验，同一单位（或部门）直接管辖范围内的继电保护装置型号不宜过多。

一、保护装置投运时应具备的技术文件

（1）竣工原理图、安装图、过程层网络配置图、虚端子图、设计说明、电缆清册等设计

资料。

（2）制造厂商提供的装置说明书、保护柜（屏）电原理图、装置电原理图、故障检测手册、合格证明和出厂试验报告等技术文件。

（3）新安装检验报告和验收报告。

（4）保护装置定值通知单。

（5）制造厂商提供的软件逻辑框图和有效软件版本说明。

（6）保护装置的专用检验规程或制造厂商保护装置调试大纲。

（7）智能变电站全站系统配置文件（SCD）及配置工具软件和各智能电子设备能力描述文件（ICD）、实例化后的配置文件（CID）。

运行资料（如保护装置的缺陷记录、装置动作及异常时的打印报告、检验报告、软件版本等）应由专人管理，并保持齐全、准确。

各级电网调控机构和保护装置的运行维护单位应按照 DL/T 623《电力系统继电保护和安全自动装置运行评价规程》对所管辖的各类（型）保护装置的动作情况进行统计分析，并对装置本身进行评价。对不正确的动作应分析原因，提出改进对策，并及时报主管部门。

对智能变电站配置文件（SCD、ICD、CID 等）等电子文档建立规范化管理制度及相应技术支持体系。宜建立配置文件管理系统，确保各智能电子设备使用的配置文件版本的一致性。

二、保护装置的软件及其能力描述文件（ICD 文件）管理要求

（1）各级电网调控机构是管辖范围内保护装置软件及其能力描述文件（以下简称保护装置软件）管理的归口部门，负责对管辖范围内保护装置软件版本的统一管理，建立继电保护装置档案，记录各装置的软件版本、检验码和程序形成时间。

（2）并网电厂涉及电网安全的相线、线路和断路器失灵等继电保护和安全自动装置的软件版本应归相应电网调控机构部门统一管理。

（3）同一线路两侧纵联保护装置软件版本应保证其对应关系。两侧均为常规变电站时，两侧保护装置软件版本应保持一致，一侧为智能变电站，另一侧为常规变电站时，两侧保护装置型号与软件版本应满足对应关系要求；两侧均为智能变电站时，两侧保护装置型号、软件版本及其 ICD 文件应尽可能保持一致，不能保持一致时，应满足对应关系要求，两侧纵联保护装置型号及软件版本不一致时，应经电网调控机构组织的专业检测合格，确认两侧对应关系，如无特殊要求，同一电网内同型号微机保护装置的软件版本应相同。

（4）运行或即将投入运行的保护装置的软件版本不得随意更改，确有必要对保护装置软件进行升级时应由保护装置制造单位向相应保护装置软件版本管理部门提供保护装置软件升级说明，经相应保护装置软件版本管理部门同意后方可更改，改动后应进行相应的现场检验，并做好记录。未经相应保护装置运行管理部门同意，严禁进行保护装置软件升级工作。

（5）凡涉及保护装置功能的软件升级，应通过相应保护装置运行管理部门认可的动模和静模试验后方可投入运行。

（6）每年调控机构保护装置软件管理部门应向有关运行维护单位和制造厂商发布一次管辖范围内的保护装置软件版本号。

各级继电保护部门应结合自身实际情况，制定直接管辖范围内继电保护装置的配置及选

型原则，统一所辖电网继电保护装置原理接线图，10～110kV 电力系统继电保护装置应有供电企业、发电企业应用的经验总结，经省级及以上电网调控机构复核并同意后，方可在区域（省）电网中推广应用。

三、保护装置选型

（1）应选用经电力行业认可的检测机构检测合格的保护装置。

（2）应优先选用原理成熟、技术先进、制造质量可靠，并在国内同等或更高的电压等级有成功运行经验的保护装置。

（3）选择保护装置时，应充分考虑技术因素所占的比重。

（4）选择保护装置时，在本电网的运行业绩应作为重要的技术指标予以考虑。

（5）同一厂站内保护装置型号不宜过多，以利于运行人员操作、维护校验和备品备件的管理。

（6）要充分考虑制造厂商的技术力量、质量保证体系和售后服务情况。

交流、直流输电系统继电保护配置原则按照 GB/T 14285《继电保护和安全自动装置技术规程》执行。安全自动装置的配置应按照 GB/T 14285《继电保护和安全自动装置技术规程》、GB/T 26399《电力系统安全稳定控制技术导则》和 GB 38755《电力系统安全稳定导则》的相关要求，根据电力系统安全稳定计算分析结果，结合电网结构、运行特点等要素进行配置。

直流输电系统保护应做到既不拒动，也不误动，在不能兼顾防止保护误动和推动时，保护配置应以防止拒动为主。直流输电系统故障时直流输电系统保护应充分利用直流输电控制系统，尽快停运、隔离故障系统或设备。

四、备品备件的管理

（1）运行维护单位应储备必要的备品备件，备品条件应视同运行设备，保证其可用性。储存有集成电路芯片的备用插件，应有防止静电措施。

（2）每年年底，各运行维护单位应向上级单位报备品备件的清单，并向有关部门提出下一年备品备件需求计划。

继电保护部门应组织制定继电保护故障信息处理系统技术规范，建立健全故障信息处理主站系统、子站系统及相应通道的运行和维护制度。

保护装置远方操作时，至少应有两个指示发生对应变化，且所有这些确定的指示均已同时发生对应变化，才能确认该设备已操作到位。

第四节　通　信　管　理

认真做好数字式保护等设备软件版本的管理工作，特别注重计算机安全问题，防止因各类计算机病毒危及设备而造成数字式保护不正确动作和误整定、误试验等。

应加强对保护信息远传的管理，禁止远程修改数字式保护的软件、整定值和配置文件。同时还应注意防止干扰经由数字式保护的通信接口侵入，导致继电保护装置的不正确动作。生产控制大区的各业务系统禁止以各种方式与互联网连接；限制开通拨号功能；关闭或拆除主机上不必要的软盘驱动、光盘驱动、USB 接口、串行口、无线、蓝牙等，不应在生产控制大区和管理信息大区之间交叉使用移动存储介质以及便携计算机。

（1）各级继电保护部门和通信部门应明确保护装置通信通道的管辖范围和维护界面，防止因通信专业与保护专业职责不清造成继电保护装置不能正常运行或不正确动作。

（2）各级继电保护部门和通信部门应统一规定管辖范围内的保护装置通信通道的名称。

（3）当通信系统作业影响保护装置正常运行时，通信部门应提前按规定进行作业申请，明确作业内容及影响范围，经调控机构批准后方可作业。

（4）通信部门应定期对与保护装置正常运行需切相关的光电转换接口、接插部件、脉冲编码调制器（PCM）或2M通信版板、光端机、通信电源等通信设备的运行状况进行检查，可结合保护装置的定期检验同时进行，确保保护装置通信通道正常。光纤通道要有监视运行通道的手段，并能判定出现的异常是由保护还是由通信设备引起。

（5）保护装置发通道异常或告警信号时，通信部门与继电保护部门共同查找原因，及时消除缺陷。

（6）线路纵联电流差动保护复用通信通道不应因通道切换造成延时变化或收发延时不一致而引发的保护异常或不正确动作。

第五节 蓄 电 池 管 理

一、严格控制浮充电方式和运行参数

（1）浮充电运行的蓄电池组，除制造厂有特殊规定外，应采用恒压方式进行浮充电。浮充电时，严格控制单体电池的浮充电压上、下限，防止蓄电池因充电电压过高或过低而损坏。

（2）浮充电运行的蓄电池组，应严格控制所在蓄电池室环境温度不能长期超过30℃。

二、进行定期核对性放电试验，确切掌握蓄电池的容量

（1）新安装或大修中更换过电解液的防酸蓄电池组，在第一年内，每半年进行一次核对性放电试验。运行一年以后的防酸蓄电池组，每隔一或两年进行一次核对性放电试验。

（2）新安装的阀控密封蓄电池组，应进行核对性放电试验。以后每隔两年进行一次核对性放电试验。运行了四年以后的蓄电池组，每年做一次核对性放电试验。

三、保证直流系统设备安全稳定运行

（1）保证充电、浮充电装置稳定运行。

（2）应定期对充电、浮充电装置进行全面检查，校验其稳压、稳流精度和纹波系数，不符合要求的，应及时对其进行调整，以满足要求。

四、防止直流系统误操作

（1）改变直流系统运行方式的各项操作必须严格执行现场规程规定。

（2）直流母线在正常运行和改变运行方式的操作中，严禁脱开蓄电池组。

（3）充电、浮充电装置在检修结束恢复运行时，应先合交流侧开关，再带直流负荷。

第六章

现 场 检 验 监 督

第一节 检 验 管 理

保护装置检验时，应认真执行 DL/T 995《继电保护和电网安全自动装置检验规程》等有关保护装置检验规程、反事故措施和现场工作管理规定。对保护装置进行计划性检验前，应编制保护装置标准化作业书，检验期间认真执行继电保护标准化作业书，不应为赶工期减少检验项目和简化安全措施。

进行保护装置的检验时，应充分利用其自检功能，主要检验自检功能无法检测的项目。检验的重点应放在微机继电保护装置的外部接线和二次回路。状态检修适用于微机型保护装置，实施保护装置状态检修必须建立相应的管理体系、技术体系和执行体系，确定保护装置状态评价、风险评估、检修决策、检修质量控制、检修绩效评估等环节的基本要求，确保保护装置运行安全和检修质量。

继电保护装置检验工作宜与被保护的一次设备检修同时进行。对运行中的保护装置外部回路接线或内部逻辑进行改动后，应做相应的试验，确认接线及逻辑回路正确后，才能投入运行。

保护装置检验应做好记录，检验完毕后应向运行人员交持有关事项，及时整理检验报告，保留好原始记录。涉及多个厂站的安全稳定控制系统检验工作，应编制安全稳定控制系统联合调试方案，各厂站装置宜同步进行。

各级继电保护部门对直接管辖的维电保护装置应统一规定检验报告的格式，检验应有完整、正规的检验报告。

一、检验报告的主要内容

（1）被试设备的名称、型号、制造厂商、出厂日期、出厂编号、软件版本号、装置的额定值。

（2）检验类别包括新安装检验、全部检验、部分检验、事故后检验。

（3）检验项目名标。

（4）检验条件和检验工况。

（5）检验结果及缺陷处理情况。

（6）有关说明及结论。

（7）使用的主要仪器、仪表的型号、出厂编号和检验有效期。

（8）检验日期。

（9）检验单位的试验负责人和试验人员名单。

（10）试验负责人签字。

二、检验要求

检验所用仪器、仪表应由检验人员专人管理，特别应注意防潮、防震。仪器、仪表应保证误差在规定范围内。使用前应熟悉其性能和操作方法，使用高级精密仪器一般应有人监护。

第二节 基 本 要 求

（1）试验工作应注意选用合适的仪表，整定试验所用仪表的精确度应为 0.5 级或以上，测量继电器时内部回路所用的仪表应保证不致破坏该回路参数值，如并接于电压回路上的，应用高内阻仪表；若测量电压小于 1V，应用电子毫伏表或数字型电压表；串接于电流回路中的，应用低内阻仪表。绝缘电阻测定，一般情况下用 1000V 绝缘电阻表进行。

（2）试验回路的接线原则，应使通入装置的电气量与其实际工作情况相符合。例如对反映过电流的元件，应用突然通入电流的方法进行检验；对正常接入电压的阻抗元件，则应用将电压由正常运行值突然下降、而电流由零值突然上升的方法，或从负荷电流变为短路电流的方法进行检验。在保证按定值通知书进行整定试验时，应以上述符合故障实际情况的方法作为整定的标准。

（3）模拟故障的试验回路，应具备对装置进行整组试验的条件。装置的整组试验是指自装置的电压、电流二次回路的引入端子处，向同一被保护设备的所有装置通入模拟的电压、电流量，以检验各装置在故障及重合闸过程中的动作情况。

（4）继电保护装置停用后，其出口跳闸回路必须要有明显的断开点（打开了连接片或接线端子片等）才能确认断开点以前的保护已经停用；对于采用单相重合闸，由连接片控制正电源的三相分相跳闸回路，停用时除断开连接片外，尚需断开各分相跳闸回路的输出端子，才能认为该保护已停用。

（5）不允许在未停用的保护装置上进行试验和其他测试工作；也不允许在保护未停用的情况下，用装置的试验按钮（除闭锁式纵联保护的启动发信按钮外）作试验。

（6）所有的继电保护定值试验，都应以符合正式运行条件为准。分部试验应和保护装置采用同一直流电源，试验用直流电源应由专用熔断器供电。只能用整组试验的方法，即除由电流及电压端子通入与故障情况相符的模拟故障量外，保护装置处于与投入运行完全相同的状态下，检查保护回路及整定值的正确性。不允许用卡继电器触点、短路触点或类似人为手段作保护装置的整组试验。

（7）应对保护装置作拉合直流电源的试验，保护在此过程中不得出现有误动作或误发信号的情况。对于载波收发信机，无论是专用或复用，都必须有专用规程按照保护逻辑回路要求，测试收发信回路整组输入/输出特性。在载波通道上作业后必须检测通道裕量，并与新安装检验时的数值进行比较。

（8）新投入、大修后或改动了二次回路的差动保护，保护投运前应测六角图及差回路的不平衡电流，以确认二次极性及接线正确无误。变压器由第一侧投入系统时必须将差动保护投入跳闸，变压器充电良好后停用，然后变压器带上部分负荷，测六角图，同时测差回路的不平衡电流，证实二次接线及极性正确无误后，才再将保护投入跳闸，在上述各种情况下，变压器的重瓦斯保护均应投入跳闸。

（9）新投入、大修后或改动了二次回路的差动保护，在投入运行前，除测定相回路及差回路电流外，必须测各中性线的不平衡电流，以确证回路完整、正确。

（10）所有试验仪表、测试仪器等，均必须按使用说明书的要求做好相应的接地（在被测保护屏的接地点）后，才能接通电源；注意与引入被测电流电压的接地关系，避免将输入的被测电流或电压短路；只有当所有电源断开后，才能将接地点断开。所有正常运行时动作的电磁型电压及电流继电器的触点，必须严防抖动。

（11）对于由 $3U_0$ 构成的保护的测试方法。

1）不能以检查 $3U_0$ 回路是否有不平衡电压的方法来确认 $3U_0$ 回路良好。

2）不能单独依靠"六角图"测试方法确证 $3U_0$ 构成的方向保护的极性关系正确。

3）可以包括电流及电压互感器及其二次回路连接与方向元件等综合组成的整体进行试验，以确证整组方向保护的极性正确。

4）最根本的办法，是查清电压及电流互感器极性，所有由互感器端子到继电保护盘的连线和盘上零序方向继电器的极性，做出综合的正确判断。

（12）多套保护回路共用一组电流互感器，停用其中一套保护进行试验时，或者与其他保护有关联的某一套进行试验时，必须特别注意做好其他保护的安全措施，例如将相关的电流回路短接，将接到外部的触点全部断开等。

（13）新安装及解体检修后的电流互感器应作变比及伏安特性试验，并作三相比较以判别二次绕组有无匝间短路和一次导体有无分流；注意检查电流互感器末屏是否已可靠接地；变压器中性点电流互感器的二次伏安特性需与接入的电流继电器启动值校对，保证电流继电器在通过最大短路电流时能可靠动作。

（14）应注意校核继电保护通信设备（光纤、微波、载波）传输信号的可靠性和冗余度，防止因通信设备的问题而引起保护不正确动作。

（15）在电压切换和电压闭锁回路、断路器失灵保护、母线差动保护、远跳、远切、联切回路以及"和电流"等接线方式有关的二次回路上工作时，以及 1 个半断路器接线等主设备检修而相邻断路器仍需运行时，应做好安全隔离措施。

（16）双母线中阻抗比率制动式母线差动保护在带负荷试验时，不宜采用一次系统来验证辅助变流器二次切换回路正确性。辅助变流器二次回路正确性检验宜在母线差动保护整组试验阶段完成。

（17）在安排继电保护装置进行定期检验时，要重视对快切装置及备自投装置的定期检验，要按照 DL/T 995《继电保护和电网安全自动装置检验规程》相关要求，按照动作条件，对快切装置及备自投装置作模拟试验，以确保这些装置随时能正确地投切。

（18）注意定期校核发电机变压器组非电量保护中所有涉及直接跳闸的强电开入回路的启动功率不应低于 5W。注意定期校核断路器防跳回路的完好性，防止开关分-合-分之后，防跳继电器形成自持。注意定期校核 220kV 及以上断路器本体三相不一致保护的正确性，检验断路器本体三相不一致保护与断路器重合闸保护的配合关系正确。

第三节　新投设备的调试试验

新设备投运时，调试人员应了解设备的一次接线及投入运行后可能出现的运行方式和设备投入运行的方案，该方案应包括投入初期的临时继电保护方式。

检验前应确认相关资料齐全准确。资料包括装置的原理接线图（设计图）及与之相符合的二次回路安装图，电缆敷设图，电缆编号图，断路器操作机构图，电流、电压互感器端子箱图及二次回路分线箱图等全部图纸，以及成套保护装置的技术说明及开关操作机构说明，电流、电压互感器的出厂试验书等。

根据设计图纸，到现场核对所有装置的安装位置是否正确、电流互感器的安装位置是否合适、有无保护死区等。

对扩建装置的调试，除应了解设备的一次接线外，尚应了解与已运行的设备有关联部分的详细情况（例如新投线路的母线差动保护回路如何接入运行中的母线差动保护的回路中等），按现场的具体情况制定现场工作的安全措施，以防止发生误碰运行设备的事故。

第四节　继电保护装置的整组试验

对装置的整定试验，应按批准的定值通知单进行。检验工作负责人应熟知定值通知书的内容，并核对所给的定值是否齐全，确认所使用的电流、电压互感器的变比值是否与现场实际情况相符合。

在做完每一套单独保护（元件）的整定检验后，需要将同一被保护设备的所有保护装置连在一起进行整组的检查试验，以校验各保护装置在故障及重合闸过程中的动作情况和保护回路设计正确性及其调试质量。

若同一被保护设备的各套保护装置皆接于同一电流互感器二次回路，则按回路的实际接线，自电流互感器引进的第一套保护屏柜的端子排上接入试验电流、电压，以检验各套保护相互间的动作关系是否正确。如果同一被保护设备的各套保护装置分别接于不同的电流回路时，则应临时将各套保护的电流回路串联后进行整组试验。

新安装保护装置进行验收检验或全部检验时，可先进行每一套保护（指几种保护共用一组出口的保护总称）带模拟断路器（或带实际断路器或采用其他手段）的整组试验。

每一套保护传动完成后，还需模拟各种故障用所有保护带实际断路器进行整组试验。新安装保护装置或回路经更改后的整组试验由基建单位负责时，生产部门继电保护验收人员应参加试验，了解掌握试验情况。

部分检验时，只需用保护带实际断路器进行整组试验。

一、整组试验的内容

（1）整组试验时应检查各保护之间的配合、装置动作行为、断路器动作行为、保护启动故障录波信号、厂站自动化系统信号、中央信号、监控信息等正确无误。

（2）借助于传输通道实现的纵联保护、远方跳闸等的整组试验，应与传输通道的检验一同进行。必要时，可与线路对侧的相应保护配合一起进行模拟区内、区外故障时保护动作行为的试验。

（3）对装设有综合重合闸装置的线路，应检查各保护及重合闸装置间的相互动作情况与设计相符合。为减少断路器的跳合次数，试验时，应以模拟断路器代替实际的断路器。使用模拟断路器时宜从操作箱出口接入，并与装置、试验器构成闭环。

（4）将装置（保护和重合闸）带实际断路器进行必要的跳、合闸试验，以检验各有关跳、合闸回路，防止断路器跳跃回路，重合闸停用回路及气（液）压闭锁等有关回路动作的正确性；每一相的电流、电压及断路器跳合闸回路的相别是否一致。

（5）在进行整组试验时，还应检验断路器、合闸线圈的压降不小于额定值的 90％。

对母线差动保护、失灵保护及电网安全自动装置的整组试验，可只在新建变电站（升压站）投产时进行。定期检验时允许用导通的方法证实到每一断路器接线的正确性。一般情况下，母线差动保护、失灵保护及电网安全自动装置回路设计及接线的正确性，要根据每一项检验结果（尤其是电流互感器的极性关系）及保护本身的相互动作检验结果来判断。

变电站扩建变压器、线路或回路发生变动，有条件时应利用母线差动保护、失灵保护及电网安全自动装置传动到断路器。

对设有可靠稳压装置的厂站直流系统，经确认稳压性能可靠后，进行整组试验时，应按额定电压进行。

二、整组试验中检查的项目

（1）各套保护间的电压、电流回路的相别及极性是否一致。

（2）在同一类型的故障下，应该同时动作于发出跳闸脉冲的两套保护，在模拟短路故障中是否均能动作，其信号指示是否正确。

（3）有两个线圈以上的直流继电器的极性连接是否正确，对于用电流启动（或保持）的回路，其动作（或保持）性能是否可靠。

（4）所有相互间存在闭锁关系的回路，其性能是否与设计符合。

（5）所有在运行中需要由运行值班员操作的把手及连片的连线、名称、位置标号是否正确，在运行过程中与这些设备有关的名称、使用条件是否一致。

（6）各套保护在直流电源正常及异常状态下（自端子排处断开其中一套保护的负电源等）是否存在寄生回路。

（7）中央信号装置或监控系统的有关光字、音响信号指示是否正确。

（8）断路器跳、合闸回路的可靠性，其中装设单相重合闸的线路，验证电压、电流、断路器回路相别的一致性及与断路器跳合闸回路相连的所有信号指示回路的正确性。对于有双跳闸线圈的断路器，应检查两跳闸接线的极性是否一致。

（9）自动重合闸是否能确实保证按规定的方式动作并保证不发生多次重合情况。

整组试验结束后应在恢复接线前测量交流回路的直流电阻。工作负责人应在继电保护记录本中注明可以投入运行的保护和需要利用负荷电流及工作电压进行检验以后才能正式投入运行的保护。

第七章

定值整定及定值管理

第一节 基 本 要 求

应按照 DL/T 559《220kV～750kV 电网继电保护装置运行整定规程》、DL/T 584《3kV～110kV 电网继电保护装置运行整定规程》、DL/T 1502《厂用电继电保护整定计算导则》的相关要求对本企业发电机变压器保护及厂用电保护的定值进行整定，并根据所在电网定期提供的系统阻抗值及时校核定值。在对发电机-变压器组保护进行整定计算时应遵循 DL/T 684《大型发电机变压器继电保护整定计算导则》所确定的整定原则。

保护整定注意事项如下。

（1）在整定计算大型机组高频、低频、过电压和欠电压保护时应分别根据发电机组在并网前、后的不同运行工况和制造厂提供的发电机组的特性曲线进行。同时还需注意励磁系统过电压、欠电压以及过励磁、低励磁限制及失磁保护的整定配合关系。

（2）在整定计算发电机-变压器组的过励磁保护时应全面考虑主变压器及高压厂用变压器的过励磁能力，并按电压调节器过励磁限制首先动作，其次是发电机-变压器组过励磁保护动作，然后再是发电机转子过负荷动作的阶梯关系进行。

（3）整定计算发电机定子接地保护时必须根据发电机在带不同负荷的运行工况下实测基波零序电压和三次谐波电压的实测值数据进行。

（4）整定计算发电机-变压器组负序电流保护应根据制造厂提供的对称过负荷和负序电的 A 值进行。

（5）整定计算发电机、变压器的差动保护时，在保护正确、可靠动作的前提下，不宜整定过于灵敏，以避免不正确动作。

第二节 基 本 原 则

根据 GB/T 31464—2015《电网运行准则》中 5.3.2.6 的规定，继电保护整定计算的基本工作原则如下。

（1）继电保护的整定计算应遵循 DL/T 559《220kV～750kV 电网继电保护装置运行整定规程》、DL/T 584《3kV～110kV 电网继电保护装置运行整定规程》、DL/T 684《大型发电机变压器继电保护整定计算导则》等标准所确定的整定原则。

（2）网与网、网与厂的继电保护定值应相互协调。根据 GB/T 31464—2015《电网运行准则》中 6.12.1 规定，整定计算与协调的要求如下。

1）互联电网各方设备配置的与电网运行有关的继电保护装置投入运行后，遇有因电网结构变化等情况需要重新核算继电保护整定值时，应按 DL/T 559《220kV～750kV 电网继电保护装置运行整定规程》和 DL/T 584《3kV～110kV 电网继电保护装置运行整定规程》所规定的原则进行整定。

2）涉及网厂双方或不同电网之间的接口定值，各方应按局部服从整体、低压电网服从高压电网、下级电网服从上级电网的原则处理。

（3）厂用电整定计算应遵循 DL/T 1502《厂用电继电保护整定计算导则》所确定的整定原则。

第三节　定　值　管　理

各级继电保护部门应根据 DL/T 559《220kV～750kV 电网继电保护装置运行整定规程》、DL/T 584《3kV～110kV 电网继电保护装置运行整定规程》、DL/T 684《大型发电机变压器继电保护整定计算导则》等规定制定整定范围内继电保护整定计算方案。

各级调控部门应制定保护装置定值计算管理规定。定值计算应严格执行有关规程、规定，定期交换交界面的整定计算参数和定值，严格执行交界面整定限额。各发电企业和电力用户涉网保护应严格执行调控机构的涉网保护定值限额要求，并将涉网保护定值上报到相应调控机构备案。

各级调控部门和发电厂应结合电网发展变化，定期编制或修订系统《继电保护整定方案》，整定方案需妥善保存，以便日常运行或事故处理时核对。

一、整定方案的主要内容

（1）对系统近期电源及输电网络发展的考虑。
（2）各种保护装置的整定原则。
（3）变压器中性点接地的安排。
（4）正常和特殊方式下有关调度运行的注意事项或规定事项。
（5）各级调度管辖范围分界点间继电保护整定限额。
（6）系统主接线图。
（7）系统保护运行、配置及整定方面存在的问题和改进意见。
（8）系统继电保护装置配置情况及其操作规定。
（9）需要做特殊说明的其他问题。

二、对定值通知单的规定

（1）现场保护装置定值的变更，应按定值通知单的要求执行，并依照规定日期完成。如根据一次系统运行方式的变化，需要变更运行中保护装置的整定值时，应在定值通知单上说明。

（2）旁路代送线路应符合以下要求。

1）旁路保护各段定值与被代送线路保护各段定值应相同。

2）旁路断路器的微机保护型号与线路微机保护型号相同且两者电流互感器变比亦相同，旁路断路器代送该线路时，使用该线路本身型号相同的微机保护定值；否则，使用旁路断路器专用于代送线路的微机保护定值。

（3）对定值通知单的控制字应给出具体数值，为了便于运行管理，各级继电保护部门对直接管辖范围内的每种微机保护装置中每个控制字的选择应尽量统一，不宜太多。

（4）定值通知单应有计算人、审核人和批准人签字并加盖"继电保护专用章"方能有效。定值通知单应按年度编号，注明签发日期、限定执行日期和作废的定值通知单号等，在无效的定值通知单上加盖"作废"章。

（5）定值通知单宜通过网络管理系统实行在线闭环管理，网络化管理定值应同时进行纸质存档。非网络化管理定值通知单宜一式 4 份，其中下发定值通知单的继电保护部门自存 1 份、调度 1 份、运行单位 2 份（现场及继电保护专业各 1 份），新安装保护装置投入运行后，施工单位应将定值通知单移交给运行单位，运行单位接到定值通知单后，应在限定日期内执行完毕，并在继电保护记事簿上写出书面交代，并及时填写上报定值回执。

（6）定值变更后，由现场运行人员、监控人员和调度人员按调度运行规程的相关规定核对无误后方可投入运行，调度人员、监控人员和现场运行人员应在各自的定值通知单上签字和注明执行时间。

66kV 及以上系统继电保护装置整定计算所需要的电力主设备及线路参数，应使用实测参数值，不允许使用设计参数下发正式定值通知单。

做好保护定检管理工作，现场定检后要进行三核对，核对检验报告与定值单一致、核对定值单与设备设定值一致、核对设备参数设定值符合现场实际。

三、对涉网定值通知单应执行的规定

（1）现场数字式继电保护装置定值的变更，应按定值通知单的要求执行，并依照规定日期完成。如根据一次系统运行方式的变化，需要变更运行中保护装置的整定值时，应在定值通知单上说明。在特殊情况急需改变保护装置定值时，由调度（值长）下令更改定值后，保护装置整定机构应于两天内补发新定值通知单。

（2）旁路断路器代线路断路器时，若旁路与被代线路的电流互感器变比相同，则旁路数字式继电保护装置各段定值与被代线路保护装置各段定值宜相同。

（3）对定值通知单的控制字宜给出具体数值。

（4）定值通知单应有计算人、审核人和批准人签字并加盖"继电保护专用章"方能有效。定值通知单应按年度编号，注明签发日期、限定执行日期和作废的定值通知单号等，在无效的定值通知单上加盖"作废"章。

（5）定值通知单一式 4 份，其中下发定值通知单的继电保护机构自存 1 份、调度 1 份、电厂 2 份（现场及继电保护专业各 1 份）；新安装保护装置投入运行后，施工单位应将定值通知单移交给电厂；电厂接到定值通知单后，应在限定日期内执行完毕，并在继电保护记事簿上写出书面交代，将"回执"返回发定值通知单单位。

（6）线路保护的定值变更后，由现场运行人员与网（省）调调度人员核对无误后方可投入运行。调度人员和现场运行人员应在各自的定值通知单上签字和注明执行时间。

属于厂内管理的定值，应参照涉网的管理程序制定厂内保护定值整定及管理的相关制度，以明确厂内定值的计算、审核、批准及执行各环节程序。

新的软件程序通过试验室的全面试验后，方允许在现场投入运行。新安装保护装置投入

运行后，施工单位应将设备软件的版本移交给电厂；设备软件的版本应按年度编号，注明程序版本号、校验码（或程序和数）、拷贝日期、签发日期、限定执行日期、拷贝人签字、审核人签字、批准人签字、使用单位签字和作废的程序通知单号等，并加盖"继电保护专用章"后方能有效。在无效的版本通知单上加盖"作废"章。继电保护装置定值通知单及有关版本通知单应设专人管理，登记在册，定期监督检查。

第八章

装置检验内容与周期

第一节　验收检验与定期检验

一、新安装装置的验收检验

新安装装置的验收检验，在下列情况进行。

（1）当新安装的一次设备投入运行时。

（2）当在现有的一次设备上投入新安装的装置时。

二、运行中装置的定期检验及检验内容

（1）运行中装置的定期检验。运行中装置的定期检验分为三种：全部检验、部分检验、用装置进行断路器跳、合闸试验。

（2）常规继电保护装置检验项目见表 2-8-1。

表 2-8-1　　　　　　　　　常规继电保护装置检验项目

序号	检验项目	新安装	全部检验	部分检验
1	检验前准备工作	√	√	√
2	TA、TV 检验	√	—	—
3	TA、TV 二次回路检验	√	√	√
4	二次回路绝缘检查	√	√	√
5	装置外部检查	√	√	√
6	装置绝缘试验	√	—	—
7	装置上电检查	√	√	√
8	工作电源检查	√	√	—
9	模数变换系统检验	√	√	—
10	开关量输入回路检验	√	√	√
11	输出触点及输出信号检查	√	√	√
12	事件记录功能	√	√	√
13	安全稳定控制装置信息传送和启动判据检查	√	√	√
14	整定值的整定及检验	√	√	—
15	纵联保护通道检验	√	√	√
16	操作箱检验	√	—	—
17	整组试验	√	√	√
18	与厂站自动化系统、继电保护及故障信息管理系统配合检验	√	√	√
19	装置投运	√	√	√

（3）其他装置全部检验和部分检验的项目见 DL/T 995《继电保护和电网安全自动装置检验规程》相关规定。

三、定期检验的内容与周期

（1）定期检验应根据 DL/T 995《继电保护和电网安全自动装置检验规程》所规定的周期、项目及各级主管部门批准执行的标准化作业指导书的内容进行。

（2）定期检验周期计划的制定应综合考虑设备的电压等级及工况，按 DL/T 995《继电保护和电网安全自动装置检验规程》要求的周期、项目进行。在一般情况下，定期检验应尽可能配合在一次设备停电检修期间进行。220kV 电压等级及以上继电保护装置的全部检验及部分检验周期见表 2-8-2 和表 2-8-3。电网安全自动装置的定期检验参照数字式继电保护装置的定期检验周期进行。

表 2-8-2　继电保护装置全部检验周期

编号	设备类型	全部检验周期（年）	定义范围说明
1	数字式装置	6	包括装置引入端子外的交、直流及操作回路，以及涉及的辅助继电器、操作机构的辅助点，直流控制回路的自动开关等
2	非数字式装置	4	
3	保护专用光纤通道，复用光纤或微波连接通道	6	指站端保护装置连接用光纤通道及光电转换装置
4	保护用载波通道的设备（包含与通信复用、电网安全自动装置合用且由其他部门负责维护的设备）	6	涉及如下相应的设备：高频电缆、结合滤波器、差接网络、分频器

表 2-8-3　继电保护装置部分检验周期

编号	设备类型	部分检验周期（年）	定义范围说明
1	数字式装置	2～3	包括装置引入端子外的交、直流及操作回路，以及涉及的辅助继电器、操作机构的辅助点，直流控制回路的自动开关等
2	非数字式装置	1	
3	保护专用光纤通道、复用光纤或微波连接通道	2～3	指光头擦拭、收信裕度测试等
4	保护用载波通道的设备（包含与通信复用、电网安全自动装置合用且由其他部门负责维护的设备）	2～3	指传输衰耗、收信裕度测试等

制定部分检验周期计划时，可视装置的电压等级、制造质量、运行工况、运行环境与条件，适当缩短检验周期、增加检验项目。

新安装装置投运后一年内必须进行第一次全部检验。在装置第二次全部检验后，若发现装置运行情况较差或已暴露出了需予以监督的缺陷，可考虑适当缩短部分检验周期，并有目的、有重点地选择检验项目。

110kV 电压等级的数字式装置宜每 2～4 年进行一次部分检验，每 6 年进行一次全部检验；非数字式装置参照 220kV 及以上电压等级同类装置的检验周期。

利用装置进行断路器的跳、合闸试验宜与一次设备检修结合进行。必要时，可进行补充检验。

母线差动保护、断路器失灵保护及电网安全自动装置中投切发电机组、切除负荷、切除线路或变压器的跳、合断路器试验，允许用导通方法分别证实至每个断路器接线的正确性。

第二节　运行中装置的补充检验

运行中装置的补充检验分为五种。包括对运行中的装置进行较大的更改或增设新的回路后的检验；检修或更换一次设备后的检验；运行中发现异常情况后的检验；事故后检验；已投运行的装置停电一年及以上，再次投入运行时的检验。

补充检验的内容如下。

（1）因检修或更换一次设备（断路器、电流和电压互感器等）所进行的检验，应根据一次设备检修（更换）的性质，确定其检验项目。

（2）运行中的装置经过较大的更改或装置的二次回路变动后，均应进行检验，并按其工作性质，确定其检验项目。

（3）凡装置发生异常或装置不正确动作且原因不明时，均应根据事故情况，有目的地拟定具体检验项目及检验顺序，尽快进行事故后检验。检验工作结束后，应及时提出报告。

（4）应配备与本企业继电保护及自动装置相对应的检验用仪器仪表。检验所用仪器、仪表应由专人管理，特别应注意防潮、防震。仪器、仪表应定期检验，保证精确度及功能满足继电保护检验要求。

第九章

发电机保护原理及整定计算

第一节　完　全　纵　差　保　护

一、差动速断元件的整定

差动速断动作电流按照躲过机组非同期合闸产生的最大不平衡电流整定。对于大型机组，一般取 $(3\sim5)I_{gn}$（I_{gn} 为发电机额定电流），建议取 $4I_{gn}$。

发电机并网后，当系统处于最小运行方式时，机端保护区内两相短路时的灵敏度应不低于 1.2。

二、比率差动元件的整定

确定最小动作电流，按躲过正常发电机额定负载时的最大不平衡电流整定，即

$$I_{cdqd} \geqslant K_{rel}(K_{ap}K_{cc}K_{er}+\Delta m)I_{gn} \tag{2-9-1}$$

式中　K_{rel}——可靠系数，一般取 $1.5\sim2.0$；

　　　K_{ap}——非周期分量系数，取 $1.5\sim2.0$，TP 级 TA 取 1；

　　　K_{cc}——TA 同型系数，取 0.5；

　　　K_{er}——TA 综合误差，取 0.1；

　　　Δm——装置通道调整误差引起的不平衡电流系数，可取为 0.02。

工程实用整定计算中可取 $(0.2\sim0.3)I_{gn}$。对于正常工作时回路不平衡电流较大的情况，应查明原因。

起始斜率按式（2-9-2）整定，即

$$K_{bl1}=K_{rel}\times K_{cc}\times K_{er} \tag{2-9-2}$$

工程上一般取 $0.05\sim0.10$。

最大斜率按区外短路故障最大穿越性短路电流下可靠不误动条件整定。

（1）机端保护区外三相短路通过发电机的最大三相短路电流按式（2-9-3）整定，即

$$I_{k.max}^{(3)}=\frac{1}{X_d''}\frac{S_B}{\sqrt{3}U_N} \tag{2-9-3}$$

式中　X_d''——折算到 S_B 容量的发电机直轴饱和次暂态同步电抗标幺值；

　　　S_B——基准容量。

（2）差动回路最大不平衡电流按式（2-9-4）整定，即

$$I_{unb.max}=(K_{ap}K_{cc}K_{er}+\Delta m)I_{k.max}^{(3)} \tag{2-9-4}$$

（3）此时最大制动电流 $I_{res.max}=I_{k.max}^{(3)}$ 满足式（2-9-5）的要求，即

$$I_{cdqd}+(K_{bl1}+nK_{blr})n+K_{bl2}(I_{res.max}-n) \geqslant K_{rel}I_{unb.max} \tag{2-9-5}$$

化简为

$$K_{b12} \geqslant \frac{K_{rel}I_{unb.\,max} - (I_{cdqd} + \frac{n}{2}K_{b11})}{I_{res.\,max} - \frac{n}{2}} \qquad (2-9-6)$$

工程上最大斜率一般取 $0.3 \sim 0.7$。

按上述原则整定的比率制动特性，当发电机机端两相金属性短路时，差动保护的灵敏度系数 K_{sen} 一定满足大于或等于 2.0 的要求，不必进行灵敏度校验。

三、高值比率差动元件的整定

高值比率差动保护的各参数均由厂家设定，无须用户整定。

四、工频变化量比率差动元件的整定

工频变化量比率差动保护的各参数均由厂家设定，无须用户整定。

五、 TA 断线闭锁元件的整定

用户根据自身情况选择是否闭锁差动保护，推荐整定为不闭锁。

六、出口方式

动作于停机。

第二节　不完全纵差保护

发电机不完全差动即反应相间和匝间短路，又兼顾分支开焊故障。其基本原理是利用定子各分支绕组的互感，使未装设互感器的分支短路时，不完全纵差保护仍可能动作。

不完全纵差保护的定值整定除了互感器变比选择不同外，其余和完全纵差保护相同。由于不完全纵差保护的不平衡电流较大，因此保护整定值根据实际情况应适当保守。

当 TA 不同型时，互感器同型系数 K_{cc} 应取 1，最小动作电流按式（2-9-7）整定，即

$$I_{cdqd} = (0.3 \sim 0.4)I_{gn} \qquad (2-9-7)$$

第三节　裂相横差保护

一、最小动作电流

最小动作电流由负荷工况下最大不平衡电流决定，由两部分组成：两组互感器在负荷工况下的比误差所造成的不平衡电流；由于定子与转子间气隙不同，使各分支定子绕组电流也不相同，产生的第二种不平衡。因此，裂相横差保护的 I_{cdqd} 比完全纵差保护的大。

$$I_{cdqd} = (0.2 \sim 0.4)I_{gn} \qquad (2-9-8)$$

二、制动系数

制动系数 K 可按照式（2-9-9）整定，即

$$K = 0.3 \sim 0.6 \qquad (2-9-9)$$

三、拐点电流

拐点电流 I_{r0} 可按照式（2-9-10）整定，即

$$I_{r0} = (0.7 \sim 1.0)I_{gn} \qquad (2-9-10)$$

第四节　零序电流横差保护

一、零序电流型横差高定值段

动作电流按照躲过发电机外部不对称短路故障或发电机转子偏心产生的最大不平衡电流来整定，取值可参考式（2-9-11）。

$$I_{op} = (0.20 \sim 0.30)I_{gn}/n_a \qquad (2-9-11)$$

式中　n_a——中性点连接线上的 TA 变比。

二、零序电流型横差灵敏段

动作电流按躲过发电机正常运行时最大不平衡电流整定，可靠系数大于 2，一般可按式（2-9-12）取值，即

$$I_{op} = 0.05I_{gn}/n_a \qquad (2-9-12)$$

在发电机励磁回路一点接地动作后，为防止励磁回路发生瞬时性两点接地时横差保护误动，保护切换为 0.5～1.0s 延时动作于停机。

第五节　定子绕组单相接地保护

（1）基波零序电压保护，保护发电机 85%～95% 的定子绕组单相接地，设两段定值。
灵敏段保护动作应满足式（2-9-13），即

$$U_{n0} > U_{0zd} \qquad (2-9-13)$$

式中　U_{0zd}——基波零序电压保护低定值。

灵敏段一般动作于发信，动作于跳闸时经主变压器高压侧零序电压闭锁。
高值段保护动作应满足式（2-9-14），即

$$U_{n0} > U_{0hzd} \qquad (2-9-14)$$

式中　U_{0hzd}——基波零电压保护高定值。

高值段动作于跳闸。

（2）三次谐波电压比率定子接地保护，只保护发电机中性点 25% 左右的定子接地，保护动作满足式（2-9-15），即

$$U_{3T}/U_{3N} > K_{3wZD} \qquad (2-9-15)$$

式中 U_{3T}——发电机机端三次谐波电压；

U_{3N}——发电机中性点三次谐波电压。

机组并网前后，机端等值容抗有较大的变化，因此三次谐波电压比率关系也随之变化，装置在机组并网前后各设一段定值，随机组出口断路器位置接点变化自动切换。

（3）三次谐波电压差动定子接地保护动作满足式（2-9-16），即

$$|\dot{U}_{3T} - K\dot{U}_{3N}| > k_{re}U_{3N} \qquad (2-9-16)$$

式中 K——调整系数；

k_{re}——制动系数。

三次谐波电压差动判据动作于信号。

（4）接地电阻定子接地判据设有两段接地电阻定值，高定值段作用于报警，低定值段作用于延时跳闸，延时可分别整定。

报警段保护动作满足式（2-9-17），即

$$R_E < R_{EsetH} \qquad (2-9-17)$$

式中 R_{EsetH}——接地电阻高定值。

跳闸段保护动作满足式（2-9-18）。

$$R_E < R_{EsetL} \qquad (2-9-18)$$

式中 R_{EsetL}——接地电阻低定值。

接地电阻低定值段经安全接地电流闭锁，即只有当接地故障电流超过安全电流时，才允许接地电阻跳闸判据动作。

（5）接地电流定子接地判据。考虑当接地点靠近发电机机端时，检测量中的基波分量会明显增加，影响低频分量的检测灵敏度。为了提高此种情况下保护的灵敏度，增设接地电流辅助判据。

$$I_{g0} > I_{Eset} \qquad (2-9-19)$$

式中 I_{g0}——接地电流。

能够反映距发电机机端$80\% \sim 90\%$的定子绕组单相接地，而且接地点越靠近发电机机端其灵敏度越高，因此能够很好地与接地电阻判据构成高灵敏的100%定子接地保护方案。

（6）灵敏段动作电压U_{op}按躲过正常运行时最大不平衡基波零序电压整定，即

$$U_{op} = K_{rel}U_{0.max} \qquad (2-9-20)$$

式中 K_{rel}——可靠系数，取$1.2 \sim 1.3$；

$U_{0.max}$——实测不平衡基波零序电压，实测前可初取$(5\sim10)\%U_{0n}$；

U_{0n}——机端单相金属性接地时零序电压的二次值，即100V。

应校验系统高压侧接地短路时，通过升压变压器高低压绕组间的每相耦合电容传递到发电机侧的零序电压U_{g0}，是否会引起基波零序电压保护误动。

（7）高值段动作电压可取$(20\%\sim25\%)U_{0n}$，延时$0.3\sim1.0s$。

（8）三次谐波比率定值。若实测发电机正常运行时的最大三次谐波电压比值α_0，则取阀值$\alpha = (1.1\sim1.3)\alpha_0$。

（9）三次谐波差动定值。调整系数K，使发电机正常运行时动作量最小，按照DL/T 684《大型发电机变压器继电保护整定计算导则》的规定，其取值参考厂家技术说明书，推荐取$0.3\sim0.5$。

（10）接地电阻高值段一般取 $1 \sim 5k\Omega$，延时 $1 \sim 5s$ 告警。

（11）接地电阻低值段一般取 $1 \sim 5k\Omega$，延时 $0.4 \sim 0.8s$ 停机。

（12）零序电流跳闸定值。反应的是流过发电机中性点接地连线上的电流，保护距发电机机端 80% 范围的定子绕组接地故障，一般按式（2-9-21）整定，即

$$I_{op} = K_{rel} \times 0.2 \times \frac{U_{Nsec}}{R_L} \times \frac{1}{n_{TA}} \tag{2-9-21}$$

式中　U_{Nsec}——发电机额定电压时，机端发生金属性接地故障，负载电阻两端的电压；

　　　　R_L——发电机中性点接地变压器二次侧负载电阻；

　　　　n_{TA}——发电机中性点电流互感器变比。

需校核系统接地故障传递电压对零序电流判据的影响。动作时限取 $0.4 \sim 0.8s$，动作于停机。

第六节　失　磁　保　护

一、失磁保护 I 段

推荐配置定子判据＋转子电压判据，延时 $0.5 \sim 1.0s$，动作于切换至备用励磁设备。

二、失磁保护 II 段

推荐配置低电压判据＋定子判据＋转子电压判据，延时 $0.5 \sim 1.0s$，动作于停机。不推荐只投母线电压判据＋转子电压判据的方式。

三、失磁保护 III 段

推荐配置定子判据＋转子电压判据，延时 $0.5 \sim 1.0s$，动作于停机。

根据发生失磁故障后机端各电量的变化规律和对系统及失磁发电机安全运行的要求，形成失磁保护判据。

1. 定子侧阻抗判据

定子侧阻抗判据包括异步边界阻抗圆判据和静稳极限阻抗圆判据。

2. 低电压判据

低电压判据包括系统低电压判据和机端低电压判据。

3. 转子侧判据

转子侧判据包括转子低电压判据和变励磁电压判据。

四、定子侧阻抗判据

异步边界阻抗圆主要用于与系统联系紧密的发电机失磁故障检测，其原理见图 2-9-1。

$$X_a = -\frac{X'_d}{2} \times \frac{U_{gn}^2 \times n_a}{S_{gn} \times n_v} \tag{2-9-22}$$

$$X_b = -X_d \times \frac{U_{gn}^2 \times n_a}{S_{gn} \times n_v} \tag{2-9-23}$$

式中　X'_d——发电机暂态电抗不饱和值，标幺值；

X_d——发电机同步电抗不饱和值，标幺值；

U_{gn}——发电机额定电压；

S_{gn}——发电机额定视在功率；

n_a、n_v——电流互感器和电压互感器变比。

静稳极限阻抗圆，对于水轮发电机为滴状曲线，其原理见图2-9-2。

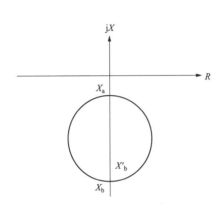

图 2-9-1　异步边界阻抗圆

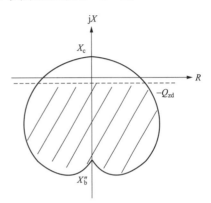

图 2-9-2　静稳极限阻抗圆

$$X_c = X_S \times \frac{U_{gn}^2 \times n_a}{S_{gn} \times n_v} \qquad (2-9-24)$$

$$X_b'' = -X_q \times \frac{U_{gn}^2 \times n_a}{S_{gn} \times n_v} \qquad (2-9-25)$$

式中　X_S——系统处于最小运行方式时发电机与系统间联系电抗；

X_q——发电机q轴同步电抗不饱和值，标幺值。

五、无功反向判据

采用静稳边界圆阻抗继电器和滴状曲线静稳极限阻抗继电器时需投入无功反向判据，按躲过发电机允许的进相进行无功整定，即

$$Q_{zd} = K_{rel} \times \frac{Q_{jx}}{P_{gn}} \qquad (2-9-26)$$

式中　Q_{jx}——发电机允许的进相运行无功。

六、低电压判据

主变压器高压侧低压判据，用于防止低励失磁故障引发无功储备不足的系统电压崩溃，动作于发电机解列。一般可按式（2-9-27）整定，即

$$U_{op.3ph} = (0.85 \sim 0.95)U_{h.min} \qquad (2-9-27)$$

式中　$U_{h.min}$——高压母线最低正常运行电压。

机端低压判据，用于判断失磁故障对厂用电系统的影响，动作于切换厂用电，按不破坏厂用电安全和躲过强励启动电压整定，即

$$U_{op.3ph} = (0.85 \sim 0.90)U_{gn} \qquad (2-9-28)$$

七、转子低电压判据

转子低电压判据按式（2-9-29）整定，即

$$U_{\text{fd.op}} = K_{\text{rel}} \times U_{\text{fd0}} \qquad (2-9-29)$$

式中　K_{rel}——可靠系数，《大型发电机变压器继电保护整定计算导则》推荐取0.8，厂家推荐取0.2～0.5；

U_{fd0}——发电机空载额定励磁电压。

八、变励磁电压判据

与系统并联运行的发电机，对应某一有功功率P，将有为维持静态稳定极限所必需的励磁电压U_{fd}，动作判据见式（2-9-30），动作原理见图2-9-3。

$$U_{\text{fd.op}} \leqslant K_{\text{xs}} \times U_{\text{fd0}} \times \frac{P - P_{\text{t}}}{S_{\text{n}}} \qquad (2-9-30)$$

$$K_{\text{xs}} = K_{\text{rel}} \times (X_{\text{d}} + X_{\text{s}}) \qquad (2-9-31)$$

$$P_{\text{t}} = \frac{1}{2} \times \left(\frac{1}{X_{\text{q}} + X_{\text{s}}} - \frac{1}{X_{\text{d}} + X_{\text{s}}} \right) \qquad (2-9-32)$$

式中　P——发电机输出功率，标幺值；

P_{t}——发电机凸极功率幅值，标幺值；

U_{fd0}——发电机励磁空载额定电压有名值；

K_{rel}——可靠系数；

X_{d}——发电机同步电抗，标幺值；

X_{s}——系统联系电抗，标幺值；

X_{q}——发电机q轴同步电抗不饱和值标幺值。

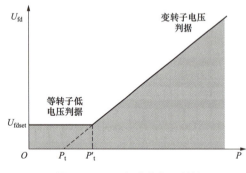

图2-9-3　变励磁电压判据

九、辅助闭锁判据

（1）TV断线闭锁判据。当机端电压互感器发生断线时，为防止定子阻抗判据误动作，需要予以闭锁。

（2）无流闭锁判据。设置无流门槛，在发电机并网前闭锁失磁保护。

负序电流闭锁判据的作用是避免在某些故障或异常运行工况下，失磁保护误动。动作电流取$(1.2\sim1.4)I_{2\infty}$，$I_{2\infty}$为发电机长期允许负序电流。

（3）负序电压闭锁判据。该判据的作用是避免在某些故障或异常运行工况下，失磁保护误动。动作电压取$(0.05\sim0.06)U_{\text{gn}}$。

第七节　复压过电流保护

（1）过电流定值按发电机额定负荷下可靠返回的条件整定，即

$$I_{\text{op}} = \frac{K_{\text{rel}}}{K_{\text{r}}} I_{\text{gn}} \qquad (2-9-33)$$

式中　K_{rel}——可靠系数，取 $1.3 \sim 1.5$；

　　　K_r——返回系数，取 $0.9 \sim 0.95$。

灵敏系数按主变压器高压侧母线两相短路的条件校验，要求 $K_{sen} \geqslant 1.3$。

$$K_{sen} = \frac{I_{k.min}^{(2)}}{I_{op}} \qquad (2-9-34)$$

动作延时，按大于主变压器后备保护的动作时限整定。当和保证发电机安全允许时限（如转子负序过负荷允许时限）相矛盾且无转子负序过负荷反时限保护时，应以发电机安全允许时限为准。

（2）低电压定值按躲过发电机失磁时最低电压整定，对于水轮发电机按式（2-9-35）整定，即

$$U_{op} = 0.7 U_{gn} \qquad (2-9-35)$$

灵敏系数按主变压器高压侧母线三相短路的条件校验，要求 $K_{sen} \geqslant 1.2$。

$$K_{sen} = U_{g \cdot set} / X_t I_{k.max}^{(3)} \qquad (2-9-36)$$

式中　$I_{k.max}^{(3)}$——主变压器高压侧母线三相短路时，保护安装处的最大短路电流；

　　　X_t——主变压器电抗。

（3）负序过电压定值按躲过发电机正常运行时的不平衡电压整定，一般可按式（2-9-37）取值，即

$$U_{op.2} = (0.06 \sim 0.08) U_N \qquad (2-9-37)$$

灵敏系数应按主变压器高压侧母线两相短路的条件校验，要求 $K_{sen} \geqslant 1.5$，即

$$K_{sen} = \frac{U_{2.min}}{U_{op.2}} \qquad (2-9-38)$$

式中　$U_{2.min}$——主变压器高压侧母线两相短路时，保护安装处的最小负序电压。

第八节　转子表层过负荷保护

一、定时限负序过负荷

定时限负序过负荷按发电机长期允许的负序电流下能可靠返回的条件整定，即

$$I_{op} = K_{rel} \frac{I_{2\infty} I_{gn}}{K_r} \qquad (2-9-39)$$

式中　K_{rel}——可靠系数，取 1.2；

　　　K_r——返回系数，取 $0.9 \sim 0.95$，条件允许应取较大值；

　　　$I_{2\infty}$——发电机长期允许负序电流标幺值，为发电机额定电流二次值。

保护延时按躲过后备保护的最大延时整定，动作于信号。

二、反时限负序过负荷

（1）反时限动作特性与发电机允许的负序电流特性一致。

发电机短时承受负序过电流倍数与允许持续时间的关系为

$$t \leqslant \frac{A}{I_{*\cdot 2}^2 - I_{*\cdot 2\infty}^2} \qquad (2-9-40)$$

式中　A——转子表层承受负序电流的常数；

$\quad I_{*.2}$——发电机负序电流的标幺值；

$\quad I_{*.2\infty}$——发电机长期允许负序电流标幺值。

上限电流按变压器高压侧两相短路的条件计算，可按式（2-9-41）整定。

$$I_{2op.\,max}=\frac{I_{gn}}{(X''_d+X_2+2X_T)n_a}\qquad(2-9-41)$$

式中　X_2——发电机负序电抗，标幺值。

（2）上限最小延时与线路快速保护配合，一般取 $0.3\sim0.5s$。

（3）下限电流，按与定时限动作电流配合的原则整定，可按式（2-9-42）整定，即

$$I_{2op.\,min}=K_{co}I_{2op}\qquad(2-9-42)$$

式中　K_{co}——配合系数，取 $1.0\sim1.05$。

下限动作延时需考虑保护装置最大延时，一般为 $1000s$。

第九节　逆功率保护

一、动作功率

动作功率按式（2-9-43）整定，即

$$P_{op}=K_{rel}(P_1+P_2)\qquad(2-9-43)$$

式中　K_{rel}——可靠系数，取 $0.5\sim0.8$；

$\quad P_1$——水轮机在逆功率运行时的最小损耗，一般取额定功率的 $2\%\sim4\%$；

$\quad P_2$——发电机在逆功率运行时的最小损耗，一般取 $P_2=(1-\eta)P_{gn}$，η 为发电机效率，一般取 $98.6\%\sim98.7\%$，P_{gn} 为发电机额定功率。

一般按 $1\%\sim2\%$ 额定有功整定，程序逆功率建议整定为 1% 的额定有功。

二、动作延时

（1）逆功率保护，不经导水叶触点闭锁，延时 $15s$ 动作于信号，动作于解列时，根据水轮机允许的逆功率运行时间，一般取 $1\sim3min$。

（2）程序跳闸逆功率，经导水叶触点闭锁，延时 $0.5\sim1.5s$ 动作于解列。

第十节　频率异常保护

近年来，考虑频率异常对大型水轮发电机组安全的影响，也装设频率保护。

频率异常时允许运行的时间与频率值及具体机组有关，实用中通常由厂家分段给出每频率段对应的允许运行时间。

DL/T 684《大型发电机变压器继电保护整定计算导则》对大型发电机组频率异常运行允许时间给出了具体建议值，但目前没有水轮机组的相关规定，整定时可借鉴参考汽轮机的相关数据，并根据制造厂提供的技术参数确定。

当频率保护动作于发电机解列时，其低频段应注意与电力系统低频减负荷装置协调，要

求在减负荷过程中频率异常不应解列发电机。

第十一节　定子过电压保护

发电机主绝缘耐压水平，按通常试验标准为1.3倍额定电压持续60s，而实际过电压数值和持续时间有可能超过发电机定子绕组这个耐压试验标准，从而对发电机主绝缘构成直接威胁，需装设过电压保护。

我国通常采用一段式定时限过电压保护，其原因之一是大型发电机-变压器组已装有较完善的反时限过励磁保护，该保护在工频下也能够反映过电压，因此，单纯过电压保护不宜很复杂。

定子过电压保护的整定值，应根据电机制造厂提供的允许过电压能力或定子绕组的绝缘状况整定。

（1）对于水轮发电机，可按式（2-9-44）整定，即

$$U_{op} = 1.5U_{gn} \tag{2-9-44}$$

延时0.5s动作于解列灭磁。

（2）对于采用可控硅励磁的水轮发电机，可按式（2-9-45）整定，即

$$U_{op} = 1.3U_{gn} \tag{2-9-45}$$

延时0.3s动作于解列灭磁。

第十二节　失　步　保　护

对于失步保护的基本要求如下：应能鉴别短路故障、稳定振荡和非稳定振荡，且只在发生非稳定振荡时可靠动作；失步保护一般只发信号，当振荡中心位于发电机-变压器组内部或失步振荡持续时间过长、威胁发电机安全时才动作于跳闸；应在两侧电动势相位差小于90°条件下跳开断路器，避免断开容量过大。

（1）遮挡器特性按式（2-9-46）～式（2-9-48）整定，即

$$Z_a = (X_s + X_c) \times \frac{U_{gn}^2 \times n_a}{S_{gn} \times n_v} \tag{2-9-46}$$

$$Z_b = -X_d' \times \frac{U_{gn}^2 \times n_a}{S_{gn} \times n_v} \tag{2-9-47}$$

$$\phi = 80° \sim 85° \tag{2-9-48}$$

式中　X_d'——发电机暂态电抗；

X_c——主变压器电抗；

X_s——系统联系电抗（一般考虑最大运行方式时阻抗）标幺值；

ϕ——系统阻抗角；

U_{gn}、S_{gn}——发电机额定电压和额定视在功率。

（2）透镜内角按式（2-9-49）整定，即

$$\alpha = 180° - 2\arctan \frac{2Z_r}{Z_a + Z_b} \tag{2-9-49}$$

一般取 $Z_r \leqslant \dfrac{1}{1.3} R_{L.\min}$，$R_{L.\min}$ 为发电机最小负荷阻抗。透镜内角 α 一般取 $90° \sim 120°$。

（3）电抗线按式（2-9-50）整定，即

$$Z_c = 0.9 Z_t \qquad (2\text{-}9\text{-}50)$$

式中　Z_t——变压器阻抗。

（4）滑极次数整定。振荡中心在区外时，滑极可整定 $2 \sim 15$ 次，动作于信号；振荡中心在区内时，滑极一般整定 $1 \sim 2$ 次，动作于跳闸或信号。

（5）跳闸允许电流 I_{off} 整定。按断路器允许遮断电流 I_{brk} 整定，由断路器制造厂家提供，如无提供，按 $25\% \sim 50\%$ 断路器额定遮断电流考虑。断路器额定遮断电流按式（2-9-51）整定，即

$$I_{off} = K_{rel} I_{brk} \qquad (2\text{-}9\text{-}51)$$

式中　K_{rel}——可靠系数，取 $0.85 \sim 0.90$。

　　　　I_{brk}——断路器额定遮断电流。

第十三节　定子对称过负荷保护

对于大型机组，发热时间常数较低，为了避免绕组温升过高，必须装设较完善的定子绕组对称过负荷保护。为限制定子绕组温升，实际上就是要限制定子绕组电流，所以对称过负荷保护，是通过定子绕组对称过电流保护来实现的。

通常由定时限保护和反时限保护组成，定时限元件通常按较小的过电流倍数整定，动作于告警或减出力；反时限元件在启动后即报警，然后按反时限特性动作于跳闸。

发电机过电流倍数与相应的允许持续时间的关系，由制造厂家提供的定子绕组过负荷曲线确定。

（1）定时限过负荷按发电机长期允许的负荷电流能可靠返回整定，同式（2-9-33）。保护延时按躲后备保护的最大延时整定，动作于信号或自动减负荷。

（2）反时限过负荷保护动作方程按式（2-9-52）整定，即

$$t = \frac{K_{tc}}{I_*^2 - (1 + \alpha)} \qquad (2\text{-}9\text{-}52)$$

式中　K_{tc}——定子绕组热容量系数；

　　　　I_*——定子额定电流为基准的标幺值；

　　　　α——散热系数，一般取 $0.02 \sim 0.05$。

虽然发电机的过负荷过程基本都呈现反时限特性，但保护的动作曲线不可能和机组过负荷曲线完全吻合，因此只能选取相对合理的整定值来拟和给定曲线。

反时限特性原则上低于给定曲线，低电流段越靠近越好，高电流段偏差可以略大。

第十四节　励磁绕组过负荷保护

当励磁变压器或整流装置发生故障时，或者励磁绕组内部发生部分绕组短路故障时以及在强励过程中，都会发生励磁绕组过负荷（过电流），会引起过热，损伤励磁绕组。

大型发电机上的自动励磁调节装置，通常设有过励磁限制环节，具有防止励磁回路过负荷的作用，但仍需考虑其失效的对策，要求独立于励磁装置之外的保护设备。因此大型机组规定装设完善的励磁绕组过负荷保护，并希望能对整个励磁主回路提供后备保护。

发电机励磁绕组过负荷保护可以配置在直流侧，也可配置在交流侧，取决于传感器的安装位置。一般装设在励磁变压器低压侧。

一、定时限过负荷保护

定时限过负荷保护动作电流按正常运行的额定励磁电流下能可靠返回的条件整定，即

$$I_{op} = K_{rel} \frac{I_{gm}}{K_r} \tag{2-9-53}$$

当保护配置在交流侧时，额定励磁电流 I_{fdn} 应变换至交流侧的有效值 I_{jl}，对于三相全桥整流情况，$I_{jl} = 0.816 I_{fdn}$。

保护延时按躲过后备保护的最大延时整定，动作于信号或自动减负荷。

二、反时限过负荷保护

（1）反时限定值由制造厂家提供的转子绕组允许的过负荷能力确定，可以按式（2-9-54）整定，即

$$t = \frac{C}{(I_{fd}/I_{jz})^2 - 1} \tag{2-9-54}$$

式中　C——转子绕组过热常数；

$\quad I_{fd}$——转子回路电流；

$\quad I_{jz}$——转子回路基准电流值，一般为 $1.00 \sim 1.05$ 倍正常额定负荷时电流值。

（2）反时限下限电流定值按与定时限过负荷保护配合整定。

（3）反时限上限时间与快速保护配合。

第十五节　过励磁保护

发电机定子铁心过励磁按躲过发电机过励磁能力整定。

过励磁倍数 N 为

$$N = \frac{B}{B_n} = \frac{U/U_{gn}}{f/f_{gn}} = \frac{U_*}{f_*} \tag{2-9-55}$$

式中　U、f——运行电压和频率；

$\quad U_{gn}$、f_{gn}——发电机额定电压及频率；

$\quad U_*$、f_*——电压、频率的标幺值；

$\quad B$、B_n——磁通量及额定磁通量。

过励磁定时限报警段，按式（2-9-56）整定，或以电机制造厂数据为准，即

$$N = \frac{B}{B_n} \tag{2-9-56}$$

式中　B、B_n——磁通量及额定磁通量。

过励磁定时限报警段一般可取 $N=1.1$，动作结果带时限动作于信号和降低发电机励磁电流。

过励磁定时限跳闸段按式（2-9-56）整定，或以电机制造厂数据为准。

过励磁定时限跳闸段一般可取 $N=1.3$，励磁定时限跳闸段动作于解列灭磁或程序跳闸。

反时限过励磁保护按厂家提供的过励磁特性曲线整定。

第十六节　转子一点接地保护

（1）高定值段可取 $10\sim30k\Omega$，一般动作于信号。

（2）低定值段可取 $0.5\sim10k\Omega$，一般动作于信号或跳闸。

以上的定值在发电机运行时与转子绕组绝缘电阻实测值相比较。

动作时限一般整定为 $5\sim10s$。

第十七节　启停机保护

用于反应发电机低转速运行时的定子接地及相间故障，采用对频率不敏感的保护算法。启停机保护为低频运行工况下的辅助保护，低频闭锁定值按额定频率的 $0.8\sim0.9$ 整定。

（1）启停机定子接地保护，由中性点或机端零序过电压保护构成，其定值一般取 10V。延时不小于定子接地基波零序电压保护的延时。

（2）启停机差动保护，按在额定频率下，大于满负荷运行时差动回路中的不平衡电流整定，即

$$I_{op}=K_{rel}I_{unb} \qquad (2-9-57)$$

式中　K_{rel}——可靠系数，取 $1.3\sim1.50$；

I_{unb}——额定频率下，满负荷运行时差动回路中的不平衡电流。

（3）低频过电流保护，其电流定值一般按 $1.1\sim1.3$ 倍的额定电流整定。

第十八节　误上电保护

发电机在盘车或转子静止时，由于出口断路器误合闸，突然加上三相电压，定子电流在气隙产生的旋转磁场会在转子本体中感应工频或者接近工频的电流，其影响与发电机并网运行时定子负序电流相似，会造成转子过热损伤。

发电机误上电保护（突加电压保护）作为发电机停机状态、盘车状态及并网前机组启动过程中错误闭合断路器时的保护。保护装在机端或主变压器高压侧，保护瞬时动作于解列及灭磁。各厂家保护原理不同，包括全阻抗特性、偏移阻抗特性、低频低压特性。

一、全阻抗特性

过电流元件动作值按发电机停机或盘车状态下误合闸时流过发电机的电流整定，即

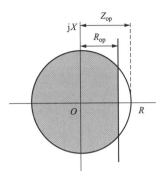

图 2-9-4　全阻抗元件动作圆

$$I_{op} = K_{rel} \frac{I_{gn}}{(X_{s.max} + X''_d + X_T)} \quad (2-9-58)$$

式中　K_{rel}——可靠系数，取 0.5。

全阻抗元件动作圆见图 2-9-4，全阻抗元件动作圆半径按发电机正常并网时刻发电机最大输出电流（考虑一定裕度，取 $0.3I_{gn}$）时保证低阻抗元件不动作的原则整定，即

$$Z_{op} = K_{rel} \frac{U_N}{\sqrt{3} \times 0.3 \times I_{gn}} \quad (2-9-59)$$

电阻动作值按防止正常并网时系统同时发生冲击导致全阻抗元件误动整定，取 $0.85Z_{op}$。

二、偏移阻抗特性

偏移阻抗特性动作圆见图 2-9-5。

过电流元件以误上电时应可靠启动整定，取最小误上电电流的 50%。

若阻抗判据引入主变压器高压侧电流电压，则按式（2-9-60）和式（2-9-61）整定，即

$$Z_F = K_{rel}(X_T + X'_d) \quad (2-9-60)$$

$$Z_B = (5\% \sim 15\%)Z_F \quad (2-9-61)$$

若阻抗判据引入机端电流、电压，则按式（2-9-62）和式（2-9-63）整定，即

$$Z_F = K_{rel}X'_d \quad (2-9-62)$$

$$Z_B = (5\% \sim 15\%)Z_F \quad (2-9-63)$$

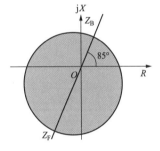

图 2-9-5　偏移阻抗特性动作圆

三、低频低压特性

1. 低压元件

若发电机盘车时，未加励磁，断路器误合，造成发电机异步启动，按（0.2～0.8）额定电压整定。

2. 低频元件

若发电机启停过程中，已加励磁，但频率低于定值，断路器误合，一般按 90%～96% 额定频率整定。

3. 断路器位置接点

若发电机启停过程中，已加励磁，但频率大于定值，断路器误合或非同期合闸应引入断路器位置触点进行判断。

4. 过电流元件

过电流元件已误上电时应可靠启动整定，取最小误上电电流的 50%。

第十九节　断路器失灵保护

当保护发出跳闸命令，而断路器拒跳时启动失灵保护，失灵保护将切断与此回路有关的其他有源开关。

失灵电流判别元件，可以是相电流、零序电流或负序电流，还可整定选择是否经保护动作接点、断路器合闸位置接点闭锁。

发电机内部故障保护跳闸时，如果发电机出口开关失灵，需要及时跳开主变压器高压侧开关、厂用变压器开关，并启动主变压器高压侧开关失灵。失灵保护取机端电流作为判据。

主变压器内部故障保护跳闸时，如果主变压器高压侧开关失灵，需要及时跳开相邻开关。失灵保护取高压侧开关电流作为判据。

（1）失灵相电流元件按躲过发电机额定电流整定，即

$$I_{OP} = \frac{K_{rel}}{K_r} \frac{I_{gn}}{n_a} \qquad (2-9-64)$$

式中　K_{rel}——可靠系数，取 $1.1 \sim 1.3$；

$\quad\quad K_r$——返回系数，取 $0.9 \sim 0.95$。

（2）失灵负序电流元件按躲过发电机正常运行时的最大不平衡电流整定，一般可按式（2-9-65）取值，即

$$I_{2.op} = (0.1 \sim 0.2) I_{gn} \qquad (2-9-65)$$

（3）失灵零序电流元件按躲过发电机正常运行时的最大不平衡电流整定，一般可按式（2-9-66）取值，即

$$I_{0.op} = (0.1 \sim 0.2) I_{gn} \qquad (2-9-66)$$

（4）动作延时按躲开断路器跳闸时间，一般取 $0.3 \sim 0.5s$。

第二十节　发电机轴电流保护

发电机轴电流密度超过允许值，发电机转轴轴颈的滑动表面和轴瓦就会被损坏，为此需装设发电机轴电流保护。发电机轴电流保护，一般选择反应基波分量的轴电流保护，也可经控制字选择反应三次谐波分量的轴电流。

轴电流保护动作值一般按厂家技术说明书整定，轴电流保护一般动作于信号。

第十章

变压器保护原理及整定计算

第一节 变压器差动保护

1. 启动电流

启动电流应按躲过正常变压器额定负载时的最大不平衡电流整定，即

$$I_{cdqd} = K_{rel}(K_{er} + \Delta U + \Delta m)I_e \qquad (2-10-1)$$

式中　I_e——变压器二次额定电流；

K_{rel}——可靠系数，一般取 $1.3 \sim 1.5$；

K_{er}——电流互感器的比误差（10P 型取 0.03×2，5P 型和 TP 型取 0.01×2）；

ΔU——变压器调压引起的误差；

Δm——由于电流互感器变比未完全匹配产生的误差，可取为 0.05。

在工程实用整定计算中可选取 $I_{cdqd} = (0.3 \sim 0.6)I_e$，根据实际情况（现场实测不平衡电流）确有必要时，也可大于 $0.6I_e$。

2. 差流速断

差流速断定值视变压器容量和系统电抗大小而定，主变压器差动速断、发电机－变压器组差动速断建议按 $(5 \sim 6)I_e$ 整定，厂用变压器差动速断、励磁变差动速断建议按 $(6 \sim 8)$ I_e 整定。

差动速断保护灵敏系数应按正常运行方式下保护安装处两相金属性短路计算，要求 K_{sen} $\geqslant 1.2$。

3. 比率制动起始斜率

比率制动起始斜率按式（2-10-2）整定，即

$$K_{bl1} = K_{rel} \times K_{er} \qquad (2-10-2)$$

式中　K_{er}——互感器比误差系数，取 0.1；

K_{rel}——可靠系数，取 $1.0 \sim 2.0$。

比率制动起始斜率一般取 $0.10 \sim 0.20$。

4. 比率制动最大斜率

比率制动最大斜率按式（2-10-3）整定，工程应用中一般可取 0.7。

$$K_{bl2} = \frac{I_{unb.\,max} - I_{cdqd} - 3K_{bl1}}{I_{k.\,max} - 3} \qquad (2-10-3)$$

式中　$I_{unb.\,max}$——最大不平衡电流；

$I_{k.\,max}$——外部短路时最大穿越短路电流周期分量。

校验差动保护区内短路最小电流（主变压器高压侧区内两相短路，由发电机提供短路电流）时灵敏度，要求 $K_{sen} \geqslant 2$。

5. 谐波制动比

一般可整定为 15%～20%，大型变压器一般建议取 15%。

第二节　变压器零序差动保护

变压器零序差动保护原理示意见图 2-10-1，超高压大型变压器相间短路的可能性较

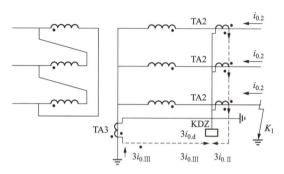

图 2-10-1　零序差动保护原理示意图

小，主要的故障类型是绕组对铁心的绝缘损坏，即单相接地短路。而通常变压器零序差动保护应用在 $Y_N d$ 接线方式的变压器中时，可能存在保护灵敏度不高的问题，尤其是自耦变压器更需要对此加以考虑。

零序差动保护可以提高变压器接地侧内部单相接地故障的灵敏度。实际中，由于 TA2、TA3 变比差别太大，不平衡电流太大，一般主变压器零差退出。

第三节　变压器接地后备保护

（1）中性点直接接地运行时的后备保护。中性点直接接地运行时，零序过电流保护零序电流一般取自主变压器中性点连线上的零序 TA，同时可选择是否经零序电压闭锁。

（2）中性点不接地时的后备保护。中性点不接地时一般配置间隙过电流保护和零序电压保护。

放电间隙是一种比较粗糙的保护，受外界环境状况变化的影响较大，并不可靠，且放电时间不允许过长。因此又装设了专门的零序电流和电压保护作为放电间隙拒动的后备。

零序电压元件的输入取母线电压互感器的开口三角形，用于反应单相接地时的零序过电压；间隙零序电流元件的输入取自放电间隙对地连线的电流互感器，用于反应间隙放电电流。单相接地后，若放电间隙未动，则零序电压元件动作，经延时切除变压器、解列灭磁；若间隙零序电流元件动作，则瞬时切除变压器、解列灭磁。

（3）Ⅰ段零序过电流继电器的动作电流应与相邻线路零序过电流保护第Ⅰ段相配合，可按式（2-10-4）整定，即

$$I_{op.o.I} = K_{rel} K_{brI} I_{op.o.1I} \qquad (2-10-4)$$

式中　$I_{op.o.I}$——Ⅰ段零序过电流保护动作电流（二次值）；

　　　K_{brI}——零序电流分支系数，其值等于线路零序过电流保护Ⅰ段保护区末端发生接地短路时，流过本保护的零序电流与流过该线路的零序电流之比，取各种运行方式的最大值；

　　　K_{rel}——可靠系数，取 1.1；

　　　$I_{op.o.1I}$——与之相配合的线路保护相关段动作电流（二次值）。

（4）Ⅱ段零序过电流继电器的动作电流应与相邻线路零序过电流保护的后备段相配合，可按式（2-10-5）整定，即

$$I_{\text{op.o.II}} = K_{\text{rel}} K_{\text{brII}} I_{\text{op.o.1II}} \tag{2-10-5}$$

式中　$I_{\text{op.o.II}}$——Ⅱ段零序过电流保护动作电流（二次值）；

$\quad K_{\text{brII}}$——零序电流分支系数，其值等于线路零序过电流保护后备段保护区末端发生接地短路时，流过本保护的零序电流与流过该线路的零序电流之比，取各种运行方式的最大值；

$\quad K_{\text{rel}}$——可靠系数，取 1.1；

$\quad I_{\text{op.o.1II}}$——与之相配合的线路零序过电流保护后备段的动作电流（二次值）。

（5）灵敏度校验按式（2-10-6）进行，即

$$K_{\text{sen}} = \frac{3 I_{\text{k.o.min}}}{I_{\text{op.o}}} \tag{2-10-6}$$

式中　$3 I_{\text{k.o.min}}$——Ⅰ段（或Ⅱ段）保护区末端接地短路时流过保护安装处的最小零序电流（二次值）；

$\quad I_{\text{op.o}}$——Ⅰ段（或Ⅱ段）零序过电流保护的动作电流。

要求 $K_{\text{sen}} \geqslant 1.5$。

第四节　变压器相间后备保护

为反应变压器外部短路而引起的变压器绕组过电流，以及在变压器内部故障时，作为差动保护和气体保护的后备，变压器应装设反应内外部短路故障的后备保护。

变压器相间后备保护主要有包括复压过电流保护、复压方向过电流保护、阻抗保护，原理及整定方法和发电机后备保护相同。

复压过电流保护由低电压元件、负序过电压元件、过电流元件构成。复压方向过电流加方向元件。

复合电压闭锁过电流保护作为主变压器相间后备保护。复合电压过电流保护中电流元件取保护安装处三相电流，复合电压元件由相间低电压和负序电压或门构成。

一、动作电流

按躲过变压器的额定电流整定，按式（2-10-7）整定，即

$$I_{\text{op}} = \frac{K_{\text{rel}}}{K_{\text{r}}} I_{\text{e}} \tag{2-10-7}$$

式中　K_{rel}——可靠系数，取 1.2～1.3；

$\quad K_{\text{r}}$——返回系数，取 0.85～0.95；

$\quad I_{\text{e}}$——变压器的二次额定电流，本站电流取主变压器高压则电流。

二、相间低电压定值

根据相关要求，对发电厂中的升压变压器，当电压互感器取自发电机侧时，还应考虑躲过发电机失磁运行时出现的低电压，一般取 $U_{\text{op}} = (0.6 \sim 0.7) U_{\text{N}}$。

三、负序电压定值

按躲过正常运行时出现的不平衡电压整定，一般可取 $U_{\text{op.2}} = (0.06 \sim 0.08) U_{\text{N}}$。

四、动作时间整定

与高压侧出线相间及接地保护对线末有灵敏度段的最长动作时间配合。

第五节 变压器过负荷保护

变压器过负荷时电流增大并引起温度升高，长时间过负荷将降低绝缘寿命甚至破坏绝缘，从而威胁变压器的安全。

过负荷保护有定时限和反时限两种。定时限过负荷保护通常有两段电流定值，每段有自己的延时定值，其中第一段作用于信号，第二段作用于解列灭磁。

过负荷电流定值按躲过变压器各侧绕组的额定电流整定，即

$$I_{op} = \frac{K_{rel}}{K_r} I_e \qquad (2-10-8)$$

式中　K_{rel}——可靠系数，采用 1.05；

　　　K_r——返回系数，0.85～0.95；

　　　I_e——被保护绕组的二次额定电流。

对于大型变压器，由于提高了材料利用率其过负荷运行能力较低，目前通常采用具有反时限特性的过负荷保护来充分保证变压器的安全。

尽管变压器过负荷特性与发电机有所区别，但过负荷保护的基本原理相同。

第六节 变压器过激磁保护

发电机、变压器过激磁保护原理基本相同，只是整定过程中发电机定子铁心过励磁按躲过发电机过励磁能力整定，变压器过励磁按躲过变压器过励磁能力整定，如共用一套过励磁保护其定值按发电机或变压器过励磁能力较低的要求整定。

过励磁倍数 N 按式（2-10-9）整定。

$$N = \frac{B}{B_n} = \frac{U/U_N}{B/B_n} = \frac{U_*}{f_*} \qquad (2-10-9)$$

式中　B、B_n——磁通量及额定磁通量；

　　　U、U_N——运行电压和额定电压；

　　　U_*、f_*——电压、频率的标幺值。

第七节 断路器非全相保护

220kV 及以上电压系统的断路器通常为分相操作断路器，常由于误操作或机械方面的原因，使三相不能同时合闸和跳闸，或在正常运行中突然一相跳闸，这时发电机-变压器组中将流过负序电流。但如果这种情况靠反应负序电流的反时限保护动作，则有可能会因为动作时间较长，而导致相邻线路对侧保护先动作，使故障范围扩大，甚至造成系统瓦解事故，因此要求装设非全相保护。

保护经短延时动作于断开其他健全相。如果是操动机构故障，断开其他健全相不能成功，则应动作（启动）断路器失灵启动元件，切断与该断路器相连母线段上的全部有源支路。

非全相保护一般通过断路器辅助触点位置以及零序电流、负序电流来判断断路器的非全相运行状态。

（1）零序电流或负序电流判据应躲过正常运行时可能产生的最大不平衡电流，可按式（2-10-10）和式（2-10-11）整定，即

$$I_2 = (0.15 \sim 0.25)I_e \qquad\qquad (2-10-10)$$

$$I_0 = (0.15 \sim 0.25)I_e \qquad\qquad (2-10-11)$$

（2）动作延时应躲过开关不同期合闸的最长时间，一般取 0.3～0.5s。

第八节　断路器断口闪络保护

发电机接入 220kV 及以上系统时，应配置高压侧断路器断口闪络保护。

断路器闪络保护动作的条件是处于断开位置但有负序电流出现。负序电流动作值应躲过正常运行时高压侧最大不平衡电流，一般取 $10\% I_{Tn}$（I_{Tn} 为主变压器高压侧额定电流）。

考虑发电机机端电压相对于主变压器高压侧电压等级低，如机端设有断路器，并列过程中断路器两侧最大承受电压较小，因此，一般不配置机端断路器闪络保护。

第十一章

厂用电保护原理及整定计算

第一节　高压厂用变压器保护

一、纵联差动保护

容量为 6.3MVA 及以上时，应装设纵联差动保护。

（1）最小动作电流按躲过正常运行时的差动不平衡电流整定，工程中选取 $(0.4\sim0.6)I_e$。

（2）起始斜率 S_1，因不平衡电流由电流互感器相对误差确定，工程中一般取 $0.1\sim0.2$。

（3）计算差动回路最大不平衡电流，可按式（2-11-1）计算，即

$$I_{unb.max}=(K_{ap}K_{cc}K_{er}+\Delta U+\Delta m)I_{k.max}/n_a \qquad (2-11-1)$$

式中　K_{er}——电流互感器的比误差（10P 型取 0.03×2，5P 型和 TP 型取 0.01×2）；

ΔU——变压器调压引起的误差；

Δm——由于电流互感器变比未完全匹配产生的误差，可取为 0.05；

K_{cc}——电流互感器的同型系数（取 1.0）；

$I_{k.max}$——外部短路时最大穿越短路电流周期分量（二次值）；

K_{ap}——非周期分量系数，两侧同为 TP 级电流互感器取 1.0，两侧同为 P 级电流互感器取 $1.5\sim2.0$。

（4）最大斜率 S_2 按式（2-11-2）整定，即

$$S_2\geqslant K_{rel}I_{unb.max}-[I_{op.min}+(n/2)S_1I_e]/[I_{res}-(n/2)I_e] \qquad (2-11-2)$$

式中　K_{rel}——可靠系数，一般取 2；

$I_{op.min}$——最小动作电流；

n——常数，有保护装置内部设定。

（5）灵敏度校验。根据最小运行方式下差动保护区内变压器引出线上两相金属性短路计算，根据最小动作电流和相应制动曲线，在动作特性曲线上查得对应的动作电流，即

$$K_{sen}=I_{k.min}/I_{op}\geqslant1.5 \qquad (2-11-3)$$

式中　$I_{k.min}$——最小短路电流；

I_{op}——最小短路电流对应下的动作电流。

（6）差动速断保护整定。按躲过变压器可能产生的最大励磁涌流或外部短路最大不平衡电流整定，即

$$I_{op.q}=KI_e \qquad (2-11-4)$$

式中　$I_{op.q}$——差动速断保护动作电流；

I_e——变压器的基准侧二次额定电流；

K——倍数，视变压器容量和系统电抗大小而定。

（7）按正常运行方式保护安装处电源侧两相短路计算灵敏系数整定，即

$$K_{\mathrm{sen}} \geqslant 1.2 \qquad\qquad (2-11-5)$$

二、电流速断保护

6.3MVA 以下的变压器，应在电源侧装设电流速断保护，当电流速断保护灵敏度不满足要求时，也可装设纵联差动保护。

三、过电流保护

应装设过电流保护，作为变压器及相邻元件的相间短路故障的后备保护，保护装于电源侧。

(一) 低压侧分支过电流整定计算

动作电流按以下方法计算，并取最大值。

（1）按躲过本分支母线所接需参与自启动的电动机自启动电流之和整定。

$$I_{\mathrm{op}} = K_{\mathrm{rel}} K_{\mathrm{zq}} I_{\mathrm{e}} \qquad\qquad (2-11-6)$$

式中　K_{rel}——可靠系数，取 1.15～1.2；

　　　K_{zq}——需要自启动的全部电动机在自启动时的过电流倍数；

　　　I_{e}——变压器低压侧分支线的二次额定电流。

（2）按躲过本分支母线上最大容量电动机启动电流整定，即

$$I_{\mathrm{op}} = K_{\mathrm{rel}} [I_{\mathrm{E}} + (K_{\mathrm{st}} - 1) I_{\mathrm{M.N.max}}] / n_{\mathrm{a}} \qquad\qquad (2-11-7)$$

式中　K_{rel}——可靠系数，取 1.15～1.2；

　　　I_{E}——变压器低压侧分支线的一次额定电流；

　　　K_{st}——直接启动最大容量电动机的启动电流倍数；

　$I_{\mathrm{M.N.max}}$——直接启动最大容量电动机的额定电流；

　　　n_{a}——变压器低压侧分支电流互感器变比。

（3）按与下一级速断或限时速断的最大动作电流整定，即

$$I_{\mathrm{op}} = K_{\mathrm{co}} I_{\mathrm{op.dow.max}} / n_{\mathrm{a}} \qquad\qquad (2-11-8)$$

式中　K_{co}——配合系数，取 1.15～1.2；

　$I_{\mathrm{op.dow.max}}$——下一级速断或限时速断的最大动作电流。

（4）按与 FC 回路最大额定电流的高压熔断器瞬时熔断电流配合整定，即

$$I_{\mathrm{op}} = K_{\mathrm{rel}} I_{\mathrm{k}} / n_{\mathrm{a}} = K_{\mathrm{co}} \times (20 \sim 25) I_{\mathrm{FU.U.max}} / n_{\mathrm{a}} \qquad (2-11-9)$$

式中　K_{co}——配合系数，取 1.15～1.2；

　$I_{\mathrm{FU.U.max}}$——下一级 FC 回路最大额定电流的高压熔断器瞬时熔断电流。

时间定值按与下一级速断或限时速断的最大动作时间整定配合。

灵敏度校验按最小运行方式下低压侧本分支母线两相金属性短路有 1.5 倍灵敏度校核。

(二) 低压侧分支复合电压闭锁过电流计算

（1）低电压定值按躲过高压厂用变压器低压侧分支母线电动机启动时出现的最低电压整定，即

$$U_{\mathrm{op}} = (0.55 \sim 0.6) U_{\mathrm{N}} \qquad\qquad (2-11-10)$$

（2）负序电压定值按躲过正常运行时出现的不平衡电压整定，不平衡电压可实测，无实测值可按式（2-11-11）进行取值，即

$$U_{\mathrm{op.2}} = (0.06 \sim 0.08) U_{\mathrm{N}} \qquad\qquad (2-11-11)$$

（3）动作电流按躲过本分支额定电流整定，即

$$I_{op} = K_{rel} I_e / K_r \qquad (2-11-12)$$

式中 K_{rel}——可靠系数，取 $1.15 \sim 1.20$；

K_r——返回系数，取 $0.85 \sim 0.95$。

（4）动作时间按与下一级过电流保护的最大动作时间配合整定。

（5）电流灵敏度按最小运行方式下，低压侧分支母线两相金属性短路有 1.5 倍灵敏度校验，即

$$K_{sen} = I_{k.min}^{(2)} / (n_a I_{op}) \qquad (2-11-13)$$

式中 $I_{k.min}^{(2)}$——最小运行方式下，低压侧分支母线两相金属性短路电流。

（6）相间低电压灵敏度校验：低压侧分支母线最长电缆末发生金属性三相短路时，保护安装处的最高电压有 1.3 倍灵敏度，即

$$K_{sen} = U_{op} n_v / U_{k.max} \qquad (2-11-14)$$

式中 $U_{k.max}$——低压侧分支母线最长电缆末发生金属性三相短路时，保护安装处的最高电压。

（7）负序电压灵敏度校验：低压侧分支母线最长电缆末两相金属性短路时，保护安装处的最小负序电压有 1.3 倍灵敏度，即

$$K_{sen} = U_{k2.min} / (U_{op.2} n_v) \qquad (2-11-15)$$

式中 $U_{k2.min}$——低压侧分支母线最长电缆末两相金属性短路时，保护安装处的最小负序电压。

（三）高压侧过电流保护整定计算

1. 电流速断定值

（1）按躲过变压器低压侧出口三相短路时流过保护的最大短路电流整定，即

$$I_{op.0} = K_{rel} I_{k.max}^{(3)} / n_a \qquad (2-11-16)$$

式中 K_{rel}——可靠系数，取 $1.2 \sim 1.3$；

$I_{k.max}^{(3)}$——变压器低压侧出口三相短路时流过保护的最大短路电流。

（2）按躲过变压器可能产生的最大励磁涌流整定，参见式（2-11-4）。

（3）灵敏度按式（2-11-17）校验，即

$$K_{sen} = I_{k.min}^{(2)} / (n_a I_{op}) \geqslant 2 \qquad (2-11-17)$$

式中 $I_{k.min}^{(2)}$——最小运行方式下，变压器高压则出口两相金属性短路电流。

（4）动作时间一般取 $0 \sim 0.2s$。

2. 定时限过电流保护

（1）按躲过变压器所带负荷需要自启动的电动机最大启动电流之和整定，即

$$I_{op} = K_{rel} K_{zq} I_e \qquad (2-11-18)$$

式中 K_{rel}——可靠系数，取 $1.15 \sim 1.25$；

K_{zq}——需要自启动的全部电动机在自启动时的电流倍数。

（2）按躲过低压侧一个分支负荷自启动电流和其余分支正常负荷总电流整定，即

$$I_{op} = K_{rel} (\sum I_{qd} + \sum I_{fl}) / n_a \qquad (2-11-19)$$

式中 K_{rel}——可靠系数，取 $1.15 \sim 1.25$；

$\sum I_{qd}$——低压侧一个分支负荷自启动电流，折算到高压则的一次电流；

$\sum I_{fl}$——低压侧其余分支正常负荷总电流，折算到高压则的一次电流。

（3）按与低压侧分支过电流保护的动作电流配合整定，即

$$I_{op} = K_{co}(K_{bt}I_{opl} + \sum I_{fl})/n_a \qquad (2-11-20)$$

式中　K_{co}——配合系数，取 1.15～1.25；

K_{bt}——变压器绕组折算系数，DY1 接线取 1.15，DD 或 Yy 接线时取 1；

$\sum I_{fl}$——低压侧其余分支正常负荷总电流，折算到高压则的一次电流；

I_{opl}——低压侧分支过电流保护的最大动作电流，折算到高压则的一次电流。

灵敏度计算按最小运行方式下变压器低压侧分支母线两相金属性短路有灵敏度整定，即

$$K_{sen} = I_{k.min}^{(2)}/(n_a I_{op}) \geqslant 1.3 \qquad (2-11-21)$$

式中　$I_{k.min}^{(2)}$——最小运行方式下，变压器低压侧分支母线两相金属性短路电流。

动作时间按与低电压侧分支过电流保护的最大动作时间配合整定，为保证变压器热稳定，时间不宜超过 2s。

复合电压闭锁过电流保护与低压侧分支复合电压过电流保护一样。

四、过负荷保护

根据可能过负荷情况，可装设对称过负荷保护，保护装于高压侧，带时限动作于信号。

（1）动作电流按躲过高压侧额定电流下可靠返回条件整定，即

$$I_{op} = \frac{K_{rel}}{K_r}I_e \qquad (2-11-22)$$

式中　K_{rel}——可靠系数，取 1.05～1.10；

K_r——返回系数，取 0.85～0.95。

（2）动作时间一般取 10～15s，动作于信号。

五、单相接地保护

高压侧接于不直接接地系统（或经消弧线圈接地）时，电源侧可与其引接母线共用单相接地保护，不另设单相接地保护。高压侧接于 110kV 及以上中性点直接接地系统，应装设零序电流和零序电流、电压保护。变压器低压侧为不接地系统时，应装设接地指示装置（绝缘检查与监测），可与低压侧母线单相接地指示装置共用。

低压侧单相接地保护如下：

（1）中性点经小电阻接地系统，中性点零序过电流保护定值按与下一级单相接地保护最大动作电流配合整定，即

$$I_{op.0} = K_{co} \cdot 3I_{o.l.max}/n_a \qquad (2-11-23)$$

式中　K_{co}——配合系数，取 1.15～1.2；

$I_{o.l.max}$——下一级单相接地保护最大动作电流。

或按低压侧单相接地保护有 2 倍灵敏度整定，即

$$I_{op.0} = I_k^{(1)}/n_{a0}K_{sen} \qquad (2-11-24)$$

式中　$I_k^{(1)}$——低压侧单相接地流过中性点接地电阻的零序电流。

(2) 动作时间按与下一级零序过电流保护最长动作时间配合整定。

六、气体保护

0.4MVA 及以上油浸式变压器应装设气体保护。

七、温度保护

温度保护反应变压器油温及绕组温度升高，均应装设温度保护。

第二节 低压厂用变压器保护

一、纵联差动保护

容量在 2MVA 及以上低压厂用变压器保护，当电流速断保护灵敏性不符合要求时，也可装设纵联差动保护。

低压厂用变压器差动保护原理及定值整定计算与高压厂用变压器差动保护整定计算相同。对于负荷为晶闸管或高频电源负载的变压器，如静电除尘变压器等，最小动作电流定值 I_n 可取较大值，即 $(0.8\sim1)I_e$。制动斜率可取 $0.5\sim0.6$。

二、过电流保护

应装设过电流保护作为变压器及相邻元件的相间短路故障的后备保护，保护装于电源侧。保护算法与高压厂用变压器过电流保护算法基本相同。

大型发电机组低压厂用变压器综合保护可设置三段过电流保护，其中第一段为电流速断保护，第二段为定时限过电流保护，第三段为低压厂用变压器、低压母线及下一级设备经过渡电阻短路故障电流小于定时限过电流保护动作电流的辅助保护。第三段可采用反时限过电流保护。

(1) 电流速断保护按躲过变压器低压侧出口三相短路时流过保护的最大短路电流整定。

(2) 定时限过电流保护按躲过低压厂用变压器所带负荷需要自启动的电动机最大启动电流之和整定或按躲过低压侧一个分支负荷自启动电流和其余分支正常负荷总电流整定，并取大值。

(3) 反时限过电流保护的动作电流按躲过厂用变压器高压侧额定电流或正常最大负荷电流计算。

三、高压侧单相接地零序电流保护

动作电流按躲过与低压厂用变压器直接联系的其他设备发生单相接地时，流过保护安装处的接地电流有灵敏度整定。

四、负序过电流保护

(1) 负序过电流 I 段动作电流按低压厂用变压器低压侧出口两相短路有 1.5 灵敏度条件整定，或者按躲过高压系统非全相或高压母线相邻设备不对称故障时引起的负序电流整定，并取大值。

（2）负序过电流 I 段动作电流按躲过正常运行时的不平衡电流整定，或按低压厂用变压器正常最大负荷时 TA 断线不误动条件整定，并取大值。

五、气体保护

0.4MVA 及以上油浸式变压器应装设气体保护，定值按照设备厂家说明书整定。

六、温度保护

温度保护反应变压器油温及绕组温度升高，均应装设温度保护。定值按照设备厂家说明书整定。

第三节　高压厂用电动机保护

一、纵联差动保护

2MW 及以上的电动机应装设纵联差动保护，2MW 以下中性点具有分相引线的电动机，当电流速断保护灵敏性不够时，宜装纵联差动保护，保护瞬时动作于断路器跳闸，对于有自动灭磁装置的同步电动机保护还应动作于灭磁。

1. 最小动作电流

最小动作电流按躲过电动机正常运行时差动回路最大不平衡电流整定，即

$$I_{op} = (0.3 \sim 0.5)I_e \tag{2-11-25}$$

2. 拐点电流

第一拐点电流 I_{gd1} 按式（2-11-26）整定，即

$$I_{gd1} = (0.8 \sim 1.0)I_e \tag{2-11-26}$$

第二拐点电流 I_{gd2} 按式（2-11-27）整定，即

$$I_{gd2} = (2 \sim 4)I_e \tag{2-11-27}$$

3. 制动系数 S_1 和 S_2

S_1 一般取 0.4～0.5，S_2 一般取 0.6～0.7。

4. 差动速断定值

差动速断定值按躲区外故障和电动机启动时最大不平衡电流计算，一般按式（2-11-28）整定，即

$$I_{sd} = (4 \sim 6)I_e \tag{2-11-28}$$

二、电流速断保护

对未装设纵联差动保护的电动机或纵联差动保护仅保护电动机绕组而不包括电缆时，应装设电流速断保护。

电流速断保护整定如下。

（1）高定值按躲过电动机最大启动电流整定，即

$$I_{op.h} = K_{rel}K_{st}I_e \tag{2-11-29}$$

式中　K_{rel}——可靠系数，一般取 1.5；

　　　K_{st}——电动机启动倍数，应实测整定，一般取 6～8。

（2）低定值按躲区外故障最大电动机反馈电流计算，即

$$I_{opl} = K_{rel} K_{fb} I_e \qquad (2-11-30)$$

式中　K_{rel}——可靠系数，一般取 1.3；

　　　K_{fb}——区外出口短路时最大反馈电流倍数，一般可取 6。

（3）动作时间。断路器取 0～0.06s；FC 回路时根据熔断器特性计算延时，有大电流闭锁功能时取 0.05～0.1s。

（4）灵敏度校验按电动机入口处最小两相短路时有 2 倍灵敏度校验。

三、过电流保护

过电流保护作为纵联差动保护的后备保护，带定时限或反时限动作于断路器跳闸。2MW 及以上电动机，为反应电动机相电流的不平衡，可装设负序过电流保护，保护动作于信号或跳闸。

1. 长启动保护

长启动保护按式（2-11-31）整定，即

$$I_{op} = (1.5 \sim 2.0) I_e \qquad (2-11-31)$$

时间定值按实测电动机启动时间增加 2～5s 整定。

2. 堵转保护

堵转保护按式（2-11-32）整定，即

$$I_{op} = (1.3 \sim 2.0) I_e \qquad (2-11-32)$$

时间定值，对启动时退出的堵转保护按躲过自启动时间计算；对启动时投入的堵转保护按躲过启动时间计算。

3. 负序过电流保护

（1）若外部短路故障闭锁负序电流保护，则负序过电流按躲过正常运行时不平衡电压产生的负序电流整定，即

$$I_{op.2} = 20\% I_e \sim 30\% I_e \qquad (2-11-33)$$

（2）按躲过 TA 二次回路断线条件整定，即

$$I_{op.2} = 33\% I_e \qquad (2-11-34)$$

DL/T 1502《厂用电继电保护整定计算导则》中建议

$$I_{op.2.I} = 50\% I_e \sim 100\% I_e \qquad (2-11-35)$$

$$I_{op.2.II} = 35\% I_e \sim 40\% I_e \qquad (2-11-36)$$

动作时间整定，一般 I 段动作于跳闸，取 0.2～0.4s；II 段动作于信号，取 2～5s。

四、单相接地保护

当接地电流大于 5A 时，应装设单相接地保护。单相接地电流为 10A 及以上时，保护动作于跳闸；单相接地电流为 10A 以下时，保护动作于信号或跳闸。

（1）中性点经小电阻接地，按躲过区外单相接地电流整定，即

$$I_{\text{op.0}} = K_{\text{rel}}(I_k^{(1)}/n_{\text{a0}}) = (1.1 \sim 1.15)\frac{I_k^{(1)}}{n_{\text{a0}}} \qquad (2\text{-}11\text{-}37)$$

式中　K_{rel}——可靠系数，取 $1.1\sim1.15$；

　　　$I_k^{(1)}$——单相接地时被保护设备供给短路点的单相接地电流。

（2）按躲过电动机启动时的最大不平衡电流计算，即

$$I_{\text{op.0}} = K_{\text{rel}}(I_{\text{unb}}/n_{\text{a0}}) = 1.3\frac{I_{\text{unb}}}{n_{\text{a0}}} \qquad (2\text{-}11\text{-}38)$$

式中　K_{rel}——可靠系数，取 1.3；

　　　I_{unb}——电动机启动时的最大不平衡电流。

（3）灵敏度校验，即

$$K_{\text{sen}} = I_{k.\sum}^{(1)}/I_{\text{op.0}} \gg 2 \qquad (2\text{-}11\text{-}39)$$

式中　$I_{k.\sum}^{(1)}$——电动机入口单相接地电流。

（4）时间定值，对于断路器取 $0\sim0.1\text{s}$；对 FC 回路，有电流闭锁时取 $0.05\sim0.1\text{s}$，无电流闭锁时根据熔断器特性计算。

五、过负荷保护

过负荷保护一般带时限动作于信号或跳闸。

（1）动作定值按躲过电动机额定电流整定，即

$$I_{\text{op}} = (K_{\text{rel}}/K_{\text{r}})I_{\text{e}} = \frac{(1.05 \sim 1.10)}{(0.85 \sim 0.95)}I_{\text{e}} \qquad (2\text{-}11\text{-}40)$$

（2）时间定值一般取 1.1 倍最长启动时间。

（3）出口方式动作于信号或跳闸。

六、低电压保护

低电压保护按表 2-11-1 整定，低电压保护动作于断路器跳闸。

表 2-11-1　　　　　　　　高压厂用电动机低电压保护整定范围

项目	高压电动机低电压值（额定电压%）	动作时间（s）
Ⅰ类	45%～50%	9～10
Ⅱ、Ⅲ类	65%～70%	0.5

第四节　低压厂用电动机保护

低压厂用电动机保护可以参照高压厂用电动机的整定方法整定，也可按照保护装置厂家说明书整定。

一、相间短路保护

相间短路保护由熔断器、断路器本身的短路脱扣器或专用电动机保护装置实现。

（1）瞬时过电流保护，一般按 8～12 倍电动机额定电流整定。

（2）长延时过电流保护按躲过电动机额定电流整定。

二、单相接地保护

单相接地保护可由相间短路保护兼作，对容量在 55kW 及以上的电动机，当相间短路保护不能满足单相接地短路保护的灵敏度时，宜单独装设零序电流原理的单相接地短路保护。对 100kW 及以上的电动机，宜单独装设零序电流原理的单相接地短路保护。

三、过负荷保护

过负荷保护可由热继电器、软启动器的过载保护或专用电动机保护装置实现。

四、断相保护

当电动机由熔断器作为定子绕组短路保护时，应装设断相保护，断相保护可由软启动器或专用电动机保护装置实现。

五、低电压保护

低电压保护按表 2－11－2 整定，低电压保护动作于断路器跳闸。

表 2－11－2　　　　　低压厂用电动机低电压保护整定范围

项目	低压电动机低电压值（额定电压%）	动作时间（s）
Ⅰ类	40%～45%	9～10
Ⅱ、Ⅲ类	60%～70%	0.5

第五节　高压厂用馈线保护

一、纵联差动保护

纵联差动保护原理与高压厂用变压器差动保护原理相同。

（1）最小动作电流按式（2－11－41）整定计算，即

$$I_{op.min} = (0.3 \sim 0.8)I_e \qquad (2-11-41)$$

（2）制动系数整定 S 一般取 0.3～0.8，可取 0.5。

（3）拐点电流按式（2－11－42）整定，即

$$I_{res.0} = (0.8 \sim 1)I_e \qquad (2-11-42)$$

（4）差动速断整定按躲过区外故障时最大不平衡电流整定，可取 $(3 \sim 5)I_e$。

（5）灵敏度校验按线路末端最小两相短路电流有 2 倍灵敏度校验。

二、过电流保护

过电流保护包含电流速断保护、限时电流速断保护和定时限复合电压闭锁过电流保护。

（一）电流速断保护

（1）按躲过被保护线路末端短路时的最大短路电流整定，即

$$I_{op} = K_{rel}I_{k.max}^{(3)}/n_a \qquad (2\text{-}11\text{-}43)$$

式中　K_{rel}——可靠系数，取 $1.2\sim1.3$；

　　$I_{k.max}^{(3)}$——被保护线路末端短路时的最大短路电流。

（2）动作时间一般取 $0\sim0.1s$。

（3）灵敏度按最小运行方式下被保护线路始端两相短路时有 1.5 倍灵敏度校验。

（二）限时电流速断保护

（1）按与下一级电流速断或限时电流速断保护配合整定，即

$$I_{op} = K_{co}I_{op.dow.max}/n_a \qquad (2\text{-}11\text{-}44)$$

式中　K_{co}——配合系数，取 $1.1\sim1.2$；

　　$I_{op.dow.max}$——下一级速断或限时速断保护的最大动作电流。

（2）按躲过下一级母线所带负荷的自启动电流整定，即

$$I_{op} = K_{rel}I_{st\Sigma}/n_a \qquad (2\text{-}11\text{-}45)$$

式中　K_{rel}——可靠系数，取 $1.15\sim1.2$；

　　$I_{st\Sigma}$——所接电动机的自启动电流。

（3）动作时间按与下一级电流速断或限时电流速断保护时间配合整定，即

$$t = t_{op.dow.max} + \Delta t \qquad (2\text{-}11\text{-}46)$$

式中　$t_{op.dow.max}$——下一级电流速断或限时电流速断保护时间。

（4）灵敏度按式（2-11-47）校验。

$$K_{sen} = I_{k.min}^{(2)}/(n_a I_{op}) \gg 1.5 \qquad (2\text{-}11\text{-}47)$$

式中　$I_{k.min}^{(2)}$——最小运行方式下，高压厂用馈线末端两相金属性短路电流。

（三）定时限复合电压闭锁过电流保护

（1）相电压按躲过下级母线上电动机启动时出现的最低电压整定，即

$$U_{op} = (0.55 \sim 0.6)U_N \qquad (2\text{-}11\text{-}48)$$

（2）负序电压按躲过正常运行时出现的不平衡电压整定，即

$$U_{op} = (0.06 \sim 0.08)U_N \qquad (2\text{-}11\text{-}49)$$

（3）动作电流按躲过正常最大负荷电流整定，即

$$I_{op} = K_{rel}I_e/K_r \qquad (2\text{-}11\text{-}50)$$

式中　K_{rel}——可靠系数，取 $1.3\sim1.5$；

　　K_r——返回系数，取 $0.85\sim0.95$。

（4）动作时间与下一级过电流保护配合整定。

（5）灵敏度校验与高压厂用变压器分支复压过电流相同，见式（2-11-13）。

三、单相接地零序过电流保护

单相接地零序过电流保护主要包括中性点不接地系统单相接地保护和中性点经小电阻接地系统单相接地保护。

（1）动作电流按躲过与馈线电源侧相连的设备发生单相接地时，流过保护安装处的单相接地电流整定，即

$$I_{\text{op.0}} = K_{\text{rel}} I_{\text{k}}^{(1)}/n_{\text{a0}} \qquad (2-11-51)$$

式中　K_{rel}——可靠系数，动作于跳闸取 2.5～4.0，动作于信号取 2.0～2.5。

　　　$I_{\text{k}}^{(1)}$——与馈线电源侧相连的设备发生单相接地时，流过保护安装处的单相接地电流。

（2）动作电流按躲过最大负荷时的不平衡电流整定，即

$$I_{\text{op.0}} = K_{\text{rel}} I_{\text{unb}}/n_{\text{a0}} \qquad (2-11-52)$$

式中　K_{rel}——可靠系数，取 1.3；

　　　I_{unb}——最大负荷时的不平衡电流。

（3）动作电流与相邻下级被保护设备单相接地零序过电流保护配合整定，配合系数取 1.15～1.20。

（4）动作时间按与相邻下级被保护设备单相接地零序过电流最长时间配合整定，即

$$t = t_{\text{op.L.max}} + \Delta t \qquad (2-11-53)$$

（5）灵敏度按式（2-11-54）校验，即

$$K_{\text{sen}} = I_{\text{k}}^{(1)}/n_{\text{a0}} I_{\text{op.0}} \gg 2 \qquad (2-11-54)$$

式中　$I_{\text{k}}^{(1)}$——馈线末端单相接地电流。

第六节　高压厂用母线保护

一、低电压保护

母线低电压保护整定计算原则与电动机低电压保护相同，见本章第三节。

二、过电压保护

母线过电压保护定值可取 1.3 倍额定电压。

三、母线零序过电压保护

母线零序过电压定值按躲过正常运行时最大不平衡电压整定。

四、弧光保护

电流定值应按躲过母线正常运行时电源进线的最大负荷电流整定。

第七节　备用电源切换装置

工作电源无压定值取（0.25～0.3）U_{N}；工作电源与备用电源有压定值可取 0.7U_{N}；工作电源无压跳闸时间宜大于本级线路电源侧后备保护动作时间；充电时间定值可取 15～20s；母线失压后放电时间定值可取 15s；自动合备用电源断路器合闸时间定值 0s；分、合闸脉冲时间定值应能保证可靠分、合闸，经实测可取 0.2～0.5s。

第十二章

网源协调若干问题分析及整定注意事项

第一节 频率异常保护

发电机运行频率低于或高于额定值时，将导致共振，使材料疲劳，严重时叶片损坏。另外，随着电力系统的扩大和并网机组容量的增大，当系统故障频率降低时，如大机组不能适应而跳闸，则将加剧系统频率下降而形成联锁反应，可能导致系统频率崩溃。因此，频率异常保护应根据制造厂提供的频率异常运行能力曲线，并结合电网要求进行整定计算。

按照 GB/T 31464《电网运行准则》中要求"发电机低频保护应能记录并指示累计的频率异常运行时间，并对每个频率分别进行累计。发电机低频保护动作于信号，特殊情况下当低频保护需要跳闸时，保护动作时可按发电机制造厂的规定进行整定，但必须符合表 2-12-1 规定的每次允许时间"。水轮发电机频率异常运行能力应优于表 2-12-1 中的规定，并满足当地电网运行控制要求。

表 2-12-1 发电机频率异常允许运行时间

频率范围（Hz）	累计允许运行时间（min）	每次允许运行时间（s）
51.0 以上～51.5	>30	>30
50.5 以上～51.0	>180	>180
48.5～50.5	连续运行	
48.5 以下～48.0	>300	>300
48.0 以下～47.5	>60	>60
47.5 以下～47.0	>10	>20
47.0 以下～46.5	>2	>5

一、频率异常保护定值整定注意事项

（1）对于低频保护，频率定值、累计允许运行时间和每次允许运行时间应综合考虑发电机组和电力系统的要求，并根据制造厂家提供的技术参数确定。当频率异常保护需要动作于发电机解列时，其低频段的动作频率和延时应注意与电力系统的低频减负荷装置进行协调，整定值应低于系统低频减载的最低一级定值。当系统频率降低时，应先通过低频减载装置切负荷，使系统频率及时恢复。若低频减载后频率仍未恢复而危及机组安全时才进行解列。

（2）对于过频保护，根据 GB/T 14285《继电保护和安全自动装置技术规程》中要求，对高于额定频率带负载运行的 100MW 及以上水轮发电机，应装设高频率保护，保护动作于解列灭磁或程序跳闸。

（3）对系统侧稳定方面，在保证机组自身安全的前提下，可考虑对于不同机组的频率保护定值和延时进行分别设置，在发电机-变压器组保护定值上适当考虑裕度。

第二节 过 电 压 保 护

对于发电机定子过电压保护，DL/T 684《大型发电机变压器继电保护整定计算导则》中要求"定子过电压保护的整定值，应根据电机制造厂提供的允许过电压能力或定子绕组的绝缘状况决定"。

对于水轮发电机，一般可整定为 1.5 倍额定电压，动作时限取 0.5s，动作于解列灭磁。对于采用可控硅励磁的水轮发电机，过电压保护定值一般取 1.3 倍额定电压，动作时限取 0.3s，动作于解列灭磁。

发电机过电压保护涉及与励磁系统中定子过电压保护配合问题，一般励磁系统过电压限制设置为 1.1～1.2 倍额定电压，调节范围上限一般均设置在 110% 左右，因此通常可保证励磁系统先于发电机-变压器组保护起到限制和保护作用。

第三节 发电机-变压器组定子过负荷保护与励磁系统定子电流限制

发电机定子过负荷综合能力关系到发电机的有功功率输出，并且影响电网的功角稳定、频率稳定等方面，是网源协调的一个重要支撑因素。

机组定子过负荷综合能力由发电机一次设备定子过负荷能力、励磁系统定子过负荷限制、发电机-变压器组定子过负荷保护三者共同决定，三者之间应相互协调配合。发电机-变压器组定子过负荷保护与励磁系统定子电流限制的特性均应与发电机定子过负荷能力相一致，应保证励磁定子电流限制先于发电机-变压器组定子过负荷保护动作，同时不允许出现定子电流限制环节先于转子过励限制动作而影响发电机强励能力的情况。

根据 DL/T 684《大型发电机变压器继电保护整定计算导则》要求，反时限过电流保护的动作特性，即过电流倍数与相应的允许持续时间的关系，由制造厂家提供的定子绕组允许的过负荷能力确定。

具体关系应满足式（2-12-1），即

$$t = \frac{K_{tc}}{I_*^2 - K_{sr}^2} \qquad (2-12-1)$$

式中 t——允许的持续时间；

K_{tc}——定子绕组热容量常数，当有制造厂提供的参数时，以厂家参数为准；

I_*——以定子额定电流为基准的标幺值；

K_{sr}——散热系数，一般可取 1.02～1.05。

励磁调节器定子过负荷限制动作方程与发电机-变压器组定子过负荷动作方程基本一致，一般可直接整定方程中的定子绕组热容量常数参数，或者是给定某一定子热容计算电流下的动作时间，可根据这一组参数计算出定子绕组热容量常数。

将发电机-变压器组定子过负荷保护动作曲线、励磁系统定子过负荷限制曲线绘制在同一平面上，如图 2-12-1 和图 2-12-2 所示，可见两者之间的协调配合关，应避免配合不当和裕度过大两种情况。

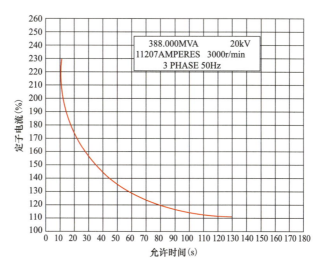

图 2-12-1 某国产机组发定子过负荷能力曲线

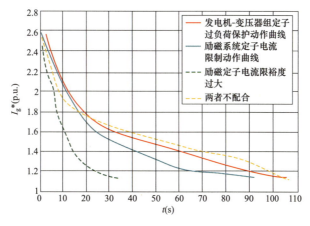

图 2-12-2 定子过负荷保护与定子电流限制配合关系

第四节 发电机-变压器组励磁过负荷保护与励磁系统过励限制

发电机组转子过负荷综合能力关系到发电机的电压安全以及厂用电安全，并且影响电网的功角稳定、电压稳定，同样是网源协调的一个重要支撑因素。

机组转子过负荷综合能力由发电机一次设备转子过负荷能力、励磁系统转子过励（即过励磁电流反时限限制和强励电流瞬时限制）限制、发电机-变压器组励磁过负荷保护三者共同决定，三者之间应相互协调配合。发电机-变压器组励磁过负荷保护与励磁系统过励限制的特性均应与发电机转子过负荷能力相一致，应保证励磁过励限制先于发电机-变压器组励磁过负荷保护动作。

按照 DL/T 684《大型发电机变压器继电保护整定计算导则》要求，反时限过电流倍数与相应允许持续时间的关系曲线由制造厂家提供的转子绕组允许的过热条件决定。整定计算

时,设反时限过电流保护的动作特性与转子绕组允许的过热特性相同。具体关系应满足式(2-12-2),即

$$t = \frac{C}{I_{fd*}^2 - 1} \tag{2-12-2}$$

式中 C——转子绕组过热常数;

I_{fd*}——强行励磁倍数。

励磁调节器过励限制动作方程与发电机-变压器组转子过负荷动作方程基本一致,一般可直接整定方程中的转子绕组热容量常数参数,或者是给定某一转子热容计算电流下的动作时间,同时应考虑励磁系统强励电压倍数等于2倍、强励电流倍数等于2倍、允许持续强励时间不低于10s的要求,可计算出转子绕组热容量常数。

将发电机-变压器组转子过负荷保护动作曲线、励磁系统过励限制动作曲线绘制在同一平面上,如图2-12-3和图2-12-4所示,可见两者之间的协调配合关,应避免配合不当和裕度过大两种情况。

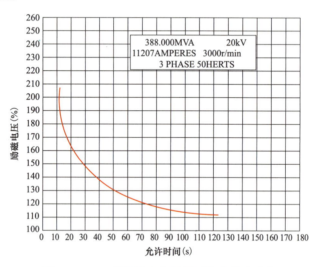

图 2-12-3 某国产机组转子过负荷能力曲线

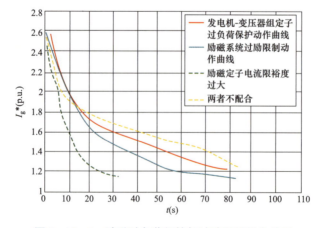

图 2-12-4 励磁过负荷保护与过励限制配合关系

第五节　发电机-变压器组过励磁保护与励磁系统 U/f 限制

按照 DL/T 684《大型发电机变压器继电保护整定计算导则》要求，发电机或变压器过励磁运行时，铁心发热，漏磁增加，电流波形畸变，严重损害发电机或变压器安全。对于大容量机组，必须装设过励磁保护，整定值按发电机或变压器过励磁能力较低的要求整定。当发电机与主变压器之间有断路器时，应分别为发电机和变压器配置过励磁保护。

反时限过励磁保护按发电机、变压器制造厂家提供的反时限过励磁特性曲线（或参数）整定，宜考虑一定的裕度，可以从动作时间或动作值上考虑。从动作时间考虑，可按制造厂家允许运行时间的 $60\%\sim80\%$ 整定；从动作值考虑，可按制造厂家允许动作值除以 1.05 整定。

【例】 南方电网某 300MW 机组，因电网电压异常升高，励磁调节器未起到限制作用而导致主变压器过励磁保护动作，机组跳闸。故整定计算应全面考虑主变压器及高压厂用变压器的过励磁能力，并与励磁调节器 U/f 限制特性相配合，按励磁调节器 U/f 限制首先动作、再由过激磁保护动作的原则进行整定和校核。

将发电机-变压器组过励磁保护动作曲线、励磁系统 U/f 限制曲线绘制在同一平面上，如图 2-12-5 和图 2-12-6 所示，可见两者之间的协调配合关系。

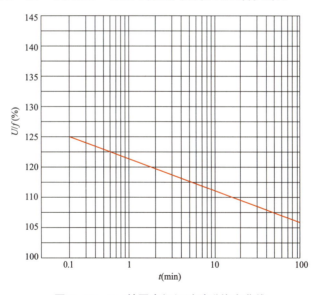

图 2-12-5　某国产机组过励磁能力曲线

根据国家能源办〔2019〕767 号《国家能源投资集团有限责任公司电力二十五项重点反事故措施》中 18.6.4 要求："过激磁保护的启动元件、反时限和定时限应能分别整定，其返回系数不宜低于 0.96。整定计算应全面考虑主变压器及高压厂用变压器的过励磁能力，并与励磁调节器 U/f 限制特性相配合，按励磁调节器 U/f 限制首先动作、再由过激磁保护动作的原则进行整定和校核"，其中明确了对过激磁保护返回系数的要求，各厂站在做保护校验工作时应按要求开展此项测试。

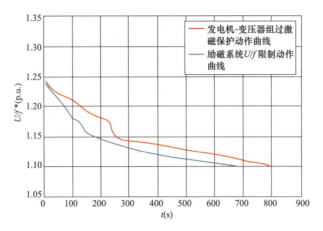

图 2 - 12 - 6　过励磁保护与 U/f 限制配合关系

第六节　失磁保护与低励限制

当发电机失磁运行时，需要从系统中吸收大量无功功率以建立发电机磁场，将引起系统电压下降，如果系统容量较小或无功储备不足，则可能使失磁的发电机端电压、母线电压及其他的临近点的电压低于允许值，从而破坏了负荷与电源间的稳定运行，甚至引起电压崩溃。

一般低励失磁保护的主要判据有系统或机端低电压、定子侧阻抗判据（异步圆或静稳圆）、转子电压判据及反向无功判据等，一般根据不同的判据组合设置不同的出口方式和跳闸延时，具体整定方法可参考 DL/T 684《大型发电机变压器继电保护整定计算导则》。

根据国家能源办〔2019〕767 号中《国家能源投资集团有限责任公司电力二十五项重点反事故措施》11.4.3.2 要求："励磁系统低励限制环节动作值的整定应综合考虑发电机定子边段铁心和结构件发热情况及对系统静态稳定的影响，按照发电机和电网许可的进相能力进行整定，并与发电机失磁保护相配合，在失磁保护之前动作。当发电机进相运行受到扰动瞬间进入励磁调节器低励限制环节工作区域时，不允许发电机组进入不稳定工作状态"。励磁系统低励限制环节动作值的整定应综合考虑发电机定子边段铁心和结构件发热情况及对系统静态稳定的影响，按照发电机和电网许可的进相能力进行整定，并与发电机失磁保护相配合，在失磁保护之前动作。

【例】　某 350MW 机组按调度要求进相运行后失磁保护动作，机组跳闸，经查跳闸时刻的运行工况失磁保护动作正确，但尚未达到调节器低励限制定值，属于两者定值配合不当导致的误动作。

以下通过一则实例介绍失磁保护与励磁系统低励限制的协调配合关系的校核方法。某厂机组参数如下：额定视在功率为 388MVA，额定有功功率为 330MW，额定定子电压为 20kV，直轴同步电抗 X_d 非饱和值为 204.66%，直轴瞬变电抗 X'_d 非饱和值为 24.97%，机端 TV 变比为 20000/100，机端 TA 变比为 15000/5。

励磁调节装置无功欠励曲线为四点折线，该机组励磁调节器欠励限制定值按照发电机进相试验结果整定，具体设定如表 2 - 12 - 2 所示。

表 2-12-2 励磁调节器欠励限制定值

序号	1	2	3	4
有功 P （MW）	0 （0）	100 （0.2577）	200 （0.5155）	300 （0.7732）
无功 Q （Mvar）	−25 （−0.0644）	−25 （−0.0644）	−20 （−0.0515）	0 （0）

注 括号内为标幺值，发电机为基准 $S_n=388$MW。

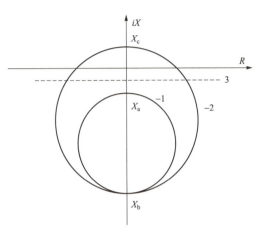

图 2-12-7 失磁保护异步圆阻抗动作特性

根据电厂发电机-变压器组定值整定计算书，发电机失磁保护阻抗判据选择异步阻抗圆，具体整定如图 2-12-7 所示。

其中 X_a、X_b 的定值可按式 （2-12-3）和式 （2-12-4）计算，即

$$X_a=-\frac{X'_d}{2}\frac{U_N^2}{S_n}\frac{n_a}{n_v}=-1.93\Omega \quad (2-12-3)$$

$$X_b=-X_d\frac{U_N^2}{S_n}\frac{n_a}{n_v}=-31.63\Omega \quad (2-12-4)$$

将异步圆阻抗转换为标幺值，发电机为基准阻抗基值得。

$$Z_b=\frac{U_N^2}{S_n}\frac{n_a}{n_v}=\frac{20^2}{388}\times\frac{15000/5}{20000/100}=15.4639\Omega \quad (2-12-5)$$

失磁保护异步圆与坐标轴交点标幺值按式 （2-12-6）和式 （2-12-7）计算，则

$$X_a^*=\frac{X_a}{Z_b}=-\frac{1.93}{15.4639}=-0.1248 \quad (2-12-6)$$

$$X_b^*=\frac{X_b}{Z_b}=-\frac{31.63}{15.4639}=-2.0454 \quad (2-12-7)$$

可算出失磁保护圆心坐标为 $(0,x_0)$，其中 $x_0=-1.0851$，半径为 $r_0=0.9603$。

发电机-变压器组失磁保护是在发电机机端 $R-X$ 测量阻抗平面上计算的，而励磁调节器的欠励显示是在 $P-Q$ 平面上整定的，两者分别属于不同的坐标系，无法直观地校核他们之间的配合关系，因此需要将两者坐标轴统一，在此将异步阻抗圆映射到 $P-Q$ 平面上。

设失磁保护异步圆的方程为式 （2-12-8），即

$$R^2+(X-x_0)^2=r_0^2 \quad (2-12-8)$$

同时将 $R=U\cos\varphi/I$，$X=U\sin\phi/I$ 带入并整理得式 （2-12-9）。

$$P^2+\left(Q-\frac{x_0U^2}{x_0^2-r_0^2}\right)^2=\left(\frac{r_0U^2}{x_0^2-r_0^2}\right)^2 \quad (2-12-9)$$

由此式可知，映射到 $P-Q$ 平面后曲线仍是圆，圆心为 $\left(0,\frac{x_0U^2}{x_0^2-r_0^2}\right)$，半径为 $\left|\frac{r_0U^2}{x_0^2-r_0^2}\right|$。

设失磁时发电机机端电压降为 $0.9U_N$，同时将 x_0、r_0 数据带入，可得 $P-Q$ 平面下圆

方程参数：圆心坐标为（0，X_0），其中 $X_0=-3.4427$，半径为 $r_0=3.0468$。则失磁保护异步圆在 P - Q 平面上与坐标轴交点为

$$X_{a-PQ}^*=-0.3959, X_{b-PQ}^*=-6.4895$$

将欠励限制动作曲线和失磁异步阻抗圆动作曲线绘制在 P - Q 平面上，如图 2 - 12 - 8 所示，欠励限制曲线下方为动作区域，异步阻抗圆内部为动作区域，比较两者动作区域，可以看出欠励限制会先于失磁保护动作，两者配合关系正确。

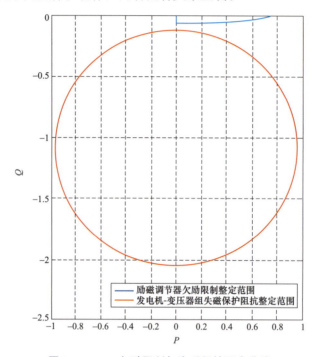

图 2 - 12 - 8　欠励限制与失磁保护配合曲线

第七节　失　步　保　护

一般大容量发电机机组一旦出现发电机失步，将导致系统发生振荡，使大机组电压周期性下降、定子电流激增，严重影响稳定运行，同时还可能导致临近机组的保护误动作。若不能及时排除，很有可能会扩大到系统的其余部分，进而导致更严重的后果。

根据 GB/T 31464《电网运行准则》中要求，为保证局部电网的稳定运行，当引起电力系统振荡的故障点在发电机-变压器组外部时，透平型发电机应当能够承受至少 5～20 个振荡周期，以使电力系统尽可能快速恢复稳定；当故障点在发电机-变压器组内部时才允许立即启动失步保护。目前，大多数机组失步保护原理多为透镜阻抗原理，透镜阻抗圆原理发电机失步保护动作特性见图 2 - 12 - 9。

失步保护反应电网振荡失步的关键是 Z_c 的整定，即运行轨迹在 Z_c 以下为机组失步，在 Z_c 以上为电网失步。对于发生于机组内部的失步故障，多是失磁故障后未及时切除故障所致，应立即解列机组。根据规程要求，若为区内故障，则滑极次数整定为 1 次，范围不超出主变压器。另外，应注意设置允许跳闸电流，防止在系统两侧电动势差为 180°时分闸损害

设备，一般可按 15％～50％断路器额定遮断电流整定。

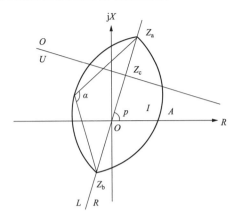

图 2‐12‐9　透镜阻抗圆原理发电机失步保护动作特性

Z_a—系统与主变压器电抗之和，$Z_a=X_s+X_t$；Z_b—发电机暂态电抗，$Z_b=X'_d$；Z_c—主变压器电抗，$Z_c=X_t$；α—透镜内角，一般取 $90°\sim120°$

第十三章

反事故措施要点解析与事故案例分析

第一节　国家能源局反事故措施要点及解析

一、前期规划

（一）前期规划反事故措施要点

（1）在一次系统规划建设中，应充分考虑继电保护的适应性，避免出现特殊进线方式造成继电保护配置及整定难度的增加，为继电保护安全可靠运行创造良好条件。

（2）涉及电网安全、稳定运行的发电、输电、配电及重要用电设备的继电保护装置应纳入电网统一规划、设计、运行、管理和技术监督。

（3）继电保护装置的配置和选型必须满足有关规程规定的要求，并经相关继电保护管理部门同意。保护选型应采用技术成熟、性能可靠、质量优良的产品。

（二）前期规划反事故措施要点解析

继电保护是电网的重要组成部分，上述条款强调了电力系统一、二次设备的相关性，要求将涉及电网安全、稳定运行的发电、输电、配电及重要用电设备的继电保护装置纳入电网统一规划、设计、运行、管理和技术监督；要求在规划阶段就做好一、二次设备选型的协调，充分考虑继电保护的适应性，避免出现特殊接线方式造成继电保护配置和整定计算困难，保证继电保护设备能够正确地发挥作用；明确了专业主管部门在设备选型工作中的责任和义务，强调继电保护装置的选型必须按照相关规定进行，选用技术成熟、性能可靠、质量优良的产品。

二、双重化配置

（一）双重化配置反事故措施要点

（1）依照双重化原则配置的两套保护装置，每套保护均应含有完整的主、后备保护，能反应被保护设备的各种故障及异常状态，并能作用于跳闸或给出信号，宜采用主、后备一体的保护装置。

（2）330kV及以上电压等级输变电设备的保护应按双重化配置；220kV电压等级线路、变压器、高压电抗器、串联补偿装置、滤波器等设备微机保护应按双重化配置；除终端负荷变电站外，220kV及以上电压等级变电站的母线保护应按双重化配置。

（3）220kV及以上电压等级线路纵联保护的通道（含光纤、微波、载波等通道及加工设备和供电电源等）、远方跳闸及就地判别装置应遵循相互独立的原则按双重化配置。

（4）100MW及以上容量发电机-变压器组应按双重化原则配置微机保护（非电量保护除外）；大型发电机组和重要发电厂的启动变压器保护宜采用双重化配置。

（5）两套保护装置的交流电流应分别取自电流互感器互相独立的绕组；交流电压宜分别

取自电压互感器互相独立的绕组。其保护范围应交叉重叠，避免死区。

（6）两套保护装置的直流电源应取自不同蓄电池组供电的直流母线段。

（7）有关断路器的选型应与保护双重化配置相适应，220kV 及以上断路器必须具备双跳闸线圈机构。两套保护装置的跳闸回路应与断路器的两个跳闸线圈分别一一对应。

（8）双重化配置的两套保护装置之间不应有电气联系。与其他保护、设备（如通道、失灵保护等）配合的回路应遵循相互独立且相互对应的原则，防止因交叉停用导致保护功能的缺失。

（9）采用双重化配置的两套保护装置应安装在各自保护柜内，并应充分考虑运行和检修时的安全性。

（二）双重化配置反事故措施要点解析

以上条款明确规定了继电保护双重化配置的基本原则。重要设备按双重化原则配置保护是现阶段提高继电保护可靠性的关键措施之一。所谓双重化配置不仅仅是应用两套独立的保护装置，而且要求两套保护装置的电源回路、交流信号输入回路、输出回路、直至驱动断路器跳闸，两套继电保护系统完全独立，互不影响，其中任意一套保护系统出现异常，也能保证快速切除故障，并能完成系统所需要的后备保护功能。

实施继电保护双重化配置的目的：一是在一次设备出现故障时，防止因继电保护拒动给设备带来进一步的损坏；二是在保护装置出现故障、异常或检修时避免因一次设备缺少保护，而导致不必要的停运。前者是提高保护的完备性，有效防止设备损害；后者主要是保证设备运行的连续性，提高经济效益。

以单一主设备作为双重化保护的基本配置单元，既能保证保护设备的可依赖性，同时一旦其中一套保护装置发生误动作，其所带来后果影响范围最小。

一般 220kV 及以上的设备都应按双重化的原则配置保护，220kV 的终端负荷变电站，由于处于系统末端，相对于 220kV 及以上电压等级的其他设备而言，其母线快速切除故障的要求可适当弱化，因此从节约投资的角度出发，可不强制要求必须按双重化要求配置保护。在单套配置的母差保护因故退出运行其间，可加大上一级线路后备保护的动作范围、缩短对无保护母线有灵敏度的后备保护动作时等对母线实施保护。

三、设计与选型

（1）保护装置直流空气开关、交流空气开关应与上一级开关及总路空气开关保持级差关系，防止由于下一级电源故障时，扩大失电元件范围。

解析：保护屏柜上直流空气开关与直流分电屏的总开关是串联关系，当某保护屏内发生短路时，该保护屏柜上直流电源回路的空气开关应先于直流分电屏总开关动作，以防止保护屏柜内保护装置失去电源。

保护屏柜上交流电压回路空气开关与交流电压回路的总开关是串联关系，当某保护屏内电压回路发生断路时，该保护屏柜上交流电压回路的空气开关应先于电压回路总开关动作，以减少对其他保护装置的影响。

（2）继电保护及相关设备的端子排，宜按照功能进行分区、分段布置，正、负电源之间、跳（合）闸出线之间以及跳（合）闸引出线与正电源之间、交流电源与直流回路之间等应至少采用一个空端子隔开。

解析：为提高保护装置的动作速度，在现代保护装置中，大多采用了动作速度较快的出口继电器。当站用直流系统中串入交流信号时，将可能会影响保护装置的动作行为。特别时对于直接采用站用直流作为动作电源，经常电缆直接驱动的出口继电器，更容易误动作。

（3）应根据系统短路容量合理选择电流互感器的容量、变比和特性，满足保护装置整定配合和可靠性的要求。新建和扩建工程宜选用具有多次级的电流互感器，优先选用贯穿（倒置）式电流互感器。

（4）差动保护用电流互感器的相关特性宜一致。

解析：互感器的选型与安装位置会直接影响到继电保护的功能和保护范围，因此应予以全面、充分的考虑。

1）应保证母线保护范围与母线上个电气设备的保护范围互有交叉，防止出现保护死区。如当选用两侧均装有电流互感器的罐式断路器时，为防止断路器内部故障时失去保护，母线保护应选用线路（或变压器）的电流互感器，线路（或变压器）保护应选用母线测的电流互感器；又如当线路选用装设于断路器线路侧的外附电流互感器时，为保证互感器发生内部故障时不失去保护，应按母线保护与线路保护范围有交叉原则选用二次绕组。母线、线路按双重化原则配置保护时，应注意在任意一套保护装置退出时，仍能不出现保护范围的"死区"。贯穿（倒置）式电流互感器，其二次绕组位于互感器顶部，二次绕组之间的一次导线发生故障可能性较小，因此建议优先使用。

2）差动保护原理的基础是无故障时被保护设备各侧的差电流为零。虽然目前生产的差动保护可利用软件对互感器的误差进行适度的修正，单修正范围有限。为保证差动保护动作的正确性，应尽量保证差动保护各侧电流互感器暂态特性、相应饱和和电压的一致性，以提高保护动作的灵敏性，避免保护的不正确动作。

3）所有保护装置对外部输入信号适应范围都有一定的要求，合理地选择电流互感器容量、变比和特性，有助于充分发挥保护功能，利于整定配合，提高继电保护选择性、灵敏性、可靠性和速动性。

（5）应充分考虑电流互感器二次绕组合理分配，对确实无法解决的保护动作死区，在满足系统稳定要求的前提下，可采取启动失灵和远方跳闸等后备措施加以解决。

解析：电流互感器的安装位置决定了继电保护装置的保护范围，当采用外附电流互感器时，不可避免会存在快速保护的"死区"。如当电流互感器装设于断路器的线路侧时，断路器与互感器之间的故障，虽然母差保护能将断路器断开，但对于线路保护而言属于区外故障，故障点会依然存在。此时应通过远方跳闸保护将线路对侧断路器跳开切除故障。

电流互感器二次绕组的装配位置同样也决定了继电保护装置的保护范围，选择电流互感器的二次绕组，应考虑保护范围的交叉，避免在互感器内部发生故障时出现"死区"。

（6）双母线接线变电站的母差保护、断路器失灵保护，除跳母联、分段的支路外，应经复合电压闭锁。

解析：双母线接线的变电站，一旦母差保护或断路器失灵保护动作，势必会损失负荷，加装复合电压闭锁回路是防止母差或失灵保护误动的重要措施。对于微机型的母差、失灵保护、复合电压闭锁可有效地防止电流互感器二次回路断线等外部原因造成保护误动。

（7）变压器、电抗器宜配置单套非电量保护，应同时作用于断路器的两个跳闸线圈。未采用就地跳闸方式的变压器非电量保护应设置独立的电源回路（包括直流空气开关及其直流

288

电源监视回路）和出口跳闸回路，且必须与电气量保护完全分开。当变压器、电抗器采用就地跳闸方式时，应向监控系统发送动作信号。

解析：落实本项反事故措施应注意以下要点。

1）主变压器的非电量保护应防水、防振、防油渗漏、密封性好。要防止由于转接端子绝缘破坏造成保护误动。

2）非电量保护的跳闸回路应同时作用于两个跳闸线圈，且驱动两个跳闸线圈的跳闸继电器不宜为同一个继电器。

3）非电量保护不启动失灵保护，主变压器非电量保护的工作电源（包括直流空气开关及其直流电源监视回路）及其出口跳闸回路不得与电气量保护共用。

（8）非电量保护及动作后不能随故障消失而立即返回的保护（只能靠手动复位或延时返回）不应启动失灵保护。

解析：非电量保护不启动失灵保护，个别进口保护在动作后只能靠手动复位或装置内设延时复位，易造成失灵保护误动。

（9）500kV及以上电压等级变压器低压侧并联电抗器和电容器、站用变压器的保护配置与设计，应与一次系统相适应，防止电抗器和电容器故障造成主变压器跳闸。

解析：变电站内用于无功补偿的电容器、电抗器以及站用变压器等设备，应通过各自的断路器接至主变压器低压侧母线，并配备相应的保护。保护定值与主变压器的低压侧保护相配合，注意防止低压侧故障时由于变压器保护越级而扩大事故停电范围。

在某些变电站的设计中，站用变压器通过一次熔断器直接接至主变压器低压侧母线，站用变压器低压直接通过电缆接至站用电小室母线。此种设计存在以下问题：其一，主变压器低压侧保护与站用变压器高压侧的熔断器配合较为困难。站用变压器发生故障时，主变压器保护可能会越级而造成事故停电范围扩大。其二，站用变压器低压侧电缆单相故障时，没有任何保护装置可以反应，只有发展至相间故障时，才有可能有熔断器切除站用变压器。

（10）线路纵联保护应优先采用光纤通道。双回线路采用同型号纵联保护或线路纵联保护采用双重化配置时，在回路设计和调试过程中应采取有效措施防止保护通道交叉使用。分相电流差动保护应采用同一路由收发、往返延时一致的通道。

解析：与其他通道相比，光纤通道具有不受空间电磁干扰影响、不受气象条件变化影响等特点。随着科学技术的发展，无中继光纤传输距离已达到数百千米。光纤［包括光纤复合架空地线（OPGW）］的价格与其面世之初相比大大下降；加之信息传送量巨大，使之在包括电力系统在内的各行业得到了极为广泛的应用。

线路的纵联保护由线路两侧的保护装置和通道构成一个整体，如果不同纵联保护交叉使用通道，将会造成保护装置不正确动作。

目前的线路纵差保护大都利用信号在通道上的往返时间计算单程通道传输时间，线路两侧的保护装置分别根据单程通道传输时间确定各自采样值的存储时间，以保证进行差电流计算的两侧采样值取自同一时刻。如果线路纵差保护的往返路由不一致，通道往返延时不同，则有可能产生计算错误，在重负荷或区外故障时，造成保护误动。

（11）220kV及以上电气模拟量必须接入故障录波器，发电厂发电机、变压器不仅录取各侧的电压、电流，还应录取公共绕组电流、中性点零序电流和中性点零序电压。所有保护出口信息、通道收发信情况及开关分合位情况等变位信息应全部接入故障录波器。

解析：故障录波报告是进行事故分析的重要依据，特别是在进行复杂事故分析或保护不正确动作分析时更是如此。为全面反映发电机组在事故或异常情况下运行工况，机组录波除接入相关电气量、接点信号外，还需接入励磁系统相关电流、电压，接入其他保护跳闸触点等与机组运行相关的信息。除此之外，机组录波还应适当接入电网侧的相关信息，以便对应分析机组在电网发生故障或出现异常时的运行状况及保护动作行为。

（12）对闭锁式纵联保护，"其他保护停信"回路应直接接入保护装置，而不应接入收发信机。

解析：对于闭锁式的线路纵联保护，当故障发生在电流互感器与断路器之间时，本侧由母差保护动作，对侧需要通过"停信"来促使线路对端的保护跳闸，以切除故障。为此，在线路保护与收发信机均设有"其他保护停信"的开入端。

一般在保护装置上的"其他保护停信"开入信号会经过干扰处理后，通过保护内部的停信回路收发信机发出停信命令；而收发信机则直接利用"其他保护停信"开入信号停信。在运行中曾多次发生由于未对干扰信号进行有效处理，收发信机误停信造成线路保护误动的事故。

（13）220kV 及以上电压等级的线路保护应采取措施，防止由于零序功率方向元件的电压死区导致零序功率方向纵联保护拒动。

解析：按照双重化要求配置的保护，其每一套保护都应能够独立完成切除故障的任务，有系统稳定要求时，线路保护须保证其每一套保护对于各种类型故障均能实现全线速动，且须保证采用单相重合闸方式的线路在发生单相高阻接地故障时能够正确选相跳闸及重合。

远距离、重负荷的线路，以及同一断面其他线路跳闸后会承受较大转移负荷的线路，其距离保护的后备段如不采取措施，可能会发生误动作。国外数次电网大停电事故多次证明：严重时还可能会造成系统稳定破坏事故，为防止此类事故的发生，应要求距离保护后备段能够对故障和过负荷加以区分，设置负荷电阻线是行之有效的措施之一。

零序功率方向元件一般都有一定的零序电压门槛，对于一侧零序阻抗较小的长线路，在发生经高阻接地故障时，可能会由于该侧零序电压较低而形成一定范围的死区，从而造成纵联零序方向保护拒动。为实现全线速动，当采取纵联零序方向保护时，应采取有效措施消除该死区。但由于正常运行时存在不平衡电压，不能采取过分降低零序电压门槛的方法，否则可能会造成保护误动。

（14）发电厂升压站监控系统的电源、断路器控制回路及保护装置电源，应取自升压站配置的独立蓄电池组。

解析：升压站内应设置独立蓄电池组，且不能与厂内机组、外围附属设备共用，防止其他系统设备直流隐患（如交、直流混线，直流接地），造成全站停电事故。

（15）发电机-变压器组的阻抗保护须经电流元件（如电流突变量、负序电流等）启动，在发生电压二次回路失压、断线以及切换过程中交流或直流失压等异常情况时，阻抗保护应具有防止误动措施。

解析：阻抗保护作为发电机-变压器组的后备保护，具有保护范围广、动作时间相对较长及动作切除设备多的特点，如果误动或拒动，都会造成多回路停电或停电事故扩大化。因此，阻抗保护须经电流突变、负序电流等启动，保证其在发生区内故障时可靠动作；另外，为防止电压互感器二次回路断线及直流消失造成的阻抗保护误动作，应设置交流电压断线闭锁功能及直流电源消失闭锁装置动作出口的措施。

（16）200MW及以上容量发电机定子接地保护宜将基波零序过电压保护与三次谐波电压保护的出口分开，基波零序过电压保护投跳闸。

解析：因绝缘损坏而造成定子绕组发生单相接地是发电机较为常见的故障之一。发电机通常采用基波零序保护作为发电机定子接地故障的主保护，但该保护的范围为由机端至中性点95%左右。虽然由于发电机中性点附近电压较低，发生绝缘损坏的故障概率较低，但在定子水内冷机组中，由于漏水等原因造成中性点附近定子接地的可能依然存在，如果未被及时发现，再发生第二点接地时，将造成发电机的严重损坏。为此发电机通常采用由基波零序保护和三次谐波电压保护共同构成100%定子接地保护。

发电机的三次谐波与机组及其外部设备等多因素有关，特别是在投产初期，很难将其整定值设置正确。考虑到中性点附近发生接地故障时，接地电流较小，零序电压较低，为防止三次谐波电压保护误动切机，建议将发电机定子接地保护的基本零序保护与三次谐波电压保护的出口分开，基波零序保护投跳闸，三次谐波电压保护投信号。

（17）采用零序电压原理的发电机匝间保护应设有负序功率方向闭锁元件。

解析：对未引出双星行中性点的发电机，在发电机出口装设一组专用全绝缘电压互感器，其一次绕组中性点直接与发电机中性点相连接而不是接地，用零序电压原理构成发电机匝间保护。当发电机内部发生匝间短路或对中性点不对称的各种相间短路时，产生对中性点的零序电压，使匝间保护动作。当发电机外部短路故障时，中性点的零序电压中三次谐波电压随短路电流增大，有可能造成匝间保护误动作。因此，根据短路故障时产生的负序功率方向，作为发电机匝间保护的闭锁条件，防止其在区外故障时发生误动作。

（18）并网发电厂均应制定完备的发电机带励磁失步振荡故障的应急措施，300MW及以上容量的发电机应配置失步保护，在进行发电机失步保护整定计算和校验工作时应能正确区分失步振荡中心所处的位置，在机组进入失步工况时根据不同工况选择不同延时的解列方式，并保证断路器断开时的电流不超过断路器允许开断电流。

解析：电力系统运行中，不可避免地会发生一些扰动，较大的扰动还有可能引发系统振荡；有些振荡能够自行恢复至稳态，有些振荡则须靠继电保护、安全自动装置，甚至人工进行干预方可消除。

系统发生振荡，如果处理不当，或处理不及时，则有可能导致事故扩大，严重时，可能造成系统瓦解。

系统振荡后的处理方法与引发振荡的原因、振荡中心的位置等因素有关。不同情况的系统振荡，处理方法不尽相同；当系统发生振荡时，必须统筹考虑才能确保整个电力系统的安全稳定运行。

系统发生振荡，尤其是振荡中心位于发电机机端或升压变压器范围内时，会造成机端电压周期性摆动，若不及时处理，则可能使机组或者辅机系统严重受损；振荡若造成机组与系统之间的功角大于90°，将会导致机组失步。

假设失步保护是机组和电力系统安全的重要保障，机组失步保护的动作行为应满足机网协调的相关要求。

机组一般具有一定的耐受振荡能力，当振荡中心在发电机-变压器组外部时，电厂要做好预案，积极配合调度统一指挥，消除振荡。

机组失步保护动作时，应考虑出口断路器的断弧能力；当同一母线多台机组对系统振荡时，机组宜顺序切除。

（19）发电机的失磁保护应使用能正确区分短路故障和失磁故障的、具备复合判据的方案。应仔细检查和校核发电机失磁保护的整定范围和低励限制特性，防止发电机进相运行时发生误动作。

解析：发电机失磁后无论对系统还是对机组自身都有可能造成一定的危害，还可能导致机组失步。因此发电机组应装设失磁保护。失磁保护的动作行为应符合机网协调的相关规定。

需要注意的是：当机组与系统联系较紧密时，单台发电机组失磁很少可能造成高压母线电压严重下降。为保证失磁保护能够正确动作，失磁保护中的三相电压低判据应取机端电压。

（20）300MW 及以上容量发电机应配置启、停机保护及断路器断口闪络保护。

解析：在未与系统并列运行期间，某些情况下，处于非额定转速的发电机被施加了励磁电流，机组的电气频率与额定值存在较大偏差。部分继电保护因受频率影响较大，在机组启、停机过程中转速较低时发生定子接地短路或相间短路故障，不能正确动作或灵敏度降低，导致故障扩大。因此需装设对频率变化敏感性较差的继电器构成的启、停机保护。专用的启、停机保护应动作于停机，在机组并网运行期间宜退出。

机组出口断路器未合，机组已施加励磁等待同期并网期间，施加在断路器断口两端的电压，会随着待并发电机与系统之间电压角差变化而不断变化，最大值为两电压之和。可能会造成断路器断口闪络事故，不仅造成断路器损坏，处理不及时还可能引起电网事故，因此需要装设断路器断口闪络保护。断路器断口闪络保护应动作于停机，并启动失灵保护。

（21）200MW 及以上容量发电机-变压器组应配置专用故障录波器。

解析：故障录波报告是进行事故分析的重要依据，特别是在进行复杂事故分析或保护不正确动作分析时更是如此。为全面反映发电机组在事故或异常情况下运行工况，200MW 及以上容量发电机-变压器组应配置专用故障录波器，以便对应分析机组在发生故障或出现异常时的运行状况及保护动作行为。

（22）发电厂的辅机设备及其电源在外部系统发生故障时，应具有一定的抵御事故能力，以保证发电机在外部系统故障情况下的持续运行。

解析：发电厂辅机设备运行的稳定性、可靠性直接影响发电机组的安全稳定运行。一旦这些关键辅机设备由于变频器原因而非正常停机，会造成发电机组负荷大幅下降，甚至造成停机事故。对于外部系统发生故障时，要求发电厂关键辅机设备对外部故障引起的电压、电流异常具备一定的承受能力，并保证发电机组持续运行。

四、二次回路

（1）装设静态型、微机型继电保护装置和收发信机的厂、站接地电阻应按 GB/T 2887《计算机场地通用规范》和 GB 9361《计算机场地安全要求》规定，其机箱应构成良好电磁屏蔽体，并有可靠的接地措施。

解析：实践证明全封闭的金属机箱是电子设备抵御空间电磁干扰的有效措施，除此之外，金属机箱还必须可靠接地。

（2）电流互感器的二次绕组及回路，必须且只能有一个接地点。当差动保护的各组电流回路之间因没有电气联系而选择在开关场就地接地时，须考虑由于开关场发生接地短路故障，将不同接地点之间的地电位差引至保护装置后所带来的影响。来自同一电流互感器二次绕组的三相电流线及其中性线必须置于同一根二次电缆。

（3）公用电压互感器的二次回路只允许在控制室内有一点接地，为保证接地可靠，各电压互感器的中性线不得接有可能断开的开关或熔断器等。已在控制室一点接地的电压互感器二次绕组，宜在开关场将二次绕组中性点经放电间隙或氧化锌阀片接地，其击穿电压峰值应大于 $30I_{max}$ V（I_{max} 为电网接地故障时通过变电站的可能最大接地电流有效值，单位为 kA）。应定期检查放电间隙或氧化锌阀片，防止造成电压二次回路多点接地的现象。

解析：所有互感器的电气二次回路都必须且只能有一点接地是历次反事故措施的明确规定。互感器二次回路的接地是安全接地，防止由于互感器及二次电缆对地电容的影响而造成二次系统对地产生过电压。但是，①如果电压互感器二次回路出现两个及以上的接地点，则将在一次系统发生接地故障时，由于参考点电位的影响，造成保护装置感受到的二次电压与实际故障相电压不对应；②如果电流互感器二次回路出现两个及以上的接地点，则将在一次系统发生接地故障时，由于存在分流回路，使通入保护装置的零序电流出现较大偏差。因此，为防止保护装置在系统发生接地故障时的不正确动作，无论是电压互感器还是电流互感器，其二次回路均不能出现两个及以上的接地点。

电压互感器的二次中性线回路在正常运行时仅有较小不平衡电压，不便监视其完好性，故应尽量减少可能断开的中间环节。

当电压互感器二次回路的接地点设在控制室时，在开关场将二次绕组中性点经放电间隙或氧化锌阀片接地，目的在于防止控制室内的接地点不可靠而造成电压互感器二次回路过电压。

（4）来自同一电压互感器二次绕组的三相电压线及其中性线必须置于同一根二次电缆，不得与其他电缆共用。来自同一电压互感器三次绕组的两（或三）根引入线必须置于同一根二次电缆，不得与其他电缆共用。应特别注意电压互感器三次绕组及其回路不得短路。

（5）交流电流和交流电压回路、交流和直流回路、强电和弱电回路，均应使用各自独立的电缆。

解析：在系统发生短路故障时，发电厂、变电站内空间电磁干扰明显，大部分干扰信号是通过二次回路侵入保护装置。为减小对同一电缆内其他芯线的干扰，交流电流和交流电压应安排在各自独立的电缆内；交流信号的相线与中性线应安排在同一电缆内；来自同一电压互感器的三次绕组的所有回路应安排在同一电缆内；直流回路应安排在同一电缆内；直流回路的正极与负极应尽量安排在同一电缆内；强电回跑和弱电回路应分别安排在各自独立的电缆内。由于电压互感器的三次绕组在正常运行时二次电压为零，或接近于零，此时在三次绕组及其回路发生短路时不易被发现。当系统发生不对称故障时，三次绕组及其回路产生故障电压，此时电压互感器的三次绕组及其回路发生短路会造成电压互感器及其回路发生故障，并引起保护不正确动作或拒动。

（6）严格执行有关规程、规定及反事故措施，防止二次寄生回路的形成。

解析：为防止继电保护误动事故，消除寄生回路历来都是二次系统的重要"反事故措施"之一。无论是工程设计、产品制造、基建调试还是运行维护都必须从严、从细、从实地采取措施，认真消除二次寄生回路。

（7）直接接入微机型继电保护装置的所有二次电缆均应使用屏蔽电缆，电缆屏蔽层应在电缆两端可靠接地。严禁使用电缆内的空线替代屏蔽层接地。

解析：为抑制空间电磁干扰通过耦合的方式侵入保护装置，与继电保护相关的二次电缆应采用屏蔽电缆，屏蔽层原则上应在电缆两端接地。

（8）对经长电缆跳闸的回路，应采取防止长电缆分布电容影响和防止出口继电器误动的措施。在运行和检修中应严格执行有关规程、规定及反事故措施，严格防止交流电压、电流串入直流回路。

解析：由于长电缆有较大的对地分布电容，从而使得干扰信号较容易通过长电缆窜入保护装置，严重时可导致保护装置不正确动作。在现代保护装置中通常对外部侵入的干扰有一定的防护措施，而对于出口继电器，则通常采用加大继电器动作功率或延长动作时间的方法抵御外部干扰。为提高保护装置的动作速度，在现代保护装置中，大多数采用了动作速度较快的出口继电器，当站用直流系统中窜入交流信号时，将可能会影响保护装置的动作行为，特别是对于直接采用站用直流作为动作电源、经常电缆直接驱动的出口继电器，更容易误动作。近年来由于交流窜入直流回路而造成误动的事故屡见不鲜。

（9）如果断路器只有一组跳闸线圈，失灵保护装置工作电源应与相对应的断路器操作电源取自不同的直流电源系统。

解析：断路器失灵保护是装设在变电站的一种近后备保护，当保护装置动作，而断路器拒动时，失灵保护通过断开与拒动断路器有直接电气联系的断路器而隔离故障。

（10）主设备非电量保护应防水、防震、防油渗漏、密封性好。气体继电器至保护柜的电缆应尽量减少中间转接环节。

解析：本条所述的主设备非电量保护主要是指气体保护和温度等直接作用于跳闸的保护。通常安装在被保护设备上，环境条件较差，如不注意加强密封防漏及防水、防振、防油渗漏措施，可能会导致保护误动跳闸，减少电缆转接的中间环节可减少由于端子箱进水、端子排污秽、接地或误碰等原因造成的保护误动作。

（11）保护室与通信室之间信号优先采用光缆传输。若使用电缆，应采用双绞双屏蔽电缆并可靠接地。

解析：对于线路纵联保护而言，通道是其重要的组成部分之一，特别是在变电站近端发生不对称故障时，对纵联保护通道的干扰（包括由工频信号引起的高频通道阻塞），将可能导致继电保护装置的不正确动作。因此，无论纵联保护采用何种通道方式，无论是专用通道还是复用通道，均应高度重视通道设备（含连接电缆）的抗干扰问题，采用与继电保护专业相一致的抗干扰措施。

五、电磁抗干扰

（一）电磁抗干扰反事故措施要点

（1）应在主控室、保护室、敷设二次电缆的沟道、开关场的就地端子箱及保护用结合滤波器等处，使用截面面积不小于 $100\mathrm{mm}^2$ 的裸铜排（缆）敷设与主接地网紧密连接的等电位接地网。

（2）在主控室、保护室柜屏下层的电缆室（或电缆沟道）内，按柜屏布置的方向敷设

100mm² 的专用铜排（缆），将该专用铜排（缆）首末端连接，形成保护室内的等电位接地网。保护室内的等电位接地网与厂、站的主接地网只能存在唯一连接点，连接点位置宜选择在保护室外部电缆沟道的入口处。为保证连接可靠，连接线必须用至少 4 根以上、截面面积不小于 50mm² 的铜缆（排）构成共点接地。

（3）沿开关场二次电缆的沟道敷设截面面积不少于 100mm² 的铜排（缆），并在保护室（控制室）及开关场的就地端子箱处与主接地网紧密连接，保护室（控制室）的连接点宜设在室内等电位接地网与厂、站主接地网连接处。

（4）由开关场的变压器、断路器、隔离开关和电流、电压互感器等设备至开关场就地端子箱之间的二次电缆应经金属管从一次设备的接线盒（箱）引至电缆沟，并将金属管的上端与上述设备的底座和金属外壳良好焊接，下端就近与主接地网良好焊接。上述二次电缆的屏蔽层在就地端子箱处单端使用截面面积不小于 4mm² 多股铜质软导线可靠连接至等电位接地网的铜排上，在一次设备的接线盒（箱）处不接地。

（5）采用电力载波作为纵联保护通道时，应沿高频电缆敷设 100mm² 铜导线，在结合滤波器处，该铜导线与高频电缆屏蔽层相连且与结合滤波器一次接地引下线隔离，铜导线及结合滤波器二次的接地点应设在距结合滤波器一次接地引下线入地点 3～5m 处；铜导线的另一端应与保护室的等电位地网可靠连接。

（二）电磁抗干扰反事故措施要点解析

进入电子化时代后，导致继电保护不正确动作的干扰问题引起了专业人员的高度重视。众所周知，变电站是一个空间电磁干扰很强的场所，特别是在系统发生短路故障时更为明显；实验和研究表明大部分干扰信号是通过二次回路侵入保护装置的，而在干扰源中，空间磁场干扰占用相当大的份额。目前所采取提高抗干扰的方法大致可以分为三大类，包括降低干扰源的强度、抑制干扰信号的侵入、提高保护装置自身抵御干扰的能力。在二次回路上所采取的抗干扰措施，基本上属于第二类。

（1）为抑制空间电磁干扰通过耦合的方式侵入保护装置，与继电保护相关的二次电缆应采用屏蔽电缆，屏蔽层原则上应在电缆两端接地。

为了防止由于一次系统接地电流经屏蔽层入地而烧毁二次电缆，由变压器、断路器、隔离开关和电流、电压互感器等设备至开关场就地端子箱之间二次电缆经金属管引至电缆沟，利用金属管作为抗干扰的防护措施，二次电缆的屏蔽层应仅在就地端子箱处单端接地。

保护柜屏、开关场就地端子箱内均应装设专用的接地铜排，铜排应分别与保护室内的等电位地网或沿电缆沟敷设的 100mm² 保护专用铜缆可靠相连，保护装置的接地端子、二次电缆的屏蔽层均通过接地铜排接地。

（2）在主控室、保护室柜屏下层的电缆室（或电缆沟道）中敷设等电位地网，目的在于构建一个等电位面，所有保护装置的参考电位都设置在同一个等电位面上，可有效减少由于参考电位差异所带来的干扰。

为保证该等电位地网的可靠连接，减小地网任意两点之间的阻抗，电缆夹层（室内电缆沟）中沿柜屏布置的方向敷设 100mm² 的专用铜排，应首尾相连构成目字形的封闭框，等电位地网应可靠接地，但为保证"等电位"，保护室内的等电位接地网与厂、站的主接地网只能存在唯一连接点。连接点位置宜选择在电缆竖井处，室内等电位地网与敷设在电缆沟内 100mm² 保护专用铜缆的连接点也应与室内等电位地网的接地点设在同一位置。

（3）沿电缆沟敷设的 $100mm^2$ 保护专用铜缆可在地电位差较大时起分流作用。防止因较大电流流经屏蔽层而烧毁电缆；同时该铜缆可减小两点之间的电位差，并能对与其并排敷设的电缆起到对空间磁场的屏蔽作用。

（4）保护柜屏、就地端子箱的外壳均应可靠与主地网相连。

六、工程验收

（1）应从保证调试和验收质量的要求出发，合理确定新建、扩建、技改工程工期。基建调试应严格按照规程规定执行，不得为赶工期减少调试项目，降低调试质量。

解析：高标准的基建、调试质量是安全运行的重要保障。无论是新建、扩建工程还是技改工程，均应严格执行相关规程规定，合理安排工期和流程，严禁以赶工期为目的而降低基建施工和调试质量标准。

（2）新建、扩建、改建工程除完成各项规定的分步试验外，还必须进行所有保护整组检查，模拟故障检查保护连接片的唯一对应关系，模拟闭锁触点动作或断开来检查其唯一对应关系，避免有任何寄生回路存在。

（3）双重化配置的保护装置整组传动验收时，应采用同一时刻，模拟相同故障性质（故障类型相同，故障量相别、幅值、相位相同）的方法，对两套保护同时进行作用于两组跳闸线圈的试验。

解析：整组试验是继电保护系统在完成基建、改建工程或在保护装置，二次回路上进行工作、改动之后的重要把关项目，通过整组试验可对保护系统的相关性、完整性及正确性进行最终的全面检验。在进行整组试验时应着重注意以下几方面。

1）各保护连接片（包括软连接片及远方投退功能）的正确性，在相关连接片退出后，不应存在不经控制的迂回回路。

2）保护功能整体逻辑的正确性，包括与相关保护、安全自动装置、通道以及对侧保护装置的配合关系。

3）单一保护装置的独立性，既要保证单套保护装置能按照预定要求独立完成其功能，也要保证两套或以上保护装置同时动作时，相互之间不受影响。

4）保护装置动作信号、异常告警的完整性和准确性，对于由远方进行监视或控制的保护装置，还应检查、核对其远方信息的完整、准确与及时性，确保集控站值班员、调度人员能够对其健康状况、动作行为实施有效监控。

（4）所有差动保护（线路、母线、变压器、电抗器、发电机等）在投入运行前，除应在能够保证互感器与测量仪表精度的负荷电流条件下，测定相回路和差回路外，还必须测量各中性线的不平衡电流、电压，以保证保护装置和二次回路接线的正确性。

解析：利用实际负荷电流校核差动保护的相电流回路和差回路电流，可以发现接入差动保护的电流回路是否存在相别错误、变比错误、极性错误或接线错误等，因此在第一次投入前对其进行检查是十分必要的。但是，如果实际通入装置的电流过小，则可能由于偏差不明显而难以发现所存在的问题，因此，要求在进行检查时，实际通入装置的负荷电流应大于额定电流的 10%。上述检查的结果正确，仅只能保证装置外部回路接线的正确性，装置内部的电流回路如存在接线错误，则需在三相电流平衡接入的情况下，通过测量中性线不平衡电流的方法予以检查，必要时可在退出保护的前提下，采用封短保护屏端子排一相电流的方法检查中性线回路完好性。

（5）新建、扩建、改建工程的相关设备投入运行后，施工（或调试）单位应按照约定及时提供完整的一、二次设备安装资料及调试报告，并应保证图纸与实际投入运行设备相符。

解析：一般情况下，工程设计的计算参数与实际参数均存在一定的偏差，为保证保护定值的准确性，应尽量采用实测参数。

继电保护的定值计算，是一个系统工程，不仅涉及本工程的相关设备，还涉及系统中其他设备的保护定值，需要一定的计算周期，因此，为保证工程进度，建设单位应按照相关规定，按时提交相关参数、报告。

（6）验收方应根据有关规程、规定及反事故措施要求制定详细的验收标准。新设备投产前应认真编写保护启动方案，做好事故预想，确保新投设备发生故障能可靠被切除。

解析：验收工作是基建、改建、扩建工程的最后一道关口，必须予以高度重视。工程建设单位应严肃对待、认真组织验收工作，确保不让任何一个隐患流入运行之中。验收工作应以保证验收质量为前提，合理安排验收工期。

（7）新建、扩建、改建工程中应同步建设或完善继电保护故障信息管理系统，并严格执行国家有关网络安全的相关规定。

解析：现场的故障录波报告与继电保护动作信息是进行事故分析，特别是复杂事故分析的重要基础材料，继电保护故障信息和故障录波远传系统的建立，有助于调度端加快对事故情况的了解，提高事故处理的准确性，缩短事故处理时间。为保证电力系统的信息安全，在继电保护故障信息和故障录波远传系统的建设与维护中应严格遵守国家电监会、国家电网有限公司的有关规定，做好网络安全的防护工作。

当需要实施保护装置的远方投退或远方变更定值时，必须有保证操作正确性的措施和验证机制，严防发生保护误投和误整定事故。

七、定值管理

（1）依据电网结构和继电保护配置情况，按相关规定进行继电保护的整定计算。当灵敏性与选择性难以兼顾时，应首先考虑以保灵敏度为主，防止保护拒动，并备案报主管领导批准。

解析：继电保护的配置和整定计算都应充分考虑系统可能出现的不利情况，尽量避免在复杂、多重故障的情况下继电保护不正确动作，同时还应考虑系统运行方式变化对继电保护带来的不利影响。

当电网结构或运行方式发生较大变化时，应对现运行保护装置的定值进行核查计算，不满足要求的保护定值应限期进行调整。

当遇到电网结构变化复杂、整定计算不能满足系统运行要求的情况下，应按整定规程进行取舍，侧重防止保护拒动，备案注明并报主管领导批准。

安排运行方式时，应分析系统运行方式变化对继电保护带来的不利影响，尽量避免继电保护定值所不适应的临时性变化。

（2）发电企业应按相关规定进行继电保护整定计算，并认真校核与系统保护的配合关系。加强对主设备及厂用系统的继电保护整定计算与管理工作，安排专人每年对所辖设备的整定值进行全面复算和校核，注意防止因厂用（厂内）系统保护不正确动作，扩大事故范围。

解析：继电保护的定值计算是一个系统工程，电力系统中各运行设备的保护定值必须实现协调配合，才能完成保证电网安全稳定运行的任务；发电厂是电力系统的重要组成部分，发电厂电气设备的继电保护定值也必须与电网其他设备的保护定值相配合。

发电厂电气设备的继电保护定值计算工作，大多由电厂继电保护专业管理部门负责，调度部门应根据系统变化情况，定期向所辖调度范围内的电厂下达接口定值及系统等值参数。发电厂应及时根据最新的接口定值及系统等值参数进行继电保护装置定值的校核、调整，以保证发电厂各运行设备保护定值对系统的适应性及与系统保护配合关系的正确性。

厂用电系统是发电厂的重要组成部分，应切实做好厂用系统电气设备的继电保护定值计算与管理工作，保证保护装置动作的正确性，以确保发电设备的安全。

当电网结构或运行方式发生较大变化时，继电保护整定计算人员应对现运行保护装置的定值进行核查计算，不满足要求的保护定值应限期进行调整。安排运行方式时，应分析系统运行方式变化对继电保护带来的不利影响，尽量避免继电保护定值所不适应的临时性变化。

（3）进行大型发电机高频、低频保护整定计算时，应分别根据发电机在并网前、后的不同运行工况和制造厂提供的发电机性能、特性曲线，并结合电网要求进行整定计算。

解析：发电机组低频保护应与电网低频减载装置配合，低频保护定值应低于低频减载装置最后一轮定值。

发电机组高频保护应与电网高频切机装置配合，遵循高频切机先于高频保护动作的原则。

为避免全厂停电事故，同一电厂（站）高频保护应采用时间元件与频率元件的组合，分轮次动作。

（4）过激磁保护的启动元件、反时限和定时限应能分别整定，其返回系数不宜低于0.96。整定计算应全面考虑主变压器及高压厂用变压器的过励磁能力，并与励磁调节器 U/f。限制特性相配合，按励磁调节器 U/f 限制首先动作，再由过激磁保护动作的原则进行整定和校核。

解析：系统电压升高或频率下降，会使变压器出现过励磁现象，而过励磁的程度和时间的积累，将促使变压器绝缘加速老化，影响变压器寿命。变压器的过励磁能力是指变压器耐受系统过电压或系统低频的能力，不同变压器的过励磁能力有所不同，每台变压器出厂文件都包含有描述该变压器过励磁能力的特性曲线。

变压器的过励磁保护主要由启动元件、U/f 判别元件和时间元件构成，其中时间元件包含反时限和定时限两部分。过励磁保护的整定应根据被保护变压器的过励磁曲线进行，使保护的动作特性曲线与变压器自身的过励磁能力相适应。

（5）发电机负序电流保护应根据制造厂提供的负序电流暂态限值（A 值）进行整定，并留有一定裕度。发电机保护启动失灵保护的零序或负序电流判别元件灵敏度应与发电机负序电流保护相配合。

解析：发电机负序电流产生的负序磁场对转子感应的倍频电流会使转子表面温度升高，影响转子使用寿命。应根据发电机制造厂提供的转子表层允许负序过负荷能力曲线对负序电流保护进行整定，并留有一定裕度，避免造成发电机长期承受负序电流而引起的转子过热甚至损坏。

发电机保护启动失灵保护的零序或负序电流判别元件一般按照躲过发电机正常运行时最大不平衡电流整定，其值应低于发电机负序电流保护启动值。

（6）发电机励磁绕组过负荷保护应投入运行，且与励磁调节器过励磁限制相配合。

解析：过励限制及保护与发电机转子绕组过负荷保护配合的原则是过励限制先于过励保护、过励保护先于转子绕组过负荷保护。

（7）严格执行工作票制度和二次工作安全措施票制度，规范现场安全措施，防止继电保护"三误（误碰、误接线、误整定）"事故。相关专业人员在继电保护回路工作时，必须遵守继电保护的有关规定。

解析：在电力系统的继电保护事故中，由于人员"三误"所造成的事故有一定的比例。

实践证明，严格执行继电保护现场标准化作业指导书，按照规范化的作业流程及规范化的质量标准，执行规范化的安全措施，完成规范化的工作内容，是防止继电保护人员"三误"事故的有效措施。

（8）微机型继电保护及安全自动装置的软件版本和结构配置文件修改、升级前，应对其书面说明材料及检测报告进行确认，并对原运行软件和结构配置文件进行备份。修改内容涉及测量原理、判据、动作逻辑或变动较大的，必须提交全面检测认证报告。保护软件及现场二次回路变更须经相关保护管理部门同意并及时修订相关的图纸资料。

解析：继电保护是保证电网安全运行、保护电气设备的主要装置，是整个电力系统不可缺少的重要组成部分。保护装置配置使用不当或不正确动作，必将引起事故或事故扩大，造成电气设备损坏，甚至导致整个电力系统崩溃。

对于微机型保护装置而言，软件是保证其正确动作的核心之一，同型号的保护装置，因配置要求或地域习惯的不同，软件版本不尽相同，保护的动作行为也可能存在一定的差异。通常，继电保护管理部门均对进入所辖电网的微机型保护装置及其软件版本进行检测试验，证实其满足本网要求后方予以选用。因此要求所有进入电网内运行的微机保护装置软件版本，必须符合软件版本管理规定的要求，并与继电保护管理部门每年下发文件所规定的软件版本相一致。

图纸与实际设备的一致性是提高运行中设备运行、维护及检修工作安全的重要保障，当需要对现场二次回路进行变更时，必须及时修订现场、保护管理部门等所保存的相关图纸，做到图实相符。

（9）加强继电保护装置运行维护工作。装置检验应保质保量，严禁超期和漏项，应特别加强对基建投产设备及新安装装置在一年内的全面校验，提高继电保护设备健康水平。

解析：虽然目前现场运行的微机型保护装置大都具有自诊断功能，能通过自检程序发现装置内部的大部分异常缺陷，但是，不可避免地存在一些自检盲区，如装置的跳、合闸回路等。此外，传统型式变电站的保护装置二次回路也存在一些无法监视的部位，因此即使是施行状态检修，从保证继电保护设备健康水平的角度出发也不能放松运行维护工作。

新设备投产后的一段时间内，是故障的高发期，特别是由基建单位移交的设备，在运行一年后进行全面的检验，有助于发现验收试验未发现的遗留问题，有助于运行维护人员掌握保护设备的缺陷处理和检验方法，对保证保护设备在全寿命周期内的健康水平十分有益。

（10）配置足够的保护备品、备件，缩短继电保护缺陷处理时间。微机保护装置的开关电源模块宜在运行 6 年后予以更换。

解析：为保证电网的安全稳定运行，相关技术规程规定："任何电力设备（线路、母线、变压器等）都不允许在无继电保护的状态下运行"。但是运行中的继电保护装置难免发生元器件损坏的情况，运行单位应根据所维护保护装置的类型、数量以及损坏的程度，配置一定数量的备品、备件，以使保护装置得以尽快修复。

（11）加强继电保护试验仪器、仪表的管理工作，每 1～2 年应对微机型继电保护试验装置进行一次全面检测，确保试验装置的准确度及各项功能满足继电保护试验的要求，防止因试验仪器、仪表存在问题而造成继电保护误整定、误试验。

解析：继电保护微机型试验装置的精度关系到继电保护的调试和检修质量，应加强对继电保护试验仪器、仪表的管理，认真进行仪器仪表的定期检验工作。尤其要注重继电保护微机型试验装置的检验与防病毒工作，防止因试验设备性能、特性不良而引起对保护装置的误整定、误试验，微机型试验装置的检验周期应为 1～2 年。

（12）继电保护专业和通信专业应密切配合，加强对纵联保护通道设备的检查，重点检查是否设定了不必要的收、发信环节的延时或展宽时间。注意校核继电保护通信设备（光纤、微波、载波）传输信号的可靠性和冗余度及通道传输时间，防止因通信问题引起保护不正确动作。

解析：对于线路纵联保护而言，通道是其重要的组成部分之一，通信设备的异常同样会导致保护装置的不正确动作，因此必须对通信设备的健康水平予以高度重视。

对于采用复用通道的允许式保护装置，通道传输时间将直接影响保护装置的动作时间。如果通信设备在传输信号时设置了过长的展宽时间，则可能在区外故障功率方向转移的过程中，导致允许式保护装置误动作。为此，应尽量减少不必要的延时或展宽时间，防止造成保护装置的不正确动作。

（13）未配置双套母差保护的变电站，在母差保护停用期间应采取相应措施，严格限制母线侧隔离开关的倒闸操作，以保证系统安全。

解析：相对于其他主设备故障，母线故障的后果更为严重，如不能快速予以切除，则可能导致严重的系统稳定破坏事故。

当配置了双套母差保护时，变电站无母差保护运行的可能较少；如仅配置了一套母差保护，则可能在保护装置异常、二次回路异常或其他原因影响下将母差保护退出，导致站内母线无快速保护运行。

因此，无快速保护切除故障，在无母差保护运行期间，应尽量避免母线的倒闸操作，以减少母线发生故障的概率。如在无母差保护期间必须进行母线侧隔离开关的倒闸操作，则应请示本单位主管领导并征得值班调度的同意，在加强监护的情况下稳妥进行操作，在操作过程中如发现异常，应立即停止操作，并向值班调度汇报。

（14）针对电网运行情况，加强备用电源自动投入装置的管理，定期进行传动试验，保证事故状态下投入成功率。

解析：备用电源自动投入装置是保证供电可靠性的重要设备之一，应采用与继电保护装置同等的管理机制，加强运行维护与管理工作，确保在一旦需要时，能够可靠地发挥其作用。

（15）在电压切换和电压闭锁回路，断路器失灵保护，母线差动保护，远跳、远切、联切回路以及"和电流"等接线方式有关的二次回路上工作时，以及 3/2 断路器接线等主设备检修而相邻断路器仍需运行时，应特别认真做好安全隔离措施。

解析：为保证继电保护装置的安全运行，在电压切换和电压闭锁回路，断路器失灵保护，母线差动保护，远跳、远切、联切回路以及"和电流"等接线方式有关的二次回路上工作时，以及 3/2 断路器接线等主设备检修而相邻断路器仍需运行时，应认核对设计图纸，在设计正常运行的相关二次回路做好安全隔离措施，作业时严格按照工作票和操作票执行，防止在停电设备及二次回路上工作造成运行设备停电。

（16）新投运或电流、电压回路发生变更的 220kV 及以上的保护设备，在第一次经历区外故障后，宜通过打印保护装置和故障录波器报告的方式校核保护交流采样值、收发信开关量、功率方向以及差动保护差流值的正确性。

解析：新投运微机型继电保护装置无法验证其交流采样值、收发信开关量、功率方向以及差动保护差流值的正确性。因此，有必要对新投运或电流、电压回路发生变更的 220kV 及以上保护设备，在第一次经历区外故障后，通过检查保护装置和故障录波器报告，校核保护装置交流采样值、收发信开关量、功率方向以及差动保护差流值的正确性。

八、直流系统

（1）在新建、扩建和技改工程中，应按 DL/T 5044《电力工程直流电源系统设计技术规程》和 GB 50172《蓄电池施工及验收规范》的要求进行交接验收工作。所有已运行的直流电源装置、蓄电池、充电装置、微机监控器和直流系统绝缘监测装置都应按 DL/T 724《电力系统用蓄电池直流电源装置运行与维护技术规程》和 DL/T 781《电力用高频开关整流模块》的要求进行维护、管理。

解析：变电站的直流系统在交接试验验收、运行、维护管理过程中要严格按照国家、电力行业标准的有关要求进行。

如对充电、浮充电装置在交接、验收时，要严格按照 DL/T 5044《电力工程直流电源系统设计技术规程》中有关稳压精度 0.5%、稳流精度 1%、纹波系数不大于 0.5% 的要求进行。交接验收时，查验制造厂所提供的充电、浮充电装置的出厂试验报告。如果现场具备条件，要对充电、浮充电装置进行现场验收试验，测试设备的稳压、稳流、纹波系数等指标，有关出厂试验报告、交接试验报告作为技术档案保存好，并作为今后预防性试验的原始依据。有的制造厂的出厂测试报告只提供高频模块的测试报告，未提供充电、浮充电装置的整机测试报告，造成现场检测整机稳压精度与出厂测试数据严重不符。

对于蓄电池组，在交接时，应按标准要求进行 10h 放电率放电电流，100% 容量的核对性充、放电试验。试验时，先对蓄电池组进行补充充电，以补充蓄电池组在运输、现场安装、静置过程中自放电所损失的容量。一次放、充电的试验结果，容量测试不小于额定容量的 90%，就可认为容量达到要求。测试时，一定要测记蓄电池组安装位置的环境温度，实测容量要进行 25℃标准温度下的容量核算。

（2）发电机组用直流电源系统与发电厂升压站用直流电源系统必须相互独立。

解析：机组（包括外围设备）用直流系统应与升压站直流系统相互独立，不能有任何的电气连接。这项规定是为了机组直流系统如果出故障时，把故障范围减少到最小，不影响电网的稳定性，保证电网安全、可靠运行。因此，保证机组（包括外围设备）用直流系统应与升压站直流系统相互独立，是非常必要的。

（3）变电站、发电厂升压站直流系统配置应充分考虑设备检修时的冗余，330kV 及以上电压等级变电站、发电厂升压站及重要的 220kV 变电站、发电厂升压站应采用 3 台充电、浮充电装置，两组蓄电池组的供电方式。每组蓄电池和充电机应分别接于一段直流母线上，第三台充电装置（备用充电装置）可在两段母线之间切换，任一工作充电装置退出运行时，手动投入第三台充电装置。变电站、发电厂升压站直流电源供电质量应满足微机保护运行要求。

解析：由于高电压等级变电站在电网的重要性，因此应考虑设备检修时的冗余性。如果采用"2＋2"的模式配置充电机，当一台设备退出运行时，一般都采用一台充电、浮充电装置和一组蓄电池组带两段直流母线运行。现在重要设备的继电保护装置，都采用了双重化方式，如果"1＋1"的直流母线运行方式，双重化保护的电源只是单一的，那么其可靠性将大大降低。

另外，虽然现在高频开关电源都是"N＋1"运行方式，但充电、浮充电装置的监控器却只有一套，监控器故障时，充电、浮充电装置的许多功能都不能实现。据统计，近年来，每年直流设备故障中，监控器的故障占 50％以上。

（4）发电厂动力、UPS 及应急电源用直流系统，按主控单元，应采用 3 台充电、浮充电装置，两组蓄电池组的供电方式。每组蓄电池和充电机应分别接于一段直流母线上，第三台充电装置（备用充电装置）可在两段母线之间切换，任一工作充电装置退出运行时，手动投入第三台充电装置。其标称电压应采用 220V。直流电源的供电质量应满足动力、UPS 及应急电源的运行要求。

解析：机组直流系统"3＋2"配置方式，并且直流母线分段运行，是避免机组失去直流电源非常必要的措施。"3＋2"配置方式也保证了当任一台充电装置因检修或故障退出运行时，保证每段直流母线还有一台充电装置运行。机组直流系统"3＋2"配置，也保证了充电装置和蓄电池组退出维护和检修的需求。

（5）发电厂控制、保护用直流电源系统，按单台发电机组，应采用 2 台充电、浮充电装置，两组蓄电池组的供电方式。每组蓄电池和充电机应分别接于一段直流母线上。每一段母线各带一台发电机组的控制、保护用负荷。直流电源的供电质量应满足控制、保护负荷的运行要求。

（6）采用两组蓄电池供电的直流电源系统，每组蓄电池组的容量，应能满足同时带两段直流母线负荷的运行要求。

解析：本要求是指每组蓄电池容量要按事故状态下，能保证两段直流母线的供电容量，以保证事故状态直流系统的供电要求。

（7）变电站、发电厂升压站直流系统的馈出网络应采用辐射状供电方式，严禁采用环状供电方式。

解析：直流系统的馈出接线方式应采用辐射供电方式，而不采用非辐射供电方式（例如环路供电），是为了保证直流系统两段母线相互独立运行，避免互相干扰，以保障上、下级开关的级差配合，提高了直流系统供电可靠性。例如采用环路供电时，当一段母线或馈出接地时，两段母线绝缘监察装置都会出现接地信号，使查找接地点很困难。另外，采用环路供电也会引起操作某直流设备时，引起其他设备误动。

（8）变电站直流系统对负荷供电，应按电压等级设置分电屏供电方式，不应采用直流小母线供电方式。

解析：对于具体对负荷供电方式，例如继电保护室内负荷，应按一次设备的电压等级配置分电屏，如500kV/220kV等级或330kV/110kV等级，分高/低电压，馈出屏接各自分电屏，再接负荷屏。保护屏机顶小母线的供电方式应淘汰。分电屏供电的优点是如果负荷处电源开关下口出现故障，仅跳负荷断路器，或者最多跳分屏对这一路输出的断路器，避免了直流小母线负荷断路器下口故障跳开小母线总进线断路器方式，造成停电范围扩大，另外，由于直流小母线往往在保护柜顶布置，接线复杂，连接点多，其裸露部分易造成误碰或接地故障。

10kV开关柜现有采用直流小母线方式供电，应改造为分电屏供电方式。以避免因为负荷开关下口故障，造成小母线总进线开关无法应对级差配合而误动，扩大停电范围。环状供电方式，对稳定运行危害很大，尤其是当两段母线都出现接地时，很容易因接地环流的影响而造成重要用电设备，如开关误动。

（9）发电机组直流系统对负荷供电，应按供电设备所在段配置分电屏，不应采用直流小母线供电方式。

解析：直流小母线进线断路器，因很难实现与下级负荷断路器的级差配合而误动，造成停电范围扩大。

（10）直流母线采用单母线供电时，应采用不同位置的直流开关，分别带控制用负荷和保护用负荷。

解析：根据继电保护有关"控保分开"对直流电源的要求，即要求继电保护装置的控制负荷和保护负荷的电源要分别独立进线。

（11）新建或改造的直流电源系统选用充电、浮充电装置，应满足稳压精度优于0.5%、稳流精度优于1%、输出电压纹波系数不大于0.5%的技术要求。在用的充电、浮充电装置如不满足上述要求，应逐步更换。

解析：本条是按照DL/T 5044《电力工程直流电源系统设计技术规程》中有关要求提出的。这项规定主要是现在微机型继电保护装置对直流电源稳压精度和纹波系数的要求，电源电压不稳定、纹波系数大会影响继电保护装置对电流等模拟量的采样精度。

现代阀控密封铅酸蓄电池对浮充电压的稳定度也有严格要求，浮充电压长期不稳定，会使蓄电池欠充或过充电。而稳流精度的好坏，直接影响阀控密封铅酸蓄电池充电质量。

（12）新建、扩建或改造的直流系统用断路器应采用具有自动脱扣功能的直流断路器，严禁使用普通交流断路器。

（13）蓄电池组保护用电器，应采用熔断器，不应采用断路器，以保证蓄电池组保护电器与负荷断路器的级差配合要求。

（14）除蓄电池组出口总熔断器以外，逐步将现有运行的熔断器更换为直流专用断路器。当负荷直流断路器与蓄电池组出口总熔断器配合时，应考虑动作特性的不同，对级差做适当调整。

解析：直流专用断路器在断开回路时，其灭弧室能产生与电流方向垂直的横向磁场（容量较小的直流断路器可外加一辅助永久磁铁，产生一横向磁场），将直流电弧拉断。普通交流断路器应用在直流回路中，存在很大的危险性，普通交流断路器在断开回路中，不能遮断直流电流，包括正常负荷电流和故障电流。这主要是由于普通交流断路器，其灭弧机理是靠交流电流自然过零而灭弧的，而直流电流没有自然过零过程，因此普通交流断路器不能熄灭直流电流电弧。当普通交流断路器遮断不了直流负荷电流时，容易使断路器烧损；当遮断不了故障电流时，会使电缆和蓄电池组着火，引起火灾。加强直流断路器的上、下级的级差配合管理，目的是保证当一路直流馈出线出现故障时，不会造成越级跳闸情况。

变电站直流系统馈出屏、分电屏、负荷所用直流断路器的特性、质量一定要满足 GB 10963.2《家用及类似场所用过电流保护断路器　第 2 部分：用于交流和直流的断路器》的相关要求。继电保护装置电源、开关柜上、现场机构箱内的直流储能电动机、直流加热器等设备用断路器，建议采用 B 型开关；分电屏对负荷回路的断路器，建议采用 C 型开关。两个断路器额定电流建议有 4 级左右的级差，根据实测的统计试验数据结果，就能保证可靠的级差配合。

(15) 直流系统的电缆应采用阻燃电缆，两组蓄电池的电缆应分别铺设在各自独立的通道内，尽量避免与交流电缆并排铺设，在穿越电缆竖井时，两组蓄电池电缆应加穿金属套管。

解析：由于交流电缆过热着火后，引起并行直流馈线电缆着火，可能会造成全站直流电源消失情况，从而导致全站停电事故。本条主要是针对直流电缆防火而提出的电缆选型、电缆铺设方面的具体要求，竖井中直流电缆穿金属管也是避免火灾的必要措施。

(16) 及时消除直流系统接地缺陷，同一直流母线段，当出现同时两点接地时，应立即采取措施消除，避免由于直流同一母线两点接地，造成继电保护或断路器误动故障。当出现直流系统一点接地时，应及时消除。

解析：发电厂和变电站的直流系统是控制、保护和信号的工作电源，直流系统的安全、稳定运行对防止发电厂和变电站全停起着至关重要的作用。直流系统作为不接地系统，如果一点及以上接地，可能引起保护及自动装置误动、拒动，引发发电厂和变电站停电事故。因此当发生直流一点及以上接地时，应在保证直流系统正常供电情况下及时、准确地排除故障。

(17) 两组蓄电池组的直流系统，应满足在运行中两段母线切换时不中断供电的要求，切换过程中允许两组蓄电池短时并联运行，禁止在两个系统都存在接地故障情况下进行切换。

解析：在直流系统倒闸操作过程中，在任何时刻，不能失去蓄电池组供电，原因是充电、浮充电装置在倒操作过程中，有可能失电。

当倒闸操作时，如果两段母线都分别有接地情况时，合直流母联断路器后，就会出现母线两点接地。

(18) 充电、浮充电装置在检修结束恢复运行时，应先合交流侧开关，再带直流负荷。

解析：充电、浮充电装置在恢复运行时，如果先合直流侧断路器，再合交流断路器很容易引起充电、浮充电装置启动电流过大，而引起交流进线断路器跳闸。这时，容易引起操作人员误判充电、浮充电装置故障，延误送电。

(19) 新安装的阀控密封蓄电池组，应进行全核对性放电试验。以后每隔 2 年进行一次核对性放电试验。运行了 4 年以后的蓄电池组，每年做一次核对性放电试验。

解析：定期进行阀控密封蓄电池组核对性放电试验的目的是及时发现蓄电池组容量不足的问题，以便及时对相关设备进行维护改造，确保变电站蓄电池组容量满足事故处理的要求。

（20）浮充电运行的蓄电池组，除制造厂有特殊规定外，应采用恒压方式进行浮充电。浮充电时，严格控制单体电池的浮充电压上、下限，每个月至少一次对蓄电池组所有的单体浮充端电压进行测量记录，防止蓄电池因充电电压过高或过低而损坏。

解析：本条是针对近几年蓄电池组的运行寿命缩短所采取的运行维护措施，以保障蓄电池组满容量可靠运行。阀控密封铅酸蓄电池组运行中检测其好坏的主要指标是蓄电池的端电压。当检测端电压异常时，要及时分析处理。

（21）加强直流断路器上、下级之间的级差配合的运行、维护、管理。新建或改造的发电机组、变电站、发电厂升压站的直流电源系统，应进行直流断路器的级差配合试验。

解析：进行直流断路器的级差配合试验的目的是检验直流断路器上下级配合是否合理，避免在运行中出现越级跳闸的情况。

（22）雨季前，加强现场端子箱、机构箱封堵措施的巡视，及时消除封堵不严和封堵设施脱落缺陷。

解析：本条要求严防现场端子箱、机构箱漏水。现场端子箱、机构箱漏水可能会导致端子排绝缘能力降低，端子间短路情况，从而导致操动机构误动作情况和交流串入直流故障的发生。

（23）现场端子箱不应交、直流混装，现场机构箱内应避免交、直流接线出现在同一段或串端子排上。

解析：本条要求现场端子箱必须严格交、直流分开装配。现场机构箱内对交、直流避免出现在同一段或串端子排上，交、直流电缆不能并排架设。交、直流电源端子中间有隔离措施，混合使用，容易造成检修、试验人员由于操作失误导致交直流短接，导致交流电源混入直流系统，进而发生发电机组、发电厂升压站线路继电保护动作，导致全厂停电事故。因此，电源端子的设计方式，交、直流电源端子应在端子排的不同区域，应具有明显的区分标志，电源端子之间要有隔离。

由于目前所了解的交流窜入直流引发的事故，多是在检修或试验中发生的，后果可能造成系统事故，因此，应加强检修、试验管理。

（24）新投入或改造后的直流电源系统绝缘监测装置，不应采用交流注入法测量直流电源系统绝缘状态。在用的采用交流注入法原理的直流电源系统绝缘监测装置，应逐步更换为直流原理的直流电源系统绝缘监测装置。

解析：基于低频注入原理的直流电源绝缘监测装置，因直流系统绝缘并没有破坏，低频电流与地形成不了回路，无法定位接地支路，故无法检测出故障。

（25）直流电源系统绝缘监测装置应具备监测蓄电池组和单体蓄电池绝缘状态的功能。

（26）新建或改造的变电站，直流电源系统绝缘监测装置应具备交流窜直流故障的测记和报警功能。原有的直流电源系统绝缘监测装置应逐步进行改造，使其具备交流窜直流故障的测记和报警功能。

解析：在两段直流母线对地应各安装一台电压记录（录波）装置，当出现交流窜直流现象时，能够及时录波、报警，为现场分析故障提供第一手可靠的分析依据。

第二节　事 故 分 析 与 处 理

一、继电保护事故主要类型

继电保护事故主要类型见表 2-13-1。

表 2-13-1　　　　　　　　　　继电保护事故主要类型

序号	事故类型	序号	事故类型
1	定值的问题	6	误操作的问题
2	装置元器件损坏	7	装置逆变电源的问题
3	回路绝缘破坏	8	TV、TA 及二次回路的问题
4	接线错误	9	保护装置性能问题
5	抗干扰性能差		

二、定值问题

（一）整定计算错误

【例】　电动机的启动电流达到了额定电流的 6~7 倍，此时 TA 出现饱和，电动机的零序电流保护因不平衡电流过高而启动跳闸。

原因分析：此种情况下如不能更换 TA 或加装零序 TA 时，只有提高定值来躲开不平衡电流。但保护的灵敏度会受到影响，甚至会失去灵敏度，两者不能兼顾。具体原因为电力系统参数或元件的参数的标称值与实际值有出入，导致整定计算错误。

（二）设备整定的错误

【例】　某电站发电机差动保护，差动启动值把标幺值按实名值整定，导致开机时保护误动。

原因分析：主要原因是看错数值、工作不仔细、检查手段落后等。

（三）定值的自动漂移

【例】　某无人值守自动化变电站的一条 10kV 线路 1 天内误动 20 次，原因是采样值漂移超过了整定值，更换采样保持元件后正常。

原因分析：主要是因为温度的影响、电源的影响、元件老化的影响、元件损坏的影响等原因。

三、装置元器件损坏

【例 1】　三极管击穿导致保护出口动作。

【例 2】　三极管漏电流过大导致误发信号。

原因分析：在晶体管、集成电路保护中的元件损坏可能导致逻辑错误或出口跳闸。在计算机保护中的元件损坏会使 CPU 自动关机，迫使保护退出。

四、回路绝缘破坏

【例】　发电机保护，机箱后部跳闸插件板的背板接线相距很近，在跳闸触点出线处相距只有 2mm，由于带电导体的静电作用，将灰尘吸到接线焊点周围，使两焊点之间形成了导电通道，绝缘击穿，造成发电机跳闸停机的事故。

原因分析：运行中因二次回路绝缘破坏而造成的继电保护事故较多，跳闸回路中保护出口和开关触点间发生接地引起开关跳闸；绝缘击穿造成的跳闸。

五、接线错误

（一）接线错误导致的保护拒动

【例】　某发电厂 4 号机发电机失磁，但失磁保护拒动，3s 后发电机振荡，1min13s 后发电机对称过电流保护动作跳闸。

原因分析：经检查，发电机失磁保护出口闭锁回路插件内部接线错误，将负序电压继电器的动断触点接成了动合触点，发电机失磁后，负序电压继电器不能动作，动合触点不能闭合，失磁保护无法出口跳闸。

（二）接线错误导致的保护误动

【例】　某发电厂 3 号机主变压器差动保护，在开机启动时保护误动作，导致机组全停。

原因分析：经检查发现主要因为高压厂用变压器高压侧电流互感器极性接反，在开机启动时导致保护误动跳闸，机组全停。

六、抗干扰性能差

（一）变压器微机保护干扰误动

【例】　某发电厂主变压器温度信号触点采入保护屏后经光耦隔离直接送到出口元件，由于外部存在的操作干扰信号，两次使保护误动跳闸停机。最后采取了抗干扰措施，使问题得到解决。

原因分析：主要由电磁干扰信号引起。

（二）现场电焊机的干扰问题

【例】　某发电厂 1 号机在对运行中的给水泵附近的管子进行焊接时，高频信号感应到保护电缆上，使保护动作跳机。

原因分析：主要因为控制电缆屏蔽接地不良，抗干扰能力差引起。

在电力系统运行中，如操作干扰、冲击负荷干扰、变压器励磁涌流干扰、直流回路接地干扰、系统或设备故障干扰等非常普遍，必须采取行之有效的方法进行隔离。

七、误操作的问题

经统计在不停电的二次回路上工作而造成运行开关掉闸，或者误碰短路将直流熔丝熔断，或将 TV 的二次回路短路等现象经常出现。

（一）带电拔插件导致的全厂停电

【例】　某电厂，有 2 台发电机和 2 台变压器并联运行，其中一台变压器保护的逻辑插件上的指示灯发出暗光，继保人员到现场后将其拔出，结果使保护装置的逻辑混乱，造成出口动作。跳开 2 号主变压器两侧断路器、110kV 母联、10kV 母联断路器。此时出线 1 对端停电，1 号机解列后带厂用电单机运行，结果其调速系统不能使机组稳定而发生振荡，被迫停机。发电机直供的 10kV 负荷全部停电，直接经济损失 1000 万元以上。

原因分析：维护人员违规操作。

（二）带电事故处理将电源烧坏

【例】 某电厂 4 号机厂用变压器保护有故障报警发出，工作人员在电源插件板没有停电的情况下，拔除插件进行更换，将电源的 24V 误碰短路，使电源插件烧毁。总之，因在不停电的二次回路上工作而造成运行开关掉闸，或者误碰短路将直流熔丝熔断，或将 TV 的二次回路短路等现象经常出现。

原因分析：维护人员违规操作。

八、装置逆变电源的问题

开关电源具有输入电源稳定、稳压性能好和功耗低的优点，得到了广泛的应用。但是开关电源也存在一些问题。

【例 1】 纹波系数过高，纹波系数是输出的交流电压和直流电压的比值，交流成分属于高频信号范围，值过高会导致保护的误动作。

【例 2】 输出功率不足，会导致逻辑判断功能错误。

【例 3】 保护退出问题，当电压降低或电流过大时，装置逆变电源快速退出保护并发出报警，这样可以避免将电源损坏，但电源退出后装置便失去了作用。且当电源的保护误动时对无人值守的变电站危害更大。

原因分析：装置逆变电源性能不达标。

九、TV、TA 及二次回路问题

运行中，TV、TA 及其二次回路上的故障并不少见，主要问题是短路与开路，由于二次电压、电流回路上的故障而导致的严重后果是保护的误动或拒动。

（一）TV 二次熔断器短路故障

【例】 某电厂 300MW 发电机保护 TV 的 B 相熔丝熔断，运行人员几次送上后再又熔断。后检查发现 B 相熔丝熔断是由于 TV 中性点击穿熔断器损坏，构成 B 相短路通道。

（二）TV 二次开路故障

【例】 某 500kV 变电站，由于三相式空气开关运行中自行跳开，导致 A 相电容器与负载电路的振荡。

原因分析：因负载的分压值达到了保护的整定值，使其过电压保护动作将线路断路器跳开。

（三）TA 二次的问题使母差保护不平衡电流超标

【例】某电厂母线保护规程要求其二次不平衡电流应小于 50mA，在一条新线路 TA 二次线接入保护后检查其不平衡电流表超过 200mA。

原因分析：原因是就地母线 TA 端子箱螺栓松动。

（四）TA 二次回路造成保护死机

【例】 某变电站在投产前对 TA 二次通电时，将保护屏电流回路端子排的连接片断开，TA 的二次通电结束后却忘记了恢复，结果对变压器送电过程中 TA 的二次开路电压击坏了电路中的光电耦合器，同时三面保护屏的微机保护死机，故障录波器死机。

原因分析：TA 的二次开路电压击坏了电路中的光电耦合器，同时导致保护装置及故障录波设备死机。

十、保护装置性能问题

【例1】　某站变压器差动保护因为躲不过励磁涌流而误动。

原因分析：其原因有定值的因素，在整定定值时为了提高灵敏度，降低定值则容易发生误动，提高整定值又降低灵敏度。从原理上讲在保证内部短路可靠跳闸的条件下，可以适当提高定值。

【例2】　某站转子接地保护经常误动或拒动。

原因分析：对于转子水冷的发电机的接地保护也有灵敏度的问题，转子一点电阻定值不可取得过高，如果定值取得过高，由于水质不合格时会误发信号；阻值太低又不太容易发现运行中转子绕组对地绝缘的下降。因此只能根据装置的原理与运行经验选取合适的定值来弥补保护性能上的不足。

【例3】　某站发电机转子两点接地保护的动作存在死区，导致保护拒动。

原因分析：转子两点接地保护的动作存在死区问题，当第二点接地点距离越近灵敏度越低，到一定程度时就出现死区。

【例4】　某站线路保护装置保护跳闸出口继电器的触点不能开断跳闸电流，在保护动作时跳闸继电器的触点被烧毁。

原因分析：保护跳闸出口继电器的触点不能开断跳闸电流，当保护动作跳闸命令发出后，断路器拒分或断路器辅助触点故障时，将烧毁跳闸继电器的触点。

十一、继电保护事件的一般分析方法

在发生继电保护事件时，应及时开展事故分析。在开展事故分析时一般应包含以下内容，机组类型、运行情况、事件前工况、事件经过、检查处理情况、损失情况、主要原因分析、暴露的问题及防范措施。

第三节　典型事故实例

一、区外故障时 TA 饱和引起变压器差动保护误动

【例】　某年7月2日07：08：52，某220kV站35kV Ⅰ段发生接地，07：15：36：674时刻，线路L1开关柜内部上方B相TA炸裂，柜内35kV母线处有明显烧伤痕迹。此时，1号主变压器差动保护（二次谐波制动原理）动作，三侧断路器跳闸。另一套波形对称原理差动保护未动作。系统主接线图如图2-13-1所示。

依据故障动作报告所作出的差动保护动作特性如图2-13-2所示。三相差流中二次谐波的含量均未达到20%（定值为20%），差动保护开放，出口跳开主变压器三侧开关。

因为TA浅饱和情况下二次谐波含量较大，深度饱和时二次谐波含量会减小。随着故障时间的推进，TA饱和由浅入深，低压侧C相电流 I 由大变小，波形失真，二次谐波三相均经短暂闭锁后又开放了保护。经检查发现，故障中发生饱和的TA为B级，不符合差动保护TA选用要求。

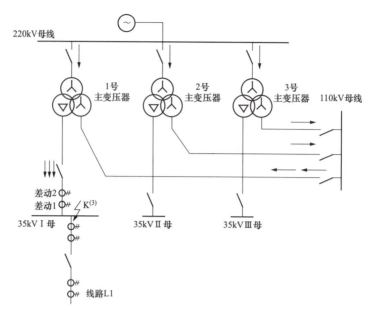

图 2 - 13 - 1 系统主接线图

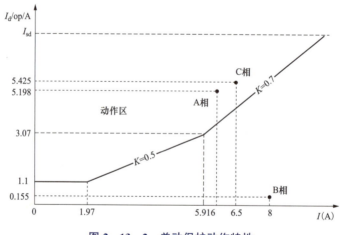

图 2 - 13 - 2 差动保护动作特性

二、人为因素导致变压器差动误动

【例】 2005 年 8 月 16 日，某 330kV 站，为配合 3310 开关耐压试验，保护人员在 3310 开关 TA 端子箱端子排靠 TA 侧封接 TA 二次回路。当试验结束后，拆除 3310 开关 TA 端子箱二次短接线，恢复 TA 连接片工作时，1 号主变压器第Ⅱ套差动动作，跳开主变压器三侧开关。

通过故障报告分析，3310 开关二次差动电流回路 A 相存在电流 0.134A（定值为 0.1A），持续 210ms，三侧断路器跳开后故障电流仍持续存在。动作原因为人为误碰其他 TA 端子，导致主变压器差动保护动作。

三、主变压器差动定值中平衡系数计算错误

【例】　2006 年 7 月 12 日，某站 35kV 降压变压器，采用 WBH‑820 型变压器差动保护，差动保护两侧 TA 均采用 Y 接线。差动保护在一次区外故障（10kV 馈线近区相间故障）时误动，跳开两侧断路器。

确认为区外故障误动后，将变压器投入运行，检查发现正常运行时差动保护回路存在较大的不平衡电流，在排除 TA 接线、极性等因素之外，发现定值项中低压侧平衡系数为 0.8，检查分析后改为 1.25 时，差流接近于 0。

针对上述案例，在防止变压器差动误动措施方面，继电保护装置软件应在涌流闭锁措施、抗 TA 饱和措施的优选改进方面着力提高防差动保护防误动性能；生产运行现场则应当从 TA 选择、运行方式的适当改变、继电保护人员技术水平的提高和责任心的进一步增强、危险点分析预控、二次回路工作安全措施票、标准化作业指导书的改进等方面，完善各项防治措施，从而提高差动正确动作率，保证变压器可靠运行。

四、发电机定子接地保护动作

【例】　2003 年 8 月 29 日 13：29，某厂 2 号发电机-变压器组保护运行中突发"定子接地"信号；13：31，发电机定子保护动作跳闸，与系统解列。

此次发电机解列，为发电机定子接地基波保护动作。现场检查，没有发现明显异常。通过缓慢对发电机手动升压至 5kV（额定为 20kV），分别测量发电机电压互感器（20/0.1 kV）二次电压和检测一次设备温度，故初步认为发电机 A 相 3YH（励磁专用）存在绝缘损坏故障。

发生后对绝缘受损的发电机 A 相 TV（3YH）进行倍频感应耐压等试验，发现 TV 泄漏电流严重超标。机组停运后，对其他机组 TV 也进行了相应的试验测试，发现也有不同程度的泄漏。主要原因为该类 TV 为分级绝缘型，且 TV 安装在机组电气夹层，设备绝缘极易受潮损坏。为消除设备隐患，保障主机安全稳定运行，结合机组检修将所有分级绝缘的 TV 更换为全绝缘型 TV，并加强发电机 TV 的巡检和定期工作，定期测量发电机 TV 的温度、湿度等。

五、TA 饱和故障

【例】　2012 年 9 月 25 日，受雷雨天气影响，某厂 220kV 线路发生 A、B 相两相接地故障，三相跳闸未重合。保护的故障测距显示故障点靠近电厂侧 2.6km 附近。事件中，电厂 1 号主变压器差动保护动作导致 1 号发电机-变压器组跳闸。故障前，A 厂 1 号机组正常运行，机组有功为 309.8MW，无功为 98.2Mvar，1 号主变压器接地运行。

鉴于故障过程中主变压器各侧电流的直流分量都非常明显，且发电机侧出现了理论上不应有的零序电流，同时发电机侧 A 相二次电流出现了明显的饱和畸变特征，因此可以认为，本次主变压器差动保护误动作是由于在较强的直流分量作用下，发电机侧 TA 饱和引起传变误差所致。

六、TA 本体故障

【例】　某年 8 月 16 日，某电站监控报："2 号机组发电机-变压器组 A 套保护动作事故

停机""2号机组发电机-变压器组A柜发电机横差保护动作跳闸""2号发电机出口802分闸"。

现地检查,发现2号机组发电机保护A套跳闸指示灯点亮、TA断线指示灯点亮、报警指示灯点亮。2号机组发电机保护B套无异常,2号主变压器A、B套保护无异常。

经调取电厂监控信息和保护信息子站相关信息,保护装置的TA断线报警信号和跳闸信号在同一时间报出。

查保护装置故障信息记录,近期未发TA断线或差流越限等报警信号。

保护动作报文显示:"2号发电机保护裂相比率差动动作""保护动作跳闸出口"。

保护动作波形显示:"2号发电机不完全差动1保护的A相电流出现$0.53I_e$,B相、C相电流为0""裂相横差A相出现$0.51I_e$,B相、C相电流为0""中性点一分支A相电流消失为0,B相、C相电流为$0.54I_e$"。

对2号发电机一、二次设备初步进行检查发现:2号发电机中性点第一分支电流互感器(A套用)本体二次接线处烧焦,如图2-13-3所示。

图2-13-3 现场故障照片

第四节 某水力发电厂"7·29"机组全停事件案例分析

一、事件经过

某年7月28日23:58,某变电站35kV线路一变电站侧过电流二段保护动作。某水力发电厂集控台"35kV母线接地""1B事故"和"3F-2B差动"光字牌亮,当值班人员做完记录后查看时间为7月29日00:00,1号主变压器高低压侧3501QF、601QF跳闸,2号主变压器高压侧3502QF跳闸,"3F-2B差动"保护动作联跳,关蝶阀,水轮机未超速,1F和2F机组推力瓦温度急速上升,值班人员手动停机,线路一3521QF在合位,线路二3514QF在合位,3512线路三为热备状态,35kV母线电压为0。

二、检查情况

（一）光字牌动作信号检查

1号主变压器复合电压过电流保护动作引起"1B事故"光字牌亮，3F-2B差动保护动作引起"3F-2B差动"光字牌亮。

（二）保护功能检查

（1）线路一3521QF手动分合正确，对功率方向继电器、电流继电器和时间继电器进行校验，模拟线路区内相间短路故障，校验方向过电流保护定值（7.4A、1.5s），区内故障时保护动作且3521QF跳闸，保护实际动作值为8.4A，区内BC相间短路保护动作时间为5.2s，区内AB、CA相间短路保护动作时间为1.5s，区外故障时保护不动作。

（2）线路二3514QF手动分合正确，对功率方向继电器、电流继电器和时间继电器进行校验，模拟线路区内相间短路故障，校验方向过电流保护定值（5A、1.3s），区内故障时保护动作且3514QF跳闸，保护实际动作值为5A，区内BC相间短路保护动作时间为4.8s，区内AB、CA相间短路保护动作时间为1.3s，区外故障时保护不动作。

（3）2号主变压器高压侧3502QF手动分合正确，对DCD-2A差动继电器进行校验，测定可靠系数为1.3，检查不同抽头时工作绕组、工作绕组与平衡绕组Ⅰ串联、工作绕组与平衡绕组Ⅱ串联时的动作电流在（60±4）安匝范围内，模拟3F-2B区内故障，差动保护动作且3502QF跳闸，保护实际动作值为5.0A。

（4）1号主变压器高低压侧3501QF、601QF手动分合正确，对1号主变压器复合电压过电流保护进行校验，保护动作且3501QF、601QF跳闸，保护实际动作值为6.4A、2.1s。

（三）保护定值复核

1. 短路电流计算

由于无35kV系统归算阻抗，短路电流结果未考虑系统注入故障电流，计算结果比实际值偏小。35kV母线发生三相短路时故障电流为962.5A，3F发电机出口发生三相短路时故障电流为5290A；35kV处发生故障时，流过2号主变压器高压侧保护安装处的最大故障电流为322.8A。

2. "3F-2B"差动定值校核

保护定值单下发时间为2005年4月11日，校核3F-2B差动保护定值校核结果见表2-13-2。

表2-13-2　　　　　　　　　　3F-2B差动保护定值校核结果

名称	TA变比	TA准确级	定值单定值	现场实际定值	校核后定值
差动保护	2号主变压器高压侧为150/5	0.5级	差动线圈8匝	差动线圈10匝	差动线圈17匝
			35kV侧平衡线圈匝数1匝	35kV侧平衡线圈匝数2匝	35kV侧平衡线圈匝数1匝
	3F发电机中性点侧为600/5	0.5级	6.3kV侧平衡线圈匝数9匝	6.3kV侧平衡线圈匝数2匝	6.3kV侧平衡线圈匝数3匝
			短路线圈抽头"C-C"	短路线圈抽头"C-C"	短路线圈抽头"C-C"

3. 相关保护配合关系检查

3521 线路一方向过电流保护定值单下发时间为 2014 年 12 月 19 日，定值为 7.4A、1.5s，TA 变比为 300/5，折算到一次侧电流为 444A，根据保护校验结果折算到一次侧电流为 504A。

3514 线路二方向过电流保护定值单下发时间为 2005 年 4 月 11 日，定值为 2.7A（一台机运行）、5.4A（二台机运行）和 8.4A（三台机运行），时间均为 1.3s，TA 变比为 150/5，实际设置定值为 5A，折算到一次侧电流为 150A。

1 号主变压器复合电压过电流保护定值单下发时间为 2018 年 3 月 27 日，定值为 6.2A、2.0s，TA 变比为 1200/5，折算到主变压器高压侧一次电流为 243.49A，根据保护校验结果折算到主变压器高压侧一次电流为 251.35A。

三、原因分析

近日连续大雨加之山体滑坡，地调无法对 3521 线路一进行巡线，且电站无故障录波装置，电磁式继电器保护装置无动作报文记录。通过数据收集与核实、保护装置校验结果、短路电流计算、保护定值计算和保护配合关系分析得出结论是 3F－2B 差动保护误动。

经检查 3F－2B 差动保护范围内无故障发生，2 号主变压器高压侧保护 TA 变比只有 150/5A，且为测量级绕组，当区外发生故障时流过保护安装处的故障电流至少为 279.5A，TA 存在饱和现象；通过校核 3F－2B 差动保护，发现工作绕组抽头设置过小，且两个平衡绕组抽头配合不合理，即使机组正常运行时保护中也会存在较大的不平衡电流，因此 3F－2B 差动保护误动。

（1）3521 线路一先发生故障，3514 线路二后发生故障。3521 线路一方向过电流保护定值大于 1 号主变压器复合电压过电流保护定值，3521 线路一定值大于 TA 二次额定电流，当发生短路故障时故障电流至少为 833.53A，TA 存在饱和，线路一 3521QF 拒动，达拉沟口变电站 35kV 线路一变电站侧过电流二段保护正确动作，动作时间为 0.3s，主变压器高低压侧 3501QF、601QF 正确动作，2 号主变压器高压侧 3502QF 误动，3521 线路一故障点属于 3514 线路二保护范围外，3514QF 保护正确不动作，随后 3514 线路二发生故障时已无电源点注入故障电流，3514QF 保护正确不动作。

（2）3514 线路二先发生故障，3521 线路一后发生故障。3514 线路二 TA 保护绕组为 0.5 级测量级，当发生短路故障时 TA 存在饱和，3514QF 拒动，3514 线路二故障点在 3521 线路一保护范围外，3521QF 保护正确不动作，达拉沟口变电站 35kV 线路一变电站侧过电流二段保护正确动作，动作时间为 0.3s，主变压器高低压侧 3501QF、601QF 正确动作，2 号主变压器高压侧 3502QF 误动。

四、暴露的问题

1. 定值问题

全厂保护定值更新不及时，如"3F－2B"定值长达 14 年未更新，部分保护定值与定值单不一致、部分保护定值计算错误、保护定值之间无配合关系、保护功能配置不全。

2. TA 问题

未对保护用电流互感器进行 10% 误差曲线分析，部分保护使用测量级绕组，如 3514 线路二、2 号主变压器高压侧和 3F 发电机中性点侧，TA 变比过小，当发生短路故障时容易产生饱和。

3. 保护及自动化装置问题

电磁式继电器保护过于老旧，如差动继电器为 1997 年生产，可靠性低，技术人员对电磁式继电器工作原理、校验方法及定值设置不熟悉，站内无故障录波装置，当故障发生时无法记录故障信息、保护及断路器动作情况，无自动对时装置，导致全厂时钟不一致。

五、防范措施

（1）聘请有资质的设计公司从规程规范、原理、计算及工程施工等方面对互感器、保护装置进行选型，对保护功能配置及抗干扰接地进行设计。

（2）安排专人每年对全厂定值按相关规程进行全面计算和校核，并认真校核与系统侧保护的配合关系，核对现场定值是否与定值单一致。

（3）增加故障录波及自动对时装置，升级继电保护装置，加强员工在定值校核、继电保护装置校验和故障分析方面的培训。

附录 2-1　主要指标计算公式和说明

一、反事故措施执行率

反事故措施执行率（%）＝已执行的反事故措施/应执行的反事故措施。继电保护应执行的反事故措施汇总表见附表 2-1。

反事故措施执行不到位的项数存在以下两种情况。

（1）如果某项反事故措施全厂均未执行到位，则直接统计该项反事故措施未执行。

（2）如果部分机组未执行到位，则该项反事故措施未执行数为反事故措施未执行到位机组数量/总的装机数量。

附表 2-1　　　　　　　　　　继电保护应执行的反事故措施汇总表

序号	应执行的反事故措施
1	220kV 电压等级线路、变压器、高压电抗器、串联补偿装置、滤波器等设备微机保护应按双重化配置
2	220kV 及以上电压等级变电站的母线保护应按双重化配置
3	220kV 及以上电压等级线路纵联保护的通道远方跳闸及就地判别装置应遵循相互独立的原则按双重化配置
4	两套保护装置的交流电流应分别取自电流互感器互相独立的绕组，其保护范围应交叉重叠，避免死区
5	两套保护装置的直流电源应取自不同蓄电池组供电的直流母线段
6	两套保护装置的跳闸回路应与断路器的两个跳闸线圈分别一一对应
7	双重化配置的两套保护装置之间不应有电气联系
8	采用双重化配置的两套保护装置应安装在各自保护柜内，并应充分考虑运行和检修时的安全性
9	220kV 及以上断路器必须具备双跳闸线圈机构
10	如果断路器只有一组跳闸线圈，失灵保护装置工作电源与相对应的断路器操作电源应取自不同的直流电源系统
11	100MW 及以上容量发电机-变压器组应按双重化原则配置微机保护（非电量保护除外）；大型发电机组和重要发电厂的启动变压器保护宜采用双重化配置
12	保护装置直流空气开关、交流空气开关应与上一级开关及总路空气开关保持级差关系
13	应根据系统短路容量合理选择电流互感器的容量、变比和特性，满足保护装置整定配合和可靠性的要求
14	按近后备原则配置的两套线路主保护，当合用电压互感器的同一二次绕组时，至少应配置一套分相电流差动保护
15	双母线接线变电站的母差保护、断路器失灵保护，除跳母联、分段的支路外，应经复合电压闭锁
16	220kV 及以上电压等级的断路器均应配置断路器本体的三相位置不一致保护
17	220kV 及以上电压等级的母联、母线分段断路器应按断路器配置专用的、具备瞬时和延时跳闸功能的过电流保护装置
18	单元制接线的发电机-变压器组，在三相不一致保护动作后仍不能解决问题时，应使用具有电气量判据的断路器三相不一致保护去启动断路器失灵保护

续表

序号	应执行的反事故措施
19	对闭锁式纵联保护，"其他保护停信"回路应直接接入保护装置，而不应接入收发信机
20	未采用就地跳闸方式的变压器非电量保护应设置独立的电源回路（包括直流空气开关及其直流电源监视回路）和出口跳闸回路，且必须与电气量保护完全分开
21	当变压器、电抗器非电量保护采用就地跳闸方式时，应向监控系统发送动作信号
22	非电量保护及动作后不能随故障消失而立即返回的保护（只能靠手动复位或延时返回）不应启动失灵保护
23	对于装置间不经附加判据直接启动跳闸的开入量，应经抗干扰继电器重动后开入；抗干扰继电器的启动功率应大于5W，动作电压在额定直流电源电压的55%～70%范围内，额定直流电源电压下动作时间为10～35ms，应具有抗220V工频电压干扰的能力
24	220kV及以上电气模拟量必须接入故障录波器，发电机、变压器不仅录取各侧的电压、电流，还应录取公共绕组电流、中性点零序电流和中性点零序电压。所有保护出口信息、通道收发信情况及开关分合位情况等变位信息应全部接入故障录波器
25	200MW及以上容量发电机-变压器组应配置专用故障录波器
26	发电厂升压站监控系统的电源、断路器控制回路及保护装置电源，应取自升压站配置的独立蓄电池组
27	200MW及以上容量发电机定子接地保护宜将基波零序过电压保护与三次谐波电压保护的出口分开，基波零序过电压保护投跳闸
28	采用纵向零序电压原理的发电机匝间保护应设有负序功率方向闭锁元件
29	300MW及以上容量的发电机应配置失步保护，当发电机振荡电流超过允许的耐受能力时，应解列发电机，并保证断路器断开时的电流不超过断路器允许开断电流
30	当失步振荡中心在发电机-变压器组内部，失步运行时间超过整定值或电流振荡次数超过规定值时，保护动作于解列，多台并列运行的发电机-变压器组可采用不同延时的解列方式
31	300MW及以上容量发电机应配置启、停机保护及断路器断口闪络保护
32	发电厂的辅机设备及其电源在外部系统发生故障时，应具有一定的抵御事故能力，对可能引发机组停运的主要辅机应具备相应的低、过电压穿越能力
33	电流互感器的二次绕组及回路，必须且只能有一个接地点。来自同一电流互感器二次绕组的三相电流线及其中性线必须置于同一根二次电缆
34	公用电压互感器的二次回路只允许在控制室内有一点接地，为保证接地可靠，各电压互感器的中性线不得接有可能断开的开关或熔断器等，已在控制室一点接地的电压互感器二次绕组，宜在开关场将二次绕组中性点经放电间隙或氧化锌阀片接地
35	来自同一电压互感器二次绕组的三相电压线及其中性线必须置于同一根二次电缆，不得与其他电缆共用
36	来自开关场电压互感器二次的4根引入线和电压互感器开口三角绕组的两根引入线应使用各自独立的电缆
37	双重化配置的保护装置、母差和断路器失灵等重要保护的启动和跳闸回路均应使用各自独立的电缆
38	交流电流和交流电压回路、交流和直流回路、强电和弱电回路，均应使用各自独立的电缆
39	微机型继电保护装置柜屏内的交流供电电源（照明、打印机和调制解调器）的中性线（零线）不应接入等电位接地网

序号	应执行的反事故措施
40	为防止干扰，保护装置用弱电开入回路不应引出保护室
41	直接接入微机型继电保护装置的所有二次电缆均应使用屏蔽电缆，电缆屏蔽层应在电缆两端可靠接地。严禁使用电缆内的空线替代屏蔽层接地
42	主设备非电量保护应防水、防震、防油渗漏，密封性好
43	保护室与通信室之间信号若使用电缆，应采用双绞双屏蔽电缆并可靠接地
44	应在主控室、保护室敷设二次电缆的沟道、开关场的就地端子箱及保护用结合滤波器等处，使用截面面积不小于 $100mm^2$ 的裸铜排（缆）敷设与主接地网紧密连接的等电位接地网
45	在主控室、保护室柜屏下层的电缆室（或电缆沟道）内，按柜屏布置的方向敷设 $100mm^2$ 的专用铜排（缆），将该专用铜排（缆）首末端连接，形成保护室内的等电位接地网。保护室内的等电位接地网与厂、站的主接地网只能存在唯一连接点，连接点位置选择在保护室外部电缆沟道的入口处。为保证连接可靠，连接线必须用至少 4 根以上、截面面积不小于 $50mm^2$ 的铜缆（排）构成共点接地
46	沿开关场二次电缆的沟道敷设截面面积不少于 $100mm^2$ 的铜排（缆），并在保护室（控制室）及开关场的就地端子箱处与主接地网紧密连接，保护室（控制室）的连接点设在室内等电位接地网与厂、站主接地网连接处
47	由开关场的变压器、断路器、隔离开关和电流、电压互感器等设备至开关场就地端子箱之间的二次电缆应经金属管从一次设备的接线盒（箱）引至电缆沟，并将金属管的上端与上述设备的底座和金属外壳良好焊接，下端就近与主接地网良好焊接。上述二次电缆的屏蔽层在就地端子箱处单端使用截面面积不小于 $4mm^2$ 多股铜质软导线可靠连接至等电位接地网的铜排上，在一次设备的接线盒（箱）处不接地
48	静态保护和自动控制装置的屏柜、就地开关端子箱下部应设有截面不小于 $100mm^2$ 的接地铜排。屏柜上装置的接地端子应用截面不小于 $4mm^2$ 的多股铜线和接地铜排相连，接地铜排应用截面面积不小于 $50mm^2$ 的铜缆与保护室内的等电位接地网相连
49	采用电力载波作为纵联保护通道时，应沿高频电缆敷设 $100mm^2$ 铜导线，在结合滤波器处，该铜导线与高频电缆屏蔽层相连且与结合滤波器一次接地引下线隔离，铜导线及结合滤波器二次的接地点应设在距结合滤波器一次接地引下线入地点 3～5m 处；铜导线的另一端应与保护室的等电位地网可靠连接
50	依据电网、发电厂系统结构和继电保护配置情况，按相关规定进行继电保护的整定计算。当灵敏性与选择性难以兼顾时，应首先考虑以保灵敏度为主，防止保护拒动，并备案报主管领导批准
51	发电厂应按相关规定进行继电保护整定计算，并认真校核与系统保护的配合关系。加强对主设备及厂用系统的继电保护整定计算与管理工作，安排专人每年对所辖设备的整定值进行全面复算和校核，注意防止因厂用系统保护不正确动作，扩大事故范围
52	进行大型发电机高频、低频保护整定计算时，应分别根据发电机在并网前、后的不同运行工况和制造厂提供的发电机性能、特性曲线，并结合电网要求进行整定计算
53	过激磁保护的启动元件、反时限和定时限应能分别整定。整定计算应全面考虑主变压器及高压厂用变压器的过励磁能力，并与励磁调节器 U/f 限制特性相配合，按励磁调节器 U/f 限制首先动作、再由过激磁保护动作的原则进行整定和校核
54	发电机负序电流保护应根据制造厂提供的负序电流暂态限值（A 值）进行整定，并留有一定裕度。发电机保护启动失灵保护的零序或负序电流判别元件灵敏度应与发电机负序电流保护相配合

序号	应执行的反事故措施
55	发电机励磁绕组过负荷保护应投入运行，且与励磁调节器过磁限制相配合
56	应对已运行的母线、变压器和发电机-变压器组差动保护电流互感器二次回路负载进行 10% 误差计算和分析，校核主设备各侧二次负载的平衡情况，并留有足够裕度。不符合要求的电流互感器应安排更换
57	加强继电保护试验仪器、仪表的管理工作，每 1～2 年应对微机型继电保护试验装置进行一次全面检测，确保试验装置的准确度及各项功能满足继电保护试验的要求，防止因试验仪器、仪表存在问题而造成继电保护误整定、误试验
58	针对电网运行工况，加强备用电源自动投入装置的管理，定期进行传动试验，保证事故状态下投入成功率
59	220kV 及以上电压等级变电站的直流系统应采用两组蓄电池、三台充电装置的方案，每组蓄电池和充电装置应分别接于直流母线，作为备用的第三台充电装置可在两段母线之间切换
60	直流母线应采用分段运行的方式，注意防止在负荷侧合环，每段母线应分别采用独立的蓄电池组供电，并在两段直流母线之间设置联络断路器，正常运行时断路器处于断开位置。当任一工作充电装置退出运行时，手动投入第三台充电装置
61	直流系统应采用直流专用断路器，严禁交、直流断路器混用
62	直流总输出回路装设熔断器，直流分路装设自动开关时，必须保证熔断器与小空气开关有选择性地配合
63	直流总输出回路、直流分路均装设自动开关时，必须确保上、下级自动开关有选择性地配合，自动开关的额定工作电流应按最大动态负荷电流（即保护三相同时动作、跳闸和收发信机在满功率发信的状态下）的 2.0 倍选用
64	继电保护直流系统运行中的电压纹波系数应不大于 2%，最低电压不低于额定电压的 85%，最高电压不高于额定电压的 110%
65	保护装置、通信接口装置的尾纤弯曲直径应不小于 10cm

二、主系统继电保护及安全自动装置投入率

主系统继电保护及安全自动装置投入率（%）＝单台机组已投入的保护及安全自动装置数/单台机组中所有的保护及安全自动装置数

统计时应按以下方法进行统计。

（1）以单台机组为单位进行统计。

（2）单台机组保护及安全自动装置数为发电机-变压器组保护中保护数量＋启动备用变压器保护中保护数量＋公用系统保护中保护数量（升压站线路、开关、母线保护）＋同期装置中功能＋快切装置中功能＋安稳等安全自动装置中功能。

（3）如发电机-变压器组保护有 A、B、C 三柜，A 柜中保护有发电机差动、发电机匝间、主变压器差动等 30 个保护，B 柜同 A 柜，C 柜中有主变压器重瓦斯等 20 个保护，则"发电机-变压器组保护中保护数量"为 30＋30＋20＝80（个），以此类推。

三、全厂继电保护及安全自动装置正确动作率

全厂继电保护及安全自动装置正确动作率(％)＝正确动作次数/全厂动作次数

统计时应注意以下事项。

（1）动作次数只统计 6kV 及以上设备的保护动作。

（2）统计以全厂机组为单位。

（3）统计次数方法如下。

1）如 1 号机组有 4 段 6kV 厂用电，停机一次；如正确动作，则正确动作次数统计如下，6kV 厂用电快切切换 4 次，保护 A、B 屏程序逆功率各动作 1 次，则本次停机正确动作次数为 4＋2＝6（次）。

2）1 号机组启机一次，如正确动作，则正确动作次数统计如下，6kV 厂用电快切切换 4 次，同期装置并网 1 次，则本次启机正确动作次数为 4＋1＝5（次）。

3）如升压站线路保护单跳单重合于故障，则动作次数为第一套线路保护单跳 1 次、单重 1 次、合于故障后三跳 1 次；B 套同 A 套，则本次故障动作次数为 3＋3＝6（次）。

四、故障录波器完好率

故障录波器完好率(％)＝单台机组完好数量(含启备变故障录波器)/单台机组总数量
(含启备变故障录波器)

进行故障录波器完好率统计时应注意以下事项。

（1）以单台机组为单位进行统计。

（2）数量统计方法，如 1 号机组故障录波器开入量有，发电机差动保护动作、发电机复压过电流保护动作等 50 个动作量，电流通道有机端电流、高压厂用变压器电流等 10 组电流，电压通道有 5 组，则单台机组总数量为 50＋10＋5＝65（组）。

（3）启动备用变压器故障录波器分别计入每台机组。

附录 2-2 国家、行业颁发的主要标准和文件

1. GB/T 7261《继电器及装置基本试验方法》
2. GB/T 14285《继电保护和安全自动装置技术规程》
3. GB/T 15145《微机线路保护装置通用技术条件》
4. GB 20840.2《互感器 第2部分：电流互感器的补充技术要求》
5. GB/T 31464《电网运行准则》
6. GB 50171《电气装置安装工程盘、柜及二次回路结线施工及验收规范》
7. GB/T 50976《继电保护及二次回路安装及验收规范》
8. DL/T 357《输电线路行波故障测距装置技术条件》
9. DL/T 364《光纤通道传输保护信息通用技术条件》
10. DL 478《静态继电保护及安全自动装置通用技术条件》
11. DL 497《电力系统自动减负荷工作管理规程》
12. DL/T 524《继电保护专用电力线载波收发信机技术条件》
13. DL/T 507《水轮发电机组启动试验规程》
14. DL/T 526《静态备用电源自动投入装置技术条件》
15. DL/T 527《静态继电保护装置逆变电源技术条件》
16. DL/T 553《220kV～500kV 电力系统故障动态记录技术准则》
17. DL/T 559《220kV～750kV 电网继电保护装置运行整定规程》
18. DL/T 584《3kV～110kV 电网继电保护装置运行整定规程》
19. DL/T 587《继电保护和安全自动装置运行管理规程》
20. DL/T 620《交流电气装置的过电压保护和绝缘配合》
21. DL/T 623《电力系统继电保护和安全自动装置运行评价规程》
22. DL/T 624《继电保护微机型试验装置技术条件》
23. DL/T 637《电力用固定型阀控式铅酸蓄电池
24. DL/T 667《远动设备及系统 第5部分：传输规约 第103篇：继电保护设备信息接口配套标准》
25. DL/T 670《微机保护母线装置通用技术条件》
26. DL/T 671《微机发电机变压器组保护装置通用技术条件》
27. DL/T 684《大型发电机变压器继电保护整定计算导则》
28. DL/T 724《电力系统用蓄电池直流电源装置运行与维护技术规程》
29. DL/T 770《微机变压器保护装置通用技术条件》
30. DL/T 866《电流互感器和电压互感器选择及计算导则》
31. DL/T 993《电力系统失步解列装置通用技术条件》
32. DL/T 995《继电保护和电网安全自动装置检验规程》
33. DL/T 1057《自动跟踪补偿消弧线圈成套装置技术条件》
34. DL/T 1074《电力用直流和交流一体化不间断电源》

35. DL/T 1309《大型发电机组涉网保护技术规范》

36. DL/T 1502《厂用电继电保护整定计算导则》

37. DL/T 1848《220kV 和 110kV 变压器中性点过电压保护技术规范》

38. DL/T 1974《水电厂直流系统技术条件》

39. DL/T 2016《电力系统过频切机和过频解列装置通用技术条件》

40. DL/T 5044《电力工程直流电源系统设计技术规程》

41. DL/T 5147—2001《电力系统安全自动装置设计技术规程》

42. NB/T 35010—2013《水力发电厂继电保护设计规范》

43. Q/GDW 1774—2013《大中型水电站黑启动试验技术规程》

44. 国能安全〔2014〕161 号《防止电力生产事故的二十五项重点要求》

45. 国家电网设备〔2018〕979 号《国网十八项电网重大反事故措施》（修订版）

46. 国家能源办〔2019〕767 号《国家能源投资集团有限责任公司电力二十五项重点反事故措施》

47. 国家能源办〔2019〕568 号《国家能源投资集团有限责任公司电力产业技术监督管理办法》

48. 国家能源办〔2020〕163 号《国家能源投资集团有限责任公司水电产业技术监督检查评价办法（试行）》

49. 国家能源办〔2020〕168 号《国家能源投资集团有限责任公司水电产业继电保护技术监督实施细则（试行）》

附录 2-3　×年×季发电机-变压器组保护及自动装置动作统计分析季报表

报表单位：　　　　　　　　　　　　　　　　　　　　　　　　　　　　年　　月　　日

序号	时间	被保护设备名称	保护装置类型	保护装置动作情况简述（包括一次系统情况、设备故障简介及对策）	装置的动作分析 正确（不正确）	不正确动作责任分析	备注
1							
2							
3							
⋮							

说明：1. 本表适用于发电机、主变压器、高压厂用变压器、脱硫变压器、励磁变压器、启动备用变压器等主发电设备保护装置及同期、快切（备自投）、故录等自动装置。

2. 同期、快切等自动装置只进行不正确动作统计，故障录波装置只对保护动作后不正确录波进行统计。

3. 不正确动作责任分析填写：保护装置故障、电缆故障、TA（或 TV）故障、定值错误、外部设备回路故障、人员因素。

4. 本表相关动作行为必须填报详细分析报告

批准：　　　　　　　　　　　　审核：　　　　　　　　　　　　填表：

附录2-4 ×年×季涉网保护及自动装置动作统计分析季报表

报表单位：   年   月   日

序号	时 间	被保护设备名称	保护装置类型	保护装置动作情况简述（包括一次系统情况、设备故障简介及对策）	装置的动作分析	不正确动作责任分析	备注
					正确（不正确）		
1							
2							
3							
⋮							

说明：1. 本表适用于电厂进出线路保护装置、母差保护、断路器保护、失灵保护、系统稳定切机装置、事故录入、挂网电抗器保护、联络变压器保护、测距装置、PMU（同步测量系统）、线路检同期装置、保护专用光纤通道、复用光纤或微波连接通道。

2. 同期只进行不正确统计，事故录波装置只对保护动作后不正确录波进行统计。

3. 不正确动作责任分析填写：保护装置故障、电缆故障、TA（或TV）故障、定值错误、外部设备回路故障、人员因素。

4. 本表相关动作行为必须填报详细分析报告

批准：   审核：   填表：

附录 2-5 ×年×季厂用电系统保护及自动装置动作统计分析报表

报表单位：   年   月   日

序号	时间	被保护设备名称及电压等级	保护装置类型	保护装置动作情况简述（包括一次系统情况、设备故障简介及对策）	装置的动作分析 正确（不正确）	不正确动作责任分析	备注
1							
2							
3							
⋮							

说明：1. 本表适用于高压厂用电系统电动机和变压器设备保护装置、低压厂用系统设备保护装置及各备自投等自动装置。

2. 同期、快切等自动装置只进行不正确动作统计，故障录波装置只对保护动作后不正确录波进行统计。

3. 不正确动作责任分析填写：保护装置故障、电缆故障、TA（或 TV）故障、定值错误、外部设备回路故障、人员因素。

4. 本表相关动作行为必须填报详细分析报告

批准：   审核：   填表：

附录2-6 ×年×季保护及自动装置误动作分析报告

报表单位：   年　月　日

动作设备名称		设备编码	
动作保护型号及名称			
动作行为			
动作时间	年　月　日　时　分　秒		
动作评价	正确（不正确）动作		
动作过程简述：			
动作原因分析：			
预防及改进措施：			
故录文件和保护动作报告存盘位置			

批准：   审核：   填表：

附录 2-7　×年×季继电保护及自动装置异常缺陷分析季报表

报表单位：　　　　　　　　　　　　　　　　　　　　　　　　年　　月　　日

序号	时间	被保护设备名称	保护装置类型	保动装置缺陷情况简述	缺陷处理过程简述	消耗备件型号	备注
1							
2							
3							
⋮							

说明：1. 本表适用于全发电厂继电保护、自动装置、二次回路缺陷统计。

　　　2. 备注栏可填写缺陷未处理好原因

批准：　　　　　　　　　　　审核：　　　　　　　　　　　填表：

附录2-8　×年×季继电保护及自动装置投入率和正动动作率统计

报表单位：　　　　　　　　　　　　　　　　　　　　　　　　　　年　　月　　日

项目	发电机-变压器组保护及自动装置	涉网保护及自动装置	厂用电保护及自动装置	全厂合计
总投入保护套数				
退出保护套数				
保护投入率				
正确动作次数				
不正确动作次数				
正确动作率				

说明：

保护投入率＝（总投入保护套数－本季退出保护套数）/总投入保护套数

正确动作率＝正确动作次数/（正确动作次数＋不正确动作次数）

附录2-9 保护及自动装置投退记录

保护名称	退出（或投入）	退出时间	投入时间	投退原因

批准：   审核：   填表：

参 考 文 献

王建华. 电气工程师手册 [M]. 3 版. 北京：机械工业出版社，2006.

第三部分

电测监督

第一章

电测技术监督管理

第一节　电测技术监督概述

电测技术监督是按照统一标准和分级管理的原则，在电力建设和生产全过程中，围绕安全、质量、经济和环保，以技术标准为依据，以检测和管理为主要手段，实行从设计、制造、监造、施工、调试、试运、运行、检修、技改、停备的全过程、全方位的技术监督过程，是提高电测量仪器仪表装置可靠性的重要基础工作。通过坚持"关口前移、闭环管理"的监督理念，对相关技术标准执行情况进行检查评价，确保电测量仪器仪表及装置的安全、稳定运行。

2018 年 10 月 26 日第十三届全国人民代表大会常务委员会第六次会议第五次修正的《中华人民共和国计量法》和 2018 年 3 月 19 日国务院关于修改和废止部分行政法规的决定第三次修订的《中华人民共和国计量法实施细则》是电测技术监督的根本依据，国家、行业的技术标准规程规范及企业自己的技术监督制度均是电测技术监督的依据和工作准绳。电测技术监督工作应使用最新版本的国家、行业颁发的技术标准、规程、规范，可根据建标项目和实际工作需要进行相应技术标准、规程、规范的配备。国家、行业颁发的主要标准和规程见附录。

电测技术监督应依靠科技的不断进步，采用和推广成熟、行之有效的新材料、新技术、新设备，持续提高电测技术监督的专业水平。

第二节　电测技术监督指标和主要内容

一、主要指标

（1）仪器仪表校验率。该指标值要求为 100％，统计范围包括绝缘电阻测试仪和接地电阻测试仪。

$$仪器仪表校验率(\%)=\frac{实际校验的仪表总数}{按规定周期应校验仪表总数}\times100\%$$

（2）计量标准合格率。该指标值要求为 100％。

$$计量标准合格率(\%)=\frac{计量标准合格数}{计量标准总数}\times100\%$$

（3）关口计量装置合格率。该指标值要求为 100％，统计范围包括包含了计量电流互感器和计量电压互感器的周期检定、计量电流互感器二次回路负荷合格率及计量电压互感器二次回路压降周期检定。

333

(4) 综合厂用电率，该指标值要求为不高于企业内部考核计划值，统计范围包含机端发电量和上网电量。

$$综合厂用电率(\%)=\frac{机端发电量-上网电量}{机端发电量}\times100\%$$

二、监督范围及主要内容

电测技术监督范围主要包括电测量仪表及装置、电能计量装置及其二次回路、用电信息采集终端等各类电测量设备量值传递和溯源体系的完整性、规范性；电测计量装置的质量监督和校验周期监督；开展电测事故分析；督促电测事故防控措施的制定和落实。

（一）仪器设备

（1）电工测量直流仪器。包括直流电桥、直流电位差计、标准电阻、直流电阻箱、直流分压箱等。

（2）电测量指示仪器仪表。以模拟方式指示的各类电测量仪器仪表。

（3）电测量数字仪器仪表。以数字方式指示的各类电测量仪器仪表。

（4）电测量记录仪器仪表。包括统计型电压表、电能质量监测仪等。

（5）电能表。包括单、三相电子式电能表、感应式电能表、安装式多功能电能表等。

（6）电能计量装置。包括各种类型电能表、计量用电压、电流互感器及其二次回路、电能计量柜或箱等。

（7）电流、电压互感器。包括现场安装的电力用电流、电压互感器和组合互感器。

（8）电测量变送器。将交流电流、电压、有功或无功功率、频率、功率因数、相位和直流电流、电压等电量转换为直流电压、电流的变换式仪器仪表。

（9）交流采样测量装置。将电流、电压、频率经数据采集、转换、计算的各电量量值（电流、电压、有功功率、无功功率、频率、相位角和功率因数等）转变为数字量传送至本地或远端的远动终端设备、智能化单元、厂站测控单元、功角测量装置（PMU）、保护测量一体化装置等测量控制装置。

（10）电测量系统二次回路。现场安装的电力用电流、电压互感器连接到电测量仪器仪表的二次绕组及连接线、接线端子等。

（11）电测计量标准装置。用于检定或校准各类电测量仪器仪表的标准装置。

（12）电能量计量系统。电能量计量表计、电能量远方终端或传送装置、信息通道以及现场监视设备组成的系统。

（二）设计选型阶段

水力发电企业电测量及电能计量装置的设计应做到技术先进、经济合理、准确可靠、监视方便，以满足水力发电企业安全经济运行和商业化运营的需要。

电测量及电能计量装置的设计包括常用测量仪表、电能计量、计算机监测（控）系统的测量、电测量变送器、测量用电流、电压互感器以及测量二次接线等应执行 DL/T 5137《电测量及电能计量装置设计技术规程》的规定，对于电能计量装置的设计与配置还应满足 DL/T 448《电能计量装置技术管理规程》中的相关技术要求。

1. 常用测量仪表

（1）常用测量仪表的配置应能正确反映电力装置的电气运行参数和绝缘状况，其准确度最低要求见表 3-1-1。指针式测量仪表的测量范围，应使电力设备额定值指示在仪表标度尺的 2/3 左右。

表 3-1-1　　　　　　　　　　常用测量仪表的准确度最低要求

仪表类型名称	准确度最低要求级
指针式交流仪表	1.5
指针式直流仪表（经变送器二次测量）	1.0
指针式直流仪表	1.5
数字式仪表	0.5
记录型仪表	应满足测量对象的准确度要求

（2）安装式多功能电能表应满足 DL/T 614《多功能电能表》的要求。

2. 贸易结算用关口电能计量装置的配置

（1）计量用电压互感器。应配置计量专用电压互感器或具有计量专用二次绕组的多绕组电压互感器，准确度等级不应低于 0.2，330kV 及以上电压等级宜采用电容式电压互感器，SF_6 全封闭组合电器亦可采用电磁式电压互感器，220kV 及以下电压等级宜采用电磁式电压互感器。电压互感器额定二次容量的选择应根据二次回路实际负荷确定，保证二次回路实际负荷在互感器额定二次容量的 25%～100% 范围内。

（2）计量用电流互感器。应配置具有计量专用二次绕组的 S 级电流互感器，准确度等级不应低于 0.2S，电流互感器额定二次电流有 1A 和 5A 两种规格，220kV 及以上电压等级电能计量装置中宜选用二次电流为 1A 的电流互感器，110kV 及以下电压等级电能计量装置中宜选用二次电流为 5A 的电流互感器。电流互感器额定二次容量的选择应保证二次回路实际负荷在互感器额定二次容量的 25%～100% 范围内。电流互感器额定二次负荷的功率因数应与实际二次功率因数相匹配，一般为 0.8～1.0。

（3）电能表。应配置电子式多功能电能表，准确度等级不应低于有功 0.2S/无功 2.0，为确保电能计量的可靠性，应配置准确度等级、型号、规格相同的主、副电能表。

（4）电压失压计时器。电能计量装置应装设电压失压计时器，如电子式多功能电能表的电压失压计时功能满足 DL/T 566《电压失压计时器技术条件》，可不再配置电压失压计时器，电能表失压报警信号应引至监控系统。

（5）降低计量二次回路电压的措施。一般需考虑以下几方面。缩短二次电压回路长度，增大导线截面积，减小导线电阻；配置电子式电能表，宜优先采用辅助电源供电的电能表，减小二次负荷电流；采用接触电阻小的优质快速空气断路器，减小断路器上的电压降；计量用电压切换装置，宜采用接触电阻小的优质重动继电器，减小继电器触点上的电压降；防止二次电压回路两点或多点接地，避免由于地电位差引起回路压降的改变。

3. 电测量变送器

电测量变送器的输入参数应与电流互感器和电压互感器的参数相符合；输出参数应能满足电测量仪表、计算机和远动遥测的要求，其输出可以是电流输出或电压输出，电流输出宜选用 4～20mA 的规范；其输出回路所接入的负荷不应超过其输出的二次负荷允许值。

4. 电能量计量系统

计量系统设计应执行 DL/T 5202《电能量计量系统设计技术规程》的规定。

5. 交流采样装置

远动终端、网络监控系统（Net Control System，NCS）测控装置、厂用电系统保护测控装置等相关测量功能的设计应满足 DL/T 630《交流采样远动终端技术条件》、DL/T 1075《数字式保护测控装置通用技术条件》中的相关要求。

（三）安装验收阶段

（1）订购的电测量及电能计量装置的各项性能和技术指标应符合国家、电力行业相应标准的要求，电测仪器仪表、交流采样测量装置和电能计量装置投运前应进行全面的验收。

（2）验收的项目及内容包括技术资料、基本信息、现场核查、验收试验、验收结果的处理，需做到图纸、设备、卡、物相一致。技术资料包括制造厂家提供的设备出厂检验报告、合格证、图纸、说明书等；电测计量装置竣工的一、二次图纸；法定计量检定机构出具的检定证书。

（3）新安装的电测量及电能计量装置必须经有关检验机构检验合格，保存好检验报告。

（4）贸易结算用关口电能表、计量用电流、电压互感器在投运前必须经法定或授权的计量检定机构进行首次检定合格，并保存好检定报告。

（5）交流采样测量装置在完成现场安装调试投入运行前，应经有资质的检验机构进行检验，保存好检验报告。

（6）新安装的电测仪表应在其明显位置粘贴检验合格证，其内容至少包括有效期、检定员全名。合格证大小合适，不应遮挡仪表指示或查询按钮。

（四）运行维护阶段

1. 运行中的关口电能计量装置的定期工作

（1）按照 DL/T 448《电能计量装置技术管理规程》的规定，关口电能表应每 6 个月进行一次现场检验。进行电能表现场校验时，当负荷电流低于被检电能表标定电流的 10%（对于 S 级的电能表为 5%）或功率因数低于 0.5 时，不宜进行误差测试。

（2）关口计量用电压互感器二次回路压降及互感器二次实际负荷应至少每两年检验一次，二次回路电压降不应大于其额定二次电压的 0.2%。

2. 厂内重要电能表、计量用电压互感器二次回路压降定期工作

按照 DL/T 448《电能计量装置技术管理规程》的要求，结合厂内检修及设备情况，制定定期现场检验计划，并定期检验。

3. 数据异常处理

运行中的电测量仪表和变送器、交流采样测量装置如怀疑存在超差或异常时，可采用在线校验的方法，在实际工作状态下检验其误差。如确认超差或故障，应及时处理。

（五）周期检定与抽检

1. 电力互感器的周期检验

安装在 6kV 及以上电力系统的电流、电压互感器应依据 JJG 1021《电力互感器检定规程》进行周期或首次检定。电磁式电压、电流互感器的检定周期不超过 10 年，电容式电压互感器的检定周期不超过 4 年。

2. 电能表的周期检定

电子式电能表应依据 JJG 596《电子式交流电能表检定规程》进行周期或首次检定。感应式电能表的轮换周期按 JJG 307《机电式交流电能表》的规定执行。

电能表现场检验标准应至少每三个月在实验室比对一次，记录保存比对数据。Ⅰ类电能表至少每 6 个月现场检验一次；Ⅱ类电能表至少每 12 个月现场检验一次；Ⅲ类电能表至少每 24 个月现场检验一次。

3. 电测量变送器的周期检定

电测量变送器应依据 JJG（电力）01《电测量变送器检定规程》进行周期或首次检定，主要测点使用的变送器和 6kV 以上系统应每年检定一次；非主要测点使用的变送器的检定周期最长不得超过 3 年。

4. 交流采样测量装置的周期检验

交流采样测量装置的检验周期最长不超过 3 年。

5. 交、直流指示或数字式仪表的周期检定

（1）模拟指示或数字式交/直流电压表、电流表的周期检定应依据 JJG 124《电流表、电压表、功率表及电阻表检定规程》、DL/T 1473《电测量指示仪表检定规程》等规程进行。模拟指示、数字式有功功率表和无功功率表的周期检定应依据 JJG 780《交流数字功率表检定规程》等规程进行。准确度等级 0.5 级及以上的指示仪表检定周期为 1 年，6kV 以上系统准确度等级 0.5 级以下的指示仪表检定周期为 2 年，其他指示仪表检定周期为 4 年。

（2）指针式频率表、数字式频率表的周期检定应依据 DL/T 1473《电测量指示仪表检定规程》、DL/T 630《交流采样远动终端技术条件》等规程进行。检定周期为 1 年。

（3）指针式单相功率因数表和单相相位表应依据 DL/T 1473《电测量指示仪表检定规程》、JJG 440《工频单相相位表检定规程》等规程进行。检定周期为 1 年。

（4）指针式绝缘电阻表检定至少每 2 年检验一次。

（5）电子式绝缘电阻表、接地电阻表的检定周期一般不超过 1 年。

6. 电测计量标准考核周期

（1）计量标准考核（复核）周期应根据规程要求进行，有效期一般为 5 年（《计量标准考核证书》有效期届满前 6 个月，应向原主持考核部门申请计量标准复查考核，并提供相关资料）。

（2）计量标准器检定周期应根据规程要求进行，检定周期一般为 1 年。

第三节　电测技术监督管理、告警及定期工作

一、技术监督管理

（一）监督体系及制度

（1）建立健全技术监督网体系和各级监督岗位责任制，开展正常的监督网活动，并记录活动内容、参加人员及有关要求。

（2）建立完整的监督管理制度和有关仪表选型、使用、借用、检验、运行维护、报废等制度。

（二）量值传递

（1）按照有效地检定系统框图开展量值溯源和传递工作。

（2）从事电测计量检定工作的人员在取得相关的岗位能力证明文件后方可开展检定工

作，且从事检定的项目及内容应与岗位能力证明文件上标注的内容一致。计量检定人员脱离检定工作岗位一年以上者，必须经复核考试通过后，才可恢复其从事检定工作资格。

（3）电力设计、施工、调试、制造、试验检修等单位的新建和在用的电测计量标准装置，须经计量标准考核合格，具有有效期内的周期检定证书，方可投入使用，且检定的项目及内容应与装置证书上标注的内容一致。现场使用的电测计量装置应按相关标准进行定期检定/校准。

（4）用于量值传递的电测计量标准器和工作中的电测计量器具均应按相关标准进行定期检定/校准，含现场检验。凡检定/校准后无证书或超过检定周期而尚未检定/校准的电测计量标准器和电测计量器具不得使用。

（三）监督质量保证的技术管理

（1）所有检定/校准，含现场检验的计量器具都需有原始记录，并按规定妥善保存。

（2）现场检验可依据相关标准进行部分项目的检验，但现场检验不能代替实验室的检定。

（3）电测计量器具及装置必须具备完整的符合实际情况的技术档案、图纸资料和仪器仪表设备台账，并建立健全计量器具及装置的计算机电子档案，配合计量器具的相关标准。

（4）应制订计量器具周期检定计划，并按期执行。

（5）监督机构应对监督范围内的设备运行、检修、使用和维护等情况进行检查，并定期抽测。

（6）检定合格的计量器具应有封印或粘贴合格证，未授权人员不得擅自拆封。计量器具的验收检定一般不得开封调整。

（7）长期搁置不用或封存的计量器具，由使用部门事先提出，经上级监督机构同意可不列入周检计划。这类计量器具应标明封存标志，当需要使用时，须对其重新检定/校准合格后方可使用。

（8）对长期不用、封存或淘汰的计量标准装置，须以书面形式报原发证机关备案。

（9）计量器具经检修调试后，确定达不到原来等级要求时，应给予降级、限用处理，降级、限用的计量器具应有明显标志。

（10）计量器具应指定专人保管，放置在清洁干燥的环境中，建立日常清洁维护制度，定期进行清洁，发现缺陷应及时送修。

（11）电测计量标准器和电测计量器具在送检或运输途中应有防振、防潮、防尘措施，防止损坏。作为传递用的标准计量器具不得挪作他用。

（12）电测监督专业应重视仪器仪表的各种试验数据的分析，重视对历史数据和各种数据之间的综合比较、分析，争取在事故发生前发现和解决事故隐患。

（13）定期对技术监督工作进行总结。工作总结内容主要包括监督工作和监督指标完成情况；通过监督发现和解决运行设备存在的隐患及问题；缺陷消除情况；安全质量；技术革新和改造；人员培训及装置考核情况；存在的问题及下阶段监督计划等。

（14）按要求完成电测技术监督工作季度统计报表。技术监督工作总结、统计报表、事故分析报告与重大问题应及时上报。

（15）定期召开电测专业技术监督工作会议和参加上级部门组织的专业技术监督会议，定期或不定期地进行专业检查、交流学习。

二、电测专业技术监督告警

（一）告警分类

技术监督告警分一般告警和重要告警，一般告警是指技术监督指标超出合格范围，需要引起重视，但不至于短期内造成重要设备损坏、停机、系统不稳定，且可以通过加强运行维护、缩短监视检测周期等临时措施，安全风险在可承受范围内的问题。一般告警项目见表3-1-2。重要告警是指一般告警问题存在劣化现象且劣化速度超出有关标准规程范围、有关标准规程及反事故措施要求立即处理的或采取临时措施后，设备受损、电热负荷减供、环境污染的风险预测处于不可承受范围的问题。重要告警项目见表3-1-3。

表 3-1-2 一 般 告 警 项 目

序号	一般告警项目	备注
1	技术监督制度落实不到位	
2	技术监督重点项目或重要定期检验项目未做	
3	标准器具、检定员未经技术考核或认证，非法开展量值传递工作	
4	贸易结算用标准计量装置的 TV 二次导线压降大于其额定二次电压的 0.2%，计量仪表规格不符合规定要求	
5	标准计量装置、重要计量仪表漏检，或超期、带故障运行一季以上	
6	表计调前合格率低于90%	

表 3-1-3 重 要 告 警 项 目

序号	重要告警项目	备注
1	贸易结算用计量装置误差超差，在下一个主设备检修周期内未解决	
2	使用未建标或不合格的计量标准装置进行检定	

（二）告警问题的闭环管理

对技术监督告警问题，要充分重视，采取措施，进行风险评估，制定必要的应急预案、整改计划，完成整改，全过程要责任到人，形成闭环处理。

三、应建立的技术资料

（一）电测仪器仪表及装置的基本资料

（1）互感器的型号、规格、厂家、安装日期；二次回路连接导线或电缆的型号、规格、长度；电测测量仪器仪表型号、规格、等级、FS值（仪表保安系数）及套数；交流采样测量装置的型号、厂家、安装地点等。

（2）原理接线图和工程竣工图。

（3）装置投运的时间及历次检修、改造的内容、时间。

（4）安装的计量器具型号、规格等内容。

（5）现场检验误差数据。

（6）故障情况记录等。

（二）电能计量装置的基本资料

（1）互感器的型号、规格、厂家、安装日期；二次回路连接导线或电缆的型号、规格、长度；电能表型号、规格、等级及套数；电能计量柜（箱）的型号、厂家、安装地点等。

（2）电能计量装置的原理接线图和工程竣工图。

（3）电能计量装置投运的时间及历次检修、改造的内容、时间。

（4）安装的电能计量器具型号、规格等内容。

（5）现场检验误差数据。

（6）故障情况记录等。

四、电测监督定期工作

电测专业应根据电测仪器仪表、电能计量装置的检定周期和运行状况及主设备检修计划等情况，制定仪器仪表、测量装置、电能表、互感器的周检和抽检计划，通过对电测仪表及电能计量装置进行周期性的检定、检验、维护、修理等工作，使其始终处于完好、准确、可靠的状态。电测监督定期工作见表 3-1-4。

表 3-1-4　　　　　　　　　　　电测监督定期工作表

工作类型	工作内容	周期
一、日常运行监督项目	对计量标准器及主要配套设备进行有效溯源，并取得有效检定或校准证书	每年
	已建计量标准应进行重复性试验和稳定性考核	每年
	《计量标准考核证书》有效期届满前 6 个月，应向原主持考核部门申请计量标准复查考核，并提供相关资料	计量标准考核证书有效期届满前 6 个月
	电磁式电压、电流互感器检定	每 10 年
	电能表检定	每 6 年
	电容式电压互感器检定	每 4 年
	6kV 以下系统指示仪表检定	每 4 年
	非主要测点变送器检定	每 3 年
	交流采样测量装置检验	每 3 年
	Ⅲ类电能表现场检验	每 2 年
	6kV 以上系统准确度等级 0.5 级以下的指示仪表检定	每 2 年
	关口计量用电压互感器二次回路压降及互感器二次实际负荷现场检验	每 2 年
	指针式绝缘电阻表检定	每 2 年
	主要测点变送器（6kV 以上系统）检定	每年
	Ⅱ类电能表现场检验	每年
	准确度等级 0.5 级及以上的指示仪表检定	每年
	指针式频率表、数字式频率表检定	每年
	指针式单相功率因数表和单相相位表检定	每年
	电子式绝缘电阻表、接地电阻表检定	每年
	Ⅰ类电能表现场检验	每 6 个月
	配合电网公司开展关口电能表现场实负荷检验	每 6 个月

工作类型	工作内容	周期
二、检修监督项目	利用检修机会对出线、机组仪表进行周期检验检定	A/B/C 修
三、技改监督项目	新安装或更换的电测量及电能计量装置必须经有关的检验机构检验合格	技改时
	新安装或更换贸易结算用关口电能表、计量用电流、电压互感器在投运前必须经法定或授权的计量检定机构进行首次检定合格	技改时
	新安装或更换的交流采样测量装置在完成现场安装调试投入运行前,应经有资质的检验机构进行检验	技改时
四、优化提升及事故分析	贸易结算电量纠错与电量追补	发生后
	全厂电平衡试验	必要时

电测计量标准装置、涉及安全的检测装置以及用于贸易结算的关口电能表、关口计量用电压、电流互感器等工作计量器具属于强制检定的范围,由法定或授权的计量检定机构执行强制检定,检定周期按照计量检定规程确定。

第二章

计量标准的考核

第一节 计量标准考核的必要性及原则

一、计量考核的必要性

计量标准是准确度低于计量基准，用于检定或校准其他计量标准或者工作计量器具的计量器具，它处在国家量值传递或溯源体系的中间步骤，有着承上启下的作用。国家对计量标准实行考核制度，并将其纳入行政许可的管理范畴。

计量标准考核的法律法规依据是《中华人民共和国计量法》第六条～第九条和《中华人民共和国计量法实施细则》的第七条～第十条和第四十二条的相关内容。企业单位计量标准未经考核合格而开展计量检定的，将被责令其停止使用，可并处罚款。

计量标准考核是国家质量监督检验检疫总局及地方各级质量技术监督部门对计量标准测量能力的评定和开展量值传递资格的确认。计量标准考核包括对新建计量标准的考核和对计量标准的复查考核。

二、计量标准考核的原则

计量标准考核工作目前必须执行国家质量监督检验检疫总局于 2017 年 5 月 30 日起开始实施的 JJF1033《计量标准考核规范》。该考核规范是新建计量标准、已建计量标准的考核及后续监督管理的依据。

被考核的计量标准既要符合技术要求，还需满足法制管理的有关要求。计量标准考核是法定计量监督检查中的一项基本内容，也是《中华人民共和国计量法》和《中华人民共和国计量法实施细则》的重要规定和技术依据。

第二节 申请计量标准考核的必要条件

一、计量标准器及配套设备的配置

（1）应按照计量检定规程或计量技术规范的要求，科学合理、完整齐全地配置计量特性符合规定的计量标准器及配套设备（含计算机及软件），并能满足开展检定或校准工作的需要。

（2）计量标准的量值应当溯源至计量基准或社会公用计量标准。当不能采用检定或校准方式溯源时，应通过计量比对的方式确保计量标准量值的一致性；计量标准器及主要配套设备均应当有连续、有效的检定或校准证书（包括符合要求的溯源性证明文件）。

（3）企业根据实际情况，可参照表3-2-1建立电测计量标准，负责本企业电测仪表的检定/校准工作。

表3-2-1　　　　水力发电企业计量检定机构配备的电测仪表标准

序号	计量标准名称	主标准	被测对象	备注
1	（0.05级）直流电位差计标准装置	0.01级直流数字电压表	0.05级直流电位差计	直流仪器
2	（0.05级）直流单电桥检定装置	0.01级直流电阻箱	0.05级直流单电桥	直流仪器
3	（0.1级）直流双电桥检定装置	0.02级直流电阻箱	0.1级直流双电桥	直流仪器
4	（0.1级）直流电阻箱检定装置	0.02级直流电桥	0.1级直流电阻箱	直流仪器
5	（4 1/2）数字多用表检定装置	多功能校准源	4 1/2数字多用表	数字表
6	（0.05级）三相电能表标准装置	0.05级三相电能表	0.2级及以下单、三相电能表	电能表
7	电压互感器二次回路压降测试仪		电压互感器二次回路	电能表
8	电能表现场测试仪	0.05级电能表现场测试仪	0.2级及以下单、三相电能表	电能表
9	（0.2级）直流电压、电流表检定装置	0.05级直流数表或标准源	0.2级直流电压表、电流表	电测仪表
10	（0.2级）交直流电压、电流、功率表检定装置	0.05级交流数表或标准源	0.2级交流、直流、交直流电压表、电流表、功率表	电测仪表
11	（0.2级）三相交流电压、电流、功率表检定装置	0.05级三相交流电压、电流、功率表装置	0.2级三相交流电压、电流、功率表	电测仪表
12	（1.0°）单相工频相位表检定装置	0.2°单相工频相位表	1.0°单相工频相位表	电测仪表
13	（0.01Hz）工频频率计检定装置	0.002Hz工频频率标准	0.01Hz工频频率计	电测仪表
14	（0.2级）交流电量变送器检定装置	0.05级交流电量变送器校验仪或其他标准	0.2级交流电量变送器	电测仪表
15	（0.2级）交流采样测量装置校验装置	0.05级交流采样测量装置校验装置或标准源	0.2级交流采样测量装置	电测仪表
16	接地电阻表检定装置	直流电阻箱	接地电阻表	电测仪表
17	绝缘电阻表（仪）检定装置	高阻箱	绝缘电阻表（仪）	电测仪表

二、计量标准的主要计量特性

1. 测量范围

计量标准的测量范围是指在规定条件下，由具有一定的仪器不确定度的计量标准能够测量出的同类量的一组量值，应用计量标准能够测量出的一组量值来表示，并能满足开展检定或校准工作的需要。对于可以测量多种参数的计量标准，应当分别给出每种参数的测量范围。

2. 不确定度或准确度等级及最大允许误差

（1）计量标准的不确定度。在检定或校准结果的不确定度中，由计量标准引入的测量不确定度分量，它包括计量标准器及配套设备所引入的不确定度。

（2）计量标准的准确度等级。在规定工作条件下，符合规定的计量要求，使计量标准的测量误差或不确定度保持在规定极限内的计量标准的等别或级别。

（3）计量标准的最大允许误差。对给定的计量标准，由规范或规程所允许的，相对于已知参考量的测量误差的极限值。

（4）计量标准的不确定度或准确度等级或最大允许误差应根据计量标准的具体情况，按照本专业规定或约定俗成进行表述，并满足开展检定或校准工作的需要。对于可以测量多种参数的计量标准，应当分别给出每种参数的不确定度或准确度等级及最大允许误差。

3. 稳定性

稳定性是计量标准保持其计量特性随时间恒定的能力，可以用计量标准的计量特性在规定时间间隔内发生的变化量表示。新建计量标准一般经过半年以上的稳定性考核，证明其所复现的量值稳定可靠后，方可申请计量标准考核；已建计量标准一般每年至少进行一次稳定性考核，并通过历年的稳定性考核记录数据比较，以证明其计量特性的持续稳定。

4. 其他计量特性

灵敏度、分辨力、鉴别阈、漂移、死区及响应特性等计量特性应当满足相应计量检定规程或计量技术规范的要求。

三、设备及环境条件

（1）根据计量检定规程或技术规范的要求和实际工作需要，配置必要的设施，并对检定或校准工作场所内互不相容的区域进行有效隔离，防止相互影响。

（2）根据检定规程或技术规范的要求和实际工作需要，配置监控设备，对温度、湿度等参数进行监测和记录。

（3）实验室温度、湿度、洁净度、振动、电磁干扰、辐射、照明及供电等环境条件应当满足计量检定规程或技术规范的要求。

四、人员要求及设置

（1）从事检定/校准的人员应掌握必要的电工学、电子技术和计量基础知识；熟悉电测计量器具的原理、结构；能熟练操作计算机进行检定/校准工作。

（2）凡从事电测计量检定工作的人员必须取得相应项目检定或校准人员能力证明文件

后，方可开展检定工作。

（3）计量检定人员应保持相对稳定。

（4）实验室应配备能够履行职责的计量标准负责人，计量标准负责人应当对计量标准的建立、使用、维护、溯源和文件集的更新等负责。

（5）实验室应为每项计量标准配备至少两名具有相应能力，并满足有关计量法律法规要求的检定或校准人员。

五、文件管理

1. 文件集

计量标准的文件管理采用文件集管理方式，文件集是关于计量标准的选择、批准、使用和维护等方面文件的集合。即每项计量标准建立一个文件集，文件集目录中注明各种文件的保存地点、方式和保存期限，并确保所有文件完整、真实、正确和有效。文件集应当包含以下主要文件。

（1）计量标准考核证书。

（2）计量标准技术报告。

（3）检定或校准结果的重复性试验记录。

（4）计量标准的稳定性考核记录。

（5）计量标准履历书。

（6）计量标准器及主要配套设备的检定或校准证书。

（7）计量检定规程或计量技术规范。

（8）检定或校准人员能力证明。

（9）计量标准器及主要配套设备使用说明书。

（10）计量标准操作程序。

（11）实验室的相关管理制度。

（12）国家计量检定系统表（如果适用）。

（13）社会公用计量标准证书（如果适用）。

（14）计量标准考核（复查）申请书（如果适用）。

（15）计量标准更换申报表（如果适用）。

（16）计量标准封存（或撤销）申报表（如果适用）。

2. 计量检定规程或技术规范

现行有效的计量检定规程或技术规范是开展检定或校准工作的依据。如果没有国家计量检定规程或国家计量校准规范，可以选用部门、地方计量检定规程。

对于既没有国家、部门、地方计量检定规程/校准规范，又是发展急需的计量标准，建标单位可以根据国际、区域、国家或行业标准编制相应的校准方法，经过同行专家审定后，连同所依据的技术规范和试验验证结果，报主持考核的人民政府计量行政部门同意后，方可作为建立计量标准的依据。

3. 计量标准技术报告

（1）计量标准技术报告中应准确描述建立计量标准的目的、计量标准的工作原理及其组成、计量标准的稳定性考核、结论及附加说明等内容。新建计量标准，应当撰写计量标准技术报告，报告内容应当完整、正确；已建计量标准，如果计量标准器及主要配套设备、环境条件及设施、计量检定规程或技术规范等发生变化，引起计量标准主要计量特性发生变化时，应当修订计量标准技术报告。

（2）计量标准器及主要配套设备的栏目信息应填写完整和正确。信息包括名称、型号、测量范围、不确定度或准确度等级及最大允许误差、制造厂及出厂编号、检定周期或复校间隔以及检定或校准机构等。

（3）主要技术指标和环境条件应当填写完整、正确。内容包括计量标准的测量范围、不确定度或准确度等级及最大允许误差、计量标准的稳定性以及温度、湿度等。对于可以测量多种参数的计量标准，应当给出对应于每种参数的主要技术指标。

（4）根据相应的国家计量检定系统表、计量检定规程或计量技术规范，正确画出所建计量标准溯源到上一级计量器具和传递到下一级计量器具的量值溯源和传递框图。

（5）新建计量标准应当进行重复性试验，并将得到的重复性用于检定或校准结果的不确定度评定；已建计量标准，每年至少进行一次重复性试验，测得的重复性应满足要求。

（6）按照要求进行检定或校准结果的不确定度评定。评定步骤、方法应当正确，评定结果应当合理。

（7）按照要求进行检定或校准结果的验证，验证的方法应当正确，验证结果应当符合要求。

4. 原始记录与证书

（1）检定或校准的原始记录格式规范、信息齐全；填写、更改、签名及保存等符合有关规定的要求；原始数据真实、完整，数据处理正确。

（2）检定或校准证书的格式、签名、印章及副本保存等符合有关规定的要求；检定或校准证书结果正确，内容符合计量检定规程或计量技术规范的要求。

5. 管理制度

以下管理制度，可以单独制定，也可以包含在管理体系文件中，以保证计量标准处于正常运行状态。

（1）实验室岗位管理制度。

（2）计量标准使用维护管理制度。

（3）量值溯源管理制度。

（4）环境条件及设施管理制度。

（5）计量检定规程或计量技术规范管理制度。

（6）原始记录及证书管理制度。

（7）事故报告管理制度。

（8）计量标准文件集管理制度。

第三节　计量标准的考核方法及有关技术问题

一、稳定性的考核方法

稳定性的考核方法普遍采用核查标准和高等级的计量标准进行考核，控制图的方法仅适合于满足某些条件的计量标准，使用范围较小。当检定/校准依据对计量标准的稳定性有规定时，则可以根据其规定判断稳定性是否合格。若计量标准在使用中采用标称值或示值，则计量标准的稳定性应当小于计量标准的最大允许误差的绝对值。

（一）采用核查标准的考核方法

（1）进行计量标准的稳定性考核时，选择量值稳定的被测对象作为核查标准。

（2）对于新建计量标准，每隔一段时间，大于一个月，用该计量标准对核查标准进行一组 n 次的重复测量，取其算术平均值为该组的测得值。共观测 m 组，$m \geqslant 4$。取 m 组测得值中最大值和最小值之差，作为新建计量标准在该时间段内的稳定性。

（3）对于已建计量标准，每年至少一次用被考核的计量标准对核查标准进行一组 n 次重复测量，取其算术平均值作为测得值。以相邻两年的测得值之差作为该时间段内计量标准的稳定性。

（二）采用高等级的计量标准的考核方法

（1）对于新建计量标准，每隔一段时间，大于一个月，用高等级的计量标准对新建计量标准进行一组测量。共测量 m 组，$m \geqslant 4$，取 m 组测得值中最大值和最小值之差，作为新建计量标准在该时间段内的稳定性。

（2）对于已建计量标准，每年至少一次用高等级的计量标准对被考核的计量标准进行测量，以相邻两年的测得值之差作为该时间段内计量标准的稳定性。

二、计量标准测量能力考评

1. 技术资料审查

通过建设标准单位提供的计量标准的稳定性考核、检定或校准结果的重复性试验、检定或校准结果的不确定度评定、检定或校准结果的验证以及计量比对等技术资料，综合判断计量标准测量能力是否满足开展检定或校准工作的需要以及计量标准是否处于正常工作状态。

2. 实际操作

现场检查检定或校准人员采用的检定或校准方法、操作程序以及操作过程等符合计量检定规程或计量技术规范的要求。

3. 检定或校准结果

现场检查检定或校准人员对数据处理是否正确，检定或校准的结果符合有关要求。

4. 回答问题

通过计量标准负责人及检定或校准人员是否正确回答有关本专业基本理论、计量检定规程或计量技术规范、操作技能方面及考评中发现的问题，判断计量标准测量能力是否满足开展检定或校准工作的需要以及计量标准是否处于正常工作状态。

三、计量标准的溯源要求

（1）计量标准器及主要配套设备应当定点定期经法定计量检定机构或授权的计量技术机构检定合格或校准来保证其溯源性。

（2）计量标准器及主要配套设备应当按照国家计量检定规程的规定进行检定。

（3）计量标准器及主要配套设备的检定/校准依据的选用顺序以国家计量检定规程、国家计量校准规范进行校准，没有前两者时可以依据有效的校准方法。

（4）根据与所建计量标准相应的国家计量检定系统表、计量检定规程或技术规范，画出计量标准溯源到上一级计量器具和传递到下一级计量器具的量值溯源和传递框图，见图3-2-1。

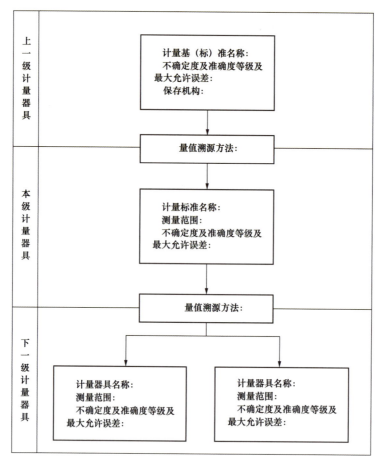

图3-2-1　计量标准的量值溯源和传递框图

第四节　计量标准的考评及后续监管注意事项

一、计量标准的考评方式、内容和要求

1. 考评方式

考评分为书面审查和现场考评。新建计量标准的考评首先进行书面审查，如果基本符合条件，再进行现场考评；复查计量标准的考评一般采用书面审查的方式来判断计量标准的测量能力，如果建设标准单位提供的申请资料不能证明计量标准能够保持相应测量能力，应当安排现场考评；对于同一个建设标准单位同时申请多项计量标准复查考核的，在书面审查的基础上，可以采用抽查的方式进行现场考评。

2. 考评内容和要求

（1）考评内容包括计量标准器及配套设备、计量标准的主要计量特性、环境条件及设施、人员、文件集以及计量标准测量能力的确认 6 个方面，共 30 项要求。

（2）计量标准的考评应当在 80 个工作日内完成，包括整改时间及考评结果复核、审核时间。

二、计量标准考核的后续监管

（一）计量标准器或主要配套设备的更换

计量标准在有效期内，更换计量标准器或主要配套设备的，应履行以下相关手续。

（1）如果计量标准的不确定度或准确度等级及最大允许误差发生了变化，应按新建计量标准申请考核。

（2）如果计量标准的测量范围或开展检定或校准的项目发生了变化，应申请计量标准复查考核。

（3）如果计量标准的测量范围、计量标准的不确定度或准确度等级及最大允许误差以及开展检定或校准的项目均无变化，应填写《计量标准更换申报表》（一式两份），提供更换后计量标准器或主要配套设备有效的检定或校准证书和计量标准考核证书复印件各一份，报主持考核的人民政府计量行政部门履行有关手续。同意更换的，建设标准单位和主持考核的人民政府计量行政部门各保存一份《计量标准更换申报表》；更换后应重新进行计量标准的稳定性考核、检定或校准结果的重复性试验和检定或校准结果的不确定度评定，并将相应的计量标准的稳定性考核记录、检定或校准结果的重复性试验记录和不确定度评定报告纳入文件集管理。

（4）如果更换的计量标准器或主要配套设备为易耗品，如标准物质，且不改变原计量标准的测量范围、不确定度或准确度等级或最大允许误差，开展的检定或校准项目也无变化的，应在计量标准履历书中进行记录。

（二）其他更换

计量标准在有效期内，更换了除计量标准器或主要配套设备以外的，应履行以下相关手续。

（1）如果开展检定或校准的依据，检定规程或技术规范发生更换，应在计量标准履历书中予以记载；如果这种更换使计量标准器或主要配套设备、主要计量特性或检定或校准方法发生实质性变化，应准备检定规程或技术规范变化的对照表，提前申请计量标准复查考核。

（2）如果计量标准的环境条件及设施发生重大变化，如实验室或设施改造、实验室搬迁等，应做好以下工作。通过计量标准的稳定性考核、检定或校准结果的重复性试验等方式确认计量标准保持正常工作状态，必要时将计量标准器及主要配套设备重新进行溯源；填写计量标准环境条件及设施发生重大变化自查表。格式参见 JJF 1033—2016《计量标准考核规范》中附表 M，并向主持考核的计量行政部门报告，同时提供计量标准环境条件及设施发生重大变化自查一览表，格式参见 JJF 1033—2016《计量标准考核规范》中附表 M1；主要计量特性发生重大变化的计量标准，应及时申请复查考核，期间暂时停止开展检定或校准工作。

（3）检定或校准人员变化时，应在计量标准履历书中予以记载。

（4）建设标准单位的名称发生变化，应申请换发计量标准考核证书。

（三）计量标准的封存与撤销

在计量标准有效期内，因计量标准器或主要配套设备出现问题、计量标准需要进行技术改造或其他原因而需要封存或撤销的，建设标准单位应填写《计量标准封存（或撤销）申报表》（一式两份），与考核单位各保存一份，连同计量标准考核证书原件报主持考核的计量行政部门履行有关手续。

（四）计量标准的恢复使用

（1）封存的计量标准在有效期内，恢复使用时，应申请计量标准复查考核。

（2）封存的计量标准超过了有效期的，恢复使用时，应按新建计量标准申请考核。

（五）计量标准的技术监督

（1）考核单位一般采用计量比对、盲样试验或现场实验等方式，对有效期内的计量标准运行状况进行技术监督。

（2）技术监督结果不合格的，建设标准单位应在限期内完成整改，并将整改情况报告考核单位。

（3）建设标准单位应参加考核单位组织的相应的计量标准的技术监督活动，无正当理由不参加技术监督活动的或整改后仍不合格的，可被考核单位注销其计量标准考核证书。

第三章

电测专业仪器仪表技术监督

第一节　电测技术基本知识

一、电测量基本概念

1. 测量

通过物理实验的方法，将被测的未知量与已知的标准量进行比较，以得到被测量大小的过程，是对被测量定量认识的过程。

2. 电测量

根据电磁现象的基本规律，用仪器仪表把被测的电磁量或电信号特性或电路参数直接或间接地与同类的单位物理量、可以推算出被测量的异类物理量进行比较的过程。电磁量的测量包括电流、电压、功率、电能和磁通量；电信号特性的测量包括测量信号的波形、频率、相位；电路参数的测量包括电阻、电感、电容、阻抗、品质因数、损耗因数等。常用的测量单位和相对应符号见表 3-3-1。

表 3-3-1　　　　　　　　常用的测量单位和相应符号

单位名称	符号	单位名称	符号	单位名称	符号
安培	A	千瓦	kW	欧姆	Ω
千安	kA	焦耳	J	兆欧	MΩ
毫安	mA	度	kWh	千欧	kΩ
微安	μA	乏	var	微欧	μΩ
伏特	V	兆乏	Mvar	毫欧	mΩ
千伏	kV	千乏	kvar	微法	μF
毫伏	mV	赫兹	Hz	皮法	pF
微伏	μV	兆赫	MHz	亨	H
瓦特	W	千赫	kHz	毫亨	mH
兆瓦	MW	相位角	(°)	微亨	μH

3. 准确度和精密度

准确度是仪器仪表读数与被测量真值的接近程度，而精密度是测量重复性的一种度量。两者的区别：一个是与真值的比较，而另一个是与测量值的比较。

4. 电测仪表的功能

（1）变换功能。其是把被测量转变成便于传输或处理的另一种物理量的功能，该功能是整个电测技术的核心，使测量更为方便。

（2）选择功能。其是指仪表除了特定的输出与输入的关系外，还具有选择有用信号、抑

351

制其他一切无用信号的功能。

（3）标准量保存功能。仪表都保存有标准量或标准中间量，以便直接或间接地与被测量比较。标准量的保存形式：模拟仪表为仪表刻度（盘），数字仪表为特定的脉冲或标准时间段。仪表中的标准量精度的高低，直接影响该仪表的精度。

（4）运算比较功能。其是指经变换后的被测量，能直接或间接地与仪表中的标准量进行比较的能力。

（5）显示功能。其将测量结果用便于人眼观察的形式表示出来的功能。该功能是人机联系的一种基本功能，测量结果以指针的转角、记录的位移、数字及符号、文字或图像的方式显示出来。

（6）通信功能。其是指仪表通过 RS‑485、GPRS、3G、Wi‑Fi、红外及蓝牙等通信方式传输测量数据的功能。随着仪表的智能化发展，通信功能成了仪表的一项重要功能。

二、仪器仪表分类

1. 指示仪表

指示仪表又称直读式仪表，能将被测量转换为仪表可动部分的机械偏转角，并通过指示器直接指示出被测量的大小。

指示仪表分类如下：

（1）按工作原理分类，主要有磁电系仪表（C）、电磁系仪表（T）、电动系仪表（D）及感应系仪表（G）。

（2）按使用方法分类，有安装式、便携式两种。两者区别在于，安装式仪表是固定安装在开关板或电气设备面板上的仪表，又称面板式仪表。

（3）按被测量的名称分类，有电流表、电压表、功率表、电能表、频率表等。

（4）按被测电流种类分类，有交流仪表、直流仪表、交直流两用仪表。

2. 比较仪表

比较仪表是一种通过被测量与同类标准量进行比较，再确定被测量大小的仪表，其分为直流比较仪表和交流比较仪表两大类，如直流单臂电桥、直流双臂电桥、数字电桥、指零仪等。

3. 数字式仪表

数字式仪表是采用数字测量技术，以数码的形式直接显示出被测量大小的仪表，种类很多，常用的有数字式电压表、数字式万用表、数字式频率表等。

4. 智能仪器仪表

智能仪器仪表是指将计算机技术与测控技术结合在一起的仪器仪表。其拥有对仪器仪表自测试、数据测量存储运算逻辑判断、人机对话、可编程控制、网络通信及操作自动化等功能和集成、低耗、微型、多功能的特点，其将来的发展趋势是人工智能化和网络化。

三、测量方法分类

1. 直接测量

被测量与度量器直接进行比较，或者采用已有刻度数的仪器进行测量，直接读出被测量的数值，这种方法称为直接测量。例如用电流表测量电流、电压表测量电压，仪表读出值或直接显示值就是被测量的电磁量。

2. 间接测量

先测量一些与被测量有函数关系的量，再通过计算得到测量结果，这种方法称为间接测量。该方法通常在被测量不便于直接测定或直接测量误差大以及无直接测量仪器或简化测量仪表、测量手续等情况使用。例如用伏安表测电阻。

3. 组合测量

被测量与中间量的函数式中还有其他未知量，需通过改变测量条件，得出不同条件下的关系方程组后，方可解联立方程组求出被测量的数值，这种方法称为组合测量。组合测量比前两种测量方法复杂，通常在实验室的精密测量中使用，花费时间多，但测量结果有较高的精度。

第二节 电测量仪表及装置技术监督

一、仪表计量性能及技术要求

（一）主要计量性能

1. 准确度等级

仪表的准确度等级与最大允许误差的概念，即在规定工作条件下，使仪表的测量误差保持在规定极限内的级别或相对于已知参考量的测量误差的极限值。准确度等级与最大允许误差的关系应符合表 3-3-2 的规定。

表 3-3-2   基本误差限值表

准确度等级	0.1	0.2	0.5	1.0	1.5	2.0	2.5	5.0
最大允许误差（%）	±0.1	±0.2	±0.5	±1.0	±1.5	±2.0	±2.5	±5.0

2. 基本误差

（1）在仪表标尺工作部分的所有带数字分度线上的基本误差不应超过最大允许误差。

（2）仪表的基本误差为引用误差，按下列公式计算，即

$$\gamma = \frac{A_X - A_0}{A_m} \times 100\% \qquad (3-3-1)$$

式中 γ——基本误差；

A_X——被检仪表的读数；

A_0——被检仪表的实际值，即标准仪表的读数；

A_m——基准值（仪表测量范围）。

3. 升降变差

仪表的升降变差不应超过最大允许误差的绝对值，按下式计算，即

$$\gamma_b = \frac{A_{01} - A_{02}}{A_m} \times 100\% \qquad (3-3-2)$$

式中 γ_b——升降变差；

A_{01}——被测量的上升实际值；

A_{02}——被测量的下降实际值；

A_m——基准值（仪表测量范围）。

4. 偏离零位

对在标度尺上有零分度线的仪表，应进行断电时回零试验。

（1）在仪表测量范围上限通电 30s，迅速减小被测量至零，断电 15s 内，指示器偏离零分度线不应超过最大允许误差的 50%（用标度尺长的百分数表示）。

（2）功率表需进行只有电压线路通电的试验，其指示器偏离零分度线不应超过最大允许误差的 100%。

5. 位置影响

（1）未装水平器有位置标志的仪表，当其自标准位置向任意方向倾斜规定值，一般为 5°时，其允许改变量不应超过最大允许误差的 50%。

（2）无标志的仪表应倾斜 90°，钳形表倾斜 30°，即为水平或垂直位置，其允许改变量不应超过最大允许误差的 100%。

6. 功率因数影响

（1）对准确度等级大于或等于 0.5 的功率表，功率因数影响应在滞后状态下试验；对准确度等级小于或等于 0.2 的功率表，功率因数影响应在滞后和超前两种状态下试验，由此引起的仪表指示值的改变量不应超过最大允许误差的 50%。

（2）无功功率表由功率因数引起的仪表指示值的改变量不应超过最大允许误差的 80%。

（二）一般技术要求

1. 仪表外观

（1）仪表盘上或外壳上至少应有下述标志符号：名称或被测之量的标志符号、型号、系别符号、准确度等级、厂名或厂标、制造标准号、制造年月和出厂编号、三相仪表中测量机构的元件数量、正常工作位置、互感器的变比等。

（2）表盘仪表的端钮和转换开关上应有用途标志。

（3）从外表看，零部件完整，无松动，无裂缝，无明显残缺或污损；当倾斜或轻摇仪表时，内部无撞击声；向左、右两方向旋动机械调零器，指示器应转动灵活，左右对称。

（4）指针不应弯曲，与标度盘表面间的距离要适当。刀形和丝形指针的尖端至少应盖住标度尺上最短分度线的 1/2，矛形指针可为 1/2～3/4。

2. 绝缘性能

（1）交流电压试验。

1）试验环境温度为 15～35℃，相对湿度不超过 75% 时，仪表的所有测量线路与参考试验"地"之间应能耐受频率为 45～65Hz 的正弦波电压，畸变系数不超过 5%；历时 1min 的试验，试验装置的电源容量不得小于 500VA，泄漏电流不超过 5mA。

2）试验电压值应根据测量线路的标称电压，如表 3-3-3 所示，选定试验电压值，有特殊的除外。试验电压不应低于电压表的测量范围上限，电流表为 250V，有规定的除外。功率表为标称电压的 2 倍，但不低于 500V。

表 3-3-3 测量线路的标称电压、绝缘标志和试验电压

测量线路的标称电压（V）	绝缘标志（星号内的数字）	试验电压（kV）
≤40	无数字	0.5
>40~660	2	2
>660~1140	3	3
>1140~2000	5	5
与互感器连用的仪表	2	2
不进行绝缘强度试验的仪表	0	—

3）试验电压在 5~10s 内由零升到规定值，并保持 1min，然后试验电压以同样速度降到零。绝缘应不被击穿，即不应发生闪络、火花放电或击穿现象。

（2）仪表的所有线路与外壳间的绝缘电阻，在环境温度为 15~35℃，相对湿度不超过 75%时，便携式仪表用 500V 绝缘电阻表检定，安装式仪表用 1000V 绝缘电阻表检定，其绝缘电阻值均应不低于 20MΩ。

（3）阻尼。

1）对于全偏转角小于 180°的仪表，其过冲不应超过标度尺长度的 20%，其他仪表不应超过 25%。

2）除有特殊规定的，对仪表突然施加能使其最终指示在标度尺 2/3 处的被测量，在 4s 之后，其指示器偏离最终静止位置不应超过标度尺全长的 1.5%。

二、检定的技术要求

首次检定是对未被检定过的仪表进行的首次检定；后续检定是在首检后的任何一种检定，其中，修理后的检定须按首次检定进行。仪表的基本误差应在规程规定的参比条件下进行检定。

（一）检定设备

1. 主要检定设备

（1）数字式标准电流表、电压表、功率表、无功功率表、相位表及功率因数表。

（2）数字式标准电流源、电压源、功率源。

（3）标准电阻箱或有源电阻装置。

（4）高稳定度的交/直流电压、电流和功率源。

（5）接地电阻表检定装置。

（6）绝缘电阻表检定装置。

2. 检定设备技术要求

（1）检定仪表时，由标准设备及环境条件等引起的测量不确定度应不大于被检表最大允许误差的 1/3，推荐标准表或标准设备的测量不确定度不大于被检表最大允许误差的 1/10。

（2）检定装置的相对灵敏度或标准表的分辨力应不低于被检表最大允许误差的 1/10。

（3）检定装置电源的稳定度在 1min 内应不低于被检表最大允许误差的 1/10。

（4）装置的调节范围应保证由零调至被检表上限的 120%，频率调节细度为 0.01Hz，电流、电压、频率、相位的调节细度不应超过被检表最大允许误差的 1/10。

（5）三相检定装置的对称度等其他指标应满足交、直流仪表检验装置检定规程的相关要求。

（6）检定装置应有良好的屏蔽和接地，以避免外界干扰。

（二）检定项目的要求

电测量指示仪表首次检定或修理后的检定项目一致，包括外观检查、基本误差、升降误差、偏离零位、位置影响、功率因数影响（只适用于功率表、无功功率表）、绝缘电阻、交流电压试验、阻尼；周期性的检定项目包括外观检查、基本误差、升降误差、偏离零位、功率因数影响（只适用于功率表、无功功率表）。

（三）检定的注意事项

（1）基本误差的检定应根据被检仪表的功能、准确度等级、量程及频率按具体的检定规程进行检定。对在多种电源下使用的仪表，应分别连接各种电源进行检定，也可以根据需要，只检所需的部分。对准确度等级为 0.5 及以上的仪表，每个检定点应读取两次数值，其余仪表可读取一次。

（2）仪表的基本误差检定方法采用标准表法或标准源法，升降变差的检定可与基本误差的检定同时进行检定。

（3）偏离零位的检定，对于电流表、电压表及功率表应在全量程检定基本误差之后进行。测量标度尺长度 B_{sL}，调节被测量至测量上限，停 30s 后，缓慢地减小被测量至零并切断电源，15s 内读取指示器对零分度线的偏离值 B_0。该偏离值（B_0）与标度尺长度（B_{sL}）之比的百分数即为偏离零位值（δ）。

（4）交流功率表除了在 $\cos\varphi = 1.0$ 时检定基本误差外，还应在 $\cos\varphi = 0.5$（感性或容性）的条件下检定功率因数影响。检定时应使电压和频率为额定值，首先在 $\cos\varphi = 1.0$ 和电流约为额定值的 50％条件下检定一个分度线；然后再使 $\cos\varphi = 0.5$（感性或容性），在电流约为额定值的条件下，再次检定同一分度线，以两次检定结果之差作为功率因数影响。检定功率因数影响时应按照规定要求进行，并应除去升降变差（可轻敲表壳）及其他因素的影响。功率因数影响按式（3-3-3）计算，即

$$\gamma_\varphi = \frac{W_{0.5} - W_{1.0}}{W_m} \times 100\% \qquad (3-3-3)$$

式中　　γ_φ——功率因数影响；

$W_{0.5}$——（感性或容性）时标准表 W_0 中点分度线的读数；

$W_{1.0}$—— $\cos\varphi = 1$ 时标准表 W_0 中点分度线的读数。

（5）进行绝缘电阻测试时，将绝缘电阻表的一端接至被检仪表的所有测量端连接在一起的端钮上，另一端钮接在被检表外壳的参考"地"上，施加约 500V 的直流电压，历时 1min，读取绝缘电阻值。

（6）用于高压电路的钳形表，应把绝缘电阻和交流电压试验作为必检项目。

检定基本误差、变差和不回零值时，还应注意以下事项：检定时不应预热；钳口、铁心端面上的脏物应擦去；被测导线置于钳口中心位置，且被测导线应与铁心窗口平面垂直；检定时，除被测导线外，其他所有载流导体与被检钳形表的距离不小于 0.5m。如被测导线成弯曲形状，则其弯曲部分与被检钳形表间的距离也应不小于 0.5m。

（7）安装在控制盘和配电盘的仪表应按制定的周检计划并结合一次设备停电时，在参比

条件下进行检定。其检定项目包括外观检查、基本误差和变差检定、指示器不回零位的测试。现场检测时，应使仪表脱离二次回路，使标准表的电压测量回路与被检表并联；使电流测量回路与被检表串联，必要时还应对二次回路接线的正确性进行检查。

（8）绝缘电阻表首次检定项目号包括外观检查、初步试验、基本误差、绝缘电阻、端钮电压及其稳定性、倾斜影响、交流电压试验；周期性的检定项目包括外观检查、初步试验、基本误差、绝缘电阻、倾斜影响、端钮电压及其稳定性，开路电压的峰值和有效值之比不需检定。

（9）绝缘电阻表的初步试验方法，在日常维护中可作为绝缘电阻表是否正常的简单检查方法。摇动绝缘电阻表摇柄（120r/min），使测量端钮（L、E）开路情况下，其指针应在无穷大（∞）的位置，然后使测量端钮短接时，指针应指在零分度线上。

（10）共用一个标度尺的多量程仪表，只对其中某个量程（准确度等级最高的，称全检量程）的测量范围内带数字的分度线进行检定，而对其余量程或非全检量程，只检量程上限和可以判定为最大误差的分度线。

（11）额定频率为50Hz的交、直流两用仪表，除在直流下对测量范围内带数字的分度线进行检定之外，还应在额定频率下检定量程上限和可以判定为最大误差的分度线。

（12）规定用定值导线或具有一定电阻值的专用导线进行检定的仪表，应采用定值导线或专用导线一起进行检定。

三、检定的数据处理

（一）检定结果的确定

（1）读数时应避免读数误差，也可称为视差。带有刀型指针的仪表，应使视线经指示器尖端与仪表度盘垂直；带有镜面标度尺的仪表，应使视线经指示器尖端与镜面反射像重合。

（2）找出仪表示值和与各次测量实际值之间的最大差值除以基准值，作为仪表的最大误差。

（3）找出被检仪表某一量程各带数字分度线上升与下降两次测量结果的差值中最大的一个除以基准值作为仪表的最大升降变差。

（4）计算被检仪表的每一带数字分度线的修正值或更正值时，所依据的实际值是该分度线上两次测量所得实际值的平均值。

（5）被检表的最大基本误差、变差、实际值或修正值或更正值的数据都应先计算后修约。

（二）数据修约的原则及要求

（1）仪表的最大基本误差、最大升降变差的数据修约采用四舍六入偶数法则。对准确度等级小于或等于0.2级的仪表，保留小数位数两位，即去掉百分号后的小数部分，第三位修约；准确度等级大于和等于0.5级的仪表，保留小数位数一位，第二位修约。

（2）判断仪表是否超过允许误差时，应以确定的最大基本误差和最大升降变差修约后的数据为依据。

（3）被检仪表数据经修约后，末位数只能是1的整数倍，即取0～9之间的任何数；或2的整数倍，即取由0～8之间的任何偶数；或5的整数倍，即取0或5。

（4）对仪表的实际值、修正值或更正值进行修约时，有效数字位数由修约间隔确定，修

357

约间隔 ΔA 按照被检表最大允许误差的 1/5 选取，用公式表达为

$$\Delta A = 2 \times A_\mathrm{m} \times C \times 10^{-3} \qquad (3-3-4)$$

式中　ΔA ——修约间隔；

　　　A_m ——基准值；

　　　C ——仪表的等级指数。

四、检定周期

仪表的检定周期一般规定如下：

（1）准确度等级小于或等于 0.5 的电压表、电流表和功率表，检定周期一般为 1 年，其他等级的电压表、电流表和功率表检定周期一般为 2 年；控制盘和配电盘仪表的检定时间应与该仪表所连接的主要设备的大修日期一致。

（2）万用表、钳形表检定周期一般不得超过 4 年。

（3）绝缘电阻表检定周期一般不得超过 2 年。

（4）接地电阻表检定周期一般不得超过 1 年。

第三节　电测量变送器技术监督要求

一、变送器计量性能及技术要求

（一）计量特性

1. 基本误差

变送器在参比条件（规定的参比值或参比范围）下，输出信号的误差不超过与等级指数对应的以基准值百分数表示的基本误差极限值（如等级指数为 0.2 的，其误差极限为 $\pm 0.2\%$）。变送器等级指数与基本误差对应关系见表 3-3-4。

表 3-3-4　　　　　　　　　　变送器等级指数与基本误差对应关系

等级指数	0.1	0.2	0.5	1.0	1.5
误差极限	$\pm 0.1\%$	$\pm 0.2\%$	$\pm 0.5\%$	$\pm 1.0\%$	$\pm 1.5\%$

2. 影响量引起的改变量

（1）影响量是指除被测量外，能影响变送器性能的量。

（2）改变量是指当某一影响量取两个不同值时，变送器对同一被测量值产生的两个输出量之间的差值。

（3）变送器在参比条件下，各影响量引起的允许改变量一般不超过基本误差极限值的 100%。

3. 工频耐压

（1）变送器应能承受频率为 50Hz 或 60Hz 的正弦波形的试验电压，历时 1min 试验。

（2）参考接地点由导电外壳或绝缘外壳上连接在一起的导电部分构成。测量线路与参考接地点之间的试验电压应根据其线路绝缘电压或变送器的试验电压标志符号选取，见

表 3-3-4。对于接入电压互感器和（或）电流互感器二次回路工作的变送器，其线路绝缘电压应不低于 650V，试验电压不低于 2kV。

（3）辅助线路与参考接地点之间的试验电压应根据其线路绝缘电压按表 3-3-5 选取。此线路绝缘电压应等于或大于其标称电压，是变送器能承受的最高对地电压，以此确定试验电压。

表 3-3-5　　　　　　　　　试 验 电 压 表

线路绝缘电压（V）	试验电压标志符号	试验电压（kV）
≤50	无数字	0.5
>50~250	1.5	1.5
>250~650	2	2
—	0	不进行耐压试压

（4）输入电压线路与输入电流线路之间、不同相别的输入电流线路之间的试验电压应为 500V 或 2 倍标称电压，取其中的较大值。

4. 绝缘电阻

变送器的绝缘电阻应不低于 5MΩ。

5. 输出纹波含量

纹波含量是指在稳态输入条件下，输出中波动分量的峰峰值。该值应不超过正向输出范围的 2 倍等级指数。即 $2C\%$ 值，C 是变送器的等级指数。

6. 响应时间

响应时间是指从施加阶跃输入信号的瞬间，到输出信号达到并保持在其最终稳定值的时间。该指标应不大于 400ms。

（二）一般技术要求

（1）变送器上标志应符合 GB/T 13850 交流电量转换为模拟量或数字信号的电测量变送器的规定及国能安全〔2014〕161 号《防止电力生产事故的二十五项重点要求》的相关要求。

（2）外壳表面或明显处应标有以下主要标志：制造厂名或商标、型号、序号和日期、等级指数、被测量种类和线路数、被测量较高和较低标称值、电流互感器和电压互感器变比（经互感器接入）、在规定的工作条件下输出电流、电压和输出负载值的范围（仅适用于模拟信号输出）；其他单独的文件中给出的其他必要的信息的符号、温度的标称使用范围等。

（3）为了正确使用变送器应有接线图或表，接线端应有清楚的标记，说明正确的接线方法。

（4）变送器单独的文件中应给出的主要信息有响应时间、外磁场引起的改变量、非线性变送器的输入和输出之间的相互关系。

（5）用于监控系统的变送器必须是通过具有国家级检测资质的质检机构检验合格的产品，且其电源应采用冗余配置的不间断电源或直流电源供电。

二、检定的技术要求

（一）检定条件要求

（1）在预处理和测定基本误差前，应在规程规定的参比条件下，按照制造厂说明书的要求对变送器进行初调。制造厂未要求时不做。但在进行周期检定的调前试验时，不得进行初调。

（2）变送器在参比条件下，应放置足够的时间，通常为 2h，以消除温度梯度的影响，除制造厂有规定的，可不需要预热。

（3）测定影响量引起的改变量时，其他影响量应保持参比条件，还应避免对标准表施加影响量。否则，当标准表和被检变送器承受相同的影响量时，应确保标准表的改变量不超过被查变送器改变量的 1/4。

（4）检定变送器时所用的检定装置的等级指数和允许的测量误差应不超过表 3-3-6 规定。

表 3-3-6　　　　　　　　检定装置的等级指数和允许的测量误差

被检变送器的等级指数	0.1	0.2	0.5	1.0	1.5
检定装置的等级指数	0.03	0.05	0.1	0.2	0.3
检定装置允许的测量误差（以被检变送器测量上限的百分数表示,%）	±0.03	±0.05	±0.1	±0.2	±0.3

（5）检定装置的综合误差与被检定变送器基本误差之比不大于 1/10～1/4。

（6）检定装置的量程应该等于或大于被检变送器的量程，但不能超过被检变送器的 150%。

（7）检定装置的电流、电压调节器应能平稳地从零值调节到 120%标称值，其调节细度应能不低于被检变送器基本误差极限值的 20%。

（8）三相装置的电流、电压调节器应能分相细调、分相控制。调节任何一相电流或电压时，引起同一相别的电压或电流的变化或者其他相电流和电压的变化应不超过±1%；三相对称系统中每个线电压和相电压与其平均值之差不大于 1%；各相电流与其平均值之差不大于 1%；每个相电流与对应相电压之间的相位差之差不大于 2°。

（9）各相电压与电流之间的相位差应能在 0°～360°范围内调节。其调节细度应不大于 30′。对于具有检定相位变送器功能的检定装置，其调节细度应不大于其相位测量误差（绝对误差）极限值的 1/5。移相引起的电流、电压的变化应不超过±1.5%。

（10）对于没有配备无功功率标准，而是使用有功功率标准通过改变接线检定无功功率变送器的装置，当检定平衡三相无功功率变送器时，标准表或标准变送器的接线应与被检变送器一致，以减小三相电路不对称的影响。

（11）检定装置应有良好的屏蔽和接地，以免外界干扰。

（二）检定项目的要求

（1）变送器周期检定项目一般包含 4 项，外观检查、绝缘电阻测定、基本误差的测定、输出纹波含量的测定。

（2）新安装和修理后的变送器，除应作周检项目外，还应根据需要选作以下内容的全部或一部分：工频耐压试验、响应时间的测定、改变量的测定。改变量包括自热、不平衡电流、功率因数、输入电压、输入电流、测量线路之间的影响、输入量的频率、输入量波形畸变、输出负载、辅助电源电压、辅助电源频率、环境温度、外磁场 13 项。

（三）检定注意事项

（1）检定变送器的基本误差的试验方法一般采用比较测量法和微差测量法。比较测量法是采用与被检变送器量程相同或相近的仪表或装置作为标准，将两者的测量结果进行比较的一种试验方法；微差测量法是采用与被检变送器具有相同标称值的高等级的变送器作为标准，通过测量这两个变送器输出量的差值来确定被检变送器误差的一种试验方法。

（2）检定变送器时，试验点一般按等分原则选取。电压、电流变送器，试验点通常取 6 个点；频率、相位角和功率因数变送器，通常选取 9 个或 11 个点。

（3）检定有功功率和无功功率变送器时，除按上述等分原则选取 11 个试验点外，还应增加两个中心值试验点，即输入标准值分别等于正向被测量范围和反向被测量范围的中心值，输出标准值分别等于正向输出范围和反向输出范围的中心值。该试验点是呈现最大角误差和最大不平衡误差的一个试验点，在标称电压、标称电流条件下比较变送器在 $\cos\varphi=0.5$ 和 $\cos\varphi=1$ 时的误差，便于进行分元件试验和分元件调整。

（4）对接入互感器的二次回路工作的电压、电流、功率变送器，需要进行再校准。再校准只对被测量进行，而对输出量不需要进行再校准。对于电压、电流变送器，被测量再校准值的下限为零；对于功率变送器，被测量再校准值下限的绝对值与上限相等，但符号相反。

（5）工频耐压试验时，试验电压应平稳地上升到规定值，保持 1min，然后平稳地下降到零，在耐压试验中应不出现击穿与飞弧现象。

（6）绝缘电阻测定时，将所有的输入线路和辅助线路，连接在一起后与参考接地点之间施加 500V 直流电压 1min 后进行测定。

（7）外观检查应无明显影响测量的缺陷。变送器的外壳上的标志和符号，制造厂名或商标、产品型号和名称、序号或日期、等级值、量程、辅助电源值、试验电压等应清楚；接线端钮上应有清楚的用途标记；外壳应无裂缝和明显的损伤。

（8）测定输出纹波含量时，各影响量应保持在参比条件下，给变送器施加激励使输出量等于其较高标称值时，测量输出电压的有效值，乘以 $2\sqrt{2}$ 即得输出纹波含量，也称为峰峰值；或通过间接测量，用示波器交流档测量输出电压和输出电流直接读出输出纹波含量。

（9）响应时间测定时，应将变送器置于参比条件下，辅助线路按预处理时间通电后，用开关突然改变激励，使变送器产生一个上升的输入阶跃，即输出量产生从 0 到 90% 的变化；一个下降的输入阶跃，即输出量产生从 100% 到 10% 的变化；分别记录从施加输入阶跃到输出量达到稳定范围所经历的时间，稳定范围为正向输出范围的 ±1%；取两者中的较大值作为响应时间。

（10）基本误差测定时，一般按比较法试验，在每一个试验点施加激励使标准表读数等于其标准值 I_S，记录输出回路直流毫安表读数 I_X，基本误差公式为

$$\gamma = \frac{I_X - I_S}{I_F} \times 100\% \qquad (3-3-5)$$

式中　γ——基本误差；

$\quad I_X$——输出电流实际值，mA；

$\quad I_S$——输出电流标准值，mA；

$\quad I_F$——输出电流基准值，mA。

（11）试验前应根据所检变送器的参数合理设置标准源的输出参数。

（12）接线时应用电流短接线将被检变送器与标准源的电流回路串联，严禁电流回路开路、电压回路短路或接地。测试线连接完毕后，应有专人检查，确认无误后方可进行。

（13）试验完毕后，应首先关断标准源的电流输出，才可以拆线。

三、检定数据处理

（一）数据修约要求

（1）检定变送器时，测得的数据和经过计算后得到的数据，在填入检定证书时都应进行修约，判断变送器是否合格应根据修约后的数据。

（2）拟修约的数字应一次修约获得结果，不得多次连续修约。

（3）数据经修约后，其末位数只能是：1 的整数倍，即取 0～9 之间的任何数；或 2 的整数倍，即取由 0～8 之间的任何偶数；或 5 的整数倍，即取 0 或 5。

（4）对变送器的输出值和绝对误差进行修约时，有效数字位数由修约间隔确定。修约间隔应等于或接近于下列公式计算出的数值，即

$$\Delta A = A_F \times C \times 10^{-3} \tag{3-3-6}$$

式中　ΔA——修约间隔；

　　　A_F——变送器的基准值；

　　　C——变送器的等级指数。

（5）基本误差的修约间隔选取见表 3-3-7。

表 3-3-7　　　　　　　　　变送器基本误差的修约间隔

变送器的等级指数	0.1	0.2/0.25	0.5	1.0	1.5
修约间隔	0.01	0.02	0.05	0.1	0.2

（二）检定结果的处理

（1）检定合格的变送器应发给检定证书。对于 0.5 级及以上的变送器，检定证书上应给出输出值；对于 1 级及以下的变送器，只需说明是否合格，不必给出任何数据。

（2）经检定不合格的变送器应发给检定结果通知书。

（3）检定证书和检定结果通知书应保存至少 5 年。原始记录应保存至少 3 年。

四、检定周期

变送器的周期检定应尽可能与主设备的检修配合进行，电力系统主要测点使用的变送器及其他重要用途的变送器每年应检定一次，其他用途的变送器每三年检定一次。

第四节　电子式交流电能表技术监督要求

一、电能表计量性能及技术要求

（一）计量性能

1. 基本误差

电能表的基本误差用相对误差表示。在检定规程规定的参比条件下，有功和无功电能表的基本误差限应满足表 3-3-8 或表 3-3-9 相对应的规定。

表 3-3-8　　　　　　　　　单相电能表和平衡负载时三相电能表的基本误差

类别	直接接入	经互感器接入④	功率因数②	电能表准确度等级				
				0.2S③	0.5S③	1	2	3
	负载电流 I①			基本误差限/%				
有功电能表	—	$0.01I_n \leqslant I < 0.05I_n$	1	±0.4	±1.0	—	—	—
	$0.1I_b \leqslant I < 0.1I_b$	$0.02I_n \leqslant I < 0.05I_n$	1	—	—	±1.5	±2.5	—
	$0.1I_b \leqslant I \leqslant I_{max}$	$0.05I_n \leqslant I \leqslant I_{max}$	1	±0.2	±0.5	±1.0	±2.0	—
	—$0.02I_n \leqslant I < 0.1I_n$		0.5L	±0.5	±1.0	—	—	—
			0.8C	±0.5	±1.0	—	—	—
	$0.1I_b \leqslant I < 0.2I_b$	$0.05I_n \leqslant I < 0.1I_n$	0.5L	—	—	±1.5	±2.5	—
			0.8C	—	—	±1.5	—	—
	$0.2I_b \leqslant I \leqslant I_{max}$	$0.1I_n \leqslant I \leqslant I_{max}$	0.5L	±0.3	±0.6	±1.0	±2.0	—
			0.8C	±0.3	±0.6	±1.0	—	—
	当用户特殊要求时		0.25L	±0.5	±1.0	±3.5	—	—
	$0.2I_b \leqslant I \leqslant I_{max}$	$0.1I_n \leqslant I \leqslant I_{max}$	0.5C	±0.5	±0.5	±2.5	—	—
无功电能表	$0.05I_b \leqslant I < 0.1I_b$	$0.02I_n < I < 0.05I_n$	1	—	—	—	±2.5	±4.0
	$0.1I_b \leqslant I \leqslant I_{max}$	$0.05I_n \leqslant I \leqslant I_{max}$	sinφ (L 或 C)	1	—	—	—	±2.0
	$0.1I_b \leqslant I < 0.2I_b$	$0.05I_n \leqslant I < 0.1I_n$	0.5	—	—	—	±2.5	±4.0
	$0.2I_b \leqslant I \leqslant I_{max}$	$0.1I_n \leqslant I \leqslant I_{max}$	0.5	—	—	—	±2.0	±3.0
	$0.2I_b \leqslant I \leqslant I_{max}$	$0.1I_n \leqslant I \leqslant I_{max}$	0.25	—	—	—	±2.5	±4.0

①　I_b—基本电流；I_{max}—最大电流；I_n—经电流互感器接入的电能表额定电流，其值与电流互感器次级额定电流相同；经电流互感器接入的电能表最大电流 I_{max} 与互感器次级额定扩展电流（$1.2I_n$、$1.5I_n$ 或 $2I_n$）相同。

②　角 φ 是星形负载支路相电压与相电流间的相位差；L—感性负载，C—容性负载。

③　对 0.2S 级、0.5S 级表只适用于经互感器接入的有功电能表。

④　经互感器接入的宽负载电能表（$I_{max} \geqslant 4I_b$），其计量性能仍按 I_b 确定。

表 3-3-9　　　　　　　　　　不平衡负载时三相电能表的基本误差

直接接入的电能表	经互感器接入的电能表	每组元件功率因数①	有功电能表准确度等级				无功电能表准确度等级	
		cosφ (sinφ)	0.2S	0.5S	1	2	2	3
负载电流 I			基本误差（%）					
$0.1I_b \leqslant I \leqslant I_{max}$	$0.05I_n \leqslant I \leqslant I_{max}$	1	±0.3	±0.6	±2.0	±3.0	—	—
$0.2I_b \leqslant I \leqslant I_{max}$	$0.1I_n \leqslant I \leqslant I_{max}$	0.5L	±0.4	±1.0	±2.0	±3.0	—	—
$0.1I_b \leqslant I \leqslant I_{max}$	$0.05I_n \leqslant I \leqslant I_{max}$	1 (L 或 C)	—	—	—	—	±3.0	±4.0
$0.2I_b \leqslant I \leqslant I_{max}$	$0.1I_n \leqslant I \leqslant I_{max}$	0.5 (L 或 C)	—	—	—	—	±3.0	±4.0
I_b	I_n	1	不平衡负载②与平衡负载时的误差之差不超过（%）					
			±0.4	±1.0	±1.5	±2.5	±2.5	±3.5

①　角 φ 是指加在同一组驱动元件的相（线）电压与电流间的相位差。

②　不平衡负载是指三相电能表电压线路施加对称的三相参比电压，任一相电流线路通电流，其余各相电流线路无电流。

2. 潜动

在施加 115% 的参比电压，不通电流时，电能表的测试输出在规定的时限内不应产生多于一个的脉冲。

3. 启动

电能表在参比频率、参比电压和 $\cos\varphi=1$，对有功电能表或 $\sin\varphi=1$，对无功电能表的条件下，通以规定的启动电流，即三相电能表应同时施加三相电压、通启动电流，在规定的时限内应能启动并连续记录。电能表的启动电流值见表 3 - 3 - 10，经互感器接入的宽负载电能表，$I_{\max}>4I_b$，按 I_b 确定启动电流。

表 3 - 3 - 10　　　　　　　　　电 能 表 的 启 动 电 流

类别	有功电能表准确度等级				无功电能表准确度等级	
	0.2S	0.5S	1	2	2	3
	启动电流（A）					
直接接入的电能表	—	—	$0.004I_b$	$0.005I_b$	$0.005I_b$	$0.01I_b$
经互感器接入的电能表	$0.001I_n$	$0.001I_n$	$0.001I_n$	$0.002I_n$	$0.003I_n$	$0.005I_n$

4. 仪表常数

电能表的测试输出与显示器指示的电能量变化之间的关系，应与铭牌标志的常数一致。

5. 时钟日计时误差

对具有计时功能的电能表，在参比条件下，其内部时钟日计时误差限为 $\pm 0.5s/d$。

（二）一般技术要求

1. 铭牌标示

通常铭牌标示上应有制造厂名、制造计量器具许可证（CMC）和生产许可证及编号、产品所依据的标准、顺序号和制造年份、参比频率、参比电压、参比电流、最大电流、仪表常数、准确度等级、仪表适用的相数和线数、计量单位等标示。

2. 接线图和端子标志

在电能表上应标志出接线图，对于三相电能表还应标出接入的相序。如果对接线端子进行了编号，则此编号应在接线图对应的位置体现；有计时功能的电能表，应有供测试的秒脉冲输出端子标志。

3. 交流电压试验

（1）对于Ⅰ类防护电能表，电压、电流线路和参比电压大于 40V 的辅助线路连接在一起，与地之间施加 2kV、1min 的试验。

（2）对于Ⅱ类防护电能表，电压、电流线路和参比电压大于 40V 的辅助线路连接在一起，与地之间施加 4kV、1min 的试验。

（3）在对地试验中，参比电压等于或低于 40V 的辅助线路应接地。

（4）对于Ⅰ、Ⅱ类防护电能表，工作中不连接的线路之间施加 2kV、1min 的试验。

（5）试验中，不应出现飞弧、火花放电或击穿现象。

二、检定技术要求

(一) 首次检定与后续检定

首次检定是对未被检定过的电能表进行的检定；后续检定是在首次检定后的任何一种检定；修理后的电能表须按首次检定进行。

(二) 检定条件

(1) 检定时环境温度、电压、频率、波形等参比条件应满足电能表铭牌上的参比值，其允许偏差不超过表 3-3-11 的规定。

表 3-3-11　　　　　　　　　　电能表检定参比条件和允许偏差

参比条件	参比值	有功电能表准确度等级			无功电能表准确度等级	
		0.2S	0.5S	1	2	3
		允许偏差				
环境温度	参比温度	±2℃	±2℃	±2℃	±2℃	±2℃
电压	参比电压	±1.0%	±1.0%	±1.0%	±1.0%	±1.0%
频率	参比频率	±0.3%	±0.3%	±0.3%	±0.5%	±0.5%
波形	正弦波	波形畸变因数小于（%）				
		2	2	2	2	3
参比频率的外部磁感应强度	磁感应强度为零	磁感应强度使电能表误差变化不超过（%）				
		±0.1	±0.1	±0.2	±0.3	±0.3

(2) 以常用电能表的精度等级，有功 0.2S 级、0.5S 级，无功 2、3 级为例，检定三相电能表时，三相电压电流的相序应符合接线图规定，电压和电流平衡条件应符合以下规定：每一相（线）电压与三相相（线）电压的平均值相差不超过 ±1.0%（有功、无功）；每相电流与各相电流的平均值相差不超过 ±1.0%（有功）、±2.0%（无功）；任一相的相电流和相电压间的相位差，与另一相的相电流和电压间的相位差相差不超过 2°；在 $\cos\varphi=1$（对有功电能表）或 $\sin\varphi=1$（对无功电能表）的条件下，施加参比电压，和通参比电流 I_b 或 I_n 预热 30min（0.2S 级、0.5S 级电能表）或 15min（1 级以下的电能表）后，按负载电流逐次减小的顺序测量基本误差。

(三) 检定装置

(1) 检定电能表所用的检定装置的准确度等级及最大允许误差和允许的实验标准差应满足 JJG 596《电子式交流电能表检定规程》的规定。

(2) 检定装置所用的监视仪表要有足够的测量范围，各监视仪表常用示值的测量误差及检定装置输出的功率稳定度应满足 JJG 597《交流电能表检定装置检定规程》的要求。

(3) 检定电能表内部时钟的标准时钟测试仪在规定的参比条件下，日计时误差为 ±0.05s/d。

(四) 检定项目

(1) 首次检定项目包括外观检查、交流电压试验、潜动试验、启动试验、基本误差、仪表常数试验、时钟日计时误差。

(2) 后续检定时，除交流电压试验不要求外，其他项目按首次检定要求进行。

(五) 检定注意事项

(1) 外观检查时, 有标志不符合标准规定或以下情况的, 均判定为外观不合格。如铭牌字迹不清楚, 或经过日照后已无法辨别, 影响到日后的读数或计量检定; 内部有杂物; 计度器显示不清晰, 字轮式计度器上的数字约有 1/5 高度以上被字窗遮盖; 液晶或数码显示器缺少笔画、断码; 指示灯不亮等现象; 表壳损坏, 视窗模糊和固定不牢或破裂; 电能表基本功能不正常; 封印破坏等。

(2) 对首次检定的电能表进行 50Hz 或 60Hz 的交流电压试验。一是进行对地电压试验, 将线缆, 含参比电压超过 40 V 的辅助线路连接在一起为一点, 试验电压施加于该点与地之间; 二是对于互感器接入式的电能表, 应增加不相连接的电压线路与电流线路间的试验。试验电压应在 5~10s 内由零升到规程的规定值, 保持 1min, 随后以同样速度将试验电压降到零; 试验中, 电能表不应出现闪络、破坏性放电或击穿; 试验后, 电能表无机械损坏, 电能表应能正确工作。

(3) 潜动试验时, 不通电流, 施加电压为参比电压的 115%, 在 $\cos\varphi = 1$ 或 $\sin\varphi = 1$ 时, 测试输出单元所发脉冲不应多于 1 个。电能表的接线方式决定了潜动试验的最短时间, 0.2S 级表和 0.5S、1 级表的潜动试验最短时间公式为

$$\Delta t \geqslant \frac{900 \times 10^6}{C m U_n I_{max}} (\text{min}) \tag{3-3-7}$$

$$\Delta t \geqslant \frac{600 \times 10^6}{C m U_n I_{max}} (\text{min}) \tag{3-3-8}$$

式中　C——电能表输出单元发出的脉冲数, imp/kWh 或 imp/kvarh;

　　m——系数, 对单相电能表, $m=1$; 对三相四线电能表, $m=3$; 对三相三线电能表, $m=\sqrt{3}$;

　　U_n——参比电压, V;

　　I_{max}——最大电流, A。

(4) 启动试验时, 施加参比电压 Un 和 $\cos\varphi=1$ 或 $\sin\varphi=1$ 的条件下, 电流线路的电流升到表 3-3-10 规定的启动电流后, 电能表在启动时限内能启动并连续记录。时限公式为

$$t_Q \leqslant 1.2 \times \frac{60 \times 1000}{C m U_n I_Q} (\text{min}) \tag{3-3-9}$$

式中　t_Q——启动时限, min;

　　I_Q——启动电流, A。

(5) 电能表基本误差的检定方法有标准表法和瓦秒法。一般采用标准法。在标准电能表与被检电能表都在连续工作的情况下, 用被检电能表输出的脉冲、低频或高频, 控制标准电能表计数来确定被检电能表的相对误差。被检电能表的相对误差即为算定或预置的脉冲数和实测脉冲数的差值相对于实测脉冲数的百分数。误差如式 (3-3-10)、式 (3-3-11)。对铭牌上标有电流互感器变比和电压互感器变比, 经互感器接入的电能表, 算定脉冲数按式 (3-3-12) 计算, 即

$$\gamma = \frac{m_0 - m}{m} (\%) \tag{3-3-10}$$

$$m_0 = \frac{C_0 - N}{C_L K_I K_U} \tag{3-3-11}$$

$$m_0 = \frac{C_0 N}{C_L K_L K_Y K_I K_U} \qquad (3-3-12)$$

式中　γ——相对误差，%；

　　　m_0——算定（或预置）的脉冲数；

　　　m——实测脉冲数；

　　　C_0——标准表的（脉冲）仪表常数，imp/kWh；

　　　N——被检电能表低频或高频脉冲数；

　　　C_L——被检电能表的（脉冲）仪表常数，imp/kWh；

K_I、K_U——标准表外接的电流、电压互感器变比。当没有外接电流、电压互感器时，K_I和　　　K_U都等于1；

　　　K_L——铭牌上标有的电流互感磊变比。

电能表通电预热时间达到规定时间30min或15min后方可测量基本误差，中间过程不再预热；按检定规程要求，在参比频率和参比电压下，不同功率因数时，$\cos\varphi=1$ 或 $\sin\varphi=1$，$\cos\varphi=0.5$ 或 $\sin\varphi=0.5$，S级的表计应增加 $\cos\varphi=0.8$C，选取负载电流点；一般取4点，按负载电流逐次减小的顺序测量基本误差；根据需要，可增加误差测量点。

检定时，每一个负载功率下，至少记录两次误差测定数据，取其平均值作为实测基本误差值。若测得的误差值等于基本误差限的0.8倍或1.2倍，需再进行两次测量，将再进行的两次与前两次测量数据的平均值作为最后的基本误差值。

检定规程在2012版中增加了在负载电流 I_b、$\cos\varphi=1$ 条件下，不平衡负载与平衡负载时的误差之差的要求，差限值见表3-3-10。

（6）仪表常数试验方法有计读脉冲法、走字试验法和标准表法三种。计读脉冲法是在参比频率、参比电压和最大电流及 $\cos\varphi=1$ 或 $\sin\varphi=1$ 的条件下，被检电能表计度器末位，不一定是小数位，改变至少1个数字，输出脉冲数 N 应符合下式要求，即

$$N = bC \times 10^{-a} \qquad (3-3-13)$$

式中　b——计度器倍率，未标注者为1；

　　　C——被检电能表常数，imp/kWh（kvarh），若标明的常数单位不同，应换算为单位相同的常数；

　　　a——计度器小数位数，无小数位时 $a=0$。

（7）JJG 596—2012《电子式交流电能表检定规程》中增加了日计时误差的检定项目。测定时钟日计时误差时，应在施加参比电压1h后，用标准时钟测试仪测电能表的时基频率输出，连续测量5次，每次测量时间为1min，取其算术平均值，误差限为±0.5s/d。

（8）在检定过程中，严禁电压回路短路和电流回路开路。

三、检定结果的处理

（一）测量数据修约

1. 修约间距数为1的修约方法

保留位右边对保留位数字1来说，若大于0.5，那么保留位加1；若小于0.5，保留位不变；若等于0.5，保留位是偶数时不变，保留位是奇数时加1。

2. 修约间距数为 n（$n \neq 1$）时的修约方法

将测得数据除以 n，再按修约间距数为 1 的修约方法修约，修约后再乘以 n，即为最后修约结果。

3. 相对误差的修约

按表 3－3－12 的规定，将电能表相对误差修约为修约间距的整数倍。判断电能表相对误差是否超差，一律以修约后的结果为准。

表 3－3－12　　　　　　　　　　相对误差修约间距

电能表准确度等级	0.2S	0.5S	1	2	3
修约间距（%）	0.02	0.05	0.1	0.2	0.2

4. 日计时误差的修约

日计时误差的修约间距为 0.01s/d。

（二）检定证书

（1）检定合格的电能表，检定单位需出具检定证书或检定合格证，并在电能表上加上封印或加注检定合格标记。

（2）检定不合格的电能表发给检定结果通知书，并注销原检定合格封印或检定合格标记。

（3）送检单位应分类归档保存历次检定证书，并统计分析历次检定结果数据趋势。

四、检定周期

（1）0.2S 级、0.5S 级有功电能表，检定周期一般不超过 6 年。

（2）1 级、2 级有功电能表和 2 级、3 级无功电能表，检定周期一般不超过 8 年。

第五节　互感器技术监督要求

一、互感器计量性能及技术要求

（一）计量性能

1. 准确度等级

（1）电流互感器的准确度等级由高到低分为 0.1、0.2S、0.2、0.5S、0.5 级。

（2）电压互感器的准确度等级由高到低分为 0.1、0.2、0.5、1 级。

（3）组合互感器按它所包含的电流、电压互感器的准确度分别定级。

2. 基本误差

（1）在环境温度为 $-25 \sim +55℃$、相对湿度不大于 95%、额定的电源频率 $50Hz \pm 0.5Hz$、环境电磁干扰可忽略时，二次负荷为额定负荷至下限负荷的任一数值时，电流、电压互感器的误差不得超过其对应的表 3－3－13 或表 3－3－14 的限值。

（2）电压、电流互感器的实际误差曲线，也不应超过表 3－3－13 或表 3－3－14 的误差限值所连成的折线范围。

表 3-3-13　　　　　　　　　　电流互感器基本误差限值

准确等级	电流百分数	1	5	20	100	120
1	比值差（%）	—	3.0	1.5	1.0	1.0
	相位差（±'）	—	180	90	60	60
0.5	比值差（%）	—	1.5	0.75	0.5	0.5
	相位差（±'）	—	90	45	30	30
0.5S	比值差（%）	1.5	0.75	0.5	0.5	0.5
	相位差（±）'	90	45	30	30	30
0.2	比值差（%）	—	0.75	0.35	0.2	0.2
	相位差（±）'	—	30	15	10	10
0.2S	比值差（±%）	0.75	0.35	0.2	0.2	0.2
	相位差（±'）	30	15	10	10	10
0.1	比值差（±%）	—	0.4	0.2	0.1	0.1
	相位差（±'）	—	15	8	5	5

表 3-3-14　　　　　　　　　　电压互感器基本误差限值

准确等级	电压百分数	80～120
1	比值差（±%）	1.0
	相位差（±'）	40
0.5	比值差（±%）	0.5
	相位差（±'）	20
0.2	比值差（±%）	0.2
	相位差（±'）	10
0.1	比值差（±%）	0.1
	相位差（±'）	5

（3）电流互感器的基本误差以退磁后的误差为准。不移离现场安装位置情况下，电流互感器的二次额定电流为 5A 的，下限负荷按 3.75VA 选取；二次额定电流为 1A 的，下限负荷按 1VA 选取。

（4）电压互感器的下限负荷按 2.5VA 选取，电压互感器有多个二次绕组时，下限负荷分配给被检二次绕组，其他二次绕组空载。

3．稳定性

（1）在检定周期内电流/电压互感器的误差变化不得大于其误差限值的 1/3。

（2）在现场安装位置检定或使用中检验的，连续两次测得的误差，其变化不得大于误差限值的 2/3。

4．运行变差

（1）运行变差是互感器误差受运行环境的影响而发生的变化。它可以由运行状态如环境温度、剩磁、邻近效应引起，也可以由运行方式引起，如变换高压电流互感器一次导体对地电压、变换大电流互感器一次导体回路等。

（2）对于在现场安装位置检定或使用中检验测得的误差超过基本误差限值，但不超过误差限值的 1/3 时，需考虑电力互感器的运行变差因素，应通过增加对应的影响因素单独作用下互感器的变差试验和数据分析，综合判断判定互感器是否超差。

5. 磁饱和裕度

电流互感器铁心磁通密度在相当于额定电流和额定负荷状态下的 1.5 倍时，误差应不大于额定电流及额定负荷下误差限值的 1.5 倍。

（二）一般技术要求

1. 铭牌和标志清晰完整

（1）铭牌上应有产品编号、准确度等级、接线图、接线符号或接线方式说明，有额定电流比或（和）额定电压比，出厂日期等明显标志。

（2）一次和二次接线端子上应有电流或（和）电压接线符号标志，接地端子上应有接地标志。

2. 绝缘

互感器的绝缘表面干燥无放电痕迹，GB 20840.2《互感器　第 2 部分：电流互感器的补充技术要求》、绝缘水平应符合 GB 20840.3《互感器　第 3 部分：电磁式电压互感器的补充技术要求》、GB/T 20840.5《互感器　第 5 部分：电容式电压互感器的补充技术要求》或产品技术条件的规定。

3. 三个检定规程的简要解读

（1）JJG 313《测量用电流互感器检定规程》和 JJG 314《测量用电压互感器检定规程》适用于实验环境下的，准确度等级 0.5 级及以上（严格说是 0.001～0.5 级）互感器的首次检定、后续检定和使用中检验。

（2）JJG 1021《电力互感器检定规程》适用于现场安装位置条件下的互感器的首次检定、后续检定和使用中检验。

（3）JJG 313《测量用电流互感器检定规程》和 JJG 314《测量用电压互感器检定规程》规定在连续两次实验室检定，其误差的变化，不得大于基本误差限值的 1/3。JJG 1021《电力互感器检定规程》则规定其误差的变化，不得大于基本误差限值的 2/3。该值是即考虑计量标准装置连续检定可能带来的 1/3 的检定误差变化，又考虑两次现场周期检定情况变化可能使误差的变化为基本误差的 1/2，两次测量之差的不确定度按方和根法进行综合得来，即

$$\Delta = \sqrt{\left(\frac{1}{3}\right)^2 + \left(\frac{1}{3}\right)^2 + \left(\frac{1}{2}\right)^2} \approx \frac{2}{3}$$

（4）JJG 313《测量用电流互感器检定规程》、JJG 314《测量用电压互感器检定规程》及 JJG 1021《电力互感器检定规程》都规定了测量互感器的误差时，使用差值法测量。

（5）按 JJG 313《测量用电流互感器检定规程》和 JJG 314《测量用电压互感器检定规程》检定时，上限负荷为额定二次负荷，下限负荷为 25％额定负荷。但由于现场互感器运行时实际二次负荷有小于 25％额定负荷的现象，JJG 1021 则不把 25％额定负荷作为下限负荷的检定规定。

（6）互感器的首次检定指国家计量行政部门授权的法定检定机构对互感器进行的第一次检定。后续检定指国家计量行政部门授权的法定检定机构对互感器在第一次检定以后进行的

检定，即周期检定。首次检定和后续检定都应出具检定证书或检定结果通知书。在互感器检定周期内，如果只是对互感器的某些参数进行测量，不要求出具检定证书的，就属于使用中的检验。

二、检定技术要求

(一) 检定条件

(1) 环境条件。环境温度在-25～+55℃之间；相对湿度不大于 95%；环境电磁干扰引起标准器的误差变化不大于被检互感器基本误差限值的 5%；试验接线引起被检互感器误差的变化不大于被检互感器基本误差限值的 10%。

(2) 试验电源频率为 50Hz±0.5Hz，波形畸变系数不大于 5%。

(3) 检定使用的电流电压比例标准器（标准电流、电压互感器，电容分压器）、电流电压负荷箱、误差测量装置及监测用电流电压表等设备的参数和性能应符合 JJG 313《测量用电流互感器检定规程》、JJG 314《测量用电压互感器检定规程》及 JJG 1021《电力互感器检定规程》的相关要求。

(二) 检定项目

(1) 现场安装位置条件下，首次检定项目包括外观及标志检查、绝缘试验、绕组极性检查、基本误差测量、运行变差试验、磁饱和裕度试验；后续检定项目包括外观及标志检查、绝缘试验、基本误差测量、稳定性试验；使用中检验项目：外观及标志检查、基本误差测量、稳定性试验。

(2) 实验室环境下，首次检定项目包括外观检查、绝缘电阻测量、绝缘强度试验、绕组极性检查、基本误差测量、退磁（仅适用于电流互感器）；后续检定项目包括外观检查、绝缘电阻测量、基本误差测量、稳定性试验、退磁（仅适用于电流互感器）；使用中检验项目包括外观检查、基本误差测量、稳定性试验、退磁（仅适用于电流互感器）。

(三) 检定注意事项

(1) 外观及标志检查时，被检互感器外观应完好，有清晰、完整的铭牌和标志。应有出厂编号，线路名称，接线方式，额定电流、电压比，准确度等级等信息的记录说明。

(2) 测量绝缘电阻时，应按以下要求进行。

1) 3kV 以下的电流互感器用 500V 绝缘电阻表测量，其一次绕组对二次绕组及接地端子之间的绝缘电阻不得小于 40MΩ；二次绕组对接地端子之间的绝缘电阻不得小于 20MΩ。

2) 3kV 及以上的电流互感器，用 2.5kV 绝缘电阻表测量，其一次绕组与二次绕组之间以及一次绕组对地的绝缘电阻应不小于 500MΩ。

3) 1kV 及以下的电压互感器用 500V 绝缘电阻表测量，一次绕组对二次绕组及接地端子之间的绝缘电阻不小于 20MΩ。

4) 1kV 以上的电压互感器用 2.5kV 绝缘电阻表测量。不接地互感器一次绕组对二次绕组及接地端子之间的绝缘电阻不小于 10MΩ/kV，且不小于 40MΩ；二次绕组对接地端子之间以及二次绕组之间的绝缘电阻不小于 40MΩ。

5) 6kV 及以上的互感器用 2.5kV 绝缘电阻表测量，绝缘电阻值应符合表 3-3-15 和表 3-3-16 的要求。

表 3-3-15　　　　　　　　　　　电流互感器绝缘试验项目及要求

试验项目	一次对二次绝缘电阻	二次绕组之间绝缘电阻	二次绕组对地绝缘电阻	一次对二次及地工频耐压试验	二次对地工频耐压试验	二次绕组之间工频耐压试验
要求	>1500MΩ	>500MΩ	>500MΩ	按出厂试验电压的85%进行	2kV	2kV
说明	—	—	—	66kV 及以上电流互感器除外	—	—

表 3-3-16　　　　　　　　　　　电压互感器绝缘试验项目及要求

试验项目	一次对二次绝缘电阻	二次绕组之间绝缘电阻	二次绕组对地绝缘电阻	一次对二次及地工频耐压试验	二次对地工频耐压试验	二次绕组之间工频耐压试验
要求	>1000MΩ	>500MΩ	>500MΩ	按出厂试验电压的85%进行	2kV	2kV
说明	电容式电压互感器除外	—	—	35kV 及以上电压互感器除外	—	—

（3）工频耐压试验时，使用频率为 50Hz±0.5Hz、畸变率不大于 5%、电压值误差不大于 3%的试验电压。试验时应从接近零的电压平稳上升，在规定耐压值停留 1min，然后平稳下降到接近零电压。试验时应无异声、异味，无击穿和表面放电，绝缘保持完好。

（4）绕组极性检查时，宜使用互感器校验仪检查绕组的极性。根据互感器的接线标志，按比较法线路完成测量接线后，升电流、电压至额定值的 5%以下测试，用校验仪的极性指示功能或误差测量功能，确定互感器的极性。使用没有极性指示器的误差测量装置检查极性时，应在工作电流不大于 5%时进行，如果测得的误差超出校验仪测量范围，则极性异常。

（5）误差测量时可以从最大的百分数开始，也可以从最小的百分数开始。大电流和高电压互感器宜在至少一次全量程升降之后读取检定数据。

（6）误差测量时，测试点的选取要求如下。

1）电流互感器的测试点的选取。一般为额定电流的 5%、20%、100%、120%；对于 S 级电流互感器，增加 1%额定电流点。

2）电压互感器测量点的选取。220kV 及以下一般为额定电压的 80%、100%、115%；330kV 和 500kV 的为 80%、100%、110%。

（7）大电流互感器（额定一次电流 3kA 及以上）在后续检定和使用中检验时，经上级计量行政部门批准，可以把 100%和 120%额定一次电流检定点合并为实际运行最大一次电流点。

（8）对于准确级别 0.1 级和 0.2 级的互感器，检定时读取的比值差保留到 0.001%，相位差保留到 0.01′；准确级别 0.5 级和 1 级的互感器，读取的比值差保留到 0.01%，相位差保留到 0.1′。

（9）电流互感器的误差是以退磁后的误差为准。因为电流互感器铁心退磁后的状态是可复现的。而电流互感器剩磁状态下的误差不是一个稳定值，故不能定义为互感器的基本误差。

（10）电流互感器的误差一般用标准电流互感器比较法检定，其接线原理：将被检电流互感器一次绕组的 P_1 端和标准电流互感器的 L_1 端对接，二次绕组的 S_1 端和标准电流互感器的 K_1 端对接；共用一次绕组的其他电流互感器二次绕组端子用导线短接并接地。

（11）用标准电压互感器检定电磁式电压互感器误差，即用比较法时，高压试验电源采用试验变压器，主要用于检定电磁式电压互感器；使用串联谐振升压装置，主要用于检定电容式电压互感器。误差测量装置的选用，检验线路原理可分为高端电压和低端电压测差接法，应优先采用高端测差法，因其不改变设备的接地方式，利于测量的安全。

（12）电流互感器运行变差试验。

1）环境温度影响。在技术条件规定的环境温度上、下限分别放置 24h（在条件不具备时，可以利用冬夏的自然温度进行），然后进行误差测量。此误差与室温下 $10\sim35\,°C$ 测得误差比较，取上下限温度试验中最大误差变化量绝对值较大值，作为温度影响的测量结果。在安装地点进行的试验，允许按当地极限环境气温进行。

2）剩磁影响。试验时从被检电流互感器的二次绕组通入相当于额定二次电流 10％～15％ 的直流电流充磁；持续时间不少于 2s；然后进行误差测量。此误差与退磁状态下测得误差比较，取误差变化量的绝对值作为剩磁影响的测量结果。

3）邻近一次导体影响。试验时按制造厂技术条件规定放置邻近一次导体。然后进行误差测量。此误差与无邻近一次导体或远离下测得误差比较，取误差变化量的绝对值作为邻近一次导体影响的测量结果。

4）高压漏电流影响。试验时，电流互感器二次接入额定负荷，S2 端接地；一次侧按 GB 20840.2《互感器　第 2 部分：电流互感器的补充技术要求》规定的额定电压因数施加试验电压；用交流有效值电压表测量二次电压 U_2，计算得出漏电流影响。

5）等安匝法影响。试验时按技术条件要求变换一次导体接线改变电流比，然后按比较法进行误差测量。取各种试验接线中测得最大偏差的绝对值作为等安匝法影响的测量结果。

6）工作接线影响。试验时按技术条件要求连接一次回路母线并通入相当于正常运行的电流和电压，然后按比较法进行误差测量。允许分别施加电流和电压，然后把影响量按代数和相加。比较被试互感器在工作接线下的误差与实验室条件下的误差的偏差，取其绝对值作为工作接线影响的测量结果。

（13）电压互感器运行变差试验。

1）环境温度影响，同电流互感器的环境温度影响试验。

2）电容式电压互感器外电场影响。被试电容式电压互感器在试验室条件和安装工况下分别进行误差试验。计算两种环境下试验结果的偏差，取其绝对值作为外电场影响的测量结果。

3）工作接线影响。参照电流互感器的工作接线影响试验

电容式电压互感器频率影响。试验时使用变频电源，二次接入额定上限负荷。试验频率为 $(49.5\pm0.05)\mathrm{Hz}$ 和 $(50.5\pm0.05)\mathrm{Hz}$，然后进行电容式电压互感器的误差测量。分别计算测得误差与 50Hz 下误差的偏差，最大偏差的绝对值作为频率影响的测量结果。

（14）互感器的磁饱和裕度试验方法有直接测量和间接测量两种。如被检电流互感器 150％ 额定电流点在标准装置的测量范围内，可以用比较法直接测量 150％ 点的误差；如无测量 150％ 额定电流点误差的标准装置，则可通过增加二次负荷的方法间接测量，通过计算

得出 150％点的误差。

三、检定的结果处理

（1）按规定格式做好原始记录，原始记录应至少保存两个检定周期。

（2）所有检定点均不大于基本误差限值，且稳定性变差不超基本误差限值的 2/3、变差影响因素单独作用下的运行变差和磁饱和裕度误差不超规定的限值，则判定互感器误差合格。

（3）互感器的运行变差如果一项或多项超差，但实际误差绝对值加上超差的各项运行变差绝对值没有超过基本误差限值，也认为互感器误差合格。

（4）出现一个或多个检定点的误差超出基本误差限值，或稳定性超出规定，或运行变差超出规定，或磁饱和裕度超出规定，且实际误差绝对值加上超差的各项运行变差绝对值超过基本误差限值，则认为误差不合格。对不合格项，允许在检定参比条件［详见本节第一、（一）2（1）条所述］、环境温度为 10～35℃、湿度≤80％下，重新复检，根据复检结果判断是否合格。

（5）被检互感器外观检查、极性试验和绝缘试验合格，各项误差符合综合判定要求，则判定检定合格，并出具检定证书，在证书上给出误差检定结果。

（6）互感器检定结果有不合格项目的，如降级后能符合所在级别全部技术要求的，允许降级使用。不适合降级使用的互感器，出具检定结果通知书，说明不合格的项目并给出检定数据。

四、检定周期

（1）不移离安装位置的，电磁式电流、电压互感器的检定周期不得超过 10 年。
（2）不移离安装位置的，电容式电压互感器的检定周期不得超过 4 年。
（3）在实验室环境下，准确度等级 0.5 级及以上的，检定周期一般为 2 年。在连续 3 次检定中，最后一次检定结果与前 2 次检定结果中的任何一次比较，误差变化不大于其误差限值的 1/3，检定周期可以延长至 4 年。

第六节　案　例　分　析

【案例1】 有功功率值突变导致 AGC 异常事件

一、事件经过

（1）某电厂某日 07：41 运行方式：电厂 2、3、5 号机运行，1、4 号机备用，AGC 投网调控制。总有功为 577.83MW、无功为 8.77Mvar，其中 2 号机容量为 192.78MW、3 号机容量为 198.55MW、5 号机容量为 186.5MW。

（2）07：44 集控操作员站发"AGC 有功调功步长过大动作/复归"报警，并且调度给定有功数据自 583.465MW 不断减少。

（3）07：46 经询问确定网调未改动或减少调度给定电厂有功数据后，集控侧将电厂 AGC 由"网调"切至"厂控"模式，发现 2、3 号机有功未分配，5 号机组有功为 0，立即通知电厂检查机组实际负荷。

（4）07：48 手动调整 2、3 号机组负荷，同时向网调汇报并申请开 4 号机组并网、停 5 机组备用获准。

（5）07：54 集控远程开 4 号机并网正常；集控远程发停 5 号机组令，因机组有功显示为 0，导致机组不能自动减负荷，且无导叶空载信号，机组停机流程未执行。

（6）07：55 集控侧通知电厂现地手动停机。

二、原因分析

（1）现场检查发现，5 号机组有功功率反馈回路设备情况为：有功功率组合变送器 A0061（输入为 TV 二次电压、TA 二次电流，输出 0～20mA），其下串接 3 个扩路变送器（A0062 调速器系统、A0063 监控系统、A0064 测振测摆系统，输入均为 4～20mA，输出为 4～20mA）。

（2）正常情况下，监控系统有功功率输入为 4～20mA 模拟量，4mA 对应有功功率为 0MW，一旦输入小于 4mA，监控系统会判断通道数据质量故障，此时集控 AGC 控制系统有相应报警，偏差达到设定值会退出自动状态。

（3）此次异常时，5 号机组测量变送器屏＋EC8 柜内有功功率变送器（组合变送器）A0061 故障，导致有功功率反馈值突变为 0，但监控系统的有功功率通道数据质量判断为"正常"，AGC 控制系统将其视为正常信号参与调节，就会出现每次电厂实发总有功值总会比前一次网调给定总有功值小，导致 AGC 控制系统发出错误的控制命令（网调给定总有功值不断减小），最终引发全厂出力大幅下降，给电网安全稳定运行造成了一定的影响。

三、暴露问题

设备选型和逻辑设计未结合进行现场系统优化，未能实现系统故障的快速判断、切除及处理。

四、防范措施

（1）加强对参与调节、保护系统的电测量变送器的日常维护和检修。

（2）针对监控系统中通道质量正常、但实际测量值错误的情况（如组合变送器的前级变送器故障），将参与调节、测量的有功功率变送器更换成输入输出均为 4～20mA 的电测量变送器，出现通道数据质量故障，监控系统能自动判断退出自动调节。

（3）从重要参数冗余功能设置考虑，有条件时可采用智能功率变送装置，其配置了双 TV 双 TA（装置的两组 TA 分别接测量 TA 和录波器的 P 级 TA）且有 TV、TA 断线报警和闭锁功能，可以提高变送器输出的稳定性，最大限度地避免机组受测量数据故障引起的振荡至跳机的问题。

【案例 2】　电厂 500kV 线路关口计量电压互感器 B 相超差

一、事件经过

某电厂 500kV 线路贸易结算用关口计量点的 3 台电容式电压互感器（CVT 型号：

TYD500/$\sqrt{3}$，计量绕组准确度等级为 0.2 级，厂家为山东泰开互感器有限公司）在 2016 年 11 月 25 日进行 4 年一周期的例行周检时发现 B 相超差，B 相最大误差为＋0.341％，A、C 相合格。开展现场检验的技术机构为有资质的计量法定技术机构，现场检验时，标准核对无误。

就计量绕组超差问题某电厂与互感器生产厂家取得了联系，并采纳了生产厂家现场调整 B 相计量绕组误差的建议，于 2016 年 12 月 6 日进行 B 相计量绕组的误差调整。误差调整后再次对 B 相互感器进行现场检验时发现仍然超差，误差为＋1.4％。互感器厂家解释：因现场技术人员不慎将计量绕组误差调整方向调反。某电厂责成互感器厂家于 2016 年 12 月 20 日再次调整 B 相误差，经第三次现场检验，结果为－0.06％，合格。该条线路送电。

二、原因分析

电压互感器 B 相计量绕组稳定性不好。经查验 2012 年 11 月互感器首检报告，B 相误差为－0.165％，4 年后变为＋0.341％，4 年内误差变动值达 0.506％，远超过其等级指数。

三、暴露问题

对互感的误差调整工作未引起足够重视。500kV 互感器设备高度高，电压等级高，做现场检验需高空作业车等专业起吊设备，现场安全组织协调工作量较大。互感器生产厂家未派有经验的技术人员到现场，导致反复进行现场误差调整和现场检验。

四、防范措施

（1）加强对设备生产厂家或外委试验方案的技术监督管理，现场试验方案严格执行编制、审核和批准制度。

（2）加强电测技术监督人员的业务学习与培训，牢记计量装置的计量稳定性是首要的技术指标。

（3）按照《电能计量装置技术管理规程》中，当现场检验互感器误差超差时，应查明原因且制订更换或改造计划的要求，针对该事件后续工作，应重点关注该相 CVT 的计量稳定性，缩短周检时间，并将对该相计量绕组稳定性质疑的信息通告生产厂家，若下次检测误差值变化过大，须坚决更换该计量绕组，杜绝不合格的计量装置上线运行。

第四章

电能计量装置技术监督

第一节　电能计量装置的技术要求

一、电能计量装置的分类

根据 DL/T 448《电能计量装置技术管理规程》要求，按计量对象的重要程度和管理需要，电能计量装置分为以下五类。

（1）Ⅰ类电能计量装置。一般为 220kV 及以上贸易结算用、500kV 及以上考核用或计量单机容量 300MW 及以上发电机发电量的电能计量装置。

（2）Ⅱ类电能计量装置。一般为 110（66）～220kV 贸易结算用、220～500kV 考核用或计量单机容量 100～300MW 发电机发电量的电能计量装置。

（3）Ⅲ类电能计量装置。一般为 10～110（66）kV 贸易结算用、10～220kV 考核用或计量 100MW 以下发电机发电量、发电厂（站）用电量的电能计量装置。

（4）Ⅳ类电能计量装置。即 380V～10kV 的电能计量装置。

（5）Ⅴ类电能计量装置。即 220V 单相电能计量装置。

二、准确度等级

（1）各类电能计量装置应配置的电能表、互感器准确度等级应不低于表 3-4-1。

表 3-4-1　　　　　　　　　　准　确　度　等　级　表

电能计量装置类别	准确度等级			
	电能表		电力互感器	
	有功	无功	电压互感器	电流互感器*
Ⅰ	0.2S	2	0.2	0.2S
Ⅱ	0.5S	2	0.2	0.2S
Ⅲ	0.5S	2	0.5	0.5S
Ⅳ	1	2	0.5	0.5S
Ⅴ	2	—	—	0.5S

* 发电机出口可选用非 S 级电流互感器。

（2）Ⅰ、Ⅱ类电能计量装置中电压互感器二次回路电压降不应大于其额定二次电压的 0.2%。其他电能计量装置中电压互感器二次回路电压降不应大于其额定二次电压的 0.5%。

（3）以不同接线方式与电能表连接的电流互感器、电压互感器的比值差和相位差引起的计量误差为互感器合成误差。

（4）电能表、互感器合成误差、电压互感器二次回路压降引起的计量误差，即三者的代数和，称为电能计量装置综合误差。

三、电能计量装置接线

（1）电能计量装置的接线应符合 DL/T 825《电能计量装置安装接线规则》的要求。

（2）接入中性点绝缘系统的电能计量装置，应采用三相三线有功、无功或多功能电能表。接入非中性点绝缘系统的电能计量装置，应采用三相四线有功、无功或多功能电能表。

（3）接入中性点绝缘系统的电压互感器，35kV 及以上的宜采用 YNyn 方式接线；35kV 以下的宜采用 V/v 方式接线。接入非中性点绝缘系统的电压互感器，宜采用 YNyn 方式接线，其一次侧接地方式和系统接地方式相一致。

（4）三相三线制接线的电能计量装置，其 2 台电流互感器二次绕组与电能表之间应采用四线连接。三相四线制接线的电能计量装置，其 3 台电流互感器二次绕组与电能表之间应采用六线连接。

（5）在 3/2 断路器接线方式下，参与"和相"的 2 台电流互感器，其准确度等级、型号和规格应相同，二次回路在电能计量屏端子排处并联，在并联处一点接地。

（6）低压供电，计算负荷电流为 60A 及以下时，宜采用直接接入电能表的接线方式；计算负荷电流为 60A 以上时，宜采用经电流互感器接入电能表的接线方式。

（7）选用直接接入式的电能表其最大电流不宜超过 100A。

四、电能计量装置配置原则

（1）贸易结算用的电能计量装置，原则上应设置在供用电设施的产权分界处；发电企业上网线路、专线供电线路的另一端应配置考核用电能计量装置。

（2）经互感器接入的贸易结算用电能计量装置应按计量点配置电能计量专用电压、电流互感器或专用二次绕组，并不得接入与电能计量无关的设备。

（3）电能计量专用电压、电流互感器或专用二次绕组及其二次回路应有计量专用二次接线盒及试验接线盒；电能表与试验接线盒应按一对一原则配置。

（4）I 类电能计量装置、计量单机容量 100MW 及以上发电机组上网贸易结算电量的电能计量装置，宜配置型号、准确度等级相同的计量有功电量的主、副两只电能表。

（5）35kV 以上贸易结算用电能计量装置的电压互感器二次回路，不应装设隔离开关辅助触点，但可装设快速自动空气开关。35kV 及以下贸易结算用电能计量装置的电压互感器二次回路，计量点在电力用户侧的应不装设隔离开关辅助触点和快速自动空气开关等；计量点在电力企业变电站侧的可装设快速自动空气开关。

（6）安装在电力用户处的贸易结算用电能计量装置，10kV 及以下电压供电的用户，应配置符合 GB/T 16934《电能计量柜》规定的电能计量柜或电能计量箱；35kV 电压供电的用户，宜配置符合 GB/T 16934《电能计量柜》规定的电能计量柜或电能计量箱。未配置电能计量柜或箱的，其互感器二次回路的所有接线端子、试验端子应能实施封印。

（7）安装在电力系统的电能表屏，其外形及安装尺寸应符合 GB/T 7267《电力系统二次回路保护及自动化机柜（屏）基本尺寸系列》的规定，屏内应设置交流试验电源回路以及电能表专用的交流或直流电源回路。电力用户侧的电能表屏内应有安装电能信息采集终端的空间，以及二次控制、遥信和报警回路的端子。

（8）贸易结算用高压电能计量装置应具有符合 DL/T 566《电压失压计时器技术条件》要求的电压失压计时功能。

（9）互感器二次回路的连接导线应采用铜质单芯绝缘线，对电流二次回路，连接导线截面积应按电流互感器的额定二次负荷计算确定，至少应不小于 4mm^2；对电压二次回路，连接导线截面积应按允许的电压降计算确定，至少应不小于 2.5mm^2。

（10）互感器额定二次负荷的选择应保证接入其二次回路的实际负荷在 25%～100%额定二次负荷范围内。二次回路接入静止式电能表时，电压互感器额定二次负荷不宜超过 10VA，额定二次电流为 5A 的电流互感器额定二次负荷不宜超过 15VA，额定二次电流为 1A 的电流互感器额定二次负荷不宜超过 5VA。电流互感器额定二次负荷的功率因数应为 0.8～1.0；电压互感器额定二次负荷的功率因数应与实际二次负荷的功率因数接近。

（11）电流互感器额定一次电流的确定，应保证其在正常运行中的实际负荷电流达到额定值的 60%左右，至少应不小于 30%。否则，应选用高动热稳定电流互感器，以减小变比。

（12）经电流互感器接入的电能表，其额定电流宜不超过电流互感器额定二次电流的 30%，其最大电流宜为电流互感器额定二次电流的 120%左右。

（13）为提高低负荷计量的准确性，应选用过载 4 倍及以上的电能表；具有正、反向送电的计量点应配置计量正向和反向有功电量以及四象限无功电量的电能表。

（14）计量直流系统电能的计量点应装设直流电能计量装置。

（15）带有数据通信接口的电能表通信协议应符合 DL/T 645《多功能电能表通信协议》及其备案文件的要求。

（16）Ⅰ、Ⅱ类电能计量装置宜根据互感器及其二次回路的组合误差优化选配电能表；其他经互感器接入的电能计量装置宜进行互感器和电能表的优化配置。

（17）电能计量装置应能接入电能信息采集与管理系统。

第二节　电能计量装置的现场检验

一、电能表的现场检验

（1）电能表现场检验主要是检查在运行工况下的电能表工作误差，其工作误差用相对误差表示。

（2）必须检验的项目有外观检查、接线检查、计量差错和不合理的计量方式检查、工作误差试验。

（3）根据实际需要可增加通信接口检查和功能检查 2 项；具有时钟功能的电能表，应增加时钟示值偏差试验；已设置费率时段的多费率电能表，应增加计数器电能示值组合误差试验。

（一）检验方法及要求

1. 外观检查

有下列之一的判定为外观不合格。

（1）铭牌不完整、字迹不清楚或无法辨别。

（2）液晶或数码显示器缺少笔画、断码或不显示，指示灯与运行状态不符等现象。

（3）字轮式计数器上的数字约有 1/5 高度被字窗遮盖（末位字轮和处在进位的字轮

除外)。

(4) 表壳损坏,视窗模糊、固定不牢、破裂。

(5) 按键失灵,接线端子损坏,接地部分锈蚀或涂漆,封印不完整。

2.接线检查

(1) 电能表接线正确性的检查,应在电能表接线端子处进行,一般采用相量图法。将做出的相量图与实际负载电流及功率因数相比较,基于负荷性质(容性或感性)分析确定电能表的接线回路是否正确。

(2) 如有错误,应根据分析的结果在测量表计上更正后重新做相量图。如仍不能确定其错误接线的实际状况,则应停电检查。

3.计量差错和不合理的计量方式检查

(1) 计量差错检查时,应检查电能表的计费倍率设置是否正确;电压互感器熔断器或二次回路接触情况;电流互感器二次回路接触情况或开路;电压相序是否正确;电流回路极性是否正确。

(2) 不合理的计量方式检查,应检查是否存在以下不合格计量方式。电流互感器的变比过大,致使电流互感器经常在20%(对于S级电流互感器为5%)额定电流以下运行;电能表接在电流互感器非计量二次绕组上;电压与电流互感器分别接在电力变压器不同侧;电能表电压回路未接到相应的母线电压互感器二次上;无换向计度器的感应式无功电能表和双向计量的感应式有功电能表无止逆器。

4.工作误差试验

(1) 工作误差试验应采用标准电能表法,在实际负荷下进行接线,电能表现场测试仪工作电源宜使用外部电源;负荷功率因数低于0.5时,不宜进行有功电能工作误差的测试;对于考核无功的计量点,当$\sin\varphi$低于0.5时,不宜进行无功电能工作误差的测试。

(2) 被检电能表的相对误差γ为算定或预置的脉冲数和实测脉冲数的差值相对于实测脉冲数的百分数;应至少记录两次误差测定数据,取其平均值作为实测基本误差值。若测得的误差值等于被检电能表允许工作误差限的80%～120%,应再进行两次测量,取这两次与前两次测量数据的平均值作为最后测得的误差值。

(3) 电子式电能表现场测试仪的算定(或预置)脉冲数按下列公式计算。

$$m_0 = C_0 N / C_L \qquad (3-4-1)$$

式中　m_0——电能表现场测试仪的算定(或预置)脉冲数;

$\quad\;\; C_0$——电能表现场测试仪的(脉冲)仪表常数,imp/kWh;

$\quad\;\;\; N$——被检电能表脉冲数;

$\quad\;\; C_L$——被检电能表的(脉冲)仪表常数,imp/kWh。

适当地选择被检电能表的脉冲数,使电能表现场测试仪的算定(或预置)脉冲数和实测脉冲数不少于表3-4-2的规定。

表3-4-2　　　算定(或预置)脉冲数和显示被检电能表误差的小数位数

电能表现场测试仪准确度等级	0.05级	0.1级	0.2级	0.3级
算定(或预置)脉冲数	50000	20000	10000	6000
显示被检电能表误差的小数位数	3位	2位	2位	2位

5. 其他注意事项

（1）计数器电能示值组合误差试验时，读取同一时刻的总电能计数器和各费率时段相应计数器的电能示值，计算计数器电能示值组合误差。

（2）进行时钟示值偏差试验时，时钟示值偏差试验应用标准时钟或电台报时 t_0 与电能表时钟 t 比较，即得时钟示值偏差。

（3）进行通信接口检查时，应用测试仪对电能表具备的红外、RS-485 等通信方式进行检查。

（4）进行功能检查时，应检查时段费率参数、冻结电量参数、事件记录、故障信息等内容。

（二）检验结果的处理

（1）工作误差测量数据修约间隔应按被检电能表相应准确度等级的 1/10 修约。

（2）计数器电能示值组合误差应保留到计数器的最小有效位。

（3）时钟示值偏差修约间距为 1s。

（4）判断测量数据是否满足要求，一律以修约后的结果为准。

（5）按规程规定的格式填写原始记录，妥善保管。检验结束，由检验单位施加封印，出具检验结论，根据需要粘贴检验标识或出具检验报告。

（三）检验周期

（1）Ⅰ类电能表宜每 6 个月现场检验一次。

（2）Ⅱ类电能表宜每 12 个月现场检验一次。

（3）Ⅲ类电能表宜每 24 个月现场检验一次。

二、电压互感器现场检验

（1）电压互感器现场检验首检项目有外观检查、绝缘试验、绕组极性检查、基本误差测量。

（2）后续检验项目有外观检查、绝缘试验、基本误差测量、稳定性试验；根据需要，可增加二次实际负荷下计量绕组误差测量项目。

（一）检验方法及要求

（1）外观检查有下列之一的判定为外观不合格：绝缘套管不清洁，油位或气体指示不正确；铭牌及必要的标志不完整，包括产品型号、出厂序号、制造厂名称等基本信息及额定绝缘水平、额定电压比、准确度等级及额定二次负荷等技术参数不完整；接线端钮缺少、损坏或无标记，接地端子上无接地标志，电容式电压互感器端子箱中阻尼电阻、避雷器等元件缺失或损坏。

（2）电压互感器绝缘电阻的测量应使用 2.5kV 绝缘电阻表测量。也可采用未超过有效期的交接试验或预防试验报告的数据。

（3）检查绕组的极性，宜使用互感器校验仪。极性检查一般与误差测量同时进行。标准电压互感器的极性是已知的，根据被检电压互感器的接线标志，按比较法完成线路测量接线后，升起电压至额定值的 5% 以下试测，用互感器校验仪的极性指示功能或误差测量功能确定互感器的极性。如无异常，则极性标识正确。

（4）进行基本误差测量时，电压互感器误差的测量点参见表 3-4-3。电压互感器的下限负荷按 2.5VA 选取，电压互感器有多个二次绕组时，下限负荷分配给被检二次绕组，其他二次绕组空载。

表 3-4-3　　　　　　　　　　　　电压互感器误差实验测量点

电压百分数（%）	80	100	105①	110②	115③
额定负荷	+	+	+	+	+
下限负荷	+	+	—	—	—

① 适用于 750kV 和 1000kV 电压互感器。

② 适用于 330kV 和 500kV 电压互感器。

③ 适用于 220kV 及以下电压互感器。

（5）电压互感器二次实际负荷下计量绕组的误差测量宜采用根据二次实际负荷值选择负荷箱替代的方法进行。电压互感器二次实际负荷下的现场误差测量与基本误差测量原理接线相同，两者可合并进行。

（6）进行稳定性试验时，应将上次检验结果与当前检验结果进行比较，分别计算两次检验结果中比值差的差值和相位差的差值，各测量点误差的变化，不得大于其基本误差限值的 2/3。

（二）检验结果的处理

（1）电压互感器现场检验时读取的比值差保留到 0.001%，相位差保留到 0.01′。误差测量数据可按表 3-4-4 相应等级修约。

表 3-4-4　　　　　　　　　　　电压互感器误差数据修约间隔

	准确度等级	0.1	0.2	0.5
修约间隔	比值差（±%）	0.01	0.02	0.05
	相位差（±′）	0.5	1	2

（2）按规定的格式和要求做好原始记录，妥善保管。检验结束，由检验单位出具检验结论，根据需要出具检验报告。

（三）检验周期

（1）高压电磁式电压、电流互感器宜每 10 年现场检验一次。

（2）高压电容式电压互感器宜每 4 年现场检验一次。

三、电流互感器现场检验

（1）电流互感器现场检验首检项目有 4 项：外观检查、绝缘试验、绕组极性检查、基本误差测量。

（2）后续检验项目有 4 项：外观检查、绝缘试验、基本误差测量、稳定性试验；根据需要，可增加二次实际负荷下计量绕组误差测量项目。

（3）电流互感器的基本误差在参比条件下，不得超出表 3-4-5 给定的限值范围，实际误差曲线不得超出误差限值连线所形成的折线范围。电流互感器的基本误差以退磁后的误差为准。

表 3-4-5　　　　　　　　　　　电流互感器基本误差限值

准确度级别	误差项	电流百分数（%）				
		1	5	20	100	120
0.1	比值差	—	0.4	0.2	0.1	0.1
	相位差（±′）	—	15	8	5	5

续表

准确度级别	误差项	电流百分数（%）				
		1	5	20	100	120
02	比值差	—	0.75	0.35	0.2	02
	相位差（±'）	—	30	15	10	10
02S	比值差	0.75	0.35	0.2	0.2	0.2
	相位差（±'）	30	15	10	10	10
0.5	比值差	—	1.5	0.75	0.5	0.5
	相位差（±'）	—	90	45	30	30
05S	比值差	1.5	0.75	0.5	0.5	0.5
	相位差（±'）	90	45	30	30	30

（一）检验方法及要求

（1）外观检查，有下列之一的判定为外观不合格：绝缘套管不清洁，油位或气体指示不正确；铭牌及必要的标志，包括产品型号、出厂序号、制造厂名称等基本信息及额定绝缘水平、额定电压比、准确度等级及额定二次负荷等技术参数不完整；接线端钮缺少、损坏或无标记，穿心式电流互感器没有极性标记；多变比电流互感器在铭牌或面板上未标有不同电流比的接线方式。

（2）电流互感器绝缘电阻应使用 2.5kV 绝缘电阻表进行测量，也可采用未超过有效期的交接试验或预防试验报告的数据。

（3）检查绕组的极性宜使用互感器校验仪，极性检查一般与误差测量同时进行。标准电流互感器的极性是已知的，根据被检电流互感器的接线标志，按比较法线路完成测量接线后，升起电压至额定值的 5% 以下试测，用互感器校验仪的极性指示功能或误差测量功能确定互感器的极性。如无异常，则极性标识正确。

（4）电流互感器基本误差测量要求。

1）对于首检或检修后的电流互感器，应先后在充磁和退磁的状态下进行误差测量，两次测量结果均应在误差限值内。

2）对于后续周期检验的电流互感器，宜在退磁情况下进行误差测试，测试结果应在误差限值内。

3）基本误差测量宜使用标准电流互感器比较法，测量点参见表3-4-6。除非用户有要求，二次额定电流 5A 的被检电流互感器下限负荷按 3.75VA 选取，二次额定电流 1A 的被检电流互感器下限负荷按 1VA 选取。

表 3-4-6　　　　　　　　　　电流互感器误差测量点

电流百分数（%）	1[1]	5	20	100	120
额定负荷	+	+	+	+	+
下限负荷	+	+	+	+	—

[1] 仅适用于 S 级电流互感器。

4）首次检验时，宜在电流互感器安装后进行误差测量，且对全部电流比按表3-4-6规定的测量点以直接比较法进行现场检验。当条件不具备时，可在安装前按此要求进行误差测量，但电流互感器安装后须在不低于 20％额定电流下进行复核。

5）周期检验时，除非用户有要求，只对实际使用的变比进行误差测量。对运行中的电流互感器，如因条件所限，无法按表 3－4－6 规定的测量点以直接比较法进行周期检验时，可使用扩大负荷法外推电流互感器误差，计算方法参见 JJG 1021—2017《电力互感器检定规程》附录 F。

6）当一次返回导体的磁场对套管式电流互感器误差产生的影响不大于基本误差限值的 1/6 时，允许使用等安匝法测量电流互感器的误差。等安匝测量方法及注意事项参见 JJG 1021—2007《电力互感器检定规程》附录 C。

（5）电流互感器二次实际负荷下误差测量宜根据二次实际负荷值选择负荷箱替代的方法进行。电流互感器二次实际负荷下的现场误差测量与基本误差测量原理接线相同，两者可合并进行。

（6）稳定性试验时，应将上次检验结果与当前检验结果进行比较，分别计算两次检验结果中比值差的差值和相位差的差值，各测量点误差的变化，不得大于其基本误差限值的 2/3。

（二）检验结果的处理

（1）电流互感器现场检验时读取的比值差保留到 0.001％，相位差保留到 0.01′，误差测量数据可按表 3－4－7 相应等级修约。

表 3－4－7　　　　　　　　电流互感器误差数据修约间隔

准确度等级		0.1	0.2	0.2S	0.5	0.5S
修约间隔	比值差（±%）	0.01	0.02	0.02	0.05	0.05
	相位差（±′）	0.5	1	1	2	2

（2）按规定的格式和要求做好原始记录，妥善保管。检验结束，由检验单位出具检验结论，根据需要出具检验报告。

（三）检验周期

高压电磁式电流互感器宜每 10 年现场检验一次。

四、二次回路现场检验

（一）检验方法及要求

（1）二次回路的现场检验首检项目有电压互感器二次回路压降测量、电压互感器二次负荷测量、电流互感器二次负荷测量。

（2）后续必须检验项目为电压互感器二次回路压降测量，电压、电流互感器二次负荷压降测量项目可根据需要进行或定期核对。

（3）电压互感器二次回路压降测量，一般采用压降测试仪进行电压互感器二次回路压降的现场测量，二次回路压降应不大于其额定二次电压的 0.2％。电压互感器二次回路压降引起的误差按下式计算，即

$$\varepsilon_{\Delta U}=\sqrt{f^2+(0.0291\delta)^2} \tag{4-2}$$

式中　$\varepsilon_{\Delta U}$——二次回路压降引起的误差，％；

f——同相分量，％；

δ——正交分量，％。

（4）一般采用二次负荷测试仪进行电压/电流互感器二次实际负荷的现场测量。电能计

量装置中电压/电流互感器的二次实际负荷应符合表 3-4-8 的要求。

表 3-4-8　　　　　　　　　　　　互感器二次实际负荷要求

互感器类型	额定二次电流	额定二次负荷范	二次实际负荷要求
电流互感器	1A	≤5VA	0VA～100％额定二次负荷
		＞5VA	1VA～100％额定二次负荷
	5A	≤15VA	0VA～100％额定二次负荷
		＞15VA	3.75VA～100％额定二次负
电压互感器	—	≤10VA	0VA～100％额定二次负荷
		＞10VA	2.5VA～100％额定二次负荷

（5）连接互感器二次端子与测试仪器之间的导线应是专用屏蔽导线，其屏蔽层应可靠接地。

（二）检验结果的处理

（1）电压互感器二次回路压降测量数据修约间隔为 0.02％；电压/电流互感器的二次实际负荷测量数据按表 3-4-9 修约。

表 3-4-9　　　　　　　　　　　　二次实际负荷数据修约间隔

测量数据	负荷值	功率因数
修约间隔	0.1VA	0.01

（2）按规定的格式和要求做好原始记录，妥善保管。检验结束，由检验单位出具检验结论，根据需要出具检验报告。

（三）检验周期

（1）按照 DL/T 448《电能计量装置技术管理规程》要求，运行中的电压互感器，其二次回路电压降引起的误差应定期检测。35kV 及以上电压互感器二次回路电压降引起的误差，宜每两年检测一次。

（2）按照 DL/T 1199《电测技术监督规程》要求，应定期对互感器二次回路的负荷进行检测或核对。当二次回路及其负荷变动时，应及时进行现场检验；当二次回路负荷超过互感器额定二次负荷或二次回路电压降超差时应及时查明原因，并在一个月内处理。

第三节　电能计量装置的技术管理

一、投运前的技术管理

1. 电能计量装置设计审查

（1）电能计量装置设计审查依据为 GB/T 50063《电力装置电测量仪表装置设计规范》、GB 17167《用能单位能源计量器具配备和管理通则》、DL/T 5137《电测量及电能计量装置设计技术规程》、DL/T 5202《电能量计量系统设计技术规程》、DL/T 448《电能计量装置技术管理规程》及电力营销方面的有关规定，且经有关电能计量专业人员审查通过。

（2）设计审查的内容包括计量点、计量方式、电能表与互感器接线方式的选择、电能表的型式和装设套数的确定、电能计量器具的功能、规格和准确度等级、互感器二次回路及附件、电能计量柜（箱、屏）的技术要求及选用、安装条件，以及电能信息采集终端等相关设备的技术要求及选用安装条件等。

（3）上网电量关口计量点、启动备用变压器关口计量点的电能计量装置的设计审查应有电网企业的电能计量专职（责）管理人员、电网企业电能计量技术机构的专业技术人员和有关发电、供电企业的电能计量管理和专业技术人员参加。除关口相关计量点外的其他电能计量装置的设计审查应有发电企业的电能计量管理和专业技术人员参加。

（4）审查中发现不符合规定的内容应在审查意见中明确列出，原设计单位应据此修改设计。电能计量装置设计方案的组织审查机构应出具电能计量装置设计审查意见，并经各方代表签字确认。

2. 电能计量装置的选型和订货

（1）选型和订货依据为相关电能计量器具的国家或电力行业标准或本企业特殊要求或现场运行监督情况，以及审查通过的电能计量装置设计所确定的功能、规格、准确度等级等技术要求。

（2）订购的电能计量器具应取得符合相关规定的型式批准或许可，具有型式试验报告、订货方所提出的其他资质证明和出厂检验合格证等。

（3）首次选用的电能计量器具宜小批量试用，并应加强订货验收和现场运行监督。验收内容包括装箱单、出厂检验报告或合格证、使用说明书、铭牌、外观结构、安装尺寸、辅助部件，以及功能和技术指标测试等且应符合订货合同的要求。

3. 电能计量装置的检查验收

（1）电力建设工程订购的电能计量器具，宜由工程所在地依法取得计量授权的电力企业电能计量技术机构进行检定或校准。

（2）电能计量装置投运前应进行全面验收，包括技术资料验收、现场核查及验收试验。验收报告及验收资料应及时归档。

（3）经验收的电能计量装置应由验收人员出具验收报告，注明"电能计量装置验收合格"或者"电能计量装置验收不合格"。

（4）验收合格的电能计量装置应由验收人员及时实施封印；封印的位置为互感器二次回路的各接线端子（包括互感器二次接线端子盒、互感器端子箱、隔离开关辅助接点、快速自动空气开关或快速熔断器和试验接线盒等）、电能表接线端子盒、电能计量柜（箱、屏）门等；实施封印后应由被验收方对封印的完好签字认可。

二、运行维护管理

1. 电能计量装置运行维护、故障处理的规定及要求

（1）运维人员应负责监护安装在现场的电能计量装置的运行，保证其封印完好。

（2）运行中电能表的时钟误差累计不得超过 10min。否则，应进行校时或更换电能表。

（3）当发现电能计量装置故障时，应及时通知并进行处理。贸易结算用电能计量装置故障，应由有资质的电能计量技术机构依据《中华人民共和国电力法》及其配套法规的有关规定进行处理。对造成的电量差错，应认真调查以认定、分清责任，提出防范措施，并根据有关规定进行差错电量计算。

（4）主、副电能表应有明确标识，运行中主、副电能表不得随意调换，其所记录的电量应同时抄录；主、副电能表现场检验和更换的技术要求应相同；主表不超差，应以其所计电量为准；主表超差而副表未超差时，以副表所计电量为准；两者都超差时，以考核表所计电量计算退补电量并及时更换超差表计；当主、副电能表误差均合格，但两者所计电量之差与主表所计电量的相对误差大于电能表准确度等级值的 1.5 倍时，应更换误差较大的电能表。

（5）对造成电能计量差错超过 10 万 kWh 及以上者，应及时报告上级管理机构。

2. 电能计量装置现场检验一般规定及要求

（1）依据现场检验周期、运行状态评价结果制定现场检验计划，经审批后执行。

（2）现场检验用标准仪器的准确度等级至少应比被检品高两个准确度等级，其他指示仪表的准确度等级应不低于 0.5 级，其量限及测试功能应配置合理。

（3）现场检验时不允许打开电能表罩壳和现场调整电能表误差。当现场检验电能表误差超过其准确度等级值或电能表功能故障时应在三个工作日内处理或更换。

（4）新投运或改造后的Ⅰ、Ⅱ、Ⅲ类电能计量装置应在带负荷运行一个月内进行首次电能表现场检验。

（5）长期处于备用状态或现场检验时不满足检验条件〔负荷电流低于被检表额定电流的10%（S级电能表为5%）〕或低于标准仪器量程的标称电流 20% 或功率因数低于 0.5 时的电能表，经实际检测，不宜进行实际负荷误差测定，但应填写现场检验报告、记录现场实际检测状况，可统计为实际检验数。

（6）对发电企业内部用于电量考核、电量平衡、经济技术指标分析的电能计量装置，宜应用运行监测技术开展运行状态检测。当发生远程监测报警、电量平衡波动等异常时，应在两个工作日内安排现场检验。

（7）当现场检验条件可比性较高，相邻两次现场检验数据变差大于误差限值的 1/3 或误差的变化趋势持续向一个方向变化时，应加强运行监测，增加现场检验次数。

（8）现场检验发现电能表或电能信息采集终端故障时，应及时进行故障鉴定和处理。

（9）对运行中或更换拆回的电能计量器具准确性有疑义时，宜先进行现场核查或现场检验。高压电力互感器的现场检验，应在设备停电检修或计划停电期间进行；进行电能表现场检验时，其负荷电流应为正常情况下的实际负荷。仍有疑问时应进行临时检定。

三、电能计量装置的技术资料

电能计量装置应建立、完善以下技术资料档案。

（1）电能计量装置计量方式原理图，一、二次接线图，施工设计图和施工变更资料、竣工图等。

（2）电能表及电压、电流互感器的安装使用说明书、出厂检验报告，授权电能计量技术机构的检定证书（历次）及数据统计分析。

（3）电能信息采集终端的使用说明书、出厂检验报告、合格证，电能计量技术机构的检验报告。

（4）电能计量柜（箱、屏）安装使用说明书、出厂检验报告。

（5）二次回路导线或电缆型号、规格及长度资料。

（6）电压互感器二次回路中的快速自动空气开关、接线端子的说明书和合格证等。

（7）电能表和电能信息采集终端的参数设置记录。

（8）电能计量装置设备清单及台账。

（9）电能表辅助电源原理图和安装图。

（10）电流、电压互感器实际二次负载及电压互感器二次回路压降的检测报告（历次）及数据统计分析。

（11）互感器实际使用变比确认和复核报告（若有）。

（12）施工过程中的变更等需要说明的其他资料（若有）。

第四节　案　例　分　析

【案例3】　某公司启动备用变压器关口表电压失电事件

一、事件经过

某公司电气二次检修人员接到启动备用变压器电能表现场缺陷单，检修人员立即到现场进行缺陷确认，经检查确认启动备用变压器关口主、副表三相电压失电，启动备用变压器关口主、副表均同时显示电压为零，启动备用变压器关口计量中断。检查发现，机组大修时，发电机-变压器组检修人员进行发电机-变压器组保护调试，将220kV母线二次电压二次线电缆经1号发电机-变压器组辅助继电器屏转接至启动备用变压器保护柜的计量TV二次接线拆除（发电机-变压器组检修人员根据图纸确认该屏柜内无此电缆，所以当时决定拆除并作记录）。将1号发电机-变压器组辅助继电器屏端子上被拆除的TV二次接线（630'和640'）重新接回，启动备用变压器关口主、副表恢复正常计量。

二、原因分析

（1）1号发电机-变压器组辅助继电器屏内接线竣工图和启动备用变压器保护柜端子排图上的接线与现场实际接线情况不符，造成检修人员按照竣工图进行回路检查时误判断。

（2）现场施工没有完全按照设计图纸进行，且竣工图没有按照现场实际施工进行最终修改，暴露出设计院和施工单位对电气二次回路设计和电缆接线图细节上的管理监督不力是造成竣工图和现场不相符合的根本原因。

三、暴露问题

项目投产后没有进行220kV母线电压二次回路的全面清查和核对工作，缺少完整详细的220kV母线电压回路接线图，导致检修人员误拆至启动备用变压器关口表630'和640'电压回路。

四、防范措施

（1）加强设计施工变更工作的流程管理，确保变更后的竣工图纸与现场实际情况一致。

（2）清查和核对220kV母线电压二次回路，绘制完整的220kV母线电压回路图，确保竣工图纸与现场实际接线保持一致。

（3）利用检修机会，改进计量二次回路设计，简化端子排中间转接环节，降低二次回路压降，提高关口电量正常准确计量。

（4）整个 220kV 母线电压回路在电气二次专业内部属于不同的检修小组，将线路、发电机-变压器组保护和启动备用变压器保护及二次回路统筹到一个检修小组，以减少检修时交流沟通等细节上的疏忽。

【案例 4】 某公司 TV 二次回路压降异常

一、事件经过

某厂线路二次回路压降测试后，数据异常。其数据见表 3－4－10。

表 3－4－10　　　　　　　　　　　线路二次回路压降测试数据

线路名称	相别	比差	角差（′）	电压降（%）	I_n（A）
甲线	A	0.263	6.98	0.332	0.262
	B	−0.368	4.56	0.392	
	C	−0.008	−12.6	0.368	
乙线	A	−0.09	−5.74	0.19	0.163
	B	0.179	0.52	0.18	
	C	−0.109	5.32	0.189	
丙线	A	−0.179	1.61	0.185	0.037
	B	0.062	−2.15	0.088	
	C	0.057	1.0	0.064	

二、原因分析

（1）对表 3－4－10 中数据进行分析不难发现，TV 二次压降三相不平衡，且比差、角差有正有负；TV 端 N 线有较大的零序电流，一般在 30mA 以上。当 TV 计量绕组二次回路有且只有一点接地时，三相 TV 二次压降的比差通常为负值且大小基本相等，即便出现比差为正的现象，其数值也非常接近于零，初步判断为存在两点接地情况。

（2）通过查找改线后取掉第二接地点，重新检测数据正常，见表 3－4－11。

表 3－4－11　　　　　　　　　　线路二次回路压降测试数据（检查改线后）

线路名称	相别	比差	角差（′）	电压降（%）	I_n（A）
甲线	A	−0.041	0.22	0.042	0.008
	B	−0.039	−0.08	0.039	
	C	−0.041	0.08	0.041	
乙线	A	−0.006	−0.42	0.014	0.004
	B	−0.004	−0.26	0.009	
	C	−0.008	−0.30	0.012	

线路名称	相别	比差	角差（′）	电压降（%）	I_n（A）
丙线	A	−0.004	−0.09	0.005	
	B	−0.005	−0.29	0.010	0.001
	C	−0.001	0.07	0.002	

三、暴露问题

测量二次回路节点较多，易发生两点或多点接地现象。应加强二次回路接线回路的编号检查及日常定期检测工作，及时发现不易发现的二次回路的隐形故障。

四、防范措施

（1）核查二次回路接线，取消多余接地点。二次电压回路有两点或多点接地情况，应全部改为一点接地，且其接地点最好选在电子设备间屏内接地铜排处，否则将产生电压的零位偏移，影响电能计量误差；同时多点接地在正常运行工况下无明显异常不易发现会给电能计量带来长期影响。

（2）定期开展电压互感器二次回路压降测试，及时发现问题及时处理。

【案例5】　某公司Ⅱ母线 A 相电压互感器超差分析

一、事件经过

在某公司进行技术监督时，发现Ⅱ母线 A 相电压互感器试验数据超差，见表 3－4－12。

表 3－4－12　　　　　　　　　Ⅱ母线 A 相电压互感器试验数据

误差	额定电压百分值（%）		二次负荷	
	80	100	VA	cosφ
f（%）	−0.139	−0.124	1a－1n：150	
δ（′）	8.64	8.34	2a－2n：150 3a－3n：150	0.8
f（%）	0.175	0.187	1a－1n：37.5	
δ（′）	7.54	4.16	2a－2n：37.5 3a－3n：37.5	0.8
f（%）	0.292	0.283	1a－1n：2.5	
δ（′）	2.02	1.64	2a－2n：03a－3n：0	0.8

二、原因分析

（1）现场误差试验的数据显示：电压互感器在 150VA 时的误差为−0.139%，在 37.5VA 时为+0.175%，在 2.5VA 时为+0.292%。

（2）可见在 2.5VA 时的误差已经远超过 0.2% 的准确度等级的要求，不能满足计量要求。

三、暴露问题

实验报告数据分析工作中对标准规范要求的指标要求理解不到位，把关不严。

四、防范措施

（1）此互感器为厂家在 2005 年按国标要求生产，当时互感器设计依据是满载 150VA，轻载 37.5VA，所以很难满足 JJG 1021《电力互感器检定规程》规定的下限负荷为 2.5VA 的误差要求。对早期未按新标准制造的电压互感器进行核查，对不满足现场使用要求的进行更换。

（2）设计时应充分考虑电压互感器负荷越小，其误差越是偏正的误差理论，并对照现场使用工况进行设备造型。

【案例 6】 某公司关口电能表频繁失压分析

一、事件经过

某公司关口电能表频繁出现失压和欠压现象，造成了电量损失。

二、原因分析

（1）母线二次电压切换继电器运行时间长，切换不可靠。
（2）触点接触不良造成二次压降增大。

三、暴露问题

计量二次回路中继电器及触点周期性老化的防范或更换工作重视不够。

四、防范措施

（1）加强计量二次回路中的接线、继电器及触点等易发生，但不易发现的接触不良情况的日常检查和继电器及触点等周期性老化问题的防范或更换工作。对于有一定老化程度或有质量欠缺的继电器应利用合适的机会及时更换为性能 更可靠的继电器。

（2）加强设备日常巡检力度，增强巡检人员责任心，及时发现计量回路的失压和欠压现象。

（3）由于母线电压切换继电器的不良吸合易发生在倒母线后，所以在进行倒母线操作后应对计量回路的各相电压进行监测，保证继电器的良好接触，发现三相电压出现较大范围的不平衡时应及时分析故障原因。

（4）定期进行电压互感器二次回路压降测试，做好误差数据分析，及时发现该类故障。

【案例 7】 某公司关口电能表数据异常分析与处理

一、事件经过

（1）2018 年 1 月 19 日 500kV Ⅰ路 5011/5012 线路完成检修工作，16：32 由热备用转合环运行（5011 开关合环，5012 开关成串）；1 月 20 日 0 点抄表发现发电机出口电量与线路关口电量偏差较大（线路少了 190 万～195 万 kWh），对比抄表系统发现 500kV Ⅱ路投入后关口电量表主、副读数走表比 500kV Ⅱ路慢 1/3（正常应该基本一样），通知电气检修检查。02：00 电气检修告知发现 500kV Ⅰ路计量 TV 熔丝 B 相没旋到位造成接触不良，已旋紧。

（2）1月20日省网计量中心到现场读取500kV Ⅰ路5011/5012计量点关口电能表（兰吉尔ZMU202C）事件记录及负荷曲线数据，确认故障时间为1月19日16：32—1月20日02：00。确认1月19日16：32福门Ⅰ路5011/5012电压互感器就地端子箱内B相电压互感器二次绕组计量回路熔丝松动导致B相电压失压，关口电能表报警；1月20日02：00重新旋紧B相熔丝后，关口电能表恢复正常计量。

二、电量追补计算过程

（1）针对1月19日16：32500kV Ⅰ路5011/5012关口计量点电压二次回路B相失压故障，根据线路电量平衡原理对500kV Ⅰ路5011/5012计量点故障期间电量进行追补处理。

（2）经分析2017年12月1日00：00—2018年1月1日00：00运行工况与故障期间工况相近，取该月电量数据计算500kV Ⅰ路线路损耗率，见表3-4-13。

表3-4-13　　　　　　　　500kV Ⅰ路线路损耗率计算表

厂站	计量点名称、计量方向	2017年12月1日00：00开始表码	2018年1月1日00：00结束表码	差值	倍率	电量增量（kWh）
电厂侧	5011/5012 正向	1632.2098	1679.1671	46.9573	15000000	A_1＝704359500
变电站	5041/5042 反向	2468.8364	2515.5713	46.7349	15000000	B_1＝701023500

注　1. 期间5011/5012计量点未发生反向有功电量，5041/5042计量点未发生正向有功电量。

　　2. 线路损耗率 γ 计算如下：将 A_1、B_1 代入公式：$\gamma＝(A_1－B_1)/A_1×100\%（704359500－701023500)/704359500×100\%＝0.4736＝0.4736\%$。

（3）查电能量计量系统，500kV变电站5041/5042计量点在故障期间未发生正向有功电量（电网送电厂），电厂都为发电上网运行方式，故仅对电厂侧5011/5012计量点正向有功电量（电厂送电网）进行追补，计算见表3-4-14。

表3-4-14　　　　　　电厂侧5011/5012计量点正向有功电量计算表

厂站	计量点名称、计量方向	故障开始表码	故障结束表码	差值	倍率	电量增量（kWh）
电厂侧	5011/5012 正向	1698.6744	1698.9996	0.3252	15000000	A_2＝4878000
变电站	5041/5042 反向	2535.0010	2535.4859	0.4849	15000000	B_2＝7273500

注　1. 期间5011/5012计量点未发生反向有功电量，5041/5042计量点未发生正向有功电量。

　　2. 应计有功电量（电厂送出）C：将 B_2 代入公式：$C＝B_2×(1＋\gamma)$，$C＝7307947$。

　　3. 少计正向有功电量（电厂送出）D：将 C 代入公式：$D＝C－A_2$，$D＝2429947$。

　　4. 通过以上分析计算，应追补5011/5012计量点正向有功电量2429947kWh。

三、暴露问题

计量二次回路中端子箱、熔断器及触点周期性老化的防范或改进工作重视不够。

四、防范措施

（1）为提高电压回路可靠性，将计量二次螺旋熔断器更换为三相独立、性能可靠的快速空气断路器，见图 3-4-1。

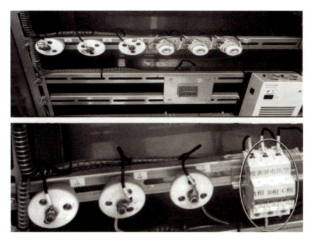

图 3-4-1 柜内熔丝更换空气开关图

（2）加强定期工作中的二次压降测试内容，检修时测试 TV 二次空气开关的直阻值。

（3）加强 TV 端子箱密封，同时在 TV 端子箱内部增加半导体除湿机，其排水管引到端子箱外，防止端子及快速空气断路器触点受潮氧化。

【案例 8】 某厂关口电能表 TV 二次压降超差分析及处理

一、事件经过

某厂关口计量电能表屏设置在机组主控室内，二次回路电压均取自甲站 220kV Ⅰ、Ⅱ 母线和乙站 220kVA、B 母线电压互感器。2015 年 7 月对这四条母线电压互感器二次回路电压压降进行测试，测试结果超差，见表 3-4-15。

表 3-4-15　　　　　　　　　电压互感器二次回路压降测试数据表

设备名称	等级	电压互感器变比 (kV/V)	相别	压降（ΔU，%）
220kVⅠ母线	0.2	220kV/100V	AB	0.39
			CB	0.31
220kVⅡ母线	0.2	220kV/100V	AB	0.38
			CB	0.39
220kVA母线	0.2	220kV/100V	AB	0.31
			CB	0.32
220kVB母线	0.2	220kV/100V	AB	0.33
			CB	0.33

二、原因分析

（1）关口电能表电压互感器的额定容量比较小，二次回路电缆引至主控室电能表屏，回路设计有 TV 失压报警装置及电压切换保护继电器，电压互感器二次回路负荷过重。

（2）主控室位置距离各电压互感器端子箱太远，到关口电能表屏距离远，分别为 160m 和 130m 左右，电缆截面面积为 4mm²，电缆敷设距离过长且截面小，其电缆本身电阻就较大，增加了二次回路压降。

（3）220kVⅠ、Ⅱ母线和 220kVA、B 母线电压互感器室外端子箱，因密封材料已老化，箱内接线端子有多处锈蚀且已经氧化，接触电阻变大。

（4）电压互感器二次回路进入主控室后转接点太多，回路接触电阻增加，母线电压切换继电器吸合线圈电压取至直流小母线，每当直流接地查找接地点时，关口表容易出现失压现象。

（5）原设计关口电能表受电方式，是经过了电压互感器隔离开关位置继电器的切换及关口表电压位置电磁式继电器切换电压后，再给电能表受电。电磁式继电器功耗大并且触点可靠性差，容易造成触点压偏，接触电阻增大，

（6）输出线路侧的电流互感器设计最大电流 1200A/5A，二次电流过大易导致电缆发热，影响二次线路导电率。

三、暴露问题

计量二次回路中端子箱、保险及触点周期性老化的防范或改进工作重视不够。

四、防范措施

（1）将关口计量点迁至距离更近的网控室内，距离减少到 80m 左右，电能表更换为瑞士 0.2S 级 0.3（1）A 的电能表，电压二次回路采用 6mm² 电缆，减小电阻增加导线截面积。

（2）淘汰了原升压站 220kV Ⅰ、Ⅱ母线和 A、B 母线两个旧的电压互感器端子箱，新型电压互感器端子箱装有先进的除湿装置并非普通加热器，消除了旧端子箱因接线端子锈蚀产生的回路压降的影响；采用了新型端子排，保证大截面电缆的压接可靠性，减少了因压接不良造成的电阻增大的问题。

（3）对新装电能表屏进行改造。拆除所有位置电磁式继电器，改用低功耗小型化固态继电器切换箱实现电压切换，在切换箱工作电源前接入两路 220V 直流电源，防止关口表 TV 电压失压。通过改造后大大提高了计量回路的可靠性，减小了回路电阻，降低了计量回路负载。

（4）原 TV 失压报警装置工作原理为并接在关口电能表电压二次回路中，监视电压互感器失压及欠压。因其直接接入 TV 二次电压回路中，存在电子元器件长期使用绝缘老化引起短路及电压降低的风险，改用新型的 TV 失压报警装置，在关口电能表数据采集上传的同时，借用 485 总线采集表内巡检监测到的 TV 二次电压和二次电流情况，做出分析判断，在 TV 电压及 TA 电流不满足条件时及时报警提醒。

（5）改进前后 220kVⅠ、Ⅱ母线和 A、B 母线电压互感器二次电压回路压降测试数据见

表 3-4-16。

表 3-4-16 电压互感器二次回路压降测试数据对比表

设备名称	等级	电压互感器变比（kV/V）	相别	压降（%）	
				改造前测试	改造后测试
220kV Ⅰ母线	0.2	220kV/100V	AB	0.39	0.13
			CB	0.31	0.11
220kV Ⅱ母线	0.2	220kV/100V	AB	0.38	0.12
			CB	0.39	0.15
220kV A母线	0.2	220kV/100V	AB	0.31	0.11
			CB	0.32	0.12
220kV B母线	0.2	220kV/100V	AB	0.33	0.12
			CB	0.33	0.10

【案例 9】 电压切换继电器故障

一、事件经过

（1）运行人员发现 220kV 某变电站 110kV 某线上网电厂主、副表均无显示的缺陷，上报计量人员检查处理，对故障的中间继电器进行更换后，电能表恢复计量，功能正常。

（2）计量人员用电能表读表软件读取了 110kV 该线路主、副表事件记录，根据记录该电能表反复发生失电、上电，而电能表仅能记录最近十次发生的事件及最近约 1 个月的负荷曲线，导致失压发生准确时间无法确定。因为无法确定电表失压起止的准确时间，所以只能按故障起止的大致时间为 4 个月，以变电站侧结算表计量加上该年度累计正常月份的平均线损后，与上网电厂侧电能表参考计量之差来确定需补电量。

二、原因分析

（1）该变电站 110kV 线路为双母线接线运行方式，电能表电压二次回路经过两段母线的电压切换中间继电器进行切换。

（2）检查测量时发现主控室电度表屏电能表尾端及端子排内侧经电压切换继电器切换后的三相电压均为 0V，而端子排外侧两段母线电压在切换前的三相电压正常；进一步检查端子排切换电压二次回路的中间继电器内部故障，不能正常动作，引起电表失电。

（3）对故障的中间继电器进行更换后，经检查、测试 110kV 该线路主、副表电压回路三相电压恢复正常，电能表恢复计量，功能正常。

三、暴露问题

计量二次回路中继电器及触点周期性老化的防范或改进工作重视不够。

四、防范措施

（1）加强二次回路的切换中间继电器的检修维护及做好母线切换时的信息采集监测系统的巡视检查工作，确保电能计量正确。

（2）定期开展关口表现场周期检验工作，及时发现、及时处理计量故障，避免故障发生时间太久无法准确确定故障起止时间的问题。

【案例 10】　TV 二次回路压降测试时导致机组跳闸事件

一、事件经过

（1）某日，某公司耿某、袁某、徐某到某电厂进行电费计量系统改造收尾工作，内容为"电气主控室及 110kV 升压站 4 - 9TV、5 - 9TV 二次回路压降测试"，电厂仪表班 4 名职工配合工作，工作负责人为张某。13：45，工作负责人办票后，带领工作人员到各表盘处交代注意事项，并在现场监护。耿某在电气主控室楼梯平台 7.5m 处放线，袁某在 110kV 变电站内 A 母线下方通道处由北向南拉测量线，徐某去联系借对讲机。约 14：24，在平台上放线的耿某停止放线，进入控制室，但没有通知袁某。袁某仍在拉线，当袁某拉线行至 4～9TV 控制箱处时，此时放线约 35m，测量线被绷紧后弹起，与 104 开关 A、B 相放电，造成 104 开关母线侧接地短路。

（2）14：24，老厂电气主控制室"110kVA 母线故障""110kV145 故障"信号发出，母差保护动作。运行在 A 母线上的各分路开关及 6、8、10 号机组掉闸，老厂负荷降至 60MW，厂用电全部自投成功。

（3）110kVA 母线故障的同时，由老厂接入新厂的启动备用变压器掉闸，14：24，1 号机组厂用电全部失去，1 号机组首发"发电机断水保护动作"，机组掉闸。1 号机组掉闸后，所带 A、B 两台空气压缩机掉闸。又由于 2 号机组所带 C、D 两台空气压缩机冷却水系由 1 号机组工业循环水泵提供，2 号机组所带两台空气压缩机失去冷却水，保护动作掉闸。空气压缩机停运后，由于两台真空泵入口门均为气动控制阀，压缩空气压力降低时，自动打开，2 号机组真空迅速下降，14：36，机组低真空保护动作，机组掉闸。

（4）事故发生后，检查发现 104 开关 A 相并联电容及 B 相瓷瓶轻微烧伤，104 开关 B 相喷油，104 开关 A、B 相油标黑，104 开关间隔遮栏有电弧烧伤的痕迹。108 开关 B 相喷油，并且在 104 开关间隔附近的地面上发现有多段被电弧烧断的测量线。根据现场故障现象，判断为 104 开关 A、B 相母线侧对测量线放电短路，造成相关保护动作，导致机组相继跳闸事故。

二、原因分析

试验前未准备好通信设备，试验过程中又联系沟通不畅，耿某在离开工作现场后没有及时通知袁某，袁某一人拉线，且大力拉扯，使得测量线弹起造成开关母线侧短路。

三、暴露问题

工作中存在麻痹思想，工作责任心不强，且安全组织技术措施落实不到位，试验过程中未正确识别危险源。若耿某在离开现场及时通知袁某停止作业，应能有效地避免此次事故。

四、防范措施

（1）在试验前应制定好安全、组织、技术措施，并准备好试验工器具及通信设备。

（2）试验工程中应正确识别危险源，并做好可能由于施放试验线不当会触碰带电设备的危险点及安全预防措施。

（3）试验工程中应按照电厂的要求开具工作票和操作票，严格遵守施工工艺要求，严禁野蛮施工。

（4）工作负责人和监护人应发挥监护作用，在工作过程中及时发现和制止不安全现象。

第五章

电测技术监督常见问题

第一节 常见问题及改进建议

一、电测专业普遍存在或容易忽视的问题

（1）计量标准装置未申请建设标准考核或到期未申请复查，开展检定工作，计量标准考核后续监管不达标。其不达标问题如部分企业计量标准器及配套设备不齐全、缺少相应的计量标准的运行维护管理制度、个别检定项目的持证检定人员数量不足、计量标准实验室运行环境不符合相应规程的要求、每项计量标准文件集归档管理不规范。

（2）计量检定原始记录不规范。如部分被检电测仪表没有检定原始记录；部分检定原始记录中检定项目及数据处理方式不符合相应规程的要求；部分检定原始记录无标准器证书编号、精度等级、有效期等关键信息，无复核人员签字，空白处无"以下空白"或"/"表示；无所依据的检定规程信息，涂改不规范；部分检定原始记录没有进行归档管理等。

（3）关口计量或内部考核计量装置技术管理工作不健全、不规范，不能有效监管计量装置的安全可靠运行和计量值的准确。如计量台账信息不全，更新不及时；未做好关口或内部考核计量装置检定证书或现场检验报告的归档管理工作；关口或内部考核计量装置中的电能表及电压、电流互感器的周期检定或现场周期检验工作未定期开展或由于客观原因不能按计划进行。

（4）专业台账和周检计划的制定、落实等基础技术管理有待规范和完善。如台账中仪器仪表分类错误，信息不全，信息更新不及时，无接入电压、电流互感器信息；周检计划制定的范围太大、内容过于笼统、周检计划不能按时执行、周检计划未完全覆盖在用电测仪表等。

二、改进建议

（1）依据《中华人民共和国计量法》《中华人民共和国计量法实施细则》《电能计量装置技术管理规程》等法律法规和技术标准要求，根据企业需求做好计量标准建设标准申请（复查）考核工作，做到电测技术监督工作有据可依、依法执行。

（2）建立或完善关口或内部考核电能计量台账，通过定期开展周期检定或现场检验工作等技术手段，切实开展重要计量装置的综合误差分析，掌握综合误差变化趋势，尤其是提高关口电能计量准确性。

（3）结合实际情况，完善技术监督管理体系及规章制度，组织技术培训，建立健全并及时更新设备台账等技术资料的基础管理，提高专业技术水平，全面推行电测监督定期工作和技术监督工作中的过程管理。

第二节　电测技术及其监督的发展趋势

一、电测技术应用与未来发展

随着计算机软件技术和微电子技术的进步，微型传感器、集成传感器和智能传感器取得了迅速的发展，同时信息通信技术和数字处理技术的发展，促使仪器仪表的数字化、多功能化和小型化，系统级测试方案的集成化、智能化、网络化发展。未来测试技术的发展主要体现在以下几方面。

1. 测试精度更高

在电压、电流相位测量方面，相关测试装置的角差测量精度达到了 $0.001°$，在时间测量方面，分辨率已经达到飞秒级。

2. 测试范围更大

在常规测量方面，测试技术是比较可靠的。而在一些极端参数的测试方面，测试系统的测试范围将不断扩大，如何保障精度可靠性成为重要的着眼点。

3. 测试功能更强

随着社会的发展，需要测试的领域不断扩大，电气测试环境和条件越来越复杂，需要测量的参数也不断增多，对测试系统的功能提出了更高的要求。例如，有的测试要求仪器仪表具备联网测量功能，不但要求在不同的地域完成同步测量，还要求同时保证极高的精度和可靠性。

4. 集成化、智能化水平更高

数据采集、分析、计算、故障分析、预警、数据协议转换和数据加密等模块将会逐步嵌入到现场电气测试设备中，设备的智能化和集成化水平将更高。

二、电测专业技术监督发展趋势

1. 持续并提高电测专业定期工作成效

按照《中华人民共和国计量法》《中华人民共和国计量法实施细则》《电能计量装置技术管理规程》等法律法规和技术标准要求，坚持"关口前移、闭环管理"的监督理念，电测技术监督工作一是应依靠未来测试技术的进步，不断发展，持续提高电测技术监督的专业水平，电测技术监督工作做到有据可依、依法执行，二是全面推行电测监督定期工作和技术监督工作中的过程管理，并通过定期开展的周期检定或现场检验工作等技术手段，督促设备隐患治理，提高电测设备的可靠性，确保电测设备的安全、稳定运行。

2. 远程技术监督服务

现代科学的发展在不断促进着电测技术进步的同时，也不断地给技术监督手段提出了更高的要求，技术监督工作必将会越来越多地将电测专业技术和各相关学科最新成果进行融合使用，更好地实现远程技术咨询和诊断。技术监督服务平台就是一个资源共享的平台，可以远距离近时空地进行相互交流和沟通。发电企业遇到的技术问题，可以通过平台提出疑问，技术监督服务机构就能在第一时间进行响应和解答。同时，还可以将技术监督中发现的问题和各发电企业在运行中出现的问题在技术监督平台共享，开阔大家的视野且集思广益，利于技术问题的快速解决和避免类似问题重复发生。监督平台的高效运转、管理和维护不仅节约大量的时间、人力和资金，更能整合各方面的技术资源优势，更好地为发电企业提供发电技术支持。

3. 故障诊断及状态评估

基于在线监测与离线检修两种电气设备测试技术，发展电力设备故障诊断及状态评估体系，为设备运行状况诊断及寿命预测提供准确的依据，将是电力企业及科研机构今后的重点研究内容。

附录 电测技术监督标准

1. 《中华人民共和国计量法》
2. 《中华人民共和国计量法实施细则》
3. GB 20840.2《互感器 第2部分：电流互感器的补充技术要求》
4. GB 20840.3《互感器 第3部分：电磁式电压互感器的补充技术要求》
5. GB 20840.4《互感器 第4部分：组合互感器的补充技术要求》
6. GB/T 20840.5《互感器 第5部分：电容式电压互感器的补充技术要求》
7. GB/T 26862《电力系统同步 相量测量装置检测规范》
8. GB/T 50063《电力装置电测量仪表装置设计规范》
9. JJF 1001《通用计量 术语及定义》
10. JJF 1033《计量标准考核规范》
11. JJF 1075《钳形电流表校准规范》
12. JJF 1587《数字多用表校准规范》
13. JJG 123《直流电位差计检定规程》
14. JJG 124《电流表、电压表、功率表及电阻表检定规程》
15. JJG 125《直流电桥检定规程》
16. JJG 126《交流电量变换为直流电量电工测量变送器》
17. JJG 169《互感器校验仪检定规程》
18. JJG 307《机电式交流电能表》
19. JJG 313《测量用电流互感器检定规程》
20. JJG 314《测量用电压互感器检定规程》
21. JJG 366《接地电阻表检定规程》
22. JJG 410《精密交流电压校准源检定规程》
23. JJG 440《工频单相相位表检定规程》
24. JJF 1638《多功能标准源校准规范》
25. JJG 596《电子式交流电能表检定规程》
26. JJG 597《交流电能表检定装置检定规程》
27. JJG 603《频率表检定规程》
28. JJG 622《绝缘电阻表检定规程》
29. JJG 691《多费率交流电能表检定规程》
30. JJG 780《交流数字功率表检定规程》
31. JJG 1005《电子式绝缘电阻表检定规程》
32. JJG 1021《电力互感器检定规程》
33. JJG（电力）01《电测量变送器检定规程》
34. NB/T 35076《水力发电厂二次接线设计规范》
35. DL/T 280《电力系统同步相量测量装置通用技术条件》

36. DL/T 448《电能计量装置技术管理规程》
37. DL/T 460《智能电能表检验装置检定规程》
38. DL/T 566《电压失压计时器技术条件》
39. DL/T 614《多功能电能表》
40. DL/T 630《交流采样远动终端技术条件》
41. DL/T 645《多功能电能表通信协议》
42. DL/T 719《远动设备及系统　第5部分　传输规约　第102篇：电力系统电能累计量传输配套标准》
43. DL/T 725《电力用电流互感器使用技术规范》
44. DL/T 726《电力用电磁式电压互感器使用技术规范》
45. DL/T 727《互感器运行检修导则》
46. DL/T 825《电能计量装置安装接线规则》
47. DL/T 826《交流电能表现场测试仪》
48. DL/T 829《单相交流感应式有功电能表使用导则》
49. DL/T 830《静止式单相交流有功电能表使用导则》
50. DL/T 1051《电力技术监督导则》
51. DL/T 1075《保护测控装置技术条件》
52. DL/T 1199《电测技术监督规程》
53. DL/T 1152《电压互感器二次回路电压降测试仪通用技术条件》
54. DL/T 1258《互感器校验仪通用技术条件》
55. DL/T 1473《电测量指示仪表检定规程》
56. DL/T 1478《电子式交流电能表现场检验规程》
57. DL/T 1507《数字化电能表校准规范》
58. DL/T 1517《二次压降及二次负荷现场测试技术规范》
59. DL/T 1664《电能计量装置现场检验规程》
60. DL/T 5202《电能量计量系统设计技术规程》
61. Q/GDW 1140《交流采样测量装置运行检验规程》
62. Q/GDW 1899《交流采样测量装置校验规范》

参 考 文 献

[1] 黄新波. 电气测试技术 [M]. 北京：电子工业出版社，2018.

[2] 卜劲松. 电测量专业 [M]. 北京：中国电力出版社，2011.

[3] 江蓉. 关口电能表数据异常分析与处理 [J]. 现代信息科技，2018，2 (10)：79 - 81.

[4] 徐宏涛，单涛，李方强. 关口电能表 PT 二次压降的改造 [J]. 科技经济导刊，2018，26 (29)：81 - 83.

[5] 何佳. 高压电能计量装置故障分析及处理典型案例 [J]. 通讯世界，2016 (2)：83 - 84.

第四部分
励磁监督

第一章

励磁系统技术监督管理

第一节　励磁系统技术监督概述

发电机励磁系统技术监督的目的是通过技术监督在各个相关单位和各个管理阶段建立起科学有效的联系，确保发电机励磁系统满足技术标准和技术合同的规定，满足电厂和电网的技术要求，并减少励磁系统故障，提高发电机和电力系统安全稳定性。

发电机励磁系统技术监督工作如下：

（1）贯彻执行国家、行业以及所在电网有关技术监督的方针政策、法规、标准、规程、制度等。

（2）做好发电机励磁系统设计、选型、安装、试验、运行、检修、设备改造等各个环节全过程技术监督。

（3）掌握发电机励磁设备故障、重大障碍和缺陷情况，督促组织调查，分析原因、总结经验，提出对策并且督促实施。

（4）参与并网发电厂的并网发电机励磁系统设备技术条件审查。

（5）进行网内外技术监督情况、运行统计、设备重要质量情况和技术监督管理经验的交流与合作。

（6）进行技术监督培训考核工作。

（7）建立和健全发电机励磁系统技术监督档案。

第二节　励磁系统技术监督要求

定期召开电力技术监督会议和发电机励磁系统技术监督专业会议，贯彻技术监督条例和上级要求，制定修订技术监督实施细则，总结交流技术监督工作，考评技术监督工作，表彰优秀技术监督单位和人员，确定今后工作目标和任务。

（1）按照全过程监督的原则，制定发电机励磁系统各阶段的监督工作计划。

（2）发电机励磁系统技术监督工作实行监督报告制度、联系单制度和责任处理制度。

（3）各项技术监督任务结束时由技术监督专责填报技术监督报告。

（4）技术监督中发现的一般问题采取联系单方式就地解决；对重要的问题及时发出预警、告警及整改通知单，督促责任单位整改；对严重影响电网安全的问题进行专项监督。

（5）对存在严重影响电网安全的问题、又未采取积极措施的单位应根据发电机组并网协议进行处理。

（6）每年组织发电机励磁系统技术监督检查组检查各单位技术监督实行情况、发电机励磁系统设备情况和对遗留问题处理情况，协助发电企业解决技术监督涉及的问题。

（7）组织学术交流、技术监督人员培训，传达相关文件和标准颁发信息，不断提高人员的技术水平。

（8）努力提高发电机励磁系统技术监督管理水平，采取评估、分析、整改的闭环控制过程，使发电机励磁系统处于有效的技术监督之下。

第三节 励磁系统技术监督范围及重要指标

一、监督范围

（1）励磁控制系统：发电机、（主、副）励磁机、励磁变压器、功率整流装置、自动电压调节器（AVR，包括 PSS 等辅助控制及限制单元）、手动励磁控制单元、灭磁装置、转子过电压保护单元、起励单元、转子滑环及电刷、励磁用电流互感器及电压互感器、励磁回路电缆、母排（交、直流）等。

（2）励磁系统控制屏、信号屏以及与励磁系统有关的保护及自动装置接口屏。

（3）连接励磁系统装置的二次回路。

二、主要指标

（1）励磁系统自动电压调节器应按要求正常投入，年投入率大于 99%，并且手动方式连续运行不能大于 24h。

（2）设备年检合格率是否达标 98%。

（3）PSS（集团公司励磁监督文件）投入率不低于 99%，PSS 强行切除次数满足地方调度要求。

（4）设备年检计划完成率不低于 95%。

第四节 励磁系统技术监督资料

一、技术资料

（1）二次回路（包括电压、电流、控制及信号等回路）原理图。

（2）一次设备主接线图及主设备参数。

（3）励磁系统各屏的端子排图。

（4）发电机励磁系统传递函数总框图及参数说明。

（5）励磁系统的投产试验报告（包括特殊试验）及历次校验报告，校验报告应包括试验项目数据、结果，试验发现的问题及处理方法，试验负责人，试验使用的仪器、仪表、设备和试验日期等内容。

（6）励磁系统现场运行、检验规程。

（7）上级单位颁发的规程、规定、制度、专业技术文件的反事故措施及执行情况记录。

（8）励磁系统的校验计划及执行情况。

（9）仪器、仪表设备使用说明书。

（10）本企业励磁系统试验设备的技术资料及检验报告。

（11）励磁系统设备台账。

（12）励磁系统备品、备件清单。

二、试验设备、仪器仪表和备件的配置与管理

（1）应根据实际需求配备合格的试验设备、仪器仪表和备品备件。

（2）励磁系统用仪器、设备及仪表应认真登记在案并按相关标准、规程要求进行定检，以保证其精确度。经检验不符合标准的仪器、设备及仪表，应立即停止使用，并进行调整和修复。

（3）仪器、设备、仪表及其附件要存放整齐有序，注意防尘、防潮。

（4）仪器仪表的使用应参照说明书要求，严禁超规范使用。

（5）励磁系统试验仪器设备及仪表配置最低标准。

1）多功能继电保护测试仪。

2）电流电压相位表。

3）数字式万用表。

4）相序表。

5）绝缘电阻表（500V 或 1000V）。

6）滑线变阻器。

7）单相调压器。

8）电量分析记录仪（录波器）。

9）红外测温仪。

第五节　励磁系统技术监督告警

一、告警分类

（1）技术监督告警分一般告警和重要告警。

（2）一般告警是指技术监督指标超出合格范围，需要引起重视，但不至于短期内造成重要设备损坏、停机、系统不稳定，且可以通过加强运行维护，缩短监视检测周期等临时措施，安全风险在可承受范围内的问题。一般告警项目见表 4-1-1。

表 4-1-1　　　　　　　　　　　　一 般 告 警 项 目

序号	一般告警项目	备注
1	集团公司技术监督制度落实不到位	
2	技术监督重点项目或重要定期检验项目未做	
3	发电机励磁系统性能达不到额定铭牌或系统规定	
4	励磁系统限制器功能未投入运行	
5	PSS 不能正常投入运行	
6	无励磁系统模型	
7	励磁系统主要保护未能正常投入运行	
8	额定工况下可控硅均流系数小于 0.9	
9	励磁回路绝缘小于 0.5MΩ（测试电压 500V）	
10	励磁变压器温度高报警且 72h 未解除	

（3）重要告警是指一般告警问题存在劣化现象且劣化速度超出有关标准规程范围，或有关标准规程及反事故措施要求立即处理的或采取临时措施后，设备受损、负荷减供、环境污染的风险预测处于不可承受范围的问题。重要告警项目见表 4 - 1 - 2。

表 4 - 1 - 2　　　　　　　　　　　　重 要 告 警 项 目

序号	重要告警项目	备注
1	调节器单套运行且失去备用时间超过 168h	
2	可控硅脉冲丢失，造成分支电流不平衡，励磁电压不稳定，未查明原因且继续运行	
3	励磁变压器温度高报警且 168h 未解除	

二、告警问题的闭环管理

对技术监督告警问题，要充分重视，采取措施，进行风险评估，制定必要的应急预案、整改计划，完成整改，全过程要责任到人，形成闭环处理。

第六节　　励磁系统技术监督常见问题

励磁系统技术监督中的常见问题见表 4 - 1 - 3。

表 4 - 1 - 3　　　　　　　　励磁系统技术监督中的常见问题

序号	问题项目	建议
1	励磁系统投运后未开展新投运励磁装置的第一次全部检验或检验试验的项目不全	按照集团公司《励磁技术监督实施细则》第十二条"定期检验监督"的要求，参照 DL/T 489《大中型水轮发电机静止整流励磁系统及装置试验规程》规定的试验项目及试验方法开展试验，并形成正式的试验报告
2	未校核励磁调节器各限制环节与发电机保护配合关系	按照国能安全〔2014〕161 号《防止电力生产事故的二十五项重点要求》第 11.3 条规定，对励磁调节器各主要限制环节进行整定计算、校核及归档
3	每台机组两套励磁调节通道的电压回路取自同一个 TV 二次绕组	按照国家能源办〔2019〕767 号《国家能源投资集团有限责任公司电力二十五项重点反事故措施》第 11.1.2 条"励磁系统中两套励磁调节器的自动电压调节通道应相互独立，使用机端不同电压互感器的二次绕组，防止其中一个故障引起发电机误强励"的要求整改
4	励磁系统功率柜均流系数不满足规程要求	尽快查明原因并联系励磁设备厂家进行均流系数调整
5	未见核相试验和相序检查试验报告	按照 DL/T 1166—2012《大型发电机励磁系统现场试验导则》第 5.2.1 条的要求整改
6	励磁系统等电位接地网敷设不规范，如存在励磁调节柜二次电缆屏蔽层接在屏柜外壳上、二次等电位铜排与机箱外壳未绝缘、励磁变压器端子箱处二次电缆套筒金属外壳未接地等情况	按照国能安全〔2014〕161 号《防止电力生产事故的二十五项重点要求》第 18.8 条和 GB 50171—2012《电气装置安装工程盘、柜及二次回路接线施工及验收规范》第 7 条的要求整改

序号	问题项目	建议
7	励磁系统部分部件的备品备件不足	结合厂站的实际情况备齐如下备品： （1）功率整流器中整流器件、快速熔断器、脉冲变压器组件、阻容保护组件。 （2）灭磁电阻及转子过电压保护组件。 （3）自动励磁调节器的主要功能模件板及电源模块。 （4）励磁冷却系统中的易损件。 （5）灭磁开关的分合闸线圈、主辅触头等。 （6）其他特殊的备件
8	未测试灭磁开关跳闸中间继电器性能	按照国家能源办〔2019〕767号《国家能源投资集团有限责任公司电力二十五项重点反事故措施》中11.2.4"灭磁开关跳闸中间继电器应采用抗干扰继电器，抗干扰继电器的启动功率应大于5W，动作电压在额定直流电源电压的55％～70％范围内，额定直流电源电压下动作时间为10～35ms，应具有抗220V工频电压干扰的能力"的要求出具检测报告
9	励磁系统压敏电阻测试未标明试验电压值，且测试数据未与历史数据进行比较，无法判明压敏电阻老化情况	按照DL/T 489—2018《大中型水轮发电机静止整流励磁系统试验规程》中7.5.1"非线性电阻试验"的要求开展非线性电阻试验。该站励磁系统非线性电阻是氧化锌非线性电阻元件，在试验中应逐支路测试记录元件压敏电压U_{10mA}。测试元件泄漏电流，对元件施加相当于0.5倍U_{10mA}直流电压时其泄漏电流应小于100μA，定期检验时按同样标准检测元件泄漏电流。在励磁系统检修时，测定元件压敏电压，在同样外部条件下与初始值比较，压敏电压变化率大于10％应视元件为老化失效。当失效元件数量大于整体数量的20％时应更换整组非线性电阻

第二章

励磁系统技术监督内容

第一节 励磁系统设计选型

一、设备选型依据

（1）励磁系统设备选型应根据 GB/T 7409.1《同步电机励磁系统 定义》、GB/T 7409.2《同步电机励磁系统 第 2 部分：电力系统研究用模型》、GB/T 7409.3《同步电机励磁系统 大、中型同步发电机励磁系统技术要求》、DL/T 583《大中型水轮发电机静止整流励磁系统技术条件》等规程以及相关部件的技术标准要求进行。新建及改造的励磁系统应采用通过型式试验、成熟可靠、技术先进，且性能指标符合标准、规程要求的产品。10MW 及以上机组发电机励磁系统的选型、设备改造、技术谈判、签定定货技术协议等应有专业人员参加。

（2）新建、扩建、技改工程设计中，励磁装置的配置方案应不低于有关标准并符合反事故措施要求。

二、励磁系统主回路和设备技术资料要求

（1）转子绕组、励磁主回路各元件的电流和电压参数应匹配。

（2）整流元件电流和电压额定参数应大于 3～3.5 倍额定励磁电流，并与快速熔断器匹配。

（3）发电机额定运行时出口三相短路和空载误强励两种情况下能可靠灭磁。

（4）励磁回路直流侧短路时，灭磁开关和快速熔断器应满足分断要求。

（5）励磁调节装置工作电源条件：交流电压允许偏差为额定值的 -15%～$+10\%$，频率允许偏差为额定值的 -6%～$+4\%$；直流电压允许偏差为额定值的 -20%～$+10\%$。

（6）自并励静止励磁系统的励磁变压器额定容量、交流励磁系统的励磁机额定容量应满足 GB/T 7409.3《同步电机励磁系统 大、中型同步发电机励磁系统技术要求》、DL/T 583《大中型水轮发电机静止整流励磁系统技术条件》等规程要求。

三、励磁系统集控监视信号

（1）励磁调节器调节方式。

（2）励磁调节器运行通道。

（3）磁场断路器分/合状态。

（4）PSS 投/退状态。

（5）励磁变压器（励磁机）故障。

（6）功率整流装置故障。

（7）起励故障。

（8）电压互感器断线。

（9）励磁控制回路电源消失信号和励磁调节装置工作电源消失。

（10）励磁调节装置故障。

（11）稳压电源故障。

（12）触发脉冲故障。

（13）调节通道自动切换动作。

（14）低励限制动作。

（15）过励限制动作。

（16）伏/赫兹限制动作。

四、其他要求

（1）励磁系统应配置换相过电压保护、转子过电压保护等必要的保护装置。

（2）发电机励磁系统模型（包括 PSS 模型）应采用 GB/T 7409.2《同步电机励磁系统　第 2 部分：电力系统研究用模型》中规定的模型，特殊模型应经动模试验检验、运行考验、仿真计算等方式予以确认。

（3）发电机停机和灭磁的逻辑设计正确。

（4）励磁调节器各限制和保护的配置应符合发电机、主变压器等一次设备的特性及相关技术标准的要求。

（5）应按照发电机励磁系统技术标准，通过励磁设备的型式试验，并经过产品鉴定和运行考核。

（6）励磁系统现场运行环境应满足励磁调节器和功率整流装置的运行要求。

（7）励磁调节装置应具备与计算机监控系统通信的接口功能。

第二节　励磁系统安装与调试

一、安装准则

（一）安装人员素质

1. 施工负责人

（1）具有相当于大专及以上学历和 3 年以上的实际安装经验。

（2）熟悉励磁标准及标准引用的技术规范、设计文件及合同规定条文，以及建设单位的要求。

（3）能正确理解与应用设计单位和制造厂的设计图纸及技术资料。

（4）能按有关规定及要求编制施工计划，组织施工。

（5）能独立解决施工中出现的技术问题，并能审核与汇总安装记录。

2. 施工人员

（1）具有相当于中专及以上学历。

（2）基本熟悉励磁系统及装置中主要设备的工作原理、用途、安装位置及施工注意事项。

（3）能按制造厂、设计单位的图纸与技术资料进行安装工作。

（4）能正确使用施工工具和施工用的仪器、仪表。在安装中能按要求测录并填报施工记录，并解决安装中发生的问题。

（二）材料准备

除了制造厂提供的装置性材料以外，安装单位应按工程施工设计的技术文件与图纸负责订货、采购、检验。对于代用材料或更换材料的材质、型号、规格，应取得设计单位、制造厂、监理工程师书面批复意见。

（三）工器具准备

施工单位可按励磁装置的不同类型和安装位置，在原有施工工具的基础上进行必要的改制或添置。特殊安装工具应由制造厂提供。

（四）具备条件

1. 图纸及技术资料

工程建设单位应按工程承包合同规定的有关技术条款，提供安装设备的励磁系统安装图、安装技术要求及其他工程设计图纸、调试方案等。

2. 设备的开箱检查与保管

（1）设备开箱检查应在制造厂代表、监理和施工单位同时在场的情况下进行，制造厂代表无法及时赶至现场参与开箱检查时，应书面委托用户或安装公司代为参与开箱检查，并逐项填写检查记录。

（2）查明到货产品的设备型号、规格、数量等，应与订货合同及设备装箱清单相符合。

（3）查明到货产品的备品、备件、附件和专用工具的型号、规格、数量等，应与产品说明书及设备装箱清单相符合。

（4）查明装箱资料袋中的产品合格证书、技术条件、说明书、图纸资料、出厂试验记录等规定的技术资料，应完整无缺。

（5）开箱后查出的设备缺陷、缺件以及运输损坏部件，应由各方代表签证，并由制造厂负责补发、更换或修理。

（6）开箱后暂不安装的设备应按有关国家标准或行业标准的规定和制造厂要求进行妥善保管。

3. 装置性材料的检查

到货的装置性材料应具有出厂合格证，必要时应进行材料的材质化验鉴定。

4. 施工技术准备

（1）应理解施工设计图纸和设备生产制造厂技术说明书。

（2）在熟悉图纸和勘察现场后，应根据实际情况编制详细的施工方案、设备和材料需用计划以及人员进场计划等，报监理审批。

（3）应对施工人员进行培训，经培训合格后方可上岗。

（五）安装条件

励磁系统及装置的安装，应在相应土建工作全面完成后才能进行，并检查设备的安装基础及埋设件是否符合设计图纸或制造厂的要求。

现场专业人员配置测量工具、专业施工设备，施工环境和照明等应满足励磁盘柜及励磁变压器安装要求。

（六）调试条件

在安装工作完成经检查合格，通过现场监理验收，以及制造厂调试人员到场后方可进行调试工作。

二、方法与要求

（一）励磁变压器安装方法与要求

（1）励磁变压器基础槽钢不直度、水平度、不平衡度等应符合 GB 50171《电气装置安装工程盘、柜及二次回路接线施工及验收规范》要求，高度和中心控制应在设计允许范围内。

（2）励磁变压器安装就位应按设计规定的要求进行固定和接地。

（3）励磁变压器就位后，检查其外表及绕组、引线、铁心、紧固件、绝缘件等，应完好无损。

励磁变压器及其附件安装好后应进行清扫，并根据 GB 50150《电气装置安装工程　电气设备交接试验标准》和订货合同及制造厂技术文件进行试验。

（二）励磁盘柜安装方案与要求

（1）安装的盘柜框架及盘面应无变形，并符合设计图纸及有关规程规范的技术要求。

（2）盘柜安装时的垂直度、水平偏差、盘面偏差、盘间接缝等应符合 GB 50171《电气装置安装工程盘、柜及二次回路接线施工及验收规范》的要求。

（3）盘柜安装固定应按设计规定的要求进行固定。盘柜用螺栓固定时，应根据盘柜底座安装孔的尺寸在盘柜基础槽钢上钻孔，以便于将盘柜与基础连接固定，或在基础钢槽上稍偏位置焊螺栓，用连接片将盘柜与基础连接。与基础固定螺栓应使用不少于 4 颗 M10 镀锌螺栓，相邻两盘间连接应使用不少于 6 颗 M8 镀锌螺栓。如果用电焊点焊固定，则单个柜焊缝不少于 4 处，焊缝应在盘柜内侧，每处 50mm 左右焊缝处应刷防锈漆。

（4）盘间所用的螺栓、垫圈、螺母等紧固件，紧固时应使用力矩扳手，应按照制造厂规定的力矩进行紧固。母排在无设备供货厂商规定时，应按照表 4-2-1 规定的紧固力矩进行紧固。

表 4-2-1　　　　　　　　　　　螺栓的紧固力矩

螺栓规格	钢材力矩（N·m）
M12	45±8
M16	90±15

（5）应逐个均匀拧紧连接螺栓，螺栓连接紧固后用 0.05mm 的塞尺检查，其塞入深度不大于 4mm。

（6）盘柜之间接地母排与接地网应连接良好。采用截面积不小于 $50mm^2$ 的接地电线或铜编织线与接地扁铁可靠连接，连接点应镀锡。控制调节器柜应采用一点接地。单柜接地线截面积应不小于 $25mm^2$。

（7）盘柜安装完成后应彻底清理盘柜内外灰尘和杂物。

（三）盘内灭磁开关或磁场断路器以及灭磁电阻的安装检查

（1）传动机构、分合闸线圈及锁扣机构的外部检查。分别在手动和电动两种方式下检查传动与锁扣机构，其动作应符合有关产品标准。

（2）接触导电部件的检查。所有连接件必须紧固，断路器每个断口触头接触电阻应不大于出厂值的 120%。

（3）灭磁开关或磁场断路器灭弧系统的检查。检查灭弧栅栅片数量、配置、形状、安装位置，弧触头的开距等，均应符合产品及订货的要求。

（4）分、合闸线圈的直流电阻的检查。电阻阻值应该与说明书一致。

（5）弧触头和主触头动作顺序的检查。主触头的接触应灵活、无卡涩，合闸后主触头接触电阻应符合产品技术条件要求。各触头动作一致性应符合制造厂要求。

（6）灭磁电阻串并联的数量（总容量）、压敏电压值等的检查均应符合合同和产品技术条件要求。

（7）灭磁开关或磁场断路器以及灭磁电阻及其附件安装好后应进行清扫，并根据合同要求进行试验。

（四）功率整流柜晶闸管组件的拆装方法与要求

在安装与调试过程中如需更换元件，应严格按照制造厂工序进行。在拆装完成后，应先进行小电流试验，然后再检验其运行均流系数及温升是否满足要求。

（五）电缆的敷设与配线

（1）电缆敷设应分层，其走向和排列方式应满足设计要求。屏蔽电缆不应与动力电缆敷设在一起。

（2）交、直流励磁电缆敷设弯曲半径应大于 20 倍电缆外径，且并联使用的励磁电缆长度误差应不大于 0.5%。

（3）铠装电缆要在进盘后切断钢带，断口处扎紧，钢带应引出接地线并可靠接地。屏蔽电缆应按设计要求可靠接地。接地线截面积应满足：动力电缆不小于 $16mm^2$，控制电缆不小于 $4mm^2$。

（4）强、弱电回路宜分开走线，可能时采用分层布置，交、直流回路宜采用不同的电缆，以避免强电干扰。配线应美观、整齐，每根线芯应标明电缆编号、回路号、端子号，字迹应清晰，不易褪色和破损。

（5）控制电缆与动力电缆应分开走线，严格分层布置。

（6）交、直流回路宜分开走线布置。

（六）调试方法与要求

励磁系统及装置的各项试验，其标准和方法应符合 DL/T 489《大中型水轮发电机静止整流励磁系统试验规程》及 DL/T 583《大中型水轮发电机静止整流励磁系统技术条件》有关条款的规定。

（七）质量控制

在安装调试全过程中，施工单位应严格依照程序文件和质量体系要求，遵循 ISO 9000 质量管理体系、行业标准和规范及合同的有关规定，对工程质量进行严格控制。

三、调试准则

（一）调试人员素质及培训

1. 调试负责人

（1）具有相当于大学毕业及以上的专业理论水平和 3 年以上的实际调试经验。

（2）熟悉并掌握励磁系统及装置的工作原理、调试方法与要求。

（3）能熟练地应用励磁标准及标准引用的技术规范、设计文件及合同规定，以及建设单位的有关条文。

（4）具有编制励磁系统及装置的调试大纲和试验措施的能力。

（5）熟悉并掌握调试中所用仪器、仪表和调试设备的原理、性能和使用方法。

（6）能组织和领导调试人员进行各项调试工作。

（7）能解决调试中出现的技术问题，并能审核与汇总调试记录和结论。

2．调试人员

（1）具有相当于大专毕业及以上的专业理论水平和1年以上的实际调试经验。

（2）熟悉励磁系统及装置的工作原理、调试方法与要求。

（3）能正确使用调试中所用的仪器、仪表与调试设备。

（4）能正确地测录、计算、填写各种调试项目的参数和数据。

3．调试人员的培训

（1）在安装第一台设备前，制造厂应负责对安装单位的调试人员进行技术培训。

（2）在装置调试前，应由调试负责人组织调试人员对设计图纸、产品说明书、调试方法以及仪器、仪表使用等方面进行学习和模拟操作。

（二）调试的仪器、仪表

安装单位的调试仪器、仪表及设备、工具的型号、规格、数量、品种，以及测量精度等，应满足不同类型的励磁系统及装置各项调试的需要。

凡调试需用的仪器、仪表应通过具有检验资质的电气仪表计量单位在规定时间内的校验，合格后才可使用。

第三节　励磁系统交接验收

新建、扩建、技术改造工程的励磁设备投产前，基建调试单位与水力发电企业必须严格执行验收、交接手续，验收的要求按相关标准执行，未经验收合格的励磁设备严禁投入运行。

一、出厂验收条件

（1）制造厂应在通知买方来厂验收前1个月，提供完整、准确的产品图纸（包括原理接线图、装置内部各单元接线图以及电子元器件参数明细表）、产品说明书、产品技术条件等有关技术资料和合同规定提供的选型计算说明书和型式试验报告。

（2）买方验收人员到厂后，制造厂还应提供调试大纲与调试说明书，其内容应包括下列方面：

1）按行业标准及合同规定，明确出厂验收项目。

2）明确试验步骤与方法。

3）确定试验中监视点的位置或检测孔的编号，以及被测量的允许偏差。

4）试验中使用的特殊仪器、仪表规格。

（3）验收应在自检合格、符合国家标准及行业标准和订货合同要求的基础上进行。

二、交接验收条件

（1）安装单位及制造厂应按工程设计、产品订货合同以及安装承包合同规定完成全部安装工作，质量应符合标准有关条款的规定。

（2）安装单位在验收前应提供励磁系统及装置的清楚、准确、完整的技术资料与文件：

1）竣工图（可在装置交接验收后1个月内提交）。

2）设计修改通知。

3）主要设备缺陷处理一览表及有关设备缺陷处理的会议文件。

4）备品、备件清单与实物清单。

5）安装及调试记录。

（3）对安装调试中修改、解决或存在的问题，应由安装单位将有关会议纪要、设计修改通知和各种函件的复制件进行整理和汇总，并作为竣工验收资料之一在验收前提供。

三、出厂验收方法与要求

（1）买方第一次使用各种型号的装置时应参加全部出厂试验，且买方对其他产品可视质量情况进行抽检。

（2）出厂检验不合格的产品、备品、备件、包装等不应出厂。

四、交接验收方法与要求

（1）在安装单位完成安装调试后，工程建设单位和监理应根据安装单位提供的安装和调试报告进行复检。

（2）励磁系统及装置在按国家有关规定的时间进行机组带负荷连续试运行合格后，应由安装单位会同制造厂共同向工程建设单位进行交接验收。

五、验收后的要求

励磁系统及装置在交接验收后的质保期内，如发现产品或安装质量问题，应由制造厂或安装单位负责处理。

第四节　励磁系统设备管理

一、励磁系统的运行

（一）运行条件

（1）设备有关技术文件及备件已齐备。

（2）设备的标志齐全、正确、清晰，各开关、连接片、熔断器等完好，接线正确。

（3）所需电源等均正常可靠并能按要求投入。

（4）所有设备在检修调试完毕后经试验验证达到规定的性能和质量要求。

（5）励磁参数整定及功能投入和切除应满足并入电网的条件。

（6）现场安全设施齐备，具备安全运行条件。

（二）正常运行方式

（1）励磁系统正常运行时有关装置及功能单元均应投入并运行正常。

（2）励磁系统的各设备参数整定值等均应满足运行要求并在设计允许值之内。

（三）异常运行方式

（1）发生下列情况之一即为励磁系统的异常运行方式。

1）自动励磁调节器自动调节通道退出运行改由转子电流闭环方式运行。

2）两个及以上调节通道的自动励磁调节器有一个调节通道退出运行。

3）在发电机运行限制曲线范围内，发生限制无功功率或限制转子电流运行。

4）功率整流器部分并联支路故障或退出运行。

5）功率整流器冷却系统电源有一路不能投入运行。

6）自动励磁调节器工作电源有一路不能投入运行。

7）任一限制、保护辅助功能退出运行。

8）励磁调节器发生不能自恢复的，但不会造成机组强迫停运的局部软件、硬件故障。

9）灭磁电阻损坏，但总数未超过20%。

10）冷却系统故障励磁系统限制负荷运行。

11）励磁系统操作及信号电源消失。

（2）异常运行方式的处理原则。出现励磁系统异常运行方式时，运行人员应密切监视励磁系统的运行状况，并采取必要的应急措施，以防止故障范围扩大。

1）调节器发生不能自恢复的，但不影响机组运行的局部软件、硬件故障时，应向调度说明情况，申请停机并进行检修。

2）手动调节通道原则上不能长期运行。应向调度说明情况申请停机进行检修。

3）在不影响发电机运行的情况下，并联运行的功率整流器可以退出故障部分继续运行。退出故障部分应及时检修。

4）当功率整流器冷却系统及自动励磁调节器电源中有一路故障时，机组仍可正常运行，但应及时检修。

5）在发电机运行限制曲线范围内，发生了限制无功功率或限制转子电流的运行以及各种限制、保护辅助功能退出运行时。励磁系统不能长期运行，应密切监视并及时向调度说明情况，申请停机并进行检修。

6）当励磁变压器或励磁功率柜冷却系统故障时励磁系统应根据设计要求限制负荷运行。

（3）出现下列任一种情况时励磁系统应立即退出运。

1）励磁系统绝缘下降不能维持正常运行。

2）励磁装置及设备温度明显升高，采取措施后仍超过规定的允许值。

3）灭磁开关或磁场断路器等转子回路直流开关的触头过热，超过制造厂家规定的允许值。

4）转子过电压保护因故障而退出。

5）自动励磁调节器失控或自动励磁调节器工作通道故障而备用通道不能自动切换或投入。

6）功率柜故障屏柜退出后，剩余功率柜容量不足以满足机组额定负荷运行要求。

7）采用集中冷却方式的冷却系统故障短时间内不能恢复。

8）灭磁电阻的损坏总数超过 20%。

二、励磁系统的维护

（一）定期巡视

励磁系统的运行、检修、维护人员应对励磁设备进行定期巡视。巡视次数和时间各厂站可自行规定，但应遵循以下原则。

（1）有人值班的发电厂运行人员巡视每天不少于 1 次，无人值班或少人值班的发电厂值守人员每周至少巡视 2 次。巡视人员应做好巡视记录，发现问题应通知检修人员处理。

（2）发电厂检修人员巡视每周不少于 1 次。巡视人员应做好巡视记录，发现问题应及时处理。

（二）巡视主要内容

励磁变压器、功率整流器、自动励磁调节器、转子过电压保护及自动灭磁装置、起励设备等，以及设备的表计、信号显示、声音、外观、运行参数等是否正常。

三、励磁系统的故障处理

（1）当发现励磁系统异常现象时应采取措施，消除设备故障，做好记录。

（2）当发电机组发生励磁系统相关设备故障引起的发电机转子过电流、失磁、定子过电压、励磁变压器过电流、励磁变压器差动等保护动作及励磁系统误强励、灭磁开关误跳等故障时，应立即停机检修。检修完毕后应通过相关的试验验证，在确认故障设备恢复正常后方可投入运行。

（3）当发生励磁变压器、母排、电缆及其连接处、灭磁开关触头温升过高、励磁功率整流器风冷却系统风压偏低、风速偏慢、风温升高，水冷却系统出口水温升高、水流量偏小和水压偏低，起励失败及励磁电流无功负荷异常波动等励磁系统设备故障时，能够在发电机组运行中处理的应在运行中处理恢复正常，若在运行中不能恢复正常应向电网调度申请停机处理。

（4）当发生励磁功率整流器部分桥、柜故障，励磁调节器或控制电源单套故障，灭磁电阻局部并串支路故障等，但设备仍满足发电机正常运行和强励要求的情况下，可切除故障设备继续运行。故障设备能够在发电机组运行中处理的应在运行中处理恢复正常。若在运行中不能恢复正常，应向电网调度申请停机处理。

当发电机组发生励磁系统相关设备故障引起的转子接地故障时，按 GB/T 14285《继电保护和安全自动装置技术规程》的规定原则进行处理。

四、励磁系统的检修

（一）检修分类

检修工作可分为以下五类：A/B 级检修、C 级检修、D 级检修、状态检修、故障检修。

（二）检修周期

（1）励磁系统设备计划检修应遵循 DL/T 491《大中型水轮发电机自并励励磁系统及装置运行和检修规程》，随发电机组计划检修进行。计划检修工期安排不应影响发电机组整体计划检修工期。

（2）当励磁系统发生任何一种或其他危及安全运行的异常情况或发生事故时，应退出运行进行故障检修。

（3）励磁系统在运行中遗留的设备缺陷应尽可能利用发电机组停机备用或临时检修机会消除，减少带病运行时间。

（三）检修项目

1.D 级检修项目

（1）基本项目。

1）励磁系统所属的各种屏、柜、元器件的清扫、检查。

2）励磁系统所属电气一次、二次接线端子检查、紧固。

3）励磁冷却系统清扫、检查。

4）灭磁系统及转子过电压保护装置外观检查。

5）励磁专用的各种变压器、变流器外观检查。

（2）特殊项目。

1）运行中发现的缺陷，可以延迟到 D 级检修中进行的项目。

2）为确定 A/B 级检修项目的预备性检查。

2.C 级检修项目

（1）基本项目。

1）全部 D 级检修项目。

2）励磁系统操作回路联动试验及信号检查。

3）重要的开关电器的机构及动作情况检查。

4）灭磁系统及转子过电压保护装置检查〔非线性电阻灭磁及过电压保护装置每 1 年至少检测一次基本特性和特征参数）。

5）励磁变压器预防性试验、功率整流器柜交直流侧电缆预防性试验、励磁变压器高低压侧电流互感器检查测试应按 DL/T 596《电力设备预防性试验规程》进行。

6）励磁系统各种保护功能的操作模拟试验检查。

（2）特殊项目。

1）运行中发现的缺陷，可以延迟到 C 级检修中进行的项目。

2）为确定 A/B 级检修项目的预备性检查。

3）励磁系统电气设备的预防性试验按 DL/T 596《电力设备预防性试验规程》及 DL/T 489《大中型水轮发电机静止整流励磁系统试验规程》中有关规定执行。

3.A/B 级检修项目

（1）基本项目。

1）全部 C 级检修项目。

2）功率整流器的整流组件及附属器件的清扫、检查，损坏的器件更换和处理。

3）励磁冷却系统清扫、除尘，管路积尘及结垢处理。

4）风机及水泵的检修。

5）灭磁开关的检修调整。

6）功率整流器交流侧开关、直流开关的检修、调整。

7）灭磁电阻及保护电阻的检查、测试。

8）起励回路及起励设备的检查。

9）转子回路及转子过电压保护元件的检查。

10）功率整流器交流侧回路、转子回路各部接头、电缆头、电缆线、汇流母线的检查处理。

11）自动励磁调节器所属全部模件板、元器件、电源系统的检查、调试。

12）励磁变压器的检修、试验。

13）励磁专用电压互感器、电流互感器、电源变压器的检修、试验，二次回路检查。

14）励磁系统操作、控制、信号回路及器件的检查、调试，操作模拟。

（2）特殊项目。

1）重大反事故措施的执行。

2）设备结构有重大变动。

3）改进设备的功能和性能。

4）更新设备，换型改造。

（四）状态检修项目

励磁系统设备状态检修项目制定原则应保证系统检修后的健康水平，不发生因励磁系统设备漏检而引起的发电机组强迫停运事故。

（五）故障检修项目

凡由于励磁系统所属设备、元器件或回路引发的及其他危机设备安全运行的、而必须要求励磁设备停电进行检修的项目，以及在运行中发生故障，致使发电机组强迫停运进行检修的项目，以及在运行中发生故障，致使发电机组强迫停运检修项目均为故障检修项目。

第三章

励 磁 系 统 参 数 设 计

发电机励磁系统主要由励磁调节器、功率整流单元、灭磁装置及转子过电压保护装置、励磁变压器及其他辅助设备组成。

第一节　励磁变压器参数设计

励磁变压器为励磁系统提供电源，是专门应用于晶闸管整流装置的变压器，其容量包括输出容量、附加损耗容量和谐波损耗容量，励磁变压器设计时根据输出容量考虑整流系统的谐波损耗及变压器附加损耗。本节对励磁变压器的输出特征参数进行设计及对励磁变压器参数相关的电气量进行计算，包括二次侧额定输出电压、二次侧额定输出电流、额定输出容量、短路阻抗核算、运行触发角、短路电流、短路试验与空载试验校核等。关于变压器谐波发热、温升及散热等参数参考变压器厂家技术资料。

一、励磁变压器电气参数设计及计算

（一）励磁变压器设计计算要求

（1）励磁变压器容量能满足发电机 1.1 倍额定励磁电流和电压连续运行要求，还应满足发电机在顶值电流及允许时间下强励工况励磁容量及电流的要求。

（2）励磁变压器二次侧电压决定励磁功率单元最大输出强励电压，满足发电机顶值电压运行的条件及倍数。

（3）励磁变压器应满足在一次侧接厂用电时满足发电机短路试验和空载试验的需求。

（4）励磁变压器运行中绕组和铁心温度要能自动检测、越限告警或跳闸等。

（5）励磁变压器具有在高压侧电压值超过额定值（即过励磁）情况下，能够连续或短时运行，允许运行时间及能力不低于发电机允许运行时间。

（6）励磁变压器一次、二次绕组之间设有金属屏蔽并接地。

（二）励磁变压器性能参数设计及计算

励磁变压器性能参数包括联结组别、短路阻抗、绝缘等级及温升、绝缘水平、一次电压、二次电流、二次电压、额定容量等参数。

（1）联结组别。励磁变压器一般为三相变压器或由单相变压器组成的三相变压器组，常用联结组别采用 Yd11 或 Yd1，一次侧采用 Y 接法，线电压为相电压的 $\sqrt{3}$ 倍，可以降低一次侧绕组的耐压水平；二次侧采用△接法，线电流为相电流的 $\sqrt{3}$ 倍，二次绕组首尾连接成环路，晶闸管整流装置产生的三次及其整数倍次谐波分量可以在二次侧绕组中形成通路，屏蔽三次及其整数倍次谐波电流进入励磁变压器一次侧。

（2）短路阻抗。励磁变压器短路阻抗一般随励磁变压器容量增加而增加，常用励磁变压器短路阻抗与容量见表 4-3-1，短路阻抗主要影响励磁系统内部故障的短路电流和晶闸管

整流装置运行时的换相角及换相电压，进而影响励磁变压器的电压调整率、无功损耗、整流电路外特性、负载损耗、快速熔断器分断能力、磁场断路器短路分断能力等。

表 4-3-1　　　　　　　常用励磁变压器短路阻抗与容量

额定容量（kVA）	最小短路阻抗（%）
≤630	4.0
630～1250	5.0
1250～2500	6.0
2500～6300	7.0
6300～25000	8.0

（3）绝缘等级及温升。励磁变压器的温升与绝缘等级、冷却方式、防护等级关系密切。目前励磁变压器多采用环氧树脂浇注型干式变压器，励磁变压器正常运行条件下绝缘等级、耐受温度及温升水平可参见 GB 1094.11《电力变压器　第 11 部分：干式变压器》和 GB/T 1094.12《电力变压器　第 12 部分：干式电力变压器负载导则》，干式变压器绕组温升限值见表 4-3-2，其中 B 级、F 级和 H 级在工程上均有应用，F 级较常见。励磁变压器在较高冷却空气温度、高海拔地区等条件下的温升修正办法，可参见标准 GB 1094.11 和 GB/T 1094.12。

表 4-3-2　　　　　　　干式变压器绕组温升限值

绝缘等级	绝缘温度（℃）	绕组平均温升（K）	绕组热点温度（℃）	
			额定值	最高允许值
A	105	60	95	130
E	120	75	110	145
B	130	80	120	155
F	155	100	145	180
H	180	125	170	205

励磁变压器冷却方式有自然冷却（AN）和强迫风冷（AF），目前，励磁变压器多采用自然冷却方式，有时加装风机进行辅助冷却。变压器的额定容量与冷却方式相关，在采用辅助风机冷却时，励磁变压器铭牌上应标示出无风机冷却时的额定容量和有风机冷却时的最大额定容量。

励磁变压器绕组和铁心温度是励磁变压器安全运行的重要指标，干式变压器在绕组和铁心中预埋温度传感器，在励磁变压器外壳上加装温度控制器，对励磁变压器绕组和铁心进行测量和监视，在温度过高时报警或跳闸，安装辅助风机时控制辅助风机的启停。

励磁变压器运行温升与其外壳防护等级相关，目前干式励磁变压器外壳防护等级常用 IP20 和 IP21。

（4）绝缘水平。励磁变压器绝缘水平主要指一次侧短时耐受电压与额定雷电冲击耐受电压，绝缘水平与一次侧额定电压相关，满足运行中各种过电压与长期最高工作电压的要求，励磁变压器绝缘水平应满足表 4-3-3 要求，在高海拔地区绝缘水平修正办法可参见 GB 1094.11《电力变压器　第 11 部分：干式变压器》。

表 4-3-3 励磁变压器绝缘水平

一次额定电压 (kV)	额定短时耐受电压 (有效值 kV)	额定雷电冲击耐受电压 (峰值 kV)
6.3	20	40
10.5	35	60
13.8	38	60
15.75	40	75
18	50	125
20	50	125

（5）一次电压。发电机定子额定电压一般有 6.3、10.5、13.8、15.75、18、20kV 等电压等级，励磁变压器额定一次电压 U_{1N} 与取自励磁电源处的额定电压相等，对自并励静止励磁系统，励磁变压器一次电压额定值等于发电机定子电压额定值。

（6）二次电流。晶闸管整流装置运行时，其直流侧输出电流为发电机励磁电流，其交流侧各相电流为励磁变压器二次电流，交流侧电流有效值与直流侧电流平均值存在关系为

$$I_2 = \sqrt{\frac{2}{3}} \times I_f \sqrt{1-\psi(\alpha,\gamma)} = 0.816 I_f \sqrt{1-\psi(\alpha,\gamma)} \tag{4-3-1}$$

$$\psi(\alpha,\gamma) = \frac{[2+\cos(2\alpha+\gamma)]\sin\gamma - [1+2\cos\alpha\cos(\alpha+\gamma)]\gamma}{2\pi[\cos\alpha-\cos(\alpha+\gamma)]^2} \tag{4-3-2}$$

$$\gamma = \arccos\left(\cos\alpha - \frac{2X_T I_f}{\sqrt{2}U_2}\right) - \alpha \tag{4-3-3}$$

式中 α、γ——整流装置触发角和换相角，（°）。

则励磁变压器二次额定电流满足式（4-3-4），即

$$I_{2N} \geq 0.816 \times 1.1 \times I_{fN} \approx 0.9 I_{fN} \tag{4-3-4}$$

（7）二次电压。晶闸管整流装置运行时，对于三相全控桥式整流，在考虑换相电压、晶闸管导通电压及电缆或母排电压情况下，晶闸管整流装置输出电压精确计算式为

$$U_d = 1.35 U_{2N}\cos\alpha - \frac{3}{\pi}I_d(X_T + X_L) - \Delta U \tag{4-3-5}$$

式中 U_d——整流装置直流侧电压，V；

I_d——整流装置直流侧电流，A；

U_{2N}——励磁变压器二次侧额定电压，V；

X_T、X_L——励磁电压器短路电抗和交流导线电抗，Ω；

ΔU——晶闸管导通电压、交流导线电阻电压、直流导线电阻电压之和，V。

按照励磁标准规定励磁功率单元在交流侧电压为额定电压的 K_1 倍时，励磁功率单元在最小脉冲触发角度时仍可以提供 K_u 倍额定励磁电压的顶值励磁电压和 K_i 倍额定励磁电流的顶值励磁电流，则有

$$U_{2N} \geq \frac{K_u U_{fN} + \frac{3}{\pi}K_i I_{fN} X_L + \Delta U_{max}}{1.35 K_1 \cos\alpha_{min} - \sqrt{3}U_T K_i I_{fN}/(I_{2N} \times \pi)} \tag{4-3-6}$$

（8）额定容量。额定容量是指在正常情况下不考虑谐波时励磁变压器的视在功率计算

值，对于三相全控桥整流回路，励磁变压器的额定容量 $S_N = \sqrt{3}U_{2U}I_{2N}$。对于励磁整流时谐波损耗增加铁损和铜损，励磁变压器生产厂家会根据标称容量乘以一定的裕度系数，作为励磁变压器铁心尺寸计算的容量数据，裕度系数一般取 $1.1 \sim 1.25$，称为励磁变压器的热容量，热容量数据不在铭牌中显示。

二、运行点及试验校核

（一）发电机运行点触发角度计算

（1）发电机额定空载励磁电流为 I_{f0}，励磁电压为 U_{f0}，则触发角度计算式为

$$\alpha_{L0} = \arccos\left(\frac{U_{f0} + \dfrac{3}{\pi}X_r I_{f0} + \Delta U_0}{1.35U_{2N}}\right) \tag{4-3-7}$$

（2）发电机额定负载励磁电流为 I_{fN}，励磁电压为 U_{fN}，则触发角度计算式为

$$\alpha_{LN} = \arccos\left(\frac{U_{fN} + \dfrac{3}{\pi}X_r I_{fN} + \Delta U_N}{1.35U_{2N}}\right) \tag{4-3-8}$$

（3）发电机强励磁时励磁电流为 I_{fmax}，励磁电压为 U_{fmax}，则触发角度计算式为

$$\alpha_{Lmin} = \arccos\left(\frac{U_{fmax} + \dfrac{3}{\pi}X_r I_{fmax} + \Delta U_{max}}{1.35U_{2N}}\right) \tag{4-3-9}$$

如果强励时励磁变压器电压下降系数 K_1 小于 1，则需要计算电压降低后强励时的触发角度不能小于 $10°$。

（二）发电机短路升流试验的核算

发电机空载励磁电流为 I_{f0}，短路比为 η，则发电机额定短路电流时励磁电流 I_{fD} 与空载励磁电流的关系为 $I_{fD} \times \eta = I_{f0}$。发电机短路升流试验一般做至 110% 额定定子电流，则短路电流试验最大励磁电流为 $1.1I_{fD}$，可以计算出对应于该励磁电流的励磁电压 U_{fD}，发电机短路升流试验时，励磁变压器一次电压采用厂用电压 U_c，则按最小触发角度为 $10°$ 计算晶闸管整流装置输出最大直流电压为

$$U_d = 1.35\frac{U_{GC}}{U_{1N}}U_{2N}\cos 10° - 1.1 \times \frac{3}{\pi}X_r I_{fD} - \Delta U \tag{4-3-10}$$

U_d 大于 U_{fD}，则说明网侧电压接至厂用电后，励磁系统输出满足发电机短路升流试验，否则励磁变压器高压侧需要预设计试验分接头，发电机短路试验时，必须改变分接头，以保证励磁变压器输出电压即可满足短路试验要求。或者在短路试验时临时将励磁变压器联结组别改为 Dd12，以提高励磁变压器二次电压。

（三）发电机空载升压 130% 试验核算

发电机空载 130% 额定电压时，发电机励磁电流最大值可达空载额定励磁电流的 2 倍，当励磁变压器网侧电压采用厂用电压 U_c 时，则按最小触发角度为 $10°$ 计算晶闸管整流装置输出最大直流电压为

$$U_d = 1.35\frac{U_{GC}}{U_{1N}}U_{2N}\cos 10° - 1.1 \times \frac{3}{\pi}X_r I_{f130} - \Delta U \tag{4-3-11}$$

U_d 大于 U_{f130}，说明网侧电压接至厂用电后，励磁输出满足发电机空载升压至 130% 额

定电压的试验要求，否则励磁变压器高压侧需要预设计试验分接头，发电机空载升压至130%额定电压的试验时，必须改变分接头，以保证励磁变压器输出电压即可满足发电机空载升压130%试验的要求。或者在空载升压试验时临时将励磁变压器联结组别改为Dd12，以提高励磁变压器二次电压。

三、励磁系统内部故障短路电流核算

为保证一定的计算裕度，在计算励磁系统短路故障电流时，一般忽略励磁电缆、晶闸管内阻及铜排长度电阻，励磁变压器网侧电源容量看作为无穷大。短路故障类型分别为晶闸管整流装置交流侧短路、直流侧短路以及滑环短路。

（一）晶闸管整流装置交流侧三相短路

考虑短路点发生在励磁变压器二次侧出口，短路电流 I_D 最大，计算公式为

$$I_D = \frac{1}{U_K} \times \frac{S_N}{\sqrt{3}U_{2N}} \tag{4-3-12}$$

该短路电流折算至励磁变压器一次侧电流 I_{1D} 为

$$I_{1D} = I_D \times \frac{U_{2N}}{U_{1N}} \tag{4-3-13}$$

（二）晶闸管整流装置直流侧短路

晶闸管整流装置正常运行时，晶闸管整流装置直流侧短路相当于交流侧三个相间短路电流的整流平均电流。考虑整流柜直流出口处短路，假定晶闸管内阻及铜排长度电流均为零，其输出电流与晶闸管触发角相关，当触发角为最低时（假定为0°），短路电流 I_{Dd} 最大，计算公式为

$$I_{Dd} = 1.35 \times \frac{\sqrt{3}}{2} I_D = 1.17 I_D \tag{4-3-14}$$

该直流侧短路电流折算至晶闸管整流装置每臂电流为

$$I_{D(SCR)} = I_{Dd} \times \frac{1}{\sqrt{3}} = 0.675 I_D \tag{4-3-15}$$

虽然晶闸管整流装置整流臂一般由多个分支并联，但考虑最严重工况，假定该电流由一个分支的快速熔断器分断，则快速熔断器的最大分断电流不小于该电流。

第二节　功率整流装置参数设计

一、设计及计算要求

晶闸管整流装置设计时，考虑以下技术要求：

（1）对于自并励系统，晶闸管整流装置交流侧允许输入最大电压不低于1.5倍励磁变压器二次侧额定电压。

（2）功率整流装置出力分为长期持续出力和短时出力，长期持续出力满足发电机1.1倍额定励磁电流和额定电压连续运行，短时出力满足发电机强励工况下需要的励磁容量及持续时间。

（3）功率整流装置具有足够的裕量，整流桥分支数量最低按"$N-1$"裕量配置，即当

1个整流桥分支故障退出时，励磁整流装置仍能够完全满足机组包括强励在内所有工况运行的需要；当整流桥数量大于4时，满足"1/4"和"1/2"要求，即当1/4整流桥分支故障退出后，励磁系统满足发电机包括强励在内所有工况需求，当1/2整流桥分支故障退出后，励磁整流装置满足发电机额定工况长期运行要求。

（4）功率整流装置设计要准确计算发电机运行时整流元件可能产生的最大热量，以此为依据配置安全可靠的散热结构及冷却单元，保证高的散热效率，控制各整流桥分支运行温度在安全允许的范围内。

（5）整流桥要设计运行温度监测设备，实时监测各整流桥分支的温度，在温度异常时发出故障告警信号。

（6）功率整流装置设计配置阻容过电压吸收回路等，控制整流装置运行时过电压在安全允许的范围内。

二、晶闸管及整流桥参数设计

（一）晶闸管整流桥数量及出力选择及计算

晶闸管整流桥分支数量与发电机容量及励磁电流相关，一般不会小于2个整流桥分支，发电机容量越大，整流桥分支越多。目前常用配置为200MW容量等级以下机组配置2个分支，200～350MW容量等级机组配置3个分支，400～660MW容量等级机组配置4个分支，700～1000MW容量等级机组配置5个分支。

整流桥分支数量确定后，根据发电机额定励磁电流强励出力计算整流桥分支的额定出力和强励出力。当1个整流分支故障退出时，整流装置满足发电机强励在内所有工况的要求，则整流桥分支额定出力和短时出力为

$$I_{SRN} \geqslant \frac{1.1 I_{fN}}{(N-1)\eta} \qquad (4-3-16)$$

$$I_{SRmax} \geqslant \frac{K_i I_{fN}}{(N-1)\eta} \qquad (4-3-17)$$

式中　　I_{SRN}——整流桥分支额定出力，A；

　　　　N——整流桥分支数量；

　　　　η——整流桥分支系数；

　　　I_{SRmax}——整流桥分支短时出力，A；

　　　　K_i——发电机励磁电流强励倍数。

当整流桥分支数量大于或等于4时，满足当1/2整流分支（一般为2个分支）故障退出时，整流装置满足发电机额定工况的要求，则整流桥分支额定出力为

$$I_{SRN} \geqslant \frac{I_{fN}}{(N-2)\eta} \qquad (4-3-18)$$

取两者最大的 I_{SRN} 值作为整流桥额定长期持续输出电流最小值，I_{SRmax} 作为整流桥短时强励输出电流的最小值，工程选择时在最小值基础上一般留有10%的裕度。

（二）晶闸管反向重复峰值电压 U_{RRM}

晶闸管反向重复峰值电压根据整流桥交流侧额定电压计算，并保证一定安全裕度，计算式为

$$U_{RRM} \geqslant \sqrt{2} \times 2.75 U_{2N} \qquad (4-3-19)$$

晶闸管元件的反向重复峰值电压 U_{RDMR} 一般与 U_{RRM} 相同。

（三）晶闸管功率损耗计算及温升核算

晶闸管整流运行期间，晶闸管功率损耗为

$$P_T = P_{FEN} + P_{onEN} + P_{offEN} \qquad (4-3-20)$$

式中　　P_T——总损耗，W；

　　P_{FEN}——通态损耗，W；

　　P_{onEN}——开通损耗，W；

　　P_{offEN}——关断损耗，W。

通态损耗指晶闸管在导通状态时的稳态损耗，在工频整流方式下，通态损耗是晶闸管主要损耗。开关损耗是晶闸管在开通和关断过程中产生的功率损耗，在采用强触发脉冲方式下，开通时间远小于关断时间，开通损耗在开关损耗中所占比例很小，开关损耗主要是关断损耗，在工频整流时，关断损耗与通态损耗相比，所占比例不大，而且关断损耗和开通损耗与晶闸管整流桥工况相关，当触发角度大时，晶闸管整流桥输出电流小，此时关断损耗大，通态损耗小，随着触发角度减少，整流桥输出电流逐渐增加，关断损耗慢慢减少，通态损耗逐渐增大，总损耗在慢慢增加，工程中把运行中整流桥输出电流可能最大值时的通态损耗考虑一定的裕度系数作为晶闸管总损耗的最大值为

$$P_{TN} = k P_{FEN} \qquad (4-3-21)$$

式中　　k——裕度系数，一般取 1.1。

晶闸管通态损耗 P_{FEN} 为

$$P_{FEN} = V_{T0} I_{TAN} + f^2 I_{TAV}^2 R_i \qquad (4-3-22)$$

式中　　V_{T0}——硅元件门槛电压，V；

　　I_{TAV}——流过硅元件电流平均值，A；

　　f——波形系数；

　　R_i——硅元件斜率电阻，Ω。

稳定的连续负荷情况下，周期内的平均功率损耗恒定不变，则晶闸管平均结温通过稳态热阻和额定出力时的功率损耗 P_{TN} 求得，即

$$T_j = P_{TN} R_{jw} + T_a \qquad (4-3-23)$$

式中　　T_j——晶闸管最大允许结温，℃；

　　P_{TN}——晶闸管额定出力功率损耗，W；

　　R_{jw}——晶闸管散热稳态热阻，包括结壳热阻、压接热阻和散热器热阻，K/W；

　　T_a——使用环境温度，一般取 40℃。

晶闸管整流桥强励时的温升，要在额定出力时进行强励计算，晶闸管温升要按动态热阻和强励出力时的功率损耗 P_{Tmax} 计算，即

$$T_j = P_{TN} R_{jw} + (P_{Tmax} - P_{TN}) R_{jd} + T_a \qquad (4-3-24)$$

式中　　P_{Tmax}——晶闸管强励出力功率损耗，W；

　　R_{jd}——晶闸管散热动态热阻，K/W。

三、整流装置功率损耗计算

整流装置功率损耗为各个整流桥分支功率损耗的总和，整流桥分支功率损耗包括晶闸管

元件功率损耗、铜母排或电缆功率损耗、过电压保护电阻功率损耗、快速熔断器功率损耗、交直流开关功率损耗等。

（一）晶闸管元件功率损耗

计算硅元件发热量以发热量最大的硅元件发热量为依据，以发电机运行期间，考虑整流桥分支退出情况下晶闸管流过的长期持续稳定最大电流有效值对应的晶闸管元件损耗，则该整流桥分支晶闸管元件最大功率损耗总和为

$$P_{AVP} = 6P_{TN} \qquad (4-3-25)$$

（二）铜母排或电缆功率损耗

一般整流桥内三相交流进线均采用铜母排，用螺栓与横跨整流柜的总三相交流母排相连，两相直流出线采用铜母排，用螺杆与横跨电气制动柜、整流柜及灭磁柜的总两相直流母排相连。考虑柜体设计，n 个整流柜内交流铜母排总长约为 $1.5n\,\text{m}$，直流铜母排总长估计为 $n\,\text{m}$，总三相交流母排总长估计为 $4n\,\text{m}$，总两相直流母排总长度估计为 $3n\,\text{m}$。

铜母排总功率损耗为

$$P_{TB} = n\left[\left(\rho\frac{L_1}{S_1}\right)I_1^2 + \left(\rho\frac{L_2}{S_2}\right)I_2^2\right] + \left(\rho\frac{L_3}{S_3}\right)I_3^2 + \left(\rho\frac{L_4}{S_4}\right)I_4^2 \qquad (4-3-26)$$

式中　　　n——整流桥分支系数；

　　　　　ρ——电阻率；

　L_1、L_2——整流桥交、直流母排长度，m；

　S_1、S_2——整流桥交、直流母排截面积，m^2；

　I_1、I_2——整流桥交、直流母排流过的电流，A；

　L_3、L_4——交、直流汇流母排长度，m；

　S_3、S_4——交、直流汇流母排截面积，m^2；

　I_3、I_4——交、直流汇流母排流过的电流，A。

（三）快速熔断器功率损耗

n 个整流柜内均装有快速熔断器，快速熔断器内阻为 R_{kR}，以发电机运行期间考虑整流桥分支退出情况下晶闸管流过的长期持续稳定最大电流有效值对应的快速熔断器损耗，此时功率损耗为

$$P_{kR} = R_{kR} \times \frac{I_{Nmax}^2}{3} \qquad (4-3-27)$$

式中　　R_{kR}——快速熔断器内阻，Ω；

　　　I_{Nmax}——整流桥分支最大长期持续电流，A。

整流装置快速熔断器最大功耗之和为

$$P_{\sum P} = 6P_{kR}n \qquad (4-3-28)$$

（四）过电压保护电阻功率损耗

整流过电压保护电阻功率损耗与过电压情况相关，与发电机工况相关，工程计算中以平均功率损耗作为过电压保护电阻功率损耗 P_{gy}。

每个整流桥发热量最大计算值为

$$P_q = P_{AVP} + \frac{P_{TB}}{n} + \frac{P_{\sum P}}{n} + P_k + P_{gy} \qquad (4-3-29)$$

式中　P_k——交、直流开关损耗，W；

　　　P_{gy}——过电压保护电阻功率损耗，W。

四、晶闸管快速熔断器参数设计计算

（一）额定电压

快速熔断器额定工作电压根据晶闸管整流桥运行期间，快速熔断器熔断后两端承受的电压来确定。具体选择时一般高于晶闸管整流桥交流电压，可按式（4-3-30）选择，即

$$U_N \geqslant K_u U_{2N} \qquad (4-3-30)$$

式中　U_N——快速熔断器额定电压，V；

　　　K_u——电压裕度系数，可取 1.1～1.2；

　　　U_{2N}——整流桥交流侧额定电压，V。

（二）额定电流

快速熔断器额定电流是指在规定使用条件下熔体长期承载而不使性能降低的电流，通常表示为有效值，不低于晶闸管整流桥额定出力时流过晶闸管的电流有效值，即

$$I_{kRmin} \geqslant \frac{I_{SRN}}{\sqrt{3}} \qquad (4-3-31)$$

快速熔断器额定电流不得大于晶闸管额定通态平均电流对应的电流有效值，对于三相全控整流桥带电感负载，通态平均电流与有效值转换系数为 1.57，计算式为

$$I_{kRmax} \leqslant 1.57 I_{T(AV)} \qquad (4-3-32)$$

式中　$I_{T(AV)}$——晶闸管通态平均电流，A。

（三）分断能力的选择

快速熔断器分断能力不足会导致快速熔断器持续燃弧直至爆炸，导致整流桥内部短路，快速熔断器分断能力不得低于励磁系统内部最大故障电流时流过快速晶闸管的电流有效值，当整流桥发生相间短路时，流过晶闸管的电流有效值最大，计算式为

$$I_{kR.D} \geqslant \frac{\sqrt{3}}{2} I_D \qquad (4-3-33)$$

式中　$I_{kR.D}$——快速熔断器额定分断能力，A；

　　　I_D——整流桥交流侧三相短路时电流，A。

（四）快速熔断器 I^2t 值与晶闸管 I^2t 值的配合

当快速熔断器额定分断能力除了满足整流桥相间短路下故障电流可靠分断，在熔断时间上还要满足保护所串联的晶闸管，即快速熔断器的 I^2t 值小于晶闸管元件的 I^2t 值。晶闸管 I^2t 值是在浪涌电流脉宽为 10ms 条件下给出的，快速熔断器与晶闸管之间 I^2t 配合原则以时间电流特性曲线表示，对于整流桥相间短路下故障电流，快速熔断器的熔断时间小于晶闸管由 I^2t 决定的过电流损坏时间，才能对晶闸管起到保护作用。

第三节　灭磁装置参数设计

一、灭磁装置设计基本要求

（1）灭磁开关、灭磁电阻等主要器件参数选择严格按照机组参数确定，确保系统能够满

足发电机各种工况的运行要求而不造成自身的损坏。

（2）灭磁装置结构简单可靠，磁场断路器具有足够的分断发电机磁场电流能力，灭磁装置参数要留有足够的裕量。

（3）在发电机内部发生短路时，灭磁时间应尽可能短，在保证设备安全的情况下，能够快速消耗掉发电机内部储存的磁场能量，在灭磁过程中，磁场绕组两端电压（灭磁电压）最大值应在绕组（包括滑环等）绝缘允许的范围内选择高值，通常取发电机出厂试验时绕组对地耐压试验电压幅值的 30%～50%。

（4）灭磁装置设计既要考虑发电机故障时灭磁的快速性，更要考虑灭磁的安全性和可靠性，灭磁电阻在配置时，应充分考虑各种事故工况中的最大灭磁容量，并在灭磁电阻容量配置时留有至少 20% 的裕度。

（5）设置过电压保护装置以抑制吸收励磁变压器二次侧的尖峰过电压及发电机转子侧的换相过电压和滑差过电压，确保发电机转子绝缘的安全。

二、磁场断路器电气参数设计

磁场断路器一般有主触头和弧触头，主触头接触电阻小，电流导通能力强，磁场断路器额定电流主要是由主触头通流能力决定，弧触头材料耐电弧能力强，分断电流能力强，一般弧触头分断较主触头有一定的延迟，遮断电流并在弧室内建立电弧和弧压，有些磁场断路器主触头与弧触头合为一个触头，兼顾导通电流和分断电流的能力。

（一）磁场断路器额定电压

磁场断路器额定电压是保证磁场断路器能够长期连续工作的最大电压，正常工作电压要求小于该值，按整流装置交流输入电源电压的峰值计算，并保留一定裕度，计算式为

$$U_{N} \geqslant K_{u}K_{s}\sqrt{2}U_{2N} \tag{4-3-34}$$

式中　U_{N}——磁场断路器额定电压，V；

　　　K_{s}——整流装置交流输入电源电压波动系数，一般取 1.05～1.1；

　　　K_{u}——裕度系数，一般取 1.05～1.15；

　　　U_{2N}——整流装置交流输入额定电压，V。

（二）磁场断路器额定电流

在规定的条件下，保证磁场断路器主触头满足规定的温升限制长期连续工作的电流值，并具有在此基础上短时过电流能力。按励磁相关标准规定励磁系统输出电流能够满足 1.1 倍额定励磁电流长期运行的要求，因此磁场断路器额定电流按式（4-3-35）计算，即

$$I_{N} \geqslant 1.1K_{f}I_{fN} \tag{4-3-35}$$

式中　I_{N}——磁场断路器额定电流，A；

　　　K_{f}——裕度系数，一般取 1.1～1.2；

　　　I_{fN}——发电机额定励磁电流，A。

如果磁场断路器性能参数中对短时过电流运行能力有明确规定，且满足发电机强励运行要求，则裕度系数取低值；如果磁场断路器性能参数对短时过电流运行能力没有明确规定，则裕度系数取高值。

（三）绝缘电压

磁场断路器绝缘电压包括磁场断路器动合主触头在分断状态下主触头之间以及主触头对

地和主触头对弧触头和放电触头间不致引起绝缘击穿的最低耐受电压。磁场断路器是与发电机磁场绕组直接相连的设备，其绝缘电压不低于发电机磁场绕组的绝缘电压，按照励磁相关标准规定，磁场断路器的绝缘电压按式（4-3-36）计算，即

$$U_{jy} = \begin{cases} 1500\text{V}, & U_{fN} < 150\text{V} \\ 10U_{fN}, & 150\text{V} \leqslant U_{fN} \leqslant 500\text{V} \\ 4000\text{V} + 2U_{fN}, & 500\text{V} \leqslant U_{fN} \end{cases} \qquad (4-3-36)$$

式中　U_{jy}——磁场断路器绝缘电压，V；

　　　U_{fN}——发电机额定励磁电压，V。

（四）最大分断电流

磁场断路器最大分断电流是指在最大分断电压条件下，磁场断路器在分断时所能承受的最大电流。磁场断路必须可靠分断两个严重工况下的电流，一个是滑环短路时的故障电流，另一个是空载误强励故障跳闸时流过磁场断路器的电流，其又包括磁场绕组电流和灭磁电阻电流。对于具有动断主触头的磁场断路器，动断主触头先闭合，在主触头分开时，灭磁电阻会有正向导通电流，但如果灭磁电阻与电子跨接器串联，则灭磁电阻不会出现正向电流。则磁场断路器最大分断电流必须满足式（4-3-37），即

$$U_{jy} = \begin{cases} I_k \geqslant I_{f(t=0)} + \Delta I_R \\ I_k \geqslant I_{Dd} \end{cases} \qquad (4-3-37)$$

式中　I_k——磁场断路器在最大分断电压下的最大分断电流，A；

　　　$I_{f(t=0)}$——磁场断路器分断时的磁场绕组电流，A；

　　　ΔI_R——磁场断路器分断时灭磁电阻支路的正向导通电流，A；

　　　I_{Dd}——发电机转子滑环短路时的故障电流，A。

（五）最大分断电压

磁场断路器最大分断电压是指磁场断路器主弧触头在遮断最大分断电流时断口上所产生的最大直流电压分量。磁场断路器分断时断口上直流电压包括两个部分，一个是励磁功率单元输出电压，该电压最大值是空载误强励跳闸时晶闸管整流装置输出直流电压；另一个是发电机磁场绕组在分断电流时感应产生的电压，该电压最大值是对应于最大分断磁场电流的灭磁电阻电压。

在空载误强励、负载误强励、发电机端部短路等故障中，空载误强励故障跳闸时磁场断路器分断电压最高，磁场断路器的弧压按保证在空载误强励工况下可靠分断，计算式为

$$U_k \geqslant U_{MR} + U_{fmax} \qquad (4-3-38)$$

式中　U_k——磁场断路器弧压，V；

　　　U_{MR}——空载误强励跳闸时磁场电流对应灭磁电压，V；

　　　U_{fmax}——空载误强励跳闸时励磁系统直流侧输出电压，V。

三、灭磁电阻参数设计

发电机主要灭磁方式是利用磁场断路器分断时产生弧电压，迫使流过磁场断路器的电流转移到耗能电阻，消耗发电机磁场储能，耗能电阻主要有线性电阻、碳化硅非线性电阻、氧化锌非线性电阻，灭磁电阻可以选择任意一种电阻或它们的组合。

(一) 灭磁电阻类型及伏安特性参数计算

1. 线性灭磁电阻

线性灭磁电阻主要由不锈钢板在专用设备上冲制而成，元件间由电瓷绝缘，抗震性好。不锈钢线性电阻可靠性高，运行维护简单，有很强的过负荷能力。但是灭磁电压随灭磁时的电流线性增加，过电压水平控制能力弱，为了保证在空载误强励或机端短路时灭磁的转子过电压水平，一般线性灭磁电阻阻值选择为磁场绕组电阻的 1.5～2 倍，计算式为

$$R_M = 1.5 \sim 2 \times \frac{U_{fN}}{I_{fN}} \tag{4-3-39}$$

由于灭磁电阻阻值较低，随着磁场电流下降，灭磁速度快速下降，因此采用线性灭磁电阻，灭磁时间较长。

2. 非线性灭磁电阻

非线性灭磁电阻有氧化锌非线性电阻和碳化硅非线性电阻，具有典型的压敏电阻特性，当电压较低时，电阻很大，当电压超过某一临界值时，其阻值将急剧减少，通过它的电流急剧增加，即电压和电流存在不呈线性关系的特性，计算式为

$$U_M = C I_M^{\beta} \tag{4-3-40}$$

式中　U_M——灭磁电阻电压，V；

　　　C——常数（通过 1A 电流时的电阻值），Ω；

　　　I_M——流过非线性电阻的电流，A；

　　　β——非线性系数。

β 为表征电阻非线性特性强弱的参数，值越小，非线性特性越强。ZnO 电阻非线性特性较强，$\beta = 0.046$；SiC 电阻非线性特性较弱，$\beta = 0.4$。

(二) 灭磁电阻容量计算

灭磁电阻容量很难精确计算，与灭磁前发电机工况、故障类型、灭磁电流、转子各个阻尼绕组的饱和特性、灭磁电阻类型等相关，目前主要以数字仿真的方法进行模拟计算。

灭磁容量仿真主要考虑 2 个故障灭磁工况：发电机空载误强励和额定负载机端突然三相金属性短路。发电机数学模型是在考虑饱和曲线基础上，采用同步发电机五阶数学模型，系统结构为单机通过主变压器接入无穷大电网的情况，同时不考虑磁场断路器分断过程中对灭磁容量的影响。

发电机空载误强励故障计算条件：晶闸管整流装置维持控制角 0°不变，发电机定子电压到达 130%额定电压后，延迟 0.3s 后，启动灭磁过程仿真。

发电机端部三相金属性短路故障计算条件：发电机额定工况下机端三相金属性短路，延时 0.15s 后，启动灭磁过程仿真。

根据发电机五阶数学模型建立灭磁容量计算模型，进行灭磁过程仿真，灭磁电阻消耗能量式为

$$E_M = \int_{t_1}^{t_2} U_M I_M \, \mathrm{d}t \tag{4-3-41}$$

式中　E_M——灭磁电阻消耗能量，J；

　　　U_M——灭磁过程中灭磁电阻两端电压，V；

　　　I_M——灭磁过程中流过灭磁电阻的电流，A；

t_1——灭磁开始的时刻，s；

t_2——灭磁电流为 0 的时刻，s。

第四节 晶闸管整流装置交流侧电源开关参数设计

当励磁系统配置启动设备或制动设备时，在晶闸管整流装置交流侧常配置励磁开关和启动（或制动）开关。

一、开关额定电压的选取

在发电机正常运行时，励磁开关和启动（或制动开关）均与晶闸管整流装置直接连接，因此开关额定工作电压必须根据晶闸管整流装置交流侧电压选择，并保留一定裕度，计算式式为

$$U_N = K_u U_{2N} \qquad (4-3-42)$$

式中　U_N——励磁开关和启动（制动）开关额定工作电压，V；

　　　K_u——设计裕度系数，一般取 1.1；

　　　U_{2N}——晶闸管整流装置交流侧电源额定电压，V。

二、开关额定电流的选取

开关额定电流按开关合闸期间通过的额定电流进行设计计算，励磁开关按发电机正常运行，整流装置输出额定励磁电流时交流侧的电流计算；启动开关按发电机启动期间，整流装置输出启动电流时交流侧的电流计算；制动开关按发电机停机制动期间，整流装置输出制动励磁电流时交流侧的电流计算。

（一）励磁开关额定工作电流计算

励磁开关额定工作电流计算式为

$$I_{LN} = K_i I_{fN} \qquad (4-3-43)$$

式中　I_{LN}——励磁开关额定工作电流，A；

　　　K_i——设计裕度系数，一般取 1.2～1.3；

　　　I_{fN}——发电机额定励磁电流，A。

（二）启动开关额定工作电流计算

启动开关额定工作电流计算式为

$$I_{QN} = K_i I_{f0} \qquad (4-3-44)$$

式中　I_{QN}——启动开关额定工作电流，A；

　　　K_i——设计裕度系数，一般取 1.1；

　　　I_{f0}——发电机空载励磁电流，A。

（三）制动开关额定工作电流计算

按发电机短路时定子电流为额定时对应的磁场电流计算，公式为

$$I_{ZN} = K_i I_{fD} \qquad (4-3-45)$$

式中　I_{ZN}——制动开关额定工作电流，A；

　　　K_i——设计裕度系数，一般取 1.1；

I_{fD}——发电机短路时定子电流为额定时对应的磁场电流，A。

三、开关分断电流的选取

如果交流开关兼有交流侧短路保护功能，则还需要计算开关的分断能力，即

$$I_k \geqslant \frac{S_N}{\sqrt{3} U_{2N} U_k} \times 100 \tag{4-3-46}$$

式中　I_k——开关短路分断能力，A；

S_N——开关连接的变压器（励磁变压器、启动变压器或制动变压器）容量，VA；

U_{2N}——开关连接的变压器（励磁变压器、启动变压器或制动变压器）二次侧额定电压，V；

U_k——开关连接的变压器（励磁变压器、启动变压器或制动变压器）短路电压，V。

第五节　晶闸管整流装置交、直流电缆（母排）参数设计

晶闸管整流装置交流侧与励磁变压器二次侧、直流侧与发电机转子滑环之间的连接有两种型式：母排连接和动力电缆连接。

一、母排设计

（一）额定电压选取

交流侧母排电压按整流装置二次额定电压 U_{2N} 选择，并保留一定裕度；直流侧母排电压按整流装置最大输出电压 U_{fmax} 选择，并保留一定裕度。

（二）额定电流的选取

当发电机励磁电流为额定励磁电流 I_{fN} 的 1.1 倍时，交流、直流母排能长期连续运行，并保留一定裕度，短时过电流能力满足发电机强励电流及强励运行时间的要求。

二、动力电缆设计

动力电缆参数选择按满足发电机励磁电流和电压分别为额定励磁电流和电压的 1.1 倍时长期连续运行的需要。

交流侧动力电缆额定电压按整流装置二次电压额定电压 U_{2N} 选择，并保留一定裕度；直流侧动力电缆额定电压按整流装置最大输出电压 U_{fmax} 选择，并保留一定裕度。

动力电缆实际通流能力与额定电流和敷设方式相关，敷设系数按照 GB 50217《电力工程电缆设计标准》相关技术要求执行。

当发电机励磁电流为额定励磁电流的 1.1 倍时，交流、直流动力电缆实际通流能力满足长期连续运行，并保留一定裕度，同时，短时过电流能力满足发电机强励电流及强励运行时间的要求。

第六节　网源协调参数设计及校核

发电机网源协调参数主要指发电机励磁限制与发电机继电保护中相同电气量的限制与保

护定值参数之间匹配关系，励磁限制和继电保护定值的边界均为发电机运行允许范围的边界，为了保证发电机运行可靠性，按照网源协调的要求，

继电保护边界可以是发电机运行边界，也可以在运行边界上增加一个安全系数，而励磁限制定值整定边界在继电保护边界增加一个适度的安全系数。网源协调参数设计包括励磁电流过励磁限制、定子过电流限制、无功功率低励磁限制和 U/f 过激磁限制等。

一、励磁电流过励磁限制参数设计及校核

励磁电流过励磁限制的限制范围及动作原理与继电保护装置中的转子过负荷保护相同，均是以发电机励磁电流或励磁变压器二次电流为目标。励磁电流过励磁限制的限制范围相关的定值为动作定值 $I_{\text{fact\_oel}}$ 和限制曲线 $\psi_{\text{oel}}(I_{\text{f}})$，而与转子过负荷保护的保护范围相关的定值为动作定值 $I_{\text{fact\_op}}$ 和保护曲线 $\psi_{\text{op}}(I_{\text{f}})$，按网源协调要求，需满足转子过负荷保护动作定值大于或等于励磁电流过励磁限制动作定值，转子过负荷保护区域包含于励磁电流过励磁限制区域。

一般地，励磁电流过励磁限制曲线或转子过负荷保护曲线采用解析式为

$$T_{\text{act}} = \frac{C_{\text{If}}}{I_{\text{f}}^2 - 1} \tag{4-3-47}$$

式中　T_{act}——限制或保护动作时间，s；

C_{If}——发电机转子热容量，A^2s；

I_{f}——以额定励磁电流为基值的电流标幺值。

C_{If} 决定限制或保护的区域，只要转子过负荷保护中 C_{If} 取值大于励磁电流过励磁限制中 C_{If} 取值，即可满足式（4-3-48），即

$$\begin{cases} I_{\text{fact\_op}} \geqslant I_{\text{fact\_oel}} \\ \psi_{\text{op}}(I_{\text{f}}) \in \psi_{\text{oel}}(I_{\text{f}}) \end{cases} \tag{4-3-48}$$

励磁电流过励磁限制曲线与转子过负荷保护曲线有多种表达方式，可以用函数解析式表示，也可采用表格多点折线表示，即使是函数解析式也有不同的函数，如果励磁电流过励磁限制曲线与转子过负荷保护曲线采用的表达式不一致，则需要进行图解法表示，即将励磁电流过励磁限制曲线和转子过负荷保护曲线在时间—电流的平面用图形表示出来，转子过负荷保护图形区域小于励磁电流过励磁限制图形区域则满足要求。

二、定子过电流限制参数设计及校核

定子过电流限制的限制范围及动作原理与继电保护装置中的定子过负荷保护相同，均是以发电机定子电流为目标。定子过电流限制的限制范围相关的定值为动作定值 $I_{\text{gact\_lim}}$ 限制曲线 $\psi_{\text{lim}}(I_{\text{g}})$，而与定子过负荷保护的保护范围相关的定值为动作定值 $I_{\text{gact\_op}}$ 和保护曲线 $\psi_{\text{op}}(I_{\text{g}})$，按网源协调要求，需满足定子过负荷保护动作定值大于或等于定子过电流限制动作定值，定子过负荷保护区域包含于定子过电流限制区域。

一般地，定子过电流限制曲线或定子过负荷保护曲线采用解析式为

$$T_{\text{act}} = \frac{C_{\text{Ig}}}{I_{\text{g}}^2 - 1} \tag{4-3-49}$$

式中　T_{act}——限制或保护动作时间，s；

C_{Ig}——发电机定子热容量，$A^2 s$；

I_{g}——以额定定子电流为基值的电流标幺值。

C_{Ig} 决定限制或保护的区域，只要定子过负荷保护中 C_{Ig} 取值大于定子过电流限制中 C_1，即可满足式（4-3-50），即

$$\begin{cases} I_{\mathrm{gact\_op}} \geqslant I_{\mathrm{gact\_lim}} \\ \psi_{\mathrm{op}}(I_{\mathrm{g}}) \in \psi_{\mathrm{lim}}(I_{\mathrm{g}}) \end{cases} \qquad (4-3-50)$$

定子过电流限制曲线与定子过负荷保护曲线有多种表达方式，可以以函数解析式表示，也可采用表格多点折线表示，即使是函数解析式也有不同的函数，如果定子过电流限制曲线与定子过负荷保护曲线采用的表达式不一致，则需要进行图解法表示，即将定子过电流限制曲线和定子过负荷保护曲线在时间—电流的平面用图形表示出来，如果定子过负荷保护图形区域小于定子过电流限制图形区域则满足要求。

三、无功功率低励磁限制参数设计及校核

无功功率低励磁限制的目标与继电保护装置中的失磁保护相同，均是保护发电机不发生静稳失步，虽然本质相同，但采用控制电气量不同，无功功率低励磁限制以控制发电机无功功率的方式，根据有功功率对应发电机静稳极限时的无功功率为允许下限，调节发电机励磁电压和励磁电流控制发电机无功功率在允许无功功率下限之上，从而保护发电机不发生静稳失步。失磁保护根据发电机端部电压与电流的阻抗值，计算发电机是否进入静稳阻抗圆。

无功功率低励磁限制一般采用多点（多数为 5 点）折线方式，即以 5 个有功功率和无功功率坐标点，在有功功率—无功功率平面上绘制的折线作为无功功率低励磁限制曲线，按照网源协调参数设计要求发电机运行在 5 个坐标点时不能进入失磁保护阻抗圆的范围。

失磁保护阻抗圆的解析式为

$$R^2 + (X-a)^2 = r^2 \qquad (4-3-51)$$

式中 R——发电机端电压 TV 二次电压与定子电流 TA 二次电流相量比值（阻抗）的实部，Ω；

X——发电机端电压 TV 二次电压与定子电流 TA 二次电流相量比值（阻抗）的虚部，Ω；

a——失磁保护阻抗圆在 R-X 平面上圆心坐标（X 轴上），Ω；

r——失磁保护阻抗圆在 R-X 平面上的半径，Ω。

假设发电机定子电压为 U_1（kV），TV 变比为 k_1（kV/V），定子电流为 I_1（kA），TA 变比为 k_2（kA/A），则校核无功功率低励磁限制曲线与阻抗圆失磁保护曲线网源协调关系方法如下：

（1）定子电压为额定值时，计算发电机处于无功功率低励磁限制曲线第 n 折点（$n=0$，1，2，3，4）时，$U_1 = U_{\mathrm{N}}$，TV 二次电压 U_{N}/k_1，发电机定子电流 I_1 为

$$I_1 = \frac{\sqrt{(P_n)^2 + (Q_{\mathrm{N}})^2}}{U_1} \qquad (4-3-52)$$

则 TA 二次电流为 I_1/k_2，发电机端部阻抗为

$$Z_n = \frac{U_N/k_1}{I_1/k_2} = \frac{U_N}{I_1} \cdot \frac{k_2}{k_1} \tag{4-3-53}$$

低励磁限制时无功功率为负值，则电压与电流之间相角的正弦与余弦值为

$$\begin{cases} \cos\varphi = \dfrac{P_n}{\sqrt{(P_n)^2 + (Q_N)^2}} \\[2mm] \sin\varphi = \dfrac{Q_n}{\sqrt{(P_n)^2 + (Q_N)^2}} \end{cases} \tag{4-3-54}$$

则阻抗实部 R_n 和虚部 X_n 为

$$\begin{cases} R_n = Z_n \cos\varphi \\ X_n = Z_n \sin\varphi \end{cases} \tag{4-3-55}$$

如果满足下式 $(R_n)^2 + (X_n - a)^2 > r^2$，则说明发电机第 n 点运行时不会发生静稳失步。如果无功功率低励磁限制上的 5 个折点均满足，则说明当发电机电压为额定时，无功功率低励磁限制曲线与静稳阻抗圆失磁保护曲线满足网源协调参数设计要求。

（2）当发电机定子电压为 80% 额定电压时，一般地，此时无功功率低励磁限制曲线会有变化，则核算无功功率低励磁限制曲线 5 点坐标分别为（$P_{0,0.8}$，$Q_{0,0.8}$），（$P_{1,0.8}$，$Q_{1,0.8}$），（$P_{2,0.8}$，$Q_{2,0.8}$），（$P_{3,0.8}$，$Q_{3,0.8}$），（$P_{4,0.8}$，$Q_{4,0.8}$）。计算发电机处于无功功率低励磁限制曲线第 n 折点（$n=0$，1，2，3，4）时，$U_1 = 0.8U_N$，TV 二次电压为 U_1/k_1，无功功率低励磁限制上的 5 个折点，均满足要求，则说明当发电机电压为 80% 额定电压时，无功功率低励磁限制曲线与静稳阻抗圆失磁保护曲线满足网源协调参数设计要求。

（3）按上述方法核算当发电机定子电压为 110% 额定电压时，无功功率低励磁限制曲线上的 5 个折点是否满足要求，如果在额定电压为 110% 时，无功功率低励磁限制曲线上的 5 个折点均满足要求，则说明当发电机电压为额定电压 110% 时，无功功率低励磁限制曲线与静稳阻抗圆失磁保护曲线满足网源协调参数设计要求。

如果上述 3 种情况下，无功功率低励磁限制曲线与静稳阻抗圆失磁保护曲线均满足要求，则说明无功功率低励磁限制与静稳阻抗圆失磁保护满足网源协调参数设计要求。

四、U/f 过激磁限制参数设计及校核

U/f 过激磁限制的限制范围及动作原理与继电保护装置中的 U/f 过励磁保护相同，均是以发电机电压与频率的比值为目标。U/f 过激磁限制的限制范围相关的定值为动作定值 H_{act_lim} 和限制曲线 ψ_{lim} （U/f），而与 U/f 过励磁保护的保护范围相关的定值为动作定值 H_{act_op} 和保护曲线 ψ_{op} （U/f），按网源协调要求 U/f 过励磁保护动作定值大于或等于 U/f 过激磁限制动作定值，U/f 过励磁保护区域包含于 U/f 过激磁限制区域。

一般地，U/f 过励磁保护动作采用多点折线表示的反时限特性，U/f 过激磁限制动作也必须采用多点折线表示的反时限特性，则需要进行图解法校核 U/f 过励磁保护和 U/f 过激磁限制参数是否满足网源协调参数设计要求。即将 U/f 过激磁限制曲线和 U/f 过励磁保护曲线在时间—磁通的平面用图形表示出来，如果 U/f 过励磁保护图形区域小于 U/f 过激磁限制图形区域，则满足要求。

如果 U/f 过激磁限制动作采用定时限特性，则其动作时间必须小于 U/f 过励磁保护。

第四章

励 磁 系 统 试 验

第一节　励磁系统静态试验

一、绝缘耐压试验

对励磁设备或回路进行绝缘电阻测试或进行交流耐压试验时，首先应清洁设备，断开不相关的回路，区分不同电压等级分别进行，做好安全措施。非被试回路及设备应可靠短接并接地，被试电子元器件、电容器的各电极在试验前应短接。

(一) 绝缘电阻的测定

1. 绝缘电阻的测量部位

(1) 不同带电回路之间。

(2) 各带电回路与金属支架底板之间。

2. 测量绝缘电阻的仪表

(1) 100V 以下电气设备或回路，使用 250V 绝缘电阻表。

(2) 500V 以下至 100V 的电气设备或回路，使用 500V 绝缘电阻表。

(3) 3000V 以下至 500V 的电气设备或回路，使用 1000V 绝缘电阻表。

(4) 10000V 以下至 3000V 的电气设备或回路，使用 2500V 绝缘电阻表。

(5) 10000V 以上的电气设备或回路，使用 2500V 或 5000V 绝缘电阻表。

3. 绝缘电阻值

不同性质的电气回路绝缘电阻值要求如表 4-4-1 所示。

表 4-4-1　　　　　　　　　不同性质的电气回路绝缘电阻值

序号	电气回路性质	绝缘电阻值
1	与励磁绕组及电气回路直接连接的所有回路及设备	不小于 1MΩ
2	与发电机定子电气回路直接连接的设备或回路	不低于 GB/T 7894《水轮发电机基本技术条件》及 GB 50150《电气装置安装工程　电气设备交接试验标准》的规定
3	与励磁绕组或电气回路不直接连接的设备或回路	不小于 1MΩ

(二) 耐压试验

在实施交流耐压试验前、后，分别使用绝缘电阻表测试绝缘电阻并进行记录，试验前、后阻值差异应小于 10%。交流试验电压应为正弦波，频率为 50Hz。在规定试验电压值下的持续时间为 1min。在承受交流耐压试验电压值的时间内，不应被击穿，且不应产生绝缘损坏或闪络现象。

1. 与励磁绕组电气回路直接连接的所有设备及回路

(1) 额定励磁电压为 500V 及以下。

1) 出厂试验电压为 10 倍额定励磁电压，且最小值不得低于 1500V；

2) 交接试验电压为 85％出厂试验电压，但最小值不得低于 1200V；

3) 定期检验试验电压为 85％交接试验电压，但最小值不得低于 1000V。

（2）额定励磁电压为 500V 以上。

1) 出厂试验电压为 2 倍额定励磁电压加 4000V；

2) 交接试验电压为 85％出厂试验电压；

3) 定期检验试验电压为 85％交接试验电压。

2. 与发电机定子电气回路直接连接的设备和电缆

（1）出厂试验电压按 GB 311.1《绝缘配合 第 1 部分：定义、原则和规则》的规定并参考 DL/T 1628《水轮发电机励磁变压器技术条件》的规定。

（2）交接试验电压按 GB 50150《电气装置安装工程　电气设备交接试验标准》的规定进行。

（3）定期检验试验电压按 DL/T 596《电力设备预防性试验规程》的规定进行。

3. 与励磁绕组电气回路不直接连接的设备与回路

（1）出厂试验电压符合 GB/T 7894《水轮发电机基本技术条件》的规定。

（2）交接试验电压应符合 GB 50150《电气装置安装工程　电气设备交接试验标准》的规定。

（3）定期检验试验电压按交接试验电压进行。

二、直流稳压电源单元

（一）稳压范围

稳压电源单元接额定电流的等值负载，通过调压器改变输入电压使得稳压电源输入电压在−20％～＋15％额定电压值之间。测量输出电压的变化，绘出曲线。

（二）外特性曲线

输入电压为额定值，改变负载电流，使负载电流在 0 至额定值之间变化，测量输出电压的变化，绘出曲线。

（三）输出纹波系数

保持输入、输出电压和负载均为额定值，测量输出电压的纹波值。一般稳压纹波峰峰值应不大于 1‰的电压额定值，电压纹波系数为直流电源电压波动的峰峰值与电压额定值之比。

三、模拟量测量环节整定

（一）三相模拟量输入一致性整定

1. 交流直接采样

将三通道示波器连接在 A/D 转换器前，观测三相信号交流波形（相位、幅值）。要求相位误差不得大于 1°，幅值误差小于 0.5％。波形不能畸变。如三相一致性不能满足要求，检查输入通道的互感器、滤波器所引起的相移和幅值衰减，并进行调整，使其满足要求。

2. 整流型采样

将万用表连接在 A/D 转换器前，观测各相信号电压有效值是否相同。要求误差小于 0.5％。如三相一致性不能满足要求，检查输入通道的互感器、滤波器所引起的衰减，并进行调整，使其满足要求。

（二）三相模拟量输入测量精度、线性度和范围的检查

微机励磁调节器接入三相标准源，电压源有效值变化范围为 0％～150％，电流源有效值变化范围为 0％～200％。设置若干测试点，测试点不少于 15 个，其中要求有 0 和最大值两点。在设计的额定值附近测试点可以密集些，不要求测试点等间距。观测微机励磁调节器测量显示值并记录。

四、开关量输入输出环节测试

（一）开关量输入环节试验

手动改变输入开关量状态，通过微机励磁调节器板件指示或界面显示逐一检查开关量输入的正确性。

（二）开关量输出环节试验

通过微机励磁调节器监控界面或其他方式，模拟每路开关量的输出，并检查对应开关量输出环节的正确性。

五、同步信号及移相特性环节试验

（一）移相特性测试

按照正确的相序要求，将标准三相交流电压源连接到微机励磁调节器同步输入端子。此时同步电压设定在额定值。微机励磁调节器触发控制角置于固定角度。示波器一个通道接同步电压输入端，如线电压 U_{ab} 或 U_a 相电压；另一个通道接脉冲输出端即脉冲变压器的一次侧或二次侧。观测脉冲前沿和同步电压的相移关系。测试开始通过微机励磁调节器触发控制角置于固定角度，如 30°角。用示波器校核同步电压信号和触发脉冲之间的移相。然后从强励角到最大逆变角按等间隔设置不少于 15 个点的测试相角点。测试点要求包含强励角、90°角、最大逆变角。观测触发角度的上、下限和变化范围并进行记录。所有点测试记录以后，分析移相特性是否正确。如不正确找出相角移动的原因并进行校正。

（二）同步信号幅值变化的测试

微机励磁调节器触发控制角置于固定角度。将同步电压频率值设定在额定值。调节输入同步电压有效值，使其变化范围为 0％～150％。用示波器观测校核同步电压信号和触发脉冲之间的移相，并记录。观察同步信号幅值变化和移相角之间的关系（在同步电压的最低分辨电压值以上，移相角应无大变化），确定同步电压的最低分辨电压值。

（三）同步信号频率变化的测试

微机励磁调节器触发控制角置于固定角度。将同步电压有效值设定在额定值。改变输入同步电压频率值，使其在 0.9～1.6 倍额定频率范围内变化。用示波器观测校核同步电压信号和触发脉冲之间的移相，并记录。分析同步信号频率值变化和移相角正确度之间的关系，确定微机励磁调节器正确工作的同步电压频率值上限和下限值。

六、脉冲特性试验

（一）触发脉冲检查

用示波器观测脉冲变压器一次侧和晶闸管控制极的脉冲波形，脉冲波形应正确。如双脉

冲应是相差 60°角的两个脉冲。脉冲序列应和设计波形相同。触发脉冲前沿的陡度应小于 1μs。脉冲应光滑、干净、没有多余的毛刺；脉冲宽度一般不小于 5；晶闸管控制极脉冲应可见脉冲前沿的开通尖峰和脉冲后沿的导通平台。如不正确应进行检查。

（二）触发脉冲一致性检查

使微机励磁调节器带试验用晶闸管整流桥，连接电抗性负载做开环小电流试验状态。微机励磁调节器输出一个固定的触发控制角，用示波器观测负载上的直流电压和同步电压。当三相同步电压、三相整流电源各相电压幅值相等而且相角准确相差 120°时，负载上的锯齿波形状的直流电压一致性应很好。20ms 应有 6 个波头。每相锯齿波应波形相同、面积相等、幅值相等。当微机励磁调节器变化相角时，锯齿波 6 个波头仍应对称、一致。如有不同应检查电路和控制程序。

七、晶闸管整流桥试验

（一）晶闸管试验

（1）对于单只容量通态平均电流 $I_{T(av)}$ 在 1500A 以上的晶闸管功率组件（压装散热器后），应测试并提供功率组件的相关参数：

1）静态：门极触发电压 U_{GT}、门极触发电流 I_{GT}、断态重复峰值电压 U_{DRM}、泄漏电流。

2）动态：通态平均电流 $I_{T(av)}$、通态平均压降 U_{T0}、反向重复峰值电压 U_{RRM}、泄漏电流、壳温、风速。

（2）并联整流器的晶闸管应进行元件的筛选配对。

（3）最终应出具的试验文件包括功率组件全动态试验报告和元件并联配对表。

（二）脉冲变压器试验

（1）输入及输出特性测试。通过移相或脉冲放大单元输入触发脉冲，在带晶闸管和不带晶闸管两种情况下测量输出脉冲的幅值及宽度等参数，应符合产品技术要求。脉冲前沿陡度不应小于 1Aμs，输出脉冲形状不应畸变和产生振荡。

（2）电气绝缘强度试验。脉冲变压器输出绕组在运行中要承受转子灭磁及感应过电压的高电位，其绕组之间的绝缘电阻不应低于制造厂的规定，耐压试验标准不应低于相关规定值。

八、磁场断路器试验

（一）绝缘电阻测定及耐压试验

下列部位的绝缘电阻，不应小于 5MΩ。

（1）断开的两极触头间。

（2）主回路中所有导电部分与地之间。

（二）导电性能检查

闭合磁场断路器，通以 100A 电流，测量主触头的电压降。再分开磁场断路器，重复 3 次。记录 3 次测量结果的平均值不应大于制造厂的规定。双断口或多断口电压降偏差不大于 10％。另可附加测试磁场断路器各触头的合闸压力，应符合制造厂的规定。

（三）操作性能试验

在控制回路施加的合闸电压为 80％额定操作电压时合闸 3 次。在控制回路施加的分闸电压为 65％额定操作电压时，分断 3 次。磁场断路器应可靠分合。

（四）同步性能测试

多断口磁场开关的各断口间动作的同时性均应符合制造厂的规定。测量开关各断口的动作时差，如各主断口间的分闸时差，主、辅断口间的分合闸时差等。辅助断口的闭合时间应满足灭磁功能的要求。

（五）分断电流试验

磁场断路器分别以最小分断电流、空载额定励磁电流各进行 1～2 次分断试验。试验后检查触头及栅片等，应无明显异常。

九、非线性电阻及转子过电压保护器部件试验

（一）非线性电阻试验

（1）非线性电阻试验按 DL/T 294.2《发电机灭磁及转子过电压保护装置技术条件　第 2 部分：非线性电阻》的规定执行。

（2）对于氧化锌非线性电阻元件，交接试验中应逐支路测试记录元件压敏电压 U_{10mA}。测试元件泄漏电流，对元件施加相当于 0.5 倍 U_{10mA} 直流电压时其泄漏电流应小于 $100\mu A$，定期检验时按同样标准检测元件泄漏电流。A、B 修时，测定元件压敏电压，在同样外部条件下与初始值比较，压敏电压变化率大于 10％应视元件为老化失效。当失效元件数量大于整体数量的 20％时应更换整组非线性电阻。

（3）当采用碳化硅电阻时，试验按制造厂出厂标准进行。

（二）跨接器试验

应在发电机投入试运行前按制造厂产品说明书或调试说明书对其动作值进行校验。试验方法如下：

（1）断开跨接器连接的相关回路，接入试验电源（最好电压可调）。要求试验电源电压应超过跨接器动作值（如选交流电源，可考虑其峰值）。

（2）应有必要的限流措施，以免造成电源或设备损坏。

（3）投入试验电源，模拟过电压触发跨接器动作值，动作值应符合整定要求。

十、开环小电流试验

励磁调节器与晶闸管整流装置小电流试验接线完成，整流桥及同步变压器为同相序且为正相序，励磁调节器工作正常，示波器、假负载等试验仪器齐备。

试验方法如下：

（1）模拟发电机转速令。

（2）使励磁调节器工作在开环控制方式。

（3）操作增减磁，改变整流柜直流侧输出。

（4）用示波器观察假负载上的波形，每个周期输出锯齿波形应有稳定的 6 个波头，且一致性好，增减磁时波形平滑变化，无跳跃变化。

（5）测量晶闸管整流桥输出电压，应与计算值吻合。

（6）双套自动电压调节器应分别进行上述试验并做切换试验，切换前后，整流桥输出波形一致。

十一、开环高压小电流试验

励磁调节器与晶闸管整流装置高压小电流试验接线完成，整流桥及同步变压器为同相序且为正相序，励磁调节器工作正常，示波器、假负载等试验仪器齐备。

（1）使励磁调节器工作在开环控制方式。

（2）将输入晶闸管整流装置的交流侧电压调整至励磁变压器二次额定交流电压的1.3倍。

（3）通过励磁调节器控制增磁使整流装置输出 2 倍额定励磁电压。

（4）利用示波器观察晶闸管输出直流侧波形，每个周期输出锯齿波形应有稳定的 6 个波头，且一致性好，增减磁时波形平滑变化，无跳跃变化。

十二、开环低压大电流试验

励磁调节器与晶闸管整流装置低压大电流试验接线完成，整流装置的冷却系统工作正常，整流桥及同步变压器为同相序且为正相序，励磁调节器工作正常，示波器、假负载等试验仪器齐备。

（1）使励磁调节器工作在开环控制方式。

（2）将晶闸管整流装置的直流侧采用通流铜排进行短接或接低值大电流负载。

（3）将输入晶闸管整流装置的交流侧电压调整至 20V 左右。

（4）开启晶闸管整流装置的冷却系统。

（5）增磁使整流装置输出电流逐渐上升，观测输出锯齿波形应有稳定的 6 个波头，且一致性好。

（6）观测输出电流指示至 50％额定电流时应停留 30min 左右，测量直流输出、交流三相电流值及整流器各部温升等有关量。

（7）继续增磁，直至晶闸管整流装置输出电流达额定值，运行 2h 以上（型式试验需做72h），在此期间每 30min 左右测量各电气量及温度量一次，2h 以后测点温度应稳定不再上升。

（8）如需做最大励磁电流试验，将电流进一步升至顶值电流倍数，持续 20s。当电流减至额定值后测量各点温升并记录。

第二节 励 磁 系 统 动 态 试 验

一、零起升压、自动升压、软起励试验

发电机转速在 0.90～1.05 倍额定转速范围内，励磁系统工作正常，起励电源投入，励磁系统具备升压条件。

（一）零起升压
（1）调整励磁调节器电压或电流给定值至最低值（如 5％）。

（2）给励磁调节器开机令，发电机机端电压应自动上升至电压给定值。

（3）增磁将发电机机端电压逐渐升至额定值。对试验过程的机端电压、电压给定、励磁

电流、触发角度等进行记录。发电机机端电压上升过程应平稳。

（二）自动升压

（1）调整励磁调节器电压给定值至额定值。

（2）给励磁调节器开机令，发电机机端电压应快速上升至额定值，对试验过程的机端电压、电压给定、励磁电流、触发角度等进行录波，试验结果应满足 DL/T 583《大中型水轮发电机静止整流励磁系统技术条件》的要求。

（三）软起励

（1）将励磁调节器置于软起励方式。

（2）给励磁调节器开机令，发电机机端电压应按一定的速率逐渐平稳上升至额定值或设定值。

二、升降压及逆变灭磁特性试验

发电机运行在空载工况下。通过增磁、减磁增加或减少发电机机端电压，机端电压变化应平稳。当发电机机端电压升至额定值后，通过励磁调节器发出手动逆变令或通过远方发出停机令进行逆变灭磁，励磁系统应可靠灭磁，无逆变颠覆现象。对逆变灭磁试验进行录波。

三、调节通道的切换试验

在发电机空载运行和负载情况下分别进行，调节器双通道工作正常。调节器做自动电压调节（AVR）与励磁电流调节（FCR）方式切换试验，并进行录波。然后对调节器做主/从通道切换试验，并进行录波。切换试验结果应满足 DL/T 583 的要求。

四、 10%阶跃响应试验

检验励磁调节器的调节性能。发电机处于空载运行状态，机组维持在额定转速下。使励磁调节器工作在 AVR 方式，将发电机机端电压给定值调整至额定值，励磁调节器给定值降10%，并进行录波，励磁调节器给定值升 10%，并进行录波，试验结果应满足 DL/T 583 的要求。

五、电压静差率及电压调差率测定

（一）电压静差率测定

在额定负荷、无功电流补偿率为零的情况下测得机端电压 U_1 和给定值 U_{refl} 后，在发电机空载试验中相同励磁调节器增益下测量给定值 U_{refl} 对应的机端电压 U_0，然后按式（4-4-1）计算电压静差率，即

$$\varepsilon = \frac{U_0 - U_1}{U_N} \times 100\% \qquad (4-4-1)$$

式中　U_0——相同给定值下的发电机空载电压，kV；

U_1——额定负荷下发电机电压，kV；

U_N——发电机额定电压，kV。

（二）电压调差极性

发电机并网带一定负荷，增加无功补偿系数，无功功率增加的为负调差，减少的为正

调差。

（三）电压调差率测定

发电机并网运行时，在功率因数等于零的情况下调节给定值使发电机无功功率 Q 大于 50％额定无功功率，测量此时的发电机电压 U_t 和电压给定值 U_{ref}，在发电机空载试验中得到 U_{ref} 对应的发电机电压 U_{t0}，求得电压调差率 D，即

$$D(\%) = \frac{U_{t0} - U_t}{U_{tn}} \frac{S_N}{Q} \times 100\% \qquad (4-4-2)$$

式中　S_N——发电机额定容量，MVA；

　　　U_{tn}——发电机空载额定电压，kV。

六、电压给定值整定范围测试

（一）调节器工作在空载状态

分别在恒发电机机端电压闭环调节方式及恒发电机转子电流闭环调节方式下，对发电机励磁调节器进行增、减磁，观测发电机机端电压给定值，转子电流给定值的上、下限，并做好记录。

（二）调节器工作在负载状态

分别在恒发电机机端电压闭环调节方式及恒发电机转子电流闭环调节方式下，对发电机励磁调节器进行增、减磁，观测发电机机端电压给定值，转子电流给定值的上、下限，并做好记录。

七、电压互感器（TV）断线模拟试验

测试励磁调节器的 TV 断线检测功能，并验证 TV 断线后励磁调节器自动切换动作的正确性。发电机运行在空载工况下，转速和机端电压为额定值。

（1）使励磁调节器处于 AVR 方式运行。

（2）模拟主通道 TV 断相，励磁调节器应发出报警信号，同时从主通道自动切换至备用通道。对双自动电压调节器进行通道切换后仍保持 AVR 方式运行。模拟主通道、备用通道，同时 TV 断线，励磁调节器应从 AVR 方式切至 FCR 方式。切换后，发电机仍应能保持稳定运行，机端电压应基本保持不变。

（3）恢复 TV 断线，励磁调节器的 TV 断线信号应自动复归。

第三节　励 磁 系 统 特 殊 试 验

一、励磁系统参数测试试验

（一）发电机空载特性试验

发电机采用他励方式，将发电机定子电压、励磁电压、励磁电流接入电量记录分析仪。

发电机维持额定转速，逐渐改变励磁电流，测量发电机定子电压为 20％～120％额定电压（当发电机与主变压器相连时发电机电压不能超过 105％额定电压）上升和下降特性曲线。测量交流发电机空载情况下，机端电压和励磁电流的关系。

（二）发电机直轴暂态开路时间常数 T'_{d0} 试验

发电机在正常运行状态下，维持额定转速，将发电机定子电压升到 70％额定值，然后突然断开可控硅触发脉冲电源的方法，用电量记录分析仪测录发电机定子电压、转子电流、电压波形，计算发电机直轴暂态开路时间常数 T'_{d0}。

T'_{d0} 计算方法为在上述发电机定子电压波形中，定子初始电压与稳态剩磁电压的差值自初始值衰减到 $1/e = 0.368$ 初始值时所需时间。

（三）发电机空载 5％阶跃响应试验

发电机维持额定转速，使用自动励磁方式。用自动励磁调节器调整发电机电压为 95％额定电压，进行 5％阶跃（上、下阶跃）试验，用电量记录分析仪测录发电机电压、转子电压、转子电流。通过定子电压波形确定超调量（M_p）、上升时间 t_{up}、峰值时间 t_p、调整时间 t_s 和振荡次数 N。

（四）发电机空载大阶跃试验

发电机维持额定转速，使用自动励磁方式。用自动励磁调节器调整发电机电压为 70％额定电压，进行 20％左右大阶跃（上/下阶跃）试验，用电量记录分析仪测录发电机定子电压、转子电压、转子电流。计算模型中调节器最大和最小输出限幅值 U_{Rmax} 和 U_{Rmin}。

（五）调差极性校核

发电机并网带初负荷运行情况下，自动励磁方式，保持发电机给定电压不变，逐步改变 AVR 调差系数。分别在调差系数为 0、+1％、+2％、+3％、+4％、+5％时记录发电机无功功率、发电机定子电压等值，机组正常运行时的调差系数由调度给定。

二、 PSS 参数整定试验

（一）励磁系统无补偿相频特性测试

在 PSS 输出信号迭加点输入白噪声信号（PSS 退出运行），用动态信号分析仪测量发电机电压对于 PSS 输出信号迭加点的相频特性，即励磁系统无补偿相频特性。

增大试验信号输出，此过程发电机励磁电压波动较大，其他量无明显波动，机端电压波动一般小于 2％额定电压。

（二）PSS 参数仿真计算

根据励磁系统无补偿相频特性和 PSS 的传递函数计算 PSS 相位补偿特性，整定 PSS 参数。

（三）PSS 临界增益试验

逐步增加 PSS 的增益，观察发电机转子电压和无功功率的波动情况，确定 PSS 的临界增益。PSS 的实际增益取临界增益的 20％～30％。

（四）PSS 效果检验

在 PSS 投入和退出两种情况下进行发电机定子电压给定阶跃试验并录波，阶跃量根据发电机有功的波动情况进行调整，但一般不超过额定电压的 4％，比较 PSS 投入和退出两种情况下有功功率的波动情况，如有必要可对 PSS 的参数进行调整。试验合格后，将最终的 PSS 参数写入另一套调节器。然后切换到另一套调节器运行，重复进行前述试验。

（五）PSS 反调试验

在 PSS 投入的情况下，按照运行时可能出现的最快调节速度进行原动机功率调节，如连续减出力 10%～20%额定有功功率，观察发电机无功功率的波动，即反调情况。

三、进相运行试验

随着电网的发展，大机组不断投入，系统电压等级不断提高，电网充电无功功率越来越大。当系统负荷处于低谷时，无功功率过剩，系统电压超上限运行严重，为了吸收系统过剩的无功功率，降低网络过高的电压，降压节能，需发电机进相运行。但发电机进相运行受到静稳定、定子端部发热和厂用电电压降低等的限制，因此，发电机进相运行前应对发电机进行试验，确定发电机的进相能力，为发电机的进相运行提供科学依据。

（一）发电机进相运行试验时有关限额值的规定

1. 发电机定子电压和厂用电电压

发电机的最低运行电压，应根据稳定运行的要求来确定，发电机定子电压和厂用电电压不低于额定值的 90%。

2. 发电机定子电流

发电机进相运行试验时，其定子电流不得超过额定值。

3. 定子边段铁心和金属结构件的温度

发电机定子边段铁心温度、压指温度、连接片温度不得超过规定值。

4. 系统电压

发电机进相运行时，系统电压不得低于调度给定的运行电压曲线下限值。在试验开始时应将系统电压调至高限。

5. 稳定限制

发电机进相试验时不得失去静稳定和动稳定，并留有一定的裕度。发电机静稳定极限功角查 DL/T 1523《同步发电机进相试验导则》中典型曲线，并考虑 15°的裕度。

（二）发电机进相运行时的参数测量

1. 电气参数测量

（1）定转子回路。接入测量仪表分别测量发电机定子三相电流、电压、有功功率、无功功率、功率因数、功角、转子电流、转子电压。

（2）电压值。在系统侧电压互感器副边接入标准交流电压表 1 只，厂用电电压互感器副边接入标准电压表 1 只。如果系统电压和厂用电电压接入点距离定子、转子回路电流和电压接入点较近，则采用组合仪表进行测量。

（3）功率记录。在监控系统记录被试机组潮流（有功功率和无功功率）。

上述接入定子、转子回路的表计均不得低于 0.5 级的准确级。

2. 温度测量

（1）定子边段铁心和金属结构件的温度测量。定子边段铁心和金属结构件的温度可用制造厂埋设的测温元件进行测量。

（2）进出风温度测量。可利用监控系统中的进、出风温度测量值。

（三）试验方法

发电机与系统并列，在每种有功功率下作进相试验，从迟相作到进相，若受到厂用电限制，在额定功率下功率因数尚未达到进相 0.95，则应调整变压器档位或不带厂用电进行试验。直到达到发电机进相运行时有关限额值之一为止。

（1）在发电机定转子回路、系统电压、厂用电电压二次侧接入有关表计。

（2）试验发电机自带厂用电。

（3）自动发电控制（AGC）和自动电压控制（AVC）退出运行。厂内陪试机组 AVC 也应退出运行，励磁调节器低励跳闸功能退出。

（4）修改低励限制整定值。

（5）将被试发电机有功功率调至最小，尽可能接近于 0MW。

（6）调整其他机组，使系统电压接近上限。如果调不到上限，则可通过系统退出电抗器或投入电容器，也可协调其他电厂的发电机增发无功进行调节。

（7）调节被试发电机无功功率，读取各电气参数，直至达到上述发电机进相限额值之一为止。

（8）将发电机有功功率分别调至 $50\% P_N$、$75\% P_N$、$100\% P_N$，重复上述步骤，在 100% 有功负荷的最深进相深度下除读取电气参数外，尚需读取温度参数，直到热稳定。

（9）根据试验结果，给出低励限制整定值，由励磁厂家或电厂进行低励限制整定，并在满负荷下使发电机进相运行，验证发电机励磁调节器低励限制环的静态和动态特性。

第五章

励 磁 系 统 故 障 处 理

第一节　励磁调节器常见故障及处理

一、电压测量故障

(一) 故障及异常信息

(1) 监控系统或控制室显示相应报警信息。

(2) 励磁调节器人机界面显示相应的报警信息。

(3) 励磁调节器发生主/从通道切换，运行主通道切至备用通道。

(二) 故障及异常原因

(1) 发电机 TV 回路断开（开关断开、端子接线松、TV 断线故障）。

(2) 励磁调节器检测定子电压的检测回路故障。

(三) 故障及异常处理方法

(1) 检查励磁系统定子电压接线回路是否有开关断开、TV 回路熔丝故障或端子接线松的情况，如果开关跳开或端子接线松，则合上开关或紧固端子，如果熔丝故障，则更换熔丝，检查电压测量回路正常。

(2) 若励磁调节器定子电压的检测回路故障，则更换电压测量板件。

二、励磁调节器电源开关跳闸报警

(一) 故障及异常信息

(1) 监控系统或控制室显示相应报警信息。

(2) 励磁调节器人机界面显示相应的报警信息。

(二) 导致故障及异常原因

(1) 励磁调节器电源开关跳开或开关故障。

(2) 相关回路短路过电流或开关偷跳。

(三) 故障及异常处理方法

(1) 根据具体情况试合跳开的电源开关。

(2) 若试合电源开关不成功，则寻找短路点，并排除短路故障。

三、励磁调节器通道故障

(一) 故障及异常信息

(1) 监控系统或控制室显示相应报警信息。

(2) 励磁调节器人机界面显示相应的报警信息。

(3) 励磁调节器发生主/从通道切换，运行主通道切至备用通道。

（二）导致故障及异常原因

（1）电压测量回路故障。

（2）触发脉冲故障。

（3）通道电源故障。

（4）其他有关硬件故障。

（三）故障及异常处理方法

（1）检查从通道运行正常。

（2）检查电源开关是否在正常位置。

（3）检查具体故障信息，对应查找相关故障原因。

四、无功功率过励磁限制动作

（一）故障及异常信息

（1）励磁电流、定子电流、无功功率增大，并在监控系统或控制室显示报警信息。

（2）励磁调节器人机界面显示相应的报警信息。

（二）导致故障及异常原因

（1）无功功率大于限制曲线整定值导致无功功率过励磁限制器动作。

（2）模拟量测量回路损坏。

（3）TV、TA 内外回路有接触不良现象。

（三）故障及异常处理方法

（1）如果无功功率限制正常动作，则调整发电机无功功率到允许范围内。

（2）模拟量测量回路损坏，检查其采样情况，必要时更换模拟量测量板件。

（3）可能是 TV、TA 内外回路有接触不良现象，检查并处理。

五、无功功率欠励磁限制动作

（一）故障及异常信息

（1）励磁电流、定子电流、无功功率减小，并在监控系统或控制室显示报警信息。

（2）励磁调节器人机界面显示相应的报警信息。

（二）导致故障及异常原因

（1）无功功率低于限制曲线整定值，导致无功功率欠励磁限制器动作。

（2）模拟量测量回路损坏。

（3）TV、TA 内外回路有接触不良现象。

（三）故障及异常处理方法

（1）无功功率欠励磁限制正常动作，则调整发电机无功功率到允许范围内。

（2）模拟量测量回路损坏，检查其采样情况，必要时更换模拟量测量板件。

（3）TV、TA 内外回路有接触不良现象，检查并处理。

六、U/f 过激磁限制动作

（一）故障及异常信息

（1）励磁电流增大，并在监控系统或控制室显示报警信息。

（2）励磁调节器人机界面显示相应的报警信息。

（二）导致故障及异常原因

（1）定子电压大于 U/f 限制电压整定值。

（2）机组频率低于 U/f 限制频率整定值。

（三）故障及异常处理方法

（1）如果 U/f 限制正常动作，则调整发电机定子电压到 U/f 限制电压整定值以下。

（2）将机组频率升到 U/f 限制频率整定值以上。

七、励磁电流过励磁限制动作

（一）故障及异常信息

（1）监控系统或控制室显示相应报警信息。

（2）励磁电流过励磁限制动作时机组发出无功功率增大信息。

（3）励磁调节器人机界面显示相应的报警信息。

（二）导致故障及异常原因

（1）机端电压下降，励磁电流达到最大值，最大励磁限制器动作。

（2）TV、TA 内外回路有接触不良现象。

（三）故障及异常处理方法

（1）观察机组运行情况，尤其励磁电流、定子电压运行情况。

（2）观察集电环电刷，待停机后，检查励磁回路有无元件故障。

（3）TV、TA 内外回路有接触不良现象，检查并处理。

八、定子电流过励磁限制动作

（一）故障及异常信息

（1）励磁电流、定子电流、无功功率增大，并在监控系统或控制室显示报警信息。

（2）励磁调节器人机界面显示相应的报警信息。

（二）导致故障及异常原因

（1）定子电流大于限制曲线整定值导致定子电流过励磁限制器动作。

（2）模拟量测量回路损坏。

（3）TV、TA 内外回路有接触不良现象。

（三）故障及异常处理方法

（1）如果定子电流限制正常动作，则调整发电机无功功率和定子电流到允许范围内。

（2）模拟量测量回路损坏，检查其采样情况，必要时更换模拟量测量板件。

（3）TV、TA 内外回路有接触不良现象，检查并处理。

九、 TV 断线故障

（一）故障及异常信息

（1）在监控系统或控制室显示相应故障信息。

（2）励磁调节器人机界面显示相应的故障信息。

（二）导致故障及异常原因

（1）励磁专用 TV 或仪用 TV 外回路接线有问题。

（2）TV 熔丝（高压侧或低压侧）接触不好或熔断。

（3）TV 端子到插箱内部回路接触不好。

（三）故障及异常处理方法

（1）检查励磁专用 TV 和仪用 TV 外回路接线是否有问题。

（2）TV 熔丝接触不好甚至熔断，检查 TV 熔丝。

（3）运行中处理断线的 TV 二次回路故障时，应采取防止短路的措施，无法在运行中处理的应停机处理。

（4）TV 端子到插箱内部回路接触不好，检查内部插接连接器或紧固内部接线。

十、脉冲错误故障或告警

（一）故障及异常信息

（1）监控系统或控制室显示相应故障或告警信息。

（2）励磁调节器人机界面显示相应的故障或告警信息。

（二）导致故障及异常原因

（1）触发脉冲丢失。

（2）触发脉冲产生回路故障。

（三）故障及异常处理方法

（1）检查励磁调节器到整流装置脉冲板之间的接线是否松动或脱落。

（2）更换触发脉冲产生板件。

十一、同步电压故障

（一）故障及异常信息

（1）监控系统或控制室显示相应故障或告警信息。

（2）励磁调节器人机界面显示相应的故障或告警信息。

（二）导致故障及异常原因

（1）同步电压信号相关接线回路故障。

（2）同步变压器故障。

（3）同步电压采样回路故障。

（三）故障及异常处理方法

（1）检查同步电压相位、相序是否正确。

（2）检查同步变压器接法是否正确。

（3）检查同步接线是否正确。

（4）检查同步变压器是否故障损坏，若损坏需更换。

（5）检查同步采样板件是否故障，若故障更换同步采样板件。

十二、励磁调节后台工控机故障

（一）故障及异常信息

（1）后台工控机显示信息不更新。

（2）后台工控机显示界面死机。

（二）导致故障及异常原因

（1）通信接口信息错误。

（2）工控机系统参数被窜改。

（3）工控机硬件或软件故障。

（三）故障及异常处理方法

（1）检查后台工控机通信参数是否正确。

（2）检查通信线是否接触异常。

（3）重新启动工控机，如果启动失败，则更换工控机。

十三、发电机无功功率波动较大

（一）故障及异常信息

（1）监控系统或控制室显示相应无功功率波动大。

（2）励磁调节器显示无功功率波动大。

（二）导致故障及异常原因

（1）励磁调节器机端电压采样波动较大。

（2）电网电压波动较大。

（3）有功功率输出变化较大，导致 PSS 输出波动。

（4）附加调差系数设置不合适。

（三）故障及异常处理方法

（1）确认电网电压是否波动较大。

（2）检查励磁调节器机端电压采样是否波动较大，检查 TV 或 TA 回路是否正常，检查励磁调节器板件采样是否正常，板件故障需更换板件。

（3）检查 PSS 输出是否过大，检查有功功率是否波动，若有功功率波动较大则需查明有功功率波动原因。

（4）确认机组附加调差系数设置是否合适。

第二节 励磁功率单元常见故障及处理

一、晶闸管快速熔断器故障

（一）故障及异常信息

（1）监控系统或控制室显示相应报警信息。

（2）整流装置面板显示相应的报警信息。

（二）导致故障及异常原因

（1）短路造成晶闸管整流桥臂的熔断器熔断。

（2）晶闸管故障或晶闸管过电压阻容回路故障造成晶闸管桥臂的熔断器熔断。

（3）晶闸管过负荷造成桥臂上的熔断器熔断。

（三）故障及异常处理方法

（1）查明过电流原因（励磁电流过大或各桥臂电流分配不均）。

（2）检查晶闸管和晶闸管过电压阻容回路，如故障则进行更换。

（3）若仅是熔断器熔断则更换熔断器。

二、整流装置温度高

（一）故障及异常信息

（1）监控系统或控制室报警信息。

（2）整流装置中显示相应的报警信息。

（二）导致故障及异常原因

（1）磁场绕组过负荷。

（2）整流柜风机或其控制回路故障。

（三）故障及异常处理方法

（1）调整磁场电流，使晶闸管整流装置温度降低。

（2）检查整流柜运转是否正常，电源切换回路是否正常，若故障则通知检修处理。

（3）检查风道进出风口滤网是否堵塞。

（4）检查励磁小室空调或通风设备是否正常工作。

（5）若机组解列则对整流装置进行全面检查。

三、整流柜冷却风机报警

（一）故障及异常信息

（1）监控系统或控制室显示相应报警信息。

（2）整流装置显示相应的报警信息。

（3）备用风机启动运行。

（二）导致故障及异常原因

（1）短路造成主风机及回路出现故障。

（2）风机电源开关跳闸。

（3）风机本身故障。

（三）故障及异常处理方法

（1）检查备用风机运行是否良好。

（2）检查风机及其回路，确认无故障后合上跳闸的电源开关。

（3）如电源开关合不上，则检查回路是否存在短路情况。

四、晶闸管整流柜故障

(一) 故障及异常信息
(1) 监控系统或控制室显示相应报警信息。
(2) 励磁调节器后台工控机显示相应的报警信息。

(二) 导致故障及异常原因
(1) 整流柜风机停风或温度较高。
(2) 整流柜主回路快速熔断器熔断。

(三) 故障及异常处理方法
(1) 若一个整流柜故障，操作整流柜脉冲投切开关切除相应整流柜，检查故障整流柜退出运行；检查另外两个整流柜运行正常。
(2) 若多个整流柜故障，应操作减小励磁电流，转移负荷，申请机组改电气检修。
(3) 在一个整流柜故障时，若励磁电流无法调节，需将机组改电气检修。

五、小电流试验没有直流电压输出

(一) 故障及异常信息
小电流试验时，直流侧无电压输出。

(二) 导致故障及异常原因
(1) 负载电阻值太大。
(2) 脉冲未投入。

(三) 故障及异常处理方法
(1) 所加的负载阻值太大，减小负载阻值至晶闸管可靠导通。
(2) 没有脉冲，检查整流柜上的"脉冲投切"开关是否在"投"的位置，如有"跳磁场断路器封脉冲"功能，检查磁场断路器是否合上。

六、励磁变压器绕组温度高

(一) 故障及异常信息
(1) 监控系统或控制室显示相应报警信息。
(2) 励磁变压器温控器显示相应的报警信息。

(二) 导致故障及异常原因
(1) 励磁变压器过负荷。
(2) 脉冲触发设备故障引起的不平衡电流。
(3) 励磁变压器故障。
(4) 温控装置误动。

(三) 故障及异常处理方法
(1) 检查晶闸管整流装置电流和励磁电流。
(2) 根据具体情况减少励磁电流，观察励磁变压器绕组温度变化。
(3) 检查测控装置是否正常、定值是否正确，若故障，通知检修处理。
(4) 若温度高引起机组解列或励磁变压器本身故障，对励磁变压器进行检修。

七、励磁变压器过电流保护动作

(一) 故障及异常信息

(1) 监控系统或控制室显示相应故障或告警信息。

(2) 励磁变压器保护动作，机组解列。

(二) 导致故障及异常原因

(1) 磁场绕组回路或整流装置主回路存在短路。

(2) 励磁变压器本体或电缆存在短路。

(三) 故障及异常处理方法

(1) 检查励磁装置，确认是否晶闸管整流装置失控或主回路或磁场绕组有短路点。

(2) 检查励磁变压器及电缆，确认是否有短路点。

(3) 故障消除或未发现明显故障点，在检查励磁变压器绝缘电阻正常情况下可用手动方式对机组带励磁变压器零起升压，无异常后再正式投运。

第三节 灭磁装置常见故障及处理

一、磁场断路器故障

(一) 故障及异常信息

(1) 开关分合闸不成功。

(2) 开关分合闸状态与开关辅助触点不一致。

(二) 导致故障及异常原因

(1) 磁场断路器本身故障。

(2) 磁场断路器跳合闸控制回路故障。

(3) 灭磁场断路器位置显示回路故障。

(三) 故障及异常处理方法

(1) 检查磁场断路器，若故障则需对磁场断路器进行检查维修。

(2) 检查磁场断路器控制和信号回路，确认控制回路及信号回路是否正常。

二、失磁保护动作或磁场断路器跳闸

(一) 故障及异常信息

(1) 监控系统或控制室显示相应故障或告警信息。

(2) 励磁调节器人机界面显示相应的故障或告警信息。

(3) 失磁保护动作，机组解列。

(二) 导致故障及异常原因

(1) 磁场绕组回路或整流装置回路存在短路。

(2) 励磁调节器无脉冲输出或输出逆变脉冲。

(三) 故障及异常处理方法

(1) 检查磁场绕组回路及整流装置回路是否存在短路故障点。

（2）磁场断路器跳闸应查明原因，消除故障原因以后方可重新开机升压。

（3）检查励磁调节器相关功能及脉冲触发回路是否正常。

（4）如果是误操作引起失磁保护动作，可重新投励。

第四节　励磁系统辅助设备常见故障及处理

一、励磁系统交流过电压保护动作

（一）故障及异常信息

（1）监控系统或控制室显示相应报警信息。

（2）励磁调节器后台工控机显示相应报警信息。

（3）励磁整流柜熔丝熔断或励磁灭磁柜后熔丝熔断。

（二）导致故障及异常原因

（1）系统造成励磁交流侧电压过高。

（2）压敏电阻过电压保护设备动作。

（3）整流桥交流过电压保护中的二极管或电容故障。

（三）故障及异常处理方法

（1）检查电阻、电容有无损坏，如有，则通知检修更换击穿电容和熔断的熔丝。

（2）检查压敏电阻过电压保护，若故障则需停机更换。

二、磁场绕组过电压动作

（一）故障及异常信息

（1）监控系统或控制室显示相应报警信息。

（2）磁场绕组过电压保护设备显示相应的报警信息。

（二）导致故障及异常原因

（1）发电机灭磁时引起磁场绕组过电压。

（2）晶闸管换流引起磁场绕组过电压。

（三）故障及异常处理方法

（1）检查励磁主回路（从晶闸管桥至磁场绕组各连接元件）有无烧损、击穿、断线等现象。

（2）做好安全措施，测量励磁主回路绝缘。

（3）检查励磁装置，确认是否调节器或晶闸管整流装置失控。

（4）检查磁场绕组过电压检测回路是否正常，若过电压检测板件损坏需重新更换，并进行试验测试。

三、发电机磁场绕组一点接地故障

（一）故障及异常信息

（1）监控系统或控制室显示相应故障或告警信息。

（2）磁场绕组接地保护动作。

（二）导致故障及异常原因

磁场绕组或灭磁开关到磁场绕组之间电缆存在接地情况。

（三）故障及异常处理方法

（1）检查磁场绕组电缆回路，如有接地点应设法排除。

（2）测量磁场绕组对地电压并换算成绝缘电阻值，确定保护装置是否正确动作。

（3）如确认磁场绕组内部接地，一时无法排除应立即报告值班调度，申请计划停机处理。

四、起励升压失败

（一）故障及异常信息

（1）监控系统或控制室显示相应故障信息。

（2）励磁调节器显示相应故障信息。

（3）励磁系统建压不成功。

（二）导致故障及异常原因

（1）调节器未收到建压投励命令。

（2）调节器缺少建压起励条件。

（3）初励异常，调节器自动退出。

（4）脉冲回路故障。

（5）磁场绕组或励磁一次回路存在短路情况。

（三）故障及异常处理方法

（1）监控到励磁调节器信号是否发送正常，检查监控开出记录及信号回路是否正常。

（2）检查调节器是否无法进入空载状态（如不满足投励磁条件）。

（3）检查是否满足了"起励异常"条件。

（4）检查励磁系统的阳极开关（隔离开关）、直流输出开关（隔离开关）是否合上，磁场断路器合闸是否到位，TV高压侧隔离开关是否合上，TV熔断器是否熔断，TV回路接线是否松动。

（5）检查起初励变压器、晶闸管整流回路及磁场绕组回路有否短路或接地等。

（6）检查励磁操作控制回路是否正常。

（7）检查主回路接线是否缺少、同步回路是否异常、励磁变压器高压侧熔断器是否熔断。

（8）未查明原因之前不得再次起励升压。

五、控制程序超时

（一）故障及异常信息

（1）机组启动或停机失败，励磁跳闸，电气制动被闭锁。

（2）监控系统或控制室显示相应报警信息。

（3）励磁调节器后台工控机显示相应的报警信息。

（二）导致故障及异常原因

（1）直流起励回路失电。

（2）继电器故障。

（3）控制程序出错。

（三）故障及异常处理方法

（1）在励磁调节器检查故障面板，如检查出故障则消除故障。

（2）检查故障类型并消除故障点。

第六章

励 磁 系 统 案 例 分 析

第一节 典 型 事 故 分 析

一、调差系数设置不当导致发电机过励磁

(一) 事故现象

某电厂 200MW 机组处于发电状态，有功功率为 200MW，无功功率为 100MVar。励磁调节器正常工作中，A 通道为主通道，B 通道为备用状态，在进行通道切换试验时（A 通道切换至 B 通道），励磁电流突然增大，励磁变压器保护动作，发电机解列跳闸。

(二) 事故分析

事故发生后，检查 B 通道和励磁变压器保护，发现 B 通道和励磁变压器保护均正常，重新开机，B 通道也能正常带负荷运行，进行验证试验时发现当发电机空载时，做通道切换试验，发电机定子电压无扰动；当发电机带负荷时，做通道切换试验，发电机定子电压有明显的偏移，因此将故障原因锁定在 A 通道和 B 通道的参数设置上，通过检查励磁调节器定值后发现：A 通道调差系数为 0，B 通道调差系数设置为−15％。

无功调差系数的定义为发电机无功功率为额定时，叠加在电压测量值的发电机定子电压的百分数。系数为−15％的含义为当发电机无功功率为额定容量时，发电机定子电压测量等效降低−15％额定电压，即相当于增加励磁电流使发电机定子电压增加 15％，事故发生时，无功功率（100Mvar）近似为额定容量的 42.5％，由于 A 通道调差系数为 0，当励磁调节器从 A 通道切换至 B 通道时，相当于发电机电压要增加 6.37％，所以励磁电流急剧增加，误强励电流超过励磁变压器保护定值，保护动作导致停机。

(三) 事故处理及反事故措施

（1）重新整定调差系数，且 A 通道和 B 通道调差系数定值应相同，发电机重新带负荷进行通道切换试验，发电机定子电流、无功功率和励磁电流无明显变化。

（2）检查励磁调节器中励磁电流过励限制定值与励磁变压器保护定值配合关系，应保证出现误强励时，过励限制先动作来降低励磁电流，不能出现励磁变压器保护先于过励限制动作。

二、网源协调试验时发生误强励导致机组烧毁

(一) 事故现象

某水力发电厂装机容量为 5 台 300MW 机组，对 2 号机组进行网源参数试验，1、3、4、5 号机组为备用态，1~5 号主变压器正常运行，500kV 线路正常运行。

在进行过励磁反时限功能测试时将最大励磁电流 1 段限制设置为 2.1 倍额定励磁电流，以保证在做机端 3％阶跃试验时保护不启动，在试验人员修改完参数后，现场出现异响，数

秒后 2 号发电机出口断路器跳闸，2 号机组灭磁开关跳闸，2 号主变压器高压侧断路器跳闸，2 号机组高压厂用变压器低压侧断路器跳闸，厂用备自投切装置切换成功。

（二）故障过程及事故分析

事故发生后，检查监控系统记录，发现发电机无功功率由 0 降至 −506Mvar，定子电流由 9170A 上升至 30500A，励磁电压和励磁电流由正常值降至 0。

检查继电保护设备，发电机定子过电流保护 I 段启动，延时 6.6s 后动作发电机解列，灭磁开关跳闸；发电机失磁保护 I 段，投信动作，满足阻抗依据，II 段投跳闸未动作，转子电压测量有缺陷，在电压为负时误认为其值为正，导致励磁低电压条件不满足；主变压器高压过电流 I 段保护动作，作用于主变压器高压侧断路器和厂用变压器低压侧断路器跳闸。

检查发现发电机转子上端部磁极阻尼环 Ω 形软连接熔断 3 个，分别为 1～2 号磁极连接、14～15 号磁极连接及 33～34 号磁极连接，熔断部分在机组旋转离心力作用下局部甩出，同时有两处断裂；发电机定子由于阻尼环甩出部件的刮擦，造成发电机定子绕组上端部普遍破损，其中第 496、512、557、558 号槽线棒及 449～458 号槽过桥主绝缘严重损坏，已可见导体部分，同时多处线棒主绝缘有不同程度破损。

根据多项数据及试验操作过程，可以分析故障过程：

（1）在进行 2 号机组网源协调参数整定试验项目中的励磁调节器最大励磁电流 1 段功能测试过程，试验人员修改最大励磁 1 段限制值由试验参数值 1.15 倍恢复至原参数值 2.1 倍时，误将 2.1 倍额定励磁电流整定为 2.1% 额定励磁电流。

（2）参数整定完成启动后，当时发电机励磁电流远大于 2.1% 额定励磁电流，最大励磁电流限制立即动作，发电机励磁电流大幅下降，机组无功功率进相最大至 −506.056Mvar，机组定子绕组电流最大至 30578A，发电机定子过电流保护启动，主变压器高压侧过电流保护启动。

（3）由于励磁电流很小，而有功功率较大，发电机进入静稳极限，发电机失磁保护阻抗条件满足发信，但由于继电保护装置转子电压测量问题，导致发电机励磁电压不能满足低电压条件，导致发电机失磁保护未能出口跳闸。

（4）之后发电机进入失步运行，机组振动异常增大，转子阻尼绕组感应负序电流造成转子上端部磁极阻尼环 Ω 形软连接螺栓发热熔断；烧损部件由于旋转离心力被甩出，导致定子绕组上端部普遍刮擦磨损。

（5）最后发电机定子过电流保护和主变压器高压侧过电流相继动作，发电机跳闸解列，主变压器高压侧断路器和厂用变压器低压侧断路器跳闸。

（三）事故处理及反事故措施

（1）对发电机-变压器组保护动作和设备损坏情况进行全面检查，将主变压器、发电机、励磁变压器等一、二次设备转至检修状态。制定机组抢修方案，对 2 号主变压器、高压变压器进行详细检查，取油样进行色谱分析；测试主变压器及高压厂用变压器绝缘、直流电阻、泄漏电流等；对发电机本体进行详细检查，对绝缘严重破损处线棒进行更换，对多处破损处进行修复，并经直流耐压及交流耐压试验检查合格；抢修完后发电机及主变压器各项试验检测合格后，开机并网运行。

（2）与励磁厂家研究试验及运行优化措施，对参数进行整定并设置安全范围，优化容错措施，提出最大励磁电流限制与过励磁反时限制的优化方案，防止再次发生励磁调节器中参数整定错误造成恶性事故。

（3）与发电机保护厂家就失磁保护未能正确动作进行研究，对励磁电压测量功能进行优化，能够全范围正确测量发电机励磁电压，保证在发电机失磁时能够快速可靠动作。

第二节　励磁系统低励限制功能分析

水轮发电机在运行中可能出现励磁水平偏低的情况，如电网在负荷低谷期电压可能偏高，此时常采取发电机降低励磁，进相运行的调压措施；当系统因扰动或故障使得电压突然升高时，自动电压调节器（AVR）会自动响应，降低励磁。

当机组励磁水平低于允许值时，发电机励磁系统中的低励限制功能发挥作用，发出控制信号以增大励磁输出，使机组运行点回到允许范围。而在发电机励磁电流过低甚至是低励失磁情况下，失磁保护也会动作。水轮发电机一般采用定子侧阻抗判据作为失磁保护主判据，按照国能安全〔2014〕161号《防止电力生产事故的二十五项重点要求》要求，"失磁阻抗判据应校核不抢先于励磁低励限制动作"。

一、低励限制的功能特点

发电机运行中会有励磁水平偏低的情况：

（1）电网在负荷低谷期，常规感性无功补偿设备投入量不足时存在电压偏高问题，此时常采取发电机降低励磁，进相运行的调压措施。

（2）系统因扰动或故障电压突然升高时，发电机励磁调节器会自动响应，降低励磁。

（3）励磁调节器故障引起励磁水平降低。

发电机工作于低励磁区存在几个问题，首先发电机定子端部铁心由于漏磁的增大发热量会显著增加，使温度升高，有可能超过最大允许值；其次，如果进相较深，励磁电流过小，有可能达到系统静态稳定极限，发生稳定破坏事故；此外还增大了失磁保护误动的可能性。作为发电机励磁控制系统的重要辅助功能，低励限制器又称为欠励限制器，就是针对上述问题提出的，当低励限制器检测到机组励磁水平降低到动作值时就产生控制作用增大励磁，使机组运行点回到允许范围，提高机组和系统的安全性。

低励限制器按照接入励磁调节系统的方式可划分为两种类型：选择门接入方式类型和叠加接入方式类型。选择门接入方式指低励限制器输出信号 U_{UEL} 与励磁调节器正常调压信号 U_{AVR} 通过选择门两选一的方式。当机组吸收的无功功率 Q 达到并超过低励限制线上的动作阈值 Q_{UEL} 时，U_{UEL} 将通过选择门，U_{AVR} 被切断，低励限制器控制励磁系统增加励磁，增大无功输出，该方式控制逻辑简单，易于实施，不足之处是在它作用期间 AVR 和 PSS 作用无法发挥，有可能降低系统的稳定性。叠加接入方式是指低励限制器输出信号 U_{UEL} 与励磁调节器正常调压信号 U_{AVR} 叠加在一起共同作用的方式。当机组吸收的无功功率 Q 未超过低励限制线上的动作阈值 Q_{UEL} 时，$Q_{UEL}=0$，低励限制器不起作用，否则有 $Q_{UEL}>0$，低励限制器产生增大励磁的作用，该方式的最大优点是在低励限制器作用期间 AVR 和 PSS 的作用能够仍然有效，有利于系统的稳定性，但是整定相对复杂，需与励磁调节器综合考虑。

二、低励限制静态性能要求

低励限制线应根据发电机定子端部发热限制和系统静态稳定极限确定，它是关于发电机有功出力和机端电压的函数：$Q_{UEL}=f_{UEL}(P,U_t)$，在某个工况点下，低励限制线上对应一个 Q_{UEL}，如果 $Q<Q_{UEL}$ 并且达到动作条件，则低励限制器动作增加励磁，抬高机端电压，减小机组吸收的无功值。

低励限制线可分为直线形、圆周形和折线形三种，从充分利用机组容量角度出发，宜采用圆周形或折线形，由于目前主流励磁控制系统均为数字式，因此很容易实现此要求。

设置低励限制线的一般原则可概括为在有功出力全范围合理定义、满足定子端部热稳定限制要求、满足静态稳定限制要求、根据机端电压变化进行调整、与失磁保护协调配合。

1. 在有功出力全范围合理定义

设置低励限制线时，应在机组有功出力可能变化范围合理定义，避免出现不合理的定义区段，导致机组跳闸。

2. 满足定子端部热稳定限制要求

当励磁电流减小发电机进相运行时，原来起到去磁作用的电枢反应将会逐渐减弱并向增磁方向变化，定子铁心中的磁通密度将会明显增加，特别是端部铁心部分，引起比其他部位更为显著的温升。机组定子端部铁心允许的最高温度构成热稳定限制要求，具体参数与发电机的类型、结构、冷却方式及容量等因素有关，应通过实测或者由发电机制造厂家提供。在PQ平面当热稳定限制曲线位于静态稳定极限曲线之上，即机组进相运行先到达热稳定限制时，低励限制线应按热稳定限制曲线设置，位于该热稳定限制曲线之上并适当留有一定的裕度。

3. 满足静态稳定限制要求

在PQ平面当静态稳定极限曲线位于热稳定限制曲线之上时，低励限制线应按静态稳定极限曲线设置，使低励限制线处于静态稳定极限曲线上部，且留有一定裕度，建议参照DL/T 1231《电力系统稳定器整定试验导则》对事故后运行方式和特殊运行方式静态稳定储备系数不低于10%的要求进行掌握。考虑使所设置的低励限制线对运行方式变化有足够的裕度，并且便于与失磁保护协调配合，工程中采用基于不计 AVR，即空载电动势 E_q 恒定的假设条件计算静态稳定极限曲线的方法，则静态稳定极限曲线方程为圆方程，即

$$P^2+(Q-Q_0)^2=R^2 \tag{4-6-1}$$

$$Q_0=\frac{U_t^2}{2}\left(\frac{1}{X_s}-\frac{1}{X_d}\right)$$

$$R=\frac{U_t^2}{2}\left(\frac{1}{X_s}+\frac{1}{X_d}\right)$$

式中　X_s——发电机与系统间联系电抗；

　　　U_t——发电机机端电压；

　　　X_d——发电机同步电抗。

静态稳定极限曲线与 Q 轴的交点 A 处的无功值 $Q_A=-\frac{1}{x_d}U_t^2$，实际上该点为失磁状态

点，静态稳定极限曲线与 P 轴的交点 B 处的有功值为 $P_B = \dfrac{U_t^2}{\sqrt{x_d x_s}}$。

静态稳定限制条件要求机组运行在静态稳定极限曲线以内，由于发电机与系统间电气联系的减弱会使静态稳定极限曲线上移，使机组允许进相范围减小，因此设置低励限制线时应考虑机组与系统联系较弱的小负荷方式。

4. 根据机端电压变化进行调整

低励限制线应随机端电压的变化进行调整，因为电压变化会直接影响机组的进相能力，比如电压减小机组允许吸收的最大无功也将减小，此时应将低励限制线上移，保证在机端电压允许的变化范围内，低励限制线始终与定子端部热稳定限制和静态稳定限制配合良好。

5. 与失磁保护协调配合

发电机由于灭磁开关误跳、转子励磁绕组短接、励磁绕组回路开路以及交流励磁电源消失等原因会发生失磁故障，对发电机自身和系统稳定运行构成很大的威胁。发电机失磁保护是检测机组是否发生失磁并采取例如发出报警信号、一定时限跳机等措施的重要保护。失磁保护的主要动作判据有机端测量阻抗判据、励磁电压判据和系统电压判据等，最为常用的是机端测量阻抗判据，测量机端的等效阻抗变化轨迹，如果落入预先设计的动作区则动作。测量阻抗判据的动作判断曲线包括静态稳定极限阻抗曲线和异步边界阻抗曲线两种。

失磁保护与低励限制的协调配合是指随着机组励磁电流减小，机组进入进相区并且进相深度逐渐增大，要求在任何工况和扰动情况下低励限制均先于失磁保护动作。由于失磁保护动作判断曲线是在阻抗平面设置的，而低励限制的限制线是在功率平面设置的，要研究两者的配合关系就必须进行坐标变换，将两者统一到阻抗平面或者功率平面上，在此基础上满足如下配合关系：在阻抗平面，低励限制线应位于失磁动作判断曲线之外；在功率平面，低励限制线应位于失磁动作判断曲线之内。

（1）统一到阻抗平面。将低励限制线转换到阻抗平面，转换公式为

$$R = \frac{U_t^2 P}{P^2 + Q^2}, \ X = \frac{U_t^2 Q}{P^2 + Q^2} \qquad (4-6-2)$$

式中 R 和 X 分别为机端等效电阻和等效电抗。

对于常用的圆周形低励限制线方程为

$$P^2 + (Q - Q_0 U_t^2)^2 = (R_0 U_t^2)^2 \qquad (4-6-3)$$

可推导转换到阻抗平面的转换方程为

$$R^2 + (X - x_0)^2 = r^2 \qquad (4-6-4)$$

（2）统一到功率平面。将失磁动作判断曲线由阻抗平面转换到功率平面，转换公式为

$$P = \frac{U_t^2 R}{R^2 + X^2}, \ Q = \frac{U_t^2 X}{R^2 + X^2} \qquad (4-6-5)$$

三、低励限制动态性能要求

为保证低励限制器有良好的动态性能，应优化设计控制结构和参数，遵循四点原则：保证控制系统的稳定性、优选控制结构提高控制精度、防止严重影响 PSS 的作用、避免暂态

过程期间低励限制器不必要的动作。

1. 保证控制系统的稳定性

低励限制器有选择门接入方式和叠加接入方式两种，无论何种类型首先需要保证励磁调节系统在低励限制器动作后的稳定性，如果设置不当，控制器将无法稳定工作，甚至引起机组跳闸的严重后果。某电站发生过振荡事故，其原因就在于叠加接入式的低励限制器参数设置不当，导致了控制系统的不稳定，事故后现场采取的解决措施是降低低励限制器增益为原设定值的 1/4。

2. 优选控制结构提高控制精度

低励限制器常用的控制结构有两类，一类是比例偏差型，属于有差调节，参数整定时需要考虑控制的实际效果与控制目标间的差距，控制准确度不高；另一类是比例积分型，属于无差调节，低励限制器动作后可将无功功率严格控制到整定目标值上，无需设置裕度，因此从精确控制角度出发，宜采用后一种类型的控制结构。

3. 防止严重影响 PSS 的作用

随着电网互联规模的扩大、新技术应用带来不确定因素的增多和受环保经济因素制约运行点日益趋于稳定极限，电力系统动态稳定已成为当前威胁电网安全稳定运行的突出问题，而电力系统稳定器（PSS）是保证和提高系统动态稳定水平最基本的措施，从保证系统始终具有足够的动态稳定性的需求出发，要求低励限制器动作时不应严重影响 PSS 正常的作用。对于叠加接入方式的低励限制器，由于低励限制器输出信号是叠加在含有 PSS 输出信号的励磁调节器正常调压信号之上的，因此不会切断 PSS 作用通道。但是有的选择门接入方式的低励限制器设计不尽合理，将 PSS 输出信号接入到比较门之前，这样在低励限制器动作后会切断 PSS 信号通道直至低励限制器控制作用退出，在此期间机组相当于没有投入 PSS，会降低与该机相关机电振荡模式的阻尼，存在引发低频振荡的风险。对此情况，应采用将 PSS 输出信号接入到比较门之后的方法予以改进。

4. 避免暂态过程期间低励限制器不必要的动作

在暂态过程中，有可能出现机组运行变量剧烈变化，机组运行点短时超过低励限制线又回落到正常区域的现象，可采用设计延时环节的方法防止暂态过程期间低励限制器不必要的动作，干扰 AVR 正常的调节作用。

第三节 一种简便的励磁系统中 ZnO 非线性电阻检测方法

发电机正常运行时，转子两侧电压较低，当发电机故障跳灭磁开关时，若灭磁电阻性能下降或损坏，转子绕组储存的磁场能无处释放，必然产生较大电动势，危及发电机转子安全。DL/T 294.2—2011《发电机灭磁及转子过电压保护装置技术条件 第 2 部分：非线性电阻》中 4.15 条规定非线性电阻的使用寿命不少于 15 年，灭磁电阻应能够承受发电机最严重灭磁工况下的灭磁而不损坏，但允许阀片特性发生变化。许多电厂的氧化锌非线性电阻已经接近或超过 15 年，个别电厂甚至出现过运行不到 15 年的氧化锌非线性电阻击穿损坏的情况。目前电厂检修单位和试验单位在机组检修时容易忽视灭磁电阻的检测，介绍一种简单有效的测试方法供电厂在机组检修时检测 ZnO 非线性电阻的性能。

交接试验和预防性试验中进行 ZnO 阀片标称压敏电压和 ZnO 阀片泄漏电流进行测试，

如受试验条件限制，在难以进行单个阀片试验时，可以对整个阀片组件进行伏安特性测量，测量结果与出厂数据进行比较。ZnO 阀片 U-I 特性测试接线如图 4-6-1 所示，试验用直流电源纹波系数需要小于 0.5％，拔出各组阀片串联的快熔或拆除各组阀片间的并联铜排，并注意环境温度对试验结果的影响。

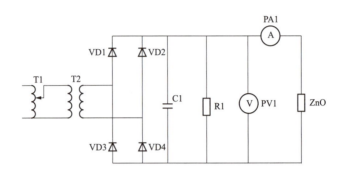

图 4-6-1　ZnO 阀片 U-I 特性测试接线图

一、ZnO 阀片标称压敏电压 U_{10mA} 测试

标称压敏电压 U_{10mA} 为非线性电阻上流过 10mA 直流电流时两端电压。灭磁用 ZnO 阀片标称压敏电压 U_{10mA} 一般要求在 250～350V 范围内，允许 5％ 的偏差。

（1）在 ZnO 阀片两端施加可调直流电压，当流过阀片的电流为 10mA 时，记录 ZnO 阀片两端电压即为标称压敏电压 U_{10mA}。

（2）测试仪精度不得低于 0.5％，加压时间不超过 5s，以防止产生热效应。

（3）逐个测量每个 ZnO 阀片的标称压敏电压，根据 DL/T 489《大中型水轮发电机静止整流励磁系统试验规程》要求：在同样外部条件下与初始值比较，压敏电压变化率大于 10％ 应视元件为老化失效。当失效元件数量大于整体数量的 20％ 时应更换整组非线性电阻。

二、ZnO 阀片泄漏电流 I_{lk} 测试

在保证测量误差的条件下，用漏电流测试仪对 ZnO 阀片施加 $0.5U_{10mA}$ 电压，记录此时流过 ZnO 阀片时的电流即为泄漏电流 I_{lk}。

根据 DL/T 489《大中型水轮发电机静止整流励磁系统试验规程》要求：对元件施加相当于 0.5 倍 U_{10mA} 直流电压时其泄漏电流应小于 100μA，定期检验时按同样标准检测元件泄漏电流。

三、转子过电压保护与发电机-变压器组保护联动测试

转子过电压保护与发电机-变压器组保护联动测试接线图如图 4-6-2 所示，在 F02 的 B、C 端子施加 110V 直流电源，回路中串入 100Ω、2A 左右的电阻，模拟发电机-变压器组保护发出的灭磁开关跳闸信号，监视回路电流，观察反向并联晶闸管 V2 的导通情况，用同样的方法检查反向并联晶闸管 V3 的导通情况。

试验结束后恢复 F02 模块 C、A 端子至转子正极及 B 端至非线性电阻的两条电缆。

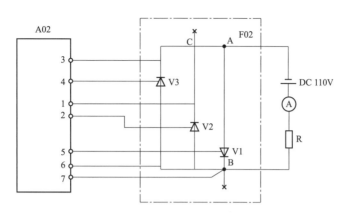

图 4 - 6 - 2　转子过电压保护与发电机-变压器组保护联动测试接线图

第四节　反事故措施要点解析

（1）励磁系统中两套励磁调节器的电压回路应相互独立，使用机端不同电压互感器的二次绕组，防止其中一个故障引起发电机误强励。

一般励磁系统运行时，要求自动电压调节器（AVR）运行在自动方式，即电压闭环运行方式，AVR 根据其参考电压与电压互感器二次电压的比较差值进行调节。若 TV 二次短路则差值为最大，对于单套 AVR 必然进行强励处理，所以此时对 AVR 进行切换，但若另一套 AVR 通道的 TV 回路没有与工作 AVR 隔离，就会造成整个系统的误强励。

（2）励磁变压器的绕组温度应具有有效的监视手段，并控制其温度在设备允许的范围之内。有条件的可装设铁心温度在线监视装置。

励磁系统中励磁变压器是运行中最容易发热的设备之一，发热的原因是其带有能产生高次谐波的整流负荷，而设备运行寿命在一般情况下与运行温度密切相关，应在设计阶段保证对未来投运的励磁变压器有必要的温度监视手段。

措施中严格规定对于"励磁变压器的绕组温度应具有有效的监视手段"，一般情况下可设置两段温度监视，一段用于报警，另一段用于跳闸，措施中未对励磁变压器铁心温度监视作出硬性规定，只要求有条件时装设。

（3）励磁系统的二次控制电缆均应采用屏蔽电缆，电缆屏蔽层应可靠接地。

有些安装部门由于预算或工程进度的某些原因未按要求施工，多个电站出现过未按设计要求采用屏蔽电缆而用普通电缆代替时，造成继电器误动的情况。为避免发生上述情况，对励磁系统基建及设备改造后控制电缆的使用安装作出规范要求。

（4）励磁系统应具有无功调差环节和合理的无功调差系数。接入同一母线的发电机的无功调差系数应基本一致。励磁系统无功调差功能应投入运行。

发电机运行时，发出迟相无功的作用是给机组提供同步力矩，为充分调动同一个电厂中各台机组的有功出力，避免在受到电网扰动时出现内部无功环流的不稳定情况，应尽量使各台机组在统一的功率因数下运行。

某电站在设备改造前，由于运行机组数量多，励磁系统种类复杂，造成运行中各发电机组实际无功调差系数差别较大。在电网出现扰动时，经常发生厂内机组电压剧烈波动的情况，运行人员观察相关表计发现，在这种情况下，电厂出口无功没有大的变化，但厂内机组有的在抢无功，有的是进相运行。经过设备改造后才彻底解决问题。

（5）修改励磁系统参数必须严格履行审批手续，在书面报告、有关部门审批并进行相关试验后，方可执行，严禁随意更改励磁系统参数设置。

投入运行的励磁系统参数是经过静态定值校核并通过发电机空载及负载各种工况、各种扰动检验的可靠参数，因此不允许擅自改动。

（6）加强励磁系统设备的日常巡视，检查内容至少包括励磁变压器各部件温度应在允许范围内，整流柜的均流系数应不低于0.9，温度无异常，通风孔滤网无堵塞。发电机或励磁机转子电刷磨损情况在允许范围内，滑环火花不影响机组正常运行等。

励磁系统设备在运行中容易发热的部件主要是提供励磁电流的功率部件及与功率部件接口位置等，而部件发热主要对运行寿命产生不利影响。另外，通过对这些设备的巡视，也可为设备检修维护提供依据。

本措施条款基本涵盖了目前运行的自并励励磁系统和交流励磁机励磁系统中容易发热的主要部件及接口部位，通过日常巡视管理，可以掌握励磁系统运行有无危险点的大致情况，应当充分引起关注。

（7）励磁系统设备改造后，应重新进行阶跃扰动性试验和各种限制环节、电力系统稳定器功能的试验，确认新的励磁系统工作正常，满足相关标准的要求。控制程序更新升级前，对旧的控制程序和参数进行备份，升级后进行空载试验及新增功能或改动部分功能的测试，确认程序更新后励磁系统功能正常。做好励磁系统改造或程序更新前后的试验记录并备案。

励磁系统设备改造或控制程序升级后，因相关控制参数发生变化或某些控制逻辑发生变更，使得变动后的励磁系统某些特性存在不确定性。一方面可能会影响发电机的正常运行或引发异常故障；另一方面也可能会对生产调度和安全监督部门的分析结果带来影响，因此要求加强励磁系统的施工管理特别是技术资料的保管。

附录 4 - 1　励磁系统技术监督标准

1. 国能安全〔2014〕161 号《防止电力生产事故的二十五项重点要求》

2. 国家能源办〔2019〕767 号《国家能源投资集团有限责任公司电力二十五项重点反事故措施》

3. 《国家能源集团水电产业励磁技术监督实施细则》

4. GB 50150《电气装置安装工程　电气设备交接试验标准》

5. GB 50171《电气装置安装工程盘、柜及二次回路接线施工及验收规范》

6. GB/T 7409.1《同步电机励磁系统　定义》

7. GB/T 7409.2《同步电机励磁系统　第 2 部分：电力系统研究用模型》

8. GB/T 7409.3《同步电机励磁系统　大、中型同步发电机励磁系统技术要求》

9. DL/T 279《发电机励磁系统调度管理规程》

10. DL/T 294.1《发电机灭磁及转子过电压保护装置技术条件　第 1 部分：磁场断路器》

11. DL/T 294.2《发电机灭磁及转子过电压保护装置技术条件　第 2 部分：非线性电阻》

12. DL/T 489《大中型水轮发电机静止整流励磁系统试验规程》

13. DL/T 490《发电机励磁系统及装置安装、验收规程》

14. DL/T 491《大中型水轮发电机自并励励磁系统及装置运行和检修规程》

15. DL/T 583《大中型水轮发电机静止整流励磁系统技术条件》

16. DL/T 723《电力系统安全稳定控制技术导则》

17. GB 38755《电力系统安全稳定导则》

18. DL/T 1013《大中型水轮发电机微机励磁调节器试验与调整导则》

19. DL/T 1049《发电机励磁系统技术监督规程》

20. DL/T 1051《电力技术监督导则》

21. DL/T 1092《电力系统安全稳定控制系统通用技术条件》

22. DL/T 1166《大型发电机励磁系统现场试验导则》

23. DL/T 1167《同步发电机励磁系统建模导则》

24. DL/T 1231《电力系统稳定器整定试验导则》

25. DL/T 1309《大型发电机组涉网保护技术规范》

26. DL/T 1523《同步发电机进相试验导则》

27. DL/T 1767《数字式励磁调节器辅助控制技术要求》

28. DL/T 1870《电力系统网源协调技术规范》

29. DL/T 1970《水轮发电机励磁系统配置导则》

附录 4 - 2　励磁系统试验项目要求列表

编号	试 验 项 目	型式试验	出厂试验	交接试验	大修试验
1	励磁系统各部件绝缘试验	●	●	●	●
2	环境试验	●			
3	交流励磁机带整流装置时空负荷试验和负荷试验	●		●	
4	交流励磁机励磁绕组时间常数测定	●			
5	副励磁机负荷特性试验	●	●		●
6	自动及手动调节范围测定	●	●	●	
7	励磁系统模型参数确认试验	●		●△	
8	电压静差率及调差率测定	●		●△	
9	自动电压调节通道切换及自动/手动控制方式切换	●	●	●	●
10	发电机电压/频率 U/f 特性	●		●	
11	自动电压调节器零起升压试验	●		●	●
12	自动电压调节器各单元特性试验	●	●	●	●
13	操作、保护、限制及信号回路动作试验	●	●	●	●
14	发电机空负荷阶跃响应试验	●		●	●
15	发电机负荷阶跃响应试验	●		●	●
16	电力系统稳定器试验	●		●△	
17	甩无功负荷试验	●		●	
18	灭磁试验及转子过电压保护试验	●		●	●
19	发电机各种工况（包括进相）时的带负荷调节试验	●		●	
20	功率整流装置额定工况下均流试验	●	●	●	●
21	励磁系统各部件温升试验	●	●	●	●
22	功率整流装置噪声试验	●	●		
23	励磁装置的抗扰度试验	●			
24	励磁系统仿真试验	●			
25	励磁系统顶值电压和顶值电流测定、励磁系统电压响应时间和标称响应测定	●△			

　　注　●为试验项目，△为特殊试验项目，不包括在一般性的交接试验项目内。

参 考 文 献

[1] 吴龙. 发电机励磁设备及运行维护 [M]. 北京：中国电力出版社，2019.

[2] 李基成. 现代同步发电机励磁系统设计及应用 [M]. 北京：中国电力出版社，2017.

[3] 竺士章. 电力试验技术丛书：发电机励磁系统试验 [M]. 北京：中国电力出版社，2005.

[4] 王青，刘肇旭，孙华东，等. 发电机低励限制功能的设置原则 [J]. 电力系统保护与控制，2011，39 (6)：55－60.

[5] 李晖，鲁功强，王育学，等. 大型水轮发电机失磁保护与低励限制配合问题的探讨 [J]. 电力系统保护与控制，2014，42 (5)：68－72.

第五部分

电能质量监督

第一章

电能质量的基本概念

第一节 电能质量的定义

电能质量是指通过公用电网供给用户端的交流电能的品质。理想状态的公用电网应以恒定的频率、正弦波形和标准电压对用户供电。在三相交流系统中，还要求各相电压和电流的幅值应大小相等、相位对称且互差120°。但由于系统中的发电机、变压器、输电线路和各种设备的非线性和不对称性，以及运行操作、外来干扰和各种故障等原因，这种理想状态并不存在，因此电网运行、电力设备和供电环节中产生了各种问题，也就产生了电能质量的概念。围绕电能质量的含义，从不同角度理解电能质量，通常包括以下几个方面。

（1）电压质量。指实际电压与理想电压的偏差，反映发电、供电企业向用户供应的电压是否合格。

（2）电流质量。反映了与电压质量有密切关系的电流的变化，电力用户除对交流电源有恒定频率、正弦波形的要求外，有些用户还要求电流波形与供电电压同相位，以保证高功率因数运行。这个定义有助于理解电能质量的改善和线损的降低，但不能概括大多数因电压原因造成的电能质量问题。

（3）供电质量。技术含义是指电压质量和供电可靠性。非技术含义是指服务质量，包括供电企业对用户投诉的反应速度以及电价组成的合理性、透明度等。

（4）用电质量。包括电流质量，还包括反映供用电双方相互作用和影响中的用电方的权利、责任和义务，电力用户是否按期、如数缴纳电费等。

国内、外对电能质量确切的定义至今尚没有形成统一的共识。但大多数专家认为，电能质量的定义应理解为导致用户电力设备不能正常工作的电压、电流或频率偏差，造成用电设备故障、误动作等的任何电力问题都是电能质量问题。

IEEE协调委员会对电能质量的技术定义为合格的电能质量是指给敏感设备提供的电力和设置的接地系统均是适合该设备正常工作的。

个别文献对电能质量的定义是电能质量一般是指电压或电流的幅值、频率、波形等参量和规定值的偏差。不论如何表达，电能质量的概念中应包括电能供应过程中所要考虑的一切方面。

第二节 电能质量的主要内容

目前电能质量的指标除了包括额定电压、额定频率和正弦波形外，还包括所有电压瞬变现象，如冲击脉冲、电压下跌、瞬时间断等。上述定义概括了电能质量问题的成因和后果，当然其中的偏差应作为广义的理解，它还包括供电可靠性。

目前，电能质量的主要内容有频率、供电电压允许偏差、电压合格率、三相电压不平衡度、电压波动和闪变、电压谐波、间谐波、暂时过电压和瞬态过电压、电压暂降和电压上升、断电和电压中断、电压瞬变、过电压和欠电压、交流电网中的直流分量、载波电压信号、电压切痕、稳态电压扰动、暂态（瞬态）电压扰动、动态电能质量问题等。

目前，在电能质量问题方面的主要研究内容有以下几个方面。

（1）研究谐波对电能质量污染的影响并采取相应的对策。由于钢铁等金属熔炼企业的发展，化工行业整流设备的增加，大功率晶闸管整流装置、电力晶体管（GTO）、绝缘栅双极晶闸管（IGBT）、集成门极换流晶闸管（IGCT）及其他电力电子器件的开发应用，造成公用电网的谐波污染日趋严重，电源的波形产生了严重的畸变，影响了电网安全可靠运行。

（2）研究谐波对电力计量装置的影响并采取相应的措施。由于波形畸变，引起电力计量的准确度受到影响，导致计量误差，产生附加功率损耗，造成不必要的经济损失。

（3）研究电能质量污染对高新技术企业的影响并采取相应的技术手段。由于计算机系统和基于微电子技术控制的自动化生产流水线，以及新兴的互联网技术（IT）产业、微电子芯片制造企业等，对电能质量的要求和敏感程度比一般电力设备要高，任何暂态和瞬态的电能质量问题都可能造成这些设备的运行异常或损坏，影响正常生产，给电力用户造成经济损失。

（4）加强电能质量控制装置的研制。电能质量控制装置的基本功能就是要在任何条件，甚至是极为恶劣的供电条件下改善电能质量，保证供电电压、电流的稳定和可靠，比如，在谐波干扰产生的瞬间能立即将其抑制或消除。

第三节　其他电能质量概念

一、电压突升

电压突升是指电压的有效值升至额定值的110%以上，系统频率仍为标称值，持续时间为0.01s～1min，典型值为额定值的110%～180%，即幅值的1.1～1.8p.u.。

二、断电

断电是指由于供电系统发生故障，如供电线路遭受雷击、对地闪络，或是系统线路遭受外力破坏致使保护动作等，造成用户在一定时间内一相或多相失去电压（低于0.1p.u.）。断电按持续时间分为3类，0.5～3s称为瞬态断电，3～60s称为暂时断电，大于60s称为持续断电。

三、电压中断

电压中断是指断电持续时间大于3min，电压中断将导致一些用户生产停顿，造成重大的经济损失或产生严重的后果。电压中断的主要原因是由于短时失电后致使电压突然跌到零或接近零，后又重合闸动作未成功，不能恢复其相应的供电电压。

四、电压瞬变

电压瞬变又称为瞬时脉冲，是指在一定时间间隔内，两个连续稳态电压之间在极短时间内发生的一种突变现象或数量变化。

这种瞬时脉冲可以是任一极性的单方向脉冲,也可以是第一个峰值为任意极性的衰减振荡波,即发生在任一极性阻尼振荡波的第一个尖峰。

五、过电压

过电压是指最高相对地电压峰值超过 $\sqrt{2}U_\mathrm{m}/\sqrt{3}$ 或最高相间电压峰值超过 $\sqrt{2}U_\mathrm{m}$ 的电压。

六、欠电压

欠电压是指电压幅值低于标称电压,且持续时间大于 1min。欠电压的幅值范围为 0.1~0.9p.u。

七、电压切痕

电压切痕(也称电压缺口)是指一种持续时间小于 0.5Hz 的周期性电压扰动。电压切痕主要是由于电力电子装置在发生相间短路时电流从一相转换到另相而产生的。电压切痕的频率非常高。用常规的谐波分析仪器很难测量出电压切痕。

八、稳态电压扰动

稳态电压扰动是指以电源电压波形畸变为特征而引起的各种稳态电能质量问题。稳态电压扰动主要包括谐波电流和电压、陷波、电压闪变和三相电压不对称。

九、暂态电压扰动

暂态(瞬态)电压扰动是指电源电压的正弦波形受到暂态(瞬态)电压扰动发生畸变而引起电能质量污染的各种问题。暂态电能质量问题是以频谱和暂态持续时间为特征的,一般分为脉冲暂态和振荡暂态两种类型。暂态(瞬态)电压扰动主要包括以下 3 个方面。

(一)暂态谐振
暂态谐振的特征指标是波形、峰值和持续时间,产生的原因是线路、负载和电容器组的投切,造成的后果是破坏运行设备的绝缘、损坏电子设备等。

(二)暂态脉冲
暂态脉冲的特征指标是电压上升时间、峰值和持续时间,产生的原因是线路遭受雷击或感性电路分合等,造成的后果是破坏运行设备的绝缘。

(三)瞬时电压上升或暂降
瞬时电压上升或暂降的特征指标是幅值、持续时间、瞬时值/时间,产生的原因通常是大容量电动机启动、负荷瞬变、电力系统切换操作或远端发生故障等,这是电力用户投诉最多的一种电压扰动,因为瞬时电压上升或暂降可能造成用电设备发生运行故障、敏感负载不能正常运行等后果。

十、直流分量

交流电网中的直流分量是指在交流电网中因非全相整流负荷等原因而引起的直流成分影响。直流分量会使电力变压器发生偏磁,从而引发一系列的影响和干扰,例如,当 500kV 直流输电线路单极接地时,会引起变电站主变压器的运行噪声和机械振动急剧增大。

十一、电压偏差

$$电压偏差(\%) = \frac{实测电压-额定电压}{额定电压} \times 100\%$$

十二、电压合格率

$$监测点电压合格率(\%) = \left(1 - \frac{电压超上限时间+电压超下限时间}{电压监测总时间}\right) \times 100\%$$

$$电压超限率(\%) = \frac{电压超限时间}{电压监测总时间} \times 100\%$$

第四节 动态电能质量

电气和电子工程师协会（IEEE）将电磁系统中典型的暂态现象进行了特征分类，主要列出了暂态和瞬态扰动现象。同时，IEEE 根据扰动的频谱特征、持续时间、幅值变化等，将其分为瞬时、短时和长期的电压变动三大类。在此基础上又细分出 18 个子类，其中，短时电压变动，尤其是持续断电和电压暂降已成为国际上共同关注的问题。这些问题对于具有较强惯性的传统电机设备也许没有明显的影响，但对敏感和严格的用电负荷（如集成电路芯片制造和微电子控制的生产流水线等）将可能造成极大的危害。已成为现代电能质量的重要问题，从而使电能质量的内涵也发生了较大的变化。

（1）传统的电能质量问题（如谐波、三相不对称等）继续存在，而且严重性正在增加。

（2）随着供电可靠性的不断提高，目前人们已逐步将注意力转向新的动态电能质量问题，如持续时间为毫秒级的动态电压升高、脉冲、电压跌落和瞬时供电中断等。动态电能质量问题的性质、产生原因及解决方法见表 5-1-1。

表 5-1-1　　　　动态电能质量问题的性质、产生原因及解决方法

类型	扰动性质	特征指标	产生原因	后果	解决方法
谐波	稳态	谐波频谱电压、电流波形	非线性负荷、固态开关负荷	设备过热、继电保护误动、设备绝缘破坏	有源、无源滤波
三相不对称	稳态	不平衡因子	不对称负荷	设备过热、继电保护误动、通信干扰	静止无功补偿
陷波	稳态	持续时间、幅值	调速驱动器	计时器计时错误，通信干扰	电容器、隔离电感器
电压闪变	稳态	波动幅值、出现频率、调制频率	电弧炉、电动机	伺服电动机运行不正常	静止无功补偿
谐振暂态	稳态	波形、幅值、持续时间	线路、负荷和电容器组的投切	设备绝缘破坏、损坏电力电子设备	滤波器、隔离变压器、避雷器
脉冲暂态	暂态	上升时间、峰值、持续时间	闪电电击线路、感性电路开合	设备绝缘破坏	避雷器
瞬时电压上升，瞬时电压下降	暂态	幅值、持续时间、瞬时值/时间	远端发生故障、电机启动	设备停运、敏感负荷不能正常运行	不间断电源、动态电压恢复器

续表

类型	扰动性质	特征指标	产生原因	后果	解决方法
噪声	稳态/暂态	幅值、频谱	不正常接地、固态开关负荷	微处理器控制设备不正常运行	正确接地、滤波器

　　动态电能质量问题是近年来随着社会信息化的日益发展而逐渐暴露出来的新问题，对这些问题的研究还处在起步阶段，如何界定动态电能质量问题，用什么样的特性进行描述，怎样制定合理的指标评估等，都还缺少成熟的经验和方法。

　　动态电能质量通常以频谱和暂态持续时间为特征，主要指短时电压改变以及各种暂态现象。短时电压改变指的是由于系统中发生故障或较大负荷变化引起电压均方根值在短时间随时间改变的现象，包括电压上升、电压下跌、脉冲、断电等。

第二章

电能质量技术监督管理

第一节 概 述

电能质量技术监督是按照统一标准和分级管理的原则，在电力建设和生产全过程中，围绕安全、质量、经济和环保，以技术标准为依据，以检测和管理为主要手段，实行从设计、制造、监造、施工、调试、试运、运行、检修、技改、停备的全过程、全方位的技术监督过程，对相关技术标准执行情况进行检查评价，确保发电企业向电网提供合格、优质的电能。

电能质量技术监督工作应使用最新版本的国家、行业颁发的技术标准、规程、规范，可根据实际工作需要进行相应技术标准、规程、规范的配备。国家、行业颁发的主要标准和规程见附录5-3。

电能质量技术监督应依靠科技的不断进步，采用和推广成熟、行之有效的新材料、新技术、新设备，持续提高电能质量技术监督的专业水平。

第二节 机 构 与 职 责

电能质量技术监督实行三级管理，第一级为公司，第二级为生产技术部或设备管理部，第三级为班组。

一、公司职责

（1）贯彻执行国家及行业有关技术监督的方针政策、法规、标准、规程和本公司管理制度，监督指导本企业开展电能质量技术监督工作，保障安全生产、节能减排、技术进步各项工作有序开展。

（2）负责本公司内电能质量技术监督档案管理，收集分析电能质量技术监督月报表，掌握设备的技术状况，提出优化运行指导意见和整改措施，指导、协调本企业完成日常电能质量技术监督工作。

（3）协助审核电能质量专业设备技术改造方案，评估机组大修和技改项目实施绩效。

（4）负责开展电能质量专业技术交流和培训，推广先进管理经验和新技术、新设备、新材料、新工艺。

（5）负责组织召开电能质量专业技术监督会议，总结本公司年度电能质量技术监督工作。

（6）负责定期编制电能质量技术监督报告，总结电能质量技术监督工作，提出工作和考评建议。

二、生产技术部或设备管理部技术监督职责

（1）贯彻执行国家及行业有关技术监督的方针政策、法规、标准、规程和本公司管理制度。

（2）完善电能质量技术监督管理制度，组织落实电能质量技术监督责任制，组织完成电能质量技术监督工作，指导班组的电能质量技术监督工作。

（3）对影响和威胁企业生产的重要电能质量问题，督促班组限期整改。

（4）新建、扩建、改建工程的前期阶段、建设阶段、验收交接环节要落实电能质量技术监督有关规定。

（5）督促、检查发电企业在大修技改中落实电能质量技术监督项目。

（6）定期组织召开管辖区技术监督工作会议，总结、交流电能质量技术监督工作经验，通报电能质量技术监督工作信息，部署电能质量技术监督阶段工作任务。

（7）督促发电企业加强对电能质量技术监督人员的培训，不断提高技术监督人员专业水平。

三、班组技术监督职责

班组应在生产技术部或设备管理部领导下开展电能质量技术监督工作。

四、主管生产副经理或总工程师的职责

（1）领导水力发电企业电能质量监督工作，落实电能质量技术监督责任制；贯彻上级有关电能质量技术监督的各项规章制度和要求；审批本企业专业技术监督实施细则。

（2）审批电能质量技术监督工作规划、计划。

（3）组织落实运行、检修、技改、日常管理、定期监测、试验等工作中的电能质量技术监督要求。

（4）安排召开电能质量技术监督工作会议；检查、总结、考核本企业电能质量技术监督工作。

（5）组织分析本企业电能质量技术监督存在的问题，采取措施，提高技术监督工作效果和水平。

（6）组织本企业新建、扩建工程中有可能对电能质量造成影响的设备进行监督管理。

五、发电企业电能质量技术监督专责工程师职责

（1）认真贯彻执行上级有关电能质量监督的各项规章制度和要求，协助主管生产的副经理或总工程师做好电能质量技术监督工作；组织编写本企业的电能质量技术监督实施细则和相关措施。

（2）组织编写电能质量技术监督工作规划、计划。

（3）建立健全本企业电能质量技术档案，并熟悉掌握主要设备电能质量状况。

（4）督促本企业有关部门及时处理或消除设备缺陷，上报电能质量技术监督月报表，其中包括运行、试验、检修中发现的设备电能质量缺陷与事故等，对危及安全的重大缺陷应立即上报主管部门。

（5）参加本企业电能质量技术监督工作会议、检修质量验收和事故分析会，提出提高电能质量的措施并制定整改方案。

（6）分析、总结、汇总本企业电能质量技术监督工作情况，指导电能质量技术监督工作。

（7）按要求及时报送各类电能质量监督报表、报告。

（8）分析本企业电能质量技术监督存在的问题，采取措施，提高技术监督工作效果和水平。

（9）参与设计审查及设备选型等工作，对设备的安装、调试进行检查验收。

第三节　制度与管理

一、水力发电企业电能质量技术监督工作制度

（1）发电企业电能质量管理实施细则。

（2）电能质量技术监督岗位责任制度。

二、报表及年度总结

（1）每月对电能质量指标进行统计，形成月度报表，每月定期上报分子公司审核并报技术监督单位。

（2）在年底对电能质量技术监督工作进行年度总结，并于次年1月上报分子公司审核并上报技术监督单位。

年度总结应包含以下内容：

1）电能质量技术监督计划完成、监督指标完成、反事故措施落实情况。

2）技术监督评价检查出的问题整改等情况。

3）分析全年运行中的异常情况。

4）年度统计必须与月报中的统计数据一致。

5）下一年度电能质量技术监督的工作计划。

三、水力发电企业电能质量专业技术监督的技术文件及档案资料

（1）与电能质量技术监督有关的国家、电力行业颁发的主要规程、标准和反事故措施，上级和本单位与电能质量技术监督有关的文件。

（2）与电能质量技术监督有关的运行记录、历史数据库。

（3）与电能质量技术监督有关的报表、工作计划、工作总结和专题分析报告。

（4）建立变压器分接头、电抗器、励磁调节器、自动电压控制（AVC）装置、安全稳定装置、电压频率测量与记录仪表等设备档案。

四、会议和培训

（1）水力发电企业应定期召开电能质量分析会议。

（2）对有关岗位人员进行相应技术培训，不断提高专业技术能力和电能质量监测调整水平。

五、考核和分工

水力发电企业应建立电能质量技术监督工作的考核奖励与责任处理制度，做到各部门分工明确、职责分明，严格考核与奖惩。

第四节 监督范围及主要指标

一、监督范围

电能质量监督包括电压质量、频率、谐波及三相不平衡度。应对发电机的无功出力、调压功能、进相运行及电压质量进行管理与监督，应加强有功功率和无功功率的调整、控制及改进，使电源电压和频率等调控在标准规定允许范围之内。

二、主要指标

（1）电压控制点合格率大于或等于98%，电压监视点合格率大于或等于98%。
（2）电压允许偏差符合标准规定。
（3）频率允许偏差符合标准规定。
（4）电压波动和闪变、三相不平衡度（三相电压不平衡度≤2%，短时不得超过4%）。
（5）谐波允许值符合标准规定。
（6）自动电压控制（AVC）系统投入率满足当地电网调度的要求。

第五节 告 警

电能质量技术监督分为一般告警和重要告警项目，分别见表5-2-1和表5-2-2。

表5-2-1　　　　　　　　　电能质量技术监督一般告警项目

序号	一般告警项目
1	电压告警项目
1.1	一台及以上发电机无功调节能力（励磁系统和AVC）达不到设计或要求值，持续时间一个月
1.2	一组及以上电容器、电抗器发现缺陷未及时处理，退出运行时间超过一个月
1.3	一台及以上有载调压器不能按调度指令进行有载调压，持续时间超过一个月
1.4	调整不当，造成运行电压超出规定允许值
2	频率告警项目
2.1	一次调频不满足调度要求
2.2	AGC调整速率不满足调度要求
2.3	安全稳定装置不满足调度要求
3	谐波告警项目
	厂用电谐波超标，经采取必要措施后，仍未控制到合格范围

表5-2-2　　　　　　　　　电能质量技术监督重要告警项目

序号	重要告警项目
1	由水力发电企业原因造成电网电压异常波动
2	系统频率异常时，安全稳定装置不能可靠动作

第六节 定 期 工 作

电能质量定期工作见表 5-2-3。

表 5-2-3 电能质量定期工作表

工作类型	周期（时间要求）	工作内容
一、日常运行监督项目	每 3 年	完成一次全厂谐波周期普查
	每 3 年	对 AVC、安全稳定装置等设备进行一次全部校验、传动试验；向调度申请对检修的 AVC 装置进行联调试验
	每年	定期送检电能质量专业试验仪器仪表
二、检修监督项目	—	
三、技改监督项目	技改前	参与冲击负荷设备、谐波源设备技术协议制订
	技改后	谐波源设备安装前后进行电能质量专项测试，对其谐波污染水平进行确认
四、优化提升及事故分析	及时	建立变压器分接头、电抗器、励磁调节器、自动电压控制（AVC）装置、安全稳定装置、电压频率测量与记录仪表等电能质量档案台账，完善与电能质量技术监督有关的运行记录、历史数据库

第七节 常见问题及建议

水力发电企业电能质量常见问题及建议见表 5-2-4。

表 5-2-4 水力发电企业电能质量常见问题及建议

序号	常见问题
1	电能质量专业技术监督网络不健全
2	电能质量技术监督实施细则内容不完善，未根据本企业实际情况编写技术监督实施细则，如出现本企业没有的电压等级，无谐波监测、静止无功补偿装置（SVC）或电能质量仪器检定等相关内容
3	未按规程要求对母线、出线、发电机出口及厂用电系统进行谐波普查
4	未按规程要求对母线、出线、发电机出口及厂用电进行三相不平衡度测试
5	未见便携式电能质量测试分析仪检定报告

第三章

电能质量技术监督内容

第一节 电能质量监测的分类

电能质量的监测分为连续监测、不定时监测和专项监测三种。

（1）连续监测主要适用于供电电压偏差和频率偏差的实时监测以及其他电能质量指标的连续记录。

（2）不定时监测主要适用于需要掌握供电电能质量而不具备连续监测条件时所采用的方法。

（3）专项监测主要适用于非线性设备接入电力系统（或容量变化）前后的监测，以确定电力系统电能质量的背景条件、干扰的实际发生量以及验证技术措施的效果等。

第二节 电 压 质 量

一、电压质量监督

（一）电压监测点设置

水力发电企业电压监测点一般设置在当地电网调度部门所列考核点及监测点、机组出口监测点、厂用电监测点。

（二）电压允许偏差

以电网要求的电压允许偏差值为准，一般水力发电企业的母线电压允许偏差值如下。

1. 330kV 及以上母线电压允许偏差值

正常运行方式时，最高运行电压不得超过系统额定电压的 +10%；最低运行电压不应影响电力系统同步稳定、电压稳定、厂用电的正常使用及下一级电压的调节。

2. 220kV 母线电压允许偏差值

正常运行方式时，电压允许偏差为系统额定电压的 0～+10%；非正常运行方式时为系统标称电压的 −5%～+10%。

3. 110～35kV 母线电压允许偏差值

正常运行方式时，电压允许偏差为系统额定电压的 −3%～+7%；非正常运行方式时为系统额定电压的 ±10%。

4. 20kV 及以下母线电压允许偏差值

20kV 及以下母线电压允许偏差值为系统标称电压的 ±7%。220V 单相供电电压偏差为标称电压的 +7%、−10%。

（三）电压调整

（1）水力发电企业应按电网要求投入 AVC 运行。发电机组的自动励磁装置具有强励限制、低励限制等环节，并投入运行。强励顶值倍数应符合有关规定。失磁保护应投入运行。

（2）新安装发电机均应具备在有功功率为额定值时，功率因数进相 0.95 运行的能力。对已投入运行的发电机，应有计划地进行发电机吸收无功功率（进相）能力试验，根据试验结果予以应用。

（3）当地电网调度部门所列监测点电压发生偏移时，应首先考虑增减相关机组的无功出力，改变该点的无功平衡水平。然后再考虑调整变压器分接头位置调压。

（4）各级变压器的额定变压比、调压方式、调压范围及每挡调压值，应满足发电厂、变电站母线电压波动范围的要求。

（5）运行的无功补偿设备，应随时保持可用状态。

（四）电压偏差监测统计

监测内容为季度、年度电压合格率及电压超允许偏差上、下限值的累积总时间。

电压统计时间单位为"min"。

监测点电压合格率计算公式为

$$监测点电压合格率（\%）=\left[1-\frac{电压超上限时间+电压超下限时间（min）}{电压监测总时间}\right]\times100\%$$

全厂电压合格率计算公式为

$$全厂电压合格率（\%）=\left(\frac{\sum\limits_{i=1}^{n}监测点电压合格率}{n}\right)\times100\%$$

式中　n——电压检测点数。

二、电压偏差对水力发电企业用电设备的影响

（一）对电力变压器的影响

1. 对空载损耗的影响

变压器空载损耗包括铁心损耗和附加损耗。铁心损耗又称空载损耗，主要包括变压器运行时铁心中磁通产生的磁滞损耗及涡流损耗。这些损耗的大小与铁心中的磁感应强度 B 有关，变压器电压升高，B 也增大，铁心损耗也增大。附加损耗是变压器中的杂散磁场在变压器箱体和其他一些金属零件中产生的损耗。一般额定电压下的空载损耗占变压器额定容量的千分之几。

2. 对绕组损耗的影响

在传输同样功率的条件下，变压器电压降低，会使变压器绕组电流增大，绕组的损耗增大，损耗大小与通过变压器的电流的平方成正比。额定负荷时变压器绕组电阻中的功率损耗是变压器空载损耗的几倍，甚至十几倍。当传输功率比较大时，低电压运行会使变压器过电流。

3. 对绝缘的影响

变压器的内绝缘主要是变压器油和绝缘纸。变压器油在运行中会逐渐老化变质，通常可分为热老化及电老化两大类。热老化在所有变压器油中都存在，温度升高时，残留在油箱中的氧和纤维分解产生的氧与油发生的化学反应加快，使油黏度增高、颜色变深、击穿电压下降。电老化指高场强处产生局部放电，促使油分子缩合成更高分子量的蜡状物质，它们积聚在附近绕组绝缘上，堵塞油道，影响散热，同时逸出低分子的气体，使放电更易发展。变压器高电压运行会使电场增强，加快电老化。

绝缘纸等固体绝缘的老化是指绝缘受到热、强电场或其他物理化学作用逐渐失去机械强度和电气强度。绝缘老化程度主要由机械强度来决定，当绝缘变得干燥发脆时，即使电气强度很好，在振动或电动力作用下也会损坏。绝缘老化是由于温度、湿度、局部放电、氧化和油中分解的劣化物质的影响所致，老化速度主要由温度决定，绝缘的环境温度越高，绕组中电流越大、温升越大，绝缘老化速度就越快，使用年限就越短。高电压运行，会增强电场强度，加剧局部放电，特别在绝缘已受损伤或已有一定程度老化情况下，会加快老化的速度。

　　以上分析的过电流和高电压对变压器绝缘老化的影响，同样适用于电压互感器（TV）、电流互感器（TA）、充油套管等电气设备。

（二）对交流电动机的影响

　　异步电动机占交流电动机的 90% 以上，在水力发电厂总负荷中占比较高。电压偏差对其影响表现在以下几个方面。

　　1. 转矩

　　异步电动机等值电路如图 5-3-1 所示。

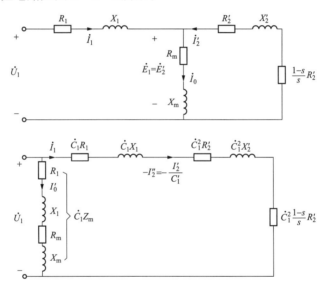

图 5-3-1　异步电动机等值电路

$$c_1 = 1 + \frac{R_1 + jX_1}{R_m + jX_m} \tag{5-3-1}$$

$$s = \frac{n_1 - n}{n_1} \tag{5-3-2}$$

式中　c_1——系数；

　　　R_1——定子绕组电阻；

　　　X_1——定子绕组漏抗；

　　　R_m——励磁等值电阻；

　　　X_m——励磁等值电抗；

　　　S——转差；

　　　n_1——对应的同步转速；

n——转子转速。

异步电动机的最大力矩为

$$T_{max} = \frac{1}{2c_1} \frac{m_1 P U^2}{2\pi f \left[R_1 + \sqrt{R_1^2 + (X_1 + c_1 X_2')^2} \right]} \tag{5-3-3}$$

式中　m_1——定子绕组数，一般 $m_1 = 3$；

　　　P——极对数；

　　　U——定子绕组电压；

　　　c_1——系数，$c_1 = 1 + \dfrac{X_1}{X_m}$；

　　　f——电源频率；

　　　X_2'——折合至定子侧的转子绕组的电抗。

异步电动机的启动力矩为

$$T_{st} = \frac{m_1 P U^2 R_2'}{2\pi f \left[(R_1 + c_1 R_2')^2 + (X_1 + c_1 X_2')^2 \right]} \tag{5-3-4}$$

式中　R_2'——折合至定子侧的转子绕组的电阻；

从式（5-3-3）和式（5-3-4）可见，在给定的电源频率及电动机参数下，异步电动机最大力矩和启动力矩与定子绕组端部电压的平方成正比。

例如，异步电动机端电压从额定电压降至额定电压的 90%，则最大转矩 T_{max} 和启动转矩 T_{st} 分别降至额定转矩 T_N 的 81%。T_{max}/T_N 由 1.6～2.2 降至 1.3～1.8，T_{st}/T_N 由 0.7～2.2 降至 0.6～1.8。可见，端电压的降低对于需要在重负荷下启动和运行的电动机的安全运行是十分不利的。

2. 滑差和转速

从不同端电压时异步电动机的转矩-转差特性可见，若转矩不变，电压下降会使滑差增大。滑差与电压的关系式为

$$s = \frac{s_{max}}{K_u^2 \dfrac{b}{K_T} + \sqrt{K_u^4 \dfrac{b^2}{K_T^2} - 1}} \tag{5-3-5}$$

式中　S_{max}——对应最大力矩的滑差；

　　　K_u——实际电压与额定电压之比；

　　　b——额定电压时的 T_{max}/T_N 值；

　　　K_T——实际力矩与额定力矩之比。

由式（5-3-5）可推得实际滑差 S 与额定滑差 S_N 的关系式为

$$\frac{S}{S_N} = \frac{b + \sqrt{b^2 - K_T^2}}{b K_u^2 + \sqrt{b^2 K_u^4 - K_T^2}} \tag{5-3-6}$$

假设电动机的负荷阻力矩与转速无关。当机端电压比额定电压低 10% 时，对 $b=2$，$S_N=2\%$ 的电动机，其滑差 S/S_N 可由式（5-3-6）计算，即将 $b=2$，$K_u=0.9$，$K_T=1$ 代入式（5-3-6），可得：$S/S_N=129$，$S=2.6\%$（过程略），滑差增大了 0.6%，相应的转速和功率减小了 0.6%，影响不是很大。如果电动机负荷阻力矩与转速关系很大（呈高次方关系），则轴功率和取自电网的功率变化会大一些，但滑差变化会更小一些。

3. 有功功率损耗

异步电动机的损耗，与电动机的参数 R、R_2、R_m 等有关系，也与电动机的负荷率有关系。当负荷率比较高时，机端电压下降引起电流增大，在定子绕组和转子中的损耗加大，电动机总的损耗增加；但当负荷率比较低时，电压降低引起的励磁损耗下降的因素超过了电流增大造成定子绕组和转子损耗加大的因素，电动机总的损耗会降低。

4. 无功功率

异步电动机的无功功率电压特性在机端电压大于某一临界值时，无功功率将随电压的升高而增大，电压越高，负荷率越低，其变化率 dQ/dU 越大。但电压低于临界值时，电压降低反而会使无功功率增加，原因是电动机漏抗上的无功功率损耗占了主要部分。

电压临界值的大小与电动机的负荷率和负荷性质有关，负荷率越高，电压临界值也越高。例如，轴端负荷恒定时，负荷率为 0.85 的电压临界值约为额定电压的 85%，而负荷率为 0.5～0.6 时电压临界值下降至额定电压的 70%～75%；如果负荷功率与转速的 3 次方成正比，负荷率为 0.85 时电压临界值降至额定电压的 75% 以下，但负荷率很低时对临界电压影响不大。异步电动机运行时机端电压不允许低于电压临界值，否则会造成负荷不稳定。

5. 电流

一般来说，异步电动机端电压降低时，定子和转子的电流增大，励磁电流减少，定子电流增大的程度不如转子电流，应按转子电流确定电动机的允许负荷。转子电流 I_2 与电压的关系可表示为

$$\frac{I_2}{I_{2N}} = \sqrt{\frac{K_T(b + \sqrt{b^2})}{\frac{b}{K_T}K_u^2 + \sqrt{\left(\frac{b}{K_T}K_u^2\right)^2 - 1}}} \qquad (5-3-7)$$

式中 I_2——转子电流；

I_{2N}——转子额定电流。

其他参数符号含义同式（5-3-5）。

假如某电动机转矩恒定并为额定值，$b=2$，电压降至额定值的 90% 时，由式（5-3-7）得 $I_2/I_{2N}=1.14$，即转子电流超过额定值 14%。电压降至额定值的 95% 时，转子电流超过额定值 8%。但若考虑到电动机的负荷率不是 1 及负荷转矩与转速成一次方或高次方关系，则转子电流不会有这么大。如果异步电动机端电压超过额定电压很多，则由于磁路饱和，励磁电流增加很快，也会使定子电流增大。

异步电动机如果长期处于更大的电压偏差下运行，特别是低电压运行，还是会发生损坏，例如烧坏电动机绕组、绕组绝缘老化而降低电动机使用寿命等。

同步电动机也是一种常用的电动机，特别是用在功率比较大的场合。调整同步电动机的励磁电流，可以调整其机端电压及无功功率，它既可消耗无功功率，也可产生无功功率，其电磁功率 P 可表示为

$$P = \frac{UE}{x_d}\sin\delta + \frac{U^2(x_d - x_q)}{2x_d x_q}\sin2\delta \qquad (5-3-8)$$

式中 U——电动机机端电压；

E——电动势；

x_d——同步电动机的纵轴同步电抗；

x_q——同步电动机的横轴同步电抗；

δ——功角。

如果忽略式（5-3-8）等号右边第二项，便可得到正弦关系的功角特性。最大值 P_{max} 对应 $\delta=90°$，即

$$P_{max}=\frac{UE}{x_d} \tag{5-3-9}$$

同步电动机的最大转矩 T_{max} 为

$$T_{max}=\frac{P_{max}}{\omega}=\frac{UE}{\omega x_d} \tag{5-3-10}$$

式中　ω——同步电动机的机械转速。

同步电动机运行时的转矩不可大于 T_{max}，否则就会失去稳定。由式（5-3-10）可见，T_{max} 的大小与同步电动机的端电压 U 及电动势 E 有关，U、E 降低会使 T_{max} 下降，会影响同步电动机运行的稳定性。

第三节　频 率 质 量

一、频率的概念

（一）频率偏差

水力发电厂正常运行工况下，应在额定频率下运行。水力发电厂的所有电气设备只有在额定频率下才能获得最好的可靠性和经济性，这是在设计时被确定的。因电力系统负荷的大小每时每刻在不断变动，电源出力及其频率调节系统跟随负荷变化也处于变动的状态之中。因此，必须对运行频率规定允许的偏差范围，以确保运行的可靠性和经济性。

GB/T 1980《标准频率》中规定，设备的额定频率允许偏差范围为 ±1%。GB/T 7894《水轮发电机基本技术条件》中规定，发电机频率允许偏差范围为 ±2%。两个标准允许的偏差范围有较大差别，这是因为用户对系统提供的电能质量要求高一些，以利于安全经济地使用电气设备。水轮发电机作为电能的供应方，要求自身承受频率偏差的能力大一些，以保证系统安全、经济运行的应变能力。两者从不同的角度为了同一个目的对频率偏差提出不同的要求，这是十分合理的。

（二）频率的基本属性

电频率是与发电机组转速直接相对应的交流电的频率，其表达式为

$$f=\frac{pn}{60} \tag{5-3-11}$$

式中　p——发电机极对数；

n——机组每分钟的转数。

机组转速取决于机组输入、输出能量的平衡程度，并受机械惯性的制约，具有惯性，其标幺值表示式为

$$T_J\frac{dw}{dt}=M_m-M_e-D(w-1) \tag{5-3-12}$$

$$\frac{\mathrm{d}\delta}{\mathrm{d}t} = w - 1 \qquad\qquad (5-3-13)$$

式中　T_J——机组惯性常数，s；

　　　M_m——机械转矩；

　　　M_e——电磁转矩；

　　　D——机械阻尼系数；

　　　w——角频率；

　　　δ——q 轴与以同步速旋转的坐标实轴之间的夹角，rad。

因此，电频率是一个惯性量。这使得电频率数值借助测量电压波速度而间接获得时，受电压相量无惯性及波形畸变（噪声、谐波及运行工况突变等造成的）的影响，往往难以检测到。

二、频率质量对水力发电厂的影响

在系统运行频率不低于额定值 95% 的波动范围内，水轮机转子转速的下降，使水流和转子叶片间因速率差增大而引起转矩略增，机组出力随之产生少许变动，此时水轮机出力受转速变化的影响不明显，转速变化对辅助设备（包括主轴承油泵、轴承冷却水泵）也都无重大影响。发电机受低频率的影响比水轮机稍大些，其冷却空气流量是转速的函数，空气冷却器的冷却水流循环是由多组电动水泵驱动的，其裕度足以抵偿大幅度的冷却水温变化、水流量减低或者部分冷却器被迫停运等不良影响。低频率运行中，内冷型机组因冷却介质流动速度减慢，降低了冷却效率，而迫使机组出力下降。但水轮发电机组群中采用内冷却的为数不多，则低频率运行将不至于影响系统中水轮发电机总体的供电能力。水轮发电机组辅助设备的低频率低电压试验表明：水轮发电机组在 87.5% 额定频率、92% 额定电压下能满负荷运行。

从低频率运行时发电能力的变化曲线可以看出，发电能力随频率的下降成正比地减小，即它们的相互关系为一固定斜率的直线；在电力系统及其负荷允许的低频率范围内，水轮发电机组的运行不受任何限制。

三、频率监督

（一）频率允许偏差

以当地电网限定的偏差值为准。一般电力系统正常频率偏差允许值为 $\pm0.2\mathrm{Hz}$，当系统容量较小时，偏差值可以放宽到 $\pm0.5\mathrm{Hz}$。

（二）频率调整

（1）发电机组应具有一次调频的功能，一次调频功能应投入运行。机组的一次调频功能参数应按照电网运行的要求进行整定并投入运行。

（2）水力发电机组一次调频的负荷响应滞后时间应满足当地电网公司一次调频管理规程的要求。

（3）水轮发电机组参与一次调频的负荷变化幅度应满足当地电网公司一次调频管理规程的限幅要求。

（4）水轮机调速系统的性能指标，如永态转差率、调速系统调差率、调速系统转速死区、一次调频频率死区等应符合 DL/T 563《水轮机电液调节系统及装置技术规程》中的要求。

（三）频率质量监测

（1）一次调频用频率测量取自发电机机端频率。

（2）水力发电企业频率调整合格率统计以当地电网调度部门对一次调频和 AGC 调整的考核为准。

第四节　谐　　波

一、谐波的基本概念

（一）谐波的定义和性质

1. 谐波的定义

国际上公认的谐波定义：谐波是一个周期电气量的正弦波分量，其频率为基波频率的整数倍。由于谐波的频率是基波频率的整数倍，也常称它为高次谐波。

谐波分量为周期量的傅立叶级数中大于 1 的 n 次分量，对谐波次数 n 的定义则为，以谐波频率和基波频率之比表达的整数。IEEE 标准中的定义：谐波为一周期波或量的正弦波分量，其频率为基波频率的整数倍。

畸变波形可以用一组正弦函数近似表示。以周期性方波为例，可以用若干个正弦波形叠加来近似表示。其中 $\sin wt$ 称为基波，其周期与畸变波形方波的周期相同，其他各项均称为谐波。由于谐波的频率是基波频率的整数倍。所以 $\sin 3wt$ 项称为三次谐波，$\sin 5wt$ 项称为五次谐波。通常将各奇次的谐波统称为奇次谐波，偶次的谐波统称为偶次谐波。谐波分析是计算周期性波形的基波和谐波的幅值和相角的方法。谐波分析又称为频域分析，所得到的表达式通常称为傅里叶级数。

2. 谐波的性质

（1）谐波次数 n 必须是正整数。例如，我国电力系统的额定频率为 50Hz，则其基波为 50Hz，二次谐波为 100Hz，三次谐波为 150Hz。n 不能为非整数，因此也不能有非整数谐波。

（2）谐波和暂态现象必须加以区别。通常认为谐波现象的波形保持不变，而暂态现象则在每周的波形都发生变化或有衰减现象等。根据傅里叶级数的基本理论，被变换的波形必须是周期性的和不变的，虽然实际上很难完全做到。因为电力系统负荷是波动的，而负荷的变动会影响系统中谐波含量，但在实际分析中只要被分析的现象或情况持续一段适当的时间，就可以应用傅里叶级数。所以谐波可以分解成傅里叶级数。

此外，根据国际大电网会议工作组的意见，这种波形畸变仅在正弦波一周期的极小部分发生陷波，这种波形畸变陷波，一般以基波峰值 U_{1m} 的百分数来表示，并称为畸变偏差百分值 δ_u^*，即

$$\delta_u^* = 100 \frac{\Delta u}{U_{1m}} \tag{5-3-14}$$

式中　U_{1m}——基波峰值；

　　　Δu——基波电压的下降值。

对畸变偏差百分值 δ_u^* 的最大允许值要加以限制。在国际大电网会议工作组的报告中指

出，这种畸变虽然也可用一系列的谐波分量表示，但不作为谐波现象考虑，而只作为一种暂态现象。

为了对暂态现象和谐波加以区别，工作组一致同意在计算电压（或电流）畸变率时，采用谐波电压（或电流）的平均有效值或平均总畸变率，其时间区间段 Δt 取 3s，即取 3s 中的测量或计算的平均有效值或平均值。以电压为例，即

$$U_{\mathrm{N}} = \sqrt{\frac{1}{m}\sum_{k=1}^{m} U_{\mathrm{nk}}^2} \qquad (5-3-15)$$

$$D_{\mathrm{u}} = \sqrt{\frac{1}{m}\sum_{k=1}^{m}\left(\frac{U_{\mathrm{nk}}^2}{U_{\mathrm{1k}}^2}\right)^2} \times 100\% \qquad (5-3-16)$$

式中　U_{N}——第 n 次谐波电压的 3s 平均有效值；

m——Δt 分成的区间数；

U_{nk}——第 k 个区间测出的 n 次谐波电压有效值；

D_{u}——电压总畸变率的 3s 平均值，%；

U_{1k}——第 k 个区间测出的基波电压有效值。

（二）特征谐波和非特征谐波

在应用晶闸管的整流装置和调谐装置中，因为都以晶闸管作为开关切换交流电源使其输出电流的大小和波形变化，所以装置的交流电流波形偏离正弦而发生畸变。这类电流的畸变波形中所含谐波的次数在各种装置中是各有特点的。

在单相桥式整流电路中，当电网电压为正弦波形，并且直流侧串联足够大的电感使 $i_{\mathrm{d}} = I_{\mathrm{d}}$ 时，在交流侧的交流电流波形中所含谐波的次数为 3，5，7，…，称这些次数的谐波为单相桥式整流装置的特征谐波。单相桥式整流电路特征谐波次数的一般表达式为

$$n = 4k \pm 1 \qquad k = 1, 2, \cdots$$

各种接线的三相桥式整流装置中假设交流系统电网三相正弦波形的电压是平衡的，晶闸管的触发脉冲是等间隔的，而各种接线的整流装置的特征谐波却是不同的。在上述情况下各装置的特征谐波次数与其晶闸管的触发脉冲数有关。对于各种三相整流电路的交流侧电流来说，每周期内触发的脉冲若为 p，则其产生特征谐波的次数为

$$n = kp \pm 1, \qquad k = 1, 2, \cdots$$

（三）谐波和非特征谐波

在谐波问题中，要特别强调谐波的次数 n 为正整数。实际上也存在一些频率不是基波频率整数倍的正弦分量。为区别起见，称这些正弦分量为非谐波、非特征谐波、间谐波或分数谐波。例如，当电网电压含有谐波电压时，在感应电动机中产生谐波电流使其附加损耗增大、附加温升增高，而感应电动机转子的异步转速又反过来产生分数谐波电流，此谐波电流在系统阻抗上产生的电压降将导致电网电压也含有分数谐波。

由 $\sin w_1 t + \sin w_2 t = 2\cos\dfrac{\pm w_2 \mp w_1}{2}t \times \sin\dfrac{w_2 + w_1}{2}t$，可知，两个不同频率的正弦波叠加有时可合成调幅波形。对于谐波来说，只要谐波电压幅值不想过基波电压幅值的 50%，便不会使电压的幅值受到调制，可是分数普波引起电压波形畸变时，即使分数谐波的幅值不大，有时也可使电压的幅值受到调制。由此可见，受谐波危害的电气设备反过来也可能产生非特征谐波和谐波，又危害其他设备，而且各种电气设备对各次谐波和非特征谐波的敏感程

度也不同。因此，在设计和使用电气设备时，一方面要设法减小用电设备产生的谐波电流，另一方面也要设法提高用电设备抗谐波干扰的能力。

（四）谐波计算的等值电路参数

对于一个线性电感，在基波单独作用下的电抗值若为 X_L，则在第 n 次谐波单独作用下的电抗值等于 nX_L。一个线性电容，在基波作用下的电抗值若为 X_C，则在第 n 次谐波作用下的电抗值为 X_c/n。实际的电路元件在高次谐波作用下的电路参数，往往与在基波作用下的电路参数有很大差别，同一个电路元件在不同频率下，常表现出不同的电磁特性。例如，感应线圈在低频下可以看作为一个纯电感。而在高额下就不能忽略线圈的匝间分布电容。又如，一段不长的输电线路，在基波作用下可用集中参数 L 和 C 等描述，而对于高次谐波，有时则需用均匀输电线的等值参数来描述。

尽管高次谐波与基波在同时作用于电气设备时，与高次谐波单独作用于该电气设备所起的作用是不同的。实际上仍然可利用电力系统的参数来研究电力系统的谐波问题。等值电路在工程上是有参考价值的，但是在作谐波计算时，要特别注意等值参数的选择。利如三相电源 Yd 连接的变压器接有单相含谐波电流的负荷。当负荷阻抗比系统阻抗大很多时，可将此负荷看作谐波恒流源。对于第 n 次谐波来说。若电源每相的谐波阻抗为 Z_n，那么从谐波源来看他的等值阻抗 Z_{eq} 应是多大呢？为便于分析，如图 5-3-2 所示的 Yd 连接的变压器线电压的标幺值均为 1，于是其一、二次绕组的匝数比应为 $1:\sqrt{3}$，设变压器二次侧谐波源的第 n 次谐波电流值为 3，则变压器各绕组电流数值与方向如图 5-3-2 所示。由此可知，一次侧谐波电压 $U_{OB}=2\sqrt{3}Z_n$，因此，折算到二次侧 $U_{ac}=\sqrt{3}U_{OB}=6Z_n$。因此，对于第 n 次谐波，由谐波源来看其等值阻抗 $Z_{eq}=\dfrac{U_{oc}}{3}=2Z_n$，在利用电气参数作谐波计算时，要特别注意根据具体情况来确定其等值参数。包括如何由三相转换成单相等问题，当有两个谐波源同时作用时，如何确定等值的谐波阻抗可能在有些情况下是相当复杂的。

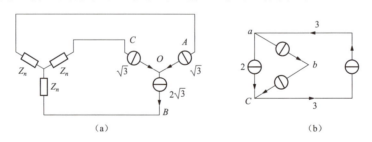

（a）　　　　　　　　　　　　　　　　（b）

图 5-3-2　Yd 连接的变压器等值谐波阻抗的换算图
（a）Yd 连接的变压器等值谐波阻抗换算图；（b）简化的变压器等值谐波阻抗换算图

二、谐波的来源

水力发电厂本身包含的能产生谐波电流的非现性元件主要是变压器的空载电流、可控硅控制元件、可控硅控制的电容器、电抗器等。这些设备产生的谐波电流注入电力系统，使系统各处电压含有谐波分量。变压器的激磁回路也是非线性电路，它会产生谐波电流。如果这些设备的电流谐波含量过大，则会对电力系统造成严重影响，因此，对该类设备的电流谐波含量，在制造时应限制在一定的数量范围之内。

(一) 发电机和电动机

发电机在发出基波电动势的同时也会产生谐波电动势，其谐波电动势只取决于发电机本身的结构和工作状况。基本上与外接阻抗无关，因而可看作谐波恒压源，但其值很小，国际电工委员会规定发电机实际的端电压波形在任何瞬间与基波波形之差不得大于基波辐值的 5%。

1. 发电机磁饱和非线性产生的谐波

发电机作为电力系统中的有功电源，它由原动机带动。当在转子的励磁绕组中通以直流电流，并在磁极下产生正弦分布的磁场时，定子绕组中将感应出正弦电动势。设发电机定子总槽数为 Z，发电机的极对数为 p，则槽间的电角度 $\alpha = 2\pi p/Z$。又令每极每相的槽数为 q，线圈的节距为 y，极距为 τ。并均以槽数表示，则由电机学原理可知，每一相感应的电动势的有效值 E_Φ 为

$$E_\Phi = 4.44 w k_w f \Phi \tag{5-3-17}$$

式中　w——每相绕组的串联匝数（即每一条支路的匝数）；

　　　k_w——绕组系数，它等于短距系数 k_y 与绕组分布系数 k_q 的乘积，即 $k_w = k_y k_q$，其中 $k_y = \sin\left(\dfrac{y}{\tau}\dfrac{\pi}{2}\right)$，$k_q = \sin\dfrac{q\alpha}{2} \Big/ \left(q\sin\dfrac{\alpha}{2}\right)$；

　　　f——频率；

　　　Φ——每一对磁极下的磁通。

当磁极磁场按正弦分布时，定子绕组的感应电动势就将按正弦规律变化。实际电机中，磁极磁场并非完全按正弦分布，感应电动势也就不完全是正弦波形，将磁极磁场按傅立叶级数分解，如磁极制造上没有缺陷，则 N 极下的磁场分布和 S 极下的分布对称，且都关于磁极中心线对称，在此种磁场分布下将只有奇次谐波。第 n 次谐波磁场的极对数 P_n 应为基波极对数 P 的 n 倍，极距 τ_n 则为基波极距 τ 的 $1/n$ 倍，谐波磁场也因转子旋转而形成旋转磁场，其转速等于转子转速，因而在定子绕组中感应的谐波电动势频率 f_n 为基波频率的 n 倍。谐波电动势的有效值为

$$E_{\Phi n} = 4.44 w k_{wn} f_n \Phi_{mn} \tag{5-3-18}$$

式中　Φ_{mn}——n 次谐波每对极磁通量；

　　　k_{wn}——n 次谐波绕组系数，$k_{wn} = k_{yn} k_{qn}$，其中 $k_{yn} = \sin\left(\dfrac{ny}{\tau} \times \dfrac{\pi}{2}\right)$，$k_{qn} = \sin\dfrac{nq\alpha}{2} \Big/ \left(q\sin\dfrac{n\alpha}{2}\right)$。

2. 发电机不对称运行引起的高次谐波

同步发电机在对称运行情况下，定子绕组只产生与转子同步的旋转磁场。定子绕组旋转磁场方向与通过定子绕组电流的相序有关。当同步发电机不对称运行时，定于绕组出现了负序电流。负序电流在定子上产生一个以同步角速度和转子旋转方向相反的旋转磁场。这种旋转磁场相对转子以 2 倍同步角速度运动，将在转子绕组中感应 2 倍同步频率的电流。如果转子上只有激磁绕组，则激磁绕组中的 2 倍同步频率的单相电流，只能产生与转子相对不动的脉冲磁场。它的脉动频率是 2 倍同步频率，这种脉动磁场可以分解成两个大小相等、方向相反、以 2 倍同步频率相对转子运动的旋转磁场。与转子旋转方向相反的磁场，相对定子以同步转速旋转，与定子绕组中负序电流产生的旋转磁场相对。与转子方向同向旋转的 2 倍同步角速度的旋转磁场，相对定子以 3 倍同步角速度旋转，在定子绕组中感应 3 倍同步频率的三

相对称电动势，即三次谐波电动势。由于定子回路不对称，在定子绕组中将出现三次谐波的负序电流。这种电流在定子上产生以 3 倍同步角速度反转子方向旋转的旋转磁场。它在励磁绕组中感应的电流是 4 倍同步频率的交流，即四次谐波子电流，此电流在转子上产生 4 倍同步频率的脉动磁场。和二次谐波励磁电流产生的脉动磁场一样，它可以分解为两个相对于转子 4 倍同步角速度旋转的旋转电场。与转子方向相反的一个与定子三次谐波磁场相对应；与转子同方向旋转的一个，在定子上感应五次谐波电动势。

可见，同步发电机在不对称运行下的负序电流，将在定子回路感应出奇次谐波电流，在转子回路感应出偶次谐波电流。

当然，如果转子上装有纵横轴阻尼绕组，则它产生的是和负序旋转磁场对应的旋转磁场，这样就不会向系统传送高次谐波了。

3. 电动机

电动机和发电机一样都是旋转电机，其产生谐波的主要原因是结构问题，一般容易产生齿谐波，但这些谐波发生量较少，一般在 0.6% 以下，因此，电动机也不是主要的谐波源，其谐波问题随着设计和制造水平的提高将逐步得到解决。

（二）变压器和电抗器

变压器和电抗器产生谐波的原因是铁磁饱和特性，而系统运行电压则是使变压器和电抗器铁心饱和的决定因素。

在稳态工作时，这种由磁饱和引起的高次谐波会很小。不会对系统的工作造成严重的危害。正常工作时变压器空载激磁电流仅为额定工作电流的 2%～10% 时。饱和电抗器正常工作产生的高次谐波已由设计良好的滤波器滤除。当变压器流过直流时，增加了变压器铁心的饱和程度，激磁电流显著增大。例如，1 台额定电流为 1kA 的变压器，激磁电流为 10～30A，只要 2～3A 的电流流过绕组，就可产生过热。

在暂态过程中，铁心磁通或磁通密度的交变，往往偏向横坐标一侧，最大磁通或最大磁通密度比正常时成倍增加，由于磁饱和非线性，使激磁电流大大增知，电流波形的畸变更加严重。变压器、电抗器饱和时的合闸涌流可达额定电流的 6～8 倍，这种电流包含很大的非周期分量和高次谐波分量。

对三相变压器来说，情况变得更加复杂，这时应计及铁心的结构和变压器绕组的接线方式。对三相三铁柱变压器来说，对称系统 3 的倍数次谐波（即零序性谐波）的磁通是经由空气（油及外壳）构成回路的，显然磁阻要大得多，因而磁通中该次谐波的含量就要小些。在采用三角形连接时，零序性谐波电流在三角形内流动而不会注入系统。当三相对称且三角形连接时，3 的倍数次谐波不会注入系统，但实际上由于磁路不对称，3 的倍数次谐波并不平衡，它不同于三相同相位的零序分量，故部分 3 的倍数次谐波还是可以通过变压器感应到三角形侧来的。

施加于变压器的电压越高，铁心越趋近于饱和，高次谐波成分急剧增加。当电压提高 8% 时，高次谐波电流将增加一倍。

变压器有较大的重复容量，数量很大。因此，变压器空载电流中的谐波电流是不可忽视的，特别是在轻负荷电压升高的情况下。变压器激磁电流的谐液含量与其饱和程度有直接联系。正常时，电压为额定电压，铁心工作点在线性范围内，谐波含量不大。但在夜间，尤其是在一些偏远地区，由于运行电压偏高、铁心饱和程度变深。又是轻负荷时期，激磁电流占总电流比重较大，故对系统影响颇大，变压器空载电流中的谐波成分还与铁心材料有关。

三、谐波的影响和危害

谐波对电力系统或并联的负载产生种种危害，危害的程度决定于谐波量的大小、现场条件等因素。谐波使各种设备出现故障，如使电机负载加重，产生振荡转矩，转速周期性变化；加重集肤效应，使电机和变压器铜损、铁损增加而过热；使变压器铁心产生磁滞伸缩现象，噪声增大，甚至达到不能允许的程度；产生电压波形畸变，对电机和变压器绝缘游离（局部放电）过程的产生和发展有很大影响，引起绝缘介质强度降低，使用寿命缩短；使电力电缆容量减小，损失增加，老化加剧，泄漏电流加大，有时引起单相对地击穿，造成三相短路；对通信设备、自动和远动装置、继电保护、测量设备和仪表等有各种危害。

（一）谐波对高压设备的影响

1. 谐波对同步发电机的影响

谐波对发电机的主要影响是引起附加损耗，此外还产生机械振动、噪声和谐波过电压。其谐波附加损耗的谐波电阻 R_n，近似是基波损耗工频电阻的 $\sqrt{n}$ 倍，即

$$R_n \approx \sqrt{n} R_1 \tag{5-3-19}$$

流入 Y 接法的电机定子绕组中的谐波电流所产生的旋转磁场，在转子绕组中感应出谐波电流。对隐极电机来说，这些电流在转子的槽楔、齿和嵌套于转子端部的套箍上流动；而对凸极机来说，则主要在极靴中流动。集肤效应使得上述电流只在转子各部件的表层流动，因而转子上容易受到谐波电流损害的部位就是阻尼绕组、槽楔、齿和套箍的嵌接面。

定子绕组中的谐波电流同样也有集肤效应。在定子的双层绕组中，沿槽高的上层线棒的谐波电流附加损耗可达下层线棒的 6 倍之多。隐极发电机定子的一些零部件，如端连接片、槽楔、端盖和其紧固螺栓，由于集中了很大的谐波涡流和漏磁，从而严重发热，甚至成为运行的限制条件。谐波电流引起的电机附加损耗和发热，可以折算成等值的基波负序电流来考虑。

2. 谐波对变压器的影响

正常情况下变压器激磁电流中含有谐波，但该谐波电流一般不大于变压器额定电流的 1%，其作用是使变压器铁心中磁通趋于正弦波形，因此它并不引起变压器本身的铁损增加和发热增强。变压器刚通电时，激磁涌流中的谐波电流能达到或超过变压器的额定电流，但历时很短（以秒计），正常情况下不会构成对该变压器本身的危害。但在谐振条件下（这时变压器外电路的谐波阻抗呈容性），这种谐波电流能够危害变压器自身。对于全星形接法的变压器，正常时每相绕组电压的三次谐波含量可能达到相当大的数值，若绕组中性点接地，且该侧电网中分布电容较大或装有中性点接地的并联电容器组时，可能构成接近于三次谐波谐振的条件，因而使 $\dot{U}_3$ 和激磁电流中的 $\dot{I}_3$ 增大，附加损耗大增，严重影响变压器的可靠性。因此，许多国家规定：不得采用全星形接法的三相变压器。在我国，电网中很多都采用了全星形接法的变压器，对它们的谐波问题需要给予注意。

当直流电流、低频电流或地磁感应电流流入变压器绕组时，变压器发生严重磁饱和，使激磁电流和其中的谐波电流大增，可以危害设备本身和电网的安全运行。

谐波电流使铜损和杂散磁通损耗增加，在变压器绕组和线电容之间引起绝缘应力和有可能产生谐振（谐波频率时），整个损耗又导致变压器发热增强。

谐波电流引起变压器涡流损耗增加，与谐波频率的平方成正比的导体的总的涡流损耗可由式（5-3-20）求出，即。

$$W_x = W \sum_{n=1}^{\infty} \left(\frac{n I_n}{I_N} \right)^2 \qquad (5-3-20)$$

式中　W_x——总的涡流损耗；

　　　　W——额定基波电流的涡流损耗；

　　　　n——谐波次数；

　　　　I_n——谐波电流；

　　　　I_N——额定基波电流。

谐波电流除引起变压器绕组附加损耗外，也引起外壳、外层硅钢片和某些紧固件发热，并且有可能引起局部的严重过热。谐波能使变压器噪声增大。

3. 谐波对电缆和输电线路的影响

（1）谐波对电缆的影响。由于电缆分布电容对谐波电流有放大作用，在电网低谷负荷时，电网电压上升而使谐波电压也升高，电缆更容易出现故障。谐波引起电缆损坏的主要原因是浸渍绝缘的局部放电、介损和温升的增大。电缆的额定电压等级越高，谐波引起的上述危害也越大。

（2）谐波对输电线路的影响。超高压长距离输电线路，常采用单相自动重合闸来提高电力系统暂态稳定性。有些330kV及以上电压等级输电线路接有并联电抗器，中性点还加装有接地电抗器并按照线路工频参数调谐，用以加速潜供电流的熄灭，从而缩短单相重合闸的重合时间。较大的高次谐波电流（数十安培或更大）能显著地延缓潜供电流的熄灭，导致单相重合闸失败，或不能采用较短的自动重合闸时间。

（二）谐波对低压用电设备的影响

谐波电流的流入会导致整个设备过热。它能升高设备的温度，并降低绝缘寿命，而在加热过程中又影响整个设备。下面描述一些低压用电设备受谐波的影响。

1. 阻抗负荷

相当大的一部分系统负荷的阻抗特征为无源电阻或电阻电感网络，包括白炽灯和电阻型加热装置。白炽灯对热效应的增大十分灵敏。灯泡寿命为

$$L = \frac{1}{U^n} = \frac{1}{[U_1^2(1 + DFU^2)]^{n/2}} \qquad (5-3-21)$$

式中　L——灯泡寿命的标幺值（以基本的额定寿命为基准值）；

　　　　U——均方根电压标幺值（以基本的额定电压为基准值）；

　　　　U_1——基波电压的标幺值；

　　　　DF——畸变系数；

　　　　n——代表值为13。值得注意的是，畸变系数大会显著缩短灯泡寿命，而改变基波电压相对来说比改变畸变系数更有意义。

2. 弧光灯

各种类型的弧光灯都具有电阻随电流增大而减小的非线性电阻特性。这种灯具有一种安全的工作范围，需要镇流器把灯的工作点置于安全范围，以使各种灯在整个特性范围内适应所有的线电压状况。

在灯正常工作期间，镇流器起串联限流元件的作用。采用电感式镇流器时，用畸变系数可粗略地描述电压畸变的影响，畸变系数准确就不会造成灯工作点的大移位。但必须注意，采用电容镇流器时，谐波频率升高，这种镇流器的电抗降低。因为灯泡本身是一种高度非线性装置，所以迄今还不清楚电压畸变对镇流器灯会有什么影响。

3. 熔丝

熔丝中的谐波电流水平产生的过热会造成装置的时间电流特性曲线移位，在低值故障期间特别要注意。

4. 电动机

谐波对电动机的主要影响是引起附加损耗，其次是产生机械振动、噪声和谐波过电压。

谐波对电动机可引起附加损耗，从而产生附加温升。反映谐波附加损耗的谐波电阻 R_n 和反映基波损耗的工频电阻 R_1 之比大于 1，且 $R_m/R_1 \approx \sqrt{n}$，实际的比值可能比上式的数值小，也可能较大。

当电动机的基波电流或谐波电流增大时，齿部磁饱和增大，使得基波短路电阻 R_{1k} 和电抗 X_{1k}、谐波电阻 R_n，和电抗 X_n 都下降。

一般认为，三相感应电动机的 n 次谐波电流的大小可通过下式计算，即

$$I_n = U_n / n f_1 L_{1n} \tag{5-3-22}$$

式中　I_n——n 次谐波相电流的均方根有效值；

U_n——n 次谐波电压的均方根有效值；

f_1——基波电源频率。

当涉及定子时，L_{1n} 为定子和转子的有效泄漏电感之和。由于集肤效应的存在，当 n 增大时，有效电感趋向于减少。某些试验表明，在额定负荷下，当存在较大谐波电流时，电动机的漏抗会降低 15%～20%，而且激磁阻抗也要降低。如果内部线棒的电感可忽略不计，最小值 L_1 就等于定子和转子的外泄漏电感。因此，近似认为

$$I_n = U_n / n f_1 L_1 \tag{5-3-23}$$

式（5-3-23）结果略大于真实值，即留有余地，原因是谐波电流引起的电动机损耗受大量参数的影响。例如，电压畸变造成的附加铁心损耗小得可忽略不计，谐波分量可分为定子绕组损耗、转子绕组损耗和杂散损耗。它们都是 I^2R 型的损耗，有效电阻受频率的影响。

在所有的三相感应电动机中必然存在各种谐波，并分正负序分量。确定平衡的多相整流器中的每次谐波正负零序是容易的，但必须考虑，通常任何谐波都可能含有正、负序分量。于是，转子电流频率如下。

正序为

$$f_T = (n-1) f_1 \tag{5-3-24}$$

负序为

$$f_T = (n+1) f_1 \tag{5-3-25}$$

每次谐波引起的损耗为

$$P_n = 3 I_n^2 R_n = 3 (U_n / n f_1 L_1)^2 \sqrt{n} R_1 = 3 \frac{R_1}{(f_1 L_1)^2} U_n^2 / n^{3/2} \tag{5-3-26}$$

整个谐波损耗为

$$\sum P_n = 3 \frac{R_1}{(f_1 L_1)^2} \sum U_n^2/n^{3/2} \tag{5-3-27}$$

因为感应电动机的谐波功率损耗 P_n 主要是铜损，并且与 X_n 成反比，在给定 U_n 时，磁饱和将引起 R_n 和 X_n 下降，因而使 P_n 上升。此外，磁饱和也会引起激磁阻抗和基波负序阻抗的下降，在给定电动机端电压和基波负序电压时，励磁电流的铜损和负序电流损耗也将上升。所以，谐波所引起的感应电动机附加损耗和发热的增加，要比单纯由谐波本身引起的损耗和发热大得多。

5. 电压表

模拟式交流电压表、电流表除电动系（包括铁磁电动系）、电磁系外，还有有效值变换器式，有效值变换器式由半导体二极管、电阻、电容网络与电磁系表头所组成。变换器式电压表不同于简单的整流式交流电压表，它按分段线性化原理来逼近平方律形式的伏安特性曲线，因而这种电压表的测量基本量是有效值（或近似有效值）的平方，但按有效值刻度（即在表盘上）可直接读出电压有效值。

研究各种仪表在畸变电压波形下的反应，一般从频率特性着手，即观察各种仪表在同一有效值但频率不同的正弦波形下仪表的指示变化。

频率特性与畸变波形的反应有联系，但又有所不同。畸变波形下电压表的误差与其频率特性之间的关系可用式（5-3-28）表示，即

$$R = \pm \frac{U_1^2 r_1 + U_2^2 r_2 + U_3^2 r_3 + \cdots + U_n^2 r_n}{U^2} \times 100\% \tag{5-3-28}$$

式中　　　　　　R——畸变波形下仪表的相对误差；
U_1, U_2, $\cdots$, U_n——各次谐波电压分量的有效值；
r_1, r_2, $\cdots$, r_n——各次谐波频率下的频率误差（相对误差），取自频率特性；
U——畸变波形电压的总有效值。

6. 电流表

电流表的频率特性要比同系电压表的频率特性好得多。这是因为电压表两端所加的是电压源，表内部的感抗随频率而变，因此对表的指示有较大影响。但是，电流表两端所加的是电流源，因此，电流表的内电感不影响通过表的电流，表的指示基本不随频率而改变。

可见，对于电压表、电流表来讲，如果电压波形畸变较小（即含谐波量较少），而电流波形即使畸变系数较大，采用上述类型电表来监督电网运行情况，其读数仍有意义。

7. 功率表

有功功率表有较好的频率特性，作为监测使用，它们一般能满足要求。一些精密电动系功率表在工频以上的限定频率范围内能满足该系电表的准确级要求。利用时分割乘法器原理的新型电子式功率表具有较好的频率特性，因此在畸变波形下仍能保证足够的准确度，既有适用于单相电路的，也有适用于三相电路的。

至于无功功率的测量，对于单相电路，在正弦波的条件下，一般仍是利用电动系机构，但是加于测量机构的电气量要么是取滞后于待测电压 $90°$ 的电压 $\dot{U}' = -j\dot{U}$，如图 5-3-3（a）所示，要么取领先于待测电流 $90°$ 的电流，如图 5-3-3（b）所示。

由图 5-3-3 可知

$$\dot{U}'\dot{I} = U'I\cos\varphi = UI\sin\varphi = Q \tag{5-3-29}$$

或

$$\dot{U}\dot{I}' = UI'\cos\varphi = UI\sin\varphi = Q \qquad (5-3-30)$$

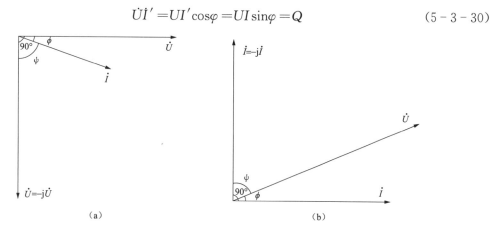

图 5-3-3 无功功率测量

(a) 取滞后于有关电压90°的电压；(b) 取领先于有关电流90°的电压

对于三相无功功率的测量，如电路对称，不难在电路中找到与 $\dot{U}$ 垂直的 $\dot{U}'$ 或组成与 $\dot{I}$ 垂直的 $\dot{I}'$。可是，即使波形是正弦的，对于不对称的三相电路，三相无功功率表的读数也毫无意义；如果波形畸变，则不但三相无功功率表读数没有意义，单相无功功率表的读数也不代表任何内容。

8. 电流互感器和电压互感器

电流互感器的误差决定于激磁电流与损耗（铁损），频率越高，激磁电流越小，特别是近年来采用高质量铁磁材料铁心，使激磁电流更小。况且，一些数据表明，在 2500Hz 以下，铁损也很小。因此可以认为，电流互感器一般不至于在它本身准确级所带来的误差以外，再增加显著的附加误差。

至于电压互感器，在 110kV 及以上系统中，出于经济上的考虑，多采用电容式电压互感器。但它有很窄的频率使用范围，因此不适用于谐波含量较大的场合。另一种办法是采用电容分压器，但此时要求测量机构要有很高的输入阻抗才能保证准确度。电容分压器可采用图 5-3-4 所示的方式。对于中、低电压等级，一般都采用电磁感应式电压互感器，这种仪用互感器用于较高频率时，误差主要由原、副边的漏阻抗以及原、副边间的电容和副边负载所引起。

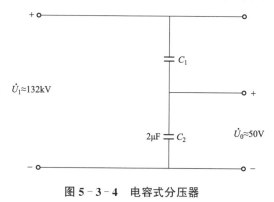

图 5-3-4 电容式分压器

（三）谐波对继电保护的影响和危害

1. 谐波对电磁型继电器的影响

常规的电磁型电流继电器的电磁动作转矩为

$$M = FL_p = K_1\Phi^2 L_p = K_1\frac{I^2 W^2}{R_m^2}L_p \qquad (5-3-31)$$

式中 F——电磁力；

L_p——动片与支点的力臂长度；

K_1——简化系数；

503

Φ——磁通；

I——通入线圈的电流有效值；

W——线圈匝数；

R_m——磁通 Φ 所经过磁路的磁阻。

电磁动作转矩与线圈电流有效值的平方成正比。实验也证明，该型继电器线圈无论通入基波还是 2~7 次单频率的谐波，只要有效值相同，继电器即动作。因而，按基波整定的电磁型继电器，在谐波的作用下有可能误动作。

电磁型电压继电器与电流继电器相比，线圈匝数多，电阻大，可近似认为阻抗是 $R+jwL$。因此，当含有谐波的电压加于线圈两端时，由于线圈阻抗增大造成通过线圈的电流减小，使得常用的低压动作继电器容易误动。

但是，由于电磁型继电器动作速度慢，定值允许误差较大，在谐波含量小于 10% 时，可认为谐波影响不是主要问题。

2. 谐波对感应型继电器的影响

感应型继电器有圆盘式、圆筒式，还有反应单量的电流继电器和反应两个量的方向继电器和阻抗继电器等。无论哪种，其工作的基本原理都是转动部分的圆盘或圆筒在一个磁通的作用下感应电流（即涡流），而在另一磁通的作用下产生转矩。感应型继电器受谐波影响导致误动作还是拒动，要视谐波电流大小和谐波与基波间的相角而定。由于感应型继电器动作速度慢、灵敏度较差，通常认为谐波对其影响不是该型继电器的突出矛盾。

3. 谐波对静态继电器的影响

晶体管型静态继电保护装置从研制到成批推广应用，始终把抗干扰的性能（包括谐波的影响）作为重要课题来研究。

按绝对值比较原理构成的晶体管型静态继电器受谐波影响情况与整流型继电器相似。

实际上，整套晶体管继电保护装置是由电压互感器、电流互感器、电阻、电容以及半导体元器件构成的各种回路的组合。这些元件对各次谐波所呈现的阻抗不同，往往使比较器上谐波含量比一次系统谐波含量大得多。因此，不同装置承受谐波的能力差异很大，其关键在于回路设计和制造质量。

4. 谐波对整流型继电器的影响

整流型继电器保护装置和晶闸管继电保护装置都广泛应用了整流型继电器。整流型继电器有反应单一量和反应两个或多个量之分。在反应单量的继电器中又可分为反应平均值的、反应瞬时值的、反应增量和突变量的等多种类型。

反应平均值的继电器是将交流电流经电抗互感器变成单相电压。例如，负序电流继电器就是在三相系统中将其中一相接电流互感器，然后在其二次负载电阻上得到电压，而另两相则接电抗互感器，其二次电压与接电流互感器一相负载电阻上的电压按反应负序分量连接，得到单相电压，然后经全波整流得到脉动电压。

因此，谐波对整流型继电器的影响根据其构成原理不同而异，其影响已成为设计整流型继电器必须考虑的因素。

(四) 谐波对远动自动装置的影响

1. 谐波对自动装置的影响

自动装置受谐波影响的实例很多。原晶体管 ZZQ-3A 型自动准周期装置受谐波的影响就很大。该装置导前时间偏差引起的合闸误差角允许值为 $3.6°$，而受谐波影响引起的合闸误差角最大可达 $17.8°$。对该装置施加谐波可发现其规律：谐波分量越大，导前时间误差越大；谐波与基波相角差为零时导前时间误差较小，而相角差为 $180°$ 或 $270°$ 时测量的导前时间离散值较大，有时甚至拒发合闸脉冲。在五次和七次谐波含量达 30% 时，调频回路在一个滑差周期内发出数次调频脉冲，甚至既发减速脉冲又发加速脉冲。当谐波分量较大时，电压差闭锁环节动作值变大且不稳定。产生上述情况的原因是由于同期装置内的变压器对各次谐波畸变不同，其二次电压波形比一次电压波形畸变更大。合闸部分的相敏环节是按正弦设计的，当输入电压的波形畸变较大时，电压波形在一个工频周期内过零点增多且不规则，将引起相敏环节输出脉冲混乱，使导前时间误差增大，甚至拒发合闸脉冲。在调频部分，频差方向测量环节的方波形成电路受谐波影响会导致方波变碎，使双稳触发器工作规律混乱，乱发调频脉冲。电压差闭锁环节属于全波整流回路，其受谐波影响会导致整流后的脉动较大，使闭锁电压差增大。实际对 ZZQ‐3A 型自动准同期装置的谐波试验结果表明，按导前时间误差考虑应将谐波含量控制在 5% 以下。

2. 谐波对远动装置的影响

如果远动装置的载波系统所产生的谐波与载波相结合，可能会发生错误的操作。

（五）谐波对通信线路的干扰

谐波对于通信线路的干扰影响可分为静电感应影响与电磁干扰影响两种。对于对称运行的输电线路可以仅考虑高次谐波电压的静电感应影响，对于不对称运行的输电线路应考虑谐波电压的静电感应影响与谐波电流的电磁干扰影响。

在电话回路内感应的杂音电动势取静电感应与电磁感应电压的均方根值，即

$$U_c = \sqrt{U_s^2 + U_M^2} \qquad\qquad (5-3-32)$$

式中 U_c——杂音电动势；

U_s——静电感应电压；

U_M——电磁感应电压。

国际电信电话咨询委员会（CCITT）推荐的允许杂音电压值为

$$U_c \leqslant 0.5\mathrm{mV} \qquad\qquad (5-3-33)$$

减小高次谐波对通信线路的杂音干扰影响大致有以下几种方法。

（1）增加整流相数，这样可以降低等值谐波干扰电流的数值，降低杂音电压水平。

（2）减小通信线路的地中返回电流。三相电力线路与通信线路均采用合理的换位方式。将通信线路上的谐波感应电压与电流分量减至最低程度。

（3）减小电力线路与通信线路平行接近距离，增加通信线路屏蔽效果。

（4）在产生谐波的用户与电力系统连接点加装适当的滤波装置，但要慎重考虑，以防止产生谐振现象。

四、谐波的管理和治理

为保证电力系统的安全、经济运行和保证用户设备和人身的安全，对谐波污染造成的危害影响加以限制是迫切需要的。国家有关部门有必要对电力系统谐波畸变允许值和谐波源注入供电点的谐波电流值作出规定。对谐波源和供电点电压或电流的谐波含量或畸变值进行监测，对新接入的谐波源负荷进行必要的验算和管理。

除了要求现有的谐波源用户采取措施外，新接入系统的大谐波源负荷必须经供电部门进行验算，确定其允许值是否需要采取措施。供电部门在确定新接入用户的谐波含量和畸变允许值时，除考虑系统中原有的谐波含量外。还应留有适当裕度，为今后接入系统的新用户考虑。

（一）谐波的限值

1. 谐波电压限值

公用电网谐波电压（相电压）限值见表 5-3-1。

表 5-3-1　　　　　　　　　　谐 波 电 压 限 值

电网标称电压 （kV）	电压总谐波畸变率 （%）	各次谐波电压含有率（%）	
		奇次	偶次
0.38	5.0	4.0	2.0
6	4.0	3.2	1.6
10	4.0	3.2	1.6
35	3.0	2.4	1.2
66	3.0	2.4	1.2
110	2.0	1.6	0.8

2. 谐波电流限值

注入公共连接点的谐波电流允许值见表 5-3-2。

表 5-3-2　　　　　　　注入公共连接点的谐波电流允许值

标准电压 （kV）	基准短路容量 （MVA）	谐波次数及谐波电流允许值（A）											
		2	3	4	5	6	7	8	9	10	11	12	13
0.38	10	78	62	39	62	26	14	19	21	16	28	13	24
6	100	43	34	21	34	14	24	11	11	8.5	16	7.1	13
10	100	26	20	13	20	8.5	15	6.4	6.8	5.1	9.3	4.3	7.9
35	250	15	12	7.7	12	5.1	8.8	3.8	4.1	3.1	5.6	2.6	4.7
66	500	16	13	8.1	13	5.4	9.3	4.1	4.3	3.3	5.9	2.7	5.0
110	750	12	9.6	6.0	9.6	4.0	6.8	3.0	3.2	2.4	4.3	2.0	3.7

标准电压 （kV）	基准短路容量 （MVA）	谐波次数及谐波电流允许值（A）											
		14	15	16	17	18	19	20	21	22	23	24	25
0.38	10	11	12	9.7	18	8.6	16	7.8	8.9	7.1	14	6.5	12
6	100	6.1	6.8	5.3	10	4.7	9.0	4.3	4.9	3.9	7.4	3.6	6.8
10	100	3.7	4.1	3.2	6.0	2.8	5.4	2.6	2.9	2.3	4.5	2.1	4.1
35	250	2.2	2.5	1.9	3.6	1.7	3.2	1.5	1.8	1.4	2.7	1.3	2.5
66	500	2.6	2.6	2.0	3.8	1.8	3.4	1.6	1.9	1.5	2.8	1.4	2.6
110	750	1.7	1.9	1.5	2.8	1.3	2.5	1.2	1.4	1.1	2.1	1.0	1.9

注　220kV 基准短路容量取 2000MVA。

公用连接点的全部用户向该点注入的谐波电流分量（均方根值）不应超过表5-3-2中规定的允许值。当公共连接点处的最小短路容量不同于基准短路容量时，表5-3-2中的谐波电流允许值应经过一定的换算，换算公式为

$$I_{h}=I_{GB}(S_{t}/S_{j}) \tag{5-3-34}$$

式中　I_h——公用连接点的各次谐波电流允许限值，A；

I_{GB}——基准短路容量下的公用连接点各次谐波电流允许值，A；

S_t——实际短路容量，MVA；

S_j——基准短路容量，MVA。

公共连接点的允许电流可由下式计算

$$I_{hi}=I_{h}(I_{i}/I_{t})^{1/\alpha} \tag{5-3-35}$$

式中　I_{hi}——经折算后的各次谐波电流允许值，A；

I_i——各个用电设备的月平均电流或者设备容量，A 或 VA；

I_t——公共连接点的月平均总电流值或者设备容量，A 或者 VA；

α——相位叠加系数，取值见表5-3-3。

表5-3-3　　　　　　　　　　　相 位 叠 加 系 数

谐波次数	3	5	7	11	13	9，>13，偶次
α	1.1	1.2	1.4	1.8	1.9	2.0

（二）谐波的管理

为保证供电系统中谐波含量及电压波形畸变率在规定值以内，需对电力系统的谐波情况、已接入和新接入系统的谐波源负荷进行管理、计算及测量。由于谐波计算一般是在某种给定运行方式下并假设系统中没有其他非线性元件的条件下进行的，计算条件与系统的实际情况有一些差距，因此，对谐波及有关参数进行实际测量是非常必要的。

1. 谐波管理工作的主要内容

（1）谐波情况的普查。测量水力发电企业的谐波电压、电流，以查明谐波源，为采取措施以控制谐波含量提供依据。

（2）谐波监测点的设置。在谐波源或其他谐波畸变严重的连接点上设置谐波警报器或谐波电流、电压表，监视该点谐波变化情况，以便及时采取限制措施。

（3）新的谐波源负荷接入电力系统时的检测。在谐波源负荷接入电网前后，均应进行谐波测量，以便为研究谐波源接入时需要采取的措施提供依据，检查谐波源接入系统后其谐波含量是否超过允许值。

（4）谐波事故分析。在系统或电气设备出现异常或故障时，要进行谐波检测分析，如属谐波（特别要注意谐振和放大）造成的故障，则应采取措施，予以消除。

2. 非线性用电设备接入电力系统的审定

审定谐波源接入系统，是为了检查谐波源注入系统的谐波电流及其在系统中产生的谐波电压是否符合限制谐波标准的规定。如果不满足规定的要求，则应采取必要的措施。

审定谐波源接入系统，一般可按以下步骤进行。

（1）查明谐波源和系统的参数。谐波源参数包括设备的型式、台数、容量、额定电压、额定电流、接线方式、控制方式、控制角或各次谐波电流的发生量，以及电源变压器的台

数、容量、额定电压和接线方式等。系统参数包括谐波源与系统连接点的额定电压、短路容量、谐波电压和谐波阻抗等。

（2）谐波计算。谐波计算的目的是估计谐波源接入系统的影响以及允许谐波源接入系统时需要采取的措施。具体来说，就是根据谐波源注入系统的谐波电流和接入点以前的系统谐波阻抗，计算谐波电流在系统中产生的谐波电压。在电网电压含有谐波的情况下，还应计算原有的谐波电压、新接入的谐波源在系统中新增加的谐波电压以及合成的电压波形畸变值。

对复杂系统或有多个谐波源的情况下，可用谐波潮流计算方法计算电力系统各连接点的电压波形畸变值。对简单的配电网络，可由简易计算方法计算。在进行谐波计算时，特别要注意校验是否会产生谐波放大和谐振。

（3）核对是否符合限制谐波标准的规定。如果谐波源注入电网的各次谐波电流和系统电压波形畸变率均符合标准的规定值，则允许该谐波源接入电网。

（4）采取限制谐波的措施。如果谐波源注入电力系统的谐波电流或系统的电压波形畸变率超过标准的规定值，应研究限制谐波的措施，把谐波电流和谐波电压限制在标准规定的范围内，才能将该谐波源接入系统。

（三）电压谐波治理

（1）谐波源的管理要做到预防为主、预治结合，加强管理新建或扩建的谐波源，并尽快改造原有的谐波源。

（2）新设备选型时应检查复核与谐波相关的电气指标，禁止使用不合格设备。对已投入设备进行谐波测试，造成母线谐波超标的设备应尽快进行更换或改造。

（3）当事故或异常可能由谐波造成时，根据事故分析或异常的性质和影响范围，及时进行测量分析。为了验证谐波计算结果，研究谐波的影响，分析谐波的谐振和渗透等问题，应组织专门的测试，并出具测试分析报告。

（4）当谐波超标是由电网侧造成时，应及时向电网有关部门提出治理要求。

五、电压谐波监测

（一）谐波监测的基本要求

（1）谐波普查。测量电网各点的谐波电流、电压和潮流以查明谐波源，为采取措施、控制谐波分量提供依据。

（2）设置谐波监测点。水力发电企业谐波监测点可选取发电机出口、升压站母线、10kV 及 380V 厂用电母线。

（3）电力设备如发电机、变压器、变频设备等调试投运时应进行谐波测量，了解和掌握投运后的谐波水平，检验谐波对主设备、继电保护、电能计量的影响，确保投运后系统和设备的安全、经济运行。

（4）当因谐波造成事故或异常时，根据事故分析或异常的性质和影响范围，及时进行测量分析。为验证谐波计算结果，研究谐波的影响、分析谐波的谐振和渗透等问题，必要时也可组织专门的测试，专门测试后均应提供测试分析报告。

（二）对谐波测量仪器的基本要求

谐波测量仪器中，用于现场对谐波进行经常监视而不用作定量分析的仪器，如谐波电流表、电压表、功率方向计和谐波报警器等，只要能满足定性分析的需要即可，其功能、测量精度等都不宜要求过高。

谐波分析仪是目前进行谐波定量分析的主要设备。从总趋势看，在测量精度、范围、功能等方面都应有较高的要求。现有的谐波分析仪的基本性能有测量电压、电流波形畸变率，测量各次谐波电流（或电压）相对于基波电流（或电压）的相位和含量，测量范围为 2～25 次或 2～39 次谐波。能连续对各次谐波进行 3s（或 5、10s）平均有效值的测量，也可以任意选择 7.5、15、30min 或 60min 时间间隔自动测量，具有一定的灵敏度和准确度，并且有一定的抗电磁场干扰能力。

（三）谐波的实测和数据处理

随着谐波源运行情况的改变，它所产生的谐波电流也在改变，同时电力系统的参数（如谐波阻抗）也在随时变化，因此由谐波分析仪测得的谐波电流或谐波电压都有一定的随机性和分散性。如何合理地取用这些数据来作为限制谐波的依据是个值得研究的问题。英国认为谐波分析仪测得的数据也有可能出现概率很小的最高值，应将这种最高值摒弃。

电力系统普遍建议如下：

（1）选择系统最小运行方式时进行谐波测量。

（2）选择谐波源产生谐波电流较大的时间，进行 24h 连续测量。每次测量的时间间隔取 15min。

（3）根据国际大电网会议的一致意见，每次测量采样时间为 3s，即取 3s 内各次谐波的平均有效值。

（4）在 24h 内测得的各次谐波的 96 个测量值中，摒弃偶然因素出现的最高值后，选取其中的最大值作为谐波计算和采取限制谐波干扰措施的依据。

第五节 电压的波动与闪变

一、电压波动

电压波动（voltage fluctuation）指电压方均根值（有效值）一系列的变动或连续的改变，电压波动值 d（%）为电压均方根值的两个极值 U_{max} 和 U_{min} 之差 ΔU 与标称电压 U_N 的百分比，即

$$d = \frac{\Delta U}{U_N} \times 100\% = \frac{U_{max} - U_{min}}{U_N} \times 100\% \tag{5-3-36}$$

注意：电压偏差是指在一定时间里，随着电网负荷大小的不同，实际电压和电网标称电压的偏离程度，不属于电压波动的范围。

电压波动波形为以电压半工周期均方根值或峰值的包络线作为时间函数的波形，分时抽象地将工频电压 u（或 U）看作载波，将波动电压 v 看作调幅波。

图 5-3-5 所示为波动电压 v 对工频电压 u 峰值的调制波形图。各部分说明如下：图 5-3-5（a）中，u 为电网频率 50Hz 的瞬时值电压，作为载波；v 为 10Hz 的正弦调幅波，用它对 50Hz 工载载波电压 u 的峰值进行调制。图 5-3-5（b）中，横坐标用虚线表示，它相当于工频载波电压峰值的平均电平线；v_m 为正弦调幅的幅值或峰值；ΔU 为 v 的峰

谷差值（即 p-p 值）。它们均以电压标称值 U_N 的百分数表示，通常以 $\Delta U \sqrt{2}$ 的大小作为电压波动的量度。

电压变动度 γ 为单位时间内电压变动的次数（电压由大到小或由小到大各算一次变动），单位时间一般为 h、min 或 s。不同方向的若干次变动，如间隔时间小于 30ms，算一次变动。

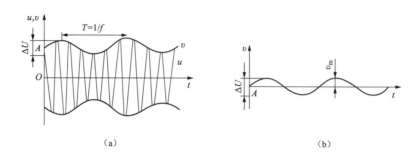

图 5-3-5　波动电压 v 对工频电压 u 峰值的调制波形图

(a) 电网电压 $u(t)$；(b) 调幅电压 $v(t)$

二、闪变

电弧炉、轧钢机等大功率装置的运行会引起电压的波动，而电压波动常会导致许多电气设备不能正常工作。通常，白炽灯对电压波动的敏感程度要远大于日光灯、电视机等电气设备，并且所有建筑的照明都大量使用白炽灯。若电压波动的大小不足以使白炽灯闪烁，则肯定不会使日光灯、电视机等设备工作异常。因此，通常选用白炽灯的工况来判断电压波动值是否可以接受。闪变是闪烁的广义描述，它可理解为人对白炽灯明暗变化的感觉，包括电压波动对电工设备的影响及危害，不能以电压波动来代替闪变，原因是闪变是人对照度波动的主观视感。

闪变的主要决定因素有供电电压波动的幅值、频度和波形、照明装置、人对闪变的主观视感。

以下简单介绍与闪变有关的几个术语。

1. 闪变觉察率

为了解闪变对人的视觉反应程度，IEC 推荐采用不同波形、频度、幅值的调幅波和工频电压作为载波向工频 230V、60W 白炽灯供电照明，经观察者抽样（>500 人）调查闪变觉察率 $F(\%)$ 的统计公式为

$$F = \frac{C+D}{A+B+C+D} \times 100\% \qquad (5-3-37)$$

式中　A——没有觉察的人数；

　　　B——略有觉察的人数；

　　　C——有明显觉察的人数；

　　　D——不能忍的人数。

2. 瞬时闪变视感度

人对电压波动引起照度波动的主观视觉反应称为瞬时闪变视感度 $S(t)$（instantaneous flicker sensation level）。通常以闪变觉察率 $F(\%)$ 为 50% 作为瞬时闪变视感度的衡量单位，即定义为 $S=1$ 觉察单位（unit of perceptibility）。

3. 视感度系数 $K(f)$ 及波形系数 $R(f)$

根据统计，人的眼和脑对白炽灯照度波动的视感，对于 230V、60W 白炽灯的闪变觉察频率范围为 1～25Hz，闪变敏感的频率范围为 6～12Hz，正弦调幅波在 8.8Hz 的照度波动最为敏感。人对照度波动的最大觉察范围不会超过 0.05～35Hz，这两个频率限值均称为截止频率，截止频率的上限值又称为停闪频率。

闪变是经过灯、眼、脑环节反映人对照度波动的主观视感。这里引入视感度系数 $K(f)$ 可以更为本质地描述灯、眼、脑环节的频率特性。

4. 短时间闪变值 P_{st}（short term severity）

短时间闪变值 P_{st} 是一个统计值，在观测期内（典型值 10min），对瞬时闪变视感度 $S(t)$ 作递增分级处理，并计算各级瞬时闪变视感水平所占时间与总检测时间之比，可获得概率直方图，进而采用 IEC 推荐的累积概率函数（CPF），即水平分级状态时间计算法，对该段时间的闪变严重程度进行评定。

5. 长时间闪变值 P_{lt}（long term severity）

长时间闪变值是由测量时间段（规定为 2h）内的短时间闪变值推算出的，即

$$P_{lt}=\sqrt[3]{\frac{1}{n}\sum_{j=1}^{n}(P_{stj})^3} \qquad (5-3-38)$$

式中 n——P_{lt} 测量时间段内所包含的 P_{stj} 个数（$n=12$）。

三、电压波动和闪变的危害

电压波动问题主要是由大容量的具有冲击性功率的负荷引起的，如变频调速装置、炼钢电弧炉、电气化铁路和大型轧钢机等。当系统的短路容量较小时，这些非线性、不平衡冲击性负荷在生产过程中有功和无功功率随机地或周期性地大幅度变动，当其波动电流流过供电线路阻抗时产生变动的压降导致同一电网上其他用户电压以相同的频率波动，危害其他馈电线路上用户的电气设备，严重时会使其他用户无法正常工作。由于一般用电设备对电压波动敏感度远低于白炽灯，通常选择人对白炽灯照度波动的主观视感，即闪变作为衡量电压波动危害程度的评价指标。电压波动的危害主要表现在以下几方面：

（1）照明灯光闪烁引起人的视觉不适和疲劳，进而影响视力。试验测得，当电源电压变化 1% 时，稳态时白炽灯可见光变化为 3.2%～3.8%，因灯泡种类不同而异；各种荧光灯可见光输出的变化范围为 0.8%～1.8%。

（2）电视机画面亮度变化，图像垂直和水平摆动，从而刺激人们的眼睛和大脑。

（3）电动机转速不均匀，不仅危害电动机电器正常运行及寿命，而且影响产品质量。

（4）电子仪器、电子计算机、自动控制设备等工作不正常。

（5）影响对电压波动较敏感的工艺或实验结果，如实验时示波器波形跳动、大功率稳流管的电流不稳定，导致实验无法进行。

四、电压波动和闪变的限值

（1）电压波动限值与变动频度、电压等级有关，见表 5-3-4。

表 5-3-4　　　　　　　　　　　　　　电 压 波 动 限 值

r（次/h）	d（%）		r（次/h）	d（%）	
	LV, MV	HV		LV, MV	HV
r≤1	4	3	10<r≤100	2	1.5
1<r≤10	3 *	2.5 *	100<r≤1000	1.25	1

注　1. 很少的变动频度 r（每日少于 1 次），电压变动限值 d 还可以放宽，但不在本标准中规定。

2. 对于随机性不规则的电压波动，如电弧炉负荷引起的电压波动，表中标有"＊"的为限值。

3. GB 12326—2008《电能质量　电压波动和闪变》中系统标称电压 U_N 等级按以下划分：低压（LV）U_N≤1kV；中压（MV）1kV<U_N≤35kV；高压（HV）35kV<U_N≤220kV。

对于 220kV 以上超高压（EHV）系统的电压波动限值可参照高压（HV）系统执行。

（2）电力系统公共连接点（PCC），在系统正常运行的较小方式下，以一周（168h）为期，所有长时间闪变值 P 应满足表 5-3-5 所列闪变限值的要求。

表 5-3-5　　　　　　　　　　　　　　闪 变 限 值 P_H

电压	≤110	>110
闪变限值	1	0.8

需要指出，对于表 5-3-5、表 5-3-6 的限值，GB 12326—2008《电能质量　电压波动和闪变》规定在衡量点为电网 PCC 点。由于应考虑高一级电压对下一级电网的闪变传递作用，因此闪变限值原则上随电压增高而变小。

第六节　三 相 不 平 衡

理想的三相交流电压应有同样的幅值，且相位角互差 120°。这样的系统叫作三相平衡（或对称）系统。实际中，由于种种因素，电力系统并不是完全平衡的。引起不平衡的因素主要有事故性的和正常性的两大类。事故性不平衡是由于三相系统中某相（或两相）出现故障所致，例如一相或两相断线或者单相接地故障等。这种状况是系统运行所不允许的，一定要在短期内切除故障，使系统恢复正常。正常性不平衡是由于系统三相参数或负荷不对称引起的。作为电能质量指标之一的"三相电压不平衡度"，是针对正常不平衡运行工况而定的。

一、三相不平衡度的允许值

正常运行时，公共连接点负序电压不平衡度不超过 2%，短时不超过 4%。这是基于对重要用电设备（旋转电机）标准、电网电压不平衡度的实况调研，国外同类标准以及电磁兼容标准进行全面分析后选取的。GB 38755《电力系统安全稳定导则》规定同步连续运行的 I_2/I_N 最大值为 0.08~0.10，而旋转电机的负序阻抗为 0.14~0.45，如机端不平衡度为 2%，则相应的电流不平衡度为 0.044~0.14，即有可能超过该电机的负序电流长期承受能力。然而，机端作为公共连接点只是极少量的直配供电网，实际旋转电机和公共连接点之间一般有线路和变压器的阻抗，只要这些元件的折合阻抗能达到 0.1 以上，则响应的负序电流有望降至 8% 以下。当然，旋转电机负序承受能力和电机本身承载状况也有关系。若电机不满载，自然可以负担更多的负序电流。实际上，供电的电能质量在电网各个连接点均是不同的，而且随时在变化，从目前的技术水平出发所制定的电能质量标准，一般和电气设备的标准均有一定的差距，因此，在标准中特别指出，电气设备额定工况的电压允许不平衡度和负序允许值仍由各自标准规定。

GB/T 15543《电能质量　三相电压不平衡》规定了连接在公共连接点上的每个用户引起该点负序电压不平衡度允许值一般为 1.3%，短时不超过 2.6%。这是参考了国外相关规定，并考虑到不平衡负荷及电网中少数特殊负荷而定的，但实际情况千差万别，因此，还规定，根据连接点的负荷状况，邻近发电机、继电保护和自动装置安全运行要求，可作适当变动，但不能超过 2% 和 4% 的限值。

对于低压（<1000V）系统，零序电压限值暂不作规定，但各相电压需满足 GB/T 12325《电能质量　供电电压偏差》的要求，对用户虽然规定了电压不平衡度的限值，但由于背景电压中也存在不平衡，因此负序发生量监测宜用电流。GB/T 15543《电能质量　三相电压不平衡》规定：电压不平衡度允许值一般可根据连接点的正常最小短路容量换算为相应的负序电流值作为分析或测算依据。此标准中特别指出：邻近大型旋转电机的用户，其负序电流值换算时应考虑旋转电机的负序阻抗。

二、三相不平衡测量

（一）三相不平衡的测量和取值

测量应在电力系统正常运行的最小方式（或较小方式）下，不平衡负荷处于正常、连续工作状态下进行，并包含不平衡负荷的最大工作周期。

为了减少偶然性波动的影响，和谐波相关国家标准规定类似。不平衡度的测量值的一般以 10 个工频周期作为时间间隔获取。计算时间间隔内的基波正序电压、电流有效值，基波负序电压、电流有效值和基波零序电压、电流有效值，利用式（5-3-39）计算。

对测量仪器的要求是 3s 记录一个不平衡度 ε，计算公式为

$$\varepsilon = \sqrt{\frac{1}{m}\sum_{k=1}^{m}\varepsilon_k^2} \qquad (5-3-39)$$

式中　m——3s 内均匀间隔取值次数，$m \geqslant 6$。

对于电力系统公共连接点，GB/T 15543《电能质量　三相电压不平衡》推荐的测量持续时间一周（168h），每个不平衡度的测量间隔为 1min 的整数倍；对于波动负荷，在满足包含不平衡负荷最大工作周期的情况下，可取 24h 持续测量，每个不平衡度的测量间隔为 1min。

在评价公共连接点是否符合标准要求方面，以供电电压负序不平衡度测量值的 10min 或 1min 方均根值作为评价指标。对于电力系统的公共连接点，供电电压负序不平衡度测量值的 10min 方均根值的 95% 概率大值应不大于 2%，所有测量值（10 个工频周期得到一个测量值）中最大值不超过 4%。对日波动不平衡负荷，供电电压负序不平衡度测量值的 1min 方均根值的 95% 概率大值应不大于 2%，所有测量值中最大值不超过 4%。这里提到 10min 和 1min 方均根值由 3s 记录值 ε 的算术平均求取。

关于取值方法，前面已提及用 95％概率值。GB/T 15543 规定：为了实用方便，实测值的 95％概率值可将实测值（不少于 30 个）按由大到小次序排列，舍弃前面 5％的大值，取剩余实测值中的最大值；对于日波动负荷，也可以按日累计超标时间不超过 72min，且年 30min 中超标时间不超过 5min 来判断。注意，72min 正好是一天的 5％时间。

（二）三相不平衡的测量仪器

随着电子技术的应用与发展，目前市面上流行的三相不平衡度测量仪器主要是数字型，能够直接测量三相的幅值和相位数据，并给出三相不平衡度的分析值。

三相负序不平衡度是指负序分量比正序分量的百分值。三相零序不平衡度是指零序分量比正序分量的百分值，均指基波成分。不平衡度测量仪器应具有以下功能：滤除工频的谐波成分，测定三相有效值及相位差，分别计算正序电压（电流）、负序电压、电流和零序电压（电流）的模和相位，求出相应的不平衡度，对实测结果作统一处理并输出相应结果等。

三、三相不平衡的危害及改善措施

三相电压或电流不平衡会对电厂和用户造成一系列的危害，主要有以下几个方面：

（1）引起旋转电机的附加发热和振动，危及其安全运行和正常出力。

（2）引起以负序分量为启动元件的多种保护发生误动作（特别是电网中存在谐波）时，会严重威胁电厂、电网安全运行。

（3）电压不平衡使发电机容量利用率下降。由于不平衡时最大相电流不能超过额定值，在极端情况下，只带单相负荷时则设备利用率不能超过额定值。

（4）变压器的三相负荷不平衡，不仅使负荷较大的一相绕组过热导致其寿命缩短，而且还会由于磁路不平衡，造成附加损耗。

（5）对于通信系统，电力三相不平衡会增大对其干扰，影响正常通信质量。

四、三相不平衡度监测

当母线、厂用电接有直供冲击负荷和不对称负荷时，在上述负荷接入系统前后，应进行专门测量以确定此类负荷对系统所造成的影响程度，必要时进行连续监测。对由于大容量单相负荷所造成的负序电压应进行连续监测。

第四章

电能质量阶段工作

第一节 规 划 设 计 阶 段

一、电压

（1）在电厂规划设计时，应考虑无功电源及无功补偿设备、调压设备、无功电压控制系统等。电厂应具有灵活的无功电压调整能力与检修、事故备用容量，满足电网分（电压）层和分（供电）区平衡要求。

（2）应对容性和感性无功补偿容量、分组及选型，调压设备的容量及选型，无功电压控制系统的选型及控制策略等进行合理规划与设计，以满足调压要求。

（3）并入电网的发电机组应具备满负荷时功率因数在 0.85（滞相）～0.97（进相）全范围内运行的能力，新建机组应满足进相 0.95 运行的能力。

二、频率

（1）为防止频率异常时发生电网崩溃事故，水力发电机组在设计选型时应具有必要的频率异常运行能力，指标应符合 DL/T 1040《电网运行准则》中相关要求。

（2）在新建、改（扩）建变电站工程的设计中，低频减负荷设计应与系统设计同时完成，应合理、足量地设计和实施低频减负荷方案。

三、谐波

（1）在确定具有非线性设备的电力用户和通过变流装置并网的发电企业接入方案时，应执行 DL/T 1344《干扰性用户接入电力系统技术规范》中有关干扰性用户接入点选择的规定。

（2）应按照 DL/T 1344《干扰性用户接入电力系统技术规范》的规定对电网谐波的影响进行预测评估。当预测评估报告确认公共连接点的谐波电压或非线性设施注入电网的谐波电流超过 GB/T 14549《电能质量　公用电网谐波》的限值要求时，应采取滤波措施，并装设监测装置。

四、电压波动和闪变、三相不平衡

（1）在确定通过变流装置并网的发电企业接入方案时，应执行 DL/T 1344《干扰性用户接入电力系统技术规范》中有关干扰性用户接入点选择的规定。

（2）应参照 DL/T 1344《干扰性用户接入电力系统技术规范》中的规定对通过变流装置并网的发电企业对电网电压波动和闪变的影响进行预测评估。当预测评估结果超标时，应采取控制措施，并装设监测装置。

五、电压暂降和暂时中断

（1）对电压暂降和短时中断较为敏感的设备或用户接入电力系统前，应根据 GB/T 30137《电能质量　电压暂降与短时中断》中所列统计方法及推荐指标对拟接入点电网的电压暂降和短时中断水平进行评估，在此基础上合理选择接入点。

（2）在电压暂降干扰源用户建设项目的规划设计阶段，应开展电能质量预测评估工作，评估对接入点电网电压暂降指标的影响程度，评估其对周边敏感设备或用户的影响程度，合理选择接入点。对接入点电网电压暂降指标影响显著的干扰源用户接入设计时，应考虑相应的治理措施。

（3）电压暂降和短时中断的敏感用户与干扰源用户不宜在同一公共连接点接入电网。

（4）电压暂降和短时中断敏感用户的设备选型应综合考虑接入点电网的电压暂降和短时中断指标。

第二节　建设施工阶段

一、电压

应按照设计要求，对无功补偿设备、调压设备、无功电压控制系统等进行验收，验收合格后方可并网运行。

二、频率

（1）新建机组投产时应具备一次调频功能。发电厂应根据调度部门要求，开展一次调频试验，并将试验报告报有关调度部门。

（2）40MW 及以上非灯泡贯流式水力发电机组和抽水蓄能机组应具备自动发电控制（AGC）功能，参与电网闭环自动发电控制。

（3）新建、改（扩）建变电站投产时，低频减负荷装置应同时投运。

三、谐波

应按照设计要求，对谐波监测、治理装置等进行验收，验收合格后方可并网。用户或通过变流装置并网的发电企业项目试运行时应对电网谐波水平影响进行监测评估。评估结果不合格的应整改后重新进行监测评估，评估结果合格后方可正式并网运行。

四、电压波动和闪变、三相不平衡

通过变流装置并网的发电企业项目正式投运前应进行对电网电压波动和闪变影响的监测评估。评估结果不合格的应整改后重新进行监测评估，评估结果合格后方可正式并网运行。

五、电压暂降和暂时中断

电压暂降干扰源用户建设项目正式投运前应进行对电网影响的监测评估。评估结果以不对电网及电力用户的安全稳定运行造成不良影响为基本要求。

第三节 生产运行阶段

一、电压

（1）对于纳入统一调度的发电机组，应按照调度部门下达的电压曲线、无功功率和调压要求开展调压工作，控制发电机无功功率和高压母线电压。

（2）应实现母线电压、上网线路功率因数的实时监控，应进行电压合格率、功率因数合格率等的统计、分析和考核。

（3）应对无功补偿设备、调压设备、无功电压控制系统等及时进行运行维护管理和监督，包括台账建立、更新定值参数、策略的调整优化、设备完好率的统计和考核等工作，以满足调压要求。

二、频率

（1）并网发电机组一次调频系统的参数应按照电网运行的要求进行整定，一次调频系统应按照电网有关规定投入运行。

（2）发电机组应具有一次调频的功能，一次调频功能应投入运行。机组的一次调频功能参数应按照电网运行的要求进行整定并投入运行。

（3）水力发电机组一次调频的负荷响应滞后时间应满足当地电网公司一次调频管理规程的要求。

（4）水轮发电机组参与一次调频的负荷变化幅度应满足当地电网公司一次调频管理规程的限幅要求。

（5）水轮机调速系统的性能指标，如永态转差率、调速系统调差率、调速系统转速死区、一次调频频率死区等应符合 DL/T 563《水轮机电液调节系统及装置技术规程》中的要求。

三、谐波

（1）定期开展谐波监测，对谐波超标的应分析其原因，并按照"谁引起，谁治理"的原则采取治理措施。

（2）通过旋转电机并网的发电企业。对发电企业与电网的公共连接点及企业内部各电压等级电网的谐波指标进行定期监测。公共连接点的监测结果应满足 GB/T 14549《电能质量　公用电网谐波》中对谐波电压、谐波电流的限值要求；企业内部各电压等级母线的谐波电压可参照 GB/T 14549《电能质量　公用电网谐波》中的限值要求进行控制。出现谐波超标的，应采取治理措施。企业内部新增非线性设备时应进行相应的谐波测试。

四、电压波动和闪变、三相不平衡

（1）定期开展电网公共连接点的电压波动和闪变监测，对超标的应分析其原因，并按照"谁引起，谁治理"的原则采取治理措施。

（2）对邻近连接有大型不平衡负荷的发电企业，应监测其发电机组负序电流的变化情况。当发电机组负序电流超过 GB 38755《电力系统安全稳定导则》中的限值要求时，应按照"谁引起，谁治理"的原则采取治理措施。

五、电压暂降和暂时中断

（1）开展针对电压暂降和短时中断的连续监测，监测点的设置应覆盖全网各电压等级。出现对敏感设备产生显著影响时，应采取相应的技术措施。

（2）安装的电能质量在线监测终端应具备电压暂降和短时中断的监测功能。

第五章

电能质量控制技术及典型案例

第一节 电 压 调 整

一、发电机调压

发电机不仅是有功电源，也是无功电源，有些发电机还能通过进相运行吸收无功功率，因此可用调整发电机端电压的方式进行调压。现在同步发电机都装有自动励磁调节设备，其主要功能是自动调整发电机的机端电压、分配无功功率以及提高发电机同步运行的稳定性。按规定，发电机可以在其额定电压的95%~105%范围内保持以额定功率运行。这是一种充分利用发电机设备，不需额外投资的调压手段。

对于由发电机直接供电的负荷，如果供电线路不长、电压损耗不大，通过发电机调压就能满足负荷的电压要求。但如果通过多级变压供电，仅用发电机调压，往往不能满足负荷的电压要求。而且因为发电机要照顾近处的地方负荷，电压不能调得过高，所以远处负荷的电压调整，还要靠有载调压变压器等其他调压措施来解决。

发电机具有进相运行能力，但进相运行时允许发出的有功功率和吸收的无功功率数量受多种因素限制。进相运行给发电机带来两个主要问题：一是使发电机静态稳定极限降低；二是使发电机端部发热加剧。以通过电抗 X_Σ 连至无穷大系统的一台隐极发电机为例，若发电机电动势为 $\dot{E}$，电抗为 X_d，系统电压为 $\dot{U}$，$\dot{E}$ 与 $\dot{U}$ 之间相角差为 δ，则发电机的有功功率为

$$P = \frac{\dot{E}\dot{U}}{X_\Sigma + X_d}\sin\delta \qquad (5-5-1)$$

式中，$\delta = 90°$ 所对应的 P 即为静稳极限。

为了使发电机吸收电网的无功功率，就要降低发电机电动势 E，其结果势必降低静稳极限。因此，进相运行时，必须投入自动励磁电压调节器，以提高机组运行的稳定性。

二、变压器调压

（一）利用变压器分接头调压

双绕组电力升压变压器的高压绕组上，除主分接头外，还有几个附加分接头，供不同电压需要时使用。容量在6300kVA及以下无载调压的电力变压器一般有两个附加分接头，主分接头对应变压器额定电压 U_N，两个附加分接头对应 $1.05U_N$ 和 $0.95U_N$。容量在8000kVA及以上时，一般有4个附加分接头，分别对应 $1.05U_N$、$1.025U_N$、$0.975U_N$ 和 $0.95U_N$。

对于不具有带负荷切换分接头装置的变压器，改变分接头时需要停电，因此必须在事前选好一个合适的分接头，兼顾运行中出现的最大负荷及最小负荷，使电压偏差不超出允许范围。这种分接头不适合频繁操作，往往只是做季节性调整。

（二）利用有载调压变压器调压

有载调压变压器又称带负荷调压变压器，它的调压范围大一些，且可以随时调整，容易满足电力用户对电压偏差的要求，因此在电力系统中得到广泛使用。在一些经济发达国家中，普遍采用有载调压变压器作为保证用户电压质量的主要手段，但它对电压稳定有反作用。

有载调压变压器高压侧除主绕组外，还有一个可调分接头的调压绕组。调压范围常是1.25%、2.5%、2%的倍数。由于带负荷调压变压器分接头触头的可靠性原因，所以调节次数不能太频繁。

（三）利用加压调压变压器调压

加压调压变压器的接线图如图5-5-1所示。它和主变压器配合使用，由电源变压器和串联变压器组成。串联变压器串接在主变压器引出线上，当电源变压器采用不同的分接头时，在串联变压器中产生大小不同的电动势，从而改变线路上的电压。

另外，加压调压变压器也可以单独串接在线路中使用。

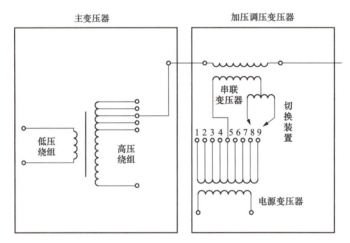

图5-5-1 加压调压变压器的接线图

（四）各种调压方法的比较和应用

电压调整是个比较复杂的问题，因为整个系统每一个节点的电压都不相同，运行条件也有差别，所以，电压调整要根据系统具体情况选用合适的方法。

发电机调压是各种调压手段中首先被考虑的。因为它不需要附加设备，从而不需要附加投资，而是充分利用发电机本身具有发出或吸收无功功率的能力。但这种方法往往只能满足电厂地区负荷的调压要求，对于通过多级电压输电的负荷，还需要采取其他调压措施才能保证系统电压质量。合理使用发电机调压常常可以在很大程度上减轻其他调压措施的负担。

在无功功率不足的系统中，首要的问题是增加无功功率补偿设备，而不能只依靠调变压器分接头的方法。通常，大量采用并联电容器作为无功补偿设备，目前只是在有特殊要求的场合下才采用静止补偿器与同步调相机。静止补偿器是一种性能良好、维护方便的新型补偿装置，在价格相当的条件下，应优先选用。对于500、330kV及部分220kV线路，要装设足够的感性无功补偿设备，以防止线路轻载时充电功率过剩引起电网过电压。

在无功电源充裕的系统中，应该大力推广和采用有载调压变压器，这是在各种运行方式下保证电网电压质量的关键手段之一。对一些通过多条不同电压等级线路、多级变压器供电的负荷，其高峰负荷与低谷负荷电压损耗的差别很大，仅仅用发电机调压或无功补偿的方法已无法满足两种运行方式下用户电压的要求，结果不是高峰负荷时用户电压太低，就是低谷负荷时电压太高。在这种情况下，输电系统中的一级变压器或多级变压器，采用有载调压是保证用户电压质量唯一可行的办法。但是，供电变压器普遍采用具有自动调压功能的带负荷调分接头装置，在电网某些运行方式下，有时也会起不良作用。例如，当受端系统由于系统事故发生无功功率缺额时，受端系统电压下降，如果没有采用自动调压的有载调压变压器，则将由于负荷的自调节效应，使其吸收的无功功率随电压的下降而减少，系统可能在较低的电压水平下运行，以维持整个系统运行电压的稳定性；如果采用自动调压有载调压装置时，调压装置将反映于变压器出口电压的降低，调整抽头位置，提高变压器的输出电压，其结果是负荷电压的恢复和负荷吸收无功功率的增加，可能导致高压电网电压的低落，最终造成系统稳定破坏和受端系统的电压崩溃。换句话说，由于系统故障而产生较大无功功率缺额时，若仍然要维持负荷原有的无功功率需求，就会破坏系统的无功功率平衡，这种状况是无法维持的，不但用户电压不能保持，而且造成高压电网电压低落，进一步增大了无功缺额。自动调压有载调压变压器的这种不良作用，在几次著名的电压崩溃事件中已得到了证实。

第二节　频　率　调　整

一、频率的一次调整

频率控制分为一次调频和二次调频。一次调频的频率调节功能由原动机的调速器来实现，系统内并联运行机组的调速装置在没有人为手动干预或自动调频装置参与调节的情况下，根据电力系统频率变化自动调节原动机的输入功率与系统负荷功率变化相平衡来维持电力系统频率稳定。即当电网频率偏离额定值时，发电机组调节控制系统自动控制机组有功功率的增加（频率下降时）或减少（频率升高时），以限制电网频率变化的特性，保证电网频率稳定。

发电机组原动机的频率特性和负荷频率特性的交点就是系统的原始运行点，设在点 O 运行时负荷突然增加 ΔP_{L0}，即负荷的频率特性突然向上移动 ΔP_{L0}，则由于负荷突增时发电机组功率不能及时随之变动，机组将减速，系统频率将下降。而在系统频率下降的同时，发电机组的功率将因它的调速器的一次调整作用而增大，负荷的功率将因它本身的调节效应而较小。发电机的功率沿原动机的频率特性向上增大，负荷的功率沿负荷的频率特性向下减小，经过一个衰减的震荡过程，抵达一个新的平衡点，即 O'。依靠调速器进行的一次调频只能限制周期较短、幅度较小的负荷变动引起的频率偏移。当负荷变动周期更长、幅度更大时，需要借助二次调整。

二、频率的二次调整

频率的二次调整则就是手动或自动地操作调频器使发电机组的频率特性平行地上下移

动，从而使负荷变动引起的频率偏移可保持在允许范围内。如不进行二次调整，则在负荷增大 ΔP_{L0} 后，运行点将转移到 O'，即频率将下降为 f'_0，功率增加为 p'_0。在一次调整的基础上进行二次调整就是在负荷变动引起的频率下降 $\Delta f'$ 超出允许范围时，操作调频器、增大发电机组发出的功率，使频率特性向上移动。设发电机组增发 ΔP_{G0}，则运行点又将从点 O' 转移到点 O''。点 O'' 对应的频率为 f''_0，功率为 P''_0，即由于进行了二次调整频率降低由仅有一次调整时的 $\Delta f'$ 减小为 $\Delta f''$，可以供应负荷的功率则由仅有一次调整时的 P'_0 增大为 P''_0。显然，进行了二次调整后，系统的运行质量有了改善。

二次调频除考虑维持电网频率在规定范围内外，还要考虑电力系统运行的经济性，并保证联合电力系统的协调运行。其频率调整过程是通过 AGC 的负荷频率控制 LFC（Load Frequency Control）检测出频率变化量和负荷变化量，调整调频电厂的发电机的输出而达到调节系统频率的目的。

三、一次调频与 AGC 的配合

AGC 的控制方式为功率闭环模式，其控制环涵盖全网；一次调频控制方式为频率闭环模式，只按照设备所在地频率偏差进行调节。两者的控制目标、控制方式、响应时间均有较大差异，因此还存在协调与配合的问题。

电力系统频率调节与负荷控制要求一个良好的系统，其不同的控制子系统应有良好的配合，应当满足无缝过渡。尽管 AGC 和一次调频的控制方式、目标、响应周期有较大差异，但就电网控制而言，AGC 应具有高的优先级，一次调频只是作为快速和基本控制，弥补 AGC 响应周期长的缺陷。

当机组响应 AGC 功率调节过程中调速器工作在开度模式时，功率闭环调节是由监控系统完成，监控系统根据功率实际值与需要调节功率目标值的偏差大小，将需要调节的增减指令，以宽度不同的脉冲量形式送给调速器，调速器根据脉冲宽度的大小，相应调整导叶开度的变化，达到功率调节的目的。在功率调节过程中，监控系统随时比较功率实际值和目标值的偏差，并根据偏差大小随时调整送给调速器的脉冲宽度，在功率实际测量值进入调节目标的死区范围内，就完成一次功率调节过程。由于从监控系统的增减脉冲量开出给调速器，到机组功率的调整时，有一定的时间滞后，且监控系统的脉冲量是通过继电器送给调速器的，因此监控系统的功率调节过程是断续的，对于水力发电机组，在每次调节过程中会存在功率反调节现象，对机组过渡过程性能不利。

机组响应 AGC 功率调节过程中调速器直接进行机组功率调节，是由监控系统将需要调节的目标功率值，以模拟量或通信量的方式送给调速器，调速器根据功率实际值与需要调节功率目标值的偏差大小，调整导叶开度变化的速度，改变机组功率大小，直到功率实际测量值进入调节目标的死区范围内，就完成一次功率调节过程。调速器功率调节可减少机组的反调节，提高过渡过程调节品质，同时调速器可直接将监控系统的有功功率调节量和一次调频的有功功率调节量直接叠加，避免了一次调频和 AGC 的相互影响。

第三节　谐波的抑制

为保证供电质量，防止谐波对发电企业、电网及各种电力设备的危害，除对发、供、用电系统加强管理外，还必须采取必要的措施来抑制谐波。这应该从两方面来考虑，一是产生谐波的非线性负荷，另一是受危害的电力设备和装置。这些应该相互配合，统一协调，作为一个整体来研究，采用技术经济最合理的方案来抑制和消除谐波。

一、减少谐波源的谐波含量

(一) 减少发电机产生的谐波

为了尽可能地减少发电机电动势中的谐波含量，电机设计中采取了多种措施。

1. 削弱因磁极磁场分布引起的谐波电动势的方法

（1）改善磁极的极靴外形（对凸极机）或励磁绕组的分布范围（对隐极机），使磁极磁场的分布尽可能接近正弦波形。

（2）采用 Y 接法方式消除线电动势中 3 的倍数次谐波。三角接线虽也可达到此目的，但三次谐波环流要引起附加损耗，使电机效率降低、温升增加，所以一般采用 Y 接线。

（3）采用短距绕组削弱高次谐波电动势。一般说来，节距缩短 n 次谐波的一个极距（缩短 τ/n），就能消除 n 次谐波电动势，与此同时，基波电动势也稍有减少。由于采用 Y 接线已消除了线电动势中 3 的倍数次谐波电动势，因此选择绕组节距主要考虑同时削弱五、七次谐波电动势，通常采用 $y \approx 5\tau/6$。

（4）采用分布绕组削弱高次谐波电动势。采用分布绕组，当每极每相的槽数 q 增加时，基波的分布系数 k_q 减小不多，而谐波的分布系数 k_{qn} 却显著减小。但随着 q 的增大，电机槽数增加，引起冲剪工时和绝缘材料的增加，提高了电机成本。因此，除二极汽轮发电机采用 $q = 6 \sim 12$ 以外，一般交流机均在 $2 \sim 6$ 范围内。

2. 削弱定谐波电动势的方法

除磁极磁场分布引起的谐波电动势外，由于定子开槽引起气隙磁导不均匀，齿下气隙较小，磁导较大，槽口处气隙较大，磁导较小，从而使电动势中有谐波产生，称为齿谐波。下面介绍生产中削弱齿谐波电动势的方法。

（1）采用磁性槽楔或半闭口槽，以减小气隙磁导的变化。半闭口槽一般用于小型电机，磁性槽楔用于中型电机。

（2）采用斜槽削弱齿谐波电动势。斜槽用于中小型异步电机和小型同步电机中，一般斜一个定子齿距。

（3）采用分数槽绕组。这是很有效的削弱齿谐波电动势的方法，在水轮发电机和低速同步电机中已广泛应用。

发电机产生的电动势由发电机本身的结构及运行状况决定，并不随外接阻抗而变，因而可将它按恒压源。正常设计的发电机，由于采用了许多削弱谐波电动势的措施，其电动势的谐波含量是很小的。

以上所述，减少谐波源谐波含量的办法是目前所能做到的，但对许多非线性用户（例如电弧炉等）产生的谐波则无法从谐波源本身减少，这就要采取其他措施来减少谐波。

(二) 增加可控硅变换装置脉冲数

对整流、换流设备增加可控硅变换装置脉冲数是降低谐波最基本的一种方法，其输出波形如图 5-5-2 所示。

在正常的情况下，换流装置产生的谐波电流次数为

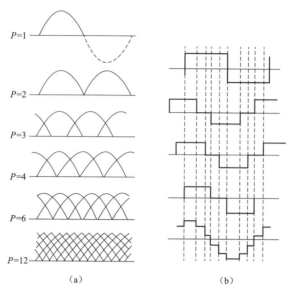

图 5 - 5 - 2　增加可控硅变换装置脉冲数的输出波形

(a) 直流时；(b) 交流时

$$n = mp \pm 1 \qquad\qquad (5-5-2)$$

式中　m——从 1 开始的任意正整数；

　　　p——换流装置的脉冲数。

各次谐波电流有效值为

$$I_n = K_n I_1 \qquad\qquad (5-5-3)$$

式中　K_n——因重叠角影响的谐波系数，一般 $K_n \leqslant \dfrac{1}{n}$；

　　　I_1——基波电流有效值，A。

所以

$$I_n \leqslant \dfrac{I_1}{n} \qquad\qquad (5-5-4)$$

由式（5-5-2）、式（5-5-3）可知，整流、换流装置的脉冲数越多，则谐波电流的次数越高，即不产生较低次谐波（例如 $p=12$，只产生 11 次和 13 次以上谐波电流）。同时，由于谐波电流与谐波次数成反比，所以次数越高，谐波电流值也就越小。可见，增加换流装置脉冲数，即可消除较低次谐波，减小其产生的谐波电流。

增加换流装置脉冲数的有效方法是利用两台绕组接法不同（Yy 和 Yd）的变压器二次侧相差为 30°的原理，将两台三相 6 脉冲全波换流器分别接入上述两台不同接线方式的变压器。这样，就将两组 6 脉冲换流器，变成了 12 脉冲换流器。由于 12 脉冲换流器不产生五次和七次谐波，所以也就不需再投资安装五次和七次滤波器。

当然，如果采用 24 脉冲换流器，产生的谐波电流就更小。现在有的国家正在研制产生少量谐波电流的换流器。基本原理就是在不过分地增加换流变压器技术复杂程度的情况下，把三相全波换流器变成 36 脉冲换流器。

（三）改变供电系统的运行方式

适当改变供电系统的运行方式可达到抑制谐波影响的目的。尽可能地保持三相负荷电流的平衡，可以减少 $mp\pm1$ 次以外的非理论高次谐波电流。运行中尽量减少变压器空载，改善电网电压质量，坚决避免运行电压过高。在系统参数可能造成谐波共振时（实测），采用倒换系统错开共振点的办法或改变无功补偿容量。在存在较大容量的谐波源负荷的情况下，可采用提高供电电压等级或采用专线供电，例如专用一台主变压器对该条线路供电等。

二、在电容器回路串接电抗器

在电容器回路串接电抗器组成滤波器形式即造成一个对 n 次谐波串联谐振的回路，是目前国内外广泛采取的抑制谐波影响的做法，如图 5 - 5 - 3 所示。

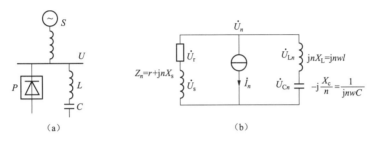

图 5 - 5 - 3　在电容器组回路串联电抗器组成滤波器形式
（a）简单系统；（b）n 次谐波等值电路

图 5 - 5 - 3 中，供给母线的电压为

$$U_n = I_n \frac{Z_n \mathrm{j}\ (X_{Ln}-X_{Cn})}{Z_n + \mathrm{j}\ (X_{Ln}-X_{Cn})} \tag{5-5-5}$$

若 $X_L(n)=X_C(n)$，则 $U_n=0$，即母线 n 次谐波电压被完全抑制。由此就可以很容易地得出串接电抗器的电抗值该如何确定。

因为串联谐振时 $X_{Ln}=X_{Cn}$，即

$$nX_{L1}=X_{C1}\frac{1}{n^2} \tag{5-5-6}$$

即串联电抗器基波值是基波容抗的 $1/n^2$。实际采用的是三次谐波滤波器串接 13% 电抗器，五次谐波滤波器串接 6% 电抗器。没有采用 11% 和 4% 的值而采用稍大一点的值，是为了使电容器回路阻抗呈感性和避免完全谐振时电容器过电流。

电容器回路串接电抗器后，电容器两端的电压相应升高，如图 5 - 5 - 4 所示。

$$U_{C1}=U_1\frac{X_{C1}}{X_{C1}-X_{L1}} \tag{5-5-7}$$

如，串 6% 电抗器时，有

$$U_{C1}=U_1\frac{X_{C1}}{X_{C1}-X_{L1}}=U_1\frac{1}{1-0.06} \approx 1.06U_1$$

$$(5-5-8)$$

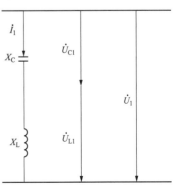

图 5 - 5 - 4　滤波器电压分布图

整理得

$$\frac{U_{C1}}{U_1} \approx 1.06 \qquad (5-5-9)$$

即电容器上电压升高约 6%。此时要注意防止电容器长期过电压运行。所串接的电抗器，要求具有较好的线性伏安特性，其功率损失不应超过通过电抗器功率（$I^2 X_{L1}$）的 0.4%。此外，在正常运行时，电抗器两端所承受的工作电压很低。仍以串接 6% 电抗器为例，由图 5-5-4 可知，其工作电压为

$$U_{L1} = U_1 \frac{X_{L1}}{X_{C1} - X_{L1}} = U_1 \frac{0.06}{1 - 0.06} \approx 0.06 U_1 \qquad (5-5-10)$$

但是在合闸瞬间，电抗器不仅要承受全部母线电压，而且要承受由合闸涌流与电感值相乘的电压。因此，电抗器的主要绝缘必须与所接母线的额定电压等级相适应，其匝间绝缘应比同电压等级下的电力变压器等设备有所加强。

电容器回路串接电抗器不仅抑制了供电母线的谐波电压水平，同时也限制了电容器的合闸涌流。例如，串 6% 电抗器便可以将涌流限制在 5 倍稳态电流以下。但是，在谐波不大的情况下，如果只注重把涌流降到所希望的倍数上，那么所选择的电抗器的数值通常要小得多，例如接入 0.5%～1% 的小电抗器，这个为限制合闸涌流而串接的小电抗器对抑制谐波同样也具有效果（可知其主要是抑制七次以上的谐波）。不过串接 1% 小电抗器易发生七次谐波谐振，因此在谐波较大的情况下，不宜串接 1% 小电抗器，必要时应进行谐波的计算。

三、安装交流滤波器

在谐波源处就近安装滤波器，是在谐波源设备已经确定的情况下防止谐波电流注入的有效措施。靠近谐波源吸收谐波电流，是安装滤波器的基本原则。谐波电流进入系统后再采取措施，无论在技术上还是经济上都是不合理的。

例如，若谐波源 S_H 由 220kV 区域变电站的 110kV 母线送电至 110kV 变电站，再降压为 10kV 供电，则安装滤波器的地点有如下可供选择的方案，如图 5-5-5 所示。

方案Ⅰ：110kV 变电站 10kV 母线；
方案Ⅱ：220kV 区域变电站 110kV 母线；
方案Ⅲ：220kV 区域变电站 10kV 母线。

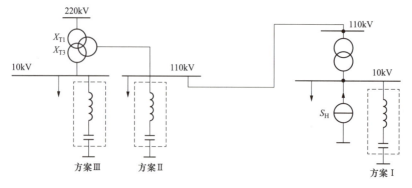

图 5-5-5　滤波器安装方案

比较这三个方案。方案 I，谐波器和谐波源 S_H 之间没有阻抗联系，直接吸收谐波源 S_H 产生的谐波电流，最为有效。方案 II，需要 110kV 的滤波装置和开关等控制设备，不仅技术要求高，而且要增加造价。至于方案 III，在技术上更加不合理。原因是 I_n 为恒定谐波电流，所以可不计变压器 110kV 侧阻抗的影响，谐波等值电路见图 5-5-6。

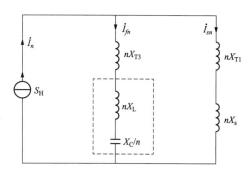

图 5-5-6　谐波等值电路

图 5-5-6 中，经变压器 220kV 侧注入系统的谐波电流 $\dot{I}_{sn}$ 和经变压器 110kV 侧进入滤波器的谐波电流 $\dot{I}_{fn}$ 的关系为

$$\frac{I_{sn}}{I_{fn}} = \frac{nX_{T3} + (nX_L - X_C/n)}{nX_{T1} + nX_s} \tag{5-5-11}$$

式中　X_{T3}——变压器 10kV 侧的基波等值阻抗；

$\quad\quad X_L$——滤波器的基波感抗和基波容抗；

$\quad\quad X_C$——滤波器的基波容抗；

$\quad\quad n$——谐波次数。

$\quad\quad X_{T1}$——变压器 220kV 侧的基波等值阻抗；

$\quad\quad X_s$——系统基波电抗。

滤波器在 110kV 侧不能做成失谐度很小（即 Q 值较高）的滤波器，所以

$$nX_L > X_C/n，即 \ nX_L - X_C/n > 0 \tag{5-5-12}$$

因为系统阻抗 X_s 很小，而变压器阻抗 $X_{T3} > X_{T1}$，所以有

$$\frac{I_{sn}}{I_{fn}} \approx \frac{nX_{T3}}{nX_{T1}} \tag{5-5-13}$$

一般地，变压器阻抗

$$X_{T3} \approx \frac{1}{2} X_{T1} \tag{5-5-14}$$

所以

$$\frac{I_{sn}}{I_{fn}} \approx \frac{1}{2} \tag{5-5-15}$$

即

$$I_{sn} \approx \frac{1}{2} I_{fn} \tag{5-5-16}$$

也就是说，在这种情况下，由于滤波器支路存在变压器阻抗 X_{T3}，所以流入系统的谐波电流仍然很大。可见，由于滤波器安装地点选择不当，就不能起到应有的滤波作用。这就证明，只有在谐波源处就近安装滤波器（即谐波源与滤波器之间没有阻抗联系）才是最有效的。

四、采用有源滤波器

交流滤波器的实质是组成一个对某次谐波为低阻抗的谐振回路来吸收负荷所产生的高次

谐波电流，因此，这是一种无源滤波器。许多国家正在研制利用时域补偿原理的有源滤波器。这种滤波器的优点是能做到适时补偿且不增加电网的容性元件，但造价较高。设置有源滤波器是近年来采用的一种较为先进的抑制谐波的方法。它是由具有自换向能力的半导体元件电力晶体管（GTO）和直流电流源组成。通过 GTO 的导通和采用脉冲宽度调制（PWM）控制方式，调制出和负荷产生的谐波电流大小相等、极性相反的输出电流，与谐波电流相抵消，从而达到滤波效果。

五、采用相数倍增法清除谐波

系统中接入的非线性器件，有许多往往正是利用这些器件的非线性来达到技术上的某种目的，因此，不能用降低甚至消除非线性来消除谐波。但是，高次谐波都是一些正弦交流量，其大小和方向与相位有关，因此总可以设法让次数相同、相位相反的谐波相互抵消。分析推导证明，对于两个三相系统，如果它们的相位相差 30°时，可以消除 5、7、17、19 及 29、31 次谐波；相差 15°的 4 组三相系统，还可以消除 11、13 及 35、37 次等谐波。因此，用两个整流桥组成的换流器分别接在有相位移 30°的三相电路上，组成 12 脉冲的换流器可以消除 5、7、17、19 次及 31 次谐波。这样总的谐波量就由 6 脉冲换流器时的 $0.246I_1$ 降到 $0.117I_1$。如果用 24 脉冲换流器，则谐波成分降为 $0.053I_1$。这就是相数倍增法。脉冲数的增加，大大增加了换流器的复杂性，从而使加工难度和成本大大增加。因此，这种相数倍增一般取 12 脉冲为最大限度。

相数倍增也可用普通换流变压器，配合适当的移相变压器组成 12 相、18 相、24 相、36 相、…换流装置。这时移相变压器使各组换流装置获得 30°、20°、15°、10°和其他相位移。这种方式虽然克服了换流变压器复杂的困难，但增加了移相变压器的费用，这在经济性方面是否合理应进行具体的分析比较。很明显，相数倍增法只有在各组整流器的负载完全一致时才能有效消除谐波。

六、交流滤波装置

采用交流滤波装置就近吸收谐波源产生的谐波电流，是抑制谐波污染的一种有效措施。目前广泛采用的无源型交流滤波装置由电力电容器、电抗器（常用空芯的）和电阻器适当组合而成，运行中它和谐波源并联，除起滤波作用外还兼顾无功补偿的需要。由于它结构简单、运行可靠、维护方便，因此得到了广泛的应用。

（一）滤波装置接线方式和滤波方案

1. 滤波装置的结构及接线方式

滤波装置一般由一组或数组单调谐滤波器组成，有时再加一组高通滤波器。单调谐滤波器利用 RLC 电路串联谐振原理构成，如图 5-5-7（a）所示。在具体工程中接线可以灵活多样。例如，可以将电抗器接到母线和电容器之间；电容器（或电容器-电抗器组）可以采用星形或三角形接线等，但推荐采用图 5-5-7（a）的接线方式，即将滤波电抗器和电阻器均接于电容器的低压侧，整个滤波器采用星形接法，其主要优点是一相中任何一个电容器击穿时，短路电流较小；电抗器不承受短路电流冲击，且只需采用"半绝缘"，因为在系统单相接地时，电抗器对地电压仅为相电压；便于分相调谐等。

在有些工程中采用的双调谐滤波器，如图 5-5-7（b）所示，在谐振频率附近实际上它相当于两个并联的单调谐滤波器，它同时吸收两种频率的谐波。与两个单调谐滤波器相比，基波损耗较小，只有一个电抗器承受全部冲击电压。

高通滤波器有一阶减幅型、二阶减幅型和三阶减幅型，分别如图 5－5－7（c）、图 5－5－7（d）和图 5－5－7（e）所示。一阶减幅型由于基波功率损耗太大，一般不采用；二阶减幅型的基波损耗较小，且阻抗频率特性较好，结构也简单，故工程上用得最多；三阶减幅型的基波损耗最小，但阻抗频率特性不如二阶减幅型，用得也不太多。高通滤波器能在高于某个频率之后很宽的频带范围内呈低阻抗特性，用以吸收若干较高次谐波。

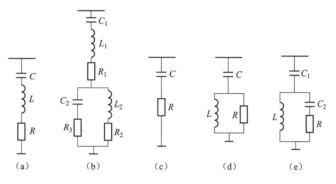

图 5－5－7　滤波器的接线方式

(a) 单调谐滤波器；(b) 双调谐滤波器；(c) 一阶减幅型高通滤波器；
(d) 二阶减幅型高通滤波器；(e) 三阶减幅型高通滤波器

2. 滤波装置方案的确定

确定滤波装置的方案主要是指确定用几组单调谐滤波器、选取高通滤波器的截止频率、用什么方式满足无功补偿的要求。

单调谐滤波器应根据谐波源大小、所产生的主要特征谐波电流来考虑。对于整流性谐波源，一般只装设奇次滤波器。例如，六相整流负荷可以设 5、7、11 次等单调谐滤波器。如要滤除更高次的谐波，可以设一组高通滤波器。对于非特征的三次谐波是否要装设滤波器，应根据三次谐波电流的大小，以及是否可能发生三次谐波谐振（即三次谐波电压过高）来决定（三次谐波谐振应待滤波装置参数初步选定后才能确定）。电弧炉负荷由于产生连续次数的特征谐波，一般需要从二次单调谐滤波器开始装设单调谐滤波器。

使滤波装置满足无功补偿要求，可以有两种处理办法：

（1）根据滤波要求设计滤波装置，如其无功容量小于补偿容量，不足部分加装普通的并联电容器组。

（2）加大滤波器容量，使其总的无功容量满足补偿要求。

一般说来，方法（1）比较简单，运行灵活，投资可能省些；方法（2）滤波效果较好，如果设计周密，也能做到运行灵活。究竟采用哪种办法，针对具体工程，可以作技术、经济比较后确定。

（二）滤波装置参数选择的条件

滤波装置设计的基本任务是在确定的系统和谐波源下，以最少的投资使母线电压畸变率和注入系统的各次谐波电流符合规定指标，满足无功补偿容量的要求，并保证装置安全、可靠和经济运行。因此，在进行滤波装置参数选择之前，必须掌握以下资料。

(1) 系统主接线及设备（主变压器电缆、限流电抗器等）参数。

(2) 电网运行参数（电压、频率的变化，电压不对称度等）。

(3) 系统的谐波阻抗特性。

(4) 负荷特性（负荷的性质、大小、谐波阻抗等）。

(5) 谐波源的特性（谐波次数、谐波量和波动性能）。

(6) 系统原有的谐波水平。

(7) 无功补偿的要求。

(8) 要达到的谐波指标。

(9) 滤波器主设备（电容器和电抗器）的参数误差和过载能力（即校验指标）。

(10) 环境温度的变化。

在参数选择中既应考虑现有系统情况，也应兼顾未来的发展。系统的谐波阻抗原则上应该用实测值或用可靠的计算值，但根据具体情况可以作如下近似处理。

(1) 当母线上由短路容量换算所得到的基波电抗 X_{s1} 中，主变压器的电抗（有时包括限流电抗器的电抗）占绝对优势时，可以认为谐波电抗为 nX_{s1}（n 为谐波次数）。系统等值谐波电阻 R_{sn} 一般很小，有时将其忽略。这种处理方法，一般用于 6～10kV 中小型滤波器参数的初步选择中。

(2) 当母线短路容量较大时，X_{s1} 和 nX_{s1} 由于网络电容影响，相差较大，且 R_{sn} 也不能忽略。

系统的原有谐波水平，包括谐波电压和注入系统的谐波电流，应由实测或通过谐波计算取得。如果现有谐波来源于系统，则在确定滤波器参数时可将系统等值为一个谐波恒压源。为了简化起见，恒压源的总谐波电压畸变率可取有关标准值。如现有谐波主要是由用户原有谐波电流源产生，则在进行滤波器参数计算时，新老谐波电流源应一起考虑。对于整流型谐波源，除了特征谐波外，应根据谐波源本身特点及电网三相电压不对称情况，适当考虑非特征谐波，特别要注意三次谐波。

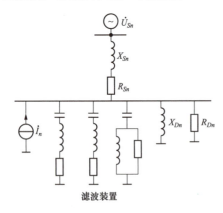

图 5 - 5 - 8　典型的等值计算电路

除了谐波源以外，一般负荷可按其性质用等值的谐波阻抗 X_{Dn}、电阻 R_{Dn} 代替负荷阻抗。包括滤波器装置在内的典型的等值计算电路如图 5 - 5 - 8 所示。

投入滤波装置后，母线的谐波电压含量、总畸变率和注入系统的谐波电流应满足确定的指标。GB/T 14549《电能质量　公用电网谐波》中所规定的数值是极限值，具体指标还应根据用户设备特点加以确定。

滤波装置的主要设备，如电容器及电抗器，由于制造和测量上不可避免的误差，以及系统频率、环境温度等的变化，都会造成滤波器失谐，这些可能出现的误差是参数选择的主要依据之一，必须预先确定。

由于滤波装置的参数选择涉及技术指标（谐波电压、谐波电流、无功补偿容量）、安全指标（电容器的过电流、过电压和容量平衡）以及经济指标（投资、损耗），因此，往往需要经过许多个方案比较后才能确定。

第四节　电压波动和闪变的产生与抑制

一、电压波动和闪变的产生

引起电压波动和闪变的原因有很多，主要可以分为三类，一是电源引起的电压波动和闪变，二是负载的切换、电动机的启动引起的电压波动和闪变，三是冲击性负荷的投入运行引起的电压波动和闪变。

1. 电源引起的电压波动和闪变

水力发电机组引起电压波动和闪变的可能性较小，主要风力发电机在发电时引起的，这是因为风力发电机组的出力（输出功率）是随风速变化而改变的并且随机性很大，有些风机随风停、起，且风速不断地变化，造成功率的连续波动和暂态扰动，从而使电网产生电压波动和闪变。

此外，系统短路、雷击等也会引起电压波动和闪变。厂矿中有许多高、低压配电线及电气设备，由于种种原因可能发生不同性质的短路，如果继电保护装置或断路器失灵，可能使故障持续存在，也可能造成越级跳闸，这样可能会损坏配电装置，造成大面积的停电，延长整个电网的电压波动时间，并扩大波动范围，导致闪变产生。

2. 电动机启动引起的电压波动和闪变

在实际工作中，许多用户正常运行的电动机根据工序要求需要不断启停，在电动机启动时，高浪涌电流和低功率因数共同作用引起电压波动和闪变，如工业用牵引电动机、泵、压缩机，民用电扇、空调、冰箱、电梯等属于这种负载。根据电动机引起的闪变干扰限制，电动机引起电压变动越大，就要求其每单位时间内启动的次数越少。

工厂供电系统中广泛采用鼠笼型感应电动机和异步启动的同步电动机，它们的启动电流达到额定电流的4～6倍，3000r/min的感应电动机可能达到其额定电流的9～11倍，启动电流和电压恢复时的电流流经网路及变压器，在各个元件上引起附加的电压损失，使该供电系统和母线都产生快速短时的电压波动。电动机的频繁启动将产生持续的电压波动和闪变，这种影响对于容量较小的系统尤其严重，甚至影响其他设备的正常运行。

3. 冲击性负荷的投入运行引起的电压波动和闪变

冲击性负荷的种类很多，如轧钢机、矿山绞车、冲床、压力机、吊车、大型电焊设备、电力机车等，它们的特点是负荷在工作时间中剧增和剧减地变化，并周期性地交替变更。冲击性负荷的共同特点如下：

（1）有功功率和无功功率随机地或周期地大幅度波动。

（2）有较大的无功功率，运行时的功率因数通常较低。

（3）负荷三相严重不对称。

（4）产生大量的谐波反馈入电网中，污染供电系统。

因此，这些负荷运行时，系统电压就不稳定，从而产生电压快速或缓慢波动，但由于这些冲击性负荷的特性又各有差异，故它们产生的闪变情况也不相同。

利用大型可控整流装置供给剧烈变化的冲击性负荷是产生电压波动或闪变的一个重要因

素。它不像那些具有较大惯量的机械变流机组也不像具有快速调节励磁的同步电动机，它毫无阻尼和惯性，在极短的驱动和制动工作循环内，吸收和向电网送出大量的无功功率，引起电压剧烈的波动或闪变。

大型电焊设备也会造成电压波动或闪变，一般来说，只对 1000V 以下的低压配电网有较明显影响，例如接触焊机的冲击负荷电流约为额定值的 2 倍，在电极接触时能达到额定值的 3 倍以上。目前，厂矿为了节约用电，交直流电焊机均装设了自动断电装置。因此，在节约用电的同时，电动机的启动电流和焊接变压器的涌流却又加剧了所在电网的电压波动和闪变。功率因数校正电容器也可以归类为冲击（无功）负荷，投切也会引起电压波动和闪变。

二、电压波动和闪变的主动抑制措施

（1）采用电抗值最小的高低压配电线路方案。架空线路的电抗约为 $0.4\Omega/km$，电缆线路的电抗约为 $0.08\Omega/km$。可见，在同样长度的架空线路和电缆线路上因负载波动引起电压波动是相当悬殊的。因此，条件许可时，应尽量优先采用电缆线路供电。

（2）线路出口加装限流电抗器。在发电厂 10kV 电缆出线和大容量变电站线路出口加装限流电抗器，以增加线路的短路阻抗，限制线路故障时的短路电流，减小电压的波动范围，提高站内母线遭短路时的电压。

（3）条件许可时尽可能采用有载调压变压器。

（4）配电变压器并列运行可减少变压器阻抗。

三、电压波动和闪变的补偿装置

（一）高压无功补偿装置（SVC）

SVC 一般由可控支路和固定（或可变）电容器支路并联而成，主要有四种型式，其基本结构如图 5-5-9 所示。

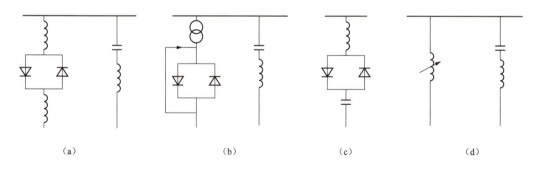

(a)　　　　　　　　　(b)　　　　　　　　　(c)　　　　　　　　　(d)

图 5-5-9　常见几种 SVC 的原理结构电路

(a) TCR 型；(b) TCT 型；(c) TSC 型；(d) SR 型

1. 晶闸管控制电抗器型（TCR 型）SVC

一般为 TCR＋固定电容器 FC 的结构，FC 为无源滤波器。固定接入系统通过晶闸管控制线性电抗器导通的角度实现快速连续的无功功率调节，考虑晶闸管 $0°\sim90°$ 导通和不对称导通会产生直流分量，一般工作区间是 $90°\sim180°$，反应时间为 $20\sim40ms$。TCR 装

置具有运行可靠、无级补偿、价格便宜、能分相控制的特点，因而在电弧炉系统中应用最广泛。

2. 晶闸管控制高阻抗变压器型（TCT 型）

晶闸管控制高阻抗变压器型（TCT 型）原理和优点与 TCR 型类似，但高阻抗变压器制造复杂，谐波分量也略大一些。由于有油，要求一级防火，只宜布置在一层平面或户外，容量在 30Mvar 以上时价格较贵，而不能得到广泛采用。

3. 晶闸管投切电容器型（TSC 型）

通过晶闸管对下端的电容器进行投切，可实现分相调节、直接补偿、装置本身不产生谐波、损耗小，但是属于有极补偿。

4. 饱和电抗器型（SR 型）

为了适应电压慢波动，SR 一般与有载调压器 T 配合使用，当电网电压缓慢变化超过规定范围时，即调整 T 的分接头使电压回到规定范围内，以防电抗器长期大容量过载或欠载。分接头的调整一般有 1～5min 时延，以免动作过于频繁。对于快速的无功功率冲击或电压的波动 SR 能自动跟随。其优点是维护较简单，运行可靠，过载能力强，响应速度较快，可降低闪变，具有不对称补偿能力；但其噪声大，损耗较大。

对于电弧炉、轧机、碎石机、锯木机和电阻焊机等波动性负荷，为了减少无功功率冲击引起的电压波动，国内外普遍应用了高压静止无功补偿装置，因其具有较快速的响应特性、可频繁动作性以及分相补偿能力，可有效地抑制这些负荷所引起的电压波动问题，改善电能质量。

（二）静止式动态无功补偿器（SVG）装置

随着大功率门极可关断晶闸管（GTO）的出现，基于 GTO 电压型逆变器的新型静止无功发生器 SVG［或称为静止式动态无功补偿器 STATCOM］进入实用阶段，目前采用的主要开关器件一般选用新型全控型大功率器件，如绝缘栅双极型晶体管（IGBT）、集成门极换流晶闸管（IGCT）等。SVG 由直流电源（电容器或电抗器）、逆变器和并网电抗器或电容器三部分构成，如图 5-5-10 所示。SVG 与系统连接的等效电路和稳态相量图如图 5-5-11 所示。

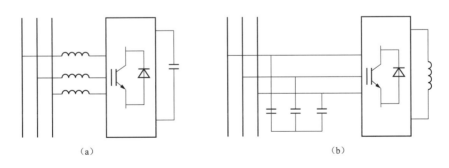

(a)　　　　　　　　　　　　　(b)

图 5-5-10　SVG 基本拓扑结构原理

(a) 电压型 SVG 装置原理；(b) 电面型 SVG 装置原理

和 SVC 相比，SVG 具有如下优点：

(1) SVG 的动态无功响应更快。在实际工程应用中，SVG 的响应时间为 5～20ms 甚至

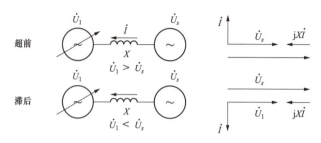

图 5 - 5 - 11 SVG 与系统连接的等效电路和稳定相量图

更低，而 SVC 则需要 20～40ms，因此 SVG 比 SVC 具有更好的补偿电压波动和闪变的能力。

（2）SVG 对电网的污染小于 SVC，一般 SVG 并网不需要附加的滤波环节。

（3）输出特性方面，SVG 能动态调节输出无功电流，受系统电压影响较小，在电压低时仍能提供较强的无功支撑，使得其无功输出相当于同容量 SVC 的 1.4～2 倍。

（4）SVG 相比 SVC 占地面积小，储能元件的容量远远小于 SVC。

（5）附着电力电子器件技术的发展，SVG 的造价也呈下降趋势。

结合我国的国情和已有的技术，发展 SVG 应是解决我国电压稳定问题、抑制冲击性负荷引起的电压波动与闪变的有效手段和主要方向。

（三）有源电力滤波器（APF）

有源电力滤波器的工作原理与低压 SVG 相似，都是采用可高频通断的电力电子器件、脉宽调制技术和先进的理论方法进行控制。APF 的作用原理是利用电力电子控制器代替系统电源向负荷提供所需的畸变电流和无功电流，从而保证系统只需向负荷提供正弦的基波有功电流；SVG 的作用原理是利用电力电子控制器代替系统电源向负荷提供所需的无功电流，减少无功电流的流动造成的损耗。

APF 对无功电流的补偿与低压 SVG 相同，但由于谐波检测的需要，响应时间一般为 20ms，因此，具有较好的补偿电压波动和闪变的能力。

（四）动态电压恢复器（DVR）

在中低压配电网中，由于线路电阻 R 与阻抗 X 相差不大，有功功率的快速波动同样会导致电压闪变，这就要求补偿装置在抑制电压波动与闪变时除了进行无功功率补偿使供电线路无功功率波动减小外，还得提供瞬时有功功率补偿。因而传统的无功补偿方法不能有效地改善这类电能质量问题，只有带储能单元的补偿装置才能满足要求，DVR 的接法是将一台由 3 个单相电压源变流器构成的三相变流器串联接入电网与欲补偿的负荷之间。这里逆变器采用 3 个单相结构，目的是为了更灵活地对三相电压和电流进行控制，并提供对系统电压不对称情况的补偿。该装置的核心部分为同步电压源逆变器，当线路侧电压发生突变时，DVR 通过对直流侧电源的逆变产生交流电压，再通过变压器与原电网电压相串联，来补偿系统电压的跌落或抵消系统电压的浪涌。由于 DVR 通过自身的储能单元，能够在毫秒级内向系统注入正常电压与故障电压之差，可用于克服系统电压波动对用户的影响，因此是解决电压波动、不对称、谐波等动态电压质量问题的有效工具。

DVR 一般采用补偿前后电压相位不变的方式进行补偿，仅面向对电压敏感的特定负荷，因此其容量仅取决于负荷的补偿容量和要求的补偿范围。直流侧可采用电容器、超级电容器、蓄电池等储能装置来提供能量，根据负荷的需要配置储能容量；可以通过可再生能源给直流侧供电，也可通过另一条供电线路给直流侧提供能量。

（五）统一电能质量控制器（UPQC）

UPQC结合了串、并联补偿装置的特点，可实现电压、电流质量问题的统一补偿，属于综合的补偿装置，相当于串联的DVR与并联的APF同时工作，直流侧储能环节与DVR一样，可根据需要配置，该装置除了应用于配电系统的无功和谐波补偿外，还可以解决瞬时供电中断和电压波动等动态电压质量问题，提高供电的可靠性。

（六）同步调相机

同步调相机具有连续发出容性和感性无功的优点，根据经验，同步调相机最大闪变改善率为50%左右。由于造价高、运行维护不便、损耗大等原因，自20世纪70年代以来已逐渐被静止无功补偿装置所取代。

第五节　三相不平衡的改善措施

由不对称负荷引起的三相电压不平衡可以采用下列措施：
（1）将不对称负荷分散接到不同的供电点，以减小集中连接造成的不平衡度超标问题。
（2）使不对称负荷合理分配到各相，尽量使其平衡化。
（3）将不对称负荷接到更高电压级上供电以使连接点的短路容量足够大。
（4）采用三相平衡化装置。

第六节　典型案例

对部分水电站谐波污染情况的调查表明，几乎所有接有高耗能企业负载的中小型水力发电厂都不同程度地存在谐波污染问题。有些水力发电厂的谐波污染还十分严重，已多次发生由谐波引起的继电保护、自动装置误动作和发电设备损坏事故。水力发电厂的谐波污染有下面的一些共同特点：谐波电流较大，而电压波形的畸变并不十分严重；谐波频谱丰富，且含有较大的次谐波和间谐波。下面以某水力发电厂为例，简单讲述谐波超标分析及其抑制措施。

一、事件经过

某水力发电厂装有3台机组，其中G_1机组为单元接线，G_2、G_3机组为扩大单元接线，该站设T_{1B}、T_{2B}共2台3圈变压器，图5-5-12所示为该水力发电厂的电气主接线图。

表5-5-1所示为委托某电力科学研究院对该水力发电厂进行的谐波电流测试结果。测试条件为1号发电机运行，经1号主变压器升压向外送电；3号发电机运行，经2号主变压器向外送电；1号、2号主变压器110kV侧并列运行，经2条输电线路向系统送电；35kV侧分列运行，水力发电厂工业小区负荷由2号主变压器35kV侧供电；系统注入水力发电厂的谐波电流未测量。测得的工业小区35kV变电站35kV母线和1、2号发电机母线电压畸变率分别为4.22%、2.39%、3.38%。

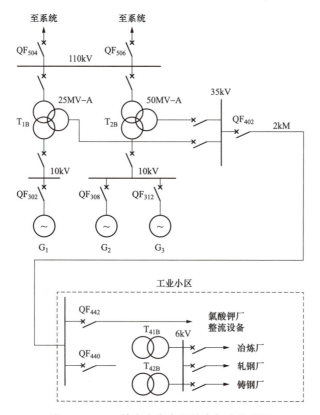

图 5‒5‒12　某水力发电厂的电气主接线图

表 5‒5‒1　　　　　　　某水力发电厂谐波电流测试结果

n	I_Z/（A）	I_G/（A）		n	I_Z/（A）	I_G/（A）	
		G_1	G_3			G_1	G_3
1	226.08	85.27	64.03	14	1.14	0.97	0.97
2	5.14	1.94	2.91	15	1.14	0.97	0.97
3	4.00	7.77	6.80	16	1.50	0.97	0.97
4	3.05	0.97	0.97	17	7.78	0.97	2.91
5	60.62	13.06	5.83	18	2.86	0.97	0.97
6	1.14	0.97	0.97	19	8.55	0.97	0.97
7	31.75	0.97	11.65	20	3.23	0.97	0.97
8	1.72	0.97	0.97	21	3.60	0.97	0.97
9	1.14	0.97	0.97	22	3.41	0.97	0.97
10	1.14	0.97	0.97	23	4.37	0.97	0.97
11	15.14	0.97	5.83	24	0.95	0.97	0.97
12	0.77	0.97	0.97	25	1.50	0.97	0.97
13	10.09	0.97	3.88				

二、原因分析

经分析，造成这种情况的原因是为作为恒流源的谐波电源，由于其与发电机之间的谐波阻抗远小于系统的谐波阻抗，根据分流原理可知谐波源的谐波电流将主要流入发电机。

图 5-5-13 所示为电力科学研究院为该水力发电厂设计安装的滤波装置的电气主接线图，图 5-5-13 中元件参数：$C_1 = 5.84 \mu F$，$R_1 = 5000 \Omega$，$L_1 = 199.24 mH$，$C_2 = 5.84 \mu F$，$R_2 = 4.5 \Omega$，$L_2 = 71.73 mH$，$C_3 = 3.9 \mu F$，$R_3 = 4.83 \Omega$，$L_3 = 54.89 mH$，由一组截止频率为 3 次的二阶减幅型高通滤波器和两组谐振频率为 5 次、7 次的单调谐滤波器组成。

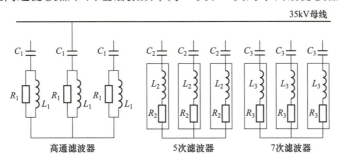

图 5-5-13 无源滤波装置接线图

高通滤波器除可以对 3 次谐波电流滤波外，对于 3 次以上的高次谐波、"次谐波""间谐波"也有一定的滤除作用。5 次、7 次单调谐滤波器则是根据某水力发电厂 5 次、7 次谐波电流含有量（最大值），为提高 5 次、7 次谐波电流的滤波效果而设置的。针对测试期间的水力发电厂运行方式，该电力科学研究院利用专门的计算机仿真计算程序，对滤波装置投入后水力发电厂的谐波电流、35kV 母线电压畸变率、1 号和 3 号发电机母线电压畸变率进行了仿真计算。计算表明 35kV 变电站母线、1 号发电机母线和 3 号发电机母线电压谐波畸变率分别从 4.81%、2.39%、3.38% 降至 1.64%，1.68% 和 1.33%。装设滤波装置后某水力发电厂谐波电流仿真计算结果见表 5-5-2。装置投入使用后的运行情况也表明滤波效果很好，注入发电机和系统的谐波电流和各母线电压畸变率都得到了有效抑制。

表 5-5-2　　　　装设滤波装置后某水力发电厂谐波电流仿真计算结果

n	$I_Z/$ (A)	$I_G/$ (A)		n	$I_Z/$ (A)	$I_G/$ (A)	
		G1	G3			G1	G3
1	221.08	85.27	68.03	14	0.15	0.05	0.26
2	0.55	0.20	0.49	15	0.07	0.02	0.14
3	0.29	0.09	0.50	16	0.02	0.07	0.13
4	0.66	0.22	0.69	17	0.62	0.21	1.13
5	0.84	0.28	0.51	18	0.29	0.09	0.50
6	0.44	0.15	0.81	19	0.37	0.12	0.64
7	0.37	0.12	0.64	20	0.37	0.12	0.65
8	0.18	0.06	0.34	21	0.08	0.08	0.45
9	0.22	0.07	0.39	22	0.29	0.09	0.52
10	0.15	0.05	0.28	23	0.55	0.19	1.01
11	1.25	0.41	2.22	24	0.33	0.10	0.57
12	0.07	0.02	0.11	25	0.18	0.06	0.33
13	0.62	0.21	1.13				

三、暴露问题

（1）该水力发电厂 2kM 附件周边工业小区内 35kV 系统有氢酸钾厂整流设备，6kV 系统上有冶炼厂、轧钢厂和铸钢厂，这些设备均是产生谐波的根源，电站未对其供电设备进行系统的调研和分析。

（2）该水力发电厂未严格按照规程要求对本站进行谐波和三相不平衡度的测试工作，且之后的谐波测试也只测试了 2～13 次谐波电流，不满足 GB/T 14549《电能质量　公用电网谐波》的要求。

四、防范措施

（1）适当选择用电设备的型式（主要指整流装置的脉动数）和根据水力发电厂的实际情况（水力发电厂与系统的联系和谐波源的特点等），选择适当的滤波装置和设备参数可有效解决中小型水力发电厂谐波污染问题。

（2）严格按规程要求开展谐波和三相不平衡度的测试工作。

附录 5-1 典型电能质量问题引起的常见事故

典型电能质量问题引起的常见事故参见附表 5-1。

附表 5-1   典型电能质量问题引起的常见事故

电能质量原因	常见事故
谐波、间谐波	（1）变压器、电容器、电缆、电机等设备损坏或烧毁事故。 （2）继电保护和自动装置误动作导致供电中断事故
电压暂降、短时中断	（1）计算机、可编程控制器、控制芯片、变频设备、直流电机等元件或设备运行异常或停机，导致精密负载设备损坏和产品报废事故。 （2）交流接触器脱扣导致用电中断事故
三相电压不平衡	（1）变压器、电机过热损坏或烧毁事故。 （2）继电保护和自动装置动作导致供电中断事故
电压波动和闪变	（1）精密负载设备运行异常导致产品报废事故。 （2）电机转速不均匀，危害电机、电器正常运行及寿命，影响产品质量。 （3）大范围照明灯光异常闪烁
供电电压偏高	（1）变压器、电机、电容器过热或烧损事故。 （2）用电设备损坏事故
供电电压偏低	（1）电机启动和运行电流增加，力矩减小，转速下降，影响产品质量和数量。 （2）用电电力不足，设备工作异常

附录5-2　电能质量监督季报表

水力发电企业　　年　　月电能质量监督季报表参见表5-2。

附表5-2　　　　　水力发电企业　　年　　月电能质量监督季报表

填报单位：　　　　　　　　　　　　　　　　　　　　　　　　　　　　　　　　年　　月　　日

监测点名称	电压等级	调度考核点	当月最低电压（kV）/调度要求电压下限	当月最高电压（kV）/调度要求电压上限	电压合格率（%）
人工					
AVC投入率（%）					
频率合格率（%）					
AGC投入率（%）					

谐波监测、电压三相不平衡检测情况：

电能质量指标异常情况：

注　1. 监测点包括本企业所有电能质量连续监测点。
　　2. 电能质量指标异常情况必须明确具体，如具体过程情况、延续时间、产生的原因等。
　　3. 三相不平衡、谐波检测（周期或专项）包括应检测点数、实际检测点数及不合格点数等具体内容，若本季未进行则填写"无"。

批准：　　　　　　　　　审核：　　　　　　　　　填报：

附录 5-3　水力发电企业电能质量国家、
行业颁发的主要标准及文件

1. GB/T 156《标准电压》
2. GB/T 762《标准电流等级》
3. GB/T 1980《标准频率》
4. GB/T 3805《特低电压（ELV）限值》
5. GB/T 12326《电能质量　电压波动和闪变》
6. GB/T 12325《电能质量　供电电压偏差》
7. GB/T 14549《电能质量　公用电网谐波》
8. GB/T 15543《电能质量　三相电压不平衡》
9. GB/T 15945《电能质量　电力系统频率偏差》
10. GB/T 19862《电能质量监测设备通用要求》
11. DL/T 723《电力系统安全稳定控制技术导则》
12. GB 38755《电力系统安全稳定导则》
13. DL/T 1028《电能质量测试分析仪检定规程》
14. DL/T 1051《电力技术监督导则》
15. DL/T 1053《电能质量技术监督规程》
16. DL/T 1198《电力系统电能质量技术管理规定》
17. DL 1227《电能质量监测装置技术规范》
18. DL 1228《电能质量监测装置运行规程》
19. DL/T 1724《电能质量评估技术导则　电压波动和闪变》
20. DL/T 1773《电力系统电压和无功电力技术导则》
21. 国能安全〔2014〕161 号《防止电力生产事故的二十五项重点要求》

参 考 文 献

[1] 程浩忠，周荔丹，王丰华. 全国工程专业学位研究生教育国家级规划教材：电能质量 [M]. 北京：清华大学出版社，2017.

[2] 韩英铎，严干贵，姜齐荣. 信息电力与 FACTS 及 DFACTS 技术 [J]. 电力系统自动化，2000，(10)：37－39.

[3] 肖遥，李澎森. 供电系统的电压下凹 [J]. 电网技术，2001，25 (1)：77－79.

[4] 林海雪. 电力系统中电压暂降和短时断电 [J]. 供用电，2002，1 (19)：9－13.

[5] 谢旭，胡明亮. 动态电压恢复器的补偿性与控制目标 [J]. 电力系统自动化，2002，(8).

[6] 肖湘宁，电能质量分析与控制 [M]. 北京：中国电力出版社，2014.

水力发电厂
技术监督手册

（下册）

SHUILI FADIANCHANG
JISHU JIANDU SHOUCE

冯树臣 等 编著

中国电力出版社
CHINA ELECTRIC POWER PRESS

内 容 提 要

为适应水力发电厂发展需要，规范和加强水力发电技术监督工作，指导水力发电技术监督工作规范、科学、有效开展，保证水力发电厂及电网安全、稳定、经济和环保运行，预防人身、设备设施事故和故障的发生，依据国家、行业相关标准、规范，经充分调研与深入论证，特编著本书。

本书分为水力发电厂绝缘、继电保护、电测、励磁、电能质量、金属、自动化、水轮机、水工、化学、环保水保、电力监控系统安全防护监督12个专业，切合实际，应用性强，涵盖了水力发电企业设备设施和系统在设计选型、安全调试、交接验收、生产运行、检修维护等过程中的相关监督范围、项目、内容、指标等技术要求，并列举了各专业常见事故案例，反事故措施重点要求、常用监督标准目录等内容。

本书适用于水力发电厂全过程的技术监督工作，也可作为水力发电行业技术人员的工具书。

图书在版编目（CIP）数据

水力发电厂技术监督手册/冯树臣等编著．—北京：中国电力出版社，2021.11
ISBN 978 - 7 - 5198 - 6195 - 7

Ⅰ．①水…　Ⅱ．①冯…　Ⅲ．①水力发电站－技术监督－手册　Ⅳ．①TV752 - 62

中国版本图书馆 CIP 数据核字（2021）第 233125 号

出版发行：中国电力出版社
地　　址：北京市东城区北京站西街 19 号（邮政编码 100005）
网　　址：http://www.cepp.sgcc.com.cn
责任编辑：安小丹（010-63412367）　董艳荣
责任校对：黄　蓓　郝军燕　李　楠　马　宁　于　维　王海南
装帧设计：赵姗姗
责任印制：吴　迪

印　　刷：三河市万龙印装有限公司
版　　次：2021 年 11 月第一版
印　　次：2021 年 11 月北京第一次印刷
开　　本：787 毫米×1092 毫米　16 开本
印　　张：73.25
字　　数：1828 千字
印　　数：0001—1000 册
定　　价：390.00 元（上、下册）

编 委 会

主　　任　冯树臣

副 主 任　杨　勤　张立东　王文飚　许　琦

委　　员　（按姓氏笔画排序）

李秋白　杨希刚　邹祖建　沈鲁锋　陈　兵

陈智梁　郝　鹏　胡先龙　姚纪伟　常金旺

雒建中

编 写 组

编写人员　（按姓氏笔画排序）

王融慧　冯树臣　田　建　乔　磊　江建明

李向东　李红川　杨　胜　宋功益　易瑞吉

郑　凯　高宗宝　唐　力　黄宗坤　蒋致乐

游　娟　潘彦霖　薛　晨

审查人员　（按姓氏笔画排序）

万　晖　牛光利　牛晓光　刘仕辉　刘爱军

李志强　吴笃超　张　强　周智华　单银忠

靳守宏

截至 2020 年底，全国水力发电累计装机容量达到 3.7 亿 kW，占总发电装机容量的比重达 16.8%，年水力发电量为 13552.1 亿 kWh，平均利用小时为 3827h，同比增加 130h，水力发电装机规模稳居世界第一，为加速低碳转型，实现"碳达峰、碳中和"目标持续发挥关键作用。

为适应水力发电企业发展的需要，进一步加强和规范水力发电技术监督工作，实现水力发电厂规划可研、工程设计、设备采购、设备制造、设备验收、运输储存、安装调试、竣工验收、运维检修、退役报废的全过程监督管理，指导水力发电厂技术监督工作规范、科学、有效开展，保障水力发电厂及电网安全、稳定、经济和环保运行，避免人身、设备设施事故和故障的发生，国家能源集团组织集团公司电力产业部、国家能源集团科学技术研究院有限公司编写了《水力发电厂技术监督手册》。

本书分为绝缘、继电保护、电测、励磁、电能质量、金属、自动化、水轮机、水工、化学、环保水保、电力监控系统安全防护监督 12 个部分，涵盖了水力发电企业设备设施和系统在设计选型、安装调试、交接验收、生产运行、检修维护等过程中的相关监督范围、项目、内容、指标等技术要求，并列举了各专业常见事故案例、反事故措施重点要求、常用监督标准目录等内容。本书在编写过程中力求根据水力发电厂的特点和现状，总结以往技术监督工作经验，切合实际，应用性强，便于操作执行。

本书在编写过程中得到了国能大渡河流域水电开发有限公司及其所属各发电企业领导和专业技术人员的大力帮助和支持，在此表示衷心的感谢！希望本书能成为水力发电厂技术监督工作人员的工具书，对各专业技术监督工作有所帮助，为提高水力发电厂技术监督水平发挥积极的作用。

由于编者水平有限，难免存在疏漏和不当之处，敬请广大读者批评指正，以便在日后的版本修订中加以完善。

编著者

2021 年 10 月 16 日

目录

第二部分　继 电 保 护 监 督

第三部分　电　测　监　督

第一章　电测技术监督管理　333

第二章　计量标准的考核　342

第三章　电测专业仪器仪表技术监督　351

第四章　电能计量装置技术监督　377

第四部分　励　磁　监　督

第五部分　电　能　质　量　监　督

下　册

第六部分　金　属　监　督

第七部分　自 动 化 监 督

第八部分　水 轮 机 监 督

第九部分　水　工　监　督

第十部分　化 学 监 督

第十一部分　环保水保监督

第十二部分　电力监控系统安全防护监督

第六部分

金属监督

金 属 技 术 监 督 管 理

第一节 金属技术监督的概述

一、金属监督概述

水力发电金属监督是保证水轮发电机组安全、可靠、经济运行的重要措施。通过有效的检测和诊断，及时掌握部件的质量状况，并采取有效措施进行防范和管理的一系列活动。

水力发电金属监督要按照统一标准和分级管理的原则，实行从设计、制造、监造、施工、调试、试运、运行、检修、技改、停备的全过程、全方位技术监督。坚持"关口前移、闭环管理"的原则，严格执行国家和行业的有关标准、规程、规定和集团公司制度，提高设备安全运行的可靠性。

二、金属监督常用术语

1. 无损检测

无损检测是指在不损伤金属结构件性能和完整性的前提下，检测构件金属的某些物理性能或组织状态，以及查明构件金属表面和内部各种缺陷的技术。

2. 光谱分析

光谱分析是指根据物质的光谱来鉴别物质及确定它的化学组成和相对含量的方法。

3. 金相分析

金相分析是指采用定量金相学原理，由二维金相试样磨面或薄膜的金相显微组织的测量和计算来确定合金组织的三维空间形貌，从而建立合金成分、组织和性能间的定量关系。

4. 应力检测

对金属部件表面或一定深度的内部进行应力检测，从而对应力进行定性定量分析。

5. A级检修

对机组进行全面解体检查和修理，以保持、恢复或提高设备性能。

6. B级检修

针对机组某些设备存在的问题，对机组部分设备进行解体检查和修理。B级检修以C级检修标准项目为基础，有针对性地解决C级检修无法安排的重大缺陷。

7. C级检修

根据设备的磨损、老化规律，有重点地对机组进行检查、评估、修理、清扫。C级检修可进行少量零件的更换、设备的消缺、调整、预防性试验等作业。

三、金属监督的要求

水力发电金属监督工作应贯穿于水力发电机组的设计、制造、安装、工程监理、调试、运行、停用、检修、技术改造各个环节的全过程技术监督和技术管理工作中。具体工作如下。

（1）应对受监金属部件在安装、检修及改造的材料、焊接、焊缝质量进行监督及检验。

（2）应对受监金属部件在运行过程中的空蚀、磨损、腐蚀、裂纹、变形、渗漏、松动等现象的变化和发展情况，提出相应的技术措施。

（3）应对受监金属部件的失效进行调查和原因分析，提出处理对策。

（4）按照相应的技术标准，宜采用无损检测技术对设备的缺陷及缺陷的发展进行检测和评判，提出相应的技术措施。

（5）应对重要金属部件进行安全检测、腐蚀防护和报废评定，为机组的寿命管理和预知性检修提供技术依据。

（6）建立水力发电金属监督档案。

四、发电企业金属监督职责

（1）各发电企业是金属监督工作责任主体。负责贯彻执行国家和行业、集团公司的有关技术监督标准、规程、制度、导则、技术措施等，制定符合本企业实际情况的金属监督制度及实施细则。

（2）建立健全金属监督组织机构，成立以生产副总经理（总工程师）为组长的金属监督领导小组，组建金属技术监督网，建立公司（厂）、部门（车间）、班组各级岗位的金属监督责任制，落实技术责任。

（3）制定落实金属监督工作计划，检查、总结、考核企业的金属技术监督工作。定期组织召开企业金属监督工作会议，总结、交流金属监督工作经验，通报金属监督工作信息。

（4）掌握本企业设备的运行、检修和缺陷情况，对金属监督一般告警、重要告警及时上报有关单位，分析原因、制定防范措施，定期进行统计、分析，及时消除设备隐患。

（5）认真记录金属监督数据，建立、健全设备的金属监督档案，按时报送金属监督工作的有关报表。

（6）按有关金属监督管理工作的要求，建立相应的试验室和计量标准室，配备必要的技术监控、检验和计量设备、仪表，技术监控测试和计量标准器具、仪表必须按规定进行校验和量值传递。

（7）建立健全电力建设生产全过程技术档案，技术资料应完整和连续，并与实际相符。基建工程移交生产时，工程建设单位应及时移交工程建设中的设备制造、设计、安装、调试过程的全部档案和资料。

（8）认真开展金属监督自查自评，抓好本企业金属技术监督检查评价问题的整改。

（9）组织开展金属监督专业培训，提升专业人员技术素质，提高金属监督水平。

五、发电企业金属监督网的构建及分工

各发电企业应建立健全由生产副总经理或总工程师领导下的金属监督网，并在生技部门或其他设备管理部门设立金属监督专责工程师，在生产副总经理或总工程师领导下统筹安排，开展金属监督工作。

1. 主管生产副经理或总工程师的职责

（1）领导发电企业金属监督工作，落实金属监督责任制；贯彻上级有关金属监督的各项

规章制度和要求；审批本企业专业技术监督实施细则。

（2）审批金属监督工作规划、计划。

（3）组织落实运行、检修、技改、日常管理、定期监测、试验等工作中的金属监督要求。

（4）安排召开金属监督工作会议；检查、总结、考核本企业金属技术监督工作。

（5）组织分析本企业金属监督存在的问题，采取措施，提高金属监督工作效果和水平。

2. 发电企业金属监督专责工程师职责

（1）认真贯彻执行上级有关金属监督的各项规章制度和要求，协助主管生产的副经理或总工程师做好金属技术监督工作；组织编写本企业的金属监督实施细则和相关措施；积极协助电力科学研究院完成基建、运行、检修等各项金属监督工作。

（2）组织编写金属监督工作规划、计划。

（3）参加大修项目的制定会、协调会、总结会、事故分析与缺陷处理的研究会议等。

（4）汇总审核金属监督范围内相关专业提出的检修或安装过程中的金属监督检测项目，并在检修或安装过程中监督、协调执行。

（5）对于金属监督检验过程发现的超标缺陷，提出处理建议，审核处理措施并监督实施。

（6）参加金属监督有关的事故调查以及反事故技术措施的制定工作。

（7）参与基建过程中有关金属监督工作的全过程管理。

（8）组织建立健全金属监督主要设备档案。

（9）定期召开金属监督工作会议，分析、总结、汇总本企业金属监督工作情况，指导金属监督工作。

（10）按要求及时报送各类金属监督报表、报告。

（11）分析本企业金属监督存在的问题，采取措施，提高金属监督工作效果和水平。

第二节　金属技术监督范围及重要指标

一、金属监督范围

1. 水轮机主要监督部件

水轮机主要监督部件包括大轴、转轮（桨叶、水斗）、泄水锥、转轮室（排水环）、导叶及操动机构（包含连杆、转臂、控制环、接力器、喷针、重锤吊杆吊耳）、蜗壳、配水环管、管型座、顶盖、座环、底环、基础环、尾水管里衬等及其附属结构件。

2. 发电机主要监督部件

发电机主要监督部件包括大轴、转子中心体和支臂、上下机架、灯泡头、推力轴承（包含推力头、卡环、卡环槽、镜板）、风扇叶片、制动环、挡风板等及其附属结构件。

3. 金属结构监督部件

金属结构监督部件包括闸门、蜗壳、压力钢管、拦污栅、技术供水管道、油水管道、进水阀门及其附属金属结构件等。

4．压力容器及压力管道监督部件

压力容器及压力管道监督部件包括压油罐、储气罐等压力容器及压力管道。

5．其他监督

其他监督包括受监范围内的金属材料、部件、备品、配件、焊材，受监金属部件的检验工艺、焊接质量等。

二、监督指标

（1）受监设备（部件）检验率不低于90％。

（2）受监设备（部件）缺陷消除率应大于或等于95％。

（3）金属检验方法正确率为100％。

（4）压力容器定期检验率为100％。

（5）压力容器年度检查率为100％。

（6）安全阀等附件校验率为100％。

第三节　金属技术监督告警分类

水力发电机组在金属技术监督中的告警项目分为一般告警项目和重要告警项目，分别见表6-1-1和表6-1-2。

表6-1-1　　　　　　　　　　一般告警项目

序号	一般告警项目	备注
1	本细则规定的水轮机、发电机主要受监部件、螺栓紧固件、闸门、拦污栅、压力钢管、压力容器等未按规定进行检查及检验；影响安全运行的缺陷，未按规定及时消除	压力容器检查率在85％～100％之间
2	检验检测、焊接等专业人员无相应的专业技术执业资格	含外委单位
3	特种设备操作及管理人员无证上岗	
4	检验检测、焊接施工无工艺作业、无报告；焊材管理不规范	含外委单位
5	更换合金钢部件不进行成分检验，无材质证明书	

表6-1-2　　　　　　　　　　重要告警项目

序号	重要告警项目	备注
1	重要受监部件，如转轮、闸门、压力容器等进行重要改造或修理未制定工艺方案和审批即实施，报告关键数据缺失	
2	主要受监部件发现严重缺陷，如转轮、蜗壳、导叶、压力钢管、闸门等发现大面积裂纹，水轮发电机联轴螺栓及顶盖螺栓发现裂纹或断裂，转轮及转轮室发生严重空蚀等	
3	压力容器及其安全附件定期检验率低于85％	

第二章

水力发电金属材料基础知识

第一节　水力发电厂常用金属材料

一、钢的分类

钢是以铁、碳为主要成分的合金，它的含碳量一般小于 2.11％。钢是经济建设中极为重要的金属材料。钢按化学成分可分为碳素钢（简称碳钢）与合金钢两大类。碳钢是由生铁冶炼获得的合金，除铁、碳为其主要成分外，还含有少量的锰、硅、硫、磷等杂质。碳钢具有一定的机械性能，又有良好的工艺性能，且价格低廉。因此，碳钢获得了广泛的应用。但随着现代工业与科学技术的迅速发展，碳钢的性能已不能完全满足需要，于是人们研制了各种合金钢。合金钢是在碳钢基础上，有目的地加入某些元素（称为合金元素）而得到的多元合金。与碳钢比，合金钢的性能有显著的提高，故应用日益广泛。

由于钢材品种繁多，为了便于生产、保管、选用与研究，必须对钢材加以分类。按钢材的用途、化学成分、质量的不同，可将钢分为许多类。

（一）按用途分类

按钢材的用途可分为结构钢、工具钢、特殊性能钢三大类。

（1）结构钢。一是用作各种机器零件的钢，包括渗碳钢、调质钢、弹簧钢及滚动轴承钢；二是用作工程结构的钢，包括碳素钢中的甲、乙、特类钢及普通低合金钢。

（2）工具钢。用来制造各种工具的钢，根据工具用途不同可分为刃具钢、模具钢与量具钢。

（3）特殊性能钢。可分为不锈钢、耐热钢、耐磨钢、磁钢等。

（二）按化学成分分类

按钢材的化学成分可分为碳素钢和合金钢两大类。碳素钢按含碳量可分为低碳钢（含碳量≤0.25％）；中碳钢（0.25％＜含碳量＜0.6％）；高碳钢（含碳量≥0.6％）。合金钢按合金元素含量可分为低合金钢（合金元素总含量≤5％）；中合金钢（合金元素总含量为 5％～10％）；高合金钢（合金元素总含量＞10％）。此外，根据钢中所含主要合金元素种类不同，也可分为锰钢、铬钢、铬镍钢、铬锰钛钢等。

（三）按质量分类

按钢材中有害杂质磷、硫的含量可分为普通钢（含磷量≤0.045％、含硫量≤0.055％；或磷、硫含量均≤0.050％）；优质钢（磷、硫含量≤0.030％）。

此外，还有按冶炼炉的种类，将钢分为平炉钢（酸性平炉、碱性平炉），空气转炉钢（酸性转炉、碱性转炉、氧气顶吹转炉钢）与电炉钢。按冶炼时脱氧程度，将钢分为沸腾钢（脱氧不完全）、镇静钢（脱氧比较完全）及半镇静钢。

钢厂在给钢的产品命名时，往往将用途、成分、质量这三种分类方法结合起来。如将钢称为普通碳素结构钢、优质碳素结构钢、碳素工具钢、高级优质碳素工具钢、合金结构钢、合金工具钢等。

二、金属材料的机械性能

金属材料的性能一般分为工艺性能和使用性能两类。所谓工艺性能是指机械零件在加工制造过程中，金属材料在特定的冷、热加工条件下表现出来的性能。金属材料工艺性能的好坏，决定了它在制造过程中加工成形的适应能力。由于加工条件不同，要求的工艺性能也就不同，如铸造性能、可焊性、可锻性、热处理性能、切削加工性等。所谓使用性能是指机械零件在使用条件下，金属材料表现出来的性能，它包括机械性能、物理性能、化学性能等。金属材料使用性能的好坏，决定了它的使用范围与使用寿命。

在机械制造业中，一般机械零件都是在常温、常压和非强烈腐蚀性介质中使用的，且在使用过程中各机械零件都将承受不同载荷的作用。金属材料在载荷作用下抵抗破坏的性能称为机械性能（或称为力学性能）。金属材料的机械性能是零件的设计和选材时的主要依据。外加载荷性质不同（例如拉伸、压缩、扭转、冲击、循环载荷等），对金属材料要求的机械性能也将不同。常用的机械性能包括强度、塑性、硬度、疲劳冲击韧性等。下面将分别讨论各种机械性能。

1. 强度

强度是指金属材料在静荷作用下抵抗破坏（过量塑性变形或断裂）的性能。由于载荷的作用方式有拉伸、压缩、弯曲、剪切等形式，所以强度也分为抗拉强度、抗压强度、抗弯强度、抗剪强度等。各种强度间常有一定的联系，使用中一般较多以抗拉强度作为最基本的强度指标。

2. 塑性

塑性是指金属材料在载荷的作用下，产生塑性变形（永久变形）而不发生破坏的能力。

3. 硬度

硬度是衡量金属材料软硬程度的指标。目前生产中测定硬度方法最常用的是压入硬度法，它是用一定几何形状的压头在一定载荷下压入被测试的金属材料表面，根据被压入程度来测定其硬度值。

常用的方法有布氏硬度（HB）、洛氏硬度（HRA、HRB、HRC）和维氏硬度（HV）等方法。

4. 疲劳

前面所讨论的强度、塑性、硬度都是金属在静载荷作用下的机械性能指标。实际上，许多机器零件都是在循环载荷下工作的，在这种条件下零件会产生疲劳。

5. 冲击韧性

以很大速度作用于机件上的载荷称为冲击载荷，金属在冲击载荷作用下抵抗破坏的能力叫作冲击韧性。

三、水力发电厂常用金属材料

1. 普通碳素钢

普通碳素钢一般含硫量不超过 0.05%，含磷量不超过 0.055%。在供应上分甲乙两大类。甲类只保证机械性能，乙类则保证化学成分而不必保证机械性能。水力发电厂甲类普通碳素钢应用很普遍，主要有 A_0、A_3、A_5、A_6 四个品号。乙类则只应用了 B_3 品号。

A_3 在水力发电厂应用种类广泛，在水力发电厂所有金属结构中占有绝大的比重。如水力发电厂快速闸门、人字门、弧形门、检修门、尾水门、廊道门、拱门、平拉门、金属叠梁门等大型水工闸门的门叶、面板、主梁、端柱、隔板、加强板、水封压板、启吊板、止轴板等全都为 A_3。各种闸门的工作轨道、门槽里的预埋件、门叶支臂（弧形门）、启吊杆（平板门）启闭机座架亦全部是 A_3。

发电机转子磁轭冲片、磁轭键、制动环、风扇、下导轴领、永磁机的定子齿压片、定子机座、通风槽板、上下部机架焊接结构、挡风板、风洞盖板、推力瓦巴氏合金支持体等都是 A_3 制造。

水轮机座环、泄水锥里衬、上部盖抗磨板、蜗壳与尾水管的进入门、水系统滤过器壳体、接力器与水轮机室里衬、大轴法兰护罩等也为 A_3 板材。

高低压储气筒，各种管道法兰，行车的大梁、横梁、操纵室、轨道，调速机柜体和回复轴、压油槽、集油槽、漏油槽等容积结构其主要材质亦为 A_3。此外各种仪器上的普通连接螺栓、地脚螺栓、定位销钉以及管材、板材、型材、丝材四大类型材亦多半是 A_3 钢。

水力发电厂主要应用 A_5 钢来制造轴、键等机械零件。如水工闸门的工作轮、导向轮、滑轮的轮轴及起吊轴等，摇摆式举重器的梯形螺杆和伞形齿轮轴，励磁机键、发电机磁极键、推力头键，各种弹性联轴节的半面接合器以及小功率的蜗杆、齿轮轴、链条等，其材质均为 A_5。

A_0 钢在工程上主要是桥梁钢。水力发电厂机械上只用 A_0 制造各种方圆形垫片以及减速箱中挡油圈、卷扬机高度指示器的指示针等次要件。

A_6 主要用来制造键，如减速箱里键大多数为 A_6。

主要普通碳素钢的机械性能见表 6-2-1。

表 6-2-1　　　　　　　　普通碳素钢的机械性能

甲类钢	机械性能						180°冷弯试验：d=弯心直径，a=试样厚度
	σ_s（kg/mm^2）			σ_b（kg/mm^2）	δ（%）		
	按尺寸分组						
	第1组	第2组	第3组		δ_5	δ_{10}	
A_0	—	—	—	$\geqslant 32$	22	18	
A_3	24	23	22	38～40、41～43、44～47	27、26、25	23、22、21	$d=2a$
A_5	28	28	50	50～53、54～57、58～62	21、20、19	17、16、15	$d=0.5a$
A_6	31	30	30	60～63、64～67、68～72	16、15、14	13、12、11	$d=3a$

注　表中符号 σ_s 代表金属材料的屈服极限，即金属材料在外力作用下将要发生显著的塑性变形时的应力值，超过这个应力值材料产生明显的屈服现象；符号 σ_b 代表金属材料的强度极限，即金属材料抵抗外力破坏的最大能力，超过这个应力值，材料就发生断裂破坏；符号 δ 代表金属材料做拉伸试验时的延伸率，δ_5、δ_{10} 分别代表金属试棒长度为其直径的 5 倍和 10 倍。

B_3 钢是平炉冶炼的乙类普通碳素钢，在水力发电厂应用很多，但量数不大。如水轮发电机油冷却器和空气冷却器的承管板、永磁机通风槽板、发电机上下油槽内的挡油板、转子磁极冲片、励磁机换向极铁心、上机架盖板、风洞盖板、定子机座、合缝板、励磁机主极冲片等。B3 钢化学成分见表 6-2-2。

表 6-2-2　　　　　　　　　　　　B₃ 钢化学成分　　　　　　　　　　　　%

钢号	化学成分								
	C	Si	Mn	P	S	Cr	Mo	V	其他
B₃	0.14～0.22	0.12～0.30	0.40～0.65	≤0.045	≤0.055	—	—	—	—

2. 优质碳素结构钢

优质碳素结构钢的含硫量不超过 0.045%，含磷量不超过 0.04%。水力发电厂应用主要有七个品号，即 15、20、30、35、40、45、55。根据 GB/T 700《碳素结构钢》的规定，这些品号数字的意义，代表含碳量的万分之几。如 45 号钢，含碳量为 0.45%。水力发电厂许多大型机械元件、桥式起重机的大钩、卷扬机上的大齿轮、水轮机和发电机的大轴等常用优质碳素钢锻造加工。

优质碳素钢的主要化学成分和标准优质碳素结构钢的机械性能分别见表 6-2-3 和表 6-2-4。

表 6-2-3　　　　　　　　　优质碳素结构钢的主要化学成分　　　　　　　%

钢号	化学成分						
	C	Si	Mn	P	S	Cr	其他
15	0.12～0.19	0.17～0.37	0.35～0.65	<0.040	<0.045	<0.25	Ni<0.25
20	0.18～0.24	0.17～0.37	0.35～0.65	<0.040	<0.045	<0.25	Ni<0.25
30	0.27～0.35	0.17～0.37	0.50～0.80	<0.040	<0.045	<0.25	Ni<0.25
35	0.32～0.40	0.17～0.37	0.50～0.80	<0.040	<0.045	<0.25	Ni<0.25
40	0.34～0.45	0.17～0.37	0.50～0.80	<0.040	<0.045	<0.25	Ni<0.25
45	0.42～0.50	0.17～0.37	0.50～0.80	<0.040	<0.045	<0.25	Ni<0.25
55	0.52～0.60	0.17～0.37	0.50～0.80	<0.040	<0.045	<0.25	Ni<0.25
65Mn	0.62～0.70	0.17～0.37	0.90～1.20	<0.040	<0.045	<0.25	Ni<0.25

表 6-2-4　　　　　　　　标准优质碳素结构钢的机械性能

钢号	机械性能						
	σ_b (kg/mm²)	σ_s (kg/mm²)	δ_5 (%)	Ψ (%)	α_k (kg·m/cm²)	硬度 (HB)	
						热轧	退火
	不小于					不大于	
15	39	23	27	55	—	143	—
20	42	25	25	55	—	156	—
30	50	30	21	50	8	179	—
35	54	32	20	45	7	187	—
40	58	34	19	45	6	217	187
45	61	36	16	40	5	241	197

钢号	机械性能						
	σ_b (kg/mm²)	σ_s (kg/mm²)	δ_5 (%)	Ψ (%)	α_k (kg·m/cm²)	硬度（HB）	
						热轧	退火
	不小于					不大于	
55	66	39	13	35	—	255	217
65Mn	75	44	6	30	—	285	229

注 1. 甲类普通碳素钢的品号越高，机械强度和硬度也越高，但塑性和伸延率也越低。

2. 表中符号 σ_s 代表金属材料的屈服极限，即金属材料在外力作用下将要发生显著的塑性变形时的应力值，超过这个应力值材料产生明显的屈服现象；符号 σ_b 代表金属材料的强度极限，即金属材料抵抗外力破坏的最大能力，超过这个应力值，材料就发生断裂破坏；符号 δ 代表金属材料做拉伸试验时的延伸率，δ_5、δ_{10} 分别代表金属试棒长度为其直径的 5 倍和 10 倍。

3. 符号 Ψ 代表金属材料的断面收缩率。即金属材料拉伸时，断面缩小量与原断面面值百分比，是表征材料塑性大小的判别数。符号 α_k 表示材料抵抗外力冲击破坏的能力，叫作材料的韧性。HB 是材料的布氏硬度值。

3. 合金结构钢

合金结构钢在水力发电厂应用种类很少，用量不多，但所应用之处，却是机电设备上几个相当重要的零件。GB/T 700 规定，合金钢中的含碳量用万分比表示，而其合金元素含量用百分比表示，当合金元素低于 1.5% 时，不标注数量，但有意加入某种元素，虽含量低，也须标出来。水力发电厂常用合金结构钢见表 6-2-5。水力发电厂常用合金结构钢化学成分见表 6-2-6。水力发电厂常用合金结构钢机械性能见表 6-2-7。

表 6-2-5　　　　　　　水力发电厂常用合金结构钢

钢号	用途与性能	水力发电厂应用举例
38CrMoAlA	高级氮化钢，用于制造高耐磨性、高耐疲劳强度和相当大的硬度，处理后尺寸精确的氮化零件或各种受冲击负荷不大而耐磨性高的氮化零件，如汽缸套、磨床及自动车床主轴、仿模、齿轮、滚子、检规、样板、高压阀门、阀杆、橡胶及塑料挤压机、搪床的搪杆、蜗杆等	旧式调速机飞摆转动套、固定套
40Cr	用于较重要的调质零件，如在交变负荷下工作的零件，中等转速和中等负荷的零件；表面淬火后可用作负荷及耐磨性较高的、而无很大冲击的零件，如齿轮、套筒、轴、曲轴、销子、连杆等	旧式调速机主配压阀衬套、高低压气机连杆螺栓
20Cr	用作心部强度较高和表面承受磨损、尺寸较大的，或形状复杂而负荷不大的渗碳零件，如齿轮、齿轮轴、凸轮、活塞销、蜗杆、顶杆等；也可用作工作速度较大并承受中等冲击负荷的调质零件	低压空气机活塞销
30CrMnSiA	用作在振动负荷下工作的焊接结构和铆接结构，如高压鼓风机的叶片、阀板、高速高负荷的砂轮轴、齿轮、链轮、轴、离合器、螺栓、螺帽、轴套等，以及温度不高而要求耐磨的零件；35CrMnSiA 还可用作飞机上高强度零件等	空气压缩机气门片
1Cr18Ni9	标准的 18-8 奥氏体不锈钢，此钢具有良好的耐蚀性和冷加工性能，是最常用的奥式体不锈钢。由于含碳较高对晶间磨蚀敏感，焊好亦需热处理，故不宜于作耐蚀的焊接件。主要用作耐蚀要求较高的部件，如食品加工工业、化学工业、印染工业等的设备部件，以及制造不锐利的外科器械及一般机械制造要求耐腐蚀不生锈的零件	快速闸门顶止水摩擦板、水轮机轴上包围以不锈钢轴径

表 6-2-6　　　　　　　　　　　　　　水力发电厂常用合金结构钢化学成分　　　　　　　　　　　　　　　%

我国钢号	化学成分							
	C	Si	Mn	P	S	Cr	Mo	其他
38CrMoAlA	0.35～0.42	0.17～0.37	0.30～0.60	<0.035	<0.030	1.35～1.65	0.15～0.25	A10.70～1.10
40Cr	0.37～0.45	0.17～0.17	0.50～0.80	<0.040	<0.040	0.80～1.10	—	—
20Cr	0.17～024	0.17～0.37	0.50～0.80	<0.040	<0.040	0.70～1.00	—	—
30CrMnSiA	0.28～0.35	0.90～1.20	0.80～1.10	<0.040	<0.040	0.80～1.10	—	—
1Cr18Ni9	<0.12	<0.18	<2.00	<0.035	<0.030	17.0～19.0	Ni8.0～10.0	—

表 6-2-7　　　　　　　　　　　　　　水力发电厂常用合金结构钢机械性能

钢号	机械性能					
	σ_b (kg/mm²)	σ_s (kg/mm²)	δ_5 (%)	Ψ (%)	a_k (kg·m/cm²)	硬度，HB（退火或回火状态）不大于
	不小于					
38CrMoAlA	100	85	15	50	9	229
40Cr	100	80	9	45	6	207
20Cr	80	60	10	40	6	179
30CrMnSiA	110	90	10	15	5	229

注　1. 表中符号 σ_s 代表金属材料的屈服极限，即金属材料在外力作用下将要发生显著的塑性变形时的应力值，超过这个应力值材料产生明显的屈服现象；符号 σ_b 代表金属材料的强度极限，即金属材料抵抗外力破坏的最大能力，超过这个应力值，材料就发生断裂破坏；符号 δ 代表金属材料做拉伸试验时的延伸率，δ_5、δ_{10} 分别代表金属试棒长度为其直径的 5 倍和 10 倍。

2. 符号 Ψ 代表金属材料的断面收缩率。即金属材料拉伸时，断面缩小量与原断面面值百分比，是表征材料塑性大小的判别数。符号 a_k 表示材料抵抗外力冲击破坏的能力，叫作材料的韧性。HB 是材料的布氏硬度值。

4. 磁钢和硅（矽）钢（电工钢）

水力发电厂应用磁钢的地方，大件如永磁发电机的极身是用铁镍钴基合金制造的，各钴镍磁钢，小件如磁石式电话机里的砖形磁铁，磁电式电工仪表中的马蹄形磁铁，有的是用钴组合金，有的是用铁钴碳合金或钡铁合金。

水轮发电机常用的硅钢片品号为 D41，品号 D41 硅钢片的含硅量为 3.8%～4.8%，供应时保证一般的电磁性能，硅钢片在频率 50Hz 的强磁场下检验。

各种小型电动机硅钢片品号为 D22，此外各种变压器、电动机、电焊机、电磁铁等电磁结构上都广泛采用了各种品号的硅钢片。

5. 灰口铸铁

灰口铸铁在水力发电厂的应用较为广泛。中型水轮机上部盖多用 HT12-25 铸铁制造。

铸铁代号前面的数字表示抗拉强度 σ_b 值的大小，后面的数字表示抗弯强度 σ_b 值的大小，单位均为 kg/mm^2。

HT12-28 常用于永磁机机座、端盖、永磁机定子上下压圈、扶梯踏板、接头励磁机架、风闸活塞、水轮机导轴承体、接力器活塞、导水叶铜套、上部盖、导水叶端盖、紧急真空破坏阀阀体、阀门、活塞，盘形阀塔形支座、阀门、阀体，锁锭闸闸缸，接力器缸体，各种减速箱的壳体。

HT15-32 用于起重机的高脚轴承座，高度指示器轴承及蜗杆、滑轮、卷筒，制动器上的闸瓦、行车上的滑轮、高压空气压缩机机身、轴承盖、进出气阀压罩、低压空气机的气缸座、平衡锤、盲孔盖机体座等。

此外，HT18-40-36 用于各种皮带轮。HT21-40 用于接力器活塞环，高压空气机大、小活塞，低压空气机的气门压盖、汽门阀盖、阀盖、阀座、汽门导板、汽缸盖等。HT28-45 用于旧式调速器主配压阀阀壳、飞摆阀壳、启动装置壳体、缓冲壶外壳等较重要零件。

6. 轴承合金

水力发电厂应用的轴承合金主要有铅基轴承合金和锡基轴承合金两种。锡基轴承常用合金牌号为 ChSnSi11-6，应用于水轮发电机的上下导轴承瓦等。

至于纯锡和纯铅在水力发电厂也有应用之处。如底孔弧门的底槛止水系灌铅件，铠装电缆保护层系铅皮，水工测流用的垂锤（俗称铅鱼）系铅基。人字门水下钢丝绳头曾用灌铅法固定，现在已淘汰。锡主要做焊接材料。空气冷却器及发电机磁极接头焊接用锡量很大。

第二节　金属材料焊接

一、焊接的定义

焊接是指同种材质或者不同材质通过加热或加压，采用或不采用填充金属，使被焊工件达到原子间结合而形成永久性连接的工艺过程。

二、影响焊接质量的因素

（一）焊接人员水平因素

焊接人员就是焊工，也包括焊接设备的操作人员。各种不同的焊接方法对焊工的依赖程度不同，手工操作占支配地位的手弧焊接，焊工操作技能的水平和谨慎认真的态度对焊接质量至关重要。即使埋弧自动焊，焊接规范的调整和施焊也离不开人的操作。由于焊工质量意识差、操作粗心大意、不遵守焊接工艺规程、操作技能差等都可能影响焊接质量。控制措施一般从以下四个方面着手：一是加强质量意识教育，提高责任心和一丝不苟的工作作风，并建立质量责任制；二是定期进行岗位培训，从理论上认识执行工艺规程的重要性，从实践上提高操作技能；三是加强焊接工序的自检与专职检查；四是执行焊工考试制度，坚持持证上岗，建立焊工技术档案。

（二）机器设备因素

机器设备这一因素对焊接来说就是各种焊接设备。焊接设备的性能，它的稳定性与可靠性对焊接质量会产生一定影响，特别是结构复杂、机械化、自动化高的设备，由于对它的依赖性更高，因此要求它有更好、更稳定的性能。在压力容器质量体系中，要求建立包括焊接设备在内的各种在用设备的定期检查制度。其检查内容主要包括定期的维护、保养和检修；定期校验焊接设备上的电流表、电压表、气体流量计等计量仪表；建立设备状况的技术档案；建立设备使用人员责任制。

（三）焊接材料因素

焊接使用的材料包括各种被焊材料，也包括各种焊接材料，还有与产品配合使用的各种外购或外协加工的零部件。焊接生产中使用这些材料的质量是保证焊接产品质量的基础和前提。从全面质量管理的观点出发，为了保证焊接质量，从生产过程的起始阶段，即投料之前就要把好材料关。主要控制措施应包含加强原材料的进厂验收和检验；建立严格的材料管理制度；实行材料标记移植制度，以达到材料的追溯性；择优选择信誉、质量好而且稳定的供应厂和协作厂进行订货和加工。

（四）焊接工艺方法因素

焊接质量对工艺方法的依赖性较强，在影响工序质量的各因素中占有更重要的地位。其影响主要来自两个方面：一方面是工艺制定的合理性；另一方面是执行工艺的严肃性。焊接工艺的制定首先要进行焊接工艺评定，然后根据评定合格的工艺评定报告和图样技术要求制定焊接工艺规程、编制焊接工艺说明书或焊接工艺卡。这些以书面形式表达的各种工艺参数是指导施焊时的依据，它是模拟生产条件所做的试验和长期积累的经验以及产品的具体技术要求而编制出来的，是保证焊接质量的基础。在此基础上需要保证的另一方面是贯彻执行焊接工艺的严肃性。在没有充分根据的情况下不得随意变更工艺参数，即使确需改变，也必须履行一定程序和手续。不正确的焊接工艺固然不能保证焊接质量，即使有经评定验证是正确合理的工艺规程，不严格执行，同样也不能得到合格的质量。两者相辅相成，相互依赖，不能忽视或偏废任何一个方面。其控制措施主要有四个方面，一是按有关规定进行焊接工艺评定；二是选择有经验的焊接技术人员编制所需的工艺文件；三是加强施焊过程中的管理与检查；四是按要求制作焊接产品试板，以检验工艺方法的正确性与合理性。

（五）现场环境因素

在特定环境下，焊接质量对环境的依赖性也是很大的。因为焊接操作常常在室外露天进行，必然受到外界自然条件，如温度、湿度、风力及雨雪天气的影响，在其他因素一定的情况下，有可能单纯因环境因素造成焊接质量问题。环境因素的控制措施比较简单，当环境条件不符合规定要求时，如风力较大或雨雪天气可暂时停止焊接工作或采取有效防护措施后再进行焊接，过低的气温可对工件适当预热等。

影响焊接质量的因素概括为以上五个方面，这是从大的方面说。而每一个大因素又可分为若干小因素，每一个小因素还可以分解成更小的因素。将各种因素罗列出来并绘成一种称因果图的形式，即各种可能导致产生某种后果的原因，按主次依次排列出来，这种图形也称为鱼刺图。它是一种进行质量分析的工具，根据长期实践经验，将影响质量的各因素都归纳于图中，一旦出现质量事故，在查找原因时可从因果图中逐一分析，逐一排除，最终总会查出造成焊接质量不合格的一个或几个原因，并在以后的焊接工作中予以纠正和排除。

三、水力发电金属常用焊接工艺

(一) 焊条电弧焊 (SMAW)

焊条电弧焊是通过带药皮的焊条和被焊金属间的电弧将被焊金属加热，从而达到焊接的目的。焊条和工件的电弧是由电流引起的，电弧提供热能可将母材、填充金属以及焊条药皮融化，随着电弧移动，焊缝金属得以凝固并在表面形成一层焊渣，焊渣是在熔化金属的凝固过程中浮上来的，因此，焊接缺陷夹渣，即使很少，也有可能留在焊缝中。焊条药皮在加热并分解后出现大量的保护气体，为电弧周围的熔化金属提供气-渣双重保护。

1. 焊条

焊条电弧焊中最主要的要素是焊条，它是由金属芯外覆一层粒状粉剂和某种黏接剂制作而成的。焊条电弧焊及各组成部分示意如图 6-2-1 所示。

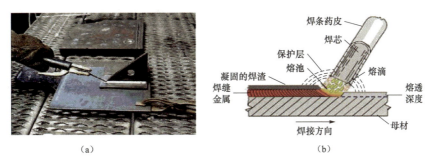

(a)　(b)

图 6-2-1　焊条电弧焊及各组成部分示意图
(a) 实际操作；(b) 各组成部分示意

焊条药皮烘干时为非导体，引燃电弧后产生以下作用，一是保护作用，药皮中某些物质分解后产生的气体为熔融金属提供保护；二是具有脱氧作用，即药皮有造渣作用，去除杂质、氧以及其他的大气气体；三是焊缝提供合金元素；四是药皮熔化后改善电的特性，增强电弧稳定性；五是保温作用，凝固的焊渣覆盖在焊缝金属上降低了焊缝金属的冷却速度。

(1) GB/T 5117《非合金钢及细晶粒钢焊条》。

GB/T 5117《非合金钢及细晶粒钢焊条》中规定了非合金钢及细晶粒钢焊条的型号、技术要求、试验方法、检验规则、包装、标志和质量证明。适用于抗拉强度低于 570MPa 的非合金钢及细晶粒钢焊条。焊条型号由五部分组成：字母"E"表示焊条；字母"E"后面的紧邻两位数字，表示熔敷金属的最小抗拉强度；字母"E"后面的第三和第四两位数字，表示药皮类型、焊接位置和电流类型；熔敷金属的化学成分分类代号，可为"无标记"或短划"-"后的字母、数字或字母和数字的组合；熔敷金属的化学成分代号之后的焊后状态代号，其中"无标记"表示焊态，"up"表示热处理状态，"AP"表示焊态和焊后热处理两种状态均可。

除以上强制分类代号外，根据供需双方协商，可在型号后依次附加可选代号：

字母"U"，表示在规定试验温度下，冲击吸收能量可以达到 47J 以上；扩散氢代号"HX"，其中 X 代表 15、10 或 5，分别表示每 100g 熔敷金属中扩散氢含量的最大值

（mL）。

焊条电弧焊焊条型号的标识方法如图6-2-2所示。

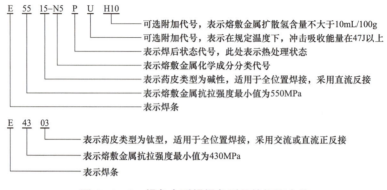

图6-2-2　焊条电弧焊焊条型号的标识方法

（2）热强钢焊条（低合金钢焊条）。GB/T 5118《热强钢焊条》中，焊条型号：字母"E"表示焊条；字母"E"后，前两位数字表示熔敷金属抗拉强度的最小值；字母"E"后面的第三和第四两位数字，表示药皮类型、焊接位置和电流类型；短划"-"后的字母、数字或字母和数字的组合表示熔敷金属的化学成分根据协商可增加，扩散氢代号"HX"，其中X代表15、10或5，分别表示每100g熔敷金属中扩散氢含量的最大值（mL）。热强钢焊条型号的标识方法如图如6-2-3所示。

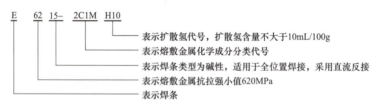

图6-2-3　热强刚焊条型号的标识方法

（3）不锈钢焊条。GB 983《不锈钢焊条》焊条型号如E 308-15，字母E表示焊条，"E"后面的数字表示熔敷金属化学成分分类代号，如有特殊要求的化学成分，该化学成分用元素符号表示放在数字的后面，短划"-"后面的两位数字表示焊条药皮类型、焊接位置及焊接电流种类。不锈钢焊条型号的标识如图6-2-4所示。

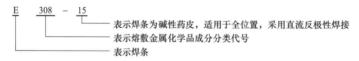

图6-2-4　不锈钢焊条型号的标识方法

2. 焊接设备

焊条电弧焊的设备相对简单，整流式焊条电弧焊机如图6-2-5所示；逆变式焊条电弧焊机如图6-2-6所示。可以看出一根电线连接焊接电源和待焊工件；另一根电线连接焊接电源和焊工焊条挟持焊条的焊把，当焊条和工件接触后生成焊接电弧，其产生的热量熔化焊条和母材。

图 6-2-5　整流式焊条电弧焊机

图 6-2-6　逆变式焊条电弧焊机

焊条电弧焊的电源就是通常所说的恒流电源，它具有"陡降"的特性，当焊工增加弧长时，电流通过的距离增加，则焊接回路的电阻增加，从而导致电流的轻微下降（10%），电流的下降促使电压急剧地上升（32%），电压的上升又反过来限制了电流的进一步下降。从工艺控制的角度看，这点很重要，因为焊工可通过改变电弧长度来增减焊缝熔池的流动性。但是，太大的电弧长度将使电弧的集中度降低，从而导致熔池热量的损失，使电弧稳定性降低，也导致焊接熔池的保护效果变差。

3. 应用和特点

焊条电弧焊在工业中使用广泛，同时也是一种相对陈旧的焊接方法，随着科学技术的发展，一些新的焊接工艺在某些方面的应用上已经取代了它，即使这样，焊条电弧焊仍然在焊接工业中广泛应用。焊条电弧焊有以下优点：第一，设备简单而便宜，这就使得焊条电弧焊很轻便。如在没有电的边远地区焊接时，采用汽油或柴油驱动的电焊机；其次，电焊机体积小、质量轻、焊工便于携带，由于焊条种类的多样化，使这种焊接方法广泛应用；最后，随着设备和焊条的不断改进，这种焊接方法始终能保持很高的焊接质量。

焊条电弧焊的局限性之一是焊接速度，由于焊工要更换 228～457mm 长的焊条，所以这种周期性的停顿限制了焊接速度。焊条电弧焊在许多应用场合已被其他半自动、机械化和自动化的焊接工艺所取代，原因就是这些工艺与焊条电弧焊相比，有着更高的生产效率。

焊条电弧焊的另一个缺点也是影响生产率的，即焊后焊渣的清理。而且，当使用低氢焊条时，还需要有适当的储存设施，如烘箱，以保持其较低的潮湿度。

（二）埋弧焊（SAW）

埋弧焊是目前所提及的在焊缝金属熔敷效率上最高的一种典型焊接方法。SAW 用实芯焊丝连续送进，焊丝产生的电弧完全被颗粒状的焊剂层所覆盖；因而被命名成"埋弧"焊。埋弧焊焊丝送进到焊接区域的方式与气体保护焊和药芯焊丝焊非常一致，而最大的差别是保护方式。对于埋弧焊工艺，颗粒状焊剂被置于焊丝的前部或周围来实现对熔化金属的保护。焊接过程中，焊道上有一层焊渣和未熔化的颗粒状焊剂。焊渣清除后通常被丢弃。未熔化的焊剂可回收并与新的焊剂混合后再使用，但焊剂的颗粒度必须保持在原来的范围内。埋弧焊各组成部分示意图如图 6-2-7 所示。

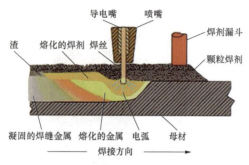

图 6 - 2 - 7　埋弧焊各组成部分示意图

导电嘴　喷嘴
焊剂漏斗
渣　熔化的焊剂　焊丝
颗粒焊剂
凝固的焊缝金属　熔化的金属　电弧　母材
焊接方向

1. 焊接材料

由于 SAW 的焊丝和焊剂是各自分开的，所以对某个接头会有多种组合可选用。对于合金钢焊缝。一般有两种组合：合金焊丝配合中性焊剂或低碳焊丝配合合金焊剂。因此，为了正确地描述 SAW 的填充材料，美国焊接学会的标识系统包括了焊丝和焊剂。GB/T 5293《埋弧焊用碳钢焊丝和焊剂》和 GB/T 12470《埋弧焊用低合金钢焊丝和焊剂型号分类》根据焊丝-焊剂组合的熔敷金属力学性能、热处理状态进行划分，焊丝-焊剂组合的型号编制方法如下：字母"F"表示焊剂；第一位数字表示焊丝-焊剂组合的熔敷金属抗拉强度的最小值；第二位字母表示试件的热处理状态，A 表示焊态，P 表示焊后热处理状态；第三位数字表示熔敷金属冲击吸收功不小于 27J 时的最低试验温度；"-"后面表示焊丝的牌号。如果需要标注熔敷金属中扩散氢含量时，可用后缀"HX"表示。埋弧焊焊丝型号的标识方法见图 6 - 2 - 8。

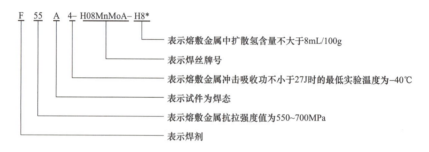

F 55 A 4 - H08MnMoA - H8*

表示熔敷金属中扩散氢含量不大于8mL/100g
表示焊丝牌号
表示熔敷金属冲击吸收功不小于27J时的最低实验温度为-40℃
表示试件为焊态
表示熔敷金属抗拉强度值为550~700MPa
表示焊剂

图 6 - 2 - 8　埋弧焊焊丝型号的标识方法

2. 焊接设备

埋弧焊能够实现自动化或半自动化。在半自动埋弧焊中，焊丝和焊剂通过焊枪给送，靠焊工使焊枪沿接头方向移动，这叫"手持埋弧焊"。然而，无论哪种情况，都要求有一电源。虽然大部分埋弧焊使用平特性电源，仍有相当数量的应用选择陡降特性电源。与气体保护焊和焊丝电弧焊一样，送丝机构强迫焊丝通过软管送到焊枪。焊剂必须放置在焊接区域；对于自动焊，焊剂一般放置在机头上部的焊剂料斗中。靠重力送料，通过围绕导电嘴的送料嘴把焊剂送至电弧前面一点或周围。对于半自动埋弧焊，焊剂采用压缩空气强制送到焊枪，压缩空气使颗粒状焊剂产生"焊剂流"；或是通过直接连在手提焊枪上的料斗直接送到焊枪。设备的另外一个差异就是在交流、直流正接或直流反接之间选择。焊接电流的类型影响焊缝熔深和断面形状。对于一些应用，可以使用多丝焊。这些焊丝可能采用一个电源供电，或需要多个电源。多丝的使用可以提供多样性的工艺。自动埋弧焊设备及实际操作如图 6 - 2 - 9 所示。

3. 应用和特点

SAW 已在许多工业领域得到认可，并可用在许多金属上。由于很高的熔敷效率，它在表面堆焊上表现出很高的效率。在表面需要改善耐腐蚀或耐磨性能的情况下，在不耐蚀或不

（a）　　　　　　　　　　　　　　（b）

图 6-2-9　自动埋弧焊设备及实际操作

（a）设备；（b）实际操作

耐磨金属表面覆盖耐蚀或耐磨焊缝是一种非常经济的办法。如果要实现自动化堆焊，埋弧焊是最佳选择。SAW 最大的优势是它的高熔敷效率。与其他常用方法相比，SAW 有着很高的焊缝金属熔敷效率。埋弧焊因为没有可见的弧光，所以允许操作工在没有佩带防护镜和其他厚重保护服的情况下对焊接进行控制。另外，SAW 比其他焊接方法产生更少的烟，在许多应用中具有获得满意熔深的能力。

　　SAW 的局限是它只能在焊剂可以被支撑在焊接接头的位置进行焊接。当焊接不是在常规的平焊或横焊位置进行时，就需要一些装置来保持焊剂在适当的位置，使焊接可以进行。和大多数机械方法一样，SAW 的另一个局限是它可能需要很多工具工装和变位设备。和其他使用焊剂的方法一样，完工焊缝上有一层必须去掉的焊渣。如果焊接参数不恰当，则焊缝成形会使清渣变得非常困难。最后一个缺点与在焊接过程中覆盖在电弧上的焊剂有关。当它很好地保护了焊工免受电弧伤害的时候，也阻挡了焊工准确地观察电弧在接头中的位置。建议可采用导向装置在没有电弧和焊剂的一点进行跟踪。如果电弧偏离，则会产生未熔合。SAW 有一些固有的问题。

　　（1）与颗粒状焊剂有关。与低氢型的 SMAW 焊条一样，埋弧焊的焊剂需要保护起来免遭潮气。在使用前，可能需要将焊剂存储在加热的容器中。如果焊剂受潮，可能会产生气孔和焊道下裂纹。

　　（2）凝固裂纹。这是焊道宽度和深度之比过大时产生的，也就是说焊道的宽度远大于深度。反之亦然，当焊道的宽度远小于深度的时候会在凝固过程中产生中心收缩裂纹。

（三）二氧化碳气体保护电弧焊（MAG）

　　二氧化碳气体保护电弧焊是一种融化极气体保护电弧焊技术，是以二氧化碳作为保护气体，在高温环境中将焊件表面融化，从而将其焊接在一起。二氧化碳电弧焊设备如图 6-2-10 所示。

1. 工艺影响参数

　　二氧化碳气体保护电弧焊主要有焊接电

图 6-2-10　二氧化碳电弧焊设备

流、电压、速率、延伸长度、焊丝、气体和极性等参数，在施工过程中根据焊接条件选择相应的电流，根据钢结构的材质、厚度、位置等参数选择合适的焊接电流。二氧化碳气体保护电弧焊主要是通过调整电流来控制送丝速度，所以焊机在焊接过程中的电流一定要和焊接电压相适应，要确保送丝速度与熔丝速度相一致，这样才能确保焊机弧长的稳定。二氧化碳气体保护电弧焊的电压参数指的是焊机的电弧电压，为焊机提供能量。焊机的电压越强焊接的能量就越强，熔丝融化的速度也相应变快，其电流也会增大。当焊接电压和电流恒定时，应确保焊机的焊接速度，以在单位时间内给焊缝提供足够的热量。延伸长度是指二氧化碳气体保护焊丝从导电喷嘴到焊接件的焊接距离。

2. 二氧化碳气体保护焊的特点

二氧化碳气体保护焊有四个方面的优点：一是生产效率高，其生产效率是焊条电弧焊的1～4倍；二是焊接成本低，其成本只有埋弧焊、焊条电弧焊的40%～50%；三是操作简单，对工件厚度不限，可进行全位置焊接而且可以向下焊接；四是焊缝质量高，焊缝低氢且含氮量也较少，因而焊缝抗裂性能高。

二氧化碳气体保护焊也存在局限性，主要有以下六个方面：一是焊接过程中弧光较强，特别是在大电流焊接时，电弧的光、热辐射均较强；二是不宜用交流电源进行焊接，焊接设备比较复杂；三是不能在有强风的地方进行焊接，不宜焊接容易氧化的有色金属；四是焊接过程中发尘量较大，造成环境污染的影响；五是控制或操作不当时，容易产生气孔；六是焊接设备比较复杂。

3. 应用范围

二氧化碳气体保护焊主要应用于低碳钢、低合金钢的焊接，其焊接壁厚范围跨度较大，为 0.6～150mm。同时，二氧化碳气体保护焊还可以用于耐磨零件的堆焊。

第三节 无 损 检 测

无损检测就是利用声、光、磁和电等特性，在不损害或不影响被检对象使用性能的前提下，检测被检对象中是否存在缺陷或不均匀性，给出缺陷的大小、位置、性质和数量等信息，进而判定被检对象所处技术状态（如合格与否、剩余寿命等）的所有技术手段的总称。

常用的无损检测方法有超声检测（UT）、射线检测（RT）、磁粉检测（MT）、渗透检测（PT）、涡流检测（ET）。随着科学技术的发展，衍射时差超声检测（TOFD）、相控阵超声波检测（PAUT）等新技术在电力行业金属检测中得到了广泛的应用。

一、超声波检测（UT）

1. 超声波检测的定义

超声波检测是指通过超声波与试件相互作用，就反射、透射和散射的波进行研究，对试件进行宏观缺陷检测、几何特性测量、组织结构和力学性能变化的检测和表征，并进而对其特定应用性进行评价的技术。

2. 超声波工作的原理

超声波工作原理主要是基于超声波在试件中的传播特性。声源产生超声波，采用一定的方式使超声波进入试件；超声波在试件中传播并与试件材料以及其中的缺陷相互作用，使其传播方向或特征被改变；改变后的超声波通过检测设备被接收，并可对其进行处理和分析；根据接收的超声波的特征，评估试件本身及其内部是否存在缺陷及缺陷的特性。常规超声波探伤仪如图 6 - 2 - 11 所示。

3. 超声波检测的优点

（1）适用于金属、非金属和复合材料等多种制件的无损检测。

（2）穿透能力强，可对较大厚度范围内的试件内部缺陷进行检测。如对金属材料，可检测厚度为 $1\sim2\text{mm}$ 的薄壁管材和板材，也可检测几米长的钢锻件。

（3）缺陷定位较准确。

（4）对面积型缺陷的检出率较高。

（5）灵敏度高，可检测试件内部尺寸很小的缺陷。

（6）检测成本低、速度快、设备轻便，对人体及环境无害，使用较方便。

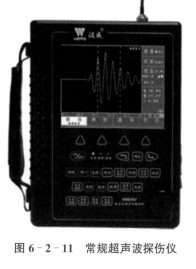

图 6 - 2 - 11　常规超声波探伤仪

4. 超声波检测的局限性

（1）对试件中的缺陷进行精确的定性、定量仍须作深入研究。

（2）对具有复杂形状或不规则外形的试件进行超声检测有困难。

（3）缺陷的位置、取向和形状对检测结果有一定影响。

（4）材质、晶粒度等对检测有较大影响。

（5）以常用的手工 A 型脉冲反射法检测时结果显示不直观，且检测结果无直接见证记录。

5. 超声检测的适用范围

（1）从检测对象的材料来说，可用于金属、非金属和复合材料。

（2）从检测对象的制造工艺来说，可用于锻件、铸件、焊接件、胶结件等。

（3）从检测对象的形状来说，可用于板材、棒材、管材等。

（4）从检测对象的尺寸来说，厚度可小至 1mm，也可大至几米。

（5）从缺陷部位来说，既可以是表面缺陷，也可以是内部缺陷。锻件是金属被施加压力，通过塑性变形塑造要求的形状或合适的压缩力的物件。这种力量典型的是通过使用铁锤或压力来实现。铸件过程建造了精致的颗粒结构，并改进了金属的物理属性。在零部件的现实使用中，一个正确的设计能使颗粒流在主压力的方向。

二、射线检测（RT）

1. 射线检测的定义

射线检测是利用各种射线（射线、中子射线等）穿过材料或工件时的强度衰减，检查其内部缺陷或根据衍射特性对其晶体结构进行分析的技术。

2. 射线检测工作的原理

射线是具有可穿透不透明物体能力的辐射，包括电磁辐射（X 射线和 γ 射线）和粒子辐射。在射线穿过物体的过程中，射线将与物质相互作用，部分射线被吸收，部分射线发生散射。不同物质对射线的吸收和散射不同，导致透射射线强度的降低也不同。检测透射射线强度的分布情况，可实现对工件中存在缺陷的检验。

3. 射线检测的优点

（1）检测结果可用底片直接记录。

（2）可以获得缺陷的投影图像，缺陷定性定量准确。

4. 射线检测局限性

（1）体积型缺陷检出率很高，而面积型缺陷的检出率受到多种因素影响。

（2）适宜检验厚度较薄的工件而不适宜较厚的工件。

（3）适宜检测对接焊缝，检测角焊缝效果较差，不适宜检测板材、棒材、锻件。

（4）有些试件结构和现场条件不适合射线照相。

（5）对缺陷在工件中厚度方向的位置、尺寸（高度）的确定比较困难。

（6）检测成本高。

（7）射线照相检测速度慢。

（8）射线对人体有伤害。

5. 射线检测的适用范围

射线检测主要检测体积型的缺陷，广泛用于焊缝和铸件的检测，尤其是焊缝的检验。射线照相法用得最多，也最为有效。它能有效检出气孔、夹渣、疏松等缺陷，但对分层、裂纹又难以检测。且在射线方向上要存在厚度差或密度差。它能在底片上直接地观察到缺陷的性质、形状大小、位置等，便于对缺陷定位、定量、定性。可以长久地保存底片，作为检测结果记录的可靠依据。但它对面状缺陷检测能力较差，尤其对工件中最危险的缺陷——裂纹，如果缺陷的取向与射线方向相对角度不适当时，检出率会明显下降，乃至完全无法检出。此外，费用也较高，操作工序也较为复杂。

三、磁粉检测（MT）

1. 磁粉检测的原理

铁磁性材料和工件被磁化后，由于不连续性的存在，使工件表面和近表面的磁力线发生局部畸变而产生漏磁场，吸附施加在工件表面的磁粉，形成在合适光照下目视可见的磁痕，从而显示出不连续性的位置、形状和大小。常规磁粉探伤仪如图 6 - 2 - 12 所示。

2. 磁粉检测的适用性和局限性

（1）磁粉探伤适用于检测铁磁性材料表面和近表面尺寸很小、间隙极窄（如可检测出长 0.1mm、宽为微米级的裂纹）、目视难以看出的不连续性缺陷。

（2）磁粉检测可对原材料、半成品、成品工件和在役的零部件进行检测，还可对板材、型材、管材、棒材、焊接件、铸钢件及锻钢件

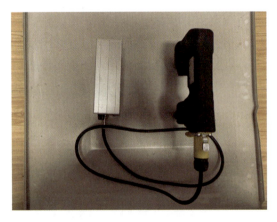

图 6 - 2 - 12　常规磁粉探伤仪

进行检测。

（3）可发现裂纹、夹杂、发纹、白点、折叠、冷隔和疏松等缺陷。

（4）磁粉检测不能检测奥氏体不锈钢材料和用奥氏体不锈钢焊条焊接的焊缝，也不能检测铜、铝、镁、钛等非磁性材料。对于表面浅的划伤、埋藏较深的孔洞和与工件表面夹角小于 20°的分层和折叠难以发现。

3. 磁粉检测的适用范围

磁粉探伤主要用于碳钢、合金结构钢、沉淀硬化钢和电工钢等的表面和近表面的缺陷检测，由于不连续的磁痕堆集于被检工件的表面上，所以能直观地显示不连续的形状、位置和尺寸，并大致确定其性质。磁粉检测的灵敏度也较高，可检出缺陷宽度可达 0.1μm，对于埋藏深达几毫米，甚至十几毫米的某些不连续的缺陷也可探测出来。磁粉检测时，几乎不受被检测件的大小和形状限制，并采用各种磁化技术可检验各个部位的缺陷，它的工艺相对简单而且检验速度快、成本低。但它不能检验非铁磁性的金属，如铝、镁、铜，也不能检查非金属材料，如橡胶、塑料、玻璃、陶瓷等，它也不能检查奥氏体不锈钢，它主要用于船体焊缝、柴油机零部件、钢锻件、钢铸件的检测。

四、渗透检测（PT）

1. 渗透检测的基本原理

零件表面被施涂含有荧光染料或着色染料的渗透剂后，在毛细管作用下，经过一段时间，渗透液可以渗透进表面开口缺陷中；经去除零件表面多余的渗透液后，再在零件表面施涂显像剂，同样，在毛细管的作用下，显像剂将吸引缺陷中保留的渗透液，渗透液回渗到显像剂中，在一定的光源下（紫外线光或白光），缺陷处的渗透液痕迹被显示（黄绿色荧光或鲜艳红色），从而探测出缺陷的形貌及分布状态。渗透探伤剂（渗透剂、显像剂、清洗剂）如图 6-2-13 所示。

2. 渗透检测的优点

（1）可检测各种材料：金属、非金属材料；磁性、非磁性材料；焊接、锻造、轧制等加工方式。

（2）具有较高的灵敏度（可发现 0.1μm 宽缺陷）。

（3）显示直观、操作方便、检测费用低。

3. 渗透检测的缺点及局限性

（1）它只能检出表面开口的缺陷。

图 6-2-13　渗透探伤剂

（2）不适于检查多孔性疏松材料制成的工件和表面粗糙的工件。

（3）渗透检测只能检出缺陷的表面分布，难以确定缺陷的实际深度，因而很难对缺陷做出定量评价。检出结果受操作者的影响也较大。

4. 渗透检测的适用范围

渗透检测主要适用于检查表面开口缺陷的无损检测。诸如裂纹、折叠、气孔、冷隔和疏松等，它不受材料组织结构和化学成分的限制，它不仅可以检查金属材料，还可以检查塑料、陶瓷及玻璃等非多孔性的材料。它的显示直观，容易判断，操作方法具有快速、简便的特点，通过操作即可检出任何方向的缺陷。

五、涡流检测（ET）

1. 涡流检测的定义

涡流检测是以电磁感应为基础，通过测定被检工件内感生涡流的变化来无损地评定导电材料及其工件的某些性能或发现其缺陷的无损检测方法。便携式涡流探伤仪如图 6‒2‒14 所示。

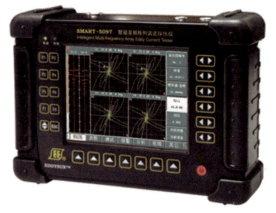

图 6‒2‒14　便携式涡流探伤仪

2. 涡流检测的基本原理

当载有交变电力的试验线圈靠近导体试件时，由于线圈产生的交变磁场的作用感应出涡流，涡流的大小、相位及流动形式受到试件性能和有无缺陷的影响，而涡流产生的反作用又使线圈阻抗发生变化，因此，通过测定线圈阻抗的变化，就可以推断被检试件性能的变化及有无缺陷的结论。

3. 涡流检测的优点

（1）适用于各种导电材质的试件检测，包括各种钢、钛、镍、铜及其合金。

（2）可以检出表面和近表面缺陷。

（3）检测结果以电信信号输出，容易实现自动化检测。

（4）由于采用非接触式检测，所以检测速度很快。

4. 涡流检测的局限性

（1）形状复杂的试件很难应用。因此一般只用于检测管材、板材等轧制型材。

（2）不能显示出缺陷图形，因此无法从显示信号判断出缺陷性质。

（3）各种干扰检测的因素较多，容易引起杂乱信号。

（4）由于集肤效应，埋藏较深的缺陷无法检出。

（5）不能用于不导电的材料。

六、衍射时差超声检测（TOFD）

1. 衍射时差超声检测的定义

衍射时差超声检测是利用缺陷端点的衍射波信号探测和测定缺陷尺寸的一种自动超声检测方法。

2. 衍射时差超声检测的原理

衍射时差超声检测是一种利用超声波衍射现象、非基于波幅的自动超声检测方法。通常使用纵波斜探头，采用一发一收的模式。TOFD 检测设备及扫查装置如图 6‒2‒15 所示，TOFD 成像演示如图 6‒2‒16 所示。

3. 衍射时差超声检测的优点

（1）技术的可靠性好，定量精度高。

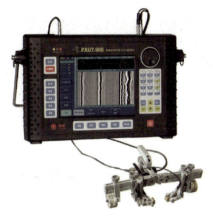

图 6-2-15　TOFD 检测设备及扫查装置

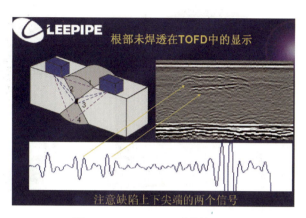

图 6-2-16　TOFD 成像演示图

（2）检测简便快捷，检测效率高。

（3）检测系统配有自动或半自动扫查装置，能够确定缺陷与探头的相对位置，图像有利于缺陷的识别和分析。

（4）仪器全过程记录信号，长久保存数据，能高速进行大批量信号处理。

（5）衍射时差超声除了用于检测外，还可用于缺陷扩展的监控，对裂纹高度扩展的测量精度可高达 0.1mm。

（6）相对于射线检测而言，衍射时差超声检测技术更环保，无辐射。

4. 射时差超声检测的局限性

（1）工件上、下表面存在盲区。

（2）难以准确判断缺陷性质。

（3）图像识别和判读比较难，数据分析需要丰富的经验。

（4）对粗晶材料检测比较困难，其信噪比较低。

（5）横向缺陷检测比较困难（焊缝余高）。

（6）复杂几何形状的工件检测比较困难。

（7）点状缺陷端点尺寸测量不够准确。

5. 适用范围

衍射时差超声检测适用于水力发电厂压力钢管对接焊缝、闸门对接焊缝、压力容器对接焊缝等检测。

七、相控阵超声波检测（PAUT）

1. 相控阵检测的原理

相控阵检测是使用不同形状的多阵元换能器产生和接收超声波束，通过控制换能器阵列中各阵元发射（或接收）脉冲的不同延迟时间，改变声波到达（或来自）物体内某点时的相位关系，实现焦点和声束方向的变化，从而实现超声波的波束扫描、偏转和聚焦。然后采用机械扫描和电子扫描相结合的方法来实现图像成像。相控阵超声波探伤仪及扫查成像如图 6-2-17 所示和图 6-2-18 所示。

图 6-2-17　相控阵超声波探伤仪

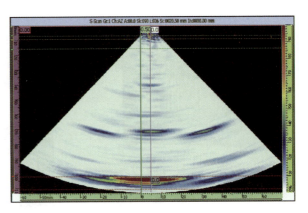

图 6-2-18　相控阵 S 扫查成像

2. 相控阵检测的优点

（1）检测速度快，检测灵活性强，可实现对复杂结构件和盲区位置缺陷检测。

（2）可生成可控的声束角度和聚焦深度。

（3）可对试件进行高速、全方位和多角度检测。

（4）不移动探头或尽量少移动探头。

（5）常规部件检测不需要复杂的扫查装置，不需要更换探头。

（6）通过优化晶片的尺寸、声束方向，在分辨力和信噪比、缺陷检出率等方面较常规超声波检测具有一定的优越性。

3. 相控阵检测的局限性

（1）目前相控阵检测仪器及配套探头软件较常规仪器昂贵。

（2）对检测人员整体要求较高，需要拥有计算机、成像及超声波检测等相关方面的知识储备。

（3）数据分析会非常耗时。

（4）在阵列中失灵的晶片可能会抑制相长干涉和声束的形成；

（5）工件结构复杂，扇形扫查角度的限制必须由操作员来执行。

4. 相控阵超声波检测仪在水力发电金属检测的应用

（1）在役水力发电联轴螺栓的相控阵检测。

（2）活动导叶相控阵检测。

第四节　理　化　检　测

一、金相检验

金相组织分析的目的在于通过材料的微观组织结构来解释材料的宏观性能，是对材料的组元、成分、结构特征以及材料组织形貌或缺陷等进行观察和分析的过程，在不同层面上研究材料的微观组织，借助于不同的分析方法和设备，如金相显微镜、扫描电子显微镜和透射电子显微镜，甚至高分辨率电子显微镜和原子力电子显微镜等大型现代化精密设备来观察与分析。

　　金属材料的宏观组织主要是指肉眼或低倍（≤50倍）下所见的组织。宏观分析的优点是方法简便易行，观察区域大，可以综观全貌。它的不足之处是人眼分辨率有限，缺乏洞察细微的能力，这就促使人们找寻新的工具和手段，突破视觉的生理界限，逐步发展微观组织分析方法。

　　金属材料的显微组织是指在放大倍数较高的金相显微镜下观察到的组织。光学显微镜用于金相分析已有一百多年的历史，比较成熟，目前仍是生产检验的主要工具。它的最大分辨率在 0.2μm 左右，使用放大倍数一般小于 2000 倍。

　　电子显微组织分析是利用电子显微镜来观察分析材料组织的方法，其放大倍数和分辨率较金相显微镜更大，可达几十万倍，甚至可观察到材料表面的原子像。

　　金相分析技术是研究材料微观组织的最基本、最常用的技术，它在提高材料内在质量的研究，在新材料、新工艺、新产品的研究开发和产品检验、失效分析、优化工艺等方面应用最广。随着计算机技术与数字技术的发展，为金相技术提供了更快、更有效的方法与设备。

　　1. 宏观（低倍）分析方法

　　宏观分析是常用的检验方法。主要用于检查原材料或零件的宏观质量，评定各种宏观缺陷；检验工艺过程和进行失效分析。

　　宏观分析一般可包括下述内容：

　　（1）铸态的结晶组织。如各层晶带（柱晶带、等轴晶带）、晶粒形状（如树枝晶）及晶粒大小等。

　　（2）某些元素的宏观偏析，如钢中硫、磷的偏析等。

　　（3）压力加工所形成的流线、纤维组织及粗晶区（如铝合金中的粗晶环）等。热处理零件的淬硬层、渗碳层及脱碳层等。

　　（4）金属铸件凝固时形成的缩孔、疏松、气泡；各种焊接缺陷、白点、夹杂物以及各种裂纹等。

　　（5）断口的其他宏观缺陷及特征。宏观检验的方法很多，如热蚀试验、冷蚀试验、硫印试验、断口检验和塔形车削发纹检验等。不少已有标准规定，可供查考。几种常用宏观浸蚀剂见表6-2-8。

表6-2-8　　　　　　　　　　　　几种常用宏观浸蚀剂

序号	侵蚀剂成分	侵蚀条件	适用范围	备注
1	50mL 蒸馏水，50mL 盐酸（浓度可变）	5~30min 65~80℃	碳钢和合金钢，检验组织和偏析	
2	90mL 酒精，10mL 硝酸（浓度可变）	1~5min	铁和钢，检验增碳或脱碳层、偏析	Nital 试剂
3	10~15g 过硫酸铵 10mL 蒸馏水	2~10min	碳钢和低合金钢，或与2号试剂共用	
4	120mL 蒸馏水 20g 氯化铵铜	2~10min	低碳钢，检验磷偏析、焊缝区域组织、纤维组织	Heyn 试剂
5	50mL 盐酸 25mL 硫酸铜饱和水溶液	几秒至几分钟	奥氏体钢和耐热钢	Marble 试剂

续表

序号	侵蚀剂成分	侵蚀条件	适用范围	备注
6	15％～20％盐酸水溶液	电压为 20V，电流密度为 0.1～1A/cm²，5～30min	碳钢和合金钢	
7	120mL 蒸馏水 30mL 盐酸 10g 氯化铁（浓度可变）	几分钟	铜及铜合金	
8	10～15g 氢氧化钠，100mL 水	5～8min	铸造铝合金	侵蚀后清水冲洗，再放入 20％～30％硝酸水溶液中酸洗，随后水冲，除去黑墨
9	10～25g 氢氧化钠，100mL 水	8～30min	变形铝合金	

2. 热蚀试验（热酸试验法）

钢的热酸试验法按 GB 226《钢的低倍组织及缺陷酸蚀检验法》执行，其中对试样的制备及试验方法已有明确规定。一般应根据检验目的，确定有代表性的部位及检查面，加工粗糙度应不大于 $1.6\mu m$，试样在截取及加工过程中，应注意防止造成假象。

钢材热蚀试验最常用的试剂是 50％（体积）的盐酸水溶液，加热至 $70℃\pm5℃$，进行热蚀的时间因钢材成分、状态、表面光洁度、检验目的及溶液的新旧程度等不同而异，一般情况时间要偏短一些，不要过度浸蚀。

试验结果的评定，对结构钢的低倍组织可参考 GB/T 1979《结构钢低倍组织缺陷评级图》进行。

实践证明，热酸法酸的损耗多，操作条件差，劳动强度大，试样浸蚀程度不一致，使低倍试验工作存在一定的困难。

有的工厂采用电蚀试验法，以低电压大电流电解腐蚀钢的低倍试样。取得良好效果。电蚀法采用 15％～20％（体积百分比）盐酸水溶液，在室温进行，试样放在两块电极板中间，电极板用普通碳钢板，选用电流密度约为 $0.01A/mm^2$，时间为 5～15min。

3. 冷蚀试验

冷蚀试验是在室温进行的酸蚀试验，作用较热蚀法缓和，多用于截面较大，不便于作热蚀的钢材切片及已加工成形的零件的检验。

冷蚀试剂的种类很多，可按具体要求参考有关手册选用，两种用于一般钢材的冷蚀试剂见表 6-2-9。

表 6-2-9　　　　　　　　　　冷蚀试剂的配方及工作条件

序号	组成	工作条件	应用范围
1	（1）过硫酸铵　　15g 　　　水　　　　85mL （2）硝酸（1.49）10mL 　　　水　　　　90mL	室温下可单独使用，或先用试剂擦拭 10min，再用试剂擦拭 10min	显示碳钢、低合金钢的低倍组织，夹杂物、发纹、裂纹、白点等缺陷；以及上述钢材的焊缝低倍组织及缺陷
2	盐酸　　　500mL 硫酸　　　35mL 硫酸铜　　150g	在侵蚀过程中，用毛刷不断擦拭试样表面，去除表面沉淀物	碳钢、合金钢

4. 硫印试验

硫在钢中以硫化物形式存在，用硫印方法可以显示钢材整个截面上硫的分布情况和浓度高低。

硫印操作方法：将印相纸先在 2‰～5‰ 的硫酸水溶液中浸润，然后以此印相纸的药面紧贴在磨光（1.6μm）去油的试样表面上，经 5min 左右后揭下，用清水冲洗，再定影、冲洗和烘干，然后按相纸上的棕色斑点，评定钢中硫化物的分布及含硫量高低。

形成棕色硫化银斑点的反应过程如下：

$$MnS + H_2SO_4 = MnSO_4 + H_2S \uparrow$$

$$FeS + H_2SO_4 = FeSO_4 + H_2S \uparrow$$

$$H_2S + 2AgBr = Ag_2S \downarrow + 2HBr$$

因此，照相纸上出现棕色斑点处便是钢中存在硫化物的地方。

硫印法尚无统一标准，一般根据斑点数量、大小、色泽深浅及分布均匀性等评定。主要用于碳钢及低、中合金钢件。

5. 显微硬度

硬度测定是机械性能测定中最简便的一种方法。用小的载荷使压痕尺寸缩小到显微尺度以内，就称为显微硬度测定法。

显微硬度广泛用于测定合金中各组成相的硬度，如研究钢铁、有色金属以及硬质合金中各组成相的性能。

显微硬度还可研究扩散层的性能，如渗碳层、氮化层以及金属扩散层等，也可用来研究金属表层受机械加工、热加工的影响。

由于显微硬度对于化学成分不均匀的相具有较敏感的鉴定能力，故常用于研究晶粒内部的不均匀性（偏析）等。

测量显微硬度时，试样需经磨平、抛光与浸蚀。测试可以用金相显微镜的显微硬度附件或在专门的显微硬度计上进行。采用的压头形式有两种，如图 6-2-19 所示。

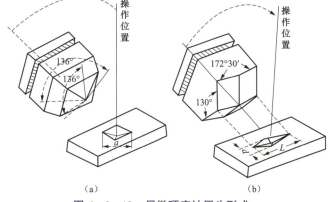

图 6-2-19　显微硬度计压头形式
(a) 维氏（Vickers）HV；(b) 克氏（Knoop）HK

这两种显微硬度的特点比较见表 6-2-10，两种显微硬度的压痕尺寸如图 6-2-20 所示。

表 6-2-10　　　　　　　　　两种显微硬度的特点比较

HV	HK
金刚锥方形压头： 相对边夹角 136° 相对边夹角 148°6′ 压痕深度 $t \approx \dfrac{d}{7}$ 计算公式 $HV = \dfrac{1854.4 \times P}{d^2}$ 式中　P 表示负荷，MPa； 　　　d 表示压痕对角线长度，mm	金刚锥菱形压头： 长边夹角 172°30′ 短边夹角 130° 压痕深度 $t \approx \dfrac{L}{30}$ 计算公式 $HK = \dfrac{14220 \times P}{L^2}$ 式中　P 表示负荷，MPa； 　　　L 表示压痕对角线长度，mm

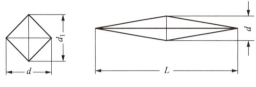

图 6-2-20　两种显微硬度的压痕尺寸

HV 与 HK 的数值可以换算。在相同负荷下，HK 的压痕比较浅，更适于测定薄层的硬度以及由表层过渡到心部的硬度分布。

显微硬度测定中的主要缺点：测量结果的精确性、重演性和可比性较差。同一材料、不同仪器、不同试验人员往往会测得不同结果。即使同一材料、同一试验人员在同一仪器上测量，如果选取载荷不同，结果误差也较大，难以进行比较。为了找出上述问题的原因，曾进行大量的研究工作，认为影响显微硬度精确性的因素中除了仪器本身精度、试样制备优劣、样品成分组织、结构的均匀性以及测试方法的误差以外，最主要的是在小负荷下载荷与压痕不遵守几何相似定律。

例如，宏观维氏硬度测定时应用的公式是建立在"硬度与负荷无关"的几何相似定律 $\left(HV=1854.4\dfrac{P}{d^2}\right)$ 基础之上的。它在 $10\sim100\mathrm{kg}$ 载荷下试验得到证实，然而在很小载荷（$1\sim1000\mathrm{g}$）下试验表明，几何相似定律不再适用。同一试样用不同载荷测得的显微硬度值不同。标准压痕直径显微硬度值用 H5μm、H10μm 和 H20μm 来表示。

例如，含 3.8% Si 的 Fe-Si 固溶体，用不同载荷测得的硬度见表 6-2-11。

表 6-2-11　　　　　不同载荷测得的硬度（含 3.8% Si 的 Fe-Si 固溶体）

载荷（kg）	压痕对角线 d（μm）	d^2（μm²）	显微硬度值 HV（kg/mm²）
1	2.26	5.1	361
2	3.24	10.5	354
4	5.21	27.2	341
10	7.61	58.0	320
25	12.13	147	316
50	17.5	306	303
100	25.1	630	295

Fe-Si 合金压痕对角线长 d 与显微硬度 Hm 的关系如图 6-2-21 所示。由图 6-2-21 可求得 H5μm$=342\mathrm{kg/mm^2}$，H10μm$=318\mathrm{kg/mm^2}$，H20μm$=300\mathrm{kg/mm^2}$。

可见为了测定标准显微硬度先要测一系列不同载荷的硬度值，而 d-Hm 曲线是双曲线型，用双对数坐标可整理成直线，使用比较方便。虽然测定组成相的标准显微硬度不是很方便，但在选定载荷下测定各相的相对显微硬度，是简便可取的方法。

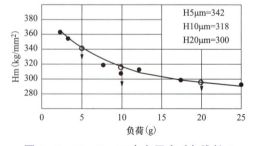

图 6-2-21　Fe-Si 合金压痕对角线长 d 与显微硬度 Hm 的关系

二、力学检验

（一）强度

金属在外力（静载荷）作用下，抵抗永久变形或破坏的能力。根据 GB/T 228.1《金属材料　拉伸试验　第 1 部分：室温试验法》规定其主要强度指标：抗拉强度 R_m、屈服强度 R_{el}。

金属材料在拉伸试验时产生的屈服现象是开始产生宏观塑性变形的一种标志。由于部件在实际使用过程中大都处于弹性变形状态，不允许产生微量塑性变形，因此出现屈服现象就标志着产生了过量塑性变形失效。具有屈服强度的拉伸曲线如图 6-2-22 所示。

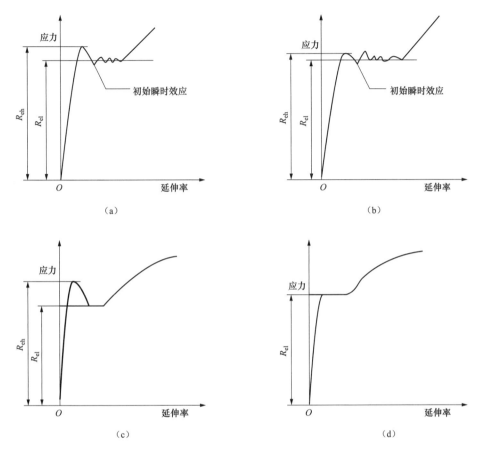

图 6-2-22　具有屈服强度的拉伸曲线

(a) 曲线一；(b) 曲线二；(c) 曲线三；(d) 曲线四

（二）塑性

　　金属在外力作用下，抵抗永久变形而不会被破坏的能力。根据 GB/T 228.1《金属材料　拉伸试验　第 1 部分：室温试验法》规定其主要指标：延伸率（断后伸长率）A、断面收缩率 Z。

　　1. 延伸率

　　延伸率为

$$A = \frac{L_u - L_0}{L_0} \times 100\%$$

式中　L_u——断后标距；

　　　　L_0——原始标距。

　　比例试样（标准试样）为

$$L_0 = 5.65\sqrt{S_0}$$

式中　S_0——原始横截面积。

原始标距应满足 $L_0 \geqslant 15\text{mm}$。

当原始标距不满足 $L_0 \geqslant 15\text{mm}$ 时，优先选用长试样：$L_0 = 11.3\sqrt{S_0}$，或采用非比例试样。非比例试样的原始标距 L_0 与原始截面积 S_0 无关。

2. 断面收缩率（Z）

断面收缩率为

$$Z = \frac{S_0 - S_u}{S_0} \times 100\%$$

$$S_0 = \left(\frac{d_0}{2}\right)^2 \pi$$

$$S_u = \left(\frac{d_u}{2}\right)^2 \pi$$

式中　S_0——原始横截面积；

　　　S_u——断后最小横截面积；

　　　d_0——试样原始直径；

　　　d_u——试样断裂后最小横截面的直径。

拉断后示例如图 6-2-23 所示。

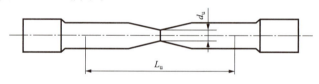

图 6-2-23　拉断后示例

L_u—断后标距，d_u—断后最小横截面直径

（三）硬度

金属抵抗比他更硬的物体压入的能力，常用几种硬度包括布氏硬度（HB）、洛氏硬度（HRA、HRB、HRC）、维氏硬度（HV）、里氏硬度（HL）。

1. 布氏硬度

用硬质合金球以一定压力压入表面，保持一定时间后测量压痕的面积。GB/T 231.1《金属材料　布氏硬度试验　第1部分：试验方法》规定使用硬质合金球压头，试验范围上限为 650HBW。

布氏硬度值与试验条件有关，硬度值标记由 4 种符号组成：

（1）球体材料：硬质合金球。

（2）球体直径：10（标准压头）、5、2.5、1mm。

（3）试验力：其大小与压头直径有关。一般 F/D^2（F——试验力；D——硬质合金球直径）=30、15、10、5、2.5、1 倍。

（4）试验力的保持时间：黑色金属为 10s，有色金属为 30s，对 HBW<35 的材料为 60s，10~15s 时不标注；实验步骤如图 6-2-24 所示。

例：120HBW10/30/20，其中 120——硬度值；HBW——硬度符号；10——硬质合金直径；30——施加的试验力标称值；20——试验力保持时间。

2. 洛氏硬度

洛氏硬度是将压头（金刚石圆锥、硬质合金球）按要求压入试样表面，经规定保持时间后，卸除主试验力，测量在初试验力下的残余压痕深度。测量时须尽可能保证试验面是平面；执行 GB/T 230.1《金属材料　洛氏硬度试验　第 1 部分：试验方法》。用金刚石圆锥压头试验时，试样厚度应不小于压痕深度的 10 倍；用钢球压头试验时，试样厚度应不小于压痕深度的 15 倍；两相邻压痕中心间距至少应为压痕直径的 4 倍，但不得小于 2mm。

洛氏硬度有 3 个标尺 HRA、HRC、HRB，不同标尺的测量范围：HRA（20~88 圆锥形金刚石压头，60kg 负荷）、HRC（20~70 圆锥形金刚石压头，150kg 负荷）、HRB（20~100 淬硬钢球压头，100kg 负荷）。

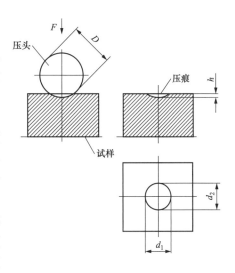

图 6‑2‑24　实验步骤

各标尺均有一定的测量范围，应根据标准规定正确使用，如硬度高于 HRB100，应采用 C 标尺的试验条件进行试验。同样，硬度低于 HRC20，应换用 B 标尺试验，硬度高于 HRC70，应换用 A 标尺试验。HRA 用来测定 HB＞700 的高硬材料，HRB 用来测定 HB＝60~230 之间比较软的金属及低碳钢，HRC 用来测定 HB＝230~700 的调质钢及淬火钢。

采用洛氏硬度测量的优点有三个方面，一是可测高硬度材料；二是压痕小，可测成品和薄板，对工件无损坏；三是测量方法简便，从刻度盘直接读出硬度值。

缺点有两个方面，一是洛氏硬度压痕小，结果准确性低，通常应多测几点取其平均值；二是不同标尺的硬度不能统一、各标尺硬度值不能直接进行比较。

3. 维氏硬度

用四方锥体型金刚石压头压入试样表面，保持一定时间后卸载，测定压痕两对角线长度取平均值；主要用于测定显微硬度。

维氏硬度的优点是精度高、测量范围宽（软硬材料都可以测试）、不同标尺的硬度能够统一；缺点是测定烦琐，工作效率低。

4. 里氏硬度

里氏硬度试验方法是一种动态硬度试验法，用规定质量的冲击体在弹簧力作用下以一定速度垂直冲击试样表面，以冲击体在距试样表面 1mm 处的回弹速度（v_R）与冲击速度（v_A）的比值来表示材料的里氏硬度。里氏硬度 HL 计算式为

$$HL = 1000 \frac{v_R}{v_A} \qquad (6\text{-}2\text{-}1)$$

测量钢球冲击试样表面回弹时，距试样表面 1mm 处的回跳速度，执行标准为 GB/T 17394.1《金属材料　里氏硬度试验　第 1 部分：试验方法》。其优点是可便携，5kg 以上的部件放稳即可用、可方便地换算为布氏硬度、洛氏硬度、维氏硬度。里氏硬度是一种动态硬度试验方法，考察的是材料的弹性形变，表现为反弹速度的大小。

测试时材料种类的选择：里氏硬度试验法是一种动载测试方法，它的测试值与金属的弹

性模量有关，材料不同所对应的弹性模量也不同，因而应按材料的种类进行分类测试。试样质量和厚度的要求见表 6-2-12。

表 6-2-12　　　　　　　　　试样质量和厚度要求

冲击设备类型	最小质量（kg）	最小厚度（mm，未耦合）	最小厚度（mm，耦合）
D、DC、DL、D+15、S、E	5	25	3
G	15	70	10
c	1.5	10	1

（四）韧性

韧性是指金属在冲击载荷作用下，抵抗破坏的能力。GB/T 229《金属材料夏比摆锤冲击试验方法》中冲击吸收能量用 KV2 或 KU2 表示。

有些材料在静力作用下，表现出很高的强度，但在冲击力的作用下，表现得很脆弱。例如：高碳钢、铸铁。

三、光谱检验

（一）分析化学的分类

分析化学广泛地应用于地质普查、矿产勘探、冶金、化学工业、能源、农业、医药、临床化验、环境保护、商品检验、考古分析、法医刑侦鉴定等领域。我们常说的光谱分析包含了光学分析法中所有方法。

看谱分析是产生的谱线用目测的一种光谱分析方法，常用的检测仪器分为台式直读光谱仪和便携式直读光谱仪。看谱镜属于原子发射，手持式 X 射线荧光光谱仪则属于 X 射线荧光。分析化学分类见图 6-2-25。

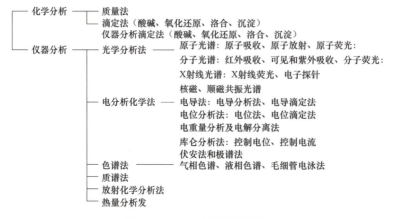

图 6-2-25　分析化学分类

光谱分析是利用光谱学的原理和实验方法以确定物质的结构和化学成分的分析方法。英文为 spectral analysis 或 spectrum analysis。各种结构的物质都具有自己的特征光谱，光谱分析就是利用特征光谱研究物质结构或测定化学成分的方法。

原子发射光谱分析是利用物质在热激发或电激发下，每种元素的原子或离子发射特征光谱来判断物质的组成，而进行元素的定性与定量分析的方法。

看谱分析是直接用眼睛观测原子或离子发射特征光谱的波长和强度，进行元素定性和半定量的方法。

（二）光谱检验现状

随着我国水力发电厂装机数量猛增，且由于参数变大，涉及的耐热合金钢、不锈钢的种类也越来越多。电建公司在安装过程中，对合金钢材要进行100％的光谱验证，且检验周期短，安装周期在1年左右，实际检验周期不超过半年，检验工作非常巨大。看谱镜对现场大批量检验具有便携、分析速度快、仪器成本低的优点，使用看谱镜对钢材进行钢材牌号验证成了首选。

（三）看谱分析

看谱分析是指由光源激发产生的谱线经过棱镜或光栅进行分光，然后由人眼对试样元素含量进行鉴别的过程。看谱分三个过程：激发（火花和电弧等）、分光（棱镜和光栅等）、鉴别（人眼）。

1. 看谱分析方法的优点

（1）快速方便。（仪器小，可到现场，特别适用于大批量检验）

（2）设备简单、容易掌握。（发生器＋看谱镜）

（3）灵敏度高。

（4）应用范围广。（不同合金，不同工作）

（5）对样品破坏小。（可直接在半成品或成品上激发）

（6）能同时测定多个元素，分析速度快。（与化学试验比）

（7）排污少，费用省。（不需化学药品）

2. 看谱分析方法的缺点

（1）材料不均匀时，代表性差。

（2）肉眼易造成误差。（人与人之间、长时间眼睛疲劳）

（3）受环境条件影响。（如阳光、电源等）。

（四）看谱定性分析的几种方法

色散曲线法是用特征铁谱线的波长为纵坐标，鼓轮的刻度为横坐标，绘制仪器的色散曲线。利用色散曲线，调整看谱镜鼓轮读数到所要识别元素谱线波长的位置。

铁光谱比较法是根据不同色区铁谱线的一些特征，就可以很容易找到分析线。是实际工作中最常用的方法。

标准试样光谱比较法是用纯金属元素的光谱来找谱线，该方法快速可靠，但只限于指定元素分析，标样不易获得，有一定的局限性。

利用双台式看谱镜作定性分析：一台放分析样，另一台放对比样，同时激发，在视场里同时出现两条并列的光谱，通过对照，可以很清楚地确定分析样中含有哪些元素。该方法直观、可靠。

（五）看谱分析的半定量分析

半定量：含量的近似值。

看谱半定量分析是用分析线和比较线（基体线）进行强度的相对比较来确定，这种根据谱线相对强度估计元素含量的方法是看谱分析最基本、最普遍的方法。

第五节　水力发电金属部件失效形式

金属部件失效是指金属部件丧失规定的功能，即零件或其形状、尺寸或其材料的性能发生改变，不能完整地执行预期的功能。

水力发电金属部件常见的失效形式有变形、断裂、磨损、空蚀等。

一、变形

变形是物体受外力作用而产生体积或形状的改变。

1. 弹性变形

材料在外力作用下产生变形，当外力取消后，材料变形即可消失并能完全恢复原来形状的性质称为弹性。这种可恢复的变形称为弹性变形。弹性变形的重要特征是其可逆性，即受力作用后产生变形，卸除载荷后，变形消失。

2. 塑性变形

塑性变形是物质——包括流体及固体在一定的条件下，在外力的作用下产生形变，当施加的外力撤除或消失后该物体不能恢复原状的一种物理现象。塑性变形也叫永久变形。

二、断裂

断裂是金属构件在应力作用下材料分离为互不相连的两个或两个以上部分的现象。断裂的危害性较大，特别是脆性断裂。如图 6-2-26 所示为某电厂转轮叶片发生断裂。

图 6-2-26　某电厂转轮叶片开裂

1. 从宏观现象上看，断裂可分为脆性断裂和延性断裂

脆性断裂是金属构件在较低的应力水平下（通常低于材料的屈服强度），在无塑性变形或微小的塑性变形的情况下裂纹急速扩展导致的断裂。

延性断裂是金属构件在产生较大的塑性变形后发生的断裂。

2. 从裂纹扩展途径的差异，断裂可分为穿晶断裂和沿晶断裂

断裂和沿晶断裂穿晶断裂是多晶金属以裂纹穿过晶粒内部的途径发生的断裂。

沿晶断裂是金属断裂是以裂纹沿着晶界扩展的方式发生的。

三、磨损

磨损是相互接触的物体在相对运动中，表层材料不断损失、转移或产生残余变形的现象。磨损不仅消耗材料，浪费能源，而且直接影响部件的寿命和可靠性。

按照表面破坏机理特征，磨损可以分为磨粒磨损、粘着磨损、表面疲劳磨损、腐蚀磨损和微动磨损等。前三种是磨损的基本类型，后两种只在某些特定条件下才会发生。图 6-2-27 所示为某电厂转轮在泥沙作用下发生了严重的磨损。

磨粒磨损是物体表面与硬质颗粒或硬质凸出物（包括硬金属）相互摩擦引起表面材料损失。磨粒磨损主要出现在以下两种情况：一是粗糙而坚硬的表面贴着软表面滑动；另一种情况是由游离的坚硬粒子在两个摩擦面之间滑动而产生的磨损。

粘着磨损是指摩擦副相对运动时，由于固相结合作用的结果，造成接触面金属损耗，因

为机械零件的表面从宏观上是光滑的，而微观尺度（从显微镜下观察）总是粗糙不平的，所以，当两个表面黏合时，受力的地方只是那些表面上高的凸点。

表面疲劳磨损是指两接触表面在交变接触压应力的作用下，材料表面因疲劳而产生的物质损失。表面疲劳磨损是表面或亚表面中裂纹形成以及疲劳裂纹扩展的过程。

腐蚀磨损是指零件表面在摩擦的过程中，表面金属与周围介质发生化学或电化学反应，因而出现物质损失。

图 6－2－27 转轮泥沙磨蚀

微动磨损是指两接触表面间没有宏观相对运动，但在外界变动负荷影响下，有小振幅的相对振动，此时接触表面间产生大量的微小氧化物磨损粉末，因此造成的磨损称为微动磨损。一般发生在紧配合的轴径，以及受振动影响的螺栓等连接件的结合面。

四、空蚀

空蚀是指流体在高速流动和压力变化条件下，与流体接触的金属表面上发生洞穴状腐蚀破坏的现象。空蚀形成的原因是由于冲击应力造成的表面疲劳破坏，但液体的化学和电化学作用加速了空蚀的破坏过程。空蚀强度常用单位时间内材料的减重、减容、穿孔数和表面粗糙度变化作为特征量。空蚀初期，表现为金属表面出现麻点，继而表面呈现海绵状、沟槽状、蜂窝状、鱼鳞状等痕迹，严重时可造成如水轮机叶片或前后盖板穿孔，甚至叶轮破裂，酿成严重事故。图 6－2－28 所示为水力发电厂转轮下环空蚀，图 6－2－29 所示为水力发电厂转轮室空蚀。

图 6－2－28 转轮下环空蚀

图 6－2－29 转轮室空蚀

第三章

水力发电金属设备及金属材料

第一节 水力发电金属设备的制造与验收

一、水力发电金属设备的制造

(一) 设备采购前期的准备

应用于水力发电工程中的金属结构设备，在采购的过程中一定要全面落实招投标制度，并且在发出招标文件之前，相关业主单位的技术人员一定要充分了解意向生产厂家，同时开展相关的市场调查，掌握各个厂家的实际情况。在生产规模、技术水平、生产力一致的条件下，能不能生产出质量比较高的产品，主要就是关注生产厂家的管理水平、管理制度是否完善；质量保证体系是否可以顺利运行；负责产品生产与质量的相关人员是否具有非常强的责任感等。如果有必要可以实地考察生产厂家最近生产的产品以及访问一些用户。通过这种考察与评价，推荐比较好的生产厂家。除此之外，一定要对投标的报价进行充分的分析与研究，确定其是否合理，进而做出判断。

对于重要水力发电金属部件，业主单位在充分调研的前提下，根据机组周围环境、水质条件、投产后可能的运行工况等，可以联合设计单位、制造单位对重要金属部件的材质进行升级，选用更适合本单位运行工况的金属材料。

(二) 水力发电设备的制造监督

产品质量主要是取决于制造厂家的质量保证体系，也就是说制造厂的制造工艺水平才是确保产品质量的可靠保障；但是在现阶段的发展形势下，业主的监管也是不能缺少的环节。在建设项目之前，相关的业主一定委派监造工程师进行现场的实际监管，根据相关的规范标准对生产产品的全过程进行有力的监管。监造工程师不仅要履行合同规定的任务，还要遵守相应的职业守则，严格约束自身的行为。委派的监管工程师一定要定期提供产品的监造报告，说明产品生产的实际进度与质量；在遇到重大问题的时候，一定要及时向有关业主或者委派单位反映，进而予以有效的解决。

1. 设备监造中的金属监督

(1) 设备监造是以国家和行业相关法规、规章、标准及设备供货合同为依据，按合同确认的设备质量见证项目，在制造过程中监督检查合同设备的生产制造过程是否符合设备供货合同、有关规范、标准，包括专业技术规范的要求。

(2) 承担设备监造的机构、人员应按照《设备监理单位资格管理办法》《设备监理单位资格管理办法实施细则》、DL/T 586《电力设备监造技术导则》等要求取得相应的资质。

(3) 设备制造过程的监造及验收阶段中的金属技术监督工作，应严格按 DL/T 1318《水电厂金属技术监督规程》、TSG 21《固定式压力容器安全技术监察规程》和国家、行业相关标准及合同相关技术要求进行。对于进口部件的施工与验收项目，在合同中应有明确规定，且不低于国内相关技术标准要求。

（4）监造人员应具备相应的监造资质，并应掌握焊接及热处理、理化检验和无损检测等方面的专业知识。

2. 制造过程中的质量控制

在进行产品的正式生产之前，业主必须要求相应的制造厂家明确各个项目的负责人以及产品质量负责人，除了监造工程师之外，还要向业主进行备案，不仅方便了大家的工作，也有效避免发生无人管理的情况。

监造工程师在生产工厂中，一定要做到以下几点：充分了解工厂的生产体系、管理制度等情况；检查工厂的质量保证体系是否完善，运行情况是否良好；了解工厂的质量检验人员与质量检验机构，检查相应的检测设备与仪器是否符合标准；检查生产所需的各种材料的性能、规格、品质是否达到了相关规范标准的设计要求；检查相关的技工是否是持证上岗；针对工厂的实际情况，编制监造章程等。

在正式制造之前，生产厂家必须要求相关的技术人员完成技术交底工作，解决一些可能会在制造过程中出现的技术问题；对于一些新钢种设备的制造，在正式开工之前，一定要开展焊接工艺评定；当准备工作一切就绪的时候，生产厂家就可以向监理工程师提出申请，当其审核之后才可以正式开工；在制造的过程中，一定要严格按照施工工序进行产品质量的控制，在前一道工序质量不合格的情况下，一定不可以进行下一道工序的施工，监造工程师一定要在旁边进行监督与检测，一旦出现问题就要及时上报，尽早采取有效的解决措施。

二、水力发电金属设备的验收

（一）制造过程中的验收

水力发电设备在制造过程中，存在较多的隐蔽部件，在制造完成后无法检测验收或者不能百分之百的检测，这就需要在制造过程中停工待检合格再进入下一道工序。业主单位需要委托有检验资质的单位进行检验，通过与检测单位签订检定合同，对水力发电设备进行检验比例确定。对重要部件原材料成分、焊接工艺、焊接质量、热处理等进行全过程监督。

（二）设备出厂前的验收

对重要水力发电金属部件应进行出厂前检验，其制造工艺、装置性能、检测报告等是否满足订货合同、设计图纸、相关标准和招投标文件的要求。金属部件到达现场后应安装订货技术标准进行复验。

（三）设备到货后的验收

（1）设备到货后由总承包方负责组织验收和测试。同时，设备的验收应通知业主方、监理、安装单位人员到场参加。

（2）验收过程分为初验、测试和最终验收三个阶段。

1）初验是指根据供货合同对设备的规格、型号、数量、外包装，以及装箱附件等内容进行验收。若初验出现外包装损坏或规格、型号、数量与合同不符等问题，则属初验不合格，并写出书面报告及处理意见。初验合格后，相关人员应在签收报告上签字认可。

2）测试是对设备的功能、性能等项目进行检测。可在供货商的技术指导下对设备进行加电测试或试用，检测其功能、性能是否达到合同或设备的技术指标要求。若测试合格，可进入下一步验收程序。总承包方应对测试结果写出书面报告。

3）开箱验收主要是对设备装箱和设备外表在运输过程中有无损坏，根据设备的装箱单清点技术资料，核对设备、随机附件和备件、专用工具等是否和装箱单相符，然后由业主人员填写《开箱验收单》，再由安装单位接受实物。

第二节　水力发电金属材料的管理

（1）金属材料的质量验收应遵照的规定。

1）受监的金属材料应符合相关国家标准、国内外行业标准（若无国家标准、国内外行业标准，可按企业标准）或订货技术条件；进口金属材料应符合合同规定的相关国家的技术法规、标准。

2）受监的钢材、钢管、备品和配件应按质量证明书进行验收。质量证明书一般应包括材料牌号、炉批号、化学成分、热加工工艺、力学性能及金相（标准或技术条件要求时）、无损检测、工艺性能试验结果等。数据不全的应进行补检，补检的方法、范围、数量应符合相关国家标准、行业标准或订货技术条件。

3）重要金属监督范围部件，如水轮机部件、发电机部件、压力钢管、蜗壳、钢闸门、油气管道、压力容器等应有部件质量保证书，质量保证书中的技术指标应符合相关国家标准、行业标准或订货技术条件。

4）电厂设备更新改造及检修更换材料、备用金属材料的检验按照 DL/T 1318《水电厂金属技术监督规程》中相关规定执行。

5）受监金属材料的个别技术指标不满足相应标准规定或对材料质量产生疑问时，应按相关标准抽样检验。

6）无论进行复型金相检验或试样的金相组织检验，金相照片均应注明分辨率（标尺）。

（2）对进口钢材、钢管和备品、配件等，进口单位应在索赔期内，按合同规定进行质量验收。除应符合相关国家标准和合同规定的技术条件外，还应有报关单、商检合格证明书。

（3）凡是受监范围内的合金钢材及部件，在制造、安装或检修中更换时，应验证其材料牌号，防止错用。安装前应进行光谱检验，确认材料无误，方可使用。

（4）电厂备用金属材料或金属部件不是由材料制造商直接提供时，供货单位应提供材料质量证明书原件或者材料质量证明书复印件并加盖供货单位公章和经办人签章。

（5）合金材料使用前，按100％进行光谱、硬度检验。若发现硬度明显高或低，应检查金相组织是否正常。

（6）金属材料存放、保管要求。

1）受监范围内的钢材、钢管和备品、配件，无论是短期或长期存放，都应挂牌，标明材料牌号和规格，按材料牌号和规格分类存放。

2）物资供应部门、各级仓库、车间和工地储存受监范围内的钢材、钢管、焊接材料和备品、配件等，应建立严格的质量验收和领用制度，严防错收错发。

3）原材料的存放应根据存放地区的气候条件、周围环境和存放时间的长短，建立严格的保管制度，防止变形、腐蚀和损伤。

4）奥氏体钢部件在运输、存放、保管、使用过程中应按如下要求执行。

a. 奥氏体钢应单独存放，严禁与碳钢或其他合金钢混放接触。

b. 奥氏体钢的运输及存放应避免材料受到盐、酸及其他化学物质的腐蚀，且避免雨淋。对于沿海及有此类介质环境的发电厂应特别注意。

c. 奥氏体钢存放应避免接触地面，管子端部应有堵头。其防锈、防蚀应按 DL/T 855《电力基本建设火电设备维护保管规程》相关规定执行。

d. 奥氏体钢材在吊运过程中不应直接接触钢丝绳，以防不锈钢表面保护膜损坏。

e. 奥氏体钢打磨时，宜采用专用打磨砂轮片。

f. 应定期检查奥氏体钢备件的存放及表面质量状况。

第四章

水 力 发 电 特 种 设 备

第一节　水力发电特种设备的分类

水力发电特种设备主要含有压力容器和压力管道，电梯，厂内起重机械等。

一、压力容器

（一）压力容器的定义

压力容器指盛装气体或者液体，承载一定压力的密闭设备，其范围规定为最高工作压力大于或者等于 0.1MPa（表压），且压力与容积的乘积大于或者等于 2.5MPa·L 的气体、液化气体和最高工作温度高于或者等于标准沸点的液体的固定式容器和移动式容器；盛装公称工作压力大于或者等于 0.2MPa（表压），且压力与容积的乘积大于或者等于 1.0MPa·L 的气体、液化气体和标准沸点等于或者低于 60℃液体的气瓶；氧舱等。

（二）压力容器的分类

1. 按压力 p 分类

（1）低压容器（代号 L）：0.1MPa≤p<1.6MPa。

（2）中压容器（代号 M）：1.6MPa≤p<10MPa。

（3）高压容器（代号 H）：10MPa≤p<100MPa。

（4）超高压容器（代号 U）：p≥100MPa。

2. 按在生产工艺过程中的作用原理分类

（1）反应压力容器（代号 R）。主要是用于完成介质的物理、化学反应的压力容器，例如各种反应器、反应釜、聚合釜、合成塔、变换炉、煤气发生炉等。

（2）换热压力容器（代号 E）。主要是用于完成介质的热量交换的压力容器。

（3）分离压力容器（代号 S）。主要是用于完成介质的流体压力平衡缓冲和气体净化分离的压力容器，例如各种分离器、过滤器、集油器、洗涤器、铜洗塔、干燥塔、汽提塔、分汽缸等。

（4）储存压力容器（代号 C，其中球罐代号 B）。主要是用于储存、盛装气体、液体、液化气体等介质的压力容器，例如各种型式的储罐、缓冲罐、消毒锅、印染机、烘缸、蒸锅等。

3. 按监察规程规定分类

（1）第三类压力容器指具有以下情况之一的压力容器：高压容器；盛装毒性程度为极度和高度危害介质的中压容器；盛装易燃或毒性程度为中度危害介质，且 pV 乘积大于或等于10MPa·m³ 的中压储存容器；盛装易燃或毒性程度为中度危害介质，且 pV 乘积大于或等于于 0.5MPa·m³ 中压反应容器；盛装毒性程度为极度和高度危害介质，且 pV 乘积大于或等于于 0.2MPa·m³ 的低压容器；使用强度级别较高（指相应标准中抗拉强度规定值下限大于或等于540MPa）的材料制造的压力容器；移动式压力容器，包括铁路罐车（介质为液化气体、低温液体）、罐式汽车（液化气体运输车、低温液体运输车、永久气体运输车）和罐式集装箱（介质为液化气体、低温液体）等；球形储罐（容积大于或等于50m³）；低温液体储存容器（容积大于5m³）。

（2）第二类压力容器指中压容器、盛装毒性程度为极度和高度危害介质的低压容器、盛装易燃介质或毒性程度为中度危害介质的低压反应容器和低压储存容器、低压搪玻璃压力容器。需要指出的是第二类压力容器中的中压容器、低压容器不包括已划分为第三类压力容器的中压容器和低压容器。

（3）压容器为第一类压力容器，但不包括已经划分为第三类压力容器和第二类压力容器的低压容器。

4.按制造许可级别划分（ABCD级）

（1）固定式压力容器（A）。包括超高压容器和高压容器（A1）、第三类低压容器和中压容器（A2）、球形储罐现场组焊或者球壳板制造（A3）、非金属压力容器（A4）、医用氧舱（A5）。

（2）气瓶（B）。包括无缝气瓶（B1）、焊接气瓶（B2）、特种气瓶（B3）。

（3）移动式压力容器（C）。包括铁路罐车（C1）、汽车罐车或者长管拖车（C2）、罐式集装箱（C3）。

（4）固定式压力容器（D）。包括第一类压力容器（D1）、第二类低压容器和中压容器（D2）。

二、压力管道

（一）压力管道的定义

利用一定的压力，用于输送气体或者液体的管状设备，其范围规定为最高工作压力大于或者等于0.1MPa（表压）的气体、液化气体、蒸汽介质或者可燃、易爆、有毒、有腐蚀性，最高工作温度高于或者等于标准沸点的液体介质，且公称直径大于25mm的管道。

（二）压力管道的分类

（1）按介质压力分类包括超高压管道（>42MPa）、高压管道（10~42MPa）、中压管道（1.6~10MPa）、低压管道（<1.6MPa）。

（2）按介质温度分类包括高温管道（>200℃）、常温管道（-29~200℃）、低温管道（<-29℃）。

（3）按内部流体分类。

按毒性、燃烧特性等特征对流体进行分类，分为A1类流体、A2类流体、B类流体、D类流体、C类流体。然后根据流体分类方便地提出内部为相应介质管道的要求。

1）A1类流体是指剧毒流体，在输送过程中如有极少量的流体泄漏到环境中，被人吸入或与人体接触时，能造成严重中毒，脱离接触后，不能治愈。相当于现行GB 5044《职业性接触毒物危害程度分级》中Ⅰ级（极度危害）的毒物。

2）A2类流体指有毒流体，接触此类流体后，会有不同程度的中毒，脱离接触后可治愈。相当于GB 5044《职业性接触毒物危害程度分级》中Ⅱ级（高度、中度、轻度危害）的毒物。

3）B类流体在环境或操作条件下是一种气体或可闪蒸产生气体的液体，这些液体能点燃并在空气中连续燃烧。

4）C类流体是指不包括D类流体的不可燃、无毒的流体。

5）D类流体是指不可燃、无毒、设计压力小于或等于1.0MPa和设计温度高于－20～186℃之间的流体。

（4）按安全技术规范规定分类。压力管道按其用途划分为长输管道（GA类）、公用管道（GB类）和工业管道（GC类）。长输管道是指产地、储存库、使用单位间的用于输送商品介质的管道（跨越地、市输送商品介质的管道；跨越省、自治区、直辖市输送商品介质的管道）；公用管道是指城市或乡镇范围内的用于公用事业或民用的燃气管道和热力管道；工业管道是指企业、事业单位所属的用于输送工艺介质的工艺管道、公用工程管道及其他辅助管道的工业管道。

第二节　特种设备管理

一、特种设备安全管理机构及人员

（一）设置管理机构

（1）管理机构。以企业（法人）内部管理文件形式，明确特种设备安全管理机构，并注明机构人员的职务及联系电话。

（2）机构管理结构图。将管理机构的人员用组织结构图表明各管理人员之间的管理关系以及所管理的部门及设备。

（二）明确安全生产负责人及配备特种设备安全管理人员

（1）明确安全生产负责人。明确本单位的安全生产负责人，安全生产负责人应对本单位特种设备全面负责（安全生产负责人必须是企业的主要负责人）。若安全生产负责人不是法定代表人，应有加盖公章的企业任命书。

（2）特种设备安全管理人员任命。有加盖公章特种设备专职或兼职安全管理人员任命书，任命书应注明安全管理人员的主要职责及任期，任命的管理人员应与本单位建立劳动关系（附劳动关系证明资料）。

（3）管理人员持证上岗。特种设备管理人员必须经质监部门考核合格，取得国家统一格式的证书方可上岗管理。管理人员必须与企业办理聘任手续并到质监部门备案。

二、特种设备安全管理制度

（一）制定特种设备安全责任制

（1）各职能部门安全责任制。制定各职能部门的安全责任制。包括特种设备安全管理部门职责，岗位培训教育部门安全职责和制度等。

（2）各岗位安全责任制。制定特种设备各岗位安全责任制，包括安全生产负责人岗位职责，特种设备专职兼职管理人员岗位职责，特种设备作业人员岗位职责等。

（二）制定特种设备安全规章制度

制定本单位的特种设备安全规章制度。包括特种设备维护保养管理制度、特种设备事故应急救援制度、特种设备定期自查及隐患整改制度、特种设备报检制度、特种设备安全培训制度等。

（三）制定特种设备操作规程

根据特种设备种类以及法规、安全技术规范的要求，编制各岗位安全操作规程。包括快开门压力容器操作规程等。

（四）制定应急救援预案

根据本单位特种设备使用情况，制定重大事故应急救援预案；配备相应的抢险装备和救援物资；每年至少组织一次救援演练。

三、特种设备行政许可及定期检验

（一）行政许可

（1）特种设备行政许可规定。特种设备使用单位应当在特种设备投入使用前或者投入使用后 30 日内办理特种设备使用登记。

（2）特种设备行政许可变更。特种设备停用、注销、过户、迁移、重新启用应到质监部门办理相关手续。

（3）作业人员持证上岗。特种设备作业人员必须经质监部门考核合格，取得国家统一格式的证书方可上岗操作。作业人员必须与企业办理聘任手续并到质监部门备案。

（二）特种设备定期检验

（1）特种设备报检。特种设备使用单位应在特种设备检验合格有效期届满前 1 个月向特种设备检验检测机构提出定期检验要求（各特种设备的检验日期可从检验报告、合格标志查看）。

（2）特种设备报检要求。起重机械报检时，必须提供保养合同有效的作业人员证件。

（3）特种设备换证。特种设备检验合格后，携带使用证、检验合格标志、检验报告、保养合同、保养单位的保养资质到质监部门办理年审换证手续。

四、安全培训

特种设备使用单位在落实特种设备作业人员（包括管理人员）持证上岗的基础上，必须在本单位内对特种设备作业进行业务培训和安全、节能教育。做到有安全培训计划，有培训记录、有培训考核。

五、特种设备相关记录

（一）特种设备日常使用状态记录

特种设备日常使用状态记录包含特种设备运行记录，根据特种设备的类别分别印制特种设备日常使用状态记录，将设备的使用状态记录在案。

（二）特种设备维护保养记录

特种设备维护保养记录包括安全附件、安全保护装置、测量调控装置及有关附属仪器仪表保养记录。根据特种设备类别分别印制特种设备维修保养记录，每次对设备维护保养做好记录。电梯的日常维护保养必须由有资质的单位负责维护保养后，维护保养人员和用户应在保养单上签名，保养单至少一式二份，用户和维护保养单位各留一份存档。并且至少 15 日对电梯进行一次清洁、润滑、调整和检查。

（三）特种设备检查记录

根据特种设备类别印制特种设备定期自行检查记录（包括日检、月检、年检记录），每月至少进行一次自行检查，并记录在案。

（四）特种设备运行故障和事故记录

印制特种设备运行故障和事故记录，当特种设备出现运行故障和事故时，详细记录故障或事故出现的原因、解决方法等。

（五）定期检验整改记录

将每次定期检验主要存在问题及落实整改情况记录在案。

六、特种设备档案管理

（一）统一档案盒规格

特种设备的档案盒应统一规格。档案盒侧面应注明类别，盒内要附上档案目录。

（二）档案分类

（1）文件法规类。将特种设备的法律法规、文件统一存放。

（2）综合管理类。将特种设备安全责任制、管理制度、操作规程种设备安全管理机构、管理结构图、专职兼职安全管理员任命书、特种设备使用管理安全责任承诺书等统一存放。

（3）特种设备总台账类。使用账本或信息化管理系统对特种设备台账进行管理，账物相符，能方便索引到相应的档案信息。至少包括如下内容：

1）设备分布情况。最好有本单位的特种设备分布图。

2）特种设备台账。将本单位特种设备分类登记在册。包括注册号、使用登记证号、电梯年审情况、定期检验情况等。

3）安全附件管理台账。将本单位特种设备安全附件分类登记在册，并标明安全附件安装所在的设备。

4）特种设备作业人员管理台账。将特种设备作业人员及相关的管理人员的基本情况登记在册，并注明作业人员所操作的特种设备。

（4）特种设备作业人员类。将每年的培训计划、培训情况、考核情况作业人员证或复印件等资料统一存放，特种设备作业人员证件应有使用单位的聘用记录并到质监局备案，证件在有效期内。

（5）应急救援类。将特种设备重大事故应急救援预案、演练计划演练情况资料统一归档。

（6）技术档案类。以一台设备一个技术档案为原则（可用多个档案盒存放），将特种设备的设计文件、制造单位、产品质量合格证明、使用维护说明等文件以及安装技术文件和资料、特种设备使用证、特种设备使用登记表、定期检验报告、安全附件校验报告统一存放。

（7）特种设备相关记录。特种设备记录每月归档整理一次，将设备日常使用状态记录、特种设备维护保养记录、特种设备检查记录、特种设备交接班记录、特种设备运行故障和事故记录统一存放。

七、特种设备现场管理

（一）现场设备与台账相符

现场设备与设备台账以及设备布置图相一致。

（二）悬挂使用登记证

特种设备使用登记证（可使用复印件）应置于特种设备旁边。

（三）安全标志、标识的张贴

（1）机电类合格标志。电梯、大型游乐设施等特种设备的检验合格标志、应置于易于为乘客注意的显著位置；起重机检验合格标志应张贴在该设备的电源控制箱的空白处；叉车的检验合格标志应张贴在叉车的显眼位置。

（2）警示标志、安全注意事项。电梯等特种设备的警示标志、安全注意事项应置于乘客注意的显著位置。

（3）禁用标志。特种设备停用后，应将设备的电源断开，在设备显眼的地方张贴"禁止使用"的标志。

（4）压力管道标志。在压力管道显眼地方，应标明管道的介质名称及介质流向重点监控特种设备标志。纳入质量技术监督局《关于开展对特种设备实施重点监控工作的意见》范围管理的重点监控特种设备，应在设备明显位置，标注重点监控特种设备。

（四）特种设备管理制度、责任制、操作规程的张贴

将特种设备管理制度、责任制、操作规程张贴到相应的部门、作岗位、特种设备使用场所。

（五）设备安全运行情况

特种设备的安全附件在校验有效期内，并灵敏可靠；特种设备在许可条件下使用，无异常情况出现。特种设备作业人员持有效证件上岗以备检查，对设备运行情况及时进行记录，无违章作业。

（六）设备环境情况

设备环境整洁通畅，符合设备的使用要求。

第三节　档　案　管　理

建立健全机组金属监督的原始资料，运行、检修检验和技术管理的档案，并实行监督档案动态管理，及时对内容进行更新。

金属技术监督档案应建立纸质档案和电子档案两种。

一、原始资料档案

（1）受监金属部件的制造资料包括部件的质量保证书或产品质保书。通常应包括部件材料牌号、化学成分、热加工工艺、力学性能、检验试验情况、结构几何尺寸、强度计算书等。

（2）受监金属部件监造、安装前检验技术报告和资料。

（3）安装、监理单位移交的有关技术报告和资料。

二、运行、检修和检验技术档案

（1）机组投运时间、累计运行小时数和启停次数。

（2）机组或部件的设计、实际运行参数。

（3）检修检验技术档案，应按机组号、部件类别建立档案。应包括部件的维修与更换记录、事故记录和事故分析报告、历次检修的检验记录或报告等。

三、技术管理档案

（1）不同类别的金属技术监督规程、导则。

（2）金属技术监督网的组织机构和职责条例。

（3）金属技术监督工作计划、总结等。

（4）焊接、热处理和金属检验人员技术管理档案。

（5）专项检验试验报告。

（6）仪器设备档案。

（7）反事故措施及受监部件缺陷处理情况档案。

（8）大、小修记录，总结档案。

四、原材料及备件监督档案

包括重要金属部件用原材料、焊接材料和零部件原始检验资料，材质单、合格证和质保书，承压部件用原材料、焊接材料和承压部件验收单、检验报告，入库、验收和领用台账。

五、受监督范围内金属部件监督台账

台账应包括部件的设计参数和型号规格、安装调试过程发现的问题和处理情况、定期监督检验情况、运行中缺陷和漏泄及处理情况、检修和更换情况、遗留缺陷情况，以及相应的技术分析评价等。

第五章

水力发电机组主要金属部件监督

第一节 水 轮 机 主 轴

水轮机主轴是水轮机重要部件之一，其主要作用是承受水轮机转动部分重量及轴向水推力产生的拉力，同时传递转轮所产生的扭矩。水轮机主轴一般采用带中心孔的空心轴，不仅可以减轻主轴的重量，提高轴的刚度和强度，而且可以消除轴心部分组织疏松等缺陷，并且便于检修期对主轴进行检查。

水轮机主轴一般采用优质碳素结构钢制造，常用的材料有 35 号、40 号、45 号钢以及 20SiMn、18MnMoNb、20MnSX、25MnSX 钢等。

一、制造、安装监督

（1）主轴母材的化学成分、力学性能、工艺性能。母材技术条件应符合 JB/T 1270《水轮机、水轮发电机大轴锻件　技术条件》中相关条款的规定及合同规定的技术条件。

（2）制造商对主轴材料的理化性能复验报告或制造商验收人员按照采购技术条件要求在材料制造单位进行验收，并签字确认的质量证明书。

（3）制造商提供焊接及焊后热处理资料、制造缺陷的返修记录。

（4）交货时，制造商向需方提供质量证明书，质量证明书应包括以下内容：

1）订货合同号。

2）订货图号。

3）熔炼炉号。

4）锻件卡号。

5）化学成分的分析结果。

6）力学性能和检验结果。

7）无损检测的结果（必要时提供缺陷分布图）。

8）中心孔检验报告。

9）最终热处理的主要工艺参数。

（5）到达安装现场后应进行复核检验，检验按合同规定的质量标准执行。

二、在役机组的检验监督

（1）新机组投产后第一次 A 级或 B 级检修应对水轮机大轴、贯流式机组分段焊接水轮机轴焊缝进行渗透检测和超声检测，以后每次 A 级检修均进行渗透检测和超声检测。

（2）每次 A 级检修中，宏观检验水轮机主轴和导轴承轴颈外表面、变截面的 R 处和主轴中心孔内表面（可用内窥镜检查）的裂纹、锈蚀、磨损、变形情况，有疑问时进行无损检测。对主轴两端连接法兰倒角处和轴外表面进行表面无损检测。

（3）每次 A 级、B 级检修中，对采用巴氏合金的轴瓦，以及轴瓦与瓦基的结合情况进行 100％超声波检测，接触面应不小于 95％，且单个脱壳面积不大于 1％。表面渗透检测无缺陷。

（4）运行 10 万 h 以上的大轴，应结合 A、B 级检修进行超声波检测，检测按 JB/T 1270《水轮机、水轮发电机大轴锻件　技术条件》中超声波探伤规定执行，以后无损检测的周期为 5 万 h。

（5）每次 C 级检修中，应对主轴进行外观检查，对出现异常的部位或有怀疑的部位应进行无损检测，检测按 JB/T 1270《水轮机、水轮发电机大轴锻件　技术条件》中超声波探伤规定执行。

第二节　水 轮 机 转 轮

水轮机转轮作为水轮机四大重要过流部件之一，是将水能转化为机械能的关键性部件，其叶片型线的准确与否是影响水轮机效率、出力、空蚀和运行寿命的重要因素，是衡量水轮机制造水平的重要标志。

水轮机转轮主要结构分为上冠、下环、叶片三部分。通常情况下转轮具有多个叶片且叶片呈周向均匀分布排列，具有周期性对称结构。其主要作用力表现为叶片所承载的水压载荷以及叶片在转动过程中所产生的离心载荷力。

水轮机转轮材质早期设计上主要采用如碳钢 ZG20SiMn、低合金钢 15MnMoVCU 等材料。随着水轮机参数的不断提高以及材料技术的迅速发展，现主要采用抗空蚀、抗腐蚀和具有良好焊接性能的不锈钢材质，如 06Cr13Ni5Mo、00Cr13Ni4Mo 等 Cr‑Ni‑Mo 合金铸钢。在制造过程中，对转轮的上冠、下环、叶片进行单独制造，然后进行组焊连接。

一、水轮机转轮常见缺陷

（一）空蚀

空蚀是水流流经水轮机过流部件时，在局部区域因流速增加，导致压力下降，当压力低于当地的汽化压力时水流汽化，形成水流的沸腾，对过流部件发生的侵蚀作用。空蚀的种类主要有翼型空蚀、间隙空蚀、空腔空蚀三种。水轮机转轮空蚀主要发生在叶片、叶片与上冠焊接部位的 R 角、叶片与上环焊接部位的 R 角、上冠外表面、下环外表面等部位。

空蚀的危害：空蚀会对机组出力与运行效率造成影响，若机组运行于空蚀区，则会产生很大的振动与负荷波动，导致机组无法稳定和可靠运行。如果空蚀不断加剧还会缩短机组寿命，造成经济损失。

（二）裂纹

混流式水轮机转轮裂纹主要发生在叶片与上冠下环交接处、叶片进水边靠下环急转弯处、叶片进水边外缘下部、叶片背面中部及上冠下环叶片间流道。轴流式水轮机转轮叶片裂纹主要在法兰根部和进出水边，尤其是出水边靠外缘三角处，裂纹形态有网状、弧形和条状。

裂纹的危害：裂纹的存在大大降低了叶片材料的强度，当裂纹扩展到成穿透性时，往往造成掉块或整个叶片断裂事故，降低了机组运行的可靠性和使用寿命，危害性很大。

水轮机转轮产生裂纹的原因主要包括设计、制造、运行等方面。但最主要的原因是制造不良所引起的。多数裂纹来自铸造过程中遗留的沙眼、气孔扩展产生裂纹，以及在铸焊转轮时由于焊接工艺不当产生的裂纹。也有少量的裂纹是由于机组长期低负荷、超负荷运行，使叶片在交变应力作用下产生或加剧裂纹。水轮机产生裂纹主要有以下原因：

　　1. 设计不合理

　　转轮叶片的设计存在不合理之处，导致叶片本身承受动载荷能力下降，如果叶片出水边的不合理设计导致卡门涡与叶片发生共振，巨大的能量导致裂纹迅速产生并发展，对机组造成了危害。设计时，应考虑可能影响叶片承受动载荷能力的因素。首先，要保证叶片材料的化学成分、机械性能以及承受工作应力的能力符合要求。

　　2. 叶片老化

　　任何机械设备都是有使用期限的，如果设备老化到一定程度，必然后出现损坏，尤其是对水轮机转轮叶片来说，其与水压发生作用与反作用力，易产生裂纹。

　　3. 水轮机转轮叶片制造材质、加工过程存在问题

　　水轮机转轮叶片如果原材料质量不过关，加工制造的叶片也容易产生裂纹。如果在叶片锻造过程中，锻造工艺不过关，有沙眼、气泡存在于叶片之中，那气泡存在位置就是个隐患源，叶片就会在这个隐患处出现裂纹。

　　4. 振动的原因

　　尾水管涡带所产生的，以低于转速频率来表现的转轮振动剧烈，造成叶片裂纹；某些中、高混流式转轮的下止漏环配置不当也会诱发接近转速频率的自激振动，造成叶片裂纹；叶片出水边形状欠佳所产生的卡门涡振，频率很高会使叶片产生裂纹，影响转轮使用寿命。

　　5. 水力因素

　　在水轮机转轮叶片上出现的、规律性裂纹绝大多数都属于疲劳裂纹，断口呈现明显的贝壳纹。从力学上来说，疲劳裂纹的出现就是叶片所承受的动应力超过了叶片材料疲劳强度极限的结果。叶片承受动载荷的能力不足时，将可能出现叶片裂纹。叶片疲劳来源于作用其上的交变载荷，而交变载荷又由转轮的水力自激振动引发，这可能是卡门涡列、水力弹性振动或水压力脉动所诱发。

二、制造、安装监督

　　（1）转轮母材的化学成分、力学性能、工艺性能。母材技术条件应符合相关条款的规定及合同规定的技术条件。

　　（2）制造商对主轴材料的理化性能复验报告或制造商验收人员按照采购技术条件要求在材料制造单位进行验收，并签字确认的质量证明书。

　　（3）制造商提供焊接及焊后热处理资料，制造缺陷的返修记录。

　　（4）铸钢混流式转轮的质量检验应按 JB/T 3735《铸钢混流式转轮》的规定执行；混流式水轮机焊接转轮不锈钢叶片铸件的质量检验应按 JB/T 7349《水轮机不锈钢叶片铸件》的规定执行；焊接转轮上冠、下环铸件的质量检验应按 JB/T 10264《混流式水轮机焊接转轮上冠、下环铸件》的规定执行。

三、在役机组监督检验

　　（1）每次 C 级及以上检修均应对转轮（含桨叶、水斗）进行外观检查，对出现异常的

部位或有怀疑的部位应进行无损检测。

（2）混流式水轮机转轮、轴流式水轮机转轮体和叶片，各级检修中应检查裂纹、空蚀、锈蚀、磨损、变形情况，必要时进行磁粉检测（或渗透检测）。

（3）每次 B 级及以上检修均应对混流式转轮应力集中部位进行渗透检测或磁粉检测，转轮焊缝检测数量比例不低于 50%，检测部位为转轮出水侧，检验长度为单条焊缝长度的 1/4 且不小于 100mm，无损检测应按 NB/T 47013《承压设备无损检测》执行，并形成完整的检测记录。

（4）A 级检修中，对转轮和叶片焊缝进行超声波检测。现场组装焊缝，投产两年内应进行超声波检测。两次 A 级检修之间，应对转轮进行一次超声波检测，符合 JB/T 10264《混流式水轮机焊接转轮上冠、下环铸件》、JB/T 7349《水轮机不锈钢叶片铸件》的相关要求。

（5）转轮的空蚀评定按 GB/T 15469.1《水轮机、蓄能泵和水泵水轮机空蚀评定　第 1 部分：反击式水轮机的空蚀评定》的规定执行。

第三节　活动导叶及操动机构

活动导叶是水轮机组导水机构的主体，是水轮发电机组负荷调节的重要工作部件，通过改变导叶开度以改变流量，同时也起着封水的作用。活动导叶对形成转轮能量转换所需的进口动力学形态起着极为重要的作用。随着水力机械设计和制造水平的不断提高，混流式水轮机效率和稳定性不断提高，其适用的水头范围也有所发展。

水轮机活动导叶一般为马氏体不锈钢整铸成型，随着水轮机组向大型化发展，铸件的尺寸和重量不断增大，对活动导叶的制造质量造成一定的难度。水轮机活动导叶通常为板-杆连接结构，中间板体由下至上逐渐增厚，两端分别连接长、短圆轴，长短轴直径与板体厚度相差较大。

一、活动导叶常见缺陷

1. 磨损

水轮机组在运行过程中，活动导叶受到交变的水压外力以及含沙水流的冲刷磨蚀。尤其是在机组开机停机过程中，当活动导叶在开启或关闭过程中开度较小时，两活动导叶间水流流速较快，同时活动导叶前后水压压差较大，导致活动导叶承受更大的交变应力。图 6-5-1 所示为某水力发电厂活动导叶发生严重磨蚀情况。

2. 裂纹

活动导叶的裂纹一般由于制造过程中的原始缺陷造成。由于铸件内部存在夹渣、细小裂纹，内部的缺陷在多年的动力和复杂的水力作用下，内部细小裂纹就会向外扩张而造成裂纹。活动导叶裂纹如图 6-5-2 所示。

3. 变形

由于活动导叶为长形板杆结构，随着总长的增加，极易产生出现挠曲变形，即板体或长轴出现局部缺肉无加工量。另外，铸件凝固过程中不均衡的热胀冷缩、热割冒口、热处理摆放等因素均是造成铸件变形的原因。

图 6-5-1　活动导叶磨蚀情况

图 6-5-2　活动导叶裂纹

二、制造、安装监督

（1）活动导叶母材的化学成分、力学性能、工艺性能。母材技术条件应符合相关条款的规定及合同规定的技术条件。

（2）活动导叶的质量检验按 GB/T 10696《水轮机、蓄能泵和水泵水轮机通流部件技术条件》的规定执行。

三、在役机组监督检验

（1）每次 C 级及以上检修均应对活动导叶及操动机构（含连杆、转臂、控制环、接力器、重锤吊杆吊耳）进行外观检查，重点检查导叶轴颈处，对出现异常的部位或有怀疑的部位应进行无损检测。

（2）每次 A 级、B 级检修除了对 C 级规定的检修内容进行检查外，还应进行空蚀检测，空蚀评定按 GB/T 15469.1《水轮机、蓄能泵和水泵水轮机空蚀评定　第 1 部分：反击式水轮机的空蚀评定》的规定执行。

第四节　座环、底环及尾水管衬里

座环是混流式水轮机埋入部分的两大部件之一，既是机组的基础件，又是机组通流部件的组成部分。机组安装时以座环为基础，座环承受整个机组及其上部混凝土的重量以及水轮机的轴向的水推力，以最小的水力损失将水流引入导水机构。座环一般为上、下环板和固定导叶等组成的焊接结构。

由于座环承受着随机组运行工况改变而变化的水压分布载荷以及从顶盖传导过来的作用力，因此，要求座环必须有足够的强度、刚度和良好的水力性能。座环示意图如图 6-5-3 所示。

为满足强度、刚度的要求，水轮机座环材质一般采用低合金的高强钢，如 S550Q 等，国外进口机组常用到 ASTM A516、MGR-70 级材料。在制造过程中，

图 6-5-3　座环示意图

由于座环材质的含碳量高，厚度大，给焊接过程造成了很大的难度，易产生延迟性冷裂纹，需要严格控制焊接工艺。

尾水管位于转轮下方，其主要作用是引导进出转轮的水流。水流经过转轮做功后，水能大大降低，尾水管中的水压相对叶落归根的水压要低很多，因此尾水管在钢材选用等级上要比压力钢管低，目前尾水管常用钢种有 Q235、Q345 等碳素结构钢。

一、座环、底环及尾水管衬里常见缺陷

1. 空蚀

水轮机座环的固定导叶和尾水管衬板易发生空蚀。空蚀是水流流经水轮机过流部件时，在局部区域因流速增加，导致压力下降，当压力低于当地的汽化压力时水流汽化，形成水流的沸腾，对过流部件发生的侵蚀作用。采用高强度高硬度耐腐蚀的材料，可降低空蚀的破坏。

2. 裂纹

座环在制作安装过程中，上环、下环及固定导叶都需要大量的组焊，由于焊接工艺、焊工水平、热处理、环境因素等均会导致焊接裂纹的产生。在水轮机组运行中，随着座环应力的增大，裂纹也会进一步扩展，危害机组的安全稳定运行。

二、制造、安装监督

（1）座环母材的化学成分、力学性能、工艺性能。母材技术条件应符合相关条款的规定及合同规定的技术条件。

（2）制造商对座环材料的理化性能复验报告或制造商验收人员按照采购技术条件要求在材料制造单位进行验收，并签字确认的质量证明书。

（3）制造商提供焊接及焊后热处理资料、制造缺陷的返修记录。

（4）座环的质量检验应按 GB/T 10969《水轮机、蓄能泵和水泵水轮机通流部件技术条件》的规定执行。

三、在役机组监督检验

（1）每次 C 级及以上检修均应对座环、底环、尾水管进行外观检查，对出现异常的部位或有怀疑的部位应进行无损检测。

（2）每次 B 级及以上检修均应对座环、底环、尾水管衬里的空蚀和磨蚀情况进行详细的检测和记录，并采取相应的处理对策。空蚀的测量和评定应按 GB/T 15469.1《水轮机、蓄能泵和水泵水轮机空蚀评定 第 1 部分：反击式水轮机的空蚀评定》执行。在检修周期内，根据泥沙磨蚀、空蚀损坏等情况，可适当增加检查次数。

第五节 发 电 机 主 轴

发电机主轴是发电机重要部件之一，是连接水轮机和发电机的重要部件，它不仅承受水力动载荷所引起的轴向应和弯曲应力，还要承受工作状态的扭曲应力。

发电机主轴一般采用带中心孔的空心轴，不仅可以减轻主轴的重量，提高轴的刚度和强

度，而且可以消除轴心部分组织疏松等缺陷，并且便于检修期对主轴进行检查。

发电机主轴一般采用优质碳素结构钢制造，常用的材料有 35 号、40 号、45 号钢以及 20SiMn、18MnMoNb、20MnSX、25MnSX 钢等。

一、制造、安装监督

（1）主轴母材的化学成分、力学性能、工艺性能。母材技术条件应符合 JB/T 1270《水轮机、水轮发电机大轴锻件　技术条件》中相关条款的规定及合同规定的技术条件。

（2）制造商对主轴材料的理化性能复验报告或制造商验收人员按照采购技术条件要求在材料制造单位进行验收，并签字确认的质量证明书。

（3）制造商提供焊接及焊后热处理资料、制造缺陷的返修记录。

（4）交货时，制造商向需方提供质量证明书，质量证明书应包括以下内容：

1）订货合同号；

2）订货图号；

3）熔炼炉号；

4）锻件卡号；

5）化学成分的分析结果；

6）力学性能和检验结果；

7）无损检测的结果（必要时提供缺陷分布图）；

8）中心孔检验报告；

9）最终热处理的主要工艺参数。

二、在役机组的检验监督

（1）新机组投产后第一次 A 级或 B 级检修应对发电机大轴焊缝进行渗透检测和超声检测，以后每次 A 级检修均进行渗透检测和超声波检测。

（2）每次 A 级检修中，宏观检验发电机主轴轴颈外表面、变截面的 R 处和主轴中心孔内表面（可用内窥镜检查）的裂纹、锈蚀、磨损、变形情况，有疑问时进行无损检测。对主轴两端连接法兰倒角处和轴外表面进行表面无损检测。

（3）每次 A 级、B 级检修中，对采用巴氏合金的轴瓦，以及轴瓦与瓦基的结合情况进行 100％超声波检测，接触面应不小于 95％，且单个脱壳面积不大于 1％。表面渗透检测无缺陷。

（4）运行 10 万 h 以上的大轴，应结合 A、B 级检修进行超声波检测，检测按 JB/T 1270《水轮机、水轮发电机大轴锻件　技术条件》中超声波探伤规定执行，以后无损检测的周期为 5 万 h。

（5）每次 C 级以上检修中，应对主轴进行外观检查，对出现异常的部位或有怀疑的部位应进行无损检测，检测按 JB/T 1270《水轮机、水轮发电机大轴锻件　技术条件》中超声波探伤规定执行。

第六节　转子中心体、支臂及上下机架

水轮发电机转子由转轴、转子支架、磁轭和磁极等组成。转子是整个机组的核心，转子

支架则是整个转子的"脊梁"，转子支架的作用是固定磁轭，主要承受转子转矩和重量，是最主要的受力构件。水轮发电机的转子支架分为中心体和若干支臂组成，两者靠螺栓连接。中心体多为圆盘型，支臂用钢板焊接而成，断面为工字型或封闭型。

转子支架多采用现场组焊结构，其焊接质量的好坏直接影响到机组的安全运行。转子支臂与中心体通过环向和纵向的焊缝连接，支臂与支臂之间通过径向和立向的焊缝连接，两者的焊接过程对质量要求较高。

转子中心体由轮毂、上下圆盘、立筋和合缝板组成。轮毂为铸钢件，在和圆盘结合的部位铸处凸台，以便于对接接头连接圆盘。

机架是水轮发电机安置推力轴承、导轴承、制动器及水轮机受油器的支撑部件，按其所处的位置分为上机架和下机架，按承载性质分为负荷机架和非负荷机架。转子中心体如图 6-5-4 所示。

图 6-5-4　转子中心体

一、转子中心体、支臂常见缺陷

转子支架在组焊过程中，由于原材料、设计、焊接工艺和焊接施工等诸多因素的影响，焊接接头常产生裂纹。在发电机转子在运行过程中，将产生巨大的离心力，也是造成支架焊缝开裂的重要原因。

二、制造、安装监督

（1）中心体、支臂、上下机架的母材化学成分、力学性能、工艺性能。母材技术条件应符合相关条款的规定及合同规定的技术条件。

（2）制造商对中心体、支臂、上下机架材料的理化性能复验报告或制造商验收人员按照采购技术条件要求在材料制造单位进行验收，并签字确认的质量证明书。

（3）制造商提供焊接及焊后热处理资料、制造缺陷的返修记录。

（4）中心体、支臂、上下机架的连接焊缝质量检验应按 GB/T 10969《水轮机、蓄能泵和水泵水轮机通流部件技术条件》的规定执行。

（5）中心体、支臂、上下机架到达安装现场后应进行复核检验，检验按合同规定的质量标准执行。

（6）安装过程中，焊缝焊接质量按照 NB/T 47013《承压设备无损检测》的规定执行。

三、在役机组监督检验

（1）每次 C 级以上检修均应对转子中心体、支臂、上下机架进行外观检查。对出现异常的部位或有怀疑的部位应进行无损检测。

（2）A、B 级检修中，应对转子中心体、支臂等重要焊接部位进行磁粉检测（或渗透检测），必要时进行超声波检测抽查，检测比例按照 DL/T 1318《水电厂金属技术监督规程》的规定执行。

1）转子中心体内侧筋板上、下角焊缝；

2）转子中心体轮毂与支臂连接焊缝，特别是励磁端连接焊缝；

3）转子支臂腹板拼接焊缝和上下角焊缝；

4）转子支臂扇形翼板合缝焊缝。

（3）在 A、B 级检修中，对下机架重要焊缝进行磁粉检测（或渗透检测）和超声波检测抽查。

1）下机架中心体内侧筋板与上盖板角焊缝及上、下盖板对接焊缝；

2）支臂腹板对接焊缝和拼接焊缝；

3）支臂腹板上下角焊缝；

4）支臂固定底座与筋板角焊缝。

第七节　推　力　轴　承

水轮发电机推力轴承的主要作用是承受发电机转子和水轮机转子的全部重量以及水流产生的全部轴向推动力，其工作状态会直接影响水轮机组的运行状态。推力轴承失效会导致水轮机组停机，影响机组的经济效益。推力轴承主要由推力头、镜板、推力瓦、抗重螺栓、油槽、冷却装置等组成。

推力头是立式水轮机组的重要部件，它承担了整个机组的轴向负荷。推力头一般采用铸钢整体铸造，部分采用锻焊结构，受铸造工艺所限，在推力头表面易产生裂纹、夹砂、气孔等缺陷。

镜板是整个水轮机组转动部件与固定部件的摩擦面，与推力头安装在发电机主轴上，承受整个机组转动部分的轴向力负荷。水轮发电机组镜板尺寸较大，对镜板的平面度、平行度、光洁度较高，使其制造工艺提高了难度。镜板一般采用锻件制造而成，要求材料具有良好的综合性能和耐磨性能。水轮机组镜板的材质通常为 45A、50A、55A、40CrA 锻件材料。

推力轴承的推力瓦一般使用锡基轴承合金材料制成，最高允许温度为 70℃。

推力头和镜板示意图分别如图 6-5-5 和图 6-5-6 所示。

图 6-5-5　推力头

图 6-5-6　镜板

一、推力轴承常见缺陷

1. 磨损

推力瓦在运行过程中，由于装配工艺执行不到位的原因，易形成磨损，从而导致推力瓦温度升高，甚至发生烧坏轴瓦的事故。

镜板与推力瓦的接触面，由于装配工艺的原因，也可能造成局部磨损，再加上油路中的杂质没有完全清理干净，杂质随着油冷却循环系统进入到两者之间的油膜中，从而造成了长期慢性摩擦，引起局部损伤。

2. 裂纹

推力头一般采用铸钢整体铸造，受铸造工艺所限，在推力头表面易产生裂纹、夹砂、气孔等缺陷。部分推力头采用分段锻焊结构，其焊缝因承受交变应力而产生裂纹。图 6-5-7 所示为某水力发电厂推力头裂纹示意图。

图 6-5-7　推力头裂纹示意

二、镜板常见缺陷

发电机镜板的尺寸偏差导致镜板产生不平行度，从而引发机组的振动。镜板的尺寸偏差常常是由于原件在加工中产生了微量偏差导致，以及在多年运行检修过程中产生的累积偏差增大了机组的振动。

其次，发电机镜板的母材硬度偏低，也容易引发镜板在运行过程中产生偏差过大。

三、制造、安装监督

（1）推力轴承（包含推力头、卡环、镜板、推力瓦）母材的化学成分、力学性能、工艺性能。母材技术条件应符合相关条款的规定及合同规定的技术条件。

（2）制造商对推力轴承（包含推力头、卡环、镜板、推力瓦）材料的理化性能复验报告或制造商验收人员按照采购技术条件要求在材料制造单位进行验收，并签字确认的质量证明书。

（3）制造商提供焊接及焊后热处理资料、制造缺陷的返修记录。

（4）推力轴承（包含推力头、卡环、镜板、推力瓦）部件及焊缝的应进行宏观检测和无损检测，无损检测应按 NB/T 47013《承压设备无损检测》进行。

四、在役机组监督检验

（1）每次 C 级及以上检修均应对推力轴承（包含推力头、卡环、镜板、推力瓦）进行外观检查，检查镜板划痕情况，对出现异常的部位或有怀疑的部位应进行无损检测。

（2）每次 B 级及以上检修均应对推力轴承（包含推力头、卡环、镜板、推力瓦）表面进行渗透检测或磁粉检测，评定应按 NB/T 47013《承压设备无损检测》执行。

1）每次 A、B 级检修，对推力头表面进行渗透检测或磁粉检测，要求无裂纹，无变形。

2）每次 A、B 级检修，对镜板表面进行渗透检测或磁粉检测，要求无裂纹，无变形。镜板平面度、光洁度满足要求。

3）每次 A、B 级检修，对卡环表面进行渗透检测或磁粉检测，要求无裂纹，无损伤。必要时进行硬度和金相分析。

4）每次 A、B 级检修，对推力瓦表面进行渗透检测或磁粉检测，要求无磨损、脱壳、划痕，间隙符合规定值。必要时对推力瓦进行超声波检查，要求无脱壳。

第八节　制动环和风扇叶片

发电机制动环即为发电机转子磁轭的下连接片，制动环一般由扇形板组成。

在转子的上/下端都安装有风扇，以保证机组运行时的空气冷却循环。发电机风扇通常有离心式、轴流式和刮板式三种，较为常用的是离心式风扇。风扇与转子支臂通过螺栓连接。

一、制动环、风扇叶片常见缺陷

水轮机制动环开裂是由于发电机制动时转动惯量大，制动时机组的转速偏高，转动力矩大，制动时间短，使得制动环摩擦面在很短的时间内聚集巨大的摩擦热量，导致表面温度过高、热应力过大，最终导致热疲劳破坏产生裂纹。图 6-5-8 所示为某水力发电厂制动环发生龟裂。

图 6-5-8　制动环发生龟裂

二、制造、安装监督

（1）发电机制动环、风扇叶片母材的化学成分、力学性能、工艺性能。母材技术条件应符合相关条款的规定及合同规定的技术条件。

（2）制造商对制动环材料的理化性能复验报告或制造商验收人员按照采购技术条件要求在材料制造单位进行验收，并签字确认的质量证明书。

（3）制造商提供焊接及焊后热处理资料、制造缺陷的返修记录。

（4）制动环、风扇叶片的质量检验应按 NB/T 47013《承压设备无损检测》的规定执行。

三、在役机组监督检验

（1）每次 C 级及以上检修均应对制动环、风扇叶片进行外观检查，对出现异常的部位或有怀疑的部位应进行无损检测。

（2）每次 B 级及以上检修均应对制动环、风扇叶片进行渗透检测，检测评定应按 NB/T 47013《承压设备无损检测》执行。在检修周期内，根据裂纹情况，可适当增加检查次数。

第九节　闸门和启闭机

一、闸门

水工闸门作为水力发电厂最重要的组成部分，也是水力发电工程必不可少的配套建筑。闸门最主要的作用就是封堵水坝、水力发电厂的进出口水流量，然后根据水坝自身实际情况而定，相应的调整闸门的水流强度等级，减少水中杂物漂浮物的排放，剔除过多的砂砾与土石，泄洪等，因此水利工程闸门的设计非常关键，它关系到了水利工程的坚固耐用程度以及达到水利项目功效的目的。水工闸门是一种既能防止水流外泄又能适当的排放多余水量的基础设施，具体的作用原理是依靠升降阀门来控制标识水位的建筑，在我国近些年的水力发电工程项目里作为基础设施应用，主要功能是防洪倒水、灌溉农田、排泄废水和水力发电等许多行业领域中，在很大程度上决定了整个水利枢纽和下游人民生命财产的安全。

（一）闸门的分类

（1）按工作性质可分为工作闸门、事故闸门、检修闸门、施工期导流闸门。工作闸门是指正常运行时使用的闸门，一般在动水条件下操作。事故闸门可以在发生事故时，能够在动水中关闭，事故消除后在静水中开启。检修闸门是主要用于检修期间挡水的闸门，在静水中启闭。施工期导流闸门用于封闭施工导流孔的闸门，一般在动水中关闭。

（2）按闸门设置部位可分为露顶式闸门和浅孔式闸门。露顶式闸门设置在开敞式泄水孔口，当闸门关闭孔口挡水时，其门叶顶部高于挡水水位，并需设置三边止水。浅孔式闸门设置在浅没式泄水孔口，当闸门关闭孔口挡水时，其门叶顶部低于挡水水位，需要设置顶部、两侧和底缘四边止水。

（3）按闸门结构形式分类可分为平板闸门和弧形闸门。

1）平面闸门。挡水面板形状为平面的一类钢闸门。平面闸门具有结构简单，制造、安装和运输比较简便等优点。图6-5-9所示为平面闸门模型图。

2）弧形闸门。它是挡水面板形状为圆弧形的一类钢闸门。弧形闸门具有前后水流平顺、过水条件好、启闭灵活等优点。图6-5-10所示为弧形闸门模型图。

图6-5-9　平面闸门模型

图6-5-10　弧形闸门模型

（二）闸门的常见缺陷

闸门在长期的运行中，其主要故障有门体结构变形、严重锈蚀、焊缝裂纹、支承行走机构锈死、门槽淤堵、支臂螺栓锈蚀、支臂螺栓断裂、门体启闭严重振动、严重漏水等。

（三）闸门的制造、安装监督

（1）闸门使用的钢材必须符合设计图样的规定，并应具有出厂质量证书。如无质量证书应予以复检，复检合格方可使用。

（2）钢板超声波检测应按照 GB/T 2970《厚钢板超声检查方法》的规定执行。

（3）闸门的焊接材料（包含焊条、焊丝、焊剂）必须具有出厂质量证书。

（4）闸门制造期间的质量验收按照 NB/T 35045《水电工程钢闸门制造安装及验收规范》的规定执行。

（5）闸门焊缝，应进行超声波检测抽查，一类焊缝抽查 20%，二类焊缝抽查 10%。若抽检结果不合格，加倍抽查。若加倍抽检仍不合格，则 100% 进行超声波检验。超声波探伤按 GB/T 11345《焊缝无损检测　超声检测技术、检测等级和评定》执行。

（6）对进行射线检测的闸门焊缝全部射线底片进行复评，射线探伤按 GB/T 3323《焊缝无损检测　射线检测》执行。

（7）外观检验时，对闸门焊缝质量有怀疑时，应进行磁粉检测（或渗透检测）抽查，一类焊缝抽查 20%，二类焊缝抽查 10%。若抽检结果不合格，加倍抽查。若加倍抽检结果仍不合格，则 100% 进行表面无损检测。表面探伤按 NB/T 47013《承压设备无损检测》执行。

（四）在役闸门监督检验

（1）水工钢闸门的巡视检查、外观检测、材质检测、无损检测、应力检测、振动检测、腐蚀检测等应按 DL/T 835《水工钢闸门和启闭机安全检测技术规程》的规定执行。

（2）水工闸门应进行腐蚀防护处理，防腐蚀方案和质量验收应按 DL/T 5358《水利水电工程金属结构设备防腐蚀技术规程》的规定执行。

（3）闸门无损检测长度占焊缝全长的百分比如下。

1）一类焊缝，超声波探伤应不少于 20%，射线探伤应不少于 10%；

2）二类焊缝，超声波探伤应不少于 10%，射线探伤应不少于 5%；

3）裂纹是危害性缺陷，发现裂纹时，应根据具体情况在裂纹的延伸方向增加探伤长度，直至焊缝全长。

（4）闸门定期安全监测应按照 DL/T 835《水工钢闸门和启闭机安全检测技术规程》的规定执行。

1）水工钢闸门和启闭机安装完毕蓄水运行，闸门承受水头达到或接近设计水头时，应进行第一次安全检测。如未达到设计水头，则应在运行 5 年以内进行第一次安全检测。

2）第一次安全检测后，根据工程实际运行情况，应每隔 10～15 年对水工钢闸门和启闭机进行一次定期安全监测。

3）凡投入运行超过 5 年未进行安全监测的水工钢闸门和启闭机，应立即进行一次全面的安全监测。

（5）闸门的报废应按 SL 226《水利水电工程金属结构报废标准》的规定执行。

二、启闭机

启闭机是水工闸门的重要组成部分，起到合理调节水流调控，快速地开启和关闭闸门的作用。因此，如果启闭机性能出现异常或其他故障，很可能造成一定程度的安全事故或经济损失。在长期的运行过程中，启闭机很容易出现各种各样的质量安全隐患。

（一）启闭机分类和性能

（1）固定式卷扬式启闭机。卷扬式启闭机通过减速箱来减速，并用滑轮组作倍率放大，可以获得较大的启门力，在中小型水工闸门上被广泛应用。卷扬式启闭机启动速度较快，适用于事故闸门和经常启动的闸门。

（2）螺杆式启闭机。使用螺杆旋转上下拉动闸门，通过齿轮驱动螺母旋转，从而驱动螺杆提升下降门扇。其特点是当闸门不能通过自重关闭时，它可以迫使闸门下降，同时具有体积小、封闭、结构简单、使用可靠、手电均能操作、管理维护方便等优点。

（3）液压式启闭机。以液压缸为主体，由油泵、粗动机、油箱、滤油器、液压控阀组合而成，以电机为动力源，带动双向油泵输出压力油，通过油路集成块等元件驱动活塞杆来控制闸门的启闭。

（二）启闭机常见故障

（1）启闭机在长期运行中，受到较为严重的腐蚀，导致启闭机的承载力受到损伤。

（2）启闭机铸件在制造过程中存在明显的缺陷或者不符合要求。

（3）钢丝绳老化、断丝现象。

（4）启闭机底座焊接时没有严格按照焊接施工的规范进行控制，导致焊接变形过大。

（5）齿轮组与减速器硬度不足等。

（三）启闭机的制造、安装监督

（1）启闭机的每批原材料，抽取试样进行材质和机械性能检验，检验结果符合设计规定。

（2）每批原材料，抽10％按NB/T 47013《承压设备无损检测》进行超声波检验，检验结果符合设计规定。若检验结果不符合设计规定，加倍抽检。若加倍抽检结果仍不符合设计要求，则退货或100％进行超声波检验。

（3）启闭机焊缝应进行超声波检测抽查，一类焊缝抽查20％，二类焊缝抽查10％。若抽检结果不合格，加倍抽查。若加倍抽检仍不合格，则100％进行超声波检验。超声波探伤按GB/T 11345《焊缝无损检测　超声检测技术、检测等级和评定》执行。

（4）对进行射线检测的启闭机焊缝全部射线底片进行复评，射线探伤按GB/T 3323《金属熔化焊焊接接头射线照相》执行。

（5）外观检验时，对启闭机焊缝质量有怀疑时，应进行磁粉检测（或渗透检测）抽查，一类焊缝抽查20％，二类焊缝抽查10％。若抽检结果不合格，加倍抽查。若加倍抽检结果仍不合格，则100％进行表面无损检测。表面探伤按NB/T 47013《承压设备无损检测》执行。

（四）启闭机的在役监督

（1）启闭机的定期安全监测项目，应按照DL/T 835《水工钢闸门和启闭机安全检测技术规程》的规定执行。

（2）每次C级及以上检修，对启闭机进行外观检查，要求无损伤、无变形、无裂纹，钢丝绳无断股。

（3）每次B级及以上检修，对启闭机怀疑部位进行磁粉检测或渗透检测，评定按照

NB/T 47013《承压设备无损检测》执行。

第十节　压力钢管、蜗壳

一、压力钢管

压力钢管作为水力发电机组重要部件，承担着从水库、前池或调压室向水轮机输送水量的作用。其特点是坡度陡、内部水压力大，承受较大的动水压力，且靠近厂房，失事后果严重，因此必须安全可靠。

（一）压力钢管分类

按照布置方式分为明管、地下埋管和混泥土坝身埋管。明管暴露在空气中，主要用于无压力引水式水力发电厂；地下埋管埋入岩体或者隧道，主要用于有压引水力发电厂；混凝土坝身埋管依附于坝体，包括坝内关掉、坝上游面管、坝下游面管。

（二）压力钢管供水方式

（1）单元供水。一管供一台水轮机组。不设下阀门。优点是结构简单，工作可靠，灵活性好，易于制作，无岔管；缺点是造价高。

适用性：单机流量大，长度短的地下埋管或明管；混凝土坝内管道和明管内。

（2）联合供水。一根主管，向多台水轮机组供水，设下阀门。优点是造价低；缺点是结构复杂，灵活性差。适用性于机组少、单机流量小、引水道长的地下埋管和明管。

（3）分组供水。设多根主管，每根主管向数台机组供水，设下阀门。适用于压力水管较长、机组台数多、单机流量小的机组。

（三）压力钢管的材料

压力钢管的受力构件有管壁、加劲环、支承环、支座滚轮、支承板等。由于压力钢管内水压力大，并经常承受冲击载荷的作用。常用的钢材为经过镇静熔炼的热轧平炉低碳钢或者低合金钢，如 A3、16Mn 或经过正火的 15MnV、15MnTi。滚轮采用 A3、A4、A5、16Mn 或 35、45 等优质钢材。

（四）压力钢管失效形式

压力钢管的失效形式主要分为焊缝开裂和泄漏。

（五）压力钢管的制造、安装监督

（1）对压力钢管的每批原材料，抽取试样进行材质和机械性能检验，检验结果符合设计规定。

（2）每批原材料，抽 10% 按 NB/T 47013《承压设备无损检测》进行超声波检验，检验结果符合设计规定。若检验结果不符合设计规定，加倍抽检。若加倍抽检结果仍不符合设计要求，则退货或 100% 进行超声波检验。

（3）压力钢管焊缝应进行超声波检测抽查，一类焊缝抽查 20%，二类焊缝抽查 10%。若抽检结果不合格，加倍抽查。若加倍抽检仍不合格，则 100% 进行超声波检验。

（4）对压力钢管焊缝的全部射线底片进行复评。

（5）压力钢管焊缝应进行磁粉检测（或渗透检测）抽查，一类焊缝抽查 20%，二类焊缝抽查 10%。若抽检结果不合格，加倍抽查。若加倍抽检结果仍不合格，则 100% 进行表面无损检测。

(6) 按设计要求对进水压力钢管凑合节环焊缝的焊接残余应力进行监测,监测结果符合设计要求。

(六) 在役压力钢管的监督

压力钢管在投入运行后,运行管理单位应做好巡视检查和数据监测工作。并严格执行 NB/T 10349《压力钢管安全检测技术规程》的规定,对压力钢管进行安全检测。压力钢管安全检测由具备资质的单位进行,并出具安全检测报告。

1. 压力钢管的首次检测

(1) 压力钢管在投入运行后,运行管理单位巡视检查和外观检测的结构正常,并且监测仪提供的监测数据正常,则首次安全检测应在钢管运行后 5~10 年内进行。检测的内容按照 NB/T 10349《压力钢管安全检测技术规程》的规定执行。

(2) 压力钢管在投入运行后,运行管理单位巡视检查和外观检测的结果表明钢管存在危害性缺陷或埋设的监测仪器提供的监测数据明细异常,应提前进行首次检测。检测的内容按照 NB/T 10349《压力钢管安全检测技术规程》的规定执行。

2. 压力钢管的中期检测

首次检测完成,压力钢管每隔 10~15 年应进行一次中期检测。检测的内容按照 NB/T 10349《压力钢管安全检测技术规程》的规定执行或有所侧重。

3. 压力钢管的折旧期满检测

压力钢管运行满 40 年,必须按照 NB/T 10349《压力钢管安全检测技术规程》的规定进行折旧期满安全检测,以确定压力钢管是否可以继续服役或需要采取的必须加固措施。

4. 特殊时期检测

压力钢管在运行周期内遭遇特殊,如烈度 6 级以上的地震,超设计标准洪水或其他重大事故,必须进行巡视检查和外观检测,必要时进行其他项目检测。

(七) 压力钢管的安全等级评定

钢管安全等级分为安全、基本安全和不安全三个等级。

(1) 被评定为"安全"的钢管应符合下列条件。

1) 巡视检查及外观检测的各项内容均符合要求。

2) 管壁和焊缝区无表面裂纹,管壁累计腐蚀面积不大于钢管全面积的 20%;蚀坑平均深度小于 2mm;最大深度小于板厚的 10%,且不大于 3mm。

3) 焊缝部位经无损探伤,未发现表面或内部有裂纹和连续的超标缺陷。

4) 钢板和焊接材料有出厂质量证明书或复检报告,钢板材质经检验满足设计要求。

5) 设计条件下,钢管的实测应力值等于或小于设计规定的允许应力值。

6) 明管运行无明显振动,埋管无外压失稳迹象。

(2) 被评定为"基本安全"的钢管应符合下列条件。

1) 巡视检查的各项内容均符合要求。

2) 管壁和焊缝区无表面裂纹,管壁累计腐蚀面积不大于钢管全面积的 25%;蚀坑平均深度小于 3mm;最大深度小于板厚的 15%,且不大于 4mm。

3) 焊缝部位经无损探伤,未发现表面或内部有裂纹和连续的超标缺陷。

4) 钢板和焊接料有出厂质量证明书或复检报告,钢板材质经检验合格。

5）设计条件下，钢管实测应力值不超过设计规定的允许应力值的 5%。

6）明管运行时无明显振动，埋管无外压失稳现象。

（3）不符合上述"安全"和"基本安全"等级的钢管为"不安全"钢管。

二、蜗壳

蜗壳作为水轮机的进水部件，把水流以较小的水头损失，均匀对称地引向导水机构，进入转轮。蜗壳一般设置在尾水管末端。

水轮机蜗壳一般分为混凝土蜗壳、金属蜗壳。金属蜗壳作为水轮机主要的蜗壳形式，一般为圆形结构，采用钢板焊接拼缝而成。

（一）蜗壳常见缺陷

1. 腐蚀

未经处理的工业污水直接排入河流中，对河流水质产生极其恶劣的影响，这些未经处理的工业污水中含有大量的化学物质，导致河水的酸碱度发生变化而具有腐蚀性，造成金属蜗壳因腐蚀而减薄。

2. 裂纹

蜗壳的对接焊缝在现场组焊和拼接过程中，受焊接工艺、现场焊接环境、焊接人员水平的影响，可能造成蜗壳对接焊缝存在表面或内部裂纹，严重影响蜗壳焊缝的强度。

（二）蜗壳的制造、安装监督

（1）对蜗壳的每批原材料，抽取试样进行材质和机械性能检验，检验结果符合设计规定。

（2）每批原材料，抽 10% 按 GB/T 11345《焊缝无损检测　超声检测技术、检测等级和评定》进行超声波检验，检验结果符合设计规定。若检验结果不符合设计规定，加倍抽检。若加倍抽检结果仍不符合设计要求，则退货或 100% 进行超声波检验。

（3）蜗壳焊缝应进行超声波检测抽查，一类焊缝抽查 20%，二类焊缝抽查 10%。若抽检结果不合格，加倍抽查。若加倍抽检仍不合格，则 100% 进行超声波检验。

（4）对蜗壳焊缝的全部射线底片进行复评。

（5）蜗壳焊缝应进行磁粉检测（或渗透检测）抽查，一类焊缝抽查 20%，二类焊缝抽查 10%。若抽检结果不合格，加倍抽查。若加倍抽检结果仍不合格，则 100% 进行表面无损检测。

（三）在役蜗壳的监督

（1）每次 C 级及以上检修均应对蜗壳进行外观检查，对出现异常的部位或有怀疑的部位应进行无损检测。

（2）每次 B 级及以上检修，应对蜗壳焊缝进行超声波检测抽查，一类焊缝抽查 20%，二类焊缝抽查 10%。若抽检结果不合格，加倍抽查。若加倍抽检仍不合格，则 100% 进行超声波检验。超声波探伤按 GB/T 11345《焊缝无损检测　超声检测技术、检测等级和评定》执行。

（3）每次 B 级及以上检修，应对蜗壳焊缝进行磁粉检测（或渗透检测）抽查，一类焊缝抽查 20%，二类焊缝抽查 10%。若抽检结果不合格，加倍抽查。若加倍抽检结果仍不合格，则 100% 进行表面无损检测。表面探伤按 NB/T 47013《承压设备无损检测》执行。

三、拦污栅

拦污栅是设在进水口前，用于拦阻水流挟带的水草、漂木等杂物（一般称污物）的框栅式结构。拦污栅由边框、横隔板和栅条构成。

1. 拦污栅常见的故障

（1）污物阻塞。拦污栅设备投入使用中，因工作人员对河流污物含量估计不足，对拦污栅的清理维护不及时，拦污栅在短期内出现堵塞情况，进入机组的水量大幅度下降，导致机组不能正常运行。

（2）材料腐蚀。未经处理的工业污水直接排入河流中，对河流水质产生极其恶劣的影响，这些未经处理的工业污水中含有大量的化学物质，导致河水的酸碱度发生变化而具有腐蚀性。拦污栅使用的钢铁材料长期浸泡在腐蚀性河水中，产生了腐蚀，在坚硬污物如浮木的撞击下破裂，起不到隔离作用。

（3）整体脱落。由于投入运行时间过长的原因，导致拦污栅与固定基础的连接不稳固，在水流的冲击下，拦污栅隔离网出现整体脱离的现象。

2. 拦污栅的检修维护

（1）定期对拦污栅进行外观检查，检查重点是裂纹、锈蚀、变形等情况，水下部分应创造条件进行检查。应根据缺陷严重程度，进行更换或消缺处理。

（2）拦污栅应进行腐蚀防护处理，防腐蚀方案和质量验收应按 DL/T 5358《水利水电工程金属结构设备防腐蚀技术规程》的规定执行。

（3）拦污栅的报废应按 SL 226《水利水电工程金属结构报废标准》的规定执行。

第十一节　螺栓紧固件

水力发电紧固件包括各种紧固用螺栓及螺钉，紧固件的服役环境较为复杂，有的安装于过流部件上，承载水力交变作用，如顶盖座环把合螺栓、人孔门把合螺栓，也有安装在转动部件上，主要承载转动惯量，如联轴螺栓，也有安装在一般焊接件上，主要承载静态载荷。

螺栓的技术监督主要工作包括新螺栓的质量验收，包括理化抽检、超声波检测、磁粉检测；螺栓的安装预紧力是否满足要求，直接关系到螺栓载荷的传递；螺栓在运行过程中的有效检测；螺栓的报废。

一、新螺栓的质量验收

新购螺栓必须有质量保证书、材质证明和力学证明文件，试验报告、合格证等质量证明文件。力学性能应符合 GB/T 3098.1《紧固件机械性能　螺栓、螺钉和螺柱》、GB/T 3098.6《紧固件机械性能　不锈钢螺栓、螺钉和螺柱》规定要求。

对新购螺栓进行百分之百的光谱复查，宜采用手持式合金分析仪完成对螺栓的光谱检测，判断钢种的化学成分满足要求，按 GB/T 3077《合金结构钢》、GB/T 699《优质碳素结构钢》执行。

二、在役螺栓的监督管理

（一）螺栓的分级与检验

螺栓分级：依据螺栓的运行环境、受力状况、失效导致的后果等，将螺栓分为Ⅰ级（重要）、Ⅱ级（次重要）、Ⅲ级（一般）。各水力发电企业应结合自身设备情况，建立完善的螺栓台账，同时抄送厂金属技术监督专责。

Ⅰ级螺栓主要包含励磁机转子把合螺栓、推力头镜板把合螺栓、主轴连接螺栓、大轴卡环把合螺栓、推力轴承支柱螺栓、各导轴承抗重螺栓、顶盖（座环）把合螺栓、机架支臂（中心体）把合螺栓、转子轮臂把合螺栓、转子磁轭拉紧螺栓、机组流道各人孔门把合螺栓、引水钢管伸缩节把合螺栓、闸门液压启闭机油缸端盖把合螺栓、压力容器人孔门把合螺栓、机械过速保护装置组合螺栓。

Ⅱ级螺栓主要包含导叶轴套把合螺栓、水导（顶盖）把合螺栓、底环组合螺栓、底环（座环）把合螺栓、导叶调节螺栓、水导组合螺栓、泄水锥把合螺栓、顶盖组合螺栓、定子铁心拉紧螺栓、定子机座把合螺栓、上机架支臂（定子）把合螺栓、定子基础板预埋螺栓、风闸把合螺栓、风闸支座把合螺栓、风闸支座预埋螺栓、定子铁心齿连接片压紧螺栓、定子机座把合螺栓、推力瓦挡块螺栓、励磁机定子磁极把合螺栓、定子组合螺栓、接力器端盖把合螺栓、接力器基础螺栓、固定式启闭机基础螺栓、阀门液压油缸基础螺栓、厂区排水泵基础螺栓、滑道卷扬机主轴把合螺栓。

Ⅲ级螺栓指其他 M32 以上螺栓。

（二）对螺栓检验、检查的要求

（1）螺栓的检验方法主要是无损检测、宏观检查、硬度试验、光谱检验、理化检验。

（2）Ⅰ级螺栓 C 级及以上检修具备条件时应全部进行宏观检查、至少按照 25％比例抽样超声波检查，B 级及以上检修时应 100％进行超声波检查。

（3）Ⅱ级螺栓 B 级及以上检修具备条件时应全部进行宏观检查，至少按照 50％比例抽样超声波验查，A 级及以上检修时应 100％进行超声波检查。

（4）Ⅲ级螺栓 B 级及以上检修具备条件时应全部进行宏观检查，必要时进行无损探伤。

（5）遇机组甩负荷，则须立即对引水钢管、壳人孔门及其螺栓情况进行检查。并将人孔门及其螺栓巡检纳入班组定期巡检记录。

（三）其他使用规范

（1）任何级别检修，螺栓拆卸后均应进行宏观检查，螺栓、螺母必须无任何损伤、变形滑牙、缺牙、锈、螺纹粗糙度变化大等现象。

（2）在役螺栓应统一编号、标记，便于检验记录和质量管理。

（3）在役螺栓首次进行检查时，至少按照 25％比例抽样进行硬度试验，合金钢螺栓、高强度螺栓还应抽样送电力科学研究院进行光谱、理化检验。

（4）M32 以下的螺栓拆卸两次后予以更换。

（5）有预紧力要求的螺栓必须按设计要求进行装配，禁止随意采用防松措施替代预紧力要求的行为。

（6）自锁螺母使用拆卸后禁止再次重复使用。

（7）检查发现丝扣损坏、锈蚀、裂纹、硬度异常、材质不符等缺陷时，必须及时更换。

（8）新更换的螺栓及备品应有螺栓材质牌号（进口螺栓材质牌号应统一按国际电工委员会 IEXC 标准或美国机械工程师协会 ASME 标准标注）、出厂检验报告和质量说明书等，投入使用前应进行 100％宏观检测，并按批次抽样送电力科学研究院金属材料所进行理化试验，检验合格后才能使用。

（9）严禁使用不明材料、不明强度及生产单位未经检验合格的螺栓。

（四）重要螺栓的技术监督管理

（1）对重要螺栓的技术监督工作实行全过程、闭环的监督管理方式，即在生产设备的设计审查、招标采购、制造监造、安装、运行维护、检修、技术改造等所有环节都应开展对重要螺栓的监督管理。同时，在设备检修、技术改造、故障后等重点阶段，应有针对性地开展对重要螺栓的工作，以便及时发现重点阶段存在的不按本办法规范使用螺栓的现象。

（2）要根据科技进步以及新技术、新材料应用情况，按年度对重要螺栓技术监督工作的内容工作方法、标准、检验手段进行补充、完善、细化，提高重要螺栓监督工作的水平和能力，做到对受监设备的有效、及时监督。

（3）重要螺栓技术监督工作要建立预警制度。要在全过程、全方位开展对重要螺栓监督工作的基础上，结合对设备的运行状态分析、评估、评价，针对监督工作过程中发现的具有趋势性、苗头性、突发性的问题及时发布预警报告。

（4）重要螺栓技术监督工作应建立告警和整改跟踪制度。

1）设备分管部门当发现重要螺栓存在严重缺陷、隐患时，应立即向金属监督专责报告，金属监督专责应对缺陷进行分析，并根据需要起草告警报告，经生产技术部审核，由生产技术部发布告警报告，并及时向分管厂领导、电力科学院金属材料所及水力发电技术部汇报。

2）生产技术部在技术监督过程中发现设备存在严重缺陷、隐患时，应立即向设备分管部门提出设备告警报告，使其及时了解设备健康状况和存在的缺陷，及时采取有效措施消除缺陷，预防设备事故的发生。对严重影响设备安全运行或需立即停役的严重缺陷，金属专责应对缺陷进行分析，并根据需要起草告警报告，经生产技术部审核后发布告警报告。

3）告警报告发布后，金属监督专责应全程跟踪设备消缺、检修、改造等过程，对重要螺栓的检验、更换实施有效的监督，以保证设备缺陷的及时消除和设备健康水平的恢复。

4）重要螺栓技术监督工作实行定期检查制度。在电力科学研究院金属材料所的指导下，每年对重要螺栓监督的指标及管理工作进行定期检查，并提出检查总结。对检查出的同类问题，对严重违反技术监督制度，由于技术监督不当或监督项目缺失降低监督标准而造成严重后果的部门、单位可以采取警告、通报等措施要求其限期改正。

第六章

案 例 分 析

第一节 转轮部件失效分析

一、事件经过

某水力发电厂为混流式水轮发电机组，其 2 号机组在检修过程中经着色探伤检验，发现转轮出水边与上冠焊接角焊缝处存在多处裂纹。转轮由上冠、下环和 15 片 X 形叶片组成，材料采用 ASTM A743 CB－6NM。转轮裂纹如图 6－6－1 所示。裂纹长度为 700mm，错边为 15mm。

二、原因分析

（一）化学成分分析

对 2 号机组 1 号叶片开裂处的脱落小块进行了化学分析，分析结果符合 ASME A743.CB－6NM《一般用途的铁-铬、铁-铬-镍耐腐蚀铸件》规定值。化学分析结果见表 6－6－1。

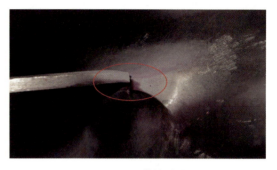

图 6－6－1 转轮裂纹

表 6－6－1 化学成分分析结果 ％

项目	转轮叶片检验结果（所含主要合金元素含量）						
	C	Si	Mn	P	S	Cr	Ni
ASME A743.CB－6NM	≤0.06	≤1.00	≤1.00	≤0.04	≤0.03	15.5－17.5	3.5.－5.5
检测值	0.027	0.28	0.63	0.015	0.0028	15.83	3.69

（二）硬度检测

2 号机组转轮叶片制造完成后在叶片负压出水边中部和叶片负压出水边上冠靠焊缝部位进行硬度测量。转轮硬度测量值见表 6－6－2。

表 6－6－2 转轮硬度测量值 HB

叶片编号	水边中部	靠上冠焊缝部位	叶片编号	水边中部	靠上冠焊缝部位	叶片编号	水边中部	靠上冠焊缝部位
1	244	239	6	230	229	11	243	224
2	245	242	7	231	253	12	235	226
3	220	222	8	221	223	13	225	231
4	237	239	9	226	245	14	227	223
5	239	243	10	250	221	15	247	256

(三)残余应力测试

通过复查残余应力测试报告,发现在退火前上冠、下环与叶片角焊缝高端水平残余应力基本在 600MPa 左右,退火热处理后同样部位普遍残余应力水平大概有 50％水平的降低,但很多部位的残余应力水平依然达到 400MPa 以上。

三、防范措施

(1)对 2 号叶片出现的裂纹,建议加强电站每年枯水期小修对转轮叶片进行监督检查,及早发现微小裂纹,并及早处理,希望裂纹产生、扩展的情况在几年时间内有所收敛;反之,则需要在残余应力、水力激振引起的动应力、运行工况、设计强度等方面查找原因及制定解决办法,建议对转轮裂纹进行有限元计算分析,通过计算分析,找出设计上及各种工况运行可能导致转轮叶片出现疲劳裂纹的一些重要影响因素,力求通过运行来改变或消除这类因素带来的负面影响。

(2)改善已发生裂纹区域的应力集中及残余应力的分布,可能的情况加装应力释放三角铁(德国 VOITH 公司推行该方法)。

(3)对易发生裂纹、可能存在残余应力的区域,采用有效的方法进行测量评估研究及对局部区域残余应力释放降低调控的应用研究,例如采用超声波残余应力测量方法应用研究及局部超声波应力释放降低调控的应用研究。

第二节 导叶部件失效

一、事件经过

某水力发电厂为混流式水轮发电机组,其 2、4 号机组在检修时,活动导叶均发现肉眼可见的裂纹,经着色探伤和磁粉探伤,有数量较多的线型缺陷显示。活动导叶瓣体正、背面和头部均发现裂纹,分布无规律,最长裂纹长度达 170mm。活动导叶材料为铸钢 ZG 06Cr16Ni5Mo 三相不锈钢,技术标准为 JB/T 7349《水轮机不锈钢叶片铸件》。活动导叶裂纹如图 6-6-2 和图 6-6-3 所示。

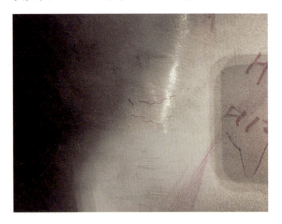

图 6-6-2 活动导叶裂纹(一)

图 6-6-3 活动导叶裂纹(二)

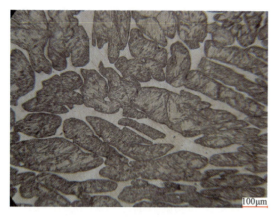

图 6-6-4 裂纹金相组织分析

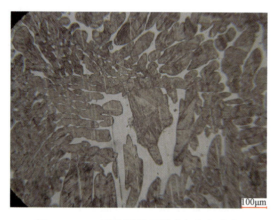

图 6-6-5 裂纹附近区域金相组织分析

图 6-6-6 裂纹金相组织分析

二、原因分析

（一）金相分析

现场对有裂纹区域附近进行金相显微观察，发现铸钢 06Cr16Ni5Mo 由马氏体、δ铁素体、逆变奥氏体和少量残余奥氏体组成，裂纹起源于马氏体与铁素体交界处。显微组织图片如图 6-6-4～图 6-6-6 所示。

（二）硬度检测。

无裂纹区及无裂纹导叶硬度平均值比有裂纹的导叶底 30HB。硬度值见表 6-6-3。

表 6-6-3   硬 度 值   HB

导叶编号	裂纹情况	硬度								平均值
1	无	308	292	286	302	291	270	285	271	285.4
3	无	316	290	307	312	307	261	267	249	287.5
21	裂纹少	265	266	285	315	288	281	283	279	285.0
23	裂纹多	308	322	331	350	340	326	291	243	316.4
24	裂纹多	315	320	290	328	342	335	321	261	318.5

（三）成分与组织分析

从导叶的成分计算，其平均的 Cr、Ni 平均当量值为 $C_{req}=18.14$，$N_{ieq}=7.01$。

经计算，δ铁素体含量达到 20%，最高的 06-198 炉号导叶δ铁素体含量接近 30%。

（四）ZG06Cr16Ni5Mo 的性能特点

（1）ZG06Cr16Ni5Mo 材料相对于 ZG06Cr13Ni4Mo 材料提高了 Cr、Ni 的含量，获得了逆变奥氏体组织，逆变奥氏体细小、均匀地分布在马氏体组织中，在不降低材料强度下，提高材料的塑性、韧性值。同时，由于奥氏体对 H 的溶解度远远高于马氏体，因此降低了该类材料在铸造和焊接过程中产生延迟裂纹的敏感性。

（2）从硬度检测表的数据可以看出，该类材料的硬度与ZG06Cr13Ni4Mo相当，耐磨性差异不大。

（3）Cr、Ni含量的提升，同时也产生了δ铁素体，如果δ铁素体含量控制在10%左右，弥散地分布在马氏体中，对材料的性能影响不大，一旦δ铁素体超过15%，甚至20%、30%，就会呈方向性连续分布，由于δ铁素体和马氏体硬度相差较大，在受疲劳性外力的作用下，δ铁素体无法向马氏体传递应力，因此引起晶界错位，若在晶界有析出的杂质相，就更容易开裂。

（4）材料中表面的逆变和残余奥氏体，在外力的作用下（包括水流冲刷），形成应变马氏体，这种马氏体的硬度高于原始母材的回火马氏体，更高的硬度差加速了缺陷的产生。

（5）ZG06Cr16Ni5Mo与国外ASTM A743 CB-6NM的比较。

该电厂导叶采用的国产ZG06Cr16Ni5Mo，与转轮采用的进口ASTM A743 CB-6NM材料相比，GB/T 6967《工程结构用中、高强度不锈钢铸件》中的Cr、Ni含量成分范围有重叠，但国外在制作这种材料时，Cr、Ni当量的匹配避开了逆变奥氏体的形成，结果是马氏体和铁素体两相组织，铁素体在马氏体组织中呈非方向性的弥散分布。

三、结论及防范措施

（1）ZG06Cr16Ni5Mo材料由于逆变奥氏体的存在，在强度不变的情况下，具有很好的塑性、韧性值，好的焊接性和耐磨性。

（2）ZG06Cr16Ni5Mo材料最理想的组织比例：马氏体为65%～70%，逆变奥氏体为20%～25%，铁素体小于或等于15%，但是这种理想的状态，对于Cr、Ni当量的匹配以及各种组织的转变温度控制要求严格，国内目前在制作该类材料时，还缺乏稳定的工艺技术。

（3）尽管由于δ相呈方向性的连续分布时，存在着薄弱的晶界，但这并不是裂纹或线型缺陷。如果存在于材料内部，发展成裂纹的概率不大，但经过较长时间的冲刷，暴露在表面，在外力的作用下，会产生裂纹。

（4）该类缺陷在修复时去除相应的不良组织，不会产生次生缺陷，具有很好的可修复性。

（5）利用机组停机检修期，加强对该类材质导叶的监督检验，结合表面检测和金相检测，及时消除缺陷。

第三节　螺栓紧固件断裂失效

一、事件经过

某水力发电厂主厂房水轮机层上游侧3～4号段中压气管垂直段管道两根法兰连接螺栓发生断裂，致使该法兰处出现严重漏气，致使整个中压气管气压在几分钟内骤降至0MPa。螺栓材质为A2-70，断裂螺栓型号如图6-6-7所示，螺栓断裂示意如图6-6-8所示。

图6-6-7 断裂螺栓型号

图6-6-8 螺栓断裂示意图

二、原因分析

（一）宏观分析

（1）断裂螺栓的断裂位置均为螺帽与螺柱交接面。

（2）螺栓断口无缩颈现象，且断裂面较平整，粗糙度小。

（3）螺栓断口有大面积的锈蚀现象，仅在边缘一小处存在灰白断口。

（4）螺栓螺纹及配套螺帽均完好，其他位置未发现任何破坏现象。

（二）光谱分析

通过对该不锈钢螺栓A2-70进行光谱分析检测，检测结果如表6-6-4所示，不符合GB/T 3098.6《紧固件机械性能　不锈钢螺栓、螺钉和螺柱》要求。即该螺栓为非不锈钢螺栓。断裂螺栓光谱分析如图6-6-9所示。

表6-6-4　　　　　　　　　　主要元素含量光谱检测　　　　　　　　　　　　%

项目	Cr	Mn	Cu	Ni
实测值	8.24	13.98	2.4	0
标准要求（GB/T 3098.6）	15～20	2	4	8～19

三、结论及防范措施

1. 结论

该批次A2-70螺栓材质不符合GB/T 3098.6对不锈钢成分的要求，属于劣质不锈钢。在腐蚀环境下，劣质不锈钢中由于内部显微组织非金属夹杂物的存在，显微缺陷的存在，形成较强的应力腐蚀、电化学腐蚀机理腐蚀，造成显微裂纹并加剧扩张，最后脆性断裂。

2. 防范措施

利用机组停机机会，逐步更换全部中压气管母管法兰螺栓，在更换之前须进行光谱分析，确认合格方可安装。

图6-6-9 断裂螺栓光谱分析

第七章

检测新技术在水力发电厂的应用

第一节 TOFD 检测技术在水力发电厂蜗壳的应用

一、应用背景

蜗壳及压力钢管作为水力发电机组重要部件，承担着从水库、前池或调压室向水轮机输送水量的作用。其特点是坡度陡、内部水压力大，承受较大的动水压力，且靠近厂房，对其对接环焊缝、纵焊缝的焊接质量要求较高，同时按照 NB/T 10349《压力钢管安全检测技术规程》要求，应定期对其焊缝进行有效的安全检测。

随着科技的进步，TOFD 检测技术因其可对检测数据提供永久数字记录、对裂纹敏感度高等技术特点，在对接焊缝的检测中得到了广泛的运用。

二、TOFD 检测工艺

1. 适用范围

适用于碳钢或低合金钢，全焊透结构形式的焊接接头，工件厚度为 12～400mm 之间（不包括焊缝余高，焊缝两侧母材厚度不同时，取薄壁侧厚度值）。

2. 检测人员要求

（1）TOFD 检测人员应具有无损检测 UT Ⅱ级资格或与其相当的 UT Ⅱ级资格和经过 TOFD 专项培训。

（2）审核人员应当具有 UT Ⅱ级和 TOFD Ⅱ资格或Ⅱ级以上资格。

（3）检测人员矫正视力应不低于 1.0，并不得有色盲、色弱。

3. 仪器校准

（1）仪器常规性能应符合 JB/T 10061《超声波探伤仪通用技术条件》的规定。

（2）每次检测前和检测后应对仪器显示范围、显示延迟、探头延迟、增益、探头间距。当发现以上参数有偏差时，应对上次校验以后所检测的所有焊缝重新进行检测。

4. 检测前准备工作

（1）检测面焊缝两侧各 150mm 范围内应使用电动钢丝刷打磨去除锈蚀、污物，并去除焊接飞溅，以保证检测面平整、光滑。

（2）探头移动区内的焊缝应用机械方法打磨平整至与母材齐平，打磨后焊缝余高应不大于 0.5mm，且应与母材圆滑过渡。对于纵向焊缝与环向焊缝相交部位的 T 形焊缝检测面应磨平，打磨长度为 T 形接点起各方向 150mm。

5. 探头的选择

探头角度依据被检蜗壳壁厚优先选用 60°探头。薄壁焊缝宜选用较大角度的探头，厚壁焊缝宜选用较小角度的探头。探头主声束偏离不应大于 2°，用于 B 扫描的常规探头不得有明显的双峰。TOFD 操作的两只探头应有相同或相近的探头角度、尺寸和频率。

6.扫查方式

（1）TOFD 扫查采用平行于焊缝的方向进行，两只探头的连线垂直于焊缝。探头连线的中心与焊缝中心的纵向偏离不得大于 5mm，否则会影响缺陷评定。原则上宜采用导向装置，以保证探头的移动方向始终与焊缝平行。在对缺陷进行自身高度的测量时，可以增加对缺陷部位的横向扫查。

（2）对于较长的焊缝，应进行分段扫查，每段长度不宜大于 450mm，重叠扫查不小于 50mm。

（3）当母材厚度大于 35mm 时，宜采用两种或两种以上的探头间距或探头角度对焊缝进行扫查。

（4）扫查速度不得大于 50mm/s。

（5）扫描图应清晰，不得有模糊的条带。

（6）由于结构等原因 TOFD 扫查不到的部位应采取其他检测方法补充。

（7）为了消除扫查面的检测盲区，TOFD 扫查应在蜗壳内外两侧进行。因结构等原因只能在单面扫查的应予以说明。

三、 TOFD 检测缺陷判定

TOFD 检测的缺陷性质应根据扫描图谱中缺欠的波形特征，结合缺陷位置、焊接方法及工艺、坡口形式等综合进行分析判别，其常见缺陷的波形特征如下：

（1）表面开口缺陷显示出横向波或底波中断，扫查面的表面缺欠下端相位与横向波相似，底面的表面缺陷上端相位与底面反射波相似。

（2）焊缝内部坡口未熔合或裂纹可有不同的形状，因有着一定自身高度，缺陷显示上下端界线明晰，缺陷显示上端相位与横向波相反，下端相位与底面反射波相反。

（3）点状缺陷（包括气孔和点状夹渣）表现为向下开口的弧形。

（4）线状夹渣一般线条较细，不易分出缺陷上下端。较大的夹渣也能分出缺陷上下端衍射信号，缺陷显示上端相位与侧向波相反，下端相位与底面反射波相反，如图 6－7－1 所示。

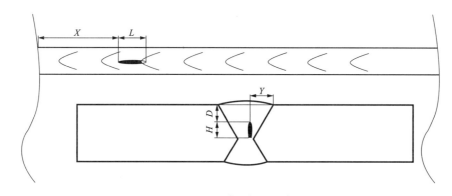

图 6－7－1　缺陷部位示意图

四、TOFD 检测缺陷验收标准

1. 不允许的缺陷

（1）检测人员判定为裂纹等危害性缺陷。

（2）表面开口缺陷。

（3）缺陷自身高度大于表 6-7-1 中 h_2 的缺陷。

2. 单个缺陷的评定

单个缺陷评定见表 6-7-1。

表 6-7-1　　　　　　　　　　　单 个 缺 陷 评 定

厚度范围	埋藏性缺陷的高度没有超过 h_2 所允许的最大长度 或者表面开口缺陷的高度没有超过 h_3			当长度超过 l_{max} 时, 最大的允许高度为 h_1
	l_{max}	h_3	h_2	h_1
$30<dd\leqslant40$	dd	2	4	1
$40<dd\leqslant60$	40	3	5	2
$60<dd\leqslant100$	50	3	5	2
$dd>100$	60	4	6	3

注　dd 表示工件壁厚；l_{max} 表示缺陷最大允许长度。h_1、h_2、h_3 表示缺陷高度。

3. 多个缺陷累积长度的评定

（1）对于要求 100% 进行检测的工件，在任意 $9T$ 焊缝长度内，当相邻两缺陷间距小于最大缺陷长度时，缺陷的累积长度（包括缺陷间距）不超过壁厚 T。

（2）对于抽检的工件，在任意 $4.5T$ 焊缝长度内，当相邻两缺陷间距小于最大缺陷长度时，缺陷的累积长度（包括缺陷间距）不超过壁厚 T。

第二节　涡流阵列技术在拦污栅检查中的应用

一、应用背景

拦污栅是设在进水口前，用于拦阻水流挟带的水草、漂木等杂物（一般称污物）的框栅式结构，在长期运行过程中，矩形垂直条和圆形水平钢筋之间的焊缝上出现裂缝，然后裂缝通过杆传播到其边缘，这会引起杆的损失，最终导致网格断裂。

二、涡流阵列技术原理

涡流阵列和传统涡流技术具有相同的基本原理。注入线圈的交流电流产生磁场（蓝色）。当线圈放置在导电部分上时，产生相反的交流电流（涡流，红色）。部件中的缺陷会干扰涡流的路径（黄色）。这种干扰可以通过线圈测量。涡流检测磁场示意如图 6-7-2 所示。

涡流阵列（ECA）技术提供电子驱动多个并排放置在同一探头组件中的涡流线圈的能力。通过以特殊模式多路复用涡流线圈来执行数据采集，以避免各个线圈之间的互感。大多数传统的涡流探伤技术可以通过 ECA 检查来再现。凭借单通道覆盖和增强的成像功能的优

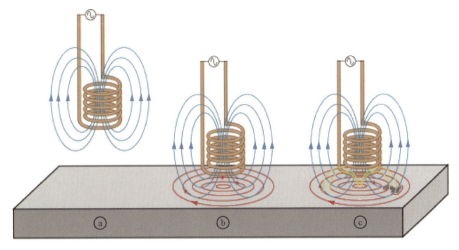

图 6-7-2　涡流检测磁场示意图

势，ECA 技术提供了非常强大的工具，并在检查过程中节省了大量时间。

每个单独的涡流线圈产生与其下方结构相关的独特电信号，因此线圈可以检测材料厚度的非常小的变化以及其他参数，并将这些变化显示为颜色编码的 C 扫描图像。使用涡流阵列的成像允许容易地解释从探针线圈产生的数据。收集后，可以存储、传输和分析、检查数据。

涡流阵列技术具有检测效率高、一次性覆盖面积大、能提供实时制图、对被检查区域便于数据解释等特点，可有效提高可靠性和检测概率。

三、涡流阵列技术拦污栅检测系统

检测系统由 8 个 U 形的阵列探头组成，通过这种几何形状可以自然地降低信号噪声。它安装在带有轮子和弹簧的底盘上，以确保引导探头走到正确位置。

在测量期间，将 8 个探头信号在软件界面上实时显示，以便检测员可以识别和评估在线裂缝指示或缺失杆。如果存在不确定性，则重新进行测量并与最后一次进行比较。拦污栅缺陷如图 6-7-3 所示。

图 6-7-3　拦污栅缺陷

第三节　压痕法检测水轮机螺栓的残余应力

一、检测背景

国能安全〔2014〕161号《防止电力生产事故的二十五项重点要求》中关于防止水轮发电机组（含抽水蓄能机组）事故，条文23.2.1.11规定，水轮机所用紧固件、连接件、结构件应全面检查，经无损检测合格，水轮机轮毂与主轴等重要受力、振动较大的部位螺栓经受两次紧固拉伸后应全部更换。

螺栓安全使用性能的综合评价，通过金相和力学试验、引入超声波相控阵、检测残余应力等先进的技术手段，对螺栓的微观组织形貌、力学性能、内部缺陷、各区域残余应力分布情况等参数指标进行综合评定，全面覆盖了螺栓在使用过程中涉及的使用参数指标，为机组的稳定运行提供强有力的支撑。

二、压痕法检测残余应力原理

采用球形或136°四棱维氏压头，压头压下相同的深度，记录所需载荷的变化，当物体存在压缩残余应力时，载荷量将变大，当物体存在拉伸残余应力时，载荷将变小。根据所得载荷-深度曲线和原始无应力状态下的载荷-深度曲线的对比，最后确定材料残余应力值和残余应力的性质。按照ISO/TR 29381《金属材料　用仪器压痕试验测量机械性能　压痕拉伸性能》中残余应力的检测原理，双等轴拉伸状态的残余应力 σ_{res}（$\sigma_{res,x} = \sigma_{res,y} = \sigma_{res}$，$\sigma_{res,z} = 0$，（$\sigma_{res,x}$、$\sigma_{res,y}$、$\sigma_{res,z}$ 表示残余应力在 X、Y、Z 轴三个方向的分应力）跟压痕状态（压痕载荷、压痕深度）存在某种内在关系。如果仪器压痕在无残余应力区域获得载荷（L_0）、深度状态（h_t）在载荷深度曲线上表示出来。在存在残余应力的材料上做压痕将得出一个与载荷深度曲线不同的压痕状态，如图6-7-4所示，在无残余应力曲线的上方是压应力，下方是拉应力。

从实验和理论模型仅仅描述了双等轴残余应力的推导，阻碍了仪器压痕法 IIT 广泛应用到实际结构中。一个主要压力的双轴残余应力 σ_{res}，X 轴表示为 $\sigma_{res,x}$，Y 轴表示为 $\sigma_{res,y}$，应力比 p 即 $\sigma_{res,x}/\sigma_{res,y}$。应力比 p 可以通过努氏压头测量出，这类似于静力学去除方法。当应力状态为双等轴状态时 $p=1$。

大量的实验证明焊接接头产生的应力比约为0.33，这个值应用于随后的双轴应力分析。检测时，如图6-7-5所示，压头的压痕面积将根据压痕深度与压头自身的角度与截面计算求得。压痕深度也根据压头自身的参数进行计算。

三、压痕法检测残余应力的优势

（1）压痕测试法是非破坏性检测，能够在不破坏材料或零部件的情况下快速、可靠、准确地测量材料力学性能。

（2）突破了传统力学性能测量材料强度、韧性一定要破坏性取样才能进行检测的理念，检测现场环境的要求低、检测时间短、检测成本低。

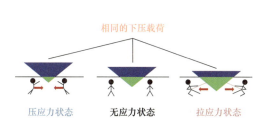

图 6-7-4　残余应力原理图

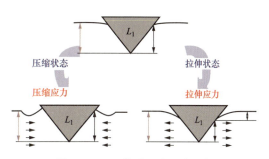

图 6-7-5　维氏压头压痕面积

附录 6-1　水力发电金属技术监督标准

1.《中华人民共和国特种设备安全法》

2.《特种设备安全监察条例》

3. TSG 08《特种设备使用管理规则》

4. TSG 21《固定式压力容器安全技术监察规程》

5. TSG ZF001《安全阀安全技术监察规程》

6. GB/T 14173《水利水电工程钢闸门制造、安装及验收规范》

7. GB/T 15468《水轮机基本技术条件》

8. GB/T 16938《紧固件　螺栓、螺钉、螺柱和螺母　通用技术条件》

9. GB/T 3098.1《紧固件机械性能　螺栓、螺钉和螺柱》

10. GB/T 713《锅炉和压力容器用钢板》

11. GB 19189《压力容器用调质高强度钢板》

12. GB/T 700《碳素结构钢》

13. GB/T 706《热轧型钢》

14. GB/T 3077《合金结构钢技术条件》

15. GB/T 1220《不锈钢棒》

16. GB/T 983《不锈钢焊条》

17. GB/T 984《堆焊焊条》

18. GB/T 5117《非合金钢及细晶粒钢焊条》

19. GB/T 5118《热强钢焊条》

20. GB 150《钢制压力容器》

21. GB 50205《钢结构工程施工质量验收标准》

22. GB/T 11345《焊缝无损检测　超声检测技术、检测等级和评定》

23. GB/T 10969《水轮机、蓄能泵和水泵水轮机通流部件技术条件》

24. GB/T 15469.1《水轮机、蓄能泵和水泵水轮机空蚀评定　第 1 部分：反击式水轮机的空蚀评定》

25. GB/T 19184《水斗式水轮机空蚀评定》

26. GB/T 8564《水轮发电机组安装技术规范》

27. DL/T 1051《电力技术监督导则》

28. DL/T 1055《发电厂汽轮机、水轮机技术监督导则》

29. DL/T 586《电力设备监造技术导则》

30. DL/T 838《发电企业设备检修导则》

31. DL/T 5141《水电站压力钢管设计规范》

32. DL/T 5017《水电水利工程压力钢管制造安装及验收规范》

33. DL/T 5019《水电水利工程启闭机制造安装及验收规范》

34. DL 444《反击式水轮机磨蚀评估导则》

35. DL/T 817《立式水轮发电机检修技术规程》

36. DL/T 5186《水力发电厂机电设计规范》

37. DL/T 5070《水轮机金属蜗壳现场制造安装及焊接工艺导则》

38. DL/T 835《水工钢闸门和启闭机安全检测技术规程》

39. DL/T 868《焊接工艺评定规程》

40. DL 5190.5《电力建设施工技术规范　第5部分：管道及系统》

41. DL/T 5210.5《电力建设验评规程　第5部分：管道及系统》

42. DL/T 5210.7《电力建设验评规程　第7部分：焊接》

43. DL/T 5210.8《电力建设验评规程　第8部分：加工配制》

44. DL/T 678《电站结构钢焊接通用技术条件》

45. DL/T 679《焊工技术考核规程》

46. DL/T 694《高温紧固螺栓超声波检测技术导则》

47. DL/T 695《电站钢制对焊管件》

48. DL/T 820《管道焊接接头超声波检验技术规程》

49. DL/T 850《电站配管》

50. DL/T 884《火电厂金相检验与评定技术导则》

51. NB/T 35045《水电工程钢闸门制造安装及验收规范》

52. NB/T 10349《压力钢管安全检测技术规程》

53. NB/T 47008《承压设备用碳素钢和合金钢锻件》

54. NB/T 47009《低温承压设备用低合金钢锻件》

55. NB/T 47013《承压设备无损检测》

56. JB/T 1270《水轮机、水轮发电机大轴锻件　技术条件》

57. JB/T 7349《水轮机不锈钢叶片铸件》

58. JB/T 10264《混流式水轮机焊接转轮上冠、下环铸件》

59. JB/T 10384《中小型水轮机通流部件铸钢件》

60. JB/T 10484《大型水轮机主轴技术规范》

61. JB/T 3223《焊接材料质量管理规程》

62. JB/T 3595《电站阀门一般要求》

63. JB/T 3735《铸钢混流式转轮》

64. JB/T 5263《电站阀门铸钢件技术条件》

65. JB/T 6061《无损检测　焊缝磁粉检测》

66. JB/T 6062《无损检测　焊缝渗透检测》

67. JB/T 8468《锻钢件磁粉检验方法》

68. JB/T 10814《无损检测　超声表面波检测》

69. SL 35《水工金属结构焊工考试规则》

70. SL 36《水工金属结构焊接通用技术条件》

71. SL 281《水电站压力钢管设计规范》

72. SL 168《小型水电站建设工程验收规程》

73. SL 193《小型水电站技术改造规程》

74. SL 321《大中型水轮发电机基本技术条件》

75. 国家能源办〔2019〕767号《国家能源投资集团有限责任公司二十五项重点反事故措施》

附录 6-2　水力发电金属监督常见问题

附表 6-2-1　　　　　　　　　　水力发电金属监督常见问题

序号	问题描述	问题分类	问题级别
1	制定的金属技术监督实施细则不完善	管理制度类	重要
2	机组检修计划中项目不全，受监设备（部件）检验率未达到100%，缺一些检验项目	设备管理类	重要
3	电站的受监金属部件台账和压力容器台账等技术档案，均存在台账无记录或记录不完整	设备管理类	重要
4	机组大修金属无损检测项目，外委单位不具有水力发电厂金属无损检测经验和业绩	外委管理类	重要
5	压力容器出厂原始资料不齐，未逐台建立技术档案；压力容器未做年度检验	设备管理类	重要
6	水工金属钢闸门和启闭机未按照 DL/T 835《水工钢闸门和启闭机安全检测技术规程》的要求，进行安全检测	设备管理类	重要
7	压力钢管未按照 NB/T 10349《压力钢管安全检测技术规程》的要求进行安全检测	设备管理类	重要
8	部分金属设备存在超标缺陷未及时处理，未及时上报集团技术监督中心，未采取监督措施	设备管理类	重要
9	受监金属材料（设备）入库验收的项目不全，无合金元素、成分等检查项目	金属材料管理类	一般
10	金属材料和备品备件的保管中未分类，有混和存放的现象	金属材料管理类	一般
11	焊材仓库控温控湿装置不完善，焊材库房无温度、湿度记录。焊条烘干设备的温度时间表计未进行定期校验	焊接材料管理类	一般

附录6-3　水力发电金属设备检修项目表

附表6-3-1　　　　　安装阶段金属部件检验项目表

序号	部件名称	检验项目	备注
1	水轮机大轴、发电机大轴	化学成分分析	按 JB/T 1270《水轮机、水轮发电机大轴锻件　技术条件》的规定执行
		无损检测	
2	转轮（桨叶）	化学成分分析	按 JB/T 3735《铸钢混流式转轮》、JB/T 7349《水轮机不锈钢叶片铸件》、JB/T 10264《混流式水轮机焊接转轮上冠、下环铸件》的规定执行
		无损检测	
3	蜗壳、管型座	厚度测量	按 DL/T 5070、GB/T 8564《水轮发电机组安装技术规范》的规定执行
		化学成分分析	
		无损检测	
		涂层检测	
4	导叶、座环	化学成分分析	按 GB/T 10969《水轮机、蓄能泵和水泵水轮机通流部件技术条件》的规定执行
		无损检测	
5	导叶操动机构（包含连杆、转臂、控制环、接力器、重锤吊杆吊耳）	外观检查	
		无损检测	对轴销100%进行检测，其他部件必要时进行检测
6	转轮室（排水环）	无损检测	按 GB/T 8564《水轮发电机组安装技术规范》的规定执行
7	上下机架、灯泡头	无损检测	按 GB/T 8564《水轮发电机组安装技术规范》的规定执行
8	推力轴承（包含推力头、卡环、镜板）	无损检测	
9	转子中心体和支臂	无损检测	按 GB/T 8564《水轮发电机组安装技术规范》的规定执行
10	风扇叶片	无损检测	100%检测
11	制动环	无损检测	100%检测
12	螺栓紧固件	光谱分析	对合金钢螺栓
		金相检验	对合金钢螺栓
		硬度检验	≥M32 的螺栓
		无损检测	≥M32 的螺栓
13	压力钢管、尾水管	厚度测量	
		化学成分分析	对合金钢
		无损检测	按 DL/T 5017《水电水利工程压力钢管制造安装及验收规范》的规定执行
		涂层检测	

续表

序号	部件名称	检验项目	备注
14	钢闸门（包括拦污栅）	厚度测量	按 GB/T 14173《水利水电工程钢闸门制造、安装及验收规范》的规定执行
		无损检测	
		涂层检测	
15	进水阀门	外观检查	按 GB/T 14478《大中型水轮机进水阀门基本技术条件》的规定执行
		光谱分析	
16	气、水、油管道	厚度测量	
		无损检测	制造焊缝现场检测比例不低于 10%，安装焊缝检测比例不低于 25%
		耐压试验	试验压力为最高工作压力的 1.15 倍，且不大于设计压力

附表 6-3-2　　　　　在役水力发电机组金属部件检验项目表

序号	设备名称	部件名称	检验项目	检修级别	备注
1	水轮机部件	大轴	外观检查	A、B、C	
			渗透检测	A	运行 1×10^5 h 以上的大轴每次 A、B 级检修均应进行无损检测
			超声检测		
2		转轮（桨叶）	外观检查	A、B、C	
			渗透检测或磁粉检测	A、B	焊缝检测比例不低于 50%
			空蚀检测	A、B	按 GB/T 15469.1《水轮机、蓄能泵和水泵水轮机空蚀评定　第 1 部分：反击式水轮机的空蚀评定》的规定执行
3		泄水锥	外观检查	A、B、C	
4		转轮室（排水环）	外观检查	A、B、C	
			渗透检测或磁粉检测	A、B	焊缝检测比例不低于 10%
			壁厚检测	A	转轮室壁
			超声检测	A	转轮室壁背面筋板角焊缝
			混凝土脱空检查	A	转轮室壁背面筋
			空蚀检测	A、B	按 GB/T 15469.1《水轮机、蓄能泵和水泵水轮机空蚀评定　第 1 部分：反击式水轮机的空蚀评定》的规定执行

序号	设备名称	部件名称	检验项目	检修级别	备注
5	水轮机部件	导叶及操动机构（包含连杆、转臂、控制环、接力器、重锤吊杆吊耳）	外观检查	A、B、C	
			空蚀检测	A、B	仅对导叶，按 GB/T 15469.1《水轮机、蓄能泵和水泵水轮机空蚀评定 第1部分：反击式水轮机的空蚀评定》的规定执行
6		连杆螺纹丝牙	渗透检测或磁粉检测	A	
			超声检测	A	必要时
7		蜗壳、管型座	外观检查	A、B、C	
			空蚀检测	A、B	按 GB/T 15469.1《水轮机、蓄能泵和水泵水轮机空蚀评定 第1部分：反击式水轮机的空蚀评定》的规定执行
8		顶盖	外观检查	A、B、C	
9		座环	外观检查	A、B、C	
			空蚀检测	A、B	按 GB/T 15469.1《水轮机、蓄能泵和水泵水轮机空蚀评定 第1部分：反击式水轮机的空蚀评定》的规定执行
10		底环	外观检查	A、B、C	
11		基础环	外观检查	A、B、C	
12		尾水管里衬	外观检查	A、B、C	
			空蚀检测	A、B	按 GB/T 15469.1《水轮机、蓄能泵和水泵水轮机空蚀评定 第1部分：反击式水轮机的空蚀评定》的规定执行
13	发电机部件	大轴	外观检查	A、B、C	
			渗透检测	A	运行 1×10^5 h 以上的大轴每次 A、B 级检修均应进行无损检测
			超声检测		
14		转子中心体和支臂	外观检查	A、B、C	
15			渗透检测或磁粉检测	A、B	焊缝检测抽查比例为 10%

续表

序号	设备名称	部件名称	检验项目	检修级别	备注
16	发电机部件	上下机架、灯泡头	外观检查	A、B、C	
17		推力轴承（包含推力头、卡环、镜板）	外观检查	A、B、C	
			渗透检测或磁粉检测	A、B	
18		风扇叶片	外观检查	A、B、C	
			渗透检测或磁粉检测	A、B	
19		制动环	外观检查	A、B、C	
			渗透检测或磁粉检测	A、B	
20		挡风板	外观检查	A、B、C	
21	螺栓紧固件	主轴密封螺栓、蜗壳和尾水人孔门螺栓等	外观检查	A、B、C	
22		顶盖螺栓、大轴连接螺栓、转轮联轴螺栓、推力轴承抗重螺栓、导轴承抗重螺栓、励磁机定子连接螺栓、励磁机法兰连接螺栓、发电机转子磁轭拉紧螺栓、转子轮臂螺栓、机架把合螺栓、转轮室连接螺栓、基础螺栓等	外观检查	A、B、C	
			超声检测	A、B	≥M32 的螺栓
23	闸门、拦污栅、压力钢管、进水阀门	压力钢管	巡视检查、外观检测、材质检测、无损检测、应力检测、振动检测、腐蚀检测等	结合检修	按 NB/T 10349—2019《压力钢管安全检测技术规程》的规定执行
			防腐处理	结合检修	按 DL/T 5358《水电水利工程金属结构设备防腐蚀技术规程》的规定执行
24		钢闸门	巡视检查、外观检测、材质检测、无损检测、应力检测、振动检测、腐蚀检测等	结合检修	按 DL/T 835《水工钢闸门和启闭机安全检测技术规程》的规定执行
			防腐处理	结合检修	按 DL/T 5358《水电水利工程金属结构设备防腐蚀技术规程》的规定执行
25		拦污栅	外观检查	定期检查	结合运维情况制定检查周期
26		进水阀门	外观检查	A、B	

续表

序号	设备名称	部件名称	检验项目	检修级别	备注
27	气、水、油管道	技术供水系统、操作油系统和与压力容器（压油罐、储气罐等）相连的管道等	外观检查	A、B、C	
			耐压试验	A	运行 $1.5 \times 10^5 h$ 以上，试验压力为最高工作压力的 1.15 倍，且不大于设计压力
28		技术供水系统在蜗壳、压力钢管上取水管段阀门前第一段水管上法兰、焊缝	外观检查	A、B、C	
29			渗透检测或磁粉检测	A	必要时超声检测
30		技术供水系统的蜗壳取水管、操作油系统	外观检查	A	
			超声检测或射线检测	A	无损检测比例不低于 5%，且不少于 1 个焊口

附表 6-3-3　　　　　　　　压力容器定期金属监督测试项目目

容器名称	检验方法	检验周期	检验内容	备注
固定式压力容器	月度检查	每月一次	记录压力容器本体及安全附件、装卸附件、安全保护装置、微量调控装置、附属仪器仪表是否完好，各密封面有无泄漏，以及其他异常情况	年度检查与月度检查时间重合时，可不再进行月度检查
	年度检查	每年一次	按 TSG 21—2016《固定式压力容器安全技术监察规程》7.2 执行	使用单位自行检查的年度检查报告，应由使用单位安全管理负责人或授权的安全管理人员审批
	定期检验	按照其安全等级，根据上次定期检验时间确定	按 TSG 21—2016《固定式压力容器安全技术监察规程》中第 8 章执行	具备相应资质的检验单位执行。距上次检验有效期满前一月向检验单位提出申请
	安全附件校验	每年一次	安全阀、温度计、压力表	应在压力容器使用登录本上进行记录

参 考 文 献

[1] 顾朴，郑芳怀，谢惠玲，等. 材料力学 ［M］. 北京：高等教育出版社，1985.

[2] 胡天明. 超声检查 ［M］. 武汉：武汉测绘科技大学出版社，1994.

[3] 廖景娱. 金属构件失效分析 ［M］. 北京：化学工业出版社，2003.

[4] 安询. 焊接技术手册 ［M］. 太原：山西科技出版社，1999.

[5] 宋琳生. 电厂金属材料 ［M］. 北京：中国电力出版社，2006.

[6] 中国华能集团公司. 水电金属监督 ［M］. 北京：中国电力出版社，2013.

[7] 李文波，陈红冬. 水力发电厂金属结构技术监督 ［M］. 北京：中国电力出版社，2019.

[8] 郑文仪. 渗透检测 ［M］. 北京：国防工业出版社，1981.

[9] 强天鹏. 射线检测 ［M］. 昆明：云南科技出版社，1999.

[10] 胡先龙，季昌国，刘建屏，等. 衍射时差法（TOFD）超声波检测 ［M］. 北京：中国电力出版社，2015.

[11] 钟群鹏. 失效分析与安全. 理化检验：物理分册 ［J］. 2005 005（041）：217-221.

[12] 孙智，江利，应鹏展. 失效分析-基础与应用 ［M］. 北京：机械工业出版社，2005.

[13] 赵忠. 金属材料与热处理 ［M］. 北京：机械工业出版社，1997.

[14] 安询. 焊接技术手册 ［M］. 太原：山西科技出版社，1999.

[15] 苑学众. 材料力学教程 ［M］. 北京：中国电力出版社，2019.

[16] 国家电网有限公司. 水轮机检修 ［M］. 北京：中国电力出版社，2020.

[17] 王悦民，李衍，陈和坤. 超声相控阵检测技术与应用 ［M］. 北京：国防工业出版社，2000.

[18] 宋志哲. 磁粉检测 ［M］. 北京：中国劳动社会保障出版社，2007.

[19] 张诚. 水轮发电机组检修 ［M］. 北京：中国电力出版社，2012.

第七部分

自动化监督

第一章

自动化监督管理

第一节 自动化监督概述

自动化监督是提高发电设备可靠性，保障发电企业安全、稳定、经济和环保运行的重要手段，是生产技术管理的重要基础。电力产业技术监督工作实行"三统一"，即"制度统一、标准统一、机制统一"，坚持依法监督和分级管理，履行技术监督职责。技术监督工作坚持"安全第一、预防为主、超前防范"的原则，在电力建设和生产全过程中，围绕安全、质量、节能和环保，以技术标准为依据，以检测和管理为主要手段，对技术标准执行情况进行检查评价，对发电设备设施的重要参数和性能指标进行监测控制，以确保机组安全、稳定、经济和环保运行。

自动化监督实行从可研（设计）、制造（监造）、施工（安装）、调试（试运）、运行、检修、技改、停备的全过程、全方位进行监督管理。自动化技术监督依靠科技进步，采用和推广成熟、行之有效的新技术、新方法、新设备、新材料，不断提高自动化技术监督的专业管理水平。

第二节 监督网络、职责及制度

一、监督体系

自动化监督工作坚持"统一领导、分级管理、专业监督"。发电企业成立以主管生产（基建）的副总经理或总工程师为组长的技术监督领导小组。生产副总经理、基建副总经理和总工程师是各自不同范围内本单位技术监督和技术管理的第一负责人，生产技术部门（基建管理部门）技术监督主管（专责）履行全厂管理职能。发电企业各专业主管（专责）履行本专业的监督职能。

二、监督职责

（一）主管生产副经理或总工程师的职责

（1）领导自动化监督工作，落实自动化监督责任制，贯彻上级有关自动化监督的各项规章制度和要求，审批本企业自动化监督实施细则。

（2）审批自动化技术监督工作规划、计划。

（3）组织落实运行、检修、技改、定期监测、试验等工作中的自动化监督要求。

（4）安排召开自动化监督工作会议；检查、总结、考核本企业自动化技术监督工作。

（5）组织分析本企业自动化监督存在的问题，采取措施，提高自动化监督工作效果和水平。

（二）自动化监督专责工程师职责

（1）认真贯彻执行上级有关自动化监督的各项规章制度和要求，组织编写本企业的自动化监督实施细则和相关措施。

（2）组织编写自动化监督工作规划、计划。

（3）检查与督促本企业各部门自动化监督执行情况，并给予必要的技术指导，保证其质量，定期总结自动化专业的技术监督完成情况，发现问题及时分析处理，重大问题及时上报。

（4）组织进行自动化专业技术攻关，解决技术难题；认真审核本专业提交的异动申请、异动报告。

（5）将自动化监督任务与指标分解落实到各有关部门及班组，做好组织协调工作。

（6）参加本企业新建、扩建、改建工程有关自动化部分的设计审查、设备选型、监造、出厂验收、安装调试、试生产等过程中的技术监督和质量验收工作。

（7）开展本企业自动化标准计量人员的培训与考核工作的，按规定做到持证上岗。

（8）负责对本单位自动化仪表进行分级分类，校验周期的审核工作。

（9）定期召开自动化监督工作会议；分析、总结、汇总本企业自动化技术监督工作情况，指导自动化技术监督工作。

（10）按要求及时报送各类自动化监督报表、报告。

（11）分析本企业自动化监督存在问题，采取措施，提高技术监督工作效果和水平。

三、监督制度

（1）自动化仪表、自动控制系统测量通道（参数）调校规程。

（2）自动控制系统运行维护规程。

（3）水力机械保护运行、试验、管理制度。

（4）自动控制系统检修规程。

（5）现场巡回检查制度和清洁制度。

（6）检修工作票和验收制度。

（7）现场定期试验、校验和抽检制度。

（8）自动化设备、自动控制系统缺陷和事故统计管理制度。

（9）工具、材料、备品备件管理制度。

（10）自动化设备、自动控制系统评级统计细则。

（11）计算机软件管理制度。

（12）技术资料、图纸管理制度。

（13）试验用仪器仪表管理制度。

（14）试验用仪器仪表操作（使用）规程等。

四、技术档案

各发电企业应建立健全电力建设和生产全过程的自动化设备、自动控制系统清册和技术档案，并努力作到档案管理规范化、微机化。

（1）自动化设备、自动控制系统设备清册、台账及出厂说明书。

（2）自动控制系统设计、安装、调试及验收资料。

（3）全厂自动控制系统系统图、原理图、实际安装接线图，自动控制系统电源系统图、安装接线图，主要仪表测点实际安装图。

（4）各种技术改进图纸和资料。

（5）自动化设备、自动控制系统的缺陷及处理记录。

（6）自动化设备、自动控制系统的异常、障碍、事故记录。

（7）全厂自动化设备和自动控制系统检修、检定和试验调整记录报告。

（8）自动化计量标准考核证书、计量标准仪器仪表清册、计量标准器具检定证书（在有效期内）。

（9）自动化仪器仪表维修、检定/校准记录报告。

（10）计算机系统软件和应用软件备份。

（11）自动控制系统运行日志。

（12）备用自动化设备、自动控制系统的零部件储备清册等。

第三节 监督范围和主要指标

一、监督范围

水力发电厂自动化监督范围主要包括水力发电厂计算机监控系统、调度自动化系统、远程集控系统、油压控制系统、机组调速系统、机组同期自动装置、技术供水控制系统、机组制动自动装置、机组在线监测系统、闸门自动控制系统、压缩空气控制系统、排水控制系统、水力机械保护控制系统、工业电视系统等。

二、监督内容

（一）控制与检测设备

（1）监测元件。包括温度、压力、压差、液位、流量、示流、转速、振动、位移等开关元件、变送器、自动化仪器和仪表等。

（2）执行元件。包括执行机构及开出回路相关元件。

（3）二次线路。包括补偿导线、电缆、二次接线盒及端子排等。

（4）现场控制及显示设备。包括测速装置、温度巡检设备、数据采集装置等。

（二）计算机监控系统、远程集控及通信系统、调度自动化系统

（1）数据采集与处理的合理性和准确性。包括模拟量（电气模拟量、非电气模拟量、温度量）、数字量（状态量、数码量、脉冲量、事件顺序记录量）等。

（2）运行安全监视。包括越限与复限监视、事故顺序判断、故障顺序判别、趋势分析等。

（3）设备操作监视。包括开机过程监视、停机过程监视、设备操作监视、厂用电操作监视、辅助设备控制与统计等。

（4）自动控制流程包括机组开机流程、停机流程、事故停机流程、紧急事故停机流程、其他控制流程等。

（5）权限管理。包括操作权、控制权、系统维护权等。

（6）运行日志报表。包括运行日志、操作记录、事故记录、故障记录、报警记录、自诊断记录等。

（7）事件统计。包括自动开机与停机成功率、事故或故障、参数越限与复限、设备投退等。

（8）数据通信。包括硬件设备、内部通信、外部通信（省调、网调、梯调）、其他（调速系统、公用辅机系统等）。

（9）人机界面。

（10）多媒体。包括ONCALL（随叫随到、短信报警系统）、视频监视、语音报警、远方电话查询等。

（11）自诊断与远方诊断功能。

（12）电源系统。

（13）时钟同步系统。

（14）厂内自动发电控制（AGC）、自动电压控制（AVC）。

（15）程序控制调节器。

（16）电力监控系统安全防护等。

（三）主机、公用辅机控制系统

（1）机组调速系统。

（2）水力机械保护系统。包括机组过速、轴瓦温度过高、低油压和振动严重超标等。

（3）机组自动同期控制系统。

（4）机组在线监测系统。

（5）油压控制系统（闸门、主阀、调速器、机组轴承等）。

（6）技术供水系统、排水控制系统（渗漏集水井、检修排水、顶盖排水等）。

（7）压缩空气控制系统（高压、中压、低压）等。

三、自动化监督主要监督指标

（一）水力机械保护投入及正确动作率

水力机械保护投入率不低于100％，正确动作率不低于100％，水力机械保护主要包括机组过速、机组瓦温过高、机组事故低油压、机组振动和摆度严重超标等，机组过速、机组瓦温过高、机组事故低油压等保护必须安全、可靠投入。

（二）自动装置投入率

自动装置投入率不低于100％，按季和年度统计。

（三）自动开停机成功率

自动开停机成功率不低于100％，按季和年度统计。发1个开机令到并网成功全部自动完成，无须人工干预，视为自动开机成功。发1个停机令实现机组工况从当前开机状态成功转换为下次开机的准备状态，全程无须人工干预视为自动停机成功的定义。

（四）其他指标

（1）计算机监控系统可用率为100％。

（2）自动化系统设备、元件（装置）和各种表计定期检验合格率为100％。

（3）自动化监测的模拟量（转速、压力、液位等）和开关量（位置信号）合格率为100%（包括现场仪表及计算机监控系统数据显示）。

（4）设备消缺率为100%。

（5）计算机监控系统通信设备可用率达到100%。

第四节 自动化监督告警

技术监督告警分一般告警和重要告警，见表7-1-1和表7-1-2。一般告警是指技术监督指标超出合格范围，需要引起重视，但不至于短期内造成重要设备损坏、停机、系统不稳定，且可以通过加强运行维护，缩短监视检测周期等临时措施，安全风险在可承受范围内的问题。重要告警是指一般告警问题存在劣化现象且劣化速度超出有关标准规程范围、有关标准规程及反事故措施要求立即处理的或采取临时措施后，设备受损、负荷减供、环境污染的风险预测处于不可承受范围的问题。

表7-1-1   一般告警

序号	一般告警项目
1	自动化计量标准器具超期未送上级计量部门检定；到期的自动化计量标准到期未进行重复性、稳定性试验；定期检验的运行设备超过一个月未检定
2	自动化标准实验室、试验设备及检定人员未经技术考核与认证工作，非法开展量值传递工作
3	自动开、停机成功率低于99%
4	自动装置投入率低于98%
5	通信设备可用率低于98%
6	设备消缺率低于97%
7	AGC功能不完善：至少必须自动回避机组负荷振动区
8	机组瓦温、液位、振动和摆度等重要测量数据波动大，超过报警值
9	无法在历史数据站调阅主要水力机械保护投入的状态信息或主要保护监控画面不健全
10	有可能影响机组安全、稳定运行的其他隐患

表7-1-2   重要告警

序号	重要告警项目
1	水力机械保护系统故障，无法投入，水力机械保护投入率未达到75%
2	AGC、一次调频调节性能及指标不满足当地电网调度要求
3	水力机械保护误动或拒动，未引起停机，未整改试验正确的

注 过速必须可靠投入。

第五节 定 期 工 作

为规范自动化监督定期工作范围、周期及频次，从日常运行、检修、技改、优化提升及事故分析等方面制定自动化监督定期工作标准，见表7-1-3。

表 7-1-3　　　　　　　　　　　　　自动化监督定期工作标准

序号	工作类型	周期（时间要求）	工作内容
1	日常运行监督项目	每5年、涉及相应功能的设备改造或电网要求	涉网设备性能检查，重点检查并复核一次调频、AGC等功能
		每4年	复查已建计量标准
		每年	送检已建计量标准装置的标准器
		每年	对已建计量标准装置开展重复性和稳定性试验
		每年	检查控制系统运行监视与保护程序的限（定）值情况
		每年	对监控系统监视项目、监视要求、操作命令清单、流程图文本的充分性、必要性、适用性、有效性组织一次评审更新
		每年	对机房进行一次防雷、接地、屏蔽检查
		每年	备品备件进行一次通电测试
		每年	对厂站层计算机主机、网络设备、现地控制单元进行一次停电除尘；对于部分不具备每年停电条件的设备，结合设备检修、停电、更换升级，开展相应工作
		每年	进行软件备份，保存最近三个版本的软件备份
		半年	对冗余配置的控制单元（含冗余配置的CPU模块）进行一次主备切换
		半年	对运行中动作频度低的自动化元件（装置）进行实际操作或模拟动作一次，以防止发卡或拒动
		半年	对机房火灾报警系统进行一次模拟试验
		每月	对控制系统运行情况、缺陷情况进行统计分析
		每月	统计自动开停机次数，对开停机异常情况进行分析
2	检修监督项目	A/B修	控制系统检查清扫，接线、接地、防雷及各电源模块等检查
		A/B修	现场主要仪表及传感器校验
		A/B修	控制系统信号回路检查与试验
		A/B修	自动化装置及系统故障保护及容错功能检查、模拟
		A/B修	机组监控系统、调速系统及其他辅助控制系统功能与性能试验
		A/B修	水力机械保护逻辑、定值校核及联动试验
		A/B修	控制系统控制、调节、告警等定值校核及扰动试验
		A/B修	系统软硬件维护及备份
		A修、B修根据需要	甩负荷试验
		A/B修后	涉及一次调频功能、AGC等功能的相关检修，检修后应进行试验
		A/B修后	检修后效果评价
		A/B修后	及时完成并完善检修报告
		C修	控制系统检查清扫，接线、接地、防雷及各电源模块等检查
		C修	现场主要仪表及传感器校验
		C修	自动化元件及装置信号回路检查与试验
		C修	故障保护功能及容错功能检查、模拟

序号	工作类型	周期（时间要求）	工作内容
2	检修监督项目	C 修	水力机械保护逻辑、定值校核及模拟试验
		C 修	控制系统控制、调节、告警等定值校核
		C 修	系统软硬件维护及备份
		C 修后	及时完成并完善检修报告
3	技改监督项目	技改前	完成技改前可行性研究、方案评估
		技改中	设备或系统监造、施工安装、调试等阶段验收
		技改后	完成规程、标准要求的各项交接试验，并确认试验结果合格
		技改后	技改后效果评估
		及时	工程竣工资料，包括竣工图纸、设备有关技术资料及说明书、验收试验报告等及时移交
4	优化提升及事故分析	事故后	查找故障点，分析事故原因，提出整改意见，编写完整的事故分析报告
		及时	及时消除故障，对无法及时消除的装置性缺陷制定相应的技改计划

第二章

计 算 机 监 控 系 统

第一节　计算机监控系统结构与功能

一、计算机监控系统概念

水力发电厂最根本的任务是实现安全经济运行。随着国民经济的持续发展，水力发电厂越来越多，其容量也越来越大，为了实现安全发供电、经济运行，需要监测的量成千上万，需要进行的计算和实现的控制功能也越来越复杂。原先在水力发电厂广泛使用的布线逻辑型自动装置难以胜任这些复杂的工作，此时水力发电厂计算机监控系统应运而生。计算机监控系统（以下简称监控系统）是利用计算机对水力发电厂生产过程进行实时监视和控制的技术。它使水力发电厂自动化进入一个新阶段，进一步提高水力发电厂的安全运行性能、发送电能的质量和运行经济效益。

二、监控系统分类

（1）按计算机作用，分为计算机辅助监控系统（CASC，即以常规控制装置为主、计算机为辅的监控方式）、计算机和常规控制设备双重化的监控系统（CCSC）、以计算机为基础的监视控制系统（CBSC）。

（2）按计算机系统结构，分为集中式计算机监控系统、分散式计算机监控系统、分散处理式计算机监控系统及全分布全开放监控系统。

（3）按计算机配置，分为单计算机系统、双计算机系统和多计算机系统。

（4）按控制层次，分为直接控制和分层（级）控制。

（5）按控制方式，分为经典控制和现代控制。

三、监控系统软硬件配置

（一）硬件配置

监控系统的电厂级应设置网络通信设备和通信介质、主计算机（数据服务器）、操作员工作站、工程师工作站、通信工作站、培训工作站、历史数据服务器、语音报警工作站、时钟同步授时装置、模拟屏、电源装置、外围设备等，根据水力发电厂的装机容量及水力发电厂在系统中的重要性等综合因素设置以上设备的全部或其中一部分。监控系统的电厂级应按监控对象（机组、开关站、公用设备、大坝等）设置一套或多套现地控制单元。

（二）软件配置

监控系统应配备能够完成全部功能的软件系统，包括系统软件、支持软件和应用软件。

（1）系统软件主要指操作系统软件，其应具有良好实时性、开放性、可扩重新、高可靠性和安全性等，技术性能指标符合开放系统互联标准。

（2）支持软件至少包括应用程序开发工具软件、交互式数据库编辑工具软件、交互式画面编辑工具软件、交互式报表编辑工具软件、通信软件（适用于工业控制的标准协议）、诊断软件（包括在线周期性诊断、请求诊断、离线诊断）等。

（3）应用软件至少包括数据采集软件、数据处理软件、数据库软件、数据库接口软件、控制和调节软件、人机接口软件、报警记录显示和打印软件、电话语音报警和查询软件、系统时钟管理软件、系统服务管理软件、网络管理软件等。

四、监控系统功能

监控系统需要实现的功能与水力发电厂的装机容量、机组台数、在电力系统中的重要性及承担任务的复杂性（如发电、调频、调峰、航运、防洪、灌溉等）等因素有关，一般来说监控系统根据上述因素应有以下功能的部分或全部。

（一）数据采集和监视控制功能

1. 数据采集

（1）采集监视控制所需的信息，至少包括实时运行数据、实时计算数据、历史数据和记录数据等。

（2）接收上一级调度机构（电网调度、区域调度中心）下达的调度计划及各种命令信息。

（3）接收操作员手动输入的数据信息。

（4）通过数据交换服务器，与继电保护故障信息管理系统、电能量计量系统、在线监测系统、工业电视系统、工程安全监测管理系统、水情（水调）自动化系统等通信。

（5）采集标准时钟系统等数据源的数据。

（6）采集 UPS 系统等相关系统的数据和监控系统本身的运行状态数据。

2. 数据处理

（1）对采集的各种数据进行分析和处理，数据处理应满足实时性要求。

（2）对采集的数据进行有效性和正确性检查，进行有关综合计算和统计处理，更新实时数据库。使处理的数据反映真实现场设备状况。

（3）运行数据存盘，历史数据保存，形成各类历史数据，保证数据的连续。可利用存储载体进行数据备份。

（4）生成各类事故报警记录，发出事故报警音响，语音报警，启动 ON-CALL 系统等。

（5）完成电站主/辅设备、继电保护和自动装置运行有关参数统计和记录，生成各类事故报警记录，发出事故报警音响，语音报警，启动 ON-CALL 系统等。

（6）自动统计、记录各机组工况转换次数及运行、停机、备用、检修时间累计。正确对各机组不同工况的分时电量记录、有功功率、无功功率总加记录，生成相应的报表。

（7）进行趋势分析量的记录。

（8）事件顺序记录及处理。

（9）事故追忆和相关量记录。

（10）有关数据的计算。

（11）生成各电站各类运行报表。

（12）对采集到的各电站的各种数据进行分析和处理，并向上一级调度机构传送。

3. 安全运行监视

（1）状态、模拟变化量监视。各电站主要设备、开关站设备及主要辅助设备、公用设备的运行状态和参数、运行操作的实时监视。如母线电压、频率、有功功率、无功功率、输电线路潮流、有过负荷可能的线路电流、一些重要的非电量、水位、越限报警、状变等。状态变化分为两类，一类为自动状态变化，由自动控制或保护装置动作而导致的状态变化；另一类为受控状态变化，由计算机监控系统的命令所引起的状态变化。发生此两种状态改变都应记录、显示、打印，并应进行区分。

（2）越/复限检查。厂站控级能接受各现地控制单元（LCU）的越限报警信号，如模拟量越/复限、梯度越限、开关量状变和监控系统自诊断故障等各种信息。当发生紧急事件时，如保护装置动作、机组事故停机等，应自动推出相应画面和事故处理指导，画面闪光和变色，打印事故追忆记录。

（3）过程监视。监视机组开、停机过程。在 LCD 上显示过程的主要操作步骤，当发生过程阻滞时，在 LCD 上显示阻滞原因，并将机组自动转换到安全状态或停机。

（4）趋势分析和异常监视。趋势（分析）功能以用于显示一些变量的变化，趋势分析程序应能在趋势显示画面上以曲线形式显示趋势数据。

（5）计算机监控系统运行状态、运行方式及系统状况监视。

（6）通信通道监视。计算机监控系统应能监视通信通道（包括交换机、路由器、光纤等），对冗余通道应能自动或手动切换。

4. 人机联系及操作

作为运行人员监视和控制电站运行的主要手段，与计算机系统的交互操作通过显示器、键盘或鼠标等来实现。通过功能分布实现相应的功能、人机联系和操作。

5. 事故和报警

接受各类的越限报警信号，响应模拟量越限、梯度越限、开关量状态变化和计算机监控系统自诊断故障等各种信息；发生事故时，自动推出相应事故画面和事故处理指导，画面闪光和变色。

6. 事故追忆

对实时数据进行事故追忆处理，对事故前后电厂运行方式及主要参数应记录保存，进行事故追忆的量可以选择和重新定义。

7. 相关量记录

当任一发电机、主变压器、母线或线路发生事故时，计算机监控系统同时记录其他发电机、主变压器、母线或线路各参数的对应数值。当任一机组推力瓦、上导瓦、下导瓦、水导瓦、定子绕温度越限报警时，应同时记录该机组的上述参数值和其他机组的上述参数值。相关量记录的量可以选择和重新定义。

（二）控制功能

1. 控制与调节方式

（1）现地层控制调节、厂站层集中控制调节。

（2）集控中心层集中控制调节（若建立集控中心）。

（3）上级调度层控制调节。

2. 电站负荷给定方式

（1）有功功率。由上一级调度机构（调度电话、负荷曲线等）给定，由集控中心计算机监控系统［人工或 EDC（经济调度控制）/AGC 算法］给定，由厂站层计算机监控系统（人工或 AGC 算法）给定。

（2）无功功率。母线电压值或母线电压限值或电压曲线的给定来源有上一级调度机构（调度电话、负荷曲线等）、集控中心计算机监控系统（人工或 AVC 算法）、厂站层计算机监控系统（人工或 AVC 算法）。

3. 实时控制调节

实时控制调节包括按照指令开机、停机、进行负荷调整，机组辅助设备（油、气、水系统）的自动控制，断路器的分合闸流程顺序控制或单点控制，隔离开关及接地开关的分合闸流程顺序控制或单点控制，主变压器中性点接地开关的分合闸流程顺序控制或单点控制，厂用电设备的流程顺序控制或单点控制及操作，公用设备的控制及操作，泄洪闸门、进水口闸门及其配电设备的流程顺序控制或单点控制，其他相关控制及操作等。

（三）趋势分析

在趋势显示画面上以曲线形式显示趋势数据。

（四）事故追忆和相关量记录

1. 事故追忆

对事故前后的数据进行事故追忆处理。

2. 相关量记录

当任一发电机、主变压器、母线或线路发生事故时，计算机监控系统同时记录其他发电机、主变压器、母线或线路各参数的对应数值；当任一机组推力轴承、上导轴承、下导轴承、水导轴承、定子绕组温度越限报警时，同时记录该机组的上述参数值和其他机组的上述参数值等。

（五）人机联系及操作功能

与计算机系统的交互操作通过显示器、键盘或鼠标等来监视实时生产过程的状况，历史数据保存和检索、打印，画面显示等。

（六）自动发电控制（AGC）功能

（1）根据给定的水力发电厂需发功率，考虑调频和备用容量的需要，计算当前水头下水力发电厂的最佳运行机组数和组合。

（2）根据水力发电厂供电的可靠性、设备（特别是机组）的实际安全和经济状况确定应运行机组的台号。

（3）在应运行机组间实现负荷的经济分配。

（4）校核各项限制条件，如机组振动区、上下游水位限制、出力限制、下游最小流量限制等，不满足时进行各项修正。

（5）自动发电控制的功能应满足上一级调度机构的要求等。

（七）自动电压控制（AVC）功能

自动电压控制是在满足水力发电厂和机组各种安全约束条件下，比较线路母线电压实测值和设定值，根据不同运行工况对全厂的机组作出实时决策或改变联络变压器分接头有载调节位置，以维持线路母线电压的设定值，并合理分配厂内各机组的无功功率，尽量减少水力发电厂的功率消耗。

自动电压控制的功能应满足上一级调度机构的要求；根据上一级调度机构的要求及安全运行约束条件，如机组机端电压限值、机组进相深度限制、转子发热限制、机组最大无功功率限制、机组 P - Q（有功功率-无功功率）关系等，合理分配机组间的无功功率，经机组控制单元调节机组励磁，维持母线电压低于电站上一级调度机构给定的变化范围。

（八）历史数据存储及管理功能

可使用数据工程软件对数据点按不同采集周期、存储周期合理配置，海量历史数据在历史数据存储及管理系统的管理下分类并长期存储。同时，数据工程软件提供数据检索、统计等标准接口，供外部程序调用。

（九）统计考核和制表打印功能

监控系统在实时系统和历史系统分别提供统计考核功能。实时系统可以对监视点的电压、频率、监控功率、电能量、梯级系统运行指标和电力调度系统运行指标等数据按年、月、日进行统计考核。在历史系统中，利用历史数据管理系统提供的接口，可以统计监视点在任意时间段停留在某一状态的时间以及动作次数。

打印包括定时打印和召唤打印，召唤打印包括实时打印和历史数据打印，事故、故障时可以自动打印。所有事故信号、预报信号、报警等能在集控中心集中计算机监控系统中自动打印、显示、记录。

打印的内容至少应包括操作记录统计表、事故和故障统计表、继电保护定值表、越限报警报表、事件顺序记录报表、事故追忆和相关量记录、趋势记录、分时电量计量统计报表、生产报表、设备运行状态统计报表、历史报表等。

（十）数据通信功能

（1）通过局域网实现计算机监控系统各节点间通信。

（2）与上一级调度机构（集控、电网调度）通过主通道、备用通道通信。

（3）通过通信服务器，与继电保护故障信息管理系统、在线监测系统、电能量计量系统、水调自动化系统、工业电视系统、管理信息系统（MIS）等通信。

（十一）系统主时钟

通过时钟同步装置实现整个系统时钟同步。时钟同步系统均能对时钟信号源自动切换，并满足所需的扩展时钟的要求。

（十二）系统自诊断和自恢复

监控系统具备完整的硬件和软件自诊断能力，包括在线诊断、离线诊断和请求诊断。在线运行时应对系统内的硬件及软件进行自诊断，并指出故障部位的模块。自诊断内容包括以下几类：

（1）计算机内存自检。

（2）硬件及其接口自检，包括外围设备、通信接口、各种功能模块等。当诊断出故障时，应自动发出信号；对于冗余设备，应能自动切换到备用设备。

（3）实现软件及硬件的自恢复功能（包括软件及硬件的 WATCH - DOG 功能）。

（4）掉电保护，服务器在异常掉电后重新启动，应不影响系统立即投入正常运行。

（5）双机系统故障检测及自动切换。当以主/热备用方式运行的双机中，主用机故障退出运行时，备用机应不中断任务且无扰动地切换为主用机运行。

（6）系统恢复或重装后，应可以通过备份数据（刻录光盘介质或可移动硬盘）直接恢复系统。

（十三）培训仿真

监控系统可具有仿真培训功能，由培训工作站实现，培训工作站应设置与操作员站相同的人机界面，宜设置能够对电厂监控系统对象仿真的硬件和软件，其输入/输出控制逻辑和响应时间与实际生产过程相同。

第二节　电站计算机监控系统

一、设计选型

（一）设计原则

计算机监控系统（以下简称监控系统）的设计应安全适用、技术先进、经济合理。监控系统的结构、技术性能和指标应与水力发电厂的规模及其在电力系统中的地位和当前监控系统的发展水平相适应。

监控系统的设计应遵循提高水力发电厂的安全生产水平、保证供电质量、提高水力发电厂的经济效益和管理水平、提高水力发电厂的自动化水平，为实现"无人值班"（少人值守）提供保证等原则。

（二）系统结构

电站计算机监控系统应采用分层分布结构，分别设置电厂控制级和现地控制级。分层分布的监控系统可采用全厂单级网，连接电厂级和现地控制级的所有设备；也可根据电厂的规模和复杂程度分别设信息网和控制网。信息网连接负责报警、打印等功能的设备；控制网连接负责实施监控的设备，采用主计算机等设备实现两级网之间的数据交换。

（三）系统配置与选型

1. 配置原则

（1）大中型水力发电厂宜采用以计算机监控系统为基础的方案。

（2）系统配置应考虑适应未来 3～5 年的计算机硬件设备和软件技术发展趋势。

（3）电站计算机系统配置应参考水力发电行业、企业生产管理模式未来发展要求，按照电站"无人值班"或智慧电厂管理模式配置电站计算机监控系统。

（4）关键服务器、工作站和网络设备应冗余配置，如应用程序服务器、历史数据服务器、与上级调度通信服务器、核心交换机、纵向加密装置等，服务器的存储容量和中央处理器（CPU）负荷率、系统响应时间、事件顺序记录（SOE）分辨率、抗干扰性能等指标应满足 DL/T 578《水电厂计算机监控系统基本技术条件》要求。

（5）系统应满足电力监控系统安全防护要求。

（6）系统配置应严格遵循机组重要功能相对独立原则。

2. 电厂级的配置和选择

电厂级主要设备配置见表 7-2-1。

表 7 - 2 - 1　　　　　　　　　　　电厂级主要设备配置

总装机容量（MW）	主计算机（数据服务器）	操作员站（每台带2台显示器）	工程师站	通信工作站	培训工作站	语音报警工作站	打印机		模拟屏	同步时钟授时装置
							黑色	彩色		
50～300	1～2	2	0～1	1～2	0	1	1～2	1	0～1	1
300～1200	2	2	1	2	0～1	1	2～3	1～2	0～1	1～2
＞1200	2～3	2～3	1	2～3	1	1	2～3	1～2	0～1	2

3. 网络配置和设备选择

（1）网络配置方案选择的原则。按物理拓扑结构分类，可选择星形网、环形网或总线形网；按访问控制协议分类，可选择令牌网或以太网；按使用的介质分类，可选择双绞线网或光纤网；按传输速率分类，可选择 10、100Mbit/s 或 1000Mbit/s 以太网（千兆位以太网）；按端口间数据传送的方式分类，可选择换式以太网；大型水力发电厂应采用交换式以太网，应采用冗余网络。

（2）网络交换机选型原则。交换机应配置与网络介质匹配的用户端口，并留有扩展余地，端口数量与带宽应合理配合，以避免饱和与拥塞。应支持冗余配置，包括电源的冗余配置。具有容错功能，设备故障、链路故障情况下能够进行冗余切换。大型水力发电厂的冗余网络的自愈时间或双网之间的切换时间应不大于 0.5s。

网络设备的端口延迟，即从交换机接收到数据包到开始向目的端口发送数据包之间的时间间隔，应尽可能短。交换机应具备远程管理功能，实现整个网络的统一管理，并且能够实现故障自动报警。交换机应支持端口的分级安全设定、端口与 MAC（物理）地址的绑定、对空闲端口的关闭等。

4. 现地控制单元的配置与设备选择

（1）现地控制单元配置。每台机组应个设置一个现地控制单元，采用发电机变压器单元接线时，主变压器可由机组现地控制单元监控；采用其他方式的接线时，主变压器可由开关站现地控制单元监控。机组快速闸门启闭机应由机组现地控制单元监控。根据电压等级和出线数量的多少，开关站可设置一个或两个现地控制单元。厂内的厂用电和公用设备可设置一个现地控制单元，其数量也可根据厂用电和公用设备布置的具体情况增加。坝区设备设置一个现地控制单元。坝区和开关站等处的厂用电和公用设备等，宜由就近的现地控制单元进行监控。

（2）现地控制单元设备选择。现地控制单元的基本组成可在通用可编程控制器、专用控制器、通用可编程控制器加工业微机、专用控制器加工业微机等型式中选取。现地控制单元应配置人机接口，配置必要的仪表、指示灯、控制开关和按钮，应配置适当的串行通信接口和/或网络接口，已实现与被监控设备的数据通信并便于与便携式调试设备连接。

现地控制单元发出的停机命令、事故闸门或进出水口闸阀的关闭命令、断路器和隔离开关的分合命令，接受的断路器和隔离开关的位置等重要信号应采用硬接线传送。现地控制单元和被监控的各种智能电子设备之间可采用串行通信、现场总线、分布式 I/O 和其他数字通信技术传送设备的状态和报警的详细信息。

二、性能指标

1. 实用性

(1) 状态和报警点采集周期为 1s 或 2s；模拟点采集周期，电量为 1s 或 2s，非电量为 1s～30s；事件顺序记录（SOE）分辨率不大于 5～20ms。

(2) 人机接口响应时间为 1～3s。

(3) 现地控制单元接受命令到开始执行时间应小于 1s。

(4) AGC 执行周期为 3～15s，AVC 执行周期为 6s～3min，EDC 执行周期为 5～15min。

(5) 双机切换时间在热备用时，保证实时任务不中断，温备用时，应不大于 30s；冷备用时，应不大于 5min。

2. 可靠性和可利用率

采用计算机监控后，对计算机监控系统提出了很高的可靠性要求。表明系统可靠性的指标有事故平均间隔时间（MTBF）和平均停运时间（MDT），常见的还有平均检修时间（MTTR），通常用小时计。

主控计算机（含磁盘）的 MTBF 应大于 8000h；现地控制单元的 MTBF 应大于 16000h；MTTR 由制造单位提供，当不包括管理时间和运送时间时，一般可取 0.5～1h。

可利用率是计算机控制系统的一个重要指标，为了提高整个系统的可利用率，不仅要求组成系统的各组件有很高的内在利用率，而且要求一旦发生故障时能迅速进行检修或更换。监控系统在电厂验收时的可利用率指标分为 99.9%、99.7% 和 99.5% 三档。

为提高系统的可靠性/可利用率，可以采取增加冗余度、改善环境条件、抗电气干扰、减少元件数量、设置自诊断，及时找出故障点、在设计时要特别注意增加系统结构的可靠性等。

3. 可维修性

计算机监控系统中的故障要便于发现，有故障的模块要便于更换。为了便于维护，通常要求控制系统由种类不是很多的硬件组成，这样可以减少备件的储备。设计上应要求能在控制系统不间断其运行的情况下更换有故障的模块。

4. 系统安全性

在操作方面，要有防止误操作的措施，如要求设备有各种闭锁，进行操作时要作各种校核，有误时发出告警。在通信方面，要有各种校核测试、检错、纠错等措施。接收控制信息时，对信息的合理性进行校核，防止执行错误命令。

5. 可适应性或可扩性

水力发电厂的设备配置与不同的自然条件有很大的关系。由于自然条件不同，设备的配置就有很大的差别，这要求控制系统的设计要能适应这种较大的差别。也就是说，设计只作部分的修改就能适用于不同的电厂。另外，电厂要实现的控制功能和控制系统的规模也可能随时间而变化的。起初一般要求实现的控制功能不多，后来要求增加，就要求控制系统能适应这种扩充的要求。有的电厂运行一段时间后，要求扩充容量，增加机组，也就要求控制系统能方便地加以扩充。为实现这种可适应性（可扩性），模件化和采用总线结构都是有效的措施。不仅硬件可以模块化，软件也可以模块化。每个模块具有简单的功能，复杂的功能可以依靠若干个模块的组合来完成。实现模块化后，可进行批量生产，制造质量可提高，从而使可靠性得到提高。软件模块化可以大大减少开发软件所需的工时。采用总线制，便于系统的扩展，当需要增加模块时，只需在总线上插入必要的插件即可，不必重新接线，接口可大大简化。为了便于扩展，系统设计时要留有一定的裕度，电厂控制级计算机的存储容量应有40％以上的裕度，通道的利用率宜小于50％，接口应有一定的空位。

6. 简单性和经济性

在能完成必要实现功能的前提下，系统应力求简单。系统越简单，可靠性越高，价格也越便宜。一个控制系统要有生命力，一定要在经济上是合理的，没有必要追求最先进、最复杂的计算机和其他控制设备。

7. 使用寿命

监控系统的使用寿命可以有两种不同的含义，一种是物理上的使用寿命，即不能再继续使用了，这种使用寿命比较长。另一种是道义上的使用寿命，此时，系统运行一段时间后，虽然还能继续使用，但性能已经下降，或者已经不适合新的要求，也就是技术上比较陈旧，再使用下去已经不合算了。也有一种可能，运行若干年后，由于技术上落后，制造单位不再生产这方面的备件，而原有备件用完了，控制系统也就不再能运行了，不得不更换新的系统。这种道义上的使用寿命比物理上的使用寿命短。

设计计算机监控系统时，必须考虑所采用的系统不会很快被淘汰，也就是要有一定的使用寿命，也就是说，采用的技术不能太陈旧，要有一定的先进性。

三、验收及试验

(一) 验收及试验项目

水力发电厂计算机监控系统一般包括型式试验、工厂试验和检验、出厂验收、现场试验和验收。试验及验收项目见表 7 - 2 - 2。

表 7 - 2 - 2　　　　　　　　验 收 及 试 验 项 目

检验项目		型式试验	工厂试验及验收	出厂验收	现场试验及验收
产品外观、软硬件配置及技术文件检查		√	√	√	√
现场开箱、安装、接线检查					√
绝缘电阻测试		√	√	√	√
介电强度试验		√	√		
功能与性能测试	模拟量数据采集与处理功能测试	√	√	√	√
	数字量数据采集与处理功能测试	√	√	√	√
	计算量数据采集与处理功能测试	√	√	√	√
	数据输出通道测试	√	√	√	√
	其他数据处理功能测试	√	√	√	√
	控制功能测试	√	√	√	√
	功率调节功能测试	√	√	√	√
	自动发电控制（AGC）功能测试	√	√	√	√
	自动电压控制（AVC）功能测试	√	√	√	√
	人机接口功能测试	√	√	√	√

续表

检验项目		型式试验	工厂试验及验收	出厂验收	现场试验及验收
功能与性能测试	系统时钟、时间同步及不同现地控制单元间的事件分辨率、雪崩处理能力测试	√	√	√	√
	外部通信功能测试	√	√	√	√
	应用软件编辑功能测试	√	√	√	√
	系统自诊断及自恢复功能测试	√	√	√	√
	网络环境测试	√	√	√	√
	其他功能测试	√	√	√	√
	实时性性能检查及测试	√	√	√	√
	CPU 负荷率等性能指标测试	√	√	√	√
电源适应能力测试		√	√	√	√
抗扰度试验		√			
环境试验		√			
连续通电检验		√	√	√	√
可用率（或可利用率）考核					√

（二）出厂验收

（1）若受检产品技术条件规定产品出厂前需进行出厂验收，则制造单位在完成工厂试验和检验后，应按受检产品技术条件规定的日期提前通知用户。

（2）出厂验收由制造单位和用户共同负责进行。

（3）出厂验收过程双方的责任。

1）制造单位的责任。向用户汇报系统配置、工厂试验和检验结果，起草出厂验收大纲（草稿），提供验收所需的仪器设备及有关文件、资料，负责进行验收大纲规定的各项试验。

2）用户的责任。对出厂验收大纲（草稿）进行讨论、审查、修改，最后确定出厂验收大纲；对出厂验收试验进行监督、审查。

3）出厂验收结束后，双方应签署出厂验收纪要，对出厂验收的结果作出评价。如产品还存在不满足受检产品技术条件的要求时，应在出厂验收纪要中提出处理意见及完成期限，由制造单位负责处理。

（三）现场试验和验收

1. 现场试验和验收各方责任

（1）制造单位负责起草现场试验和验收大纲（草稿），负责产品在现场的有关检查和投运试验，提交现场投运试验报告。

（2）用户负责对现场试验和验收大纲（草稿）进行讨论、修改，补充涉及现场设备及安全等有关的内容，审查、批准现场试验和验收大纲；配合现场投运试验，负责完成可能危及现场主、辅设备及人身安全的防范措施；组织、监督现场投运工作的进行。

（3）通过现场投运试验，如产品还存在不满足受检产品技术条件的缺陷时，应在阶段性现场验收纪要中提出处理要求及处理期限，由制造单位负责处理。

（4）现场试验和验收如果是分阶段进行的，则每阶段试验、验收合格后，双方应签署阶段性现场验收纪要；现场试验和验收全部结束后，双方应签署最终的现场验收文件。

（5）投运设备的保修期，从签署有关该设备现场验收纪要或文件之日起计算。

2. 过程通道的试验和验收规则

（1）模拟量过程通道的试验、验收规则。在工厂试验时，应对全部过程通道进行逐点测试。在型式试验、工厂检验及出厂验收时，宜采用同类通道（如直流模拟量、温度量、交流量输入及模拟量输出通道等）抽样检查的方法，每一类通道的抽查数量不应小于该类通道点数的平方根值。被抽查的通道必须全部合格，否则应改为全部测试。若该类通道由几个模块组成，则抽样点应尽量在各模块中均匀分布。模拟量输入/输出通道抽样检查时，若有 n 点通道共用一个 A/D、D/A 转换器时，则在这 n 点通道中至少应对其中一点采用线性测试，其他点可采用满偏测试。

在现场试验和验收时，也应对直流和交流模拟量输入通道及模拟量输出通道进行逐点测试，而且试验时通道应包含至生产过程的连接电缆。测试时可只校核满量程（或一个中间值）一点。在现场试验和验收时，对温度量（RTD）输入通道，在机组冷状态下，通过人机接口，直接读取机组各部实测值，采用同组测值一致性对比的方式进行检查，若同组测值的离散值在测量精度允许范围内，则认为合格，否则，应进一步对有问题的测点进行检查和处理。

（2）状态量过程通道的抽样与试验方法。在工厂试验时，应对全部过程通道进行逐点测试。在型式试验、工厂检验和出厂验收时，宜采用同类通道（如状态量、事件顺序记录量输入及状态量输出通道等）抽样检查的方法，每一类通道的抽查数量不应小于该类通道点数的平方根值。被抽查的通道必须全部合格，否则就应改为全部测试。

在现场试验和验收时，也应对全部状态量过程通道进行逐点测试，而且试验时通道应包含至生产过程的连接电缆。

四、运行维护

（一）运维人员应具备的能力

1. 运行人员

（1）熟悉水力发电厂生产过程和发电设备运行专业知识。

（2）掌握电站监控系统运行规程。

（3）掌握监控系统的控制流程及操作方法。

2. 维护人员

（1）熟悉水力发电厂生产过程和相关专业知识。

（2）熟练掌握电站监控系统检修维护规程。

（3）熟悉监控系统的控制流程、编程及设计原则。

（二）监控系统运行

1. 运行操作权限

电厂应明确规定运行各岗位人员使用监控系统的授权范围。其授权范围应包括功率调节、线路停送电操作、开停机操作、主设备与辅助设备操作、功能性软连片的投入与退出、测点的闭锁与解锁、信号报警功能的开通与屏蔽等。

在监控系统上进行操作应执行 GB 26860《电力安全工作规程　发电厂和变电站电气部

分》的工作监护制。应在监控系统运行管理制度中明确可由单人操作的设备。监控系统操作人员应符合授权要求，监护人应有同等或更高级别的权限。运行值班人员交班后应退出监控系统登录账户，接班人员应用专用账户登录授权，方可在监控系统进行操作。运行值班人员应定期检查监控系统的授权变更记录和登录、退出记录。

2. 运行值班一般规定

(1) 运行值班人员应通过监控系统监视机组的运行情况，确保机组不超过规定参数运行。运行值班人员在正常监视调用画面或操作后应及时关闭相关对话窗口。

(2) 监控流程在执行过程中，运行操作人员应调出程序动态文本画面或顺序控制画面、事件报警窗口，监视程序执行情况。

(3) 正常情况下，运行值班人员不得无故将现地控制单元与厂站层设备连接状态改为离线；运行值班人员发现现地控制单元与厂站层设备连接状态为离线时，先投入一次，当投入失败后，应立即改为在现地控制单元监视和操作，并报告值班负责人，值班负责人应查找原因并联系处理。

(4) 监控系统运行中的功能投入、退出，应按现场运行规程执行并做好记录；应及时确认监控报警信息，重要报警应到现场确认并报告值班负责人与维护人员；应及时联系维护人员处理监控系统设备掉电、CPU 故障、存储器故障、系统通信中断等重要报警信号；监控系统运行出现异常情况时，运行值班人员应按现场运行规程操作步骤处理，在进行应急处理的同时及时通知维护人员。

(5) 运行值班人员不应无故将报警列表画面及语音报警装置关掉或将报警音量调得过小；机组负荷调节异常时，运行值班人员应立即退出监控系统调节功能，必要时联系维护人员处理。

(6) 当运行值班人员确认监控系统设备异常或功能异常威胁机组运行时，应及时处理，同时汇报值班负责人并联系维护人员查找原因。

(7) 监控系统厂站层设备故障，发生危及电网安全情况时，宜先将相关电网调度控制、梯级控制或厂站级控制功能退出，然后向上级调度部门汇报。

(8) 运行值班人员应及时补充打印纸及更换硒鼓（色带、墨盒），并确认打印机工作正常。

3. 运行值班日常工作

(1) 定期对监控系统设备进行巡回检查。运行值班人员应定期对监控系统设备进行巡回检查，发现缺陷应及时汇报，填写设备缺陷记录并及时联系消缺。运行值班人员的巡回检查范围应包括监控系统有关画面、外围设备（包括打印机、语音报警系统等）、电源系统、现地控制单元等。在巡回检查中，对一些重要模拟量、温度量的越限报警应及时核对其限值。

(2) 对重要画面应定时检查和定期分析。运行值班人员对监控系统画面的巡回检查至少监控系统拓扑图及网络信息画面、主接线及相应主设备实时数据、公用系统运行方式与实时数据、厂用电系统运行方式、非电量监测系统与相关分析、事件报警一览表、故障报警一览表、机组各部温度画面、机组辅助系统（油水气）运行画面、机组振动与摆度等非电量监测画面、机组单元接线图、各现地控制单元光字画面。

监控系统外围设备及电源系统的检查应包括 UPS 电源设备环境温度、UPS 系统故障报警信息、打印机工作状态、语音报警工作站运行状态等。现地控制单元巡检应包括现地控制单元环境温度、盘柜风机运转状况、现地控制单元故障报警信息、现地控制单元盘柜内各电源开关状态、现地控制单元盘柜内各设备的指示灯或表计显示状况等。

运行值班人员交接班需检查的画面应包括监控系统的系统拓扑图（硬件自诊断画面）、自动发电控制及自动电压控制画面，各机组瓦温、油温与振动摆度，各机组定子、转子与空气冷却器温度、各系统液位与压力（油、水、气）、一次主系统与厂用电、事件与故障一览表等。

运行值班人员在交接班过程中，应交代监控系统的运行状态及实施的临时性处理措施，包括信号闭锁、报警屏蔽等，在监控系统试验尚未结束或监控系统出现异常尚在检查处理时，不宜进行交接班工作。

（三）监控系统维护

1. 一般要求

（1）授权管理。监控系统的维护工作采取授权方式管理。权限分为系统管理员、一般维护人员。系统管理员负责监控系统的账户、密码、权限管理和网络、数据库、系统安全防护的管理。监控系统中的其他维护工作，可由一般维护人员完成。应将所有账户及其口令的书面备份密封后交上级部门保存，以备紧急情况时使用。

（2）程序修改。应持技术管理部门审定下发的技术方案或定值单并开具工作票后，方可进行监控系统的程序修改、参数设置、限值整定等工作。工作完成后应做好记录和作业交代，参数设置和限值整定的回执单应各有一份存档于技术管理部门和中控室。对监控系统所做的维护、缺陷处理、技术改进等工作，应设置专用台账并及时记录相关内容。

监控系统实施软件改进前，应对当前运行的应用软件进行备份并做好记录；软件修改后应进行代码安全性检查，修改后的软件应经过模拟测试和现场试验，合格后方可投入正式运行；改进实施完成后，应做好最新应用软件的备份，及时更新软件版本管理台账、软件功能手册及相关运行手册。若软件改进涉及多台设备且不能一次完成时，宜采用软件改进跟踪表，以便跟踪记录改进的实施情况。

（3）设备更新。更换硬件设备时，应采取防设备误动、防静电措施，并做好相关记录，更新相关台账。宜使用经通电检测合格的备件。

当与对外通信或调度高级应用软件相关的硬、软件需要更新时，应取得对方的许可后方可进行；当发生设备故障、事故时，维护人员应及时导出事故前后的相关数据、事件记录、录波曲线作为电子信息归档。

2. 厂站层设备的维护

（1）应每年对厂站层计算机主机及网络设备进行一次停电除尘。

（2）宜每半年停电重启冗余配置的厂站层设备，以消除由于系统软件的隐含缺陷对系统运行产生的不利影响。无冗余配置的厂站层设备，在做好完备的安全措施以后方可停电重启。

（3）宜每年使用专用清洁工具清洁计算机附属的光盘驱动器、鼠标（跟踪球）。

（4）机组检修时检查机组运行监视程序工作的正确性（如设备监视功能）。

（5）应每年检查语音及短信报警功能的工作情况。

（6）定期做好应用软件的备份工作，软件改动后应立即进行备份，应异地存放备份介质，应保存最近三个版本的软件备份。

（7）应每年检查监控系统运行监视与保护程序的限（定）值的设置情况。

（8）应每月备份画面、数据库、文件系统，若备份工作由计算机自动完成，则应检查自动备份完成情况。

（9）应每天对厂站层计算机系统进行病毒扫查。宜每月人工升设备和存储介质，离线进行。

（10）宜每季度升级操作系统补丁（应用软件不允许的除外）。

（11）检查 UPS 电源系统，根据蓄电池的维护技术要求，应每 1～2 年对蓄电池进行一次充放电维护。

3. 现地控制单元的维护

（1）应每年对现地控制单元设备进行一次停电除尘。

（2）定期备份现地控制单元软件，无软件修改的，一年备份一次，有软件修改的，修改前后各备份一次。

（3）宜每半年对冗余配置的现地控制单元（含冗余配置的 CPU 模块）进行一次主备切换。

（4）现地控制单元随被监控设备的检修进行相应的检查和维护，主要内容包括检测、试验工作电源；检查、处理电源风机、加热除湿设备；校验模拟量输入模块通道；校验模拟量输出模块通道；校验温度量输入模块通道；校验开关量输入模块通道；校验开关量输出模块通道；校验事件顺序记录模块通道；校验脉冲计数模块通道；检查、测试各类通信模块配置；检测网络连接线缆、现场总线的连通性和衰减特性；检测光纤通道（含备用通道）衰减特性；检查、处理现地控制单元与远程 I/O 柜的连接、通信；检查、处理现地控制单元与厂站层通信通道；检查、处理现地控制单元与其他设备的通信；检查 I/O 接口连线，紧固端子排螺钉；检查 I/O 接口连线绝缘；检查控制流程并模拟试验；监视与控制功能模拟试验；测试时钟同步；检查定值等。

第三节　集控中心（区域调度中心）计算机监控系统

一、设计选型

（一）系统运行及控制方式

为实现各电站"无人值班"（少人值守）的运行管理方式，集控中心或区域调度中心的计算机监控系统通过先进的计算机网络和通信技术与下辖各电站的控制系统联网，收集各厂站运行参数，监视厂站内主要机电设备的运行状况，使管理者、运行维护人员及技术人员及时掌握电站运行情况，实时控制及调度管理；并与电网调度联网，接受电网调度的调度管理；另与信息管理系统等通信，向管理系统提供生产运行信息。

集控中心控制/调节方式包括厂站控制方式、集控控制方式和电网调度控制方式；控制调节方式的优先级依次为电厂控制级、集控控制级和电网调度级。

（二）系统结构

1. 系统层次

计算机监控系统分为集控中心集中计算机监控系统、厂站级计算机监控系统及现地控制单元三层。集中控制中心监控系统应采用分层、分布、开放式系统结构，典型配置宜包括数据库服务器、应用服务器、数据采集服务器、通信服务器、操作员站、ONCALL 工作站、工程师站、网络设备、电力监控系统安全防护设备、卫星时钟装置、大屏显示等。

2．厂站接入集控中心模式

（1）厂站接入分层方式。厂站可直接接入集中控制中心监控系统，也可通过区域控制中心接入。各区域控制中心和集中控制中心形成主备关系。

（2）通信网关机接入模式。当电站监控系统与集中控制中心监控系统采用不同的通信协议时，电站监控系统宜采用通信网关。

（3）扩大厂站通信模式。当电站监控系统与集控中心监控系统采用相同的通信协议时，电站监控系统宜通过网络直连与集控中心监控系统实现通信。

3．系统分布

集中计算机监控系统控制对象包括各梯级电站的计算机监控系统、集控中心计算机监控系统。它们通过电力网、公网或自建的通信通道（根据各公司实际）相互连接，进行数据通信，构成一个全计算机监控的实时的计算机网络系统，以监视及控制各电站的运行。

4．网络结构

集控中心集中计算机监控系统采用全开放的分层分布式结构，网络介质采用光纤或同轴电缆。集控中心集中计算机监控系统采用星型快速以太网结构。网络通信协议采用 TCP/IP，网络的传输速率可以达到 1000Mbit/s。

5．集控中心

流域中各接入点的监控系统通过各站配置的用于集中计算机监控系统的通信接口，与集中计算机监控系统构成一个计算机网络。集中计算机监控系统设置两台接入交换机与流域中各接入点连接，即形成了流域梯级水力发电厂运行生产的实时控制网络。

集中计算机监控系统应具有一定的扩展能力，既可将流域中目前规划实施的各接入点的监控系统接入，又可将远期其他电站的计算机监控系统和电网调度接入。集中计算机监控系统通过通信服务器及安全防护设备与综合数据平台系统进行数据交换，以避免外部系统对实时性和安全性要求程度高的集中计算机监控系统的非法入侵和干扰。

（三）系统配置

1．系统配置原则

（1）系统配置应考虑控制电站数量和总装机规模、电站生产管理模式、电网管理要求、电力监控系统网络安全、梯级电站联合调度发展趋势等因素。

（2）系统配置应能满足近期接入电站在当前生产管理模式下管理要求，实现对控制电站长期稳定的远方监视（"遥信""遥测"）和控制调节（"遥控""遥调"）功能。

（3）除基本配置外，系统配置应参考未来 5～8 年可能接入监视和控制的电站，需要考虑的因素至少应包括接入电站数量、设备数量、测点数量、高级应用部署，及配套的通信、网络、运行操作、历史数据存储空间、服务器和电源等硬件支撑，各类硬件资源宜考虑至少30％的裕度。

（4）大型梯级、中型梯级控制中心计算机监控系统典型设备配置应满足 DL/T 1625《梯级水电厂集中监控系统基本技术条件要求》，应用服务器、历史服务器、通信工作站、交换机、加密装置等关键服务器、工作站和网络设备应冗余配置，跨流域、小型梯级可参照配置。

（5）系统配置应考虑电站生产管理模式和水力发电行业发展趋势需求，宜按照电站"无人值班"管理模式配置区域控制中心计算机监控系统，充分考虑系统在信号分析和预警方式、负荷调整、设备操作、故障诊断、应急处理及报表统计报送等方面的智能化功能。

（6）系统配置应严格按照"安全分区、网络专用、横向隔离、纵向认证、综合防护"的原则，并部署入侵监测、漏洞扫描、安全审计、病毒查杀、网络安全监测和报警等安防设备和系统。

2. 系统配置和选择

集控中心计算机监控系统主要设备常规配置见表 7-2-3。

表 7-2-3　　　　　集控中心计算机监控系统主要设备常规配置

设备名称	大型梯级	中型梯级	备注
	600～2400MW	100～600MW	
主服务器	2～4 台	2 台	
操作员工作站	2～2 台	2 台	每台配 2～3 台彩色显示器
工程工作站	1～2 台	1 台	
模拟屏及其驱动器	1 套	0～1 套	
主干网网络设备	2 套	2 套	
时钟同步系统	1 套	1 套	冗余配置
培训工作站	1 台	1 台	
UPS	2 套	2 套	
宽行打印机	2～3 台	1～2 台	
激光打印机	1～2 台	1 台	

（四）系统性能指标

1. 实时性

（1）集控中心计算机监控系统应满足 DL/T 578《水电厂计算监控系统基本技术条件》中关于实时性的要求。

（2）厂站模拟量变化更新到集控中心监控系统操作员站时延不大于 3s。

（3）厂站状态量变化更新到集控中心监控系统操作员站更新时延不大于 2s。

（4）遥控、遥调量从集控监控系统操作员站发出命令到厂站通信网关机接收命令时延不大于 2s。

（5）数据采集服务器与其他服务器、操作员站间的传输时延不大于 1s。

（6）厂站数据采集通道切换时间不大于 10s。

（7）冗余服务器主备切换时间不大于 3s。

2. 可靠性

（1）监控系统可靠性应按 DL/T 578《水电厂计算监控系统基本技术条件》的有关要求执行。

（2）单一控制元件（部分）的故障不应导致运行人员遭受伤害或设备严重损坏，单一控制元件（部分）的故障不应使电厂的出力严重下降。

（3）当部分过程设备的功能丧失时，系统应防止发电能力的全部丧失。

（4）不应有不能进行检查、维护或更换的控制元件。

3. 可用性

监控系统可用性应按 DL/T 578《水电厂计算监控系统基本技术条件》的有关要求执行。

4. 历史数据存储容量

（1）秒级数据保存时间不应小于 15 天。

（2）分钟级数据保存时间不应小于 15 天。

（3）小时级数据保存时间不应小于 1 年。

（4）事件数据保存时间不应小于 1 年。

5. 系统设备硬件及软件配置

（1）硬件设备配置原则。集控中心计算机监控系统硬件应考虑当前和今后计算机及网络技术的发展，应满足可替换性（应采用通用的硬件设备）、可扩充性（应考虑系统容量、结构、计算能力的可扩充性）、冗余性（关键设备或部件应采用冗余设计）。

（2）软件设备配置。

1）系统软件。系统软件应能支持集控中心计算机监控系统开发应用软件，应具有成熟的最新版本的可用程序包，当主机扩充主存、外设或增设其外围设备时，不需要重新改编程序。

提供的操作系统应是实时多用户、多任务执行程序系统，并且已用于所推荐的硬件结构有实用成功的经验，能有效地执行高级语言程序。为提高计算机利用率和响应时间，操作系统应具有以优先权为基础的任务调度执行，资源管理分配以及任务间通信和控制手段，优先级至少有 32 级。

应提供完善的、有效的编程软件，以进行应用软件的开发。这些编程软件包括标准的汇编语言、高级编译语言、交互式数据库编程软件、交互式图像编译软件和交互式报告编译语言。在应用服务器上应提供带有操作系统的高级编程语言，如 C 语言。

应提供诊断软件或工具，对系统中的计算机设备或组件进行查找故障的诊断，提供其他包括网络软件、文件管理软件等其他系统软件。

2）支持软件要求。计算机系统除应具有系统生成、软件开发、系统运行和维护的各种标准支持软件外，还应提供用于实时数据存储和检索的数据库管理软件，该软件应能提供各节点存储瞬时状态、事件数据、测量值和用于趋势分析和定期报告的数据，以及归档和检索这类数据管理；应提供用于历史数据存储和检索的数据库管理软件，该软件应能提供存储、归档和检索这类数据管理；应提供数据库生成软件，用此软件生成和修改数据库；提供支持用户软件、数据库和画面群结合软件，包括交互式作图软件、窗口软件、交互式数据库生成软件、动态汉字管理软件等；提供档案（历史）管理软件、CRT 管理软件、制表生成软件等。

3）应用软件要求。应提供用于完成所述的功能的应用软件。应用软件应是模块化的，每个应用程序都能作为独立的整体而易于修改扩充，能以多种方式启动，内、外存扩充时应用程序不需修改。包括数据采集、处理和监视控制软件（SCADA 软件包），经济调度控制和自动发电控制（EDC/AGC）软件包，自动电压控制（AVC）软件包，在线交换功率交易估价及电量实时结费软件包，与上一级调度机构通信软件包，与各梯级电站通信软件包。

应提供通信软件，用于计算机监控系统节点之间的通信及其数据交换，并应尽可能采用 OS 协议或适于工业控制的标准协议。

通过生产管理数据服务平台与其他系统通信软件包，如与集控中心水调自动化系统、消防监控系统、水文/水情/气象自动测报系统、大坝及水工建筑物监测系统、继电保护运行及故障信息系统、电能量采集和报（竞）价系统、安全稳定控制管理系统等各总站系统、信息管理系统（MIS 系统）等的通信。

应提供仿真培训和专家系统软件，远程维护和诊断软件，语音报警及 ON－CALL 系统软件，实时报价，报表管理软件，自启动软件，人机接口软件，人机通信软件，其他特殊要求的应用软件等。

二、安装与验收

（一）安装

1. 准备工作

设备到达现场后，应检查设备装箱单和产品的技术条件是否齐全，设备型号、规格、数量是否符合订货要求，备品备件、专用工具是否齐全，外观是否受损。安装应在土建工作和室内装修工作完成后方可进行，安装场地应按相关施工设计文件的规定布置，并应满足 GB/T 2887《计算机场地通用规范》的要求，施工环境和照明等应满足监控系统盘柜及设备安装要求。必要时对安装人员进行培训，掌握相关设备技术要求。

2. 盘柜安装

盘柜的安装应符合 GB 50171《电气装置安装工程　盘、柜及二次回路接线施工及验收规范》的要求。安装的盘柜框架及盘面应无变形，并符合设计图纸要求；盘柜安装时的垂直度、水平偏差、盘面偏差、盘间接缝、盘柜安装固定等符合要求；盘柜之间接地母排与接地网应连接良好，采用截面积不小于 $50mm^2$ 的接地线或铜编织带与接地扁铁可靠连接。

3. 盘柜内设备安装及电缆敷设

盘柜内设备安装应符合 GB 50171《电气装置安装工程　盘、柜及二次回路接线施工及验收规范》的要求。安装前应检查盘柜设备托板数量是否齐全以及滑轮、支撑柱等是否完好；设备上架安装前应逐个通电进行检测，在设备处于正常工作状态后，方可安装。

电缆敷设宜分层或分侧，其走向和排列方式应满足设计要求，控制电缆宜与动力电缆分别敷设；铠装电缆要在进盘后切断钢带，断口处扎紧，钢带应引出接地线并可靠接地，屏蔽层应满足接地要求。

柜内强、弱电回路应分开走线，分层布置，交、直流回路宜分开走线布置和采用不同的电缆，以避免相互干扰。配线规范，每根线芯应标明编号、回路号、端子号，字迹清晰，不易褪色和破损。

（二）调试

1. 离线调试

厂站接入采用通信工作站接入模式时，应在集控中心或电站搭建离线测试环境，包括集控通信工作站与待接入电站通信工作站设备。在完成集控通信工作站数据库、通信点表、人机界面、顺序控制流程、历史存储等功能的配置，以及待接入电站通信工作站数据库、通信点表等功能的配置工作后开始测试，测试内容包括模拟集控与待接入电站通信异常，检查系统响应是否正常；用仿真程序在待接入电站通信工作站上模拟信号变化行为，进行全数据核对；集控通信工作站模拟下发控制令，在待接入电站通信工作站上进行控制令核对等。

厂站接入采用扩大厂站通信模式时，应在电站搭建离线测试环境，包括集控通信工作站与待接入电站 LCU 等设备。测试内容包括集控通信工作站模拟下发控制令，在接入电站 LCU 的 PLC 上进行控制令核对；在待接入电站 LCU 的事件顺序记录量中抽选若干点（不少于待接入电站 LCU 事件顺序记录量总数的 25%），模拟接入同一状态量输入信号，改变输入信号状态，检查集控侧所记录的事件名称应与所选测点名称一致且无遗漏，所记录的状态及事件发生时间应一致。

2. 集控中心与电站远动通信调试

（1）远动通道调试。在完成集控与待接入电站远动通道上交换机、路由器、纵向加密装置等设备的配置工作后，使用 PING 命令逐级检查远动通道连接状态是否正常，模拟数据通信，使用网络测试工具检查远动通道带宽是否满足要求；主通道和备通道正常工作时，中断集控与待接入电站远动主通道，备通道应无扰动自动切为主用通道，恢复集控与待接入电站远动主通道，该通道应自动切为主用通道。

（2）上行遥信遥测数据测试。调试过程中涉及数据修改时应保证监控系统上位机各节点数据库一致，涉及的调度信号在变位时应通知调度侧进行信号闭锁。

核对上行遥信、遥测数据的动作时间、准确可靠性、报警、历史数据记录等。

（3）下行遥信遥测数据测试。机组 LCU 调试宜安排在相应机组检修期间进行，应考虑对非接入机电设备的影响，做好防误闭锁；开关站 LCU 调试时，如无法实际动作开关、隔离开关等设备，应拔除相应继电器，保证控制指令只动作到 LCU 模块；公用系统、辅助系统、闸门、调压井等进行 LCU 调试时，应保证不影响发电工况的机组运行。调试时应核对集控中心下发控制及调节的动作时间、响应速度、准确性、可靠性、指令确认、报警等，以及控制权闭锁及其他控制条件闭锁。

集控中心与电站通信中断情况下，应闭锁下发控制及调节指令，通信恢复后，应无控制指令重发现象。

（4）双机冗余和双通道冗余测试。集控中心与电站通信机热备切换或通道热备切换时，逻辑链路应无扰动切换，上行遥信遥测数据应不断刷新；集控中心与电站通信故障时，应置上行遥信遥测数据无效，通信恢复时，重建链路时间应满足要求；集控中心与电站通信故障或恢复时应报警。

3. 集控中心与调度远动通信调试

（1）远动通道调试。在完成集控与调度远动通道上交换机、路由器、纵向加密装置等设备的配置工作后，使用 PING 命令逐级检查远动通道连接状态是否正常，模拟数据通信，使用网络测试工具检查远动通道带宽是否满足要求，模拟集控与调度远动通道主用通道中断，备用通道应无扰动自动切换为主通道，模拟集控与调度远动通信原主通道恢复，该通道应自动切为主用通道。

（2）上行遥信遥测数据测试。调试过程中涉及数据库修改时应保证监控系统上位机各节点数据库一致；核对上行遥信、遥测数据的动作时间、测值精度、准确性、可靠性、报警等。

（3）下行遥控遥调数据测试。集控中心与调度通信中断情况下，下发遥控或遥调指令应不生效，通信恢复后，应无控制指令重发现象。核对调度下发控制及调节的动作时间、响应速度、转换精度、准确性、可靠性、报警等。

（4）双机冗余和双通道冗余测试。集控中心与调度远动通信机热备切换或通道热备切换时，应保证逻辑链路无扰动切换，保证上行遥信遥测数据的不间断刷新。

集控中心与调度通信故障时，应置上行遥信遥测数据品质坏，通信恢复时，重建链路时间应满足要求；集控中心与调度通信故障应报警，恢复应提示。

4. 监控系统与其他系统通信调试

在完成集控与其他系统通信通道上交换机、防火墙、横向物理隔离装置等设备的配置工作后，使用 PING 命令逐级检查通信通道连接状态是否正常，模拟大数据通信，使用网络测试工具检查通信通道带宽是否满足要求。检查防火墙、横向物理隔离装置的安全策略是否满足要求。

调试过程中涉及数据库修改时应保证监控系统上位机各节点数据库一致。核对发送和接收数据的动作时间、测值精度、准确可靠性、报警等是否满足要求。

5. 控制功能调试

检查设备控制权切换命令是否正确；设备控制权切至集控，在集控下发控制令，检查集控侧和电站侧的控制动作是否正确；设备控制权切至调度或电站，检查在集控侧或电站侧的控制闭锁是否正确。

6. 功率调节功能调试

检查设备控制权切换命令是否正确；设备控制权切至集控，在集控下发功率调节令，检查集控侧和电站侧的功率调节是否正确；设备控制权切至调度或电站，检查集控侧或电站侧的功率调节设值闭锁是否正确。

7. AGC/AVC 功能调试

检查 AGC/AVC 控制权切换命令是否正确，控制权闭锁是否满足要求；核对 AGC/AVC 采集数据的动作时间、测值精度、准确性、可靠性等是否满足要求；核对 AGC/AVC 参数刷新是否满足要求；核对集控中心下发 AGC/AVC 运行方式切换指令的动作时间、响应速度、准确性、可靠性、运行方式切换报警等是否满足要求；核对集控中心下发 AGC/AVC 全厂设值令的动作时间、响应速度、准确性、可靠性、报警等是否满足要求；核对 AGC/AVC 安全闭锁报警是否满足要求；核对 AGC/AVC 计划曲线取值及过零点切换功能是否满足要求。

8. 人机接口功能调试

在集控中心与电站远动通信调试过程中，同步核对报警处理、人机接口及操作、电厂设备运行管理及指导等人机接口功能是否满足要求。

9. 时钟同步功能调试

时钟同步功能调试应符合 DL/T 822《水电厂计算机监控系统试验验收规程》的要求。

10. 应用软件编辑功能调试

应用软件编辑功能调试应符合 DL/T 822《水电厂计算机监控系统试验验收规程》的要求。

11. 系统自诊断及自恢复功能调试

系统自诊断及自恢复功能调试应符合 DL/T 822《水电厂计算机监控系统试验验收规程》的要求。

12. 安全防护功能调试

安全防护功能调试应符合 DL/T 822《水电厂计算机监控系统试验验收规程》的要求及国家、行业有关规定。

（三）验收

1. 出厂验收

集控计算机监控系统验收及试验项目参见表 7-2-4。

表 7-2-4　　　　　　　　　　集控计算机监控系统验收及试验项目

检验项目		出厂验收测试	现场验收测试
产品外观、软硬件配置及技术文件检查		√	√
接线检查			√
功能与性能测试	集控中心与电站远动通信调试	√	√
	集控中心与调度远动通信调试	√	√
	监控系统与其他系统通信调试	√	√
	控制功能测试	√	√
	功率调节功能测试	√	√
	自动发电控制（AGC）功能测试	√	√
	自动电压控制（AVC）功能测试	√	√
	人机接口功能测试	√	√
	时钟同步功能测试	√	√
	应用软件编辑功能测试	√	√
	系统自诊断及自恢复功能测试	√	√
	电力监控系统安全防护功能测试	√	√
	网络环境测试		√
	不间断电源功能测试		√
	实时性性能检查及测试	√	√
	CPU 负荷率等性能指标测试	√	√
电源适应能力测试			√
连续通电检验			√
可用率（或可利用率）考核			√

2. 现场验收

（1）设备验收。

1）外观检查。产品表面不应有明显的凹痕、划伤、裂缝、变形和污染等。表面涂镀层应均匀，不应起泡、龟裂、脱落和磨损。金属零部件不应有松动及其他机械损伤。内部元器件的安装及内部连线应正确、牢固、无松动，键盘、鼠标、开关、按钮和其他控制部件的操作应可靠，接线端子的布置及内部布线应合理、美观、标志清晰。

2）检查产品的硬件配置。其数量、型号、规格、性能等应符合受检产品技术条件规定。备品备件、专用工具应齐全；检查产品的软件配置，其文档及载体，应符合受检产品技术条件规定。

（2）验收时应提交的资料和技术文件。

1）设计资料图纸、变更设计的证明文件和竣工图等。

2）制造厂提供的设备清单、产品说明书、试验记录、合格证件及安装图纸等技术文件。

3）安装及调试报告。

（3）功能和性能验收。集控中心与电站、调度远动通信验收应符合 DL/T 5003《电力系统调度自动化设计规程》的要求；监控系统与其他系统通信验收应符合 DL/T 822《水电厂计算机监控系统试验验收规程》的要求；网络环境测试应满足 GB/T 21671《基于以太网技术的局域网（LAN）系统验收测试方法》的要求。

控制功能、功率调节功能、AGC/AVC 功能、人机接口功能、时间同步功能、应用软件编辑功能、系统自诊断及自恢复功能验收应符合 DL/T 822《水电厂计算机监控系统试验验收规程》的要求。

安全防护功能验收应按照电力监控系统系统安全防护相关要求执行。

对 CPU 负荷率等性能有明确规定的系统，应在计算机上通过命令或操作系统界面显示并记录 CPU 负荷率、内存占有率、磁盘使用率等参数，各项指标应满足受检产品技术条件规定。

系统实时性性能应符合受检产品技术条件规定；实时性性能测试内容包括模拟量输入信号发生变化到画面上数据显示改变时间测试；模拟量越限到图符或数据显示改变和发出报警信息、音响的时间测试；数字量输入发生变位到画面上图符或数据显示改变和发出报警信息、音响的时间测试；从人机界面发出执行命令到现地控制单元开始执行的时间以及从现地控制单元接受控制命令到开始执行的时间测试；调用新画面响应时间、在已显示画面上实时数据刷新时间、模拟量事件产生到画面上报警信息显示和发出音响的时间、事件顺序记录事件产生到画面上报警信息显示和发出音响的时间以及计算量事件产生到画面上报警信息显示和发出音响的时间测试；双机切换时间测试、双机切换时间应满足受检产品技术条件；根据受检产品技术条件进行其他实时性性能测试等。

不间断电源功能验收应满足 GB/T 14715《信息技术设备用不间断电源通用规范》的要求。电源的电压幅值极限值测试应符合受检产品技术条件规定；电源进行切换时系统应能正常工作，任一路电源供电时系统应能正常工作。

连续通电检验、可用性（或可利用率）考核应符合 DL/T 822《水电厂计算机监控系统试验验收规程》的要求。

上述试验验收内容见表 7-2-4。

三、运行维护

（一）运行

1. 运行一般要求

集控中心运行人员的主要工作一般包括电网调度业务联系，执行调度指令；受控厂设备远程监视；受控厂设备远程操作，功率（有功、无功）远程调整；受控厂发电计划编制、上报、执行与临时修改；受控厂涉网设备检修计划执行与紧急检修的申报和执行；台账记录以及生产报表的编制、更新与维护；应急状况下的远程紧急隔离和事故处理；集中监控系统故障时，及时联系维护人员处理等。

集控中心运行人员操作权限主要包括开停机操作、主接线运行方式切换、主设备和重要辅助设备的操作、功率调节、报警信息确认、控制权限切换、功能性软连接片投入与退出、测点的允许与禁止、信号报警功能的使能与禁止等。

当转为现场运行或集控中心与受控厂监控系统通信中断时，监控功能及相应职责由受控厂承担。集控中心和受控厂相关操作可能会导致监控系统产生异常报警时，操作前应知会对方。

2. 监视

运行人员应实时监视受控厂设备运行参数、运行方式、状态变化、故障和事故的报警信息，监视项目包括通信通道运行情况、设备控制权限、时钟同步情况、现地层设备运行状况与控制方式、操作指令反馈状况、事故（故障）光字、机组状态、流程、主要电量与非电量、开关量位置、厂用电运行状况、直流系统运行状况、辅助系统运行状况、并网辅助服务情况等，交接班时应检查上述内容。集控中心运行人员应及时确认监控系统显示的设备故障和报警信息，确认为异常报警时，应通知受控厂相关人员进行现场检查核实。

值班场所应配置监控系统画面各图符、语句、颜色等约定的相关文本或以电子文本形式保存可供调阅。

3. 操作控制

（1）设备操作宜包括受控厂的机组开停机，有功、无功调整，自动发电控制（AGC）与自动电压控制（AVC）投/退，闸门的启/闭，断路器、隔离开关、主变压器中性点开关的分/合等；可包括受控厂的油泵、水泵、气机等辅助设备的启/停，调速系统、励磁系统运行模式的切换等。

（2）受控设备远程操作流程。电网调度管辖范围内的设备操作应向相应电网调度机构申请，获准后由运行人员进行操作，受控厂负责设备操作后状态核对，操作完毕后由运行人员向相应的电网调度机构汇报。

集控中心管辖范围内的设备操作由运行人员执行，受控厂负责设备操作后的状态核对。

受控厂自行组织的设备操作需履行许可手续，运行人员下达操作指令后，受控厂按现场操作管理规定自行组织，操作完毕后将操作结果汇报运行人员，需集控中心配合进行的远程操作项目，由运行人员配合完成。

（3）运行人员操作前，先调用被控对象画面，选择被控对象，确认选择无误后执行操作，同时密切监视监控系统相关信息。在操作员工作站上执行某一设备的操作，应待操作流程执行完毕或操作指令复归后方可进行其他操作。

（4）进行机组工况转换操作时，应监视控制流程执行状况，发现异常时通过监控系统下达控制命令或紧急停机命令将机组转换到安全工况，并立即通知受控厂现场进行检查，必要时由现场进行应急处置；操作时发现提示信息有误，应立即终止下达命令，必要时下达流程复归命令；受控厂出现危及人身和设备安全的状况时，应立即进行处置，可在处置完毕后汇报集控运行人员。属电网调度机构管辖范围内的设备，运行人员应汇报相应电网调度机构。

（5）自动发电控制（AGC）与自动电压控制（AVC）操作。运行人员应按电网调度机构要求选择投入 AGC/AVC 网控、集控或站控方式运行，方式切换前应核对数据正确，并向调度机构报告。

运行人员在进行 AGC/AVC 操作前，应检查核对机组有功、无功的调节死区；有功、无功的调节上下限；有功、无功的调节速率；全厂允许最大调节幅度；机组不推荐运行区域设置；机组负荷设定；AGC 和 AVC 投入/退出；曲线方式/定值方式选择；网控/集控/站控控制权限切换；母线电压选择等。

运行方式切换、负荷曲线、调节死区调整、参数定值修改等需经相应电网调度机构批准后执行，不得擅自切换、调整和修改；投入运行时，运行人员应密切监视，提前核对电网调度机构下达的计划曲线，保证有功功率、电压在允许范围内，发现异常应汇报电网调度机构；正常退出运行时，运行人员应按调度令调整有功功率、无功功率。因故退出时，应报告电网调度机构并及时恢复，并记录退出原因、时间。

4. 泄洪闸门操作

集中监控系统宜具备泄洪闸门远控功能；泄洪闸门控制方式应有集控方式和厂控方式；泄洪闸门调度指令执行前，集控运行人员应复核调度指令的内容准确无误；泄洪闸门调度指令执行完毕后，应及时记录执行状况。

5. 设备巡检

应建立集中监控系统设备巡检制度，明确设备巡检项目、周期；应定期巡视机房、电源系统、集中监控系统设备等。

6. 台账

集控中心应及时收录备案受控厂设备更新技术资料，建立档案目录并进行集中管理；台账记录应规范、及时、正确，定期检查台账记录状况；应根据各岗位职责明确台账的使用权限，防止被误改、误删，避免重要信息泄露。电子台账应定期维护、备份；纸质台账应定期清理，过期台账应进行存档或销毁，纸质台账的借阅和归还应做好登记。

台账主要包括运行值班事件记录、机组开停机记录、调度指令记录、工作票记录、操作票记录、AGC/AVC 投退记录、系统维护记录、集控中心与受控厂联调试验记录、泄洪闸门操作记录等。

7. 异常运行

集中监控系统异常指不影响系统功能的非正常信息或报警，主要包括异常报警、遥测及遥信数据异常、监控系统人机界面卡顿、监控系统辅助功能异常等。出现报警时应立即通知受控厂值班人员，与集中监控系统相关的报警应通知集控中心维护人员；出现遥测或遥信数据异常报警时应立即检查确认，防止事故扩大；与机组有功、无功相关的遥测数据异常时应立即退出相应的调节控制功能；发现监控系统人机界面卡顿时应启用备用操作员站进行监控；监控系统辅助功能异常时应将监控系统人机界面程序进行重启，查看是否恢复正常；如异常功能影响正常设备操作或报警监视时应启用备用操作员站；对于频繁出现的报警信号，应及时分析处理。

8. 故障处理

集中监控系统故障指系统功能部分或全部失去的情形，主要包括通信中断、电源消失、主要控制程序锁死、硬件设备故障等。

集中监控系统故障应遵循先恢复再处理的原则。集中监控系统与受控厂通信中断时，应立即通知相应受控厂值班人员现场监控，并通知集控中心维护人员检查处理，待通信恢复核对数据无误后恢复远程监控；集中监控系统主电源消失，应立即检查备用电源切换状况，如备用电源在规定时间内不能正常供给，则将所有受控厂控制权切至站控方式，并将集中监控系统停运。电源恢复正常后，应及时启动集中监控系统设备，核对数据无误后恢复远程监控；集中监控系统主要控制程序异常造成无法对受控厂设备远程监控，应立即将受控厂控制权切至站控方式，并通知集控中心维护人员检查处理；当所有操作员站监控功能失控时应切换至站控侧，待处理完毕核对数据无误后恢复远程监控。

（二）维护

1. 系统维护一般要求

集控中心宜对集中监控系统受控厂端的路由器、交换机、安全防护等设备进行分级管理；应定期对集控系统机房进行卫生清扫，对集中监控系统设备进行除尘。维护人员维护监控系统设备应办理相关手续，得到批准后方可实施；对影响调度自动化业务的维护，应获得相关调度机构的许可；应遵循 GB/T 36570《水力发电厂消防设施运行维护规程》相关规定对机房火灾报警系统进行定期试验，检查消防器材的完备性；制定备品备件储备定额，备品备件管理应满足集控中心安全生产需要，保证设备正常运转。

2. 设备维护

集中监控系统应用软件、画面、数据库、系统配置等应定期备份，修改前应备份，备份介质应异地存放，应保存最近三个版本的软件备份。

做好集中监控系统运行监视参数定值记录和管理，不应随意修改；集控中心与受控厂监控系统数据点、闭锁条件、通信点表等应保持一致，修改应同步进行。

定期对集中监控系统进行病毒查杀，并升级防病毒系统代码库；定期升级集中监控系统操作系统补丁（应用软件不允许的除外）；定期检查语音及短信报警系统运行状况。

（三）试验

应建立集中监控系统试验管理制度，规范试验项目、试验流程、安全措施与要求等。

集控中心集中监控系统与受控厂计算机监控系统首次投运或升级改造后，需进行监控系统功能试验试验项目要符合 DL/T 5762《梯级水电厂集中监控系统安装及验收规程》的规定，主要包括离线试验、集控中心与受控厂远动通信试验、集控中心与调度远动通信试验、监控系统与其他系统通信试验、控制功能试验、功率调节功能试验、AGC/AVC 功能试验、人机接口功能试验、时钟同步功能试验、应用软件编辑功能试验、系统自诊断及自恢复功能试验、安全防护功能试验等。

第四节　典型问题与案例

一、典型问题

（一）通信故障

1. 厂站层设备与现地控制单元通信中断处理措施

退出与该现地控制单元相关的控制与调节功能；检查厂站与对应现地控制单元通信进程；检查现地控制单元工作状态；检查现地控制单元网络接口模块及相关网络设备；检查通

信连接介质；上述措施无效时，做好相关安全措施后在厂站侧重启通信进程，在现地控制单元侧重启 CPU 或通信模块。

2. 厂站与调度、集控数据通信中断处理措施

值班人员应立即通知对侧运行值班人员，两端应分别联系维护人员共同处理；在厂站侧退出网控功能；检查数据通信链路，包括通信处理机、网关机、路由器、防火墙、纵向加密认证装置、光电收发器、通信线路等工作状况；在两侧分别检查通信进程所在机器的操作系统、通信进程、通信协议的工作状态和日志；上述措施无效时，做好相关安全措施后在两侧重启通信进程。

3. 部分遥信、遥测数据异常处理措施

调度值班人员应立即通知对侧运行值班人员，两端应分别联系维护人员共同进行处理；退出与异常数据点相关的控制与调节功能；检查对应现地控制单元数据采集通道情况；检查相关数据通信进程及通信数据配置表；上述措施无效时，做好相关安全措施后，在现地控制单元侧重启 CPU 或通信模块。

（二）测点异常

1. 模拟量测点异常处理措施

退出与该测点相关的控制与调节功能；采用标准信号源检测对应现地控制单元模拟量采集通道是否正常；检查相关电量变送器或非电量传感器是否正常；检查数据库中相关模拟量组态参数（如工程值范围、死区值等）是否正确。

2. 温度量测点异常处理措施

退出与该测点相关的控制与调节功能；用标准电阻检验对应现地控制单元温度量测点采集通道是否正常；检查温度传感元件；检查现地控制单元数据库中相关温度量的组态参数（如工程值范围、死区值等）是否正确。

3. 开关量测点异常处理措施

退出与该测点相关的控制与调节功能；短接或开断对应现地控制单元开关量采集通道，以检测模块是否正常；检查现场开关量输入回路是否短接或断线；检查现场设备状态输出是否正常。

（三）控制、调节异常

1. 控制操作命令无响应处理措施

检查操作员工作站 CPU 资源占用情况；检查监控系统网络通信是否正常；在线查看现地控制单元是否收到相关命令；检查相关控制流程是否非正常退出；检查联动设备动作条件是否满足；检查相关对象是否定义了不正确的约束条件。

2. 系统控制命令发出后现场设备拒动处理措施

检查开关量输出模块是否故障；检查开关量输出继电器是否故障，接点电阻值是否偏大；检查开关量输出工作电源是否未投入或故障；检查柜内接线是否松动；检查控制回路电缆或连接是否故障；检查被控设备模式设置是否正确（自动/手动，现地/远方）；检查被控设备本身是否故障（含控制、电气、机械）。

3. 系统控制调节命令发出后现场设备动作不正常处理措施

检查现场被控设备是否故障；检查控制输出脉冲宽度是否正常，被控设备是否正确接收；检查调节参数设置是否合适。

4. 控制流程退出处理措施

检查相应判据条件是否出现测值错误；检查判据条件所对应的设备状态是否满足控制流程要求；检查判据条件限值是否错误；检查流程超时判断时间是否偏短。

5. 机组有功、无功功率调节异常处理措施

退出该机组自动发电控制、自动电压控制，退出该机组的单机功率调节功能；检查调节程序保护功能（如负荷差保护、调节最大时间保护、定子电流和转子电流保护等）是否动作；检查现地控制单元有功、无功控制调节输出通道（包括 I/O 通道和通信通道）是否工作正常；检查调速器或励磁调节器是否正确接收调节脉冲或给定值，工作是否正常；检查现地控制单元与调速器、励磁调节器的有功、无功值是否存在测量偏差。

6. 机组自动退出自动发电控制/自动电压控制处理措施

检查调速器或励磁调节器是否故障；检查机组给定值调节是否失败或超调；检查机组有功/无功测点是否异常；检查是否因测点错误而出现机组状态不明的现象；检查机组现地控制单元是否故障；检查机组现地控制单元与厂站层设备之间的通信是否中断。

7. 操作员工作站无法下发控制命令处理措施

检查操作员工作站网络通信是否正常；检查操作员工作站各进程是否正常运行；检查操作员权限设定是否正确；上述措施无效时，做好相关安全措施后重启操作员工作站人机接口程序。

（四）报表及事件记录异常

1. 部分现地控制单元报警事件显示滞后处理措施

检查事件列表，确认其他节点的事件正常；检查对应现地控制单元时钟是否同步；检查对应现地控制单元是否出现事件、报警异常频繁；检查对应现地控制单元 CPU 负荷率；检查对应现地控制单元网络节点通信负荷。

2. 报表无法正常自动生成处理措施

检查历史数据库的数据采集功能；检查报表自动生成进程工作是否正常；检查报表自动生成定义是否正确。

3. 不能打印报表、报警列表、事件列表处理措施

检查打印机是否卡纸，打印介质是否需更换；检查打印机自检是否正常；检查打印队列是否阻塞。

二、案例

【案例 1】　某水力发电厂 UPS 电源故障导致甩负荷事故

（一）事件经过

某水力发电厂装机 6×550MW，2 月 2 日 13：57，1、3、4 号机组调速器故障，保护跳发电机出口开关、灭磁开关动作，紧急停机流程启动；1 号机组 1 号温度监测系统、4 号机组 2 号温度监测系统故障；3、4 号机组事故解列停机，甩负荷 571MW，系统频率最低下降到 49.8Hz，系统电压最高达到 555kV。

（二）原因分析

（1）UPS 逆变模块交流输出端接地，交流 220V 经 UPS 逆变模块反送至直流电源输入端，此时合上直流电源开关，交流电源即叠加到直流系统，使隔离二极管接线方式下的调速

器电源模块输入电压升高，过电压保护动作，造成事故停机。

（2）直流电源叠加 220V 交流导致测温装置电源滤波器电容损坏。

（三）暴露问题

（1）员工对设备状态不熟悉，系统理解不够。

（2）调速器存在缺陷。

（3）UPS 存在安全隐患。

（四）防范措施

（1）加强员工培训，使检修人员熟悉设备、系统、安全常识。

（2）对机组调速系统进行改造。

（3）对 UPS 进行改造。

【案例 2】 某水力发电厂机组 LCU 模块老化损坏造成甩负荷事故

（一）事件经过

6 月 9 日 11：55，运行值班人员发现 3 号机组有功由 229MW 降至 0，无功由 30Mvar 降至 0，计算机监控系统显示信号："03QF 断开""3 号机灭磁开关跳闸""3 号机灭磁开关合""3 号机旁Ⅰ段母线电压消失""3 号机旁Ⅰ段母线电压恢复""3 号机 ABB 2 号模块故障""3 号机 ABB 1 号模块故障""3 号机励磁控制电源故障""3 号机调速器故障"等信号。现场检查 03QF 跳闸，3 号机空载运行，灭磁开关在合闸位置，励磁系统、发电机-变压器组保护、水车保护都无异常。事故后检查 3 号机组 LCU 的 2 号模块（事故记录模块）严重烧毁，同一控制板上的 9、11 号模块（开关出口）被击穿。

（二）原因分析

（1）由于 3 号机组 LCU 的 2 号模块烧毁后，造成与其他模块共用的 24V 电源电压波动、过电压，9、11 号模块被击穿，误开出指令使 3 号机出口开关 03 QF 跳闸，造成事故。

（2）控制板上的 ABB 公司的输入输出模块使用时间已较长，模块已老化损坏是造成本次事故的主要原因。

（三）暴露问题

（1）监控系统 LCU 重要模块未采用冗余配置。

（2）对运行已久的老化设备未加强检查维护。

（四）防范措施

（1）更换烧毁及老化的模块。

（2）对重要的模块采用冗余配置。

（3）加强对设备的检查维护，及时发现缺陷、故障。

【案例 3】 某水力发电厂推力轴承瓦温并列越高限事故停机

（一）事件经过

某水力发电厂总装机容量 4×300MW，4 月 23 日，1 号机组开机后并网运行 2h 10min，两块推力轴承瓦温并列越高限 65℃，调速器事故电磁阀动作，断路器跳闸，机组停机。

（二）原因分析

按照设计，机组技术供水控制电源为双路控制电源，一路取自逆变电源，一路取自技术供水控制柜，由切换继电器实现主、备用运行方式，任何一路电源消失，都将发相应的"技术供水电源消失"声音报警信号。然而机组技术供水双路电源中逆变电源未接，且切换继电器也未接线，造成 4 月 23 日技术供水电源消失未发"技术供水电源消失"声音报警信号，加之发电机空气冷却器和机组上导、推力、下导及水导四轴承示流继电器辅助触点，设计为在技术供水正常时为动合接点，技术供水电源掉电，技术供水未给上，示流继电器动作信号送不出，开机条件仍然满足，门动开机操作流程畅通无阻，导致机组在无技术供水运行，造成瓦温过高跳闸。

（三）暴露问题

（1）设计与实际运行存在偏差。

（2）自动开机流程条件不完善。

（四）防范措施

（1）修改轴承瓦温过高停机保护逻辑。

（2）完善自动开机流程条件。

（3）加强日常检查与维护。

第三章

水 轮 机 调 节 系 统

第一节　水轮机调节系统功能与结构

一、水轮机调节系统功能和特点

(一) 功能

(1) 随外界负荷的变化，迅速改变机组的出力，维持机组转速在额定转速附近，满足电网一次调频要求。

(2) 完成调度下达的功率指令，调节水轮机组有功功率，满足电网二次调频要求。

(3) 完成机组开机、停机、紧急停机等控制任务；执行计算机监控系统的调节及控制指令等。

(二) 特点

1. 具备有足够大的调节功

水轮发电机组是把水能转换成电能的机械，而水能因受自然条件的限制，通常水力发电厂水头在几米至几百米的范围内，水轮机上的压力只有零点几兆帕至几十兆帕，因此，发出较多的电功率，常需相当大的流量，水轮机及其导水机构尺寸也需要相应加大。为推动笨重的导水机构需要有足够大的调节功，调速器需要设置多级液压放大（通常为两级）和外加能源（油压装置），并采用较大的液压接力器作为执行元件。

2. 调节滞后易产生过调节

水轮机调节装置（即调速器）的执行机构（液压接力器）具有较大的时间常数（一般达零点几秒到几秒），调节对象也有较大的惯性时间。因此，当负荷变化时，导水机构不可能突然动作，以使水轮机的主动力矩适应外界负荷的变化，而是有一定的延迟时间，在这时间内机组转速不断升高或降低。当导水机构变化到动力矩与阻力矩相适应时，这时转速偏离额定值已有一定的数量，要使转速恢复到额定值也要有一定的时间，此时导水机构变化的数值又已超过需要调节的数值了，这就是所谓的过调节现象。这种过调节现象使水轮机调节系统变得不容易稳定。

3. 水击的反调效应

水力发电厂因受自然条件的限制，常有较长的压力过水管道，管道长，水流惯性大，导水机构开关时会在压力过水管道内引起水击（即水轮机工作水头变化）作用。而水击作用通常是与导水机构瞬间的调节作用相反，即导水机构关闭使机组输入能量与输出功率减少。但此时产生的水击会使机组功率增加并部分抵消调节作用，使调节作用产生滞后，从而恶化了调节系统的动态品质，而且不利于水轮机调节系统的稳定。

4. 结构较复杂

对于低水头的转桨式水轮机和贯流式水轮机，为了提高水轮机的效率，以确保在不同水

671

头下均能获得较高的运行效率，不仅要调节导水机构，还要调节桨叶开度；而对高水头的冲击式水轮机，则要调节喷针和折向器。另外，有的混流式水轮机装有控制水击作用的调压阀。于是，对于这样的一些水轮机，其调速器中需增加一套调节执行机构（通常是随动系统），从而增加了调速器结构的复杂性。此外，水轮机调速器还有控制机构（如机械开限和紧急停机装置等），有的还有分段关闭装置。

二、水轮机调节系统分类

当发电机组的原动机功率与输出功率不平衡时，必然引起发电机转速的变化。为了控制发电机的转速，发电机组均安装有调速系统。水轮机调速器问世以来，水轮机调速器先后经历了三代的发展：水压放大、油压放大式的机械式液压调速器（20 世纪初—20 世纪 50 年代）、模拟电路加液压随动系统构成的电液式调速器（20 世纪 50 年代—20 世纪 80 年代）和微机调节器配以相应的机械液压系统构成的微机调速器（20 世纪 80 年代至今）。

根据测量环节的工作原理，调速系统分为机械式和电气液压式两大类，电气液压式调速器以微机调速器以可靠性高、操作简便等优势，已全面取代其他类型的调速器。

三、微机型水轮机调节系统结构

微机型水轮机调节系统是调节水轮机导叶、轮叶、喷针、折向器的开度/位置而设置的电气组件、机械液压组件、控制机构及指示仪表的组合，一般包括电子调节器、随动系统、油压装置、分段关闭装置、快速/紧急事故停机组件等。

第二节 设 计 选 型

一、设计要求

（1）水轮机调节系统设计应符合 GB/T 9652.1《水轮机调速系统技术条件》的规定。

（2）应按最小规定压力考虑接力器容量（操作功）。

（3）通过主配压阀（接力器控制阀）及连接管道的最大压力降宜不超过额定油压值的 20%～30%。

（4）主配压阀活塞整定行程与设计行程之比应大于 0.5。

（5）调节参数范围、时间参数整定值范围、接力器响应时间常数范围、主配压阀（接力器控制阀）对应的输油量符合应满足 DL/T 1548《水轮机调节系统设计与应用导则》的规定。

二、性能指标

（一）静态特性

（1）静态特性曲线的线性度误差 ε 不超过 5%。

（2）在永态转差系数为 4% 时，测至主接力器的转速死区和在水轮机静止及输入转速信号恒定的条件下接力器的摆动值，应不超过表 7-3-1 的规定值。

表 7-3-1　　　　　　　　　转速死区及接力器摆动规定值　　　　　　　　　　%

项目	调节系统类型			
	大型	中型	小型	特小型
转速死区	0.02	0.06	0.1	0.2
接力器摆动值	0.1	0.25	0.4	0.8

（3）转桨式水轮机调节系统、轮叶随动系统的不准确度不大于0.8%，实测协联曲线与理论协联关系曲线的偏差不大于轮叶接力器全行程的1%。

（4）在稳态工况下，对多喷嘴冲击式水轮机的任何两喷针之间的位置偏差，在整个范围内均不大于1%；每个喷针位置对所有喷针位置平均值的偏差不大于0.5%。

（5）对每个导叶单独控制的水轮机，任何两个导叶接力器的位置偏差不大于1%；每个导叶接力器位置对所有导叶接力器位置平均值的偏差不大于0.5%。

（6）对于可逆式水泵水轮机调节系统，实测的扬程与导叶开度关系曲线与理论关系曲线的偏差，应不大于导叶接力器全行程的1%。

（二）动态特性

（1）任意3min内机组转速摆动相对值不得超过表7-3-2的规定值。如果机组手动空载转速摆动相对值大于表7-3-2中的规定值，其自动空载转速摆动的相对值不得大于相应手动空载时转速摆动的相对值。

表 7-3-2　　　　　　　　任意 3min 内机组允许转速摆动相对值　　　　　　　　%

机组型式	调节系统转速摆动		
	大型	中型	小型、特小型
冲击式	±0.18	±0.18	±0.2
混流式	±0.15	±0.2	±025
轴流转桨或斜流式	±0.18	±0.25	±0.35
定桨式	±0.2	±0.3	±0.35
贯流式	±0.2	±0.33	±0.35

（2）自机组启动开始至空载转速（频率）达到99.5%～100.5%f_r所经历的时间，不得大于从机组启动开始至机组转速达到80%额定转速n_r（或额定频率f_r）的升速时间的5倍。

（3）甩100%额定负荷后，在转速变化过程中，偏离稳态转速3%以上的波动次数Z不超过2次。

（4）从机组甩负荷时起，到机组转速相对偏差小于±1%为止的调节时间与从甩负荷开始至转速升至最高转速所经历的时间的比值，对中、低水头反击式水轮机，不大于8；对高水头反击式水轮机和冲击式水轮机，应不大于15；对从电网解列后给电厂供电的机组，甩负荷后机组的最低相对转速不低于90%；投入浪涌控制及轮叶关闭时间较长的轴流转桨式和贯流式机组、采用先慢后快特殊关机规律的可逆式机组、甩负荷后直接作用于停机的机组除外。

（5）转速或指令信号按规定形式变化，接力器不动时间：对于配用主配压阀（接力器控制阀）直径200mm及以下的调节系统，不得超过0.2s；对于配用主配压阀直径200mm以上的调节系统，不得超过0.3s。采用先慢后快特殊关机规律的可逆式机组除外。

三、系统结构

系统结构按照 DL/T 1548—2016《水轮机调节系统设计与应用导则》附录 A 执行。

四、系统功能

(1) 基本功能和配置应符合 GB/T 9652.1《水轮机调速系统技术条件》与 DL/T 563《水轮机电液调节系统及装置技术规程》的规定。

(2) 频率测量分辨率，对于大型调节装置，应小于 0.003Hz；对于一般中、小型调节装置，应小于 0.005Hz；对于特小型调节装置，应小于 0.01Hz。

(3) 空载运行时，应具备机组频率自动跟踪电网频率或频率给定值的功能。

(4) 应具备一次调频功能，并满足 DL/T 1245《水轮机调节系统并网运行技术导则》的规定。

(5) 应具备自动识别工作状态、自动改变工作模式、调整相应参数的功能。

(6) 应具有与监控系统现地控制单元（LCU）通信的功能。

(7) 应能根据水头信号自动修正导叶喷针启动开度、轮叶启动转角、空载限制开度、最大功率限制开度。

(8) 对转桨式水轮机调节系统，应根据水头和导叶实际开度的变化，按设计的协联关系曲线自动调整轮叶转角。

(9) 调节参数、人工死区、永态转差系数以及随动系统参数等，应在人机界面上可查询和调整。

(10) 具有自动方式与手动方式无扰动的相互切换功能。

(11) 应能在自动和手动方式下均可进行开机、停机、负荷增减等操作。

(12) 机组和辅助设备事故时，应能接收外部指令，实现快速事故停机或紧急事故停机。

(13) 机组频率信号和电网频率信号的在线监测、诊断和处理；导叶、轮叶、喷针、折向器位置反馈信号的在线监测、诊断和处理；水头、有功信号的监测、诊断和处理；电气-机械/液压转换组件的故障监测、诊断和处理；电液随动系统的故障诊断和处理；微机主要模块的故障检测和处理。

(14) 已具备冗余及容错控制功能（双微机系统冗余、双电液转换组件冗余、双位移传感器冗余、残压测频和齿盘测速冗余、双电源冗余）；调试及试验功能；历史信息查询功能；状态量监视及记录功能，包括开/停机令、频率增/减令、并网令、负荷增减令、一次调频动作状态、频率转速、机组有功、接力器位移等特殊功能。

(15) 对于有人值班的电站，当工作电源完全消失时，接力器行程应保持当前位置不变；当电源恢复时，接力器位移波动不得超过 2%；对于无人值班电站，当工作电源完全消失时，调节系统可采取关机保护的原则。

第三节　调　整　试　验

一、调整试验类别

调整试验可分型式试验、出厂试验、电站试验和验收试验。试验中的性能指标及功能与性能要求应符合 GB/T 9652.1《水轮机调速系统技术条件》、DL/T 563《水轮机电液调节系统及装置技术规程》、DL/T 1245《水轮机调节系统并网运行技术导则》的规定。电站试验项目可结合 DL/T 792《水轮机调节系统及装置运行与检修规程》的相关规定执行。

二、调整试验前的应具备的条件

（1）调整试验前，应检查调节系统及装置有无明显缺陷。

（2）出厂调试或电站调试前，电液调节装置各部分应安装完毕，具备充油、充气、通电条件，液压系统工作介质及电源符合 DL/T 563《水轮机电液调节系统及装置技术规程》的规定。

（3）在电站进行调试时，调试工作所在机组段，不得有影响调试工作的作业。

（4）在进行机组充水后的调试时，被控制机组及其控制回路、励磁装置和有关辅助设备均安装、调试完毕，并完成了规定的检查与模拟试验，具备开机条件。

三、调整试验的准备工作

（1）确定调试项目，编写试验大纲。

（2）配备所需的工具、设备、仪器、仪表及试验电源。

（3）调试现场应具备良好的照明条件及通信联络设备，并规定必要的联络信号。

（4）在进行电站调整试验时，应事先了解被试设备及相关设备的状态，根据 GB 26164.1《电业安全工作规程 第 1 部分：热力和机械》制定安全防护措施。

四、试验仪器、仪表

（1）计量仪器、仪表应处于检验或检定的有效期内。

（2）试验前应对需采集的各物理量的变换系数进行率定。

（3）测试系统误差和分辨率应符合 GB/T 9652.1《水轮机调速系统技术条件》的规定。

（4）进行电液调节系统仿真试验时，应在试验报告中注明仿真对象（被控系统）的主要特征参数。

（5）调整试验所采用的自动测试与实时仿真装置应符合 DL/T 1120《水轮机调节系统自动测试及实时仿真装置技术条件》的要求。

五、试验内容

（一）电气部分

性能试验按照 GB/T 9652.1《水轮机调速系统技术条件》、GB/T 9652.2《水轮机调速系统试验》、DL/T 496《水轮机电液调节系统及装置调整试验导则》等的规定执行，内容见表 7-3-3。

表 7-3-3　　　　　　　　　　　电气部分性能试验项目

序号	试验内容
1	外观检查
2	绝缘电阻测量、工频耐压试验

序号	试验内容
3	装置电源检验
4	测速装置试验
5	转速指令信号、开度指令信号、功率指令信号校验
6	永态转差系数校验
7	PID 参数校验
8	静特性试验
9	协联关系曲线及桨叶随动系统不准确度测定试验接力器
10	接力器开启与关闭时间测定试验
11	接力器反应时间常数测定试验
12	接力器不动时间测定试验
13	自动开停机、增减负荷、失电动作试验
14	无扰切换试验，包括电源切换、现地/远方切换、手/自动切换、主/备通道切换、工作模式切换
15	故障模拟试验，应包括电源故障、反馈信号故障、执行机构故障、道故障
16	一次调频模拟试验，应包括投退逻辑、限幅功能、参数切换
17	通信试验
18	监测显示功能检查等

（二）机械液压部分

液压阀、管路、法兰、接头、密封等应具有材质检验报告，材质检定应符合 DL/T 443—2016《水轮发电机组及其附属设备出厂检验导则》附录 A 的规定。机械液压部分各部件外观检查应符合 DL/T 443—2016《水轮发电机组及其附属设备出厂检验导则》附录 B 的规定。液压阀、管路焊缝应进行无损检测，按照 DL/T 443—2016《水轮发电机组及其附属设备出厂检验导则》附录 C 的规定执行。

电液和电机转换器特性试验按照 GB/T 9652.2《水轮机调速系统试验》的规定执行，应包括位移输出型电-液转换器的静特性试验、耗油量测定、油压漂移测定；流量输出型电液转换器的流量特性试验、耗油量测定、油压漂移测定；电-机转换器静特性试验、自复中装置式电-机转换器复中精度测定。

（三）油压装置

（1）压力容器、油冷却器、油过滤器、液压阀组弹簧、管道及法兰、密封材料等应具备材质检验报告，材质检定应符合 DL/T 443—2016 水轮发电机组及其附属设备出厂检验导则》附录 A 的规定。

（2）油压装置各部件外观检查应符合 DL/T 443—2016《水轮发电机组及其附属设备出厂检验导则》附录 B 的规定。

（3）压力容器、管路焊缝应进行无损检测，按照 DL/T 443—2016《水轮发电机组及其附属设备出厂检验导则》附录 C 的规定执行。

（4）加工尺寸及装配检查项目应包括回油箱与压力容器尺寸；旁通阀、阀组（卸载阀、止回阀、安全阀、排气阀）灵活性；油泵与电动机联轴节间隙；油泵与电动机两轴线偏心、倾斜值。

（5）油压装置机械液压性能试验按照 GB/T 9652.2《水轮机调速系统试验》、DL/T 496《水轮机电液调节系统及装置调整试验导则》等的规定执行，应包括旁通阀、阀组试验，油冷却器耐压试验，压力容器耐压试验，管路、阀门耐压试验；油过滤器压力试验，回油箱、压力容器渗漏试验，油泵运转试验及输油量测试，油压装置密封性试验及总漏油量测定。

（6）油压装置电气性能试验按照 GB/T 9652.2《水轮机调速系统试验》、DL/T 496《水轮机电液调节系统及装置调整试验导则》、DL/T 862《水电厂自动化元件（装置）安装和验收规程》等的规定执行，应包括绝缘电阻测量；工频耐压试验；装置电源检验，包括稳压电源、操作电源的电压和电流测量；自动启停、手动启停、加/卸载试验；油压和油位信号整定值校验；油泵电动机的保护功能测试；故障模拟试验，包括电源故障、反馈信号故障、通道故障；监测显示功能测试。

（四）电液调节装置整机试验

整机试验按照 GB/T 9652.1《水轮机调速系统技术条件》、GB/T 9652.2《水轮机调速系统试验》、DL/T 496《水轮机电液调节系统及装置调整试验导则》、DL/T 563《水轮机电液调节系统及装置技术规程》等的规定执行。

第四节　运行巡检和维护

一、基本要求

结合机组具体情况，根据设备制造商技术资料，依照相关国家和行业标准、规程，编制水轮机调节系统及装置的巡检和维护规定，对水轮机调节系统及装置的巡回检查、定期维护、点检项目和要求做出规定，纳入机组运行和检修规程，并定期修订。应按照相关规定，制定与水轮机调节系统及装置相关的反事故措施并纳入运行规程。

在设备运行期间，按规定的巡检内容和巡检周期对水轮机调节系统所属各类设备进行巡检，巡检内容还应包括设备技术文件特别提示的其他巡检要求。巡检情况应有书面或电子文档记录。汛期或极端气候等运行环境下，应加强巡检，新投运的设备对核心部件或主体进行解体性修后重新投运的设备，宜加巡检。

二、运行维护原则与主要内容

（一）运行巡检

（1）运行、检修、维护人员应对水轮机调节系统及装置进行定期巡检。

（2）有人值班的水力发电厂运行人员巡检每天不少于 1 次；无人值班的水力发电厂值守人员每周至少巡检 2 次。巡检人员应做好巡检记录，发现问题应及时通知检修、维护人员处理。

（3）水力发电厂检修人员每周至少巡视 1 次。巡检人员应做好巡检记录，发现问题及时处理。

（4）水轮机调节系统及装置异常运行期间应增加巡检频次。

（二）调速器巡检

（1）检查调速器的报警信息；调速器报警信息、表计、信号灯指示正常，开关位置正确。

（2）检查供电正常，各电气元器件无过热、异味、断线等异常现象；水头指示值与当前实际水头一致，控制输出与接力器位移信号基本一致。

（3）检查运行方式与运行模式正常；调速器运行稳定，控制输出与接力器位移信号无异常波动与跳变。

（4）检查调速器各阀件、管路无渗漏，阀件、限位螺杆及锁紧螺母位置正确；调速器各杆件、传动机构工作正常，钢丝绳无脱落、发卡、断股现象，销子及紧固件无松动或脱落；滤油器压差应在规定的范围内；调速器各部位螺钉、锁紧螺母无松动和脱落现象；接力器动作正常，无抽动现象；推拉杆旋套位置正确，其背帽无松动现象；锁定位置正确，不渗漏。

（三）油压装置巡检

（1）检查油压装置报警信息；油压装置油温在允许范围内（10～50℃）；压力油罐油压在"正常工作压力上限"与"正常工作压力下限"之间；油位介于"上限油位"与"下限油位"之间。

（2）自动补气装置应完好，自动补气失效时应手动补气；回油箱油位介于"上限油位"与"下限油位"之间，无渗漏；漏油箱油位正常，漏油泵运行正常，无异常振动和噪声；油箱各部位不渗漏；压油泵打油正常，无异常噪声，停动时不反转，无过热现象，电动机电流正常，接触器或软启动器工作正常；组合阀动作正常，无异常振动，无渗漏；稳定状态下，对于间歇运行的油泵，若制造厂无特殊要求，其启动间隔不得小于30min；各管路、阀件、油位计无渗漏、漏气现象；

（3）各阀件及锁紧螺母位置正确；各元件、组件、液压阀及管路温度正常。

（四）调速器定期维护

（1）定期进行调速器自动、手动切换试验，并检查动作情况及有关指示信号。

（2）定期动作和复归调速器各种电磁阀，包括快速停机电磁阀和/或紧急停机电磁阀，防止长期不动作导致卡死、失效。

（3）定期对滤油器进行切换、清扫或更换；对有关部位定期加油；对冗余部件进行定期切换。

（五）油压装置定期维护

（1）定期对油泵进行主、备用切换。

（2）定期对滤油器进行切换、清扫或更换。

（3）定期对油质进行抽样检验，保持油质合格；定期对漏油泵进行手动启动试验。

第五节　检　　修

一、检修周期

水轮机调节系统及装置的检修计划应随水轮机计划检修进行，计划检修工期安排不应影响水轮机整体计划检修工期。

当水轮机调节系统发生危机安全运行的异常情况或发生事故时，应退出运行进行故障检修。应根据设备损坏的程度和处理难易程度向电网调度部门申请检修工期，按调度批准的工期进行检修。水轮机调节系统在运行中遗留的设备缺陷应尽可能利用机组停机备用或临时检修机会消除，减少带病运行时间。

二、检修项目

（一）检修分类

检修工作可分为 A/B 级检修、C 级检修、D 级检修、状态检修、故障检修五类。各级检修项目应不少于 DL/T 792《水轮机调节系统及装置运行与检修规程》规定的内容，各发电企业可根据实际情况增加必要的检修项目。

（二）D 级检修项目

1. 基本项目

（1）水轮机调节系统所属的各电气屏柜及内部组件检查、清扫。

（2）水轮机调节系统所属二次接线端子检查、紧固。

（3）水轮机调节系统所属各自动化元件检查、动作模拟。

（4）滤油器滤芯的检修清扫或更换。

（5）水轮机调节系统渗漏检查及处理。

（6）导叶、轮叶、喷针、折向器、调压阀接力器位置反馈检查、校验。

（7）残压测频与齿盘测速组件的检查。

（8）所有螺栓、螺母预紧。

2. 特殊项目

（1）运行中发现的缺陷，可以延迟到 D 级检修中进行的项目。

（2）为确定 A/B 级检修项目的预备性检查。

（三）C 级检修项目

1. 基本项目

（1）全部 D 级检修项目。

（2）油液清洁度检查。

（3）水轮机调节系统各电气回路检查。

（4）水轮机调节系统操作回路联动试验及信号检查。

（5）信号隔离继电器校验。

（6）故障保护功能及容错功能检查、模拟。

（7）事故配压阀、重锤关机装置、分段关闭装置的检查、动作模拟。

（8）机械过速保护装置检查、动作模拟。

（9）油泵组合阀、压力油罐空气安全阀试验、调整。

（10）所有表计包括压力表、压力开关、压力变送器、温度传感器和液位计校验。

（11）各种电磁阀的测试。

2. 特殊项目

（1）水轮机调节系统的预防性试验按 GB/T 9652.2《水轮机调速系统试验》、DL/T 496

《水轮机电液调节系统及装置调整试验导则》、DL/T 1120《水轮机调节系统自动测试及实时仿真装置技术条件》有关规定执行。

（2）运行中发现的缺陷，可以延迟到C级检修中进行的项目。

（3）为确定AB级检修项目的预备性检查。

（四）A/B级检修项目

1. 基本项目

（1）全部C级检修项目。

（2）水轮机调节系统各自动化元件检查、调整。

（3）液压系统管路的检修。

（4）主配压阀的检修、清扫。

（5）事故配压阀、重锤关机装置、分段关闭装置的检修和清扫。

（6）机械过速保护装置的检修。

（7）压力油罐内部检查、清扫。

（8）回油箱检修、清扫。

（9）漏油箱检修、清扫。

（10）压油泵解体检修。

（11）油泵组合阀检修。

（12）接力器的耐压能力与密封性能检查。

2. 特殊项目

（1）重大反事故措施的执行。

（2）设备结构有重大变动。

（3）改进设备的功能和性能。

（4）更新设备，换型改造。

三、检修后试验

检修后的水轮机调节系统及装置必须经试验合格后才能投入系统运行。试验应遵循GB/T 9652.2《水轮机调速系统试验》、DL/T 496《水轮机电液调节系统及装置调整试验导则》、DL/T 1040《电网运行准则》、DL/T 1120《水轮机调节系统自动测试及实时仿真装置技术条件》的规定。

A/B级检修后的试验项目应按DL/T 496《水轮机电液调节系统及装置调整试验导则》、GB/T 9652.2《水轮机调速系统试验》的规定逐项进行，技术性能应满足GB/T 9652.1《水轮机调速系统技术条件》、DL/T 563《水轮机电液调节系统及装置技术规程》的规定。必要时或有条件时，可进行机组一次调频性能测试、AGC性能测试等相关试验，其性能指标应满足DL/T 1040《电网运行准则》的要求。

C/D级检修若更换水轮机调节系统设备元器件、组件或重新调整接力器关闭规律、接力器关闭和开启时间等重要参数时，应按照GB/T 9652.2《水轮机调速系统试验》、DL/T 496《水轮机电液调节系统及装置调整试验导则》、DL/T 1040《电网运行准则》、DL/T 1120《水轮机调节系统自动测试及实时仿真装置技术条件》进行相关的试验。

第六节　典型问题与案例

一、典型问题

（一）自动开、停机不成功

1. 问题现象

调速器未能按指令完成开、停机过程。

2. 原因检查

未接收到开、停机命令；电源故障；机组频率测量故障；开限拒动；液压系统故障如电液转换元件故障，引导阀、主配压阀发卡，切换阀失效；接力器位移传感器故障等。

3. 处理措施

应设法排除以上可能的故障原因，必要时将调速器切至手动运行，用手动方式完成开、停机操作，并安排检修处理。在停机过程中如果导叶已关闭，但由于剪断销剪断或导叶漏水量过大造成机组转速下降不到预定值时，应关闭进水工作门（阀）并停机。

（二）调速器周期性抽动

1. 问题现象

调速器周期性抽动现象包括平衡表周期性摆动、主配压阀抽动并有油流声、接力器发生有规律的往复运动、机组有功功率转速周期性摆动。

2. 原因检查

随动系统增益过大或其他整定参数发生变化，超过稳定极限；传感器及电液转换元件滞环非线性过大；功率闭环调节存在超调等。

3. 处理措施

对于具有冗余设计的调速器，可以先切至备用通道，观测周期性抽动现象是否消失；否则，应将调速器切至手动运行方式或停机检修。

（三）调速器溜负荷

1. 问题现象

在没有接收到负荷调整指令的情况下，机组有功功率自行减小或增加。

2. 原因检查

平衡表指示与溜负荷的方向不一致时，一般属机械液压系统原因，大多是由于电液转换元件或主配压阀发卡或节流孔堵塞以及机械零点漂移所致；平衡表指示与溜负荷方向一致时，属电气部分原因，如机组频率测量错误或干扰；接力器位移或有功功率信号采样有问题；人工频率转速死区为 0；调节器硬件故障等。

3. 处理措施

对于机械液压系统原因，应停机检修；对于电气部分原因，可将调速器临时切至手动运行方式或停机检修。

（四）机组频率消失

1. 问题现象

机组开机、空载/空转或并网运行时，调速器测不到机组频率信号。

2. 原因检查

(1) 机组频率测量回路熔断器熔断。

(2) 残压过低。

(3) 测频模块组件元器件故障或失效等。

3. 处理措施

开机过程中若发生机组频率故障，应立即停机或改手动方式开机；空载/空转时发生机组频率故障，调速器可切至手动运行方式或由调速器自行触发关机保护，以保证机组安全；机组并网运行中发生机组频率故障时，对具有容错功能的调速器，可保持接力器当前位置继续自动运行，否则应切至手动运行方式，但操作人员要现地监视并决定是否停机处理。

（五）调速器电气部分故障

1. 问题现象

调速器出现相应的故障信号报警。

2. 原因检查

原因有电源故障、模块及通道故障、通信故障、控制器本体或 CPU 故障、锂电池欠电压等。

3. 处理措施

应根据硬件实际故障更换相关的硬件模块、组件，恢复调速器正常工作。有备用机的应切至备用机运行，公共部分故障或无备用机的可切至手动运行，并尽快处理。若是调速器电源消失，则应检查备用电源是否投入，若同时失去工作电源与备用电源，应将调速器切至手动运行，查明失电原因，并恢复供电。

（六）油压过低处理

检查压力油罐液位是否过高，如液位过高，则应检查压力油罐及补气管路是否漏气、补气阀是否自动补气，若未自动补气应立即手动补气；若补气量不能补偿漏气量，应准备停机处理；若压力油罐液位正常，则应检查主用、备用泵是否启动，若未启动，应立即手动启动油泵，若手动启动不成功，则应检查二次回路及动力电源、油泵电动机是否正常；若主用泵在运转，则应检查回油箱油位是否过低、安全减载阀组（或油泵组合阀）是否误动、油系统有无泄漏。

若油压短时不能恢复，则把调速器切至手动，停止调整负荷并做好停机准备。必要时可以关闭进水闸门停机；油压低至事故低油压时，应直接动作快速事故停机或紧急事故停机。

二、案例

【案例】 某水力发电厂调速系统故障造成事故停机

（一）事件经过

某水力发电厂装机为 5×350MW，7 月 16 日，5 号机组带 290MW 有功，34Mvar 无功，调速器在 B 套运行时导叶开度为 65.1％时导叶突然全关，负荷瞬间下降，逆功率保护动作，出口断路器跳闸，机组进入空载，导叶继续保持全关 50s 后向空载方向开启，且波动两次，直至运行人员到达现地后手动紧急停机。

（二）原因分析

调速器手自动切换阀阀芯在 AB 套工作侧有杂质顶住的痕迹，导致在 AB 套主用时切换阀阀芯动作不到位，在切换阀 T 腔不定期的压力或回油扰动以及受外部振动等多种情况作用下，将导致切换阀阀芯随机地移动到 C 套位置，导叶快速关到 0，在 0 的位置停留 30s 左右后，阀芯又回到 AB 套位置，导叶开启，在切换阀 T 腔不定期背压且线圈带电时间短（1s）的情况下，阀芯又被背压推回到 C 套位置，导叶又关到 0。

（三）暴露问题

（1）调速系统控制逻辑存在问题。

（2）日常检查和维护不到位。

（四）防范措施

（1）修改调速系统控制逻辑，使切换阀 T 腔在 AB 套主用时常通回油，避免不定期的压力或回油扰动切换阀阀芯。

（2）加强日常检查及维护。

第四章

闸门（主阀）控制系统

第一节　闸门（主阀）控制系统技术要求

一、机组闸门（主阀）控制系统技术要求

（1）自动或手动操作水轮机进水阀的开启与关闭，并能调整开启、关闭时间。

（2）满足机组对水轮机进水阀动水关闭及关闭时间要求。

（3）进水阀和快速闸门开启、关闭后，能自动加锁、保持其位置不变。

（4）进水阀、快速闸门开启与关闭过程中其锁锭不许误动。

（5）水轮机进水阀、快速闸门到达全开或全关位置后，能自动发出位置信号。

（6）水轮机进水阀系统用的漏油箱、快速闸门补油箱，当油位升降至规定油位时，能自动控制油泵启停；当油位过高时，发出报警信号。

（7）有密封装置的进水阀，在进水阀开启之前，密封装置应自动释放；在进水阀关闭到达全关位置后，密封装置应自动投入。

二、进水阀或进水管快速闸门的控制系统紧急事故关闭操作的情况

（1）机组空转、空载及甩负荷过程中，机组转速从额定转速上升到110%～115%额定转速，又遇调速器主配压阀拒动，再经过延时。

（2）机组过速到最大瞬态电气转速的规定值，电气转速信号器动作。

（3）机组过速到最大瞬态机械转速的规定值，机械液压过速保护装置或机械过速开关动作。

（4）油压装置紧急事故低油压或压力罐油位降低到事故低油位。

（5）事故停机时剪断销剪断，转速上升至105%额定转速。

（6）按动紧急事故停机按钮。

（7）水淹厂房信号动作。

第二节　事故闸门自动控制

事故闸门应既能在现地（启闭机室）控制，又能在远方控制（中控室和机旁现地控制单元。现地控制方式下，应能开启和关闭闸门。在中控室和机旁应设置独立于监控系统的事故闸门紧急关闭按钮及回路，并以硬接线（包括独立光缆）的形式接至闸门的控制回路。

机组前的事故闸门宜在静水中开启。当利用闸门开启一小开度进行充水或闸门节间充水时，闸门位置行程开关应设有闸门充水位置触头。到达充水开度时，闸门应暂停在充水位置开度。平压后，闸门应自动继续开启至全开。当利用旁通阀或闸门上的充水阀（或小门）进充水

时，平压后，闸门应从全关自动开启至全开。

对闸门进行开启或关闭操作时，闸门到达全开、全关位置后，应能自动切断上升、下降机构的电源，使闸门停止上升或下降。在闸门开启或关闭过程中，如果发出停止命令，闸门应能停在任何位置。闸门全开以后，如果由于某种原因自行下滑到一定位置，应接通闸门自动提升回路，发信号并使闸门提至全开。如果继续下滑到事故位置，应停机并发报警信号。宜在中控室显示闸门位置。闸门在全开、全关及充水平压开度时应发信号至电厂的计算机监控系统。

采用固定卷扬式启闭机控制的快速事故闸门，应在闸门电动机的轴上装设制动器。在制动器上应配置交/直流均可操作的电磁铁或电动液压推杆，正常启闭闸门时利用交流电源松开制动器；紧急关闭时，利用直流电源松开制动器，使闸门靠自重下落。在紧急关闭接线中还应采取保护门槽底槛的措施。

对于油压启闭机控制的快速事故闸门，当操作闸门下降时，油路电磁阀关闭线圈应通电，闸门在自重的作用下自行关闭。控制系统宜根据闸门实际运行时间设置电动机运行超时报警。

第三节 蝶阀、球阀、圆筒阀自动控制

一、蝶阀自动控制

蝶阀应既能在现地控制又能在远方控制，并能与机组自动控制联动。开启蝶阀必须具备机组事故停机元件未动作和机组导水叶处在全关位置的条件。

当开启蝶阀的命令发出后，满足开阀条件且无关阀命令时，应启动开阀流程。自动开启压力油源，拔出锁锭，打开旁通阀，对蝶阀前后进行平压。对采用充气式围带密封的蝶阀，应当打开旁通阀，待蝶阀前后水压基本平衡后，空气围带自动排气。排气结束后，由反映围带气压接近于零的信号元件打开启闭蝶阀的电磁配压阀。对采用实心密封圈的蝶阀，应当打开旁通阀，待蝶阀前后水压基本平衡后，打开启闭蝶阀的电磁配压阀。蝶阀开至全开位置时，由其终端位置触头接通蝶阀全开位置信号显示，同时复归开阀元件，从而复归各油路，关闭旁通阀。

当关闭蝶阀的命令发出时，应启动关阀流程，自动开启压力油源，拔出锁锭，打开旁通阀，关闭启闭蝶阀的电磁配压阀。蝶阀关闭之后，应接通空气围带充气回路和蝶阀全关位置信号显示，关闭压力油源，关闭旁通阀，投入锁锭，复归关阀流程。

蝶阀只能停留在全关、全开两个位置，不得在任何中间位置作调节流量之用。蝶阀的正常启闭应采用液压操作，当控制电源消失时可紧急关阀。机组运行期间，如果蝶阀意外关闭，应发出报警信号并立即停机。

二、球阀自动控制

1. 球阀自动控制技术要求

（1）球阀应既能在现地控制又能在远方控制，并能与机组自动控制联动。

（2）开启球阀必须具备机组事故停机元件未动作和导水叶（或喷针）处在全关位置的条件。

（3）球阀的正常启闭应采用液压操作，当控制电源消失时可紧急关阀。

（4）机组运行期间，如果球阀意外关闭，应发出报警信号并立即停机。

2. 球阀开启自动流程

（1）开启压力油源，由压力油打开卸荷阀，排掉密封盖内的压力水，打开油阀，向球阀控制系统供压力油。

（2）开启旁通阀的电磁配压阀，由压力油打开旁通阀，对蜗壳（或配水环管）进行充水，充满水后，密封盖外部压力大于内部压力而自动缩回，与密封环脱离接触。

（3）当球阀前后水压基本平衡后，自动开启启闭球阀的电磁配压阀。

（4）球阀全开后，应接通球阀开启信号指示，关闭油阀、卸荷阀、旁通阀，复归球阀开启回路。

3. 球阀关闭自动流程

（1）开启压力油源，有压力油打开卸荷阀，排掉密封盖内的压力水，打开油阀，向球阀控制系统供压力油。

（2）关闭启闭球阀的电磁配压阀。

（3）球阀关闭后，应接通球阀关闭信号显示，关闭卸荷阀、油阀，压力水进入密封盖内腔，实现止水，复归球阀关闭流程。球阀只能停留在全关、全开两个位置，不得在任何中间位置作调节流量之用。

三、圆筒阀自动控制

（1）圆筒阀应既能在现地控制又能在远方控制，并能与机组自动控制联动。

（2）开启圆筒阀需具备机组事故停机元件未动作和导水叶处于全关位置的条件，当具备以上各条件时，可手动或通过机组启动流程接通开启线圈，使接力器在压力油的作用下将圆筒阀开启。

（3）正常关闭圆筒阀需具备圆筒阀无卡阻和导水叶到达全关位置的条件，当具备以上各条件时，可手动或通过机组停机流程接通关闭线圈，使接力器在压力油的作用下将圆筒阀关闭。

（4）当机组过速或事故停机遇剪断销剪断时，无论导叶处于何种位置，应均能立即自动关闭圆筒阀。

（5）圆筒阀可由手动操作使其全开、全关或处于任何中间位置，应现地显示相应的位置并上送计算机监控系统。

（6）当发生事故或故障时应发报警信号，包括关闭圆筒阀时被障碍物卡阻，圆筒阀油压设备油压、油位不正常。

（7）机组运行期间，如果圆筒阀下滑到事故位置，应发出报警信号并立即停机。

第五章

机组辅助设备、全厂公用控制系统

第一节　总　体　要　求

机组辅助设备和全厂公用设备的每台被控设备（油泵、水泵、空气压缩机等）宜设"手动""自动"和"切除"三种运行方式。每台被控设备设一组启停按钮或启停控制开关，用于选为手动方式时的启停操作；选为自动方式时，被控设备的启停控制由可编程逻辑控制器（PLC）实现。如需在计算机监控系统启停上述被控设备，还应设置各组被控设备的远方/现地方式选择开关。

当一个系统中有互为备用的两台或两台以上电动机时，应按自动轮换优先启动顺序设计，并宜避免两台或多台电动机同时启动。如果有条件，应使电动机空载或轻载启动；电动机达到额定转速后，再切换油、水、气路，使电动机带负荷运行。

机组辅助设备、全厂公用设备的控制应保证受控参数（液位、液压、气压等）维持在正常范围内。如果受控参数偏离允许范围，应发报警信号。控制、动力电源消失时，应发报警信号。

第二节　压油系统、压缩空气系统

一、压油系统

（一）蝶阀、球阀、圆筒阀油压装置

当每套设两台油泵时，自动方式下的启动应按互为备用、主备轮换设计。当压力油罐油压降至第一下限时，处于"工作"位置的油泵应自动启动；若油压继续下降至第二下限时，处于"备用"位置的油泵应自动启动并发信号；当油压恢复至正常时，油泵自动停止。油压下降至第三下限（事故低油压）时，应发信号并关闭蝶阀或球阀。

（二）调速器液压油压装置

控制方式如下。

（1）连续运行。机组投入运行时，处于"工作"位置的油泵应启动并连续运转，向压力油罐注油。当油压达到正常时，卸荷（旁通）阀切换油泵向回油箱排油，油泵空载运转。压力油罐压降至第一下限时，油路的阀门再次切换，压力油被注入压力油罐，若油压继续下降低至第二下限时，处于"备用"位置的油泵应自动启动并发信号。油压下降至第三下限（事故低油压）时，应启动水力机械事故停机并发信号。

（2）断续运行。不论机组是否运行，当压力油罐油压降至第一下限时，处于"工作"位置的油泵自动启动；若油压继续下降至第二下限时，处于"备用"位置的油泵应自动启动并发信号；当油压恢复至正常时，油泵自动停止。油压下降至第三下限时，应启动水力机械事故停机

并发信号。

（三）油压装置补气

油压装置应采用自动和手动补气。自动补气由液位信号器与压力信号器实现，当压力油罐油位上升至上限且油压低于额定值时，自动开启补气电磁阀向压力油罐补气；当油压上升至额定值以上或油位降至下限，则补气电磁阀应自动关闭，停止补气。

（四）漏油泵控制

漏油泵的启停由漏油箱的油位信号自动控制。当油位升至第一上限时启动漏油泵，将漏油箱中的油注入回油箱；当油位降至正常时，停止漏油泵。当油位升至第二上限时发信号。

（五）轴承油外循环系统

当轴承油外循环系统设两台油泵时，在机组启动和运行中，处于"工作"位置的油泵自动投入运行。如油流中断，经过一段延时后启动处于"备用"位置的油泵并发信号。

（六）液压减载装置

当每套液压减载装置设两台油泵时，则正常情况下投液压减载装置，应启动处于"工作"位置的油泵，经过延时后，若油压仍过低，应启动处于"备用"位置的油泵并发信号。

（七）重力油池

在设有重力油箱的电站，重力油箱应设液位信号器，自动控制油泵从润滑油回油箱向重力油箱供油。当装有两台油泵，油位降至第一下限时，应启动处于"工作"位置的油泵；油位降至第二下限时，启动处于"备用"位置的油泵并发信号；油位恢复到正常时，停止油泵。

（八）压力油系统试验

进行油压装置及其自动控制部分功能试验，油泵和自动补气装置应正常工作，自动控制部分应能实现设计功能；进行油压装置及油压管路系统密闭性检查试验，应无渗、漏油现象；进行各压力油系统的电磁配压阀、液压操作阀、事故配压阀的动作试验，动作应正确无误；检查各压力油系统的压力、温度、流量信号器或变送器等输出信号应正常；各压力油系统的安全阀、止回阀、启动卸荷阀、节流阀等工作正常；试验结果无异常后，恢复到正常运行状态。

二、压缩空气系统

（1）当每套设多台空气压缩机时，应按互为备用、主备轮换设计。

（2）当储气罐气压降至第一下限时，处于"工作"位置的空气压缩机应自动启动；若气压继续下降至第二下限时，处于"备用"位置的空气压缩机应自动启动并发信号；当气压恢复至正常时，空气压缩机自动停止；气压下降至第三下限时，应发信号；储气罐气压过高时，应停止空气压缩机，并发信号。

（3）控制电源消失时，应发信号。

（4）空气压缩机启动时，应开启卸荷阀实现空载启动，经延时后关闭卸荷阀。有的空气压缩机在停机时，需打开卸荷阀以实现排污。

（5）当空气压缩机出气管温度过高时，应发信号，并自动停止空气压缩机。

（6）空气压缩机采用水冷却时，用空气压缩机电动机启动器的辅助触头投入或关闭冷却水。运行中，水流中断发信号。

（7）应定时巡回检查压缩空气系统的供气压力，以保证自动化元件（装置）的正常运行，当发现系统异常及存在漏气现象时，应及时处理。

（8）压缩空气系统的压力表应定期检验，并保证可靠运行。

（9）应保持机组运行中的制动给气系统正常运行。

（10）在机组停机或调相过程中，要注意监视系统各元件（装置）的动作情况，发现异常时，应及时处理。应定期对气水分离器和储气罐进行排污，当发现其含水量和含油量异常时，应及时查明原因并进行处理。

（11）进行低压空气压缩机及其自动控制部分功能试验，低压空气压缩机正常工作，自动控制部分应能实现设计功能；进行储气罐及各低压气管路系统的密闭性检查试验，储气罐及系统应无漏气；进行各低压气系统的电磁阀、电动阀等执行元件的动作试验，动作应正确无误；检查各低压气系统的压力、温度、流量信号器或变送器等输出信号应正常；各低压气系统的过滤器、减压阀和安全阀等工作应正常；系统应能通过手动和自动方式制动和复归，制动器动作应正常；试验结果无异常后，恢复到正常运行状态。

第三节　机组供排水系统、防止水淹厂房系统

一、技术供水系统

（一）技术供水方式及要求

技术供水方式主要有采用水泵单元（或二次循环）供水方式、用水泵集中供水方式、采用自流供水方式等。

当主供水源发生故障时，备用水源应能自动投入，并自动发信号，供水中断时也应发信号。水轮机主轴密封润滑主供水系统，应随机组的启停而自动投入和退出。滤水器采用现地手动/自动控制，根据差压信号启动自动排污。当滤水器堵塞时，发报警信号。

（二）不同技术供水方式控制要求

1. 水泵单元（或二次循环）供水方式

（1）工作水泵随着机组的启动而自动启动，并在机组运行期间保持运行。

（2）当供水总管的水压下降至整定值时，自动启动备用水泵并发信号。

（3）停机完成后，自动停止水泵。

2. 水泵集中供水方式

（1）工作水泵随着供水范围内第一台机组的启动而自动启动，并在机组运行期间保持运行。

（2）此后其他一台或多台机组继续启动或退出时，可以选取根据运行机组的总台数投入相应台数的水泵和根据维持恒定供水压力的原则投入相应台数的水泵两种方式之一控制水泵的投退。

3. 自流供水方式

供水系统机组段的阀门应随机组的启停而自动开启和关闭。

（三）定期检查与检修试验

1. 定期检查

（1）应定时巡回检查各处用水的水质、压力、流量、水位和温度，发现异常应及时采取措施进行处理。

（2）应对滤水器进行定期清扫、维修和切换，以保证水的质量、流量和压力符合要求。

（3）机组润滑水的水温最低不应低于5℃；当水温低于5℃时，应采取提高水温的措施。

（4）在洪水季节时，应加强机组的冷却水和润滑水的巡恒检查并取样分析；发现水质指标超过规定值时，应采取措施进行处理。

（5）应保证机组水导橡胶瓦的备用润滑水源可靠供应，并定期进行试验，以确保工作正常。

2. 检修试验

（1）水泵供水时，进行水泵及其自动控制部分功能试验，水泵应正常工作，自动控制部分应能实现设计功能。

（2）有过滤器的供水系统，进行过滤器及其自动控制部分功能试验，过滤器应正常工作，自动控制部分应能实现设计功能。

（3）减压供水时，进行减压试验，减压阀工作正常。

（4）进行各供水系统的水压管路系统密闭性检查试验，应无渗、漏水现象。

（5）进行各供水系统的电磁阀、电动阀及液压操作阀的动作试验，动作应正确无误。

（6）检查各供水系统的压力、温度、流量信号器或变送器等输出信号应正常。

（7）各供水系统的止回阀、节流阀、排气阀应工作正常。

（8）试验结果无异常后，恢复到正常运行状态。

二、排水系统

厂房渗漏集水井、检修排水、水轮机顶盖排水系统当水位升至第一上限时，自动启动工作水泵，若水位继续升至第二上限，则启动备用水泵并发信号；当水位降至正常时，停止水泵运行，水位升至第三上限发信号，水位低于停泵水位且水泵仍处于运行状态时延时发信号；如果排水系统的水泵为3台或更多、水位上限超过4个，则应参考上述原则，按自动轮换的优先顺序启动水泵。

水泵启动前应自动充水或注润滑水（如果水泵有此要求），水泵启动结束转入正常运行后延时停止充水或注水，宜设置两套不同原理的液位计或液位变送器。

三、防止水淹厂房系统

厂房最低层（含操作廊道）设置不少于3套水位信号器。每套水位信号器至少包括2对触头输出。当水位达到第一上限时报警，当同时有2套水位信号器第二上限信号动作时，作用于紧急事故停机并发水淹厂房报警信号，启动厂房事故广播系统。应设置能够远方紧急关闭上游侧事故闸门和尾水侧事故闸门（抽水蓄能电站）的按钮。

第六章

自 动 化 元 件 及 装 置

第一节 选 型、配 置

一、水力发电厂自动化元件（装置）

水力发电厂自动化元件（装置）包含电压、电流、温度、压力、压差、流量、液位、转速、振动、摆度、位移等一次传感器；显示、记录仪表及控制设备（指示、记录、累计仪表、数据采集装置、调节器、操作器、智能检测单元等）。

二、水力发电厂自动化元件（装置）设计

水力发电厂自动化设计应符合 NB/T 35004《水力发电厂自动化设计技术规范》、DL/T 1107《水电厂自动化元件基本技术条件》等国家有关标准规范的要求；应满足上级调度机构调度自动化系统对本电厂的要求；适应水力发电厂电磁干扰严重和湿度高的工作环境；与电厂规模及计算机监控系统的水平相协调。

三、水力发电厂自动化元件（装置）配置

（1）自动化元件的配置及性能应符合 GB/T 11805《水轮发电机组自动化元件（装置）及其系统基本技术条件》的有关规定，且应满足于计算机监控系统接口的要求。

（2）机组各轴承油槽应分别装设液位信号器，每套液位信号器应反映液面过高或过低的触头。

（3）当机组冷却水有两路供水水源时，应分别设置电气控制的阀门，在每台机组冷却水总管及重要用水支路分管排水侧，宜设带流量指示的示流信号器或流量开关。

（4）推力轴瓦、各导轴瓦、各油槽、空气冷却器、定子铁心及绕组和空气冷却器应设分度号为 PT100 的测温电阻，三线制引出；推力轴瓦、各导轴瓦及定子的部分温度测点宜接至数字式温度信号器。

（5）机组二级过速保护应装设机械和电气两种信号源的转速信号器；机组电气转速信号器应具有电压互感器和齿盘两种测频方式冗余输入，具有可调整的多定值触头，分别满足事故停机、投过速限制器、投自动准同步装置、投入与切除液压减载装置、投入起励、调相解列停机、投入电制动、投入机械制动和检测蠕动的要求；机组电气转速信号器及调速系统测速可以共用齿盘，但探头应各自独立。

（6）机组压缩空气制动系统应设气源压力监视信号，当气压降低时发信号；为防止停机后制动闸不能落下，制动闸宜设反向给气装置及位置信号。

（7）在立式机组上，应安装抬机监控、保护装置，在旋转部分抬起时尽快停机。

（8）为防止在机组甩负荷而调速器又失灵时发生飞逸事故，应装设过速限制器；过速限制

691

器动作时启动紧急事故停机流程。

（9）回油箱、漏油箱以及有油、水热交换装置的油槽，应装设油混水信号器，动作后发报警信号。

（10）凡需要根据压力值实现自动控制或自动报警的油、气、水系统，均需装设压力信号器。

（11）水轮机导水叶应装设剪断销信号装置；采用摩擦连杆或其他装置的水轮机导水叶可装设其他类型的信号装置反映导水叶卡阻情况。

（12）机组拦污栅和滤水器应设置检测其阻塞状况的差压信号器。

（13）接力器锁锭应能提供分别反映投入和退出的独立状态信号。

第二节　安装、验收

一、自动化元件（装置）安装

（一）总体要求

（1）自动化元件（装置）的安装应符合 GB/T 11805《水轮发电机组自动化元件（装置）及其系统基本技术条件》、DL/T 862《电厂自动化元件（装置）安装和验收规程》、DL/T 1107《水电厂自动化元件基本技术条件》等的要求。

（2）自动化元件（装置）安装前应进行检验和验证，应进行精度检验。

（3）自动化元件装入的安装位置应便于日常运行维护、检修、试验、调试。

（4）与水分或潮湿空气接触的自动化元件（装置）的金属连接部件应采取耐锈蚀措施；安装后，应保持整洁完好，不应出现渗漏、锈蚀、水污、油污、异音、异味等现象。

（5）现地显示仪表安装应符合 GB 50093《仪表工程施工及质量验收规范》的要求，安装部位应便于日常监视和现场调试，中心线距操作地面的高度范围宜为 1.2～1.5m；安装支撑方式应符合产品技术条件规定；环境恶劣的安装现场，宜采取防油污和防水溅措施。

（6）自动化元件（装置）的连接电缆应符合 GB 50168《电气装置安装工程　电缆线路施工及验收标准》的要求，接线盒及电缆孔不宜朝上，并应采取密封措施，固定电缆锁头应具有良好密封，信号线和电源线进入盘、柜、箱时，宜从底部进入，并应采取防水密封措施，仪表引线应完好、无损伤，导电部分应无外露，标号应齐全。

（7）自动化元件（装置）通电前应检查接线正确性；自动化元件（装置）的铭牌和标识应牢固、正确、清晰、齐全。

（二）温度监测元件

（1）表面温度监测元件应紧贴被测部件表面，接触良好、装配牢固，并随被测部件一起防护。

（2）隐蔽装设的温度监测元件的接线端应引至便于检查维护的接线盒或端子箱。

（3）水平安装的测温元件长度大于或等于 80cm 时，应采取加固措施；插入式测温元件测量固体温度时，测温元件与被测部位应采取紧贴措施。

（4）测温元件安装在水中含有泥沙的技术供水管道上时，宜设置耐磨保护管；在发电机定子、水管路、各部油槽内部安装的测温元件及引出线，应耐温、防油、防水。

（5）在定子线棒、铁心中间安装的测温元件，其屏蔽层应可靠接地；定子测温元件应在安装前和定子耐压试验前进行绝缘检测，绝缘检测应符合 GB/T 3048.5《电线电缆电性能试验方法 第 5 部分：绝缘电阻试验》的要求；定子耐压试验前应将测温元件引出线与屏蔽线可靠短接并接地。

（6）压力式测温元件的仪表与温包应安装在同一高程上。

（7）红外测温传感器与被测物之间的距离应在有效测量范围内，传感器和被测物之间不应存在遮挡物。

（8）光纤温度传感器的安装应与被测物的走向一致，传感器和被测物应直接接触，应采用专用的夹具固定光纤。

（三）压力监测元件

（1）压力监测元件与压力源之间应装设检修阀和排污阀，安装位置应选在被测介质压力稳定的部位；当被测介质压力波动较大时，测压管路应安装阻尼部件。

（2）压力脉动监测元件应安装在取源点附近，测压管路不应有阻尼部件。压力取源部件与温度取源部件安装在同一管段时，压力取源部件应安装在温度取源部件的上游侧，压力取源部件的端部不应超出设备或管道的内壁，压力取源部件安装在调节阀上游侧时，其安装距离应大于 $2D$（D 为管道公称内径）；安装在其下游侧时，其安装距离应大于 $5D$。

（3）压力监测元件不应固定在有强烈振动的设备或管道上。

（4）低压监测元件安装高程应与取压点的水平面海拔一致；在操作岗位附近安装中、高压压力监测元件时，安装高程宜距操作岗位地面高程 1.8m 以上或在仪表正面加保护罩。

（5）在水力测量、技术供水、主轴密封等测压管路上，压力监测元件检修阀后宜安装三通阀。差压变送器与测压管路之间应安装三阀组。

（四）流量监测元件

（1）流量取源部件的上、下游直管段长度应符合产品技术条件的要求；上、下游侧应安装检修阀。

（2）在规定的最小直管段长度范围内，不应安装其他取源部件或监测元件，直管段管道内壁表面应清洁、平整。

（3）电磁流量计外壳、管道连接法兰和被测流体三者之间应等电位连接并接地。

（4）宜在水平管道上安装电磁流量计，两个测量电极不应布置在管道的正上方和正下方位置。

（5）在垂直管道上安装电磁流量计，被测流体的流向应是自下而上。

（6）安装电磁流量计，要求测量管路满管流；对直管段的要求是上游侧应大于 $5D$，下游侧应大于 $3D$。

（7）装在管道上的靶式流量计，应有并联旁路管道，靶式流量计的靶与测量管同轴安装，靶上游端平面应与测量管的轴线垂直，其偏差应不超过 1°。

（8）热导流量计宜安装在水平管路的侧方，热导流量计探头插入深度应符合产品技术条件的要求。

（9）安装内贴式超声波流量计前应清除被测管道内壁的结垢层或涂层，对于水平管道，超声波流量计的换能器应安装在管道周面的水平方向上，并且在与轴线水平位置成 45°夹角的范围内。

（五）液位监测元件

（1）液位监测元件安装位置应远离液体进、出口，被测液体液位波动较大时，应加装防波管或套筒，被测液体有较多污物时，应加装拦污格栅。

（2）投入式液位变送器的探头应安装在最低测量液位以下；测量集水井液位时，探头应离开集水井底部一定高度安装，并采取防止泥沙堵塞和水生物附着的措施。

（3）采用导向管或其他导向装置的内浮子液位计，其导向管或导向装置应垂直安装。

（4）内浮子液位计的机械结构和浮子等部件应完好，浮子不应出现卡阻现象。

（5）磁翻板液位计应垂直安装在容器上，其垂直度偏差应小于3°，磁翻板液位计长度大于4m时，应加设中间支撑，磁翻板液位计的本体附近不应有影响其正常工作的强磁场。

（6）超声波或雷达液位计的安装高程应大于被测液位的上限，并保证液位变化在测量范围内，与被测液位的容器间应有足够空间，并且没有阻挡物，安装部位应有明显的警戒标志。

（六）位移监测元件

（1）位移监测元件投运前应进行被测设备的全行程试验。

（2）安装位移监测元件时，应将被测设备移动到压触或拉触的实际位置进行安装。

（3）磁致伸缩位移变送器的磁环与测杆同心且互不接触，测杆不得弯曲，动作灵活可靠。

（4）应在固定位置上安装拉绳式位移变送器，拉绳直线运动应和被测物体运动方向一致。

（5）超声波或雷达测距变送器安装位置应稳固，变送器与被测物之间不应存在遮挡物。

（七）转速监测元件

（1）转速监测元件应在机组盘车后安装齿盘测速装置，齿盘测速装置齿面和测量探头的安装间隙应大于该处的最大摆度值，且在测量范围之内。

（2）残压测速装置输入信号取自机端电压互感器二次回路，无短路现象；当机组残压小于下限时，应对转子充磁。

（3）机械液压过速保护装置管路连接处应无渗油，其紧固圈垂直安装在主轴上时，飞逸转速状态下紧固圈不应出现松动、断裂现象，机械液压过速保护装置的液压阀安装支架在机组运行时的跳动值应符合过速保护器的技术要求。

（4）非接触式蠕动监测装置的安装位置应考虑该处的最大摆度值，安装间隙应满足装置要求。

（八）振动和摆度监测元件

（1）振动和摆度监测元件应在机组盘车后安装振动和摆度监测元件，安装位置应稳固，被测表面清洁、平整，引线应完好，摆度探头的安装间隙、安装角度等应符合产品技术条件的要求。

（2）振动传感器应采用永久固定方式安装，安装时宜少用中间连接件。

（3）定子铁心处安装振动传感器应采用粘贴或螺钉方式。

（4）键相脉冲信号的峰峰值应不小于5V。

（九）其他监测元件

（1）剪断销信号器应在导叶端面和立面间隙调整完成后安装。

（2）油混水传感器测量元件应处于油箱或油槽的最低油位以下，油混水监测装置显示元件安装位置应便于观察，油混水传感器可采用在油槽侧面水平安装方式，或在油箱顶部自上而下垂直安装方式；水平安装时，中心线距油槽底部约10mm；垂直安装时，传感器探头距底部约 10mm。

（3）发电机空气间隙测量传感器或磁通密度传感器的安装应符合产品技术条件的要求，粘胶应在其工作环境下长期有效。

（4）轴电流监测装置互感器分瓣安装时，N、S 极方向应连接正确。

（5）荷重传感器和测力传感器应在称重容器及其所有部件和连接件安装完成后安装，荷重传感器应呈垂直状态安装，传感器受力应均匀。

（十）调节元件

（1）调节元件的指示方向应与介质流向一致，减压阀阀后应安装快开启式泄压安全阀，高压空气减压阀阀前宜加装空气过滤器。

（2）自动滤水器的手动操作手轮应处在便于操作的位置，电气操作控制箱宜就近安装，安装高度应便于操作和检查，连接线缆宜采取保护措施，控制箱进线孔应密封，电动机外壳、本体应有良好接地措施。

（十一）执行元件

（1）管路连接应保证流体的流向与阀体上的指示方向一致。

（2）自动补气装置手动排气阀应便于操作。

（3）电动操作阀门的操作手轮应处在便于操作的位置，电气操作控制箱宜就近安装，安装高度应便于操作和检查。

二、验收

（一）总体要求

（1）应在机组启动试运行前完成自动化元件（装置）安装质量的验收工作。

（2）与自动化元件（装置）相关联的单元工程均已按设计文件和相关规范的规定安装完毕。

（3）自动化元件（装置）安装质量的验收工作应分解到主、辅机安装的各个单元工程验收中，质量的验收评定记录应完整、翔实。

（4）用于高压、易燃、易爆、有毒物料的取源部件安装和用于计量、安全监测报警、联锁保护系统的取源部件安装，应全部检验验收；其他取源部件安装应按温度、压力、流量、位移等用途分类各抽检 30%，不得少于 1 件。

（5）温度、压力、振动、转速元件应进行现场校准，校准方法及步骤参照 DL/T 862《水电厂自动化元件（装置）安装和验收规程》及相关校准规范。

（二）外观检查

核对安装位置、型号、位号和数量，检查外观整洁、无渗漏、指示正常、安装牢固、设备标识完整正确，检查引线完好、无损伤，导电部分无外露，标号齐全，上电后显示正常，无短路和断路等异常现象。

（三）功能检验

（1）温度监测元件应正确监测现场的实际温度，温度开关动作正确；压力监测元件应正确监测现场的实际压力，压力开关动作正确。

（2）流量监测元件应正确监测现场的实际流量，流量开关动作正确；液位监测元件应正确监测现场的实际液位，液位开关动作正确。

（3）位移监测元件应正确测量被测物的位移，行程开关动作可靠；振动摆度监测装置应能正确测量振动摆度幅值，报警动作正确。

（4）机组首次开机时转速监测元件应能准确测量转速值，残压测速装置和齿盘测速装置允许转速差不高于2%，机械液压过速保护装置验收试验应结合机组过速试验进行，其动作误差要求不大于过速保护设定动作值的2%；机组过速试和甩负荷试验之后应检查测量元件安装牢固，间隙无异常变化。

（5）剪断销信号器动作应正确。空气间隙测量装置应正确监测气隙量，报警开关动作正确。

（6）油混水装置应正确监测油中的含水量，报警开关动作正确。

（7）轴电流互感器与发电机大轴间的间隙应均匀，在机组最大摆度时无触碰；接地电刷和大轴应接触良好。

（8）水用自动减压阀能利用水流本身的能量正确调控输出压力，脉动压力不大于0.01MPa；高压空气减压阀过时应运行平稳，无明显振动和噪声。

（9）自动滤水器定时、定差压积手动清污应动作正确，报警开关动作正确，无异声。

（10）电磁阀应动作正确，无跳动、无卡阻，电磁线圈无过热、无异味。

（11）自动补气装置自动补气、手动补气和手动排气应动作正确，电磁线圈无过热、无异味。

（12）电动操作阀门应动作正确，无卡阻、无异声、无过热、无异味。电接点信号与阀门实际位置一致，过力矩信号动作正确；液压操作阀门应动作正确，无卡阻、无异声、无过热、无异味。位置指示正确；水力操作阀门应动作正确，压力指示正确，无异常抖动和噪声。

第三节　运行、维护与检修

一、运行维护

（一）总体要求

（1）应对水力发电厂自动化元件（装置）及其系统进行定期巡视、检查，发现异常应及时处理。

（2）自动化元件（装置）应保持整洁完好，标志应正确、清晰、齐全；自动化元件（装置）的引线应完好，无损伤，导电部分应无外露，标号应齐全；自动化元件（装置）的连接线应整齐、美观，并放在固定的线盒或防护管内。

（3）自动化元件（装置）及其系统应随主设备准确可靠地投入运行，不得无故停运。

（4）自动化元件（装置）的误差或精度应符合GB/T 11805《水轮发电机组自动化元件（装置）及其系统基本技术条件》、DL/T 1107《水电厂自动化元件基本技术条件》及产品说明书规定的要求，动作应准确、可靠，指示和记录应清晰。

（5）发电机层、水轮机层、进水阀门室及控制室等部位的温度和湿度应满足各元件（装置）及其系统对环境的要求。

（6）运行中的各元件（装置）应无渗漏、水污、油污及锈蚀现象，应无异声、无异味；应对运行中受交变应力作用的各元件（装置）的紧固件进行定期检查；对运行中动作频度低的自动化元件（装置），结合检修或每隔半年进行实际操作或模拟动作次，以防发卡或拒动。

（7）应对各元件（装置）在运行中出现的故障和缺陷进行及时处理；对三类设备缺陷（指不停机组可随时消除的设备缺陷），应及时消除；对二类设备缺陷（指需停机组才能消除的设备缺陷），有条件应及时消除，当条件不具备时应安排计划消除；对一类设备缺陷（指需结合检修或技术改进才能消除的设备缺陷），应在机组检修时予以消除。

（二）温度监测元件

测温电阻及引线应完好、无损伤，温度信号器能反映实际温度。数字式温度仪表应显示正确，无断阻、断线报警信号。多路温度巡检仪能巡回、正确显示多路温度信号。

（三）压力监测元件

具有显示功能的压力信号器及压力（差压）变送器，应正确显示所测部位的压力值，其实时性应得到保证。

（四）流量监测元件

机械式示流信号器的位置指示与运行方式应相符合，动作应正确。热导式流量信号器的LED指示灯应能实时显示流体流速状态。流量计应随流量变化指示正确。

（五）液位监测元件

具有显示功能的液位信号器和液位计（液位变送器）应能正确反映液位。机械式液位信号器应无发卡现象。

（六）位移监测元件

位移传感器引线应完好，无发卡现象，安装位置应稳固。

（七）振动监测元件

振动和摆度传感器引线应完好，安装位置应稳固。监视仪随振动和摆度幅值显示应正确。

（八）转速监测元件

机械型转速信号器应运行正常、无异声，各零件无明显变化。电气型转速信号器触点接触表面应光滑、无毛刺，机械部分应无异常，显示应正确，无断线报警。冗余配置信号源的转速信号器（装置）应对不同输入信号进行对比，其显示及输出的误差均应符合 GB/T 11805《水轮发电机组自动化元件（装置）及其系统基本技术条件》的有关规定。

（九）其他监测元件及装置

（1）剪断销信号器的剪断销位置应无变位，信号装置应无异常，各连线应完好。监视仪显示应能正确反映实际工况，无故障报警。

（2）轴电流监测装置的传感器与发电机大轴间的间隙应均匀；传感器安装位置应稳固，其接线和屏蔽层应无损坏。

（3）数字显示的油混水信号装置应能正确显示油中混入水的含量。

（4）发电机气隙监测装置应能正确显示发电机定子与转子间的间隙变化。

（5）水位差测量装置能正确显示两个水位及其差值。

（6）电磁空气阀应可靠动作、无卡阻现象，电磁线圈无异味。

（7）自动补气装置应能正常动作及补气；在自动补气工作方式下，手动切换阀的开关位置应正确。

（8）液压阀、配压阀应可靠动作、无卡阻现象，行程指示正确，电磁配压阀的挂构或锁应可靠，运行中无异声、无异味。

（9）电动阀能正常动作、指示正确，动作时无异声、无异味、无故障报警，电动执行机构手轮应有明显的开、关方向标志，并保持操作灵活、可靠。

（10）水力控制阀动作灵活，前后的压力指示应正确，无异常抖动和噪声。

（11）自动减压控制阀输出压力应稳定，脉动压力应不大于设计要求及产品说明书的规定。

（12）自动滤水器应无故障报警，无异响；停止冲洗时排污阀应关闭到位；前后压力损失应不大于设计要求及产品说明书的规定。

二、检修试验

（一）总体要求

（1）水力发电厂自动化元件（装置）及其系统的检修应随机组及其辅助设备、全厂公用设备的检修同时进行，检修周期按相关规定执行。

（2）自动化元件（装置）及其系统的检修试验应按国家标准、行业标准和产品说明书等规定进行。

（3）自动化元件（装置）及其系统的检修应符合检修工艺要求，开工前，应核对设备名称、型号；分解各元件（装置）及其系统时，要注意各零部件的位置和方向，并做好标记；需要打开线头时，首先应核对图纸与现场是否相符，并做好记录；检修完毕后应进行验收。

（二）测温元件及装置检修

（1）铂、铜热电阻的检修试验按照 JJG 229《工业铂、铜热电阻检定规程》规定执行。

（2）单点数字式温度仪表面应清洁，仪表外部应完整、无缺，各铭牌标志应齐全；按键操作应灵活、可靠，零部件应紧固、无松动，引线及连接部分应良好；示值最大误差应不超过仪表允许误差，示值显示应能连续变化，数字及图像应清晰、无叠字；示值亮度应均匀，不应有缺笔画或无测量单位等现象，小数点和状态显示应正确；设定点误差不应超过示值允许误差的绝对值。

（3）温度巡检仪表面应清洁，仪表外部应完整、无缺，各铭牌标志齐全；按键操作应灵活、可靠，零部件应紧固、无松动，引线及连接部分应良好；示值最大误差应不超过仪表允许误差；显示应能连续变化，数字及图像应清晰、无叠字，亮度应均匀，不应有缺笔画或无测量单位等现象，小数点和状态显示应正确；巡检周期应符合巡检仪说明书的要求。

（三）压力元件及装置检修

（1）压力元件及装置内外应清扫，擦拭干净；外罩密封应良好；发现的设备缺陷应及时消除。

（2）压力信号器为水银触点时，其触点转换角度应合适，且在整定动作压力下触点能可靠闭合和断开。

（3）信号器为机械触点时，触点应平整、光滑，触点机构应动作灵活、切换正确可靠；触点闭合后要有一定的压缩行程；触点断开后，要有适当的距离。

（4）指针型信号器的触点应平整、光滑，游丝应平整、均匀。

（5）压力变送器的检修试验应按照 JJG 882《压力变送器检定规程》规定执行。

（四）流量监测元件

（1）外无尘土、内无积垢，外罩严密、无泄漏；示流孔和标记应透明、清晰。

（2）各传动机构动作应灵活、不发卡，触点光滑，接触压力均匀，符合质量要求。

（3）动作值反复测量 5 次，其动作值与返回值不得超过整定值的±10％；对双向示流信号器应每个方向均测试 5 次。

（五）液位监测元件

浮子信号器检修后，用手按下或抬起浮子，传动机构应不发卡，触点切换正确，并能自行复位；数字水位计应随水位的变化显示正确。动作误差不得超过厂家规定值。

（六）液位监测元件

（1）铭牌完整、清晰，有产品名称、型号规格、测量范围、准确度等级、额定工作电压等主要技术指标，有制造厂的名称和商标、出厂编号、制造年月。

（2）表面应完好、无锈蚀、零部件应完好、无损，紧固件不得有松而和损伤现象。

（3）有显示单元的液位计，显示应清晰、正常。

（4）输出正确，所有缺陷应已全部消除。

（5）直接承受压力的液位计、耐压及密封性试验后均不应出现泄漏和损坏。

（6）示值误差及输出误差最大值不应超过说明书允许误差。

（七）振动监测元件

检修测试应按照厂家说明书的有关规定进行，并与手动测量值核对其测量值的正确性，其装置测量值应与实测值应相符；装置应定期送相关资质单位检定。

（八）转速监测元件

（1）电气型转速信号器铭牌完整、清晰，有产品名称、型号规格、测量范围、准确度等级、额定工作电压等主要技术指标，有制造厂的名称和商标、出厂编号、制造年月；表面完好、无锈蚀，零部件完好、无损，紧固件无松动和损伤现象；显示及输出正确，所有缺陷全部消除；示值误差及输出误差最大值不应超过说明书允许误差；设定点误差不应超过示值允许误差的绝对值。

（2）机械型转速信号器各机构转动部分动作应灵活，无卡阻；动作值调整后用限位螺钉固定并漆封；示值误差及输出误差最大值应不超过说明书允许误差，设定点误差不应超过示值允许误差的绝对值。

（九）其他监测元件

（1）剪断销信号器及其装置各连线无断股、外皮无损伤，辅助触点及信号继电器正常，剪断销无外伤、无断裂、无错位，固定良好，导电回路的绝缘电阻应不小于 20MΩ。

（2）油混水监测装置的检修方法及试验内容应按照厂家说明书的有关规定进行；安装或检修后应进行装置的动作试验，即将油混水信号装置的传感器放入油桶中，其中放入一定量的 L－TSA46 或 L－TSA32 汽轮机油，将装置与传感器按图纸要求连线并加上电源，记录油混水信号装置的显示值，加入 1％的水（体积），用电动搅拌器搅拌一定时间，待油水基本混合后再记录装置的显示值；计算其与实际混水百分比之差，用此方法每次加水 1％，直至 5％，记录数据并整定其报警值及试验动作情况；报警后将传感器从油桶中取出，其报警信号应消失，其测试结果应与规定相符。

（3）轴电流监测装置的检修方法与试验内容应按照厂家说明书有关规定进行；安装或检修后应进行装置的动作试验，即将轴电流互感器与轴电流继电器连线并加上电源；用模拟方法使互感器分别通以频率为 50Hz 和 150Hz 的电流，其继电器上的显示值应与通过互感器的电流值相同，并分别试验检查在机组开机、空载、加电压及 25％、50％、75％、100％额定负荷时的轴电流情况，并整定继电器的各报警触点及停机触点，停机触点应具有延迟动作及自保持性能，试验结果符合规定要求，其精度等级应不低于1.5级。

第四节　水力机械保护

一、总体要求

（1）水轮发电机组应设置电气过速保护、机械过速保护、调速系统事故低油压保护、导叶剪断销剪断保护（导叶破断连杆破断保护）、机组振动和摆度保护、轴承温度过高保护、轴承冷却水中断、快速闸门（或主阀）、真空破坏阀等水力机械保护功能或装置。

（2）在机组停机检修状态下，应对水轮机保护装置报警及出口回路等进行检查及联动试验，合格后在机组开机前按照相关规定投入。

（3）所有水力机械保护模拟量信息、开关量信息应接入电站计算机监控系统，实现远方监视。

（4）设置的紧急事故停机按钮应能在现地控制单元失效情况下完成事故停机功能，必要时可在远方设置紧急事故停机按钮。

二、过速保护

（1）机组过速保护的转速信号装置采用冗余配置，其输入信号取自不同的信号源，转速信号器的选用应符合规程要求。

（2）对机械过速开关，同一触点的动作误差不大于3%；对电气转速信号装置，同一触点的动作误差不大于1%（零转速触点除外）；同一触点的返回系数，对于转速上升时发信号的触点不小于0.9，对于转速下降时发信号的触点不大于1.1（零转速触点除外）。

（3）电气转速信号装置至少应有4对0～2倍额定转速可调的动合触点，及一对零转速触点。

（4）电气转速信号装置应同时采用残压和齿盘两种测频方式冗余输入；对于采用残压测频方式的电气转速信号装置应适应0.2V残压值，频率测量分辨率至少应高于0.01%，即0.005Hz。

（5）机械液压过速保护装置在整定转速时，过速摆及配压阀应能准确动作，可手动返回，其动作误差不大于3%整定值。

（6）机组过速且调速系统失控仍要求关闭导叶时，应由过速限制器或其他装置关闭导叶；过速限制系统应能在一级过速（一级过速触点动作，同时调速器主配压阀拒动，再经延时）及二级过速时准确动作，并能根据要求调整关闭接力器的时间。

（7）机组电气和机械过速出口回路应单独设置，装置应定期检验，检查各输出触点动作情况；电气测速装置校验过程中应检查测速显示连续性，不得有跳变及突变现象，如有应检查原因或更换装置。

（8）电气过速装置、输入信号源电缆应采取可靠的抗干扰措施，防止对输入信号源及装置造成干扰。

（9）机械过速装置紧固装置的紧固圈、连接螺栓等应有足够的强度，在任何工况下均不得松动、断裂。机械过速探测器应能防锈蚀、防尘，防潮湿环境，耐受油污。

三、调速系统低油压保护

（1）调速系统油压监视变送器或油压开关应定期进行检验，检查定值动作正确性。

（2）在无水情况下模拟事故低油压保护动作，导叶应能从最大开度可靠全关，禁止采用短接低油压触点进行试验。

（3）油压变送器或油压开关信号触点不得接反，并检查变送器或油压开关供油手阀在全开位置。

（4）实行自动补气的压力油罐，应检查自动补气装置及油位信号装置正确、可靠，确保油气比正常。

四、温度高保护

（1）温度高保护有轴瓦瓦温过高、发电机冷热风温度过高、发电机（铁心、绕组、齿连接片等）温度高等。

（2）测温电阻分度号应选用PT100，电阻应有良好的线性及防潮性能，并能抗御电机磁场干扰，宜三线引出；用于一般部位的测温电阻宜采用 B 级及以上产品；用于轴承瓦温和主要设备的测温电阻宜采用 A 级产品；用于定子的测温电阻及引出线，在使用温度不大于150℃时，应能正常工作，绝缘应满足要求；用于其他位置的测温电阻及引出线，在使用温度不大于100℃时，应能正常工作，并具有防油防水性能和耐高温性能。

（3）应定期检查机组温度过高保护逻辑及定值的正确性，并在无水情况下进行联动试验；运行机组发现轴承温度有异常升高，应根据具体情况立即安排机组减出力或停机，查明原因。

（4）测温电阻输出信号电缆应采取可靠的抗干扰措施；测温电阻线缆需绑扎牢固；机组检修过程中应对测温电阻进行校验，对线性度不好的测温电阻应检查原因或进行更换。

（5）立式机组的瓦温保护宜采用同一轴承任意两点（不在同一测温模块）瓦温均越限时启动停机流程的方式。

五、其他保护装置

（一）导叶剪断销剪断保护

（1）剪断销信号器应有良好的防潮性能，其引出电缆应具有良好的耐油性能，当剪断销剪断时应正确发出报警信号。

（2）剪断销（破断连杆）信号电缆应绑扎牢固，防止电缆意外损伤。

（3）应定期对机组顺控流程进行检查，检查机组剪断销剪断（破断连杆破断）与机组事故停机信号判断逻辑，并在无水情况下进行联动试验。

（4）当一个或多个剪断销剪断时，剪断销信号报警装置应能正确发出报警信号；同时剪断销信号报警装置还应指示出被剪断的剪断销编号。

（二）液位保护

液位保护主要有推力、上导、下导、水导、组合轴承（卧式机组）液位过高或过低，水轮机顶盖、灯泡头水位过高，集水井水位过高等，液位信号器（液位开关）动作应灵活、可靠，应在规定的液位发出信号，在同一液位的动作误差，不超过±5mm。

（三）油混水保护

（1）当油中混入水分时，油混水信号装置应能可靠发出报警信号；当水分被排除时报警信号消除。

（2）带有混水量显示的仪表应能显示油中水的含量比（容器中水的体积与油的体积之比），具有显示或 4～20mA 模拟量输出的油混水信号装置，其显示值及 4～20mA 模拟量输出值应与油中混水量成正比（0～10%范围内）。

（3）油中混水量报警信号在 0～10%范围内可调，其动作误差不大于 1%（容器中水的体积与油的体积之比）。

（四）轴电流保护

（1）当频率为 50Hz 或 150Hz 的轴电流发生并达到整定值时，轴电流监测装置应分别发出两级报警信号，第二级报警信号应能延时。

（2）应有轴电流值显示，精度不低于 1.5 级。

（3）轴电流输出信号电缆应采取可靠的抗干扰措施；轴电流互感器应有良好的防潮性能，并能抗御电机磁场干扰，应安装可靠、牢固。

（4）机组检修过程中应对轴电流保护装置定值进行检验。

（五）振动（摆度）监测及保护装置

振动（摆度）监测及保护装置应符合 GB/T 28570《水轮发电机组状态在线监测系统技术导则》、DL/T 507《水轮发电机组启动试验规程》、DL/T 827《灯泡贯流式水轮发电机组启动试验规程》等要求。

六、水力机械保护停机流程分类

（一）水力机械事故停机

水力机械事故停机是机组及其辅助设备发生水力机械事故时，快速减负荷将导水叶关至空载位置，然后跳闸、灭磁、停机的过程。触发水力机械事故停机的包括以下几类。

（1）机组轴承温度达到停机定值应动作于水力机械事故停机。

（2）发电机定子铁心、绕组温度达到停机定值可动作于水力机械事故停机。

（3）轴承油槽冷却水或外循环油流中断应报警；机组轴承油槽冷却水或外循环油流中断，且轴承温度升高超过报警值，可动作于水力机械事故停机。

（4）主轴密封主、备供水均中断应延时动作于水力机械事故停机。

（5）水润滑水导轴承主供水、备用水均中断应延时动作于水力机械事故停机。

（6）机组非并网状态下，调速器严重故障应动作于水力机械事故停机。

（7）机组振动和摆度超过事故停机规定值可动作于水力机械事故停机。

（8）进水口快速闸门下滑至停机位置时应动作于水力机械事故停机。

（9）轴流式水轮机转动部分抬机量超过停机定值时可动作于水力机械事故停机。

（10）水泵水轮机主轴密封、止漏环温度超过事故停机定值时应动作于水力机械事故停机。

（11）抽水蓄能机组轴承油位降低到停机规定值宜动作于水力机械事故停机，灯泡贯流式机组轴承高位油箱油位降低到停机规定值应动作于水力机械事故停机。

（12）灯泡贯流式机组灯泡头水位升高到停机定值应动作于水力机械事故停机。

（13）轴承油流降低到停机定值应动作于水力机械事故停机；组合轴承油位降低到停机定值应动作于水力机械事故停机。

（二）紧急事故停机

紧急事故停机是机组发生过速等事故时紧急停机的过程。紧急停机由事故配压阀、重锤关机等装置关闭导叶（或折向器），快速关闭进水口事故闸门（主阀），同时直接作用于跳闸、灭磁、停机。触发紧急事故停机的包括以下几类。

（1）机组转速达到一级过速定值且调速器拒动应动作于紧急事故停机，机组转速达到二级过速定值应动作于紧急事故停机。

（2）调速器压力油罐、抽水蓄能机组进出水阀压力油罐事故低油压油压降低到事故低油压定值时应动作于紧急事故停机。

（3）调速器压力油罐、抽水蓄能机组进出水阀压力油罐事故低油位油位降低到事故低油位定值时应动作于紧急事故停机。

（4）事故停机过程中剪断销剪断应动作于紧急事故停机。

第七章

涉 网 技 术 监 督

第一节 网 源 协 调 概 述

一、网源协调

网源协调是电网和发电机组同在一个电力系统中运行、调整和控制时影响到安全稳定性的相互作用的行为和相互关系。电力系统是由发电厂、输电、变电和用电几部分组成，因此电力系统的稳定性是由发电、输电、变电和用电的稳定性来共同实现的，缺一不可。电力系统的稳定性不但和电网的结构、运行方式的安排有关，而且和发电机控制系统的参数有重要关系，提高电力系统稳定性必须网源协调运行。

网源协调涉及的涉网设备主要包括发电机、原动机及调节系统、励磁系统及电力系统稳定器（PSS）、发电机-变压器组保护、自动电压控制（AVC）、自动发电控制（AGC）、无功补偿装置（SVC、SVG）、相量测量装置等。

并网电厂的各种调节系统、保护装置，如发电机的调速系统、励磁系统、失磁保护、失步保护、过电压保护、频率保护等，应适应电网运行的变化，并与自动装置达到最佳配合，从而保证整个电网的安全稳定性；电网各种电气设备和保护装置、安全自动装置或安全自动控制系统，应和发电机的各种调节系统、保护装置相配合，从而最大限度地保证发电机组的安全运行。

发电企业的涉网安全管理应与电网安全管理要求协调，主要包括涉网安全管理的规章、制度和工作流程等，是一个全过程管理，涉及设计、建设、调试和生产运行维护等各环节。

二、电力系统稳定性

（一）电力系统稳定性分类

根据电力系统动态过程中所关心的物理量、系统承受干扰的大小以及动态过程持续时间的不同。电力系统稳定性分类如图7-7-1所示。

（二）电力系统网源协调运行内容

1. 提高电力系统暂态稳定性及动态稳定性

电网侧增强网架结构、减少重负荷输电线路的输送功率、采取串联补偿电容；减小送、受端的电气距离等。电源（发电厂）侧在发电机电压调节器的输入回路增加PSS（电力系统稳定器）。

2. 维持电网电压稳定

通过自动电压控制（AVC）维持电网电压稳定；改善电压质量，提高电压合格率，降低电网因无功潮流不合理引起的损耗等。

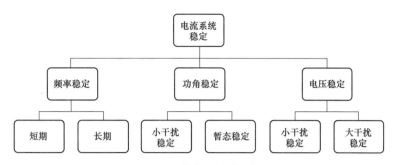

图 7-7-1 电力系统稳定性分类

3. 维持电网频率稳定

（1）电网频率波动。第一种频率波动由周期性的负荷变化引起，表现为周期很短，一般在 10s 以内，幅值不超过 0.05%，这种波动电网一般不予理会，系统能自行恢复；第二种频率波动，主要由冲击性负荷变动引起，它的周期一般在 10s 至 2～3min，幅值在 0.1%～1.0%，这种波动需要发电机组即时调节，是一次调频要解决的问题；第三种频率波动是由生产、生活和气候等因素引起的较长时间波动，周期在 2～10min 及以上，这种波动需要电网短期或中长期预测调节，如 AGC 控制等。

（2）频率稳定判据。系统频率能迅速恢复到额定频率附近继续运行，不发生频率崩溃，也不使事故后的系统频率长期悬浮于某一过高或过低的数值。

（3）频率调整方式。包括维持频率稳定的调节方式有电网侧低频切负荷时间与机组最低运行频率相配合、低频切负荷与发电机低频自启动相配合、电源侧高频切机与电网侧低频切荷量相配合、一次调频、AGC（二次调频）/EDC（三次调频）等。

第二节 一 次 调 频

一、一次调频基本原理

在电网并列运行的机组当外界负荷变化引起电网频率改变时，通过发电机组调节系统的自身负荷/频率静态和动态特性对电网频率进行控制，以减小电网频率改变幅度的方法，维持电力系统频率的相对稳定。

电网的一次调频是针对偏离了系统额定频率（50Hz）的频率偏差进行机组的功率控制。其特点是响应速度快，但由于机组调速系统都有设定的（功率）调差系数（速度变动率），它决定了这是一个有差调节，因而由各机组调速系统共同完成的一次调频，不可能完全弥补电网的功率差值，从而也不可能使电网频率恢复到额定频率（50Hz）附近的一个允许范围内。

一次调频是电网负荷频率控制（LFC）中的重要组成部分，参加一次调频的水力发电机组调速系统运行方式性能优劣及调节参数选取，对电网一次调频的能力和效果有决定性的作用。

水力发电机组调速系统的频率（转速）死区和（功率）调差系数（速度变动率），对电网一次调频的稳态结果起着十分重要的作用。（功率）调差系数越小，水力发电机组对电网一次调频的功率缺额的弥补越大，促使电网频率向正常值的恢复作用也越大；频率（转速）死区越小，水力发电机组对电网一次调频的功率缺额的弥补越大，促使电网频率向正常值的恢复作用也越大。

电网频率偏差超出机组调速系统频率（转速）死区，即机组调速系统即按其固有的静态参数（调差率/速度变动率）和动态参数（PID 参数），参加电网的一次调频，其调节过程时间为 8～15s；水力发电机组一次调频总体调节动态特性呈有少量过调的快速形态，各机组调速器的功率调差率和 PID 参数宜取相同或相近值，有利于改善电网一次调频特性。

二、一次调频技术要求

（一）一次调频人工频率死区

一次调频的人工死区，对于水力发电机组死区控制在 ±0.05Hz 内。

（二）机组调速系统转速死区

对大型调速系统，转速死区不大于 0.02%；中型调速系统，转速死区不大于 0.06%；小型调速系统，转速死区不大于 0.1%；特小型调速系统，转速死区不大于 0.2%。

（三）永态转差系数

水力发电机组永态转差系数不大于 4%（或调差率不大于 3%）。

（四）一次调频的最大调整负荷限幅

水轮机调节系统一次调频的功率调整幅度原则上不加以限制（考虑区域电网实际情况可设置 10% 限值），但应考虑对机组的最大和最小出力。

（五）一次调频的响应特性

1. 以开度作为响应目标

（1）自频差超出一次调频死区开始，至接力器开始向目标开度变化时的开度响应滞后时间应不大于 2s。

（2）自频差超出一次调频死区开始，至接力器位移达到 90% 目标值的上升时间应不大于 12s。

（3）自频差超出一次调频死区开始，至开度调节达到稳定，所经历的时间不大于 24s。

2. 以功率作为响应目标

（1）自频差超出一次调频死区开始，至机组有功开始向目标功率变化时的功率响应滞后时间，对于额定水头 50m 及以上的水力发电机组不大于 4s，对于额定水头在 50m 以下的水力发电机组不大于 8s。

（2）自频差超出一次调频死区开始，至机组有功达到 90% 目标值的上升时间应不大于 15s。

（3）自频差超出一次调频死区开始，至功率调节达到稳定，所经历的时间不大于 30s。

（六）孤网运行参数

孤网运行模式下，水轮机调节系统宜采用 PID 调节，PID 调节参数、人工频率/转速死区、永态转差系数等参数应结合电网实际情况通过试验优化选择。

三、水轮机及调速系统技术及管理要求

（1）新建及改建、扩建机组的水轮机及调速系统各项性能指标应满足相关标准要求，其

中一次调频技术要求应满足上述二的要求（若区域电网根据其实际有不同要求，应符合各区域电网要求），并保证与 AGC 的协调配合，且应比 AGC 具有更高的优先级；具有孤岛（或孤网）风险的区域电网内的水轮机调速器应配置孤网控制模式。

（2）新建或改建、扩建的发电企业应在预定的新设备启动投产日期之前 3 个月向电网调度机构提供发电机调速系统的设备台账和技术资料，技术资料包括发电机组正常运行的有功功率范围、设计一次调频能力、调峰能力、水力发电机组水锤时间常数设计值、设计运行振动区等。

（3）新建机组进入满负荷试运前，发电企业应根据有关试验标准要求，组织并委托有资质的电力试验单位进行相关试验，并提交试验结果，作为机组满负荷试运行的依据之一；试验完成后 1 个月内向电网调度机构提交相关试验报告。

（4）调速系统改造（包括控制系统变更、调节汽门执行机构等机械部分改造）或增容的机组应在改造完成后首次并网 1 个月内完成相关涉网试验，试验完成后 1 个月内提交相关试验报告。

（5）调速系统参数测试及建模试验按 DL/T 1235《同步发电机原动机及其调节系统参数实测与建模导则》规定执行；一次调频试验按 DL/T 1245《水轮机调节系统并网运行技术导则》规定执行。

（6）对于存在孤网/孤岛风险的机组，应配置孤网/孤岛控制模式，相关切换逻辑、参数及定值需进行仿真分析和试验验证，其控制模式及参数应优先适应电网安全稳定控制要求，兼顾一次调频需求。

（7）企业试验前 1 个月向电网调度机构报送试验方案（包括试验内容、试验步骤、试验进度安排及现场安全措施等）及试验申请，电网调度机构负责相应的电网安全措施，做好电网运行方式安排。

（8）调节系统发生事故或重大障碍时，发电企业应及时了解和记录有关情况，并向电网调度机构汇报，并于 3 天内将技术分析报告上报电网调度机构。

（9）运行机组应定期进行调节系统复核性试验，包括调节系统动态复核试验与一次调频试验，复核周期不超过 5 年；调节系统动态复核性试验内容应包括调节系统大频差（超过频率死区 0.1Hz）试验，复核性试验完成后应向电网调度机构提供试验报告；如测试结果与上次试验结果差异较大，应进行原因分析和技术评估，必要时重新开展相应的涉网试验。

（10）发电企业应按电网调度要求将所属水力发电机组调速系统的关键信号接入同步相量测量装置（PMU）或其他监测装置，接受电网调度机构实时监测；关键信号包括（但不限于）机组转速（就地频率）、开度指令、调速系统功率给定值、主接力器行程、一次调频投入/退出信号、一次调频动作/复归信号等。

第三节　自　动　发　电　控　制

一、电网自动发电控制（AGC）

（一）自动发电控制控制目标
电力系统的控制区是以区域的负荷与发电来进行平衡的，对一个孤立的控制区，当其发电能力小于其负荷需求时，系统的频率就会下降；反之，系统的频率就上升。

当电力系统由多个控制区互联组成时，系统的频率是一致的，因此当某一控制区的发电与负荷产生不平衡时，其他控制区通过联络线上功率的变化量对其进行支援，从而使得整个系统的频率保持一致。

具体地说自动发电控制有以下四个基本控制目标：

（1）使全系统的发电出力和负荷功率相匹配。

（2）将电力系统的频率偏差调节到零，保持系统频率为额定值。

（3）控制区域间联络线交换功率与计划值相等，实现各区域内有功功率的平衡。

（4）在区域内各发电厂间进行负荷的经济分配。

上述（1）与所有发电机的调速器有关，即与频率的一次调整有关，（2）和（3）与频率的二次调整有关，也称为负荷频率控制（LFC），通常所说的 AGC 控制是指前三项目标，包括（4）时，往往称为 AGC/EDC，但也有把 EDC 功能包括在 AGC 功能之中。

（二）区域控制偏差（ACE）

根据电网当前的负荷、发电、频差等因素形成的偏差值，反映区域的发电与负荷的平衡情况，由联络线交换功率与计划的偏差和系统频率与目标频率偏差两部分组成，也包括时差和无意交换电量。

负荷频率控制将 ACE 分配给 AGC 受控机组，通过调整机组的出力来改变系统总的发电水平，以达到将 ACE 减到零的目的，ACE 表达式为

$$\text{ACE} = (P_A - P_S) - 10B\big[(f_A - f_S) + K_T(T_A - T_S)\big] \qquad (7-7-1)$$

式中　P_A——实际联络线线功率；

　　　P_S——联络线线功率；

　　　f_A——实际系统频率；

　　　f_S——预定系统频率；

　　　B——系统频率偏差系数；

　　　K_T——时钟偏差系数；

　　　T_A——实际电钟时间；

　　　T_S——标准时间。

根据具体控制方式的不同，ACE 可以定义为系统频率偏差 Δf、联络线交换功率偏差 ΔP、联络线交换电量偏差 ΔE 或系统电钟时间与天文时间偏差 Δt 等变量的函数。

（三）AGC 控制方式

1. 定频率控制方式（FFC）

采用定频率控制方式可以保持电网频率不变，该方式适合于独立的电网或联合电网中的主网中。但控制区域必须进行大量重复的发电出力调整，对发电机组来说经常运行在扰动的输出功率情况下，会降低效率，同时会引发发电机组一系列问题。

2. 定交换功率控制方式（FTC）

采用定交换功率控制方式能保持联络线交换功率的恒定，可用于联合电网中的小容量电网，这时有主网采用定频率控制，以维持整个联合电网频率稳定。但存在使系统频率恶化的反方向的重复调整。

3. 定频率定交换功率控制方式（TBC）

TBC 是兼顾了上述两种控制方式的综合控制方式，即 ACE 既反映频差又反映功差，这种方式又称为联络线交换功率和频率偏差控制方式。采用 TBC 控制方式可实现频率的无差调节，同时实现本区域的有功缺额由本区域的调频机组承担（单个区域的调度中心通过分配系数的设定将 ACE 分配到各调频机组），而其他区域原则上只参加一次调频，通过联络线在频率下降的初期进行支援。随着频率的恢复，联络线上的支援功率趋向零，联络线上功率恢复为计划值。TBC 模式的控制具有比 FFC 和 FTC 明显的优点，现代大型互联系统几乎无一例外地采用这种控制方式。采用这一控制模式，可以使系统运行达到较理想运行状态。

二、水力发电厂自动发电控制

（一）水力发电厂自动发电控制功能

水力发电机组具有开停机方便、负荷调节速率快等特点，因此在电力系统中起着调频调峰和事故备用的功能。水力发电厂的自动发电控制（AGC）是指按预定的条件和要求，以迅速经济的方式自动控制水力发电厂有功功率来满足电力系统的需要。自动发电控制应具有水力发电厂给定总有功控制、水力发电厂给定频率控制、水力发电厂低频或高频控制和经济运行等功能。

根据电网调度机构要求的发电功率或下达的负荷曲线，按安全、可靠、最优、经济的原则，并考虑库区和水情、实时工况、水头、机组状况、机组空蚀区、机组振动区、机组效率曲线、机组最大有功功率限制、机组 $P - Q$ 关系等约束条件，进行经济调度计算确定各梯级水力发电厂应发的总有功/无功，再由厂站层计算机监控系统完成各梯级水力发电厂 AGC控制，实现自动开停机和机组间最佳有功功率分配；也可由集控中心经过经济调度和 AGC计算后，确定最佳运行的机组台数、最佳机组的组合方式和机组间最佳有功功率分配，进行水力发电厂机组出力的闭环调节，并自动开、停机组，在显示器上显示供运行人员操作参考。

自动发电控制应能实现开环、半开环、闭环三种工作模式，其中开环模式只给出运行指导，所有的给定及开、停机命令不被机组接受和执行；半开环模式指除开、停机命令需要运行人员确认外，其他的命令直接为机组接受并执行；闭环模式是指所有的功能均自动完成。

AGC 自动发电控制应能对水力发电厂各机组有功功率的控制分别设置"联控/单控"控制方式。某机组于"联控"时，该机组参加 AGC 联合控制，处于"单控"时，该机组不参加 AGC 联合控制，但可接受操作员对该机组的其他方式控制。

自动发电给定值方式一般应有给定总有功功率、给定日负荷曲线、给定频率、给定系统频率限值几种方式。

（二）水力发电厂机组的优化运行

1. 制约条件

制约条件一般有耗水率，防洪、灌溉、航运、供水、振动区，满足电网调频、调峰、事故备用要求等。

2. 水力发电厂机组经济负荷分配

（1）机组优化组合。水力发电机组的水耗微增率特性曲线是向上凹的，因此机组功率按等微增率分配则全厂耗水量最少。型号和容量相同的机组，可认为这些机组的水耗微增率特性也是相同的。则机组功率可简化为按等比例分配，实现全厂经济运行。

当全厂机组的水耗微增率特性不完全相同时，从经济性而言，则效率高的机组优先开机投入运行。当水耗微增率特性不完全相同的机组并列运行时，则应该按等微增率原则在并列运行的机组间分配负荷。

（2）振动区。振动区运行对机组的损害非常大，为防止影响机组的安全运行和使用寿命，对机组造成严重破坏，负荷分配应避免在振动区运行，同时应尽量避免跨振动区调整负荷。

（3）机组开停机。根据全厂机组出力指令计算得到的机组组合方式，有时可能出现开停机过于频繁的情况，这对实际运行是不利的，甚至是不允许的。频繁开停机不仅会造成耗水损失，此外，开、停机过程中有开关合跳操作，也易于损坏设备，因此，要把减少机组开停次数作为机组组合的一个因素来考虑。如果机组可作调相运行，则在水力发电厂短时间的降功率运行时，可转为调相运行方式。一旦系统负荷增加时，可立即转为发电状态，平衡系统负荷。如果水力发电机组无调相运行方式，则要在低负荷运行和开停机操作之间综合平衡，作出选择。

3. 自动发电控制算法

自动发电控制采用的算法一般有修正等功率法、等微增率法、动态规划法、根据机组实际运行情况和调度系统设计的其他算法等。实际运行时可根据实际情况在几种算法中切换，无论哪种算法，都要考虑水力发电厂、机组等各个方面的约束条件。

三、自动发电控制技术及管理要求

（一）技术要求

1. 可调负荷范围

AGC 可调出力范围应满足要求，应包含 0%～100% 额定负荷（当前可调范围根据机组运行水位等限制确定）。

2. 调节速率

调节速率即每分钟调整出力的大小，对于水力发电机组实际速率应大于每分钟 50%。

3. 延时时间

响应延时和反向延时时间均不应大于 30s。

4. 调节偏差

水力发电机组 AGC 命令执行完后，实际出力和目标值的误差与开机机组容量的百分比不应大于 3%。

5. 协调控制

AGC 投入运行或监控系统功率闭环调节方式下，一次调频应与 AGC 或功率闭环调节相互协调。

（二）管理要求

（1）新建及改建、扩建的发电企业应在 AGC 功能投运日期之前 3 个月内向电网调度机构提供设备台账和技术资料，包括发电厂 AGC 说明书、发电厂 AGC 的电网控制端接口规范和调试方案、发电厂各机组的 AGC 性能指标、运行范围、调节速率、调节精度等。

（2）电网调度机构根据新建及改建、扩建发电厂提供的技术资料，在其 AGC 首次并网调试前下达与电网安全稳定运行相关的参数整定要求，包括 AGC 的运行范围、调节速率和调节精度等。

（3）发电企业应委托有资质的试验单位进行发电机组 AGC 试验，试验单位所出具的试验报告应满足相关技术标准的规定，并通过电网调度机构的确认。

（4）新建发电厂应在试运行前完成 AGC 试验，并于试验完成后一个月内向电网调度机构提交试验报告；改建、扩建发电厂如需进行 AGC 试验，应在并网发电后 1 个月内完成试验，并在试验完成后 1 个月内向电网调度机构提交试验报告。

（5）AGC 试验应按 DL/T 1245《水轮机调节系统并网运行技术导则》执行（若区域电网根据其实际有不同要求，应符合各区域电网要求）。

（6）电网调度机构根据联调试验情况和系统需要，适时下发发电厂 AGC 远方闭环控制模式试运行通知；试运行时安排发电厂 AGC 投入远方闭环控制模式；闭环试运行的时间不少于 7 日，闭环试运行期间出现故障的，应重新调试和安排闭环试运行；相关技术监督单位应对试运行数据进行分析和评估，并将结果提交电网调度机构。

（7）发电厂 AGC 完成闭环试运行后，发电企业应向电网调度机构提交发电厂 AGC 试验报告。发电厂正常运行时，应投入 AGC 功能。

（8）发电厂主要设备、相关控制系统发生重大改变或增容改造、AGC 调节范围产生变化时，应重新进行 AGC 试验，并重新向电网调度机构提交试验结论；所接入电网特性发生较大变化时，电网调度机构应通知发电厂重新进行 AGC 试验。

第四节 其他涉网监督

一、同步发电机及励磁系统

新建及改建、扩建的机组发电机及励磁系统设备选型、性能试验等应考虑所在电网运行需求和稳定控制要求，应满足 GB/T 7064《隐极同步发电机技术要求》、GB/T 7409《同步电机励磁系统》（所有部分）、GB/T 7894《水轮发电机基本技术条件》、DL/T 583《大中型水轮发电机静止整流励磁系统技术条件》、DL/T 1167《同步发电机励磁系统建模导则》、DL/T 1391《数字式自动电压调节器涉网性能检测导则》、DL/T 1870《电力系统网源协调技术规范》等要求。

发电企业应将所属水力发电机组励磁系统的关键信号接入 PMU 装置或其他监测装置，接受电网调度机构实时监测。关键信号包括但不限于：电压给定值、PSS 输出信号、励磁调节器输出电压、发电机励磁电压、励磁电流、励磁机励磁电压和励磁机励磁电流、机端电压、机端电流、PSS 投入/退出信号、励磁调节器自动/手动运行方式及各类限制器动作信号等。

二、涉网保护

水轮发电机组定子过电压保护、转子过负荷保护、定子过负荷保护、失磁保护、失步保护、过激磁保护、频率异常保护、顶值与过励限制、低励限制、过激磁限制等发电机组涉网保护的配置、选型、整定、核查、评估应满足 GB/T 14285《继电保护和安全自动装置技术规程》、DL/T 684《大型发电机变压器继电保护整定计算导则》、DL/T 1309《大型发电机组涉网保护技术规范》、DL/T 1648《发电厂及变电站辅机变频器高低电压穿越技术规范》等要求。

三、自动电压控制

水力发电机组自动电压控制（AGC）功能、技术条件、管理等应符合 DL/T 1802《水电厂自动发电控制及自动电压控制系统技术规范、DL/T 1870《电力系统网源协调技术规范》等要求。

第五节　涉网监督全过程管理

一、规划、设计与设备选型

发电企业在电源规划与涉网设备的设计选型、技术规范制定、出厂验收等各阶段，均应按照有关标准或规程规定严格把关，确保涉网设备性能满足所接入电网运行要求。

电网调度机构应配合发电企业开展工作，依据发电厂所接入电网的特性，对机组涉网控制、保护设备的配置方案、性能参数提出要求。

二、施工调试

发电企业应对涉网设备交接试验过程进行现场见证，督促调试单位严格按照相关标准进行调试、试验，确保交接试验项目完整、数据准确、性能合规。

针对设备调试试验中发现的问题，发电企业应督促设备厂家等相关单位进行整改，遗留问题应如实报送电网调度机构。发电企业应将调试试验报告和设备参数定值单提交电网调度机构备案。

三、涉网试验

水轮发电机组满负荷试运行前应完成励磁系统参数测试和建模试验、PSS 参数整定试验、调速系统参数测试与建模试验、发电机进相试验、一次调频性能试验、AGC 系统和 AVC 系统试验，以及电网调度机构和发电企业认为保障电力系统安全所必需的其他试验。

存在孤岛（或孤网）风险的机组，发电企业应配合电网调度机构开展孤岛（或孤网）模式控制参数的仿真校核、切换试验和稳定性试验，并将必要的应急处理过程写入运行规程。

黑启动机组应完成模拟电网失电情况下的自启动试验及带空载线路充电试验，定期委托具备资质的试验单位开展现场复核试验，并将操作过程写入运行规程。

电网调度机构应结合电力系统安全运行需求，对机组涉网试验、机组孤岛试验、机组黑启动试验等的试验方案、试验结果和试验报告进行确认。

四、运行

涉网设备控制参数与保护定值确定后，由发电企业向电网调度机构正式报备。未经电网调度机构许可，不得改变涉网设备的控制逻辑、控制参数、保护定值。涉网设备运行状态、控制逻辑、控制参数、保护定值的变更应提前向电网调度机构申请，说明原因，得到批准后方可实施，并报备实施结果。紧急状态下改变上述内容，应及时通知电网调度机构。

发电企业每年应至少进行1次涉网设备现场自查，整改自查中发现的问题，并将结果报送电网调度机构。电网调度机构应定期进行抽查。涉网设备发生事故或重大障碍时，发电企业应及时了解和记录有关情况，并向电网调度机构汇报，应于3日内将分析报告提交电网调度机构。发电企业应于每年一季度末将上年度涉网设备运行分析工作总结提交电网调度机构。

五、检修、改造、容量变更

发电企业应提前向电网调度机构申报下一年涉网设备的检修、改造计划，经批准后方可实施改造设备选型、交接试验、涉网试验等工作，并提交涉网设备检测报告、现场试验报告等。

发电企业在完成改变涉网性能的改造或检修工作后，应按相关标准要求重新开展相应的涉网试验，以确保其性能满足网源协调相关要求。水轮发电机组容量变更后，应参照新机组投运要求履行相关手续。

第八章

工 业 电 视 系 统

第一节 设 计 选 型

一、系统结构

水力发电厂工业电视系统的设计应贯彻执行国家的有关方针政策，应遵循安全可靠、技术先进、经济合理、使用方便、确保质量的原则。

工业电视系统采用网络化数字视频监控方案，由前端设备、网络传输设备及后端设备构成。前端设备主要包括室内一体化网络智能球型摄像机、室外一体化网络枪式摄像机、室外一体化网络智能球型摄像机等。后端设备主要包括流媒体及管理服务器、网络存储设备、图像监控工作站等。网络传输设备主要包括主干交换机、区域交换机、超五类屏蔽网线、光缆、光纤收发器等。

二、工业电视系统功能要求

（一）实时监控

工业电视系统对监视区域进行不间断24h实时监视，并按用户需要，设置特定区域的移动侦测功能，根据画面变化（如物体移动、亮度变化等）进行报警及记录。

（二）用户权限管理

用户的权限分为系统权限和设备访问权限，系统权限限定用户对软件系统的访问、操作权限；设备访问权限规定了用户对系统设备的访问、操作、控制权限。系统应支持设备访问多级权限等级设置，当多个用户对设备争用时，系统应根据权限等级自动进行仲裁。

（三）图像显示

在液晶显示器、图像监控工作站显示器实时显示高质量的图像，视频预览区可根据用户要求任意分割为单画面、四画面、六画面、九画面和十六画面及大小组合画面显示方式，可针对每个画面分别选择不同的摄像机监视画面。

（四）自动巡视

在监控终端上，用户可任意选择加入自动巡视的前端摄像机、摄像机预置点，并设定巡视时间，进行自动图像巡视。可建立多个巡视方案供用户调用。

（五）预置功能

带预置功能的摄像机，对于每个要监视的目标，可预先将其方位、聚焦、变焦等参数存入预置位，从而可方便地监视这些目标，也可用这些预置点进行自动巡视。

（六）PTZ控制及辅助操作

在视频预览区通过鼠标在视频窗内的拖拽和点击实现PTZ〔代表云台全方位（上下、

714

左右）移动及镜头变倍、变焦控制〕控制功能；支持灯光/雨刮/除雾等控制功能。

（七）画面信息添加处理

可在监视的画面上叠加与该通道相关的信息：摄像头名称、状态、每秒帧数、码流、录制状态、报警信息、移动侦测、音量；支持日期时间的叠加显示。

（八）录像功能

工业电视系统支持按照多种策略进行视频资料存储，在存储的同时，视频信号可以同步实时地在网络上传输，在网络上进行实时监视以及访问录像文件，录像回放、备份等操作。

1. 手工录像

在此种模式之下，用户可在任意时刻选定任一台摄像机开始进行记录，然后，该摄像机以给定的刷新速率、分辨率和质量进行记录。

2. 计划录像

用户可设定对任一台摄像机或一组摄像机在任意给定时间段内进行录像。

3. 移动侦测录像

用户可以设置某个摄像机，只有在检测到动态图像时才录像。

4. 报警录像及画面切换

按各报警信号（火警等报警信号）对摄像机或摄像机组进行配置，实现警视联动。当报警信号动作时，在相关图像监控工作站显示器推出报警区域画面，并自动录像。

（九）存储空间管理

用户可根据实际情况自行设置单个录像数据存储时间；通过设置保护容量、警戒容量，释放空间对磁盘空间进行管理。

存储空间管理采用自动循环覆盖（即剩余空间到达设置界限时，自动删除距当前时间最久远一天的录像文件）和停止（即空间满时停止录像，并立即发出友好提示及建议操作）两种方。用户可以随时将没有保存价值的录像文件手动给以删除。

（十）录像检索及回放功能

用户可按时间、日期、摄像机编号、报警事件等方式对存储资料进行智能检索，录像资料备份；用户可以将需要的录像文件载到移动存储设备上或在录像回放的时候对某一时间段的图像重新进行录制。

文件回放检索方便，单/多屏回放模式，可对选定图像进行放大、移动、亮度调节。具备播放/快进/快退/上切/下切/单步播放/暂停功能，用户可直接拖动播放滑块调节播放进度，回放速率可在正常速率、二倍速、三倍速、半速、1/3速五种不同播放速率间进行切换调节。在检索回放功能界面内时间线上，以不同的颜色区分普通录像、报警录像及报警等级、标签类型、标签添加位置等信息，并可快速定位对应事件。

（十一）联动控制功能

能通过I/O硬接点方式和通信方式（RS－485串行接口或RJ－45以太网接口）实现与火灾自动报警系统等的联动控制，包括系统关联联动操作，如报警录像/抓帧、PTZ联动、报警录像；各图像监控工作站联动操作（各自权限范围内），如关联处理用户、预览通道、弹出地图、声音提示。

（十二）自诊断和防盗

具有自诊断功能，系统故障时能发出报警信号。摄像机等前端设备采用防盗密封壳体

（防拆），一旦被盗，可发出报警信息至各图像监控工作站。

（十三）特殊防护

系统内所有设备应具有防潮、防电磁干扰、防雷电侵袭，避免遭受过电压而损坏的保护措施，确保系统设备安全运行及应确保在电厂内强磁场下网络传输不受干扰。

（十四）电子地图

系统应提供监控范围内各监视区域所有电子地图，图上采用不同符号、不同颜色实时显示所有摄象机的工作状态。一旦出现火警等报警信号或故障信号，自动推出报警区域电子地图及报警监视图象画面，电子地图上应采用不同颜色模拟符号区分报警和故障信息。

（十五）远程视频监控

系统应能实现未来流域集控中心的远程视频监视及控制。监控前端的图像视频数字信号可由流媒体服务器经主干交换机传送到电站内 MSTP 通信设备预留的以太网接口上，通过 MSTP 的数据通道将数字信号传送至未来流域集控中心图像监控平台。系统采用标准的 TCP/IP 协议，支持跨网段、有路由器的远程视频监控环境。远方授权用户可远程调用电站的监控画面，并能根据监控需求灵活切换到任意一个监控现场。

第二节　安　装　施　工

一、安装施工准备

（1）设计文件、施工方案、施工进度计划和施工图纸应齐全，并应已会审和批准。

（2）施工人员应熟悉施工图纸及所有包括工程特点、施工方案、工艺要求、施工质量及验收标准的相关资料。

（3）组织机构应健全，岗位责任应清楚，并应制定工程保障措施。

（4）设备、器材、辅材、工具、机械以及通信联络工具等，应满足连续施工和阶段施工的要求。

（5）开箱检验时，设备名称、型号、规格、数量、产地应符合设计要求，外观应完好、无损，技术资料及配件应齐全，并应有出厂合格证。

（6）应通电检查设备功能性能，检测应按相应的现行国家产品标准进行；国家无标准的，应按合同规定或设计要求进行；对不具备现场检测条件的设备，可要求工厂检测或委托有检验能力的机构检测，并应出具检测报告。

（7）硬件设备及材料的质量检查内容应包括安全性、可靠性及电磁兼容性等项目。

（8）操作系统、数据库管理系统、应用系统软件、信息安全软件和网管软件等商业化的软件，应进行使用许可证及使用范围的检查；由系统承包商编制的用户应用软件、用户组态软件等应用软件，除应进行功能测试和系统测试之外，还应根据需要进行容量、可靠性、安全性、可恢复性、兼容性、自诊断等多项功能测试，程序结构说明、安装调试说明、使用和维护说明书等软件资料应齐全。

（9）进口产品除应满足以上要求外，尚应提供原产地证明和商检证明；产品合格证明检测报告及安装、使用、维护说明书等文件资料宜为中文文本或附中文译文。

二、安装施工要求

(一) 总体要求

施工安装应按正式设计文件和施工图纸进行，不得随意更改，确需局部调整和变更时，应填写工程变更审核单，经批准后方可施工。隐藏工程施工中，建设单位或监理单位应会同设计、施工单位进行随工验收，并应填写隐蔽工程随工验收单。

(二) LED 显示屏安装

(1) 安装方式应根据现场实际情况确定，安装结构应采用钢结构或钢筋混凝土结构。应预留维修空间。安装结构应牢固、可靠、整洁、美观。

(2) 显示屏安装结构的施工与验收除应执行本规范外，尚应符合现行 GB 50204《混凝土结构工程施工质量验收规范》、GB 50205《钢结构工程施工质量验收标准》、GB 50210《建筑装饰装修工程质量验收标准》、GB 50300《建筑工程施工质量验收统一标准》的有关规定。

(3) 安装显示屏单元前应检查竖向构件的安装尺寸，可采用挂线和吊线锤相结合的方法进行。

(4) 安装显示屏单元过程中，不应触动单元内的控制板卡、随意松动内部线缆，严禁在箱体内堆存施工用具和其他物料。

(三) 显示屏和投影幕的安装

(1) 显示屏应安装在牢靠、稳固、平整的专用底座或支架上；无底座、支架时，应设置牢固的支撑或悬挂装置。底座应安装在坚固的地面或墙面上，安装于地面时，每个支撑腿应用地脚螺栓固定；安装于墙面时，应与墙面牢固联结；不得安装在防静电架空的地板、墙面装饰板等表面。

(2) 拼接结构的显示屏应采用组合式支撑结构，结构刚度和强度应满足上面屏体不对下面屏体造成压力的要求。

(3) 投影屏幕应安装牢固、平整，并应采取防止热胀冷缩造成变形的措施。

(4) 所有组件加工精度应保证影像完整的边缘匹配，所有组件表面应经处理，并应消除反射现象。

(5) 在搬动架设显示屏单元过程中应断开电源和信号联结线缆，严禁带电操作。

(6) 在高压带电设备附近架设显示屏时，安全距离应根据带电设备的要求确定。

(7) 显示屏初步安装后，应通电试看、调试、检查各项功能，并应在单元拼接的外观质量和显示区域的图像质量符合要求后进行固定。

(8) 显示屏幕的水平与垂直平整度分别不应大于显示屏水平与垂直尺寸的 0.2%。

(四) 传输管线、槽敷设和电缆桥架安装

(1) 应符合 GB 50303《建筑电气工程施工质量验收规范》、GB 50312《综合布线系统工程验收规范》的有关规定。

(2) 建筑物内电（光）缆暗管敷设与其他管线最小净距应符合设计要求。

(3) 当传输线缆与其他线路共沟敷设时，应满足设计要求。

(4) 当线路附近有电磁场干扰时，非屏蔽线缆应在金属管内穿过，并应做好屏蔽；线缆穿管前，应检查保护管是否畅通，管口应加护圈。

（5）线缆的两端应贴有标签，并应标明编号，标签书写应清晰、端正和正确。标签应选用不易损坏的材料。

（6）线缆的布放应自然平直，不应有接头和扭结等现象，不应受到外力的挤压和损伤。

（7）所有信号线缆应一线到位，中间不应有接头；在不进入盒（箱）的垂直管口穿入导线后，应将管口做密封处理；对暗管或线槽，在线缆敷设完毕后，应对端口用填充材料封堵。

（五）控制室施工

（1）控制室的施工，机柜、机架的安装，各类跳线线缆的终接应符合设计要求，并应符合 GB 50312《综合布线系统工程验收规范》、GB 50339《智能建筑工程质量验收规范》、GB 50462《数据中心基础设施施工及验收规范》的有关规定。

（2）控制台的安装应符合设计要求。

（3）控制台应安放在水平的地面上，并应平稳、牢固；附件应完整，不应有损伤；台面应整洁，不应有划痕。

（4）控制台内接线应布置合理、整齐；接插件接触应可靠，安装应牢固。

（5）控制室的接地，应满足设计要求。

第三节　调试、验收

一、系统调试

（1）显示屏系统的调试应在设备安装与线缆敷设完毕，且施工质量符合要求后进行；应检查通信连接线路及供电线路连接是否牢固、可靠，不应有虚接、错接现象。

（2）系统通电前，应检查供电设备的电压、相位、显示屏接地、机房设备工作接地是否满足要求。

（3）调试前应编制完成机房设备平面布置图、显示屏系统连线图、显示屏尺寸图、板位图、接线表及调试大纲，并应经建设方或监理方批准后进行调试。

（4）各视频显示屏单元与控制器等设备应分区接通电源，不得同时通电。应在分区调试合格后再进行系统联调。

（5）设备运行不正常时，应立即断电、检查和修复，然后重新调试，直至设备运行正常，并应做文字记录。

（6）系统控制软件应采用通用性、兼容性好的操作系统；应按照安装手册要求进行软件安装，应用软件基本配置应符合显示屏平面布置图、显示屏系统连线图、显示屏尺寸图、板位图、接线表等使用要求；应具备对操作人员分级管理的功能。

二、试运行

（1）系统应在调试合格，且调试报告经相关单位认可后进行试运行。

（2）试运行期间，应做好试运行记录；系统试运行应达到设计要求。

（3）系统试运行结束，应根据试运行记录写出系统试运行报告，系统试运行报告应包括试运行起止日期，试运行过程是否有故障，故障产生的日期、次数、原因和排除情况，以及系统功能是否符合设计要求及综合评述。

三、验收

（1）应根据合同技术文件、设计文件、国家现行有关标准与管理规定等相关要求进行验收。

（2）施工验收应根据正式设计文件、图纸进行，施工有局部调整或变更的，应由施工方提供工程变更审核单。

（3）工程设备安装验收应对照竣工报告、初验报告，检查系统配置，包括设备数量、规格、型号、原产地及安装部位。

（4）管线敷设验收应检查明敷管线及明装接线盒、线缆接头等的施工工艺，做好记录，应开展隐蔽工程验收，具体可参照 GB 50464《视频显示系统工程技术规范》执行。

（5）系统性能技术指标的监测应对照设计文件、合同相关技术条款的要求，进行逐项测试。

第九章

量　值　传　递

第一节　建设标准工作

一、建设标准依据

计量标准装置必须通过计量标准考核合格后，方可开展量值传递工作。新建计量标准的考核、已建计量标准的复查考核以及计量标准考核的后续监督应按照 JJF 1033《计量标准考核规范》的规定办理。

二、计量标准考核的申请

（一）申请考核前的准备

1. 建设标准单位申请新建计量标准考核

（1）科学合理、完整齐全地配置计量标准器及配套设备。

（2）计量标准器及主要配套设备应当取得有效的检定或校准证书。

（3）计量标准应当经过试运行，考察计量标准的稳定性等计量特性，并确认其符合要求。

（4）环境条件及设施应当符合计量检定规程或计量技术规范规定的要求，并对环境条件进行有效监控。

（5）每个项目配备至少两名具有相应能力的检定或校准人员，并指定一名计量标准负责人。

（6）建立计量标准的文件集，文件集中的计量标准的稳定性考核、检定或校准结果的重复性试验、检定或校准结果的不确定度评定以及检定或校准结果的验证等内容应符合 JJF 1033《计量标准考核规范》的有关要求。

2. 建设标准单位申请计量标准复查考核

（1）应当确认计量标准持续处于正常工作状态。

（2）保证计量标准器及主要配套设备的连续、有效溯源。

（3）按规定进行检定或校准结果的重复性试验。

（4）按规定进行计量标准的稳定性考核。

（5）及时更新计量标准文件集中的有关文件。

（6）申请计量标准复查考核，建设标准单位应当在计量标准考核证书有效期届满前 6 个月向主持考核的人民政府计量行政部门提出申请。

（二）申请资料的提交

1. 申请新建计量标准考核提供的资料

（1）《计量标准考核（复查）申请书》原件一式两份和电子版一份。

（2）《计量标准技术报告》原件一份。

（3）计量标准器及主要配套设备有效的检定或校准证书复印件一套。

（4）开展检定或校准项目的原始记录及相应的模拟检定或校准证书复印件两套。

（5）检定或校准人员能力证明复印件一套。

（6）可以证明计量标准具有相应测量能力的其他技术资料（如果适用）复印件一套。

2. 申请计量标准复查考核提供的资料

（1）《计量标准考核（复查）申请书》原件一式两份和电子版一份。

（2）《计量标准考核证书》原件一份。

（3）《计量标准技术报告》原件一份。

（4）《计量标准考核证书》有效期内计量标准器及主要配套设备连续、有效的检定或校准证书复印件一套。

（5）随机抽取改计量标准近期开展检定或校准工作的原始记录及相应的检定或校准证书复印件两套。

（6）计量标准考核证书有效期内连续的《检定或校准结果的重复性试验记录》复印件一套。

（7）计量标准考核证书有效期内连续的《计量标准的稳定性考核记录》复印件一套。

（8）检定或校准人员能力证明复印件一套。

（9）《计量标准更换申请表》（如果适用）复印件一份。

（10）《计量标准封存（或撤销）申报表》（如果适用）复印件一份。

（11）可以证明计量标准具有相应测量能力的其他技术资料（如果适用）复印件一套。

第二节 环境条件、设施、人员及检定工作

一、环境条件

温度、湿度、洁净度、振动、电磁干扰、辐射、照明及供电等环境条件应满足计量检定规程或计量技术规范的要求。

二、设施

建设标准单位应当根据计量检定规程或计量技术规范的要求和实际工作需要，配置必要的设施，并对检定或校准工作场所内互不相容的区域进行有效隔离，防止相互影响。应当根据计量检定规程或计量技术规范的要求和实际工作需要，配置监控设备，对温度、湿度等参数进行监测和记录。

三、人员

建设标准单位应配备能够履行职责的计量标准负责人，计量标准负责人应当对计量标准的建立、使用、维护、溯源和文件集的更新等负责。

四、标准器及配套设备的配置

（一）计量标准器及配套设备的配置

建设标准单位应当按照计量检定规程或计量技术规范的要求，科学合理、完整齐全地配

置计量标准器及配套设备（包括计算机及软件），并能满足开展检定或校准工作的需要。配置的计量标准器及主要配套设备，其计量特性应符合相应计量检定规程或计量技术规范的规定，并能满足开展检定或校准工作的需要。

（二）计量标准的溯源性

（1）计量标准的量值应当溯源至计量基准或社会公用计量标准；当不能采用检定或校准方式溯源时，应当通过计量比对的方式确保计量标准量值的一致性；计量标准器及主要配套设备均应当有连续、有效的检定或校准证书（包括符合要求的溯源性证明文件）。

（2）计量标准器应当定点定期经法定计量检定机构或县级以上人民政府计量行政部门授权的计量技术机构建立的社会公用计量标准检定合格或校准来保证其溯源性；主要配套设备应当经检定合格或校准来保证其溯源性。

（3）有计量检定规程的计量标准器及主要配套设备，应当按照计量检定规程的规定进行检定。

（4）没有计量检定规程的计量标准器及主要配套设备，应当依据国家计量校准规范进行校准。如无国家计量校准规范，可以依据有效的校准方法进行校准。校准的项目和主要技术指标应当满足其开展检定或校准工作的需要，并参照 JJF 1139《计量器具检定周期确定原则和方法》的要求，确定合理的复校时间间隔。

（5）计量标准中使用的标准物质应当是处于有效期内的有证标准物质。

（6）当计量基准和社会公用计量标准无法满足计量标准器及主要配套设备量值溯源需要时，建设标准单位应当经国务院计量行政部门同意后，方可溯源至国际计量组织或其他国家具备相应测量能力的计量标准。

五、检定工作

（一）检定或校准的原始记录

检定或校准的原始记录格式规范、信息齐全，填写、更改、签名及保存符合计量检定规程或计量技术规范的要求。原始数据真实、完整，数据处理正确。

（二）检定或校准证书

检定或校准证书的格式、签名、印章及副本保存等符合有关规定的要求。检定或校准证书结果正确，内容符合计量检定规程或计量技术规范的要求。

第三节　计量标准管理

一、管理制度

建设标准单位应当建立并执行实验室岗位管理制度、计量标准使用维护管理制度、量值溯源管理制度、环境条件及设施管理制度、计量检定规程或计量技术规范管理制度、原始记录及证书管理制度、事故报告管理制度、计量标准文件集管理制度等，以保证计量标准处于正常运行状态。管理制度可以单独制定，也可以包含在建设标准单位的管理体系文件中。

二、文件集

（1）计量标准考核证书。

（2）社会公用计量标准证书。

（3）计量标准考核（复查）申请书。

（4）《计量标准技术报告》。

（5）《检定或校准结果的重复性试验记录》。

（6）《计量标准的稳定性考核记录》。

（7）《计量标准更换申报表》。

（8）《计量标准封存（或撤销）申报表》。

（9）《计量标准履历书》。

（10）《国家计量检定系统表》。

（11）《计量检定规程或计量技术规范》。

（12）《计量标准操作程序》。

（13）《计量标准器及主要配套设备使用说明书》。

（14）《计量标准器及主要配套设备的检定或校准证书》。

（15）《检定或校准人员能力证明》。

（16）《实验室的相关管理制度》。

（17）开展检定或校准工作的原始记录及相应的检定或校准证书副本。

（18）可以证明计量标准具有相应测量能力的其他技术资料，如检定或校准结果的不确定度评定报告、计量比对报告、研制或改造计量标准的技术鉴定或验收资料等。

三、计量标准器或主要配套设备的更换

（1）更换计量标准器或主要配套设备后，如果计量标准的不确定度或准确度等级或最大允许误差发生了变化，应当按新建计量标准申请考核。

（2）更换计量标准器或主要配套设备后，如果计量标准的测量范围或开展检定或校准的项目发生变化，应当申请计量标准复查考核。

（3）更换计量标准器或主要配套设备后，如果计量标准的测量范围、计量标准的不确定度或准确度等级或最大允许误差以及开展检定或校准的项目均无变化，应当填写《计量标准更换申报表》一式两份，提供更换后计量标准器或主要配套设备有效的检定或校准证书和计量标准考核证书复印件各一份，报主持考核的人民政府计量行政部门履行有关手续。同意更换的，建设标准单位和主持考核的人民政府计量行政部门各保存一份《计量标准更换申报表》；此种更换，建设标准单位应当重新进行计量标准的稳定性考核、检定或校准结果的重复性试验和检定或校准结果的不确定度评定，并将相应的《计量标准的稳定性考核记录》《检定或校准结果的重复性试验记录》和《检定或校准结果的不确定度评定报告》纳入计量标准的文件集进行管理。

（4）如果更换的计量标准器或主要配套设备为易耗品（如标准物质等），并且更换后不改变原计量标准的测量范围、计量标准的不确定度或准确度等级或最大允许误差开展的检定或校准项目也无变化，应当在《计量标准履历书》中予以记载。

四、计量标准的封存与撤销

在计量标准有效期内，因计量标准器或主要配套设备出现问题、计量标准需要进行技术

改造或其他原因需要封存或撤销的，建设标准单位应当填写《计量标准封存（或撤销）申报表》一式两份，连同计量标准考核证书原件报主持考核的人民政府计量行政部门履行有关手续。

主持考核的人民政府计量行政部门同意封存的，在计量标准考核证书上加盖"同意封存"印章；同意撤销的，收回计量标准考核证书。建设标准单位和主持考核的人民政府计量行政部门各保存一份《计量标准封存（撤销）申报表》。

五、计量标准的恢复使用

封存的计量标准需要恢复使用，如计量标准考核证书仍然处于有效期内，则建设标准单位应当申请计量标准复查考核；如计量标准考核证书超过了有效期，则应当按新建计量标准申请考核。

六、计量标准的技术监督

主持考核的人民政府计量行政部门可以采用计量比对、盲样试验或现场实验等方式，对处于计量标准考核证书有效期内的计量标准运行状况进行技术监督。建设标准单位应当参加有关人民政府计量行政部门组织的相应计量标准的技术监督活动，技术监督结果合格的，在该计量标准复查考核时可以不安排现场考评；技术监督结果不合格的，建设标准单位应当在限期内完成整改，并将整改情况报告主持考核的人民政府计量行政部门。对于无正当理由不参加技术监督活动的或整改后仍不合格的，主持考核的人民政府计量行政部门可以将其作为注销计量标准考核证书的依据。

附录　自动化监督标准目录

1. GB/T 9652.1《水轮机调速系统技术条件》

2. GB/T 9652.2《水轮机调速系统试验》

3. GB/T 11805《水轮发电机组自动化元件（装置）及其系统基本技术条件》

4. GB/T 14394《计算机软件可靠性和可维护性管理》

5. GB/T 15468《水轮机基本技术条件》

6. GB/T 15969.2《可编程序控制器　第2部分：设备要求和测试》

7. GB/T 18700.2《远动设备和系统　第6部分：与ISO标准和ITU－T建议兼容的远动协议　第802篇：TASE.2对象模型》

8. GB/T 31464《电网运行准则》

9. GB/T 50115《工业电视系统工程设计标准》

10. GB 50169《电气装置安装工程接地装置施工及验收规范》

11. GB/T 50611《电子工程防静电设计规范》

12. GB 50171《电气装置安装工程　盘、柜及二次回路接线施工及验收规范》

13. GB 50174《数据中心设计规范》

14. GB 50872《水电工程设计防火规范》

15. GB/T 51314《数据中心基础设施运行维护标准》

16. DL/T 321《水力发电厂计算机监控系统与厂内设备及系统通信技术规定》

17. DL/T 496《水轮机电液调节系统及装置调整试验导则》

18. DL/T 507《水轮发电机组启动试验规程》

19. DL/T 544《电力通信运行管理规程》

20. DL/T 545《电力系统微波通信运行管理规程》

21. DL/T 546《电力线载波通信运行管理规程》

22. DL/T 547《电力系统光纤通信运行管理规程》

23. DL/T 550《地区电网调度控制系统技术规范》

24. DL/T 563《水轮机电液调节系统及装置技术规程》

25. DL/T 578《水电厂计算机监控系统基本技术条件》

26. DL/T 619《水电厂自动化元件（装置）及其系统运行维护与检修试验规程》

27. DL/T 634.5101《远动设备及系统　第5－601部分：DL/T 634.5101配套标准一致性测试用例》

28. DL/T 634.5104《远动设备及系统　第5－104部分：传输规约　采用标准传输协议集的IEC 60870－5－101网络访问》

29. DL/T 710《水轮机运行规程》

30. DL/T 792《水轮机调速器及油压装置运行规程》

31. DL/T 798《电力系统卫星通信运行管理规定》

32. DL/T 822《水电厂计算机监控系统试验验收规程》

33. DL/T 827《灯泡贯流式水轮发电机组启动试验规程》

34. DL/T 862《水电厂自动化元件（装置）安装和验收规程》

35. DL/Z 981《电力系统控制及其通信数据和通信安全》

36. DL/T 1009《水电厂计算机监控系统运行及维护规程》

37. DL/T 1033.9《电力行业词汇　第9部分：电网调度》

38. DL/T 1033.3《电力行业词汇　第3部分：发电厂、水力发电》

39. DL/T 1051《电力技术监督导则》

40. DL/T 1107《水电厂自动化元件基本技术条件》

41. DL/T 1120《水轮机调节系统自动测试及实时仿真装置技术条件》

42. DL/T 1245《水轮机调节系统并网运行技术导则》

43. DL/T 1313《流域梯级水电站集中控制规程》

44. DL/T 1348《自动准同期装置通用技术条件》

45. DL/T 1455《电力系统控制类软件安全性及其测评技术要求》

46. DL/T 1547《智能水电厂技术导则》

47. DL/T 1802《水电厂自动发电控制及自动电压控制系统技术规范》

48. DL/T 1803《水电厂辅助设备控制装置技术条件》

49. DL/T 1804《水轮发电机组振动摆度装置技术条件》

50. DL/T 1809《水电厂设备状态检修决策支持系统技术导则》

51. DL/T 1858《水电厂自动滤水器技术条件》

52. DL/T 1859《水电厂转速监测装置技术条件》

53. DL/T 1860《自动电压控制试验技术导则》

54. DL/T 1869《梯级水电厂集中监控系统运行维护规程》

55. DL/T 1969《水电厂水力机械保护配置导则》

56. DL/T 5002《地区电网调度自动化设计规程》

57. DL/T 5003《电力系统调度自动化设计规程》

58. DL/T 5065《水力发电厂计算机监控系统设计规范》

59. DL/T 5344《电力光纤通信工程验收规范》

60. DL/T 5345《梯级水电厂集中监控工程设计规范》

61. DL/T 5413《水力发电厂测量装置配置设计规范》

62. DL/T 5762《梯级水电厂集中监控系统安装及验收规程》

63. NB/T 35004《水力发电厂自动化设计技术规范》

64. NB/T 35042《水力发电厂通信设计规范》

65. NB/T 35050《水力发电厂接地设计技术导则》

66. NB/T 35076《水力发电厂二次接线设计规范》

67. JB/T 3950《自动准同期装置》

68. JJF 1171《温度巡回检测仪校准规范》

69. JJF 1030《恒温槽技术性能测试规范》

70. JJF 1033《计量标准考核规范》

71. JJF 1098《热电偶、热电阻自动测量系统校准规范》

72. JJF 1183《温度变送器校准规范》
73. JJG 52《弹性元件式一般压力表、压力真空表和真空表检定规程》
74. JJG 105《转速表检定规程》
75. JJG 159《双活塞式压力真空计检定规程》
76. JJG 229《工业用铂、铜热电阻检定规程》
77. JJG 310《压力式温度计检定规程》
78. JJG 326《转速标准装置检定规程》
79. JJG 882《压力变送器检定规程》
80. JJG 971《液位计检定规程》

参 考 文 献

[1] 高仝，张新贵，向锋. 水利水电与能源 [M]. 天津：天津科学技术出版社，2017.

[2] 徐金寿，张仁贡. 水电站计算机监控技术与应用 [M]. 杭州：浙江大学出版社，2011.

[3] 陈启卷，李延频. 水电厂计算机监控系统 [M]. 北京：中国水利水电出版社，2010.

[4] 陈启卷，南海鹏. 水电厂自动运行 [M]. 北京：中国水利水电出版社，2009.

[5] 王定一，等. 水电厂计算机监视与控制 [M]. 北京：中国电力出版社，2001.

[6] 徐洁，王惠民，戎刚. 水电厂计算机监控及流域集控技术 [M]. 北京：中国电力出版社，2016.

[7] 魏守平. 水轮机调节 [M]. 武汉：华中科技大学出版社，2009.

[8] 贵州电网有限责任公司. 水轮机调节系统应用及测试技术 [M]. 北京：中国水利水电出版社，2019.

[9] 陈金星，孙国强，姬胜昔. 水电厂自动化技术 [M]. 郑州：黄河水利出版社，2015.

[10] 田子勤. 水力机械 [M]. 武汉：长江出版社，2019.

[11] 强锡富. 传感器 [M]. 北京：机械工业出版社，2000.

[12] 王化祥，张淑英. 传感器原理及应用 [M]. 天津：天津大学出版社，2014.

[13] 刘维烈，《电力系统调频与自动发电控制》编委会. 电力系统调频与自动发电控制 [M]. 北京：中国电力出版社，2006.

[14] 李洪波，寇太明. 电网调控运行 [M]. 北京：中国电力出版社，2014.

[15] 王平. 电力系统机网协调理论与管理 [M]. 成都：四川大学出版社，2011.

[16] 国家电力调度控制中心. 电网调控运行实用技术问答 [M]. 北京：中国电力出版社，2015.

[17] （加）克日什托夫·印纽斯基（Krzysztof Iniewski）. 智能电网的基础设施与并网方案 [M]. 北京：机械工业出版社，2019.

[18] 国家能源局. 防止电力生产事故的二十五项重点要求及编制释义 [M]. 北京：中国电力出版社，2016.

[19] 国家能源局电力安全监管司，中国电机工程学会.《防止电力生产事故的二十五项重点要求》辅导教材2014版 [M]. 北京：中国电力出版社，2019.

[20] 东北电网有限公司. 水电自动装置检修 [M]. 北京：中国电力出版社，2014.

[21] 黎连业，叶万峰，黎然，等. 工业与民用电视监控系统工程设计与施工 [M]. 北京：中国电力出版社，2013.

[22] 李东升，郭天太. 量值传递与溯源 [M]. 杭州：浙江大学出版社，2009.

[23] 国家发展和改革委员会. 电力监控系统安全防护规定 [M]. 杭州：浙江人民出版社，2014.

第八部分

水轮机监督

第一章

水轮机技术监督管理

第一节 水轮机技术监督概述

水轮机作为水力发电生产的核心原动机。水轮机和汽轮机相比，最大的区别就是水轮机属于典型的"非标准"设备。水轮机型式多，适用于不同的水头范围，高水头有冲击式，中高水头有混流式，中低水头有轴流转桨式，低水头有灯泡贯流式。不同形式的水轮机在安装检修运行和维护过程中存在较大的差异。

一、水轮机技术监督溯源

随着水力发电事业的发展，水力发电在电力生产过程中的占比越来越大，制定专门的水轮机技术监督制度成为共识和必然。目前，水轮机技术监督范围横向涵盖了包括水轮机转轮、导水机构、蜗壳、顶盖、尾水管、主轴与轴承、调速器系统、机组状态在线监测系统、辅助设备系统和水机保护等设备设施，纵向覆盖了上述设备设施的设计、选型、验收、安装、调试、运行、检修、技术改造各个环节，真正做到了全过程管理。除此以外，随着我国国民经济的发展和电力体制改革的深入，水力发电机组在承担电网的负荷调节方面发挥越来越重要的作用，水力发电机组的容量和技术水平得到不断提高，节能工作的重要性日趋突出，水轮机技术监督还包含了水力发电厂的节能技术应用、经济运行等方面。

二、水轮机技术监督管理网络与职责

水轮机技术监督管理网络实行三三级管理。以国家能源集团公司颁布的技术监督细则为例，具体到发电企业，细化为企业的三级管理，即第一级为生产副总经理或总工程师，第二级为生技部门或其他设备管理部门，第三级为水轮机监督专责工程师，各个层级负责各自的职责。发电企业是技术监督实施的责任主体，其层级主要职责如下。

（一）主管生产副总经理或总工程师的主要职责

作为发电企业水轮机技术监督的第一级，主要负责领导和统筹该企业的水轮机技术监督工作。具体工作：领导水轮机监督工作，落实水轮机技术监督责任制，贯彻上级有关水轮机技术监督的各项规章制度和要求，审批本企业专业技术监督实施细则；审批水轮机技术监督工作规划、计划；安排召开水轮机技术监督工作会议，检查、总结、考核本企业水轮机技术监督工作。

（二）生技部或其他设备管理部门主要职责

第二级的生技部或其他设备管理部门，一方面受生产副总经理或总工程师领导和安排技术监督工作，另一方面，对第三级的专责工程师安排落实具体的技术监督工作，起到沟通和衔接的作用。具体工作：认真贯彻执行上级有关水轮机监督的各项规章制度和要求，组织编写本企业的水轮机技术监督实施细则和相关措施；组织编写水轮机技术监督工作规划、计

划；组织落实运行、检修、技术改造、日常管理、定期监测、试验等工作中的水轮机技术监督要求；组织分析本企业水轮机技术监督存在的问题，采取措施，提高技术监督工作效果和水平。

（三）水轮机技术监督专责工程师主要职责

具体实施和落实技术监督工作，具体工作：落实运行、检修、技术改造、日常管理、定期监测、试验等工作中的水轮机技术监督要求；负责对监测的特性数据进行日常筛选分析，对严重影响机组安全运行的故障，应及时报告上级领导并提出分析、处理意见；按期对全厂水轮机状况分析、汇总，编写机组技术分析报告，总结机组的运行状况，并对机组运行的安全性做出评估，对需要处理的设备提出处理意见；按期对本单位水轮机状况进行分析、汇总，制成监督报表，并按时上报；机组检修或在故障处理后开机时，专责工程师应做好机组开机过程中的振动、摆度及调节特性的监测；水轮机出现故障后，专责工程师负责组织对故障原因进行分析、处理；建立本企业水轮机技术监督台账，保证设备状况的可追溯性；负责组织本企业水轮机技术培训，并督促机组状态监测仪器的定期校验工作。

具体到水力发电企业，需要根据自身情况制定相应的管理制度或办法。总之，建立健全技术监督体系，明确责任分工，是做好技术监督工作的前提。

第二节　水轮机技术监督标准

技术监督工作是以质量为中心，以标准为依据，对电力生产的全过程全方位实施管理的一种管理手段。标准是技术监督工作的主要依托，因此，学习标准、理解标准、宣贯标准、对照标准，是技术监督工作的重要组成部分。

一、学习标准

涉及水轮机技术监督的标准主要由国家标准、行业标准以及所属企业相关制度组成，附录列举了主要引用的国家标准和行业标准。随着技术的发展，标准也在不断的更新，除了原有标准更新或废除外，不断有新的标准编制和发布，就要求我们要不间断地收集和学习。除了国家标准、行业标准，各个水力发电企业发布的指导性文件和制度，也是水轮机技术监督工作需要重视的，往往此类文件和制度更贴合本企业的实际情况，更具有针对性，如国家能源集团根据国能安全〔2014〕161《防止电力生产事故的二十五项重点要求》修编的国家能源办〔2019〕767 号《国家能源投资集团有限责任公司电力二十五项重点反事故措施》。

二、理解标准

理解标准，首先要正确认识标准，标准是技术监督工作的依据，是做好技术监督工作的工具，但是，不能囿于标准，切忌断章取义的理解标准。由附录可以看出，水轮机技术监督监督引用标准基本都是推荐性标准，与强制性标准相比，其应用范围和效用是不同的。

除此之外，标准行文中的写法，尤其是部分关键字，如"宜""应""必须"等，带有建议、推荐、强制等含义的词汇，也应加以重视，经常犯的错误是把"宜"当着"必须"，把"不可"当着"严禁"，违背了技术发展的客观规律，既说服不了设备厂家、安装检修单位，也无法真正有效提高设备的健康水平。

了解与认识标准的特点，主要是为了正确地掌握标准的划分、运用范围、操作方法，使水力发电企业在生产中，能科学有效地选用标准，制定内控标准，抓住问题的本质，从而提高企业的生产管理水平与经济效益。随着行业细分，可能会出现部分标准对类似的技术条件，有不同的解释，这个时候更需要去理解标准，了解具体标准编制的背景、行文的前因后果，以及与本企业、机型相关的地方，正确引用。

三、宣贯标准

宣贯标准是建立在学习和理解的基础之上的，不管是专业从事技术监督的技术人员，还是水力发电企业从事技术监督工作的专责工程师，在新标准发布后，都需要对其进行宣贯，宣贯的主要内容有更新后标准与老标准的异同、新标准编制的依据、企业实际情况与新标准的重合度等。

第三节　水轮机技术监督工作内容

概述已经提到了水轮机技术监督的管理体系，具体到从事该工作的水力发电企业各级负责人，尤其是日常工作中，应该完成哪些工作，未明确提出，结合水轮机技术监督的特点，主要的工作有定期报表、工作会议、技术培训、计划和总结、台账建立等。

一、定期报表

定期报表是水轮机技术监督的基础性工作，主要分为月报、季报和年报，当然，各水力发电企业也可根据自身情况制定报表间隔周期，建议应不低于季度。水轮机技术监督定期工作内容见表8-1-1。

表8-1-1　　　　　　　　　　　水轮机技术监督定期工作内容

工作类型	工作内容	周期
日常运行监督项目	水轮发电机组稳定性参数（振动、摆度、脉动）监测分析，耗水率统计分析，油、水、气辅助系统设备运行分析，瓦温、油温趋势分析等	每季度
	根据需要开展的其他工作，如故障分析、缺陷分析、设备治理分析等	根据实际情况
检修监督项目	大修前机组稳定性监测、过电流部件检查记录或空蚀评定，轴承间隙、导叶间隙、止漏环间隙、主轴密封、镜板水平、发电机空气间隙，以及瓦温、油温、油位、冷却水压检查记录	A/B修前
日常运行监督项目	轴承间隙、导叶间隙、止漏环间隙、镜板水平、大轴中心、空气间隙记录以及关键节点见证等	A/B修
	大修后机组稳定性试验、水轮机效率试验，瓦温、油温、油位、冷却水压记录，调速系统试验，水机保护试验，以及设备检修后验收等	A/B修后
	机组动平衡试验、主阀动水关闭试验等	必要时
	根据机组具体情况选作	C修

工作类型	工作内容	周期
技改 监督项目	针对重大缺陷设备及系统进行调研与专题分析，出具专题报告，以确定改造方案	技改前
	进行技改后评价，评价改造效果	技改后
优化提升 及事故分析	查找故障点，分析事故原因，提出整改意见，编写完整的事故分析报告	事故后
	对无法及时消除的装置性缺陷制定反事故措施及相应的技改计划	及时

二、工作会议

定期组织召开企业水轮机技术监督会议，交流经验，进行有关水轮机新技术的培训，宣贯有关的标准、规程，传达和布置上级公司有关技术监督工作的指示、决议和决定，进行年度工作总结。要求水轮机技术监督网每年至少组织一次监督网人员全体工作会议，传达上级有关要求，检查工作计划的执行情况及缺陷的处理情况，协调、落实大修计划及常规检验计划，总结、交流工作经验，表彰先进。

三、技术培训

各级监督人员根据技术现状，有针对性地制定培训计划，不断提高专业技术水平，在做好日常培训的基础上，定期对专业技术人员进行培训。另外，还应该积极参加行业内外的培训和交流活动。

四、计划和总结

水力发电企业按期制定水轮机技术监督年度工作计划，编写年度工作总结和有关专题报告，并按规定上报。每年底前制定完成下年度技术监督工作计划，大修前按期完成大修计划，大修结束后按期完成大修总结，并将计划和总结报送上级主管部门。每年规定时间完成技术监督年度总结并提交上级主管部门。

水轮机技术监督年度工作计划应至少包括以下内容：水轮机技术监督体系的健全和完善（主要包括组织机构完善、制度的制定和修订）计划；水轮机技术监督标准规范的收集、更新和宣贯计划；水轮机技术监督人员培训计划；水轮机技术监督定期工作会议计划（监督网络定期会议和年度会议计划）；定期报送资料工作计划（计划、总结、事故和缺陷报告）；水轮机运行和检修期间技术监督计划；水轮机技术监督存在问题的整改计划。

技术监督年度工作总结应至少包括以下内容：监督管理工作情况；水轮机监督范围内设备事故和缺陷的简述、原因分析；水轮机运行和检修期间技术监督工作开展情况（包括发现的问题）；水轮机技术监督问题整改情况，包括动态检查提出问题的整改情况和告警问题的整改情况；水轮机技术监督中存在的主要管理问题、设备问题及整改措施。

五、建立台账

建立本企业水轮机技术监督台账可保证设备运行状况的可追溯性，除设备的基本参数外，台账还应包括涉及该设备的历次检修、技改、设备异动记录。水轮机技术监督台账可参考表 8 - 1 - 2。

表 8 - 1 - 2　　　　　　　　　　　　　水轮机技术监督台账

序号	项目	序号	项目
1	机组结构型式	4	历次大修日期
2	制造厂商	5	水轮机数据（直径、重量、叶片数量、部件材质、间隙等）
3	投产日期	6	检修、技术改造记录

台账是技术监督管理的重要组成部分，对于设备的全寿命周期管理至关重要，在实际的技术监督工作中，台账往往容易被忽视，事情做了很多，记录却很少，造成台账记录不齐全、不规范以及记录时效性不足等情况，建议将台账作为档案进行管理。

第四节　水轮机技术监督告警制度

技术监督带有"监察"的性质，当发现有不满足规定、规范的情况时，有必要对其进行提示，达到一定程度时，就需要启动告警机制，告警制度是技术监督的基本制度之一。视情节的严重程度，技术监督告警分一般告警和重要告警。一般告警是指技术监督指标超出合格范围，需要引起重视，但不至于短期内造成重要设备损坏、停机、系统不稳定，且可以通过加强运行维护，缩短监视检测周期等临时措施，安全风险在可承受范围内的问题。重要告警是指一般告警问题存在劣化现象且劣化速度超出有关标准、规程范围，或有关标准规程及反事故措施要求立即处理的，或采取临时措施后，设备受损、负荷减供、环境污染的风险预测处于不可承受范围的问题。告警的分类，决定了告警问题的处理的时效性要求，严重告警问题往往涉及安全，要求立即处理或采取相应的有效的临时措施。

告警流程的发起，既可以是企业的技术监督网成员，也可以是外委的技术监督单位。告警的基本流程：问题出现-告警报告单（通知单）-处理-检查验收-告警解除。流程中，报告单与通知单的不同，体现的是告警机制启动的发起方的不同，简单来说，水力发电企业自己发现的告警问题，填写《技术监督告警报告单》，经审核、签发后报技术监督单位，重要告警可同时上报更上一级单位。外委的技术监督单位或上级主管单位对发现的告警问题，填写《技术监督告警通知单》，经审核、签发后发给有关水力发电企业，同时上报更上一级单位。告警问题的处理责任主体是水力发电企业，这就要求水力发电企业对技术监督告警问题，要充分重视，采取措施，进行风险评估，制定必要的应急预案、整改计划，全过程要责任到人，完成整改。视告警机制发起方的不同，告警问题的验收责任主体可以是水力发电企业，也可以是外委的技术监督单位。

从告警制度的设计来说，告警是一件严肃的事，因此，具体哪些项目可以作为告警，就需要慎之又慎。影响机组安全稳定运行的指标，无疑是最合适的。水轮机技术监督告警项目见表 8 - 1 - 3。

表 8 - 1 - 3　　　　　　　　　　　水轮机技术监督告警项目

告警分类	序号	告警项目
一般告警	1	主机振动达到报警值且连续超过 72h 未解除的
	2	机组任一瓦温达到报警值
	3	机组出现蠕动现象
	4	油压装置出现严重漏点
	5	机组出现溜负荷
重要告警	1	主机振动达到停运值的 80％且连续超过 72h 未解除的
	2	正常运行期间水机保护动作

一、一般告警项目

（1）主机振动达到报警值且连续超过 72h 未解除的。据统计，水轮发电机组有约 85％ 的故障可以从振动的异常反映出来，振动是水轮发电机组重要的运行参考量。报警值一般是根据国家标准和行业标准的限值得来，有一定的科学依据，再者，振动对机组的危害往往不是瞬间完成的，根据俄罗斯萨杨电站的事故原因分析，振动的危害主要体现在加剧了结构件的疲劳破坏，因此本告警项目加入了时效（72h）。

（2）机组任一瓦温达到报警值。轴瓦是机组动静结合面最重要的设备，根据轴承材质的不同，国家标准、行业标准分别规定了其运行温度的限值，瓦温异常，轻者可能导致轴承失效，重者引起烧瓦事故。而且，瓦温异常的背后往往还有冷却水系统、安装工艺、产品质量等问题，而瓦温异常只是表象，应引起足够的重视。

（3）机组出现蠕动现象。蠕动的主要原因是导叶漏水量过大，引起的危害一方面使机组的停机时间过长，影响机组的调节，另一方面，轴瓦可能发生干摩擦而损坏。

（4）油压装置出现严重漏点。油压装置出现严重漏点，尤其是内漏，极易造成液压系统失压，从而引起机组的飞逸事故。

（5）机组出现溜负荷。溜负荷可能是电气的原因，也可能是机械的原因，机组发生溜负荷时，调节频繁，严重时还会影响电能质量，增加机组控制结构件的断裂风险。

二、重要警告项目

（1）主机振动达到停运值的 80％且连续超过 72h 未解除的。除严重程度加深以外，原因与一般告警中关于振动的项目一样。

（2）正常运行期间水机保护动作。水机保护主要包含过速保护、瓦温保护、剪断销剪断保护、事故低油压等，被看做是机组安全运行的最后一道屏障，正常运行期间，水机保护动作，意味着运行过程中某些因素已触及机组安全"底线"，管理部门应重视。

第五节　水轮机技术监督范围及重要指标

水轮机技术监督范围指这项工作的对象，重要指标是对具体设备、参数的要求，是水轮机技术监督努力的方向。

一、水轮机技术监督的范围

水轮机技术监督的范围主要分为设备范围和性能范围。设备主要包括水轮机导水机构、转轮、蜗壳、顶盖、尾水管、主轴与轴承、调速器系统、水轮发电机组辅助系统、水机保护以及机组状态在线监测系统，监督内容包括这些设备的选型、设计、运行、检修、技术改造等方面，属于全寿命周期监督。性能主要是基于历史沿革和根据水轮发电机组的实际特点，划分了一部分涉及单项性能的监督内容，主要有水轮发电机组振动监督、水轮机水压力脉动监督、水力发电厂节能技术监督，以及水轮机试验监督。

二、水轮机技术监督指标

水轮机技术监督的依据是相关的国家标准、行业标准以及企业的相关文件和制度，技术标准就意味着对于具体的技术条件有具体的要求，梳理水轮机技术监督的重要指标，有助于我们从事技术监督工作时，能够抓住重点，针对性地制定相应的措施，保证水力发电厂的电力生产。结合国家能源集团颁布的水轮机技术监督细则，以下是水轮机技术监督主要指标。

（1）状态在线监测系统测点完好率大于或等于 95%。状态在线监测系统的测点完好率保证了反映机组运行状态数据的可靠性和准确性，有助于全面掌握水力发电机组的运行状况。

（2）机组振动、摆度不超过国家标准。其是对机组运行状态的具体要求，因为绝大多数水轮机的故障都可通过机组的振动和摆度数据反映出来。

（3）水机保护投入率为 100%，水机保护正确动作率为 100%。保证了机组在极端情况的安全性能，防范事故于未然或不至于造成事故进一步扩大。

水轮机本体技术监督

水轮机是水力发电厂电力生产的核心机械，是水轮机技术监督的主要对象，这里的水轮机本体不单指水轮机转轮，还包括了过流部件，如导水机构、顶盖、底环、尾水管、座环等，其性能的优劣，决定了电力生产是否可靠。水轮机技术监督是全寿命周期监督，对应水轮机本体，就包含了其选型、设计、安装调试、运行、检修、技术改造的全过程，本章先对水轮机基础知识进行简单的介绍，后续再从水轮机全寿命周期的不同阶段，阐述技术监督工作需重点关注的项目。

第一节 水轮机基础知识

水轮机是一种将河流中蕴藏的水能转换成旋转机械能的原动机。水流流过水轮机时，通过主轴带动发电机将旋转机械能转换为电能。水轮机与发电机连接成的整体称为水轮发电机组，它是水力发电厂的主要设备之一。

一、水轮机型式

根据转轮转换水流能量方式的不同，水轮机分为两大类：反击式水轮机和冲击式水轮机，反击式水轮机主要包括混流式、轴流式和贯流式水轮机，冲击式水轮机应用较多的是水斗式水轮机。

（一）反击式水轮机

反击式水轮机转轮区内的水流在通过转轮叶片流道时，始终是连续充满整个转轮的有压流动，并在转轮空间曲面型叶片的约束下，连续不断地改变流速的大小和方向，从而对转轮叶片产生一个反作用力，驱动转轮旋转。当水流通过水轮机后，其动能和势能大部分被转换成转轮的旋转机械能。

1. 混流式水轮机

如图 8-2-1 所示，混流式水轮机水流从四周径向进入转轮，然后近似以轴向流出转轮。其应用水头范围较广，为 20~700m，结构简单，运行稳定且效率高，是应用最广泛的一种水轮机。

2. 轴流式水轮机

如图 8-2-2 所示，轴流式水轮机水流在导叶与转轮之间由径向流动转变为轴向流动，而在转轮区内水流保持轴向流动，其应用水头为 3~80m，轴流式水轮机在中低水头、大流量水力发电厂中得到了广泛应用。根据其转轮叶片在运行中是否转动，又可分为轴流定桨式和轴流转桨式水轮机两种。轴流定桨式水轮机的转轮叶片是固定不动的，因而结构简单、造价较低，但它在偏离设计工况运行时效率会急剧下降，因此这种水轮机一般用于水头较低、出力较小以及水头变化幅度较小的水力发电厂。轴流转桨式水轮机的转轮叶片可以根据运行工况的改变而转动，从而扩大了高效率区的范围，提高了运行稳定性。但是，这种水轮机需要有一个操作叶片转动的机构，因而结构较复杂，造价较高，一般用于水头、出力均有较大变化幅度的大中型电站。

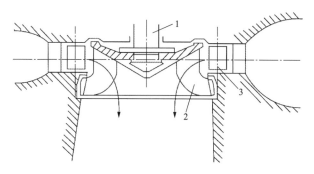

图 8-2-1　混流式水轮机
1—主轴；2—叶片；3—导叶

3. 贯流式水轮机

贯流式水轮机是一种流道近似为直筒状的卧轴式水轮机，它不设引水蜗壳，叶片可做成固定的和可转动的两种。根据其发电机装置形式的不同，分为全贯流式和半贯流式两类。目前以灯泡贯流式水轮机应用较多，其结构紧凑、稳定性好、效率较高，其发电机布置在被水环绕的钢制灯泡体内，水轮机和发电机可直接连接，也可通过增速装置连接。

（二）冲击式水轮机

如图 8-2-3 所示，冲击式水轮机的转轮始终处于大气中，来自压力钢管的高压水流在进入水轮机之前已

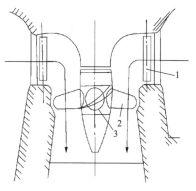

图 8-2-2　轴流式水轮机
1—导叶；2—叶片；3—转轮体

转变为高速自由射流，该射流冲击转轮的部分轮叶，并在轮叶的约束下发生流速大小的方向的急剧改变，从而将其动能大部分传递给轮叶，驱动转轮旋转。在射流冲击轮叶的整个过程中，射流内的压力基本不变，近似为大气压。常见的冲击式水轮机为水斗式水轮机。从喷嘴出来的高速自由水流沿圆周切线方向垂直冲击轮叶，这种水轮机适用于高水头、小流量的水力发电厂，特别是当水头超过 400m 时，由于结构强度和空蚀等条件的限制，混流式水轮机已不太适用，则常用水斗式水轮机。

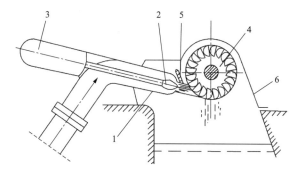

图 8-2-3　冲击式水轮机结构图（单喷嘴）
1—喷嘴；2—针阀；3—喷针移动装置；4—转轮；5—外调节机构；6—机壳

二、水轮机工作原理

水轮机在选型、设计、安装、调试、运行和检修过程中，遇到的种种问题，跟其工作原理是分不开的，下面简单介绍一下反击式和冲击式两类水轮机的工作原理。

（一）反击式水轮机工作原理

水流在反击式水轮机转轮中的运动是十分复杂的运动，水流通过水轮机转轮流道时，一方面沿着弯曲的转轮叶片做相对运动，另一方面又随转轮旋转。因此，转轮中的水流形成一种复杂运动，为简化问题，一般假定转轮叶片数和导叶数为无限多，且水流在水轮机中的运动可做如下假设。

（1）稳定流。认为在水头、流量和转速一定的情况下（即固定工况下），水流在引水室、导水机构、尾水管中的流动以及在转轮中相对于叶片的流动是稳定的，即不随时间而改变运动状况。

（2）轴对称流。认为水流对称于水轮机轴线流向导叶和转轮，即导叶周围的水流运动状况在360°的圆周线上各处相同。

水流在转轮中的运动，一方面是水流相对于转轮叶片流动，即相对运动，另一方面随转轮转动，即圆周运动或牵连运动。转轮中的水流的绝对运动可看成这两种运动的合成。若用速度关系表示，则绝对速度 $\vec{v}$ 是相对速度 $\vec{W}$ 与圆周速度 $\vec{U}$ 的矢量和，即

$$\vec{v} = \vec{W} + \vec{U}$$

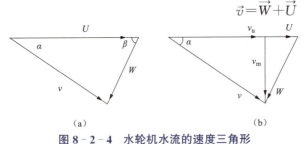

图8-2-4　水轮机水流的速度三角形

（a）速度三角形；（b）速度分解图

如图8-2-4所示，可用速度三角形表示。其中，绝对速度 $\vec{v}$ 表示在静止的地面上看到的水流速度，相对速度 $\vec{W}$ 表示随转轮一起运动时看到的水流速度，圆周速度 $\vec{U}$ 表示考察点随转轮转动时的线速度。

在实际应用中为了分析的方便，常把绝对速度 $\vec{v}$ 分解为

$$\vec{v} = \vec{v}_u + \vec{v}_m$$

式中　$\vec{v}_u$——绝对速度沿圆周方向的分量，称为绝对速度圆周分速度；

　　　$\vec{v}_m$——垂直于圆周方向的分量。因垂直圆周方向的平面都通过水轮机轴向，因而 $\vec{v}_m$ 在轴面上，故称 $\vec{v}_m$ 为轴面速度。

在转轮的水力设计时，或当分析水流在转轮中的流动时，常常要应用到这两个速度分量。水流通过转轮时，转轮获得能量的大小主要决定于水流流经转轮进、出口其运动状态的变化，而速度三角形实质上表征着水轮机的工作状态，这是因为速度三角形与水轮机工作参数水头 H、流量 Q 及转速 n 等直接有关。因此，有必要分析转轮进、出口速度三角形。

如图8-2-5所示，水轮机在运行过程中，其水头、流量、出力等参数总是不断地变化着，因此，其流道中的水流流态也是不断地改变的，相应这些不同运行工况的速度三角形也就不同。下面通过对水轮机变工况下转轮进、出口水流速度三角形的讨论，进一步了解水轮机内地水流运动状态。尤其是水轮机内的相对水力损失情况。

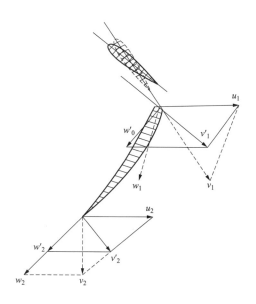

图 8‑2‑5　转轮的进出口速度三角形

1. 水轮机的最优工况

首先要明确两个定义，最优工况即效率最优的工况，非最优工况即最优工况以外的工况。在水轮机运行过程中，为了适应不同的负荷要求，必须改变导叶的安放位置（即改变导叶的出口角），调节流量，改变出力。水轮机在最优工况运行时，水力损失最小。而水力损失大小又主要取决于转轮的进口水流角 β_1（$\vec{W}_1$ 和 $\vec{U}_1$ 的夹角）和出口水流角 α_1（$\vec{v}_2$ 和 $\vec{U}_2$ 的夹角）。理论上，最优工况应发生在进口水流无撞击、出口水流呈法向的条件下。

（1）无撞击进口。如图 8‑2‑6 所示，转轮进口水流相对速度 $\vec{W}_1$ 的方向与叶片剖面中线在进口处的切线一致。此时，转轮的进口水流角等于叶片进口安放角，即 $\beta_1=\beta_{r1}$，水流对叶片不发生撞击和脱流，绕流平顺，水力损失小。

发生撞击时就会出现脱流和漩涡区，从而产生撞击损失。

（2）最优水流出口。不同水头下的反击式水轮机对最优水流出口的要求略有不同。对高水头水轮机，最理想的转轮出流是法向出口，而对中、低水头混流式水轮机及轴流式水轮机，转轮的略具正环量的水流出口是有利的。如图 8‑2‑7 所示，当从转轮流出的水流是沿着轴面流动且无旋时（$v_{u2}=0$），称为法向出口，此时出口水流角 $\alpha_2=90°$，出口速度三角形为直角三角形。

如图 8‑2‑8 所示，v_2 最小，可减小进入尾水管中的水流速度，减小水力损失（减小尾水管摩擦损失和出口动能损失）。尾水管进口轴面水流 v_{m2} 的动能可通过尾水管回收一大半，而旋转水流 v_{u2} 的动能却绝大部分不能回收而丢失了。在法向出口时，尾水管进口旋转动能为零，尾水管对水流剩余动能的利用最充分，尾水管出口水流动能损失最小。

当转轮出口水流略具正环量时，出口水流角 α_2 略小于 90°，v_{u2} 略大于零，此时的 v_{u2} 方向与转轮转动的方向一致。此出流与法向出口相比，对中、低水头混流式水轮机及轴流式水轮机，反而能减少水力损失，改善水轮机的效率及空蚀性能。

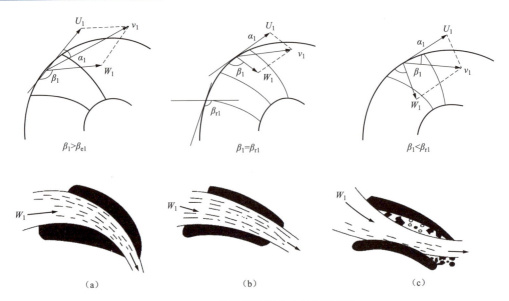

图 8-2-6 转转进口处的水流运动状况

(a) 正撞击进口；(b) 无撞击进口；(c) 负撞击进口

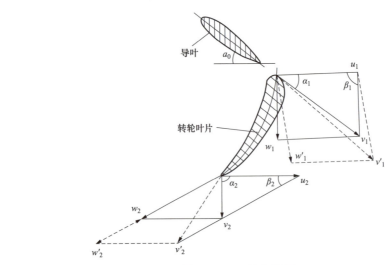

图 8-2-7 法向出口

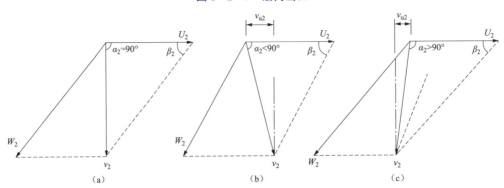

图 8-2-8 转轮出口的速度三角形比较

(a) $\alpha_2 = 90°$；(b) $\alpha_2 < 90°$；(c) $\alpha_2 > 90°$

2. 水轮机的非最优工况

水轮机在转轮无撞击进口和法向（或略具正环量）出口的条件下水力损失最小，水力效率最高。对于形状和尺寸均已确定的水轮机，最优工况只会在某个水头、流量和转速的条件下出现。但水轮机在实际运行中，水头、流量总是变化的，不可避免地要偏离最优工况。偏离最优工况后，可能诱发水轮机异常压力脉动、空蚀、效率降低等各种问题。

（二）冲击式（水斗式）水轮机工作原理

冲击式水轮机的喷嘴，将压力钢管引来的高压水流的压能转变为高速射流的动能，射流仅对转轮上的某几个叶片冲击做功，而且做功的整个过程也都是在大气压力下进行的，这样冲击式水轮机就能更适合于在高水头、小流量的条件下工作。冲击式水轮机的效率略低于混流式水轮机，但在高水头情况下和混流式水轮机相比，冲击式水轮机却有很大的优越性，它可以避免因控制空蚀要求而带来的过大基础开挖。因此，一般当水头超过 400～500m 时就不再应用混流式水轮机而代之以冲击式水轮机。

自喷嘴射出的射流以很大的绝对速度 v_0 射向运动着的转轮，v_0 可由下式求得

$$v_0 = K_v \sqrt{2gH} \tag{8-2-1}$$

式中　K_v——射流速度系数，一般为 0.97～0.98；

　　　g——重力加速度；

　　　H——自喷嘴中心算起的水轮机设计水头。

相应地，引申出转轮的速度三角形，射流进入斗叶后，射流对斗叶的绕流运动近似看为平面运动，它沿着斗叶的工作面向相反的方向分流。冲击式水轮机的转轮同样也改变着水流对主轴的动量矩，因此分析反击式水轮机工作原理所导出的水轮机基本方程式同样也适合于冲击式水轮机，在此忽略求证过程，直接引出冲击式水轮机的基本方程式，即

$$H\eta_s = \frac{1}{g}[U(v_0 - U)(1 + \cos\beta_2)] \tag{8-2-2}$$

式中　H——自喷嘴中心算起的水轮机设计水头；

　　　η_s——效率；

　　　U——转轮的圆周速度；

　　　v_0——射流绝对速度；

　　　β_2——叶片的出水角。

式（8-2-2）给出了冲击式水轮机将水流能量转换为旋转机械能的基本平衡关系。当水头为常数时，水轮机出力越大，也就是 η_0 最大的条件为：

（1）$1 + \cos\beta_2$ 为最大，则 $\beta_2 = 0$，即水斗叶面的转角为 180°。

（2）若 β_2 为某一固定角，$Uv_0 - U^2$ 为最大，得到 $U = 0.5v_0$。

这就是说，水斗叶片的出水角 $\beta_2 = 0$，射流在斗叶上进出口的转向为 180°，并且转轮的圆周速度 U 等于射流速度 v_0 的一半时，则水斗式水轮机的水力效率或出力最大。但实际上，为了使水斗排出的水流不冲击下一个水斗的背面，叶片的出水角 β_2 并不等于零，一般采用 $\beta_2 = 7°～13°$，同时射流在斗叶曲面上的运动是扩散的，各点的圆周速度 U 并不是均匀的，而且由于摩擦损失的影响，出口相对速度也并不是等于进口的相对速度。因此，最大出力并不发生在 $U = 0.5v_0$ 时，根据实验，冲击式水轮机最有利的 U/v_0 的比值为 0.42～0.49。

三、水轮机附属部件

水轮机是把水能转换为旋转机械能的设备，要完成这个做功过程，仅靠水轮机转轮是无法完成的，我们把除水轮机转轮以外的水力机械统称为水轮机附属部件，主要包括顶盖、导水机构、导轴承、密封装置、蜗壳、尾水管等。相应地，不同类型的水轮机的附属设备也是有很大差异的，下面就目前常见的几种水轮机型式，做一介绍。

(一) 混流式水轮机

混流式水轮机是应用最普遍的一种型式，其结构分为埋件部分、转动部分和导水机构三部分。

水从压力钢管流入蜗壳，继而通过座环和导水机构进入水轮机内，使转轮转动，并带动同轴的发电机转子，从而发出电来，从水轮机转轮泄出的水，经其下方的弯形尾水管流入下游。

1. 埋件部分

埋件部分包括尾水管、基础环、座环、蜗壳和机坑里衬等，这些埋件是水轮机基础的结构部件。另外，在蜗壳、尾水管锥管和尾水肘管上，分别设有进人门。

(1) 尾水管。尾水管主要用来回收转轮出口水流中的剩余能量，分为直锥形和弯肘形两种。直锥形是一种最简单的扩散形尾水管，广泛应用于中、小型水力发电厂的水轮机。而大、中型水力发电厂立轴式水轮机若采用直锥形尾水管，由于管子很长，且需将下游挖得很深，会大大增加土建工程量，甚至不可能实现，故必须采用弯肘形尾水管。尾水管锥管段和肘管部分一般采用金属里衬，并埋入混凝土中，里衬外侧用筋板和型钢加强。在尾水管最低点，设有盘形阀、相应的操动机构和排水管，以用于机组检修时排除尾水管中的积水。

(2) 基础环。基础环通常采用钢板焊接制成，作为底环的支撑平面，其上端面与座环的底部进行焊接，下端面与尾水管里衬的上端面进行焊接。基础环设有转轮支撑平面，在机组安装、拆卸期间，能够支撑主轴和发电机脱开时转轮和主轴的重量。该支撑平面与转轮之间有足够的间隙，且允许转轮的轴向移动，以便于拆卸主轴和推力轴瓦。基础环按永久埋入混凝土中设计，采用外加肋板来增加强度和刚度，防止变形，并确保基础环上的荷载可靠地传至混凝土基础。

(3) 座环。座环位于蜗壳与活动导叶之间，是一个环形结构部件，通常由上环板、下环板和若干个固定导叶组成。其上、下环的圆周与蜗壳相连接，固定导叶位于蜗壳和活动之间，是流线型的导水部件，同时座环又是水轮机的承重部件，整个机组固定部分和转动部分的重量、水的轴向压力及蜗壳顶上一部分混凝土的重量，均通过它传递到水力发电厂厂房的混凝土的基础上。此外，座环还通常作为机组装配的基准架。导水机构在工厂装配时，以及机组在电站安装时，往往需要根据座环的位置进行校正。座环的上、下环板采用优质的抗撕裂环形钢板焊接制成，固定导叶采用整铸或钢板卷焊。

由于水轮机的顶盖和机坑内常有漏水需要排除，因此，通常蜗壳尾部有 2～4 个固定导叶采用空心结构作为排水孔，以便渗漏水自流排到水力发电厂的排水廊道。

(4) 蜗壳。蜗壳的外形很像蜗牛的壳体，故得此名。为保证向导水机构均匀供水，蜗壳的断面逐渐减小。同时，它在导水机构前形成必要的环量，以减轻导水机构的工作。水轮机蜗壳可分为金属蜗壳和混凝土蜗壳，混凝土蜗壳一般用于水头在 40m 以下的机组，而水头高于 40m 的机组一般采用金属蜗壳。混凝土蜗壳实际上是在厂房水下部分大体积混凝土中做成的蜗形空腔，与金属蜗壳结构相近。金属蜗壳按其制造方法，有焊接和铸造两种类型，具体采用何种类型，视水轮机的水头和尺寸而定。铸造蜗壳刚度较大，能承受一定的外压力，常作为水轮机的支撑点，并在其上面直接布置导水机构及其操动机构。铸造蜗壳一般不全部埋入混凝土。蜗壳材料的选取通常根据其应用水头而定，水头小于 120m 的小型机组一般采用铸铁，水头大于 120m 的机组则多采用铸钢。对于钢板焊接结构的蜗壳，一般根据工地的运输条件及安装起吊容量限制进行分节，并尽量减少分节的数量，但也不宜太少，否则会影响蜗壳的水力性能。每节由几块钢板拼焊而成，蜗壳与座环之间也通过焊接连接，蜗壳的材料通常选用可焊性好的钢板。

2. 转动部分

水轮机转动部分包括转轮、水轮机轴及连接螺栓，该部分与发电机轴连接，其重量由发电机的推力轴承所支撑。

（1）转轮。水轮机转轮是水轮机的核心部件，其作用是将水流的能量转换成机械能。它由上冠、下环和叶片组成，一般为 13～15 片。转轮通过上冠与水轮机轴用螺栓连接，并采用法兰盘与发电机转子（一根轴结构）或发电机轴（两根轴结构）相连。在主轴靠近转轮处，装有水轮机导轴承，用以防止主轴的偏摆。为了减小转动部分与固定部分的间隙漏水，在转轮的下部边缘和上部边缘，分别设有上转动止漏环和下转动止漏环，而在相对应的固定部分上，则分别设有固定止漏环。

（2）水轮机轴。水轮机轴为中空结构，连接形式为法兰结构。水轮机轴通常采用适于热处理的碳钢，用锻制或钢板卷焊制成。轴中心通常设有自然补气设备及相应的水密封装置。

3. 导水机构

导水机构是导叶及导叶的传动零件一起组合起来的零部件的总称，其位置在座环和转轮之间。它的主要工作部件是若干个导叶，每一导叶装在各自的导水机构顶盖和底环的轴承中，并借导叶转臂、连杆与控制环相连，控制环又用销子和接力器的推拉杆连在一起，由水轮机的调速器来操作油压接力器的推拉杆，即可使控制环旋转，并使导叶转动一定角度，改变其过流面积（开度）。

（二）轴流式水轮机

对于轴流式水轮机，除转轮外，其余部件均与混流式相似。与混流式转轮相比，轴流式转轮的叶片数较少（3～8 片），转轮叶片随负荷变化，并与导水机构导叶协联动作，叶片的操动机构设在转轮体内，借助用油压操作的转轮接力器来使之动作。接力器的操作油管，通过主轴中心孔伸至装设在发电机轴端的受油器内。

（三）贯流式水轮机

贯流式水轮机类型较多，以灯泡贯流式应用最为广泛。灯泡贯流式水轮机主要由埋设部件、导水机构、转轮与转轮室、主轴与主轴密封及水导轴承等组成。

1. 埋设部件

灯泡贯流式水轮机（简称灯泡机组）的埋设部件包括尾水管、管形壳、发电机进人孔的框架与盖板、墩子盖板、接力器基础、支撑部件及发电机下部支撑等。

（1）尾水管。大型灯泡机组的尾水管里衬一般分成 3～7 节，运到现场后再拼焊成整体。

（2）管形壳。管形壳分为外壳体和内壳体，外壳体由上下部分、四块侧向块和前锥体组成，内壳体由上、下两半组成。外壳体上游面与发电机进人孔的框架、墩子盖板连接，下游面与外导水环连接。内壳体的上游面与定子机座连接，下游面与内导水环连接。

（3）发电机进人孔的框架和盖板。其作用是在安装或检修时，吊入发电机定子、转子、主轴和灯泡头等部件，并可固定发电机进人孔竖井。大型灯泡机组的发电机盖板还分为上盖板与下盖板，下盖板为多孔板，目的是减少甩负荷升压时对盖板的升压值。

（4）支撑部件。灯泡头下的球面支撑可承受灯泡头、定子等部件的重量，并在充水后承受浮力，且允许灯泡体有微小的位移（小于1mm）。设立侧向支撑的目的是承受灯泡的侧向力，并可防止灯泡体在运行时产生的振动。

（5）发电机下部支撑。在发电机下部支墩与定子外壳之间设立围板，其目的是为了导向水流，并可减少运行中水的阻力。围板下部用螺栓与支墩相连，上部随定子外壳切割而成。

2. 导水机构

灯泡机组的导水机构与立式机组不同，为锥形导水机构。其部件由控制环、连杆、拐臂、锥形导叶及内、外导水环等组成。为防止机组飞逸，在控制环的右侧设有关闭重锤。当调速器失去油压时，可依靠重锤所形成的关闭力矩，加上导叶水力矩有自关趋势，能可靠地关闭导叶。但在有油压而调速器的主配压阀卡住时，难以实现快速关闭，因此应设置事故配压阀。当主配压阀卡住时，高压油可直接通过事故配压阀进入接力器，从而关闭导叶。内、外导水环均为球面结构，导叶两端面亦为球面，这样能保证导叶在转动时能有效地封水。导叶内侧为一短轴，靠青铜瓦支撑在内导水环上，这种结构便于安装。当外导水环与导叶一起吊入后，利用内侧短轴可以很容易地从内导环插入导叶下轴孔。液压连杆由连杆头、活塞缸、活塞及活塞杆等组成。机组在正常运行时，液压连杆在正常位置与导叶一起运动。若关闭时导叶间有硬物卡住，液压连杆被压缩，活塞缸内的油将被挤到贮能器中去。当液压连杆的长度缩短到极限位置时，将通过位置开关发出事故信号。

3. 转轮与转轮室

（1）转轮。灯泡贯流式水轮机转轮叶片一般采用不锈钢制造，常用材质为ZGoCr13Ni4Mo、ZGoCr13Ni6Mo和ZGoCr16Ni5Mo等。按叶片操作方式，可采用活塞套筒式、操作架式和缸动方式等结构。为防止水进入转轮体腔内，一般设有重力油箱，其高程使进入转轮体腔内的油压略高于外部水压力。转动的叶片与转轮体间设有密封。常用的有λ型和U型密封。在正式吊入机坑前，组装好的转轮应做耐压试验，要求每小时转动叶片2～3次，检查叶片密封处有无漏油现象，一般允许有滴状渗油现象。

（2）转轮室。转轮室分上、下两半，上部设有观察孔，下部设有进人孔，以利检修。为防止空蚀，一般在上半部1/4圆周上堆焊不锈钢或用不锈钢整铸。

4. 主轴与主轴密封

（1）主轴。以管形壳为主要支撑结构的灯泡机组，常采用一根主轴的结构形式。其上游侧与发电机转子相连，下游侧与转轮体连接，两端均为悬臂形式。主轴常用ZG20SiMn锻制而成，中间为空心，其内装有操作油管。

（2）主轴密封。主轴密封可采用端面密封形式，密封环用耐热且耐磨的丁腈橡胶制成。为改善摩擦面冷却效果，在端面密封环上开设润滑沟。端面密封和轴一起转动，与固定密封环有一定的间隙，以保证润滑与冷却效果良好。固定密封环为不锈钢制成，在检修密封的摩擦面，堆一层抗磨层。端面密封为一根充气橡皮围带，充气压力为0.3～

0.7MPa，充气阀门可用手动阀门，如为自动开启阀门，则安装位置接点，作为机组启动时的闭锁条件。

5．水导轴承

水轮机导轴承位于水轮机转轮侧。由于水轮机转轮为悬臂形式，故要求水导轴承除承受径向力外，还要适应悬臂引起的扰度（转角）变化。

（四）冲击式水轮机

冲击式水轮机的流量调节是通过移动喷针，改变喷嘴出口的环形过流断面来实现，而喷针的移动则由调速器控制的接力器来操作。

（1）喷嘴。由压力钢管来的水流经喷嘴后，形成一股射流冲击到转轮上，这样，喷嘴内水流的压力能就转换成了射流的动能。

（2）喷针。借助于喷针的移动，可改变由喷嘴喷出的射流直径，从而改变水轮机的流量。

（3）转轮。它由圆盘和固定在其上面的若干个水斗组成，射流冲向水斗，将动能传给水斗，从而推动转轮旋转做功。

（4）折向器。它位于喷嘴和转轮之间。当水轮机突减负荷时，折向器迅速使喷向水斗的射流偏转，同时缓慢地关闭喷针到新负荷的位置，以避免压力钢管中引起过大的压力上升，当喷针稳定在新位置后，折向器又回到射流旁边，准备下一次动作。

（5）机壳。其作用是使做完功的水流流畅地排至下游，同时还可用来支撑水轮机轴承。机壳内的压力与大气压力相当。

四、水轮机性能指标介绍

评价水轮机性能如何，主要从三个方面着手，即效率、空化、稳定性。这三个要素不是单独存在的，相互影响，某些要素之间甚至可以说是互相制约的关系，如为了更高的效率，可能会损害水轮机运行的稳定性或者空化性能。优秀的水轮机设计，必然是水轮机运行适应其所处的运行环境，达到三者之间的平衡。

1．效率

效率是表征水力机械能量转换效果的指标，对于水轮机而言，比较重要的是加权平均效率和最优效率。加权平均效率计算公式为

$$\eta_w = (w_1\eta_1 + w_2\eta_2 + w_3\eta_3 + \cdots)/\sum w_i$$
$$= (\sum w_i\eta_i)/\sum w_i$$

(8-2-3)

式中　η_i——根据电站具体条件确定的不同水头与不同负荷下水轮机效率；

w_i——与各相对应的负荷历时或电能加权系数，$\sum w_i = 100$。

由计算公式可知，由于水轮机需要在不同的工况下运行，加权平均效率与工况有关，对于需要在不同工况下运行的水轮机，加权平均效率是表征水轮机效率特性最重要的参数。最优效率是指各工况下效率的最大值，部分水轮机设备厂家为了标榜水轮机的效率特性，会特意强调该值，对于轴流式、贯流式、冲击式这类效率变化较平缓的水轮机，最优效率高，意味着加权平均效率高，但混流式水轮机引用该值时，就需要注意其变化的趋势。

2．空化

水轮机的空化现象是水流在能量转换过程中产生的一种特殊现象。对于一般液体来说，

温度和压力是空化现象的主要因素，但对于水轮机而言，空化现象主要跟压力的变化有关。根据伯努利方程的描述，流体的速度越高，压力就越小，水轮机内部的流态也满足这个现象，水流流过水轮机叶片做功的过程中，压力剧烈变化，当压力下降到临界值时，即发生空化现象。空化现象是引起空蚀破坏的根源，上文已经提到，液体的空化与压力有关，当压力增加时，之前空化产生的气泡随着溃灭，溃灭如果发生在过流表面，可能引起过流表面的材料损坏，这个过程就是空蚀。

影响水轮机空化系数的因素比较复杂，很难直接用理论计算来求得。目前，主要是通过水轮机模型空化试验来进行实测确定。空化试验不仅能测得水轮机流道中发生空化的部位，而且能获得两种空化系数，即初生空化系数 σ_i 和临界空化系数 σ_c。初生空化系数 σ_i 可根据在模型试验中通过观察叶片表面刚开始出现可见气泡时相应的空化系数来确定。为了防止由于各个叶片表面加工质量不同而出现误差，初生空化系数一般采用三个叶片同时出现一个可见气泡来确定。临界空化系数 σ_c 是指由于发生空蚀使水轮机效率开始下降时的空化系数。实际应用中，临界空化系数通常采用以下三种之一（与无空蚀工况效率相比）：

（1）效率开始变化时的空化系数，称为 σ_0。

（2）效率降低 1% 时的空化系数，称为 σ_1。

（3）无空蚀工况的效率线与效率急剧下降线交点处的空化系数，称为 σ_s。

经试验和理论分析可以证明，空化系数随着比转速的增大而增加。因此，目前利用比转速减小水轮机尺寸和重量，以提高单机容量的办法受到了空化条件的限制。

空化主要与水轮机吸出高度和安装高程有关。反击式水轮机转轮流道压力最低点出现在叶片背面接近出口边的点，在该区域最易发生翼型空蚀。在装置水轮机时，可通过选择合适的吸出高度来控制转轮出口处的压力值，以避免翼型空蚀的发生，吸出高度越小，则水轮机的装机高程越低，水轮机防空蚀性能越好，但水力发电厂的土建投资则越大。因此，选择合理的吸出高度，是水轮机参数优化和水力发电厂总体设计的技术经济的重要问题之一。

如上所述，临界空化系数采用能量法确定，虽考虑了不破坏水轮机的工作特性和不发生剧烈振动，但并不能保证不发生空蚀。实际上，在该工况下，空蚀往往已经发生。因此，装置空化系数必须大于临界空化系数，并保证一定的裕度。这个裕度规程规范都有相应的要求。

3. 稳定性

稳定性是水轮机运行过程中，最容易监测到的性能指标，主要包括振动、摆度、压力脉动、噪声等，其中，除摆度可能与安装工艺有关外，其他几个指标的根源均为压力脉动（本处单指水轮机），因此，狭义的水轮机稳定性主要指水轮机流道中水流的压力脉动，通常与水轮发电机组的振动或振动稳定性联系在一起：引起比较强烈振动的，就是水力稳定性比较差；没有引起明显振动或者振动水平不超过规定值的，就是水力稳定性比较好。

稳定性的工程含义通常是指机组的振动幅值大小是否超过了规定的数值，超过了就是不稳定或不够稳定，长期这样运行可能不安全。对于水轮机的稳定性，我们重点关注两种压力脉动，一是常规的压力脉动，如混流式固有的尾水管涡带、小开度的压力脉动等。二是异常压力脉动，如卡门涡引起的压力脉动、水体共振引起的压力脉动等。目前对压力脉动的成因和机理研究尚有许多不足，大部分情况下，只能了解其影响的工况和程度，无法通过工程措施处理，在运行过程中，最常见的方式是避开运行。

第二节　水轮机选型技术监督

选型是水轮机全寿命周期的第一个阶段，选型是否科学、合理，直接决定了后期运行的质量，甚至可以这样说，大部分后期运行遇到的问题都跟选型不慎有关。目前存在一些中小型电站，投产早、标准低，为后面运行埋下了隐患，整治难度极大。

一、水轮机选型的基本方法

1. 应用统计资料选择水轮机

这种方法以已建水力发电厂的统计资料为基础，通过汇集、统计国内外水力发电厂的水轮机的基本参数，再把他们按水轮机型式、应用水头、单机容量等参数进行分析归类，在此基础上，用数理统计法作出水轮机的比转速、单位参数与应用水头的关系曲线，以及空化系数与比转速关系曲线，或者用数值逼近法得出关于这些参数的经验公式。当确定新建水力发电厂的水头与装机容量等基本参数后，可根据统计曲线或经验公式确定水轮机型式与基本参数。与之类似，对于一些小型水力发电厂的设计，合理套用与拟建电站的基本参数，也不失为一种简便的方法。

2. 按水轮机系列型谱选择水轮机

如果水轮机设备经过了系列化、通用化与标准化，制定了水轮机型谱，并通过模型试验获得了各型号水轮机的基本参数与模型综合特性曲线，这样，设计者也可以根据型谱和模型综合运转特性曲线来选择合适的水轮机。

二、水轮机选型一般的技术要求

水轮机选型设计也是水力发电厂设计中的一项重要工作，它不仅包括水轮机型号的选择和有关参数的确定，还应认真分析与选型设计有关的各种因素，如水轮发电机的制造、安装、运输、运行维护、电力用户的要求以及水力发电厂枢纽布置、土建施工、工期安排等。因此，在选型设计过程中应广泛征集水工、机电和施工等多方面的意见，列出可能的待选方案，进行各方案之间的动能经济比较和综合分析，力求选出技术上先进可靠、经济上合理的水轮机。

梳理相关规程要求，下面列举了部分关于水轮机选型阶段的技术要求：

（1）水轮机应根据水力发电厂和水轮机的运行特点，合理选择其型式，保证机组长期安全、稳定、可靠高效地运行，以获得最佳经济效益。

（2）水轮机的比转速、额定转速应通过技术经济比较确定。

（3）水轮机转轮公称直径应在保证发足额功率和获得最佳经济效益的前提下选取。

（4）为避免引水系统的水力共振，应特别注意引水系统的参数和水轮机参数的选择、匹配。

（5）水轮机的吸出高度（排出高度）的选择应满足水轮机在规定的运行范围内稳定运行和经济合理。

（6）水轮机的设计和供货必须考虑到水力发电厂厂房布置、运行检修方式、运输条件、制造能力等的要求以及水轮发电机、调速器、进水阀等的相互联系，按合同技术协议执行。

（7）反击式水轮机蜗壳、尾水管（含中间墩）的形状和尺寸，冲击式水轮机的分流管、机壳和机坑应结合水力发电厂厂房布置的要求设计，并经模型试验优化。

（8）水轮机的结构在保证必需的刚度、强度下做到便于装拆、维修，对易损部件便于检查、更换。

（9）必须保证水轮机在不拆卸发电机转子、定子和水轮机顶盖、主轴等主要部件的情况下能够更换下列零部件：水轮机导轴承、冷却器和主轴的工作及检修密封，水轮机导水机构接力器的密封件及活塞环，导水机构的传动部件、导叶轴径密封件及保护元件，转桨式水轮机转轮叶片的密封零件及保护元件，冲击式水轮机的喷管、折向器及转轮等。

（10）在水轮机易空蚀部位应采用抗空蚀材料或必要的减少空蚀危害的措施，在含沙水流及高含气量以及酸、碱等特殊水质条件下运行的水轮机，应采取相应的减轻磨蚀和腐蚀的措施。

（11）水轮机标准零部件应保证其通用性。

（12）水轮机的转轮、导叶、顶盖、底环、喷针、喷嘴等部件宜能互换。

（13）新技术、新材料、新工艺一般应经过工业试验或技术鉴定合格后才能正式采用。

（14）水轮机的主要结构部件的材料均应符合国家或行业标准，尚无标准的应通过协商或选用有关的国际标准。

（15）铸锻件材料应符合国家专门技术条件的规定并有出厂合格证书，重要铸锻件应有需方代表参加检验，铸锻件的较大缺陷处理应征得用户同意。

三、不同型式水轮机选型阶段的特殊要求

除一般要求外，不同的机型还有不同的要求，就目前常见的机组机型，即混流式、轴流式、贯流式和冲击式，选型阶段还应注意不同的项目。

（一）混流式机组

混流式水轮机水头应用范围宽，对水质的要求低，是目前最常见的水轮机形式，正因为如此，针对不同水头、不同水质条件的混流式机组，选型也是不一样的，尤其应该注意：水轮机座环宜采用平行边式结构；蜗壳进口流速应结合模型试验通过技术经济比较确定；水轮机应具有足够的结构刚度，并采用自然补气或其他减振措施，以保证水轮机在规定功率范围内，机组的振动值不超过规程的规定；中高水头混流式水轮机可在上冠设置泵板结构，采用从顶盖上引取上密封环漏水作为机组冷却水，并配套采用不接触型主轴密封结构；混流式水轮机根据需要可采用与顶盖、座环相配套的筒形阀设备；过机含沙量较大的水力发电厂，水轮机设计应合理选择水力设计参数，其某些过流部件应采用耐磨的材料制造或采取必要的防磨蚀措施，以减轻其表面的损坏，对过机含沙量较大，采取从中部或下部拆装转轮的水轮机，应能在不吊出发电机转子条件下对水轮机个别易损部件进行更换；大型、特别是运行水头变幅较大的混流式水轮机转轮应研究并优化其水力稳定性，并在充分考虑其强度、刚度基础上，合理增加上冠、叶片高应力部位和下环的厚度，以保证转轮的疲劳寿命；转轮在制造焊接中应采用各种措施确保转轮叶片中不出现裂纹。

（二）轴流式机组

轴流式水轮机主要应用低水头、大流量的电站，导叶和桨叶的协联运行，可以显著提高机组的效率和运行稳定性，选型阶段的注意点就主要集中在这方面：转轮的轮毂表面、叶

片和转轮室的喉管部分宜用不锈钢制造，如采用堆焊，加工后的焊层厚度不应小于10mm；水轮机的转轮室应有足够的刚度；水轮机应设置可靠的防抬机和止推装置；水轮机转轮叶片应采用专用工具吊装，不允许在叶片上开吊孔吊装叶片及吊起转轮体；转桨式水轮机转轮叶片的密封应为双向多层耐油耐压材料，并能在不拆出叶片条件下更换密封，出厂试验时叶片密封应无漏油现象；采用混凝土蜗壳时，座环与混凝土相接部位应设置防渗用的嵌入钢板。

（三）冲击式机组

不同于反击式机组，冲击式水轮机仅利用了水流的动能，结构形式与反击式水轮机有明显的区别，结构形式差异较大。需要注意的是：大型冲击式水轮机应优先采用竖轴式结构；冲击式水轮机转轮、喷嘴和喷针宜采用不锈钢制造，在高速水流作用的部件表面宜采用高硬、耐磨材料制造；竖轴冲击式水轮机的转轮和喷管应满足从上经发电机定子中心和向下自机壳内拆装运出；多喷嘴冲击式水轮机应根据输出功率的大小自动投入或切除相应数目的喷嘴，改变喷嘴数时水轮机应能正常安全稳定运行，各射流间应无干扰；冲击式水轮机的每个喷嘴和折向器均应有单独的操作接力器。各喷针应有单独的电气回复机构的开度指示，折向器应有单独的开、关位置指示信号；冲击式水轮机应有制动喷嘴及相应的自动化元件；冲击式水轮机可采用反向水斗装置，以抑制其飞逸转速；冲击式水轮机的排水高度应满足水轮机安全稳定运行和效率不受影响。在设计最高尾水位时，尾水渠水面以上应有足够的通气高度；冲击式水轮机转轮应采用整体铸造、铸焊、锻造加微铸结构，并应进行必要的热处理和多种探伤检查；冲击式水轮机的机壳上应有必要的补气、隔声和消声措施。

（四）贯流式机组

与轴流式机组结构类似，在此不再赘述。

在实际的技术监督工作中，对水轮机的效率、空化、稳定性该如何平衡，对于水轮机的选型存在一定的制约关系。总体来说，水轮机比转速的选择应根据水头、空化特性、水质条件和设计制造水平等条件综合比较，合理选择，应优先考虑水轮机的稳定性和效率；对水头变幅大的大型水力发电厂水轮机的类型进行选择应主要考虑水轮机的运行稳定性要求；对于预期磨蚀严重的水轮机，不宜追求高参数（效率、功率、比转速等），应根据泥沙条件和运行要求选择合适的参数。水轮机属于典型的非标产品，其面临的运行条件基本上没有任何两个电站是相同的，水头、泥沙、调节方式等外部条件均是水轮机选型需考虑的因素，这些因素中，也要区分哪些是重要因素，哪些是次要因素，通常说来，最有可能引起水轮机破坏的因素即为最优先考虑的因素。

第三节　水轮机本体设计监督

水轮机的设计应贯彻国家基本建设方针，体现当前的经济和技术政策。除按相关规范进行设计外，还应符合现行的有关国家标准和行业标准、技术管理法规的规定和满足水力发电的设计要求。在完成规划选点设计，水力发电厂的装机容量已确定后，通常的设计程序为预可行性研究报告、可行性研究报告、招标规划报告及施工图设计四个阶段。

水轮机的设计除遵循"参考设计"或"典型设计"外，在设计上应不断有所创新，并积极采用先进的设计手段，如计算流体力学（CFD）要求采用计算机辅助设计（CAD）技术。

在水力发电厂的装机容量确定的前提下，单机容量和机组台数的选择应考虑以下原则：电力系统对水力发电厂在汛期和非汛期输出功率、机组运行方式和检修的要求，以及单机容量占电网工作容量的比例；水库的调节性能，水头、流量及水文特性与运行方式；枢纽布置条件；对外运输条件；河流及过机泥沙特性；机组设备制造能力和技术水平；其他特殊技术要求，如水力发电厂自然环境特点和综合利用要求等具体情况。

水轮机单机容量和台数的选择，首先拟定不同的单机容量方案（一般情况下机组台数应不少于两台），按以上主要原则，经技术经济比较后选定。设计方案应综合考虑安装、试验、运行、检修和维护等方面的合理需求，进行综合比较。并积极开展科学试验，从实际出发，慎重地采用新技术、新设备、新材料。水力发电厂按"无人值班（少人值守）"或"少人值班"的原则设计。为此，按照规程的技术要求配备动作可靠、数量足够、性能优良的自动化元件。

水力监测系统的设计应满足水轮发电机组安全可靠、经济运行、自动控制及试验测量的要求。常规测量项目包括上/下游水位、水力发电厂水头、拦污栅前/后压差、蜗壳进口压力、顶盖压力、导水叶进/出口压力、尾水管进/出口压力及脉动压力、水轮机的流量等。

大型水力发电厂的调节保证计算应根据模型试验结果、输水系统的类型和参数，对水轮发电机组甩负荷等过渡过程用计算机仿真系统进行计算，优选导叶关闭规律和调节参数，必要时还应对调节系统的稳定性进行分析和计算。保证机组甩负荷时的最大转速升高率和蜗壳水压升高值等满足规范及合同要求。

第四节　水轮机安装和调试技术监督

安装和调试是机组投入生产前工作量最大的工作，也说明了其对后期生产的重要性，GB/T 8564《水轮发电机组安装技术规范》和 DL/T 507《水轮发电机组启动试验规程》对机组的安装质量、调试过程有明确的要求。另外，针对装机容量较小的机组，水利部也出台了部分标准，在对照标准的时候，应注意标准的适用性。

一、水轮机安装阶段技术监督

（一）水轮机安装阶段技术监督内容

作为一项复杂的系统工程，水轮机安装除应遵守安装标准外，还应遵守国家及有关部门颁发的现行安全防护、环境保护、消防等规程的有关要求。首先需要明确的是，水轮发电机组在所有电力设备中，属于典型的非标件，几乎没有相同的两个水力发电厂，因此，有关安装的过程、质量控制尤为重要，目前的标准规范并不能全部涵盖完，在实际安装过程中，不管是业主、设备方还是安装方，遇到具体的问题时，通常采取一事一议，协商的方式解决。在本阶段技术监督的主要内容有设备到达接受地点的开箱验收、保管按规定执行；埋设部件安装（尾水管、蜗壳、座环、贯流式水轮机管型座和流道盖板等），包括埋设部件在电站的拼装、焊接、焊缝无损检测、安装中心、高程及相应高程的管路配置和管路耐压试验；大型水轮机转轮在电站的焊接、焊缝无损检测、组装，转桨式（含贯流式）水轮机转轮体装配、耐压及动作试验；导水机构预装、正式安装；水轮机主轴安装和主轴连接螺栓伸长值检查，主轴水平和垂直偏差调整，转动部分安装就位；水轮机各部件的安装中心和高程；水导轴承轴瓦研刮、安装，轴承冷油器耐压及油箱渗漏试验，主轴密封组装和安装，检修密封空气围带渗漏试验、充气、排气和保压试验；冲击式水轮机喷嘴，接力器安装、严密性耐压试验；水轮机调速器及油压装置安装；进水阀门及伸缩节安装。

由于水轮机机型不同及结构布置的差异，在具体安装项目和要求方面视所选用的机型再增减部分项目。根据设计单位和制造厂已经审定的机组安装图及有关结构说明书等资料进行机组及其辅助设备的安装。

机组及辅助设备的安装记录，设备的安装运行及维护说明书，设备装配图和零部件结构图，设备出厂合格证、检查、试验记录，这些文件应同时作为机组及其辅助设备安装及质量监督的重要依据。设备阶段性检查和安装过程缺陷处理均应有检验记录，对安装过程中发现的设备缺陷或安装质量未达到标准的项目，应由有关单位负责处理到合格为止。安装所用的全部材料应符合设计要求，对主要材料应有材质检验报告和原厂家出厂检验合格证明。

水轮机安装完毕，要求安装单位提交：安装竣工图及资料，按 GB/T 8564—2003《水轮发电机组安装技术规范》附录 A 中有关内容的安装记录；随设备到货的出厂记录；设计修改通知书；无损检测资料；主要设备缺陷处理一览表及有关设备处理的技术资料、备忘录。

（二）水轮机安装阶段注意事项

1. 一般规定

按照一般的过程管控流程，一般可以把安装分为准备阶段、实施阶段和验收阶段。

准备阶段，一方面对照技术标准和合同规定，验收到货设备和专用工具，并准备非标材料；另一方面，收集图纸、技术文件、试验记录等，既在此基础上作出符合施工实际及合理的施工组织设计，又可作为后续安装质量验收的依据。这个过程中，尤其注意部分特殊设备的检验情况。

技术监督的重点是安装的实施和验收阶段。在实施和验收阶段，离不开规程规范的指导和规定，除特殊规定外，根据水轮发电机组的特点，GB/T 8564 还做了一般规定，作为水轮发电机组的基础性要求，具体内容如下。

（1）设备在安装前应进行全面清扫、检查，对重要部件的主要尺寸及配合公差应根据图纸要求并对照出厂记录进行校核。设备检查和缺陷处理应有记录和签证。制造厂质量保证的整装到货设备在保证期内可不分解。

（2）设备基础垫板的埋设，其高程偏差一般不超过 $-5\sim0$ mm，中心和分布位置偏差一般不大于 10mm，水平偏差一般不大于 1mm/m。

（3）埋设部件安装后应加固牢靠。基础螺栓、千斤顶、拉紧器、楔子板、基础板等均应点焊固定。埋设部件与混凝土结合面，应无油污和严重锈蚀。

（4）地脚螺栓的安装，应符合下列要求：检查地脚螺栓孔位应正确，孔内壁应凿毛并清扫干净，螺孔中心线与基础中心线偏差不大于 10mm，高程和螺栓孔深度符合设计要求，螺栓孔壁的垂直度偏差不大于 $L/200$（L 为地脚螺栓的长度 mm），且小于 10mm；二期混凝土直埋式和套管埋入式地脚螺栓的中心、高程应符合设计要求，其中心偏差不大于 2mm，高程偏差不大于 $0\sim3$ mm，垂直度偏差应小于 $L/450$；地脚螺栓采用预埋钢筋、在其上焊接螺杆时，应符合以下要求：预埋钢筋的材质应与地脚螺栓的材质基本一致；预埋钢筋的断面积应大于螺栓的断面积，且预埋钢筋应垂直；螺栓与预埋钢筋采用双面焊接时，其焊接长度不应小于 5 倍地脚螺栓的直径；采用单面焊接时，其焊接长度不应小于 10 倍地脚螺栓的直径。

（5）楔子板应成对使用，搭接长度在 2/3 以上。对于承受重要部件的楔子板，安装后应用 0.05mm 塞尺检查接触情况，每侧接触长度应大于 70%。

（6）设备安装应在基础混凝土强度达到设计值的 70% 后进行。基础板二期混凝土应浇筑密实。

（7）设备组合面应光洁、无毛刺。合缝间隙用 0.05mm 塞尺检查，不能通过；允许有局部间隙，用 0.10mm 塞尺检查，深度不应超过组合面宽度的 1/3，总长不应超过周长的 20%；组合螺栓及销钉周围不应有间隙。组合缝处安装面错牙一般不超过 0.10mm。

（8）部件的装配应注意配合标记。多台机组在安装时，每台机组应用标有同一系列标号的部件进行装配。同类部件或测点在安装记录里的顺序编号，对固定部件，应从 Y 开始，顺时针编号（从发电机端视，下同）；对转动部件，应从转子 1 号磁极的位置开始，除轴上盘车测点为逆时针编号外，其余均为顺时针编号；应注意制造厂的编号规定是否与上述一致。

（9）有预紧力要求的连接螺栓，其预应力偏差不超过规定值的 10%。制造厂无明确要求时，预紧力不小于设计工作压力的 2 倍，且不超过材料屈服强度的 3/4。安装细牙连接螺栓时，螺纹应涂润滑剂；连接螺栓应分次均匀紧固；采用热态拧紧的螺栓，紧固后应在室温下抽查 20% 左右螺栓的预紧度。各部件安装定位后，应按设计要求钻铰销钉孔并配装销钉。螺栓、螺母、销钉均应按设计要求锁定牢固。

（10）机组的一般性测量应符合下列要求：所有测量工具应定期在有资质的计量检验部门检验、校正合格；机组安装用的 X、Y 基准线标点及高程点，相对于厂房基准点的误差不应超过 1mm；各部位高程差的测量误差不应超过 0.5mm；水平测量误差不应超过 0.02mm/m；中心测量所使用的钢丝线直径一般为 0.3～0.4mm，其拉应力应不小于 1200MPa；无论用何种方法测量机组中心或圆度，其测量误差一般应不大于 0.05mm；应注意温度变化对测量精度的影响，测量时应根据温度的变化对测量数值进行修正。

（11）现场制造的承压设备及连接件进行强度耐水压试验时，试验压力为 1.5 倍额定工作压力，但最低压力不得小于 0.4MPa，保持 10min，无渗漏及裂纹等异常现象。设备及其连接件进行严密性耐压试验时，试验压力为 1.25 倍实际工作压力，保持 30min，无渗漏现象；进行严密性试验时，试验压力为实际工作压力，保持 8h，无渗漏现象。单个冷却器应按设计要求的试验压力进行耐水压试验，设计无规定时，试验压力一般为工作压力的 2 倍，但不低于 0.4MPa，保持 30min，无渗漏现象。

（12）设备容器进行煤油渗漏试验时，至少保持 4h，应无渗漏现象，容器做完渗漏试验后一般不宜再拆卸。

（13）单根键应与键槽配合检查，其公差应符合设计要求。成对键应配对检查，平行度应符合设计要求。

（14）机组及其附属设备的焊接应符合下列要求：参加机组及其附属设备各部件焊接的焊工应按 DL/T 679《焊工技术考核规程》或制造厂规定的要求进行定期专项培训和考核，

考试合格后持证上岗；所有焊接焊缝的长度和高度应符合图纸要求，焊接质量应按设计图纸要求进行检验；对于重要部件的焊接，应按焊接工艺评定后制定的焊接工艺程序或制造厂规定的焊接工艺规程进行。

（15）机组和调速系统所用透平油的牌号应符合设计规定，各项指标符合 GB 11120《涡轮机油》的规定。

（16）机组所有的监测装置和自动化元件应按出厂技术条件检查试验合格。

（17）水轮发电机组的部件组装和总装配时以及安装后都必须保持清洁，机组安装后必须对机组内、外部仔细清扫和检查，不允许有任何杂物和不清洁之处。

（18）水轮发电机组各部件的防腐涂漆应满足下列要求：机组各部件均应按设计图纸要求在制造厂内进行表面预处理和涂漆防护；需要在工地喷涂表层面漆的部件（包括工地焊缝）应按设计要求进行，若喷涂的颜色与厂房装饰不协调时，除管道颜色外，可作适当变动；在安装过程中部件表面涂层局部损伤时，应按部件原涂层的要求进行修补；现场施工的涂层应均匀、无起泡、无皱纹，颜色应一致；合同规定或有特殊要求需在工地涂漆的部件，应符合规定。

2. 特殊规定

除了一般规定外，针对不同型式的水轮机，根据其特点，还有一些特殊的要求和规定，限于篇幅有限，仅就常出现问题、容易忽略的内容以及安装的质量验收做一阐述。

（1）立式反击式水轮机。基础环、座环是水轮机安装的基础，犹如大厦的地基，甚至影响到发电机的安装质量，因此，其安装的允许偏差要求甚高，应符合规程要求。支柱式座环的上环和固定导叶安装时，座环与基础环的方位偏差方向应一致。为保证导叶端部间隙符合设计要求，应严格控制基础环上平面至座环上平面高度尺寸，考虑混凝土浇筑引起座环的变形、测量工具的误差，以及运行中顶盖的变形引起导叶端面间隙的减小值。为减小座环在混凝土浇筑过程中的变形，座环应有可靠的加固措施。

对于部分需要在现场装配的水轮机转轮，如混流式水轮机，其分瓣转轮应按专门制定的组焊工艺进行组装、焊接及热处理，并符合要求。分瓣转轮应在磨圆后作静平衡试验。试验时应带引水板，配重块应焊在引水板下面的上冠顶面上，焊接应牢固。

止漏环在工地装焊前，安装止漏环处的转轮圆度应符合要求，装焊后，止漏环应贴合严密，焊缝质量符合设计要求。止漏环间隙满足设计要求。主轴与转轮连接，法兰组合面应无间隙，用 0.03mm 塞尺检查，不能塞入；法兰护罩的螺栓凹坑应填平；泄水锥螺栓应点焊牢固，护板焊接应采取防止变形措施，焊缝应磨平。主轴与转轮的连接螺栓伸长值或预紧力满足设计要求。转轮各部位的同轴度及圆度，以主轴为中心进行检查，各半径与平均半径之差，应符合规程的要求。

水轮机导水机构有预装的需要，导水机构预装前，进行机坑测定，测定座环镗口圆度以确定机组中心；测量座环和基础环上平面高程和水平，并计算高差，应符合图纸要求。设计有筒形阀的水轮机，筒形阀应参加导水机构预装。导叶端面间隙应符合设计要求。导叶止推环轴向间隙不应大于该导叶上部间隙值的 50%，导叶应转动灵活。在最大开度位置时，导叶与挡块之间距离应符合设计要求，无规定时应留 5～10mm。连杆应在导叶和控制环位于某一小开度位置的情况下进行连接和调整，在全关位置下进行导叶立面间隙检查。连杆的连接也可在导叶用钢丝绳捆紧及控制环在全关位置的情况下进行。导叶关闭圆偏差应符合设计要求。连杆应调水平，两端高低差不大于 1mm。测量并记录两轴孔间的距离。导叶立面间隙，在用钢丝绳捆紧的情况下，用 0.05mm 塞尺检查，不能通过；局部间隙不超过表 8-2-1 的要求。其间隙的总长度，不超过导叶高度的 25%。当设计有特殊要求时，应符合设计要求。

表 8-2-1　　　　　　　　　　　导叶允许局部立面　　　　　　　　　　　　　mm

| 项目 | 导叶高度 h | | | | | 说明 |
	$h<600$	$600\leqslant h<1200$	$1200\leqslant h<2000$	$2000\leqslant h<4000$	$h\geqslant4000$	
不带密封条的导叶	0.05	0.10	0.13	0.15	0.20	
带密封条的导叶	0.15			0.20		在密封条装入后检查导叶立面，应无间隙

需在工地分解的接力器进行分解、清洗、检查和装配后，各配合间隙应符合设计要求、各组合面间隙要求；接力器应按要求作严密性耐压试验。摇摆式接力器在试验时，分油器套应来回转动 3～5 次；接力器安装的水平偏差，在活塞处于全关、中间、全开位置时，测套筒或活塞杆水平不应大于 0.10mm/m；接力器的压紧行程应符合制造厂设计要求，制造厂无要求时，按表 8-2-2 要求确定；节流装置的位置及开度大小应符合设计要求；接力器活塞移动应平稳、灵活，活塞行程应符合设计要求。直缸接力器两活塞行程偏差不应大于 1mm；摇摆式接力器的分油器配管后，接力器动作应灵活。

表 8-2-2　　　　　　　　　　　接力器压紧行程值　　　　　　　　　　　　　mm

| 项目 | | 转轮直径 D | | | | | 说明 |
		$D<3000$	$3000\leqslant D<6000$	$6000\leqslant D<8000$	$8000\leqslant D<10000$	$D\geqslant10000$	
直缸式接力器	带密封条的导叶	4～7	6～8	7～10	8～13	10～15	撤除接力器油压，测量活塞返回距离的行程值
	不带密封条的导叶	3～6	5～7	6～9	7～12	9～14	
摇摆式接力器		导叶在全关位置，当接力器自无压升至工作油压的 50% 时，其活塞移动值，即为压紧行程					如限位装置调整方便，也可按直缸接力器要求来确定

导轴瓦安装应在机组轴线及推力瓦受力调整合格、水轮机止漏环间隙及发电机空气间隙符合要求的条件下进行。为便于复查转轴的中心位置，应在轴承固定部分合适部位建立中心测点，测量并记录有关数据；导轴瓦安装时，一般应根据主轴中心位置，并考虑盘车的摆度方向及大小进行间隙调整，安装总间隙应符合设计要求。但对只有两部导轴承的机组，调整间隙时，可不考虑摆度；分块式导轴瓦间隙允许偏差不应超过 ±0.02mm；筒式导轴瓦间隙允许偏差应在分配间隙值的 ±20% 以内，瓦面应保持垂直。

轴承安装后稀油轴承油箱，不允许漏油，一般要求作煤油渗漏试验；轴承冷却器应按要求作耐压试验；油质应合格，油位高度应符合设计要求，偏差一般不超过 ±10mm。

主轴检修密封空气围带在装配前，通 0.05MPa 的压缩空气，在水中作漏气试验，应无漏气现象；安装后，径向间隙应符合设计要求，偏差不应超过设计间隙值的 ±20%；安装后，应作充、排气试验和保压试验，压降应符合要求，一般在 1.5 倍工作压力下保压 1h，压降不宜超过额定工作压力的 10%。

工作密封安装的轴向、径向间隙应符合设计要求，允许偏差不应超过实际平均间隙值的 ±20%。密封件应能上、下自由移动，与转环密封面接触良好；供排水管路应畅通。

真空破坏阀和补气阀应做动作试验和渗漏试验，其起始动作压力和最大开度值应符合设计要求。主轴中心孔补气装置安装应符合设计要求。如设计有要求，主轴中心补气管应参加盘车检查，摆度值不应超过其密封间隙实际平均值的 20%，最大不超过 0.30mm。连接螺栓应可靠锁定。支承座安装后应测对地绝缘电阻，一般不小于 0.5MΩ。裸露的管路应有防结露设施。

对于立式反击式机组另外一种机型：轴流转桨式机组，还有转轮体、操作油管和受油器，转桨式水轮机转轮叶片还应做操作试验和严密性耐压试验，并满足要求，具体要求如下：试验用油的油质应合格，油温不应低于 5℃；在最大试验压力下，保持 16h；在试验过程中，每小时操作叶片全行程开关 2～3 次；各组合缝不应有渗漏现象，单个叶片密封装置在加与未加试验压力情况下的漏油限量，不超过规程规定，且不大于出厂试验时的漏油量；转轮接力器动作应平稳，开启和关闭的最低油压一般不大于额定工作压力的 15%；绘制转轮接力器行程与叶片转角的关系曲线。

(2) 卧式反击式水轮机。卧式反击式机组主要介绍灯泡贯流式机组。与立式反击式不同的是，卧式机组的主轴水平放置，主轴装配一般在安装间进行，主轴放置到装配用的支撑架上后，调整其水平度，一般不应大于 0.5mm/m。水导轴瓦装配前的检查应符合要求。装配到主轴上时，轴瓦间隙应符合设计要求，轴瓦两端密封应良好，回油畅通。水导轴瓦与轴承壳的配合应符合要求。轴承壳、支持环及导水锥之间的组合面间隙应符合要求。水导轴承安装时应考虑转动部分的挠曲引起的变化。

导水机构装配，分瓣外导水环、内导水环和控制环组合面应按设计要求涂密封胶或安装密封条。装配密封条时其两端露出量一般为 1～2mm。导水机构装配应符合下列要求：内、外导水环应调整同轴度，其偏差不大于 0.5mm；导水机构上游侧内、外法兰间距离应符合设计要求，其偏差不应大于 0.4mm；导叶端面间隙调整，在关闭位置时测量，内、外端面间隙分配应符合设计要求，导叶头、尾部端面间隙应基本相等，转动应灵活；导叶立面间隙允许局部最大不超过 0.25mm，其长度不超过导叶高度的 25%。

转轮装配后，与轴流转桨式水轮机一样，需要进行严密性耐压试验和动作试验，并应符合要求。轴线调整时，应考虑运行时所引起的轴线的变化，以及管型座法兰面的实际倾斜值，并符合设计要求。

受油器操作油管应参加盘车检查，其摆度值不大于 0.1mm。受油器瓦座与操作油管同轴度，对固定瓦不大于 0.15mm，对浮动瓦不大于 0.2mm。

转轮室以转轮为中心进行调整与安装，转轮室与叶片间隙值应符合设计要求。

对带有重锤的导水机构，在水轮机总装完成和导水机构操作系统形成后，应按设计要求在机组无水或静水情况下进行重锤关闭试验，并记录关闭时间。

(3) 冲击式水轮机。冲击式水轮机的安装特点主要集中在引水流道部分，立式反击式水轮采用蜗壳和导叶引流，而冲击式水轮机采用配水环管和喷嘴引流。引水管路的进口中心线与机组坐标线的距离偏差不应大于进口直径的 ±0.2%。分流管的法兰焊接时，应控制和检查法兰的变形情况，不应产生有害变形。分流管焊接后，对于每一个法兰及喷嘴支撑面，应检查高程、相对于机组坐标线的水平距离、每个法兰相互之间的距离、垂直度、孔的角度位置，使其偏差符合设计要求。分流管与叉管应做水压试验，试验压力应按制造厂的规定进行。分流管及叉管的焊缝应无渗漏现象，叉管法兰不应产生有害变形。分流管和叉管如带压浇筑混凝土，分流管内的水压按设计要求控制。机壳安装时，与机组 X、Y 基准线的偏差不应大于 1mm，高程偏差不应超过 ±2mm，机壳上法兰面水平偏差不应大于 0.04mm/m。对于立式机组，焊接在机壳上的各喷嘴法兰，高程应一致，其高差不应大于 1mm；各法兰垂直度不应大于 0.30mm/m，与机组坐标基准线的距离应符合设计要求。

喷嘴、接力器在安装前应按制造厂要求作严密性耐压试验。喷嘴和接力器组装后，在 16% 额定压力的作用下，喷针及接力器的动作应灵活。在接力器关闭腔通入额定压力油，喷针头与喷嘴口应无间隙。喷针的接力器为内置式接力器时，应检查油、水混合排污腔的漏油、漏水情况，不得渗漏。

喷嘴中心线应与转轮节圆相切，径向偏差不应大于 ±0.2%d_1（d_1 为转轮节圆直径），与水斗分水刃的轴向偏差不应大于 ±0.5%W（W 为水斗内侧的最大宽度）；折向器中心与喷嘴中心偏差，一般不大于 4mm；缓冲弹簧压缩长度对设计值的偏差，不应超过 ±1mm；各喷嘴的喷针行程的同步偏差，不应大于设计行程的 2%；反向制动喷嘴中心线的轴向和径向偏差不应大于 ±5mm。

转轮水斗分水刃旋转平面应通过机壳上装喷管的法兰中心，其偏差不大于 ±0.5%W；转轮端面跳动量不应大于 0.05mm/m；转轮与挡水板间隙应符合设计要求。

控制机构各元件的中心偏差，不应大于 2mm，高程偏差不应超过 ±1.5mm，水平或垂直偏差不应大于 0.10mm/m。安装后动作应灵活。折向器开口应大于射流半径 3mm，但不超过 6mm。各折向器动作应同步，偏差不超过设计值的 2%。

对于水轮机的安装质量来说，本质就是位置的准确、配合间隙的精准，只要满足了位置和间隙的要求，安装质量就有了保证。

二、水轮机调试技术监督

调试是对安装的补充，安装是单体的质量控制，而调试从分子系统，再到整体检验设备的功能和性能，调试是最接近运行的一步。调试过程既能发现安装过程中的缺陷，对于部分指标，也能通过调试过程中的参数调整，满足设备整体的性能要求。

相关规程要求，水轮发电机组及相关机电设备安装完工检验合格后，应进行启动试运行试验，试验合格及交接验收后方可投入系统并网运行。除常规的调试项目外，允许根据电站条件和设备制造特点适当增加调试项目，增加方案由项目法人提出，并应符合设备采购和安装合同的规定。涉及水轮机本体的调试项目主要为调试前检查、充水、带负荷、甩负荷及其他特殊项目。

1. 调试前主要检查工作

水轮机转轮及所有部件已安装完工检验合格，施工记录完整，流道、上/下止漏环间隙或轴流式水轮机转轮叶片与转轮室间隙已检查无遗留杂物。真空破坏阀已安装完毕，经严密性渗漏试验及设计压力下动作试验合格。顶盖排水泵已安装完毕，检验合格，手动/自动操作回路正常。自流排水孔畅通无阻。主轴工作密封与检修密封已安装完毕，经检验检修密封无渗漏。调整工作密封水压至设计规定值。水导轴承润滑冷却系统已检查合格，油位、温度传感器及冷却水水压已调试，各整定值符合设计要求。导水机构已安装完毕，检验合格并处于关闭状态；接力器锁锭投入。导叶最大开度和关闭后的严密性及压紧行程已检验符合设计要求。剪断销剪断信号及其他导叶保护装置检查试验合格。

2. 充水

充水前应确认进水口检修闸门和工作闸门处于关闭状态。确认蝴蝶阀（球阀或筒形阀）处于关闭状态，蜗壳取、排水阀，尾水管排水阀处于关闭状态。确认调速器、导水机构处于关闭状态，接力器锁锭投入。确认水轮机主轴检修密封在投入状态。确认尾水闸门处于关闭状态。确认尾水洞（尾水渠）已充水，尾水洞（尾水渠）检修闸门已开启。充水前必须确认电站厂房检修排水系统、渗漏排水系统运行正常。

充水的一般步骤是尾水管充水、压力管道和蜗壳充水。充水过程应密切监视各管路、阀门、闸门、结合面等处的渗漏情况，量测系统数据是否正常，排水/气系统是否正常。充水平压后，部分设备需完成观测检查和试验，包括手动或自动方式进行工作闸门（主阀）静水启闭试验，包括现地和远方的操作，设有事故紧急关闭闸门的操作回路时，应在闸门控制室、机旁和电站中央控制室分别进行静水紧急关闭闸门的试验。

3. 带负荷

水轮机和发电机不能孤立地运行，在此阶段，合称水轮发电机组。机组首次并网后，需进行带负荷试验，在这个过程中，有功负荷逐步增加，记录机组各部位运转情况和各仪表指示。观察和测量机组在各种负荷工况下的振动范围及其量值，测量尾水管压力脉动值，观察水轮机补气装置工作情况，必要时进行补气试验。

（1）进行机组带负荷下调速系统试验。检查在速度和功率控制方式下，机组调节的稳定性及相互切换过程的稳定性。对于转桨式水轮机，检查调速系统的协联关系是否正确。

（2）进行机组快速增减负荷试验。根据现场情况使机组突变负荷，其变化量不应大于额定负荷的25％，并应自动记录机组转速、蜗壳水压、尾水管压力脉动、接力器行程和功率变化等的过渡过程。负荷增加过程中，注意观察监视机组振动情况，记录相应负荷与机组水头等参数，带负荷过程，还有一个重要的任务，就是了解水轮机的运行特性，这个特性一般要求用专门的稳定性试验鉴定，后续章节会对该试验进行详细的描述，在此不再赘述。

4. 甩负荷

机组甩负荷试验应在额定负荷的25％、50％、75％和100％下分别进行，按规定格式记录有关数值，同时录制过渡过程的各种参数变化曲线及过程曲线。机组甩25％额定负荷时，记录接力器不动时间。检查并记录真空破坏阀的动作情况与大轴补气情况。根据机组制造合同和电站具体情况，在机组带25％、50％、75％和100％额定负荷下测定流量和水头损失。若受电站运行水头或电力系统条件限制，机组不能按上述要求带、甩额定负荷时，可根据当时条件对甩负荷试验次数与数值进行适当调整，最后一次甩负荷试验应在所允许的最大负荷下进行。而因故未能进行的带、甩额定负荷试验项目，应在以后条件具备时完成。

水轮发电机甩负荷时，检查水轮机调速系统的动态调节性能，校核导叶接力器紧急关闭时间、蜗壳水压上升率、机组转速上升率等，均应符合调节保证计算要求。

机组甩负荷后调速器的动态品质应达到如下要求（与调速器有关）：甩100％额定负荷

后，在转速变化过程中超过稳态转速 3％以上的波峰不应超过 2 次；机组甩 100％额定负荷后，从接力器第一次向关闭方向移动起到机组转速相对摆动值不超过 ±0.5％为止所经历的总时间不应大于 40s；转速或指令信号按规定形式变化，接力器不动时间，对于电液调速器不大于 0.2s，对于机械型调速器不大于 0.3s。

对于转桨式水轮机组甩负荷后，检查调速系统的协联关系和分段关闭的正确性，以及突然甩负荷引起的抬机情况。对于冲击式机组，甩负荷过程中，检查折向器的动作情况。对于灯泡贯流式机组，甩负荷过程中，检查重锤的关闭情况。

5. 其他特殊调试项目

（1）出力校核。根据机组采购制造合同，在现场有条件时，进行机组最大出力试验。机组最大出力试验在合同规定的功率因数和发电机最大视在功率下进行，最大出力下运行时间不小于 4h，自动记录机组各部温升、振动、摆度、有功和无功功率值，记录接力器行程和导叶开度，校对水轮机运转特性曲线。

（2）水轮机效率试验。根据机组采购制造合同，在现场有条件时，进行水轮机效率试验，验证水轮机的效率特性。

（3）防机组飞逸水机保护真机试验项目。为验证机组防飞逸性能，机组带额定负荷下，一般应进行下列各项试验：调速器低油压关闭导叶试验；事故配压阀动作关闭导叶试验；根据设计要求和电站具体情况，进行动水关闭工作闸门或关闭主阀（筒阀）的试验。

三、其他要求

安装和调试包括检修后的调试（检修也可视作一次安装过程），是水力发电厂的主要技术和管理工作，决定了设备运行的可靠性和安全性，除了上述的技术要求外，建议水力发电企业从事技术监督工作的工作人员还应从资质的审查、项目的参与、质量的验收和竣工验收等方面深化该项工作。

（1）资质。安装、调试、检修单位具备资质，过程管理满足水力发电企业要求。

（2）参与。各级监督人员应参与到设备的安装、调试和检修工作，及时了解安装情况、审核试验调试记录和有关技术报告，及时解决基建交接中出现的技术问题。要求管理上要调整技术监督的模式，关口前移，还应该具体到人，夯实技术基础。对于安装和调试记录资料，需要统筹移交，保证真实的情况下，记录规范，不得缺项。

（3）质量。安装（检修）质量满足规程规范的要求，涉及水轮机安装和调试的质量控制主要有动静部件的调整间隙、水平度、受力、流量和压力、调节时间和精度等。这里所说的是广义的水轮机，包含了转轮、顶盖、座环、主轴、密封、导叶、轴承等附属部件，以及外围的控制、监视、保护设备。对于前者，根据 GB/T 8564《水轮发电机组安装技术规范》的要求，提炼其中主要的质量要求，主要就是动静部件的间隙，如迷宫环间隙、导叶端面间隙、轴瓦间隙、主轴密封间隙等。对于后者而言，控制系统主要是考虑调节时间，如开关导叶时间、静特性等，油气水系统对压力和流量的要求较高，决定了散热、密封的效果。

（4）规范。安装（检修）后，调试、试验项目不得漏项。调试是安装的延续，是检验安装质量最主要措施，对水轮机而言，投产阶段的调试，还增加了对水轮机选型、设计的验收，对于运营单位第一时间了解水轮机性能，并以此为依据进行调度运行，具有重要的意义。

第五节 水轮机运行技术监督

运行是检验水轮机选型、设计、安装、调试、检修效果和质量的最重要标准。表征运行情况的主要是机组的运行参数，在此阶段，日常机组运行参数的监视、记录可参考 DL/T 710—2018《水轮机运行规程》的附录 A，对水轮机的一般要求：机组按制造厂铭牌规定可长期连续运行，如需超额定功率运行，应经制造厂核算和进行机组性能试验，并报上级主管部门批准；应根据电网要求，尽可能按运转特性曲线确定机组运行工况，不应在振动区长时间运转；机组各轴承的油温应控制在设计范围内，低于要求的最低油温时机组不允许启动；机组各部轴承瓦温不得超过制造厂规定；机组各部位摆度及振动值应在制造厂规定范围内。

要全面掌握水轮机在运行阶段的情况，从目前的实践来看，主要采取设备定期运行分析的方式。定期分析的基础是运行数据，借助机组装设的自动化设备，收集和整理与机组运行相关的数据，这些数据至少应包括 DL/T 710—2018《水轮机运行规程》附录 A 所列项目，此外，还应对机组年运行小时、可用小时、备用小时、检修时间和次数、可用系数、运行系数、出力情况、设备异动等情况进行统计，建立台账。

定期分析的重点是分析设备运行状况，查找薄弱环节，提出防范措施。对出现的设备故障或重大缺陷、隐患进行深入分析，找出原因，提出整改措施和建议，以及下一步应开展的重点工作。设备定期分析主要分为常规分析和试验分析两种。设备定期分析的周期，可根据水力发电企业的实际出发，建议不低于每月一次。

（1）常规分析。通过巡检或自动化设备测得的设备运行数据进行统计、分析，找出设备劣化趋势和规律。

（2）试验分析。用标准检测仪器、仪表，对设备进行综合性测试、检查，或在设备未解体下运用特殊仪器、工具、诊断技术和其他特殊方法测定设备的振动、温度、裂纹、变形等状态量，并将测得的数据对照标准和历史记录进行分析、比较、判别，以确定设备的技术状况和劣化程度。

第六节 水轮机检修技术监督

作为水力发电厂生产的核心原动机，近年来相继出版了灯泡贯流式和水斗式水轮机的检修规程，但应用最广泛的混流式和轴流式水轮机到目前为止，尚无专门的检修规程。

检修不仅要重新经历一次安装、调试过程（可能是全套系统，也可能只针对某个分子系统，视检修项目而定），拆卸也是一项极为重要的工作。此外，检修具有强烈的针对性，运行中发现的问题当时不能处理的，就需要在检修时重点关注。

目前各个水力发电企业采用的标准不统一，有依据厂家提供的技术条件的，主要是恢复到原厂设计标准，也有依据经验的，最重要的，不管何种情况，是需要有所依据，即制定适合本企业的检修规程，检修规程主要分为管理部分和技术部分。

一、管理部分

有关检修规程的管理部分，至少应包括以下几个部分：职责；检修方式和检修等级；定期检修项目和定期检修计划管理；检修物资和检修费用管理；发电设备检修的实施管理；检修安全和质量管理；检修总结与设备评估；检查与考核。

二、技术部分

鉴于水轮机检修的等级不同，涉及检修的内容也有很大差异，下面有关检修的内容主要以 A 修来说明水轮机检修阶段，技术监督应注意的事项。水轮机的检修，除了拆、装以外（本质与安装过程是一样的，其质量要求也与安装要求一致，在此不再详述），另外最为主要的就是空蚀、磨损以及裂纹的修复，因此，本节主要阐述检修过程中，对于空蚀、磨损以及裂纹的修复技术。对于水轮机及其附属设备而言，尽管诱发机理不同，部分文献将空蚀和磨损统称为磨蚀，从检修的角度来说，其处理措施是基本一致的，因此在检修技术章节，也沿用了这种称谓。裂纹的处理有所差异，尤其是贯穿性裂纹，下面就简要阐述一下常见的磨蚀和裂纹的处理技术。

1. 磨蚀的处理

磨蚀的处理主要有以下几个步骤：

(1) 磨蚀处理前必须搭设好牢固、可靠的工作台，确保人身安全。

(2) 认真检查用粉笔圈出磨蚀损坏部位，做好记录后即可用电弧气刨刨去各磨蚀部位的蜂窝和海绵层，直至露出完好金属为止，刨面要求平滑，叶片上应轮换进行，每个叶片连续气刨时间不超过半小时，以免叶片过热变形。

(3) 刨完后用手提砂轮机打磨气刨部位的氧化层，露出金属光亮面，方可进行堆焊。

(4) 磨蚀处理使用与本体匹配的专用焊条，焊条应保持干燥，不允许掉皮，使用前应烘干 1h 以上，在施焊中应注意：运条的走向应沿叶片的圆周方向，不允许沿辐向运条，因为圆周方向比辐向的刚度大好多倍，以免发生过大的焊接变形；焊一会儿后用锤敲击，振动一会儿，以清除焊接应力；应用窄焊波，目的是减少热影响区；应用分段退步焊，目的是减少应力，每段视堆焊面积而定，长度在 100～200mm 以内；第二道焊波要压住第一道焊波的一半，目的是一方面可使第一道焊波退火，另一方面使第一道焊波的应力分散一些；焊补过程中应严格注意叶片温度，尽量做到不在低于 150℃ 以下焊补，即一块叶片的焊补过程中，间隔时间不能太长，焊完后注意保温，不要使叶片急剧冷却，并注意不要在一个部位长时间堆焊，以免引起局部变形；注意统计空蚀处理补焊时所耗的焊条数量、焊补方位及焊条型号。

(5) 焊接要求：电焊机要求直流反极，电流应尽量低；为了保证电弧中的滴溶金属不受空气氧化作用，并保证合金元素完全地渗入焊缝中，对焊接电弧应压至 2.5mm 长为宜；堆焊新金属与原有叶片金属交界处，必须熔合一体；严重空蚀区，对个别深长的部位，应用镶边焊法进行；在保证焊缝质量情况下，焊接速度适当加快，以减小局部过热，如图 8-2-9所示；对多层焊接的部位，每焊完一层后，必须待其冷却，彻底清除焊渣，刷净后再焊下一层；对较大面积施焊时，应采取下列焊序分片进行，每小块面积以 80mm×100mm 为宜，如图 8-2-10 所示；每道焊波尽量不要采用加宽焊接，直线走动即可；焊接中，为了避免应力集中，要求对两层以上的焊缝，焊波应尽量交叉或垂直焊；堆焊表面要求平滑，堆焊厚度要求高出工件不超过 2mm，以利打磨；焊接时发现有夹渣、气孔时应及时处理，发现有裂纹时必须停止焊接，进行处理。

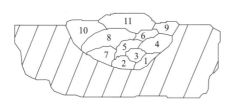

图 8－2－9　镶边焊法示意图

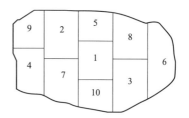

图 8－2－10　焊序分片示意图

（6）对打磨时要求：打磨使用的砂轮机、砂轮片应完整好用；打磨后要符合原设计曲线，叶片表面用样板检查、局部间隙符合要求，表面光滑；表面要求平滑，不允许有局部凸凹现象，叶片厚度偏差在要求范围内；需要成圆角的地方一定要打磨圆滑。

2. 裂纹处理

裂纹的处理主要有以下几个步骤：

（1）先肉眼外观检查，然后用 10～20 倍放大镜或磁性探伤法，找出裂纹部位。

（2）用 $\phi 8\sim\phi 10$ 钻头在首尾钻孔，钻孔深度为裂纹深度的 1.5 倍，用电弧气刨将裂纹全部刨去，检查无裂纹痕迹为止，一般坡口应刨成 V 形，裂纹穿透者可刨成 X 形坡口。

（3）坡口清洗干净，打磨成金属光面，可进行补焊，焊接时应注意两面交替焊，不允许焊完一面后再焊另一面，焊前工作加温至 150～200℃，焊时不能有夹渣、气孔、裂纹和咬边，焊补应采用镶边焊法，如图 8－2－11 所示。

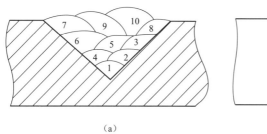

（a）

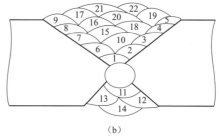

（b）

图 8－2－11　裂纹焊接示意图

（a）V 形坡口；（b）X 形坡口

（4）在施焊过程中，除第一道焊接和表面层外，其余焊道均要进行锤击，以消除部分焊接应力，锤击时锤头应垂直焊道并沿着焊道来回敲击，直至焊道表面焊波锤得模糊不清为止。

（5）全部坡口堆焊完后，用砂轮机将其表面按原线型磨平，再进行一次探伤检查，确认合格后方可进行空蚀补焊。

对磨损和裂纹的处理，上文介绍了目前常用的技术手段，技术日新月异，处理方法也不是一成不变的，不管采取何种手段，最终的目的是一致的，即恢复设备本身应具备的性能。对于磨蚀和裂纹修复后，应按照国家能源办〔2019〕767 号《国家能源投资集团有限责任公司电力二十五项重点反事故措施》第 23.2.1.7 条 "水轮机过流部件应定期检修，重点检查过流部件裂纹、磨损和空蚀，防止裂纹、磨损和大面积空蚀等造成过流部件损坏。水轮机过流部件补焊处理后应进行修型，保证型线符合设计要求，转轮大面积补焊或更换新转轮必须做静平衡试验"的要求，进行相关的检测项目，如无损检测、型线校准等，重新投运后，各项指标（效率、出力、噪声等）满足要求，才算真正完成了修复工作。

三、检修调试项目

水轮机检修与安装一样，机组要重新投运，也需要按照规定完成相关的调试项目。为了评价检修质量，部分项目（如振摆、瓦温、效率等参数）需要进行检修前后的对比。不同级别的检修，修后调试项目也有不同，原则应该是凡是涉及检修的部件和系统，就应有相应的调试内容，也可参考 DL/T 817《立式水轮发电机检修技术规程》，安排检修后调试项目，见表 8-2-3。

表 8-2-3　　　　　　　　　　　检 修 后 试 验 项 目 表

C 级检修	B 级检修	A 级检修
(1) 手动开、停机试验。 (2) 自动开、停机试验。 (3) 零起升压试验（必要时）。 (4) 自动起励试验。 (5) 机组并网及带负荷试验	(1) 手动开、停机试验。 (2) 自动开、停机试验。 (3) 升压试验。 (4) 励磁系统动态试验。 (5) 同期试验。 (6) 机组并网。 (7) 稳定性试验（必要时）。 (8) 甩负荷试验（必要时）。 (9) 24h 试运行	除 B 级检修试验项目外，增加： (1) 过速试验。 (2) 升流试验。 (3) 甩负荷试验

注　如果实际需要，可进行调相试验、进相试验和参数（效率、温升、通风）试验。

检修报告作为设备重要的基础性资料，应作为档案存档，水力发电厂设备的寿命周期，少则十年，多则数十年，应尤其重视这些档案的真实性、有效性，为设备的检修、技改提供决策依据。

第三章

机 组 振 动 技 术 监 督

第一节　机组振动技术监督概述

目前对机组振动的技术监督工作，主要从两个方面来开展，一是与机组日常运行相结合，通过报表和定期分析，从稳定性的角度来评价机组的运行情况。二是通过专项的试验或测试，进行故障分析。这两个工作都需要对机组的振动要有所了解。据统计，水轮发电机组约有 85％的故障或事故都在振动信号中有所反映，振动/摆度的超标威胁着机组的安全运行。因此，从监测机组的健康水平来说，振动是重要的指标之一。

水轮发电机组的振动问题与一般动力机械的振动有一定差异，除了设备本身转动或固定部分引起的振动外，尚需考虑发电机的电磁力以及作用于水轮机过流部分的流动压力对系统及其部件的影响。在机组运转的状态下，流体、机械、电磁三部分是相互影响的，例如，当水流流动激起机组转动部分振动时，在发电机转子与定子之间会导致气隙不对称变化，由此产生的磁拉力不平衡也会造成机组转动部分的振动，而转动部分的运动状态出现某些变化后，又会对水轮机的水流流场及发电机的磁场产生影响。因此，水轮机的振动是电气、机械、流体等多种原因引起的。水轮发电机组的振动与其他旋转机械的振动相比，有其独自的特点，主要表现在振动的复杂性、耦联性及振动故障和特征的非一一对应性上。

（1）复杂性。有时几种振源同时存在，很难分清其主次及相互关系；既有一般的迫振和共振，又有倍频和自激振动；激振力种类多，且各种激振力的组合随机组运行工况不同而不同。

（2）耦联性。不仅组成系统整体的各部分相互影响，而且引起机组振动的诸因素间又有相互影响和制约；既有个别部件或部位的振动，又有各部件和部位的耦联振动。因此，水轮发电机组振动的耦联性就使得在考虑机组本身旋转部分和固定部分振动的同时，还需考虑流动液体的动水压力造成的电站引水系统、水轮机过流部件的影响及发电机电磁力对机组振动的影响。

（3）振动故障和特征的非一一对应性。机组振动的故障特征往往有多方面的反映，不同的故障其特征之间存在着显著的交叉，故障和特征之间并不是一一对应的关系。

第二节　机组振动检测设备设施

振动技术监督的目的不仅需要评价机组的稳定性能，还要分析机组振动的原因，这两个工作都离不开可靠的振动数据。目前对振动的监测主要有两种方式，一是安装在机组上的状态在线监测系统，二是离线的机组状态监测，包括电站自备的手持式设备和试验单位的设备。两种方式并无本质的区别，测试原理一样。本节主要从目前机组主流装配的状态在线监测系统入手，简述其基本要求的配置和参数。

　　水轮发电机组状态在线监测系统一般包括以下部分：对机组的振动、摆度、轴向位移、压力脉动等运行状态进行实时监测；在相应工况参数及过程量参数条件下，通过对上述状态监测参量进行实时采集，实现对水轮发电机组运行状态的分析和人工辅助诊断；通过专用的分析软件或人工辅助的智能分析软件对监测结果进行智能化、逻辑化处理，提出故障或事故征兆的预报。

　　水轮发电机组状态在线监测系统宜与电站计算机监控系统配合使用，尤其是报警信号，应接入监控，与机组其他参数一起，为运行提供预警信息。对状态在线监测系统采集的状态监测参量和机组工况参数和过程量参数统一进行综合分析，以全面反映机组的运行状态。水轮发电机组状态在线监测系统的设置应根据机组型式、单机容量、台数和电站运行方式等条件和实际需要合理选择监测项目和系统规模，可以一次规划整体实施，也可以统筹规划、分步实施。水轮发电机组状态在线监测系统应具有良好的扩展功能和系统升级功能，以不断满足水力发电厂运行管理的需要。

一、机组状态在线监测系统结构

　　水轮发电机组状态在线监测系统宜采用分层分布式结构，由传感器单元、数据采集单元和上位机单元组成。水轮发电机组在线振摆监测装置典型结构图如图 8-3-1 所示。

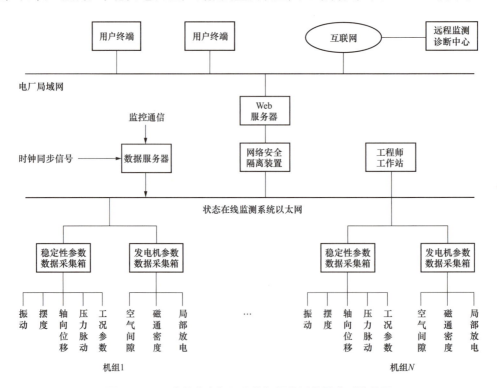

图 8-3-1　水轮发电机组在线振摆监测装置典型结构图

　　1. 传感器单元

　　传感器单元是指状态在线监测系统所用到的各种传感器及其附属设备，是状态在线监测系统的基础。水轮发电机组状态在线监测系统常用的传感器型式如下：电涡流传感器、电容式位移传感器、低频速度传感器、加速度传感器、压力脉动传感器、差压变送器等。机组状态在线监测系统作为测试设备，按照规定应定期进行校验，目前尚无对该系统校验的规程、规范，校验工作局限在传感器单元。传感器的选型应结合水轮发电机组的中低频特性，尤其是振动传感器的选择。根据 GB/T 11348.1《旋转机械转轴径向振动的测量和评定　第 1 部分：总则》的要求，鉴于水轮发电机组均是低转速机组，30～1800r/min 的机组均可以用位移量来评定，振动传感器最常用的是位移输出型低频速度传感器和电涡流传感器，如果选用速度或加速度输出型的振动传感器，变换为位移量时，应注意不得使其失真。此外根据测试原理，灯泡贯流式机组轴承座、灯泡头等部位振动不能用电涡流传感器。

传感器的安装除应满足设备说明书外，安装位置的不同也会在一定程度上影响测试的结果。各种类型传感器安装一般要求如下：传感器的安装和布置应不得影响机组的安全可靠运行；用于键相、摆度、轴向位移等测量的非接触式传感器的安装，应根据机组被测部位结构和传感器结构特点，设计相应的传感器支架。支架要有足够的刚度，使传感器安装后支架的固有频率远大于被测信号的最高频率，支架应采用焊接、螺栓连接或粘贴方式固定在安装部位；用于振动测量的速度传感器和加速度传感器的安装，应刚性连接在被测部件上，可根据传感器的结构和尺寸设计安装底座，安装底座宜采用焊接方式永久固定在安装部位，对于不宜焊接的部位宜采用粘贴或螺栓连接方式固定。振动传感器安装的位置应能体现机组的振动特性，如测试垂直振动时，安装位置应尽量靠近旋转中心；装压力脉动传感器的测压管应安装检修阀门，管路走向朝仪表方向应是向上布置，并在适当位置配置排气装置。压力/压力脉动变送器的安装位置应与模型试验一致。

2. 数据采集单元

数据采集单元是指完成信号采集和处理的装置及其辅助设备，其核心设备是数据采集箱。数据采集单元应具有现地监测、分析和试验功能，可实现对机组的振动摆度、压力脉动以及运行工况等参数进行数据采集、处理和分析，并能以图形、图表和曲线等方式进行显示。数据采集单元通常包含数据采集箱、传感器供电电源、显示器状态监测屏柜等设备。

3. 上位机单元

上位机单元包括数据服务器 Web 服务器、网络设备以及打印机等设备。网络传输应采用开放的分层分布式以太网网络结构，满足电力系统二次安全防护的要求，并满足工业通用的国际标准规约。

二、系统功能

1. 数据采集与实时监测

状态在线监测系统应能对水轮发电机组的振动摆度、轴向位移、压力脉动、等状态监测参量以及相应的工况参数和过程量参数进行实时采集和监测，并能以结构图、棒图、表格和曲线等形式进行显示。

2. 数据分析

状态在线监测系统应具备数据分析的能力，应能提供各种专业的数据分析工具，并根据监测参量的变化，预测状态的发展趋势，提供趋势预报的功能。

（1）振动摆度。系统应能自动对机组的稳态运行、暂态过程（包括瞬态）的振动、摆度进行分析，提供波形、频谱、轴心轨迹、空间轴线、瀑布图、级联图、趋势图、相关趋势图等时域和频域分析工具。

（2）轴向位移。系统应能自动对大轴轴向位置的变化进行分析，提供趋势图、相关趋势图等分析工具。

（3）压力脉动。系统应能自动对各过流部位的压力脉动进行分析，提供波形、频谱、瀑布图、级联图、趋势图、相关趋势图等时域和频域分析工具。并能提供分析压力脉动的时域特性、频域特性与工况参数关系的工具。

3. 数据管理

数据管理一般应具备以下功能：数据服务器的数据库应采用高效数据压缩技术，应能存储至少一年的机组稳态、暂态过程（包括瞬态）数据和高密度录波数据；能提供黑匣子记录功能，可完整记录机组出现异常前后的数据，确保系统能提供完整详尽的数据用于分析机组状态；数据库应能自动管理数据，对数据进行检查、清理和维护；能实时监测硬盘的容量信息，当其容量不够时自动向使用者发出警告信息；能自动和手动备份数据；数据库应具备自动检索功能，用户可通过输入检索工况快速获得满足条件的数据；应提供回放功能，能对历史数据进行回放；数据库应具备权限认证功能，只有经过权限认证的用户才能访问数据。

4. 报警功能

系统应提供报警功能，报警定值可根据机组特性和运行工况设定，具体定值可参考GB/T 8564《水轮发电机组安装技术规范》、DL/T 507《水轮发电机组启动试验规程》以及主机合同保证值。出现报警时，系统应在监测画面上以醒目的方式进行提示。报警信号接入监控系统，考虑到水轮发电机组运行的特点，规程推荐该系统不直接作用于停机。

5. 运行工况分析

系统应能自动分析不同水头和负荷下机组运行特性，为确定机组稳定运行区、限制运行区和禁止运行区提供技术依据，供机组优化运行参考。

6. 辅助诊断

系统应能对水轮发电机组常见的故障或异常现象进行人工辅助诊断，并通过趋势分析进行预警预报，为机组进行故障处理或检修提供决策参考。

根据机组的类型、容量以及状态在线监测系统投运的年限，上述功能可以同时具备，也可以只具备部分功能。

三、测点布置

机组状态在线监测系统的测点布置应根据不同类型水轮发电机组的结构特点和特性参数进行合理有效配置。

（1）键相测点。每台水轮发电机组的状态在线监测系统应设置一个键相测点。

（2）振动和摆度测点。各类型水轮发电机组振动和摆度测点布置可参考 DL/T 556—2016《水轮发电机组振动监测装置设置导则》中表1、表2、表3和表4的要求。

（3）轴向位移测点。轴流式和贯流式水轮发电机组应在轴向设置1个轴向位移测点，监视机组的抬机量或轴向位移。

（4）压力脉动测点。压力脉动是了解水轮机水力稳定性的主要测点，水力发电厂设计时应至少包括模型试验测点，运行阶段应尽量覆盖预留的全部测点。

（5）定子铁心振动测点。对于大、中型发电机，宜设至少3组发电机定子铁心振动测点，每组包括1个水平（径向）和1个垂直（轴向）振动测点。定子铁心水平振动测点宜布置在定子铁心外缘的中部，垂直振动测点宜布置在定子铁心的上部。

机组状态在线监测系统为机组运行提供基础的运行参数，要求其具有一定的可靠性。此外，由于涉及多个测点，且测点与测点之间处于隔离状态，某个测点出现故障，并不影响其他测点的正常运行，技术监督对于这种情况，提出了设备完好率的要求。

第三节　机组振动相关技术管理

水轮发电机组大部分的设备故障、缺陷能从振动表现出来，要想了解机组的运行状态，查阅和分析机组的振动情况是个重要的手段。

一、机组振动的原因及特征

与其说机组振动的原因，倒不如说是引起机组异常振动的原因。振动的技术管理，首先应了解可能引起异常振动的原因及其特征。虽然水轮发电机组振动的特点之一是具有耦联性，但当分析其振动原因时，若完全按其耦合关系来研究是非常困难的，很难建立可用来进行分析计算的数学模型，即使是在试验中同时考虑这些因素的互相影响也不容易得出结论。因此，从引发其振动的机械和电气、水力3个主要因素入手，通过研究其振动机理从中提取有助于解决问题的信息。

1. 机械因素

机械因素引起的机组振动主要有转动部分质量不平衡、轴线不对中、转动部分与固定部件发生碰磨、轴承间隙过大、连接螺栓松动等。

（1）转轮大量空蚀后修补带来的质量力不平衡、发电机转子质量力不平衡。

（2）机组轴线不正的主要表现形式是轴线与推力轴承底平面不垂直。由于机组转子的总轴向力不通过推力轴承中心，就产生一个偏心力矩，随着转子的旋转，偏心力矩也同时旋转，使各支柱螺栓受脉动力，其脉动频率与转速频率相同，从而产生推力轴承各支柱螺栓的轴向振动，转子也就随之产生振摆。

（3）动态轴线不稳。推力头与轴间隙过大，联轴节松动，三导轴承不同心，瓦隙过大，油膜变坏，轴承润滑不良，构件刚度不够，转动部分碰撞，干扰力与阻力共振。

（4）临界转速过低产生了拍振动。

2. 电气因素

电气因素引起的机组振动主要有发电机转子不圆、绕组匝间短路、定子铁心松动、转子绕组短路、空气间隙不均匀、分瓣机座合缝处铁心间隙大、定子/转子间隙不均匀、不平衡负载等。

（1）从定子电流增加的角度来看，可能是发电机定/转子不圆、定子/转子磁场轴心不重合。

（2）因定子铁心组合缝松动或定子铁心松动所引起的机组振动，其特征为振动随机组转速变化较明显，且当机组带负荷后，其振幅又随时间增长而减小，对因定子铁心组合缝松动所引起的振动，还有一特征为其振动频率一般为电流频率的两倍。

（3）磁极分布圆中心与旋转中心偏离较大，使得转子在某一固定方位存在较大的不平衡磁拉力，造成机组较大的振动与摆度。在磁极和定子铁心及线圈的条件相同时，单个磁极通过相同电流产生的磁拉力与磁极空气间隙的平方成反比。

（4）机组带励磁时造成了电磁力的不平衡，表现为励磁时振动、摆度幅值有所增加，但相位没有变化。

（5）定子绕组固定不良，在较高电气负荷和电磁负荷作用下使绕组及机组产生振动。其振动特点为振动随转速、负荷运行工况变化而变化，上机架处振动较为明显。

3. 水力因素

水力因素引起的机组振动，情况较为复杂，理论分析尚有不足之处，也在一定程度上影响了某些异常水力因素的判定。大部分水力因素的振动带有随机性和突发性，随机性是指当机组处在非设计工况或过渡工况运行时，因水流状况恶化，机组各部件的振动也明显增大，突发性是指水轮机的流态受到干扰时，就可能出现振动增大的现象。下面罗列了几种常见的水力因素，以及其产生的原因、表现特征。

（1）叶片开口不均引起的水力不平衡。引起摆度增大，振动增大，顶盖处比较明显，振频为导叶数乘上叶片数。原因可能是加工和安装误差，使导水叶叶片、流道的形状与尺寸差别较大。

（2）叶片型线不好引起的卡门涡。

（3）尾水低频压力脉动，频率一般为 $1/4 \sim 1/3$ 转频，这是大部分反击式机组的固有特性，其原因是水轮机在非设计工况下运行时，由于转轮出口处的旋转水流及脱流旋涡和空蚀等影响，在尾水管内引起水压脉动。

（4）密封间隙不均引起的水力激振。原因可能是固定或转动部分的椭圆度大，不对中，单边间隙过小（其作用力使间隙更小）。

（5）空蚀。水流通过水轮机时，其流向、流速随流道改变，在流速增高或脱流部位压力降低到汽化压力时水流中产生气泡，气泡进入高压区溃灭时便会出现空蚀。空蚀发生时，在空蚀部位会发生特殊的噪声和撞击声。

（6）转轮与导叶不协联。总体说来，水轮发电机组的振动诱发因素是多方面的，既有设计、安装等内部的影响，也有外部运行条件的影响，振动技术监督的目的，一方面是通过技术手段，降低振动对机组运行的影响；另一方面，也是通过持续的监测分析，找到振动超标的原因。

二、指标管理

针对水轮发电机组，有相应的标准对振动指标有要求，通常采用的是以下几条。

1. 振动指标

对于水轮发电机组振动的指标主要是以转速作为区别，GB/T 8564《水轮发电机组安装技术规范》和 DL/T 507《水轮发电机组启动试验规程》有明确的要求，现摘录至表 8-3-1。

表 8 - 3 - 1 水轮发电机组各部位振动允许值 mm

机组型式	项目		额定转速 n (r/min)			
			$n<100$	$100\leqslant n<250$	$250\leqslant n<375$	$375\leqslant n<750$
立式机组	水轮机	顶盖水平振动	0.09	0.07	0.05	0.03
		顶盖垂直振动	0.11	0.09	0.06	0.03
	水轮发电机	带推力轴承支架的垂直振动	0.08	0.07	0.05	0.04
		带导轴承支架的水平振动（转频）	0.11	0.09	0.07	0.05
		定子铁心部位机座水平振动	0.04	0.03	0.02	0.02
		定子铁心振动（100Hz 双振幅值）	0.03	0.03	0.03	0.03
卧式机组		各部轴承垂直振动	0.11	0.09	0.07	0.05
灯泡贯流式机组		推力支架的轴向振动	0.10	0.08		
		各导轴承的径向振动	0.12	0.10		
		灯泡头的径向振动	0.12	0.10		

注 振动值是指机组在除过速运行以外的各种稳定运行工况下的双振幅值。

2. 摆度指标

GB/T 8564 和 DL/T 507 对水轮发电机组三部导轴承的运行摆度规定如下：

GB/T 8564—2003《水轮发电机组安装技术规范》中 15.3.1 d）："测量机组运行摆度（双幅值），其值应不大于 75％的轴承总间隙"。

DL/T 507—2014《水轮发电机组启动试验规程》中 6.2.9："测量记录机组运行摆度（双幅值），其值应小于 0.7 倍轴承总间隙或符合机组合同的规定"。

按照规程规范的引用原则，一般取指标较高的项，因此，一般以 DL/T 507《水轮发电机组启动试验规程》为准。

3. 脉动指标

脉动主要针对混流式水轮机部分，专指水力因素对该种机型的影响，引用的标准为 GB/T 15468—2006《水轮机基本技术条件》中 5.4.3"原型水轮机在 5.4.2 所规定的保证运行范围内，应对混流式水轮机尾水管内的压力脉动的混频峰峰值或均方根值作出保证：当以导叶中心平面为基准面，在电站空化系数下测取尾水管压力脉动混频峰峰值，在最大水头与最小水头之比小于 1.6 时，其保证值应不大于相应运行水头的 3％～11％，低比转速取小值，高比转速取大值。原型水轮机尾水管进口下游侧压力脉动峰峰值不应大于 10m 水柱"。

4. 噪声指标

噪声也是评价机组运行状态一个很重要的指标，这一点，在大部分电站容易忽视，在此也一并提出来。GB/T 15468—2006《水轮机基本技术条件》中 5.8："水轮机正常运行时，在水轮机机坑地板上方 1m 处所测得的噪声不应大于 90dB（A），在距尾水管进人门 1m 处所测得的噪声不应大于 95dB（A），冲击式水轮机机壳上方 1m 处所测得的噪声不应大于 85dB（A），贯流式水轮机转轮室周围 1m 内所测得的噪声不应大于 90dB（A）"。另外，针对发电机部分，也有相关的规程要求，GB/T 7894—2009《水轮发电机基本技术条件》中 9.10："在水轮发电机盖板外缘上方垂直距离 1m 处测量的噪声水平，应为下列数值：a）额定转速为 250r/min 及以下者不超过 80dB（A）；b）额定转速高于 250r/min 者不超过

85dB（A）"。

需要注意的是，水力发电企业在制定本企业的运行规程时，机组振动、摆度的限值可根据机组的运行情况制定，但不应低于上述规程的要求。

三、技术监督的要求

针对机组的振动技术监督要求，主要有测点完好率、告警、数据的定期分析、试验。

机组在线状态监测设备是机组振动数据的来源，考虑到设备自身的特点，以及运行的需要，一般将"95％"作为考核点，对于大部分机组而言，即使加上机组状态参数测点，其测点数一般就在20个左右，因此，95％的设备完好率其实是比较高的要求，需要定期维护。

技术监督告警已在第一章第四节提及，对于水轮发电机组的振动指标而言，目前主要是对振动和摆度有要求，在此不再赘述。

数据的定期分析，既能够从时间轴上来看待振摆的发展过程，及时发现其变化的趋势，为下一步制定检修、技术改造措施提供依据，又可针对突发出现的异常情况，能够更好地作出判断。

试验包括常规试验和专项试验，常规试验包括检修/技术改造前后的对比试验，主要目的是评价检修/技术改造的效果，专项试验主要是针对异常情况进行的诊断测试项目，有较强的针对性。

第四章

水轮机辅助设备及水机保护技术监督

水力发电厂动力设备分主机和辅助设备两大部分，辅助设备运行的好坏，将直接决定主机是否能够安全运行。辅助设备主要是指油、水、气系统及一些共用设备，与主机类似，针对水轮机辅助设备及水机保护的技术监督工作，也是一个全寿命周期的管理过程，简而言之，包含了辅助设备的设计、安装、调试、运行和检修全过程，设备安装和调试在第二章已有所提及，相比起主机参数各异，辅助设备多是标准件，有各自厂家给出的安装和调试要求，不能一概而论。每个水力发电厂的辅助设备需要满足一定的设计要求，运行也需要与机组整体要求一致，因此，水轮机辅助设备的技术监督工作主要侧重于设计和运行阶段。

从目前水力发电厂设备故障和缺陷的统计来看，辅助系统的缺陷占了大多数，"三漏"和功能缺失是主要缺陷类型。

第一节 水轮机辅助设备介绍

水轮机辅助设备主要是指除水轮机及其附属设备外，为水轮发电机组运行、检修、维护提供辅助服务的系统，主要包括油系统、水系统、气系统、水力监视监测系统、机修设备等。水机保护是围绕水轮发电机组运行过程中，因机械因素引起保护动作的装置，主要包含过速保护、温度保护、压力保护等。

一、油系统

在水力发电厂中，能量的传递和机组转动部分的润滑与散热等，一般都是用油作为介质来完成的。油系统是为水力发电厂用油设备服务的，由一整套设备组成，完成用油设备的给油、排油、添油及净化处理等工作。

1. 油系统的任务

油系统主要有 7 项任务，分别是接受新油；储备净油；给设备供、排油；向运行设备添油；油的监督、维护和取样化验；油的净化处理；废油的收集及处理。

2. 油系统主要设备

油系统是由相关设备组合在一起，形成一定功能的系统，某电厂油系统示意如图 8-4-1 所示。油系统主要设备有油罐；油处理设备：油泵、压力滤油机（或精过滤机）、真空净油机、滤纸烘箱及油过滤器等；油化验设备：化验仪器、设备、药物等；油吸附设备，如硅胶吸附器；管网：油系统设备及用户连接起来的管道系统；测量及控制元件：温度信号器、压力控制器、油位信号器、油混水信号器等。

二、水系统

水力发电厂水系统主要分为技术供水系统和排水系统。

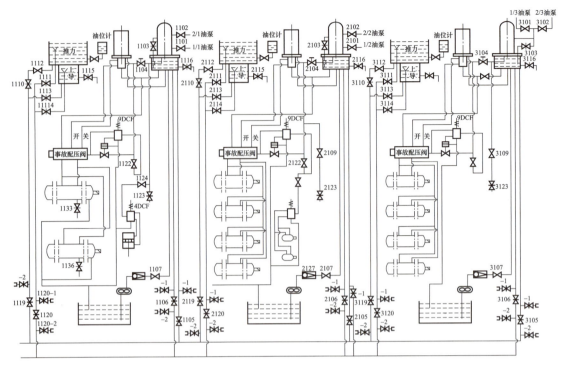

图 8-4-1　某电厂油系统示意图

1. 技术供水系统

（1）技术供水的任务。技术供水的任务主要有以下 5 点：

1）为发电机空气冷却器、轴承冷却器、水冷式变压器冷却器、水冷式空气压缩机的冷却器、压油装置集油箱冷却器、水冷式变频器等提供冷却水；

2）为水轮机主轴密封和止漏环密封提供润滑冷却水，为深井泵轴承提供润滑水等；

3）为发电机、变压器、油罐室、油处理室等机电设备提供消防用水；

4）为空调设备冷却、空气降温、洗尘提供水源；

5）为水压围带密封闸门提供水源。

（2）技术供水系统的组成。技术供水系统的组成应包括水源、水的净化、供水泵（水泵供水时）、管网、控制阀件、供水的监视和保护等。某电厂技术供水系统示意如图 8-4-2 所示。

2. 排水系统

排水系统又分为检修排水与渗漏排水系统，分别对应检修和运行期间的排水要求。对于大型水力发电厂应分开设置，但通过技术论证后也可共用一套排水设备。当共用一套排水设备时，应考虑安全措施，严防尾水倒灌，水淹厂房。

三、气系统

水力发电厂压缩空气用于以下几方面：厂内中压气系统，供油压装置压油槽用气；厂内低压气系统，供机组停机制动、风动工具、吹扫用气及水导轴承检修密封围带、蝴蝶阀止水围带充气。压缩空气系统由空气压缩机和储气罐及附属设备、供气管网、测量及控制元件和用气设备四部分组成。某电厂气系统示意如图 8-4-3 所示。

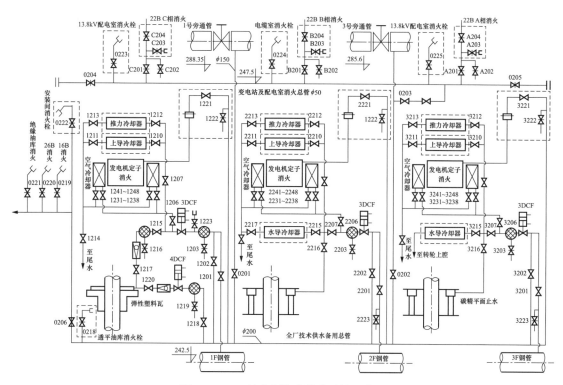

图 8-4-2　某电厂技术供水系统示意图

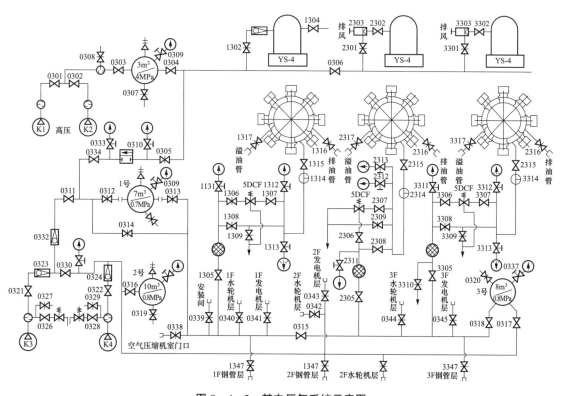

图 8-4-3　某电厂气系统示意图

第二节　水轮机辅助设备技术监督

辅助设备不同于主机设备，随着技术的日新月异，改造的难度相对较小，相比较主机动辄数百万的花费，辅助设备花费较低，而且能够显著提高运维人员的工作效率，企业更愿意在辅助设备方面投入。技改可视为设备重新选型、设计、制造、安装、调试的过程，水轮机辅助设备的技术监督工作主要侧重于设计和运行阶段。

一、水轮机辅助设备设计要求

（一）油系统

1. 设计要求

油系统设计应满足下列要求：油务处理的全部工艺要求；系统连接简明，操作程序清楚，应尽量减少管路及阀门；净油和污油宜有各自独立的油泵、油罐及管路等；通过全厂供、排油管对各用油设备供排油和添油，个别部位可借助油泵和临时管路供排油；能方便地接受新油和排出污油；油处理系统宜为手动操作，应在机组各用油部位设有油位信号器、油温信号器和油混水信号器。

2. 油系统的设置及油的选用

油系统的设置及油的选用基本应遵循四点。一是透平油系统主要供机组轴承润滑用油和调速系统、进水阀和液压阀等操作用油；绝缘油系统主要供变压器、电抗器等电气设备用油。两系统应分开设置。二是当水力发电厂离社会供油点较近且交通便利时，两系统均可只设简单的油系统设备。三是应按黏度选用透平油，压力大和转速低的设备宜选用黏度大的透平油；反之，选用黏度小的透平油。机组润滑用油和调速系统等操作用油宜选用同一牌号透平油。四是应考虑当地气温和绝缘油的凝固点选用绝缘油。

3. 油处理设备的选择

透平油和绝缘油的净化处理设备应按两个独立系统分别设置。油泵应满足输油量及扬程的要求，对于排油油泵，应校核其吸程。透平油（或绝缘油）系统的油泵不宜少于2台。油处理设备与油直接接触的油道宜采用不锈钢材料制作。

4. 油管、阀门的选择

油系统供、排油管和油处理室中的油管应选用不锈钢钢管。调速系统和自动化元件的操作油管应选用紫铜管或不锈钢管，应核算操作油管壁厚。采用软管连接时，可选用金属软管、耐油橡胶管并采用标准活接头。供、排油总管管径可根据油的黏度和所推荐的油管中平均流速计算确定。支管可根据设备的接头尺寸确定。

5. 油化验

油化验的主要任务应是对新油进行分析化验，按相关国家标准进行鉴定。对运行油进行定期取样化验，判断是否需要处理。水力发电厂可配置分析化验设备，也可外委。

（二）水系统

水力发电厂水系统主要分为技术供水系统和排水系统。

1. 技术供水系统

（1）水源的选择。应根据用水设备对水量、水压、水温及水质的要求，结合电厂的具体条件合理选定。水源可取自水库、压力钢管（蜗壳）、尾水渠（管）、顶盖，地下水、靠近水力发电厂的小溪水等也可作为水源，水源选择应满足下列要求：技术供水除主水源外，并应有可靠的备用水源；技术供水系统应满足设备用水量的要求；水源提供的压力应满足要求；技术供水系统水温满足各部冷却器的技术要求，冷却水源水质中应尽量不含有漂浮物，冷却水源存在水生物时，应考虑相应的措施，水的净化设施主要有拦污栅（网）、滤水器等。

（2）供水的可靠性。水力发电厂工作水头变化范围较大，单一的供水方式如不能满足水压力和水量的要求或不经济时，可采用水泵、自流、自流减压、顶盖取水等混合供水方式。技术供水系统管网组成应简单、可靠、便于运行和维护。冷却和润滑供水，宜组成同一个技术供水系统。当冷却水的水质达不到润滑水的水质要求时，单独设置润滑水的供水系统。技术主供水管路上应装设滤水器，并应符合如下要求：宜采用自动反冲洗滤水器；滤水器应装设冲污排水管路。对大容量机组、多泥沙水力发电厂滤水器的冲污水应排至下游尾水。中型水力发电厂往下游排污有困难，且滤水器的排污水量不大时，可排至集水井；滤水器排污冲洗时应有足够的水压；对于减压供水方式，若水质较差时，滤水器可布置在减压阀之前。

2. 排水系统

排水系统分检修排水和渗漏排水。检修排水方面，机组检修排水设计在水轮机进水管或蜗壳底部设通向尾水管的排水管和阀门，使引水钢管中尾水位以上部分的积水自流排出。若排水水头较高时，设置消能措施。检修排水泵的扬程应按一台机组检修，其他机组满负荷运行时的尾水位确定。当经常存在与其他下泄流量重叠（泄水闸、船闸、渔道等）时，应按相应尾水位确定。机组检修排水泵的设计流量，应按排除一台机组检修排水量及所需排水时间确定。检修排水泵的台数不应少于两台，不设备用泵，其中至少应有一台泵的流量大于上、下游闸门总的漏水量，且单台排水泵的容量应与厂内备用柴油发电机容量相匹配。

渗漏排水方面，厂房水工建筑物的渗漏水量应由厂房设计专业提供。其他渗漏水量可参照已建条件相似的水力发电厂和厂家资料估算。渗漏排水集水井的设计符合如下要求：集水井汇集不能自流排出的厂内渗漏水，用泵自动地排至厂外；厂房围岩渗漏水有条件直接排往下游时，不应排至厂内集水井，对于高尾水地面厂房的局部有限面积的屋面雨水无法直接排出时，可排至厂内集水井，厂外排水系统应单独设置并布置在厂外，不应排至厂内渗漏集水井；集水井应布置在厂房最低处，集水井的报警水位应低于最低层的交通廊道、操作廊道及布置有永久设备场地的地面高程；应规定集水井工作泵启动水位、停泵水位、备用泵启动水位和报警水位等；集水井的有效容积，宜按汇集 30～60min 厂内总渗漏水量确定，有条件时，宜适当加大；集水井底部宜设集水坑，坑深应能淹没水泵吸水管底阀。集水井底部地面应有倾向集水坑的坡度；应设集水井的清污通道与清污措施，宜设置集水井专用的排污管及必要的阀门。渗漏排水泵（包括备用泵）的扬程应按最高尾水位与集水井最低水位之差加上管道水力损失确定。渗漏排水工作泵的流量应按集水井的有效容积、渗漏水量和排水时间确定。排水时间宜取 20～30min。工作泵的台数应按排水量确定，且单台排水泵的容量不应大于厂内备用柴油发电机容量。备用泵的总排水量应设置不应少于工作泵总排水量 50%。当只设一台工作泵时，宜设置两台备用泵。备用泵的流量、扬程宜与工作泵相等。对于汛期尾水位变幅较大且持续时间较长的水力发电厂和多泥沙水力发电厂，可增设汛期专用渗漏排水泵和加大渗漏排水集水井容积。对于轴流式水轮机，厂家应为每台机组配置专用的顶盖排水设备。大型机组的排水设备宜双重备用。备用设备的驱动方式或电源宜与主用设备不同。顶盖排水泵应采用单独的吸水管，不得共用。顶盖排水宜直接排至下游。

3. 自动化及元件配置基本要求

技术供水和排水自动化设计应包括如下内容：实现技术供水和排水系统自动化；对技术供水系统的水压、水温、水量、水流和水位进行自动监测；对排水系统的水位、水压和水流进行自动监控；为技术供水和排水系统的安全运行提供保护、报警信号。

（三）气系统

设置压缩空气系统应按如下原则设计：按照压缩空气各用户所需的工作压力和供气质量及所处的位置，对某用户单独设置供气系统或对若干用户建立综合供气系统；设置压缩空气系统，应保证主机等设备的正常运行及操作需要，并尽量使压缩空气系统简化；大中型电站，应设置移动式低压空气压缩机，以利厂区各处临时性用气。

空气压缩机和贮气罐及附属设备应符合如下条件：满足用户对供气量、供气压力、清洁度和相对湿度等要求；当采用综合供气系统时，空气压缩机的总生产率、贮气罐的总容积应按几个用户可能同时工作时所需的最大耗气量确定。选择空气压缩机台数和贮气罐个数时，应便于布置；在一个压缩空气系统中，至少应设 2 台空气压缩机，其中 1 台备用；在选择空气压缩机时，应考虑当地海拔高度对空气压缩机生产率的影响；当空气压缩机吸入的空气湿度较大时，应适当加大空气压缩机的排气量；空气压缩机上应有监视和保护元件，应能自动操作和控制；在贮气罐上应装设与空气压缩机容量、排气压力相适应的安全阀和压力过高、过低信号装置；贮气罐的设计应符合 GB 150《钢制压力容器》要求。

压缩空气系统的测量和控制应通过装在贮气罐或供气总干管上的压力信号器的监测信号来实现。在空气压缩机出口设温度继电器，监视空气压缩机的排气温度。在空气压缩机出口气水分离器上装设自动阀，空气压缩机启动时延时关阀，使其无负荷启动；空气压缩机停机时打开，起卸荷作用，气水分离器自动排污。在贮气罐上装设安全阀、压力表和排污阀。在机组制动管道上装设自动给、排气用的电磁空气阀和监测管内气压用的压力信号器（压力控制器）以及压力表。在气垫式调压室给气管道上装设自动给、排气用的自动阀门以及相应的监测表计。机组的压水调相充气，应是自动控制的，应装设自动阀门和相应的监测表计。在自动运行的水冷式空气压缩机冷却进水管道上，应装设自动阀门，在排水管道上应装设示流信号器。与设备及人身安全有关的信号应送至电站中央控制室。

二、辅助系统的运行

水轮机辅助的运行与主机的运行是分不开的，两者的相互配合，构成了水力发电厂电力生产的基础，本小节主要从主机主要操作过程和检修方面（部分辅助设备的运行与机组检修密切相关），对辅助设备的运行做一个阐述。

1. 主要操作过程中辅助设备注意事项

（1）开机。开机前应对整个辅助设备做一个全面检查，主要的检查项至少应包括压油装置油压和油位、密封水压、锁锭状态、风闸（风压）状态。

（2）运行。运行过程包括了机组正常的负荷调整，在机组运行过程中，应对辅助设备进行巡检，其项目应包括调速器水头指示与实际水头一致（轴流转桨式和贯流式机组）；集油槽油位、油色正常；设备清洁、阀门位置正确，无漏油、漏气、漏水现象；压油槽和事故压油槽压力、油位正常；瓦温正常；各部水压指示正常，油、水、风系统各阀门位置正确；顶盖漏水正常，顶盖排水系统工作正常；围带排气、主轴密封水投入情况正常；滤水器无漏水现象；辅控装置如果无异常情况，均应在"远控""自动"状态。

（3）停机。停机前应对整个辅助设备做一个全面检查，主要的检查项至少应包括制动风压、油压装置油压和油位。

2. 主要检修过程中辅助设备注意事项

（1）机组大修退出备用操作程序：关闭压力油槽各出口阀，断开压油泵电源，根据大修要求，将压油槽压力排至零，集油槽及调速系统排油完毕；机组冷却水、密封水切断；技术供水泵电源断开，滤水器盘电源断开，顶盖排水泵电源断开；关闭所有与检修机组有关的供气阀；做好与运行机组隔离的安全措施；机组各轴承油槽排油。

（2）机组检修，关闭工作门或检修门、尾水门前应注意的事项：压油装置工作正常；顶盖排水泵工作正常；机坑漏油泵工作正常；机组自动装置及调速系统不得进行检修、操作和做联动试验。

（3）机组恢复备用的操作程序：检修后的各冷却器、管路、阀门的耐压试验合格，各阀门位置正确；推力、水导油槽充油完毕，油面、油色正常；压油装置检查完毕，恢复到正常运行状态；制动加闸及反冲给气试验良好；冷却水系统恢复到备用状态；调速器各部件已恢复，接力器充油及全行程试验完好；水车自动回路模拟试验良好；油系统恢复正常工作状态。

（4）油系统的检修过程注意事项。检修过程中，油系统还有一项十分重要的工作，就是油的化验、处理和更换。主要是因为油的基本性质及其对运行有显著的影响，这些影响主要从油的性质决定的，油的性质分为物理性质、化学性质、电气性质和安定性。物理性质包括黏度、闪点、凝固点、透明度、水分、机械杂质和灰分等，化学性质包括酸值、水溶性酸或碱、荷性钠析出物。电气性质包括绝缘强度、介质损失角，安定性包括抗氧化性和抗氧化性。

油在运输和储存过程中，经过一段时间后，由于各种原因改变了油的性质，以致不能保证设备的安全、经济运行，这种变化称为油的劣化。油劣化的根本原因是油和空气中的氧气起了作用，即油被氧化而造成的。影响油劣化的因素有水分、温度、空气、天然光线、电流及其他不良因素。一般预防油劣化的措施是消除水分侵入；保持设备正常工况，不使油温过热（规定透平油油温不得高于45℃，绝缘油不得高于65℃）；减少油与空气接触，防止泡沫形成；避免阳光直接照射；防止电流的作用，油系统设备选用合适的油漆等。

油的净化处理常用的方法有澄清、压力过滤和真空过滤，这三种方法都是机械净化方法。其中压力过滤能彻底消除机械杂质，但消除水分不彻底，真空过滤能彻底消除水分，但不能消除机械杂质。采用何种净化方法，需要根据油质化验的情况而定。

第三节　水轮机水机保护技术监督

水机保护主要从机械方面的指征来判断机组是否处于危险状态，从而按照既定的程序启动保护流程。水轮机保护的内容主要有机械过速、轴承/油温超温、事故低油压；油位异常、油混水、剪断销剪断、机组冷却水中断、顶盖水位高、密封水压中断等。水机保护与电气保护既有联系，也有区别，主要有以下几个特点。

（1）突发性较电气保护弱。水力机械方面的指征往往有一个发展、变化的过程，如果监测得当，大部分指征可以在发展过程中监测到，并提前采取措施，避免触发保护流程。

（2）电气保护也可能同时触发水机保护。当电气保护动作时，最终跳闸停机过程也是由操动执行机构完成的，动作时往往处于非正常工作阶段，常规的停机流程失效，这个时候水机保护也有可能被触发。

（3）水机保护是机组保护最后一道屏障。水机保护往往是直接作用于执行（或紧急备用）机构，是机组安全运行的"防洪堤"。

关于水轮机保护的技术监督，首先是水机保护的设置应满足要求（水机自动化专业也会提及），水轮机专业关注水机保护逻辑是否满足要求。保护的最基本要求是，需要动作时能可靠动作，日常不误动。因此在技术监督管理工作中，如何防止保护失效，是重点之一。作为事故情况下的一种保护措施，从运行的情况出发，最忌讳该动作时未动作，这就要求平时的维护和检修时的模拟联动试验要到位，尤其是后者，但现状是模拟联动试验往往记录不规范，只有结果，无具体数据、中间过程，甚至漏项，不利于水机保护功能的正常投运，应引起重视。

第五章

水力发电厂节能技术监督

水力发电是可再生的清洁能源，开发水能符合国家的节能和环保政策，可以有效减少一次能源的消耗，从某种意义上说，水力发电的开发，本身就是节能的一种方式。对于具体的水力发电厂，节能的意义并不完全在于此，还应包括，如何利用现有的条件，发出更多的电能，本章讨论的水力发电厂的节能，其意义就在于此。

第一节　水力发电厂节能技术监督概述

与火力发电厂电力生产过程中需要消耗煤不同，水力发电厂电力生产是利用自然界水的能量，尽管并不消耗水，但是自然界的水天然存在时空分布不平衡的现象，通常来说，有几个方面可能影响水力发电厂的电力生产。

（1）各个时段降雨量。一个水文年内，分为汛期、枯水期和平水期，汛期水用不完，枯水期水不够用。

（2）水库库容。日调节、月调节、年调节和多年调节的电站，其电力生产的规律明显不同，多年调节电站可以在汛期蓄水，枯水期发电，日调节电站来多少水发多少电。

（3）交易电价。丰、枯电价不同，峰、谷电价不同，甚至各个电网电价都有差异，同样的电量，交易时段和交易对象不一样，价格体现了能源的利用情况，水力发电企业的收益会有明显的差别。

基于以上的情况，水力发电厂一方面需制定合理的经济运行措施，尽可能利用来水，多发电；另一方面还需要加强与调度的沟通，合理利用丰枯、峰谷电价政策，提高经济效益。

第二节　厂　内　经　济　运　行

有了第一节关于节能的前提，厂内经济运行可以说是水力发电厂节能的最有效措施。水力发电厂的运行特点决定了水力发电厂经济运行的方式，掌握水力发电厂的运行要求至关重要，从工程的经济效益出发，水力发电厂经济运行应满足以下要求。一是安全是一切工程的基础要求，水力发电厂的安全应作为经济运行的前提，事事以安全为准则，其次再谈经济效益问题，如果常常出现故障，运行无法顺畅进行，就更无法收获令人满意的经济效益。二是水力发电厂的专业技术水平意味着水力发电厂能否长期保持良好的运行状态，根据水力发电工程的现状，再加上有效的专业技术管理，出现问题时，及时给出有效的解决方案，按照技术要求严格实施，建立完备的技术管理体系。

水力发电厂要实现经济运行，具体在运行方式上，应选择最优的运行方式，利用有限的资源获得最大的电量，厂内经济运行的具体措施有以下几个方面。

一、科学的水库调度

水力发电厂的运行动力是水流，要保证水力发电厂高效运行，就必须科学调度水库。但水库调度牵涉面广，既有水力发电厂自身因素，也牵涉到流域水管部门。水库调度的核心是要将有限的水资源利用好，为此应做好以下工作：建立覆盖流域相关区域的中短期天气预报系统、水调和洪水自动化调度系统以及水情自动测报系统；加强与电力调度部门的联动，避免低负荷时出现机组空转、浪费水力，加强与防汛抗旱部门的沟通，灵活快速调整机组负荷曲线，充分利用现有水量；重视基础数据的统计和分析，整理出机组水头与综合出力的关系曲线、水路出库力量与综合出力的关系曲线等，为优化水库调度提供辅助决策；针对各种特殊情况（如春季农忙、夏季汛期），制定完备的调度预案和控制水库水位的规章，实现水库调度管理的制度化、合理化。

二、优化机组运行

水力发电厂的主要机组，即水轮机是整个电力工程发电的主要载体，通过水轮机来实现水力发电厂的经济运行，同时提高发电效率，就要掌握其相关内容，保持各个部分之间的协调。一是实行经济调度，控制耗水率。同一个流域不同的电站、同一个电站不同的机组、同一台机组不同的工况，均存在效率的差异，根据来水/负荷，制定科学的经济调度策略，降低总体的耗水率，这点已在技术层面实现。二是减少水力损失。由于水力发电厂的机组一般建在河流主干上，在河水流动的同时，也带了很多漂浮物，这些漂浮物聚集在一起，很容易造成机组进水口的堵塞，影响机组工作，因此要及时清除污垢，并加强对进水口的检查，必要时要做出方案，避免此类状况的发生。其实，引水式电站渠道和隧洞沿程的渗漏、水轮机止漏环间隙过大引起的容积损失，也是对水力能量的浪费。

三、确保设备安全可靠

水力发电厂经济运行的设备管理是其高效经济运行的重要保障，由于其机组的特点，保证运行设备的可靠性也就非常重要，这一点往往是电站制定经济运行策略时，容易忽略的地方，一次事故，就可能导致机组停运数日，甚至几个月，造成的经济损失除了维修费用外，还包括停运期间少发的电量。

第三节 厂用电的日常管理

尽管水力发电厂厂用电占比较低，普遍在 1% 左右（电站形式、容量会影响占比），对于目前的大型、巨大型机组来说，电量消耗也是十分可观的。此外，消耗厂用电最主要的设备主要是辅助系统，对厂用电的管理还有另外一层意义，即通过厂用电的消耗情况，分析各个辅助系统的运行状况。

厂用电量经常会出现倒供电量大的问题，而且厂用电量比较高。因此，要做到节能降耗要从以下几个方面采取相应的措施。

（1）尽量减少停机时间，提高机组的利用率。由于河流存在丰水期和枯水期，因此全年内河流流域内来水量不均匀，这样造成机组的开停机较为频繁，因此对机组的利用时间造成一定的削减，影响机组的全年发电量。例如，丰水期，尾水水位过高导致发电机组无法正常工作而不能发电，而在枯水期，上游水量较小，发电机的开机时间较短，倒供电量相对较高。为此，工作人员应该在设计的操作中不断地积累经验，对机组的运行情况有一个全面的把握和认识，减少机组的停机时间，提高机组的利用率。

（2）做好设备的检查和维修工作。水力发电厂设备缺陷在一定程度上也大大提高了电站的耗电量，因此做好设备的检查和维修工作，也是水力发电厂节能降耗的重要措施。设备中存在的耗能较大的缺陷主要是辅助系统单位时间内设备的抽水、打气以及抽油的次数增多，这样造成用电量大幅增加，从而导致厂用电量上升。

设备缺陷必须从源头上解决，通过专业的技术人员对设备的缺陷进行全面彻底的整改，另外，电站的工作人员还应及时做好机组相关设备的维护和保养工作，努力提高水力发电厂发电机组设备的使用寿命。

（3）改变设备的运行方式，节约厂用电。根据发电机组中各设备的功能及各自的运行方式，对设备的运行方式进行适当合理的改变，努力达到节约厂用电的目的。例如，发电机中冷却风机的主要作用是降低发电机中定子和转子的温度，在设备正常运行的情况下，夏天与冬天定子、转子的温度会相差到几十摄氏度，设计人员可以从这一方面着手，根据机组所允许的最大温升来配置合适的冷却风机。

第六章

水力发电厂水轮机试验监督

试验是了解和验证设备性能的手段之一，水轮机试验分为模型试验和现场试验，本章涉及的内容为现场试验。《水力机组现场测试手册》中关于水力机组的现场试验项目，列举了六大类，分别是水轮机效率试验、水轮发电机组稳定性试验、调速系统及机组过渡过程试验、机组力特性试验、机组轴承试验以及空蚀、磨损和防护。受专业划分的影响，本章主要讨论与水轮机专业有关的空蚀、效率、稳定性测试和试验。

一、水轮机现场试验的概念和特点

在现场对水轮机及其辅助系统进行的各种试验称为现场试验或原型试验。其特点主要包括可以做模型试验不能模拟的试验；可以正确了解机组在电气、机械、水力等方面的运行特性，鉴定水轮机的各项工作参数；检验水轮机的理论、计算方法；是鉴定水轮机的设计是否合理、制造和安装质量优劣的有效手段和可靠依据。

二、水轮机试验的主要作用

水轮机试验的主要作用有比模型试验更能发现和解决生产和科研中提出的问题；根据现场试验的资料积累，能为发展新型结构和新型机组提供技术资料；通过现场试验能经济有效地利用水能；能为系统安全经济发供电提供可靠的运行资料，正确指导水力发电厂的生产。

在水轮机本体技术监督中，安装和调试阶段就涉及了部分试验项目，为了不再重复，本文论述的试验内容主要是非常规，但又与水轮机运行密切相关的试验项目，其主要包括以下几个试验内容：水轮发电机组稳定性试验（受专业划分的影响，本试验包含了发电机的机械部分），反映了机组运行安全稳定性方面；水轮机效率试验，反映机组能量特性和水力优化方面；水轮机空蚀观测和评定，反映过流部件的空蚀磨损方面。

第一节　水轮发电机组稳定性试验

国能安全〔2014〕161号《防止电力生产事故的二十五项重点要求》第23.1.1.3条："水电站规划设计中应重视水轮发电机组的运行稳定性，合理选择机组参数，使机组具有较宽的稳定运行范围。水力发电厂运行单位应全面掌握各台水轮发电机组的运行特性，划分机组运行区域，并将测试结果作为机组运行控制和自动发电控制（AGC）等系统运行参数设定的依据。电力调度机构应加强与水力发电厂的沟通联系，了解和掌握所调度范围水轮发电机组随水头、出力变化的运行特性，优化机组的安全调度"，明确要求水力发电厂运行单位应全面掌握机组的运行特性和运行区域，水轮发电机组的稳定性试验的目的正在于此。

表征水轮发电机组稳定性能的参数主要有导轴承摆度、机架振动、顶盖振动、流道内水流的压力脉动、噪声、动应力等。在现场试验中，受条件的限制和目的的不同，不是每次都需要测试所有项目，必须能有所针对。对其性能的评价，一方面应遵循相关的限值要求，另一方面趋势的发展也是重要的参考依据。

一、试验方法

机组的运行特性主要受机械、电气和水力因素的影响，因此，试验方法的设置也与之相匹配。

（1）变转速试验。该试验主要测试机械因素方面的影响。质量力相对于旋转中心线的对称状况是影响机组稳定性的重要因素之一，通过变转速试验考察机组转动部件的质量平衡状态对机组各部位振动和摆度的影响。当转动部件的质量不平衡较大时，主轴摆度随转速变化而变化的趋势很明显，且径向轴承支架振动幅值与机组转速的平方近似成正比关系。该试验的工况点一般为点动、50%额定转速、75%额定转速和100%额定转速，个别极端情况下，还可通过过速试验的工况点来验证。如果机组的转动部件出现有较大的质量不平衡，涉及动平衡的处理，目前主要采用影响系数法。该试验项目的主要稳定性参数为导轴承摆度、机架振动。

（2）变励磁试验。该试验主要测试电气因素方面的影响。随着逐渐增加定子电压，如果发电机部分电气有缺陷，有可能会通过稳定性参数表现出来。该试验项目的主要稳定性参数为导轴承摆度、机架振动、噪声。

（3）变负荷试验。变负荷试验是水轮发电机组稳定性试验项目中最重要的测试内容。水轮发电机组的运行特性主要取决于水轮机，变负荷试验主要是了解水力因素对水轮机的影响，主要的试验工况点应尽可能密集。此外，大部分水轮机可适应不同的水头下运行，水头不同，其运行特性也有差异，因此，全工况下的测试是必要的。该试验项目的主要稳定性参数为水导摆度、顶盖振动、压力脉动、噪声和动应力。

二、试验注意事项

水轮发电机组的稳定性试验技术成熟，但水力发电企业运营单位本身的技术侧重点不同，该试验往往是外委给其他单位完成，尤其是检修单位，这不是说运营单位就可以放任不管，由于各个外委单位的技术力量和理解不一样，结合技术监督的要求，有以下几点注意事项。

（1）试验的周期。如上所说，该试验是鉴定机组制造和安装质量优劣的有效手段和可靠依据。因此，对于新投运初期的机组，必须完成该试验；为了评价检修的质量，检修前后可酌情安排试验项目，尤其是检修后。

（2）试验内容和方法。试验内容和方法是为试验目的服务的，水轮发电机组稳定性试验是一个大类的试验项目，根据目的的不同，还可细分为动平衡试验、甩负荷试验（侧重稳定性）、振动区试验和故障诊断分析测试，每个试验项目的侧重点不同，所需测点、测点类型、方法都可以不同。

（3）试验记录。简而言之，试验记录要规范。水力发电企业往往觉得已经做过这项试验，结论合格，并不太注重试验记录的完整性和真实性。须知对于机组而言，试验记录不仅表示它现在的状况，也是它的档案，在后续检修、技术改造中，可提供依据。

第二节 水轮机效率试验

水轮机是将水流的动能或势能转换为机械能的机械，在转换的过程中必然存在各种损失，根据能量守恒定律，水流的动能或势能等于输出的机械能与各种损失之和，其能量转换效率常用 η 表示，总的表达式为

$$P = 9.81QH\eta \qquad\qquad (8-6-1)$$

式中　P——水轮机出力，kW；

　　　Q——水轮机过机流量，m^3/s；

　　　H——水轮机工作水头，m。

在实际运行过程中，水轮机的运行工况是经常变动的，机组并不总是能在最优工况下工作，当偏离最优工况运行时，效率、空蚀、稳定性能均有较大程度的下降，长期运行会使水轮机工作部件遭受破坏，此外，水力发电厂开展厂内经济运行工作，也离不开水轮机的效率数据。水轮机效率试验是获取水轮机效率数据的主要手段。

试验方法如下：

根据流量测试的不同，水轮机效率试验分为绝对效率试验和相对效率试验，绝对效率试验采用的流量是真实值，而相对效率试验采用的流量值是相对值。从指导机组运行的角度出发，获取水轮机的相对效率就足够了，因此，本节主要介绍水轮机的相对效率试验。

（1）流量测试。相对流量可用蜗壳压差法测得。蜗壳差压测试示意如图 8-6-1 所示。

根据伯努利方程，得到流量方程式为

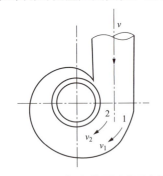

$$Q = K\sqrt{h} \qquad\qquad (8-6-2)$$

式中　Q——水轮机过机流量；

　　　K——流量系数，常数；

图 8-6-1　蜗壳差压测试示意图

　　　h——蜗壳差压。

从式（8-6-2）中可以得到流量与蜗壳压差的算术平方根成正比例关系。对于不同的机组蜗壳或同一蜗壳不同测量孔而言，K 值是不同的常数。对于同一台机组同两根测压管，只要取压状态不改变，K 值将永远是个既定的常数。要预先知道 K 值的精确值，可通过其他精确的测流方法。大量现场试验结果还表明：蜗壳流量系数 K 值在不同的水头下几乎保持不变；水头不大于10m的低水头电站，流量与压差有时可能不符合算术平方根的关系，这时流量方程式关系需进行修正。

（2）水头测量。水轮机工作水头按下式计算，即

$$H = \Delta P/\gamma + (a_2 v_2^2 - a_1 v_1^2)/2g + \Delta Z \qquad\qquad (8-6-3)$$

式中　ΔP——蜗壳进口与尾水管出口的压差；

　　　γ——水的重度根据试验时水温以及当地重力加速度而定；

　　　a_2——尾水管出口断面流速分布不均匀系数，通常取为1；

　　　v_2——尾水管出口断面水流平均速度；

　　　a_1——蜗壳进口断面流速分布不均匀系数，通常取为1；

v_1——蜗壳进口断面水流平均速度；

g——当地的重力加速度值，按电厂海拔及纬度而定；

ΔZ——位置水头，测试传感器的高程差。

于上、下游水位变化和各个工况点的流量不同引起引水管水头损失不同，所以各试验工况点水头实际是不同的。为了计算、分析机组特性，一般选试验中水头的平均值作为计算水头，如平均水头接近额定水头，则选额定水头作为计算水头；然后将各工况点的效率、流量的实测值全部换算到选取的计算水头（或指定水头）下。

（3）有功功率的测量。发电机的输出功率是效率计算的重要数据之一，一般采用功率变送器测量，然后根据发电机效率曲线，换算为水轮机的轴出力。

（4）测试步骤及注意事项。具备条件的情况下，相对效率试验的工况点应实现全覆盖，即全水头、全负荷，对于水头变幅小的机组，可以选取一个或几个特征水头，为保证数据的可靠性，单个工况的数据采集时，机组运行应平稳，其中，为克服机械死区对测量精度的影响，试验过程中导叶的调整以单向为宜。

第三节 空蚀观测和评定

水轮机的空化现象是水流在能量转换过程中产生的一种特殊现象。对于一般液体来说，温度和压力是空化现象的主要因素，但对于水轮机而言，空化现象主要跟压力的变化有关。根据伯努里方程的描述，流体的速度越高，压力就越小，水轮机内部的流态也满足这个现象，水流流过水轮机叶片做功的过程中，压力剧烈变化，当压力下降到临界值时，即发生空化现象。

空化现象是引起空蚀破坏的根源，液体的空化与压力有关，当压力增加时，之前空化产生的气泡随着溃灭，溃灭如果发生在过流表面，可能引起过流表面的材料损坏，这个过程就是空蚀。目前对空蚀的作用机理尚未彻底弄清楚，普遍认为空蚀对材料表面的破坏是机械、化学和电化的综合作用结果。水轮机的空蚀程度取决于五个方面，分别是水轮机的型式和设计、空蚀作用部位的材料和表面形态、水轮机的安装高程或电站空化系数、运行持续时间和工况、水质。

一、空蚀的观测方法

空蚀使水轮机的通流表面变得粗糙，破坏了水流对表面原有的绕流条件，使效率和出力降低，是决定水力机组检修周期和等级的主要因素。到目前为止，关于水轮机空蚀破坏机理的研究，大部分处于实验阶段，对原型机来说比较完善的观测方法不多，模型试验不可能完全模拟原型机的工作条件，两者之间往往有不相似之处，因此对原型机的空蚀观测就显得很重要。结合相关文献资料，下面介绍几种空蚀观测方法。

1. 声学法

大量的试验和研究发现，空蚀水流中存在两个基本声源，一是由于空化旋涡周期性分离，而发出各种频率的噪声，其频率取决于水流条件。二是由于空化气泡溃灭所产生的宽频声振动，声波范围既包含 $20\sim20000\mathrm{Hz}$ 的可闻声，又包含二十至几百兆赫的超声波。空蚀声波的频谱取决于空泡的直径、数量溃灭的速度，较小直径的气泡溃灭时产生高频率的声振动，而直径大的气泡溃灭时，则产生低频率的声振动。很多资料都探明了空蚀现象与声波压强之间的内在联系：随着空蚀的发展、溃灭、气泡的数目及其冲击强度增大，声波的振幅也随着增加。采用声学法观测空蚀，就是采用声级计或其他传声探头，观测流道内空蚀产生的声压强度，判断空蚀的强度。

用声学法测量空蚀特性，可分为噪声法和超声波法，目前两种方法都只能提供定性的结果，即测量水轮机的相对空蚀强度，仅仅是基于从空蚀空穴气泡冲击理论去认识空蚀问题的一个手段，而不能完全揭示空蚀问题的本质，如化学、电化学以及材质对抗空蚀的影响。

2．电阻法

（1）欧姆空蚀指示仪法。当水轮机发生空蚀时即从水中析出气泡，随着空蚀的发展，水中含有的气泡量进一步增加，由于水中含有大量的气泡，它的导电性能发生改变，导电率下降。所以，可以利用测量水流电阻值的变化来观测和研究空蚀的发展情况。试验表明：当水压下降时，水流的电阻随着水流中气泡饱和度的提高而增大。欧姆空蚀指示仪法利用放在水流中的两对电极，其中一对装在空蚀区，随空蚀的不同程度，级间电阻发生变化，另一对安装在水轮机在任何工况下都不发生空蚀的水流中，作为校准值，排除其他因素对水流电阻的影响，提高测试精度，两对电极组成电桥，通过电桥的输出，测试水轮机空蚀强度的相对变化。

（2）校正电阻法。把空蚀破坏的机理理解为气泡溃灭时所产生的机械应力的结果，遭到空蚀破坏的金属片，其电阻发生变化，利用这一特性来测定空蚀破坏的程度。如果在遭到空蚀破坏的区域装设测量用的金属片，随空蚀侵蚀坑数量和深度的增加，金属片的电阻值将增加，虽然由于金属材料的不同，空蚀破坏的胃管形态可能是点状破坏或产生塑性变形，但金属片的电阻值均会改变，预先校准金属片电阻值与空蚀破坏程度之间的关系，这样就可以根据测量金属片电阻的变化量，测定水轮机的空蚀破坏程度。

3．加速度法

空蚀气泡溃灭的瞬间产生很大的高频冲击力，而这种冲击力由于加速增大所引起的。如果我们将加速度计放在转轮附近的尾水管、机壳、管道或基础结构上，测量和分析空蚀发生时加速度的数值或波形，即可判断空蚀的产生、发展和严重程度。总的趋势是空蚀现象越重，所测得的加速度值越大，或者波形图上显示的高频分量越大。由于各种水轮机的空蚀破坏程度不相同，采用该种方法，开始要有一段测试和积累资料的过程，才能提供出比较切合实际的判断空蚀严重性的准则。

4．易损覆盖层法——快速破坏法

声学法、电阻法和加速度法是通过仪表测量来判断水轮机空蚀发展的情况，这个时候的"空蚀"工况，并不一定能够从材料上表现出来。易损覆盖层法（快速破坏法）是通过在过流部件上覆盖一层容易遭受空蚀破坏材料，则只需运行较短的时间，就可以直接观察到受空蚀破坏的部位和程度。常用的有易损涂层和易损软金属两类方法。

以上介绍的几种空蚀的观测方法，声学法、加速度法以及欧姆电阻指示仪法属于间接观测，校正电阻法和易损覆盖层法——快速破坏法属于直接观测，各有优缺点。总体来说，由于空蚀的发生机理还有待进一步完善，以及水轮机流道内流态的复杂性，目前对水轮机空蚀的原型观测尚有很大的不足。对于水力发电厂运营单位来说，往往不需要深究空蚀的发生机理，只需要了解空蚀的发展特性，在实际运行中采用合理的调度运行，尽量避免空蚀的破坏，从这方面来说，结合机组的稳定性试验，采用声学法和加速度法，测试空蚀强度的变化规律，是较为可行的。

二、空蚀评定

原型水轮机的空蚀损坏除了与设计转轮的形式有关外，还与制造、材质、安装和检修的质量以及运行工况有关，为了减轻原型水轮机的空蚀破坏，故需要通过长期的观测，积累资料进行分析。水轮机的空蚀评定的基础是设备厂家的空蚀保证，其运行往往并不能完全与保证的工况相一致，因此，就需要在设备投标前进行协商，主要协商的内容包含两个方面：根据合同中给定水轮机的安装高程，以及水轮机的尺寸、转速、过流部件材料、表面条件和运行工况等协商空蚀保证值；在确定空蚀允许值的条件下，协商水轮机的安装高程。

每个电站的运行条件都不一样，制定通用的都可接受的空蚀允许值明显是不合适的，因此，应根据每个电站的条件进行评估。

空蚀评定是评价水轮机空蚀程度的主要措施。对于原型水轮机而言，无论是空蚀损坏的体积或以所失掉的金属重量作为统计空蚀的损坏量，都需要测量空蚀损坏部位的深度和面积。

1. 面积测量

在空蚀损坏面的周围用油漆或其他方法画出边界面，在涂料未干前用透明纸印下，然后用求积仪或方格纸放在透明纸下面计算面积。由空蚀引起的变色区的面积不在统计之内。

2. 深度测量

要比较准确的测出深度，必须注意两点：首先测量深度的基准应该是叶片表面未被破坏的金属面，即从母材的原始表面算起；其次要考虑叶片原来的型线。

3. 失重量的测量和计算

（1）直接测量法。用塑性物质（如石蜡、橡皮泥、面粉）涂抹在转轮空蚀损坏的部位，使叶片恢复到未损坏以前的形状，然后将塑性物质取下，测量其体积，再换算成金属的失重。当损坏面位于三度曲面时，其表面形状应用叶片样板或其他适当工具检验。

（2）近似计算法。将空蚀破坏部分按照损失程度分成若干块，分别量出每块的空蚀面积和最大空蚀深度，然后按照公式近似计算出空蚀损坏的金属体积。

4. 评定注意事项

如前所述，每个电站不仅运行条件不一样，需要制定不同的空蚀保证值。另外，水轮机并不能都在空蚀保证允许的工况下运行，因此，在试验过程中，应注意以下几点：空蚀评定时，与空蚀保证条件的换算关系；由于空蚀是不规律的，空蚀量的计算应尽可能详细；对于空蚀的判断，要与磨损有所区别。

水轮机空蚀损坏量的保证值，反映了某个时期水轮机设计、制造方面的水平，除了水轮机外，其他过流部件的空蚀情况也应纳入评价体系中。

第七章

水轮机技术监督常见问题及处理建议

第一节　水轮机技术监督常见问题

原中国国电集团公司技术监督归口管理单位为国电科学技术研究院，水力发电企业纳入技术监督管理体系的有 15 家，所辖 31 座水力发电厂，这些水力发电厂机组最小 10MW，最大 650MW，涵盖了混流式、轴流转桨式、冲击式、灯泡贯流式等各种水轮机型式，对 2014—2017 年度水轮机技术监督查评问题进行统计和汇总，其结果对于水轮机技术监督工作来说，具有较强的代表性。

从水轮机技术监督的内容，梳理最近几年的查评重要问题，大致可将这些问题归纳为 5 种类型，分别是：

（1）本体运行问题。包含振摆超标、瓦温异常、存在异常运行工况等。

（2）调速系统问题。包含试验结果与设计和规程要求不符、未按照规程要求进行试验等。

（3）在线状态监测装置问题。包含装置不能满足测试要求、测点安装不符合规范、部分测点无数据等。

（4）定期试验、检测和检修质量问题。包含未按照规程要求进行相关试验和检测、检修质量不合格等。

（5）辅助设备问题。包含三漏、辅助设备功能异常、水机保护装置不齐和误/拒动等。水轮机技术监督查评问题分布如图 8－7－1 所示。

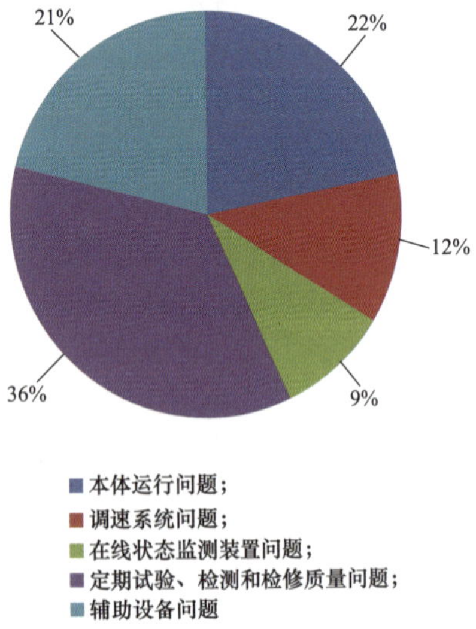

图 8－7－1　水轮机技术监督查评问题分布图

从这些问题出现的频次、问题的描述中，看出目前水轮机技术监督存在的问题。

（1）对规程规范的认识不到位。水轮机技术监督离不开规程规范的要求，水力发电企业在实际生产过程中，也是通过规程规范来判断机组运行状况的优劣。在统计中发现较多的超标现象，出现这种情况，企业缺乏必要的临时或预控措施，设备多是带病运行，个别企业有意安排带病机组长时运行，期望通过将隐患扩大，一次大修解决所有问题。

（2）个别问题反复出现，重视程度不够。统计发现，个别电站的同一种问题，在不同机组上反复出现，暴露出企业在技术监管方面的不到位，不重视。

（3）风险的识别能力有待进一步提高。个别问题的存在，对机组完全稳定运行有较明显的影响，如水机保护功能不完善、未按期定检等，企业却只将其作为一般隐患对待，将小故障累积成大事故。

（4）对设备顽疾的治理，力度不够。某些设备投产时间长，固有的一些顽疾治理，水力发电企业有畏难和抵触情绪，导致发现的问题迟迟得不到处理。

第二节 机组的"三漏"治理

在之前的篇幅中已经提到，机组辅助系统的大多数缺陷都是"三漏"缺陷，"三漏"意指"漏水、漏油、漏气"，恰好对应着三大辅助系统（油、水、气）。"三漏"缺陷既是生产类缺陷，影响设备的性能，又是文明类缺陷，影响企业的整体形象和作业环境的安全，据不完全统计，"三漏"缺陷占了水力发电企业缺陷数的 1/4 以上，水力发电企业的"三漏"特点主要体现在以下几个方面。

（1）点多面广。水轮机流道、辅助系统、水工建筑物均存在不同程度的渗漏问题。其中，以辅助系统最为突出，重点表现在管路的接头、阀门等处。

（2）反复出现。机组的振动、管路的水锤效应、密封件的老化等原因，随着运行时间的增长，渗漏点不断出现，不易根治。

（3）压力越高，渗漏越严重。据统计，相比较气、水系统，油压系统渗漏点最多，由于更换阀门、密封件等需泄压，维护和检修难度较大。

一、"三漏"的原因分析

"三漏"现象屡禁不止，与水力发电企业的生产过程密切相关，主要体现在以下几点。

（1）辅助系统普遍有较强的压力。如调速器油压装置，压力至少在 2.5MPa 以上，技术供水系统压力不低于 0.15MPa，辅助系统的阀门、接头等薄弱环节，细微的缺陷就可能造成渗漏。

（2）密封材料的老化或选型不合理。辅助系统的密封材料均有一定的使用寿命，尤其是油系统的密封件，不及时更换，极易引起密封件失效，从而引起渗漏。不同的工况条件理应选择不同的密封件，普通国产密封件适应温度为 −40～85℃，但实际运行环境中，高温耐油成了主要考量标尺，长期运行使密封件弹性降低，甚至几乎失去密封作用；针对活塞杆、浮动环、旋转部件等处的动密封不能采用一般密封件，应采用可相对运动的组合密封件；不同工作介质对密封件的要求不同，选用必须要恰当。

（3）机组运行过程中振动引起的渗漏。辅助系统均是由管路、阀门、接头等连接在一起，机组运行过程中，这些管路难免会随着机组振动而振动，在承受交变的应力变化后，密封件易失效，管路可能会开裂，从而引起渗漏。

（4）锈蚀。辅助系统的管路多布置在潮湿的环境中，防锈措施不到位，或管路内部磨蚀较大的情况下，也是引起渗漏的主要原因。

（5）制造、安装缺陷。密封件表面和密封槽的粗糙度不满足要求；密封沟槽的尺寸和密封件尺寸的公差值不符合技术要求；沟槽倒角或装配倒角不当引起渗漏；拉伤引起渗漏；密封件安装时，用一般工具进行挤压装配；安装前未严格清理密封槽的毛刺、高点；安装前未清洗密封槽和密封件；密封件黏结切口角度，安装位置放置不合适。

（6）密封设计原因。一般连接管件采用端面加密封件及管接头连接的形式，如果管路连

791

接设计不当，将造成渗漏现象；盖类零件设计不当引起变形造成渗漏问题，比如盖平面承压过大，平面度不合格，紧固装置拧紧力矩未达到规定要求均会引起渗漏。

二、"三漏"的治理步骤

引起"三漏"的原因很多，有些是不可避免的因素，企业的目标是在运行期间应尽量少出现"三漏"的现象，或者"三漏"缺陷不影响企业的电力生产。一些水力发电企业的实践和经验表明，这个目标是能够通过采取技术措施实现的，其治理的基本步骤简述如下。

1. 查缺陷

根据设备常见缺陷、质量隐患点，按照修前检查、修中记录、修后跟踪的方式提高对三漏问题的跟踪力度以及预知预见能力。

（1）机组停机检修前，派检修技术人员到现场进行"三漏"排查，认真核查机组相关设备，发现设备渗漏，及时记录登记，填写缺陷等级表，并拍照保留影像资料，将缺陷登记表上报技术主管，检修班组也保留存档。

（2）定期登录生产管理系统，关注设备缺陷信息，及时掌握设备运行状况。

（3）定期与电站运维人员沟通，询问其在设备巡视时，是否发现设备缺陷。

2. 定方案

根据设备修前检查的渗漏部位、以往的缺陷记录，对三漏隐患点做到全面排查到位，对静密封、往复运动密封、旋转运动密封等不同部位，要预知预见到位。针对调速系统及圆筒阀系统等高压设备，水轮机导轴承油槽等常压设备，技术供水系统设备及冷却器等低压设备，通过查阅图纸等技术资料，逐条分析设备渗漏发生的原因，分别制定相应的三漏检修项目、施工流程、工艺标准，详细核实密封件和密封胶材质、型号、品牌、数量，提前采购，留足备件。

3. 改结构

检修技术人员应主动作为，拓宽对密封件的知识了解，结合密封件安装位置、作用、运行环境等因素，对密封件进行重新改型设计。

（1）导轴承密封盖改型。例如，针对机组油雾严重的情况，对轴承密封盖板进行结构改造，并加装了新型的吸油雾装置。

（2）管路密封改型。例如，高压设备法兰、盖板使用的 O 形圈直径偏细，以至失效渗漏，可改造密封圈沟槽尺寸，选用合适的 O 形圈。

（3）液压缸活塞杆密封改型。例如，O 形圈密封性不好，工作一段时间后产生渗漏，可增设一压盖，将 O 形圈换为 Y 形圈，工作一段时间后，还可调整压盖厚度以补偿 Y 形圈的磨损。

（4）其余密封改型。例如，四氟密封垫更换为组合垫，普通密封件改为聚氨酯等特殊材质的密封件，创新采用先进的 IDO 型、X 型、YXD 型等新型密封件。

4. 换元件

及时更换损坏或老化的密封元件，任何一种密封件都是有寿命的，其使用寿命与工作条件（工作温度、压力、运动速度、工作液体清洁度等）有关，根据设备的使用工况确定更换密封件的周期，做到及时定期的更换，变被动"堵漏"为主动"防漏"。

"三漏"的治理是一个长期的过程，除了采取必要的技术措施，还需要配套的管理措施，如密封件的定期更换计划，就是其中重要的管理措施，定期更换计划可参考表 8-7-1。各企业应根据其自身的特点，制定相应的"三漏"治理体系，减小或消除"三漏"对电力生产和安全文明的影响。

表 8-7-1　　　　　　　　　　　密封件定期更换记录表（示例）

序号	名称	型号	材质	数量	使用部位	上次更换时间	下次更换时间	更换周期
1	空气围带	FH-273.08-1	耐油橡胶	1	主轴密封	2016 年 4 月 1F 机组 B 修	2018 年 11 月 1F 组 B 修	2 年
2	密封垫	$80 \times 60 \times 2$	耐油橡胶板	1	主轴密封	2016 年 4 月 1F 机组 B 修	2018 年 11 月 1F 组 B 修	2 年
3	O 形橡胶密封圈	$\phi 7.50 \times 2.65$	耐油橡胶	4	调速器紧停复归、投入电磁阀	2016 年 4 月 1F 机组 B 修	2018 年 11 月 1F 组 B 修	2 年

第三节　水轮机技术改造

每件设备均有其使用寿命，水轮机也不能例外。因机组的型式、设计、制造质量、维护程度等因素，水轮机的可靠运行时间在 30～50 年之间不等；或者因为其他的因素，如增大功率、扩大运行范围、提高效率等，即使尚未到使用年限，水轮机也面临着更新换代，以上情况可以统称为水轮机技术改造。对于水力发电企业而言，水轮机价值高、改造周期长，需要长时间的规划和实施，其主要的工作内容如下。

一、资料的收集和评估

工程评估时，需要长时的运行数据作为项目研究的基本资料，对于水位、流量、水头和发电量的数据资料，至少不少于 10 年以上。推荐收集以下有关资料：发电量和电量收益；运行维护成本；水轮机可靠性和可利用状况（水轮机运行事故及处理的资料，计划停机和强迫停机的资料）；现有的水文资料，尽可能长时间的运行记录；机械设备的整体性评估；性能评估；原有的图纸资料；历次检修的资料。

在这些资料基础上，要对改造的必要性做一个总体的评估，就技术方面而言，重要的是水轮机的可靠性、可用性和允许的运行范围和水轮机的运行和维修成本。

二、技术改造方案的确定

最佳方案的确定是各种相关因素进行比较、综合和优化的过程和结果。如果更换新转轮增加的功率，需要改造或更换与之相关的其他机械部件、电气部件才能匹配，那就未必是最佳方案，通过提高效率但少增加一些功率或许是更好的投资方案。

水轮机的技术改造可以有以下方案：不进行重大的改造，让机组继续运行；修复有缺陷的部件，随后电站按正常维修方式继续运行；如果机组的整体状况良好或曾经改造过，可在不拆除机组的情况下，恢复原流道和水力型线（转轮、导叶、固定导叶、尾水管等），使之继续运行；改造水轮机的过流部件。

如果确定采用更换转轮和导叶，则必须对整个发电系统（水轮机、发电机及其辅助设施等），包括修复磨损、恢复机械的整体性等作出评估。如果水轮机增大功率，必须对与其相配套的土建工程、所有机械和电气部件进行分析，对电气设备的评估不包含在本节内容中。

三、合同

水轮机改造的技术条款需要根据现场的特殊条件来制定。编写技术条款有两种方法。第一种方式是详细地写技术说明，包括设备设计、部件以及制造/安装步骤等；第二种方式是写一个规范，规定设备安装后的性能要求，至于设备如何设计、制造及安装，留给制造商和安装部门。大多数技术条款采取以上两种方法的组合。选择哪一种方法，通常取决于业主和机组尺寸及设备在系统中的重要性。另外，合同中必须明确改造项目或其子项目的供货范围、目标、相关的责任以及工程进度安排等。关于功率、效率、空蚀和运行稳定性等预期性能的提高，在编制技术规范时，应明确性能保证值的验证方法：是通过模型验收试验（全模拟试验还是半模拟试验），还是通过原型相对效率试验或绝对效率试验进行验收，或者两类试验都做。

四、项目实施

1. 模型试验（如有）

业主应对下列活动进行监督和复查：设计、图纸和材料清单；制造中的相似性误差，与制造图纸对比的一致性，以及材料清单；装置与图纸的一致性、误差和试验步骤；在制造商实验室或中立的实验室进行的水轮机模型试验，还应包括仪器的标定。如果选定的是竞标方式，且决定在制造商的实验室或在中立实验室进行模型试验，则至少须选两家水轮机供应商进行模型试验。全模拟试验可以十分可靠地证明更新改造机组的性能改善和增加收益。在早期的详细研究阶段，可考虑先签订单独的合同进行全模拟试验。如果改造项目相对较小，做模型试验可能不划算，可改用CFD来完成水力设计。

2. 设计、施工、安装与试验

业主应对下列活动进行监督和复查：部件设计、图纸和材料清单；材料选择，与技术规范规定的材料进行对比；质量保证，质量控制（现场检查）要求；工厂试验及检查；按GB/T 15613《水轮机、蓄能泵和水泵水轮机模型验收试验》和合同技术规范，进行尺寸和相似性检查（特别是转轮）；现场拆卸、部件修复或修正、回装和轴线校正；机组试运行；原型性能试验（绝对效率）、导叶开口/功率试验或指数试验（相对效率试验）；甩负荷试验；转轮试验，确定固有频率和振动模态；水轮机部件应力测试；接力器压差试验；机组带负荷试验，测试轴承温度和油温；测量尾水管和蜗壳的压力脉动，轴系的摆度及顶盖的变形（挠曲）。

五、技术改造效果及性能保证值评价

分别从技术和经济方面，对技术改造的效果进行评价。通过评价找出成败的原因，总结经验教训，并通过及时有效的信息反馈，为未来项目的决策和提高完善投资决策管理水平提出建议，从而达到提高效益的目的。

附录　水轮机技术监督常用标准

1. GB/T 6075.1《在非旋转部件上测量和评价机器的机械振动　第1部分：总则》

2. GB/T 6075.5《在非旋转部件上测量和评价机器的机械振动　第5部分：水力发电厂和泵站机组》

3. GB/T 7894《水轮发电机基本技术条件》

4. GB/T 8564《水轮发电机组安装技术规范》

5. GB/T 9652.1《水轮机调速系统技术条件》

6. GB/T 9652.2《水轮机调速系统试验》

7. GB/T 10969《水轮机、蓄能泵和水泵水轮机通流部件技术条件》

8. GB/T 11348.1《旋转机械转轴径向振动的测量和评定　第1部分：总则》

9. GB/T 11348.5《旋转机械转轴径向振动的测量和评定　第5部分：水力发电厂和泵站机组》

10. GB/T 11805《水轮发电机组自动化元件（装置）及其系统基本技术条件》

11. GB/T 14541《电厂用运行矿物汽轮机油维护管理导则》

12. GB/T 15468《水轮机基本技术条件》

13. GB/T 15469.1《水轮机、蓄能泵和水泵水轮机空蚀评定　第1部分：反击式水轮机的空蚀评定》

14. GB/T 15613.2《水轮机、蓄能泵和水泵水轮机模型验收试验　第2部分：常规水力性能试验》

15. GB/T 17189《水力机械振动和脉动现场测试规程》

16. GB/T 19184《水斗式水轮机空蚀评定》

17. GB/T 28570《水轮发电机组状态在线监测系统技术导则》

18. DL/T 443《水轮发电机组设备出厂检验一般规定》

19. DL/T 496《水轮机电液调节系统及装置调整试验导则》

20. DL/T 507《水轮发电机组启动试验规程》

21. DL/T 563《水轮机电液调节系统及装置技术规程》

22. DL/T 586《电力设备监造技术导则》

23. DL/T 710《水轮机运行规程》

24. DL/T 751《水轮发电机运行规程》

25. DL/T 792《水轮机调节系统及装置运行与检修规程》

26. DL/T 817《立式水轮发电机检修技术规程》

27. DL/T 827《灯泡贯流式水轮发电机组启动试验规程》

28. DL/T 862《水电站自动化元件（装置）安装和验收规程》

29. DL/T 1051《电力技术监督导则》

30. DL/T 1055《发电厂汽轮机、水轮机技术监督导则》

31. DL/T 1246《水电站设备状态检修管理导则》

32. DL/T 5070《水轮机金属蜗壳现场制造安装及焊接工艺导则》

33. DL/T 5071《混流式水轮机转轮现场制造工艺导则》

34. DL/T 5186《水力发电厂机电设计规范》

35. NB/T 35035《水力发电厂水力机械辅助设备系统设计技术规定》

36. SL 142《水轮机模型浑水验收试验规程》

37. 国能安全〔2014〕161号《防止电力生产事故的二十五项重点要求》

参 考 文 献

［1］杨洁，蒋蓉蓉. 水轮机检修、故障处理、运行调试与维护综合技术手册 ［M］，北京：北京科大电子出版社，2005.

［2］刘晓亭，李维藩，顾四行，等. 水力机组现场测试手册 ［M］，北京：水利电力出版社，1992.

［3］张勇传，水电站经济运行原理 ［M］，北京：中国水利水电出版社，1997.

［4］卢进玉，任继顺，程建. 水轮发电机组现场试验与分析技术 ［M］. 北京：中国水利水电出版社，2019.

［5］李启章，张强，于纪幸，等. 混流式水轮机水力稳定性研究 ［M］，北京：中国水利水电出版社，2014.

［6］郑源，水轮机 ［M］，北京：中国水利水电出版社，2011.

［7］汪嘉洋，刘刚，华杰，等. 振动传感器的原理选择 ［J］，技术与应用，2016，22 (10)：19‐23.

第九部分

水工监督

第一章

水工技术监督管理

第一节 水工技术监督概述

水工技术监督要按照统一标准和分级管理的原则，实行从设计、制造、监造、施工、调试、试运、运行、检修、技改、停备的全过程、全方位技术监督。

水工技术监督的主要任务是通过对工程优化设计、施工质量控制、水库合理运用、大坝安全监测、水工建筑物和水工设备（泄洪启闭机、闸门）检修维护、技术改造和技术管理等工作，保证水库、大坝及水工建筑物、泄洪设备设施完好、安全可靠运行。

水工技术监督要依靠科技进步，采用和推广成熟、行之有效的新技术、新方法、新材料、新设备，不断提高水工技术监督专业水平。

水工技术监督是一项综合性的技术管理工作，各单位的领导要把它作为经常性的重要基础工作来抓，组织协调计划、生技、水文气象、水库管理、水工观测、检修、运行、环保等各部门各专业，分工负责，密切配合，共同做好工作。

第二节 水工技术监督机构与职责

一、监督机构

企业应建立健全由生产副总经理或总工程师领导下的水工技术监督三级网络，并在生技部门或其他设备管理部门设立水工监督专责工程师，在生产副总经理或总工程师领导下统筹安排，开展水工技术监督工作。

二、监督职责

1. 主管生产副经理或总工程师的职责

（1）贯彻执行国家及行业有关技术监督的方针政策、法规、标准、规程和集团公司管理制度，监督指导企业开展水工技术监督工作，保障安全生产、技术进步各项工作有序开展。

（2）领导发电企业水工监督工作，落实水工技术监督责任制；贯彻上级有关水工技术监督的各项规章制度和要求；审批本企业专业技术监督实施细则。

（3）审批水工技术监督工作规划、计划。

（4）组织落实运行、检修、技术改造、日常管理、定期监测、试验等工作中的水工技术监督要求。

（5）安排召开水工技术监督工作会议；检查、总结、考核本企业水工技术监督工作。

（6）组织分析本企业水工技术监督存在的问题，采取措施，提高技术监督工作效果和水平。

2.发电企业水工技术监督专责工程师职责

（1）认真贯彻执行上级有关水工监督的各项规章制度和要求，组织编写本企业的水工技术监督实施细则和相关措施。

（2）组织编写水工技术监督工作规划、计划。

（3）监督检查水情自动测报、水库调度、大坝监测、泄洪设备、火电灰坝、引（排）水设施运行情况及水工技术监督各项考核指标。

（4）参加水工设备设施事故调查分析，组织制定反事故措施，参加有关水工设备基建与安装的质量验收工作。

（5）组织制定与审查水工专业的各项规章制度，督促建立健全水工设备设施技术档案。

（6）负责制定各项检查大纲，配合组织汛前、汛后、年度等详查，编制年度详查报告并按规定上报。

（7）定期召开水工技术监督工作会议；分析、总结、汇总本企业水工技术监督工作情况，指导水工技术监督工作。

（8）按要求及时报送各类水工监督报表、报告。

（9）分析本企业水工技术监督存在的问题，采取措施，提高技术监督工作效果和水平。

第三节　水工技术监督范围及重要指标

一、水工技术监督范围

水工技术监督管理范围包括水工建筑物（含挡水建筑物、泄洪建筑物、引水建筑物、上下游护坡、水库周围垭口的挡水建筑物等）、水工金属结构、水库调度及库区管理等方面。

（1）水工建筑物主要是通过大坝安全监测、检查、维护修理达到监控管理的目的。

（2）水工金属结构主要是通过对水工闸门和启闭机的安全检测和检修维护，达到监控管理的目的。

（3）水库调度及库区管理工作包括水情测报、水库运行控制、库区水下地形及库容测量、库区检查维护。通过水库的科学调度、水库淤积的定期测量及对库区内设施的维护，实现发电站安全稳定、经济运行的目的。

二、主要技术监督指标

（1）最大一次洪水预报准确率大于或等于92％。

（2）各次洪水预报平均准确率大于或等于85％。

（3）水情测报自动系统畅通率大于或等于95％。

（4）观测设备设施完好率大于或等于95％。

（5）防汛设备设施完好率100％。

第四节　水工技术监督资料

一、总体要求

（1）为充分发挥档案资料在工程建设、生产（使用）管理、工程维护和改造扩建中的作用，应参照《中华人民共和国档案法》《基本建设档案资料管理暂行规定》的有关规定，做好基本建设项目档案资料管理工作。

（2）应制定技术档案资料的管理制度，定期对水库建设、运行相关技术资料进行整理，并及时归档。

（3）技术档案应集中管理，同时应建立档案数据库，以便查阅。

二、基本资料

（一）水工技术监督需要制定的规章制度
（1）水工技术监督实施细则。

（2）水库调度技术规程。

（3）水工观测技术规程。

（4）水工建筑物维护技术规程。

（5）水工机械运行、检修维护规程。

（6）水情自动测报系统技术规程和水情自动测报系统运行维护规程。

（7）水工作业安全规程。

（8）大坝［含引（排）水设施］安全管理细则。

（9）防汛工作标准。

（二）应备有的技术文件及档案资料
（1）水工技术监督原始资料，项目包括设计、施工、监理、安装、调试单位移交的有关原始资料；大坝观测系统测点的基本资料（包括规格、型号、位置、安装时间、首次测量值等）、水文基本资料（包括气温、降水、径流等）、水库库区测站的基本资料等。

（2）水工技术监督专业技术档案，项目包括水工观测设备设施档案；水工建筑物档案；大坝竣工安全鉴定与验收、定期检查、专项检查及大坝加固处理档案；水情自动测报系统档案；水库调度档案；泄洪闸门及启闭设备档案；水工建筑物日常巡检及消缺记录。内容包括设备规范，部件材料，施工与安装阶段检验记录，测量仪器仪表检校记录及报告，水工建筑物检修维护、加固、改造记录及报告，闸门及启闭设备运行后的试验与检查、处理记录，更换部件与技术改造记录，库区检查记录以及计算分析资料等。

（3）水工技术监督管理档案包括全厂水工技术监督组织机构和职责条例；上级下达的水工技术监督规程、导则以及厂级编制的水工技术监督实施细则；水工技术监督工作计划、总结等。

第五节　水工技术监督告警

一、一般告警

一般告警事项见表 9-1-1。

二、重要告警

重要告警事项见表 9-1-2。

表 9-1-1　　　　　　　　　　　　一般告警事项表

序号	一般告警项目	备注
1	大坝安全监测项目： (1) 有一个人工观测项目停测。 (2) 有一项自动化监测故障	
2	水工专职工程师及观测人员未持证上岗	
3	主要水工建筑物（挡水建筑物、泄水建筑物、引水建筑物、发电建筑物）存在影响安全运行的缺陷（裂缝、漏水）	执行 DL/T 5251《水工混凝土建筑物缺陷检测和评估技术规程》，确定建筑物缺陷
4	水工金属结构未按规定检测，存在影响安全运行的缺陷	

表 9-1-2　　　　　　　　　　　　重要告警事项表

序号	重要告警项目	备注
1	有两个及以上水工观测项目停测	
2	大坝安全监测值有一项超设计控制值，无分析论证和采取措施的	
3	主要水工建筑物出现严重缺陷（C、D 类裂缝，射水，喷水）	执行 DL/T 5251，确定建筑物缺陷
4	汛期泄洪闸门及启闭机完好率达不到 100%	

第六节　水工技术监督定期工作

水力发电企业水工技术监督定期工作见表 9-1-3。

表 9-1-3　　　　　　　　水力发电企业水工技术监督定期工作表

工作类型	工作内容	周期（时间要求）
一、日常运行监督项目	按制度实施巡视检查工作，巡视检查记录要完备，并及时对记录并进行整编，形成电子文档。巡视检查包括日常巡查、年度详查。 (1) 日常巡查：根据工程实际制定相对固定的巡查线路，巡视部位的情况要以表格形式记录，以保证巡查工作的连续性。在巡视检查中应采用有效的方法和手段，进行量化检查。 (2) 年度详查：水力发电企业应在每年年底组织专业技术人员开展大坝安全年度详查，总结本年度大坝运行安全管理工作	每年
	大坝安全注册自查报告	每年
	修编《水库调度技术规程》《水工观测技术规程》《水工建筑物维护技术规程》《水工机械运行、检修维护规程》《水工作业安全规程》《水工巡视检查制度》《水情自动测报系统技术规程和水情自动测报系统运行维护规程》《大坝［含引（排）水设施］安全管理细则》《防汛值班制度》《防汛工作标准》《汛前、汛期、汛后现场检查及报汛制度》《年度总结制》及其他大坝安全管理制度	每 2～3 年
	(1) 制定完善的防汛度汛方案和应急预案。 (2) 汛前重点检查泄水设施的运行状态，保证设施工作正常。 (3) 制定完善的防汛值班制度，并严格执行。 (4) 配备充足的防汛物资、器材、机具等设备。 (5) 检查供电电源和通信设施，应急电源带负荷试运行，保证电力、通信畅通	每年汛前

工作类型	工作内容	周期（时间要求）
一、日常运行监督项目	大坝、库区及边坡的检查，防汛工作总结	每年汛后
	编写大坝安全年度详查报告：总结本年度大坝安全管理工作；整编分析大坝监测资料；分析水库、水工建筑物、闸门及启闭机、监测系统和应急电源的运行情况。大坝注册单位应报送大坝中心	每年年底
	水文资料整编	每年
	大坝定期检查	5～10 年
	闸门及启闭机安全性检查	按规范要求
	水库水下地形及库容复测	按设计要求
	大坝安全监测，并进行数据整理	每月
	大坝安全监测资料整编	每季度
二、检修监督项目	编制水工建筑物维护计划，并有步骤地实施，对工程完成情况进行跟踪检查。做好维护工作的记录和总结	水工建筑物等维护计划
	对重大处理方案（或设计）进行审查和评估；对施工过程和工艺进行全过程的检查监督，并有详细的监督检查记录	水工建筑物等维护过程
	维护工作完成后应组织竣工验收，必要时应聘请有资质的单位参加，对维护工程的效果作整体的评价，完成维护总结报告	水工建筑物等维护竣工验收
三、技术改造监督项目	对技术改造工程进行可行性研究、设计及审查	技术改造前
	对技术改造项目的施工、监理、竣工验收等过程必须处于可控状态	技术改造中
	技术改造项目的验收评价，完成技术改造项目总结报告。收集完整的技术改造工程项目文档、图纸等相关技术资料及报告	技术改造后
四、优化提升及事故分析	短期经济运行：研究优化调度方案，落实并分析效果	

第二章

水 工 建 筑 物

第一节 概　　述

一、基本概念

水工建筑物就是在水的静力或动力作用下工作，并与水发生相互影响的各种建筑物。对于开发河川水资源来说，常须在河流适当地段集中修建几种不同类型与功能的水工建筑物，以控制水流，并便于协调运行和管理，这一多种水工建筑物组成的综合体就称为水利枢纽。

水利枢纽的规划、设计、施工和运行管理应尽量遵循综合利用水资源的原则。为实现多种目标而兴建的水利枢纽，建成后能满足国民经济不同部门的需要，称为综合利用水利枢纽；以某一单项目标为主而兴建的水利枢纽，虽同时可能还有其他综合利用效益，则常冠以主要目标之名，例如防洪枢纽、水力发电枢纽、航运枢纽、取水枢纽等。水利枢纽随修建地点的地理条件不同，有山区、丘陵区水利枢纽和平原、滨海地区水利枢纽之分；随枢纽上下游水位差的不同，有高、中、低水头之分，一般以水头 70m 以上者为高水头枢纽，30～70m 者为中水头枢纽，30m 以下者为低水头枢纽。

因自然因素、开发目标的不同，水利枢纽的组成建筑物可以是各式各样的。以黄河干流上以发电为主，兼有防洪、灌溉等综合利用效益的龙羊峡水力发电枢纽为例，其主要建筑物包括拦河坝、溢洪道、左泄水中孔、右泄水中孔和底孔及坝后式电站。

(1) 拦河坝是由重力拱坝（主坝）、左右重力墩（即重力坝）以及左右岸副坝组成，主坝从坝基最低开挖高程 2432m 至坝顶高程 2610m，最大坝高 178m，从而使上游可形成一个总库容达 247 亿 m^3 的水库。

(2) 溢洪道位于右岸，溢流堰顶高程为 2585.5m，设 2 孔，每孔净宽 12m，弧形闸门控制。

(3) 左泄水中孔穿过主坝 6 号坝段，进口底部高程为 2540m，出口设 8m×9m 弧形闸门控制，与溢洪道共同承担主要泄洪任务。

(4) 右泄水深孔和底孔分别穿过主坝 12 号和 11 号坝段，进口底部高程分别为 2505m 和 2480m，主要用于枢纽初期蓄水时向下游供水、泄洪以及后期必要时放空水库和排沙。

(5) 坝后式水力发电厂由 4 台单机容量为 32 万 kW 的水轮发电机组组成，总装机容量为 128 万 kW。

二、水工建筑物的分类

水利工程并不总是以集中兴建于一处的若干建筑物组成的水利枢纽来体现的，有时仅指一个单项水工建筑物，有时又可包括沿一条河流很长范围内或甚至很大面积区域内的许多水工建筑物。即使就河川水利枢纽而言，在不同河流以及河流不同部位所建的枢纽，其组成建筑物也千差万别。按功用通常可分为以下几类。

1. 挡水建筑物

挡水建筑物是指拦截或约束水流，并可承受一定水头作用的建筑物。如蓄水或壅水的各种拦河坝，修筑于江河两岸以抗洪的堤防、施工围堰等。

2. 泄水建筑物

泄水建筑物是指排泄水库、湖泊、河渠等多余水量，以保证挡水建筑物和其他建筑物安全，或为必要时降低库水位乃至放空水库而设置的建筑物。如设于河床的溢流坝、泄水闸、泄水孔，设于河岸的溢洪道、泄水隧洞等。

3. 输水建筑物

输水建筑物是指为灌溉、发电、城市或工业给水等需要，将水自水源或某处送至另一处或用户的建筑物。其中直接自水源输水的也称引水建筑物。如引水隧洞、引水涵管、渠道、渡槽、倒虹吸管、输水涵洞等。

4. 取水建筑物

取水建筑物是指位于引水建筑物首部的建筑物。如取水口、进水闸、扬水站等。

5. 整治建筑物

整治建筑物是指改善河道水流条件、调整河势、稳定河槽、维护航道和保护河岸的各种建筑物，如丁坝、顺坝、潜坝、导流堤、防波堤、护岸等。

6. 专门性水工建筑物

专门性水工建筑物是指为水利工程中某些特定的单项任务而设置的建筑物，如专用于水力发电厂的前池、调压室、压力管道、厂房，专用于通航过坝的船闸、升船机、鱼道、筏道；专用于给水防沙的沉沙池等。相对专门性水工建筑物而言，前面5类建筑物也可统称为一般性水工建筑物。

实际上，不少水工建筑物的功用并非单一的，如溢流坝、泄水闸都兼具挡水与泄水功能；又如作为专门性水工建筑物的河床式水力发电厂厂房也是挡水建筑物。

水工建筑物按使用期限还可分为永久性建筑物和临时性建筑物。永久性建筑物是指工程运行期间长期使用的建筑物，根据其重要性又分为主要建筑物和次要建筑物。主要建筑物指失事后将造成下游灾害或严重影响工程效益的建筑物，如拦河坝、溢洪道、引水建筑物、水力发电厂厂房等；次要建筑物指失事后不致造成下游灾害，对工程效益影响不大并易于修复的建筑物，如挡土墙导流墙、工作桥及护岸等。临时性建筑物是指工程施工期间使用的建筑物，如施工围堰等。

三、水工建筑物的特点

水工建筑物，特别是河川水利枢纽的主要水工建筑物，往往是效益大、工程量和造价大、对国民经济的影响也大。与一般土木工程建筑物不同，水工建筑物具有下列特点。

1. 工作条件的复杂性

水工建筑物工作条件的复杂性主要是由于水的作用。水对挡水建筑物有静水压力，其值随建筑物挡水高度的加大而剧增，为此建筑物必须有足够的水平抵抗力和稳定性。此外，水面有波浪，将给建筑物附加波浪压力；水面结冰时，将附加冰压力；发生地震时，将附加水的地震激荡力；水流经建筑物时，也会产生各种动水压力，都必须计及。

建筑物上下游的水头差，会导致建筑物及其地基内的渗流。渗流会引起对建筑物稳定不利的渗透压力；渗流也可能引起建筑物及地基的渗透变形破坏；过大的渗流量会造成水库的严重漏水。为此建造水工建筑物要妥善解决防渗和渗流控制问题。

高速水流通过泄水建筑物时可能出现自掺气、负压、空化、空蚀和冲击波等现象；强烈的紊流脉动会引起轻型结构的振动；挟沙水流对建筑物边壁还有磨蚀作用；挑射水流在空中会导致对周围建筑物有严重影响的雾化；通过建筑物的水流多余动能对下游河床有冲刷作用，甚至影响建筑物本身的安全。为此，兴建泄水建筑物，特别是高水头泄水建筑物时，要注意解决高速水流可能带来的一系列问题，并做好消能防冲设计。

除上述主要作用外，还要注意水的其他可能作用。例如，当水具有侵蚀性时，会使混凝土结构中的石灰质溶解，破坏材料的强度和耐久性；与水接触的水工钢结构易发生严重锈蚀；在寒冷地区的建筑物及地基将有一系列冰冻问题要解决。

2. 设计选型的独特性

水工建筑物的型式、构造和尺寸，与建筑物所在地的地形、地质、水文等条件密切相关。例如，规模和效益大致相仿的两座坝，由于地质条件优劣的不同，两者的型式、尺寸和造价都会迥然不同。由于自然条件千差万别，因而水工建筑物设计选型总是只能按各自的特征进行，除非规模特别小，一般不能采用定型设计，当然这不排除水工建筑物中某些结构部件的标准化。

3. 施工建造的艰巨性

在河川上建造水工建筑物，比陆地上的土木工程施工困难、复杂得多。主要困难是解决施工导流问题，即必须迫使河川水流按特定通道下泄，以截断河流，便于施工时不受水流的干扰，创造最好的施工空间；要进行很深的地基开挖和复杂的地基处理，有时还须水下施工；施工进度往往要和洪水"赛跑"，在特定的时间内完成巨大的工程量，将建筑物修筑到拦洪高程。

4. 失事后果的严重性

水工建筑物如失事会产生严重后果。特别是拦河坝，如失事溃决，则会给下游带来灾难性乃至毁灭性的后果，这在国内外都不乏惨重实例。据统计，大坝失事最主要的原因，一是洪水漫顶，二是坝基或结构出问题，两者各占失事总数的1/3左右。应当指出，有些水工建筑物的失事与某些自然因素或当时人们的认识能力与技术水平限制有关，也有些是不重视勘测、试验研究或施工质量欠佳所致，后者尤应杜绝。

第二节　重　力　坝

一、重力坝的工作原理

重力坝的工作原理可以概括为两点：一是依靠坝体自重在坝基面上产生摩擦阻力来抵抗水平水压力以达到稳定的要求；二是利用坝体自重在水平截面上产生的压应力来抵消由于水压力所引起的拉应力以满足强度的要求。因此坝的剖面较大，一般做成上游坝面近于垂直的三角形剖面，且垂直坝轴线方向常设有永久伸缩缝，将坝体沿坝轴线分成若干个独立的坝段。

二、重力坝的主要特点

(1) 重力坝筑坝材料的抗冲能力强，因此在施工期可以利用较低的坝块或底孔导流。坝体断面形态适于在坝顶布置溢洪道和坝身设置泄水孔，一般不需要另设河岸溢洪道或泄洪隧洞。在坝址河谷狭窄而洪水流量大的情况下，重力坝可以较好地适应这种自然条件。

(2) 重力坝结构简单，施工技术比较容易掌握，在放样、立模和混凝土浇捣方面都比较方便，有利于机械化施工。由于断面尺寸大、材料强度高、耐久性能好，因而对抵抗水的渗透，特大洪水的漫顶、地震和战争破坏能力都比较强，安全性较高。

(3) 对地形地质条件适应性较好，几乎任何形状的河谷都可以修建重力坝。对地基要求高于土石坝，低于拱坝及支墩坝。一般来说，具有足够强度的岩基均可满足要求，因为重力坝常沿坝轴线分成若干独立的坝段，所以能较好地适应岩石物理力学特性的变化和各种非均质的地质。但仍应重视地基处理，确保大坝的安全。

(4) 坝体与地基的接触面积大，受扬压力的影响也大。扬压力的作用会抵消部分坝体重量的有效压力，对坝的稳定和应力情况不利，故需采取各种有效的防渗排水措施，以削减扬压力，节省工程量。

(5) 重力坝的剖面尺寸较大，坝体内部的压应力一般不大，因此材料的强度不能充分发挥。以高度 50m 的重力坝为例，其坝内最大压应力只有 1.4MPa 左右，且仅发生在坝趾局部地区，所以坝体大部分区域可适当采用标号较低的混凝土，以降低工程造价。

(6) 坝体体积大，水泥用量多，混凝土凝固时水化热高，散热条件差，且各部浇筑顺序有先有后，因而同一时间内冷热不均，热胀冷缩，相互制约，往往容易形成裂缝，从而削弱坝体的整体性，所以混凝土重力坝施工期需有严格的温度控制和散热措施。

三、重力坝设计状况和作用（荷载）组合

重力坝断面设计原则上应由持久设计状况控制，并以偶然状况复核。后者允许考虑一些合理的安全潜力（如坝体的空间作用、短期振动情况下材料强度的提高等）及其他适当措施，不宜由偶然状况及其相应作用组合控制设计。

各种设计状况均应按承载能力极限状态进行设计，持久状况尚应进行正常使用极限状态设计，偶然状况不要进行正常使用极限状态设计。持久、偶然状况的设计状况系数分别为 1.0、0.85。

按承载能力极限状态作用（荷载）基本组合设计时要考虑的基本作用一般包括。

(1) 坝体及其上永久设备自重。

(2) 静水压力。以发电为主的水库，上游正常蓄水位和建筑物放最小流量的下游水位相应的上、下游水压力；以防洪为主的水库，上游防洪高水位和相应下游水位构成的上、下游水压力。

(3) 相应正常蓄水位或防洪高水位时的扬压力（且坝的防渗排水设备正常工作）。

(4) 淤沙压力。

(5) 相应正常蓄水位或防洪高水位的重现期 50 年一遇风速引起的浪压力。

(6) 冰压力（与浪压力不并列）。

(7) 相应于防洪高水位时的动水压力。

（8）校核洪水位时上、下游静水压力。

（9）相应校核洪水位时的扬压力。

（10）相应校核洪水位时的浪压力，可取多年平均最大风速引起的浪压力。

（11）相应校核洪水位时的动水压力。

（12）地震作用（包括地震惯性力和地震动水压力）。

上述 12 种作用对位于寒冷、地震地区的重力坝溢流坝段而言，在不同运行时期，确都可能受到并相应产生作用效应。这些作用并不可能同时都出现，必须根据同时作用的实际可能性合理组合，才能据以进行设计计算。

就上述诸作用而言，大致要搭配成三种基本组合和两种偶然组合。

基本组合 1：正常蓄水位情况，作用包括（1）、（2）、（3）、（4）、（5）。

基本组合 2：防洪高水位情况，作用包括（1）、（2）、（3）、（4）、（5）、（7）。

基本组合 3：冰冻情况，作用包括（1）、（2）、（3）、（4）、（6）。注意静水压力和扬压力按相应冬季库水位计算，冰压力作用在水面。

偶然组合 1：校核洪水位情况，作用包括（1）、（4）、（8）、（9）、（10）、（11）。

偶然组合 2：地震情况，作用包括（1）、（2）、（3）、（4）、（5）、（12）。注意：静水压力、扬压力、浪压力按正常蓄水位计算，有专门论证者可另定。

重力坝按极限状态设计时，一般要考虑四种承载能力极限状态，即坝趾抗压强度极限状态、坝体与坝基面的抗滑稳定极限状态、坝体混凝土层面的抗滑稳定极限状态、基岩有薄弱层时坝体连同部分坝基的深层抗滑稳定极限状态；还要考虑几种正常使用极限状态，其中包括计入扬压力影响的坝踵不出现拉应力极限状态、计入扬压力影响的上游坝面有不小于零的垂直正压应力极限状态等。

第三节　重力坝稳定性分析

稳定分析的主要目的是验算重力坝在各种可能荷载组合下的稳定安全度。工程实践和试验研究表明，岩基上重力坝的失稳破坏可能有两种类型：一种是坝体沿抗剪能力不足的薄弱层面产生滑动，包括沿坝与基岩接触面的滑动以及沿坝基岩体内连续软弱结构面产生的深层滑动；另一种是在荷载作用下，上游坝踵以下岩体受拉产生倾斜裂缝以及下游坝趾岩体受压发生压碎区而引起倾倒滑移破坏。稳定分析的方法主要有两种，一种是定值安全系数法，另一种是分项系数极限状态法。

一、定值安全系数计算法

由于坝体和岩体的接触面是两种材料的结合面，而且受施工条件限制，其抗剪强度往往较低，坝体所受的水平推力也较大。因此，在重力坝设计中，都要验算沿坝基面的抗滑稳定性，并必须满足规范中关于抗滑稳定安全度的要求。

（一）抗滑稳定计算公式

目前常用的有以下两种计算公式。

（1）抗剪强度公式。此法认为坝体与基岩胶结较差，滑动面上的阻滑力只计摩擦力，不计凝聚力。实际工程中的坝基面可能是水平面，也可能是倾斜面。

当滑动面为水平面时，其抗滑稳定安全系数 K 可按下式计算。

$$K = \frac{f(\sum W - U)}{\sum P} \qquad (9-2-1)$$

式中　K——按抗剪强度公式计算的抗滑稳定安全系数；

$\quad\quad f$——滑动面上的抗剪摩擦系数；

$\quad\quad \sum W$——作用于滑动面以上的力在铅直方向投影的代数和；

$\quad\quad U$——作用于滑动面上的扬压力；

$\quad\quad \sum P$——作用于滑动面以上的力在水平方向投影的代数和。

当滑动面为倾向上游的倾斜面时，计算公式为

$$K = \frac{f(\sum W \cos\alpha - U + \sum P \sin\alpha)}{\sum P \cos\alpha - \sum W \sin\alpha} \qquad (9-2-2)$$

式中　α——滑动面与水平面的夹角。

由式（9-2-2）看出，滑动面倾向上游时，对坝体抗滑稳定有利；倾向下游时，α 角由正变负，滑动力增大，抗滑力减小，对坝的稳定不利。在选择坝轴线和开挖基坑时，应尽可能考虑这一影响。

（2）抗剪断强度公式。此法认为坝体与基岩胶结良好，滑动面上的阻滑力包括摩擦力和凝聚力。并直接通过胶结面的抗剪断试验确定抗剪断强度的参数 f' 和 c'。其抗滑稳定安全系数由下式计算，即

$$K' = \frac{f'(\sum W - U) + c'A}{\sum P} \qquad (9-2-3)$$

式中　K'——按抗剪断公式计算的抗滑稳定安全系数；

$\quad\quad f'$——坝体与坝基连接面的抗剪断摩擦系数；

$\quad\quad c'$——坝体与坝基连接面的抗剪断凝聚力；

$\quad\quad A$——坝体与坝基连接面的面积。

抗剪强度公式不考虑凝聚力的抗滑作用，所以取用较低的安全系数。但该法公式简单、概念明确、使用方便，在国内外得到广泛应用。必须指出，利用抗剪强度公式验算抗滑稳定，凝聚力仅作为一种安全储备。基岩越完整坚固，坝基面混凝土与岩石胶结情况越好，安全储备度就越高。因此，对不同工程尽管采用同一安全系数 K，但各工程所具有的真正安全度是不同的。

（二）沿坝基深层的抗滑稳定分析

深层抗滑稳定分析是十分复杂的问题，要获得比较符合实际情况的安全系数，首先要查明坝基地质情况，确定控制性的软弱结构面的产状，并通过试验测定这些结合面上的抗剪指标，然后拟定计算原则和方法，并采取必要的工程措施，以确保大坝的安全。

目前重力坝坝基深层抗滑稳定分析方法大致有三种，分别是刚体极限平衡法，有限单元法和地质力学模型试验法。刚体极限平衡法，概念清楚，计算简便，任何规模的工程均可采用。缺点是不能考虑岩体受力后所产生变形的影响，极限状态与允许的工作状态也有较大的出入。有限单元法可以算出地基受力后的应力场和位移场，可用以研究地基破坏的发展情况。地质力学模型试验能够较好地模拟基岩的结构、强度和变形特性，以及自重、静水压力

等荷载，能够形象地显示滑移破坏的过程。但由于模拟的内容还不够全面和完善，目前还不能完全依靠它来定量地解决问题。

（三）岸坡坝段的抗滑稳定分析

重力坝岸坡坝段的坝基面是一个倾向河床的斜面或折面。除在水压力作用下有向下游的滑动趋势外，在自重作用下还有向河床滑动的趋势。在三向荷载共同作用下，岸坡坝段的稳定条件比河床坝段差，国外已有岸坡坝段在施工过程中失稳的实例。

设岸坡坝段坝基倾斜面与水平面的夹角为 θ，垂直坝基面的扬压力为 U，指向下游的水平水压力为 $\sum P$。坝体自重 $\sum W$ 可分解为垂直于倾斜面的法向力 $\sum W\cos\theta$ 和平行于倾斜面的切向力 $\sum W\sin\theta$。该切向分力和水压力合成为滑动力 S，则

$$S=\sqrt{(\sum P)^2+(\sum W\sin\theta)^2} \qquad (9-2-4)$$

二、分项系数极限状态计算法

重力坝按承载能力极限状态要根据所设计的岩基上重力坝的级别、设计状况、作用组合、材料性能等实际情况具体确定。重力坝结构系数与混凝土及基岩有关的材料性能分项系数定值后，重力坝设计计算工作就归结为作用效应函数和抗力函数的计算求值与比较。

重力坝的抗滑稳定按承载能力极限状态进行计算时，把滑动力作为作用效应函数，阻滑力（包括摩擦力和黏聚力）作为抗滑稳定抗力函数，并认为承载能力达到极限状态时刚体处于极限平衡状态。此时阻滑力［抗力函数 $R(*)$］与滑动力［作用效应函数 $S(*)$］相平衡，则

$$S(*)=\sum PR \qquad (9-2-5)$$
$$R(*)=fR'\sum WR+CR'AR \qquad (9-2-6)$$

式中　$\sum PR$——坝基上全部切向作用设计值；

　　　fR'——坝基面上的抗剪断凝聚力；

　　　$\sum WR$——坝基上全部法向作用的设计值；

　　　CR'——坝基面上的抗剪断摩擦系数；

　　　AR——坝基面面积。

按基本组合和偶然组合分别算出 $S(*)$ 和 $R(*)$，并按 SL 319《混凝土重力坝设计规范》规范的规定，即可核算基本组合和偶然组合情况下，坝体沿坝基面抗滑稳定极限状态。

三、抗滑措施

从上述抗滑稳定分析可以看出，要提高重力坝的稳定性关键在于增加抗滑力。为此可根据不同情况采取工程措施。

（1）将坝的迎水面做成倾斜或折坡形，利用坝面上的水重来增加坝体的抗滑稳定。但上游坝面的坡度宜控制在 1:0.1～1:0.2 的范围内，过缓的坡度容易导致坝体上游面出现拉应力。适用于坝基摩擦系数较小的情况。

（2）将坝基面开挖成倾向上游的斜面，借以增加抗滑力，提高稳定性。当基岩为水平层状构造时，此措施对增强坝的抗滑稳定更为有效，但这种做法会增加坝基开挖量和坝体混凝土浇注量。若基岩较为坚硬，也可将坝基面开挖成若干段倾向上游的斜面，形成锯齿状，以

提高坝基面的抗剪能力。

（3）利用地形地质特点，在坝踵或坝趾设置深入基岩的齿墙，用以增加抗力提高稳定性。为了阻止坝体连同坝基沿软弱夹层滑动，有的工程则采用大型钢筋混凝土抗滑桩。

（4）采用有效的防渗排水或抽水措施，降低扬压力。当下游水位较高，坝基面承受的浮托力较大时，可在灌浆帷幕后的主排水孔下游，增设几道辅助排水孔，并设有专门的排水廊道，形成坝基排水系统，利用水泵定时抽水排入下游，以减小扬压力。

（5）利用预加应力提高抗滑稳定性。如采用预应力锚索加固，在坝顶钻孔至基岩深部，孔内放置钢索。其下端锚固在夹层以下的完整岩石中，而在坝顶锚的另一端施加拉力，使坝体受压，既可提高坝体的抗滑稳定性，又可改善坝踵的应力状态。再如采用扁千斤顶在坝趾处施加预应力，预应力改变了合力 R 的方向，使铅直向分力增大，从而提高了坝体的抗滑稳定性。此外，为了改善岸坡坝段的稳定条件，必要时还可采用灌浆封闭横缝，以限制其侧向位移。若地形地质条件允许，可将岸坡开挖成若干高差不大且有足够宽度的平台，这样可加大侧向抗滑力，提高岸坡坝段的稳定性。

一个工程究竟应采取哪些措施，要根据具体的地形、地质、建筑材料、施工条件，并结合建筑物的重要性来确定。

四、应力分析的目的与强度控制标准

应力分析的目的在于检查坝体和坝基在计算情况下能否满足强度的要求，并根据应力分布情况进行坝体混凝土标号的分区；同时，也为了研究坝体某些部位的局部应力集中和某些特殊结构（如坝内孔道、溢流坝闸墩和挑流鼻坎等）的应力状态，以便采取加强措施。

重力坝一般分成若干互相独立的坝段。可以作为平面问题处理，使应力分析得到简化。应力分析的方法可归纳为理论计算和模型试验两大类。理论计算又分为材料力学法和弹性理论法等。

SL 319《混凝土重力坝设计规范》规定的定值法应力控制标准，即作用荷载采用一定条件下的固定值，并用材料力学法计算坝体边缘的各应力分量，再与规定的允许应力值进行比较，校核是否满足强度要求。

（一）坝基面坝踵、坝趾应力的控制标准

1. 运行期

在各种荷载组合下（地震荷载除外），坝踵垂直应力不应出现拉应力，坝趾垂直应力应小于坝基容许压应力；在地震荷载作用下，坝踵、坝趾的垂直应力应符合水工建筑物抗震设计规范的要求。

2. 施工期

坝趾垂直应力允许小于 0.1MPa 的拉应力。

（二）坝体应力的控制标准

1. 运用期

（1）坝体上游面的垂直应力不出现拉应力（计入扬压力）。

（2）坝体最大主压力不应大于混凝土的允许压应力值。

（3）在地震荷载作用下，坝体上游面的应力控制标准符合 NB 35047《水电工程水工建筑物抗震设计规范》的要求。

（4）宽缝重力坝离上游面较远的局部区域，允许出现拉应力，但不得超过混凝土的允许拉应力；溢流堰顶、廊道及底孔洞周边出现拉应力时，宜配置钢筋。

2. 施工期

（1）坝体任何截面上的主压应力不应大于混凝土的允许压应力。

（2）在坝体的下游面，允许不大于 0.2MPa 的主拉应力。

上述混凝土的允许应力应按混凝土的极限强度除相应的安全系数确定。坝体混凝土安全系数，基本组合不应小于 4.0；特殊组合（不含地震情况）不应小于 3.5。当局部混凝土有抗拉要求时，抗拉安全系数不应小于 4.0。在地震情况下，坝体的结构安全应符合水工建筑物抗震设计规范的要求。

五、各种非荷载因素对坝体应力的影响

用材料力学法计算坝体应力除考虑一般作用荷载和扬压力外，尚有许多影响坝体应力分布的因素未加考虑。以下仅就地基变形、地基不均匀性、施工纵缝等因素的影响作简要介绍。

1. 地基变形对坝体应力的影响

材料力学法中假定任何水平截面的垂直正应力呈直线分布，即任何水平截面在变形后仍保持为平面。实际上坝基受到坝体传给的力和库水的压力作用，必然要发生变形。这就使得与地基相连接的坝底面不可能仍然保持平面状态。由于坝体和地基的接触面要协调变形，所以沿坝基面和坝体都将发生明显的应力重分布。

用弹性理论分析和模型试验所得结果表明，地基变形使坝底面以上 1/3～1/4 坝高范围内的应力分布与材料力学法的计算结果有较大的差别，其中以坝底面的差别最大。在这个范围内的应力分布状况与坝体材料的弹性模量 E_c 和地基弹性模量 E_r 的比值有关。由以上分析可知，地基刚度过大，对上游坝踵的应力情况反而不利。当然也不能过于软弱，以免发生其他不利的后果。从应力分布方面来看，若能使 E_c/E_r 在 1～2 的范围内是有利的。

2. 地基不均匀性对坝体应力的影响

在许多工程中，地基由几种不同弹性模量的岩体组成。这种软硬不等的非均匀地基也会对坝体及坝基面应力产生影响。若坝体必须跨在两种不同刚度的地基上，宜将下游坝体布置在较坚硬的岩基上，这样可避免或降低坝踵处的拉应力。若下游基岩较软弱时，则可采用必要的工程措施加以改善。

3. 施工纵缝对坝体应力的影响

重力坝断面较大，施工时由于受到混凝土浇筑能力的限制和温度控制的要求，常须设置平行坝轴线方向的纵缝将坝段分成若干坝块浇筑。并在适宜的时间进行纵缝灌浆使坝成为整体，然后水库才开始蓄水。在这种情况下，水压力、扬压力等均由整个坝体承担。而坝体自重应力则是由灌浆前的独立坝块所引起的。上游坝坡不宜过缓；当上游坝面形成倒坡时，考虑纵缝影响时上游坝踵的自重应力增大了，与水压引起的应力叠加结果，对坝踵处的应力却很有利。

第四节 土 石 坝

土石坝是土坝、堆石坝和土石混合坝的总称，是人类最早建造的坝型，具有悠久的发展

历史，在各国使用都极为普遍。由于土石坝是利用坝址附近土料、石料及砂砾料填筑而成，筑坝材料基本来源于当地，故又称为"当地材料坝"。

土石坝根据坝高（从清基后的基面算起）可分为低坝、中坝和高坝，低坝的高度为 30m 以下，中坝的高度为 30~70m，高坝的高度为 70m 以上。

一、土石坝的特点

1. 优点

土石坝在实践中之所以能被广泛采用并得到不断发展，与其自身的优越性是密不可分的。同混凝土坝相比，它主要有以下的优点。

（1）筑坝材料能就地取材，材料运输成本低，还能节省大量"三材"（钢材、水泥、木材）。

（2）适应地基变形的能力强。土石坝的散粒体材料能较好地适应地基的变形，对地基的要求在各种坝型中是最低的。

（3）构造简单，施工技术容易掌握，便于机械化施工。

（4）运用管理方便，工作可靠，寿命长，维修加固和扩建均较容易。

2. 缺点

同其他的坝型类似，土石坝自身也有其不足之处。

（1）施工导流不如混凝土坝方便，因而相应地增加了工程造价。

（2）坝顶不能溢流。受散粒体材料整体强度的限制，土石坝坝身通常不允许过流，因此需在坝外单独设置泄水建筑物。

（3）坝体填筑工程量大，土料填筑质量受气候条件的影响较大。

二、土石坝的工作条件

1. 渗流影响

由于散粒土石料颗粒间孔隙率大，坝体挡水后，在上下游水位差作用下，库水会经过坝身、坝基和岸坡及其结合面处向下游渗漏。在渗流影响下，浸润线以下土体全部处于饱和状态，使得土体有效重量降低，且内摩擦角和黏聚力减小；同时，渗透水流也对坝体颗粒产生拖曳力，增加了坝坡滑动的可能性，进而对坝体稳定造成不利影响。若渗透坡降大于材料允许坡降，还会引起坝体和坝基的渗透破坏，严重时会导致大坝失事。

2. 冲刷影响

降雨时，雨水自坡面流至坡脚，会对坝坡造成冲刷，甚至发生坍塌现象，雨水还可能渗入坝身内部，降低坝体的稳定性。另外，库内风浪对坝面也将产生冲击和淘刷作用，使坝坡面易造成破坏。

3. 沉陷影响

由于坝体孔隙率较大，在自重和外荷载作用下，坝体和坝基因压缩产生一定量的沉陷。如沉陷量过大会造成坝顶高程不足而影响大坝的正常工作，同时过大的不均匀沉陷会导致坝体开裂或使防渗体结构遭到破坏，形成坝内渗水通道而威胁大坝的安全。

4. 其他影响

除了上面提及的影响外，还有其他一些不利因素危及土石坝的安全运行。如在严寒地区，当气温低于零度时库水结冰形成冰盖，对坝坡产生较大的冰压力，易破坏护坡结构；位于水位以上的黏土，在反复冻融作用下会造成裂缝；在夏季高温作用下，坝体土料也可能干裂引起集中渗流。

对于修建在地震区的大坝，在地震动作用下也会增加坝坡滑动的可能性；对于粉砂地基，在强地震动作用下还容易引起液化破坏。

另外，如白蚁、獾子等动物在坝身内筑造洞穴，形成集中渗流通道，也严重威胁大坝的安全，需采取积极有效的防御措施。

三、设计和建造土石坝的原则要求

土石坝在正常和非常荷载组合情况下，必须保证能长期安全运用和充分发挥经济效益。与重力坝不同，土石坝是由散粒土石料填筑而成，颗粒间孔隙率大、黏聚力小，而且散粒体材料的整体抗剪强度小。正是由于筑坝材料的这一特殊性，决定了土石坝在设计、施工和运用中有其自身的特点。为了维持坝体稳定，常需要设置较缓的上下游边坡；在水头差的作用下水流易通过坝身孔隙向下游渗透，需采取有效的坝身防渗措施等。因此土石坝的设计需满足下列要求。

（1）坝体和坝基在施工期及各种运行条件下都应当是稳定的。设计时需要拟定合理的坝体基本剖面尺寸和施工填筑质量要求，采取有效的地基处理措施等。

（2）土石坝是由散粒材料填筑而成，颗粒之间黏聚力小，通常设计时不允许坝顶过流。若设计时对洪水估计不足，导致坝顶高程偏低，或泄洪建筑物泄洪能力不足，或水库控制运用不当，都会造成土石坝漫顶事故，严重时可能发生溃坝灾难。因此在设计时，首先应保证泄水建筑物具有足够的泄洪能力，能满足规定的运用条件和要求；另外需合理确定波浪要素，充分估计坝体沉陷量（对大型工程需经计算确定），并预留足够的超高。

（3）土石坝挡水后，在坝体、坝基、岸坡内部及其结合面处会产生渗流。渗流对大坝的运行会造成水库水量损失、坝体稳定性降低、发生渗透变形及溃坝事故等诸多不利影响。为此，设计时应根据"上堵下排"的原则，确定合理的防渗体型式，加强坝体与坝基、岸坡及其他建筑物连接处的防渗效果，布置有效的排水及反滤设施，确保工程施工质量，避免大坝发生渗流破坏。

（4）对坝顶和边坡采取适当的防护措施，防止波浪、冰冻、暴雨及气温变化等不利自然因素对坝体的破坏作用。

（5）进行大坝安全监控系统设计，布置观测设备，监控大坝的安全运行。

四、土石坝的类型

按施工方法的不同，土石坝可分为碾压式土石坝、抛填式堆石坝、定向爆破坝、水力冲填坝和水中倒土坝，其中应用最广的是碾压式土石坝。

碾压式土石坝按坝体横断面的防渗材料及其结构，可划分为以下几种主要类型：

1. 均质坝

均质坝坝体绝大部分由一种抗渗性能较好的土料（如壤土）筑成。坝体整个断面起防渗和稳定作用，不再设专门的防渗体。

均质坝结构简单，施工方便，当坝址附近有合适的土料且坝高不大时可优先采用。值得注意的是对于抗渗性能好的土料如黏土，因其抗剪强度低，且施工碾压困难，在多雨地区受含水量影响则更难压实，因而高坝中一般不采用此种型式。

2．分区坝

与均质坝不同，分区坝在坝体中设置专门起防渗作用的防渗体，采用透水性较大的砂石料作坝壳，防渗体多采用防渗性能好的黏性土，其位置可设在坝体中间（心墙坝）或稍向上游倾斜（斜心墙坝）；或将防渗体设在坝体上游面或接近上游面（斜墙坝）。

心墙坝由于心墙设在坝体中部，施工时就要求心墙与坝体大体同步上升，因而两者相互干扰大，影响施工进度。又由于心墙料与坝壳料的固结速度不同（砂砾石比黏土固结快），心墙内易产生"拱效应"而形成裂缝；斜墙坝的斜墙支承在坝体上游面，可滞后坝体施工，两者相互干扰小，但斜墙的抗震性能和适应不均匀沉陷的能力不如心墙。斜心墙坝可不同程度克服心墙坝和斜墙坝的缺点，故我国154m高的小浪底水利枢纽即采用斜心墙型式。

3．人工防渗材料坝

人工防渗材料坝防渗体采用混凝土、沥青混凝土、钢筋混凝土、土工膜或其他人工材料制成，其余部分用土石料填筑而成。防渗体设在上游面的称为斜墙坝或面板坝，防渗体设在坝体中央的称为心墙坝。

采用复合土工膜防渗的土石坝，坝坡可以设计得较陡，使土石工程量减少，从而降低工程造价；施工方便工期短、受气候因素影响小，是一种很有发展前景的新坝型。如1984年西班牙建成的波扎捷洛斯拉莫斯（Poza de Los Ramos）坝，高97m，后用复合土工膜防渗加高至134m，至今运行良好。1991年我国在浙江鄞县修建的坝高36m的小岭头复合土工膜防渗堆石坝，防渗效果较好，下游坝面无渗水。

五、土石坝的剖面和基本构造

（一）土石坝剖面的基本尺寸

土石坝基本剖面尺寸主要包括坝顶高程、坝顶宽度、上下游边坡、防渗体和排水设备的基本尺寸等。

1．坝顶高程

坝顶高程由水库静水位加风浪壅高、坝面波浪爬高及安全超高等决定。坝顶超出静水位以上的超高按下式计算，即

$$Y = R + e + A \tag{9-2-7}$$

式中　Y——坝顶在水库静水位以上的超高，m；

　　　R——最大波浪在坝坡上的爬高，m；

　　　e——最大风浪壅高，m；

　　　A——安全加高，m。

坝顶高程的计算，应同时考虑以下几种情况：

（1）设计洪水位加正常运用情况的坝顶超高。

（2）正常蓄水位加正常运用条件的坝顶超高。

（3）校核洪水位加非常运用情况的坝顶超高。

（4）正常高水位加非常运用情况的坝顶超高值再加地震区安全超高。最后取其中最大值作为坝顶高程。

以上坝顶高程指的是坝体沉降稳定后的数值。因此，竣工时的坝顶高程应有足够的预留沉降值。对施工质量良好的土石坝，坝体沉降值占坝高的0.2%～0.4%。

当坝顶设防浪墙时，以上计算高程作为防浪墙顶高程，同时还要求：正常情况下坝顶应高出静水位至少0.5m；在非常运用情况下，坝顶不得低于静水位。

2. 坝顶宽度

坝顶宽度主要取决于交通、运行、施工、构造、抗震、防汛及其他特殊要求。

一般情况下，坝越高坝顶宽度取值也越大。当无特殊要求时，对高坝坝顶最小宽度可选用10~15m，对中低坝可选用5~10m。当坝顶有交通要求时，其宽度应按照道路等级要求遵照交通部门的有关规定来确定。对心墙坝、斜墙坝或其他分区坝，还应考虑各分区施工碾压及反滤过渡层布置等要求，此时坝顶宽度应适当加大。

3. 坝坡

土石坝坝坡的陡缓直接影响着工程的安全性与经济性，因而在选择时应特别重视。坝坡的确定，常需综合考虑坝型、坝高、坝的等级、坝体及坝基材料的性质、所承受的荷载、施工和运用条件等因素。设计时一般可先参照已建成坝的实践经验或用近似方法初拟坝坡，然后经稳定计算来确定经济的坝体断面。

土石坝上游坝坡长期浸泡于水中，土的抗剪强度下降，会降低坝体的稳定性。所以，当材料相同时，上游坡常比下游坡缓，对于同一侧的坝坡，水下部分常比水上部分缓。另外，因各坝型所用的材料性质及其布置位置不同，土质斜墙坝的上游坝坡通常比心墙坝缓，而下游坡则比心墙坝陡些；砂壤土、壤土的均质坝比砂或砂砾料坝体的坝坡缓些；黏性土均质坝的坝坡还与坝高有一定关系，坝高越大，坝坡也越缓。初步拟定坝坡时，可参考表9-2-1所列数据，对于砂性土采用较陡值，黏性土采用较缓值。

表9-2-1　　　　　　　　　　土坝坝坡参考值

坝高（m）	上游坝坡	下游坝坡
<10	1:2.0~1:2.5	1:1.5~1:2.0
10~20	1:2.25~1:2.75	1:2.0~1:2.5
20~30	1:2.5~1:3.0	1:2.25~1:2.75
>30	1:3.0~1:3.5	1:2.5~1:3.0

土石坝的下游边坡，一般可沿高程每隔10~30m设置宽度不小于1.5~2.0m的马道，用于观测、检修及交通等，并可沿马道设置排水沟汇集坝面雨水以防冲刷；有时结合施工上坝道路的需要，也可设置斜马道。

碾压式堆石坝的坝坡比土坝陡。黏土斜墙堆石坝的下游坝坡，可采用堆石体的自然边坡，一般为1:1.3~1:1.4；上游坝坡则由斜墙稳定条件确定，一般为1:2~1:3。心墙堆石坝的上下游一般为1:1.5~1:2。钢筋混凝土面板堆石坝其上游坝坡一般为1:1.4~1:1.5；下游坝坡一般为1:1.3~1:1.4，也有采用1:1.25和1:1.6的。沥青混凝土面板堆石坝，为便于摊铺和防止沥青在高温下流动，上游坝坡一般为1:1.6~1:2.0，常采用1:1.7。位于地震区的堆石坝，其坝坡应适当放缓，以满足抗震稳定的要求。

（二）防渗体

防渗体是土石坝的重要组成部分，其作用是防渗，必须满足降低坝体浸润线、降低渗透坡降和控制渗流量的要求，另外还需满足结构和施工上的要求。

土石坝的防渗体包括土质防渗体和人工材料防渗体（沥青混凝土、钢筋混凝土、复合土工膜），其中已建工程中以土质防渗体居多。

1. 土质防渗体

（1）土质心墙。心墙一般布置在坝体中部。有时稍偏向上游并略倾斜，以便于和防浪墙相连接，通常采用透水性很小的黏性土筑成。

心墙顶部高程应高于正常运用情况下的静水位0.3～0.6m，且不低于非常运用情况下的静水位。为了防止心墙冻裂，顶部应设砂性土保护层，厚度按冰冻深度确定，且不小于1.0m。心墙自上而下逐渐加厚，两侧边坡一般在1∶0.15～1∶0.30之间，顶部厚度按构造和施工要求常不小于2.0m，底部厚度根据土料的允许渗透坡降来定，应不小于3m。心墙与上下游坝体之间，应设置反滤层，以起反滤和排水作用。

（2）土质斜墙。斜墙位于坝体上游面。对土料的要求及尺寸确定原则与心墙相同。斜墙顶部高程应高于正常运用情况下静水位0.6～0.8m，且不低于非常运用情况下的静水位。斜墙底部的水平厚度应满足抗渗稳定的要求，一般不宜小于水头的1/5。

斜墙上游坡应满足稳定要求，其内坡一般不陡于1∶2，以维持斜墙填筑前坝体的稳定。为了防止斜墙遭受冲刷、冰冻和干裂影响，上游面应设置保护层，且需碾压达到坝体相同标准。保护层可采用砂砾、卵石或块石，其厚度应不小于冰冻深度且不小于1.0m，一般取1.5～2.5m。斜墙下游面应设置反滤层。

同心墙相比，斜墙防渗体在施工时与坝体的相互干扰小，坝体上升速度快；但斜墙上游坡缓，填筑工程量比心墙大，此外，斜墙斜"躺"在坝体上，对坝体沉陷变形的影响较敏感，易产生裂缝，抗震性能也不如心墙。

（3）土质斜心墙。为了克服心墙坝可能产生的拱效应和斜墙坝对变形敏感等问题，有时将心墙设在坝体中央偏上游的位置，成为斜心墙。

2. 人工材料防渗体

（1）沥青混凝土。用混凝土作防渗体，其抗渗性能较好，但由于其刚度较大，常因与坝体及坝基间变形不协调而发生裂缝。为降低混凝土的弹性模量，在骨料中加入沥青，成为沥青混凝土，可有效地改善混凝土的性能，使之具有较好的柔性和塑性，又可降低防渗体造价，且施工简单。1937年德国首先修建高12m的阿梅克沥青混凝土斜墙坝，其后这种坝得到了推广应用。

沥青混凝土斜墙常用的结构型式有单式（单层）和复式（双层）两种。单式施工方便，造价较低，但必须保证其防渗性，并在面板下游侧要有良好的排水性能，常用于较低的坝。复式在面板中间设有排水层，其上下层都是级配良好的密实沥青混凝土，中间排水层为级配不连续的多孔混凝土，具有透水性能，多用于较高的坝。

（2）复合土工膜。土工膜是土工合成材料的一种，包括聚乙烯、聚氯乙烯、氯化聚乙烯等。土工膜具有很好的物理、力学和水力学特性，其渗透系数一般都小于$10^{-12}\sim10^{-8}$cm/s，高密度聚乙烯薄板的渗透系数可以小于10^{-13}cm/s，具有很好的防渗性。对条件适宜的坝，经论证可采用土工膜代替黏土、混凝土或沥青等，作为坝体的防渗体材料。

利用土工膜作为坝体防渗材料，可以降低工程造价，而且施工方便快速，不受气候影响。如云南楚雄州塘房庙堆石坝，坝高50m，采用复合土工膜作防渗材料，布置在坝体断面中间，现已竣工运行。也可将复合土工膜设置在上游侧，工作原理与斜墙坝相同。

在土工膜的单侧或两侧热合织物成为复合土工膜。复合土工膜既可防止膜在受力时被石块棱角刺穿顶破，也可代替砂砾石等材料起反滤和排水作用。复合土工膜适应坝体变形的能力较强，作为坝体的防渗材料，它可设于坝体上游面，也可设在坝体中央充当坝的防渗体。

（三）排水设备

排水设备是土石坝的重要组成部分。土石坝设置坝身排水的目的是降低坝体浸润线及孔隙压力，改变渗流方向，增加坝体稳定；防止渗流逸出处的渗透变形，保护坝坡和坝基；防止下游波浪对坝坡的冲刷及冻胀破坏，起到保护下游坝坡的作用。

因此坝体排水设备应具有足够的排水能力，同时应按反滤原则设计，保证坝体和地基土不发生渗透破坏，设备自身不被淤堵，且便于观测和检修。常见的排水设备型式有棱体排水、贴坡排水、褥垫排水和组合式排水以及网状排水带、排水管和竖式排水体等型式。设计时需综合考虑坝型、坝基地质、下游水位、材料供应和施工条件等因素，通过技术经济比较确定。

1. 棱体排水

棱体排水在坝趾处用块石填筑成堆石棱体。这种型式排水效果好，除了能降低坝体浸润线防止渗透变形外，还可支撑坝体、增加坝体的稳定性和保护下游坝脚免遭淘刷。多用于下游有水和石料丰富的情况。

堆石棱体顶宽应根据施工条件及检查观测需要确定，通常不小于 1.0m，其内坡一般为 1:1～1:1.5，外坡为 1:1.5～1:2.0。棱体顶部高程应保证坝体浸润线距坝坡面的距离大于该地区的冰冻深度，并保证超出下游最高水位，超出的高度，对 I、II 级坝不小于 1.0m，对 III、IV、V 级坝不小于 0.5m。

在排水棱体与坝体及坝基之间需设反滤层。

2. 贴坡排水

在坝体下游坝坡一定范围内沿坡设置 1～2 层堆石。贴坡排水又称表层排水，它不能降低浸润线，但能提高坝坡的抗渗稳定性和抗冲刷能力。这种排水结构简单，便于维修。贴坡排水的厚度（包括反滤层）应大于冰冻深度。顶部应高于浸润线的逸出点 0.5～1.0m，并高于下游最高水位 1.5～2.0m。贴坡排水底脚处需设置排水沟或排水体，其深度应能满足在水面结冰后，排水沟（或排水体）的下部仍具有足够的排水断面的要求。

3. 褥垫排水

排水伸入坝体内部，能有效地降低坝体浸润线，但对增加下游坝坡的稳定性不明显，常用于下游水位较低或无水的情况。

褥垫排水伸入坝体的长度由渗透坡降确定，一般不超过 1/3～1/4 坝底宽度，向下游可做成 0.005～0.01 的坡度以利排水。褥垫厚度为 0.4～0.5m，使用较均匀的块石筑成，四周需设置反滤层，满足排水反滤要求。

4. 组合式排水

在实际工程中，常根据具体情况将上述几种排水型式组合在一起，兼有各种单一排水型式的优点。

（四）坝面护坡

为保护土石坝坝坡免受波浪、降雨冲刷以及冰层和漂浮物的损害，防止坝体土料发生冻结、膨胀和收缩以及人畜破坏等，需设置护坡结构。

护坡结构要求坚固耐久，能够抵抗各种不利因素对坝坡的破坏作用，护坡材料应尽量就地取材，方便施工和维修。上游护坡常采用堆石、干砌石或浆砌石、混凝土或钢筋混凝土、沥青混凝土等型式。下游护坡要求略低，可采用草皮、干砌石、堆石等型式。

护坡的范围，对上游面应由坝顶至最低水位以下 2.5m 左右；对下游面应自坝顶护至排水设备，无排水设备或采用褥垫式排水时则需护至坡脚。

1. 堆石护坡

不需人工铺砌，将适当尺寸的石块直接倾倒在坝面垫层上。堆石应具有足够的强度，其厚度一般为 0.5～0.9m，底部还需设不小于 0.4～0.5m 厚的砂砾石垫层。多用于石料丰富的地区。

2. 砌石护坡

砌石护坡要求石料比较坚硬并耐风化，可采用干砌或浆砌两种，由人工铺砌。

砌石应力求嵌紧，石块大小和铺砌厚度应根据风浪大小计算确定。通常干砌石厚度为 0.2～0.6m，底部设 0.15～0.25m 厚的垫层，当有反滤要求时，垫层应适当加厚并按反滤要求设计。浆砌石护坡厚度一般为 0.25～0.4m，另需预留一定数量的排水孔，并每隔 2～4m 设置变形缝以防止发生裂缝。

3. 其他型式的护坡

当筑坝地区缺乏石料时，可采用混凝土或钢筋混凝土护坡。混凝土板厚为 0.15～0.2m，可采用现浇或预制方式，板下设砂砾石、砾石或土工织物垫层。

将粗砂、中砂、细砂掺入 7%～15% 的水泥（质量比），作成水泥土护坡，其防冲能力和柔性较好。水泥土护坡需设置排水孔，底部与土体之间也应设置垫层。

土石坝的下游坡一般可用 0.1～0.15m 厚的碎石和砾石护坡。当气候条件适宜时还可采用草皮护坡。

（五）坝顶构造

坝顶需设路面，当有交通要求时应按道路要求设计，如无交通要求，则可用单层砌石或砾石护面以保护坝体。

为便于排除坝顶雨水，坝顶路面常设直线或折线型横坡，坡度宜采用 2%～3%，当坝顶上游设防浪墙时，直线型横坡倾向下游，并在坝顶下游侧沿坝轴线布置集水沟，汇集雨水经坝面排水沟排至下游，以防雨水冲刷坝面和坡脚。

坝顶设防浪墙可降低坝顶路面高程，防浪墙高度为 1.2m 左右，可用浆砌石或混凝土筑成。防浪墙必须与防渗体结合紧密，还应满足稳定和强度要求，并设置伸缩缝。

第五节 土石坝的渗流分析

一、土石坝渗流分析的目的

土石坝挡水后，在上下游水位差作用下，水流将通过坝体和坝基自高水位侧向低水位侧运动，在坝体和地基内产生渗流。坝体内渗透水流的自由水面称为浸润面，浸润面与坝体剖面的交线称为浸润线。

土石坝渗流分析的目的：

（1）确定坝体浸润线和下游逸出点位置，绘制坝体及地基内的等势线或流网图。

（2）计算坝体和坝基渗流量，以便估算水库的渗漏损失和确定坝体排水设备的尺寸。

（3）确定坝坡出逸段和下游地基表面的出逸比降，以及不同土层之间的渗透比降，以判断该处的渗透稳定性。

（4）确定库水位降落时上游坝壳内自由水面的位置，估算孔隙压力，供上游坝坡稳定分析之用。

二、土石坝渗流分析的方法

土石坝渗流是个复杂的空间问题，在对河谷较宽、坝轴线较长的河床部位，常简化为平面问题来分析。其分析方法主要有流体力学法、水力学法、流网法、试验法和数值解法。

流体力学法只有在边界条件简单的情况下才有解，且计算较繁；水力学法是在一些假定条件基础上的近似解法，计算简单，能满足工程精度要求，所以在实践中被广泛采用；流网法是一种简单方法，能够求解渗流场内任一点渗流要素，但对不同土质和渗透系数相差较大的情况难以采用；试验法需要一定的设备，且费时较长。近年来，随着计算机的快速发展，数值解法在渗流分析中得到了广泛的应用，对于复杂和重要的工程，多采用数值计算方法来分析。

1. 水力学法

（1）用水力学法进行土石坝渗流分析时，常做以下假定。

1）坝体土是均质的，坝内各点在各方向的渗透系数相同。

2）渗透水流为二元稳定层流状态，符合达西定律。

3）渗透水流是渐变的，任一铅直过水断面内各点的渗透坡降和流速相等。

（2）进行渗流计算时，应考虑水库运行中可能出现的不利情况，常需计算以下几种水位组合情况。

1）上游正常高水位与下游相应的最低水位；

2）上游设计洪水位与下游相应的最高水位；

3）上游校核洪水位与下游相应的最高水位；

4）库水位降落时对上游坝坡稳定最不利的情况。

（3）采用水力学法进行渗流分析时，需对某些较复杂的条件作适当简化。

1）将渗透系数较接近（相差 3～5 倍以内）的相邻土层作为一层，采用渗透系数的加权平均值来计算；

2）当渗水地基的深度大于建筑物底部长度的 1.5 倍以上时，可按无限深透水地基情况进行计算。

2. 流网法

对于复杂的土石坝剖面和边界形状，用水力学方法难以求其精确解时，可采用绘制流网的方法求解渗流区任一点的渗透压力、渗透坡降、渗透流速以及坝的渗流量。流网法是一种图解法，流网由流线和等势线组成，其基本特性如下：

（1）等势线和流线相互正交。

（2）流网各个网格的长宽比保持为常数时，相邻等势线间的水头差相等，各相邻流线间通过的渗流量相等。

（3）在两种渗透系数不同的土层交界面上。

土石坝渗流是无压渗流，浸润线即为自由表面。渗流的边界条件是浸润线和不透水地基的表面都是流线；上下游水下边坡都是等势线；下游边坡渗流逸出点至下游水位一段既为流线，亦为等势线。逸出段与浸润线上各点压力均为大气压力，故逸出段及浸润线各点位置水头即为该点的总水头。绘制流网时，可先根据经验初步拟定浸润线位置及逸出点。然后将上、下游落差分为几等分，等分的水平线与浸润线的交点即为等势线与浸润线的交点。由这些交点绘制等势线，一端垂直于浸润线（逸出段等势线不垂直于坝坡），一端垂直于地基表面线，然后绘制与等势线正交的流线。经反复修正，最后得出互相正交、长宽相等的网格，即流网。

等势线上任一点的渗压即为该等势线的水头减去该点的位置水头（以下游水面为基线）。任一点的渗透坡降即为等势线水头除以该处网格的边长，由此可以求出渗透流速、坡降和流量等。

三、渗透变形及其渗透稳定性判别

土石坝坝身及坝基中的渗流，由于物理或化学的作用，导致土体颗粒流失，土壤发生局部破坏，称为渗透变形。据统计国内土石坝由于渗透变形造成的失事约占失事总数的 45%。

（一）渗透变形的型式

渗透变形的型式及其发生发展过程，与土料性质、土粒级配、水流条件以及防渗、排水措施等因素有关，一般有管涌、流土、接触冲刷和接触流失等类型。工程中以管涌和流土最为常见。

1. 管涌

坝体或坝基中的无黏性土细颗粒被渗透水流带走并逐步形成渗流通道的现象称为管涌，多发生在坝的下游坡或闸坝下游地基面渗流逸出处。黏性土因颗粒之间存在凝聚力且渗透系数较小，所以一般不易发生管涌破坏，而在缺乏中间粒径的非黏性土中极易发生。

2. 流土

在渗流作用下，产生的土体浮动或流失现象。发生流土时土体表面发生隆起、断裂或剥落。它主要发生在黏性土及均匀非黏性土体的渗流出口处。

3. 接触冲刷

当渗流沿着两种不同土层的接触面流动时，沿层面带走细颗粒的现象称为接触冲刷。

4. 接触流失

当渗流垂直于渗透系数相差较大的两相邻土层的接触面流动时，把渗透系数较小土层中的细颗粒带入渗透系数较大的另一土层中的现象，称为接触流失。

（二）渗透变形型式的判别

1. 根据颗粒级配判别

以土壤不均匀系数 η（$\eta = d_{60}/d_{10}$，d_{60}——土壤经过筛分后占 60% 重量的土粒所能通过的筛孔直径；d_{10}——土壤经过筛分后占 10% 重量的土粒所能通过的筛孔直径）作为判别渗透变形的依据。伊斯托明娜根据试验，认为 $\eta < 10$ 的土易产生流土；$\eta > 20$ 的土易产生管涌；当 $10 < \eta < 20$ 时，可能是流土也可能是管涌。此法简单方便，但土的渗透变形不只是取决于不均匀系数，因此准确性较差。

2. 根据细颗粒含量判别

此法以土体中细颗粒含量（粒径 $d<2mm$）PZ 作为判别渗透变形的依据。当土壤中细颗粒含量 $PZ>35\%$ 时，孔隙填充饱满，易产生流土；对缺乏中间粒径的砂砾料，当 $25\%<PZ<30\%$ 时可能产生管涌，当 $PZ>30\%$ 时可能产生流土。

（三）渗透变形的临界坡降

1. 产生管涌的临界坡降

管涌的发生与渗透系数和渗透坡降有关。对中小型工程，当渗流方向由下向上时，非黏性土发生管涌的临界坡降可按经验公式推算。

对于易产生管涌破坏处的容许渗透坡降 $[J]$，可根据建筑物级别和土壤类型，用临界坡降除以安全系数 2～3 确定。还可参照不均匀系数 η 值来选用 $[J]$：$10<\eta<20$ 的非黏性土，$[J]=0.20$；$\eta>20$ 的非黏性土，$[J]=0.10$。

对大中型工程，应通过管涌试验，以求出实际发生管涌的临界坡降。

2. 产生流土的临界坡降

当渗流自下向上发生时，常采用由极限平衡理论所得的太沙基公式计算。

容许渗透坡降 $[J]$ 也需要有一定的安全系数，对于黏性土可采用 1.5，对于非黏性土可用 2.0～2.5。为防止流土的产生，必须使渗流逸出处的水力坡降小于容许坡降。

四、防止渗透变形的工程措施

土体发生渗透变形的原因，除与土料性质有关外，主要是由于渗透坡降过大造成的。因此，设计中应尽量降低渗透坡降，增加渗流出口处土体抵抗渗透变形的能力。通常才用下列工程措施。

（1）采取水平或垂直防渗措施，以便尽可能地延长渗径，达到降低渗透坡降的目的；

（2）采取排水减压措施，以降低坝体浸润线和下游渗流出口处的渗透压力。对可能发生管涌的部位，需设置反滤层，拦截可能被渗流带走的细颗粒；对下游可能产生流土的部位，可以设置盖重以增加土体抵抗渗透变形的能力。

设置反滤层是提高土体抵抗渗透破坏能力的一项有效措施，它可起到滤土、排水的作用。通常，在土质防渗体（包括心墙、斜墙、铺盖、截水槽等）与坝壳或坝基透水层之间，以及下游渗流逸出处需设置反滤层；当坝壳或坝基为砂性土且与防渗体之间的层间关系满足反滤要求时，可不设置专门的反滤层；对防渗体上游处反滤层的要求可以适当降低。

反滤层应满足下列要求：①透水性大于被保护土体，能顺畅地排除渗透水；②使被保护土不发生渗透变形；③不致被细粒土淤堵失效；④在防渗体出现裂缝的情况下，土颗粒不会被带出反滤层，能使裂缝自行愈合。

反滤层一般由 2～3 层不同粒径的砂石料组成，石料采用耐久的、抗风化的材料，层的设置大体与渗流方向正交，且顺渗流方向粒径应由小到大。一般反滤料的不均匀系数 $\eta\leqslant5～8$，且粒径小于 0.1mm 的细颗粒含量不超过 5%。对于紧邻被保护土的第一层反滤料。当选择第二、三层反滤料时，可按同样方法确定。通常水平反滤层的最小层厚可采用 30cm，垂直或倾斜反滤层的最小层厚可采用 50cm。当采用推土机平料时，反滤层的最小水平宽度应不小于 3.0m。

第六节 土石坝的稳定分析

一、土石坝稳定破坏的状态

土石坝稳定性破坏有滑动、液化及塑性流动三种状态。

坝坡的滑动是由于坝体的边坡太陡，坝体填料的抗剪强度太小，致使边坡的滑动力矩超过抗滑力矩，因而发生坍滑；或由于坝基土的抗剪强度不足，坝体连同坝基一起发生滑动，尤其是当坝基存在软弱土层时，滑动往往是沿着该软弱层发生。坝坡的滑动面可能是圆柱面、折面、平面或更加复杂的曲面。

土体的液化常发生在用细砂或均匀的不够紧密的砂料建成的坝体或坝基中。液化的原因是由于饱和的松砂受振动或剪切而发生体积收缩，这时砂土孔隙中的水分不能立即排出，部分或全部有效应力即转变为孔隙水压力，砂土的抗剪强度亦即减小或变为零，砂粒也就随水流动而"液化"。促使饱和松砂液化的客观因素可以是地震、爆炸等原因造成的振动，也可以是打桩时引起的振动等。

土坝的塑性流动是由于坝体或坝基内的剪应力超过了土料实际具有的抗剪强度，变形远超过弹性限值，不能承受荷重，使坝坡或坝脚土被压出或隆起，或坝体和坝基发生严重裂缝、过量沉陷等情况。坝体或坝基为软黏土时，若设计处理不当，极易产生这种破坏。

进行坝坡稳定计算时，应该杜绝以上三种失稳破坏现象，尤其是前两种，必须进行稳定性验算。对于大型土坝或Ⅰ、Ⅱ级土坝，建议进行塑性流动计算。

二、土石坝稳定分析方法

坝坡稳定分析的方法大体上可分为数值解析法和实验分析法。数值解析法又可分为滑动面法和应力应变分析法。

1. 滑动面法

滑动面法包括圆弧滑动法（如条分法，毕肖普法等）、折线滑动面法、复合滑动面法、楔形体法和摩根斯特思-普赖斯（Morgenstern - Price）法等。这些方法都是通过假定滑动面，计算该滑动面上的抗滑力矩和滑动力矩的比值（称为安全系数），若安全系数大于等于规范容许值，则认为不会滑动，反之则可能滑动。因此计算时需假定若干滑动面计算每一种工况下各滑动面的安全系数，以判别坝坡的稳定性。

滑动面法受力明确，计算方便，经多年使用已积累了丰富的经验。现行规范关于最小抗滑稳定安全系数的定量规定，都是根据滑动面法给出的。缺点是假定的滑动面形状与实际未必相符，有限个滑动面的计算结果未能找出最小安全度的滑动面所在位置，此外滑动体基本上是按刚体考虑的，与实际也有差距。

2. 应力应变分析法

应用弹性理论和塑性理论，以坝体连同坝基为计算对象，可算出坝体及坝基内部各点的应力和应变。按应力应变的非线性本构关系建立数学模型，借助非线性有限元等现代计算方法，可求得各点的应力和位移，将各点应力与强度相比，方可知道安全与否。

但是土、砂砾及堆石等材料容易产生变形，且应力应变关系复杂，近年来随着岩土力学的发展，考虑土的非线性特性的有限单元法，模拟筑坝过程等分析方法都已有不少的研究成果，但由于土体的弹塑性本构关系的数学模型不唯一，因此用数值分析法研究土体的应力应变和稳定问题既是发展方向，也有不少问题有待深入探讨。现行规范虽然要求对 1 级、2 级高坝及建于复杂和软弱地基上的坝进行应力应变计算，但未给出用应力应变法验算稳定安全度的定量判据。

三、土石坝滑动破坏型式

土石坝坝坡较缓，在外荷载及自重作用下，不会产生整体水平滑动。如果剖面尺寸不当或坝体、坝基材料的抗剪强度不足，在一些不利荷载组合下有可能发生坝体或坝体连同部分坝基一起局部滑动的现象，造成失稳；另外，当坝基内有软弱夹层时，也可能发生塑性流动，影响坝的稳定。

进行土石坝稳定计算的目的是保证坝体在自重、孔隙压力和外荷载作用下，具有足够的稳定性，不致发生通过坝体或坝体连同地基的剪切破坏。

进行稳定计算时，应先假定滑动面的形状。土石坝滑坡的型式与坝体结构、筑坝材料、地基性质以及坝的工作条件等密切相关，常见的滑动破坏型式有圆弧滑动面、折线型滑动面和复合滑动面。

1. 圆弧滑动面

当滑动面通过黏性土部位时，其形状通常为一顶部陡而底部渐缓的曲面，稳定分析中多以圆弧代替。

2. 折线型滑动面

折线型滑动面多发生在非黏性土的坝坡中，如薄心墙坝、斜墙坝等。当坝坡部分浸水，则常为近于折线的滑动面，折点一般在水面附近。

3. 复合滑动面

厚心墙或由黏土及非黏性土构成的多种土质坝形成复合滑动面。当坝基内有软弱夹层时，因其抗剪强度低，滑动面不再往下深切，而是沿该夹层形成曲、直面组合的复合滑动面。

四、土石坝的坝坡稳定分析

（一）荷载

土石坝稳定计算考虑的荷载主要有自重、渗透力、孔隙水压力和地震惯性力等。

1. 自重

对于坝体自重，一般在浸润线以上的土体按湿重度计算，浸润线以下、下游水位以上按饱和重度计算，下游水位以下按浮重度计算。

2. 渗透力

渗透力是渗透水流通过坝体时作用于土体的体积力。其方向为各点的渗流方向，单位土体所受到的渗透力大小为 γJ，γ 为水的重度，J 为该处的渗透坡降。

3. 孔隙水压力

黏性土在外荷载作用下产生压缩时，由于孔隙内空气和水不能及时排出，外荷载便由土粒、孔隙中的水和空气共同承担。若土体饱和，外荷载将全部由水承担。随着孔隙水因受压而逐渐排出，所加的外荷载逐渐向土料骨架上转移。土料骨架承担的应力称为有效应力，它在土体滑动时能产生摩擦力抵抗滑动；孔隙水承担的应力称为孔隙应力（或称孔隙水压力），它不能产生摩擦力；土壤中的有效应力与孔隙水压力之和称为总应力。

孔隙压力的存在使土的抗剪强度降低，也使坝坡稳定性降低。对于黏性土坝体或坝基，在施工期和水库水位降落期必须计算相应的孔隙水压力，必要时还要考虑施工末期孔隙压力的消散情况。

孔隙压力的大小一般难以准确计算，它不仅与土料的性质、填土含水量、填筑速度、坝内各点荷载和排水条件等因素有密切关系，而且还随时间变化。目前孔隙水压力常按两种方法考虑，一种是总应力法，即采用不排水剪的总强度指标 c（土的黏聚力）、φ（土的内摩擦角）来确定土体的抗剪强度；另一种是有效应力法，即先计算孔隙压力，再把它当作一组作用在滑弧上的外力来考虑，此时采用与有效应力相对应的排水剪或固结快剪试验的有效强度指标。

4. 地震荷载

地震惯性力可按拟静力法计算。

（二）荷载组合

1. 正常运用

（1）水库蓄满水（正常高水位或设计洪水位）时下游坝坡的稳定计算。

（2）上游库水位最不利时上游坝坡的稳定计算，这种不利水位大致在坝底以上 1/3 坝高处，当坝剖面比较复杂时，应通过试算来确定。

（3）库水位正常降落，上游坝坡内产生渗透力时，上游坝坡的稳定计算。

2. 非常运用

（1）库水位骤降时（一般当土壤渗透系数 $K \leqslant 10^{-3}$ cm/s，水库水位下降速度 $v > 3$ m/d 时属于骤降），上游坝坡的稳定计算。

（2）施工期到竣工期，坝坡连同黏性土基一起的稳定计算，特别是对于高坝厚心墙的情况，必须考虑孔隙压力的作用。

（3）校核水位时，下游坝坡的稳定计算。此外，还有正常情况（包括施工情况）加地震作用时，上、下游坝坡的稳定计算。

对Ⅰ、Ⅱ级坝及高坝，以及一些比较复杂的情况，可采用简化毕肖普法或其他方法计算坝坡的抗滑安全系数。这时，最小安全系数的容许值应比表9-2-2中的规定提高 5% ～ 10%，但对Ⅰ级坝正常运用条件的安全系数应不小于1.5。

表 9-2-2　　　　　　　坝坡抗滑稳定最小安全系数

运用条件	工程等级			
	Ⅰ	Ⅱ	Ⅲ	Ⅳ、Ⅴ
正常运用条件	1.30	1.25	1.20	1.15
非常运用条件Ⅰ	1.20	1.15	1.10	1.05
非常运用条件Ⅱ	1.10	1.05	1.05	1.00

五、土石坝的坝坡稳定的分析方法

1. 圆弧滑动法

对于均质坝、厚斜墙坝和厚心墙坝来说，滑动面往往接近于圆弧，故采用圆弧滑动法进行坝坡稳定分析。为了简化计算和得到较为准确的结果，实践中常采用条分法。规范采用的圆弧滑动静力计算公式有两种：一是不考虑条块间作用力的瑞典圆弧法，一是考虑条块间作用力的毕肖普法。由于瑞典圆弧法不考虑相邻土条间的作用力，因而计算结果偏于保守。计算时若假定相邻土条界面上切向力为零，即只考虑条块间的水平作用力，就是简化毕肖普法。

由于平均渗透坡降计算较复杂，实际计算时常采用重度替代法，对浸润线以下与下游水位以上的土料重度，在计算滑动力矩时用饱和重度，在计算抗滑力矩时用浮重度；下游水位以下的土料重度仍按浮重度计。

若计算时考虑孔隙水压力作用，可采用总应力法或有效应力法。总应力法计算抗滑力时采用快剪或三轴不排水剪强度指标；有效应力法计算滑动面的抗滑力时，采用有效应力指标 c（土的黏聚力）和 φ（土的内摩擦角）。

计算坝坡抗滑稳定安全系数时，若考虑地震作用，可采用拟静力法。进行受力分析时，假定每一土条重心处受到一水平地震惯性力，对于设计烈度为 8、9 度的 Ⅰ、Ⅱ 级坝，同时还需计入竖向地震惯性力。

上述稳定分析中的滑弧圆心和半径都是任意选取的，因此计算所得的安全系数值只能代表该滑动面的稳定安全度。而稳定计算则要求找出最小安全系数以及相应的滑动面，为此需要经过多次试算才能确定。

2. 折线滑动面法

对于非黏性土的坝坡，如心墙坝坝坡、斜墙坝的下游坝坡以及斜墙上游保护层连同斜墙一起滑动时，常形成折线滑动面。稳定分析可采用折线滑动静力计算法或滑楔法进行计算。

3. 复合滑动面法

当滑动面通过不同土料时，还会出现直线与圆弧组合的复合滑动面型式。如坝基内有软弱夹层时，也可能产生复合滑动面。

最危险滑动面需通过试算确定。

4. 土工膜防渗土石坝抗滑稳定分析

近年来，随着土工合成材料在水利工程中逐步推广应用，以土工膜防渗的土石坝相继出现。由于土工膜或外层的土工织物与土、砂、卵石间的摩擦系数小于土石料内摩擦系数，因而，对这类土石坝，需首先按圆弧滑动面或折线滑动面进行抗滑稳定分析，然后还要计算斜铺的土工膜与其邻接土石料接触面的抗滑稳定，即土工膜与上面保护层、土工膜与下面垫层之间的平面滑动稳定性。

在黏性土坝坡铺设土工膜防渗，如果土工膜与土体接触面未设置排水，则由于降雨入渗或两岸山体地下水渗入或土工膜接头渗水等原因，可能在接触面存在滞留水。当库水位降落时，滞留水会反压土工膜，使土工膜发生隆起和滑动。因而，在土工膜下游与黏土接触面必需设置排水，土工膜上游面不能用黏土做保护层。

对于土工膜铺在土坡上，接触面设土工织物排水时，应根据其具体情况进行分析。在土工膜与下游黏土间设置排水层以后，接触面的滞留水被排出，不存在滞留水反压土工膜现象。

由于土工织物与土之间的摩擦系数远小于其与碎石保护层或无砂混凝土保护层之间的摩擦系数，所以采用复合式土工膜防渗的土坝，控制抗滑稳定的是复合式土工膜与土坡之间的接触面，这与堆石坝不同。因此，采用铺设土工膜防渗的土坝常常需要较平缓的坝坡。为了采用较陡的坝坡以节省工程造价，可将土工膜折成直角铺设或曲折铺设。

六、提高土石坝稳定性的工程措施

土石坝产生滑坡的原因往往是由于坝体抗剪强度太小，坝坡偏陡，滑动土体的滑动力超过抗滑力，或由于坝基土的抗剪强度不足因而会连同坝体一起发生滑动。滑动力大小主要与坝坡的陡缓有关，坝坡越陡，滑动力越大。抗滑力大小主要与填土性质、压实程度以及渗透压力有关。因此，在拟定坝体断面时，如稳定复核安全性不能满足设计要求，可考虑从以下几个方面来提高坝坡抗滑稳定安全系数。

1. 提高填土的填筑标准

较高的填筑标准可以提高填筑料的密实性，使之具有较高的抗剪强度。因此，在压实功能允许的条件下，提高填土的填筑标准可提高坝体的稳定性。

2. 坝脚加压重

坝脚设置压重后既可增加滑动体的重量，同时也可增加原滑动土体的抗滑力，因而有利于提高坝坡稳定性。

3. 加强防渗排水措施

通过采取合理的防渗、排水措施可进一步降低坝体浸润线和坝基渗透压力，从而降低滑动力，增加其抗滑稳定性。

4. 加固地基

对于由地基引起的稳定问题，可对地基采取加固措施，以增加地基的稳定，从而达到增加坝体稳定的目的。

第三章

水 库 大 坝 管 理

第一节 大 坝 安 全 管 理

一、大坝安全管理总原则

（1）按照《水库大坝安全管理条例》《水电站大坝运行安全监督管理规定》等国家法律法规及企业有关管理办法的要求，坚持"安全第一、预防为主、综合治理"的方针，全力做好大坝安全管理的工作。

（2）大坝安全管理的范围主要指横跨河床和水库周围垭口的所有永久性的挡水建筑物、泄洪建筑物、输水和过船建筑物的挡水结构及这些建筑物的地基、近坝库岸、边坡和附属设施。

（3）大坝运行安全管理工作同时接受国家和地方政府大坝安全监管部门的监督和指导。根据《水电站大坝运行安全监督管理规定》等法律法规，原则上，总装机容量5万kW及以上的大、中型水力发电厂大坝接受国家能源局（电力系统）大坝安全监察中心（以下简称大坝中心）的监管；总装机容量小于5万kW的小型水力发电厂大坝接受国家水利部、各级人民政府水行政主管部门和流域机构（水利系统）的监管。

二、大坝安全管理的职责

（1）贯彻执行国家有关大坝安全的法律法规、规章规程和技术标准及上级有关规章制度和工作要求。建立健全大坝安全管理组织体系和应急工作机制，制定并不断完善本单位有关大坝安全管理规章制度、运行规程等，加强大坝运行全过程安全管理，确保大坝运行安全。

（2）建立健全大坝安全应急管理体系，建立与地方政府、相关单位的联系联动机制。制定大坝安全应急预案及年度演练计划并组织演练。

（3）编制大坝安全管理工作年度计划和长远规划，报上级主管单位批准实施。

（4）按照批准的设计防洪标准和水库调度原则，编制度汛计划及水库调度方案、防洪度汛应急预案，报批后实施。

（5）编制大坝年度检修、技术改造、维护、固定资产购置等工作计划，严格按规程和计划进行日常监测、巡查、维护、检修，确保大坝处于良好状态。

（6）组织开展和参与大坝的日常巡查、年度详查、定期检查、特种检查和水工技术监督等工作。按规定进行大坝安全注册、备案和安全信息报送。

（7）负责大坝等水工建筑物的检修维护、补强加固和渗漏处理，大坝泄洪设施的监视和现地操作、机组进水口事故闸门、拦污栅等辅助设施的运行管理，大坝电源及防洪备用电源的管理，大坝机电设备的运行维护和消缺。

（8）组织分析大坝异常情况和险情，及时向上级主管单位报告，积极采取处置措施，做好大坝事故抢险和救护工作。

（9）根据上级主管单位批复的加固和改造工程（包括监测系统更新改造）方案计划，组织实施大坝补强加固、更新改造和隐患治理，组织实施病坝、险坝的除险加固，确保加固和改造项目按时、按质、按量完成。

（10）负责大坝安全监测自动化与大坝信息管理系统的建设、运行和维护。组织做好大坝安全监测仪器的检查、率定、校验和鉴定，保证监测仪器能够准确可靠地监测大坝运行安全状况。

（11）负责整编和分析大坝安全监测资料，做好大坝勘测、设计、施工、监理、运行等安全技术资料的档案管理。

（12）负责做好大坝安全保卫工作，禁止任何单位或个人干扰、破坏大坝的正常管理和运行。

（13）组织做好大坝安全管理人员的技术培训。

（14）负责划定大坝管理和保护范围，报当地政府批准实施。

三、大坝安全运行管理内容

（1）新建大坝投运前必须具备的条件。

1）通过蓄水安全鉴定和竣工安全鉴定。

2）通过大坝蓄水验收和枢纽专项工程验收。

3）满足大坝中心或所在地水行政主管部门关于大坝注册、定期检查以及集团公司安全性评价相关要求。

4）满足《水利水电工程劳动安全与工业卫生设计规范》相关规定，并需通过职业健康安全与环境管理检查验收。

5）水工建筑工程质量检查验收应符合《水电水利工程达标投产验收规程》等相关规定。

（2）建立健全安全生产责任制，落实大坝安全生产责任，制定并完善大坝运行维护、监测、操作等规程。大坝运行必须执行经批准的运行、维护和操作规程，水工闸门运行必须执行批准的闸门运行方式和开启程序。

（3）水库调度和发电运行应以确保大坝安全为前提，严格遵循经批准的汛期调度运用计划、水库运用与电站运行调度规程以及当地水行政主管部门的指令。在汛期，汛限水位以上防洪库容的运用，必须服从防汛指挥机构的统一指挥。

（4）加强大坝的安全保卫工作，禁止任何侵占、毁坏大坝及其设施，禁止在大坝的集水区域内乱伐林木、陡坡开荒等导致水库淤积的活动，禁止在库区内围垦和进行采石、取土等危及山体的活动。

（5）对于坝顶兼做公路的大坝，水力发电企业应按照设计要求采取限高、限宽、限载、限速等相应的安全措施，并做好坝顶生产区域的封闭管理。

（6）建立健全防汛管理制度和防汛责任制。防汛工作应与大坝安全管理相结合，做到在设计标准内洪水不垮坝、不漫坝，不淹发电厂房，确保大坝安全度汛；遇超标洪水有应急抢险措施，使损失减轻到最低程度。

（7）水力发电企业负责人及相关管理人员应具备大坝安全专业知识和管理能力，定期培训。从事大坝运行安全监测、维护及闸门启闭操作的作业人员应经过相关技术培训，持证上岗。

第二节　大坝安全注册及定期检查

一、大坝安全注册

（1）应根据《水电站大坝运行安全监督管理规定》《水电站大坝安全注册登记监督管理办法》的有关要求，做好大坝安全注册工作。

（2）新投运的总装机容量在 50MW 及以上，以发电为主的大、中型水力发电厂大坝，在工程竣工安全鉴定一年内，应向国家能源局大坝安全监察中心申报初始注册；对于水利系统监管的，库容在 10 万 m^3 及以上的大坝，根据《水库大坝注册登记办法》，在县级及以上水库大坝主管部门注册登记；库容在 10 万 m^3 以下的大坝，所在地行政主管部门有注册登记要求的，按要求执行。

（3）注册登记证有效期届满前 3 个月，应向国家能源局大坝监察中心申请换证注册。

（4）在注册登记证有效期内，因进行大坝改（扩）建，重大的补强加固和更新改造工程改变了大坝安全等级，或者因运行，管理、维护问题降低了大坝安全等级，或者水力发电厂运行单位、水力发电厂主管单位发生变更，应在上述情况改变后 3 个月内，向国家能源局大坝安全监察中心申请变更注册。

（5）应根据国家能源局大坝安全监察中心要求，准备好现场检查汇报材料及有关备查资料。

（6）应每年按照注册条件、标准、管理实际考核评价内容等要求进行注册自查，在每年一季度将自查报告报送国家能源局大坝安全监察中心。

（7）被取消注册登记证的，或者不符合大坝安全注册登记条件的，或者持有乙、丙级注册登记证的，应当按要求进行整改，使大坝具备注册条件或者注册升级条件，并按相关注册要求申报注册。

二、大坝安全定检

（1）应根据《水电站大坝安全定期检查监督管理办法》的有关要求，开展大坝安全定期检查工作。

（2）定期检查由电厂上级主管单位（或大坝中心）组织运行、设计、施工、科研等方面的专家对大坝进行全面检查和评价。

（3）应及时准备好大坝定期检查有关资料，包括大坝（含改扩建和补强加固工程）的勘测、设计、施工、监理、验收等文件资料，历次大坝定检报告（首次大坝定检时提供工程竣工安全鉴定报告）及其附件，以及大坝运行总结和现场检查报告。

（4）定期检查一般 5 至 10 年 1 次，对没有潜在危险、结构完整、运行状况良好的大坝，经发电厂上级主管单位申报，有关归口部门批准，可减少检查频次，但间隔时间不得超过 10 年。新建大坝的第一次定期检查，在工程竣工安全鉴定完成 5 年后进行。

（5）检查内容包括按照现行规范复查原设计数据、方法；审议施工方法、质量和施工中出现的特殊情况及其影响；复核洪水、库容、泄洪能力；检查泄洪设备运行工况；全面了解和审查大坝运行记录和观测资料分析结果；进行现场检查（包括水下检查）；评定大坝的结构形态和安全状况。

（6）完成定期检查后应提交大坝安全定期检查报告，评定大坝安全等级。

第三节　水工建筑物安全检查、维护及大坝安全鉴定

一、水工建筑物的安全检查

（1）水工建筑物安全检查包括日常巡查、年度详查和特种检查。检查对象包括挡水建筑物、泄水建筑物、取水建筑物、输水建筑物、河道整治建筑物、水力发电厂建筑物、通航建筑物、给排水建筑物、边坡工程、专用交通道路等。

1）日常巡查指由电厂组织专业人员对水工建筑物进行日常性的巡视检查，对发现的问题应当及时处理；不能处理的，应及时上报。日常巡查应按相关规范规定的频次和程序进行，包括检查项目、路线、记录格式等，检查和处理的情况应以文字、图表、影像的方式记载保存。

2）年度详查指由电厂在每年汛期、汛后或枯水期、冰冻期组织专业技术人员对水工建筑物进行详细检查，提出大坝安全年度详查报告，上报备案。检查次数，视地区不同而异，一般每年不少于2次。

上报的年度详查报告应包括对大坝安全监测资料进行年度整编分析；对水工建筑物运行、检查、维护记录等资料进行审阅；对与大坝安全有关的设施进行全面检查或者专项检查。

3）特种检查指在发生特大洪水或暴风雨、强烈地震、重大事故等非常事件后，或大坝出现异常情况，电厂要立即组织专家或委托相关单位进行特种检查，检查范围取决于异常事件的严重程度和所担忧的事故后果。

（2）应按照DL/T 5178《混凝土坝安全监测技术规范》、DL/T 5259《土石坝安全监测技术规范》的要求，建立健全水工建筑物巡视检查作业规程，并严格执行。水工建筑物巡视检查作业规程应包括检查项目、检查频次、检查方法、检查顺序、记录格式、编制报告的要求及检查人员的组成、职责等内容。

二、水工建筑物的维护

（1）确保各项水工建筑物的稳定、坚固、耐久并满足抗震、泄洪与安全运行的要求；受水压力作用的水工建筑物，应同时满足抗渗、抗侵蚀要求。

（2）水工建筑物运行中检查发现的缺陷和隐患，应进行分类分级管理，及时组织制定处理方案并实施，消除不利因素，保证工程安全运行，充分发挥工程效益。

（3）水工建筑物维护按照《水工混凝土建筑物缺陷检测和评估技术规程》《土石坝养护修理规程》《混凝土坝养护修理规程》的有关规定进行，包括缺陷评估、养护、维护、记录、总结等。重点关注裂缝修补、渗漏处理、剥蚀修补及处理、水下修补等。

（4）重大工程缺陷与隐患按照《水电站大坝除险加固管理办法》进行，包括专项设计、专项审查、专项施工和专项验收。

三、大坝安全鉴定

（1）大坝安全鉴定的对象为坝高 15m 以上或者库容 100 万 m³ 以上水库的大坝。满足鉴定要求的单位，应按照《水库大坝安全鉴定办法》的有关要求，做好水库大坝安全鉴定工作。

（2）按要求定期开展大坝安全鉴定工作，首次安全鉴定应在竣工验收后 5 年内进行，以后应每隔 6~10 年进行一次；运行中遭遇特大洪水、强烈地震、工程发生重大事故或出现影响安全的异常现象后，组织专门的安全鉴定。

（3）大坝安全鉴定承担单位需具有相应资质。大型水库和影响县城安全或坝高 50m 以上中型水库的大坝安全评价，由具有水利水电勘测设计甲级资质的单位或者水利部公布的有关科研单位和大专院校承担；其他中型水库和影响县城安全或坝高 30m 以上小型水库的大坝安全评价由具有水利水电勘测设计乙级以上（含乙级）资质的单位承担；其他小型水库的大坝安全评价由具有水利水电勘测设计丙级以上（含丙级）资质的单位承担。

（4）大坝安全状况分为三类。

1）一类坝指实际抗御洪水标准达到《防洪标准》规定，大坝工作状态正常；工程无重大质量问题，能按设计正常运行的大坝。

2）二类坝指实际抗御洪水标准不低于部颁水利枢纽工程除险加固近期非常运用洪水标准，但达不到《防洪标准》规定；大坝工作状态基本正常，在一定控制运用条件下能安全运行的大坝。

3）三类坝指实际抗御洪水标准低于部颁水利枢纽工程除险加固近期非常运用洪水标准，或者工程存在较严重安全隐患，不能按设计正常运行的大坝。

（5）大坝安全鉴定的内容。

1）现场安全检查包括查阅工程勘察设计、施工与运行资料，对大坝外观状况、结构安全情况、运行管理条件等进行全面检查和评估，并提出大坝安全评价工作的重点和建议，编制大坝现场安全检查报告。

2）大坝安全评价包括工程质量评价、大坝运行管理评价、防洪标准复核、大坝结构安全、稳定评价、渗流安全评价、抗震安全复核、金属结构安全评价和大坝安全综合评价等。大坝安全评价过程中，应根据需要补充地质勘探与土工试验，补充混凝土与金属结构检测，对重要工程隐患进行探测等。

（6）根据大坝安全鉴定的结果，及时采取相应的措施，加强大坝安全管理。

第四节 防 洪 度 汛

一、防汛工作总体要求

（1）按照《中华人民共和国防洪法》《中华人民共和国防汛条例》《国家能源投资集团有限责任公司水电产业防汛工作管理办法》等国家法律法规及集团公司有关管理办法的要求，把握"安全第一、常备不懈、以防为主、全力抢险"的方针，全力做好防洪度汛工作。

（2）防汛工作是集团公司水力发电运行和工程建设安全管理的重要内容，基本任务是确保所属水力发电厂和水力发电工程建设项目安全度汛，积极配合地方政府抗洪抢险。

（3）防汛工作的重点是确保大坝安全，保证在设计标准范围内不垮坝、不漫坝、不水淹厂房，不发生具有重大社会影响的防汛安全事故，保证人身财产安全。

二、汛前工作

（1）每年汛前应成立以主要负责人为领导的防汛领导小组，全面领导本系统、本单位防汛工作。防汛领导小组下设防汛办公室。防汛办公室应配备足够数量、熟悉业务的专业人员负责防汛日常工作。

（2）制定完善防汛岗位责任制，将本单位防汛责任分解落实到各级、各岗位人员，并做好宣贯工作。签订防汛责任书，使参与防汛工作的所有人员均清楚自己的防汛责任和工作标准。

（3）每年汛前，根据工程实际、上下游情况，编制本年度水库防洪度汛方案，并按规定履行报批程序。

防洪度汛方案主要内容包括工程枢纽概况、防汛主要原则、防洪标准、防汛组织措施、水库运用计划、闸门操作程序、设备维护维修计划要求、防汛安全检查、防汛值班、应急管理、防汛物资、重点防范位置或部位，主要存在问题及应对措施等。

（4）汛前制定完善本单位的防汛抗洪应急预案及地质灾害、全厂停电等相关应急预案，并向相关部门进行备案。组织成立本单位防汛应急抢险队伍。防汛应急抢险队伍人数不得少于本单位总人数的 2/3。及时组织防汛抗洪应急预案培训和演练，并做好记录。

（5）储备足够数量的应急照明设备、水泵、临时电源、电缆、沙袋等防汛抗洪物资。防汛抗洪物资的品种、数量应符合防汛抗洪措施的要求，满足应急抢险的需要。防汛物资应造册登记，定置存放，明确管理责任人，由本单位防汛办公室统一调配使用，并做好调用记录，禁止挪作他用。

（6）汛前及时开展设备设施的检查、清理、维护、检修、试验等工作，并做好相应记录。

1）厂房排水系统应确保功能正常，动作可靠。如有条件，坝后量水堰、渗漏排水集水井应采用自动监测装置，排水泵应投入自动运行方式，排水泵房应装设工业电视并接入中控室。

2）泄洪闸门及启闭设备。所有泄洪工作闸门均应进行动水启闭试验。

3）柴油发电机等备用电源。柴油发电机容量应至少满足同时启闭两扇泄洪闸门和厂房排水系统运行的要求。引水式电站的大坝和厂房应分别配置柴油发电机作为独立备用电源。柴油发电机应储备足够的发电用油。

4）坝前拦污栅（排）及清污机。

5）水情自动测报系统、大坝安全监测系统、工业电视系统、照明系统。

6）通信系统。交通不便或边远地区的企业必须配备卫星电话。引水式电站的大坝和厂房分别配置应急值班电话。

7）厂房和大坝各层地面，排水沟、排水地漏。

8）各类通风、排水孔（口）应备有堵头或隔水材料，用于紧急情况下进行封堵。

三、度汛工作

（1）汛期加强防汛值班带班，防汛值班应配备卫星电话，及时了解和上报有关防汛信息，防汛信息传递时应使用录音电话。防汛抗洪中发现异常现象和不安全因素时，应及时采取措施，并报告上级主管部门。

（2）加强对水情自动测报系统的检查维护，确保水情信息获取渠道的可靠，广泛收集气象信息，确保洪水预报精度。如遇特大暴雨洪水或其他严重影响大坝安全的事件，又无法与上级联系，可按照批准的方案，采取非常措施确保大坝安全，同时采取一切可能的途径通知地方政府。

（3）加强对大坝近坝库岸、下游近坝边坡、行洪区域、交通要道等重要部位的日常巡视检查，对可能发生地质灾害的隐患点采取监视和防范措施，发现险情及时妥善处理。

（4）加强对水工建筑物、泄洪设施、机电设备、备用电源、水情自动测报系统、大坝安全监测系统、工业电视系统等设施设备的日常巡视检查，及时维护和消缺。

（5）出现地震、台风、暴雨、洪水、水位陡涨陡落和其他异常情况时，应按有关规定加强大坝、厂房等重点防汛区域的巡视检查、监测，并做好记录和信息上报。

（6）定期对坝体集水井、厂房引水压力管、供水主干管、对外有关管线、厂房集水井及排水系统进行检查，对存在的缺陷要优先安排消除，及时清理集水井的淤积物，确保集水井容积。应配置两套不同原理的集水井水位监测装置及水位过高报警装置信号，动力电源应有备用，并经常对水泵运行情况进行检查。

（7）定期检查和维护防汛物资，使用后及时清理，消耗后及时补充，发现质量问题及时更换处理。

四、汛后工作

（1）应做好防汛工作总结，总结内容包括水文气象、洪水、水情测报、防洪调度原则及执行情况、水工建筑物运行情况、防汛措施、存在的问题和建议等。

（2）汛期结束后，应组织一次全面的防汛检查。

1）近坝库岸和下游近坝边坡地质灾害隐患监视情况，交通道路受损情况；

2）大坝及水工建筑物受损情况，发电设备、泄洪与排水设备设施、各类系统运行情况和安全隐患；

3）历次防汛检查发现问题整改情况。

第四章

大 坝 安 全 监 测

第一节 大坝安全监测系统设计和施工期的管理

一、大坝监测系统的内容

大坝安全监测的基本任务是了解大坝工作性态，掌握大坝变化规律，及时发现异常现象或者工程隐患。监测工作内容包括监测系统的设计、审查、施工、监理、验收、运行、更新改造和相应的管理等工作。涉密大坝的监测工作，应当遵守国家有关保密工作规定。监测系统应当与大坝主体工程同时设计、同时施工、同时投入运行和使用。

二、大坝监测系统设计和施工期的监督管理

（1）建设单位对监测系统的设计、施工和监理承担全面管理责任。建设单位应当加强施工期和首次蓄水期监测工作。监测系统竣工验收时，建设单位应当组织开展监测系统鉴定评价和监测资料综合分析，对于坝高 100m 以上的高坝或者监测系统复杂的中坝、低坝，其监测系统应当进行专门设计、审查、施工和验收。

（2）监测系统的设计应当由大坝主体工程设计单位承担，设计单位应当优化监测系统设计，编制监测设计专题报告，明确监测项目的目的、内容、功能以及各监测项目初始值选取原则，并且对监测频次、监测期限和监测工作提出要求。

（3）首次蓄水前，设计单位应当提出蓄水期监测工作的具体要求，关键项目监测频次和设计警戒值。

（4）监测系统竣工验收时，设计单位应当编制监测系统运行说明书，内容包括监测设计说明、监测项目竣工图、重要监测项目及其测点信息表；监测方法、频次和期限，巡视检查要求；监测仪器设备使用注意事项、维护要求；监测资料整编分析要求等。

（5）监测系统的施工应当由大坝主体工程施工单位或者具有相应资质的施工单位承担。首次蓄水前，施工单位应当按照设计要求测定各监测项目的蓄水初始值，并且经过建设单位确认。施工单位应当负责监测系统移交前的运行维护管理工作，对监测资料进行整编分析，建立施工期大坝安全监测技术档案，并且及时移交建设单位。

第二节 大坝安全监测系统运行期的管理

大坝转入运行期后，监测系统的运行管理由运行单位负责，监测工作人员应当具备水工建筑物和监测技术专业知识以及大坝安全管理能力，并且经过相关技术培训。运行单位应当制定大坝安全监测管理制度和技术规程，建立运行期大坝安全监测技术档案。运行期的大坝安全监测主要包括监测设备管理监督、监测项目、测次和精度监督、监测资料整编监督、监

测资料分析及综合评判监督。

监测设备管理监督包括以下内容。

一、监测设施和仪器设备台账

（1）所有监测设施和仪器设备的基本信息、运行状态、维护保养情况应登记造册，形成台账，并及时更新。

（2）测读仪表使用应形成使用记录台账。

（3）备品备件应分类摆放，详细记录备品备件的名称数量、状态、消耗及补充情况，形成备品备件管理台账，实时更新。

二、监测仪器、仪表检定

（1）监测仪器、仪表应定期进行率定及校正，每年12月应制定下一年监测仪器、仪表的检定计划。

（2）严格按照检定计划周期进行检定，确保监测设施和仪器设备的精度和可靠性。

三、监测设施和仪器设备维护

（1）监测设施及仪器设备应保持良好的工作状态，应对监测设施和仪器设备开展经常性的巡视检查，并制定相关制度、规程，明确巡视检查频次、路线、方法、检查项目及内容，检查结果应形成记录。特殊情况下，如地震、洪水、运行条件发生变化及发现异常情况时，应加强监测设施和仪器设备的巡视检查。

（2）应对监测设施和仪器设备定期开展维护工作，并制定相关制度、规程，明确维护项目及内容、周期、维护方法、维护工作完成后，应形成维护记录及台账。

四、监测设施和仪器设备封存、报废

（1）监测仪器设备总体完好率应达到（按规定封存、报废的除外），可更换和修复的仪器设备和表面设施完好率应达到95％。

（2）监测设施和仪器设备的封存、报废，应对其原因进行详细记录及说明，由电厂提出，上级管理单位审查，报国家能源局大坝安全监察中心确认后实施。

五、监测系统自动化

（1）安全监测自动化系统按照DL/T 5211《大坝安全监测自动化技术规范》《大坝安全监测自动化系统实用化要求及验收规程》的有关要求建立，并保证其正常、可靠、稳定运行。

（2）每半年对自动化系统的部分或全部测点进行一次人工比测，发生地震、自动化系统数据异常等特殊情况时，及时进行人工比测。

六、监测设施和仪器设备更新改造

（1）检测系统在系统功能、性能指标、设备精度以及运行稳定性方面不能满足大坝运行安全要求的，应予以更新改造。

（2）更新改造设计应当由原设计单位或者具有相应资质的设计单位承担。

（3）更新改造施工工作应当由具有相应资质的施工单位承担，运行单位的监测工作人员全程参与监测系统更新改造施工工作。

（4）在监测系统更新改造过程中，运行单位应当对重要监测项目采取临时监测措施，保证监测数据有效衔接。

七、监测项目、测次及精度监督

（1）监测项目、测次和精度执行 DL/T 5178《混凝土坝安全监测技术规范》、DL/T 5211《大坝安全监测自动化技术规范》、DL/T 5259《土石坝安全监测技术规范》等有关标准的要求，见附表 9-2-1 和附表 9-3-1；一般坝体、坝基、滑坡体和高边坡位移，以及裂缝、接缝等变形监测精度要求应满足相关标准、规范和设计要求。

（2）对于水力学、地震反应监测等专项监测项目，按照 DL/T 5178《混凝土坝安全监测技术规范》、DL/T 5259《土石坝安全监测技术规范》、DL/T 5416《水工建筑物强震动安全监测技术规范》的要求执行。

（3）监测项目、测点和频次的调整，应由运行单位提出，上级主管单位审查，报国家能源局大坝监察中心确认后实施。

（4）在特殊情况下，如地震、洪水，运行条件发生变化及发现异常情况时，应增加监测频次，必要时增加监测项目。

八、监测资料整编监督

（1）按照 DL/T 5209《混凝土坝安全监测资料整编规程》、DL/T 5256《土石坝安全监测资料整编规程》的有关要求及时开展监测资料整编工作。资料整编应包括观测设备考证表、观测原始数据、观测成果数据、观测物理量过程线、分布图、相关图等。

（2）日常资料整理在每次监测（包括人工和自动化监测）完成后，立即对原始记录的准确性、可靠性、完整性进行检查、检验，并将其换算出所需的监测物理量，判断其测值有无异常，如有漏测、误读或异常，及时补测、确认或更正。

（3）年度资料整编是在日常资料整编的基础上，进行收集、复查及统计，绘制监测数据的时空分布与相互间的相关图线，保证监测资料的完整性和连续性，判断是否存在变化异常。每年 3 月底前完成对上一年度监测资料整编。

（4）监测资料整编和整编成果应做到项目齐全，数据可靠，资料、图标完整，规格统一，说明完备。

（5）各项监测资料整编的时间应与前次整编衔接，监测部位、测点及坐标系统等应与历次整编一致，有变动时应予以说明。

（6）监测资料整编应刊印成册，保存为电子文档，并做好备份。

九、资料分析与综合评判监督

（1）资料分析的内容应执行 DL/T 5178《混凝土坝安全监测技术规范》、DL/T 5259《土石坝安全监测技术规范》的有关要求，资料分析包括监测数据资料的准确性、可靠性和精度，监测数据随时空变化的规律性，监测数据特征值（最大值、最小值、均值、变幅、周期）变化的规律性，监测物理量之间相关关系的变化规律性，巡视检查资料等。

（2）在大坝定期检查前或建筑物出现异常时，应进行资料分析，判断水工建筑物的工作状态，综合评估枢纽的安全状态，并形成报告。

（3）资料分析宜采用比较法、作图法、特征值统计法及数学模型法。在采用数学模型法作定量分析时，应同时采用其他方法进行定性分析，加以验证。

（4）在资料分析的基础上，运行单位应开展长系列监测资料的综合分析工作，也可结合大坝安全定期检查或者特种检查开展，监测资料综合分析应当系统分析监测数据和巡视检查情况，结合工程地质条件、环境量和结构特性，对大坝安全性态进行分析。

（5）在特殊情况下，如地震、洪水、运行条件发生变化及发现异常情况时，应进行专题分析研究。

第三节 大坝安全监测系统的维护

一、一般规定

（1）应按监测系统的特点，从环境、安全、防护和功能等方面进行维护。监测系统未应满足系统正常运行的要求，包括检查、检验、清洁、维修和保养等工作，保持各类监测设施标识完整、清晰。

（2）监测系统维护包括日常维护、年度详查维护、定期检查维护和故障检查维护。日常维护可结合日常监测进行；年度详查维护可结合汛后检查进行；定期检查维护可结合大坝安全定期检查进行。

（3）监测数据出现异常时，应对相关的监测仪器设备进行检查。监测自动化系统采集的数据出现异常时，应对系统及时进行检查，并与相关传感器的人工测值进行比较。

（4）对监测自动化系统，日常应对测点、监测站、监测管理站、监测管理中心站的仪器设备及其相关的电源、通信装置等进行检查。每季度对监测自动化系统进行 1 次检查，每年汛前应进行一次全面的检查，定期对传感器及其采集装置进行检验。

（5）定期对光学仪器、测量仪表、传感器等进行检验；有送检要求的仪器设备，应在检验合格的有效期内使用。

（6）监测系统检查维护情况应及时进行记录；监测仪器设备进行维护或更换后，应做详细记录。

二、环境量监测设施的维护

（一）水位监测设施

（1）日常应检查、清理水位观测井或水尺附近的杂物，保持尺面刻度、标记清晰，保持水尺及水位传感器安装位置或支撑体的稳固。

（2）水尺零点标高每 1～2 年应校测 1 次，当水尺零点标高发生变形时，应及时进行校测和修正。

（3）水位传感器及其采集装置应每年校验 1 次。

（二）降水量监测设施

（1）日常应检查传感器器口变形、器口面水平、器身稳固等情况，检查、清除承水器滤网上的杂物和漏斗通道堵塞物。对翻斗式雨量计，可用中性洗涤剂清洗翻斗表面，不得用手直接触摸翻斗内壁。

（2）冰冻期较长的地区，在结冰前应将承水器口加盖，并切断电源。

（3）应对自记雨量计的准确性定期进行比测和校验，定期检测承水器口的直径和水平度。

三、变形监测设施的维护

（一）表面变形监测设施

（1）日常应检查维护变形监测控制网网点和表面变形测点的保护装置，检查并清除影响通视的障碍物，检查修复损坏的观测道路、网点或测点。

（2）经纬仪、全站仪、水准仪按照相应的规范标准规定进行维护。

（3）各种测量仪器在使用前，应进行外观检查和一般功能的检验，检查和检验按要求进行。检查发现有外观变形、连接部位松动等情况，不得用于观测。对检验后的仪器常数、水准标尺每米真长等改正数，应确认其可靠后，方可对测值进行改正。

（4）变形监测控制网在复测后，应对各网点进行稳定性分析，并综合评价王的整体稳定性。对于稳定性差的网点，应根据实际情况，采取加固、重建等措施；对整体稳定性差的网，可考虑重新设计。

（二）垂线装置

（1）日常应检查垂线观测房和测点的照明、串风、渗水、结露等情况，检查处理数据采集设备故障、支撑架松动或损坏，油桶漏油、油桶中存在杂物，倒垂浮筒内油位不够、倒垂浮体装置倾斜或浮子碰壁，正垂线重锤接触阻尼油桶壁，垂线线体有附着物或与其他物体接触等情况。

（2）光学垂线坐标仪主要检查并处理脚螺栓松动、丝杆滑丝、松动等现象；瞄准仪应保持尺面刻度的清晰及滑块滑动的灵活。

（3）对遥测垂线坐标仪，主要检查处理光电式坐标仪的发光管镜头及感应窗的水汽或灰尘附着，电容式坐标仪的极板结露、中间极位移，步进电动机式坐标仪的丝杆、发光管镜头及感应窗的水汽或灰尘附着。

（4）每年检查处理垂线孔（管）中的其他线缆与垂线线体接触，悬挂点支撑架松动或损坏情况。

（三）激光准直装置

（1）对真空管道，日常应主要检查处理发射端与真空管道连接处、接收端与真空管道连接处、真空管道与测点箱连接处和波纹管等部位的变形和不密封等情况，保证真空管道的漏气率和真空度满足规范要求。

（2）对发射装置进行检查维护时，不得触碰激光管及其微调装置、小孔光栏，不得改变激光管和小孔光栏的位置。

（3）对跟踪仪进行维护时，应擦除附着在跟踪仪丝杆及导轨上的灰尘及油污，并重新进行丝滑处理。

（4）每季度应对跟踪仪输出的信号电缆进行测试，发现电缆接头接触不良时，应重新焊接或更换。

（5）每季度应对真空泵油、麦氏表、真空表进行检查维护，对系统供电电压进行测试检查。

（6）每季度应检查真空泵油的油质，按要求及时更换真空泵油。

四、渗流监测设施的维护

（一）测压管装置

（1）对测压管的孔口装置，日常应主要检查外露构件的防护情况，保持各连接部位的密封。

（2）每季度应对电测水位计的测尺长度进行校测，保持尺度标记的清晰，对蜂鸣器的工作状态进行检查。

（3）每季度应对压力表的灵敏度和归零情况进行检查测试。

（4）应定期对测压管孔口高程、压力表中心高程、渗压计安装高程进行校测、修正，土石坝内测压管孔口高程可根据实际情况确定校测频次。

（5）应定期对测压管的灵敏性进行测试。

（二）量水堰装置

（1）日常应检查、清理堰板前后排水沟中的淤积物，清除水尺和堰板处的附着物，检查、清除量水堰仪浮筒及其进水口附近的杂物，对各渗水点的水质状况进行检查描述。

（2）每年应对量水堰仪或水尺的起测点进行校测。

（3）对自动化监测的，其自动化测值与人工测值之差超过限差时，应对传感器的准确性进行校测。

（4）监测部位渗水量与量水堰量程不匹配时，应更换量水堰或采取其他监测方法。

第五章

水 工 钢 闸 门

第一节　水工钢闸门的运行管理

一、总体要求

（1）按照 DL/T 835《水工钢闸门和启闭机安全检测技术规程》的有关规定，结合工程运行特点制定运行管理制度，包括工作票制度及操作票制度、运行操作制度、设备实施监控及安全检查制度、维修养护制度等。

（2）操作规程应包括设备运行主要流程和注意事项，并能指导操作人员安全可靠的完成操作；设备操作时应按运行调度指令进行，并填写记录；操作规程应在操作场所醒目的位置上墙明示。

（3）操作人员应经过相关培训合格，并获得相应的上岗证书，方可上岗作业。

二、操作前准备

1. 通用事项

（1）执行操作前应开具工作票和操作票。应核对工作票的工作要求、安全措施以及操作票的工作要求和操作项目。

（2）应核对操作指令，保证通信畅通。

（3）应消除运行涉及区域内可能存在的安全隐患。

（4）应检查并清除上下游影响设备运行的漂浮物。

（5）应检查设备运行路径，不得有卡阻物。

（6）检查供电和应急电源，应可靠有效。

（7）应检查启闭机及电气设备状态，失电保护装置可靠有效。

（8）监控设备应显示清晰，调节灵活可靠。

（9）远程控制操作应正常，数据通信应稳定、正常。

（10）限位开关动作应灵活可靠。

（11）应观察上、下游水位和流态。

（12）应做好各项观测、记录的准备工作。

2. 固定卷扬式启闭机操作前检查事项

（1）减速器油位应符合要求，各转动部件润滑良好。

（2）制动器及其他安全装置应灵活可靠。

（3）双吊点启闭机两吊点高程应一致。

（4）转动部件及工作范围内应无阻碍物。

（5）配有手摇机构的启闭机应检查手摇机构的闭合状态。

3. 液压启闭机操作前检查事项

(1) 油箱油位应在规定范围内。

(2) 检查各子系统及电气参数应符合要求，油泵、阀组、油缸、油箱、管路等应无漏油。

(3) 转动部件及工作范围内应无阻碍物。

(4) 配有手摇机构的启闭机应检查手摇机构的闭合状态

4. 螺杆式启闭机操作前检查项目

(1) 各转动部件润滑良好。

(2) 螺杆无弯曲变形现象。

(3) 转动部件及工作范围内应无阻碍物。

(4) 配有手摇机构的启闭机应检查手摇机构的闭合状态。

三、运行操作

1. 通用事项

(1) 闸门运行改变方向时，应先停止，然后再反方向运行。

(2) 不具备无人值守条件的，操作闸门过程中应有人巡视和监护。

(3) 闸门启闭发生卡阻、倾斜、停滞、异常响声等情况时，应立即停机，并检查处理。

(4) 闸门不得停留在振动或水流紊乱的位置。

(5) 闸门启闭后应核对开启高度，按照要求完成工作。

(6) 闸门操作应有专门记录，并归档保存。

2. 启闭机操作注意事项

(1) 固定卷扬式启闭机的钢丝绳不应与其他物体刮碰。多层缠绕的钢丝绳应无爬绳、跳槽等现象。

(2) 开度、荷载装置以及各种仪表应反应灵敏、显示正确、控制可靠。

(3) 启闭机运转时如有异常响声，应停机检查处理。

(4) 启闭机运转时，不具备无人值守条件的启闭机及电气操作屏旁应有人巡视和监护。

(5) 配有手摇机构的启闭机，用手摇机构操作闸门时，当接近最大开度或关闭位置时应注意及时停止操作。

四、维护养护

1. 维护养护分类

设备维修养护包括检查、维护、检修三类。其中检查分为日常检查、定期检查和特别检查；检修分为故障检修和计划检修，故障检修是指设备存在实施检修才能消除的故障，计划检修是依据相关标准或设备说明书中要求实施的检修。

2. 检查基本要求

(1) 日常检查间隔不应超过 1 个月。

(2) 定期检查应每年两次，宜在汛期前后或供水期前后检查，汛期前宜对设备进行运行试验，并保证设备运行正常。对无防汛功能的工程可根据工程运行情况安排检查时间，每半年一次。

（3）特别检查与定期检查内容相同。特别检查应在设备运行期间发生出现影响设备安全运行的事故、超设计工况运行、遭遇不可抗拒的自然灾害等特殊情况后进行。

（4）日常检查、定期检查和特别检查应有书面报告。针对检查中发现的问题，应及时处理。不能处理的问题应根据其性质、严重程度和紧迫性，提出维护或检修意见。

3. 维护基本要求

设备维护应每年一次，宜结合检查情况实施。维护中不能解决的问题，应进行检修。

4. 检修基本要求

（1）检修时应设置必要的安全警示标志。

（2）设备运行性能下降或存在故障，经检查或维护后无法恢复正常工作应检修。

（3）设备出现影响设备安全运行的事故时，应及时抢修。

（4）维修养护单位应根据设备的运行状况，对设备可能出现的故障进行预判。当判断设备需检修时，应及时向相关管理部门提出。

（5）相关标准或设备说明书中规定了设备检修的周期和内容时，应按规定检修。

（6）设备检修后应进行试运行，试运行的各项参数满足设计要求时，可投入正常运行。

第二节　水工钢闸门的安全检测

一、安全检测的项目

定期对所有的水工钢闸门和启闭机进行检查、检修和维护、检测。闸门和启闭机的安全检测应按以下项目进行。

（1）巡视检查。

（2）外观检测。

（3）材料检测。

（4）无损探伤。

（5）应力检测。

（6）闸门启闭力检测。

二、安全检测的周期

安全检测周期应根据闸门和启闭机的运行时间及运行状况确定。

（1）闸门和启闭机安装完毕蓄水运行，闸门承受水头达到或接近设计水头时，应进行第一次安全检测。如达不到设计水头，则应在运行6年以内，进行第一次安全检测。

（2）第一次安全检测后，闸门和启闭机的定期安全检测应结合大坝安全定期检查工作进行。

（3）凡未进行定期安全检测的闸门和启闭机，大型工程运行满30年，中型工程运行满20年，必须进行一次全面的安全检测。

（4）如遇裂度为7度及以上地震、超设计标准洪水、误操作事故、破坏事故等特殊情况时，必须对闸门和启闭机进行一次安全检测。检测时先进行巡视检查和外观检测，必要时，再进行其他项目检测。

三、安全检测内容

（1）巡视检查主要检查与闸门和启闭机相关的水力学条件、水工建筑物是否有异常迹象，附属设施是否完善、有效，并判断对闸门和启闭机的影响。巡视检查时，应做好现场检查记录。

（2）闸门启闭过程中应检查滚轮、支铰及顶、底枢等转动部位运行情况，闸门升降或旋转过程有无卡阻，启闭设备左、右两侧是否同步，止水橡皮有无损伤等现象。闸门在承受设计水头的压力时，通过橡皮止水每米长度的漏水量不应超过 0.15L/s。当止水橡皮发生表面磨损（磨损量超过规定值）以及龟裂、硬化等现象时，应及时更换。

（3）外观检测分为外观形态检测和腐蚀状况检测。外观检测前应详细了解闸门和启闭机的保养、检修和运行情况；外观检测时，应详细记录检测情况。腐蚀状况检测可采用各种型式的测厚仪或其他行之有效的方法和量测工具进行。

（4）闸门和启闭机在运行时，发生事故遭破坏，应对破坏构件、零件进行机械性能试验及金相试验。其他金属材料的检测按金属技术监督的规定进行。

（5）闸门主要受力焊缝（一、二类焊缝），当外观检测怀疑有裂纹但难以确定时，应采用渗透或磁粉探伤方法进行表面或近表面裂纹检查。渗透探伤方法按 GB 150《钢制压力容器》执行，磁粉探伤方法按 JB/T 4730《承压设备无损检测》执行。

（6）闸门主要受力焊缝的内部缺陷，应进行射线探伤或超声波探伤。射线探伤方法按 GB 3323《钢熔化焊对接接头射线照相》进行，超声波探伤方法按 GB/T 11345《焊缝无损检测 超声检测技术、检测等级和评定》进行。

（7）闸门的主梁、边梁、吊耳、支臂、面板，启闭机的门架结构、塔架结构、吊具等受力构件应进行应力检测。应力检测前，应根据材料、结构参数、荷载条件等，按 DL/T 5039《水利水电工程钢闸门设计规范》和 SL 41《水利水电工程启闭机设计规范》对闸门和启闭机主要结构进行应力计算，布置检测点。检测结果应对照理论计算结果进行分析比较，并推算设计荷载与校核荷载时的应力。

（8）闸门启闭力检测必须在完成巡视检查和外观检测的各项工作后，按照 DL/T 835《水工钢闸门和启闭机安全检测技术规程》规定的检测内容进行检测；闸门启闭力检测应在高水头（设计允许范围内）条件下进行。

四、检测报告的内容

（1）工程概况，包括闸门、启闭机设计特性。
（2）运行情况，包括建筑物变形及闸门、启闭机运行。
（3）闸门和启闭机检测成果。
（4）闸门和启闭机理论分析与计算成果。
（5）分析以上（3）、（4）项成果，做出评价。
（6）对运行管理、加固补强、技术改造、设备更新等提出意见。

第六章

水 库 调 度

第一节 水库调度的基本资料和主要参数

一、基本资料

（1）水库调度设计按需要应搜集相关水文气象、地形地质，社会经济、水库蒸发、水库渗淋、河道泥沙、冰情、各开发任务用水要求、生态与环境用水量及过程，所在河流综合规划及专业规划，以及水库淹没的控制条件、相关的上下游水库情况等基本资料，并搜集水库水位库容关系曲线、下游水位流量关系曲线、枢纽泄洪设施的运行条件及泄流能力曲线。

（2）水库调度设计采用的设计洪水及径流资料应符合相应规范的要求。

（3）初期蓄水调度设计搜集的基本资料应包括工程的施工进度、对初期蓄水进度的限制条件、初期蓄水期的泄流能力、开始蓄水时间、下游和库区基本用水量、大坝挡水高程、初期运用起始水位。

（4）在应用基本资料时，应了解资料来源，检查基本资料是否符合设计任务、设计阶段及设计精度要求，分析其合理性。

（5）不同设计阶段或同一个设计阶段时间跨度超过两年，由于自然和人类活动的影响，改变了原基本资料形成的边界条件时，应对采用的基本资料进行修正、补充。

二、主要参数

（1）水库调度设计应选用相应设计阶段采用的参数。

（2）水库特性参数包括正常蓄水位、防洪高水位、防洪限制水位、运行控制水位、死水位、设计洪水位、校核洪水位等特征水位；总库容、防洪库容、兴利库容、调水调沙库容、防凌库容、死库容等特征库容。

（3）水库开发任务相应参数。

1）防洪：防洪对象的防洪标准及河道安全泄量、警戒水位、保证水位。

2）城乡供水：需水量、取水高程、供水量和供水设计保证率。

3）灌溉：灌区范围及面积、灌溉设计保证率、需水量、取水高程。

4）发电：设计保证率、保证出力、装机容量，多年平均发电量、发电特征水头、机组机型及主要运行工况参数。

5）减淤：减淤量、拦沙率、排沙比。

6）航运：通航标准、通航水位与流量、表面最大流速、水面最大比降、允许水位日变幅和小时变幅。

7）防凌：防凌调度运用期、防凌安全泄量等。

8）生态与环境：水质控制指标。

第二节　防洪调度设计

一、防洪调度的任务和原则

1. 防洪调度的任务

防洪调度设计应根据水库的洪水标准以及是否承担下游防洪任务，分析拟定水库防洪调度原则和防洪调度方式，对于不承担下游防洪任务的水库，应拟定满足大坝等建筑物防洪安全及库区防洪要求的洪水调度方式；对于承担下游防洪任务的水库，应拟定满足大坝防洪安全、下游保护对象防洪要求及库区防洪要求的三者协调的洪水调度方式。

2. 防洪调度的原则

（1）调度方式应简便可行、安全可靠、具有可操作性，判别条件应简单明确。

（2）防洪调度设计成充分考虑不利因素，确保防洪安全。

（3）当需要采用洪水预报进行补偿调度时，应有相应预报方案的分析验证资料。

二、调度方式

（1）水库防洪调度方式应根据洪水类型及特性、洪水标准、防洪对象的安全余量及下游河道特征、枢纽泄流能力等结合水库其他综合利用要求，在对不同调度方式进行比较分析的基础上合理选择。

（2）对于不承担下游防洪任务的水库，可采用敞泄方式，但最大下泄流量不应大于相应设计洪水的洪峰流量。

（3）对于承担下游防洪任务的水库，应明确水库由保证下游防洪安全调度转为保证大坝防洪安全调度的判别条件，处理好两者的衔接以减小泄量的大幅度突变对下游河道、堤防的不利影响。

（4）对于承担下游防洪任务的水库，应在确保大坝安全运行的前提下，依据水库运用条件、上游洪水及与下游区间洪水的组合特性、防护对象的防洪标准和防御能力情况，分别选择下列调度方式。

1）当坝址至防洪控制点的区间面积较小、防洪控制点洪水主要由水库下泄流量形成时，可采用固定泄量调度方式。

2）当坝址至防洪控制点的区间面积较大、防洪控制点洪水的遇组合多变，宜采用补偿调度方式。

（5）当下游防洪控制点洪水的遇组合多变时，拟定的水库调度方式应适用于可能的不同洪水遭遇组合情况。对于采用补偿调度方式的水库，应研究水库至防洪控制点的区间洪水的传播规律，以及水库内洪水与区间洪水的不利遭遇组合情况，并经洪水演进后满足防洪控制点的防洪要求。

（6）对于承担下游直接保护对象防洪并配合其他水库承担下游共同保护对象防洪双重任务的水库，宜分别拟定适合于对直接保护对象和共同保护对象的调度方式，调度方式应明确主次关系和运用条件，并宜划分出各自的水库库容、水位运用范围等。

（7）防洪高水位线以上至校核洪水位线的水库防洪调度区，应按保证大坝安全的调度方式运用；防洪高水位线以下至防洪限制水位线之间的下游防洪调度区，应按拟定的满足下游要求的防洪调度方式运用。

（8）对于设置有运行控制水位的水库，拟定的调度方式应满足运行控制水位的要求。

三、分期洪水调度

（1）当汛期洪水的洪峰，洪量具有分期变化规律时，可根据汛期各时期设计洪水的大小及防洪要求，在保证大坝防洪安全和满足下游防洪需求前提下，分期进行洪水调度设计。

（2）针对各分期洪水的具体情况，可分别选择合适的防洪调度方式，并根据满足防洪要求的防洪调度结果，拟定各分期的防洪库容、相应的运用时间及防洪限制水位。

（3）各分期洪水之间的过渡方式应保证防洪安全，过渡段的水库蓄泄水量不应侵占较低防洪限制水位控制期的防洪库容。

四、调度结果分析

（1）对拟定的水库防洪调度方式应进行工程安全性分析评价。若不满足工程安全性要求，应修改调度方式。

（2）对承担下游防洪任务的水库，应讲明水库的防洪作用并分析防洪效果。

第三节 发 电 调 度 设 计

一、发电调度的任务和原则

1. 发电调度的任务

发电调度设计应根据水库来水、调节性能和电力系统的要求，拟定水库调度原则和方式，编制年调节及以上性能水库的发电调度图，并应对调度结果进行分析。

2. 发电调度的原则

（1）应利用水库调节能力，合理控制水位和调配水量多发电，协调好与其他部门用水要求以及上下游电站联合运行的关系。

（2）电站运行方式应结合电力系统运行要求拟定，合理发挥电力电量效益。

二、调度方式

（1）发电调度方式应根据水库调节性能、入库径流、电站在电力系统中的地位和作用等选择拟定。日、周调节水力发电厂宜通过电力电量平衡确定电站在日、周负荷图上的工作位置，拟定运行方式。

（2）年调节和多年调节水库，电站应在按调度图调度运用的基础上，拟定日、周运行方式，调度图中可包括以下基本运行方式，降低出力运行方式、保证出力运行方式、加大出力运行方式、机组预想出力运行方式等。

（3）承担反调节任务的水库，应根据反调节任务的要求拟定水库蓄放水规则及过程。

（4）水库下游有生态与环境用水、最低通航水位等要求时，应安排电站承担相应时段的基荷出力，泄放相应的流量。

三、梯级水库联合调度

（1）发电调度设计中应计算设计水库上游干支流已建和在建的具有年调节及以上性能水库的调节作用。设计水库具有年调节及以上性能时，应分析对下游梯级的调节作用。

（2）发电调度设计中可按上、下游水库设计的调度参数和调度方式进行梯级水库联合调节计算。

（3）重要水力发电厂水库，设计需要时可进行水库补偿调度计算，并应分析补偿调度效益。

四、发电调度图

（1）发电调度图应符合下列规定。

1）在来水频率小于或等于设计保证率的水文年，水力发电厂的出力不应小于水力发电厂的保证出力。

2）在来水频率大于设计保证率的水文年，宜减小水力发电厂的出力破坏深度。

（2）发电调度图由水库特征水位和防弃水线、防破坏线、降低出力线等划分预想出力区、加大出力区、保证出力区、降低出力区等四个出力区域，径流调节计算中应根据库水位所在区域拟定相应出力，各出力区的划分宜符合下列规定。

1）预想出力区。上限为正常蓄水位或防洪限制水位，下限为防弃水线。

2）加大出力区。上限为防弃水线，下限为防破坏线。

3）保证出力区。上限为防破坏线，下限为降低出力线。

4）降低出力区。上限为降低出力线，下限为死水位线。

（3）根据设计需要，可在加大出力区和降低出力区绘制不同程度的加大出力和降低出力辅助线。

五、调度结果分析

（1）发电调度设计应根据长系列径流资料，按拟定的水库调度图进行以下检验计算：

1）保证出力满足设计保证率要求。

2）特枯年份出力降低幅度在允许范围内。

3）水量利用合理。

（2）根据长系列调度计算结果，宜绘制出力、水头和库水位的历时过程及保证率曲线，并分析调度结果的合理性。

第四节 泥沙调度设计

一、泥沙调度的任务和原则

1. 泥沙调度的任务

泥沙调度设计应根据水库所在河流的水沙分布特性、库区自然特性、水库调节性能、开发任务和上下游环境要求等，分析泥沙调度的主要时期和该时期泥沙冲淤可能带来的影响，拟定水库合理的防沙、排沙、下游河道减淤等相关指标及调度运用方式。对来沙量较小，泥沙问题不严重的水库，泥沙调度设计可适当简化。

2. 泥沙调度的原则

（1）应综合分析库区泥沙控制、下游河道泥沙控制、综合利用及环境影响要求，兼顾各方面效益的发挥。

（2）应与水库特征水位、特征库容、洪流规模选择相协调。

（3）应使水库较长期保持有效库容，控制水库淹没，利于水库的长期使用和综合利用效益的发挥。

二、调度方式

1. 防洪兴利为主的泥沙调度方式

（1）以保持有效库容为泥沙调度目标的水库，宜在汛期或部分汛期控制水库水位调沙，也可按分级流量控制水库水位调沙或敞泄排沙，具备条件的也可采用异重流排沙。

（2）以引水防沙为泥沙调度目标的低水头枢纽和引水式枢纽，宜采用按分级流量控制水库水位调沙或散泄排沙方式。

（3）采用异重流排沙方式时，应结合异重流形成和持续条件，提出相应的工程措施和水库运行规则。

（4）采用控制水库水位调沙的水库应设置排沙运行控制水位，应研究所在河流的水沙特性、库区形态、水库调节性能及综合利用要求等因素，综合分析确定水库排沙运行控制水位、排沙时间。

（5）有防洪任务水库的排沙运行控制水位应结合防洪限制水位研究确定。

（6）对于承担航运任务的水库，泥沙调度设计应合理控制水库水位和下泄流量，满足涉及范围内的通航要求。

2. 防洪减淤为主的泥沙调度方式

（1）防洪减淤为主水库的泥钞调度设计，应与发电、供水、灌溉和航运等其他综合利用任务相互协调。

（2）防洪减淤为主水库应按拦沙和调水调沙运用期和正常运用期进行泥沙调度设计，多沙河流水库拦沙和调水调沙运用期的泥沙调度宜以合理拦沙为主，正常运用期的泥沙调度宜以排沙、蓄清排沙或拦排结合为主。

（3）根据水库泥沙调度的要求可设置调水调沙库容。调水调沙库容应选择不利的入库水沙组合系列或典型洪水、泥沙过程，结合水库泥沙调度方式通过冲沙计算或分析确定。

（4）水库拦沙和调水调沙运用期，应研究该时期水库下游河道淤积、控制库区淤积形态和保持有效库容对水库运用的要求，并统筹兼顾灌溉、供水、发电和其他综合利用效益等因素，确定泥沙调度指标，综合拟定该时期的泥沙调度方式。

（5）水库起始运行水位应根据库区地形、库容分布特点，综合库区干支流淤积量、部位、形态（包括干支流倒灌）及起始运行水位下蓄水拦沙库容占总库容的比例、水库下游河道减淤和冲刷影响以及综合利用效益等因素，通过方案比较拟定。

（6）调控流量应在下游河道河势变化及工程安全，河道主相过流能力、河道减淤效果和冲刷影响，水库的淤积发展以及综合利用效益发挥等条件允许的情况下，通过方案比较拟定。

（7）调控库容应考调水调沙、保持有效库容、下游河道减淤和综合利用效益发挥等要求，经过方案比较拟定。

（8）水库正常运用期的泥沙调度指标和泥沙调度方式，应按保持长期有效库容、控制水库面积上延和水库下游河道持续减淤等方面的要求，统筹兼顾灌溉、供水、发电等其他综合利用效益等因素，通过方案比较拟定。

三、梯级水库的泥沙调度方式

（1）梯级水库联合运用的泥沙调度设计，宜根据水沙特性和工程特点，拟定梯级水库联合运行组合方案，采用同步水文泥沙系列，分析预测泥沙冲过程，通过方案比较，选择合理的水库泥沙调度方式。

（2）梯级水库联合调水调沙运用，应根据水沙特性、工程特点和下游河道的减淤要求，拟定梯级水库联合调水调沙方案，采用同步水文泥沙系列，分析预测库区积以及水库下游河道减淤效益和兴利指标，通过综合比较分析，合理确定水库调水调沙调度方式。

四、调度结果分析

（1）对于水库泥沙调度结果，除应分析水库泥沙调度对控制库区淤积、保持水库有效库容、电站防沙的效果和对其下游河道的影响外，还应分析泥沙调度对水库的防洪、发电、供水和航运等开发目标的影响。防洪减淤为主的水库应分析对减轻下游河道淤积的效果。

（2）水库泥沙调度对控制库区淤积和保持有效库容的效果，应按设计的水沙系列和运用方式，采用长系列操作进行分析，必要时采用一定频率的洪水进行检验。

（3）水库拦沙和调水调沙对减轻下游河道淤积的效果，应按设计的水沙系列和运用方式，采用长系列操作计算进行分析，对比下游河道在有、无水库时的冲淤变化差别，分析一定时期内下游河道的冲淤量、减淤量、减淤年限和拦沙减淤比等指标。

第七章

典 型 案 例 分 析

第一节 某水力发电厂发生重大安全事故致 4 人死亡

一、事件描述

2016 年 3 月 6 日 16：00，水电某局某水力发电厂项目分包单位某防腐安装有限公司在压力钢管及机电设备安装标段斜井段 13 单元（压 0＋261.095）处施工时，分包单位负责人聂某某，在中平洞段第 8 单元（压 0＋141.002）处，操作 JM5B 型卷扬机负责向斜井段牵引台车运输加固材料，班长带领 4 名工人进入斜井段下平洞 13 单元（压 0＋261.095）处进行轨道修复加固作业。17：40，在使用卷扬机向斜井段牵引台车运输加固材料时，距施工人员 20m 处，钢丝绳突然从卷扬机锚固装置中被拔出，导致台车失控与加固材料一起沿轨道自由滑行冲向正在施工的 5 人，致 1 人受伤，其余 4 人遇难。

二、原因分析

（1）JM5B 型卷扬机向斜井段牵引台车运输加固材料过程中，造成钢丝绳从卷扬机锚固装置中被拔出，导致台车失控与加固材料一起沿轨道自由滑行冲向正在施工人员，是导致事故发生的直接原因。

（2）水力发电某局某水力发电厂安装工程项目经理部建立了安全生产相关管理制度，但在实施过程中落实不到位，对分包单位的安全检查、安全巡查流于形式。

三、暴露问题

（1）当地水利主管部门行业安全监管不力，对招商引资项目疏于监管。

（2）总包单位对分包工程未认真履行安全协调管理职责。

（3）分包单位未履行主体责任，对挂靠本单位的施工队伍只收管理费用，不履行安全管理责任，项目部安全管理混乱，操作人员安全意识薄弱，违章操作。

四、防范措施

（1）按照"四不放过"（事故原因未查清不放过、责任人员未处理不放过、整改措施未落实不放过、有关人员未受到教育不放过）原则认真剖析事故，吸取血的教训，制定严密的防范措施，同时对安全生产责任制度体系等进行全面梳理，查找工作漏洞，将安全生产工作真正落到实处。

（2）全面加强对分包单位的管理，督促分包单位将安全生产工作纳入施工全过程管控，杜绝以包代管。

（3）要进一步加强对从业人员的安全生产教育与培训，认真开展"三级"（厂级、班组、岗位）安全教育，重点突出岗位安全生产教育和培训，使每个员工都能熟悉了解本岗位的职业危害因素和防护技术知识，教育员工遵章守纪，提高员工安全意识和自我保护能力。

（4）要进一步强化施工现场监督、检查。更加明确各类人员的职责，确保操作规程的遵守和安全措施的落实，坚决杜绝违章指挥、违反安全操作规程、违反劳动纪律的现象发生。

（5）要进一步加强有较大危险因素的作业场所和有关设施设备的管理，要在危险的设施设备上设置明显的安全警示标志。

（6）要做好从业人员安全防护和各项准备工作，要按照相关国家标准、行业标准并结合施工作业现场的实际情况，为从业人员配备必要的、符合要求的劳动防护用品，并督促、教育从业人员严格按照规定佩戴使用。

（6）加强应急管理，完善应急避险相关措施，杜绝违规行为。

第二节　某水力发电厂施工事故

一、事件描述

2月25日23：10，某电厂主变压器洞中导洞厂0+80～厂左0+83段进行了爆破作业。26日06：00，出渣完成；06：10—09：00，采用反铲完成排险及底板清理工作；11：20左右，完成清底及排险石渣运输，经检查掌子面未发现异常，钻爆平台就位，开始测量放样；13：30左右，测量放样完成，钻爆作业工人到工作面做准备工作；15：15左右，顶拱突然塌方（塌方量约10m³，最大块体约2m³），在钻爆平台上的5人中1人跳出塌方区脱险，4名被掩埋。事故造成2人当场死亡，2人送医途中死亡。

二、原因分析

（1）根据主变压器洞地质条件分析，事故发生的直接原因初步判断为隐藏的不利节理裂隙形成的块体突然塌落所致。

（2）地质雷达超前预报揭示，发生塌方的0+80～0+83段没有不良地质隐患，且塌方体为五条裂隙切割形成的不规则块体，顺洞轴线有两条裂隙没有交割。施工方技术人员及监理人员据此判断没有塌方风险具有一定的不确定性，故未采取有效的超前支护措施，致使事故发生。

三、暴露问题

事故为隐藏的不利节理裂隙形成的块体突然塌落所致。但有关人员未能对潜在风险做出预判，某建设集团有限公司承担主要责任，水力发电某局承担监管责任，某咨询有限公司该抽水蓄能电站工程建设监理中心承担连带监管责任。在事故报告中，水力发电某局承担未向公司及时报告的责任。

四、防范措施

（1）按照"四不放过"原则认真剖析事故，吸取血的教训，制定严密的防范措施，同时对安全生产责任制度体系等进行全面梳理，查找工作漏洞，将安全生产工作真正落到实处。

（2）全面加强对分包单位的管理，将分包商的安全生产工作纳入项目部管理体系，对重点工作、关键工序和关键环节实施有效监控，杜绝以包代管现象。

（3）加强项目安全责任落实，强化一线值班人员、技术人员的岗位责任，提高一线人员的技术水平和能力，有效开展现场过程的安全管控。

（4）全面梳理并重新审视项目的技术方案与技术安全措施，对围岩的地质评价和支护参数进行再论证，并上报监理、业主批复。做好现场的安全技术交底与技术指导工作。

（5）加强地质预报与地质鉴定工作，建立严格的现场值班制度与工序验收交接程序，配备经验丰富的地质专业技术人员，确保现场过程决策的科学性。

（6）对项目部全员进行安全教育培训，提高员工技能培训针对性与有效性，加强地下工程施工和地质坍塌事故安全风险与预防措施的培训工作。

（7）加强应急管理，做好应急预案的编制、修订和演练，备足各种应急救援器材、装备，做好现场人员的应急演练工作。

附录 9-1 水工技术监督标准

1. 《中华人民共和国防洪法》
2. 《水库大坝安全管理条例》
3. 《建设工程勘察设计管理条例》
4. 《地质灾害防治条例》
5. 《地震监测管理条例》
6. 《中华人民共和国防汛条例》
7. 《水电站大坝运行安全监督管理规定》
8. GB 17621《大中型水电站水库调度规范》
9. GB/T 18185《水文仪器可靠性技术要求》
10. GB/T 22385《大坝安全监测系统验收规程》
11. GB/T 22484《水文情报预报规范》
12. DL/T 835《水工钢闸门和启闭机安全检测技术规程》
13. DL/T 1014《水情自动测报系统运行维护规程》
14. DL/T 1051《电力技术监督导则》
15. DL/T 1085《水情自动测报系统技术条件》
16. DL/T 1259《水电厂水库运行管理规范》
17. DL/T 5006《水电水利工程岩土观测规程》
18. DL/T 5020《水电工程可行性研究报告编制规程》
19. DL/T 5123《水电站基本建设工程验收规程》
20. DL/T 5178《混凝土坝安全监测技术规范》
21. DL/T 5206《水电工程预可行性研究报告编制规程》
22. DL/T 5209《混凝土坝安全监测资料整编规范》
23. DL/T 5211《大坝安全监测自动化技术规范》
24. DL/T 5212《水电工程招标设计报告编制规程》
25. DL/T 5251《水工混凝土建筑物缺陷检测和评估技术规程》
26. DL/T 5256《土石坝安全监测资料整编规程》
27. DL/T 5259《土石坝安全监测技术规范》
28. DL/T 5272《大坝安全监测自动化系统实用化要求及验收规程》
29. DL/T 5307《水电水利工程施工度汛风险评估规程》
30. DL/T 5308《水电水利工程施工安全监测技术规范》
31. DL/T 5353《水电水利工程边坡设计规范》
32. DL/T 5416《水工建筑物强震动安全监测技术规范》
33. NB/T 35003《水电工程水情自动测报系统技术规范》
34. SL 61《水文自动测报系统技术规范》
35. SL 101《水工钢闸门和启闭机安全检测技术规程》

36. SL 210《土石坝养护修理规程》

37. SL 223《水利水电建设工程验收规程》

38. SL 230《混凝土坝养护修理规程》

39. SL 266《水电站厂房设计规范》

40. SL 530《大坝安全监测仪器检验测试规程》

41. SL 531《大坝安全监测仪器安装标准》

42. SL 543《水工金属结构术语》

43. SL 551《土石坝安全监测技术规范》

44. SL/Z 720《水库大坝安全管理应急预案编制导则》

45. 发改办能源〔2003〕1311号《关于水电站基本建设工程验收管理有关事项的通知》

46. 国能安全〔2015〕145号《水电站大坝安全定期检查监督管理办法》

47. 国能安全〔2015〕146号《水电站大坝安全注册登记监督管理办法》

48. 电监安全〔2010〕30号《水电站大坝除险加固管理办法》

附录 9-2　土石坝安全监测项目及周期

土石坝安全监测项目及周期见附表 9-2-1。

附表 9-2-1　　　　　　　　　　土石坝安全监测项目及周期

序号	观测项目	施工期	首次蓄水期	初蓄期	运行期
1	表面变形	1~4 次/月	4~10 次/月	2~4 次/月	1 次/2 月~1 次/月
2	坝体内部位移	4~10 次/月	10 次/月~1 次/天	4~10 次/月	1~4 次/月
3	防渗体变形	4 次/月	10 次/月~1 次/天	4~10 次/月	1~4 次/月
4	接缝变化	4 次/月	10 次/月~1 次/天	4~10 次/月	1~4 次/月
5	坝基变形	4 次/月	10 次/月~1 次/天	4~10 次/月	1~4 次/月
6	界面位移	4~8 次/月	10 次/月~1 次/天	4~10 次/月	1~4 次/月
7	渗流量	1~2 次/旬	1 次/天	4 次/月~2 次/旬	4 次/月~2 次/旬
8	坝体渗透压力	1~2 次/旬	1 次/天	4 次/月~2 次/旬	4 次/月~2 次/旬
9	坝基渗透压力	1~2 次/旬	1 次/天	4 次/月~2 次/旬	4 次/月~2 次/旬
10	防渗体渗透压力	1~2 次/旬	1 次/天	4 次/月~2 次/旬	4 次/月~2 次/旬
11	绕坝渗流（地下水位）	1~4 次/月	10 次/月~1 次/天	4 次/月~2 次/旬	2~4 次/月
12	坝体应力、应变及温度	4 次/月~2 次/旬	4 次/月~1 次/天	4 次/月~2 次/旬	1 次/月
13	防渗体应力、应变及温度	4 次/月~2 次/旬	4~10 次/月	4 次/月~2 次/旬	1 次/月
14	上下游水位		2~4 次/天	2 次/天	1~2 次/天
15	库水温		1 次/旬~1 次/天	1 次/月~1 次/旬	1 次/月
16	气温				
17	降雨量		逐日量	逐日量	逐日量
18	坝前淤积			按需要	按需要
19	冰冻		按需要	按需要	按需要
20	水质分析		按需要	按需要	按需要
21	坝区平面监测网	1 次/年	2 次/年	1 次/年	1 次/年
22	坝区垂直位移监测网	1 次/年	2 次/年	1 次/年	1 次/年
23	下游冲淤			泄洪后	泄洪后

注　1. 表中测次，均是正常情况下人工测读的最低要求。如遇特殊情况（如高水位、库水位骤变、特大暴雨、强地震等）和工程出现不安全征兆时应增加测次。对自动化监测项目，可根据需要加密测次。
　　2. 竣工验收后运行 5 年以上，经资料分析表明位移基本稳定的中、低坝，变形监测的测次可减少为 1 次/季。
　　3. 监测网中的基准点和工作基点经过运行期 5 年以上复测表明稳定的，监测网测次可减少为 1 次/3 年~1 次/2 年。

附录 9-3 混凝土坝安全监测项目及周期

混凝土坝安全监测项目及周期见附表 9-3-1。

附表 9-3-1　　　　　　　　　混凝土坝安全监测项目及周期

序号	监测项目	施工期	首次蓄水期	初蓄期	运行期
1	位移	1次/旬~1次/月	1次/天~1次/旬	1次/旬~1次/月	1次/月
2	倾斜	1次/旬~1次/月	1次/天~1次/旬	1次/旬~1次/月	1次/月
3	大坝外部接缝裂缝变化	1次/旬~1次/月	1次/天~1次/旬	1次/旬~1次/月	1次/月
4	近坝区岸坡稳定	2次/月~1次/月	2次/月	1次/月	1次/季
5	渗流量	2次/旬~1次/旬	1次/天	2次/旬~1次/旬	1次/旬~2次/月
6	扬压力	2次/旬~1次/旬	1次/天	2次/旬~1次/旬	1次/旬~2次/月
7	渗透压力	2次/旬~1次/旬	1次/天	2次/旬~1次/旬	1次/旬~2次/月
8	绕坝渗流	1次/旬~1次/旬	1次/天~1次/旬	1次/旬~1次/月	1次月
9	水质分析	按需要	按需要	按需要	按需要
10	应力、应变	1次/旬~1次/月	1次/天~1次/旬	1次/旬~1次/月	1次/月~1次/季
11	大坝及坝基的温度	1次/旬~1次/月	1次/天~1次/旬	1次/旬~1次/月	1次/月~1次/季
12	大坝内部接缝、裂缝	1次/旬~1次/月	1次/天~1次/旬	1次/旬~1次/月	1次/月~1次/季
13	钢筋、钢板、锚索、锚杆应力	1次/旬~1次/月	1次/天~1次/旬	1次/旬~1次/月	1次/月~1次/季
14	上下游水位	1次/天	4次/天~2次/天	2次/天	2次/天~1次/月
15	库水温		1次/天~1次/旬	1次/旬~1次/月	1次/月
16	气温		逐日量	逐日量	逐日量
17	降水量		逐日量	逐日量	逐日量
18	坝前淤积			按需要	按需要
19	下游冲刷			按需要	按需要
20	冰冻		按需要	按需要	按需要
21	大气压力		按需要	按需要	按需要
22	坝区平面监测网	取得初始值	1次/季	1次/年	1次/年
23	坝区垂直位移监测网	取得初始值	1次/季	1次/年	1次/年

注　1. 表中测次，均是正常情况下人工测读的最低要求。特殊时期（如发生大洪水、特大暴雨、地震等），应增加测次。自动化监测可根据需要，适当加密测次。

2. 在施工期，坝体浇筑进度快的，变形监测的次数宜取上限；埋入混凝土内的监测仪器在进行混凝土人工冷却或压力灌浆时，应增加测次。

　首次蓄水期：库水位上升快的，测次应取上限。

　初蓄期：开始测次应取上限。

　运行期：当变形、渗流等性态变化速度大时测次应取上限，性态趋于稳定时可取下限。但当水位超过前期运行水位时，仍需按首次蓄水执行。每年泄洪后，宜施测1次下游冲刷情况。

3. 运行期对于低坝的位移测次可减少为1次/季。

4. 经运行期5次以上复测表明稳定的变形监测控制网，测次可减少为1次/3年~1次/2年。

5. 在冰冻期，静冰压力观测宜为每日2次，若遇持续温升或温降天气，应适当增加测次。

6. 巡视检查的次数按 DL/T 5178—2016《混凝土坝安全监测技术规范》第4.3.2条~第4.3.4条执行。

7. 施工期：从施工起，到水库首次蓄水为止的时期。

　首次蓄水期：从水库首次蓄水到（或接近）正常蓄水位为止的时期。若首次蓄水一年内达不到正常蓄水位，则至首次蓄水后一年为止。

　初蓄期：首次蓄水后的头三年。

　运行期：初蓄期后的时期。若水库长期达不到正常蓄水位，则首次蓄水三年后为运行期。

参 考 文 献

[1] 林继镛，张社荣. 水工建筑物 [M]. 6 版. 北京：中国水利水电出版社，2019.

[2] 中国华能集团公司. 水力发电厂技术监督标准汇编 [M]. 北京：中国电力出版社，2015.

[3] 潘家铮. 建筑物的抗滑稳定和滑坡分析 [M]. 北京：水利出版社，1980.

[4] 刘祖强，张正禄，邹启新. 工程变形监测分析预报的理论与实践 [M]. 北京：中国水利水电出版社，2008.

[5] 王德厚. 大坝安全监测与监控 [M]. 北京：中国水利水电出版社，2004.

第十部分
化学监督

第一章

化 学 监 督 管 理

化学监督是保证发电设备安全、经济、稳定运行的重要环节之一。水力发电厂的化学监督工作主要包括油、六氟化硫、影响化学指标的设备、影响监测指标的仪表的质量监督；油、六氟化硫质量劣化监督；涵盖设计、制造、监造、施工、调试、试运、运行、检修、技改、停（备）用等全过程的化学监督工作。

第一节 化学技术监督概述

化学监督是保证发电、配电及输电设备安全、经济、稳定、环保运行的重要环节之一，必须采取能够适应电力生产发展的先进检测手段，贯彻执行国家及电力行业相关标准，制定科学的化学监督管理细则。化学监督贯穿于电力生产、建设的全过程，涉及面广、技术性强，要在设计审查、设备选型、监造与验收、安装、调试、运行、检修、停用等各阶段加强领导和监督，电厂各部门、各有关人员应密切配合，真正做到监督到位，确保监督质量，及时发现和消除与化学监督有关的发电、配电、输电设备隐患，防止事故发生。

为了做好化学监督工作，提出如下要求。

化学监督是保证水力发电厂设备安全、经济、稳定、环保运行的重要基础工作，应坚持"安全第一、预防为主"的方针，实行全过程监督。按照原水利电力部颁发的化学监督制度及其他有关规定的要求，根据各厂情况制定化学监督制度实施细则，建立、健全各项规章制度与管理制度，明确职责与分工，做到监督到位，层层把关，把设备事故隐患消除在萌芽状态。

化学监督涉及的专业面广，技术性强，责任重大。各电厂总工程师负责领导化学监督工作，统筹安排、协调好有关部门的工作，电厂化学监督专责落实电厂化学监督中的各项具体工作。建立并培养一支能够胜任化学监督工作，掌握化学监督技术的职工队伍。

电厂宜配备与化学监督要求相适应的在线分析仪器、试验室和采样所需仪器设备。对大型水力发电厂来说，一般在化验室中应配备气相色谱仪、油颗粒度仪等精密仪器。

尽管对各厂来说，化学监督的总要求是一致的，但由于各厂机组容量及参数不同，各厂的机组状况及运行条件也有所差异。因而就必须结合本厂的实际情况，制定适用于本厂的化学监督实施细则，不断提高化学监督的质量与水平。

机组运行状态和检修检查结果是检验与评价监督质量的主要依据。因此，在电厂生产过程中，不可放松任何一个环节的监督工作，加强对油、气等的质量监督，严格控制监督指标，保证油、六氟化硫均能达到及时发现油（六氟化硫）质量劣化，判断充油（六氟化硫）设备潜伏性故障。

第二节 化 学 监 督 职 责

水力发电企业是化学监督工作的责任主体。按照"管理—监督—执行"的层次建立三级技术监督网络，健全技术监督组织机构，落实技术监督岗位责任制，确保监督网络有效运转，生产总工程师（或基建副总经理）是第一管理责任人（技术监督领导小组组长），监督主管负责全厂的监督管理工作，专业主管承担本专业监督职责，班组是执行主体。

化学监督的主要工作包括贯彻执行国家、行业和电网公司的有关技术监督标准、规程、制度、导则、技术措施等；制定符合本企业实际情况的技术监督制度及实施细则。按期收集、归档技术标准，保证技术标准可查可用；按时高质量完成集团公司技术监督管理平台各项业务；制定落实本企业技术监督年度目标和工作计划，按时编报技术监督有关报表和定期报告；掌握本企业设备的运行、检修和缺陷情况，对技术监督重大问题，要及时上报，分析原因，制定防范措施，及时消除隐患；配合所在电网对涉及电网安全、调度、检修、技术管理的"两个细则"要求开展技术监督工作；建立必要的试验室和计量标准室，配齐检验和计量设备，做好量值传递工作，并配备油、六氟化硫化验人员，持证上岗；建立健全水力发电建设生产全过程技术档案；开展技术监督自查自评，配合上级单位做好检查评价工作，抓好本企业技术监督检查评价问题的闭环整改；开展各级设备隐患、缺陷或事故的技术分析和调查工作，制定技术措施并严格落实；定期组织召开本企业技术监督工作会议，开展专业技术培训，推广和采用先进管理经验和新技术、新设备、新材料、新工艺；做好与技术监督服务单位的合同签订和落实工作。

第三节　化学监督范围及重要指标

一、监督范围

监督范围包括油、六氟化硫，影响化学指标的设备、影响监测指标的仪表的质量监督；油、六氟化硫质量劣化监督。

二、主要指标

（一）油务监督的主要指标
（1）变压器油油质合格率大于或等于98％、水轮机油油质合格率大于或等于98％。
（2）变压器油油耗小于1％、水轮机油油耗小于10％。
（二）六氟化硫气体监督的主要指标
六氟化硫合格率为100％。

第四节　化学监督资料管理

水力发电企业化学技术监督涉及面较广，与绝缘、水轮机等其他专业有交叉，具有一定的特殊性，因此化学技术监督资料的收集、汇总和整理具有重要意义，而化学技术监督资料是对电厂化学技术监督的直观反映，因此需保证化学监督监督资料真实性、准确性、全面性、及时性和可追溯性。技术监督资料需有电子档和纸质档，以备归档和检查。

一、规程制度管理

电厂应具有与化学监督有关的国家、行业技术标准和规程，清单见附录。

电厂宜根据化学监督的需要和电厂实际情况制定下列规章制度。

（1）化学监督实施细则。

（2）化学专业人员岗位责任制。

（3）化学仪器仪表管理制度（责任制）。

（4）运行校核试验制度，该制度主要针对在线气相色谱仪和在线六氟化硫微水仪等在线化学仪器仪表。

（5）化学药品（及危险化学品）管理制度。

（6）大宗材料（油、六氟化硫）管理制度。

（7）油务管理制度。

（8）六氟化硫气体管理制度。

（9）危险废弃物管理制度。

（10）化学实验室管理制度。

二、技术资料和图纸

（1）水轮机油系统图。

（2）变压器和主要用油（六氟化硫）断路器的名称、容量、电压、油（六氟化硫）量、油（六氟化硫）种等图表。

（3）水轮机和电气等主设备说明书或与说明书一致的培训教材。

（4）有关仪器、设备的说明书。

三、原始记录和试验报告

（1）各种运行记录及试验报告。

（2）油和六氟化硫的分析记录及报告，包括换油、补油、防老化措施执行情况、运行油质量检验及油处理情况记录。

（3）用油设备的台账、备品清册及检修检查记录，包括设备地点、油种、油保护方式、投运日期及异动情况记录。

（4）主要变压器等用油设备中气体色谱分析台账，包括异常情况、检验及处理结果记录。

（5）主要用油设备大修检查记录。

（6）旧油、废油回收和再生处理记录。

（7）库存备用油油质检验台账，包括油种、牌号、油量及油移动等情况记录。

（8）化学仪器设备的台账及定期检验记录。

（9）大宗材料验收试验记录及报告。

（10）培训记录。

（11）其他有关记录、报告。

四、报表及总结

（1）水轮机油和变压器油油品质量监督报表见表10-1-1～表10-1-3。

（2）六氟化硫气体质量监督报表见表10-1-4。

（3）与化学监督有关的事故（异常）分析报告。

（4）季度、年度报表及化学监督工作总结。

表 10‑1‑1　　　　　　　　　　　**水 轮 机 油 监 督 报 表**

填报企业：　　　　　　　　　　　　　　　　　　　　　填报日期：　　年　　月　　日

油样名称	日期	牌号	油质检测项目								油质合格率(%)	油耗			防劣措施	备注
			色度号	黏度(40℃, mm²/s)	闪点(℃)	酸值(以 OH 计, mgK/g)	液相锈蚀	破乳化度(min)	水分(mg/L)	颗粒度洁净分级标准(NAS 1638)		机组油量(t)	补油量(t)	油耗(%)		
标准值																
全年油耗：								全年平均油质合格率：								

注：1. 按单机统计油耗，计算方法：（补油量/机组油量）×100%，全厂平均油耗为各单机油耗平均值。

　　2. 按单机统计油质合格率，计算方法：（合格项目数/当次检测指标数）×100%，全厂平均油质合格率为各单机油质合格率的平均值。

　　3. 防劣措施包括：①添加抗氧化剂、防锈剂；②投入连续再生装置、油净化器；③定期滤油等。

　　4. 备注中需填入油样外观，不纳入油质合格率计算

批准：　　　　　　　　　　　审核：　　　　　　　　　　　填报：

表 10‑1‑2　　　　　**变压器油油质合格率、油耗及异常情况报表**

填报企业：　　　　　　　　　　　　　　　　　　　　　填报日期：　　年　　月　　日

设备名称	油质合格率(%)	油耗(%)	气相色谱检测率(%)	微水检测率(%)	色谱或微水异常情况
设备异常					
全厂					

注：1. 变压器油的合格率的统计为 110kV 及以上等级的变压器。

　　2. 油耗的统计为补充油量占所统计变压器油量的百分数，单台设备一年统计一次。

　　3. 110kV 及以上变压器油的检测项目按相关标准规定执行。

　　4. 按单台设备统计油质合格率，计算方法：（合格项目数/全年检测指标数）×100%，全厂平均油质合格率为个单台设备油质合格率的平均值，单台设备一年统计一次

批准：　　　　　　　　　　　审核：　　　　　　　　　　　填报：

表 10‑1‑3　　　　　**异常充油电气设备溶解气体含量报表**

填报企业：　　　　　　　　　　　　　　　　　　　　　填报日期：　　年　　月　　日

试验日期	充油电气设备名称	气体组分							
		CH_4(μL/L)	C_2H_6(μL/L)	C_2H_4(μL/L)	C_2H_2(μL/L)	总烃(μL/L)	H_2(μL/L)	CO(μL/L)	CO_2(μL/L)

批准：　　　　　　　　　　　审核：　　　　　　　　　　　填报：

表 10 - 1 - 4　　　　　　　　　　六氟化硫气体质量监督报表

填报企业：　　　　　　　　　　　　　　　　　　填报日期：　　　年　　月　　日

设备名称	空气（O_2＋N_2，%）	四氟化碳（%）	水分	酸度（以 HF 计，μg/g）	可水解氟化物（以 HF 计，μg/g）	矿物油（μg/g）	纯度（%）	生物毒性泄漏量试验
六氟化硫气体合格率：								

注：1. 表中除水分指标外均为质量比，六氟化硫新气水分指标单位为%，投运前、交接时和运行中六氟化硫气体水分指标单位为μL/L。
　　2. 按全厂统计六氟化硫气体合格率，计算方法：（合格项目数/全年全厂检测指标数）×100%

批准：　　　　　　　　审核：　　　　　　　　　　　　填报：

第五节　化学监督告警

技术监督工作实行监督告警管理制度。按照危险程度，化学监督告警分一般告警和重要告警，见表 10 - 1 - 5 和表 10 - 1 - 6。一般告警指技术监督的重点工作开展情况或重要指标完成情况不符合标准要求并超出一定范围，但短期内不会造成严重后果，且可以通过加强运行维护、监控和管理等临时措施，使相关风险在可控或可承受范围内。重要告警是指一般告警问题整改不到位、存在劣化现象且劣化速度超出标准范围，需立即处理或采取临时措施后，相关风险仍在不可控或不可承受范围内。

表 10 - 1 - 5　　　　　　　　　　一　般　告　警

序号	一般告警项目
1	未按规定购置油品、仪器设备等，造成严重后果，影响安全生产的
2	水轮机油合格率低于 98%
3	运行中水轮机油颗粒度检测连续两次不合格，机组检修后油中颗粒度不合格强行开机
4	不按规定对电气设备的变压器油和六氟化硫气体做采样分析
5	变压器油色谱数据连续两次超过标准规定的注意值

表 10 - 1 - 6　　　　　　　　　　重　要　告　警

项目	重要告警
内容	一个月内检测或抽检水轮机油中颗粒度连续三次不合格

第六节　化学技术监督定期工作

化学技术监督定期工作是对水力发电化学技术监督的精炼总结，有利于指导水力发电开展化学技术监督，见表 10 - 1 - 7。其中考虑部分中小水力发电企业装机容量小、专业人员配置少、自身检测条件有限、地处偏远等情况，对水轮机油的部分指标检测周期在 GB/T 14541《电厂用矿物涡轮机油维护管理导则》要求的基础上进行了适当延长，装机容量大或有条件的水力发电企业可根据自身需求情况，缩短检测周期，进一步保证机组的安全运行。

表 10‑1‑7　　　　　　　　　　　化学技术监督定期工作

日常运行监督项目	工作内容	周期
化学仪表	在线变压器油色谱仪及在线六氟化硫微水仪表标定、维护	每年
	化学实验室油质分析仪器计量检定/校准，根据国家相关计量检定/校准规程确定检定/校准周期	每年
	在线六氟化硫泄漏报警装置定期检定/校准	每年
水轮机油	外观、颗粒污染等级（调速系统用油）	每半年
	运动黏度、抗乳化性、液相锈蚀、酸值、水分、色度	每年
	闪点、泡沫性、空气释放值、旋转氧弹、抗氧剂含量、颗粒污染等级	必要时
变压器油	电压 330kV 及以上或容量 240MVA 及以上的发电厂升压变压器和电抗器油中气体组分	每季
	电压 220kV 或容量 120MVA 及以上变压器和电抗器油中气体组分	每半年
	电压 66kV 及以上或容量 8MVA 变压器和电抗器油中气体组分	每年
	电压 66kV 以下或容量 8MVA 变压器和电抗器油中气体组分	自行规定
	66kV 及以上互感器油中气体组分	1～3 年
	66～220kV 变压器、电抗器油外观、色度、水分、击穿电压、介质损耗因数	每年
	35kV 及以下变压器水分、击穿电压、介质损耗因数	每 3 年
液压油	40℃运动黏度变化率、水分、色度增加、酸值增加	每年汛期前
	正戊烷不溶物、铜片腐蚀、泡沫特性、清洁度	必要时
六氟化硫气体	六氟化硫密度继电器校验	1～3 年
	六氟化硫气体监督	1～3 年，大修后
其他	入厂大宗材料检验	按批次
优化提升及事故分析	分析事故原因，提出整改意见，编写完整的事故分析报告	事故后
	对无法及时消除的装置性缺陷制定相应的技改计划	及时

第二章

变 压 器 油 监 督 技 术

第一节　充油电气设备概述

水力发电企业中充油电气设备主要有变压器、断路器、组合电器等多种供电设备。这些介质（变压器油）品质的好坏直接关系到电力设备的安全经济运行，因此做好变压器油的检测、监督和维护管理是十分必要的。下面对主要充油电气设备系统进行简述。

矿物绝缘油主要是指适用于变压器、电抗器、互感器、套管、断路器等充油电气设备，起绝缘、冷却和灭弧作用的二类绝缘介质。按矿物绝缘油的使用场合主要分为变压器电容器油、断路器油、电缆油等。电力系统习惯上将其称为变压器油。

一、变压器

变压器是由两个或多个相互耦合的绕组所组成的没有运动功能部件的电气设备。它是发输电、变电、配电系统中的重要设备之一，如图 10-2-1 所示。变压器结构的主要部件是铁心、绕组和绝缘系统。

图 10-2-1　变压器

1. 铁心

铁心材料主要是加有 3% 硅的冷轧定向结晶硅钢片，其厚度一般为 0.3mm。为减少铁心材料的涡流损失，往往在每片铁心叠片上涂刷一层绝缘涂料。

2. 绕组

绕组由导体材料和绝缘材料组成。导体材料普遍采用铜和铝，绝缘材料一般采用牛皮纸和纸板，还有绝缘漆。

3. 变压器的绝缘系统

变压器的绝缘系统是将变压器各绕组之间及各绕组对地隔离开来，也就是说将导电部分与铁心和钢结构部件互相绝缘隔绝开来。变压器的绝缘系统广泛采用两类基本绝缘材料，即液体绝缘材料（矿物绝缘油、合成绝缘液）和固体绝缘材料（牛皮纸、层压纸板等纤维制品及油漆涂料等）。

一般情况下，变压器绝缘系统的部件可分为主绝缘、匝间绝缘和相间绝缘三类。

（1）主绝缘是变压器绝缘系统的中心部分。主绝缘包括同相高、低压绕组之间的和绕组对地的绝缘，一般用牛皮纸圆筒和纸板或用合成树脂黏结的高密度有机绝缘条。相互之间的绝缘用层压纸板和角环。

（2）匝间绝缘为同一绕组中相邻匝间和不同绕组段之间的绝缘。

（3）相间绝缘为不同相绕组之间的绝缘。

4. 变压器附件

变电器附件有油箱、套管、分解开关装置及变压器铭牌等。

二、电抗器

电抗器由铜或铝质线圈制成。冷却方式有油浸和干式自冷方式。支持物的结构有水泥柱式和夹持式等。

电抗器的接线分串联和并联两种方式。串联电抗器通常起限流作用，并联电抗器经常用于无功补偿。

并联电抗器并联在高压母线或高压输电线路上，它是一个带间隙铁心（或空芯）的线性电感线圈，它的铁心和线圈浸泡在盛有变压器泊的油箱中。因此，它是采用油冷却的、外形似变压器的油浸电抗器，如图 10-2-2 所示。

三、互感器

互感器又称为仪用变压器，是电流互感器和电压互感器的统称。能将高电压变成低电压、大电流变成小电流，用于量测或保护系统。其功能主要是将高电压或大电流按比例变换成标准低电压（100V）或标准小电流（5A 或 1A，均指额定值），以便实现测量仪表、保护设备及自动控制设备的标准化、小型化。同时互感器还可用来隔开高电压系统，以保证人身和设备的安全，如图 10-2-3 所示。

互感器按绝缘介质主要分为干式互感器、浇筑绝缘互感器、油浸式互感器、气体绝缘互感器。其中油浸式互感器由绝缘纸和绝缘油作为绝缘，是我国最常见的结构型式，常用于 35kV 及以上电压等级。油箱是油浸式互感器的外壳，由铁心和绕组组成的互感器器身，全浸在油箱内的变压器油中，变压器油既作为绝缘介质，也是循环散热的冷却介质，还起到灭弧的作用。

互感器的油箱一般做成椭圆形，这样可使油箱有较高的机械强度，而且需油量较少。油箱用钢板焊成。油箱的结构与互感器的容量、发热情况密切相关。容量很小的互感器采用平板式油箱；中、小型互感器为增加散热表面采用管式油箱；大容量互感器采用散热器式油箱。油箱分为箱式和钟罩式，箱式即将箱壁与箱底制成一体，器身置于箱中；钟罩式即将箱盖和箱体制成一体，罩在铁心和绕组上。为了检修方便，互感器器身质量大于 15t 时，通常做成钟罩式油箱，检修时只需把上节油箱吊起，避免了必须使用起重设备。

图 10‐2‐2　电抗器

图 10‐2‐3　互感器

四、油断路器

油断路器以密封的变压器油作为开断故障的灭弧介质的一种开关设备，有多油断路器和少油断路器两种形式；它较早应用于电力系统中，技术已经十分成熟，价格比较便宜，广泛应用于各个电压等级的电网中，油断路器用来切断和接通电源，并在短路时能迅速可靠地切断电流的一种高压开关设备。

少油断路器主要由底架、绝缘子、传动系统、导电系统、触头、灭弧室、油气分离器、缓冲器及油面指示器等部分组成，如图 10‐2‐4 所示。少油断路器油箱一般做成单极式，三相电路需要三个油箱，油箱本身带电，对地绝缘主要依靠固体绝缘材料，例如绝缘子或瓷套。变压器油主要作用灭弧介质，因此油量少，一般只有几千克至十几千克，结构简单，制造方便，价格便宜。但又因油量少，在分、合大电流一定次数后，油质即劣化，必须更换新油。特别是分断短路故障后，一般就要检查油质，勤于换油。

图 10‐2‐4　少油断路器

多油断路器一般组成三极共箱式（三极装于一个油箱内），油量很多，一般是少油断路器中油量的 20 倍左右。油箱的外壳是金属的，外壳不带电。多油断路器目前一般不采用，其缺点是用油量大，电压等级越高，油量越大。不仅使断路器的体积庞大，消耗原材料多，占地面积大，而且在运行中增加了爆炸、火灾的危险性。此外，油量太多给检修也带来了很多困难。

第二节　变压器油的特性

对变压器油的基本特性有透彻的了解，将会有助于对用油设备运行的管理和维护。为了能很好地发挥变压器油在绝缘、传热以及灭弧等多方面的功能作用，油质本身必须具备良好的化学、物理和电气等方面的基本特性。

一、化学特性

（一）成分组成特性

变压器油是由石油精炼而成的一种精加工产品，其成分组成主要为碳氢化合物，即烃类。它包括烷烃、环烷烃和芳香烃。对于变压器油来说，由于它的使用环境条件大多用在户外的设备上，所以必须能经受各种气候条件的考验，特别是低温环境的适应性（如零下 40℃左右），而环烷基石油则具备了相较于链烷烃含量更高的石蜡基油凝点更低的条件，因而采用环烷基原油精炼的产品较好。然而客观上环烷基原油很稀少，世界上只有几处油田生产环烷基原油，包括美国的得克萨斯、阿肯萨斯、加利福尼亚及委内瑞拉及中国的克拉玛依油田。

油中芳香烃成分也有一定控制，虽然某些类型的芳香烃具有天然抗氧化剂的功能，能提高油的安定性，但是含量太高又会降低绝缘或冲击强度，并增大对浸于油中的许多固体绝缘材料的溶解能力。

此外，变压器油中还含有少量的非烃类（即杂环化合物），它们也有类似烃类的骨架，只是其中的部分碳原子被硫、氧或氮所取代。它们在油中的含量经过精炼加工处理后仅有 0.02%左右，一般对油品的特性影响不大，新油中铁和铜的含量也极少。

（二）中和（或酸）值

经过精加工处理的变压器油中要求总的酸值含量必须低，以降低电导率和减少对金属的腐蚀，并使绝缘系统的寿命达到最长。

（三）氧化稳定性

变压器油在长期的使用过程中，不可避免地会与氧接触而发生氧化反应。同时由于温度、电场、水分及各种金属材料和金属化合物等杂质的催化作用而加速其氧化过程。从油本身的成分和纯度来考虑氧化稳定性是新油的一项重要性能。

在变压器油的炼制过程中虽然经过了一定的精制工艺，但所得成品油中也还会含有少量的胶质物等杂质，所以必须进行深度精制，将其中的有害杂质成分去掉，从而提高成品油的氧化稳定性。

一般来讲，石油中原本含有一定的"天然抗氧化剂"，对油品的氧化稳定性有好处，但在进行精制的过程中，也会将这一部分"天然抗氧化剂"除掉，国内一般在变压器成品油中加入一定量的人工合成的"抗氧化剂"，以提高油品的抗氧化能力。因此，在进行新油的质量评价时，氧化稳定性是一项重要指标。

二、物理特性

对于新的变压器油，其所具备的物理特性包括如下性能。

（一）黏度

黏度被认为是油流动阻力的度量标准。变压器油的功能之一是进行热传导的冷却作用，并填充于绝缘材料的缝隙之间，所以变压器油的黏度应该较低才能充分发挥出这种功能作用。

（二）密度

油品的密度与温度有关，因此需要根据不同的温度予以校正。变压器油的密度一般不宜太大，这是为了避免在含水量较高时而又处于寒冷气候条件下可能出现的浮冰现象。通常情况下，变压器油的密度为 $0.8 \sim 0.9 g/cm^3$。

（三）凝固点

变压器油的这个特性是相当重要的。对于气候寒冷的地区，低凝固点具有特别的重要意义。因为低凝固点的变压器油将能保证油在这种气候条件下仍可进行循环，从而起到它的绝缘和冷却作用，特别是对于断路器那样的执行机构的动作很有好处。我国变压器油的牌号分类，则是根据凝固点的不同而划分为 10 号、25 号和 45 号三种牌号。根据我国各地区纬度的不同和最寒冷时的气温条件，用户可选用上述不同牌号的油。在 GB 2536—2011《电工流体变压器和开关用的未使用过的矿物绝缘油》中，虽然取消了牌号划分，但是增加了最低冷态投运温度（LCSET）下变压器油最大黏度和最高倾点与牌号的对应关系。

一般来讲，借助于油品的凝固点有助于鉴别不同类型的油基。例如大多数环烷基油其凝固点低，而石蜡基油凝固点高。然而，近若干年来由于环烷基石油的油源紧缺，不少炼油厂家借助于将人工合成的降凝添加剂（如聚甲基丙烯酸酯）加入以石蜡基油的成品油中，达到降低凝固点的作用。因此，在购买时还需了解变压器油中是否含有相应的添加剂，以利于后期油品的维护。

（四）闪点

油品的挥发性实际与变压器油在使用环境条件下的安全性有一定的内在联系。具体说，它是在一定温度、时间及火焰大小的条件下的闪点和着火点（燃点）。这里必须指出，闪点和着火点不是一个等同的概念。闪点是指当油品加热到有足够的油气产生，并在其上外加一个火焰，使油气在一瞬间就着火的最低温度；着火点（燃点）则是当油品加热到有足够的油气连续产生，外加火焰于其上能维持 5s 燃烧时的最低温度。在我国变压器油的标准中只有闪点一项，而没有着火点（燃点）。

一般情况下，环烷基油的挥发性要比石蜡基油高，这从我国的变压器油的标准中也可看出。如 45 号变压器油的闪点要比 25 号、10 号油的闪点低 5℃ 左右，原因是我国的 45 号变压器油主要是以新疆克拉玛依的原油炼制而成。

（五）界面张力

界面张力对反映油质劣化产物和从固体绝缘材料中产生的可溶性极性杂质是相当敏感的。所谓界面张力，是指在油-水两相的交界面上，由于两相液体分子都受到各自内部分子的吸引，且各自都力图缩小其表面积，这种使液体表面积缩小的力称为表面张力。习惯上将被试液体表面与空气接触时（气-液相）所测得的力称为表面张力，而将被试液体与其他液相接触时（液-液相）所测得的力称为界面张力。

如果纯净的油通常在水相的界面上部而产生 $40 \sim 50 mN/m$ 的力，由于油的氧化产物和其他杂质是亲水性的，也就是说，它既对水分子有吸引力，又对油分子有吸引力。那么在油和水的界面之间形成了纵向的联系，从而减弱了油和水界面之间的横向联系，于是界面便不明显，其界面张力也就减小了，所以油的界面张力值是与油的氧化程度密切相关的。

用界面张力值高低这一特性数字，可以反映出新油的纯净程度和运行油老化状况。

三、电气性能

变压器油作为充填于电气设备内部的一种介质，它必须具备良好的电气性能，才能充分发挥其应有的功能作用。

（一）绝缘强度

变压器油的介电强度或击穿电压，是衡量它在电气设备内部能耐受电压的能力而不被破坏的尺度，也就是检验变压器油电气性能好坏的主要手段之一。干燥清洁的油品具有相当高的击穿电压值，一般国产油的击穿电压值都在 40kV 以上，有的可达 60kV 以上，但当油中含有游离水、溶解水分或固形物时，由于这些杂质都具有比油本身大的电导率和介电常数，它们在电场（电压）作用下会构成导电桥路，而降低油的击穿电压值。应该说此试验可以判断油中是否存在水分、杂质和导电微粒，但它不能判断油品是否存在酸性物质或油泥。

对于新变压器油而言，此一性能指标的好坏反映了油中是否存在污染杂质。当然，实际应用时，在将油注入设备之前，都必须经过适当的设备处理至符合要求后，才能注入电气设备中，这是为了充分保证电气设备在投运时的安全性。常见物质的介电常数见表 10-2-1。

表 10-2-1　　　　　　　　　　　常见物质的介电常数

物质	介电常数	物质	介电常数
空气	1.0	瓷制品	7.0
矿物油	2.25	水（纯水）	81.0
橡皮	3.6	冰（纯）	86.4
纸	4.5（平均）		

（二）介质损耗因数

介质损耗因数主要是反映油中泄漏电流而引起的功率损失，介质损耗因数的大小对判断变压器油的劣化与污染程度是很敏感的。对于新油而言，介质损耗因数只能反映出油中是否含有污染物质和极性杂质，而不能确定存在于油中的是何种极性杂质。一般，因为新油中的极性杂质含量甚少，所以其介质损耗因数也很小，仅为 0.01%~0.1%。但当油氧化或过热而引起劣化或混入其他杂质时，随着油中极性杂质或充电的胶体物质含量增加，介质损耗因数也会随之增大，高的可达 10% 以上。根据这一事实就不难理解，在许多情况下，当新油的介质损耗因数是合格的，但一注入设备以后，即使没有带负荷运行，即不存在过热而引起油质劣化的问题，此时却发现油的介质损耗因数大大增高。这可能是油注入设备后，对设备内的某些绝缘材料，如橡胶、油漆及其他有关的材料等具有溶解作用，而形成某些胶体杂质影响的结果，也就是油与材料的相容性问题。

对于新的变压器油而言，如果介质损耗因数超过 0.5%（90℃），则需要查明原因，采取适当的处理方式，以保证在规定的合格范围之内。对用于超高压设备的油，SH 0040《皂用蜡》对于介质损耗因数要求更加严格，不能超过 0.2%（90℃）。

这里需要指出油的介质损耗因数值随温度的不同，而有很大的变化。因为介质的导电率随温度的升高而增大，相应地其泄漏电流和介质损耗因数也会增大。为了排除油中水分对介质损耗因数的影响，现在一般规定测高温情况下的介质损耗，如各国普遍采用测 90℃ 下的介子损耗，我国的标准已与国际上通用的方法标准接轨。

（三）在电场作用下产生气体的倾向

变压器油在受到电应力场的作用下，部分烃分子会发生裂解而产生气体，这部分气体以微小的气泡从油中释放出来。如果小气泡量增多，它们会互相连接而形成大气泡。由于气体与油之间的电导率有很大的差异，在高电场的作用下，油中会产生气隙放电现象，而有可能导致绝缘的破坏，这种现象在超高压输变电设备中显得尤为突出。所以为克服这种倾向，对用于超高压设备的油品提出了更高的质量要求，要求超高压油应具有吸气性能。有的国家在标准中规定了此项性能指标，如英国 BS 标准、日本的 JIS 标准、美国的 ASTM 标准和 IEC 标准等，我国近几年制定的超高压油的标准也列入了这一项控制指标。但是目前世界上许多国家实际用于超高压设备的油品，均表现为吸气性倾向，油品的这种性能是与其内在的成分构成有关的。一般，芳香烃具有吸气能力。当油品中的芳香烃含量达到某一值时，油就表现为吸气性能。但是也应该看到，芳香烃既有吸气性能，而又具有吸潮性，且表现为抗氧化能力较差。因此，对油品的性能指标应进行综合分析考虑，不能单纯强调某一方面。

四、石蜡基油与环烷基油的比较评价

虽然以环烷基油生产的变压器油比以石蜡基油生产的变压器油为佳，但由于环烷基油源的短缺，应用石蜡基油源生产变压器油也是势在必行，两种油源实际存在着一些差异。

（一）残炭杂质的沉降速度

在油浸断路器（开关）设备中，在开断电流时，油会为电弧能量所分解而产生残炭，石蜡基的油在开断后产生的残炭，由于其沉降速度较缓慢，在设备内的关键区域会使绝缘强度降低，有可能产生相对地的闪络。而环烷基的油在开断后生成的残炭沉降速度很快，因而不会影响设备的绝缘。

（二）低温性能

石蜡基的油在较低的温度下（0℃以下），会有蜡的结晶析出。由于蜡在油中呈溶解状态时对绝缘无不良影响，但当蜡从油溶液中沉析出来以后，蜡本身是一种不良的绝缘体，既影响到设备的绝缘，又妨碍传热。而环烷基的油即使在零下 40℃时，它都可以正常工作而不会影响绝缘性能，所以，低温性能是环烷基油的最显著的特性。

（三）酸的生成

在一般情况下，由石蜡基油生成的各种类型的酸明显地"强"于环烷基油。

（四）气体的析出

石蜡基油在高电场作用下会从油中释放出氢气，而许多环烷基油在相同条件下则相反会吸收氢气，这种特性对超高压设备用油品具有一定的意义。

第三节 变压器油取样方法及要求

一、取样工具

（一）常规分析用取样瓶

（1）常规分析取样使用 500mL 或 1000mL 磨口具塞试剂瓶，塞子需与试剂瓶匹配良好，可防止与外部空气过多的接触，且保证运输过程中样品不会撒漏。

（2）颗粒污染度分析取样需使用 250mL 颗粒度专用瓶。

（3）取样瓶先用洗涤剂进行清洗，再用自来水冲洗，最后用蒸馏水或超纯水洗净，烘

干、冷却后，盖紧瓶塞，粘贴标签待用。

（二）油中水分含量测定和油中溶解气体（油中总含气量）分析用注射器

1. 注射器的要求

油中溶解气体、总含气量分析用 100mL 玻璃注射器，油中水分析用 10mL 或 20mL 玻璃注射器。注射器应气密性好（气密性检查可用玻璃注射器取可检出氢气含量的油样，应至少储存两周，在储存开始和结束时，分析样品中的氢气含量，以检验注射器的气密性。合格的注射器，每周允许损失的氢气含量应小于 2.5%），注射器芯塞应无卡涩，可自由滑动，应装在一个专用盒内，该盒应避光、防震、防潮等（最好保存在干燥器中）。

2. 注射器的准备

取样注射器使用前，应按顺序用有机溶剂、自来水、蒸馏水或超纯水洗净，在 105℃下充分干燥或采用吹风机进行热风干燥。干燥后，立即用小胶头盖住头部，粘贴标签待用。

（三）桶内取样用的取样管

（1）取样管的要求如图 10-2-5 所示。

（2）选取 2～3 根取样管，洗净后自然干燥后两端用塑料帽封住，待用。

（四）油罐或油槽车内取样用的取样勺

（1）取样勺如图 10-2-6 所示。

（2）选好取样勺，洗净自然干燥后，待用。

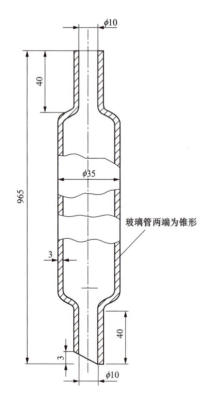

图 10-2-5　取样管（单位：mm）

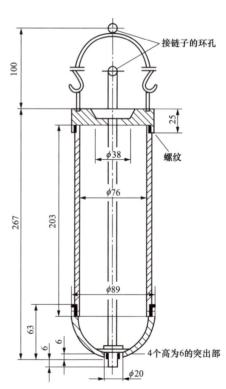

图 10-2-6　取样勺（单位：mm）

（五）设备中取样

设备中取样应用设备所带的防止污染的密封取样阀和作为导油管用的透明耐油吸管或塑料管，如图 10‐2‐7 所示。

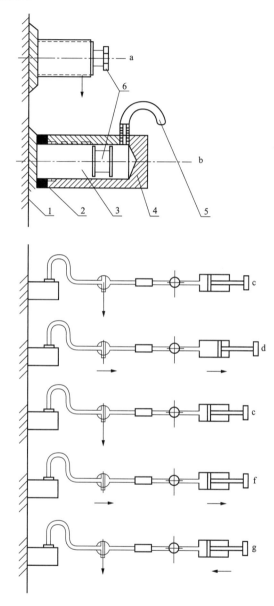

图 10‐2‐7 取样操作过程

1—设备本体；2—胶垫；3—放油阀；4—放油接头；5—放油口；6—放油螺栓

二、取样方法

（一）常规分析取样

1. 油桶中取样

（1）试油应从污染最严重的底部取样，必要时可抽查上部油样。

（2）开启桶盖前需用干净甲级棉纱或布将桶盖外部擦净，开盖后用清洁、干燥的取样管取样。

（3）从整批油桶内取样时，取样的桶数应内足够代表该批油的质量，要求见表 10-2-2。

（4）每次试验应按表 10-2-2 规定取数个单一油样，均匀混合成一个混合油样。单一油样就是从某一个容器底部取得油样；混合油样就是取有代表性的数个容器底部的油样再混合均匀的油样。

表 10-2-2　　　　　　　　　　　油桶总数与应取桶数

取样数	1	2	3	4	5	6	7	8
油桶总数	1	2～5	6～20	21～50	51～100	101～200	201～400	＞400
取样桶数	1	2	3	4	7	10	15	20

（5）取样时应先用油样冲洗取样设备 1～2 次，保证整个取样设备内部均被冲洗，废油不可随意倾倒，需收集后集中处置。

2. 油罐或槽车中取样

（1）油样应从污染最严重的油罐底部取出，必要时可用取样勺抽查上部油样。

（2）从油罐或槽车中取样前，应排去取样工具内存油，然后用取样勺取样。

3. 电气设备中取样

（1）对于变压器、油开关或其他充油电气设备，应从下部阀门（含密封取样阀）处取样。取样前油阀门应先用干净甲级棉纱或纱布擦净，旋开螺帽，接上取样用耐油管，再放油。分别将管路和取样瓶冲洗干净，然后用取样瓶取样，取样结束，旋紧螺帽。将排出废油用废油容器收集，废油不可随意倾倒，需收集后按环保要求集中处置。

（2）对需要取样的套管，在停电检修时，从取样孔取样。

（3）没有放油管或取样阀门的充油电气设备，可在停电或检修时设法取样。进口全密封取样阀的设备，按制造厂规定取样。

（二）变压器油中水分和油中溶解气体分析取样

1. 取样的要求

（1）油样应能代表设备本体油，应避免在油循环不够充分的死角处取样，一般从设备底部的取样阀取样，在特殊情况下可在不同取样部位取样。

（2）取样过程要求全密封，即取样连接方式可靠，既不能让油中溶解水分及气体逸散，也不能混入空气（必须排净取样接头内残存的空气），操作时油中不得产生气泡。

（3）取样应在晴天进行，取样后要求注射器芯子能自由活动，以避免形成负压空腔。

（4）油样应避光保存。

2. 取样操作

（1）取下设备放油阀处的防尘罩，旋开螺栓 6 让油徐徐流出。

（2）将放油接头 4 安装于放油阀上，并使放油胶管（耐油）置于放油接头的上部，排除接头内的空气，待油流出。

（3）将导管、三通、注射器依次接好后，装于放油口 5 处，按箭头方向排除放油阀内的死油，并冲洗连接导管。

（4）旋转三通，利用油本身压力使油注入注射器，以便湿润和冲洗注射器，注射器要冲洗 2～3 次。

（5）旋转三通与设备本体隔绝，推注射器芯子使其排空。旋转三通与大气隔绝，借设备油的自然压力使油缓缓进入注射器中。当注射器中油样达到所需毫升数时，立即旋转三通与本体隔绝，从注射器上拔下三通，在小胶头内的空气泡被油置换之后，盖在注射器的头部，将注射器置于专用油样盒内，填好样品标签。

三、取样量

1. 常规分析取样量

变压器油常规全分析取样量控制在 1000mL 即可。常规单个指标分析取样量参考值见表 10 - 2 - 3，取样量根据使用的分析仪器的不同存在部分差异。

2. 水分和油中溶解气体分析取样量

（1）进行油中水分含量测定用的油样，可同时用于油中溶解气体分析，不必单独取样。

（2）做溶解气体分析时，取样量为 50～100mL。

（3）专用于测定油中水分含量的油样，取样量为 10～20mL。

表 10 - 2 - 3　　　　　　　　变 压 器 油 取 样 量　　　　　　　　mL

序号	指标名称	取样量
1	色度	50～100
2	击穿电压	200～300
3	介质损耗因数	50～100
4	酸值	10～20
5	水溶性酸	50～100
6	界面张力	30～50
7	闭口闪点	50～100
8	体积电阻率	50～100

四、样品标签

标签的内容至少应包括单位、设备名称、型号、取样日期、取样部位、取样天气、运行负荷、油牌号及油量备注等信息，标签样式见表 10 - 2 - 4。

表 10 - 2 - 4　　　　　　　　标 　签 　样 　式

电站名称		取样日期	年　　月　　日　　时
样品名称		取样天气	
设备名称		取样部位	
设备型号		电压等级	
运行负荷		油牌号	
取样人		备注	

五、油样的运输和保存

油样应尽快进行分析，做油中溶解气体分析的油样不得超过 4 天；做油中水分含量的油样不得超过 7 天。油样在运输中应尽量避免剧烈震动，防止容器破碎，尽可能避免空运。油样运输和保存期间，必须避光，并保证注射器芯能自由滑动。

第四节 变压器油的检验

一、新变压器油的质量验收

在新油交货时，应对全部的油样进行监督，并进行外观检验，应按采样方法规定的程序进行采样，以防出现差错或带入脏物。国产新变压器油应按 GB 2536《电工流体变压器油和开关用的未使用过的矿物绝缘油》验收，参见表 10-2-5。进口的变压器油应按国际标准 IEC 60296《变压器和开关用未使用矿物绝缘油规格》或合同规定指标验收。验收时的试验方法应按提供的标准，而不能只是指标按国外的，方法按国内的。国标方法虽大部分是等同或参照采用国际上的方法，但有些方法是有差异的。

表 10-2-5 变压器和开关用的未使用过的矿物变压器油质量标准

项目			质量指标				
最低冷态投运温度（LCSET）			0℃	−10℃	−20℃	−30℃	−40℃
功能特性	倾点（℃）	不高于	−10	−20	−30	−40	−50
	运动黏度（mm²/s） 40℃ 0℃ −10℃ −20℃ −30℃ −40℃	不大于	12 1800 — — — —	12 — 1800 — — —	12 — — 1800 — —	12 — — — 1800 —	12 — — — — 2500
	水含量（mg/kg）	不大于	30/40				
	击穿电压（kV） 未处理油 经处理油	不小于	30 70				
	密度（20℃，kg/m³）	不大于	895				
	介质损耗因数（90℃）	不大于	0.005				
精制/稳定特性	外观		透明，无悬浮物和沉淀物				
	酸值（以 KOH 计，mg/g）	不大于	0.01				
	水溶性酸或碱		无				
	界面张力（mN/m）	不大于	40				
	总硫含量（质量分数）（%）		无通用要求				
	腐蚀性硫		非腐蚀性				
	抗氧化添加剂含量（质量分数，%） 不含氧化添加剂油（U） 含微氧化添加剂油（T） 含氧化添加剂油（I）	不大于	检测不出 0.08 0.08～0.40				
	2-糠醛含量（mg/kg）	不大于	0.1				

项目			质量指标
运行特性	氧化安定性（120℃）		
	试验时间： （U）不含氧化添加剂油：164h； （T）含微氧化添加剂油：332h； （I）含氧化添加剂油：500h	总酸值（以 KOH 计，mg/g） 不大于	1.2
		油泥（质量分数，%） 不大于	0.8
		介质损耗因数（0℃） 不大于	0.500
	析气性（mm³/min）		无通用要求
健康、安全和环保特性（HSE）	闪点（闭口，℃） 不低于		135
	稠环芳烃（PCA）含量（质量分数，%） 不大于		3
	多氯联苯（PCB）含量（质量分数，mg/kg）		检测不出

二、新油脱气后注入设备前的检验

当新油验收合格后，在注入设备前必须用真空脱气滤油设备进行过滤净化处理，以脱除油中的水分、气体和其他杂质，在处理工程中进行油品的检验，以达到表 10-2-6 的要求且滤油循环不少于 3 个循环后才能停止真空脱气处理。

表 10-2-6 　　　　　　　　　新油净化后的质量标准

项目	设备电压等级（kV）					
	1000	750	500	330	220	≤110
击穿电压（kV）	≥75	≥75	≥65	≥55	≥45	≥45
水分（mg/L）	≤8	≤10	≤10	≤10	≤15	≤20
介质损耗因数（90℃）	≤0.005					
颗粒污染度（粒）	≤1000	≤1000	≤2000	—	—	—

三、新油注入设备进行热循环后的检验

新油经真空过滤净化处理达到要求后，应从变压器下部阀门注入油箱内，使氮气排尽，最终油位达到大盖以下 100mm 以上，油的静置时间应不小于 12h，经检验油的指标应符合表 10-2-7 规定。真空注油后，应进行热油循环，热油经过二级真空脱气设备由油箱上部进入，再从油箱下部返回处理装置，一般控制净油箱出口温度为 60℃（制造厂另外规定除外），连续循环时间为三个循环周期。经过热油循环后的试验项目见表 10-2-7。对于500kV 及以上变压器还应该进行油中颗粒度测试。

表 10 - 2 - 7 热油循环后的质量标准

项目	设备电压等级（kV）					
	1000	750	500	330	220	≤110
击穿电压（kV）	≥75	≥75	≥65	≥55	≥45	≥45
水分（mg/L）	≤8	≤10	≤10	≤10	≤15	≤20
油中含气量（体积分数，%）	≤0.8	≤1	≤1	≤1	—	—
介质损耗因数（90℃）	≤0.005					
颗粒污染度（粒）	≤1000	≤2000	≤3000	—	—	—

四、运行中变压器油的检验

经过真空脱气注入设备后通电前的油，即投运前的油。

新油、脱水处理后充入电气设备，即构成设备投运前的油。它的某些特性由于与绝缘材料接触溶有一些杂质而较新油会有所改变，其变化程度视设备状况及之接触的固体绝缘材料性质的不同而有所差异。因此，设备投运前的油既不同于新油，也不同于运行油。控制指标按 GB/T 7595《运行中变压器油质量》中"投入运行前的油"进行。

运行中变压器、电抗器、互感器和套管用变压器油的监督根据按 GB/T 7595《运行中变压器油质量》中的要求执行，参见表 10 - 2 - 8。

表 10 - 2 - 8 运行中变压器、电抗器、互感器和套管用矿物变压器油质量标准

检测项目	设备电压等级（kV）	质量标准	
		投入运行前的油	运行油
外观	各电压等级	透明，无杂质或悬浮物	
色度（号）	各电压等级	≤2.0	
闪点（闭口，℃）	各电压等级	≥135	
水溶性酸（pH值）	各电压等级	>5.4	≥4.2
酸值（以 KOH 计，mg/g）	各电压等级	≤0.03	≤0.1
水分（mg/L）	330～1000	≤10	≤15
	220	≤15	≤25
	≤110	≤20	≤35
界面张力（25℃，mN/m）	各电压等级	≥35	≥25
介质损耗因数（90℃）	500～1000	≤0.005	≤0.020
	≤330	≤0.010	≤0.040
击穿电压（kV）	750～1000	≥70	≥65
	500	≥65	≥55
	330	≥55	≥50
	66～220	≥45	≥40
	35 及以下	≥40	≥35

续表

检测项目	设备电压等级 (kV)	质量标准	
		投入运行前的油	运行油
体积电阻率 (90℃，Ω·m)	500～1000	≥6×10¹⁰	≥1×10¹⁰
	≤330		≥5×10⁹
油中含气量 (体积分数，%)	750～1000	≤1	≤2
	330～500		≤3
	电抗器		≤5
油泥与沉淀物（质量分数，%）	各电压等级	—	≤0.02（以下可忽略不计）
析气性	≥500	报告	
带电倾向（pC/mL）	各电压等级	—	报告
腐蚀性硫	各电压等级	非腐蚀性	
颗粒污染度（粒）	1000	≤1000	≤3000
	750	≤2000	≤3000
	500	≤3000	—
抗氧化添加剂含量（质量分数，%）含氧化添加剂油	各电压等级	—	大于新油原始值的60%
2-糠醛含量（mg/kg）	各电压等级	报告	
二苄基二硫醚（DBDS）含量（质量分数，mg/kg）	各电压等级	检测不出	
金属钝化剂	各电压等级	报告	大于新油原始值的70%

$体积电阻率（90℃，\Omega·m）$

运行中断路器用变压器油的监督根据按 GB/T 7595《运行中变压器油质量》中的要求执行，见表 10-2-9。

表 10-2-9　　　　运行中断路器用变压器油质量标准

序号	检测项目	设备电压等级（kV）	质量标准
1	外观	各电压等级	透明、无游离水分、无杂质或悬浮物
2	水溶性酸（pH值）	各电压等级	≥4.2
3	击穿电压（kV）	>110	投运前或大修后≥45
		≤110	投运前或大修后≥40，运行中≥35

五、储存的变压器油的监督

变压器油储存应按照 DL/T 1552《变压器油储存管理导则》进行。变压器油宜单独存放，如果无法单独存放时，应该根据油品的不同种类、不同性质分区、分类储存，并明确标识。同一储存区内不得存放与油品化学性质相抵触或灭火方法不同的物品。

储存过程中应做好密封，定期检查储罐及油桶的外观、锈蚀及渗漏情况。定期对储存的油品进行油质检验，应保持油质处于合格备用状态。储存油品的检验周期和项目见表 10-2-10。

表 10-2-10　　　　　　　　　储存油品的检验周期和项目

储存方式	周期	项目	质量标准
室内储存	1次/年	外观、色度、击穿电压、介质损耗因素、水分、酸值	与入库检测结果无明显差异
露天储存	1次/半年		

六、电力变压器、电抗器、互感器、套管油中溶解气体组分含量的检测周期和要求

投运前，应至少做一次检测。如果在现场进行感应耐压和局部放电试验，则应在试验后再作一次检测。制造厂规定不取样的全密封互感器不做检测。

投运时油中溶解气体组分含量的检测，新的或大修后的变压器和电抗器至少应在投运后1天（仅对电压 330kV 及以上的变压器和电抗器、容量在 120MVA 及以上的水力发电企业升压变压器）、4 天、10 天、30 天各做一次检测，若无异常，可转为定期检测。

对出厂和新投运的设备油中溶解气体组分含量的要求见表 10-2-11。

表 10-2-11　　　对出厂和新投运的设备油中溶解气体组分含量的要求　　　　　μL/L

气体	变压器和电抗器	互感器	套管
氢	<10	<50	<150
乙炔	未检出		
总烃	<20	<10	<10

运行中设备油中溶解气体组分含量的定期检测周期见表 10-2-12。

表 10-2-12　　　　运行中设备油中溶解气体组分含量的定期检测周期

设备名称	设备电压等级和容量	检测周期
变压器和电抗器	电压 330kV 及以上 容量240MVA 及以上	3 个月一次
	电压 220kV 及以上 容量120MVA 及以上	6 个月一次
	电压 66kV 及以上 容量 8MVA 及以上	1 年一次
	电压 66kV 及以下 容量 8MVA 以下	自行规定
互感器	电压 66kV 及以上	1~3 年一次
套管	—	必要时

七、定期检测项目及周期

定期检测项目及周期见表 10-2-13。

表 10‐2‐13   变压器油定期检验项目及周期

设备类型	设备电压等级	检验周期	检验项目
变压器、电抗器	330～1000kV	投运前或大修后	外观、色度、水溶性酸、酸值、闪点、水分、界面张力、介质损耗因数、击穿电压、体积电阻率、油中含气量、颗粒污染度、糠醛含量
		1年至少1次	外观、色度、水分、介质损耗因素、击穿电压、油中含气量
		必要时	水溶性酸、酸值、闪点、界面张力、体积电阻率、油泥与沉淀物、析气性、带电倾向、腐蚀性硫、颗粒污染度、抗氧化添加剂含量、糠醛含量、二苄基二硫醚含量、金属钝化剂
	66～220kV	投运前或大修后	外观、色度、水溶性酸、闪点、水分、界面张力、介质损耗因数、击穿电压、体积电阻率、糠醛含量
		1年至少1次	外观、色度、水分、介质损耗因数、击穿电压
		必要时	水溶性酸、酸值、界面张力、体积电阻率、油泥与沉淀物、带电倾向、腐蚀性硫、抗氧化添加剂含量、糠醛含量、二苄基二硫醚含量、金属钝化剂
	≤35kV	3年至少1次	水分、介质损耗因数、击穿电压
断路器	>110kV	投运前或大修后	外观、水溶性酸、击穿电压
		1年1次	击穿电压
	≤110kV	投运前或大修后	外观、水溶性酸、击穿电压
		3年1次	击穿电压
电流互感器	各电压等级	大修后或必要时	击穿电压
电磁式电压互感器	绕组绝缘	3年至少1次或大修后或必要时	介质损耗因数
	66～220kV 串级式电压互感器支架	投运前或大修后或必要时	
	各电压等级	大修后或必要时	击穿电压
电容式电压互感器	各电压等级	投运后1年内或3年至少1次	介质损耗因数

注   1. 油量少于60kg的断路器油3年检测一次击穿电压或以换油代替预试。
     2. 500kV及以上变压器油颗粒污染度的检测周期参考DL/T 1096《变压器油中颗粒度限值》的规定"设备投运前（热油循环后）、投运一个月或大修后，以及必要时应对颗粒度指标进行检测"执行。

当设备出现异常情况时（如气体继电器动作，受大电流冲击或过励磁等），或对测试结果有怀疑时，应立即取油样进行检测，并根据检测数据，适当缩短检测周期。

八、检测结果分析及采取相应的措施

变压器油在运行中劣化程度和污染状况应根据所有检测结果同油的劣化原因及确认的污染来源一起考虑，方能评价油是否可以继续运行，以保证设备的安全可靠。

（一）油质超标应采取的相应措施

对于运行中变压器油的所有检验项目超过质量控制极限值的原因分析及应采取的措施见表 10-2-14，同时遇到下列情况应该引起注意。

（1）当试验结果超出了所推荐的极限值范围时，应与以前的试验结果进行比较，如情况许可时，在进行任何措施之前，应重新取样分析以确认试验结果无误。

（2）如果油质快速劣化，应进行跟踪试验，必要时可通知设备制造商。

（3）某些特殊试验项目，如击穿电压低于极限值要求或色谱检测发现有故障存在，则可以不考虑其他特性项目，应果断采取措施以保证设备安全。

表 10-2-14　　　　运行中变压器油超极限值原因及对策

项目	超限值		可能原因	采取对策
外观	不透明，有杂质或油泥沉淀物		油中含有水分或纤维、炭黑及其他固形物	脱气脱水过滤或再生处理
色度（号）	＞2.0		可能过度劣化或污染	再生处理或换油
闪点（闭口，℃）	＜135 并低于新油原始值10℃以上		（1）设备存在严重过热或电性故障。（2）补错了油	查明原因，消除故障，进行真空脱气处理或换油
水溶性酸（pH 值）	＜4.2		（1）油质老化。（2）油质污染	（1）与酸值比较，查明原因。（2）再生处理或换油
酸值（以 KOH 计，mg/g）	＞0.10		（1）超负荷运行。（2）抗氧化剂消耗。（3）补错了油。（4）油被污染	再生处理，补加抗氧化剂
水分（mg/L）	330～1000kV	＞15	（1）密封不严、潮气侵入。（2）运行温度过高，导致固体绝缘老化或油质劣化	（1）检查密封胶囊有无破损，呼吸器吸附剂是否失效，潜油泵是否漏气。（2）降低运行温度。（3）采用真空过滤处理
	220kV	＞25		
	≤110kV	＞35		
界面张力（25℃，mN/m）	＜25		（1）油质老化，油中有可溶性或沉析性油泥。（2）油质污染	再生处理或换油
介质损耗因数（90℃）	500～1000kV	＞0.020	（1）油质老化程度较深。（2）杂质颗粒污染。（3）油中含有极性胶体物质	再生处理或换油
	≤330kV	＞0.040		
击穿电压（kV）	750～1000kV	＜65	（1）油中水分含量过大。（2）杂质颗粒污染。（3）有油泥产生	（1）真空脱气处理。（2）精密过滤。（3）再生处理
	500kV	＜55		
	330kV	＜50		
	66～220kV	＜40		
	35kV 及以下	＜35		
体积电阻率（90℃，Ω·m）	500～1000kV	＜1×10^{10}	（1）油质老化程度较深。（2）杂质颗粒污染。（3）油中含有极性胶体物质	再生处理或换油
	≤330kV	＜5×10^{9}		

项目	超限值		可能原因	采取对策
油中含气量 （体积分数，%）	750～1000kV	＞2	设备密封不严	与制造厂联系，进行设备的严密性处理
	330～500kV	＞3		
	电抗器	＞5		
油泥与沉淀物 （质量分数，%）	＞0.02		（1）油质深度老化。 （2）杂质污染	再生处理或换油
油中溶解气体组分含量（μL/L）	见表10-2-15和表10-2-16		设备存在过热或放电性故障	进行跟踪分析，彻底检查设备，找出故障点，消除隐患，进行真空脱气处理
腐蚀性硫	腐蚀性		（1）精制程度不够。 （2）污染	再生处理，添加金属钝化剂或换油
颗粒污染度（粒）	750～1000kV	＞3000	（1）油质老化。 （2）杂质污染。 （3）油泵磨损	（1）再生处理。 （2）精密过滤。 （3）换泵
糠醛含量 （质量分数，mg/kg）	—		绝缘纸热老化	做聚合度试验，考虑降负荷运行或更换变压器
二苄基二硫醚 （DBDS）含量 （质量分数，mg/kg）	—		腐蚀性硫	再生处理、添加金属钝化剂或换油

变压器、电抗器和套管油中溶解气体含量注意值见表10-2-15。

表10-2-15　　　　变压器、电抗器和套管油中溶解气体含量注意值　　　　μL/L

设备	气体组分	含量	
		330kV 及以上	220kV 及以下
变压器和电抗器	总烃	150	150
	乙炔	1	5
	氢	150	150
	一氧化碳（CO）	①	①
	二氧化碳（CO_2）	①	①
套管	甲烷	100	100
	乙炔	1	2
	氢	500	500

① 固体绝缘的正常老化过程与故障情况下的劣化分解，表现在油中 CO 和 CO_2 的含量上，一般没有严格的界限。随着油和固体绝缘材料的老化，CO 和 CO_2 会呈现有规律的增长，当增长趋势发生突变时，应与其他气体的变化情况进行综合分析，判断故障是否涉及固体绝缘。
当故障涉及固体绝缘材料时，一般 CO_2/CO 小于3，最好用 CO_2 和 CO 的增量进行计算；当固体绝缘材料老化时，一般 CO_2/CO 大于7。

电流互感器和电压互感器油中溶解气体含量的注意值见表10-2-16。

表 10-2-16　　　　电流互感器和电压互感器油中溶解气体含量的注意值　　　　μL/L

设备	气体组分	含量	
		220kV 及以上	110kV 及以上
电流互感器	总烃	100	100
	乙炔	1	2
	氢	150	150
电压互感器	总烃	100	100
	乙炔	2	3
	氢	150	150

（二）变压器油中溶解气体色谱分析

变压器油中溶解气体色谱分析法，能够尽早地发现充油电气设备内部存在的潜伏性故障，是监督与保障设备安全运行的一个重要手段。色谱分析结果对照相应的注意值，结合运行状况、其他试验项目检测结果以及设备构造，参考 DL/T 722《变压器油中溶解气体分析和判断导则》进行全面分析。

仅仅根据分析结果的绝对值是很难对故障的严重性做出正确判断的。因为故障常常以低能量的潜伏性故障开始，若不及时采取相应的措施，可能会发展成较严重的高能量的故障。因此，必须考虑故障的发展趋势，也就是故障点的产气速率。产气速率与故障消耗能量大小、故障部位、故障点的温度等情况有直接关系。变压器和电抗器绝对产气速率的注意值见表 10-2-17。相对产气速率也可以用来判断充油电气设备内部的状况。总烃的相对产气速率大于 10％时，应引起注意。对总烃起始含量很低的设备，不宜采用此判据。

表 10-2-17　　　　变压器和电抗器绝对产气速率注意值　　　　mL/d

气体组分	开放式	隔膜式
总烃	6	12
乙炔	0.1	0.2
氢	5	10
一氧化碳	50	100
二氧化碳	100	200

产气速率在很大程度上依赖于设备类型、负荷情况、故障类型和所用绝缘材料的体积及其老化程度，应结合这些情况进行综合分析。判断设备状况时，还应考虑到呼吸系统对气体的逸散作用。

绝对产气速率计算公式为

$$\gamma_a = \frac{C_{i,2} - C_{i,1}}{\Delta t} \times \frac{m}{\rho} \tag{10-2-1}$$

式中　γ_a——绝对产气速率，mL/天；

$C_{i,2}$——第二次取样油中某中气体含量，μL/L；

$C_{i,1}$——第一次取样油中某中气体含量，μL/L；

m——设备总油量，t；

Δt——两次取样时间间隔中的实际运行时间，天；

ρ——油密度，t/m^3。

相对产气速率计算公式为

$$\gamma_r = \frac{C_{i,2} - C_{i,1}}{C_{i,1}} \times \frac{1}{\Delta t} \times 100\% \tag{10-2-2}$$

式中 γ_r——相对产气速率，%/月；

$C_{i,2}$——第二次取样油中某中气体含量，$\mu L/L$；

$C_{i,1}$——第一次取样油中某中气体含量，$\mu L/L$；

Δt——两次取样时间间隔中的实际运行时间，月；

气体含量及产气速率注意值的应用原则如下。

（1）气体含量注意值不是划分设备内部有无故障的唯一判断依据。当气体含量超过注意值，应缩短检测周期，结合产气速率进行判断。若气体含量超过注意值但长期稳定，可在超过注意值的情况下运行。另外，气体含量虽低于注意值，但产气速率超过注意值，也应缩短检测周期。

（2）对 330kV 及以上电压等级设备，当油中首次检测到 C_2H_2（$\geqslant 0.1\mu L/L$）时应引起注意。

（3）当产气速率突然增长或故障性质发生变化时，须视情况采取必要措施。

（4）影响油中 H_2 含量的因素较多，若仅 H_2 含量超过注意值，但无明显增长趋势，也可判断为正常。

（5）注意区别非故障情况下的气体来源。

第五节 变压器油在线监督技术

随着社会对电力系统电能质量和供电可靠性的要求不断提升，传统的变压器预防性试验和定期维护的设备检修方式受到越来越多的限制，状态检修逐步被推行。油中溶解气体和微水含量等在线监测技术实现了对变压器的实时监测功能，为变压器运行状况的在线评估和故障预测提供了数据支持，电力设备维护人员可以通过在线监测系统的后台控制器实现远程数据查询和数据分析诊断等功能，这对变压器运行状态监测和评估具有极其重要的意义。

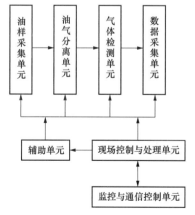

图 10-2-8 油中溶解气体在线监测装置组成原理示意图

一、变压器油中溶解气体在线监测装置

（一）组成原理
油中溶解气体在线监测装置组成原理示意图如图 10-2-8 所示。

（二）变压器油中溶解气体在线监测分类
按装置检测组分数量可分为多组分检测和少组分检测，水力发电企业多采用多组分监测装置。

1. 多组分监测
多组分监测是对变压器油中溶解的特征气体成分为 6

种及以上的检测，可用于分析推测故障类型。监测成为应包括氢气（H_2）、甲烷（CH_4）、乙烷（C_2H_6）、乙烯（C_2H_4）、乙炔（C_2H_2）、一氧化碳（CO）。常用的是监测包含二氧化碳（CO_2）在内的 7 中特征气体的监测装置。氧气（O_2）和氮气（N_2）为可选监测成分。

2. 少组分监测

少组分检测是对变压器油中溶解的特征气体成分少于 6 种的检测，常用于缺陷或故障预警。监测成分为特征气体中的一种或多种，应至少包括氢气（H_2）或者乙炔（C_2H_2）。

（三）通用技术要求

变压器油中溶解气体在线监测装置的基本功能、绝缘性能、电磁兼容性能、环境适应性能、机械性能、外壳防护性能、可靠性及外观和结构等通用技术要求应符合 DL/T 1498.1《变电设备在线监测装置技术规范　第 1 部分：通则》的规定。

1. 接入安全性要求

变压器油中溶解气体在线监测装置的接入不应使被监测设备或邻近设备出现安全隐患，如绝缘性能降低、密封破坏等；油样采集与油气分离部件应能承受邮箱的正常压力，对变压器油进行处理时产生的正压与负压不应引起油渗漏；应不破坏被监测设备的密封性，采用部分不应引起外界水分和空气的渗入。

2. 油样采集部分要求

（1）循环油工作方式。油气采集部分需进行严格控制，应满足不污染油、循环取样不消耗油等条件。所取油样应能代表变压器油的真实情况，取样方式和回油不影响被检测设备的安全运行。

（2）非循环油工作方式。分析完的油样不允许回注主油箱，应单独收集处理，一次排放量不大于 100mL，所取油样应能代表变压器中油的真实情况，取样方式不影响被检测设备的安全运行。

3. 取样管路要求

油管应采用不锈钢或紫铜等材质，油管外可加装管路伴热带、保温管等保温部件及防护部件，以保证变压器油在管路中流动顺畅。

4. 功能要求

（1）在线监测装置应具备长期稳定工作能力，装置应具备油样校验接口和气样校验接口，装置生产厂家应提供校验用连接管路及校验方法。

（2）多组分在线监测装置的最小检测周期不大于 4h，少组分在线监测装置的最小检测周期不大于 36h，且检测周期可通过现场或远程方式进行设定。

（3）具有故障报警功能（如数据超标报警，装置功能异常报警等）。

（4）多组分在线监测装置分析软件应能对监测结果进行分析，并具有相应的常规综合辅助诊断功能。

（5）多组分在线监测装置应具有独立的油路循环功能，用于清洗管路。

（6）多组分在线监测装置应具有恒温、除湿等功能。

（7）少组分在线监测装置至少应检测氢气（H_2）或乙炔（C_2H_2）等关键组分含量。

（四）检验维护

变压器油中溶解气体在线监测装置检验分型式试验、出厂试验、交接试验和现场试验四类，通用项目的检验要求按照 DL/T 1432.1《变电设备在线检测装置检验规范　第 1 部分：

通用检验规范》执行，专项项目按照 DL/T 1432.2《变电设备在线监测装置检验规范　第2部分：变压器油中溶解气体在线监测装置》执行，具体检验项目见表 10-2-18。

表 10-2-18　　　　　变压器油中溶解气体在线监测装置检验项目

序号	检验项目	型式试验	出厂试验	交接试验	现场试验
1	结垢和外观检查	●	●	*	*
2	基本功能检验	●	●	*	○
3	绝缘电阻试验	●	○	○	○
4	介质强度试验	●	○	○	○
5	冲击电压试验	●	○	○	○
6	电磁兼容性能试验	●	○	○	○
7	低温试验	●	○	○	○
8	高温试验	●	○	○	○
9	恒定湿热试验	●	○	○	○
10	交变湿热试验	●	○	○	○
11	振动试验	●	○	○	○
12	冲击试验	●	○	○	○
13	碰撞试验	●	○	○	○
14	防尘试验	●	○	○	○
15	防水试验	●	○	○	○
16	测量误差试验	●	●	*	●
17	测量重复性试验	●	●	●	●
18	最小检测周期试验	●	●	●	*
19	数据传输试验	●	*	●	*
20	数据分析功能检查	●	*	●	○

注　●表示规定必须做的项目；○表示规定可不做的项目；*表示根据客户要求做的项目。

专项项目检验时，被检装置连续运行时间不用低于72h，同时进行表10-2-18中试验项目的检验，检验间隔时间不小于产品的最小检测周期。采用油样进行检验时，以 GB/T 17623《绝缘油中溶解气体组分含量的气相色谱测定法》和 DL/T 722《变压器油中溶解气体分析和判断导则》中规定的实验室气相色谱方法作为比对依据。

交接试验是在装置安装完毕后、正式投运前，有运行单位开展试验，装置试验合格后，方可运行。

现场试验是现场运行单位或具有资质的检测单位对现场待检测装置性能进行的试验。现场试验一般分定期例行校验，校验周期为1~2年和必要时。

在交接试验和现场试验中，在线监测装置测量数据与实验室气相色谱仪测量数据分析比对，计算其测量误差。宜根据测量误差限制要求的严苛程度不同，从高到低将在线装置的测量误差性能定义为A级、B级和C级。合格产品的要求应不低于C级。多组分在线监测装置技术指标见表10-2-19，少组分在线监测装置技术指标见表10-2-20。

表 10 - 2 - 19　　　　　　　　　　多组分在线监测装置技术指标

检测参量	检测范围 （μL/L）	测量误差限值 （A级）	测量误差限值 （B级）	测量误差限值 （C级）
氢气（H_2）	2～20	$\pm 2\mu L/L$ 或 $\pm 30\%$	$\pm 6\mu L/L$	$\pm 8\mu L/L$
	20～2000	$\pm 30\%$	$\pm 30\%$	$\pm 40\%$
乙炔（C_2H_2）	0.5～5	$\pm 0.5\mu L/L$ 或 $\pm 30\%$	$\pm 1.5\mu L/L$	$\pm 3\mu L/L$
	5～1000	$\pm 30\%$	$\pm 30\%$	$\pm 40\%$
甲烷（CH_4） 乙烯（C_2H_4） 乙烷（C_2H_6）	0.5～10	$\pm 0.5\mu L/L$ 或 $\pm 30\%$	$\pm 3\mu L/L$	$\pm 4\mu L/L$
	10～1000	$\pm 30\%$	$\pm 30\%$	$\pm 40\%$
一氧化碳（CO）	25～100	$\pm 25\mu L/L$ 或 $\pm 30\%$	$\pm 30\mu L/L$	$\pm 40\mu L/L$
	100～5000	$\pm 30\%$	$\pm 30\%$	$\pm 40\%$
二氧化碳（CO_2）	25～100	$\pm 25\mu L/L$ 或 $\pm 30\%$	$\pm 30\mu L/L$	$\pm 40\mu L/L$
	100～15000	$\pm 30\%$	$\pm 30\%$	$\pm 40\%$
总烃（C1+C2）	2～20	$\pm 2\mu L/L$ 或 $\pm 30\%$	$\pm 6\mu L/L$	$\pm 8\mu L/L$
	20～4000	$\pm 30\%$	$\pm 30\%$	$\pm 40\%$

注　低浓度范围内，测量误差限值取两者较大值。

表 10 - 2 - 20　　　　　　　　　　少组分在线监测装置技术指标

检测参量	检测范围 （μL/L）	测量误差限值 （A级）	测量误差限值 （B级）	测量误差限值 （C级）
氢气（H_2）	5～50	$\pm 5\mu L/L$ 或 $\pm 30\%$	$\pm 20\mu L/L$	$\pm 25\mu L/L$
	50～5000	$\pm 30\%$	$\pm 30\%$	$\pm 40\%$
乙炔（C_2H_2）	1～5	$\pm 1\mu L/L$ 或 $\pm 30\%$	$\pm 3\mu L/L$	$\pm 4\mu L/L$
	5～200	$\pm 30\%$	$\pm 30\%$	$\pm 40\%$
一氧化碳（CO）	25～100	$\pm 25\mu L/L$ 或 $\pm 30\%$	$\pm 30\mu L/L$	$\pm 40\mu L/L$
	100～200	$\pm 30\%$	$\pm 30\%$	$\pm 40\%$
复合气体（H_2, CO，C_2H_4，C_2H_2）	5～50	$\pm 5\mu L/L$ 或 $\pm 30\%$	$\pm 20\mu L/L$	$\pm 25\mu L/L$
	50～5000	$\pm 30\%$	$\pm 30\%$	$\pm 40\%$

注　低浓度范围内，测量误差限值取两者较大值。

二、变压器油中微水含量监测系统

变压器油中的微水含量是反映变压器绝缘性能的重要参量之一，对于其检测方法也在不断地改进提高，库仑法、蒸馏法、爆破试验法、色谱法、气体法、射频法、红外光谱检测法和利用高频电磁波谐振状态测量有种含水量等方法都有其局限性和不足。对于逐步转向自动化运行和人工有限的水力发电企业，应用变压器油中微水含量在线监测方法成为发展的必然趋势。

变压器油中微水含量在线监测系统可以克服传统离线监测的局限性和不足，可直接从计算机上读出油中的微水含量的大小，无须到现场去采集油样再送到实验室进行测量，这样一方面防止了误判的产生，另一方面节省了人力物力，通过在线监测系统，可以实时掌握变压器油中微水含量的变化，及时发现设备内部的潜在问题并采取相应预防措施，对提高设备的安全可靠运行水平具有重要意义。

目前尚无针对变压器油中微水含量在线监测的相关标准出台，各大设备厂家也基于不同的原理制造出的成套设备，在部分水力发电企业也有所应用，其中基于湿度传感器的在线监测方法能满足油中较低水分含量测量的要求，是油中微水含量监测的发展方向。

第六节　变压器油的维护管理

运行中变压器油质量的好坏直接关系到充油电气设备的安全运行和使用寿命，虽然油质的老化是不可避免的，但是加强对油质的监督和维护，采取合理而有效的防劣措施，能够延缓油质的老化进程，延长油的使用寿命和保证设备的健康运行。由于在运行中受到水分、氧气、热量以及铜、铁等材料的催化作用，而使油发生一系列的化学变化过程，所以在进行变压器油的维护措施时，主要是针对水分、氧气的危害性而采取一些机械、物理和化学上的方法对策。

在进行维护措施时，首先应对设备中的油质情况有一基本的评估，并应注意对几种防劣措施的配合使用和加强有关监督以发挥协同效应。

一、运行中变压器油的分类

根据我国变压器油的实际运行经验，运行油按照 GB/T 14542《变压器油维护管理导则》大致可分为四类。

第一类：可满足变压器连续运行的油。此类油的各项性能指标均符合 GB/T 7595《运行中变压器油质量》中按设备类型规定的指标要求，不需采取处理措施，而能继续运行。

第二类：能继续使用，仅需过滤处理的油。这类一般是指油中含水量、击穿电压超出 GB/T 7595《运行中变压器油质量》中按设备类型规定的指标要求，而其他各项性能指标均属正常的油品，此类油品外观可能有絮状物或污染杂质存在，可用机械过滤去除油中水分及不溶物等杂质，但处理必须彻底，处理后油中水分含量和击穿电压应能符合 GB/T 7595《运行中变压器油质量》中的标准要求。

第三类：油品质量较差，为恢复其正常特性指标必须进行油的再生处理。此类油通常表现为油中存在不溶物或可沉析性油泥，酸值、界面张力和介质损耗因数超出 GB/T 7595《运行中变压器油质量》中的规定值，此类油必须进行再生处理或者更换。

第四类：油品质量很差，多项性能指标均不符合 GB/T 7595《运行中变压器油质量》中的要求。从技术角度考虑应予报废。

为了正确地对运行中变压器油进行维护和管理，油质化验人员和管理者应掌握 GB/T 14542《变压器油维护管理导则》的有关要求，才能保证用油设备的安全经济要求。

美国 IEEE（电力与电子工程协会）将运行油分为以下四类。

第Ⅰ类——运行油良好，能够继续使用。

第Ⅱ类——油必须经处理后才可继续使用。

第Ⅲ类——油质差，需进行再生处理或废弃。

第Ⅳ类——油质极差，不能再使用的废油。

二、变压器油防护措施

为延长运行中的变压器油的寿命，应采取必要的防护措施，主要为安装油保护装置（包括呼吸器和密封式储油柜），以防止水分、氧气和其他杂质的侵入；安装油连续再生装置（净油器），以消除油中存在的水分、游离碳和其他劣化产物；在油中添加抗氧化剂（T501），以提高油的氧化安定性；在油中添加静电抑制剂（主要是BTA），抑制或消除油中静电荷的积累。

维护措施应根据充油电气设备的种类、形式、容量和运行方式等参数来选择。

（一）安装油保护装置

1. 空气除潮

（1）呼吸器。充油电气设备一般应安装呼吸器，这种设备结构简单，大型或特大型电力变压器所采用的空气除潮装置，其干燥呼吸器一般装在油枕前。

在油枕中，油面以上的空气一般是经过干燥的，当油温升高时，变压器油膨胀，使油面以上的空气受到挤压，部分空气经过排气管排入内部装有吸水性良好的吸潮剂（如硅胶、分子筛等）的干燥装置（呼吸器），再排入大气。吸潮剂是通过油封（U形管）与外界空气隔离的。当油温下降时，经过干燥装置吸入干燥除潮的空气。吸附剂使用失效时应及时更换。

对于油罐中的备用油水力发电企业也多采用安装呼吸器的方式除潮，但由于一般呼吸器作用有限，特别是水力发电企业油罐往往位于地下厂房，空气湿度大（夏季尤其显著），空气流通不畅，电厂未及时更换，使得吸附剂经常处于吸水失效状态，除潮效果不好，因此在备用油在使用前务必进行检测，必要时进行处理，保证其各项指标均在合格范围内。

（2）热电式冷冻除湿器。热电式冷冻除湿器既能防止外界水分的侵入，又可消除设备内部的水分。它通常与普通型油枕配合使用，其热电制冷组件具有足够的功率，且能实现自动除霜操作。装有冷冻除湿器的变压器油枕（储油柜）内的空气相对湿度，一般能够经常保持在10％以下。

一般情况下在受潮严重的变压器上运行时宜采用冰点运行方式，以加速排除受潮变压器内的水分，尽快恢复绝缘纸的干燥状态，当绝缘水平较高时，可采用露点运行方式，此时干燥仪的目的主要是防止潮湿空气的侵入。

2. 隔膜密封

防止油品氧化的根本办法是能够有效地阻止水分和氧的侵入，使变压器油不受潮和延缓油氧化的早期发生，延长绝缘材料的使用寿命。

隔膜密封是在油枕的油面上放一个以耐油橡胶制成的气袋，使油面与空气隔绝开来，变压器通过气袋内部的容积空间来呼吸。由于这项措施结构简单、维护方便、效果显著，因而，目前在国内外得到广泛的应用。国内外大型电力变压器，基本上采用隔膜密封的油枕。

运行中应经常检查隔膜袋内气室呼吸是否畅通，如吸潮器堵塞应及时排除，以防溢油。并注意油位变化是否正常，如发现油位忽高忽低时，说明油枕内可能存有空气，应想办法排除。运行中，油质应按规程要求定期检验并测定油中含气量和含水量，当发现油质明显劣化或油中含气、含水量增高时，应仔细检查隔膜袋是否破裂并采取相应措施。变压器在运行条件下，由于油质劣化和绝缘材料的老化会产生水分和其他劣化产物，所以应定期通过净油器净化油质及真空脱气处理。

（二）油连续再生装置（净油器）

1. 吸附型净油器

吸附型净油器是利用吸附剂对变压器油进行连续吸附净化的一种装置，它具有结构简单、使用方便、维护工作量少、对油防劣效果好等优点，所以它在变压器上得到广泛的使用，成为变压器油防劣的一项有效措施。

（1）吸附净油器的分类。根据净油器的循环方式，净油器可分为热虹吸净油器和强制循环净油器。热虹吸器是利用温差产生的虹吸作用，使油流自然循环净化；强制循环净油器则是借强迫油循环的油泵，使油循环和净化。热虹吸器用于油浸自冷风冷式变压器，而强制循环净油器则用于具有强迫油循环水冷与风冷式的变压器。因此，可根据变压器的具体情况选用不同的净油器。

（2）吸附剂的准备与填装。热虹吸器及强制循环净油器中装填的吸附剂一般选用硅胶（使用最广泛），还可选用活性氧化铝、人造沸石或分子筛等。在选用吸附剂时，要求吸附剂应颗粒适当、大小均匀，一般选用 4～6mm 大小的球状颗粒，小于 3mm 或大于 7mm 的颗粒应筛选除掉；机械强度应良好，应不易破碎；吸附能力要强。一般应选用比表面积较大的粗孔硅胶，要求吸附剂的吸酸能力（以 KOH 计）应不小于 5mg/g。

对筛选好的吸附剂在装入净油器前应在 150～200℃下干燥 4h，经烘干后的吸附剂要用密封容器盛装或用干燥的新油浸泡，防止吸附剂受潮或污染。在装入净油器时，应将吸附剂层铺平、压实，并注意靠近器壁处不能有空隙。为能有效地排除吸附剂内的空气，应从净油器底部进油，使油充满整个吸附剂层。

（3）使用中的维护和监督。净油器在投入运行时应切换重瓦斯继电器、改接信号，并应随时打开放气塞（或放气门），以排尽内部的气体。投运期间按 GB/T 14542《变压器油维护管理导则》的规定检验周期化验油质变化情况，每次检验，应在净油器进、出口分别取样，当发现出口油中的酸值、介损较上次有上升趋势时，说明吸附剂已失效，应及时更换新的吸附剂。在更换吸附剂时，应注意检查净油器下部滤网是否完好，如发现破损，应立即修理或更换，以避免吸附剂漏入系统中的危险。对于失效的吸附剂，必要时可检查其吸附的油中劣化产物（酸类、醛类、酮类、皂类和氧化物等）的含量，以判明该吸附剂的实际净化效果，失效的吸附剂还应收集或进行再生处理以便继续使用，不得随意抛扔，造成环境的污染。

2. 精滤型净油器

精滤型净油器是利用精密滤层对设备内的油进行精滤，体积小，处理量也小，主要应用于小油量的设备及自动调压开关装置中，以吸附油中的碳粒和油泥等物质。

（三）油中添加抗氧化剂（T501）

在我国，变压器油普遍使用的是 T501 抗氧化剂，化学名为 2，6‐二叔丁基对甲基酚，为白色粉状晶体，是烷基酚抗氧化剂系列中抗氧化能力最好的一种，英文缩写为 DBPC。

1. T501 抗氧化剂的质量及其性能优点

T501 抗氧化剂是以甲酚和异丁烯为原料进行烷基化反应，再经中和、结晶而制得的。由于工艺条件和原料纯度，在反应过程中会有许多烷基酚的同系物或异构体生成，以及残留的甲酚存在。烷基酚同系物其各自的抗氧化能力大不相同，杂质会影响最终的抗氧化性能，因此应按照 SH 0015《501 抗氧剂》对其质量进行检验，质量标准见表 10-2-21，确保添加的是合格品。如有必要时还可以在添加 T501 抗氧化剂后开展油品氧化安定性试验，以确认其产品质量。

表 10-2-21　　　　　　　　　　　　T501 抗氧化剂质量标准

项目	质量指标	
	一级品	合格品
外观	白色结晶	白色结晶
初熔点（℃）	69.0～70.0	68.5～70.0
游离甲酚（质量分数，%）	≤0.015	≤0.03
灰分（质量分数，%）	≤0.01	≤0.03
水分（质量分数，%）	≤0.05	≤0.08
闪点（闭口，℃）	报告	—

T501 抗氧化剂可以大大地延缓油的老化，延长油的使用寿命，是运行中变压器油防劣的一项有效措施，具有效果好、费用省、操作简便、维护工作量少等优点，这一抗氧化剂在国内外得到了广泛的应用和认可。

2. 油中 T501 抗氧化剂的添加

（1）感受性试验。通过油的氧化（老化）试验，其结果若有一项指标较不加 T501 抗氧化剂的原油提高 20%～30%，而其余指标均无不良影响时，则认为此油对该抗氧化剂有感受性。实践证明，国产油对 T501 抗氧化剂的感受性较好，而且成品油均添加了 T501 抗氧化剂。水力发电企业若需补加抗氧化剂油时，一般只需测定 T501 的含量和油质老化情况决定添加，而不必再做感受性试验。但是，对不明牌号的新油、进口油，以及各种再生油和老化、污染情况不明的运行油，则应做感受性试验以确定是否适宜添加和添加时的有效剂量。

（2）抗氧化剂有效剂量的确定。对许多新油，T501 抗氧化剂在油中的添加量与油的氧化安定性有密切关系，一般是油的氧化寿命随着添加剂量的增加而增加，但对不同牌号的油，由于它的化学组成、精炼方法或精制深度的不同，添加抗氧化剂后的氧化寿命与添加剂量的关系并不相同。

研究表明，T501 抗氧化剂超过 0.6% 以后，对油的氧化寿命已提高不多，低于 0.3% 则油的氧化寿命达不到 2000h。所以，T501 抗氧化剂合理的添加剂量应为 0.3%～0.5%。进一步研究发现，添加有 T501 抗氧化剂的油在人工老化过程中油质的变化与 T501 的含量降低有一定规律性，T501 含量降低量小于原始加入量的 30% 时，油质的变化不大明显（指酸值、介损）；T501 含量降低量为原始加入量的 30%～50% 时，油质开始有变化；T501 含量降低量大于原始加入量的 50% 时，则油质变化迅速，酸值和介损急剧升高。因此，运行油 T501 抗氧化剂的含量应不低于 0.15%，同时在这一含量下进行 T501 的补加，效果较好。当然在进行补加时还应控制运行油的 pH 值不小于 5.0 为宜。

（3）T501 抗氧化剂热溶解添加法。从设备中放出适量的油，加温至 60℃ 左右，将所需量的 T501 加入，边加入边搅拌，使 T501 完全溶解，配制成一定浓度的母液（一般为 5% 左右），待母液冷却到室温后，以压滤机送入变压器内，并继续进行循环过滤，使药剂充分混合均匀。

（4）T501 抗氧化剂热虹吸添加法。将 T501 按所需要的量分散放在热虹吸器上部的硅胶层内，由设备内通向热虹吸器的热油流将药剂慢慢溶解，并随油流带入设备内混匀。

3. 添加 T501 抗氧化剂油的维护和监督

为了保证抗氧化剂能够发挥更大的作用，对添加抗氧化剂的油除按 GB/T 14542《变压器油维护管理导则》中规定的试验项目和检验周期进行油质监督外，还应测定油中 T501 的含量，必要时还应进行油的抗氧化安定性试验，以掌握油质变化和 T501 的消耗情况。当添加剂含量低于规定值时，应进行补加。如设备补入不含 T501 抗氧剂油时，应同时补足添加剂量。每逢设备大修时，对设备应进行全面检查，若发现有大量油泥和沉淀物时，应对油泥和沉淀物加以分析，确定是否含未溶解的添加剂，并查出原因采取措施进行消除。变压器运行同时投入热虹吸器，有利于发挥抗氧化剂的作用，对稳定油质更具有效果，但应注意及时更换失效的吸附剂。

（四）在油中添加静电抑制剂（BTA）

对于大型强油循环的变压器，油在循环流动中产生的静电已成为危害变压器安全运行的一个值得关注的问题。

1. 油流带电的机理

变压器的油流带电是发生在油与纸纤维的绝缘纸板之间的。由于绝缘纸主要由纤维素和木质素构成。纤维素是具有葡萄糖基的单元结构，每一个单元中含有三个羟基（－OH），木质素则除具有羟基外，还含有醛基（－CHO）和羧基（－COOH）。在油流动的不断摩擦下，这些基团中的不饱和电子会发生电子云的偏移。当油以一定速度流动时，双层电的电荷分离，形成堆积电流，随着油的不断循环流动，油中的正电荷越积越多，这些正电荷聚积到一定数量时，便向绝缘纸板放电。

2. 影响变压器油流带电的主要因素

（1）变压器油精制工艺的影响。有研究认为，对环烷基油分别采用加氢精制和酸碱精制工艺，发现采用加氢精制而不添加抗氧化剂的油的电荷密度比添加了抗氧化剂的油高。在不添加抗氧化剂的前提下，采用酸碱精制的油电荷密度比采用加氢精制的油低；在加氢精制的前提下，用白土处理后的油的电荷密度比用溶剂抽提处理的油高。

（2）油流速度的影响。在变压器设备内，油流速度是影响油流带电的主要影响因素之一。一般情况下，油流带电的量以油流速度的二次方到四次方的比例增加。有研究数据表明在油流速度低时，泄漏电流与油流速度成正比，而在油流速度高时，泄漏电流与油流速度的平方成正比。从而说明。高的油流速度会增大油流带电的危险性。

（3）油温的影响。随着油温的升高，油的流动带电倾向增加。因此，为控制油的流动带电，油温应控制在 30～60℃。

（4）油中水分的影响。油中的水分含量对油流带电有明显的影响。如水分含量低于 15mg/kg 的油，它的油流带电倾向较高；随着油中水分含量的增加，油流带电的倾向降低。对于不同种类的油，由于油中其他物质的干扰影响，它们对油流带电的影响程度也不完全相同，但它们的影响规律是完全一致的。

（5）其他影响因素。大型电力变压器的油流带电倾向还会受到诸如变压器的结构、固体绝缘材料的表面状态、设备的运行情况、油中的杂质以及油老化等因素的影响。固体绝缘材料表面越粗糙，其油流带电量就越大。如棉布的油流带电量要比层压纸板和绝缘牛皮纸的油流带电量高一个数量级以上。当变压器部件表面有损伤或毛刺时，油流带电量的变化会上升近一个数量级。在油的劣化初期阶段，油流带电量的变化相当大，经过劣化的中期和后期阶段，油流的带电量则明显增大。

3．抑制变压器油油流带电的措施

（1）避免油流速度过高。

（2）添加静电荷抑制剂-苯并三氮唑（BTA），BTA 的添加量一般为 10mg/kg 左右，但如果油中的油流带电是因为油中存在其他微量杂质的影响而发生的，则 BTA 的抑制作用很小。

三、补加油和混油

运行中电气设备由于多种原因，使设备充油量不足而需要补充加入另外的油时，这就涉及混油的技术条件。在正常情况下，混油要求注意下述内容。

（1）补充的油最好使用与原设备内同一牌号的油，以保证运行油的质量和原牌号油的技术特性。我国目前生产变压器油根据最低冷态投运温度（LCSET）分为 0℃（对应牌号 10号）、-10℃（对应牌号 25 号）、-20℃、-30℃（对应牌号 45 号）、-40℃。用户选用一般是根据设备种类和地区环境温度条件而决定的。如使用同一牌号油进行补油，就保证了其运行特性基本不变。

（2）要求被混合油双方都添加了同一种抗氧化剂或双方都不含抗氧化剂。这是因为油中添加剂种类不同而混合后，有可能相互间发生化学变化而产生沉淀物等杂质，对于国产油只要牌号相同（国产油只添加 T501 抗氧化剂），则属于相溶性油品，可以任何比例混合使用，不会出现其他问题。

（3）被混合油的双方，质量都应良好，性能指标应符合运行油质量标准的要求。如果补充油是新油，则应符合相应的新油质量指标。只有这样，混合后的油品质量才能得到保证，一般不会低于原来的运行油的质量。

（4）如果运行油有一项或多项指标接近运行油质量控制标准的极限值时，尤其是酸值、水溶性酸（pH 值）、界面张力等能反映油品老化的性能已接近运行油标准的极限值时，如果要补充新油进行混合时，应慎重对待，对这种情况下的油应进行混油试验，以确定混合油的性能是否满足需要。

（5）如果运行油的质量有一项或多项指标已不符合运行油质量控制标准时，则应进行净化或再生处理后，才能考虑混油的问题，决不允许利用补充新油手段来提高运行油的质量水平。

运行中变压器油已经老化时，由于老化油有溶解油泥的作用，油中的氧化产物尚未沉析出来，此时如加入一定量的新油或接近新油标准的用过的油时，因稀释作用，会使溶解于原运行油中的氧化产物沉析出来。这样混油不仅达不到混油的目的，反而会在设备中产生油泥。这在过去几十年中是有过经验教训的。遇到此种情况，在混油前必须进行油泥析出试验，以决定能否相混。

（6）进口油或来源不明的油与运行油混合使用时，应予先进行各参与混合的单个油样及其准备混合后的油样的老化试验，如混合后油样的质量不低于原运行油时，方可进行混油，若参与混合的单个油样全是新油，经老化试验后，其混合油的质量不低于最差的一种新油，才可相互混油。这主要是因为进口油或来源不明的油中含有的添加剂，虽可粗略区分是氨类或酚类，但具体组分难以检测。有的运行变压器油中还掺有部分合成油，对这种油更应做混油老化试验。

第七节 案 例 分 析

一、事情经过

某水力发电厂 1 号主变压器是 1989 年的产品，其型号为 SF7 - 35000/110。2005 年 7 月 11 日取 1 号主变压器油样检测时发现总烃严重超标（580μL/L）；7 月 21 日，申请停机切换分接头，由原运行 3 挡调至 4 挡；7 月 30 日—8 月 2 日，申请空载运行。

二、原因分析

1. 根据气体含量变化分析判断

变压器油中溶解气体分析包括 H_2、CH_4、C_2H_6、C_2H_4、C_2H_2、CO 和 CO_2。总烃（C_1+C_2）包括 CH_4、C_2H_6、C_2H_4 和 C_2H_2 四种气体。通过对变压器油中气体的色谱分析，可能发现变压器内部的某些潜伏性故障，并作出初步的判断。变压器涉及以上特征气体的内部故障一般分为过热和放电两类。过热按温度高低分低温、中温和高温 3 种。过热故障中，特征气体 CH_4 和 C_2H_4 两者之和一般占总烃的 80% 以上。随着故障点温度的升高，CH_4 和 C_2H_4 的比例有所增加。当过热涉及固体绝缘时，还会产生大量的 CO 和 CO_2。C_2H_2 的产生与放电故障有关。该电厂 1 号主变压器油中溶解气体含量汇总见表 10 - 2 - 22。其中 CH_4 和 C_2H_4 及两者之和占总烃的比例见表 10 - 2 - 23。

表 10 - 2 - 22　　　　　　1 号主变压器油中溶解气体含量汇总　　　　　　μL/L

时间	H_2	CO	CH_4	CO_2	C_2H_4	C_2H_6	C_2H_2	总烃	结论
2003 年 1 月 21 日	2.93	22.77	1.03	226.00	0.32	0.19	0	1.54	—
2003 年 6 月 18 日	19.24	350.00	4.97	861.00	1.84	1.32	0	8.13	—
2004 年 3 月 22 日	19.62	755.00	11.54	1088.00	4.23	3.38	0.10	19.25	有 C_2H_2
2005 年 7 月 11 日	69.27	947.00	192.00	2918.00	291.00	96.94	0.30	580.00	总烃超标
2005 年 7 月 18 日	80.15	756.00	223.00	2535.00	345.00	119.00	0.25	687.00	总烃超标
2005 年 7 月 21 日	89.26	888.00	257.00	2908.00	397.00	138.00	0.29	792.00	中温过热
2005 年 7 月 25 日	99.70	931.93	280.81	3206.23	463.86	155.27	0.51	900.45	总烃超标
2005 年 7 月 30 日	125.00	1001.00	316.00	3453.00	493.00	166.00	0.48	976.00	总烃超标
2005 年 8 月 2 日	113.25	957.65	309.89	3233.80	489.78	166.85	0.48	967.00	总烃超标
2005 年 8 月 9 日	109.74	897.09	345.62	3286.37	558.58	192.92	0.52	1097.64	总烃超标
2005 年 8 月 31 日	170.12	968.84	508.27	2730.89	806.03	298.72	0.93	1613.95	总烃超标

表 10 - 2 - 23　　　　　CH₄ 和 C₂H₄ 及两者之和占总烃的比例

时间	CH_4 $(\mu L/L)$	C_2H_4 $(\mu L/L)$	总烃 $(\mu L/L)$	CH_4 和 C_2H_4 两者之和占总烃的比例（%）	相对产气速率 （%/月）
2003 年 1 月 21 日	1.03	0.32	1.54	—	—
2003 年 6 月 18 日	4.97	1.84	8.13	—	—
2004 年 3 月 22 日	11.54	4.23	19.25	—	—
2005 年 7 月 11 日	192.00	291.00	580.00	83.24	—
2005 年 7 月 18 日	223.00	345.00	687.00	82.65	79.10
2005 年 7 月 21 日	257.00	397.00	792.00	82.55	114.60
2005 年 7 月 25 日	280.81	463.86	900.45	82.70	102.7
2005 年 7 月 30 日	316.00	493.00	976.00	82.93	50.30
2005 年 8 月 2 日	309.89	489.78	967.00	82.70	—
2005 年 8 月 9 日	345.62	558.58	1097.64	82.38	57.90
2005 年 8 月 31 日	508.27	806.03	1613.95	81.43	64.10

从表 10 - 2 - 22 和表 10 - 2 - 23 的数据可知自 2005 年 7 月 11 日检验出 1 号主变压器总烃超标以来，总烃值一直在增加，主要气体是 CH_4 和 C_2H_4，占总烃的比例都超过 80%，初步可以断定 1 号主变压器可能存在过热性故障，同时 CO 和 CO_2 的量也很大，可推断这个故障点附近的固体绝缘材料发生热分解。此外，还可以对照 DL/T 722《变压器油中溶解气体分析和判断导则》中不同故障类型产生的气体组分。

1 号主变压器的主要气体组分为 CH_4、C_2H_4、CO 和 CO_2，次要气体组分为 H_2 和 C_2H_6，由此可推断其属于油和纸过热的故障类型。

2. 根据故障点产气速率判断

由表 10 - 2 - 23 可知，自发现 1 号主变压器总烃超标以来，其相对产气速率都超过 50%/月以上，远超过了 DL/T 722《变压器油中溶解气体分析和判断导则》规定的总烃相对产气速率 10% 的注意值，故障发展比较迅速。7 月 30 日—8 月 2 日 1 号主变压器空载运行，其产气略有减少。

3. 根据三比值法判断

DL/T 722《变压器油中溶解气体分析和判断导则》推荐采用三比值法作为判断变压器或电抗器等充油电气设备故障性质的主要方法。应用三比值法计算得出，自发现 1 号主变压器总烃超标以来，三比值都为 021，表明变压器内部可能存在着 300～700℃ 中等温度范围的热故障。

三、吊罩检修处理

2005 年 8 月 31 日—9 月 6 日，设备厂家对 1 号主变压器进行吊罩检修处理，检查结果发现该主变压器高压侧 A 相出线与套管铜导管间形成环流烧伤引线。具体检查及处理情况如下。

（1）高压侧 A 相出线与套管铜导管间形成环流烧伤引线，约有三股烧断，经补焊重新包扎处理。

（2）压力释放阀不合格，更换新的压力释放阀。

（3）压侧 A 相套管下端有烧伤痕迹，经清洁合格。

（4）更换高压侧 B 相套管油，主体油经真空滤油机过滤处理。

事后分析，出现这次故障点的原因是 2002 年 12 月 1 号主变压器大修吊装时穿缆引线穿过套管铜导管时，刮伤了高压侧 A 相穿缆引线的绝缘，长期运行后，穿缆引出线与套管铜导管间相接产生环流发热所致。

第三章

水 轮 机 油 监 督 技 术

第一节 水 轮 机 油 系 统

水轮机油系统主要由调速系统和润滑系统（密封系统与润滑系统合二为一）组成，典型水轮机油系统如图 10-3-1 所示。

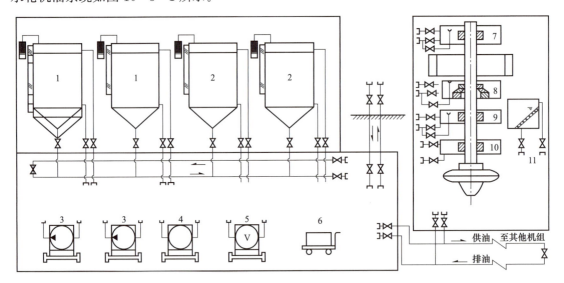

图 10-3-1 水轮机油系统图

1—净油罐；2—运行油罐；3—移动油泵；4—精密滤油机；5—水轮机油滤油机；

6—移动式加油车；7—上导轴承；8—推力轴承；9—轴承下导轴承；10—轴承水导轴承；11—调速器回油

一、调速系统

调速系统是由用油设备、储油设备、油处理设备构成的一个封闭的循环油路。调速系统中的压油装置主要是为机组操作提供能源、为进水阀和进水闸门液压操作系统提供压力油。水轮机调速系统主要包括压力油罐、回油箱、电动螺杆泵组、阀组（减载阀、止回阀、安全阀三位一体）及监测控制仪表、机坑漏油箱及油泵、技术供水漏油箱及油泵、过滤器、油路管道等设备。不同的机组所使用的驱动装置和其他设备的型号都是不同的。

二、润滑系统

润滑系统的作用是向水轮发电机组各轴承和轴封提供连续不断的合格润滑油。正常运行时由主油泵对系统进行供油。

三、水轮机油系统主要部件

1. 油泵

油泵是用来使油从油箱到各轴承、轴封及调速控制装置强制循环的。

2. 主油箱

主油箱又称为主油罐，可分为运行油罐和净油罐，主油箱主要是为机组储存和提供足够的润滑油。

3. 冷油器

冷油器主要是用来散发油在循环中获得的热量的。

4. 滤油机

滤油机又称油过滤机、净油机。其作用是对受污染的油品进行过滤、净化，恢复或提高油品本身的属性，保障用油设备安全运行。

第二节　水轮机油的特性

一、水轮机油性能要求

用于水轮机油系统的涡轮机油称为水轮机油，为了使水轮发电机组能可靠地运行，要求水轮机油应具备能够满足能在一定的运行温度变化范围内和油质合格的条件下，保持油的黏度；能在轴颈和轴承间形成薄的油膜，以抗拒磨损并使摩擦减小到最低程度；能将轴颈、轴承和其他热源传来的热量转移到冷油器；能在空气、水的存在以及高温下抗拒氧化和变质；能抑制泡沫的产生和挟带空气；能迅速分离出进入润滑系统的水分；能保护设备部件不被腐蚀。

二、黏温性能

油品的黏度是表示油品在外力作用下作相对层流运动时，油品分子间产生内摩擦阻力。油品的内摩擦阻力越大，流动越困难，黏度也愈大。润滑油的黏度对水轮机-发电机组运行最为重要，油的黏度对轴颈和轴承面建立油膜、决定轴承效能及稳定特性都是非常重要的。黏度决定了油膜的厚度、油的流动能力和油支承负荷及传送热量的能力。设备应选择多大黏度的润滑油一般是由设备的转速和轴承的负载决定的，转速高、负载小，选择低黏度油；反之，转速低、负载大应选择高黏度油。水轮机-发电机组在选择黏度等级牌号时应遵照水轮机制造厂的建议。

油的黏度随温度而显著变化，正常运行温度范围内允许的变化是由水轮机制造厂规定的。润滑系统启动前，油泵允许的最大黏度和最低油温，也是由水轮机制造厂推荐的。

水轮机-发电机组所用的润滑油具有相对低的额定黏度值，它可以减小轴承的摩擦力，并降低轴承的动力损失。虽然油在转轴高速运转时，能为轴颈与轴承间提供相当丰厚的油膜，可是在启动、盘车、停机时仍会发生金属对金属的接触。轴颈转速低时，为了保护轴承，必须保持轴承轻负荷，还应有适当的油膜强度，以最大限度地减小摩擦。水轮机油可以形成高强度的油膜，以适应不同转速时的轴承润滑。水轮机油的黏温性能是用黏度指数所表征的，黏度指数是表示油品黏度随温度变化这个特性的一个约定量值。黏度指数高，表示油品的黏度随温度变化较小，油的黏温性能好，油品在高温时，能保持满足润滑所需的最低黏度；在低温时，黏度也不致过高，增加设备的能耗。因此，黏度指数高的油品，在工作温度的范围内，始终能够保证油品对设备良好的润滑效果。黏度过低，则油膜厚度不够，支撑不起轴颈的质量，不能使之处于平衡状态，易倾斜，进而引起摩擦，增大设备的能耗；但黏度过大，又会增加油品的阻力，降低轴承的转速，增大轴承的动力损失。为此要求油品应具有适当的黏度。

由此可见，在选用水轮机油时，不但要考虑其黏度的大小，而且在相同的条件下，还应尽量选用黏度指数高的油品。

三、抗氧化能力

水轮机油在油系统循环过程中，油流在紊流状态流向轴承、联轴器和排油口时，都会挟带空气。油能与氧反应形成溶解的或不溶解的氧化物。油的轻度氧化一般害处不大，这是由于最初的生成物的量少，是以溶解态存在于油中，对油没有明显的影响。可是进一步氧化时，则会产生有害的不溶性产物。继续深度氧化将在轴承通道、冷油器、过滤器、回油箱和联轴器内，形成胶质和油泥。这些物质的堆积，会形成绝热层限制轴承部件的热传导。这些可溶性的氧化物，在低温时又会转化为不溶性的物质沉析出来，积累在润滑系统的较冷部位，特别是在冷油器内。氧化也能导致复杂的有机酸形成，当有水分存在时这些氧化产物会加速腐蚀轴承和润滑系统的其他部件。

油的氧化速率取决于油的抗氧化能力。温度、金属、空气、水分、颗粒杂质的存在，都起着促进氧化的作用。质量差的油，抗氧化能力差，在恶劣条件下短期内就会产生沉淀。

油的抗氧化能力随着运行时间的延长而下降，这是由于添加的抗氧化剂在运行中被消耗，因此应及时进行抗氧剂的补加，并进行氧化安定性试验，测定其效果。

在新油验收和运行油的每年例检中，都应监测水轮机油的旋转氧弹值以确定其抗氧化性能是否合格。

四、抗泡沫性能和空气释放性能

水轮机油在运行过程中会不可避免地进入一些空气，特别是在激烈搅动的情况下进入的空气更多。此外，设备密封不严、油泵漏气或油箱中的润滑油过分地飞溅都会使空气滞留在油中。空气以溶解态、气泡和雾沫空气等形态存在于油中。油中较大的空气泡能迅速上升到油的表面，形成泡沫。而较小的气泡上升到油表面较慢，这种小气泡称为雾沫空气。

不论空气是以哪种形态存在于油中都会对设备运转带来不良影响，常见的是引起机械的噪声和振动，泡沫的积累还会造成油的溢流和渗漏。发电机轴承下的泡沫可能被吸入电气线圈，落在集流环上，会使绝缘损坏、短路和冒火花。如果是在液压系统中，当通过操纵元件时（如单向阀或转向阀），由于油压下降会使已经存在于油中的空气释放出来，形成气泡进入油箱，从而造成油泵运行不稳，影响自动控制和操作的准确性。此外，油中存在空气时还会造成润滑油膜的破裂以及润滑部件的磨损。

水轮机油和液压油都应严格控制空气的存在。为此，对油制定了相应的控制指标：抗泡沫性、空气释放值。

雾沫空气从油中逸出的速度是用空气释放值来衡量的。它是在相关标准规定条件下，试样中雾沫空气的体积减少到 0.2% 时所需要的时间，这个时间应是气体分离的时间，也就是通常所称的空气释放值。

油中产生泡沫的稳定性及消除速度用油的泡沫特性指标衡量，按照 GB/T 12579《润滑油泡沫特性测定法》进行测量。

五、抗乳化性

油和水形成乳化液后再分成两相的能力称为抗乳化性。油的破乳化时间越短，抗乳化性越好；反之油乳化时间越长，抗乳化性就越差。油的抗乳化性能会影响润滑油膜的强度。

水轮机油在使用过程中不可避免地要与水或水蒸气接触，为了避免油与水形成稳定的乳化液而破坏正常的润滑，要求水轮机油应具有良好的与水分离的性能。

水轮机油在生产过程中，由于精制程度不够或者在使用过程中发生氧化变质都会导致油品破乳化时间的延长。因此，对水轮机油不但规定了新油的破乳化时间，而且对运行中油的破乳化时间也要加以控制。如果水轮机油运行中的破乳化时间太长，所形成的乳化液不但会破坏润滑油膜，增加润滑部件的磨损，还会腐蚀设备，加速油品氧化变质。故抗乳化性是水轮机油使用性能的一个重要指标。

六、防锈性

润滑油中有水存在，不但会使运转机件金属表面产生锈蚀，同时还会加速润滑油的氧化变质。如果油中同时还有水溶性酸存在，锈蚀的情况将更为严重，所以防锈性是水轮机油的一项重要性能。水轮机油是通过添加防锈剂来提高其防锈性能的。

七、低温流动性（凝点和倾点）

润滑油的凝点和倾点都是用来衡量润滑油低温流动性的指标，它们的高低与润滑油的组成有关，含烷烃（石蜡）较多的油凝点和倾点都高，在润滑油加工过程中经过脱蜡以后，凝点和倾点可以大幅度地降低。

凝点和倾点用来决定润滑油储运和使用的温度，但是由于两者与使用时实际失去流动性的温度有所不同，因此对一些在低温下使用的润滑油，在规格指标上除了规定凝点和倾点外，有时还规定低温黏度。

由于润滑油的凝点和倾点测定方法和条件不同，因此对同一个油品所测定的两个结果是不同的，而且两者之间不存在一定的对应关系，并且根据油品的性能和组成的不同两者有明显的差别，在一般情况下倾点和凝点的差值为 3～5℃。

八、使用性能（酸值）

酸值是润滑油使用性能的主要指标之一。润滑油在使用过程中由于氧化变质生成一些有机酸而使酸值增加。如果酸值过大，一方面造成设备的腐蚀，另一方面也会促使润滑油继续氧化生成油泥，都给设备运行带来不利后果。

九、安全性能（闪点）

闪点是一项安全指标。要求水轮机油在长期高温下运行，应安全、稳定、可靠。一般，闪点越低，挥发性越大，安全性越小，故将闪点作为运行控制指标之一。

十、清洁度

运行水轮机油的清洁度指标是运行油的重要控制指标之一。清洁度的表征是以 100mL 油中所含固体物质颗粒在不同粒径范围内分布的总量，以级为表示单位。级数越低，表明油的清洁度水平越好。运行水轮机油中的固体颗粒污染物不仅会加速机组转动部位的磨损，而且会堵塞元件的间隙和孔口，使控制元件动作失灵而引起系统故障，同时，颗粒污染物的沉积也会阻碍传热，造成局部过热，加剧油品的劣化。因此，运行油中颗粒度的检测对确保油系统设备安全、平稳运行至关重要。

第三节 水轮机油取样、检验

一、水轮机油取样

水轮机油的取样主要依据为 GB/T 7597《电力用油（变压器油、汽轮机油）取样方法》。

水轮机油系统正常监督试验在油箱或冷油器取样；检查油的脏污及水分时，自油箱底部取样；在取样时应严格遵守用油设备的现场安全规程；基建或进口设备的油样除一部分进行试验外，另一部分尚应保存适当时间，以备考查；对有特殊要求的项目，应按试验方法要求进行取样，如油中颗粒污染度指标检测应使用颗粒度专用瓶取样。

二、油系统的验收

（1）水轮机的油套管和油管必须采取除锈和防锈蚀措施，应有合格的防护包装。

（2）油系统设备验收时，除制造厂有书面规定不允许解体的外，一般均应解体检查其清洁度。

（3）油箱在验收时要注意内部结构是否合理，在运行中是否可以起到良好的除污作用。油箱内壁应涂耐油防腐漆，漆膜如有破损或脱落需要补涂。经过水压试验后的油箱内壁要排干水并吹干，必要时进行气相防锈蚀保护。

三、新油的验收

新油的验收是保证运行水轮机油的质量关键环节。新油验收取样按照 GB/T 7597《电力用油（变压器油、汽轮机油）取样方法》方法进行，并留样备查。检测项目应严格按照 GB 11120《涡轮机油》逐项目进行，质量指标根据油的黏度等级不同而有所不同，见表 10-3-1，黏度等级按 GB/T 3141《工业液体润滑剂 ISO 粘度分类》分类，对进口油，严格按照标准规定的技术指标进行验收。严禁不符合标准的新油注入设备内，以免造成运行油快速劣化。由于水轮发电机组的运行条件越来越苛刻，若油品质量特别是油的抗氧化性能较差，会严重缩短油的使用寿命，可能使用不久就需要进行处理或更换，不仅造成经济损失而且会影响到机组的安全运行。

表 10-3-1　　　　　　　　　　　新水轮机油技术指标

项目	质量指标						
	A 级			B 级			
黏度等级	32	46	68	32	46	68	100

续表

项目		质量指标						
		A 级			B 级			
外状		透明			透明			
色度（号）		报告			报告			
运动黏度（40℃，mm²/s）		28.8~35.2	41.4~50.6	61.2~74.8	28.8~35.2	41.4~50.6	61.2~74.8	90.0~110.0
黏度指数	不小于	90			85			
倾点（℃）	不小于	−6			−6			
闪点（开口杯,℃）	不低于	186		195	186		195	
密度（20℃，kg/m³）		报告			报告			
酸值（以 KOH 计，mg/g）	不大于	0.2			0.2			
水分（质量分数，%）	不大于	0.02			0.02			
泡沫性（泡沫倾向/泡沫稳定性，mL/mL） 不大于 程序Ⅰ（24℃） 程序Ⅱ（93.5℃） 程序Ⅲ（后24℃）		450/0 50/0 450/0			450/0 100/0 450/0			
空气释放值（50℃，min）	不大于	5	6		5	6	8	—
铜片腐蚀（100℃，3h，级）	不大于	1			1			
液相锈蚀（24h）		无锈			无锈			
抗乳化性（min） 不大于 54℃ 82℃		15 —	30 —		15 —	30 —	—	30
旋转氧弹（min）		报告			报告			
氧化安定性 1000h 后总酸值（以 KOH 计，mg/g）： 不大于 总酸值（以 KOH 计）达2.0mg/g的时间（h）： 不小于 1000h 后油泥（mg）： 不大于		0.3 3500 200	0.3 3000 200	0.3 2500 200	报告 2000 报告	报告 2000 报告	报告 1500 报告	1000 —
承载能力 齿轮机试验（失效级） 不小于		8	9	10	—			
过滤性 干法（%） 不小于 湿法		85 通过			报告 报告			
洁净度（级）	不大于	—/18/15			报告			

四、投产前的监督

应对水轮机油系统中的各部位进行彻底清理，对油系统进行大流量的油循环清洗。在大流量清洗过程中，应按一定时间间隔从系统取样进行油的洁净度分析，直到冲洗油的洁净度达到洁净度分级标准 NAS1638 的 7 级。

五、运行水轮机油的监督

运行中水轮机油的监督按照 GB/T 7596《电厂运行中矿物涡轮机油质量》和 GB/T 14541《电厂用矿物汽轮机维护管理导则》进行检验。

（1）油系统检修后，取样分析，检修后水轮机油的监督指标见表 10-3-2。

表 10-3-2　　　　　　　　　　　检修后水轮机油的监督指标

项目		质量标准
运动黏度（40℃，mm²/s）	32	28.8～35.2
	46	41.4～50.6
水分（mg/L）		≤100
酸值（以 KOH 计，mg/g）		≤0.3
破乳化度（54℃，min）		≤30
泡沫特性（mL/mL）	24℃	≤500/10
	93.5℃	≤100/10
	后 24℃	≤500/10
洁净度（洁净度分级标准 NAS1638，级）		≤7

（2）补油后，油系统循环 24h 后，取样分析，进行油质全分析，质量符合 GB/T 7596《电厂运行中矿物涡轮机油质量》要求，见表 10-3-3。

表 10-3-3　　　　　　　　　　　运行中水轮机油质量标准

项目		质量指标
外状		透明、无杂质或悬浮物
色度		≤5.5
运动黏度（40℃，mm²/s）	32	不超过新油测量值 5%
	46	
	68	
闪点（开口，℃）		≥180，且比前次测定值不低于 10℃
颗粒污染等级 SAE AS4059F（级）		≤8
酸值（以 KOH 计，mg/g）		≤0.3
液相锈蚀		无锈
破乳化度（54℃，min）		≤30
水分（mg/L）		≤100
泡沫性（泡沫倾向/泡沫稳定性，mL/mL）不大于	24℃	500/10
	93.5℃	100/10
	后 24℃	500/10
空气释放值（50℃，min）		≤10
旋转氧弹值（150℃，min）		不低于新油的 25%，且≥100
抗氧剂含量（%）		不低于新油原始测定值的 25%

六、水轮机油监督检测周期和要求

正常运行过程中水轮机油的监督试验项目及周期见表 10-3-4。

表 10-3-4　　　　　正常运行过程中水轮机油的监督试验项目及周期

序号	试验项目	周期
1	外观	6 个月
2	色度	1 年
3	运动黏度	
4	抗乳化性	
5	液相锈蚀	
6	酸值	
7	水分	
8	闪点	必要时
9	泡沫性	
10	空气释放值	
11	旋转氧弹	
12	抗氧剂含量	
13	颗粒污染等级	必要时（调速系统用油检测周期为 6 个月）

注　1. 油质被污染，严重劣化时应进行必要时的项目检测。

　　2. 如外观发现不透明，应检测水分和抗乳化性。

　　3. 对于润滑系统和调速系统共用一个油箱，此时颗粒污染等级指标应按厂商的要求执行。

　　4. 正常的检验周期是基于保证机组安全运行而制定的。但对于机组检修后的补油、换油以后的试验则应另行增加检验次数，如果试验结果指出油已变坏或接近它的运行寿命终点时，则检验次数应增加。

标准中的检验周期，只能作一般性的规定，不适合所有单位的机组运行情况。应结合机组的运行状况，制定较详细的检验周期，因为有的机组运行条件较好，漏气漏水比较少，甚至不漏，也没有过热现象，检验周期就应适当延长。反之，有的机组运行条件比较恶劣，大量漏气漏水，势必加速油的老化。在这样的情况下，应加强监督，缩短检验周期的时间间隔，标准中也对大量漏气漏水的机组作了规定，要求必须增加检验次数和采取相应措施。

七、试验结果分析及采取的相应措施

对油质结果进行分析，如果油质指标超标，应查明原因，采取相应处理措施。运行中水轮机油油质指标超标的可能原因及参考处理方法见表 10-3-5，在进行原因分析时还应考虑到补油（注油）或补加防锈剂等因数及可能发生的混油等情况。

表 10-3-5　　　　　运行中水轮机油油质异常原因及处理措施

项目	警戒极限	异常原因	处理措施
外状	（1）乳化不透明。 （2）有颗粒悬浮物。 （3）有油泥	（1）油中含水或被其他液体污染。 （2）油被杂质污染。 （3）油质深度劣化	（1）脱水处理或换油。 （2）过滤处理。 （3）投入油再生装置或必要时换油

项目	警戒极限	异常原因	处理措施
颜色	(1) 迅速变深。 (2) 颜色异常	(1) 有其他污染物。 (2) 油质深度劣化。 (3) 添加剂氧化变色	(1) 换油。 (2) 投入油再生装置
运动黏度 (40℃，mm^2/s)	比新油原始值相差±5%以上	(1) 油被污染。 (2) 油质严重劣化。 (3) 加入高或低黏度的油	如果黏度低，测定闪点，必要时进行换油
闪点 (开口杯，℃)	比新油高或低测15℃以上	油被污染或过热	查明原因，结合其他试验结果比较，考虑处理或换油
颗粒污染等级 SAE AS4059F (级)	>8	(1) 补油时带入颗粒。 (2) 系统中进入灰尘。 (3) 系统中锈蚀或部件有磨损。 (4) 精密过滤器未投运或失效。 (5) 油质老化产生软质颗粒	查明和消除颗粒来源，检查并启动精密过滤装置、清洁油系统，必要时投入油再生装置
酸值（以KOH计，mg/g）	增加值超过新油0.1以上	(1) 油温或局部过热。 (2) 抗氧化剂耗尽。 (3) 油质劣化。 (4) 油被污染	(1) 采取措施控制油温并消除局部过热。 (2) 补加抗氧化剂。 (3) 投入油再生装置。 (4) 结合旋转氧弹结果，必要时考虑换油
液相锈蚀	有锈	防锈剂消耗	添加防锈剂
破乳化度 (54℃，min)	>30	油污染或劣化变质	进行再生处理，必要时进行换油
水分（mg/L）	>100	(1) 冷油器泄漏。 (2) 油封不严。 (3) 油箱未及时排水	检查破乳化度，启用过滤设备，排出水分，并注意观察系统情况消除设备缺陷
泡沫性 (mL)	24℃及后24℃：倾向性>500，稳定性>10 93.5℃：倾向性>100，稳定性>10	(1) 油质劣化。 (2) 消泡剂缺失。 (3) 油质污染	(1) 投入油再生装置。 (2) 添加消泡剂。 (3) 必要时换油
空气释放值（min）	>10	油污染或劣化变质	必要时考虑换油
旋转氧弹值 (150℃)	小于新油原始测定值的25%，或小于100min	(1) 抗氧剂消耗。 (2) 油质劣化	(1) 补加抗氧化剂。 (2) 再生处理，必要时换油
抗氧剂含量	小于新油原始测定值的25%	(1) 抗氧剂消耗。 (2) 错误补油	(1) 补加抗氧化剂。 (2) 检测其他项目，必要时换油

第四节　水轮机油的维护管理

为了保持油质处于良好的状态，延长油的使用寿命，保证动系统设备的安全运行，在运行中必须加强油系统的污染控制和运行油的防劣化处理。污染控制的主要目的是获得与保持油及油系统的清洁度，其工作主要涉及设备的安装、运行及检修等环节，应进行全过程的监督与维护。运行油的防劣化处理是在保持油及油系统清洁度的前提下对运行油进行在线再生以及添加化学添加剂，以达到改善油的性能的目的。

一、油系统在基建安装阶段的污染控制

对制造厂供货的设备在交货前应加强对设备的监造，以确保油系统设备尤其是套装式油管道内部的清洁。

到货验收时，除制造厂有书面规定不允许解体的部件外，一般都应解体检查组装的清洁程度，包括有无残留的铸沙、杂质和其他污染物，对不清洁的部件应进行彻底清理。

常用的清洗方法有人工擦洗、压缩空气吹洗、高压水冲洗、大流量油冲洗、化学清洗等，清理方法的选择应根据设备结构、材质、污染物的性质、分布情况等因素而定，一般擦洗只适合于能够达到的表面。对于系统内分布较广的污染物常用冲洗的方法，如果采用化学清洗，事先须征得制造厂的同意，并做好相应的措施。

对油系统设备验收时，要注意检查出厂时的防护措施是否完好。在设备存放与安装阶段，对出厂有保护涂层的部件，如发现涂层起皮或脱落，应及时补涂，保持涂层完好；对于无保护层的易生锈的金属部件，应喷涂防锈剂（油）进行防锈保护并定期检查。

在施工中及时清理钻孔、气割及焊接产生金属屑、氧化皮、焊渣等。在油系统管道未接通前，对管道、设备的敞开部分应注意临时密封，施工中保持现场干净，确保已清理干净的油系统、设备不再受到污染。

二、油系统冲洗

新机组在安装完成投运之前须进行油系统大流量冲洗过滤，使油系统设备和油的洁净度合格。大流量冲洗的设备应使冲洗油有较高的流速，不低于油系统额定流速的 2 倍，使系统回路所有冲洗区段内的油流都应达到紊流状态。冲洗系统应有合适的加热与冷却措施，以便采用适当升温与降温的变温操作方式，提高冲洗效果。在冲洗过程中外加高精度大流量的过滤设备，对冲洗油进行过滤，及时去除冲洗出来的杂质。

（一）冲洗前的准备

在对油系统进行大流量冲洗前，应首先对润滑油系统管路进行适当的改装，设置临时滤网和仪表等，增加临时管路和阀门以减少冲洗时油系统的阻力。油系统中有些装置在出厂前已进行组装、清洁和密封，不参与冲洗，以免冲洗中进入污染物，冲洗前应将其隔离或旁路直到系统其他部分的洁净度合格为止。应确保冲洗管路和设备安装可靠，不得有泄漏。

（二）冲洗工艺

在循环冲洗过程中，为了缩短冲洗时间和提高冲洗效果，一般采用大流量高速冲洗，变温（30～70℃）、变流速冲洗等方法。在冲洗过程中从管道的上游开始沿管路对焊口、法兰、接头等部位进行敲击，必要时通入压缩空气产生气击等措施，以便于附着在油系统中的氧化皮、焊渣等杂质的脱落。

大流量高速冲洗能够将设备表面及拐角处的机械杂质冲刷下来；冷热交替的冲洗会使设备随油温的变化产生膨胀、收缩，使氧化皮及附着物易于脱落；变流速冲洗增加了对金属表面的冲刷力度，容易冲走剥落的机械杂质。

油冲洗一般按三个阶段进行。

第一阶段通常采用低温（30～40℃）、大流量高速冲洗，主要去除较大的机械杂质。启动冲洗油泵后向供油管路、主油泵轴承箱供油冲洗，期间可通过调节阀控制油系统中各部位的冲洗油的流量和流速。冲洗一定时间后将主油箱中的冲洗油排入临时油箱，对主油箱和冲洗滤网进行清理。

第二阶段将临时油箱中的冲洗油通过滤油机倒回主油箱，装上油系统各部位的相应滤网，采用30～40℃和60～70℃两个温度范围反复交替冲洗，期间应注意检查各滤网的压差，并及时清理或更换。当取样后，无肉眼可见机械杂质时，停止冲洗。将冲洗油排入临时油箱，再次清理主油箱，清理或更换油系统中各部位的滤网，拆除临时管路、阀门、滤网、仪表等，恢复油系统设备、管路、滤网的正常连接。

第三阶段是油系统投运前的最后一次冲洗。先将合格的新油或运行油通过滤油机注入油箱，先后投入盘车油系、电动油泵，在50～60℃进行恒温、恒流冲洗，同时投入外接滤油机进行过滤，直到油的颗粒污染度达到要求（洁净度分级标准NAS1638的7级以内），注意在油的颗粒污染度指标合格前不得盘动转子，以免损伤轴颈轴瓦。为了提高过滤效率，除清理或更换油系统及滤油机的滤网外，可以在系统冲洗一段时间后，停止冲洗，在主油箱和临时油箱间通过滤油机倒换几次，并根据情况清理油箱，以加快过滤速度。最终油系统的颗粒污染度达到洁净度分级标准NAS1638的7级以内后可结束冲洗过滤。

对于大修后的机组油系统的冲洗过滤方法与新建机组基本相同。油系统冲洗的具体技术要求和注意事项可参照GB/T 14541《电厂用矿物涡轮机油维护管理导则》。

三、运行油的污染控制

（一）运行中的污染控制

在对运行油油质进行定期检测的同时，应将水轮机轴封和油箱上的油气抽出器（抽油烟机）以及所有与大气相通的门、孔、盖作为污染源来监督。当发现运行受到水分、杂质污染时，应检查这些装置的运行状况或可能存在的缺陷，如有问题应及时处理。当在油系统及附近进行可能对油品产生污染的作业时，要做好防护措施，不让油系统部件工作面暴露在易受污染的环境中。为了保持运行油的清洁度，应对油净化过滤装置进行监督，确保油净化过滤装置处于良好的工作状态，能及时去除油中可能出现的杂质。

（二）检修过程中的污染控制

当油系统进行检修需要将油转移到临时油箱时，应事先将临时油箱彻底清理，通过滤油机将油系统中的油打入临时油箱，尽量避免油转移过程中造成的污染。

油系统排油，尽量将油系统的残油排放干净，对油箱、油泵、冷油器、滤油器等内部的污染物进行检查及取样分析，查明污染物的成分和可能来源，并采取相应的处理措施，如清理污染物、油净化处理、更换或检修有问题的部件等。在检修时应注意工艺质量及防护措施，防止外界灰尘污染物、金属杂质等进入油系统等。对油系统能够清理到的地方必须采用适当的方法清理，清理时的擦拭物应干净、不起毛，清洗时所用的有机溶剂如酒精、丙酮等应洁净，并注意对清洗后的残留液的清除，清理后的部件应用洁净油冲洗，必要时用防锈剂（油）保护。清理时不宜用化学方法、热水或蒸汽清洗，原因是残留的清洗药剂、水分会使运行油发生变质，导致金属部件锈蚀甚至损坏。

（三）检修后系统的冲洗

检修工作完成后油系统是否需要进行全面冲洗，应根据对油系统检态和油质分析的结果进行综合考虑而定。如果油系统内存在一般清理方法不能除去的油溶性污染物如油老化或添加剂的降解产物时，采用全系统大流量冲洗常有必要。其次，某些部件，在检修时可能直接暴露在污染环境下，如果不采用全系统大流量净化，一些污染物还来不及清除就可能从这一部件转移到其他部件。另外，还应考虑污染物种类，更换部件自身的清洁程度以及检修中可能带入的某些杂质等。如果没有条件进行全系统冲洗，至少应考虑采用热的干净运行油对这些检修过的部件及其连接管道进行冲洗，直至洁净度合格为止。

四、油净化处理

运行油的净化处理设施作为油系统的油质改善和控制手段，形式多样。常用的有颗粒过滤、重力沉降、离心分离、水分聚结/分离、真空脱水和吸附再生净化等各种装置。其净化的工作原理和特点各不相同，应根据他们各自的特点和适用范围并结合油质具体情况进行选用。

不同形式的油净化装置都有各自的局限性。如离心分离法与离心力有关，既可分离水分，又可分离杂质，其去除杂质的效率取决于颗粒大小、颗粒杂质与油的密度差、油的黏度等因素；机械式过滤器不能有效脱除水分，聚结/分离式设备主要是除水，但其效率受油中固体污染物、油的老化产物、表面活性剂存在的影响；不管是离心分离法还是聚结/分离法脱水，都不能去除油中的溶解水；真空脱水对油的脱水效率不高，但经多次循环，可脱除油中的溶解水；吸附再生法可以去除油中的老化产物，从根本上改善油的性能，但同时会吸附油中的添加剂，再生完毕需要补加添加剂。因此大容量机组常选具有再生过滤脱水综合功能的设备，滤油设备的选用及安装应在保证安全的前提下以能最高效率为机组提供合格的油为原则。

五、添加化学添加剂

油中添加化学添加剂是防止油质劣化，保障油系统设备运行的一项有效措施。其功能主要是提高油的抗氧化性能，抑制油的老化变质，改善油的防锈性能、抗泡沫性能、抗乳化性能等。化学添加剂的种类繁多，对于矿物涡轮机油，使用最多的是抗氧剂和防锈剂。

添加剂与运行中的涡轮机油应具有良好的相容性，具体要求是感受性良好，功能改善作用明显；能溶解于油中，而不溶于水，不宜从油中析出；对油的其他性能无不良影响。化学稳定性好，在运行条件下不受温度、水分及金属等作用发生分解。对油系统金属及其他材料物无侵蚀性等。按照上述要求，通过严格的规定试验选用添加剂。

添加剂的使用效果还与运行油的劣化程度、添加剂的有效剂量、油系统的清洁状况、运行油的补油率以及其他运行条件有关。为了提高添加剂的使用效果，除正确选用添加剂外，还应加强运行油的监督与维护，包括添加效果的评定、添加剂含量的测定、油系统污染的控制、补加添加剂等工作。

（一）添加抗氧化剂

T501是一种常用的抗氧化添加剂，化学名为2，6-二叔丁基对甲酚，它适合在新油（包括再生油）或轻度老化的运行油中添加使用。对于新油、再生油的添加剂量一般为

0.3%～0.5%；对于运行油，其含量低于0.15%时，应进行补加。

含有其他抗氧化剂或与T501复合抗氧化剂的新涡轮机油，如果抗氧化剂含量低于新油的30%，则应进行补加，补加的抗氧化剂的类型与数量应咨询油品供应商或生产商。

运行油添加或补加抗氧化剂前，应先在试验室进行添加试验，评定添加效果。添加前对油进行再生净化处理，去除水分、油的老化产物和油泥等杂质后添加，其效果会更好。添加时先将抗氧化剂用热油配成5%～10%浓度的母液，通过滤油机打入运行油中。添加后对油进行循环过滤或随机组运行，使药剂与油混合均匀，并对油质进行检测，以便及时发现异常情况。

（二）添加防锈剂

运行涡轮机油中进入水分，会引起油质乳化和油系统内金属表面锈蚀，为了防止油系统锈蚀，运行涡轮机油中一般有防锈剂。目前电厂广泛使用的是T746防锈剂，化学名为十二烯基丁二酸，T746防锈剂分子中含有非极性基团的烃基和极性基团羟基，具有极性基团的羧基易被金属表面吸附，而烃基则具有亲油性质，易溶于油中，因此当T746防锈剂在油中遇到光洁的金属表面，就能有规则地吸附在金属表面，形成致密的分子膜，这样就阻止了水、氧气和其他侵蚀性介质的分子或离子渗入金属表面，而起到防锈作用。

1. 添加前的准备

T746在涡轮机油中的添加量为油量的0.02%～0.03%，可通过液相锈蚀试验确定油中是否含有防锈剂以及是否需要补加。当液相锈蚀试验试棒有锈时，说明油中无防锈剂或剂量不足，就需要补加。

为了使T746防锈剂更好地在金属表面形成牢固的保护膜，达到预期的添加效果，添加前应将油系统的各个管路、部件及主油箱等全部进行清扫或清洗，使油系统内露出洁净的金属表面，同时用滤油机将油中的水分和杂质过滤合格。

2. 添加过程

按运行油量计算出T746防锈剂的需要量，然后将T746防锈剂先用运行油配制成5%～10%的浓溶液，配制时可将油温加热到60～70℃，进行搅拌，以便加快防锈剂的溶解，最后将配制好的浓溶液通过滤油机注入油箱内。继续循环过滤，使药剂与油混合均匀。

3. 补加

由于T746防锈剂在运行中会逐渐消耗，因此需要定期补加，补加时间一般由运行油的液相锈蚀试验确定，只要金属试棒上出现锈斑就应及时补加，补加量控制在0.02%左右，补加方法与添加时相同。

（三）添加破乳化剂

对于漏气、漏水的机组，必然发生油质乳化。添加破乳剂是改善油的破乳化度的方法之一。

1. 破乳化机理

涡轮机油在炼制过程中残留的天然乳化物和油质劣化时产生的低分子环烷酸皂、胶质存在于作为乳化剂，当油中含水超过其饱和溶解量时，由于油在运行时轴承润滑以及循环流动产生的激烈搅拌作用，就会形成油水乳化液。

乳化剂和水的存在是油质乳化的物质因素。乳化剂通常都是表面活性物质，分子中含有极性基团（亲水基团）和非极性基团（亲油基团）。当油中含有过量的水时，乳化剂能在油水之间形成坚固的保护膜，使油水交融，难以分离。涡轮机油的乳化往往形成油包水的乳化液，这是由于水与界面膜之间的张力大于油与界面膜之间的张力，水相收缩成水滴，均匀地分散在油相中，形成油包水状的乳化液。

如果能在油包水状乳化液中加入与乳化剂性能相反的另类表面活性物质"破乳化剂"使水与界面膜之间的张力变小或使油与界面膜之间的张力变大，最终使水与界面之间的张力等于油与界面之间的张力，这时界面膜破坏，水滴析聚，乳化现象消失，这就是乳化和破乳化的简单机理。

2. 涡轮机油对破乳化剂的要求

（1）为在常温下直接溶于油中，不需要有机助溶剂；

（2）具有较好的化学稳定性，在空气中或高温下氧化安定性要好；

（3）几乎不溶于水。

3. 常用的破乳化剂种类

（1）氧化烯烃类聚合物。分子量 50 万左右的氧化烯烃聚合物添加量在万分之一左右时，能使油的破乳化度下降到 2～4min，但其维持时间较短。

（2）十八醇或丙二醇做引发剂的氧化烯烃聚合物（SP 或 BP 型破乳化剂）。一般加入万分之一的剂量后，能使油的破乳化度下降到 5min 左右。但这类破乳化剂水溶性强，油溶性较差，因此随水排出损耗较大。

（3）聚氧化烯烃甘油硬脂酸酯（GPES 型破乳化剂）。该破乳化剂分子量在 2000～3000，其在油中的溶解度可以达到 0.5%，添加效果好，添加剂量一般在 10～20mg/kg。

4. 添加方法

添加前对油系统进行过滤，除去油中的水分和杂质，根据试验确定添加剂的量，用运行油配成适当浓度的母液，通过滤油机加入油中，并使油循环与运行油混合均匀。

破乳化剂在运行过程中会逐渐消耗，需要定期补加。补加时间应根据破乳化度试验结果确定。当油的破乳化度大于 30min 时进行补加，补加量约为初次添加量的 2/3，补加方法与添加方法相同。

乳化剂、水分和油循环的搅拌作用是油质乳化的三个前提，最关键的还是避免油中进水，去除油中存在的乳化剂，消除引起油质乳化的物质因素。

（四）添加消泡剂

（1）在涡轮机油中通常添加的消泡剂是二甲基硅油，这种消泡剂并不能预防涡轮机油产生泡沫，它的主要作用是吸附在油中的泡沫表面上，使泡沫局部表面张力降低或浸入泡沫的膜使泡沫破裂，从而起到消泡的作用。

（2）涡轮机油对消泡剂的要求为表面张力要小；具有较好的化学稳定性，在高温下氧化安定性要好；凝点低，黏温性能好；蒸汽压低，挥发性小；几乎不溶于水和油。

（3）涡轮机油的消泡剂主要有聚硅氧烷，如二甲基硅油和非硅型消泡剂，如聚丙烯酸酯（T911、T912）两类。

1）二甲基硅油。二甲基硅油是在润滑油中应用最多的一种消泡剂，常用的黏度为 1000～10000mm^2/s，使用量一般为 5～50mg/kg，涡轮机油中二甲基硅油消泡剂的使用量在 10mg/kg 左右。

二甲基硅油在油中的分散状态对于油的抗泡沫效果影响很大，只有将二甲基硅油分散成

10μm 以下的粒子存在于油中才能得到良好的消泡效果，如果二甲基硅油分散粒子较大，由于其密度比油稍大，则沉降于油中，起不到消泡作用。

为了使二甲基硅油在油中分散良好，先用涡轮机油与硅油配成 5%～10% 的母液（用煤油配制消泡剂时，消泡剂的分散性较好，但前提是煤油的使用量不得过大，以免影响润滑油的黏度和闪点）。用高速搅拌机或胶体磨强烈搅拌，得到 1～3μm 的硅油粒子，再添加到油中，混合均匀，可以取得较好的消泡效果。

2）非硅消泡剂。由于二甲基硅油消泡剂的油溶性不好，在油中难于分散均匀，影响了消泡效果，加大剂量（有的已增加到 20mg/L）不仅增加成本，而且影响油品空气释放值，因此人们开发了非硅系消泡剂。T911 和 T912 都是聚丙烯酸酯共聚物，其不同点是 T911 的分子量比 T912 小，T911 在重质润滑油中效果较好，而在轻质油中效果不显著，T912 在轻质和重质润滑油有较好的效果。非硅消泡剂最大优点是易溶于油，抗泡效果比较稳定，不影响油品空气释放值，缺点是添加量比硅油稍大（10～500μg/g），故有的配方采用两者复合调配进行改良。

（五）各类添加剂的复合添加

为了改善涡轮机油的多种使用性能，同时需要添加两种或两种以上的添加剂，这样的措施称为复合添加。

多种添加剂复合添加前，除通常按规定进行的复合添加剂感受性试验外，还应与单一添加剂的油品进行理化性能和使用性能比较，以便确定添加剂量，全面判断添加效果以及对油品性能的影响。通常要求复合添加后对油的理化性能如抗氧化性、防锈性、抗乳化和抗泡沫性能等无不良影响，且绝对不允许有沉淀物产生，复合添加后的效果不应低于单一添加剂相同剂量的添加效果。

目前应用较多的是抗氧剂和防锈剂的复合添加剂。

运行涡轮机油中含有抗氧化剂和防锈剂，若运行中机组漏水，造成油质乳化，还需添加破乳化剂等添加剂。复合添加和补加时，可以每种添加剂单独配成母液，分别加入，也可以混合配制母液一起加入。添加前应清扫油系统，对油进行过滤净化合格后加入并运转油系统或旁路过滤，使添加剂与油混合均匀。添加前后应取样检测油质，进行对比，确认添加效果。

六、混油（油的相容性）

（1）水轮机发电设备需要补油时，应补加与原设备中油的规格牌号相同而且同一添加剂类型的新油或符合运行油质量标准的合格油品。由于新油与已老化的运行油对油泥的溶解度不同，当向运行油特别是已严重老化的油中补加新油或接近新油质量标准的油时，就可能导致油泥在油中析出，以致破坏涡轮机油的润滑、散热或调速特性，威胁机组的安全运行。因此补油前必须按 DL/T 429.7《电力用油油泥析出测定方法》先进行混合油样的油泥析出试验，无油泥析出时方可允许混油。

（2）参与混合的油，混合前其各项质量指标必须经检验合格。

（3）不同牌号的涡轮机油原则上不宜混合使用，因为不同牌号的油黏度范围是不相同的，黏度是涡轮机油的一项重要指标。不同类型、不同转速的机组，使用不同牌号的油，在设计选用上是有严格规定的，一般不允许将不同牌号的油混合使用。在特殊情况下必须混用时，应先按实际混合比例进行混合油样黏度的测定，并征得水轮机专业人员或设备制造厂方的认可后，进行油泥析出试验，以最终确定是否可以混合使用。

（4）对于进口油或来源不明的涡轮机油，若与不同牌号的油混合时，应将混合前的单个油样和混合油样分别进行黏度检测，如黏度在各自的合格范围内，并且混合油样的黏度值又征得了水机专业人员或制造方认可后，再进行混油老化试验，老化后混合油的质量应不低于未混合油中质量最差的一种油，方可决定使用。

（5）试验时，油样的混合比例应与实际的比例相同；如果无法确定实际混合比例时，则按1∶1比例进行混油试验。

第五节 案 例 分 析

一、事件经过

某水力发电厂是一座日调节纯抽水蓄能电站，电站枢纽工程由上水库、下水库、输水系统地下厂房、开关站等组成。电站单机容量为250MW，总装机容量为1000MW，安装了4台单级可逆式水泵水轮发电机组，以一回500kV线路接入河北南部电网。

2015年2月17日04：33，1号机抽水运行中出现1号机轴电流保护动作报警，1号机电气跳机，甩负荷250MW。

监控出现如下报警信息：

U01_JA01_EW100_DI01 ShutDown‐A；

U01_JA01_EW100_DI03 CommElec. Equip. Trip；

U01_GA01_LEFLT_DI01 UnitElectical FAULT。

运维人员对1号机组保护A盘进行检查，确认为轴电流保护动作导致机组电气跳机。同时对发电电动机轴电流保护接地电刷进行检查，未见异常，对轴电流保护TA二次回路和轴电流保护装置进行检查，未见异常，整个事故过程及后续试验中，轴电压表指示始终为0。经过对轴电流回路进行分析，初步怀疑上导油盆水轮机油质量下降，导致绝缘能力降低，因此对1号机组上导轴承的水轮机油进行了更换，将全部水轮机油排出，注入新油。

2月18日将1号机组轴电流保护由掉闸改为信号，进行1号机组抽水调相工况启动试验，机组虽然启动正常，但是轴电流保护报警信号仍然存在，相关绝缘数值仍然较低。

2月27日至3月1日电站申请机组退备，对上导油盆进行了拆解，彻底清洗了油盆内各个部件，回装后进行了机组试转及并网试验，轴电流保护运行正常，未产生报警信号。

二、原因分析

1. 保护原理

该水力发电厂发电机为伞式结构，设置有一套轴电流保护用于监视发电机运行过程中的轴电流大小，定值1.0mA、延时10s。通过对发电机上导轴承的结构进行分析，判断可形成轴电流回路共有4条，1条是上导瓦面＋油膜＋绝缘垫，如图10‐3‐2所示，其他3条都是梳齿密封＋绝缘垫。发电机制造商对上述第1条回路的绝缘垫阻值设置有绝缘监视，而其余3条未设置绝缘监测，不便直接判断绝缘情况。在此次缺陷处理过程中，重点对梳齿密封间隙是否有金属颗粒、上导瓦面、各绝缘垫（绝缘套筒）等部位进行检查，同时对上导轴承的油样进行了化验。具体分析如下：

（1）轴电流保护是一套"mA级过电流保护"，当检测到通过大轴TA电流超过设定值（1.0mA）时，延时（10s）出口动作电气跳机。

（2）轴电流保护范围为大轴TA以上部分，即主要是上导瓦部分；闭合回路a是轴电流保护动作回路，其前提条件是：上导瓦油膜电阻值＋（131－132间绝缘垫电阻值）＋（132－133间绝缘垫电阻值）＝电阻值和，可见此时若上导瓦油膜消失，同时金属颗粒或杂质附着在131－132间绝缘垫及132－133间绝缘垫处时，整个轴电流的回路构成，即使大轴上感应的轴电压很低，但此时回路电阻值很小，将足以产生较大的轴电流，这也就是为什么在保护动作时，轴电压表未显示读数的原因。

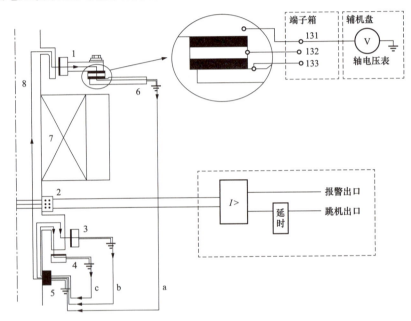

图 10－3－2　轴电流配置及动作回路示意图

1—上导瓦；2—大轴TA；3—下导瓦；4—推力瓦；5—大轴碳刷；6—上机架；7—转子；8—大轴；
a—上导瓦油膜＋绝缘垫被击穿时轴电流回路；b—下导瓦油膜被击穿时轴电流回路；c—推力瓦油膜被击穿时轴电流回路

2. 保护动作后更换上水轮机油前后相关测量数据分析

处理过程中，对发电机端子箱SP04内端子131、132、133进行了测量，数据见表10－3－6。

表 10－3－6　　　　　　1号机组直阻测量数据　　　　　　　　Ω

时间	机组状态端子号	131－132 （上绝缘垫）	132－133 （下绝缘垫）
动作后 第1天	停机稳态	1300	390
	只加励磁不并网	1000	380
	换油后（机组停机稳态）	336	335
	换油后首次PC启动中	720	318
	换油后PC并网	跳变	300
	换油后PC解列	1000	313

时间	机组状态端子号	131-132 (上绝缘垫)	132-133 (下绝缘垫)	
动作后 第2天	PC 并网 PC 解列 PC 刚转停机 PC 停机稳态	无穷大 800 700 700	9 10 245 245	保护启动 保护启动

由表 10-3-6 可以看出，更换上导油盆内水轮机油后，上绝缘垫、下绝缘垫的直阻数据无明显变化，而动作后第 2 天测得的 PC 并网及 PC 解列的数据中，下绝缘垫的直阻几乎降为零，可见下绝缘垫处黏附有杂质，导致直阻较低，当定转子间磁场建立，有可能间接使轴电流回路导通，引起轴电流保护动作。

三、处理过程

为了彻底清理上导油盆内杂质，电站申请机组退备，对上导油盆进行了拆解，彻底清洗了油盆内各个部件，回装后进行了机组试转及并网试验，轴电流保护运行正常，未产生报警信号。

如图 10-3-3 所示，绝缘垫的厚度约为 2mm，在接缝处黏附有黑色杂质，其中可能含有电刷磨损后产生的炭粉，当黑色杂质聚集一定数量，在电磁场作用下，就会将上面的上导瓦支撑与下面的上机架连通，从而形成了轴电流保护的电流回路，引起轴电流保护动作。

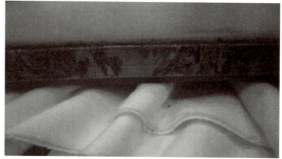

图 10-3-3 绝缘垫环细节图

在发电机端子箱内测量 131-132 间、132-133 间的直阻或绝缘就是为了判断此绝缘垫环上下两层的绝缘是否良好。

对油盆内各个部位拆解的所有部件进行清洁，回装完毕充完油后，再次测量 131-132、132-133 间的阻值，与轴电流保护动作后测量的数据进行了对比，131-132 间（上绝缘层）电阻由原来的 1kΩ 左右上升至 145kΩ，132-133 间（下绝缘层）由原来的 300Ω 左右上升至 150kΩ 左右，电阻值明显提高，清洁油盆内部及绝缘垫环的作用明显。此外，对于所有螺栓的绝缘套筒进行绝缘检查，结果均正常，同时也进行了相应的清洁。

1 号机组恢复运行后，电厂严密监视 131-132 间、132-133 间绝缘情况，未发现异常，1 号机组轴电流保护也未产生报警，由此可见，1 号机组上导油盆清理工作取得了较好的效果。

四、暴露问题

（1）设备维护不到位，发电机导轴承油盆定期解体清扫检查的周期偏长。

（2）对发电机轴电流保护日常维护不到位，未能按期监测回路阻值。

（3）未将发电机上导轴承油盆底部的梳齿密封检查列入日常工作。

（4）机组检修项目执行不到位，未能彻底跟踪处理。

（5）油质监督不到位。

五、防范措施

（1）增加机组检修项目：每两年进行发电机轴承油盆解体检查及清洗。

（2）定期测量轴电流保护回路阻值，监测绝缘垫环的绝缘情况，发现异常及时处理。

（3）将发电机上导轴承的上油盆盖、油盆底部的梳齿密封检查纳入机组定检项目，定期检查梳齿密封间隙内是否有杂质或颗粒。

（4）加强油质监督。

第四章

辅机用油监督技术

电厂主机是指水轮机和发电机，除这两大主机以外的配套设备均是辅机，水力发电厂涉及的种类很多，如液压启闭机、空气压缩机、减速齿轮箱等。这些辅机所用的油品主要包括水轮机油、齿轮油、液压油及空气压缩机油等。

第一节 辅机用油取样、检验

一、液压油的取样

液压系统油液取样首选管路取样，管路取样应按 GB/T 17489—1998《液压颗粒污染分析 从工作系统管路中提取液样》第 4.1 条规定的程序进行，取样时做好安全防护，防止人身受到伤害或油液大量外泄。

在液压系统管路上无法安装取样器或取样有危险的情况下采用油箱取样，油箱取样应按 GB/T 17489—1998《液压颗粒污染分析 从工作系统管路中提取液样》第 4.2 条规定的程序进行，取样时应避免二次污染。

为了防止取样器及容器对检测样品造成二次污染，应按 GB/T 17484《液压油液取样容器 净化方法的鉴定和控制》的规定进行器具净化。

二、齿轮油的取样

运行油样的取样应在机械正常运转停止后的 10min 中内于油箱的代表性部位取得所需试样。取样前的 24 工作小时内不得向油箱内补加新油。取样器和盛样容器（带盖）要清洁、干燥。

三、液压油的监督

为了保证运行中液压油的质量，对新油的验收是非常重要的一个环节，一定要严格把关，按照标准 GB 11118.1《液压油（L-HL、L-HM、L-HV、L-HS、L-HG）》的要求逐项进行。有一项不符合标准，都不能注入设备内，避免给运行带来麻烦。其中入厂检测的项目必须包括运动黏度、密度、色度、外观、黏度指数、倾点、酸值、水分、机械杂质、铜片腐蚀、液相锈蚀、泡沫特性、空气释放值、抗乳化性、清洁度、旋转氧弹和硫酸盐灰分。

建议增加的检验项目包括闪点、皂化值、剪切安定性、密封适应性指数、磨斑直径、水解安定性、热稳定性、过滤性、齿轮机试验。

四、齿轮油的监督

在新油交货时，应按照 GB 5903《工业闭式齿轮油》的要求进行验收，必要时可按有关国际标准、双方合同约定或设备制造商要求的指标验收。

第二节　辅机用油的维护

一、液压油的维护

（一）预防颗粒污染

造成油品颗粒污染的原因很多，主要包括外部污染和工作过程中系统产生的污染。预防颗粒污染的关键是对系统进行良好的维护，包括系统运行前的清洗、加强密封和空滤、保持环境清洁等。为了保证油系统的清洁，用户一般对油品进行过滤后再加注到系统中。

（二）预防水污染

液压油中的水污染主要来自空气中的冷凝水。水污染会增加对金属的腐蚀，加速油品变质，使油品的润滑性下降。针对液压油中的水污染，除了来取一些预防措施，如加强密封、安装油箱呼吸孔干燥器等，更为重要的是及时分离并去除液压油中混入的水分，如使用真空设备进行脱水处理，如无法进行脱水处理，必要时换油。

（三）预防空气污染

当油箱中吸入管半露于最低液面或淹没深度不够，吸入段密封不限，或者回油管高出最低油面，这些情况都会使气体进入液压油中。空气进入液压系统会造成空蚀，产生噪声、振动和爬行，油温升高，润滑性能下降，空气中的氧气也会加剧油品的氧化变质，缩短油品的使用寿命。

针对液压油的空气污染，所采取的维护措施一般是设备维护，如经常检查吸油口的状况，必要时清洗或更换吸油过滤器；检查各吸油管部分接头、焊缝的密封；检查油箱液位；定期对液压缸及相关管路进行排气；条件允许时可配备除气装置等。

（四）控制液压油使用温度

油温过高是造成液压油失效的第二大原因，控制液压油的使用温度对油品的使用寿命十分重要。油温升高会加速油品的氧化变质，同时氧化生成的酸性物质也会导致金属元件的腐蚀，油温过高还会加速密封件的老化变形，造成漏油。

防止系统油温上升的措施是加强冷却，一般由系统冷却器实现。对于一般的液压系统，通常控制油温不超过65℃，对于介质黏度比较低的液压系统，应控制油温更低些。如果利用冷却器不能达到上述效果，则可能需要清洗冷却器。但在实际工作过程中，由于过热只是发生在设备的局部位置，除非发生重大故障，油温一般不会发生剧烈的上升。因此，通过监测油液温度，很难发现过热问题。设计缺陷、颗粒污染、局部的锈蚀都会造成油品局部过热。排除系统的设计缺陷因素，油品局部过热问题是油品污染的综合体现，要想预防油品局部过热，最根本的措施还是加强对油液的检测和维护。

二、液压油的更换

当有其他油品混入，或由外界尘土、金属碎末、锈蚀粒子和水等物质引起液压油的污染时，都会急剧地缩短液压油的使用寿命。液压油在使用一定时间后，由于空气、水、机械杂质的作用会产生氧化变质，需及时更换新油，否则会造成系统工作不正常，甚至会腐蚀和损坏液压系统元件。对运行液压设备中的液压油应定期取样化验，一旦油中的理化指标达到换油指标后（单项达到或几项达到）就要及时处理或换油。SH/T 0476《L-HL 液压油换油指标》规定了 L-HL 抗氧防锈液压油的换油指标，见表 10-4-1。NB/SH/T 0599《L-HM 抗磨液压油换油指标》规定了 L-HM 抗磨液压油的换油指标，见表 10-4-2。

表 10-4-1　L-HL 抗氧防锈液压油换油指标的技术要求、试验方法和检验周期

项目	单位	换油指标	检验周期
外观	—	不透明或浑浊	1 年或必要时
40℃运动黏度变化率	%	>±10	1 年、必要时
色度变化（比新油）	号	≥3	1 年或必要时
酸值（以 KOH 计）	mg/g	>0.3	1 年或必要时
水分	%	>0.1	1 年或必要时
机械杂质	%	>0.10	1 年或必要时
铜片腐蚀（100℃，3h）	级	≥2a	必要时

表 10-4-2　L-HM 抗磨液压油换油指标的技术要求、试验方法和检验周期

项目	单位	换油指标	检验周期
40℃运动黏度变化率	%	>±10	一年、必要时
水分（质量分数）	%	>0.1	1 年或必要时
色度增加	号	>2	1 年或必要时
酸值增加（以 KOH 计）	mg/g	>0.3	1 年或必要时
正戊烷不溶物	%	>0.10	必要时
铜片腐蚀（100℃，3h）	级	>2a	必要时

三、齿轮油的更换

L-CKC 极压型中负荷齿轮油换油指标的技术要求、试验方法和检验周期见表 10-4-3。当有一项指标达到换油标准时，应及时处理或更换新油。

表 10-4-3　L-CKC 极压型中负荷齿轮油换油指标的技术要求、试验方法和检验周期

项目	单位	换油指标	检验周期
外观	—	异常	1 年或必要时
40℃运动黏度变化率	%	>±15	1 年、必要时
水分（质量分数）	%	>0.5	1 年或必要时
机械杂质（质量分数）	%	≥0.5	1 年或必要时
铜片腐蚀（100℃，3h）	级	≥3b	必要时
梯姆肯 OK 值	N	≤133.4	必要时

第三节　案　例　分　析

某大型水库 2009 年完成建设，其中溢洪道（6 孔）、泄洪洞（1 孔）和机组进水口（1

孔）均采用液压启闭机，运行 7 年后，对抽取泄洪洞、机组进水口、2 号溢洪道和 4 号溢洪道共 4 台液压启闭机的液压油进行油液颗粒污染度检测，检测结果见表 10-4-4。

表 10-4-4　　　　　　　　　液压启闭机油液颗粒污染度检测数据表

编号	2~5μm	5~15μm	15~25μm	25~50μm	50~100μm	>100μm
泄洪洞	2029290	1761985	45211	3582	44	19
机组进水口	1524335	2213377	209661	27105	1344	1306
2 号溢洪道	269887	368722	395100	9990	375	303
4 号溢洪道	90155	33252	1985	383	20	0

该工程液压启闭机除 4 号溢洪道外的液压油污染度基本都处于严重超标阶段，影响到液压启闭机的安全运行。根据现在水利水电工程液压启闭机的现状，液压启闭机的污染度等级宜采用洁净度分级标准 NAS1638 的 7~8 级，最低不应低于启闭机制造安装验收标准中规定的洁净度分级标准 NAS1638 的 9 级，建议运行管理单位对超标液压油进行更换。

该工程液压启闭机超标污染物颗粒大小差距很大，说明该工程中不同启闭机的污染源不同。液压系统的液压油污染物产生的原因主要有制造装配时残留、外界污染物入侵和运行磨损生成三种。根据目前我国水利水电工程现状，液压启闭机液压油污染度控制的关键工序是工地安装调试过程。由于现场没有足够冲洗设备以及监督和检测手段，同时安装单位和建管单位也未能对油液污染度有足够的重视，对液压启闭机的安全运行构成隐患。

第五章

六氟化硫电气设备监督技术

第一节 六氟化硫电气设备

六氟化硫因其优良特性，1940 年后作为绝缘气体被使用于核物理高压研究装置，20 世纪 50 年代末起，用作断路器的内部绝缘和灭弧介质，1965 年第一台气体绝缘金属封闭式开关设备（Gas Insulated Metal Enclosed Switchgear，GIS）问世。现在，水力发电厂中使用六氟化硫作为内部绝缘和灭弧介质的有电缆、电流互感器、电压互感器、套管、避雷器、断路器、变压器和气体绝缘金属封闭式组合电器等多种电气设备，并逐渐由中低压电压等级向高电压等级、中低容量向高容量电气设备发展。因各电气设备绝缘介质不限于六氟化硫气体，故各类六氟化硫气体电气设备在各标准文献中的名称各异。

一、气体绝缘金属封闭输电线路

气体绝缘金属封闭输电线路（Gas - Insulated Metal Enclosed Transmission Line，GIL）是指部分或全部采用不同于大气压下空气的气体绝缘金属封闭线路，其外壳接地。

GIL 采用铝合金导体和壳体，并采用环氧支撑绝缘子支撑导体，使导体固定在壳体中心，在导体和壳体之间充六氟化硫气体或六氟化硫和氮气的混合气体，保证导体和壳体之间的绝缘水平。江苏 1000kV GIL 综合管廊项目单相长度 5.8km，六相总长约 35km，是目前世界上电压等级最高、输送容量最大、技术水平最高、最长距离的 GIL 工程。GIL 综合管廊及 GIL 内部结构如图 10 - 5 - 1 所示。

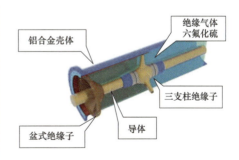

（a） （b）

图 10 - 5 - 1 GIL 综合管廊及 GIL 内部结构图例

（a）苏通 GIL 综合管廊；（b）GIL 内部结构

二、气体绝缘金属封闭式互感器

气体绝缘金属封闭式互感器（Gas - Insulated Metal Enclosed Instrument Transformer）是安装在 GIS 壳内或壳外的金属封闭式互感器，一次绕组和二次绕组之间用六氟化硫气体绝缘。置于 GIS 壳外空气侧的电流互感器，可避免二次连接使用密封套管，能够方便地进行极性测量和测试保护继电器，并且其长度可调，能够按照用户的需要灵活布置。置于 GIS 壳内的电流互感器，能够实现集成化和小型化，安全性高且抗震性优良，电磁和静电屏蔽效果好，噪声小，抗无线电干扰能力强，但其在试验和检修方面不及壳外电流互感器灵活。电磁电压互感器均安装在壳内。

三、充气套管

充气套管（Gas Filled Bushing）是指瓷套内腔充以六氟化硫气体的绝缘套管。通常用作 GIS、罐式断路器以及插线式开关装置的出线套管。

四、气体绝缘金属封闭无间隙金属氧化物避雷器

气体绝缘金属封闭无间隙金属氧化物避雷器（Gas‑Insulated Metal Enclosed Surge Arrester，GIS‑Arrester），也叫 GIS 避雷器，是指金属氧化物非线性电阻片（无串并联间隙），封闭在金属外壳内，并以气体（如六氟化硫）作为绝缘介质所组成的避雷器。气体压力通常高于 10^5 Pa。

五、六氟化硫断路器

六氟化硫断路器（Sulphur Hexafluoride Circuit‑Breaker，SF_6 Circuit‑Breaker），指触头在六氟化硫气体中开合、开断的断路器。六氟化硫断路器主要由导电部分、灭弧单元、绝缘部分、附属连接装置、电气控制与操动结构六大部分组成。按照其结构组成，可以分为罐式高压六氟化硫断路器和瓷柱式六氟化硫断路器两种断路器。

六、充气式变压器

充气式变压器（Gas‑Filled Type Transformer）是指铁心和绕组置于一个充有绝缘气体的封闭箱体内的变压器。

七、气体绝缘金属封闭开关设备（GIS）

气体绝缘金属封闭式组合电器，也叫气体绝缘金属封闭开关设备，指部分或全部采用高于大气压下空气的气体绝缘金属封闭开关设备。以六氟化硫气体为绝缘介质的 GIS 以其特有的小型、紧凑、运行安全、可靠性高、环境适应性好、维护少等优点，成为现代高压开关设备中最具魅力的产品。GIS 是有若干相互直接联结在一起的单个元件组合而成的，作为整体承担着传输电能的任务，具有控制、计量和保护等多重功能。通常 GIS 可划分为进（出）线单元、母线联络单元、计量单元、保护单元、桥连单元、分段单元等，每个单元包括共同完成一种或多种功能的所有主回路和辅助回路元件，如断路器或负荷开关、隔离开关、接地开关、电流互感器、电压互感器、避雷器、母线以及引线套管和电缆终端盒等。通常采用一个功能单元占用一个"隔位"（也称"间隔"）。

按绝缘介质分类，GIS 可以分为全六氟化硫气体绝缘型（F‑GIS）和部分气体绝缘型（H‑GIS）两类。F‑GIS 是全封闭的，H‑GIS 有两种情况：一种是除母线外，其他元件均采用气体绝缘，并构成以断路器为主体的复合电器；另一个种则相反，只有母线采用气体绝缘的封闭母线，其他元件均为常规的敞开式元件。110kV 双母线六氟化硫全封闭组合电器

断面图如图 10-5-2 所示，六氟化硫气体绝缘型 GIS 如图 10-5-3 所示。

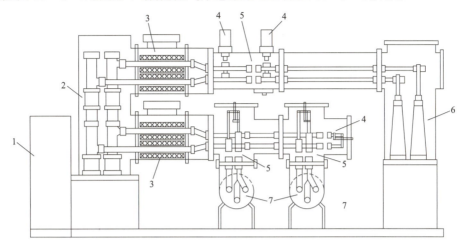

图 10-5-2　110kV 双母线六氟化硫全封闭组合电器断面图
1—操作装置；2—断路器；3—电流互感器；4—接地开关；
5—隔离开关；6—电缆头；7—主母线

图 10-5-3　全六氟化硫气体绝缘型 GIS

第二节　六氟化硫的特性

1886 年，法国科学家 Moissan 制出了单质氟，解决了化学界长达一个世纪之久的难题，后来，他陆续制备出四氟化碳、六氟化硫等，并对氟化物进行了系统研究。

一、六氟化硫概述

六氟化硫分子式是 SF_6，相对分子质量是 146.04，空气相对分子质量是 28.8。六氟化硫由卤族元素中最活泼的氟原子和硫原子结合而成。分子结构是 6 个氟原子处于顶点位置，硫原子处于中心位置的正八面体，硫原子与氟原子以共价键相连。在常温常压下，六氟化硫物理化学性能较稳定，纯净的六氟化硫是一种无色、无味、无毒、不燃的气体。六氟化硫分子结构示意如图 10 - 5 - 4 所示。

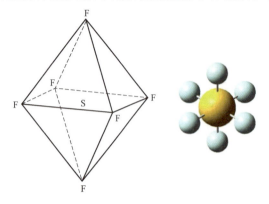

图 10 - 5 - 4　SF_6 分子结构示意图

六氟化硫为多原子分子气体，属温室气体，根据 IPCC（联合国政府间气候变化专门委员会）1995 年发布的第二次评估报告指出，六氟化硫的 100 年的 GWP 值（全球变暖潜能）为 24900（已知 GWP 值最大的温室气体），且在大气中留存时间长达 3200 年，排放到大气中后只有在平流层及以上大气层中缓慢光解或部分沉降。1997 年，在防止全球变暖的《京都协定书》中，六氟化硫气体被列入限制排放的六种气体（CO_2，CH_4，N_2O，PFC，HFC，SF_6）之一；我国政府于 2002 年 8 月正式核准了《京都协定书》，加入到了国际间的减排合作中。

二、物理特性

（一）密度

20℃、101325Pa 时，六氟化硫密度为 6.16g/L，约为同等条件下空气密度（1.29g/L）的 5 倍。

在密闭的六氟化硫电气设备房间内，若设备中的六氟化硫气体发生泄漏，六氟化硫气体将沉降至底部的地面，造成该房间底部缺氧。

（二）溶解度

六氟化硫在水中（25℃、0.1MPa）的溶解度为 0.05×10^{-4}（摩尔分数），在各类极性和非极性溶剂中的溶解度远低于氦（He）、氖（Ne）、氙（Xe）、氩（Ar）等惰性气体。

（三）导热性

六氟化硫气体与空气的导热性比较见表 10 - 5 - 1。

表 10 - 5 - 1　　　　　　　　　　SF_6 气体与空气的导热性比较

性能指标	单位	六氟化硫（SF_6）	空气（Air）	比值（SF_6/Air）
导热系数	W/（m·K）	0.0141	0.0241	0.66
摩尔质量定压热容	J/（mol·K）	97.1	27.8	3.4
表面传热系数	W/（m²·K）	15	6	2.5

六氟化硫气体导热系数低于空气；但其摩尔质量定压热容是空气的 3.4 倍，其对流散热能力比空气大；另外，六氟化硫气体表面传热系数比空气和氢气大。

（四）三相状态

六氟化硫的升华温度为 −63.8℃，在此温度下，0.1MPa 的压力可使气六氟化硫从气态直接转变为固态。六氟化硫的熔点温度为 −50.8℃，在此温度下，六氟化硫从液态转变为固态；在0.23MPa压力下，六氟化硫从气态转变为固态。六氟化硫的临界压力为3.9MPa，临界温度为45.6℃，即高于45.6℃情况下，无论多大压力六氟化硫都无法液化。

六氟化硫的临界压力和临界温度都很高，在通常条件下六氟化硫很容易被液化，因此，一方面六氟化硫易于液化保存和运输；但是另一方面在通常使用条件下，它有变成液化六氟化硫可能性，不利于在低温、高压条件下使用。

三、化学性能

六氟化硫的化学性质极为稳定，在常温和较高的温度下一般不会发生分解反应，其分解温度为500℃。在室温条件下与大多数化学物质不发生化学作用。

（一）热稳定性

在温度低于800℃时，六氟化硫为惰性气体，不燃烧；甚至在更高温度下，与O_2、H_2、Al及其他许多物质不发生作用。但是在高温下与金属发生反应，且与碱金属（Li、Na、K、Rb、Cs等）在200℃左右即可反应。

（二）负电性

负电性是指分子（原子）吸收自由电子形成负离子的特性。氟元素的最外层有7个电子，很容易吸收1个电子形成8个电子的稳定电子层，氟与硫结合后，仍保留此特性。因此六氟化硫是负电性气体。当分子（原子）与电自结合时会释放出能力，该能量称为电子亲和能。氟原子的电子亲和能是4.10eV，六氟化硫分子的电子亲和能是3.4eV。

（三）高温电弧分解反应

六氟化硫气体在电弧作用下发生分解，分解产物主要是四氟化硫（SF_4）和电极或容器的金属氧化物。如果是纯净的六氟化硫气体，上述分解物将随着温度降低会很快复合、还原为六氟化硫气体。在有水分、氧存在时则会有等化合物生成。

实际上纯净的六氟化硫气体很少存在，通常六氟化硫气体中总含有一定量的空气、水分、四氟化碳（CF_4）和一氧十氟化二硫（$S_2F_{10}O$）等杂质（目前我国各厂生产的六氟化硫气体杂质含量均能达到IEC标准和我国技术条件的要求）。如果六氟化硫气体不纯净，由于上述分解生成的多种低氟硫化物很活泼，即与六氟化硫气体中的微量水分和氧气等发生反应，如图10-5-5所示。

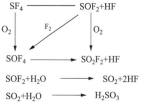

图10-5-5　六氟化硫气体发生电弧反应

由于六氟化硫分解物与水分结合生成的HF和H_2SO_3、SO_2等化合物，均对设备内其他绝缘及金属材料有强腐蚀作用，进而加速绝缘劣化，最终导致设备发生突发性故障。

四、电气性能

（一）绝缘性能

在均匀电场下，六氟化硫的电气强度是同一气压下空气的2.5～3倍；在0.3MPa气压下，其电气强度与绝缘油相同。

六氟化硫气体绝缘的特点是电场均匀性对击穿电压的影响，在0.1MPa气压下远比空气大，而在高气压下与空气的击穿特性相近。六氟化硫与空气相比，在极不均匀电场中的击穿电压比均匀场中的击穿电压要低得多，即电场的均匀程度对六氟化硫击穿电压的影响比对空气的击穿电压的影响大。

（二）灭弧特性

六氟化硫气体是一种优良的灭弧介质。小电流试验中，六氟化硫电弧时间常数仅为空气的电弧时间常数的 1/100，即六氟化硫的灭弧能力是空气的 100 倍。大电流电弧试验表明，六氟化硫的开断能力为空气的 2～3 倍。六氟化硫气体对交流电弧的熄灭起决定作用的是六氟化硫气体的负电性，以及独特的热特性和电特性。

1. 热特性和电特性在灭弧中的作用

在电弧作用下，六氟化硫气体分解，由于分解和离解都需要消耗能量，即气体需吸收热量，六氟化硫电弧在弧芯区（主要通过电流的区域）边界上有很高的的热传导能力，传导散热很强烈，温度降低得很快，因此形成陡峭的温度下降的边界，造成高温导电区域内具有高导电率和低热导率，因而电弧电压低、功率小，有利于电弧熄灭。

2. 负电性在灭弧中的作用

电弧在六氟化硫气体中燃烧时，在电弧的高温作用下，电弧空间的六氟化硫气体几乎全部分解为单原子态的氟和硫。在电弧电流过零的瞬间，由于氟和硫都具有很强的负电性，大量地吸附和捕捉自由电子，形成氟离子，使得氟离子在电流过零时急剧增多，这些氟离子的重量很大，是电子的几千倍。在电流过零后极性相反时，这些负离子移动缓慢，导致与正离子结合的概率大大增加，使负离子大量复合，所以弧隙的介质强度恢复大大加快。

五、制备工艺

（一）制备

工业上普遍采用使单质硫（硫磺）保持在熔融状态（120～140℃），通入过量气态氟反应的方法，直接化合合成六氟化硫气体。

（二）杂质来源

制取六氟化硫气体过程中的副产物有氟化硫（S_2F_2）、二氟化硫（SF_2）、十氟化二硫（S_2F_{10}）等硫的低氟化物，若原料含有水分和空气时，还能生成氟化亚硫酰（SOF_2）、氟化硫酰（SO_2F_2）、四氟化硫酰（SOF_4）和二氧化硫（SO_2）等各类氟、硫、氧的化合物，这些杂质含量取决于工艺和原料的纯度。

此外，气态氟的制取通常为电解氟化钾和氟化氢，其原料氟化氢（HF）和杂质四氟化碳（CF_4）可能随着制取工艺带入产品六氟化硫气体。

（三）净化

工业化生成的六氟化硫气体粗品必须进行一系列的净化精制才能用于六氟化硫气体绝缘电气设备。净化工艺一般分为热解、水洗、碱洗、吸附、干燥等流程。

第三节　六氟化硫取样方法及要求

一、采样系统

采样系统由采样装置、采样容器及连接系统组成。

（一）采样装置

采样装置由各种进、出气阀，连接阀，取样筒及气泵等组成，如图 10-5-6 所示。

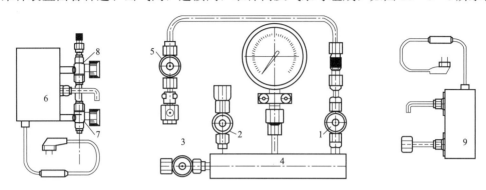

图 10-5-6　六氟化硫气体采样装置

1—取气阀；2—充气阀；3—真空泵链接阀；4—取样筒；5—设备连接阀；
6—隔膜泵；7—排放阀；8—进气阀；9—真空泵

（二）采样容器

1. 钢瓶

钢瓶是指具有减压和三通装置，容量为 0.5～4.0L 不锈钢钢瓶。六氟化硫气体压力高于 0.2MPa 时，应使用不锈钢钢瓶取样。

2. 塑料袋

塑料袋具有自封接头，容量为 0.2～5.0L，塑料厚度不小于 0.3mm，密封性能良好。六氟化硫气体压力低于 0.2MPa 时，既可使用不锈钢钢瓶取样，也可使用塑料袋取样。

（三）连接系统

连接系统是指由不锈钢管或聚四氟乙烯管、阀门及与设备连接的接头组成的系统。

二、采样前的准备

（1）采样前应检查采样装置，确认其清洁、干燥、不漏气，连接管道应密封良好。在电气设备上应有配套接头，应和采样管道连接起来。

（2）检查真空泵和隔膜泵的性能和状态，使其工作正常、密封性能良好。

（3）确认人员防护符合要求。

三、采样部位和采样方法

1. 采样部位

对断路器、变压器、互感器和 GIS 等电气设备，应在设备的充放气阀门上采样。利用配套接头将采样装置和设备的充放气阀门连接。

对钢瓶或储气罐采样，应在钢瓶或储气罐上的减压装置后采样。通过减压后和取样装置连接。

2. 采样方法

对钢瓶或储气罐采样，当搬运钢瓶不方便，用气量又不多时，可用采样装置连接采样容器采钢瓶或储气罐中的气体。根据被采样设备（容器）的气体压力，可分别采取冲洗阀和抽真空法取样。

（1）当六氟化硫气体压力高于 0.2MPa 时，利用冲洗法取样步骤如下。

1）连接。按图 10-5-6 将取样装置设备连接阀 5 用接头、管道和设备连接，充气阀 2 与取样容器连接。

2）冲洗。关闭真空泵连接阀 3，打开设备放气气阀，打开设备连接阀 5、取气阀 1、充气阀 2，使表压大于 0.1MPa，关闭取气阀 1，打开真空泵连接阀 3，取出取样装置中的气体使表压为 0.01MPa；重复本操作 2 次，以冲洗取样系统中的残留气体。

3）取样。关闭真空泵连接阀 3，打开取气阀 1，使设备内的气体充入取样容器中。根据用气量的多少决定表压的高低，但最高不应超过 0.4MPa。依次关闭设备连接阀 5、设备充放气阀、取气阀 1 和充气阀 2，取下取样容器，贴上标签。

4）重复取样。若要继续对同一设备取样，更换取样容器后重复以上冲洗和取样步序。

5）结束取样。取下连接管道，恢复设备充放气阀门原状。

（2）当六氟化硫气体压力高于 0.2MPa 时，利用抽真空法取样步骤如下。

1）连接。按图将取样装置设备连接阀 5 用接头、管道和设备连接，将真空泵 9 与真空泵连接阀 3 连接，取样容器与充气阀 2 连接。

2）充气。打开设备连接阀 5、设备充放气阀，使其间充满设备内气体。然后迅速关闭设备连接阀 5 和设备充放气阀。

3）启动真空泵。打开取气阀 1、充气阀 2 和真空泵连接阀 3，启动真空泵 9，对取样系统抽真空 2～5min，至系统压力为负值。

4）停真空泵。关闭真空泵连接阀 3，停真空泵 9，观察真空压力表指示，确定采样系统密封性能良好。

5）取样。打开设备连接阀 5，开启设备充气阀使设备内的气体充入取样容器中。根据用气量的多少决定表压的高低，但最高不应超过 0.4MPa。依次关闭设备连接阀 5、设备充放气阀、取气阀 1 和充气阀 2，取下取样容器，贴上标签。

6）重复取样。若要继续对同一设备取样，更换取样容器后重复以上启停真空泵和取样步序。

7）结束取样。取下连接管道，恢复设备充放气阀门原状。

（3）当六氟化硫气体压力低于 0.2MPa 时，利用冲洗法取样步骤如下。

1）连接。按图 10-5-6 把隔膜泵 6 用管道和取样装置、设备充放气阀连接起来，排放阀 7 与设备连接阀 5 连接，进气阀 8 与设备充放气阀连接，充气阀 2 与取样容器连接。

2）冲洗。依次打开设备放气气阀、进气阀 8、排放阀 7、设备连接阀 5、取气阀 1 和充气阀 2。开启隔膜泵 6 直至取样系统内压力为 0.1MPa，再关闭取气阀 1，停隔膜泵，打开真空泵连接阀 3 排气至 0.01MPa；重复本操作 2 次，以冲洗取样系统中的残留气体。

3）取样。关闭真空泵连接阀 3，打开取气阀 1，开启隔膜泵，使设备内的气体充入取样容器中。根据用气量的多少决定表压的高低，但最高不应超过 0.4MPa。依次关闭设备连接阀 5、设备充放气阀、隔膜泵 6、取气阀 1 和充气阀 2，取下取样容器，贴上标签。

4）重复取样。若要继续对同一设备取样，更换取样容器后重复以上冲洗和取样步骤。

5）结束取样。取下连接管道，恢复设备充放气阀门原状。

（4）当六氟化硫气体压力低于 0.2MPa 时，利用抽真空法取样步骤如下。

1）连接。按图 10-5-6 把隔膜泵 6 用管道和取样装置、设备充放气阀连接起来，排放阀 7 与设备连接阀 5 连接，进气阀 8 与设备充放气阀连接。将真空泵 9 与真空泵连接阀 3 连接，取样容器与充气阀 2 连接。

2）充气。打开设备充放气阀、设备连接阀 5 和取气阀 1，开启隔膜泵 6 直至取样系统内压力为 0.1MPa。关闭设备连接阀 5，停隔膜泵 6。

3）启动真空泵。打开真空泵连接阀 3、充气阀 2，启动真空泵 9，对取样系统抽真空 2～5min，至系统压力为负值。

4）停真空泵。关闭真空泵连接阀 3，停真空泵 9，观察真空压力表指示，确定采样系统密封性能良好。

5）取样。打开设备连接阀 5，开启隔膜泵 6，使设备内的气体充入取样容器中。根据用气量的多少决定表压的高低，但最高不应超过 0.4MPa。依次关闭设备连接阀 5，停隔膜泵 6，再依次关闭设备充放气阀、取气阀 1 和充气阀 2，取下取样容器，贴上标签。

6）重复取样。若要继续对同一设备取样，更换取样容器后重复以上充气、启停真空泵和取样步序。

7）结束取样。取下连接管道，恢复设备充放气阀门原状。

四、样品记录和保存

（1）标签内容：单位、设备名称、设备型号、取样日期、环境温度、湿度、取样人员。

（2）保存时限：采样钢瓶的气样保存不超过 3 天，采样袋取的气样保存不超过 2 天。一般情况下取回样品应尽快完成试验。

第四节　投运前六氟化硫监督

一、六氟化硫新气的质量验收

（1）生产厂家提供的六氟化硫新气至少应包括生产厂家名称、气体净重、灌装日期、批号及质量检验单。

（2）六氟化硫新气到货后 15 天内，应按照 GB/T 12022《工业六氟化硫》中的分析项目和质量指标进行质量验收。

（3）瓶装六氟化硫抽样检测应按照 GB/T 12022《工业六氟化硫》规定执行，应按要求随机抽样检验，成批验收，见表 10-5-2。当有任何一项指标的检验结果不符合标准技术要求时，应重新加倍随机抽样检验，如果仍有任何一项指标不符合技术要求时，则应判该批产品不合格。对检测结果存在争议时，应请第三方检测机构进行检测。

表 10-5-2　　　　　　　　　　瓶装六氟化硫抽样检查　　　　　　　　　　瓶

产品批量	1	2～40	41～70	≥71
抽样瓶数	1	2	3	4

（4）验收合格后，应将气瓶转移到阴凉、干燥、通风的专门场所直立存放。

（5）六氟化硫气体在储气瓶内存放半年以上时，使用单位充气于六氟化硫气室前，应复检其中的湿度和空气含量，指标应符合 GB/T 12022《工业六氟化硫》要求。

（6）六氟化硫新气应按合同规定指标或参照 GB/T 12022《工业六氟化硫》规定验收，见表 10 - 5 - 3。

表 10 - 5 - 3　　　　　　　六氟化硫气体新气验收技术要求

项目名称	指标
六氟化硫纯度（质量分数，10^{-2}）	≥99.9
空气含量（质量分数，10^{-6}）	≤300
四氟化碳含量（质量分数，10^{-6}）	≤100
六氟乙烷含量（质量分数，10^{-6}）	≤200
八氟丙烷含量（质量分数，10^{-6}）	≤50
水含量（质量分数，10^{-6}）	≤5
酸度（以 HF 计）含量（质量分数，10^{-6}）	≤0.2
可水解氟化物（以 HF 计）含量（质量分数，10^{-6}）	≤1
矿物油含量（质量分数，10^{-6}）	≤4
毒性	生物实验无毒

二、投运前、交接时六氟化硫气体质量监督

按照 GB/T 8905《六氟化硫电气设备中气体管理和检测导则》的要求，投运前、交接时六氟化硫分析项目及质量标准（不包括混合气体）应符合表 10 - 5 - 4 的规定。

表 10 - 5 - 4　　投运前、交接时六氟化硫分析项目及质量标准（不包括混合气体）

序号	检测项目		检测标准	周期
1	气体年泄漏（%/年）		≤0.5（可按照每个检测点泄漏值≤30μL/L 执行）	投运前
2	湿度（20℃，μL/L）	有电弧分解物的气室（灭弧室）	≤150	投运前
		无电弧分解物的气室（非灭弧室）	≤250	
3	酸度（以 HF 计，重量比，%）		≤0.00003	诊断检测
4	四氟化碳（质量分数，重量比，%）		≤0.1	诊断检测
5	空气（质量分数，重量比，%）		≤0.2	诊断检测
6	可水解氟化物（以 HF 计，重量比，%）		≤0.0001	诊断检测
7	矿物油（重量比，%）		≤0.001	诊断检测
8	气体分解产物（μL/L）		<5，或（SO_2+SOF_2）<2，或 HF<2	诊断检测

三、投运前六氟化硫仪表监督

（一）密度继电器

投运前、交接时应对六氟化硫电气设备用密度继电器进行现场或实验室校验，校验方法

参考 DL/T 259《六氟化硫气体密度继电器校验规程》，且确认密度继电器检验装置经检验合格在有效期内。

（二）六氟化硫气体泄漏在线监测报警装置

设有室内六氟化硫电气设备的场所应设六氟化硫气体泄漏在线监测报警装置。投运前、交接时，应对装置按照 DL/T 1555《六氟化硫气体泄漏在线监测报警装置运行维护导则》进行新设备检验、安装和验收。

1. 新装置检验

新装置应经检验符合 GB 12358《作业场所环境气体检测报警仪 通用技术要求》、JB/T 10893《高压组合电器配电室六氟化硫环境监测系统》和 DL/T 1987《六氟化硫气体泄漏在线监测报警装置技术条件》有关规定，其主要技术指标还应满足的要求见表 10-5-5，各项目测试方法参考 DL/T 1555《六氟化硫气体泄漏在线监测报警装置运行维护导则》。

表 10-5-5 六氟化硫气体泄露在线监测报警装置新设备主要技术指标

项目	报警浓度	报警误差	检测误差	重复性	响应时间
六氟化硫气体	≥1000μL/L	±5%（报警设定值）	±5%（显示值）	≤3%	≤60s（扩散式） ≤30s（泵吸入式）
氧气	≤18% （体积比）	±0.5%（体积比）	±0.5%（体积比）	≤1%	≤60s（扩散式） ≤30s（泵吸入式）

2. 新装置安装要求

（1）报警装置现场安装方式、位置应不影响主设备的安全运行和维护。

（2）监控主机显示模块、声光报警器安装宜采用壁挂式，安装在六氟化硫电气设备工作场所入口处，配套有风机启停功能设置。检测单元模块在室内工作场所可采用壁挂式或柜式安装方式。

（3）采用泵吸入式采样装置，采样管道材料应长久耐用，从监测点到气体采样器的距离越短越好，导气管的长度不应超过 30m，装置应连续采样，若配置多个采样点，则每个采样点采样时间不应超过 5min，总的采样周期不应超过 1h，且每点采样时间可灵活设定。

（4）采用扩散式采样的装置，采用的六氟化硫气体和氧气检测传感器应安装在设备下方，高度宜离地面 10cm，并实时进行采样分析。

（5）室内工作场所检测点设置，宜每组开关或者每个组合电气间隔安装一个检测点，也可依据监测室内面积决定，并均匀合理布置。室内面积（m²）与检测点数量（个）的比值不宜大于 30。

3. 装置交接验收项目

六氟化硫气体泄漏在线监测报警装置交接验收指标见表 10-5-6，各项目测试方法 DL/T 1555《六氟化硫气体泄漏在线监测报警装置运行维护导则》。

表 10-5-6 六氟化硫气体泄漏在线监测报警装置交接验收指标

序号	项目	控制指标	
1	六氟化硫气体	检测误差	±5%（显示值）
		报警误差	±5%（报警设定值）
2	氧气	检测误差	±0.5%（体积比）
		报警误差	±0.5%（体积比）

序号	项目	控制指标
3	风机启停控制	正常
4	远红外监视	不小于 3m
5	数据查询	正常
6	数据上传	正常
7	时间设置	正常

（三）在线湿度测量装置

六氟化硫气体湿度在线监测装置投运前应按照 DL/T 1825《六氟化硫在线湿度测量装置校验　静态法》进行质量验收。

第五节　运行中六氟化硫管理维护

一、运行中六氟化硫气体质量监督

（1）按照 DL/T 595《六氟化硫电气设备气体监督导则》的要求，运行中六氟化硫气体的检测项目、检测标准和检测周期见表 10-5-7。

表 10-5-7　　　运行中六氟化硫气体的检测项目、检测标准和检测周期

序号	检测项目		质量标准	检测周期
1	湿度（20℃，μL/L）	有电弧分解物的气室	≤300	（1）投运前。（2）投运后 1 年内复测 1 次，正常运行 3 年 1 次。（3）诊断检测
		无电弧分解物的气室	≤500	
2	气体年泄漏率（%）		≤0.5（可按照每个检测点泄漏值≤30μL/L 执行）	（1）投运前。（2）诊断检测
3	空气（质量分数，%）		≤0.2	诊断检测
4	四氟化碳（质量分数，%）		≤0.1	诊断检测
5	矿物油（μg/g）		≤10	诊断检测
6	酸度（以 HF 计，μg/g）		≤0.3	诊断检测
7	二氧化硫（μL/L）		≤2	诊断检测
8	硫化氢（μL/L）		≤2	诊断检测
9	可水解氟化物（μg/g）		≤1.0	诊断检测
10	氟化氢（μL/L）		≤2.0	诊断检测

（2）运行中六氟化硫气体绝缘变压器的气体检测项目、检测标准和检测周期应按照 DL/T 914《六氟化硫气体湿度测定法（重量法）》执行。

（3）运行六氟化硫气体含有若干杂质，其中部分来自新的六氟化硫气体（在合成制备过程中残存的杂质和在加压充装过程中混入的杂质），部分来自设备运行和故障过程中产生。

六氟化硫主要杂质及其来源见表 10 - 5 - 8。

表 10 - 5 - 8　　　　　　　　　　六氟化硫主要杂质及其来源

六氟化硫的使用状态	杂质产生的原因	可能产生的杂质
新的六氟化硫气体	生产过程中产生	空气、油、水分、CF_4、可水解氟化物、HF、氟烷烃
检修和运行维护	泄漏和吸附能力差	空气、油、水分
绝缘的缺陷	局部放电：电晕和火花	HF、SO_2、SOF_2、SOF_4、SO_2F_2
开关设备	电弧放电	水分、HF、SO_2、SOF_2、SOF_4、SO_2F_2、CuF_2、SF_4、WO_3、CF_4、AlF_3
开关设备	机械磨损	金属粉尘、微粒
内部电弧放电	材料的熔化和分解	空气、水分、HF、SO_2、SOF_2、SOF_4、SO_2F_2、SF_4、CF_4、金属粉尘、微粒、AlF_3、WO_3、CuF_2

1) 设备在充气和抽真空时可能混入空气和水蒸气。水分也可能从设备的内部表面或绝缘材料释放到气体中。气体处理设备（真空泵和压缩器）中的油也可能进入六氟化硫气体中。

2) 由于局部放电导致六氟化硫气体分解，产生六氟化硫的分解产物，例如五氟化硫（SF_5）、四氟化硫（SF_4）和单质氟（F），这些杂质再与氧气（O_2）和水分（H_2O）发生反应，形成化合物，这些化合物主要有氟化氢（HF）、二氧化硫（SO_2）、氟化亚硫酸（SOF_2）、四氟氧硫（SOF_4）和氟化硫酸（SO_2F_2）。

3) 在电流开断期间，由于高温电弧的存在，导致六氟化硫分解产物、电极合金及有机材料的蒸发物或其他杂质的形成。另外，这些产物之间发生的化学反应，也是形成杂质的原因之一。这些副产物的量取决于设备的结构、设备开断次数和固体吸附剂的使用情况。开关设备中也可能含有触头开断接触摩擦产生的微粒和金属粉末。

4) 电弧放电很少发生，在故障设备中发现的杂质和经常开断的设备中存在的杂质很类似，区别在于杂质的数量。当杂质达到一定的数量时，就会产生潜在的毒性。另外，金属材料在高温下会产生汽化，可以形成更多的产物。

（4）湿度监督应符合下列要求。

1) 六氟化硫气体的湿度检测应按照 DL/T 915《六氟化硫气体湿度测定法（电解法）》中的要求执行。

2) 六氟化硫气体湿度超标的设备，应进行干燥、净化处理或检修更换吸附剂等工艺措施，直到合格，并做好记录。

3) 除异常时，充气后压力低于 0.35MPa 且用气量少的六氟化硫电气设备（如 35kV 以下的断路器），只要不漏气，交接时气体湿度合格，运行中可不检测气体湿度。

（5）六氟化硫气体泄漏监督应符合下列要求。

1) 六氟化硫气体泄漏检测可结合设备安装交接、预防性试验或大修进行。

2) 六氟化硫气体泄漏检测应在设备充装六氟化硫气体 24h（或更长时间）后进行。

3) 设备运行中出现表压下降、低压报警时应分析原因，必要时应对设备进行全面泄漏检测，并进行有效处理。

4) 发现六氟化硫电气设备泄漏时应及时补气，所补气体应符合新气质量标准，补气时接头及管路应干燥。

（6）符合新气质量标准的气体可以混合使用。

二、运行中六氟化硫气体检测仪器管理

（1）六氟化硫气体使用的检测、仪表和设备，应按相关标准和配置要求进行购置。

（2）对检测仪器应制定相应的安全技术操作规程。

（3）对六氟化硫气体检测仪表和仪器设备，应制定相应的使用、保管和定期检验制度，并应建立设备使用档案制度。

（4）六氟化硫气体检测仪器的校验周期应按照国家相关检定规程要求确定。暂无规定的宜每年校验一次。

第六节　六氟化硫的回收与净化处理

一、设备检修、解体时的管理

（1）设备检修或解体前，应按 GB/T 8905《六氟化硫电气设备中气体管理和检测导则》的要求对气体进行全面的分析，确定其有害成分含量，制定安全防护措施。

（2）设备解体大修前的气体检验，必要时可由技术监督机构复核检测并与设备使用单位共同商定检测的特殊项目及要求。

（3）设备解体前，应对设备内的六氟化硫气体进行回收，不得直接向大气排放。

（4）设备检修、解体时的安全防护应按照 DL/T 639《六氟化硫电气设备、试验及检修人员安全防护导则》中的有关规定执行。

（5）进行六氟化硫电气设备解体检修的工作人员，应经专门的安全技术知识培训，佩戴安全防护用品，并在安全监护人员监督下进行工作。

（6）严禁在雨天或空气湿度超过 80% 的条件下进行设备解体。

二、六氟化硫气体的回收

（1）六氟化硫气体的回收装置应符合 DL/T 662《六氟化硫气体回收装置技术条件》的要求。

（2）六氟化硫气体回收容器安全附件应齐全，内部应无油污、无水分。

（3）六氟化硫气体回收过程应符合相关工作规程要求。

（4）回收与净化处理后的气体，经检测合格后方可使用。

三、六氟化硫气体的净化处理

（1）应按照相关规程对气体进行净化处理。

（2）净化处理后的气体应达到 GB/T 12022《工业六氟化硫》中的要求。

（3）六氟化硫气体净化处理前应进行湿度、纯度、分解产物检测，应根据六氟化硫气体的质量状况制订相应的气体净化处理方案和保障措施。

（4）六氟化硫气体净化处理后的废气，应做无害化处理。

第六章

化学实验室监督管理

由于老旧水力发电厂建厂时对化学监督重视不足，未配备化学实验室或配备的化学实验室功能不齐全，而新的水力发电厂开发选址越加倾向于河流的上游，远离城市的地理位置，使得化学监督中油气等日常监督变得越加困难，对于水力发电厂的运行存在安全隐患，因此本章对新建水电厂和老旧水力发电厂改造化学实验室提供指导性建议。

第一节　水力发电化学实验室配置

一、实验室一般规定

（1）按照相关环保政策要求，实验室建设需进行环境影响评价。

（2）化验室应有良好的自然通风和自然采光，宜避免东西向布置；并应避免靠近有振动的地段或散发有害气体的房间和设施。

（3）化验室的内墙壁和地面应按其功能进行设计，化验室墙面、顶棚应平整光洁，墙壁不宜有反光和颜色；地面宜防腐、防滑，窗户宜用双层式。

（4）化验室根据工艺要求，分别设置化验台、洗涤池、通风柜及污水池等，并对上下水道和通风管道进行适当的处理。天平台应避开振动源，宜采用深色光洁的面料。

（5）化验室应根据工艺要求，设置采暖通风空调系统。

（6）针对有毒、有异味等有害气体，化验室设置通风柜及机械排风装置；对于有危险化学品和危废的房间，有害气体、蒸发或粉尘的发源均设置防爆型局部排风装置。

（7）化验室等房间的照明应符合 DL/T 5390《发电厂和变电站照明设计技术规定》的有关规定。应提供 220V、380V/220V 的试验电源插座。

二、实验室仪器设备

（1）油品分析仪器设备配置见表 10 - 6 - 1。

表 10 - 6 - 1　　　　　　　　油品分析仪器设备配置

序号	设备名称	规范	单位	数量
1	开口闪点测定仪	功率＜120W	台	1
2	闭口闪点测定仪	功率＜100W	台	1
3	天平	称量 200g，感量 1mg	台	1
4	电热鼓风干燥箱	额定温度为 250℃，尺寸为 350mm×350mm×350mm	台	1
5	电热恒温水浴锅	8 孔双列，温度为 100℃	台	1

续表

序号	设备名称	规范	单位	数量
6	酸度计	(1) 测量范围：pH 1～14，0～±1400mV。 (2) 最小分度：pH0.02，2mV。 (3) 灵敏度：0.02pH	台	1
7	界面张力仪	(1) 灵敏度：0.1mN/m。 (2) 测量范围：5～100mN/m	台	1
8	气相色谱仪	灵敏度：氢气最小检知量2μL/L，乙炔最小检知量0.1μL/L	套	1
9	脱气装置	恒温振荡式或变径活塞式	台	1
10	微量水分测定仪	(1) 测量范围：10～30000μg，灵敏度1μg。 (2) 10μg～1mg精确度：≤5μg。 (3) >1mg精确度：≤0.5%	台	1
11	锈蚀测定仪	4孔	台	1
12	倾点、凝固点测定仪	(1) 精确度：±1℃。 (2) 测量范围：0～－50℃	台	1
13	耐压仪	(1) 速度：2kV/s。 (2) 范围：0～80kV	台	1
14	运动黏度计	0.8～1.5mm²/s	台	1
15	电冰箱	容量：150～175L	台	1
16	介质损耗及体积电阻率仪	(1) 温控范围：5～120℃。 (2) 精确度：±0.5℃。 (3) 测量范围：2.5MΩ·m～20TΩ·m	台	1
17	颗粒度仪	粒度尺寸范围：2～400μm	台	1
18	色度仪	色号：1～25	台	1

（2）六氟化硫气体分析设备配置见表10-6-2。

表10-6-2　　　六氟化硫气体分析仪器设备配置

序号	设备名称	单位	数量
1	便携式六氟化硫气体检漏仪	台	1
2	六氟化硫气体湿度检测仪	台	1
3	六氟化硫气体纯度检测仪	台	1
4	六氟化硫气体分解产物检测仪	台	1
5	六氟化硫气体密度继电器校验仪	台	1

三、实验室人员

化验室应配备1～2名化验人员，人员数量可根据工作量多少做适当调整，且化验人员必须通过相应的专业培训考试，持证上岗。

四、建筑物

水力发电化验室配置类别及面积见表 10-6-3，面积根据实际需要配置。

表 10-6-3　　　　　　　　水力发电化学实验室配置类别及面积

工作间类别	面积	备注
化验人员办公室	按实际需要配置	建议配置
化验室仓库	按实际需要配置	必须配置，含危化品储存
更衣室	按实际需要配置	建议配置
天平室	按实际需要配置	建议配置
分析室	$60m^2$	必须配置
色谱仪器分析间	$24m^2$	必须配置
色谱气瓶间	按实际需要配置	必须配置
危废间	按实际需要配置	建议配置

第二节　化学实验室安全文明生产标准化

一、安全基础管理

（一）制度建设

各单位应根据不同实验室的特点分别建立健全、补充完善相应的实验室安全管理制度，制度应至少包括实验室安全管理、实验室安全责任制、实验室安全教育培训、实验室消防、实验仪器设备、实验室试剂、实验室危险化学品、实验室压力气瓶、实验室用电、实验室钥匙等管理制度，同时根据实验仪器设备、实验材料及实验项目编制相应的操作规程，根据实际情况及时修订补充完善。

（二）安全责任

实验室实行安全负责制，各单位应明确实验室安全责任人，制定实验室安全责任制，明确相关人员的安全职责，实验室安全责任人应全面负责所管实验室的安全宣传、监督和各项安全措施的组织落实工作。

（三）教育培训

各单位应制定实验室人员的教育培训计划和培训目标，按照 GB/T 27025《检测和校准实验室能力的通用要求》的相关要求组织实验室人员根据岗位特点，按照培训计划开展专业培训工作，并保存培训档案资料；特殊实验领域如需取得国家强制性实验培训资格的岗位，相关实验人员应取得相应资格证书方可开展对口实验工作。

（四）风险控制

各单位应负责组织建立实验室工作的各项安全措施，包括用电的控制；用火的控制；通风的控制；防止物品丢失和失密的措施；易燃、易爆品的控制；化学试剂、毒品和腐蚀品的控制；搬运吊装运输的安全和其他因素。

（五）应急管理

（1）组建应急工作体系，成立相应的应急小组，建立与工作相匹配的专（兼）职应急救援队伍，明确兼职救援人员，编制相应的现场处置方案及应急处置卡。

（2）根据可能发生的事故种类，配置必要的应急设施、应急装备，储备相应的应急物资，建立管理台账并安排专人管理，应急设施、装备和物资应确保完好可用。

（3）应定期（每年至少1次）组织对有关人员进行应急能力的培训，使其了解现场处置方案及应急处置卡的内容，熟悉应急处置流程及程序。

（4）按照编制的现场处置方案应定期（每年至少2次）组织对有关人员开展事故应急演练，做到应急演练全覆盖，对演练进行总结和评估，根据评估结论和演练发现的问题，修订、完善现场处置方案，改进应急准备工作。

（5）发生事故后，应根据现场处置方案及应急处置卡开展处置工作，在不危及人身安全的情况下现场人员采取阻断或隔离事故源、危险源等措施，当危及人身安全时，应迅速停止现场作业，采取必要的或可能的应急措施后撤离危险区域，并逐级上报，必要时联系社会力量进行救援，完成事故应急处置后，应主动配合有关组织开展应急处置评估。

二、定置管理

（一）资料管理

实验室各类资料应整齐地放置在文件柜内，文件柜应编号并按顺序排列布置，文件柜内应张贴所存放文件夹或文件资料的名称目录及对应编号，柜内存放的文件夹或文件资料应按照张贴的名称目录按顺序规范摆放，做到文件资料名称目录与实物相一致。

（二）物品管理

（1）实验室应设置定置图，定置图应张贴于醒目位置，实验室内各类物品及试验设备等应按照定置图规范放置，做到定置图与实验室物品摆放相一致。

（2）实验用各类小型工器具、仪器仪表、职业防护装备、个人防护用品等应存放在专用物品柜内，并按使用功能分类存放，柜内名称标号标示清晰，做到账、卡、物对应。

（三）实验台管理

实验台所用仪器设备、实验试剂应定置摆放，实验时放置有序，实验台面应及时整理保持整洁，不应存留可能造成人身伤害的物品。

三、实验区隔离安全管理

（一）实验区域隔离

实验室不得作为长期办公场所，实验室应与固定办公场所应分开设置，有害实验场所应与无害实验场所分开，高毒实验场所应与其他工作场所隔离。

（二）特殊实验区域

（1）易燃易爆、有毒、腐蚀性、强氧化性、放射性等实验所使用的试剂的使用应符合GB 30871《化学品生产单位特殊作业安全规范》的规定并依其特性分类单独存放，库房应独立设置并避开人员密集的固定办公场所。

（2）剧毒品应在单独储存柜内存放，使用时严格实行"双人、双账、双锁"管理，化学试剂管理人员应建立管理台账，动态更新并对领、用、剩、废的数量进行详细记录，做到化学试剂名称、数量应账、卡、物相符。

（3）接触剧毒品的实验应在密闭的金属或玻璃通风橱内进行，确保试剂与人员的有效隔离，金属或玻璃通风橱应具备负压抽送功能，并保证设备完好可用，实验过程中产生的有毒气体应随时排除并有效收集，按要求处理达标排放。

（三）安全警示

（1）严格执行实验室出入管理制度，对易燃易爆、有毒、腐蚀性、强氧化性、放射性等特殊作业场所要在醒目位置设立安全警示标识，严格控制非工作人员进入。

（2）应根据所使用的实验设备、器材、仪器按照 GB/T 2893.1《图形符号　安全色和安全标志　第 1 部分：安全标志和安全标记的设计原则》、GB 2894《安全标志及其使用导则》、电厂所属企业关于生产安全设施配置的要求，配置必要的安全警示标志牌。在职业危害检测数据超标的作业区域醒目位置设置警示标识；使用有毒物品的作业区应设置黄色区域警示线、警示标识；使用高毒物品的作业区应设置红色区域警示线、警示标识，并设置通信报警设备。

（3）所使用的各种实验试剂尤其是危险化学品，应设置警示标志及安全告知牌，注明其理化性质、危害类别、危险特性、接触后的表现形式、现场急救措施、防护措施、现场应急处置措施、报警电话等信息。

四、实验仪器设备管理

（一）仪器设备

实验仪器仪表、检测设备及其他设备设施应购置设计符合要求、质量合格、具有国家相关行业许可的成熟产品，鼓励使用经国家许可的新设备，严禁使用国家明令禁止或明令淘汰的仪器仪表、检测设备及其他设备设施，实验仪器仪表、检测设备及其他设备设施到货、安装及报废应履行相关签批程序，并对过程及结果进行记录并保存相关资料。

（二）检验维护

（1）实验室应建立仪器仪表、检测设备及其他设备设施管理台账，经验收合格的上述设备，如需借用应由相关人员办理入库、出库手续，并办理借用手续。

（2）应根据实验室仪器仪表、检测设备及其他设备设施的性能工况及产品说明书，制定检定及检、维修规程，确定是否定期开展检测检验工作，有授权检定机构的上述设备，应按照定检计划及定检周期送授权的法定计量检定机构检定或校准；没有授权检定机构的，应根据检定规程由实验室按规定自检或互检，并保存相关试验报告及资料。

（3）各种设备、器材、仪器的出厂铭牌应完好，并参照电厂所属企业关于生产安全设施配置的要求设置统一的设备、器材、仪器标牌。

（4）强制性检测检验及需自检的设备、器材、仪器，下发相关强检或校准合格标志的，应在醒目位置张贴并确保相关信息准确、清晰，张贴可靠牢固，所有设备、器材、仪器的功能及安全性能均应满足安全要求，凡经实验室许可使用的所有实验仪器设备，应经实验室安全责任人检查确认，张贴准用标志后使用。

（5）所使用的各种实验试剂名称等基础信息应准确、清晰，易燃易爆、有毒、腐蚀性、强氧化性、放射性等实验试剂可能造成火灾、中毒、窒息等对环境、人员造成危害的实验试剂，出厂时厂家提供的化学品标签应可靠牢固，在使用场所应配置《化学品安全说明书

（MSDS）》。

（6）加强日常检维修和定期检修、维修管理，有专人负责管理至少每年两次对实验仪器设备进行检查维护，并做好记录。

（7）机械设备应装设防护设备或其他防护罩。

五、实验环境管理

（一）安全通道

实验室安全出口数量符合相关规定，实验室的门应朝外开启，实验室所在楼层应有专用安全通道及出口，楼梯、走廊、过道应无杂物并保持畅通，安全出口不得加锁，便于人员紧急撤离。

（二）通风管理

实验室应设置通风装置，存放易燃易爆、有毒危险化学品的库房及实验室应选用防爆型通风装置，通风装置应始终处于良好状态；在存放易燃易爆、有毒危险化学品的库房及实验室门口应设置"注意通风"安全警示标志，进入上述区域应强制通风，通风时间至少不低于 5min。

（三）消防管理

（1）实验室建筑设计防火和建筑灭火器、消防系统配置应分别符合 GB 50016《建筑设计防火规范（2018 年版）》和 GB 50140《建筑灭火器配置设计规范》的规定，并经消防主管部门验收合格出具相应验收意见书。

（2）应根据不同实验室的特点配备消防系统及常用消防装置、消防设备器材，如感温感烟探头、消防报警装置、消防水系统、喷淋系统、沙箱、灭火器等。

（3）应建立实验室消防器材设备台账，常用消防装置、消防设备器材应定期进行检查、清洁维护，并有记录，确保完善可靠，消防设备器材应安放在实验室便于取用处。

（4）应加强对实验室人员的消防安全知识培训，使其熟悉掌握各种灭火器材的使用方法及不同灭火器材的灭火对象，应保持消防安全疏散通道的畅通。

（5）实验室及存放易燃易爆、有毒危险化学品的库房严禁明火作业，情况特殊需动火，应履行相关动火检测、审批程序。

（四）用电安全

（1）实验室内所有电气设备均应绝缘良好，安装漏电保护器，外壳应可靠接地，存放易燃易爆、有毒危险化学品的库房及实验室应采用防爆型电气设备。

（2）实验室内所用的高压、高频设备要定期检修，要有可靠的防护措施。凡设备本身要求安全接地的，必须可靠接地。

（3）严格执行实验室用电安全管理制度，实验室总电源应标明最大用电负荷，实验室内所有用电设备的额定功率、额定电流不得超过总电源的最大用电负荷；所有电气设备应采用插头或空气开关，各种配电盘、箱、柜内的部件应完好可用，熔断装置所用的熔丝必须与线路允许的容量相匹配，禁止用其他导线替代，严禁乱拉乱接电线或私自在电气线路上增加容量；必须经常检查电气设备的外绝缘有否老化破损，电路或用电设备出现故障时，应在断电排除故障后使用，实验工作结束后，应断电并关闭电气设备开关。

（五）防晒管理

日光能射进房间的实验室内必须备有窗帘，日光能照射的区域内不宜放置受热时易挥发的物质及受热易燃易爆的药品试剂。

六、职业健康管理

（一）档案管理

（1）对可能造成职业病的实验岗位在与人员订立劳动合同时，应将工作过程中可能产生的职业病危害及其后果和防护措施如实告知从业人员并在劳动合同中写明。

（2）对可能造成职业病的实验岗位应建立、健全职业卫生档案和健康监护档案，进行上岗前、在岗期间、特殊情况应急后和离岗时的职业健康检查，将检查结果书面如实告知从业人员并存档，对检查结果异常的从业人员，应及时就医并定期复查，不得安排未经职业健康检查及有职业禁忌的人员从事接触职业病危害的工作。

（二）安全防护装备配置

（1）应根据不同实验室的特点配备必要的急救用品、应急装备，建立台账；急救用品、应急装备应定点存放在安全、便于取用的地方，有专人负责保管，定期检查维护确保处于良好功能状态。对可能导致发生急性职业病危害的有毒、有害实验场所，应设置检测报警装置及应急撤离通道。

（2）实验室应根据自身工作性质和工作状况为实验人员配备与实验环境相适应、符合GB/T 11651《个体防护装备选用规范》规定的个体防护装备。

（三）人员职业健康防护

应根据不同实验室的特点为实验人员配备必要的个人劳动防护用品，配置的个人劳动防护用品应合格，防护要求、防护功能及防护等级满足国家相关强制性标准，开展实验工作应根据实验项目佩戴相关个人劳动防护用品，人员着装满足实验现场要求，开展有毒、剧毒相关实验，实验人员应根据有毒试剂的理化性质穿戴必要的个人防护装备，确保实验室通风系统及试验用金属或玻璃通风橱负压装置处于连续、可靠运行状态。

（四）安全告知

（1）对从事职业危害的人员应进行职业危害宣传和警示教育，使其了解生产过程中的职业危害、预防措施、应急准备和响应要求、偏离规定程序的潜在后果，并保存相关宣传、教育、培训的过程资料。

（2）相关实验规程和操作规程及职业病防治的规章制度、职业病危害事故应急救援措施等应在醒目位置公布，对需定期检测相关职业危害数据的作业场所应按规定检测并公示检测数据、结果，检测超标区域还应设置中文警示说明；使用有毒物品、高毒物品的作业区应设置中文警示说明，作业岗位职业病危害告知应符合GBZ/T 203《高毒物品作业岗位职业病危害告知规范》的规定，上述警示说明应载明职业危害的种类、后果、预防和应急救治措施。

第七章

危险化学品安全管理

第一节　危险化学品类别

依照《危险化学品安全管理条例》（国务院令第 591 号）有关规定，安全监管总局合同工业和信息化部、公安部、环境保护部、交通运输部、农业部、国家卫生计生委、质检总局、铁路局、民航局制定了《危险化学品目录（2015 版）》，于 2015 年 5 月 1 日起施行。根据 GB 30000《化学品分类和标签规范》（所有部分），从化学品 28 类 95 个危险类别中，选取了其中危险性较大的 81 个类别作为危险化学品的确定原则。

一、危险化学品的定义和确定原则

危险化学品的定义为具有毒害、腐蚀、爆炸、燃烧、助燃等性质，对人体、设施、环境具有危害的剧毒化学品和其他化学品。

危险化学品的品种依据 GB 30000《化学品分类和标签规范》（所有部分），从下列危险和危害特性类别中确定。

1. 物理危险

（1）爆炸物：不稳定爆炸物。

1）1.1 项，具有整体爆炸危险的物质、混合物和制品（瞬间引燃几乎所有内装物）；

2）1.2 项，具有迸射危险但无整体爆炸危险的物质、混合物和制品；

3）1.3 项，具有燃烧危险和较小的爆轰危险或较小的迸射危险或两者都有，但没有整体爆炸危险的物质、混合物和制品；

4）1.4 项，不存在显著爆炸危险的物质、混合物和制品，具体按照 GB 30000.2《化学品分类和标签规范　第 2 部分：爆炸物》判定逻辑，根据系列试验结果进行分类。

（2）易燃气体：

1）类别 1，在 20℃和标准大气压 101.3kPa 时与空气混合物中体积分数为小于等于 13％时可点燃或不论易燃下限如何可燃范围至少为 12％的气体；

2）类别 2，在 20℃和标准大气压 101.3kPa 时除类别 1 以外与空气混合有易燃范围的气体；

3）化学不稳定性气体类别 A，在 20℃和标准大气压 101.3kPa 时化学不稳定性的易燃气体；

4）化学不稳定性气体类别 B，温度超过 20℃和/或气压高于 101.3kPa 时化学不稳定性的易燃气体，具体按照 GB 30000.3《化学品分类和标签规范　第 3 部分：易燃气体》判定逻辑，根据系列试验结果进行分类。

（3）气溶胶（又称气雾剂）：类别 1，按照 GB 30000.4《化学品分类和标签规范　第 4 部分：气溶胶》判定逻辑，根据系列试验结果进行分类。

（4）氧化性气体：类别 1，按照 GB 30000.5《化学品分类和标签规范　第 5 部分：氧化性气体》判定逻辑，根据系列试验结果进行分类。

（5）加压气体：压缩气体、液化气体、冷冻液化气体、溶解气体，按照 GB 30000.6《化学品分类和标签规范 第 6 部分：加压气体》判定逻辑，根据系列试验结果进行分类。

（6）易燃液体：类别 1，极易燃液体和蒸气；类别 2，高度易燃液体和蒸气；类别 3，易燃液体和蒸气，按照 GB 30000.7《化学品分类和标签规范 第 7 部分：易燃液体》判定逻辑，根据系列试验结果进行分类。

（7）易燃固体：类别 1、类别 2，按照 GB 30000.8《化学品分类和标签规范 第 8 部分：易燃固体》判定逻辑，根据系列试验结果进行分类。

（8）自反应物质和混合物：A 型、B 型、C 型、D 型、E 型，按照 GB 30000.9《化学品分类和标签规范 第 9 部分：自反应物质和混合物》判定逻辑，根据系列试验结果进行分类。

（9）自燃液体：类别 1，液体加至惰性载体上并暴露在空气中 5min 内燃烧，或与空气接触 5min 内燃着或碳化滤纸，按照 GB 30000.10《化学品分类和标签规范 第 10 部分：自燃液体》判定逻辑，根据系列试验结果进行分类。

（10）自燃固体：类别 1，与空气接触后 5min 内发生燃烧，按照 GB 30000.11《化学品分类和标签规范 第 11 部分：自燃固体》判定逻辑，根据系列试验结果进行分类。

（11）自热物质和混合物：类别 1、类别 2，按照标准 GB 30000.12《化学品分类和标签规范 第 12 部分：自热物质和混合物》分类标准，根据试验结果进行分类。

（12）遇水放出易燃气体的物质和混合物：类别 1、类别 2、类别 3，按照标准 GB 30000.13《化学品分类和标签规范 第 13 部分：遇水放出易燃气体的物质和混合物》分类标准，根据试验结果进行分类。

（13）氧化性液体：类别 1、类别 2、类别 3，按照标准 GB 30000.14《化学品分类和标签规范 第 14 部分：氧化性液体》分类标准，根据试验结果进行分类。

（14）氧化性固体：类别 1、类别 2、类别 3，按照标准 GB 30000.15《化学品分类和标签规范 第 15 部分：氧化性固体》分类标准，根据试验结果进行分类。

（15）有机过氧化物：A 型、B 型、C 型、D 型、E 型、F 型。按照标准 GB 30000.16《化学品分类和标签规范 第 16 部分：有机过氧化物》分类标准，根据试验结果进行分类。

（16）金属腐蚀物：类别 1，按照标准 GB 30000.17《化学品分类和标签规范 第 17 部分：金属腐蚀物》分类标准，根据试验结果进行分类。

2. 健康危害

（1）急性毒性：类别 1、类别 2、类别 3，按照标准 GB 30000.18《化学品分类和标签规范 第 18 部分：急性毒性》分类标准，根据试验结果进行分类。

（2）皮肤腐蚀/刺激：类别 1A、类别 1B、类别 1C、类别 2，按照标准 GB 30000.19《化学品分类和标签规范 第 19 部分：皮肤腐蚀刺激》分类标准，根据试验结果进行分类。

（3）严重眼损伤/眼刺激：类别 1、类别 2A、类别 2B，按照标准 GB 30000.20《化学品分类和标签规范 第 20 部分：严重眼损伤／眼刺激》分类标准，根据试验结果进行分类。

（4）呼吸道或皮肤致敏：呼吸道致敏物 1A、呼吸道致敏物 1B、皮肤致敏物 1A、皮肤致敏物 1B，按照标准 GB 30000.21《化学品分类和标签规范 第 21 部分：呼吸道或皮肤致敏》分类标准，根据试验结果进行分类。

（5）生殖细胞致突变性：类别 1A、类别 1B、类别 2，按照标准 GB 30000.22《化学品分类和标签规范　第 22 部分：生殖细胞致突变性》分类标准，根据试验结果进行分类。

（6）致癌性：类别 1A、类别 1B、类别 2，按照标准 GB 30000.23《化学品分类和标签规范　第 23 部分：致癌性》分类标准，根据试验结果进行分类。

（7）生殖毒性：类别 1A、类别 1B、类别 2、附加类别，按照标准 GB 30000.24《化学品分类和标签规范　第 24 部分：生殖毒性》分类标准，根据试验结果进行分类。

（8）特异性靶器官毒性——一次接触：类别 1、类别 2、类别 3，按照标准 GB 30000.25《化学品分类和标签规范　第 25 部分：特异性靶器官毒性　一次接触》分类标准，根据试验结果进行分类。

（9）特异性靶器官毒性——反复接触：类别 1、类别 2，按照标准 GB 30000.26《化学品分类和标签规范　第 26 部分：特异性靶器官毒性　反复接触》分类标准，根据试验结果进行分类。

（10）吸入危害：类别 1，按照标准 GB 30000.27《化学品分类和标签规范　第 27 部分：吸入危害》分类标准，根据试验结果进行分类。

3. 环境危害

（1）危害水生环境——急性危害：类别 1、类别 2，按照标准 GB 30000.28《化学品分类和标签规范　第 28 部分：对水生环境的危害》分类标准，根据试验结果进行分类。

（2）危害水生环境——长期危害：类别 1、类别 2、类别 3，按照标准 GB 30000.28《化学品分类和标签规范　第 28 部分：对水生环境的危害》分类标准，根据试验结果进行分类。

（3）危害臭氧层：类别 1，按照标准 GB 30000.29《化学品分类和标签规范　第 29 部分：对臭氧层的危害》分类标准，根据试验结果进行分类。

二、剧毒化学品的定义和判定界限

剧毒化学品的定义为具有剧烈急性毒性危害的化学品，包括人工合成的化学品及其混合物和天然毒素，还包括具有急性毒性易造成公共安全危害的化学品。

剧烈急性毒性判定界限为急性毒性类别 1，即满足下列条件之一：大鼠实验，经口半数致死计量 $LD_{50} \leqslant 5mg/kg$，经皮半数致死计量 $LD_{50} \leqslant 50mg/kg$，吸入（4h）半数致死浓度 $LC_{50} \leqslant 100mL/m^3$（气体）或 0.5mg/L（蒸气）或 0.05mg/L（尘、雾）。经皮半数致死计量 LD_{50} 的实验数据，也可使用兔实验数据。

三、类别确定的补充

随着新化学品的不断出现，以及人们对化学品危险性认识的提高，按照《危险化学品安全管理条例》第三条的有关规定，适时对《危险化学品目录（2015 版）》进行调整，不断补充和完善。未列入《危险化学品目录（2015 版）》的化学品并不表明其不符合危险化学品确定原则。未列入《危险化学品目录（2015 版）》但经鉴定分类属于危险化学品的，按照国家有关规定进行管理。

四、水力发电相关危险化学品及危险特性

（一）水力发电企业危险化学品

水力发电企业可能涉及的相关危险化学品见表 10 - 7 - 1。

表 10-7-1   水力发电相关危险化学品

序号	品名	别名	CAS 号
1	丙酮	二甲基酮	67-64-1
2	氮（压缩的或液化的）		7727-37-9
3	甲醛溶液	福尔马林溶液	50-00-0
4	甲酸	蚁酸	64-18-6
5	氢氟酸	氟化氢溶液	7664-39-3
6	氢氧化钾	苛性钾；烧碱	1310-73-2
	氢氧化钾溶液（含量≥30%）		
7	氩（压缩的或液化的）		7440-37-1
8	乙醇（无水）	无水酒精	64-17-5
9	六氟化硫		2551-62-4
10	氧（压缩的或液化的）		7782-44-7
11	液化石油气	石油气（液化的）	68476-85-7
12	石油醚	石油精	8032-32-4
13	柴油（闭杯闪点≤60℃）		
14	含易燃溶剂的合成树脂、油漆、辅助材料、涂料等制品（闭杯闪点≤60℃）		
15	氢	氢气	1333-74-0
16	电池液（酸性的）		

（二）危险特性

1. 氢气（H_2）

氢气为无色、无臭、无味气体，具有易燃易爆特性，它是以燃烧、爆炸为主要特征的危险气体。一旦泄漏，便可逸散在空中迅速扩散，与空气形成爆炸混合物，且遇火爆炸燃烧后的火焰容易顺风迅速蔓延扩展。当气体从容器、管道口或其破损处高速喷出时会产生静电。由于静电看不见、摸不着，容易被忽视，所以静电火花是引起氢气发生火灾事故的重要隐患。氢气从钢瓶、制氢缸等处高速喷出时，瓶内存在的铁锈、水、螺栓衬垫处的石墨或氧化铝等杂质都会引起静电的产生。

2. 强酸、强碱

盐酸（HCl）为无色液体，一般因含有杂质而呈黄色。氢氧化钠（NaOH）也称烧碱，呈强碱性，对皮肤、织物、纸张等有强腐蚀性。

3. 六氟化硫（SF_6）

六氟化硫为无色、无味、无臭、无毒的惰性非燃烧气体。纯净的六氟化硫气体是无毒的，但不能维持生命。尽管纯六氟化硫气体是无毒无害的，但在其生产过程中或在高能因子作用下，则会分解产生若干有毒甚至剧毒、强腐蚀性的有害杂质，如四氟化硫（SF_4）、硫化亚硫酸（SOF_2）、二氟化硫（SF_2）、氟化硫酸（SO_2F_2）、氟化氢（HF）等，均为毒性和腐蚀性极强的化合物，对人体危害极大。

4. 实验室危险化学品试剂

在分析化验油、气等试验过程中，不同程度地使用并接触到一些危险化学分析药品，如遇高温、摩擦引起剧烈化学反应的硝酸铵（NH_4NO_3）等爆炸品，氢气（H_2）、乙炔（C_2H_2）、甲烷（CH_4）等易燃气体，丙酮（CH_3COCH_3）、乙醚（$C_4H_{10}O$）、甲醇（CH_3OH）、苯（C_6H_6）等易燃液体，高锰酸钾（$KMnO_4$）、过氧化氢（H_2O_2）、氯酸钾（$KClO_3$）等强氧化剂，强酸、强碱等腐蚀性药品，氰化钾（KCN）、三氧化二砷（As_2O_3）、氯化钡（$BaCl_2$）等剧毒品。在设备、管道及某些主设备防腐工作中，使用并经常接触到苯类、酮类、树脂类、橡胶类等易燃、易爆、有毒的试剂。

第二节 危险化学品的储存安全

一、包装物

（1）危险化学品的包装应当符合法律、行政法规、规章的规定以及相关国家标准、行业标准的要求。

（2）危险化学品包装物、容器的材质以及危险化学品包装的型式、规格、方法和单件质量（重量），应当与所包装的危险化学品的性质和用途相适应。

（3）对重复使用的危险化学品包装物、容器，使用单位在重复使用前应当进行检查；发现存在安全隐患的，应当维修或者更换。使用单位应当对检查情况作出记录，记录的保存期限不得少于 2 年。

二、储存选址

重大危险源是指生产、储存、使用或者搬运危险化学品，且危险化学品的数量等于或者超过临界量的单元（包括场所和设施）。危险化学品应依据其危险特性及其数量进行重大危险源辨识，计算依据参见 GB 18218《危险化学品重大危险源辨识》。

（1）危险化学品生产装置或者储存数量构成重大危险源的危险化学品储存设施（运输工具加油站、加气站除外）与下列场所、设施、区域的距离应当符合 GB 50016《建筑设计防火规范（2018 年版）》等有关规定：

1）居住区以及商业中心、公园等人员密集场所。

2）学校、医院、影剧院、体育场（馆）等公共设施。

3）饮用水源、水厂以及水源保护区。

4）车站、码头（依法经许可从事危险化学品装卸作业的除外）、机场以及通信干线、通信枢纽、铁路线路、道路交通干线、水路交通干线、地铁风亭以及地铁站出入口。

5）基本农田保护区、基本草原、畜禽遗传资源保护区、畜禽规模化养殖场（养殖小区）、渔业水域以及种子、种畜禽、水产苗种生产基地。

6）河流、湖泊、风景名胜区、自然保护区。

7）军事禁区、军事管理区。

8）法律、行政法规规定的其他场所、设施、区域。

（2）对已建的危险化学品生产装置或者储存数量构成重大危险源的危险化学品储存设施不符合上款规定的，所在地设区的市级人民政府应急管理部门会同有关部门监督储存设施所属单位在规定期限内进行整改；需要转产、停产、搬迁、关闭的，本级人民政府决定并组织实施。

（3）储存数量构成重大危险源的危险化学品储存设施的选址，应当避开地震活动断层和容易发生洪灾、地质灾害的区域。

三、储存要求

（1）储存危险化学品的单位，应当根据其储存的危险化学品的种类和危险特性，在作业场所设置相应的监测、监控、通风、防晒、调温、防火、灭火、防爆、泄压、防毒、中和、防潮、防雷、防静电、防腐、防泄漏以及防护围堤或者隔离操作等安全设施、设备，并按照相关国家标准、行业标准或者国家有关规定对安全设施、设备进行经常性维护、保养，保证安全设施、设备的正常使用。

（2）储存危险化学品的单位应当在其作业场所和安全设施、设备上设置明显的安全警示标志。

（3）储存危险化学品的单位应当在其作业场所设置通信、报警装置，并保证处于适用状态。

（4）储存危险化学品的企业应当委托具备国家规定的资质条件的机构，对本企业的安全生产条件每3年进行一次安全评价，提出安全评价报告。安全评价报告的内容应当包括对安全生产条件存在的问题进行整改的方案。储存危险化学品的企业应当将安全评价报告以及整改方案的落实情况报所在地县级人民政府应急管理部门备案。

（5）危险化学品应当储存在专用仓库、专用场地或者专用储存室（以下统称专用仓库）内，并由专人负责管理；剧毒化学品以及储存数量构成重大危险源的其他危险化学品，应当在专用仓库内单独存放，并实行双人收发、双人保管制度。危险化学品的储存方式、方法以及储存数量应当符合相关国家标准或者国家有关规定。

（6）储存危险化学品的单位应当建立危险化学品出入库核查、登记制度。对剧毒化学品以及储存数量构成重大危险源的其他危险化学品，储存单位应当将其储存数量、储存地点以及管理人员的情况，报所在地县级人民政府应急管理部门（在港区内储存的，报港口行政管理部门）和公安机关备案。

（7）危险化学品专用仓库应当符合国家标准、行业标准的要求，并设置明显的标志。储存剧毒化学品、易制爆危险化学品的专用仓库，应当按照国家有关规定设置相应的技术防范设施。储存危险化学品的单位应当对其危险化学品专用仓库的安全设施、设备定期进行检测、检验。

（8）储存危险化学品的单位转产、停产、停业或者解散的，应当采取有效措施，及时、妥善处置其危险化学品生产装置、储存设施以及库存的危险化学品，不得丢弃危险化学品；处置方案应当报所在地县级人民政府应急管理部门、工业和信息化主管部门、生态环境保护主管部门和公安机关备案。

第三节 危险化学品的使用安全

一、总体要求

使用危险化学品的单位，其使用条件（包括工艺）应当符合法律、行政法规的规定和相关国家标准、行业标准的要求，并根据所使用的危险化学品的种类、危险特性以及使用量和使用方式，建立、健全使用危险化学品的安全管理规章制度和安全操作规程，保证危险化学品的安全使用。

二、安全注意事项

1. 氮气（N_2）、氩气（Ar_2）

（1）入库验收时，要核对品名，检查验瓶日期，逐瓶检查有无安全帽及防震胶圈、气阀处有无油污漏气。

（2）行列式直立放置在牢固的木箱内以防倾倒。

（3）搬运钢瓶过程中，不得摔、震、撞动或在地面滚动。

（4）库温宜保持在 30℃ 以下，相对湿度不超过 80％。

2. 强酸、强碱

（1）入库验收时，检查外包装是否有损坏、水湿、污染，包装内衬垫是否妥当，包装瓶口封口是否严密，物品有无吸湿结块或变色等现象。

（2）使用时应穿工作服戴手套，必要时应加穿胶围裙、戴胶手套和护目镜。

3. 六氟化硫气体

（1）分析人员应配备个人六氟化硫专用安全防护用品。

（2）六氟化硫气体充装、采样或试验时，应在通风条件下进行，工作人员应佩戴防护口罩和手套，并站于上风位置。试验过程中，仪器尾气排放管长度应不小于 2m，排气口应引至下风位置。试验尾气应进行无害化处理。

4. 实验室化学品

（1）入库验收时，检查包装容器、包装方法、衬垫物应符合要求，无其他不同性质物品如氧化剂等沾染物，包装无渗漏，达到密封要求。

（2）作业现场禁止任何火源与热源，严格遵守操作规程，不得穿带钉子的鞋和化纤服装，钢桶不得撞击、滚动，仅可使用铜合金工具，物品验收、整理、封口作业应在库外安全地点进行。

第四节　危险化学品的采购安全

一般危险化学品经营要求如下：

（1）国家对危险化学品经营（包括仓储经营）实行许可制度。未经许可，任何单位和个人不得经营危险化学品。

（2）从事危险化学品经营的企业应当具备下列条件：

1）有符合相关国家标准、行业标准的经营场所，储存危险化学品的，还应当有符合相关国家标准、行业标准的储存设施。

2）从业人员经过专业技术培训并经考核合格。

3）有健全的安全管理规章制度。

4）有专职安全管理人员。

5）有符合国家规定的危险化学品事故应急预案和必要的应急救援器材、设备。

6）法律、法规规定的其他条件。

第五节　危险化学品应急事故救援

一、危险化学品应急管理要求

（1）危险化学品单位应当制定本单位危险化学品事故应急预案，配备应急救援人员和必要的应急救援器材、设备，并定期组织应急救援演练。危险化学品单位应当将其危险化学品事故应急预案报所在地设区的市级人民政府应急管理部门备案。

（2）发生危险化学品事故，事故单位主要负责人应当立即按照本单位危险化学品应急预案组织救援，并向当地应急管理部门和生态环境保护、公安、卫生健康主管部门报告；道路运输、水路运输过程中发生危险化学品事故的，驾驶人员、船员或者押运人员还应当向事故发生地交通运输主管部门报告。

二、企业内部危险化学品应急管理

（1）危险化学品应急管理主要包含危险化学品基本情况、危险化学品安全生产、危险化学品安全相关许可制度、危险化学品安全隐患排查治理制度、危险化学品安全标准化、危险化学品安全费用提取制度。

（2）危险化学品应急处置

1）危险化学品应急处置原则为危险化学品应急处置基本程序、泄漏事故应急处置原则、火灾（爆炸）事故应急处置原则、防止化学品对环境污染危害。

2）化学事故快速检测程序及手段为化学事故快速检测程序和化学事故现场快速检测器材及用途。

3）危险化学品应急处置基本方法为爆炸品事故处置，压缩气体和液化气体事故处置，易燃液体事故处置，易燃固体、自燃物品事故处置，遇湿易燃物品事故处置，氧化剂和有机过氧化物事故处置，毒害品和感染性物品事故处置，腐蚀品事故处置等。

4）危险化学品应急防护与装备为呼吸防护装备与器材、防护服、眼部防护用品、手脚部防护用品等。

第八章

危险废物安全管理

第一节 危险废物类别

一、水力发电相关危险废物

（1）危险废物概述。我国将危险废物分为 46 大类 479 种，主要来源于医疗、农业生产、工业生产等。具有下列情形之一的固体废物（包括液态废物），列入危险废物名录。

1）具有腐蚀性、毒性、易燃性、反应性或者感染性等一种或者几种危险特性的。

2）不排除具有危险特性，可能对环境或者人体健康造成有害影响，需要按照危险废物进行管理的。

（2）对照生态环境保护部发布的《国家危险废物名录（2021 版）》，水力发电企业危险废物相关类别见表 10-8-1。

表 10-8-1　　　　　　　　水力发电企业危险废物相关类别

序号	俗称	危废代码 （8 位码）	危险特性 （具有易燃性、反应性等）
1	废有机溶剂与含有机溶剂废物（苯、苯乙烯等）	900-402-06	T，I，R
2	废有机溶剂与含有机溶剂废物（甲苯、乙醇等）	900-403-06	I
3	废矿物油与含矿物油废物（变压器油和水轮机油等）	900-249-08	T，I
4	废酸	900-349-34	C，T
5	废碱	900-399-35	C，T
6	含醚废物	261-072-40	T
7	废弃包装物（废弃吸油棉）	900-041-49	T/In
8	废化学品（化学药剂）	900-999-49	T/C/I/R

注　1. 危险特性，是指对生态环境和人体健康具有有害影响的毒性（Toxicity，T）、腐蚀性（Corrosivity，C）、易燃性（Ignitability，I）、反应性（Reactivity，R）和感染性（Infectivity，In）。
　　2. 所列危险特性为该种危险废物的主要危险特性，不排除可能具有其他危险特性；"，"分隔的多个危险特性代码，表示该种废物具有列在第一位代码所代表的危险特性，且可能具有所列其他代码代表的危险特性；"/"分隔的多个危险特性代码，表示该种危险废物具有所列代码所代表的一种或多种危险特性。

二、危险废物的危害

（1）由于危险废物具有腐蚀性（Corrosivity，C）、毒性（Toxicity，T）、易燃性（Ignitability，I）、反应性（Reactivity，R）、感染性（Infectivity，In），会对水环境、大气环境、土壤环境造成污染，危害人类健康。具体来说，危险废物对环境的危害是多方面的。从水污染来说，废物随天然降水流入江河湖海，污染地表水；废物中的有害物质随渗滤液渗入土壤，污染地下水；较小颗粒的废物会随风飘迁，落入地表水并使其污染；将危险废物直接排入江河湖海，会造成更大的污染。从大气污染来说，废物本身蒸发、升华及有机废物被微生物分解而释放出有害气体会污染大气；废物中的细颗粒、粉末随风飘散，扩散到空气中，造成粉尘污染；在废物运输、储存、利用、处理处置过程中，产生有害气体和粉尘；气态废物直接排放到大气中，造成大气污染。从土壤污染来说，危险废物的粉尘、颗粒随风飘落在土壤表面，而后进入土壤；液体、半固体（污泥）有害废物在存放过程中或被抛弃后洒漏地面，渗入土壤；废物中的有害物质随渗滤液渗入土壤；废物直接掩埋在地下，有害成分混入土壤。

（2）危险废物还会危害人类身体健康。危险废物通过摄入、吸入、皮肤吸收、眼接触而引起毒害，长期危害包括重复接触导致的长期中毒、致癌、致畸、致突变等。

第二节　危险废物收集和储存

一、一般要求

（1）从事危险废物收集、储存、运输经营活动的单位应具有危险废物经营许可证。在收集、储存、运输危险废物时，应根据危险废物收集、储存、处置经营许可证核发的有关规定建立相应的规章制度和污染防治措施，包括危险废物分析管理制度、安全管理制度、污染防治措施等；危险废物产生单位内部自行从事的危险废物收集、储存、运输活动应遵照国家相关管理规定，建立健全规章制度及操作流程，确保该过程的安全、可靠。

（2）危险废物转移过程应按《危险废物转移联单管理办法》执行。

（3）危险废物收集、储存、运输单位应建立规范的管理和技术人员培训制度，定期针对管理和技术人员进行培训。培训内容至少应包括危险废物鉴别要求、危险废物经营许可证管理、危险废物转移联单管理、危险废物包装和标识、危险废物运输要求、危险废物事故应急方法等。

（4）危险废物收集、储存、运输单位应编制应急预案。应急预案编制可参照《危险废物经营单位编制应急预案指南》，涉及运输的相关内容还应符合交通行政主管部门的有关规定。针对危险废物收集、储存、运输过程中的事故易发环节应定期组织应急演练。

（5）危险废物收集、储存、运输过程中一旦发生意外事故，收集、储存、运输单位及相关部门应根据风险程度采取如下措施。

1）设立事故警戒线，启动应急预案，并按环发〔2006〕50号《环境保护行政主管部门突发环境事件信息报告办法（试行）》要求进行报告。

2）若造成事故的危险废物具有剧毒性、易燃性、爆炸性或高传染性，应立即疏散人群，并请求生态环境保护、消防、医疗、公安等相关部门支援。

3）对事故现场受到污染的土壤和水体等环境介质应进行相应的清理和修复。

4）清理过程中产生的所有废物均应按危险废物进行管理和处置。

5）进入现场清理和包装危险废物的人员应受过专业培训，穿着防护服，并佩戴相应的防护用具。

（6）危险废物收集、储存、运输时应按腐蚀性、毒性、易燃性、反应性和感染性等危险特性对危险废物进行分类、包装并设置相应的标志及标签。危险废物特性应根据其产生源特性及 GB 5085《危险废物鉴别标准》、HJ/T 298《危险废物鉴别技术规范》进行鉴别。

（7）废铅酸蓄电池的收集、储存和运输应按 HJ 519《废铅蓄电池处理污染控制技术规范》执行。

二、危险废物的收集

（1）危险废物产生单位进行的危险废物收集包括两个方面，一是在危险废物产生节点将危险废物集中到适当的包装容器中或运输车辆上的活动；二是将已包装或装到运输车辆上的危险废物集中到危险废物产生单位内部临时储存设施的内部转运。

（2）危险废物的收集应根据危险废物产生的工艺特征、排放周期、危险废物特性、废物管理计划等因素制定收集计划。收集计划应包括收集任务概述、收集目标及原则、危险废物特性评估、危险废物收集量估算、收集作业范围和方法、收集设备与包装容器、安全生产与个人防护、工程防护与事故应急、进度安排与组织管理等。

（3）危险废物的收集应制定详细的操作规程，内容至少应包括适用范围、操作程序和方法、专用设备和工具、转移和交接、安全保障和应急防护等。

（4）危险废物收集和转运作业人员应根据工作需要配备必要的个人防护装备，如手套、防护镜、防护服、防毒面具或口罩等。

（5）在危险废物的收集和转运过程中，应采取相应的安全防护和污染防治措施，包括防爆、防火、防中毒、防感染、防泄漏、防飞扬、防雨或其他防止污染环境的措施。

（6）危险废物收集时应根据危险废物的种类、数量、危险特性、物理形态、运输要求等因素确定包装形式，具体包装应符合如下要求。

1）包装材质要与危险废物相容，可根据废物特性选择钢、铝、塑料等材质。

2）性质类似的废物可收集到同一容器中，性质不相容的危险废物不应混合包装。

3）危险废物包装应能有效隔断危险废物迁移扩散途径，并达到防渗、防漏要求。

4）包装好的危险废物应设置相应的标签，标签信息应填写完整、翔实。

5）盛装过危险废物的包装袋或包装容器破损后应按危险废物进行管理和处置。

6）危险废物还应根据 GB 12463《危险货物运输包装通用技术条件》的有关要求进行运输包装。

7）含多氯联苯废物（废矿物油可能包含）的收集除应执行 HJ 2025《危险废物收集　贮存　运输技术规范》之外，还应符合 GB 13015《含多氯联苯废物污染控制标准》的污染控制要求。

（7）危险废物的收集作业应满足如下要求。

1）应根据收集设备、转运车辆以及现场人员等实际情况确定相应作业区域，同时要设置作业界限标志和警示牌。

2）作业区域内应设置危险废物收集专用通道和人员避险通道。

3）收集时应配备必要的收集工具和包装物，以及必要的应急监测设备及应急装备。

4）危险废物收集应填写危险废物收集记录表，见表 10-8-2，并将记录表作为危险废物管理的重要档案妥善保存。

5）收集结束后应清理和恢复收集作业区域，确保作业区域环境整洁、安全。

表 10-8-2 危险废物收集记录表

收集地点		收集日期	
危险废物种类		危险废物名称	
危险废物数量		危险废物形态	
包装形式		暂存地点	
责任主体			
通信地址			
联系电话		邮编	
收集单位			
通信地址			
联系电话		邮编	
收集人签字		责任人签字	

6）收集过危险废物的容器、设备、设施、场所及其他物品转作他用时，应消除污染，确保其使用安全。

（8）危险废物内部转运作业应满足如下要求。

1）危险废物内部转运应综合考虑厂区的实际情况确定转运路线，尽量避开办公区和生活区。

2）危险废物内部转运作业应采用专用的工具，危险废物内部转运填写《危险废物厂内转运记录表》，见表10-8-3。

表 10-8-3 危险废物厂内转运记录表

企业名称			
危险废物种类		危险废物名称	
危险废物数量		危险废物形态	
产生地点		搜集日期	
包装形式		包装数量	
转移批次		转移日期	
转移人		接收人	
责任主体			
通信地址			
联系电话		邮编	

3）危险废物内部转运结束后，应对转运路线进行检查和清理，确保无危险废物遗失在转运路线上，并对转运工具进行清洗。

（9）收集不具备运输包装条件的危险废物时，且危险特性不会对环境和操作人员造成重大危害，可在临时包装后进行暂时储存，但正式运输前应按 GB 12463 要求进行包装。

（10）危险废物收集前应进行放射性检测，如具有放射性则应按 GB 14500《放射性废物管理规定》进行收集和处置。

三、危险废物的储存

（1）危险废物储存可分为产生单位内部储存、中转储存及集中性储存。所对应的储存设施分别为产生危险废物的单位用于暂时储存的设施；拥有危险废物收集经营许可证的单位用于临时储存废矿物油、废综锯电池的设施；以及危险废物经营单位所配置的储存设施。

（2）危险废物储存设施的选址、设计、建设、运行管理应满足 GB 18597《危险废物贮存污染控制标准》、GBZ1《工业企业设计卫生标准》和 GBZ2《工作场所有害因素职业接触限值》的有关要求。

（3）危险废物储存设施应配备通信设备、照明设施和消防设施。

（4）储存危险废物时应按危险废物的种类和特性进行分区储存，每个暂存区域之间宜设置挡墙间隔，并应设置防雨、防火、防雷、防扬尘装置。

（5）储存易燃易爆危险废物应配置有机气体报警、火灾报警装置和导出静电的接地装置。

（6）废弃危险化学品储存应满足《危险化学品安全管理条例》《废弃危险化学品污染环境防治办法》和 GB 15603《常用化学危险品贮存通则》的要求。储存废弃剧毒化学品还应充分考虑防盗要求，采用双钥匙封闭式管理，且有专人 24h 看管。

（7）危险废物储存期限应符合《中华人民共和国固体废物污染环境防治法》的有关规定。

（8）危险废物储存单位应建立危险废物储存的台账制度，危险废物出入库交接记录见表 10 - 8 - 4。

表 10 - 8 - 4　危险废物出入库交接记录表

储存库名称			
危险废物种类		危险废物名称	
危险废物来源		危险废物数量	
危险废物数量		包装形式	
入库日期		存放库位	
出库日期		接收单位	
经办人		联系电话	

（9）危险废物储存设施应根据储存的废物种类和特性按照 GB 18597—2001《危险废物贮存污染控制标准》附录 A 设置标志，如图 10 - 8 - 1 所示。

（10）危险废物储存设施的关闭应按照 GB 18597《危险废物贮存污染控制标准》和《危

险废物经营许可证管理办法》的有关规定执行。

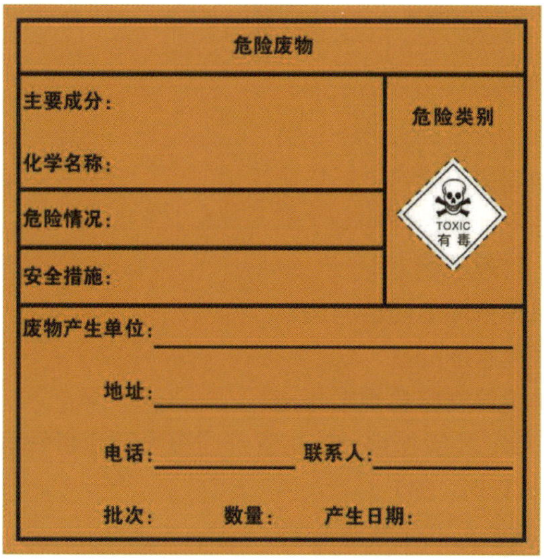

危险废物		
主要成分：	危险类别	
化学名称：		
危险情况：	TOXIC 有毒	
安全措施：		
废物产生单位：＿＿＿＿＿＿＿＿＿＿＿＿		
地址：＿＿＿＿＿＿＿＿＿＿＿＿＿		
电话：＿＿＿＿＿ 联系人：＿＿＿＿＿		
批次： 数量： 产生日期：＿＿＿		

图 10 - 8 - 1 危险废物标签

附录 主要标准和文件

1.《京都协定书》

2.《中华人民共和国固体废物污染环境防治法》

3.《危险废物经营许可证管理办法》

4.《危险化学品安全管理条例》

5.《废弃危险化学品污染环境防治办法》

6.《危险废物转移联单管理办法》

7.《危险废物经营单位编制应急预案指南》

8. 环发〔2006〕50 号《环境保护行政主管部门突发环境事件信息报告办法（试行）》

9.《危险化学品目录（2015 版）》

10.《国家危险废物名录（2021 年版）》

11. GB 259《石油产品水溶性酸及碱测定法》

12. GB/T 261《闪点的测定 宾斯基－马丁闭口杯法》

13. GB 264《石油产品酸值测定法》

14. GB/T 265《石油产品运动黏度测定法和动力黏度计算法》

15. GB/T 267《石油产品闪点与燃点测定法 开口杯法》

16. GB/T 507《绝缘油 击穿电压测定法》

17. GB/T 510《石油产品凝点测定法》

18. GB/T 511《石油和石油产品及添加剂机械杂质测定法》

19. GB/T 1884《原油和液体石油产品密度实验室测定法 密度计法》

20. GB/T 1885《石油计量表》

21. GB 2536《电工流体 变压器和开关用的未使用过的矿物绝缘油》

22. GB/T 2893.1《图形符号 安全色和安全标志 第 1 部分：安全标志和安全标记的设计原则》

23. GB 2894《安全标志及其使用导则》

24. GB/T 3535《石油产品倾点测定法》

25. GB/T 3536《石油产品闪点和燃点的测定 克利夫兰开口杯法》

26. GB 5085《危险废物鉴别标准》

27. GB/T 5654《液体绝缘材料相对电容率、介质损耗因数和直流电阻率的测量》

28. GB 6540《石油产品颜色测定法》

29. GB/T 6541《石油产品油对水界面张力测定法 圆环法》

30. GB/T 7595《运行中变压器油质量》

31. GB/T 7596《电厂运行中矿物涡轮机油质量》

32. GB/T 7597《电力用油（变压器油、汽轮机油）取样方法》

33. GB/T 7598《运行中变压器油水溶性酸测定法》

34. GB/T 7600《运行中变压器油水分含量测定法 库仑法》

35. GB/T 8905《六氟化硫电气设备中气体管理和检测导则》

36. GB 11118.1《液压油（L-HL、L-HM、L-HV、L-HS、L-HG）》

37. GB 11120《涡轮机油》

38. GB 11142《绝缘油在电场和电离作用下析气性测定法》

39. GB/T 11651《个体防护装备选用规范》

40. GB/T 12022《工业六氟化硫》

41. GB 12358《作业场所环境气体检测报警仪　通用技术要求》

42. GB 12463《危险货物运输包装通用技术条件》

43. GB/T 12579《润滑油泡沫特性测定法》

44. GB 13015《含多氯联苯废物污染控制标准》

45. GB 14500《放射性废物管理规定》

46. GB/T 14541《电厂用矿物涡轮机油维护管理导则》

47. GB/T 14542《变压器油维护管理导则》

48. GB 15603《常用化学危险品贮存通则》

49. GB/T 17623《绝缘油中溶解气体组分含量的气相色谱测定法》

50. GB 18597《危险废物贮存污染控制标准》

51. GB/T 27025《检测和校准实验室能力的通用要求》

52. GB 30000.2《化学品分类和标签规范　第 2 部分：爆炸物》

53. GB 30000.3《化学品分类和标签规范　第 3 部分：易燃气体》

54. GB 30000.4《化学品分类和标签规范　第 4 部分：气溶胶》

55. GB 30000.5《化学品分类和标签规范　第 5 部分：氧化性气体》

56. GB 30000.6《化学品分类和标签规范　第 6 部分：加压气体》

57. GB 30000.7《化学品分类和标签规范　第 7 部分：易燃液体》

58. GB 30000.8《化学品分类和标签规范　第 8 部分：易燃固体》

59. GB 30000.9《化学品分类和标签规范　第 9 部分：自反应物质和混合物》

60. GB 30000.10《化学品分类和标签规范　第 10 部分：自燃液体》

61. GB 30000.11《化学品分类和标签规范　第 11 部分：自燃固体》

62. GB 30000.12《化学品分类和标签规范　第 12 部分：自热物质和混合物》

63. GB 30000.13《化学品分类和标签规范　第 13 部分：遇水放出易燃气体的物质和混合物》

64. GB 30000.14《化学品分类和标签规范　第 14 部分：氧化性液体》

65. GB 30000.15《化学品分类和标签规范　第 15 部分：氧化性固体》

66. GB 30000.16《化学品分类和标签规范　第 16 部分：有机过氧化物》

67. GB 30000.17《化学品分类和标签规范　第 17 部分：金属腐蚀物》

68. GB 30000.18《化学品分类和标签规范　第 18 部分：急性毒性》

69. GB 30000.19《化学品分类和标签规范　第 19 部分：皮肤腐蚀刺激》

70. GB 30000.20《化学品分类和标签规范　第 20 部分：严重眼损伤／眼刺激》

71. GB 30000.21《化学品分类和标签规范　第 21 部分：呼吸道或皮肤致敏》

72. GB 30000.22《化学品分类和标签规范　第 22 部分：生殖细胞致突变性》

73. GB 30000.23《化学品分类和标签规范　第 23 部分：致癌性》

74. GB 30000.24《化学品分类和标签规范　第 24 部分：生殖毒性》

75. GB 30000.25《化学品分类和标签规范　第 25 部分：特异性靶器官毒性　一次接触》

76. GB 30000.26《化学品分类和标签规范　第 26 部分：特异性靶器官毒性　反复接触》

77. GB 30000.27《化学品分类和标签规范　第 27 部分：吸入危害》

78. GB 30000.28《化学品分类和标签规范　第 28 部分：对水生环境的危害》

79. GB 30000.29《化学品分类和标签规范　第 29 部分：对臭氧层的危害》

80. GB 30871《化学品生产单位特殊作业安全规范》

81. GB 50016《建筑设计防火规范（2018 年版）》

82. GB 50140《建筑灭火器配置设计规范》

83. GBZ1《工业企业设计卫生标准》

84. GBZ2《工作场所有害因素职业接触限值》

85. GBZ/T 203《高毒物品作业岗位职业病危害告知规范》

86. DL/T 246《化学监督导则》

87. DL/T 259《六氟化硫气体密度继电器校验规程》

88. DL/T 285《矿物绝缘油腐蚀性硫检测法　裹绝缘纸铜扁线法》

89. DL/T 385《变压器油带电倾向性检测方法》

90. DL/T 421《电力用油体积电阻率测定法》

91. DL/T 429.7《电力用油油泥析出测定方法》

92. DL/T 432《电力用油中颗粒污染度测量方法》

93. DL/T 506《六氟化硫电气设备中绝缘气体湿度测量方法》

94. DL/T 595《六氟化硫电气设备气体监督细则》

95. DL/T 596《电力设备预防性试验规程》

96. DL/T 639《六氟化硫电气设备运行、试验及检修人员安全防护导则》

97. DL/T 662《六氟化硫气体回收装置技术条件》

98. DL/T 703《绝缘油中含气量的气相色谱测定法》

99. DL/T 722《变压器油中溶解气体分析和判断导则》

100. DL/T 914《六氟化硫气体湿度测定法　重量法》

101. DL/T 915《六氟化硫气体湿度测定法　电解法》

102. DL/T 916《六氟化硫气体酸度测定法》

103. DL/T 917《六氟化硫气体密度测定法》

104. DL/T 918《六氟化硫气体中可水解氟化物含量测定法》

105. DL/T 919《六氟化硫气体中矿物油含量测定法　红外光谱分析法》

106. DL/T 920《六氟化硫气体中空气、四氟化碳、六氟乙烷和八氟丙烷的测定气相色谱法》

107. DL/T 921《六氟化硫气体毒性生物试验方法》

108. DL/T 941《运行中变压器用六氟化硫质量标准》

109. DL/T 1032《电气设备用六氟化硫（SF_6）气体取样方法》

110. DL/T 1094《电力变压器用绝缘油选用指南》

111. DL/T 1095《变压器油带电度现场测试导则》

112. DL/T 1096《变压器油中颗粒度限值》

113. DL/T 1205《六氟化硫电气设备分解产物试验方法》

114. DL/T 1355《变压器油中糠醛含量的测定　液相色谱法》

115. DL/T 1432.2《变电设备在线检测装置检验规范　第2部分：变压器溶解气体在线监测装置》

116. DL/T 1498.2《变电设备在线监测装置技术规范　第2部分：变压器油中溶解气体在线监测装置》

117. DL/T 1552《变压器油储存管理导则》

118. DL/T 1553《六氟化硫气体净化处理工作规程》

119. DL/T 1555《六氟化硫气体泄漏在线监测报警装置运行维护导则》

120. DL/T 1825《六氟化硫在线湿度测量装置校验　静态法》

121. DL/T 1987《六氟化硫气体泄漏在线监测报警装置技术条件》

122. DL/T 5390《发电厂和变电站照明设计技术规定》

123. SH/T 0193《润滑油氧化安定性的测定　旋转氧弹法》

124. SH/T 0308《润滑油空气释放值测定法》

125. SH/T 0802《绝缘油中2，6-二叔丁基对甲酚测定法》

126. SH/T 0804《电器绝缘油腐蚀性硫试验　银片试验法》

127. NB/SH/T 0599《L-HM液压油换油指标》

128. NB/SH/T 0810《绝缘液在电场和电离作用下析气性测定法》

129. NB/SH/T 0811《未使用过的烃类绝缘油氧化安定性测定法》

130. HJ/T 298《危险废物鉴别技术规范》

131. HJ 519《废铅蓄电池处理污染控制技术规范》

132. HJ 2025《危险废物收集　贮存　运输技术规范》

133. JB/T 10893《高压组合电器配电室六氟化硫环境监测系统》

参 考 文 献

[1] 耿红磊, 孔垂雨, 古小七. 浅谈加强对水利水电工程液压启闭机液压油污染度检测的必要性 [J]. 水利技术监督, 2017 (5): 22-23.

[2] 潘雪石. 油质劣化导致轴电流保护动作的事故分析与处理 [J]. 水电站机电技术, 2016.39 (12): 38-39.

[3] 陈伟锋. 流溪河水电厂1号主变色谱异常浅析 [J]. 变压器, 2007, 044 (010): 51-52.

[4] 米树华. 火力发电厂化学技术监督工作手册 [M]. 北京: 中国电力出版社, 2019.

[5] 甘德刚. 变压器油中微水含量在线监测系统研究 [D]. 重庆: 重庆大学, 2006.

[6] 易志斌. 气体绝缘金属封闭开关设备 [J]. 高压电器技术, 1995, (1/2): 33-44.

第十一部分
环保水保监督

第一章

环保水保监督管理

第一节　环保水保监督概述

水力发电工程环境保护的目的是在查清水力发电厂影响区域环境状况，在分析评价水力发电厂对生态环境影响的基础上，采取措施把不利影响减至最低程度，并充分发挥水力发电工程对环境的有利影响，使水力发电厂与环境相融合、相协调，使水力发电建设、区域经济持续发展，资源永续利用，生态良好循环。

环保水保技术监督就是以法律法规、标准为依据，以先进的环境监测、水土保持监测及管理方法为手段，以电站库区水质、库区生态、环保设施、水保设施和污染物排放为对象，以达标排放、节能减排、生态保护、水土流失防治和人群健康保护为目标，对环保水保措施落实情况、环保水保设施（备）的运行情况及效果进行监督、检查、评价，以达到保护环境、促进水力发电企业绿色健康发展。

环保水保技术监督工作是贯彻国家环境保护法律、法规，履行环境保护职责与义务的重要措施之一，是各水力发电企业建设、运行与管理工作的重要组成部分，贯穿于建设项目的（初）可行性研究、环境影响评价、水土保持方案、环保水保设施的设计、选型、制造、基建、调试、验收、运行、检修及生产运行的各个环节的全过程。

第二节　监督范围及指标

监督范围与主要指标依赖于要达到的目标而制定，水力发电工程环境保护目标包含两层含义：一是工程建设与运行所影响的环境保护对象，主要包括水环境、大气环境、声环境、生态系统的敏感区和敏感对象；二是保护对象需达到的保护标准或要求，即环境质量目标和环境功能目标。

一、环境敏感区及其相关术语

不同场合多次出现"环境敏感区""生态敏感区""环境敏感目标""生态敏感目标""环境功能区""重点生态功能区"等术语。为便于理解与应用，对各导则、规范的相关术语进行了汇总，见表 11-1-1。

工程建设影响的环境敏感区是保护的重点，必须依法进行保护，依据相关法规规定和保护要求，按照不降低现状并有所改善的原则，结合工程实际具体确定保护目标。如工程涉及法定禁止开发的区域，需依法协调工程项目与保护对象的关系，再对工程设计方案提出限定条件和保护要求。

表 11 - 1 - 1 相关术语汇总

术语	解释	来源
环境敏感区	指国家法律法规和行政规章等明确规定需特殊保护的区域和对象，主要生态保护红线范围内或者其外的下列区域： （1）自然保护区、风景名胜区、世界文化和自然遗产地、海洋特别保护区、饮用水水源保护区。 （2）基本农田保护区、基本草原、森林公园、地质公园、重要湿地、天然林、野生动物重要栖息地、重点保护野生植物生长繁殖地、重要水生生物的自然产卵场、索饵场、越冬场和洄游通道、天然渔场、水土流失重点防治区、沙化土地封禁保护区、封闭及半封闭海域。 （3）以居住、医疗卫生、文化教育、科研、行政办公等为主要功能的区域，以及文物保护单位	《建设项目环境影响评价分类管理名录》（环境保护部令 第44号）
生态敏感区	（1）特殊生态敏感区：指具有极重要的生态服务功能，生态系统极为脆弱或已有较为严重的生态问题，如遭到占用、损失或破坏后所造成的生态影响后果严重且难以预防、生态功能难以恢复和替代的区域，包括自然保护区、世界文化和自然遗产地等。 （2）重要生态敏感区：指具有相对重要的生态服务功能或生态系统较为脆弱，如遭到占用、损失或破坏后所造成的生态影响后果较严重，但可以通过一定措施加以预防、恢复和替代的区域，包括风景名胜区、森林公园、地质公园、重要湿地、原始天然林、珍稀濒危野生动植物天然集中分布区、重要水生生物的自然产卵场及索饵场、越冬场和洄游通道、天然渔场等	HJ 19《环境影响评价技术导则 生态影响》
环境敏感目标	指验收调查需要关注的建设项目影响区域内的环境保护对象	HJ/T 394《建设项目竣工环境保护验收技术规范 生态影响类》
	指依法设立的各级各类自然、文化保护地，对建设项目的某类污染因子或生态影响因子特别敏感的区域，以及验收调查需要关注的建设项目影响区域内的环境保护对象	HJ/T 464《建设项目竣工环境保护验收技术规范 水利水电》
生态敏感目标	（1）需特殊保护地区：国家法律、法规、行政规章及规划确定的或经县级以上人民政府批准的需要特殊保护的地区，如饮用水水源保护区、自然保护区、风景名胜区、生态功能保护区、基本农田保护区、水土流失重点防治区、森林公园、地质公园、世界遗产地、国家重点文物保护单位、历史文化保护地等，以及有特殊价值的生物物种资源分布区域。 （2）生态敏感与脆弱区：沙尘暴源区、石漠化区、荒漠中的绿洲、严重缺水地区、珍稀动植物栖息地或特殊生态系统、天然林、热带雨林、红树林、珊瑚礁、鱼虾产卵场、重要湿地和天然渔场等。 （3）社会关注区：具有历史、文化、科学、民族意义的保护地等	HJ/T 394《建设项目竣工环境保护验收技术规范 生态影响类》
敏感生态问题	敏感生态问题应包括生物多样性受损（珍稀濒危、特有物种）、湿地退化、荒漠化、土地退化等	HJ/T 88《环境影响评价技术导则 水利水电工程》
生态敏感性	是指一定区域发生生态问题的可能性和程度，用来反映人类活动可能造成的生态后果。生态敏感性的评价内容包括水土流失敏感性、沙漠化敏感性、石漠化敏感性、冻融侵蚀敏感性4个方面。根据各类生态问题的形成机制和主要影响因素，分析各地域单元的生态敏感性特征，按敏感程度划分为极敏感、高度敏感、中度敏感、低敏感4个等级	《关于印发全国生态功能区（修编版）的公告》（环境保护部 中国科学院公告2015年第61号）

术语	解释	来源
环境功能区	是依据社会经济发展需要和不同地区在环境结构、环境状态和使用功能上的分异规律划定的区域，区域内执行相应的环境管理要求。根据环境保障自然生态安全和维护人群环境健康两方面的基本功能，把国土空间划分为五种环境功能类型区：从保障自然生态安全角度出发划分出自然生态保留区和生态功能调节区；从维护人群环境健康角度出发划分出食物安全保障区、聚居发展维护区和资源开发引导区	《全国环境功能区划编制技术指南（试行）》
水环境功能区	根据水域使用功能、水环境污染状况、水环境承受能力（环境容量）、社会经济发展需要以及污染物排放总量控制的要求，划定的具有特定功能的水环境。地表水环境功能区分为 9 个一级类别：自然保护区、饮用水水源保护区、渔业用水区、工业用水区、农业用水区、景观娱乐用水区、混合区、过渡区和保留区	HJ 522《地表水环境功能区类别代码（试行）》
生态保护红线	指在生态空间范围内具有特殊重要生态功能、必须强制性严格保护的区域，是保障和维护国家生态安全的底线和生命线，通常包括具有重要水源涵养、生物多样性维护、水土保持、防风固沙、海岸生态稳定等功能的生态功能重要区域，以及水土流失、土地沙化、石漠化、盐渍化等生态环境敏感脆弱区域	《关于印发生态保护红线划定指南的通知》（环办生态〔2017〕48 号）
重点生态功能区	指生态系统十分重要，关系全国或区域生态安全，需要在国土空间开发中限制进行大规模高强度工业化城镇化开发，以保持并提高生态产品供给能力的区域，主要类型包括水源涵养区、水土保持区、防风固沙区和生物多样性维护区	
生态环境敏感脆弱区	指生态系统稳定性差，容易受到外界活动影响而产生生态退化且难以自我修复的区域	
禁止开发区域	指依法设立的各级各类自然文化资源保护区域，以及其他禁止进行工业化城镇化开发、需要特殊保护的重点生态功能区	

二、环境质量目标

环境质量目标是指水力发电工程建设和运行必须维持和达到的水环境、声环境、大气环境、土壤环境中质量标准。工程建设以满足该地区环境质量标准为目标值，如水环境保护的目标即是满足该河段水功能区划确定的水质目标。

三、环境功能目标

环境功能目标是指对受影响的生态、水源、景观、文物保护等应以维持和改善其主要功能为目标。

针对以上水力发电环境保护目标，环保水保技术监督主要包括以下监督范围及指标：

（一）环境保护及水土保持措施

有关水力发电建设项目环境保护措施的类型划分，在 SL 359《水利水电工程环境保护概估算编制规程》中进行了规定，主要包括水环境（水质、水温）保护、大气环境保护（施工期）、声环境保护（施工期）、土壤环境保护、陆生植物保护、陆生动物保护、水生生物保护、景观保护及绿化、人群健康保护、生态需水以及其他如移民安置环境保护措施等，见表 11-1-2。此外，DL/T 5402《水电水利工程环境保护设计规范》也提出了大气环境保护、声环境保护、固体废物处置等施工期内需采取的环境保护措施。

表 11-1-2　　　　　　　　　水力发电工程主要环境保护措施类型

环境保护措施类型	内容	措施举例
生态需水保障措施	包括为保证水利水力发电工程下游河道的生态需水量而采取的工程和管理措施	放水设施、拦水堰等
水质保护措施	包括为防止、减免或减缓水利水力发电工程建设造成的河流水域功能降低等所采取的保护措施，以及为满足供水水质要求所采取的保护措施	污水处理工程、水源地防护与生态恢复等
水温恢复	包括为防止、减免或减缓水利水电工程建设引起的河流水温变化对工农业用水及生态造成的影响所采取的措施	分层取水工程、引水渠、增温池等
水生生物保护	包括为防止、减免或减缓兴建水利水电工程造成河流、湖泊等水域水生生物生境变化，对珍稀、濒危以及有重要经济、学术研究价值的水生生物的索饵场、产卵场、越冬场及洄游通道产生不利影响所采取的保护措施	栖息地保护、过鱼设施、鱼类增殖站及人工放流、产卵池、孵化池、放养池等
陆生植物保护	包括为防止、减免或减缓水利水电工程建设造成的陆生植物种群及生境破坏、珍稀及濒危植物受到淹没或生境破坏所采取的保护措施	就地防护、迁地移栽、引种栽培、种子库保存等
陆生动物保护	包括为防止、减免或减缓水利水电工程建设对陆生动物种群、珍稀濒危野生动物种群及生境的影响所采取的保护措施	建立迁徙通道、保护水源、围栏、养殖等
土壤环境保护	包括为防止、减免或减缓水利水电工程建设引起的土壤潜育化、盐碱化、沼泽化，土地沙化等所采取的保护措施	防渗截渗工程、排水工程、防护林等
景观保护及绿化	包括为防止、减免或减缓兴建水利水电工程对风景名胜造成影响以及为美化环境所采取的保护及绿化措施	植树、种草等
人群健康保护	包括为防止水利水电工程建设引起的自然疫源性疾病、介水传染病、虫媒传染病、地方病等所采取的保护措施	疫源地控制、防疫、检疫、传染媒介控制等
水土保持措施	包括表土保护措施、拦渣措施、边坡防护措施、截排水措施、降雨蓄渗措施、土地整治措施、植物措施和临时防护措施等	
其他环境保护措施	包括为防止、减免或减缓水利水电工程造成下游河道或水位降低，影响工程下游的水利、交通等设施的运行采取的工程保护措施和补偿措施；移民安置环境保护措施等	

（二）环境保护设施及相关指标

库区水质、库区生态、污染物排放（废水、噪声、固体废弃物、废油、SF_6、工频电场及磁场）；废（污）水处理设施、废气处理及防尘抑尘设施、SF_6 回收再生设施、噪声及治理设备、固体废弃物处理与综合利用设施等。主要监督指标有：

（1）库区水质合格率应达到 100%。

（2）生态流量设施（泄放、监测及监控）完好率应达到 100%。

（3）水土保持设施完好率应达到 100%。

（4）废（污）水处理达标率应达到100%。

（5）厂界噪声达标率应达到100%。

（6）废气排放达标率应达到100%。

（7）环境监测、水保监测任务完成率应达到100%。

（8）废（污）水处理设施投运率应达到100%。

（9）固体废弃物及危险废弃物处置满足环保部门要求。

第三节 一 般 要 求

水力发电企业要建立完善的环保水保技术监督三级网络体系，成立以主管生产（基建）的副总经理或总工程师为组长的技术监督领导小组。生产副总经理、基建副总经理或总工程师是各自不同范围内本企业技术监督和技术管理的第一负责人，生产技术部门（基建管理部门）的环保水保技术监督主管（专责）履行管理职能，确保技术监督网络协调运转。

技术监督工作归口职能管理部门每年年初要根据人员变动情况及时完成环保水保监督网络三级网络成员调整。

应收集齐全国家、行业的有关环保水保技术监督法规、标准、规程及反事故措施，保持最新有效。

应建立健全环保水保技术监督制度和标准规程，制定规范的检验、试验或监测方法，使监督工作有法可依，有标准对照。根据国家、行业及上级主管单位新颁布的有关规定和受监设备的异动情况，对受监设备的运行规程、检修维护规程、作业指导书等技术文件中监督标准的有效性、准确性进行评估，对不符合项及时进行修订，履行审批流程后发布实施。

项目建设单位生产准备人员应参与基建技术监督工作，在规划、设计、设备选型、设备监造、安装、调试、工程验收过程中，依据国家、行业的技术监督相关制度、规程、标准，采用有效手段，进行全过程监督管理。基建工程移交生产时，项目建设单位应及时移交工程建设中的设计、设备制造、安装、调试过程的全部档案和资料。

建立环保水保监测站的水力发电企业应建立仪器仪表设备台账并及时更新完善，编制监测制度及仪器仪表使用、操作、维护规程，并根据检定周期和项目，制定仪器仪表年度检验计划，按规定进行检验，检验合格的可继续使用，检验不合格的送修或报废处理，保证仪器仪表有效性。

水力发电企业应依据国家、行业、地方有关环保水保方面的法规、政策、标准、规范、年度生产目标、机组检修技改计划、技术监督体系健全和完善等制定技术监督年度工作计划并发布实施，主要包括以下内容：

（1）环保水保技术监督组织机构和网络完善。

（2）环保水保技术监督管理标准，技术标准规范的制定、修订计划。

（3）环保水保指标的管控计划，检修、技术改选期间应开展的技术监督项目计划（包括重要试验、薄弱环节、关键技术、重点区域和隐蔽工程等）。

（4）环保水保技术监督例行工作计划、人员培训计划、仪器仪表检定计划、定期工作会议计划等。

（5）技术监督告警问题整改计划。

要严格按照技术标准、规程、规定和反事故措施要求开展环保水保技术监督工作，重点包括定期巡检、定期试验、定期检验、定期校验和定期化验等。

应每年安排技术监督和专业技术人员培训，重点学习宣贯新制度、标准和规范，新技术、先进经验和反事故措施要求，不断提高技术监督人员水平。应至少要每月召开一次技术监督工作例会，检查技术监督工作计划落实情况，对出现的问题提出处理意见和防范措施。

第四节　定　期　工　作

水力发电企业进入生产期后，其对环境的各种影响基本确定，为做好生产期的环保水保技术监督工作，建议开展的各种定期工作，见表11-1-3。

表 11-1-3　　　　　　　　　水力发电企业生产期定期工作清单

工作类型	周期	工作内容
日常运行监督项目	每月	生态流量泄放措施执行情况报告
	每季度/环评要求	库区上下游水质、废水（污水）、废气监测
	每季度	环保水保工作简报
	每年枯水期	沉积物监测
	每年	工频电场、磁场、噪声、作业场所空气质量监测
	每年	危险废弃物处置情况报告、备案
	每5年/必要时	水保监测、生态（治理）监测
	3～5年后	环境影响后评价
	必要时	完善、修复环保水保措施、设施
	必要时	环保水保执行情况报告及其他专题报告
检修监督项目	检修/维护后	对环保、水保设施检修维护工作进行验收
技改监督项目	技改前	可行性研究报告
	技改后	环保水保设施验收报告
优化提升及事故分析	事故后	分析环保水保事件事故原因，提出整改意见，编写完整的事故分析报告
	每年/必要时	环保水保事件应急预案演练

第五节　告　警　管　理

技术监督工作应实行监督告警管理制度。按照危险程度，水力发电环保水保技术监督告警分一般告警（二级）和重要告警（一级）。一般告警指技术监督的重点工作开展情况或重要指标完成情况不符合标准要求并超出一定范围，但短期内不会造成严重后果，且可以通过加强运行维护、监控和管理等临时措施，使相关风险在可控或可承受范围内。重要告警是指一般告警问题整改不到位、存在劣化现象且劣化速度超出标准范围，需立即处理或采取临时措施后，相关风险仍在不可控或不可承受范围内。一般告警及重要告警项目见表11-1-4

和表 11 - 1 - 5。

表 11 - 1 - 4　　　　　　　　　　　　一般告警项目

序号	告警项目
1	工程建设和环保水保设施运行与环评批复不一致，未事前履行变更环保水保手续
2	未按国家、地方相关规定按期完成环保、水保验收工作
3	环评报告书、水保方案报告书和相关文件要求的环境保护措施落实不到位
4	未按期完成年度环保水保治理工作计划
5	环境保护管理体系不完善，未制定环保设施的管理办法，环保设施投运率、检修消缺率、污染物排放浓度达标率未列入管理和考核指标体系
6	废水处理设施故障停运不超过 72h，尚未导致水污染物重要指标连续超标排放
7	噪声超标测点不超过 2 个，超过标准 3dB（A）以内，未引起敏感点噪声超标，或辐射及其他环保指标超标，发生居民投诉至县、区级以下环保部门

表 11 - 1 - 5　　　　　　　　　　　　重要告警项目

序号	告警项目
1	未执行国家颁布的有关环保水保法律、法规、标准和国家环境影响评价制度、"三同时"制度、建设项目环保水保申请审批制度的建设项目，擅自开工建设、试运行和运行的，并受到通报的
2	环评报告书、水保方案报告书和相关文件要求的环保水保措施不落实
3	在生产期发生较大以上环境污染、水土流失、生态破坏等责任事件，并受省、自治区、直辖市以上部门通报和行政处罚事件
4	存在污染物排放弄虚作假、提供虚假环保数据并造成较大负面影响的行为
5	厂区废水未经处理直接排放，重要指标已连续超标 72h 以上，造成一定程度的环境污染
6	噪声超标测点超过 2 个，且超过标准 5dB（A），引起附近敏感点噪声超标或辐射及其他环保指标超标，发生居民投诉至地级及以上环保部门

　　水力发电企业要加强告警项目的识别，确保识别准确。在技术监督自查及日常管理中发现技术监督的重大问题后，要制定整改计划，明确工作负责人、防范措施、整改方案及完成时限，确保按期完成整改。

第六节　档　案　管　理

　　环保水保技术监督应建立和健全建设生产全过程技术档案，建立健全各项台账，确保台账统一，技术资料应完整和连续，并与实际相符，至少包括以下文件：

　　（1）环保水保设施（备）清册、规程、制度及技术资料，设备制造、安装、调试、运行、检修、技术改造等技术监督原始档案。

　　（2）精密仪器使用、维护、保养及检验制度。仪器使用记录和各类原始记录应规范齐全，实验仪器应有计量检定计划。

　　（3）（预）可行性研究报告（环境保护设计和水土保持设计）及相关批复文件。

　　（4）环境影响评价报告书（表）及相关批复文件。

（5）水土保持方案报告书及相关批复文件。

（6）水保、环保监理及验收报告。

（7）监测仪器设备使用说明书及校验证书。

（8）环境监测、水保监测报告。

（9）环境风险评估报告和环境应急资源调查报告（表）。

（10）突发环境事件应急预案、备案表及演练记录。

（11）危废产生、储存及处置台账及应急预案。

第二章

水力发电环境影响概述

第一节 水力发电工程构成

水力发电工程是指将天然水能转化为电能的工程。水力发电工程按照集中水头的不同类型分为堤坝式（坝后式、坝内式、溢流式、岸边式、地下式和河床式）、引水式、混合式及集水网道式；按照调节性能分为有调节水库水力发电厂和径流式水力发电厂；按照利用水源的性质分为常规水力发电厂（包括梯级水力发电厂）、抽水蓄能水力发电厂、潮汐水力发电厂和波浪能水力发电厂；按利用水头的大小分为高水头水力发电厂（水头在 70m 以上）、中水头水力发电厂（水头为 30～70m）、低水头水力发电厂（水头为 30m 以下）；按照装机容量分为大型水力发电厂（装机容量≥750MW 为大 1 型，250MW≤装机容量<750MW 为大 2 型）、中型水力发电厂（50MW<装机容量<250MW）和小型水力发电厂（装机容量≤50MW），水力发电厂的常见类型如图 11-2-1 所示。

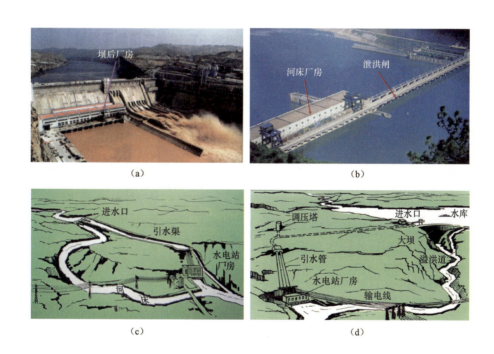

(a)　　　　　　　　　　　　(b)

(c)　　　　　　　　　　　　(d)

图 11-2-1　水力发电厂常见类型
(a) 坝后式；(b) 河床式；(c) 无压引水式；(d) 有压引水式

水力发电工程一般由水工建筑物、发电厂房、水轮发电机组及其辅助设备、升压站和送电设备等组成。

（1）水工建筑物包括挡水建筑物、引水建筑物、泄水建筑物、通航建筑物、筏运建筑物、过鱼建筑物等。挡水建筑物分为拦河坝和拦河闸两种类型。按照大坝的建筑材料划分，可分为土坝、堆石坝、干砌石坝、浆砌石坝、混合坝、混凝土坝、钢筋混凝土坝、橡胶坝等。按照大坝的受力情况及结构特点，可分为重力坝、拱坝和支墩坝等。引水建筑物由进水口、拦污栅、闸门、渠道、隧洞、调压室、压力管道等组成。泄水建筑物主要包括溢流坝、泄水闸、泄洪道及底孔等。通航建筑物主要包括闸门、闸室、输水设备、升降机等。筏运建筑物主要包括筏道、驳道等。过鱼建筑物主要包括鱼道、升鱼机等。

（2）发电厂房是安装水轮发电机组及配套设备的建筑物，有地面厂房、地下厂房和坝内厂房等多种类型，如图11-2-2所示。厂房的主要任务是通过一系列的工程措施，将压力水流平顺地引入水轮机，把水能转变为机械能，并带动发电机把机械能转变为电能，再经过主变压器升压后由输电线路分送到电网各地。

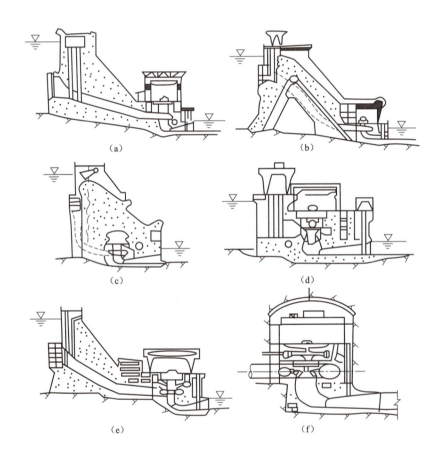

图 11-2-2　水力发电厂厂房类型示意图
(a) 坝后式；(b) 溢流式；(c) 坝内式；(d) 河床式；(e) 露天式；(f) 地下式

水力发电厂的发电、变电和配电建筑物常集中布置在一起，称为厂区，它主要由主厂房、副厂房、主变压器场和开关站组成。主厂房是安装水轮发电机组及其控制设备的房间，其中还布置有机组主要部件组装和检修的场所，是厂区的核心建筑物。副厂房是由布置控制设备、电气设备、辅助设备的房间和必要的工作和生活用房组成，主要是为主厂房服务，因而一般都紧靠主厂房。主变压器场和高压开关站分别安放主变压器和高压配电装置，作用是将发电机出线端电压升高至变电站要求的电压，并经调度分配后送向电网，一般均露天布置在靠近厂房并方便与系统电网连接的位置。

（3）水轮发电机组及其辅助设备由水轮机、发电机、主轴等主要设备及油、气、水等辅助系统等组成。

水轮发电机按轴线位置可分为立式和卧式两类。大中型机组一般采用立式布置，卧式布置通常用于小型机组和贯流式机组。立式水轮发电机按轴承支持方式又分为悬式和伞式两种。伞式水轮发电机按轴承位于上下机架的不同位置又分为普通伞式、半伞式和全伞式。水轮发电机由转子、定子、机架、推力轴承、导轴承、冷却器、制动器等主要部件组成，各主要部件及位置如图 11 - 2 - 3 所示。

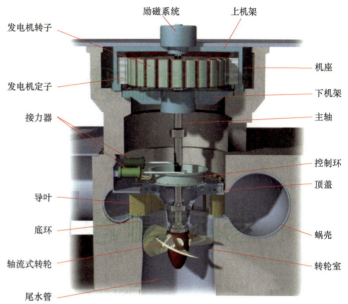

图 11 - 2 - 3　立式水轮发电机组示意图

（4）升压站主要由变压器、各种开关和控制设备组成。

（5）送电设备包括电力电缆和架空线路等。

（6）水力发电工程的挡水建筑物汇集水流，淹没一定面积的土地形成水库。水库是指能拦蓄一定水量，起径流调节作用的蓄水水域。其主要功能是稳定水流，调节自然河流的可变供给和满足最终用户的可变需求。水库的物理特征包括特征水位和相应的库容值。

1）死水位和死库容。水库的最低水位称为死水位。水力发电工程调节水库的死水位由水轮机工作效率、泥沙淤积及灌溉供水等因素决定。死库容是指死水位以下的水库容积，这部分库容的水量不参与调节径流，一般不动用。

2）正常蓄水位和调节库容。水库在正常来水和用水条件下保持基本不变的蓄水水位称为正常蓄水位。该水位与死水位之间的库容即调节库容。

3）防洪限制水位、防洪高水位和防洪库容。水库在汛前预留库容的对应水位称为防洪限制水位。水库在调节下游防护对象的标准洪水时达到的最高水位称为防洪高水位。防洪限制水位与防洪高水位之间的水库库容称为防洪库容。

4）校核洪水位和调洪库容、总库容。水库允许达到的最高水位称为校核洪水位。校核洪水位与防洪限制水位间的库容称为调洪库容。在校核洪水位下的水库容积称为总库容。

水库特征水位及库容示意如图 11 - 2 - 4 所示。

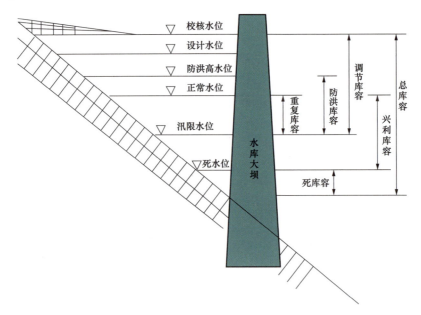

图 11-2-4 水库特征水位及库容示意图

第二节 水力发电工程对自然环境的影响

水库的修建，改变了陆地水体的分布，对库区及其周围的自然环境产生多方面的影响，主要包括生态环境、气候、水质、泥沙淤积、地下水位、土壤等。

一、对生态环境的影响

水库建成后，天然植物被淹没，水库淹没区由原来的陆地生态环境变成水生生态环境。原来的自然河流变成深水型水体，这种改变使得库区生态环境发生了巨大变化，造成生境退化、生物多样性下降。

（一）对陆生生物的影响

水力发电厂在建设过程中的土地占用、料场开采、建筑物建设、弃渣存放将破坏陆生动物的栖息地，严重影响坝区啮齿类动物、兽类、鸟类的群落结构和空间布局。施工钻孔、爆破等噪声，以及施工人员的活动会对工地内外陆生动物的繁殖、觅食、栖息产生影响。

水力发电厂建成后，淹没区及近岸库区陆生动物在水库蓄水后，栖息地面积缩减，影响动物的生活繁殖及种群数量。生活在低洼地区的兽类和爬行类等动物向地势更高的地方迁移。水库蓄水后，库区河谷地区两栖动物生活与生存环境将有所改变，开阔地带的低洼处将出现季节性积水，形成沼泽地或水塘，成为两栖动物生活繁殖的良好场所，种类和个体数量将有所增加。部分两栖类（如林蛙）的数量可能会因森林面积的缩减而失去栖息地迁往他处或死亡，造成种群数量减少或灭绝。水库蓄水后耐寒喜湿的种类将继续保持优势，部分个体因食物基地缩小及其他原因死亡，导致该种的种群数量减少。

水力发电工程对森林环境也将产生一定影响，改变鸟类的栖息环境，部分河谷、森林、耕地、灌丛的鸟类种群数量显著减少，原有的少量涉禽、游禽将迁往他处。在水力发电厂建成前后，鸟类不同生境表现出不同的动态规律。水库建成后，林区鸟类相对数量和物种多样性较蓄水前有所增高，均匀度变化不大；水位抬升引起水域面积增加后，水流减缓，水生生物种类和种群增加，从食物链看，为各种鸟类、水禽类提供良好的生存繁殖条件，以此吸引更多的鸟类、水禽类在此觅食、栖息和繁殖，为库区周围创造了良好的生存繁衍环境。农田耕作区鸟类物种多样性和均匀度下降。水力发电厂建成后湿度增加，库区周围昆虫群落结构将会改变，水生和湿生性昆虫种类和数量将会增加。电站的建设将会形成各种形式的水库，而大型水库的形成将会截断一些水生动物的正常迁移及洄游路线，出现基因交流受阻，使生物多样性受到威胁。水库淹没造成大量的动物尸体和腐烂植物遗留库区，将引起疾病传媒及滋生环境变化，影响动物的生存；库区水位抬高，可能使山体中易溶于水的有害矿物质和有毒的腐烂植物污染水质，造成对陆生动物饮用水的影响。

库区服务业发展和新乡镇的形成，将带来人口的增加和人类活动频繁，将给野生动物及其生态环境造成影响，从而影响到野生动物本身。旅游业发展主要是在风景区进行，并且有相应的行为规范，对野生动物的影响较轻微。景观美化则在一定程度上改善了生态环境，为野生动物的栖息和隐蔽提供了条件，成为对野生动物及动物群体有利的影响因子。

此外，局部气候的变化及土壤沼泽化、盐碱化等也会对动植物造成影响。根据三门峡库区自然生境研究，水库蓄水后，森林以及适宜森林的生物种类减少，次生的和人工栽培植被、草灌以及适应农田草灌群落的生物种类增加，珍稀物种数量不断减少。

（二）对水生生物的影响

水库蓄水后，库区下垫面由陆面变为水面，形成了巨大的停滞水域，由于太阳辐射，水的理化特性、空气能量交换方式和强度均发生变化。大多数深水水库的水质、水温将沿水深呈明显的季节性分层，原有水生生境改变。水库淹没区和浸没区原有植被的死亡，以及土壤可溶盐增加了水体中氮、磷的含量，并且库区周围农田、草原等营养物质随降雨进入水库，容易造成水体的富营养化，从而促进浮游生物、底栖动物及底生植物的生长繁殖。此外，大坝修建后上游区域将被淹没，淹没使得生物栖息环境由浅水、激流环境变为深水、静水环境，对于适于浅水、激流环境的水生生物会产生不利影响，例如，喜欢流水生活和静水生活的鱼类数量将在水库内增加，而适应于急流中生活的鱼类将不能在库内生存。

水库的蓄水和泄水，使得某些鱼类原有的产卵场也遭到了破坏，改变了产卵的水文条件；同时，大坝的修建切断了洄游鱼类的洄游路径。例如，石塘水库大坝位于瓯江中、上游之间的主流上，使瓯江河道从原来的 386.6km 减少到只剩下中下、下游的 210.8km，由于大坝的拦截，不仅从海洋溯河洄游的鳗鲡等鱼类不能上溯到大坝以上水域生活，而且大量的中、上游固有的天然鱼类的洄游路线在石塘河段也被中断。大坝的拦截使得供幼鱼索饵成长的上游浅水区减少了 670hm^2。又如，柘林水库建成后，切断了修河鱼类洄游路线，造成修河下游年捕捞量由 20 万 kg 下降到 5kg，近年来修河已无渔业。有关研究资料表明，由于水库大坝切断了天然河道或江河与湖泊之间的通道，会导致该河段的鱼类种类减幅达 50% 以上，野生鱼类产量减幅达 80%。三峡水利工程完建后，约 600km 长江干流变成水库，水文条件明显改变，不再适合常年生活在其中的流水型鱼类，尤其是长江上游特有鱼类的栖息。鱼类组成会出现明显更替。段辛斌等（2002 年）和吴强等（2007 年）分别调查了蓄水前（1997—2000 年）和蓄水后（2005—2006 年）三峡库区的鱼类资源情况，发现蓄水前后圆口铜鱼等流水型鱼类资源显著下降。

（三）对库区生物多样性的影响

随着库区人口的增长、经济的发展和城市化进程的加速，库区的农业生态系统和城镇生态系统将不断取代原有的自然生态系统，致使库区的生物多样性下降。事实上，库区生物多样性的下降主要不在于蓄水对物种的消灭，而在于移民迁建、工地建设与开发活动对生物适生生境的破坏性影响，如图 11-2-5 所示。人类工农业生产活动对自然的强烈干预和破坏，造成森林锐减、水土流失、土壤瘠薄、环境污染等一系列生态退化问题，致使生态环境改变和生境质量下降。此外，人类对植被的破坏和对某些动物的直接捕杀，也改变生物间的各种生态联系、能量流动和物质转化途径，使生态平衡和生物多样性遭到破坏。

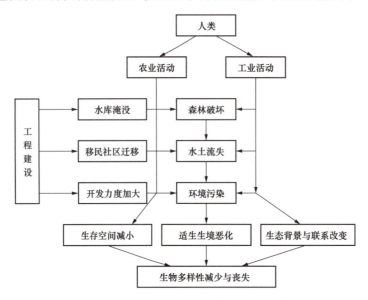

图 11-2-5　库区生物多样性减少的主导诱发机制

二、对气候的影响

一般情况下，地区性气候状况受大气环流控制，但修建大、中型水库后，原先的陆地变成了水体或湿地，使局部地表空气变得较湿润，对局部小气候产生一定的影响，主要表现在对降水、气温等因素的影响。

（一）对降水的影响

水库蓄水增大了原有水域面积，在阳光辐射下，库区蒸发量增加，空气变得湿润。新疆克孜尔水库调查结果表明，该水库一年内蒸发量约为 0.33 亿 m^3，该蒸发量虽远小于大气中的水气含量，但局部小气候已有明显变化，空气湿度明显增加，水库在工程建设期间，每年都要遭遇几次冰雹天气。而自水库建成蓄水后 1992 年至今，水库周边区城就很少出现过冰雹天气。实测资料表明，库区及邻近地区的降雨量有所减少，而一定距离的外围区域降雨则有所增加。

（二）对气温的影响

水库建成后，库区的下垫面由陆面变为水面，与空气间的能量交换方式和强度均发生变化，从而导致气温发生变化。从季节分析，春季气温回升，水体升温要吸收大量热量，因此升温较慢，水面气温略低于陆面气温。秋冬季节气温下降，水库储存大量热量，水温下降较气温缓慢，水体在降温过程中向大气以潜热和显热的形式输送大量热能，使空气增温，从而使水面气温高于陆面气温。从年平均分析，由于一年中增温期多于降温期，从而使蓄水后的库区年平均气温增高。此外，由于水体对温度的调节作用，使库区及其附近地区的气温年、日温差变小。根据拓林水库的气温调查结果，库区冬季平均气温较建库前升高1℃左右，而夏季则下降1℃左右，昼夜温差缩小，极端最高气温下降，极端最低气温升高。

（三）对库水温度的影响

天然河流水体体积相对较小，紊动掺混作用较强，沿水深方向的水温分布比较均匀，水温随气温的改变而迅速变化。水库蓄水后，水位上升，水深变大，由于水的比热较大，水库垂直水温将会出现热分层的现象。库水的年平均温度随水深的增加而降低。据观测，在水面处的年平均水温比年平均气温高2～3℃，在水深50～60m处的年平均水温较年平均气温低5～7℃。

水库的修建对其中、下游的水温也会产生一定的影响。影响程度与距水库的距离有关，距离越远影响越小。根据周炳元等（1993年）的研究可知，紧水滩和石塘水库建成后，瓯江中游水温发生了改变，冬季水温有所上升，夏季水温有所下降，见表11-2-1。

表11-2-1　　紧水滩和石塘水库蓄水前后瓯江中游月平均水温年度变化比较　　　　℃

测定河段		1月	2月	3月	4月	5月	6月	7月	8月	9月	10月	11月	12月
均溪	蓄水前	7.8	9.4	12.5	17.6	22.5	24.4	28.8	29.4	26.3	22.2	16.4	9.7
	蓄水后	10.7	10.7	12.4	15	18.3	22	24.6	25.6	24.5	21.9	17.9	140
	蓄水前后月平均温差	2.9	1.3	−0.1	−2.6	−4.2	−2.4	−4.2	−3.8	−1.8	−0.3	1.5	4.3
丽水	蓄水前	8.3	9.7	12.6	18	22.9	24.8	29.2	29.5	26.8	22.6	16.9	10.2
	蓄水后	10	10.4	12.6	15.5	19.4	23.1	26.3	26.8	24.7	21.1	16.9	12.6
	蓄水前后月平均温差	1.7	0.7	0	2.5	−3.5	−1.7	−2.9	−2.7	−21	−1.5	0	2.4

三、对水质的影响

水库蓄水后，水体流速变缓。加之承纳流域汇流带来的污染物，这些给库水水质带来了正反两个方面的影响。

（一）有利影响

水库蓄水后，水库水体流速变缓，滞留时间长，这有利于悬浮物的沉降，使得水体的浊度、色度降低，并有利于藻类活动，呼吸作用产生的 CO_2 与水中钙、镁离子结合产生 $CaCO_3$ 和 $MgCO_3$ 并沉淀下来，降低了水体硬度。

（二）不利影响

（1）水库分层的影响。水库分层造成上下水层之间进行物质、能量交换的能力较差。表层水体中，由于浮游动植物较多，光线充足，透明度好，光合作用较强，可产生大量的氧气。因此，表层水中的溶解氧较为丰富。底层水体中，由于光线较弱，浮游植物较少，光合作用较弱，产生氧气的能力差，并且微生物的分解作用主要发生在底水层，微生物的分解需要消耗大量的氧气，底水层的溶解氧不足以提供分解所需的氧气，使底水层长期处于厌氧状态，并积累了许多分解的中间产物，如 NH_3、H_2S 等。在汛期到来时，扰动上下水层或上下水层进行热交换时，底水层的有毒有害物质被带到表水层，并且表水层溶解氧急速降低，对水生生物造成极其严重的危害。常见的有夏日黎明暴雨后的泛塘现象。

水库运行导致低温水下泄，一般下泄水温夏季比天然河流低，冬季比天然河流高，下游河道的水温受到下泄水流水温的支配影响，相应地改变水生生物的生存条件，导致生物群落的变异。

低温水给鱼类生长带来一定影响，同时也是影响鱼类洄游的基本外因之一。世界上许多大型水库在鱼类洄游产卵期泄放的水温明显低于同期天然河道水流的水温，致使这些河流的鱼种数量锐减或濒于绝迹。我国大部分鱼类通常生活在 $15\sim30℃$ 的水域中，水温超过这个范围，就会导致鱼类不进食，新陈代谢减缓。很多鱼类产卵时对水温的要求严格，鲤鱼、鲫鱼等在春季水温升到 $14℃$ 左右才开始产卵，而产漂浮性卵的鱼类则需要到 $18℃$ 才开始产卵。如果水温不能到达鱼产卵生长所需温度，产卵场就可能消失，鱼产量降低。

我国大部分温带性鱼类在初春至夏末时期繁殖，该时期也是水库下泄低温水时期，低温水会造成鱼类产卵推迟甚至不产卵。因此，低温水的下泄将使鱼类繁殖、生长及捕食受到严重影响。国内早期水库工程建设造成下游鱼类资源破坏的情况较多。如新安江水库建成后，下游河道由于水温低，春季河道水面常产生大片雾气，鲥鱼产量大大减少，坝下 $30km$ 河段内捕不到鲢、鳙等家鱼；江西省柘林水库建库前，清明至立夏时就可见到鱼苗，建库后由于泄水温度低，端午节左右才能见到鱼苗，且数量减少为建库前的一半。

（2）水库周边污染物排放对水质造成污染。如三门峡水电站建库前黄河水质均属Ⅰ级。20世纪70年代以后，库区周围一批厂矿企业相继兴建，"三废"排放量急剧增加。库区接纳了陕西、山西及河南排放的污染物。1987年的调查数据显示，渭汾河沿岸大中城市年排放生活污水约 1.9 亿 t，工业污水约 7.4 亿 t。这些废污水使得水库水质发生了严重改变。据1999年黄河流域水环境质量年报，三门峡水质上游龙门站水质全年大部分时间为Ⅳ、Ⅴ类；潼关河段水质全年75%以上时段劣于Ⅴ类，主要污染物为镉、铝、非离子氨、亚硝酸盐氮等；三门峡河段水质全年50%的时段劣于Ⅴ类。

（3）库水的富营养化。由于库水的流速低，藻类活动频繁，其大量生长导致水体富营养化。同时，低流速的水体水、气界面交换的速率和污染物的迁移扩散能力差，富氧能力减弱，水库水体自净能力比河流弱。并且，由于蓄水而淹没的植被和腐烂的有机物消耗大量的氧气，释放沼气和 CO_2，会导致温室效应。

四、泥沙淤积

天然河流由于其自动调节和适应功能，泥沙冲淤大多基本接近平衡。修建水库很大程度上改变了这种自然平衡状态，从而引起水库淤积。水库淤积主要是由于流域内水土流失、地表径流、大小河流中的泥沙输移以及水库拦沙引起的，而从水库淤积到重新建立平衡则需要一个较长的过程，因此给上、下游带来长期、深远的影响。

虽然水库的兴建历史久远，但水库的泥沙淤积仍是一个突出问题。长期以来，水库淤积损失和消耗了大量的库容。研究表明，库容损失率与库容的大小有关，水库越小其库容损失率越高。田海涛（2006年）等根据不同时期、不同流域中国内地115座具有代表性的水库淤积资料，分析了不同类型水库库容损失状况，结果表明，中小型水库比大型水库淤积严重，不同流域水库淤积的空间存在明显差异，黄河中下游地区水库淤积比例最大，西南地区水库年均淤积率为 2.46%，居各流域之首。除此以外，库容损失率与流域侵蚀率之间关系密切，流域保持稳定的地区，库容损失稳定，而区域砍伐严重的水库，库容损失率会逐渐上升。

水库淤积带来的危害是严重的，概括起来有以下几方面：

（1）库容减少，效益降低，甚至还会直接影响水库及下游地区人民生命财产的安全。

（2）水库淤积的发展，可使回水上延，造成上游地区的淹没和浸没。

（3）进水口淤堵，电厂过流部位磨损。水库淤积发展到一定程度，水草泥沙在坝前的数量不断增加，淤堵电站进水口，影响坝前建筑物的运营管理。

（4）加重水库水质污染。如水库控制流域内存在污染源时，由于泥沙的淤积，其细颗粒泥沙比表面积大，会吸附大量污染物质，加重水库的水质污染。

（5）加速水库工程病害的发展。淤积的不断增加，使蓄水位和浸润线都相应抬高，渗流从下游坝体逸出，改变了大坝的受力条件。在冻融作用下使土坝坝坡土料疏松，遇暴雨水流冲蚀，造成坝面破坏甚至滑坡。

五、对地下水位的影响

水库修建后地下水位将会升高。一般来说，距离岸边越近，其地下水位抬高就越大，反之则越小。以伊朗卡隆水库为例，该水库建于西亚的岩溶地区，拱坝坝高 200m，总库容 29 亿 m²。为了有效观测地下水位的长年变化，在水库右岸布置了很多观测孔，经过 10 多年的现场观测，收集了大量数据，见表 11-2-2。水库建成前，地下水位高于河水 5～6m，部分地下水会渗流、汇集于河水中。蓄水后库区地表突然增加了一个 140～150m 厚的水体，使地下水位大幅度提高，距库岸较近的 B102 孔和 B105 孔地下水位分别抬高 95～140m，距库岸较远的钻孔地下水位抬高了 40～50m。这些现象是在开始蓄水 6 个月内发生的，之后地下水位基本稳定，并基本保持不变。

表 11-2-2 伊朗卡隆水库地下水位随库水位变化的情况 m

日期	库水位	钻孔中地下水位				
		B101	B102	B103	B104	B105
蓄水前	370	376.46	376.37	376.64	445.04	375.03
蓄水后 3 个月	495	376.44	400.08	402.76	431.27	482.03
蓄水后 6 个月	526.25	379.2	433.26	424.98	484.63	564.5
蓄水后 2 年	506	377.46	413.88	413.09	454.66	466.44
蓄水后 5 年	518	375.71	471.77	408.97	452.87	453.67
蓄水后 13 年	523.3	377.46	413.87	413.09	454.66	466.42

六、对土壤的影响

水力发电工程的建设对土壤环境的影响有利有弊，一方面通过筑堤建库、疏通水道等措施，保护农田免受淹没冲刷等灾害，通过拦截天然径流、调节地表径流等措施补充土壤水分、改善土壤养分和热状况；同时，水力发电工程的兴建也使下游平原的淤泥肥源减少，土壤肥力下降。水力发电工程施工阶段，采石破坏原有山体表层植被，使较薄的表土流失；采石使山体原有形态发生变化，有些坡面变陡，且爆破使岩石松动，严重的可能发生塌方或泥石流，造成灾害性破坏；采石使山体裸露，影响景观；施工开挖取土会破坏植被；取土使表层具有一定肥力的土壤损失，特别是占用耕地取土，对施工后的复垦带来较大影响；取土会损失部分土地资源。水力发电工程施工一般有大量弃渣，废渣中混有残留炸药、废油、废化学药品等，有些可能还有放射性物质，这些有害物质会对环境产生影响。堆放在渣场的弃渣管理不善还会造成泥石流。

当水库蓄水后，水库周围地下水位升高，引起土地浸没、沼泽化和盐碱化等。

（一）土壤浸没及沼泽化

浸没和沼泽化是水库蓄水后陆面长期被水体浸没而带来的次生灾害。沼泽化是指存在泥炭化的土地长期过湿，在湿生植物作用或厌氧条件下进行的有机质的生物积累和矿质元素还原的过程。沼泽化土壤有机质多，植物养料的灰分元素缺乏，水分长期饱和，通气不良。湖泊的沼泽化发展是自然演替的必然。湖泊经过长期的泥沙淤积、化学沉积和生物沉积，湖水变浅，在光照、温度等条件适宜的情况下，开始生长喜水植物和漂浮植物。由于死亡植物不断堆积湖底，在缺氧条件下，分解很慢，植物残体逐年累积而形成泥炭。随着泥炭增厚，湖水进一步变浅，湖面缩小，最后泥炭堆满湖盆，水面消失，整个湖泊水草丛生，演化为沼泽。水体沼泽化一般在湖泊中进行，流速缓慢或停滞的小河也可能。

（二）土壤盐碱化

受土壤浸润影响，地下水位提高，地下水排水不畅，地下浅层水经毛细管输送到地表被蒸发掉，毛细管向地表输水的过程中，也将水中的盐分带到地表，水蒸发后，盐分就留在了地表及地面浅层土壤中，累积的盐分多了（超过0.3%），又没有足够的淡水稀释并将其排走，就形成了土壤盐碱化。

形成盐碱土要有两个条件：一是气候干旱和地下水位高（高于临界水位）；二是地势低洼，没有排水路径。

土壤盐碱化带来的不利影响有两个方面：一是土壤板结与肥力下降；二是不利于农作物吸收养分，阻碍作物生长。

第三节　水力发电工程对库区社会环境的影响

水力发电开发对社会环境的影响是多方面的，它对该区域社会效益具有积极作用，推动当地防洪、电力、灌溉供水、航运、养殖、旅游等事业发展，促进区域产业多元化发展，提高区域人口素质，优化人口结构。

水力发电开发在带来巨大社会效益的同时，也带来些社会问题。由于淹没土地引起的移民问题，是国内外困扰水力发电开发的敏感问题，其社会影响深远，在水力发电建设中应引起特别重视。水力发电开发还将引起人群健康问题，存在着暴发流行性传染病的隐患；水库蓄水后还将淹没上游部分自然景观和历史文物，对文化遗产保护是一个巨大冲击；由于水力发电工程规模较大，如设计、建设、管理中存在问题，导致大坝溃决，将导致下游人员伤亡、经济损失和生态环境破坏。

一、对库区人民的影响

移民可分为自愿移民和非自愿移民。所谓自愿移民是指迫于生存的环境与条件，由政府或集体组织迁移到新的地区永久居住的较大数量的人口；非自愿移民主要是指由于较大规模的工程建设或由于某种特殊需要，房屋土地等主要生产、生活资料及生存条件被占或将被水淹没，必须动员迁移的人口。由水力发电工程建设产生的水库移民属于非自愿移民。水库移民涉及众多领域，包括文化、经济等方面，关系到社会的稳定，是当今世界性的难题。已建的一些大中型水库，移民都在万人以上，甚至几十万人。如三峡工程移民 135 万人。

水库建设改变了库区水质和生态环境，这些改变可能成为影响库区人民身体健康的潜在威胁，尤其是库区气候的改变可能增加了虫媒或者病媒传染病的传播风险。

水力发电工程引起的人群健康问题多属于传染病、伤害、社会心理健康类别。水力发电工程常见传染病如图 11-2-6 所示。

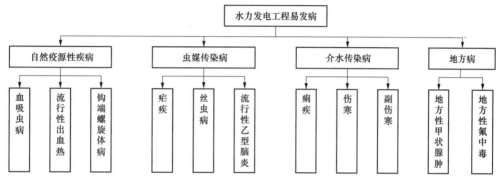

图 11-2-6　水力发电工程常见传染病

水力发电厂建设施工期对人群健康的影响主要表现在基建时，大量施工人员聚集，工人施工和临时居住均在户外活动，一般为自然疫源性疾病易感地带。施工期间，由于人畜活动频繁，大量的易感人群和家畜会导致感染自然疫源性疾病的机会增加，出现自然疫源性疾病流行。施工区常见的自然疫源性疾病有血吸虫病、钩端螺旋体病、流行性出血热等。此外，常见的虫媒传染病有疟疾、流行性乙型脑炎等。夏秋季节夜间野外施工职工由于缺乏防蚊装置，增加了蚊虫叮咬机会。肠道流行病也是水力发电施工工地一种常见的流行病，尤其是开工初期，由于施工单位生产、生活污水和垃圾任意排放、随处弃置，直接或间接污染了饮用水源；另一方面，若遇夏秋高温季节，蚊子、苍蝇、老鼠猖獗，可直接污染食物，从而引起肠道传染病流行。水力发电厂施工对拆迁移民的人群健康也有一定的影响。由于工程建设占地面积大，影响范围广，对当地还未迁走的居民的身体健康也会产生一定的影响。

水库运行期对人群健康产生威胁的主要对象为搬迁移民。水库蓄水后导致库区水位线逐渐升高，致使淹没区鼠类向水位线以上迁移，使流行性出血热和钩端螺旋体等病的自然疫源地扩大。受水库回水影响的支流、河岔及水库消长形成浅水漫滩面积增加，有利于乙型脑炎传播媒介蚊种的滋生和越冬，水禽繁衍、乙型脑炎宿主动物数量增加，这类疾病的流行强度可能超过建坝前的水平。而且在移民的过程中，一方面将疟原虫带入新的安置区，导致疟疾扩散；另一方面，如果迁入区是流行区，移民很难幸免感染疾病，加之安置区兴建房屋将产生大量集水坑，为蚊虫提供了滋生场所。由于灌区扩大，积水面积增加，为传疟媒介创造了良好生境。村庄的迁出，污染物质溢入水体，水源被地面径流和生活污染物污染严重，当地卫生环境差，加之移民村安置发展乡镇企业可能造成新的环境污染、污水排放污染水质等，若不注意水源选择，以及环境公共设施、垃圾粪便污水排放的管理，容易引起介水传染病的传播和流行。此外，非自愿迁移可能造成移民心理压力和社会、文化压力的增加，进而产生诸多社会问题和心理健康问题，对移民的身心健康都产生一定的影响。

库区水质的变化也影响了库区居民的健康。水库蓄水带来的水体富营养化降低了水体透明度和溶解氧的能力，并释放出有毒的物质，如"水华"现象。

二、对自然景观、文物古迹的影响

（一）自然景观

水力发电工程施工期间由于活动范围较广，对周围的自然景观将造成一定的影响，水力发电工程建成后，大坝截断河流，上游水位抬高，水位线以下的自然景观将被淹没。有些自然景观虽未被淹没，但由于水库水位抬高，景色将受到一定影响。水力发电工程建设在施工期、运行期均会对景观造成影响，但最显著的影响主要在水库蓄水期。如三峡风光是我国十大名胜风景区和世界十大奇观之一，既壮美雄奇，又幽深秀丽，具有极高的艺术观赏价值。三峡工程如今已成为知名旅游景点，大量游客慕名而来观赏大坝泄洪的雄伟场景。三峡水库蓄水后形成峡谷及漂流河段 37 处、溶洞 15 个、湖泊 11 个、岛屿 14 个，以及大批以"高峡出平湖"为特征的景点，极大丰富了三峡风景名胜区的旅游内涵。三峡工程建设对峡区自然景观产生了巨大影响：

（1）水库蓄水后淹没一部分景点，如凤凰饮泉、秋风亭等。

（2）水库蓄水后，许多景点虽存在，但失去了从前的魅力，如巫山十二峰、小三峡等。

（3）蓄水后有些景点未被淹没，但增加了维修费用，如丰都的名山、奉节的白帝城等。

（4）蓄水后能形成一些新的景点，有利于支流景观开发与观赏。

（5）蓄水后水位变化，库岸出现消落带、影响三峡美感。

（二）文物古迹

水力发电工程文物保护类型如图 11-2-7 所示。

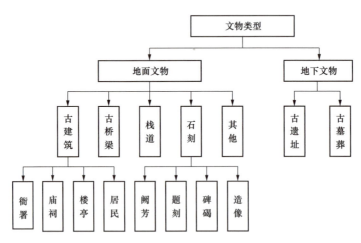

图 11-2-7　水力发电工程文物保护类型

水力发电工程在建设过程中将对文物造成影响，主要表现在以下方面：

1. 工程施工的影响

工程基础土石方开挖、工程爆破、料场取土石、渣场填埋、施工交通道路、输水渠道建设，都可能对文物造成影响，但一般范围较小。

2. 水库淹没的影响

水力发电工程水库淹没范围广,有的涉及城镇、文物保护单位或农村,可能存在古遗址、古墓葬、古建筑等。

3. 移民安置城镇迁建、基础设施开挖的影响

三峡工程世界瞩目,两岸的名胜古迹更是不胜枚举,已出土的库区珍贵文物千件以上,各类遗物标本达数万件。这些文物逐步转移至三峡博物馆。1994 年 12 月—1995 年 7 月,由中国历史博物馆和中国文物研究所牵头组成的三峡工程库区文物保护规划组,在三峡库区开展了全面的调查、复查和试掘工作。1996 年 5 月,规划组完成了《长江三峡工程淹没及迁建区文物古迹保护规划报告》。许多大型的历史古迹迁移或者采取一些防护措施。库区的张飞庙、白鹤梁、忠县汉阙及石宝寨被称为抢救性保护的四大国宝。其中,张飞庙迁至长江南岸、云阳新县城对岸盘石镇境内,距原址 24km,拆除面积达 1604m²,除了建筑构件之外,庙内的碑刻字画等文物也丝毫无损地随迁至新的地点;白鹤梁基岩上,自公元 763 年以来,共有题刻 165 段,记录长江枯水年份 72 个,是全国重点文物保护单位,2001 年 7 月,国家文物局决定采用"原址保护水下博物馆"方案。方案将其用长 70m 的椭圆形混凝土罩子盖住,里面充满清水,保持水库的正常水压,参观者可透过廊道玻璃近距离观察。

第四节　地　质　灾　害

一、诱发地震

水库诱发地震是指水库蓄水后,由于库水作用改变了库区原有地震活动的频度和强度而形成的地震,它与注水诱发地震、抽水诱发地震、核爆炸诱发地震等均属于人为因素诱发的地震,因此它们统称为人工诱发地震。统计资料表明,水库诱发地震是一个小概率事件,即世界上成千上万座已建的水库中,发生诱发地震的只是极少数。目前全世界见诸报道的水库诱发地震震例为 130 余起,得到较普遍承认的约 100 起,仅占已建坝高在 15m 以上大坝总数的 2% 左右。中国是水库诱发地震较多的国家之一,迄今已报道的有 34 例,得到广泛承认的为 22 例。按我国坝高大于 15m 的水坝 25800 座计,发生诱发地震的仅占 1% 左右。

二、滑坡

水库开始蓄水以后,使地下水的补给、渗流和排泄条件发生变化,同时地下水与岩土体之间发生了复杂的物理化学作用,这些变化和作用改变了地下水与岩土体的力学特性和状态,使得库岸边坡的稳定性趋于恶化,因而造成水库库岸局部失稳而发生滑动,上部坍塌、下部隆起外移,这种现象称为水库滑坡。水库滑坡既威胁城镇和居民的安全,又影响公路、铁路与航运的交通,尤其是目前我国在建和拟建的大、中型水库的安全也受到滑坡的影响。水库滑坡最常见的危害是江河堵塞、航运中断,巨型涌浪并引发重大次生灾害,甚至使整个工程毁于一旦。

第五节　其　他　影　响

一、雾化

绝大多数水力发电工程的消能方式为挑流或底流消能。挑流消能是借助于泄水道末端设置的

挑坎，利用下泄水流的巨大动能将水流挑入空中，挑流水舌在紊动和空气阻力的作用下，发生分散和掺气，失去一部分动能，进而挑流水舌与下游尾水发生碰撞，跌入水垫形成淹没射流，水舌继续扩散，流速逐渐减小，在入水点前后形成两个巨大的漩涡，主流与漩涡之间强烈的动量交换和剪切作用消散了下泄水流的巨大动能。底流消能是通过水跃产生表面旋滚和强烈的紊动来达到消能的目的。在挑流和底流消能过程中，由于水流内部的紊动和周围空气的作用，水舌在空中扩散、掺气、碎裂，落入下游河道时溅起大量水滴，在峡谷风和水舌风的作用下，密集水雾的对流扩散运动相当剧烈，在坝址区下游一定范围内形成大风暴雨，此现象称雾化。空中消能越充分，下游雾化越严重。这种雾化现象对枢纽建筑物正常运行、交通安全、周围环境以及两岸边坡稳定性等产生一定危害。

雾化带来的直接后果是降雨，甚至暴雨。按雨强度可分为浓雾暴雨区、薄雾降雨区和淡雾水汽区；按雾雨状态可分为抛洒区、溅雨区和雾雨区。由雾化衍生的暴雨带来的危害如下：

（1）威胁电厂的正常运行。

1）由于雾化降雨造成高压线摆动闪烁、瓷瓶断裂，导致变压器跳闸，如新安江水电站在1983年泄洪时，因雾化降雨使坝下150m处的220kV变压器站高压出线单相母线摆动闪烁，造成7跨中有2跨跳闸，被迫停机。

2）伴雾流产生的飞石砸毁电器设备，如白山水电站飞石将右岸开关站的电器设备砸坏10余处。

3）冬季泄洪雾化发生输电线冰挂，冰冻迫使停电，如刘家峡水电站输电铁塔出现冰冻、冰挂，线路下垂，迫使线路停电。

4）浑水泄洪，含沙量大形成的泥雾，造成机组短路，如青铜峡水电站因泥雾使闸上变压器跳闸，机组出现短路。

（2）影响岸坡稳定，诱发滑坡。

1）由于雾化降雨侵入岸坡岩体，增加坡体的下滑力，降低抗滑力，导致岸坡岩体的滑坡事故，如龙羊峡水电站因雾化降雨，使坝下游300m处右岸岩体发生下滑事故。

2）雾化降雨将山坡风化土及草木冲至河中，形成天然堆石坝，使尾水壅高，如泉水水电站因雾化降雨，在坝下115m处，将山坡土及草木冲至河中，使尾水壅高1.5m。

（3）交通中断，影响生产。雾化降雨且伴有大风，造成进厂公路中断和行车困难。如新安江水电站1966年泄洪时，雾化降雨并伴有15m/s的大风使两岸进厂公路交通中断，下游交通桥雾大，行车困难。

（4）影响办公及居民生活。

1）雾化形成的狂风暴雨，影响强降水区附近的办公楼正常工作和生活区的正常生活，如柘溪水电站工程局的办公楼及部分生活区原在左岸山头，正处雾化区内，泄洪时狂风暴雨，穿堂入室，无法工作，被迫将办公楼迁至右岸下游。

2）雾气弥漫使雾化区附近的房屋内物品严重霉烂，如佛子岭水库泄洪时下游河床雾气弥漫至坝下1km处，使下游工业区临时建筑物及工程处房屋内的物品霉烂。

3）雾化降雨对附近区居民的生产生活带来不便，使周围生态发生一系列变化。

二、气体过饱和

泄洪建筑物泄洪过程中，水体经消能与空气中的气体混合后下泄，在流体静压的作用下，空气以气泡的形式溶解到水中，使下游水域形成气体过饱和状态。伴随水库泄水面引起的气体过饱和给坝下鱼类的生理、行为、生存带来诸多不利影响，成为突出生态环境风险。鱼类气泡病即为气体过饱和带来的生态风险。气泡病属于鱼类环境性疾病，由于水中气体（氧气、氮气等气体）分压总和超过大气压，即气体过饱和而导致鱼类损伤或死亡的疾病。美国哥伦比亚河大坝下泄水的氮气过饱和曾引起银大马哈鱼和大鳞大马哈鱼的幼鱼患气泡病而死亡，河中部分成年硬头鳟也因患气泡病而死亡。当下泄水的氮气饱和度超过110%时，对鱼类的影响是致命的。水中过多的气泡黏附在鱼体周围，特别是进入侧线，会影响鱼类对周围环境正确的判断能力，导致鱼类失去方向感而到处游窜，游动能力降低，容易成为肉食性鱼类的饵料生物。生活在气体过饱和水中的鱼类，特别是上层的滤食性鱼类，为了避开气体过饱和对自身的危害，会选择中下层水体或远离气体过饱和水体生存，因缺乏饵料饿死，或成为中下层凶猛肉食性鱼类的饵料食物。鱼类为适应新的环境，将改变自己原有的生活习性，不能适应的鱼类，将会死亡。特别是某些因产卵需要借助一定外界条件（水深、底质、水文、水温等）的鱼类，一旦环境改变，产卵和繁殖将会终止，鱼类的后备资源将会减少，甚至完全消失。

第三章

建 设 前 期 监 督

根据国家基本建设管理程序，水力发电工程建设前期工作分为（预）可行性研究、环境影响评价及设计、水土保持方案编制等阶段。建设前期环保的主要任务是为项目的规划、立项、招标做好环境影响评价、水土保持方案、环境保护设计、工程招标有关的环境保护、水土保持等文件的编制工作。

鉴于水力发电工程"三通一平"（通路、通电、通水及平整土地）等施工前期准备工作时间长、任务重，为了缩短水力发电工程建设工期，2005年1月原国家环保总局及国家发展改革委联合发文《关于加强水电建设环境保护工作的通知》，明确在工程环境影响报告书批准之前，可先行编制"三通一平"等工程的环境影响报告书（表），经当地环保行政主管部门批准后，开展必要的"三通一平"等工程施工前期准备工作，但不得进行大坝、厂房等主体工程的施工。

第一节 可行性研究阶段

水力发电建设项目可行性研究是指在确定某一水力发电建设项目之前，对其政策或规模、技术力量和水平、实施方案或措施及其投入与产出等，进行全面的技术论证和经济分析，从而确定该项目实施的可行性和有效性。可行性研究是建设前期工作的重要内容，是项目建设程序中的重要组成部分。

一、环境影响评价

环境影响评价是项目可行性论证的重要组成部分，是建设项目环境保护工作的指导性文件，是后期环境保护设计、制定环境保护措施、进行环境监督管理的依据。报告书应全面概括地反映环境影响评价全部工作，要求内容全面，重点突出，论点明确，符合客观、公正、科学的原则。

依据《中华人民共和国环境影响评价法》及《建设项目环境保护管理条例》相关规定，按照《建设项目环境影响评价分类管理目录》中的要求，水力发电工程属于第三十一类：电力、热力生产和供应业中的水力发电项目类别，其中规定如下：总装机1000kW及以上、抽水蓄能电站、涉及环境敏感区的需编制环境影响报告书，除此之外需编制环境影响报告表。此处的环境敏感区是指自然保护区、风景名胜区、世界文化和自然遗产地、海洋特别保护区、饮用水水源保护区以及重要水生生物的自然产卵场、索饵场、越冬场和洄游通道。

编制的环境影响评价文件，需报送环保行政主管部门审查，并获取相应的批准文件。项目开发涉及自然保护区、风景名胜区、重要文物古迹、珍稀动植物保护等区域的，需编制专题研究报告，经行业主管部门审批，作为评价文件的重要支撑文件。

环评文件的编制主要依据HJ/T 88《环境影响评价技术导则 水利水电工程》以及《水电水利建设项目河道生态用水、低温水和过鱼设施环境影响评价技术指南（试行）》（环评函〔2006〕4号），应满足以下基本要求，包括：①确定工程涉及的敏感环境点和环境保护目标；②依据国家保护要求，对工程涉及的敏感生态保护目标，明确环境制约因素评价结论；③对工程涉及的各类环境因子进行全面的影响预测与评价；④综合评价工程设计方案的环境合理性，提出推荐意见和保护要求；⑤针对重点生态与环境保护目标，提出环境保护对策措施；⑥确定各专项保护措施的环境保护专项投资；⑦按要求开展公众参与等。

按照《关于进一步加强水电建设环境保护工作的通知》（环办〔2012〕4号）要求，水力发电项目筹建及准备期相关工程应作为一个整体项目纳入"三通一平"工程开展环境影响评价。水生生态保护的相关措施应列为水力发电项目筹建及准备期工作内容；围堰工程（包括分期围堰）和河床内导流工程作为主体工程内容，不纳入"三通一平"工程范围。在水力发电建设项目环境影响评价中要有"三通一平"工程环境影响回顾性评价内容。环评文件里需重点论证和落实生态流量、水温恢复、鱼类保护、陆生珍稀动植物保护等措施，明确流域生态保护对策措施的设计、建设、运行以及生态调度工作要求。要重视并做好移民安置的环境保护措施，落实项目业主和地方政府的相关责任。要维护群众环境权益，完善信息公开和公众参与机制。要加强小水力发电资源开发环境影响评价工作，防止不合理开发活动造成生态破坏，切实保护和改善生态环境。

环保部（现生态环境部）于2015年12月18日发布了《关于规范火电等七个行业建设项目环境影响评价文件审批的通知》（环办〔2015〕112号），其中附件2《水电建设项目环境影响评价文件审批原则（试行）》对水力发电的环境影响评价文件审批提出了原则性要求，供企业在自行编制或对外单位编制环境影响评价文件时参考。

（1）工程布局、施工布置和水库淹没原则上不占用自然保护区、风景名胜区、永久基本农田等法律法规明令禁止占用区域和已明确作为栖息地保护的河流和区域。与饮用水水源保护区保护要求相协调，且不对上述敏感区的生态系统结构、功能和主要保护对象产生重大不利影响。

（2）项目改变坝址下游水文情势且造成不利生态环境影响的，应提出生态流量泄放等生态调度措施，明确生态流量过程、泄放设施及在线监测设施和管理措施等内容。项目对水质造成不利影响的，应针对污染源治理、库底环境清理、库区水质保护、污水处理等提出对策措施。兼顾城乡供水任务的，应提出设置饮用水水源保护区、隔离防护等措施。存在下泄低温水、气体过饱和并带来不利生态环境影响的，应提出分层取水、优化泄洪工程形式或调度方式、管理等措施。项目在采取上述措施后，相关河段水质应符合水环境功能区和水功能区要求，下泄水应满足坝址下游河道水生生态、水环境、景观、湿地等生态环境用水及下游生产、生活取水要求，不得造成脱水河段和对农灌、水生生物等造成重大不利影响。

（3）项目对鱼类等水生生物洄游、重要三场等生境、物种及资源量等造成不利影响的，应提出栖息地保护、水生生物通道、鱼类增殖放流等措施。其中，栖息地保护措施包括干（支）流生境保留，生态恢复或重建等，采用生境保留的应明确河段范围及保护措施。水生生物通道措施包括鱼道、升鱼机、集运鱼系统等，应明确过鱼对象、运行要求等内容，并落实设计。鱼类增殖放流措施应明确建设单位是责任主体，并包括鱼类增殖站地点、增殖放流对象、放流规模、放流地点等内容。

（4）项目对珍稀濒危等保护植物造成影响的，应采取工程防护、异地移栽等措施。项目对珍稀濒危等野生保护动物造成影响的，应提出救助，构建动物廊道或类似生境等措施。项目涉及风景名胜区等环境敏感区并对景观产生影响的，应提出优化工程设计、景观塑造等措施。项目建设带来地下水位变化导致次生生态环境影响的，应提出针对性措施。

（5）项目施工组织方案对弃土（渣）场等应提出防治水土流失和施工迹地生态恢复等措施。对施工期各类废（污）水、废气、噪声、固体废物等提出防治或处置措施，符合环境保护相关标准和要求。

（6）项目移民安置涉及的农业土地开垦、安置区、迁建企业、复建工程等安置建设方式和选址具有环境合理性，对环境造成不利影响的，应提出生态保护、污水处理与垃圾处置等措施。针对城（集）镇迁建及配套环保设施、重大交通建设工程、重要水利工程、污染型企业迁建等重大移民安置工程，应提出单独开展环境影响评价要求。

（7）项目存在外来物种入侵或扩散、相关河段水体可能受到污染或产生富营养化等环境风险的，应提出针对性风险防范措施和环境应急预案编制要求。

（8）项目为改、扩建的，应全面梳理现有工程存在的环境问题，提出全面有效的整改方案。

（9）按相关导则及规定要求，制定生态、水环境等监测计划，并提出根据监测评估结果开展环境影响后评价或优化环境保护措施的要求。根据项目环境保护管理需要和相关规定，应提出必要的环境保护设计、施工期环境监理、运行期环境管理，开展相关科学研究等要求和相关保障措施。

建设项目在可行性研究阶段应完成环保审批或备案手续，环境影响评价报告书、报告表未依法经审批部门审查或审查后未予批准的建设项目不能开工建设。

根据《中华人民共和国环境影响评价法》和《建设项目环境保护管理条例》有关规定，建设项目的性质、规模、地点、生产工艺和环境保护措施五个因素中的一项或一项以上发生重大变动，且可能导致环境影响显著变化（特别是不利环境影响加重）的，界定为重大变动。属于重大变动的应当重新报批环境影响评价文件，不属于重大变动的纳入竣工环境保护验收管理。

环保部（现生态环境部）结合不同行业的环境影响特点，制定了部分行业建设项目重大变动清单（试行）。其中水力发电建设项目重大变动清单主要有：

（1）性质：开发任务中新增供水、灌溉、航运等功能。

（2）规模：单台机组装机容量不变，增加机组数量；或单台机组装机容量加大20％及以上（单独立项扩机项目除外）；水库特征水位如正常蓄水位、死水位、汛限水位等发生变化；水库调节性能发生变化。

（3）地点：坝址重新选址或坝轴线调整导致新增重大生态保护目标。

（4）生产工艺：枢纽坝型变化；堤坝式、引水式、混合式等开发方式变化；施工方案发生变化直接涉及自然保护区、风景名胜区、集中饮用水水源保护区等环境敏感区。

建设项目的环境影响评价报告书、报告表自批准之日起满5年方开工建设的，建设单位应将其报原批准部门重新审核，并获得重新批复。

【案例1】　某水力发电厂主要任务为发电，工程内容主要由引水式电站、首部枢纽、发电引水系统、发电厂房等组成。项目报告书提出依据某地区电力建设规划；项目应当依据的《某河流水电规划报告》和《某河流水电规划环境影响报告书》已编制完成，但均未上报审查。根据《关于进一步加强水电建设环境保护工作的通知》（环办〔2014〕4号）及《关于加强西部地区环境影响评价工作的通知》（环发〔2011〕150号）要求"受理审批水电建设项目的环境影响评价文件应有流域水电开发规划环境影响评价审查意见支持"，此项目不应通过审批。

【案例2】 某水力发电厂工程于2002年建成发电，主要任务为发电，采用引水式开发，本次变更新增一台机组，新建一座3层办公楼。原工程已于2002年建成发电，2003年地方环保局出具的环评批复工程装机为6400kW，该工程较原批复装机增加了3200kW，属重大变更，变更后的工程也已建成发电。未依照《中华人民共和国环境影响评价法》第二十四条的规定重新报批或者报请重新审核环境影响评价文件，属未批先建。同时，原工程已对河段水生生物尤其是鱼类造成了阻隔影响。本次环评报告书未开展水生生态调查，未全面梳理现有工程存在的环境问题，未提出河道连通性恢复、鱼类增殖放流等相关环保措施的论证内容，批复文件也未提上述要求。不符合《建设项目环境保护管理条例》第十一条第四款：改建、扩建和技术改造项目，未针对项目原有环境污染和生态破坏提出有效防止措施，不予审批。

【案例3】 项目为新建项目，开发任务为发电，采用引水式开发。主要建设内容为新建大坝、发电引水隧洞、发电厂房。但生态流量计算未经比选，直接根据Tennant法确定为10%。根据《水电水利建设项目河道生态用水、低温水和过鱼设施环境影响评价技术指南（试行）》（环评函〔2006〕4号），Tennant法使用条件为"作为河流进行最初目标管理、战略性管理方法使用"。

【案例4】 某水力发电厂工程任务以发电为主，采用引水式发电。环评报告认为坝体渗漏量较大，满足生态流泄放要求。其坝体渗漏为非正常工况，不能作为生态流量泄放要求，环保措施不可行，未通过审批。

二、水土保持方案

水土保持方案是水力发电建设项目工程设计的组成部分，应符合国家现行有关标准和规范的规定，按水力发电建设项目可行性研究阶段设计深度编制。水土保持方案编制前，应开展必要的前期准备工作并制定工作计划。对位于自然保护区、水源保护区、国界、省界，或现状水土流失情况复杂区域的项目，或工程装机规模超过2000MW，宜根据项目需要编制水土保持方案工作大纲。

水土保持方案编制应开展项目所在地基础资料收集和实地查勘工作，从水土保持角度对工程进行分析，预测项目建设可能造成的水土流失程度和危害，明确防治责任范围，规划水土流失防治分区和水土保持措施的总体布局，开展水土保持措施设计，提出水土保持监测计划，编制水土保持方案实施的投资概算，进行效益分析，并提出水土保持方案实施的各项保证措施。

根据项目建设需要，下列情况可根据有关规定另行编报专项工程水土保持方案，并报水行政主管部门审批同意。项目水土保持方案报告书中应包含各专项工程水土保持方案的主要内容。

（1）主体工程建设引起移民规模较大，其专项设施改建、大规模移民集中安置点或为安置移民而进行的大规模土地开发活动、配套水利设施建设项目，可编制移民安置专项工程水土保持方案。

（2）因主体工程建设需要，单独立项的新建、改建、扩建规模较大的对外交通公路、铁路、航道等交通设施，可编制对外交通工程水土保持方案。

（3）水力发电建设项目在核准或审批前，需开展前期筹建工程施工的项目，应针对筹建项目编制筹建期工程水土保持方案。

三、可行性研究报告

水力发电的预可行性研究报告编制依据为 DL/T 5206—2005《水电工程预可行性研究报告编制规程》，其中第 10 章对环境保护内容编制进行了要求，应主要包括概述、环境现状、环境影响初步评价、对策措施及投资概算、评价结论和建议、主要附件和附图。该阶段主要是对工程建设方案可能造成的环境影响及水土流失进行初步分析，初步判断项目环境可行性，并进一步明确项目的主要环保、水保问题、环境敏感目标，提出环境保护与水土保持方案、措施，估算环境保护费用。

1. "环境影响评价"章节

可行性研究报告中"环境影响评价"章节应依据 SL 618《水利水电工程可行性报告编制规程》要求编制，基本要求为：

（1）可行性研究报告中"环境影响评价"章节应将环境影响报告书（表）的主要成果和结论纳入，评价结论需与环境影响评价文件一致。

（2）可行性研究报告中的环境影响评价侧重于与工程设计相关的内容，如对工程设计方案的环境限制性和约束性条件、工程方案的环境比选等。

（3）"环境影响评价"章节须包括：①环境影响评价工作概况；②环境现状及主要环境问题；③环境保护目标；④环境影响预测与评价；⑤设计方案环境合理性评价；⑥环境保护对策措施；⑦环境管理与监测；⑧综合评价结论。

2. "水土保持"章节

可行性研究报告中"水土保持"章节应依据 SL 618《水利水电工程可行性报告编制规程》要求编制，基本要求为：

（1）可行性研究报告中"水土保持"章节应将水土保持方案报告书（表）的主要成果和结论纳入，评价结论需与水土保持报告文件一致。

（2）可行性研究报告中的水土保持内容侧重于与工程设计相关的内容，如对工程设计方案的环境限制性和约束性条件、工程方案的环境比选等。

（3）"水土保持"章节须包括：①水土保持工作概况；②主体工程水土保持评价；③水土流失防治责任范围及分区；④水土流失预测；⑤水土流失防治标准和总体布局；⑥分区防治措施设计；⑦水土保持监测与管理。

第二节　设　计　阶　段

一、环境保护设计

环境保护设计是针对工程对环境造成的不利影响所采取的对策措施而进行具体的保护设计，是工程设计中考虑环境保护的重要步骤。其任务是对批准的环境影响报告书（表）确定的环境保护措施进行具体设计，提出环保投资概算。以环境影响报告书（表）及其批复文件为主要依据，其设计深度应满足初步设计阶段要求。水力发电工程环境保护设计的内容包括水环境保护、大气环境保护、声环境保护、固体废弃物处置、人群健康保护、景观及文物保护、土壤环境保护、陆生及水生生态保护、环境监测与环境管理等。环境保护设计应遵循以下原则：

（1）有效保护的原则。环境保护措施应满足达到预期保护目标的要求。

（2）技术可行的原则。环境保护措施在技术上可行。

（3）经济合理的原则。环境保护措施的规模和方案是经济合理的。

（4）便于实施的原则。环境保护措施在技术上应便于具体实施和运行管理。

（一）水环境保护

水力发电工程对水环境的影响主要来自施工期的生产废水和生活污水以及运行期的生活污水、泄放低温水等。生产废水包括砂石料加工废水、混凝土拌和及冲洗养护废水、机修含油废水、含大坝养护废水的基坑排水等。生活污水指工程人员办公、生活区排放的废水。

依据 DL/T 5402《水电水利工程环境保护设计规程》的规定，废污水宜回用或综合利用，应分别执行不同的排放水水质标准。如果采取排放的方式，应根据受纳水体水域环境功能要求，执行 GB 8978《污水综合排放标准》第二类污染物最高允许排放浓度。如果回用或综合利用则执行相关用水水质标准，如 GB/T 18920《城市污水再生利用　城市杂用水水质》、JGJ 63《混凝土用水标准》等。具体设计要求如下：

废水量宜根据用水量确定，废水量按照用水量的 80％～90％ 计算。废水特性参数宜采用实测资料确定，无实测数据时参考以下数据：

（1）砂石料加工废水主要污染物为悬浮物，废水产生量大，SS 含量高，浓度宜根据料源和冲洗水量确定，一般在 20000～90000mg/L 之间。通常采取混凝沉淀处理工艺，处理流程包括细沙回收、加药混凝沉淀、压滤、中水回用等。

（2）修配系统污水中主要污染物为石油类、COD_{cr}（化学需氧量）和悬浮物，浓度一般分别为 10～30mg/L、25～200mg/L 和 500～4000mg/L。主要产生于施工机械修配和养护场地。含油废水的处理通常采用成套油水分离器，具有油水分离效果好、油分回收率和去除率高的特点。

（3）混凝土拌和冲洗废水一般呈碱性，悬浮物为主要污染物，废水来源于拌和场地冲洗、料罐冲洗，SS 浓度较高，浓度一般在 2000mg/L 左右。pH 值在 11 左右，碱性较强。拌和废水为间歇式排放，排放强度不大，一般采取简易的中和沉淀法进行处理。

（4）施工生活营地生活污水主要污染物为 COD_{cr}、BOD_5、悬浮物、粪大肠菌群，浓度一般低于城市生活污水，但不均匀变化系数一般大于城市生活污水。规模较小的营地，可采用生活污水处理成套设备、城镇污水净化沼气池等成套处理设施。规模较大的营地，可采用生物滤池、SBR（序批式活性污泥法）、氧化沟等生活污水处理工艺。食堂含油污水宜先采用油水分离措施再纳入施工区生活污水处理系统处理。移民安置区生活污水处理、搬迁县城排水系统应采用雨污分流制。污水处理可采用生物滤池、氧化沟、SBR 等处理工艺。搬迁集镇排水系统宜采用雨污分流制。污水处理可采用城镇污水净化沼气池、生活污水处理成套设备等。集中移民安置区生活污水处理可采用城镇污水净化沼气池或生活水处理成套设备等。分散安置移民可采用户用沼气池。电站运行期生活污水宜采用生活污水处理成套设备进行处理。

（5）含大坝养护废水的基坑排水：基坑排水主要由降水、渗水、混凝土浇筑及养护水、地下厂房开挖排水组成，SS、爆破施工残留的有机污染物和石油类为主要污染物。对基坑排水的处理通常采取投加絮凝剂、排水静置沉后抽排、剩余污泥定时人工清除等。

（6）生活污水处理产生的污泥应考虑综合利用，并满足国家及地方标准规定，如用于园林绿化，应满足 GB/T 23486《城镇污水处理厂污泥处置　园林绿化用泥质》的规定。

（二）大气环境保护

水力发电工程大气环境保护目标主要是控制大气污染物排放量和污染物浓度，维护周围的环境空气质量，保证人员生活区和周围环境敏感区大气环境达到相关标准。

水力发电企业的废气主要来自施工期的爆破、开挖、取料、砂石料生产、混凝土拌和、各类施工机械设备运行、施工运输以及运行期的部分生活锅炉等。施工废气中的主要污染物是无组织排放的粉尘、CO、NO_x，并以粉尘为主。运行期的废气污染物主要有粉尘、SO_2、NO_x。

大气污染排放物排放执行 GB 16297《大气污染物综合排放标准》，锅炉大气污染物排放执行 GB 13271《锅炉大气污染物排放标准》，对环境的影响执行 GB 3095《环境空气质量标准》。

大气环境保护措施应结合工程实际，采用综合防尘措施，重点控制主要污染源，防治主要污染物。水力发电工程施工区环境空气污染源分散，难以采取集中末端处理，环境空气保护措施主要从施工工艺、施工技术、施工设备、污染物消减、敏感目标保护等方面入手，消减环境空气排放量，阻碍污染物扩散，以维护施工及影响区域环境空气质量。

大气环境保护主要保护措施包括交通道路粉尘消减与控制、燃油废气的消减与控制、钻爆施工粉尘的消减与控制、骨料加工系统和混凝土拌和系统的粉尘消减与控制等。

1. 砂石加工系统防尘

砂石加工系统防尘可采用湿式降尘、尘源密闭和通风降尘等方式。

2. 混凝土拌和系统除尘

混凝土拌和系统产生粉尘的主要部位是水泥煤灰罐、拌和楼的称量层及灰罐。为使水泥装卸运输过程中保持良好的密封状态，水泥由密封系统从罐车卸载至储存罐，储存罐安装警报器，所有出口配置袋式除尘器，粉煤灰及水泥传送带安装防风板，转折点处和漏斗排放区进行密团，煤灰罐专门安装收尘装备（收尘箱）。对混凝土拌和楼楼体进行全封闭，楼内搅拌设备、粉料罐、称量层都安装降尘装备（收尘箱）。

3. 交通粉尘和施工生活营地废气削减与控制

交通粉尘可采用洒水降尘措施，加强道路养护。水泥、粉煤灰宜封闭运输，储存、装卸采取遮盖等措施。施工生活营地提倡使用电力、天然气等清洁能源，燃煤宜采用低硫优质煤。食堂油烟废气处理宜采用成套处理设备。施工生活营地和场内道路应与水土保持相结合，可采取建防护林吸尘、滞尘等措施。

4. 开挖、爆破钻孔粉尘控制

宜采用低扬尘开挖爆破技术。开挖、爆破集中区宜采用洒水降尘措施。

（三）声环境保护

施工区噪声污染源多且分散，包括交通、爆破、机械作业等。声环境保护措施主要从噪声源控制、阻断传声途径和保护敏感对象入手，在施工布置规划中应利用施工区的天然地形、地势等自然隔声屏障，进行合理布置；采用交通管制的方式控制交通噪声的影响，控制爆破时间、采用先进爆破技术等控制爆破噪声，对作业人员进行合理的劳动保护，对施工区周边的敏感保护目标修建隔声屏障等。

（四）固体废弃物处置

固体废弃物的危害主要表现为侵占土地、污染水体、污染大气、污染土壤、影响人类健康等。

水力发电工程固体废弃物主要产生于施工区、生活区及移民安置区，包括生活垃圾、建筑垃圾和医疗废物（危险废物）及库底清理废物，应遵循分类处置的原则分别处置。

医疗废物（危险、有毒、有害废物）的处置应交由取得县级以上人民政府环境保护行政主管部门许可的医疗废物集中处置单位处置，处置应按照 GB 18484《危险废物焚烧污染控制标准》、GB 18597《危险废物贮存污染控制标准》以及 GB 18598《危险废物填埋污染控制标准》执行。

生活垃圾和建筑垃圾可单独处理，也可利用附近已有设施，委托有资质的单位处理，并遵循国家和地方有关标准。

国内生活垃圾的处理方法包括卫生填埋、焚烧、堆肥和综合利用。弃渣应结合水土保持措施进行处理。

《城市建筑垃圾管理规定》中规定，任何单位和个人不得将建筑垃圾混入生活垃圾，不得将危险废物混入建筑垃圾，不得擅自设立弃置场受纳建筑垃圾。水力发电工程建筑垃圾主要以渣土、废砖瓦、废混凝土、废木材、废钢筋为主，废木材、废钢筋应全部回收利用，渣土、废砖瓦、废混凝土等也应尽量用于路基填筑等重复利用，剩余渣土、废砖瓦、废混凝土不含有害物质，应结合工程弃渣填埋。而移民安置区的建筑垃圾比较复杂，废渣土、废砖瓦、废混凝土、废木材、废钢筋以外，还有废石棉瓦、废塑料等物品，甚至有些垃圾存在一些细菌、病菌等，因此，移民安置区的建筑垃圾应首先进行回收利用，剩余垃圾应参照生活垃圾进行填埋处置，必要时进行消毒处理。对工程弃渣，可以用作回填或作为生活垃圾填埋物中间覆盖用土。

库底清理的固体废物处置及技术要求应按照国家相关规定执行，可参照 HJ 85《长江三峡水库库底固体废物清理技术规范》执行。

（五）人群健康保护

人群健康保护主要是指对水力发电工程建设造成环境条件改变，可能引起传染病和地方病传播和流行，给人群健康带来影响所采取的防治措施。主要包括监督卫生清理、工作人员疫情监控、病媒防治、水源保护和卫生管理等。

（六）景观及文物保护

（1）景观保护应重点保护具有观赏、旅游、文化价值等特殊地理区域和由地貌、岩石、河流、湖泊、森林等组成的自然、人文景象；风景名胜区、森林公园、地质公园等。

（2）景观保护应与工程安全、水土保持、生态保护相结合，应与周围景观、风景名胜区规划相结合。

（3）文物保护应按照国家和地方相关规定执行。

（4）景观保护根据工程特点，可采取优化工程布置、避让、景观恢复与再塑等措施。

（七）土壤环境保护

为防止土壤污染，保护土壤质量，需采取一定的工程措施、生物措施或管理措施，以减免工程建设运行对土壤环境的影响。土壤环境保护应包括工程建设及运行引起的土壤浸没、土壤潜育化、土壤盐碱化、土壤沙化和土壤污染等防治措施。

（1）土壤浸没防治根据工程引起的地下水位改变，受影响农田、居民区、基础设施等，可采取水库优化调度、修筑防护堤或排水沟等措施。

（2）土壤潜育化防治根据工程引起的地下水位变化，受影响土壤类型、理化性状、适生植物等，可采取修排水沟、渠、井，优化耕作方式，增强透气性等措施。

（3）土壤盐碱化防治根据工程引起的地下水位变化、土壤盐碱性状及变化规律、土地资源开发利用状况，可采取修建排水工程控制地下水位、生物化学及田间管理等措施。

（4）土地沙化治理根据工程建设引起的径流变化、土壤类型及理化性质和地形条件，可采取林草措施为主，配套灌溉、土壤改良等综合措施。

（5）土壤污染防治根据污染源、污染途径、污染方式及危害，采取污染源治理、土壤污染防治及田间管理等措施。

（八）陆生生态保护

陆生生态保护应依据《中华人民共和国野生动物保护法》《野生植物保护条例》等法律法规，结合生态建设规划，协调工程建设与生态环境保护的关系，保护生态多样性，实现生物资源的可持续利用，有效保护受工程影响的野生动植物资源，重点保护珍贵、濒危的野生动植物和有重要经济、科学研究价值的野生动植物，以及古树名木和受工程影响的森林、草原。

1. 陆生植物保护对象

（1）受工程影响的珍稀、濒危、特有植物，其他具有重要经济、科学研究、文化价值的野生植物，古树名木，集中分布的森林、草原等。

（2）珍稀濒危植物保护对象为列入国家和地方野生植物重点保护名录，或列入《中国植物红皮书》（傅立国，科学出版社，1991 年）的野生植物。特有植物为仅在一定区域（流域、河段）分布的植物。

（3）古树名木保护对象为树龄在 100 年以上的古大树，以及树种稀有、名贵或具有历史价值、纪念意义的名木。

（4）森林保护主要对象为受影响的集中分布的天然林、水源涵养林、水土保持林和经济林等。

（5）草原保护主要对象为受工程影响的天然草原和人工草原。

2. 陆生动物保护对象

陆生动物保护对象包括受工程影响的爬行类、两栖类、鸟类、兽类等野生动物及其栖息地。重点保护对象为受工程影响的珍稀濒危的野生陆生动物或有重要经济、科学研究价值的野生陆生动物。珍稀濒危陆生动物为列入国家和地方野生动物重点保护名录，或《中国濒危动物红皮书》（郑光美等，科学出版社，2003 年）的野生动物。

（1）陆生动植物保护应在环境影响评价基础上对保护措施进行设计，设计应遵循以下原则：

1）避让原则。工程布置要避让陆生生物保护敏感区，如自然保护区、野生动物集中栖息地、原生地天然生长并具有重要经济、科学研究价值的珍稀濒危动植物。

2）减量化、最小化原则。采取措施使生态影响降低到最低程度，控制在可承受范围内。

3）保护与恢复原则。使受影响的陆生动植物得到有效保护，对生态进行修复。

4）实用与先进技术相结合原则。措施力求实用，讲求实效，对生物多样性采用先进技术进行保存。

（2）主要保护措施包括：

1）陆生植物就地保护。根据保护对象的生态学特性、数量、分布、生长情况等，确定有效的保护范围，可采取避让、围栏、挂牌、建立自然保护区等措施。

2）陆生植物迁地保护。根据工程区域受保护植物的特殊性、代表性及其保护现状、影响程度，可采取移栽、引种繁育、建立植物园等措施。

3）陆生动物就地保护。根据保护对象的生物学特性、数量及其生长、栖息和繁殖特性，确定有效保护范围，可采取避让野生动物栖息场所和活动通道、建立动物救护站等措施。

4）陆生动物迁地保护。根据保护动物特性、分布状况，以及影响数量和程度，可采取迁移、人工繁殖、建立动物园等措施。

5）森林、草原、湿地等重要生态系统的保护。根据受工程影响的特点，可采取水源地保护、灌溉、围栏、轮牧等措施。

6）管理措施。包括制定管理实施细则、宣传教育等措施。

（九）水生生态保护

水生生态应重点保护具有生物多样性保护意义的鱼类和其他野生水生生物及其栖息地，保护水域生态系统的结构、功能和生态系统的多样性。

水生生物保护的重点为受工程影响的珍稀、濒危和特有水生生物，特别是国家重点保护的水生生物种群，具有重要经济价值的鱼类产卵场、索饵场、洄游鱼类及洄游通道、以水生生物为主要保护对象的自然保护区等。

水生生物保护应遵循生境保护与人工增殖相结合、生态保护与恢复及补偿相结合、工程措施与管理措施相结合的原则。

水生生态保护措施主要包括生境保护措施和物种保护措施等。

1. 生境保护措施

生境保护措施包括保护天然栖息地、下泄生态流量、分层取水、优化工程调度等。

（1）工程造成鱼类栖息地破坏，物种生存受到威胁，应采取避让、保护天然栖息地等措施。

鱼类栖息地保护主要包括干流保护模式和支流保护模式两种类型。根据保护河段的类型及其位置以及水力发电工程的布置格局，鱼类栖息地保护模式可分为干流河段模式、一段两库模式、一段一库模式、支流模式、旁侧模式5种类型，如图11-3-1所示。

保护措施包括划定保护区或禁渔区、开展生境再造工程、加强渔政监督等。

（2）引水式及混合式水力发电厂引水发电、堤坝式电站调峰运行等均将导致下游河道减脱水，为减缓不利影响，水力发电工程需要下泄一定的生态流量。生态流量是指满足水力发电工程下游河段保护目标生态需水基本要求的流量及过程，主要包括水生生态需水、河流湿地需水、水环境需水、景观需水、入海河口生态需水及河道地下水补给需水。生态系统稳定所需最小水量一般不应小于河道控制断面多年平均流量的10%（当多年平均流量大于80m³/s时，按5%取用），在生态系统有更多更高需要时应加大流量，不同地区、不同规模、不同类型河流，同一河流不同河段的生态用水要求差异较大，应针对具体情况采取合适计算方法予以确定；应根据生态系统不同月份、不同季节对流量的要求，给出年内下泄流量过程线；工农业

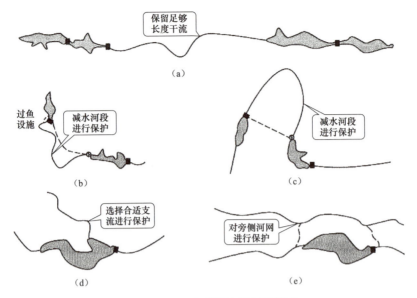

图 11-3-1 鱼类栖息地保护模式

(a) 干流河段模式；(b) 一段两库模式；(c) 一段一库模式；(d) 支流模式；(e) 旁侧模式

生产、生活需水量和最小稀释净化水量计算需考虑经济社会发展趋势。已批复的水力发电厂设计文件中有明确规定的，或各地人民政府对水力发电厂涉及的河流或其重要断面的生态流量已有明确规定的，生态流量确定应遵照其规定。存在不一致的，取最大值。

各项需水量的具体计算参照 NB/T 35091《水电工程生态流量计算规范》及《水电水利建设项目河道生态用水、低温水和过鱼设施环境影响评价技术指南（试行）》（环评函〔2006〕4号）执行。其中，

1）水生生态的需水计算与分析应符合如下要求：

a. 应至少采用两种方法计算水生生态基流，并将各方法的计算成果进行对比分析，合理选择计算成果。

b. 应根据不同保护鱼类繁殖期需求，分别计算所需水文过程，取外包线作为鱼类繁殖期水文过程的计算成果。

c. 鱼类繁殖期所需水文过程应与天然水文过程相似。

d. 水生生态需水应为水生生态基流与鱼类繁殖期所需水文过程的外包线。

e. 水生生态需水计算成果应与流域、区域水生生态保护与修复规划相协调。

2）河流湿地的需水计算与分析应符合如下要求：

a. 应至少采用两种方法计算河岸植被需水，并将各方法的计算成果进行对比分析，合理选择计算成果。

b. 应根据河流湿地不同保护目标生长期需补给水量推出坝（闸）址处的下泄流量，将各保护目标所需的坝址处下泄流量叠加后作为河流湿地生长期需水的计算成果。

c. 应根据不同保护目标敏感期需求，分别计算所需水文过程，取外包线作为河流湿地敏感期水文过程的计算成果。

d. 河流湿地繁育期需水计算应与其关键物种生长节律相符，满足关键物种繁育需求，

并与河流天然水文过程相似。

e. 河流湿地需水计算成果应与流域、区域陆生生态保护和修复规划相协调。

3）水环境需水计算与分析应符合如下要求：

a. 应根据地区经济发展和环境保护相关规划、污染物总量控制目标，结合水污染源现状调查，并按照下列要求确定各水平年的污染源分布和源强。

b. 应将污染物总量控制指标和特征污染物作为计算因子。上游来水水质超标的因子不应作为计算因子。

c. 应根据水环境需水计算要求获取水质模型参数。水质模型参数宜采用实测资料进行率定和验证。当无实测资料时应按 HJ 2.3《环境影响评价技术导则 地表水环境》的有关规定确定水质模型参数。

d. 应根据不同代表断面水质达标要求，分别计算水力发电工程所需下泄的流量，取各代表断面水质达标所需水力发电工程下泄流量的外包线作为水环境需水的计算成果。

e. 应将水环境需水计算成果与水力发电工程运行调度方案及枢纽断面下泄流量情况进行对比分析，阐明合理性。

4）景观需水计算与分析应符合如下要求：

a. 当采用景观质量评价法时，应结合工程下游河段景观功能特点，合理确定评价指标，指标权重、景观资源等级等；并根据工程对景观保护目标的影响特点，合理拟定计算工况。

b. 当采用感观评价法时，所选用的景观点代表图像应能真实反映天然情况下丰、平、枯水期的景观状况。公众意见调查的对象应包括景观专业人士和非景观专业人士。

c. 应结合不同观景时段的要求，合理确定景观质量和美景度的达标等级。

d. 有多个景观保护目标时，应分别计算所需的景观需水，取外包线作为计算成果。

e. 景观需水计算结果宜与公众和专家的意见满意度相协调。

f. 景规需水计算成果与城镇规划、旅游景观规划相符合。

5）入海河口生态需水计算与分析符合如下要求：

a. 应对数值模型参数进行率定、模拟结果进行验证，符合一定精度要求后，用于预测模拟计算。模拟结果验证包括水位验证和盐度验证，水位验证应符合 JTS/T 231－4《水运工程模拟试验技术规范》的有关规定，盐度验证的允许偏差范围可根据模拟范围内验证点的敏感程度确定。验证数据应不少于一个半月潮周期。

b. 根据各敏感保护目标需水反推出坝（闸）址处的下泄流量，取各敏感保护目标所需的下泄流量的外包线作为入海河口生态需水的计算成果。

c. 入海河口生态需水计算成果应与相关规划相协调。

6）河道地下水的需水计算与分析应符合如下要求：

a. 应根据水文地质调查和代表断面的测绘、勘察结果，确定相应的地下水动力条件和河谷类型，按照河流补给、排泄的类型，采用相应的方法进行地下水补给需水计算。

b. 应根据各代表断面的补给需水量反推出坝（闸）址处所需的下泄流量。

c. 应根据各代表断面所需的下泄流量的外包线作为河道地下水补给需水的计算成果。

d. 河道地下水补给需水应保证工程下游河段对应水生生态基流水位的河床覆盖层内不脱水。

e. 河道地下水补给需水的计算成果应与计算范围内地下水补排关系及地下水径流模数

相适应。

f. 若河道在天然状态下的枯水期不脱水，则河道地下水补给需水应小于计算范围内基岩河段历年最枯流量。

7）根据目前国内外水力发电工程实践，生态流量下泄方式可采取如下措施加以保证，同时措施设计应考虑鱼类在不同时期、不同季节对流量的要求，下泄流量变化宜与天然情势相似。

a. 水力发电工程枢纽布置中，在大机组之外单独设置"小机组"，承担泄放流量任务，同时可发挥一定的经济效益；

b. 承担基荷发电任务，通过电站本身发电下泄生态流量。但需在可行性研究报告中水库运行方案和发电运行方案中明确；

c. 在枢纽布置中单独设置生态流量泄放设施，明确运行方案；

d. 结合工程本身引水、泄流永久设施，修建改建生态流量泄放设施，明确运行方案。

8）水力发电工程建设期工程截流前为原河床过流，截流后由导流洞、导流明渠等导流建筑物过流，确保施工期间的生态流量，均不需再采用其他工程措施。在导流封堵期间，水库蓄水位未达到工程泄水建筑物和引水建筑物下泄生态流量要求水位前，需采取工程泄洪措施，确保生态流量的下放。可通过合理安排蓄水时间和导流洞封堵或改建时序等管理措施，也可采取设置生态放流管、生态流量洞，临时泵站抽水放流，以满足下游生态流量的要求。各措施的选择需要依据工程特点和施工组织设计来进行设置，同时也需要考虑泄放措施的可行性和经济性。

一次拦断河床，隧洞导流的施工导流方式是喀斯特地区最为常见的导流方式。为避免导流洞封堵引起下游断流，常通过以下几种方法下放生态流量。

a. 利用导流洞下放生态流量。利用导流洞下放生态流量的工程的生态流量下放方式因施工导流工程而异。对于布置不少于两条导流洞的大型工程，可结合导流洞的布置高程，合理安排封堵时间，直接利用导流洞下放生态流量，为保证最后一条导流洞被封堵后水库能利用工程泄水建筑物和引水建筑物下放生态流量，一般选择在汛初流量较大时封堵最后一条导流洞；对于仅布置一条导流洞的工程，常用的做法是在导流洞封堵平板闸门处或边墙部位埋设生态流量管，设置闸阀控制生态流量下放，待库水位能达到工程泄水建筑物和引水建筑物下泄生态流量要求水位后，关闭闸阀进行导流洞堵头施工；对于仅布置一条隧洞的工程，若封堵闸门采用的是弧形闸门，可控制弧形闸门的开启度下放生态流量，待水库水位能达到工程泄水建筑物和引水建筑物可下泄生态流量后，关闭弧形闸门进行导流洞堵头施工。

b. 布置生态流量洞。当工程所处河段流量较大，通过生态流量管下放生态流量无法满足要求时，可通过单独布置生态流量洞，也可结合导流洞布置生态流量洞下放生态流量。在生态流量洞进口处布置弧形闸门控制生态流量下放，当水库可利用工程泄水建筑物和引水建筑物下泄生态流量时，关闭弧形闸门，封堵生态流量洞。

c. 坝下埋设钢管。坝下埋设钢管是为临时解决封堵期间下游断流问题而采取的一种措施，在刚性坝中某一高程预先埋置钢管，承担导流洞下闸封堵后水库水位还未达到工程泄水建筑物和引水建筑物下泄水位之前的生态流量下放任务。任务完成后，关闭闸门，对钢管进行混凝土封堵。

d. 泵站抽水放流。采用泵站抽水跨过大坝下放生态流量常见于中小型电站。这种生态流量下放方式技术可行，风险性相对较小，但其设备投资和运行费用很高，也易受到抽水高度和流量等因素的限制。

分期施工的水力发电工程常在一期枢纽建筑物上设置导流孔等导流设施以满足二期工程施工期间过流，其导流设施由闸门控制启闭，闸门设计能承受一定的水压要求。在初期蓄水期间，通过控制一期工程导流设施的导流孔数目、闸门封闭程度等来泄放生态流量，直至水库水位升至可由泄水建筑物和引水建筑物来泄放生态流量的水位。

水力发电工程运行期可根据生态需水量及水力发电工程的特点，采用闸门泄流、坝体埋管泄流、引水洞泄流等方式下放生态流量。为满足常年泄流的需要，无论哪种泄流方式，其取水口均应低于水库（或调节池）死水位。

闸门泄流主要利用现有低闸闸门，如泄洪闸、冲沙闸、排污闸等泄流。该泄流方式的优点在于可以充分利用现有构筑物，不会因新增泄水建筑物而影响坝体结构。但一般闸门设计泄流量较大，若通过控制闸门启闭角度难以精确调节下泄流量，无法满足中小型河流生态泄水要求，且闸门长期小角度泄流产生的振动可能使金属结构疲劳，影响工程安全。

坝体埋管泄流是指在生态流量确定后，根据泄流能力要求，在坝体埋设特定尺寸的专用水管下泄生态流量的方式。该泄流方式通常用于小流量下泄，但对于堆石坝等坝型，由于坝体纵向很长，长泄水管极易发生堵塞，且泄水管贯穿坝体可能对大坝的防渗、抗震的安全性产生影响。

对于无法采用闸门和埋管进行泄流的堆石坝等坝型，可在发电引水隧洞的适合位置设引流系统泄流，但引流系统的布置对地形、地质条件有较高要求。

根据水力发电工程的实际情况，下游无反调节电站的调峰电站可在坝体和引水系统上设置生态流量放水管，在水力发电厂不运行时，通过另设的放水管往下游泄放生态流量。对于出现减（脱）水河段的引水力发电厂，可以通过开启枢纽闸门或在坝体上设置生态流量放水管下泄生态流量，用以保证减（脱）水河段不断流。

此外，水力发电工程应建立下泄流量自动测报和远程传输系统，确保生态流量数据获取的真实性和完整性，便于工程生态流量泄放调度管理和环保主管部门监督。同时，可以在下泄生态流量测报的基础上，根据河道生态保护情况的监测结果，适时优化泄水调度。常规的生态流量实时监测方式主要有安装流量计、建设水位自动观测站、H-ADCP测流、非接触式雷达波测流、安装闸门开度仪换算及提取电站出力数据换算等，其优缺点及适用范围见表11-3-1。

表11-3-1   水力发电工程实时测流方式比较

测流方法	优点	缺点	适用范围
安装流量计	简单易行，投资省，测量结果准确	只能针对特定对象使用，维护难度较大	只适用于断面尺寸固定的生态流量泄放洞或生态管
建设水位自动观测站	技术成熟，适用性强，功能可靠，维护方便	建设工程量大，投资高，测量精度一般	适用于各种水力发电工程，尤其是一些大江、大河上的水力发电厂，往往与水情自动测报系统一起建设
H-ADCP测流	土建投资小，技术成熟，结构简单，测量精度高	测量探头须安装在水底，对水底地形和河流流态有一定要求	适用于各种水力发电工程

续表

测流方法	优点	缺点	适用范围
非接触式雷达波测流	非接触式，土建投资小，不受水位变动影响，维护方便	只能测定表面流速，测量精度一般，受雷达波探头布设限制，在大江、大河上适用性较差	适用于河宽不大的一般河流
安装闸门开度仪	简单易行，投资省	仅针对特定对象，适用性较差	仅适用于泄洪闸门下放生态流量的测流，只能作为一种辅助手段
提取电站出力数据	简单易行，投资省	仅适用于采取基荷发电方式，只能作为一种辅助手段	数据受人为控制影响，数据精度差

（3）工程泄放低温水影响鱼类生长和繁殖时，根据工程特性、下游水温的变化和鱼类生态习性要求，可采取优化工程调度或设置分层取水装置等措施。

分层取水建筑物主要有多层平板门、叠梁门、翻板门以及浮筒等竖井式、斜涵卧管式、多个不同高程取水口布置等形式。分层取水设施示意如图 11 - 3 - 2 所示。

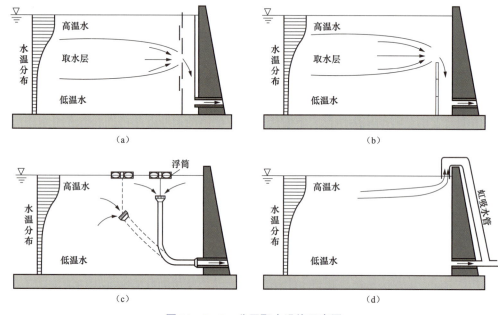

图 11 - 3 - 2　分层取水设施示意图
(a) 多孔式；(b) 分节式；(c) 铰链式；(d) 虹吸式

建设中的糯扎渡水电站分层取水口如图 11 - 3 - 3 所示。

应分别对采取分层取水设施前后的水库水温分布和下泄水温进行水温模拟计算，论证分层取水设施的效果。分层取水进水口设计内容包括拦污栅段、入口段、闸门段、渐变段及上部结构，有压引水系统的进水还应设有充水设施和通气孔。多泥沙、多污物或多漂浮物河流以及严寒地区水力发电厂，还应设置专门的防沙、防污、排漂及防冰建筑物或设施、设备。进水口设计需满足 NB/T 35053《水电站分层取水进水口设计规范》的规定，分层取水进水口附近应设置水位计，在不同高程布置温度计，同时应在尾水出口和尾水渠各布置一个水温监测点，在尾水出口以下的适当位置布置一个流量监测断面，并设置水位自记装置。

图 11‐3‐3　建设中的糯扎渡水电站分层取水口

（4）工程改变河流水文情势、河床形态和滩地等影响产漂流性卵的鱼类繁殖时，可采取优化工程调度，模拟鱼类产卵需要的水文条件等措施。

工程调度措施可以分单个或者多个水库调度、修建拦河闸坝调度和引水闸涵调度等多种方式。通过工程调度方式改变现行流域调度中水文过程，模拟自然水文情势的泄流方式，控制河流流量过程和湖泊水位变幅，为河流、湖泊中重要生物的繁殖、发育和生长创造适宜的水文学和水力学条件，从而消除或缓解水力发电工程对所在河流、湖泊生态环境的不利影响，保护下游水生生境和水生生物多样性。此外，还可以通过跨流域调度，向水量无法满足最小生态需水的河流、湖泊或者特殊生态系统进行补水，以此改善、维持这些生态系统的需水要求。

工程调度应根据河流的开发目标、水力发电工程的运行方式以及各类生态敏感区域在敏感期对水量、流速、水位等因素的需求，提出相应的工程调度原则和方式。在水力发电工程满足相应的发电、防洪、冲沙调度的条件下，应更多地注重消除、缓解和修复工程修建带来的影响，即水力发电工程运行要更多地为改善河流、湖泊生态系统服务。

（5）工程影响产黏性卵鱼类繁殖时，可采取优化工程调度等措施。

（6）工程建设引起河口地区水环境变化，并对鱼类产生严重影响时，根据水文情势变化和鱼类及其他水生生物生态习性，可采取优化工程调度，保护鱼类及底栖生物生境等措施。

2. 物种保护措施

物种保护措施包括过鱼设施、鱼类增殖放流站、人工建造鱼类产卵基质以及其他水生生物保护措施等。

（1）过鱼设施是指在坝（闸）处人工修建的辅助和引导鱼类通行的通道或设施，过鱼设施可分为上行过鱼设施和下行过鱼设施两大类。上行过鱼设施目前应用较为广泛；下行过鱼设施研究较晚，目前应用范围较小。

1）过鱼设施的主要类型见表 11‐3‐2。

表 11‐3‐2　　　　　　　　　　　　过鱼设施的主要类型

上行过鱼设施	下行过鱼设施
鱼道	物理阻拦引导

续表

上行过鱼设施	下行过鱼设施
仿自然通道	行为阻拦引导
升鱼机	与表层栅栏或深层进水口结合的表层旁道
鱼闸	鱼泵
集运鱼系统	泄洪道
过鳗设施	机组过鱼（亲鱼水轮机）

a. 鱼道：呈连续阶梯状的水槽式构筑物，主要形式包括池式鱼道、槽式鱼道和特殊形态的鱼道等。

b. 仿自然通道：人工修建的仿自然溪流，用以连通被阻碍的河流，并考虑鱼类行为和通道坡度、仿自然河床，水流条件等因素为鱼类提供的一种洄游通道。

c. 鱼闸：由进口水槽、闸室和出口水槽等部分组成，利用上、下两座闸门调节闸室内水位变化而过鱼，原理与船闸相似。

d. 集运鱼系统：通过人工集鱼和运输的手段实现鱼类过坝的措施，由集鱼设施、运鱼设施及相关配套设施等部分组成，主要设施包括集鱼船、运鱼船，运鱼车及公路、码头等。

几种常见的过鱼设施如图 11 - 3 - 4 所示。

（a）　　　　　　　　　　　　　　　（b）

（c）　　　　　　　　　　　　　　　（d）

图 11 - 3 - 4　几种常见过鱼设施示意图

（a）鱼道；（b）仿自然通道；（c）鱼闸；（d）集运渔船

2）过鱼设施的形式多种多样，这些形式都是为不同工程、不同的过鱼种类而设计的，具有不同的特点，几种常见过鱼设施特点比较及应用业绩见表 11-3-3。

表 11-3-3　　　　　　　　　　过鱼设施特点比较及应用业绩

过鱼设施	应用范围	优点	缺点	过鱼效果	国内外已实施的工程
仿自然通道	适合于所有具备足够空间的工程	应用范围广	占地面积大，枢纽区两侧以及上游具备布置空间	所有的水生生物均可通过，是唯一能绕过大坝的方法	大渡河安谷水电站（待建）
鱼道	采用型式较多，适合于中、低水头大坝	能够连续过鱼；能够维持一定的水系联通，少量个体可下行过坝；鱼类自行溯游过坝	鱼道对过鱼对象有一定选择性；过鱼效果受诱鱼系统影响较大，鱼道建设完成后，修改调整较困难	鱼道型式有 3 种：狭槽型可形成较好的吸引水流，水池型所需流量较低，丹尼尔需较大流量	西藏狮泉河鱼道、Bosher 大坝垂直竖缝式鱼道、广西长洲鱼道、大渡河沙坪电站鱼道、西藏多布电站鱼道
鱼闸	适用于高水头或空间以及水流量有限的区域	对水消耗较低，适用于大型鱼类（如鲟鱼）	需要较高的设计和建造技术要求，频繁维护和运行所需费用高	主要适用于大型鱼类（如鲟类）及游泳能力较弱的鱼类	英国奥令鱼闸、爱尔兰阿那鲁沙鱼闸、苏联伏尔加格勒鱼闸
升鱼机	适用于高水头或空间以及水流量有限区域	适于高坝过鱼，能适应水库水位的较大变幅，与同水头的鱼道相比，造价较省、占地少，便于在水利枢纽中布置	机械设施结构复杂，发生故障的可能性较大，需频繁的维护和运行，不能连续过鱼且过鱼量有限	对鲑蹲鱼类以及游泳能力弱的鱼类效果较好	美国 Round Butte 坝，坝高 134m，采用索道吊罐系统运鱼过坝；Baker 坝，坝高 87m，采用缆车起吊容器方式过鱼；苏联齐姆良升鱼机（高 23.5m），伏尔加格勒升鱼机（高 2.5m）；法国多尔多涅河图伊列雷斯升鱼机
集运鱼系统	适用于高水头或空间以及水流量有限的区域	适于高坝过鱼，集鱼点位可机动调整，能够在较大范围内变动诱鱼流速，集鱼效果相对较好，可将鱼运往适当的水域投放，实现双向过鱼，与枢纽布置无干扰	管理、运行费用大	针对鱼类生物学特性设计集鱼、运鱼系统，过鱼效果良好	苏联在里海流域的伏尔加河、顿河和库班河流域为鲥科、鲫科和鲤科的一些种类设计了集运鱼腊。我国乌江彭水水电站采用集运鱼系统作为过鱼设施，自前唐环 1 号集鱼平台已下水运行

3）过鱼设施选择应综合考虑过鱼对象和工程特点。

a. 过鱼对象特性主要包括个体大小、数量、生态习性、游泳能力、活动水层、趋流行为等。

b. 低坝水力发电工程可采取鱼道，包括平面式、导墙式和梯级式（台阶式）等。

c. 中高坝水力发电工程可采用鱼闸、升鱼机、集运鱼船等。

过鱼设施上下游的运行水位，直接影响到过鱼设施在过鱼季节中是否有适宜的过鱼条件，过鱼设施上下游的水位变幅也会影响到过鱼设施出口和进口的水面衔接和池室水流条件。如果运行水位设计不合理，可能造成下游进口附近的鱼无法进入过鱼设施，也可能造成上溯至过鱼设施出口处的鱼无法进入上游河道。一般情况下，设计水位须满足过鱼季节中可能出现的最低及最高水位要求，使过鱼设施在过鱼季节中均有适合的水流条件。其次，过鱼设施内部的设计流速也是过鱼设施成败的关键环节之一，通常由过鱼对象的克流能力决定，同时参考天然河流的流速。其原则是过鱼设施内缓流区流速小于鱼类的巡游速度，这样鱼类可以保持在过鱼设施中前进；过鱼断面流速小于鱼类的突进速度，这样鱼类才能够通过过鱼设施中的孔或缝。

过鱼设施应参照 NB/T 35054《水电工程过鱼设施设计规范》要求进行设计，包括过鱼设施型式、入口、出口布置、断面尺寸以及诱鱼手段等参数，并与主体工程相协调。

4）鱼道的设计应满足如下要求：

a. 鱼道布置应与电站枢纽建筑物的布置相协调，根据地形、地质、工程布置特点以及坝（闸）上、下游水流条件等选择合适的位置。应有利于防污防淤并具备良好的交通条件，便于运行和管理。

b. 鱼道坡度宜在 1：30～1：10 之间。形式应根据过鱼对象种类及其生态习性、工程的坝（闸）形式、提升高度、地形条件等因素，经技术经济比较选定；池式鱼道适用于大多数过鱼对象，对于游冰能力强的过鱼对象，且坝（闸）上、下游水位变动幅度小的工程，可选槽式鱼道。

c. 鱼道的结构形式和材料应根据过鱼设施规模及场地条件选择：大型鱼道可采用钢筋混凝土结构，小型鱼道可采用木板、合金板、塑料板等材料。

d. 鱼道宜采用开敞式，对于封闭段可根据需要采用人工补光措施。

e. 鱼道设计运行水位应根据坝（闸）上下游可能出现的水位变动情况合理选择。当上游运行水位变动较小时，上游设计水位范围可选择在过鱼季节电站的正常运行水位和死水位之间；当上游运行水位变动较大时，上游设计水位范围可选择在过鱼季节电站的运行控制水位和死水位之间。下游设计水位可选择在单台机组发电与全部机组发电的下游水位之间。

f. 鱼道设计流速应根据过鱼对象游泳能力试验、水工模型试验或已有研究成果综合确定。鱼道设计流速不应超过鱼对象的突进游泳速度。

g. 鱼道的进出口应设置闸门，满足运行和检修的要求。闸门及其相关设备应保证操作灵活、安全可靠。

h. 进口布置应避开强回流区、漩涡区、泥沙淤积区和受污染水域；进口宜布置在适宜鱼类聚集的区域，并尽可能靠近鱼类能上溯到达的水域，进口位置应根据水电工程运行工况对进口区域流场进行数值计算确定，必要时可结合整体水工模型试验进行验证；进口应能适应不同过鱼对象的活动水层，适应过鱼季节进口水域的流量及水位变化范围，可设置多个不同高程的进口，调节进口诱导流量或采用重点、自动控制堰和调节闸门；进口水流应为连续流，使鱼类易于分辨和发现，有利于鱼类集结。宜设置水流调节设施，以更好地吸引并诱导鱼类进入鱼道进口。水流方向宜与河道主流方向形成一定夹角以增强效果；进口宜设计成向鱼道收缩的喇叭形，并具有相对稳定的流态和流速，进口结构可采用溢流堰、竖缝或孔口型，宽高比宜为 0.6～1.25。必要时进口可设置拦鱼或诱导设施，以提高过鱼效果。

i. 鱼道选线宜布置在岸坡稳定区域，避开有机械振动或嘈杂喧闹等区域。

j. 池室水流条件应满足以下要求：过鱼孔口流速不应大于过鱼对象的设计流速，可设计不同形式的复合断面以适应不同过鱼对象的流速要求；池室流态应适应不同过鱼对象的要求。

k. 池室宽度不应小于最大过鱼对象体长的 2 倍，并应根据过鱼规模综合分析确定，一般取 2～5m；池室长度应按池室消能效果、鱼类的大小、习性和休息条件而定，不应小于 2.5 倍最大过鱼对象体长，长宽比宜取 1.2～1.5。池室长度与竖缝宽度的比值宜取 8～10；池室水深应视过鱼对象的体高和习性确定，可取 0.5～1.5m。池室底坡宜取统一的固定值。如因布置条作所限需变坡时，宜保持连续和缓变；池室间落差应根据过鱼对象的游泳能力确定，不宜大于 0.3m；当鱼道总落差较大，长度较长时，宜每隔 10～15 个池室设一个休息池，休息池长度宜取池室的 1.7～2.0 倍。

l. 隔板型式分为溢流堰式、竖缝式、淹没孔口式（潜孔式）及组合式 4 种。

隔板选择应符合以下要求：对于过鱼对象为表层、喜跳跃的鱼类，且当水位变化幅度较小时，宜选择溢流堰式；对于过鱼对象为底层的中、大型鱼类，宜选择淹没孔口式；对于有不同习性的多种过鱼对象，宜选择竖缝式或组合式。

m. 隔板的堰口、潜孔、竖缝的大小应能使过鱼对象顺利通过，并满足池室内的水流流态和消能要求。潜孔和竖缝的宽度宜取 0.3～0.5m。竖缝缝口方向宜与隔板呈 45°夹角。

n. 池室水力设计宜经水工模型试验验证，包括整体水工模型试验和局部水工模型试验。

o. 出口应近岸布置，水流条件平顺，并远离电站泄水和引水建筑物的进口，一般要求出口与一切取水口、泄水建筑物进水口的距离不小于 100m；出口周边不应有妨碍鱼类继续上溯的不利环境因素，如码头和船闸上游引航道出口、水质污染区等；必要时出口可设置拦鱼设施，避免鱼类回到下游；出口高程应能适应过鱼对象的习性和水库水位的变化。当水库水位变幅较大或存在不同水层鱼类过鱼要求时，可设置多个不同高程的出口，采取其他结构或设置调节设备，以适应上游水位变幅；出口处可根据需要设置拦漂、拦污和清污、冲污等拦清污设施。

5）仿自然通道的设计应满足如下要求：

a. 仿自然通道应模拟天然河道特征设计，根据地形、地质、工程布置特点以及坝（闸）上、下游水流条件等选择，其布置应与电站枢纽建筑物的布置相协调。

b. 仿自然通道布置宜避开人口密集区域，以减少人为干扰，并合理利用工程区已有溪流、沟渠等有条件，使仿自然通道更接近自然河流特性。

c. 仿自然通道的设计流量和流速应根据过鱼对象的游泳能力和仿自然通道的水流、地形等状况综合确定。

d. 仿自然通道进口、出口等处可设置闸门。

e. 进口宜布置在有水流下泄、多数鱼类能够感知的区域；进口底部应考虑其自然形态，与河床和河岸基质相连，使底层鱼类也能进入。与河床底部之间应除去直立跌坎，当其间有高差时应以斜坡相衔接。可铺设原河床的卵砾石，以模拟自然河床的底质和色泽；进口应能适应下游水位的涨落，并满足过鱼对象对水深的要求，必要时进口可设置水位调节设施；进口应保证有足够的吸引水流，流速应适于所有过鱼对象，不超过过鱼对象中游泳能力最弱鱼类的突进游泳速度。

f. 通道断面形状、宽度、水深和水流应尽可能多样，以适应不同鱼类的需要，底部宽度应根据过鱼对象体长和过鱼规模确定，宜取最大过鱼对象体长的 3～5 倍，不宜小于

0.8m；通道应尽可能平缓，坡降不宜大于1∶20，如斜坡过陡可嵌入块石；通道底坡和岸坡应保持稳定，宜采用生态护岸结构，在陡坡延伸处应进行加固；通道内水深应根据过鱼对象的体形尺寸与生态习性确定，不应小于0.2m；通道内的流速应根据过鱼对象的游冰能力、河流的大小和规模确定，平均流速可取0.4～0.6m/s，最大流速可取1.6～2.0m/s；通道间隔一定距离可设置隐蔽场所，种植树木或灌木。

g. 出口布置应傍岸，水流条件平顺，宜远离电站泄水、引水建筑物进口，引航道出口，水质污染区等处；必要时出口可设置拦鱼设施，避免鱼类回到下游；出口应能适应上游水位的变化，确保过鱼季节保持一定水深，出口处可设置水位调节设施；出口处可根据需要设置拦漂、拦污和清污、冲污等拦清污设施。

6）鱼闸的设计应满足如下要求：

a. 鱼闸应设置旁道补水系统，流速小于2.0m/s，用于进口和出口的诱鱼。

b. 鱼闸进口应选在鱼类易于发现的地方，并能适应上下游水位的变化，附近水流不应有漩涡、水跃和大环流，进口下泄水流应使鱼类易于分辨和发现。应选择水质适宜的水域，避开有油污、化学性污染和漂浮物的水域。

c. 进口的水流条件、诱鱼水流的流速流量、诱鱼驱鱼措施和闸室的光线应根据鱼类行为特征确定。进口的水流应适合鱼类进入，在其他干扰水流中占据优势；鱼闸进口的储留室应有一定的容积，防止鱼类重新游出鱼闸。进口的水槽宽度应根据过鱼对象体长和设计过鱼规模综合分析确定，可取2～3m。进口最小水深视鱼类习性而定，可取1～2m。

d. 闸室的容积由洄游鱼类的规模决定；闸室底板应设在水库死水位以下，闸室应有一定的水深，尽可能减小紊流的产生。闸室底层的赶鱼栅应根据过鱼对象的种类和生命阶段设置足够尺寸的间隙，防止对鱼类的伤害；闸室水位升高或降低的速度要小于2.5m/min；闸室底部要做成渐变式或台阶式，且做成粗糙底面以便于消能。

e. 鱼闸出口应与其他设施的进水口保持一定距离，周边不应有妨碍鱼类继续上溯的不利环境；应布置在水较深和流速较小的地点，位置设在最低水位线下，必要时可设置调节设备；朝向应迎着水流方向。槽室的容积应与过鱼规模相适应，尽可能减小鱼类返回鱼闸的概率。

7）集运鱼系统的设计应满足如下要求：

a. 集运鱼系统布置应与电站枢纽建筑物的布置相协调，不得影响河道行洪、航运安全。

b. 集运鱼系统应根据过鱼数量和过鱼对象体长确定足够的容积，宜配有充氧、调温、净水、循环和换水等设备。

c. 集鱼位置应选择水流、生境等条件适宜于过鱼对象集群且便于集鱼设施开展作业的区域。

d. 集鱼设施包括位于大坝下游可连续集鱼的固定式集鱼设施和间断性集鱼的可移动集鱼船，应根据集鱼位置、鱼类习性和工程实际情况选取。

e. 运鱼设施主要包括运鱼船、运车等，应根据集鱼位置、鱼类习性和工程实际情况选取。鱼类运输过程应保证鱼类的存活率，运输时间不宜超过10h。鱼类投放位置应选择水流、生境等条件适宜鱼类产卵或继续上溯的水域。

8）观测设施的设计应满足如下要求：

a. 过鱼设施应布设观测室，保证足够的空间。鱼道、仿自然通道和鱼闸可在进口和出口各设置 1 处。

b. 观测室的照明、通风、防潮等设施的设计应按现行行业标准 NB/T 35008《水力发电厂照明设计规范》、NB/T 35040《水力发电厂供暖通风与空气调节设计规范》的有关规定执行。

c. 观测室应合理布设观测窗，可配备摄像机、鱼探仪、计数器、显示器等必要的观测和记录设备。观测设备应能自动进行昼夜连续观测，适应不同的气候条件，识别不同鱼类种类和大小。记录设备应能记录过鱼时间，统计过鱼数量，并存储过鱼过程的影像。

d. 鱼道、仿自然通道和鱼闸的进口和出口宜布置水位监控设施。

（2）鱼类增殖是指人为地增加受影响河流的鱼类资源补充量，缓和鱼类资源的波动，维持一定数量的自然种群，促进其趋于稳定。

鱼类增殖放流站工程根据其放流规模、鱼类保护等级、工程任务等要素划分为三等。鱼类增殖放流站规模划分见表 11-3-4。当放流规模、鱼类保护等级和工程任务分属不同级别时，工程等别应取其中最高等别。

表 11-3-4　　　　　　　　　　鱼类增殖放流站规模划分

增殖放流站工程等别	分类要素			对应水力发电工程等别
	鱼类增殖放流规模（万尾/年）	保护等级	工程任务	
一	≥200	国家一级	繁育、放流、科研	三
二	50～200	国家二级、省级	繁育、放流	四
三	≤50	其他	暂养、放流	五

养殖生产工艺可根据需要采用循环水养殖、流水养殖或静水养殖模式。循环水养殖模式适用于水源取水困难、用地紧张或养殖水体有温控要求的工程。流水养殖模式适用于水源与增殖放流站有一定高差，水源水量充沛、水质良好的工程。静水养殖模式适用于用地富裕、取水方便且放流对象适应静水养殖的鱼类增殖放流站。具体设计应结合放流对象的生态习性，并综合考虑水源和场地条件，通过技术经济分析比较后选定养殖生产工艺。

鱼类增殖放流站养殖用水水质应符合 GB 11607《渔业水质标准》的有关要求，见表 11-3-5。

表 11-3-5　　　　　　　　　　渔 业 水 质 标 准　　　　　　　　　　mg/L

序号	项目	标准值
1	色、臭、味	不得使鱼、虾、贝、藻类带有异色、异臭、异味
2	漂浮物质	水面不得出现明显油膜或浮沫
3	悬浮物质	人为增加的量不得超过 10，而且悬浮物质沉积于底部后，不得对鱼、虾、贝类产生有害的影响
4	pH 值	淡水 6.5～8.5，海水 7.0～8.5
5	溶解氧	连续 24h 中，16h 以上必须大于 5，其余任何时候不得低于 3，对于鲑科鱼类栖息水域冰封期其余任何时候不得低于 4
6	生化需氧量（5 天，20℃）	不超过 5，冰封期不超过 3
7	总大肠菌群	不超过 5000 个/L（贝类养殖水质不超过 500 个/L）

续表

序号	项目	标准值
8	汞	≤0.0005
9	镉	≤0.005
10	铅	≤0.05
11	铬	≤0.1
12	铜	≤0.01
13	锌	≤0.1
14	镍	≤0.05
15	砷	≤0.05
16	氰化物	≤0.005
17	硫化物	≤0.2
18	氟化物（以 F 计）	≤1
19	非离子氨	≤0.02
20	凯氏氮	≤0.05
21	挥发性酚	≤0.005
22	黄磷	≤0.001
23	石油类	≤0.05
24	丙烯腈	≤0.5
25	丙烯醛	≤0.02
26	六六六（丙体）	≤0.002
27	滴滴涕	≤0.001
28	马拉硫磷	≤0.005
29	五氯酚钠	≤0.01
30	乐果	≤0.1
31	甲胺磷	≤1
32	甲基对硫磷	≤0.0005
33	呋喃丹	≤0.01

循环水养殖模式对养殖水体水质要求较高，必须具有功能完善、运转良好的水质净化系统。循环水回用水质标准见表 11-3-6。

表 11-3-6　　　　　　　　　　循环水回用水质标准

序号	项目	单位	标准
1	pH 值	—	6.5~8.5
2	生化需氧量	mg/L	<3
3	溶氧量	ng/L	>5
4	氨态氮	g/L	<0.1
5	亚硝酸态氮	mg/L	<0.01

序号	项目	单位	标准
6	总硬度	德国度	>5
7	重金属离子和其他有毒物质		满足《渔业水质标准》规定
8	其他		水面无油膜或浮沫

循环水处理系统应设置蓄水池补充系统耗水，蓄水池容积大小一般取养殖设施用水量的5%以上。

鱼类增殖放流站设计内容应包含下列内容：

1）鱼类增殖放流站放流对象选择应遵循"统筹兼顾""突出重点"的原则，结合流域鱼类资源保护以及相关放流工作基础，优先选择珍稀濒危、特有鱼类以及受影响程度大且难以形成自然种群的鱼类。

2）繁殖放流站选址宜选择在抗渗性能良好的基础上，避开山洪、滑坡、泥石流等自然灾害影响的地段。工程地质勘察应符合 GB 50021《岩土工程勘察规范》的有关规定。

3）繁殖放流站必须具有可靠的防洪、排水措施。增殖放流站位于水力发电厂枢纽下游时，应避开受洪水和区域地表径流排水影响的区域，其防洪标准应符合 GB 50201《防洪标准》的有关规定。

4）繁殖放流站水源选择必须进行水资源的勘察，所选水源应水质良好、水量充沛。当单一水源不能满足要求时，可采取多水源或调蓄等措施。

5）珍稀、濒危、特有鱼类的野生亲本捕捞、运输、驯养和必要的科学实验方案。

6）人工繁殖和苗种培养。

7）人员培训计划与管理。

8）生产监控系统。监控内容包括溶解氧、水温、酸碱度、全盐量（矿化度）、透明度、硬度、碱度、生化需氧量、化学需氧量、氨氮等水体理化指标；浮游植物（叶绿素 a 含量）、着生藻类、浮游动物和底栖动物的种类和数量等饵料生物生长情况、寄生虫感染情况等鱼体健康指标。

（3）人工建造鱼类产卵基质设计包括产卵基质的类型、面积、工程量等，应考虑鱼类的繁殖季节、水温、水质等因素。

（4）其他水生生物保护。根据工程影响性质、程度和范围、生态学特性和水环境状况，采取相应的保护措施。

（十）环境监测

环境监测设计应遵循针对性、代表性、经济合理和可操作性原则。环境监测时段划分为施工期、运行期。施工期主要监测内容包括水环境、大气环境、声环境、生态环境、人群健康等。运行期主要监测内容包括水环境、生态环境等。

1. 施工期

（1）水环境监测应包括下列内容：

1）污染源监测包括污染物种类、排放强度、浓度、处理措施效果等。监测频次宜根据污染物排放情况确定。

2）水质监测应设置对照断面、控制断面与削减断面。监测项目宜根据污染源和受纳水体特性确定。监测时段、频次宜根据施工废（污）水排放的时段与径流特征确定。饮用水水源监测应在水源地取水口附近设置采样断面，依照 GB 3838《地表水环境质量标准》规定选取监测项目。

（2）大气环境监测点位设置应综合考虑大气污染源与敏感点分布情况。监测项目主要包括 TSP（总悬浮颗粒物）、PM_{10} 等，必要时可同步监测风向、风速。监测时间、频次设置应考虑如静风、逆温、熏烟、干燥及大气不稳定等不利气象条件。

（3）声环境监测点位设置应考虑噪声源的源强、衰减特征和敏感点分布，根据噪声源强度确定监测时段。点位设置时应以噪声源为起点，沿射线方向由近及远布设，避开建筑物、绿化带等吸噪设施，一般在敏感点受声源影响最大的位置，如距声源最近点、受影响的第一排建筑物处等。

（4）陆生生物调查范围以施工区及直接影响区为主，调查对象以珍稀、濒危动植物为主。调查内容主要包括区系组成、种类、数量、分布等。调查时间与频次根据施工区陆生生态敏感性、施工工期及当地植物生长特性确定。技术要求参照 NB/T 10080《水电工程陆生生态调查与评价技术规范》的要求执行。

（5）水生生物调查对象以鱼类为主，重点为珍稀、濒危鱼类。调查内容主要包括鱼类区系组成、种群及产卵场、越冬场、索饵场等。技术要求参照 NB/T 10079《水电工程水生生态调查与评价技术规范》的要求执行。

（6）人群健康监测以易发传染病为主，卫生检疫根据工程区域疾病流行的相关调查统计，以及外来人群来源地的主要传染病种类，可采取检查、建档等措施。疫情监控包括抽检人数、监控时段、实施计划、管理制度和抽检效果分析等，抽检人数可根据工程区域人群规模及分布等确定，也可按工程影响人数的 5%～10% 确定。

2. 运行期

（1）下泄生态流量监控包括生态流量数据监控和生态流量视频监控。生态流量监控应满足如下要求：

1）生态流量监控系统包括流量监控设备和数据传输设备，应能在线实时监测、记录、监控水力发电厂下泄总水量，并兼有数据分析、流量异常告警、数据实时上传、数据电子保存打印输出的功能。

2）生态流量视频监控设施应包括可夜视 360°旋转摄像头和具有录像功能的前端视频服务器。

3）常用流量检测方法及技术要求应符合 SL 555《小型水电站现场效率试验规程》的规定。

4）对水力发电厂下泄流量的监控，应在电站各泄水口设立监控点，安装测流装置，或在电站下游附近选择河道断面作为监控断面，安装测流装置，监测下泄流量。

5）生态流量监控系统宜与水力发电厂计算机监控系统结合，达到无人值班或少人值守的要求。

（2）水质监测断面设置应充分考虑污染源分布、支流汇入等因素，并与水温、水文、泥沙、水生生态等监测断面相结合；监测项目根据水域功能及主要污染物种类确定；监测频次应根据工程运行及水文、水质状况确定。

（3）水温观测应包括分层型水库水温及下泄水温观测。

1）分层型水库水温观测。观测断面宜考虑水温的沿程分布特点，设置坝前、库尾及库中监测断面。根据水库形态、回水长度、支流汇入情况等确定库中的断面位置与数量。断面垂线根据观测断面的水面宽度确定。垂线测点布设深度根据水温分层情况确定。表面同温层及库底恒温层测点密度可考虑每 5~20m 设 1 测点，变温层测点适当加密。

2）下泄水温观测。观测断面设置宜考虑下游河道支流汇入及取用水情况等。对长减水河段沿程水温进行观测，可根据减水河段水文、用水情况，确定监测断面。

（4）陆生生物和水生生物调查要求同施工期的要求。

（十一）环境管理

环境管理是工程管理的一部分，是工程环境保护措施有效实施的重要环节。水力发电工程环境管理的目的在于保证工程各项环境保护措施的顺利实施，使工程兴建对环境的不利影响得以减免，并保证工程地区环境保护工作的长期顺利进行，维护景观生态稳定性，保持工程地区生态环境的良性发展。环境管理的基本任务是负责组织、落实、管理和监督工程的环境保护工作，确保环境保护措施和环境监测的落实。

环境管理设计应明确环境管理的基本任务和机构设置原则、管理机构职责、组织及管理制度等。

1. 环境管理机构设置

环境管理机构设置应符合以下原则：

（1）满足工程环境保护管理工作需要。

（2）作为工程建设管理的组成部分，在业务上接受环境保护主管部门的监督、检查和指导。

（3）根据工程规模和环境保护任务确定管理模式及体系。

（4）环境管理机构主要职责包括执行环境保护法规和技术标准；组织制定和修改工程环境保护管理规章制度并监督执行；制定环境保护规划和计划，并组织实施；组织开展工程环境监测；落实工程环境保护设施的运行维护职责；组织开展工程环境保护专业培训，提高人员技术水平；推广应用环境保护先进技术和经验，组织开展环境保护科学研究和学术交流；其他环境管理职责。

（5）环境管理机构根据工程规模和环境保护要求确定，组织形式可分级管理。

（6）环境管理宜按照全面质量管理要求，建立健全各级岗位责任制。

2. 环境保护设计报告编制

按照 DL/T 5402《水电水利工程环境保护设计规范》的要求，环境保护设计报告编制需满足以下要求：

（1）概述章节需简述工程环境影响评价、环境保护和水土保持方案设计工作过程；说明环境影响报告书、水土保持方案报告书的主要结论；简述环境影响报告书、水土保持方案报告书的批复意见。

（2）环境影响评价章节需简述工程区和移民安置区的环境状况以及存在的主要环境问题；简述主要环境影响预测评价结果。

（3）总体设计依据和任务章节需说明有关政策、法规以及技术文件依据；根据报告书及其批复意见提出的环境保护措施和要求，明确设计任务，说明设计调整和变更情况。

（4）水环境保护章节需说明水环境保护措施设计的依据、原则；根据施工区各类废（污）水排放特征，按照区域水环境功能要求，明确保护目标；说明处理工艺和设计参数选择，设施布置方案和结构形式等，提出废（污）水处理设施运行管理技术要求；明确水库库底卫生清理的环境保护要求；提出库区污染防治要求。

（5）大气环境保护章节需说明施工区大气环境保护设计依据、原则和保护目标；提出爆破开挖、生产企业、交通运输等产生的粉尘削减和控制措施。

（6）声环境保护章节需说明施工区声环境保护设计依据、原则和保护目标，确定施工区各类噪声削减、控制和防护措施方案，明确防护设施布置、主要设备和数量。

（7）固体废物处置章节需说明施工区固体废物处置设计依据、原则；明确生活垃圾产生量和主要成分，选定垃圾收集、储运和处置方案；明确处理设施布置方案、主要设备及数量；提出处理设施运行管理技术要求。

（8）陆生生物保护章节需说明陆生生物保护措施设计依据、原则；明确植物保护及其他敏感区域保护措施方案和技术要求；根据珍稀、濒危和特有陆生动植物的保护要求，明确迁地保护场址、规模、设施布置方案等，明确运行管理技术要求。

（9）水生生物保护章节需说明水生生物保护措施设计的依据、原则；根据鱼类保护要求、技术和环境条件，明确总体保护方案；根据鱼类生境保护要求下放生态流量时，明确泄放流量设施布置方案；对低温水影响，明确低温水恢复措施方案，设施布置、结构形式、运行管理技术要求等；鱼类人工增殖放流，应明确人工繁殖场场址、放流规模、设施布置方案等，明确运行管理技术要求；过鱼设施应说明类型、规模、布置方案等，明确运行管理技术要求；替代生境保护，应明确保护范围管理要求。

（10）水土保持章节需说明水土保持措施设计依据、原则和目标；说明水土流失防治分区和水土保持措施总体布局；明确水土保持工程措施布置方案、防护工程等级、设计标准、设计参数等；明确植物措施配置方案及管护技术要求。

（11）人群健康保护章节需说明设计依据和保护目标；提出疾病防治措施，明确疫情抽检方案。

（12）移民安置环境保护章节需说明移民安置环境保护设计依据、原则；确定迁建城（集）镇和集中移民安置区生活污水、固体废物处置方案，明确主要设施布置、运行管理技术要求；提出专项设施环境保护措施规划方案；提出水土保持及其他环境保护措施规划方案。

（13）其他环境保护措施需说明对工程可能引起地质环境、土壤环境、社会环境等其他环境问题，应明确相应的处理措施方案及有关技术要求。

（14）环境监测规划章节需说明监测规划原则及任务；明确工程施工期监测方案及技术要求；明确工程运行期监测方案及技术要求；明确移民安置区环境监测规划方案及要求。

（15）环境管理规划章节需明确施工期环境管理任务、职责和环境监理要求；明确运行期环境管理任务及要求。

（16）环境保护措施实施计划章节需明确环境保护措施项目及条件、方法、进度计划等。

（17）环境保护投资概算章节需说明环境保护投资编制依据、明确投资概算以及分年度计划。

（18）结论及建议章节需简述环境保护设计主要成果，提出建议。

（19）附件应包括工程环境影响报告书审查及批复文件、工程水土保持方案报告书审查及批复文件、环境保护措施工程量表及实施进度计划表、环境保护投资概算总表及附表附图，主要有环境保护措施总体布局图、水土流失防治分区及措施布局图、废（污）水处理工艺流程图、废（污）水处理设施平面布置图、水土保持工程措施布置图、其他工程措施典型设计图、植物措施典型配置图、环境监测断面布置示意图、水土保持监测断面布置示意图及其他附图。

二、水土保持设计

水力发电工程水土保持设计是针对水力发电工程项目区水土流失防治及水土资源保护利用所进行的设计工作的总称，主要包括主体工程区以水土流失防治为主要目的的防护、排水措施设计，植物措施设计，弃渣场选址、布设及防护措施设计，料场区防护和整治措施设计，施工生产生活区、交通道路区防护措施设计，移民水土保持设计，以及施工期临时防护措施设计等。

水土保持设计应遵循以下原则：

（一）水土保持设计原则

（1）落实责任，明确目标。根据《中华人民共和国水土保持法》确立的"谁开发，谁保护"及"谁造成水土流失，谁负责治理"的原则，通过分析项目建设和运行期间扰动地表面积、损坏水土保持设施数量、新增水土流失量及产生的水土流失危害等，结合项目征占地及可能产生的影响情况，合理确定项目的水土流失防治责任范围，即明确水力发电工程建设单位负责水土流失防治的时间和空间范围，明确其水土流失防治目标与要求，特别是应根据项目所处水土流失重点预防区、重点治理区及所属区域水土保持生态功能重要性等确定其水土流失防治标准执行的等级，并按防治目标、标准与要求落实各项水土流失防治措施。

（2）预防为主，保护优先。"预防为主，保护优先"是水土保持的工作方针之一，也是水力发电工程水土保持设计的基本原则之一。据此，针对项目建设和新增水土流失的特点，水土保持设计首先是对主体工程进行评价，即提出约束和优化水力发电建设项目选址（线）、规划布局、总体设计、施工组织设计等方面的意见与要求，并通过工程设计的不断修正和优化减少可能产生的水土流失。水土保持设计思路应由被动治理向主动事前控制转变，特别注重与施工组织设计紧密结合，完善施工期临时防护措施，防患于未然。

（3）综合治理，因地制宜。"综合防治、因地制宜"不仅适应于小流域综合治理，也同样适用于水力发电工程水土保持。所谓综合防治，是指水力发电工程布设的各种水土保持措施要紧密结合，并与主体设计中已有措施相互衔接，形成有效的水土流失综合防体系，确保水土保持工程发挥作用。所谓因地制宜，是根据水的自然条件与预测可能产生的水土流失及其危害，合理布设工程、植物和临时防护措施。由于我国幅员辽阔、气候类型多样、地域自然条件差异显著，景观生态系统呈现明显的地域性分布特点，植物种选择与配置设计是能否做到因地制宜的关键，必须引起高度重视。

（4）综合利用，经济合理。任何生产建设项目都是要进行经济评价的，其产出和投入首先必须符合国家有关技术经济政策的要求。技术经济合理性是生产建设项目立项乃至开工建设的先决条件。水力发电工程水土流失防治所需费用是计列在基本建设投资或生产费用之中的，因此，加强综合利用，建立经济合理的水土流失防治措施体系同样是水力发电工程水土保持设计所必须遵循的原则之一。如选择取料方便、易于实施的水土保持工程建（构）筑物；选择当地适宜生长的植物品种，降低营造与养护成本；选择合适区段保护剥离表层土，留待后期植被恢复时使用；提高主体工程开挖土石方的回填利用率，以减少工程弃渣；临时措施与永久防护措施相结合等，均是这一原则的具体体现。

（5）生态优先，景观协调。随着我国经济社会的发展，广大人民群众物质、精神和文化需求日益提高，水力发电工程的设计、建设在满足预期功能或效益要求的同时，也逐步向"工程与人和谐相处"方向发展。由于植物具有自我繁育和更新能力，植物措施实际也就成为水土流失防治的根本措施，同时也具有长久稳定的生态与景观效果，是其他措施不可替代的。因此，水力发电工程水土保持设计必须坚持"生态优先，景观协调"原则，措施配置应与周边的景观相协调，在不影响主体工程安全和运行管理要求的前提下，尽可能采取保护植物措施。

（二）水土流失防治

水力发电工程水土流失防治应注意控制和减少对原地貌、地表植被、水系的扰动和损毁，减少占用水土资源，注重提高资源利用效率。对于原地表植被、表土有特殊保护要求的区域，应结合项目区实际剥离表层土、移植植物以备后期恢复利用，并根据需要采取相应防护措施。

主体工程开挖土石方应优先考虑综合利用，减少借方和弃渣。弃渣应设置专门场地予以堆放和处置，并采取挡护措施。在符合功能要求且不影响工程安全的前提下，水力发电工程边坡防护应采用生态型防护措施；具备条件的砌石、混凝土等护坡及稳定岩质边坡，应采取覆绿或恢复植被措施。

水力发电工程有关植物措施设计应纳入水土保持设计。弃渣场防护措施设计应在保证渣体稳定的基础上进行。开挖、排弃、堆垫场地应采取拦挡、护坡、截排水及整治等措施。改建、扩建项目拆除的建筑物弃渣应合理处置，宜采取就近填凹或置于底层、其上堆置弃土的方案。

施工期临时防护措施应结合主体工程施工组织设计的水土保持评价确定，宜采取临时拦挡、排水、沉沙、苫盖、绿化等措施。施工迹地应及时进行土地整治，根据土地利用方向，恢复为耕地或林草地。干旱风沙区施工迹地可采取碾压、砾石（卵石、黏土）压盖等措施。

（三）工程选址（线）、建设方案及布局

主体工程设计在工程布局、选址（线）、主要建筑物型式等方案比选中应将水土流失影响和防治作为比选因素之一。选址（线）必须兼顾水土保持要求。应避开泥石流易发区、崩塌滑坡危险区、易引起严重水土流失和生态恶化的地区，以及全国水土保持监测网络中的水土保持监测站点、重点试验区，不得占用国家确定的水土保持长期定位观测站。

选址（线）应当避让水土流失重点预防区和重点治理区；无法避让的，应当提高防治标准，优化施工工艺，减少地表扰动和植被损坏范围，有效控制可能造成的水土流失。选址（线）宜避开生态脆弱区、固定半固定沙丘区、国家划定的水土流失重点治理成果区，最大限度地保护现有土地和植被的水土保持功能。工程占地不宜占用农耕地，特别是水浇地、水田等生产力较高的土地。

（四）料场选址

主体工程施工组织设计中的料场规划应兼顾水土流失防治要求。料场选址应遵循以下规定,并经综合分析和比选后确定;严禁在县级以上人民政府划定的崩塌和滑坡危险区、泥石流易发区内设置取土(石、料)场。在山区、丘陵区选址,应分析诱发崩塌、滑坡和泥石流的可能性。应符合城镇、景区等规划要求,并与周边景观相互协调,宜避开正常的可视范围。

在河道取砂(砾)料的,应遵循河道管理的有关规定。料场应在合理安排开挖与弃渣施工时序的基础上,尽可能回填弃土(石、渣)。占用耕地的料场,应考虑移民占地、施工组织设计等因素,对取料厚度、占地面积和占地方式等进行综合分析、比较确定。

(五)弃渣选址

料场应在合理安排开挖与弃渣施工时序的基础上,尽可能回填弃土(石、渣)。占用耕地的料场,应考虑移民占地、施工组织设计等因素,对取料厚度、占地面积和占地方式等进行综合分析、比较确定。

弃渣场的选址应在主体工程施工组织设计土石方平衡基础上,综合运输条件、运距、占地、弃渣防护及后期恢复利用等因素确定。严禁在对重要基础设施、人民群众生命财产安全及行洪安全有重大影响的区域布设弃渣场。弃渣场不应影响河流、沟谷的行洪安全;弃渣不应影响水库大坝、水力发电工程取用水建筑物、泄水建筑物、灌(排)干渠(沟)功能,不应影响工矿企业、居民区、交通干线或其他重要基础设施的安全。弃渣场应避开滑坡体等不良地质条件地段,不宜在泥石流易发区设置弃渣场;确需设置的,应采取必要防治措施确保弃渣场稳定安全。

弃渣场不宜设置在汇水面积和流量大、沟谷纵坡陡、出口不易拦截的沟道;对弃渣场选址进行论证后,确需在此类沟道弃渣的,应采取安全有效的防护措施。不宜在河道、湖泊管理范围内设置弃渣场,确需设置的,应符合河道管理和防洪行洪的要求,并采取措施保障行洪安全,减少由此可能产生的不利影响。

弃渣场选址应遵循"少占压耕地,少损坏水土保持设施"的原则。山区、丘陵区弃渣场宜选择在工程地质和水文地质条件相对简单及地形相对平缓的沟谷、凹地、坡台地、阶地等;平原区弃渣优先弃于洼地、取土(采砂)坑,以及裸地、空闲地、平滩地等。风蚀区的弃渣场选址应避开风口区域。山区、丘陵区的弃渣场应进行必要的地质勘察工作。山区、丘陵区的1级、2级、3级弃渣场应对选址、堆置方式及水土流失防治措施布设进行方案比选。

移民安置规划及工程设计应分析研究可能产生的水土流失影响或危害,采取必要的水土流失防治措施。

(六)主体工程施工组织设计

主体工程施工组织设计应符合以下规定:控制施工场地占地,避开植被良好区。应合理安排施工,减少开挖量和废弃量,防止重复开挖和土(石、渣)多次倒运。应合理安排施工进度与时序,缩小裸露面和减少裸露时间,减少施工过程中因降水和风等水土流失影响因素可能产生的水土流失。

在河岸陡坡开挖土石方及开挖边坡下方有河渠、公路、铁路和居民点时,开挖土石必须设计渣石渡槽、溜渣洞等专门设施,将开挖的土石渣导出后及时运至弃土(石、渣)场或专用场地,防止弃渣造成危害。施工开挖、填筑、堆置等裸露面应采取临时拦挡、排水、沉沙、覆盖等措施。弃土(石、渣)应分类堆放,布设专门的临时倒运或回填料的场地。设置导流围堰的,应明确围堰填筑的形式、土石方来源、围堰防护方案、拆除方式及拆除土石方去向等。涉及风蚀区域的，主体工程施工组织设计中土方施工进度安排宜避开大风季节。

石料场开采应根据工程地质条件，采取分台（阶）开采设计方案，满足水土流失防治及后期植被恢复要求。无用土剥离宜与表土剥离相结合，经水土保持评价确需利用表层熟土时，无用土剥离时应将表层熟土先行剥离并单独存放。高原区、风沙区、草甸区等生态脆弱、扰动破坏后难以恢复的区域，不宜布设料场和弃渣场，施工应严格控制临时道路和生产生活设施占地，减少对原地貌和地表植被的破坏，做好临时防护措施。需要二次转运的综合利用土石方应设置临时堆料场并明确其施工布置。

（七）表土剥离措施

水土保持设计中表土剥离措施应估算弃渣场、料场、工程永久办公生活区等区域绿化、复垦等覆土需求量，结合工程弃土的可利用量，经平衡分析后，确定表土剥离量。黄土覆盖深厚地区不宜剥离表土。除特殊地区表土保护要求外，应结合主体工程施工组织设计合理确定临时占地表土剥离措施。应与临时占地复垦措施中有关表土剥离要求相协调，避免重复。存在风蚀的区域应采取营造防风林带、种植草灌、设置沙障、苫盖等风蚀控制措施，并与环境保护设计中洒水抑尘等环境空气保护措施衔接。

（八）工程施工设计

工程施工过程中，施工道路应充分利用现有道路并控制在规定范围内，减小施工扰动范围；施工期结合地形条件和降水情况，采取适宜的拦挡、排水措施，山区、丘陵区道路应加强开挖边坡的防护措施；施工结束后临时道路应根据利用方向及时恢复土地功能。风沙区、高原荒漠等生态脆弱区及草原区应划定施工作业带，严禁越界施工。主体工程动工前，应剥离熟土层并集中堆放，施工结束后作为复耕地、林草地的覆土。减少地表裸露的时间，遇暴雨或大风天气应加强临时防护。雨季填筑土方时应随挖、随运、随填、随压，避免产生水土流失。

开挖土石和取料场地应根据地形和汇流条件先设置截排水、沉沙、拦挡等措施后再开挖。不得在指定取土（石、料）场以外的地方乱挖。土（砂、石、渣）料在运输过程中应采取保护措施，防止沿途散溢，造成水土流失。临时堆土（石、渣）及料场加工的成品料应渠中堆放，并采取临时拦挡等措施，必要时增设沉沙、苫盖措施。

第四章

建 设 期 监 督

根据 DL/T 5397《水电工程施工组织设计规范》，水力发电工程建设全过程一般划分为工程筹建期、工程准备期、主体工程施工期和工程完建期四个阶段。其中，工程筹建期和工程准备期统称为前期工程，主体工程施工期和工程完建期统称为主体工程。前期工程包括对外交通、施工供电、施工通信、施工区征地移民、招投标、施工场地平整、场内交通、导流工程、施工工厂及生产生活设施等内容；主体工程包括永久挡水建筑物（水坝等）、泄水建筑物和引水发电建筑物等土建工程及其金属结构和机电设备安装调试等内容。

水力发电厂可行性研究报告批准后，从立项开工，经筹建期、准备期、主体工程施工期到工程竣工发挥电站全部效益，紧紧抓住整个施工建设期的环境保护、水土保持工作，是落实环保水保工作"三同时"的关键阶段。建设期要实施针对水力发电厂施工引起的环境影响的减免措施及水土流失防治措施，还要与主体工程建设的同时，完成环境影响评价、水土保持方案编制、环境保护设计中确定的环境影响减免措施及水土保持设计中的水土流失防治措施，以尽可能减少由于水力发电厂建成运行带来的环境影响，还要完成电站建成后所需环境监测及水土保持监测的设施建设和对比观测所需的本底观测。

建设期没有认真做好环境保护、水土保持工作，给环境带来影响造成经济损失，影响施工进度的案例较多，有不少经验教训：

（1）有些水力发电厂施工布置没有重视环保要求，在学校附近建立混凝土拌和楼，投入运行后，拌和机噪声使学校无法正常上课，为了不影响工期，只能出资迁建学校。

（2）有些水力发电厂施工中混凝土骨料冲洗水等生产废水未经处理直接排入河道，影响下游工厂企业引水水质及产品质量，除因违反国家废水综合排放标准被处以罚款外，还要赔偿工厂企业的经济损失，并补建废水处理设施。

（3）不少工程施工单位违反国家有关规定，随意向河道倾倒废渣，淤塞河道，不仅影响河道行洪，不少工程因废渣抬高水力发电厂尾水位，减少电站发电量，影响厂区防洪标准，为了清除水中废渣，不仅增加施工费用，还影响工期。

（4）水力发电厂施工迹地不处理，临时建筑不拆除，废坑、剩料堆、废渣堆影响景观和环境，加剧水土流失，环保水保验收时要求按规定处理，影响竣工验收时间。

水力发电建设期的环保水保监督主要是搞好施工期的环境管理、建设和水土流失防治，促进工程快速、文明施工，保证工程计划的实现。

第一节 施 工 阶 段

工程施工期是落实污染防治、环境保护及水土保持"三同时"要求的关键阶段。各项环保措施、污染防治措施及水土保持措施均应按环评报告、水保方案及其批复文件进行落实，确保与主体工程同时设计、同时施工、同时投入使用。

一、环境保护

施工期环境保护应遵循"保护优先，防治结合"的原则，采用新技术、新工艺、新材料、新设备，要求低占用、低消耗、低排放、高效率、循环利用资源科学有序施工，减轻施工阶段相关活动不利的环境影响。

环保设施（备）应采用最佳实用技术，选用工艺先进、运行可靠、经济合理的治理方案和安全、高效、低噪声的设备，避免治理过程中出现二次污染，使设计选型具有前瞻性和先进性。对制造商提供的设备和关键材料，应依据技术协议和设计要求，对照出厂标准，进行监督、检测和验收。对于现场制作的建（构）筑物等污染防治设施，需对照设计说明书与施工图，监督施工过程，保证满足技术的要求。

施工阶段环保监督主要是检查环境保护措施实施情况与环境影响评价及其批复文件、环境保护设计文件的符合性，并检查环境保护措施效果。应在环境保护工程开工、关键设备安装、投入运行等关键时间节点进行重点监督，主要包括对下泄生态流量措施、分层取水措施、废（污）水处理措施、水生生物栖息地保护和人工修复措施、过鱼设施、鱼类增殖放流设施、就地保护和迁地保护措施、生态保护和修复措施、粉尘防治、废气防治、噪声防治等重要环境保护工程的建设过程进行监督。

包括建设单位（项目法人）、勘测设计单位、施工单位、监理单位、采购供应商（主要设备、材料供应、运输）、检验、试验、试运行、监督验收等单位在内的建设相关方应各尽其责，落实项目环境影响报告文件的要求及项目环境保护设计，减轻施工阶段相关活动不利的环境影响，共同进行环境保护工作。

建设单位是建设项目环境保护的主体。负责组织制定环境目标管理责任书、环境保护设计、环境保护设施建设、竣工环境保护验收和支付环境保护费用等工作。

工程环境监理单位受项目法人委托，在现场对环境保护行使监督与管理职能，对所承担的监理对象的环境监理任务负责，监理单位应采用监理手段，对设计、施工整个过程所带来的环境污染进行有效的控制。所采用监理措施包括审核环境保护技术方案并提出意见、审核环境保护费用及补助费用并提出意见、组织大型环境保护设施及重大环境影响整治验收等。

施工单位（包括施工总承包方、承包方、分包方）是项目施工的主体，也是合同范围内施工现场的环境管理与保护责任主体。施工单位应建立环境保护责任体系，签订环境保护目标责任书，逐步推行环境目标公开承诺制，制定适合施工业务的各项环境保护规章制度，使环境保护工作制度化、规范化。施工单位应实行节能减排、清洁生产，采用新材料、新设备、新工艺、新技术，淘汰工艺落后的设备和有毒原材料。施工单位应将环境因素识别、评价及控制管理纳入施工组织设计和施工过程管理之中，单独编制控制施工生产过程或相关活动中重要环境因素的环境保护措施，落实并持续改进。

（一）水环境

水环境保护措施的监督包括下泄生态流量措施、分层取水措施、施工区废（污）水处理措施、生活营地污水处理措施和移民安置区废（污）水处理措施的监督检查。

1. 下泄生态流量措施

采用资料对比和现场核查的方法，核查下泄生态流量措施类型、设施规格、下泄方式、下泄流量及相应的调度方案和保障措施等与环境影响评价及其批复文件、环境保护设计文件的符合性及程序的合规性。

2. 分层取水措施

采用资料对比和现场核查的方法,核查分层取水措施与环境影响评价及其批复文件、环境保护设计文件的符合性及程序的合规性,重点是措施的类型、布局、规模、结构及相应的运行调度和保障措施。

3. 施工区、移民安置区废(污)水处理措施

采用资料对比和现场核查的方法,核查废(污)水处理措施(砂石料加工废水、混凝土冲洗废水、修配系统废水、基坑水、洞室及其他排水、施工区生活污水等处理措施)与环境影响评价及其批复文件、环境保护设计文件的符合性及程序的合规性,重点是地点、布局、工艺、规模及相应的保障措施。

(二)水生生态

水生生态保护措施的监督包括水生生物栖息地保护和人工修复措施、过鱼设施和鱼类增殖放流设施的监督检查。

1. 水生生物栖息地保护和人工修复措施

采用资料对比和现场核查的方法,核查水生生物栖息地保护和人工修复措施与环境影响评价及其批复文件、环境保护设计文件的符合性及程序的合规性。重点是位置、范围、规模、类型、结构和参数。

2. 过鱼设施

采用资料对比和现场核查的方法,核查过鱼设施与环境影响评价及其批复文件、环境保护设计文件的符合性及程序的合规性,重点是过鱼设施的布置、类型、规模、工艺和结构。

3. 鱼类增殖放流设施

采用资料对比和现场核查的方法,核查鱼类增殖放流设施与环境影响评价及其批复文件、环境保护设计文件的符合性及程序的合规性,重点是选址、对象、规模、工艺、布置、结构和参数。

(三)陆生生态保护

陆生生态保护措施的监督包括生态保护与修复、就地保护、迁地保护和水库消落带环境保护措施的监督检查。

1. 生态保护与修复措施

采用资料对比和现场核查的方法,核查生态保护与修复措施与环境影响评价及其批复文件、环境保护设计文件的符合性及程序的合规性,重点是实施位置、范围、规模、类型、群落结构配置和物种组成。

2. 就地保护与迁地保护措施

陆生植物就地保护应重点关注避让、设置围栏、挂牌、建设自然保护区等保护措施,建立自然保护区;陆生动物就地保护措施应重点关注避让野生动物栖息场所和活动通道、建立动物救护站。陆生植物迁地保护措施应重点关注移栽、引种繁育、建立植物园;陆生动物迁地保护措施应重点关注迁移、人工繁殖和建立动物园。

采用资料对比和现场核查的方法,核查就地保护、迁地保护措施的对象、位置、规模和方式等,分析其与环境影响评价及其批复文件、环境保护设计文件的符合性,程序的合规性

和保护措施实施的合理性。重点对象包括野生珍稀、濒危、特有生物物种及其栖息地和古树名木。

3. 水库消落带环保措施

采用资料对比和现场核查的方法，核查水库消落带环境保护措施与环境影响评价及其批复文件、环境保护设计文件的符合性及程序的合规性，重点是治理范围、实施时段和治理模式。

（四）粉尘、废气防治措施

粉尘、废气防治措施的监督包括开挖与爆破粉尘、砂石加工与混凝土拌和系统粉尘、交通扬尘及施工生活营地削减与控制措施的监督检查。通过对粉尘、废气防治措施的类型、位置和规模的核查，分析其与环境影响评价及其批复文件、环境保护设计文件的符合性。重点检查洒水降尘措施实施及效果、粉状材料运输车辆的密封性及环境空气敏感点限速标志的设置。通过检测或分析监测成果，核查工程建设过程中大气环境质量达标情况及措施的实施效果，重点关注敏感区的环境质量达标情况。针对因施工引发的空气污染投诉，督促参建单位按照相关要求完善防治措施。

（五）噪声防治措施

噪声防治的监督内容主要包括施工机械及辅助企业噪声、交通噪声和爆破噪声控制措施的监督检查。

采用资料对比和现场核查的方法，核查噪声防治措施与环境影响评价及其批复文件、环境保护设计文件的符合性及程序的合规性，重点是防治措施的类型、位置、规模等。重点检查各类噪声防治措施实施效果、声环境敏感点限速标志的设置。核查工程建设过程中声环境质量达标情况及措施的实施效果，重点关注敏感区的环境质量达标情况。针对因工程建设引发的噪声投诉，督促参建单位按照相关要求完善防治措施。

（六）固体废弃物处理与处置措施

固体废物处理与处置措施监督包括生活垃圾、一般工业固体废物和危险废物处理与处置措施的监督检查。

生活垃圾和一般工业固体废物处理与处置措施的监督采用资料对比和现场核查的方法，核查收运、处置措施与环境影响评价及其批复文件、环境保护设计文件的符合性及程序的合规性，重点是措施的类型、位置、规模和布置。检查生活垃圾是否得到及时收运和处理，检查一般工业固体废弃物处理与处置措施是否能正常稳定运行，分析其运行效果。检查垃圾处理场（厂）运行过程中污染物排放达标情况。

危险废物环境保护措施的监督采用资料对比和现场核查的方法，核查危险废物收集和储存措施与环境影响评价及其批复文件、环境保护设计文件的符合性及程序的合规性，重点是危险废物的种类、性质、产生量、流向，储存设施的位置、类型、布置。按照国家有关规定制定危险废物管理计划，并向所在地县级以上地方人民政府环境保护行政主管部门申报危险废物的种类、产生量、流向、储存、处置等有关资料。检查危险废物是否按照国家有关规定储存和转运，是否存在擅自倾倒、堆放行为。检查危险废物委托处置协议、被委托处置单位资质及危险废物转移联单等资料的合规性。

（七）环境监测

施工期的环境监测及水土保持监测制度应按可行性报告、环境影响评价文件及水土保持方案的相关监测要求建立，主要包括水环境监测、大气环境监测、声环境监测、水土保持监测、水生生态调查和陆生生态调查的监督检查。

审核环境监测合同文件和监测实施方案，应重点审核环境监测的点位、线路、断面、项目、方法、时间和频次等相关技术要求与环境影响评价及其批复文件、水土保持方案、环境保护设计文件及水土保持设计文件的符合性及程序的合规性。核查定期监测报告和监测总结报告，提出意见和建议。

（八）其他环保措施

其他环境保护措施的监督主要包括人群健康保护措施、地质环境保护措施、景观保护措施、文物保护措施和土壤环境保护措施的监督检查。

主要采用资料对比和现场核查的方法，核查其与环境影响评价及其批复文件、环境保护设计文件的符合性及程序的合规性。

二、水土保持

水土保持措施监督包括工程措施、植物措施和临时措施的监督检查。

工程措施应重点关注挡渣工程、斜坡防护工程、土地整治工程、防洪排导工程、降水蓄渗工程和防风固沙工程。植物措施应重点关注植被恢复措施、植物护坡工程、综合护坡工程和绿化美化措施。临时措施应重点关注施工场地开挖防护措施、表面覆盖、临时挡土（石）工程、临时排水设施、沉沙池和临时种草。

采用资料对比和现场核查的方法，核查工程措施与水土保持设计文件的符合性及程序的合规性，重点是位置、类型、结构、规模和布置；核查植物措施与水土保持设计文件的符合性及程序的合规性。重点是树、草种选择，苗木与草种规格，配置方式与密度，种植与管护方式、规模；核查临时措施与水土保持设计文件的符合性及程序的合规性，重点是位置、类型和规模。

检查水土保持工程措施是否满足"先挡后弃"原则，检查表土剥离与堆存等水土保持措施实施进度是否符合环境保护"三同时"原则。

通过检查扰动土地整治率、土壤流失控制比、林草植被恢复率、拦渣率、林草覆盖率和水土流失总治理度等，分析水土保持措施的实施效果，并分析其与水土保持设计文件的符合性。

三、其他要求

工程施工阶段应进行环境风险评价，对突发事件可能引起的有毒有害、易燃易爆等物质泄漏，或突发事件产生新的有毒、害物质造成的对人及环境影响进行评估，制定应急预案。

对施工阶段进行环境风险评价分析是对发生概率小、突发性强、后果严重的环境问题（如火灾烟雾、围堰溃坝、建筑物临时度汛超标准洪水、人员集中传染病流行、制冷系统制冷剂氨泄漏突发水污染事故导致供水水质恶化、河流断流、生态恶化等）和社会对风险的可接受水平进行评价，建立风险防范机制，减轻环境问题对社会、经济和生态环境的影响。防范措施包括预防措施、监控措施和应急预案。如湖北某水力发电工地汛期上、下围堰相继溃堰，不仅冲翻下游运送学生的校车，造成二十多名学生死亡，而且大量土石及工程材料进入河道，造成生态影响。如重庆某水力发电工地混凝土制冷系统氨液泄漏，造成龙河鱼虾大量死亡和下游城镇居民用水困难。

第二节 验 收 阶 段

一、环保验收

按照《关于进一步加强水电建设环境保护工作的通知》（环办〔2012〕4号）要求，水力发电环境监理报告要作为批准试运行和环保验收的重要依据；严把试运行环保验收关；要开展"三通一平"工程环保验收，水库下闸蓄水前应完成蓄水阶段环保验收，工程竣工后必须按照规定程序申请竣工环保验收；对主要环保措施未落实的水力发电项目，禁止投入试运行。

（一）"三通一平"阶段

水力发电"三通一平"工程产生的不利环境影响主要来自施工场地平整、场内外交通建设、施工区移民安置等。工程施工将占用一定的耕地、林地，对区域地表产生一定的破坏，同时道路开挖、填筑等会占压部分植被，会产生一定的水土流失，对生态环境带来一定的影响。工程建设将扰动或破坏土地，若不采取水土保持措施，将加重局部水土流失程度。"三通一平"工程施工期间砂石料加工系统、混凝土拌和系统等产生的大量生产废水、施工人员产生生活污水等，如未做好收集、处理措施，产生的废水入河将会污染河道水质，工程施工期的粉尘、飘尘、烟尘等，可能使周围空气质量下降，施工产生的连续噪声对居民生活带来影响，交通噪声也会对道路沿线和紧邻施工居民产生影响。筹建期生活垃圾若不及时清运处理，会污染环境卫生。移民搬迁安置区土地开发场地也将对自然环境产生一定的不利影响。

本阶段的监督要点如下：

1. 陆生生态

工程施工建设扰动地表植被的恢复情况，施工涉及的珍稀、濒危和特有植物、古大树移栽情况。

2. 水生生态

鱼类增殖放流站建设、鱼类栖息地保护等措施落实情况。

3. 水环境

混凝土拌和废水、砂石料加工系统废水、含油废水、生活污水等处理设施的建设和运行情况。

4. 声环境、环境空气

对环境敏感点提出的噪声、环境空气防护措施落实情况、爆破振动的防护措施落实情况。

（二）蓄水阶段

蓄水验收是为了避免水库蓄水可能产生的环境风险和生态风险，如库底清理不到位和危险废物处置不当，蓄水后将会带来的水质恶化风险。

1. 蓄水阶段环保验收条件

水力发电工程应具备下列条件方可开展蓄水阶段环保验收：

（1）枢纽工程建设进程已能满足工程蓄水要求。受蓄水影响的相应库区工程已完成，移民搬迁和库区清理完毕。

（2）属于枢纽建筑物组成部分的环保设施已同步建设，受蓄水影响的环境保护及水保设施已完成，蓄水过程中生态流量泄放方案已确定并能够落实。

2. 蓄水阶段环保验收要求

蓄水阶段环保验收应符合下列要求：

（1）环保审查、审批及变更手续完备，技术资料与环保档案齐全。

（2）环境影响评价文件及审批意见明确蓄水前须完成的主要环保设施和措施已按要求落实，并具备正常运行条件。

（3）施工期各类污染物得到有效处理或治理，满足环境影响评价文件中确定的污染防治目标；施工区环境质量满足环境影响评价文件中确定的环境质量保护目标。

（4）下泄低温水减缓设施、生态流量泄放设施、过鱼设施专项工程建设质量符合主体工程验收评定标准要求。

（5）对施工期环境污染、生态破坏等环境投诉事件已整改落实。

具体验收要求可参照 NB/T 10130《水电工程蓄水环境保护验收技术规程》的相关规定。

3. 蓄水阶段的监督要点

（1）水环境。库底清理涉及的污染企业搬迁、危险废物处置等落实情况；初期蓄水的临时泄放设施、生态流量永久泄放设施和下泄生态流量的自动测报、自动传输、储存系统的建设情况；涉及低温水的水库，应重点监督分层取水设施的建设情况；涉及地下水的水库，应重点监督地下水水位、水质和水量的影响以及所采取的环保措施落实情况；蓄水过程、水库调度运行方式对下游敏感保护目标用水的保障情况。

（2）水生生态。鱼类增殖放流站建设及其管理和运行情况、过鱼设施的建设情况、栖息地、人工鱼巢等保护措施的落实情况。

（3）陆生生态。珍稀、濒危和有保护价值的陆生动物的迁徙通道或人工替代生境等保护和管护措施落实情况；珍稀、濒危和特有植物、古大树的防护、移栽情况。

（三）竣工阶段

按照《建设项目竣工环境保护验收暂行办法》的规定，水力发电建设项目主体工程完工后，应组织对配套建设的环保设施进行验收，编制验收报告，公开相关信息，接受社会监督，确保建设项目配套建设的环保设施与主体工程同时投产或者使用，并对验收内容、结论和所公开信息的真实性、准确性和完整性负责，不得在验收过程中弄虚作假。

自竣工之日起 3 个月内、最长不超过一年，建设单位自主完成该项目的竣工环境保护验收。项目竣工后，应当如实查验、监测、记载建设项目环保设施的建设和调试情况，按照 HJ 464《建设项目竣工环境保护验收技术规范 水利水电》及 NB/T 10229《水电工程环境保护设施验收规程》的要求，编制验收监测报告。其中栖息地保护、生态流量泄放、水温恢复、过鱼设施、鱼类增殖放流等主要环境保护措施的落实情况应作为竣工环保验收的重要内容，确保环保措施按要求建成并投入运行。不具备编制验收监测（调查）报告能力的，可以委托有能力的技术机构编制，但需对受委托的技术机构编制的验收监测（调查）报告结论负责。应根据环保部门对建设项目环境影响报告书的批复，逐条落实污染防治措施，对照执行的排放标准，检查污染物达标情况，验收合格后可正式投入生产。对未达到设计要求或不符合国家和地方排放标准的设施（备），应及时进行整改。除按照国家需要保密的情形外，建设单位应当通过其网站或其他便于公众知晓的方式，向社会公开下列信息：①建设项目配套建设的环保设施竣工后，公开竣工日期；②对建设项目配套建设的环保设施进行调试前，公开调试的起止日期；③验收报告编制完成后5个工作日内，公开验收报告，公示的期限不得少于20个工作日。

建设单位公开上述信息的同时，应当向所在地县级以上环境保护主管部门报送相关信息，并接受监督检查。

竣工阶段的监督要点如下：

1. 水环境

生态流量永久泄放设施和下泄生态流量的自动测报、自动传输、储存系统的运行情况；分层取水措施及生活污水处理措施等其他措施运行情况；营地生活污水处理设施建设及运行情况。

2. 水生生态

鱼类增殖放流站增殖放流的效果及中远期增殖放流鱼类研究进展；过鱼设施过鱼效果；栖息地、人工鱼巢等水生保护措施实施情况及效果。

3. 陆生生态

工程施工和移民安置中的取土弃渣、设施建设扰动地表植被的恢复情况；珍稀、濒危和有保护价值的陆生动物的迁徙通道或人工替代生境等保护和管护措施实施效果；珍稀、濒危和特有植物及古大树的防护、移栽、引种繁育栽培、种子库保存、建设珍稀植物园及其管理等措施落实情况。

4. 移民安置

移民安置区水环境保护、垃圾处理等措施落实及运行情况。

5. 环境风险防范

环境风险防范设施、环境应急装备、物资配置情况，突发环境事件应急预案编制、备案和演练情况。

【案例】　某引水式水利枢纽在工程环评阶段提出最小下泄生态流量要求，并道过坝体灌溉洞予以保证放流。验收调查时发现，由于下游无灌溉需求，工程实施中进行了设计变更，取消了灌溉洞，只留泄洪洞，根本无法按要求下泄生态基流。工程运行后造成坝下近12km长的河段减脱水，其中约4km河段处于完全脱水状态，致使该河段内水仅靠2条小支流汇入及电站尾水上溯补充，对水生生态造成了严重的影响。再如河床式电站，河床式电站在持续发电状态下一般不会引起坝下脱水，但水文情势的改变依然会对下游生态环境带来不利影响。多数调峰电站，坝下间断放流，实际中极少在不发电时根据环评要求持续下泄生态流量，因此造成河流部分时段减脱水。这主要是因电站的运行调度方案中缺少生态流量调度方案而造成。

二、水土保持验收

水力发电工程水土保持设施验收应分为阶段验收和竣工验收，阶段验收应包括截流阶段验收和蓄水阶段验收。验收工作的开展应符合NB/T 35119《水电工程水土保持设施验收规程》要求，成立验收组，科学、客观、公正、规范地开展验收工作。

(一) 截流阶段

截流阶段水土保持设施验收应根据批准的水土保持方案，对与截流工作有关的水土保持设施进行检查和验收，以保障截流及围堰挡水后相关水土保持设施安全、有效运行。验收范围应以批准的水土保持方案所确定的水土流失防治责任范围为基础，根据截流前的实际扰动范围确定，以表土剥离区域及表土堆存场、弃渣场、场内交通等集中扰动区域为重点验收范围。验收对象应包括枢纽工程建设区的表土堆存场、弃渣场、场内交通道路及其他施工扰动区域的水土保持设施。

1. 验收条件、内容及要求

(1) 截流阶段水土保持设施验收应具备下列条件：水土保持方案审批及变更手续完备；截流阶段涉及的表土保护以及弃渣场、场内交通道路等区域的水土保持重要单位工程专项设计资料完备；截流阶段应完成的各项水土保持设施已按批准的水土保持方案和后续设计建成并完成了自查初验；水行政主管部门的监督检查意见已落实；监理单位已按规定编制完成了截流阶段水土保持监理总结报告，监测单位已按照规定编制完成了截流阶段水土保持监测总结报告、项目法人已组织完成了截流阶段水土保持设施自查，并已自行或委托第三方机构按照规定编制完成了截流阶段水土保持设施验收报告；截流阶段主要的水土保持问题和质量缺陷已按要求处理完毕。

(2) 截流阶段水土保持设施验收应包括下列主要内容：检查截流阶段水土保持设施完成情况、形象面貌、已建成设施防护效果及管护责任落实情况，重点检查与截流工作直接相关的水土保持设施完成情况；评价截流阶段水土保持设施的实施进度、质量是否满足工程截流验收条件，检查水土流失防治责任范围内的其他在建水土保持设施的工程进度、质量控制情况；检查水土保持设计及变更落实情况；检查水行政主管部门历次监督检查意见落实情况；评价水土保持后续工作计划是否满足水土保持"三同时"(同时设计、同时施工、同时投入运行)制度要求；对验收遗留问题提出处理要求和计划安排。

(3) 通过截流阶段水土保持设施验收应满足下列要求：水土保持工程管理、设计、施工、监理、监测和财务等资料齐全规范；已完成的各项水土保持设施开展了分部工程和单位工程自查初验，质量合格并具备正常运行条件，且能持续、安全、有效运行；自查初验，质量合格并具备正常运行条件，且能持续、安全、有效运行；与截流工作有关的水土保持设施实施进度、质量满足工程截流验收条件；在建水土保持设施按批准的水土保持方案及其设计文件正在有序落实；待建水土保持设施已有后续合理安排。

2. 验收组织及程序

(1) 验收应成立验收组，成员由验收技术主持单位和工程建设、验收报告编制、方案编制、设计、施工、监理、监测等单位的代表组成；验收技术主持单位可根据工程的规模、复杂程度和水土流失防治任务，邀请水力发电工程地质、结构、施工、水土保持、植物、造价等专业的专家参加验收组。

(2) 现场验收程序应符合下列规定：确定现场验收议程及验收组成员名单；现场检查水土保持设施及其运行情况，主要检查重点验收范围内的水土保持设施，查看验收范围内已建成水土保持设施的外观、防治效果、生态环境状况；资料查阅。

(3) 按下列程序召开验收会议：宣布验收会议议程；宣布验收组成员名单；听取建设单位、验收报告编制单位、方案编制单位、设计单位、监理单位、监测单位及施工单位的汇报；验收会议质询；验收组讨论形成并表决水土保持设施阶段验收意见；验收组成员在阶段验收鉴定书或验收整改意见上签字。

（4）截流阶段水土保持设施验收鉴定书应抄报水土保持方案审批机关和工程所在地水行政主管部门。

（二）蓄水阶段

蓄水阶段水土保持设施验收应根据批准的水土保持方案，对蓄水阶段扰动范围内的水土保持设施进行检查、验收，以保障蓄水后相关水土保持设施安全、有效运行。验收范围应以批准的水土保持方案确定的水土流失防治责任范围为基础，根据蓄水阶段实际扰动范围确定，以正常蓄水位以下集中扰动区域为重点验收范围。按水土保持方案和设计文件已完建的水土保持措施，应按照竣工验收的标准和技术要求组织验收，相关验收成果直接纳入工程竣工水土保持设施验收；对在建水土保持设施，应进行阶段性检查验收。验收对象主要包含枢纽工程建设区正常蓄水位以下范围的厂坝址区工程边坡防护、库岸综合治理工程、施工生产生活场地、弃渣场、取料场及场内交通道路所属的水土保持设施和正常蓄水位以上已完建的水土保持措施。检查对象应主要包括枢纽工程建设区正常蓄水位以上范围的弃渣场、取料场、施工生产生活场地，场内交通道路和其他施工扰动区域所属的在建水土保持设施。蓄水阶段水土保持设施验收前，建设单位应视需要委托具有相应水平和能力的单位对蓄水阶段重点验收范围内 4 级及以上的弃渣场开展稳定性评估。

1. 验收条件、内容及要求

（1）蓄水阶段水土保持设施验收应具备下列条件：水土保持方案审批及变更手续完备；水土保持重要单位工程开展了专项设计；受蓄水影响的水土保持设施已按批准的水土保持方案及后续设计建设完成，并开展了自查初验，正常蓄水位以上的水土保持措施按批准的水土保持方案及设计有序实施，且不存在重大水土流失影响或隐患；截流阶段验收的遗留问题以及水行政主管部门历次监督检查意见已落实；监理单位已按照相关规定编制完成了蓄水阶段水土保持监理总结报告，监测单位已按照规定编制完成了蓄水阶段水土保持监测总结报告；项目法人已组织完成了蓄水阶段水土保持设施自查，并已自行或委托第三方机构按照规定编制完成了蓄水阶段水土保持设施验收报告。蓄水阶段主要的水土保持问题和质量缺陷已按要求处理完毕。

（2）蓄水阶段水土保持设施验收应包括下列主要内容：检查蓄水阶段水土保持设施完成情况，已建成设施的防护效果及管护责任落实情况；重点检查正常蓄水位以下水土保持设施完成情况。评价正常蓄水位以下水土保持设施实施进度、质量是否满足工程蓄水验收条件，检查水土流失防治责任范围内的其他在建水土保持设施的工程进度、质量控制情况。检查水土保持设计及变更手续落实情况。检查截流阶段验收遗留问题及水行政主管部门历次监督检查意见落实情况。评价水土保持后续工作计划是否满足"三同时"制度要求。对验收遗留的问题提出处理要求和计划安排。

（3）通过蓄水阶段水土保持设施验收应满足下列要求：水土保持方案审批及变更手续规范完备。水土保持工程管理、设计、施工、监理、监测和财务等资料齐全规范；已完成的各项水土保持设施开展了分部工程和单位工程自查初验，质量合格并具备正常运行条件，且能持续、安全、有效运行；正常蓄水位以下的水土保持设施实施进度、质量满足工程蓄水验收条件；在建水土保持设施按批准的水土保持方案及其设计文件正有序落实，待建水土保持设施已有后续合理安排。

2. 验收组织及程序

（1）蓄水验收前，项目法人应向主体工程验收技术主持单位提交蓄水阶段水土保持设施验收材料；蓄水阶段水土保持设施验收材料应包括蓄水阶段水土保持设施验收报告、阶段监测总结报告、阶段监理总结报告。

（2）主体工程验收技术主持单位收到蓄水阶段水土保持设施验收材料后，应在15个工作日内组织现场验收。

（3）现场验收应成立验收组，组长应由验收组织单位代表担任，副组长应由项目法人单位代表担任，验收报告编制，方案编制、设计，施工、监理和监测等单位应作为验收组成员单位。验收组织单位可邀请水行政主管部门代表参加现场验收，并负责邀请水力发电工程地质、结构、施工、水土保持、植物，造价等专业的专家参加验收组。

（4）蓄水阶段水土保持设施验收鉴定书应抄报水土保持方案审批机关和工程所在地水行政主管部门。验收会议召开程序参照截流阶段进行。

（三）竣工阶段

竣工阶段水土保持设施验收分为项目法人自查、现场验收、信息公开和报备四个环节。工程竣工水土保持设施验收应以相关水土保持技术标准和批准的水土保持方案及其设计文件为依据，以批准的水土流失防治责任范围为基础。工程竣工水土保持设施验收前，建设单位应视需要委托具有相应水平和能力的单位对验收范围内4级及以上的弃渣场开展稳定性评估，已在蓄水阶段开展过稳定性评估的对象不需重复评估。分期建设工程应视工程建设进展情况分期开展水土保持设施验收工作。

1. 验收条件、内容及要求

（1）工程竣工水土保持设施验收应具备下列条件：各项水土保持设施按水土保持方案及设计文件的内容基本建成，无主要遗留问题，尾工基本完成，不影响水土流失防治指标达到水土保持方案批复要求。重要单位工程进行了水土保持专项设计。按照批复水土保持方案及文件要求，开展了相关水土保持专题研究。弃渣场的稳定性评估资料齐全。水土保持设施投资的完工结算已完成，运行管理单位明确，后续管护和运行资金有保障。试运行期间发现的问题已妥善处理，水行政主管部门的监督检查整改意见已落实完毕。已通过蓄水阶段水土保持设施验收。监理单位已按照规定编制完成工程水土保持监理总结报告；监测单位已按照规定编制完成工程水土保持监测总结报告；项目法人已完成水土保持自查，并委托第三方机构按照水行政主管部门的规定编制完成了工程水土保持设施验收报告且有具备验收条件的明确结论。国家规定的其他条件。

（2）工程竣工水土保持设施验收应包括下列主要内容：对照批准的水土保持方案、设计及变更文件，检查水土保持管理、措施实施及质量情况，重点检查取土场或取料场、弃土场或弃渣场、表土堆场、高陡边坡、生态植被恢复等单项工程"三同时"制度落实情况；检查相关水土保持专题研究工作落实情况；对水土流失防治效果进行检查、评价；对水土保持设施建设合同和水土保持技术服务合同的任务完成及财务支出情况进行检查；妥善安排未完工工程及尾工；检查水行政主管部门监督检查整改意见的处理情况；检查、完善水土保持设施建设及运行管理档案资料；重点整理分部工程和单位工程验收签证以及弃渣场稳定性评估材料。

（3）通过工程竣工水土保持设施验收应满足下列要求：水土保持方案审批及变更手续规范完备、废弃土石渣规范堆放在批准的专门存放地并采取了系统的防护措施；依法依规开展了水土保持监测、监理、后续设计，水土保持工程管理、设计、施工、监理、监测、财务支出等档案资料翔实、规范；蓄水阶段水土保持设施验收材料齐备；水土保持设施按批准的水土保持方案及其设计文件的要求建成，全部单位工程验收合格，符合国家及地方有关技术标准；水土流失防治指标达到了水土保持方案批复的要求；依法依规缴纳了水土保持补偿费；水土保持设施具备正常运行条件，满足交付使用要求，且运行、管理及维护责任得到落实。

2. 验收组织及程序

（1）水力发电工程土建工程完工后、竣工验收前，项目法人应向主体工程验收技术主持单位提交工程竣工水土保持设施验收材料。验收材料包括水土保持设施验收报告、监测总结报告、监理总结报告；接收验收材料后，主体工程验收技术主持单位应在15个工作日内组织现场验收。

（2）现场验收应成立验收组，组长应由验收组织单位代表担任，副组长应由项目法人单位代表担任，建设、验收报告编制，方案编制，设计、施工、监理和监测等单位应作为验收组成员单位。验收组织单位可邀请水行政主管部门代表参加现场验收，并负责邀请水力发电工程地质、结构、施工、水土保持、植物、造价等专业的专家参加验收组。

（3）现场验收环节主要包括现场查验、资料查阅和验收会议。

现场验收程序应明确验收会议议程及验收组成员名单。现场全面检查水土保持设施及其运行情况，包括不同防治区域的水土流失防治体系、实施情况，主要防治措施的外观、质量、数量，水土流失的防治效果以及生态环境状况。资料查阅，验收会议召开程序参照截流阶段进行。

（4）工程竣工水土保持设施验收合格后，项目法人应通过其官方网站或者其他便于公众知悉的方式向社会公开工程竣工水土保持设施验收鉴定书、水土保持设施验收报告和水土保持监测总结报告。对于公众反映的主要问题和意见，项目法人应及时处理或者回应。

（5）项目法人向社会公开水土保持设施验收材料后，工程投产使用前，应由项目法人按照水行政主管部门的要求完成报备手续。报备材料包括但不限于工程竣工水土保持设施验收鉴定书、水土保持设施验收报告和水土保持监测总结报告的原件。

3. 场地移交、水土保持设施管理和维护

（1）水土保持设施通过竣工验收后，运行管理单位应注重水土保持设施的管理维护，定期开展水土保持设施运行效果的监测与后评价工作，确保水土保持设施长期安全有效运行。

（2）建设单位已按水土保持方案及设计文件完成整治的临时占地，在水土保持设施通过验收后应移交地方政府，并明确后续水土流失防治及设施管护责任由地方政府负责。

（3）工程建设涉及的临时占地因地方政府已有明确安排或后续利用计划而不具备土地整治或恢复条件的，需提供临时占地后续利用方案、其他项目立项或土地利用规划文件等支撑性材料，或有国土主管部门出具的同意转换土地用途的证明文件。临时占地已按水土保持方案及设计文件完成了必要的拦挡、截（排）水及场地清理平整等水土保持措施，无水土流失灾害隐患，已实施的水土保持设施验收合格。涉及的弃渣场已通过稳定性评估，且已明确由地方政府负责后续水土流失防治及设施管护责任后方能移交地方政府。

第五章

生 产 期 监 督

水力发电厂生产期环境保护的主要任务是在满足电力系统要求下，做到多发电，充分发挥电站的综合效益，扩大电站对环境的有利影响，保护水资源，防止水质污染，搞好库区周围环境建设，防止生态恶化。主要包括针对水力发电工程受外部环境影响和工程建设对周围环境影响所采取的对策措施以及工程需要进行长期观测和保护的内容，主要监督重点是围绕环保水保措施、环保水保设施（设备）、污染物排放及环保水保监测。

一、环保水保措施

按照批准的环境影响评价报告书（表）、水土保持方案报告书和批复文件及有关设计文件的要求，对生产期的各项环保水保措施，包括水环境保护措施（如水温恢复、生活污水及生产废水等处理措施）、大气环境保护措施（如办公生活区锅炉废气及食堂油烟排放控制措施）、声环境保护措施（如交通噪声、设备噪声等控制措施）、固体废弃物处理措施（如生活垃圾、建筑垃圾、生产废料、废油等处理措施）、生态保护措施（如鱼类、珍稀濒危动植物等保护措施）、水土保持措施（如斜坡防护、植被恢复、复垦等措施）及人群健康环境保护措施（如水源地、饮用水蓄水设施保护及传染病防治等措施）等的落实情况进行监督。

二、环保水保设施（设备）

环保水保设施（备）主要包括生态保护设施（如鱼道、鱼类人工繁殖放流站、鱼类栖息地等）、水土保持设施（如渣场、截排水系统、拦渣坝、网格梁等）、固体废弃物处理设施、作业场所空气质量监测控制设备（如厂房通风系统、氧含量检测仪、有毒气体检测仪、六氟化硫检测仪等）、生产废水和生活污水处理设施、事故集油池、噪声控制设施（如隔声门、隔声墙、消声器等）、生活区锅炉净化设施、六氟化硫回收再生设施、生态流量下泄及监控设施、分层取水设施等。

（1）环保水保设施（设备）应有管理制度、设备台账、运行检修规程及维护记录。

（2）生态保护设施、水土保持设施符合批准的环境影响评价文件、水土保持方案报告书和批复文件及有关设计文件的要求，可靠投入、正常运行，运行资料齐备、枢纽区域存在的地质灾害隐患应采取必要的水土保持措施，水土保持设施功能完备、状态良好。

1. 过鱼设施

（1）过鱼设施的监督管理包括日常运行维护、观测评估和调查研究等。

（2）过鱼设施的运行应根据过鱼设施的类型、规模、电站调度运行情况、水生生境特征、过鱼对象行为习性及洄游情况等确定。

（3）过鱼季节应确保过鱼设施的有效运行，合理安排电站调度运行方式。过鱼设施运行时宜考虑不同鱼类洄游时间的差别。

（4）为确保汛期安全，可根据实际情况暂停过鱼设施的运行。

（5）过鱼设施的运行控制应根据过鱼对象、数量、季节、上下游水位、工程运行情况等合理确定，确保过鱼效果，在运行阶段应能够根据过鱼对象的情况进行调整。

（6）过鱼设施运行管理单位需配置专业的技术人员，应根据过鱼设施类型和环境保护行政主管部门等相关部门的要求，明确管理和运行部门，制定相应的过鱼设施运行方案和管理制度，做好日常运行管理工作。运行管理规程内容包括运行方案、岗位职责、操作规程、观测规程等。建立日常操作和值班制度，落实过鱼季节人员和设备，保障过鱼设施有效运行和观测记录有效完整。

（7）运行期应加强设备检查和维护，经常检查各闸门、启闭机和水泵等，并采取有效的冲淤、排淤措施，及时清理泥沙、漂浮物、垃圾和贝壳等杂物。经常清洁观测室玻璃窗，保持透明度。观测设备注意防潮，集鱼船、运鱼船、运鱼车等加强日常保养和维护。确保过鱼设施及诱导、拦清污、观测等辅助设施的正常运行。

（8）过鱼设施运行期应开展过鱼效果的观测、记录和统计分析，并对设施的运行状态进行评估。鱼道评估内容应包括鱼道进口、出口、鱼道隔板的水深、流速、水位、水温、天气、过鱼时间、数量、种类、个体尺寸等。应评估进出口位置的适应性、过鱼的种类和效果及影响过鱼的主要因素等。仿自然通道和鱼闸的观测评估参考鱼道。集运鱼系统观测评估应观测集鱼设施的作业位置、水深、流速、水位、水温、天气、集鱼时间、数量、种类、个体尺寸及鱼类的损伤情况等，运鱼设施的转运时间、数量、转运过程的损伤情况等，放鱼水域位置及其水温、流速等，鱼类投放后的活动情况等。评估集鱼和放鱼的位置是否合适，集运鱼的种类和效果，主要影响因素等。辅助设施观测评估应观测拦鱼设施的位置、使用前后的过鱼情况变化，评估诱导效果；观测拦清污设施的位置、拦清污时间和数量，评估拦清污效果与过鱼的关系。

（9）过鱼设施运行管理单位应建立完善的观测评估资料档案管理制度，定期对过鱼设施的运行效果进行评估，并报上级部门和环保行政主管部门等。

2. 鱼类增殖放流站

（1）明确鱼类增殖放流站管理和运行机构，制定相应的管理制度，编制运行操作规程。配备专业技术人员，做好日常运行管理工作。饲料投喂应做到"四定"（定时、定位、定质和定量）。

（2）运行期应加强设备检查和维护，对损坏的设施和设备应及时进行维修，保障正常生产。

（3）运行期应开展监测评估，包括亲鱼和苗种培育及放流效果监测评估。

3. 噪声治理设施

降噪效果良好，定期对作业场所进行噪声监测，如控制室、值班室、主厂房、副厂房、GIS室、升压站等，测点布设、测量方法及限值应符合有关要求。若超标，应检查高声源设备的隔声降噪设施的安装情况（如隔声门、隔声墙、消声器等）及降噪效果。

4. 六氟化硫回收再生设施

六氟化硫回收再生设施应运行良好，对六氟化硫气体100%进行回收利用，禁止向大气排放。

5. 废（污）水处理设施

废（污）水处理设施投运率应达到100%，废水排放口的设置符合地方环保部门对排污口规范化整治的相关要求，环评要求废水严禁外排的，不准设置废水排污口，废水处理设施产生的污泥按环保部门要求进行处置。

6. 作业场所空气质量监测控制设备

作业场所空气质量监测控制设备监测数据准确，应定期对作业场所进行空气质量监测，如控制室、值班室、主厂房、副厂房等，测点布设、测量方法及限值应符合有关要求。

7. 生活区锅炉净化设施

生活区锅炉净化设施应正常投运，污染物应达标排放。

8. 生态流量下泄设施

生态流量下泄设施运行良好，其下泄流量满足下游生态需水要求，并建设流量监测及影像监控设施，且能正常运行。

三、污染物排放

（一）废水

外排废（污）水水质应满足国家和地方的排放标准，达标排放率应达到100%，主要监测指标包括流量、pH值、化学需氧量、悬浮物、氨氮、石油类、总磷等。

（二）噪声

厂界噪声应达到 GB 12348《工业企业厂界环境噪声排放标准》要求，厂界外 200m 范围内居民居住区（敏感点）的环境噪声应达到 GB 3096《声环境质量标准》相应功能区标准，按照 GB 12348《工业企业厂界环境噪声排放标准》规定的测量方法与数据处理，做好监测记录；作业场所噪声限值应符合 GBZ 2.2《工作场所有害因素职业接触限值 第 2 部分：物理因素》要求，按照 DL/T 799.3《电力行业劳动环境监测技术规范 第 3 部分：生产性噪声监测规范》规定的测量方法与数据处理，做好监测记录。

（三）废气

生活区锅炉废气排放应满足国家和地方的排放标准，达标排放率应达到100%，主要监测指标包括烟气量、颗粒物、二氧化硫、氮氧化物、汞及其化合物、黑度等。

（四）工频电磁场

应对作业场所工频电、磁场进行监测，监测方法参照 DL/T 988《高压交流架空送电线路、变电站工频电场和磁场测量方法》和 DL/T 799.7《电力行业劳动环境监测技术规范 第 7 部分：工频电场、磁场监测》，监测结果应符合相关规定。

（五）六氟化硫

六氟化硫电气设备室内应具有良好的通风条件，15min 内换气量应达 3～5 倍的空间体积，抽风口应设在室内下部，排气口不应朝向居民住宅、办公室或行人。

设备室应安装六氟化硫气体泄漏监控报警装置，应定期检测空气中六氟化硫浓度和氧含量，采样口安装位置宜离地 20～50cm。当空气中六氟化硫浓度超过 1000μL/L 或氧含量低于 18% 时，仪器应发出报警信号，并进行通风、换气。六氟化硫气体泄漏监控报警装置应每年校验一次。

六氟化硫充气设备检修和退役时，气体应进行回收，无法自行回收的应交于资质单位进行处理，严禁随意排放。回收标签上标明回收气体所属设备名称废气类型（如电弧故障后气体、空气含量超标等）、回收数量、回收时间等信息。回收气体一般应充入钢瓶储存。钢瓶设计压力为 7MPa 时，充装系数不大于 1.04kg/L；钢瓶设计压力为 8MPa 时，充装系数不大于 1.17kg/L；钢瓶设计压力为 12.5MPa 时，充装系数不大于 1.33kg/L。废气经过回收净化处理后，各项指标达到新气质量标准时，方可再利用。

六氟化硫设备大修或解体时，应将清出的吸附剂、金属粉末等废物放入 20% 的氢氧化钠溶液中处理 12h 后，进行深埋处理，深度应大于 0.8m，地点应选在野外边远地区或该区域地下水流向的下游地区。氢氧化钠废液应用稀盐酸中和后排放。工作结束后防毒面具中填料应用 20% 的氢氧化钠水溶液浸泡 12h 后，做废弃物处理。

（六）固体废弃物

生活垃圾和建筑垃圾可单独处理，也可利用附近已有设施，委托有资质的单位处理，并遵循国家和地方有关标准。

工业固体废物处置场所应具有防止地下水污染的防渗措施、雨水收集与排涝等防洪措施及扬尘污染防治措施，储存场所停用需进行覆土、绿化等生态恢复。

依据《国家危险废物名录》（部令第 15 号，2021 版），结合水力发电厂的生产特点，水力发电企业涉及的危险废物主要包括以下 7 类：

（1）HW08 废矿物油与含矿物油废物。

（2）HW10 多氯（溴）联苯类废物（电容器）。

（3）HW12 染料、涂料废物（废油漆桶）。

（4）HW29 含汞废物（废含汞荧光灯管）。

（5）HW34 废酸。

（6）HW35 废碱。

（7）HW49 其他废物（废铅蓄电池、废镍镉电池、氧化汞电池、荧光粉和阴极射线管、废危险化学品）。

水力发电企业应按照国家有关规定制定危险废物管理计划，建立危险废物管理台账，如实记录有关信息，并通过国家危险废物信息管理系统向环保部门申报危险废物种类、产生量、流向、储存、处置等有关资料；有重大改变，应当及时申报。必须按规定将危险废物委托给具有待处置危废经营许可证的单位处置，并填写危险废物转移联单。必须采取防扬散、防流失、防渗漏等防止污染环境的措施。应依法制定意外事故的防范措施和应急预案，并向所在地环保部门备案。对危险废物的容器、包装物以及收集、储存危险废物的设施、场所，必须设置危险废物识别标识，如图 11-5-1 所示。危险废物储存间门口需张贴规范的危险废物标识和危废信息板，屋内张贴企业《危险废物管理制度》。危险废物储存间门口需张贴标准规范的危险废物标识和危废信息板，屋内张贴企业《危险废物管理制度》。

危险废物储存间需按照"双人双锁"制度管理，即两把钥匙分别由两个危险废弃物负责人管理，不得一人管理。储存场所地面须进行硬化处理，并涂至少 2mm 厚高密度的环氧树脂，以防止渗漏和腐蚀。存放液体性危险废物的储存场所须设计收集沟及收集井，以收集渗滤液，防止外溢流失现象。

化学性质不相容的危废一律分隔堆放，其间隔应为完整的不渗透墙体，并在区域醒目位置设该类危废的标识牌。

规范的危废间建设实例如图 11-5-2 所示，不规范的危废间建设实例如图 11-5-3 所示。

储存场所不得连接市政雨水管或污水管，危险废物储存设施内清理出来的泄漏物，一律按危险废物处理，冲洗废水必须纳入企业废水处理设施经处理达标后方可排放。

（a）　　　　　　　　　　　　　　　（b）

图 11－5－1　危险废物识别标识

（a）危废储存场所警示标识；（b）危废识别标识

图 11－5－2　规范的危废间建设实例

图 11－5－3　不规范的危废间建设实例

　　【案例】　2015 年 2 月，燕山石化与津东化工签订废碱液运输与处置协议，约定燕山石化将废碱液交由津东化工按规定路线运至公司处置，处置费为 600 元/t。经查，该废碱液属于危险废物，主要污染物成分及含量为总碱度 $3.72×10^4$ mg/L，COD $5.1×10^4$ mg/L，硫化物 522mg/L，石油类 1.2×10^3 mg/L。此后 2—5 月间，津东化工多次将接收的废碱液从北京运至蓟县非法处置，废碱液全部经暗道排放至蓟县城市下水管网，并造成严重后果。燕山石化作为石化企业，明知市场正常处置价格，但仍以明显不合理低价将危险废物交由津东化工处置，客观上纵容和促使了非法处置的行为；且没有落实一车一单的规定，通过少开危险废物转移联单的方式，逃避监管，转移废碱液数量远超北京市环保局批复数量。

四、环境监测

水力发电工程生产期的环境监测主要包括环境质量监测，如水质、环境空气、噪声监测等；污染源监测，如生产废水和生活污水排放监测、空气污染源排放监测；生态监测，如植被覆盖率、陆生及水生生物调查等。

（一）水环境监测

（1）监测范围根据水力发电工程运行后引起水环境变化的水域确定。为对比分析，还包括上来水水质未变化的水域。对枢纽工程、灌溉供水工程，主要包括以下水域：水库上游入库河段；库尾、库中、库首、枢纽大坝下游；库区城镇附近及下游河段；库区主要支流口及汇入后的混合均匀河段；饮用水源地以及其他重要的敏感水域。

（2）根据河道、水库水面宽度和水深情况设置采样垂线和采样点，设置方法参照 SL 219《水环境监测规范》的规定。水样采集应符合《水和废水监测分析方法》，样品分析采用 GB 3838《地表水环境质量标准》和 GB 5750《生活饮用水标准检验方法》规定的选配方法。

（3）水质常规监测项目按照 GB 3838《地表水环境质量标准》、SL 219《水环境监测规范》及水质受影响的项目确定；饮用水水源地监测项目在确定的常规监测项目基础上增测硫酸盐、氰化物、硝酸盐、铁、锰、溶解性总固体等，同时还可选取 GB 3838《地表水环境质量标准》中规定的特定有毒有机污染物项目；地下水监测项目按照 GB/T 14848《地下水质量标准》和水质受影响的项目确定。

（4）根据工程类型、水体和监测项目，结合实际情况确定监测时段和频次。监测时段、频次应能反映地表水域的水文时期变化。水环境监测时段和频次的见表 11-5-1。

表 11-5-1　　　　　　　　　　水环境监测时段和频次

监测对象	监测内容	监测时段与频次	备注
地表水 （河流、湖泊、水库）	水质	每月监测 1 次或两月监测 1 次	潮汐河段每次需采涨潮和落潮时的样品
	沉积物	每年枯水期监测 1 次	
	水文	与水质监测同步	
饮用水水源地	水质	每月监测 1 次或两月监测 1 次	
废（污）水排放口	水质、水量	每年枯水期监测 1 次	监测频次与时段同准备期
地下水	水质	每年监测 3~6 次	测次均匀分布，并与地表水同步采样监测

（二）生态监测

1. 水生生物

（1）监测范围主要为水力发电工程影响区域涉及的河段。监测要求包括监测工程建成后，库区及下游鱼类种群组成、资源量及饵料丰度的变化；水生生物保护措施实施后，过鱼设施运行及水生生物洄游状况；人工增殖放流效果：鱼类种群数量恢复、补充和扩大等效果。

（2）监测站点布设应在建设期背景监测基础上，根据工程对水生生物的影响特点统筹考虑，并尽量与水文、水环境监测站点结合。监测站点布设范围主要为工程直接影响区和水生生物迁徙活动的河段，包括：①工程影响区上游河段（水库库尾以上）；②工程影响区（库区及支流）河段，布设1个或多个站点；③工程影响区水流速度有明显差异的水域；④工程影响区的重要敏感水域，如水生生物洄游通道、产卵场、索饵场、越冬场等；⑤工程下游受影响的水生生物活动水域、洄游、育肥场所等；⑥工程影响区的主要支流、库湾，连通或调蓄的湖泊等。

（3）监测内容主要包括叶绿素a、初级生产力、浮游植物、浮游动物、底栖动物、着生生物、水生维管束植物、鱼类的种类、分布及数量，以及生物现存量、微生物（卫生学指标）、生物残毒及相应的理化与营养指标等。

对初级生产力、生物现存量、微生物（卫生学指标）、生物残毒等，可选择性监测。

监测重点为国家重点保护的水生生物，珍稀、特有、土著鱼类。监测内容主要包括鱼类的种类分布、组成、种群数量，以及资源分布等。

（4）工程运行后每3年监测1次，连续监测一定年限（根据工程运行和环境状况及影响特点具体确定）。

（5）监测方法参照施工期监测方法，针对运行期水域变化，突出对比分析方法。

2.陆生生物

（1）调查范围主要根据水力发电工程运行后的影响范围确定，包括水库和供水、灌溉等工程周围地区、移民安置区等直接影响区，以及因局地气候、水文条件等环境因素变化等间接影响的区域。

（2）陆生植物主要调查具有典型性和代表性的植被类型和生态系统，森林、灌丛、草地、农田等植被类型、群落、建群种的数量及分布变化。重点调查珍稀、濒危、特有植物、古树名木、天然林等受影响状况及保护措施实施效果。

陆生动物主要调查工程影响区两栖类、爬行类、鸟类、兽类及其栖息环境和种群数量及分布的变化。重点调查珍稀、濒危、特有野生动物受影响状况，以及野生动物保护措施实施及效果。

（3）陆生生物调查在工程运行后每3年调查1次，连续调查一定年限（根据工程运行情况和环境影响特点具体确定）。

（三）土壤环境监测

（1）监测范围为工程运行影响区域，主要包括移民安置区。

（2）在移民安置区结合生活污染源排放情况布点。

（3）监测项目为挥发酚类、有机质、硫化物、石油类等。对工程运行影响区具有特定功能或用途的土壤，应依据国家或行业相应标准规范确定监测项目。

（4）监测时段和频次移民安置区在运行期第一年、第三年采样监测。

（5）监测方法按照HJ/T 166《土壤环境监测技术规范》规定的采样、分析方法执行，数据处理等应满足相关规定的质量保证与控制要求。

（四）工频电磁场监测

（1）监测范围为因工作需要而经常停留的地方。主要包括输电走廊、开关站的巡视走道、控制楼以及工作人员可到达的其他位置以及电厂存在或产生工频电场、磁场的工作场所、设备等。监测地点应选在地势平坦、远离树木、没有其他电力线路、通信线路及广播线路的空地上。

（2）输电线路下测点按照 DL/T 988《高压交流线路和变电站工频电、磁场测量方法》的规定，单回架空电力线路应以弧垂最低位置中相导线对地投影点为起点，同塔多回架空电力线路应以档距中央弧垂最低位置、对应两铁塔中央连线对地投影点为起点，测量点应均匀分布在边相导线两侧的横截面方向上，测点间距为 5m，顺序测至边相导线地面投影点外50m 处止。在测量最大值时，两相邻测量点间的距离应选择 1m。

（3）电厂主控室设 2 个测点，发电机处设 2 个测点，励磁机/励磁变压器处设 2 个测点，主变压器的高压侧和低压侧各设 1 个测点，升压站测点布置包括值班室操作台设 1 个测点，控制屏前设 1 个测点；高低压设备区的主要进出线断路器、隔离开关、电压互感器、电流互感器、避雷器处各设 1 个测点；电抗器设 2 个测点；电容器设 2 个测点；GIS 室设 4 个测点。

（4）每年测量 1 次，工况变化时随时测量，测量采用三轴测量仪监测磁场，除特别原因外，一般不使用单轴测量仪。仪器应具备 0～300Hz 的频率测量范围，磁场测量范围为 10～10mT，电场测量范围为 0.003～100kV/m。具体监测方法按照 DL/T 988《高压交流架空送电线路、变电站工频电场和磁场测量方法》及 DL/T 799.7《电力行业劳动环境监测技术规范 第 7 部分：工频电场、磁场监测》的规定执行。需要注意的是，依据 GB 8702《电磁环境控制限值》的规定，100kV 以下电压等级的交流输变设施（设备）为豁免范围。

（五）噪声监测

（1）运行期噪声监测主要为设备产生的噪声，进而为工作人员的职业防护采取措施。

（2）水轮机层设 2 个测点，水轮机层透平油库设 1 个测点，发电机层设 2 个测点，空气压缩机室设 2 个测点，中（集）控室设 1 个测点，排风机设 1 个测点，主厂房蝶阀层设 2 个测点，尾水平台设 1 个测点，渗漏排水泵房设 1 个测点，厂用变压器及高压开关室设 2 个测点，变压器设 1 个测点，交接班室设 1 个测点。

（3）每年测量 1 次，测量采用噪声频谱分析仪或积分声级计。具体监测方法按照 DL/T 799.3《电力行业劳动环境监测技术规范 第 3 部分：生产性噪声监测》的规定执行。

五、水土保持监测

水力发电工程生产期的水土保持监测应根据国家最新规定、现行标准及各电站水土保持方案要求开展。主要包括水土流失状况、水土流失危害、水土保持措施运行情况监测等。各站开展工作中应注意结合当地水土保持实际情况。

（一）水土流失状况监测

水力发电工程项目生产运行期建设单位应严格按照水保方案要求定期开展水土流失状况监测。监测内容应主要包括水土流失的类型、形式、面积、分布及强度，各监测分区及重点对象的土壤流失量等。具体监测频次应当遵照水保方案及现行标准规范要求。

（二）水土流失危害监测

水力发电工程项目生产运行期建设单位应严格按照水保方案要求开展水土流失危害的监测。

监测内容应主要包括水土流失对主体工程造成危害的方式、数量和程度；水土流失掩埋冲毁农田、道路、居民点等的数量、程度；对高等级公路、铁路、输变电、输油（气）管线等重大工程造成的危害；生产建设项目造成的沙化、崩塌、滑坡、泥石流等灾害；对水源地、生态保护区、江河湖泊、水库、塘坝、航道的危害，有可能直接进入江河湖泊或产生行洪安全影响的弃土（石、渣）情况。具体监测频次应当遵照水保方案及现行标准规范要求。

（三）水土保持措施运行情况监测

水力发电工程项目生产运行期建设单位严格按照水保方案要求对项目区域内的相关水土保持措施进行维护管理，并评定措施运行情况及其防治效果。如有必要新增水土保持措施的，应当根据实际情况新增。

附录 11-1 水力发电企业技术监督常用环保法律法规及标准

1. 主席令 第九号《中华人民共和国环境保护法》
2. 主席令 第四十八号《中华人民共和国环境影响评价法》
3. 主席令 第三十一号《中华人民共和国大气污染防治法》
4. 主席令 第四十三号《中华人民共和国固体废物污染环境防治法》
5. 主席令 第七十号《中华人民共和国水污染防治法》
6. 主席令 第四十八号《中华人民共和国水法》
7. 主席令 第二十四号《中华人民共和国环境噪声污染防治法》
8. 国务院令 第687号《中华人民共和国自然保护区条例》
9. 国务院令 第682号《建设项目环境保护管理条例》
10. 环监〔1996〕470《排污口规范化整治技术要求》
11. GB 3095《环境空气质量标准》
12. GB 3096《声环境质量标准》
13. GB 3838《地表水环境质量标准》
14. GB 8702《电磁环境控制限值》
15. GB 8978《污水综合排放标准》
16. GB 12348《工业企业厂界环境噪声排放标准》
17. GB 12523《建筑施工场界噪声限值》
18. GB/T 14848《地下水质量标准》
19. GB 15618《土壤环境质量 农用地土壤污染风险管控标准（试行）》
20. GB 36600《土壤环境质量 建设用地土壤污染风险管控标准（试行）》
21. GB 16297《大气污染物综合排放标准》
22. GB 18597《危险废物贮存污染控制标准》
23. GB 18599《一般工业固体废弃物贮存、处置场污染控制标准》
24. DL/T 799.3《电力行业劳动环境监测技术规范 第3部分：生产性噪声监测》
25. DL/T 799.7《电力行业劳动环境监测技术规范 第7部分：工频电场、磁场监测》
26. DL/T 988《高压交流架空送电线路、变电站工频电场和磁场测量方法》
27. DL/T 1050《电力环保技术监督导则》
28. DL/T 5206《水电工程预可行性研究报告编制规程》
29. DL/T 5260《水电水利工程施工环境保护技术规程》
30. DL/T 5402《水电水利工程环境保护设计规程》
31. HJ/T 88《环境影响评价技术导则 水利水电工程》
32. HJ 91.1《污水监测技术规范》
33. HJ/T 164《地下水环境监测技术规范》
34. HJ 2025《危险废物收集 贮存 运输技术规范》
35. HJ 355《水污染源在线监测系统（COD_{Cr}、NH_3-N 等）运行技术规范》

36. HJ 464《建设项目竣工环境保护验收技术规范 水利水电》
37. HJ 819《排污单位自行监测技术指南 总则》
38. HJ 944《排污单位环境管理台账及排污许可证执行报告技术规范 总则（试行）》
39. NB/T 10079《水电工程水生生态调查与评价技术规范》
40. NB/T 10080《水电工程陆生生态调查与评价技术规范》
41. NB/T 10130《水电工程蓄水环境保护验收技术规程》
42. NB/T 10140《水电工程环境影响后评价技术规范》
43. NB/T 10229《水电工程环境保护设施验收规程》
44. NB/T 35037《水电工程鱼类增殖放流站设计规范》
45. NB/T 35053《水电站分层取水进水口设计规范》
46. NB/T 35054《水电工程过鱼设施设计规范》
47. NB/T 35060《水电工程移民安置环境保护设计规范》
48. NB/T 35063《水电工程环境监理规范》
49. NB/T 35091《水电工程生态流量计算规范》
50. SL 183《地下水监测规范》
51. SL 219《水环境监测规范》
52. SL 492《水利水电工程环境保护设计规范》

附录 11-2 水力发电企业技术监督常用水保法律法规及标准

1. 主席令 第三十九号《中华人民共和国水土保持法》
2. 国务院令 第120号《中华人民共和国水土保持法实施条例》
3. GB 50433《生产建设项目水土保持技术标准》
4. GB 51018《水土保持工程设计规范》
5. GB/T 15773《水土保持综合治理 验收规范》
6. GB/T 16453.4《水土保持综合治理技术规范 小型蓄排引水工程》
7. GB/T 20465《水土保持术语》
8. GB/T 50434《生产建设项目水土流失防治标准》
9. GB/T 51097《水土保持林工程设计规范》
10. GB/T 51240《生产建设项目水土保持监测与评价标准》
11. GB/T 51297《水土保持工程调查与勘测标准》
12. DL/T 5419《水电建设项目水土保持方案技术规范》
13. NB/T 10137《水电工程危岩体工程地质勘察与防护规程》
14. NB/T 10138《水电工程库岸防护工程勘察规程》
15. NB/T 10344《水电工程水土保持设计规范》
16. NB/T 35072《水电工程水土保持专项投资编制细则》
17. NB/T 35119《水电工程水土保持设施验收规程》
18. SL 190《土壤侵蚀分类分级标准》
19. SL 204《开发建设项目水土保持方案技术规范》
20. SL 277《水土保持监测技术规程》
21. SL 335《水土保持规划编制规范》
22. SL 336《水土保持工程质量评定规程》
23. SL 341《水土保持信息管理技术规程》
24. SL 342《水土保持监测设施通用技术条件》
25. SL 387《开发建设项目水土保持设施验收技术规程》
26. SL 447《水土保持工程项目建设书编制规程》
27. SL 448《水土保持工程可行性研究报告编制规程》
28. SL 44《水土保持工程初步设计报告编制规程》
29. SL 523《水土保持工程施工监理规范》
30. SL 575《水利水电工程水土保持技术规范》
31. SL 592《水土保持遥感监测技术规范》
32. SL 618《水利水电工程可行性研究报告编制规程》
33. SL 717《水土流失重点防治区划分导则》
34. SL 718《水土流失危险程度分级标准》
35. SL 73.6《水利水电工程制图标准 水土保持图》

36. 办水保〔2018〕133 号《水利部办公厅关于印发生产建设项目水土保持设施自主验收规程（试行）的通知》

37. 水保〔2017〕365 号《水利部关于加强事中事后监管规范生产建设项目水土保持设施自主验收的通知》

参 考 文 献

[1] 王景福. 水电开发与生态环境管理 [M]. 北京：中国环境科学出版社，2006.

[2] 徐礼华，刘素梅. 水库及其环境影响 [M]. 北京：中国水利水电出版社，2012.

[3] 武洪涛，常宗广，张震宇. 三门峡水库环境影响综合评价小域研究与开发 [J]. 地域研究与开发. 2002，22（5）：77-80.

[4] 周炳元，于钢. 紧水滩和石塘水库对瓯江渔业环境影响的探讨 [J]. 水利渔业，1993（2）：17-19.

[5] 李晨. 三门峡水库环境影响回顾与评述 [J]. 人民黄河，1991（1）：66-72.

[6] 李培龙，张静，杨维中. 大型水库建设影响人群健康的潜在危险因素分析 [J]. 疾病监测，2009，24（2）：137-140.

[7] 王敬贞，毛小林. 修建石佛寺水库对库周土壤环境的影响及对策研究 [J]. 水电站设计，1997，13（3）：75-78.

[8] 刘德富. 湖北水电环境保护 [M]. 武汉：长江出版社，2015.

[9] 曹文宣. 如果长江能休息：长江鱼类保护纵横谈 [J]. 中国三峡，2008（12）：148-157.

[10] 曹文宣. 有关长江流域鱼类资源保护的几个问题 [J]. 长江流域资源与环境，2008，17（2）：163-164.

[11] 段辛斌，陈大庆，刘绍平，等. 长江三峡库区鱼类资源现状的研究 [J]. 水生生物学报，2002，26（6）：605-611.

[12] 吴强，段辛斌，徐树英，等. 长江三峡库区蓄水后鱼类资源现状 [J]. 淡水渔业，2007，37（2）：70-75.

[13] 田涛. 浅谈克孜尔水库建成运行对环境效益的影响 [J]. 科技信息，2002（25）：37-37.

[14] 田海涛. 中国内地水库淤积的差异性分析 [J]. 水利水电科技进展，2006，26（6）：28-33.

[15] 张世杰. 水库低温水的生态影响及工程对策研究 [J]. 中国生态农业学报，2011，19（6）：1412-1416.

[16] 干城. 三大水库的文物保护 [J]. 西北水电，2004（4）：69-72.

[17] 刘素梅，徐礼华，彭少民. 水库诱发地震机理研究 [J]. 武汉理工大学学报，2007，29（2）：69-72.

[18] 刘建军. 水利水电工程环境保护设计 [M]. 武汉：武汉大学出版社，2008.

[19] 索丽生，刘宁. 水工设计手册　第3卷　征地移民、环境保护与水土保持 [M]. 2版. 北京：中国水利水电出版社，2013.

[20] 魏浪. 喀斯特地区水电水利开发环境保护技术研究与实践 [M]. 北京：中国水利水电出版社，2013.

第十二部分

电力监控系统
安全防护监督

第一章

基 础 知 识

第一节 基 本 概 念

一、电力监控系统

用于监视和控制电力生产及供应过程的、基于计算机及网络技术的业务系统及智能设备，以及作为基础支撑的通信及数据网络等，包括电力数据采集与监控系统（SCADA）、能量管理系统、变电站自动化系统、换流站计算机监控系统、发电厂计算机监控系统、配电自动化系统、微机继电保护和安全自动装置、广域相量测量系统、负荷控制系统、水调自动化系统和水力发电梯级自动化系统、电能量计量系统、实时电力市场的辅助控制系统、电力调度数据网络等。

二、管理信息系统

管理信息系统是指支持电力企业管理经营的信息系统，包括门户网站系统、财务管理系统、人力资源管理系统等。

三、电力调度数据网络

电力调度数据网络是指各级电力调度专用广域数据网络、电力生产专用拨号网络等。

四、生产控制大区

由具有数据采集与控制功能、纵向连接中使用专用网络或专用通道的电力监控系统构成的安全区域。

五、管理信息大区

管理信息大区是指生产控制大区之外的，主要由企业管理、办公自动化系统及信息网络构成的安全区域。

六、控制区

控制区是指由具有实时监控功能、纵向连接使用电力调度数据网的实时子网或专用通道的各业务系统构成的安全区域。

控制区中的业务系统或其功能模块（或子系统）的典型特征：是电力生产的重要环节，直接实现对电力一次系统的实时监控，纵向使用电力调度数据网络或专用通道，是安全防护的重点与核心。

七、非控制区

非控制区是指在生产控制范围内在线运行但不直接参与控制、是电力生产过程的必要环节、纵向连接使用电力调度数据网的非实时子网的各业务系统构成的安全区域。

非控制区中的业务系统或者其功能模块的典型特征：是电力生产的必要环节，在线运行但不具备控制功能，使用电力调度数据网络，与控制区中的业务系统或其功能模块联系紧密。

八、单向横向隔离

单向横向隔离是指在不同安全区间禁止通用网络通信服务，仅允许单向数据传输，采用访问控制、签名验证、内容过滤、有效性检查等技术，实现接近或达到物理隔离强度的安全措施。

九、纵向认证

纵向认证是指采用认证、加密、访问控制等技术实现数据的远方安全传输以及纵向边界的安全防护的措施。

十、安全接入区

如果生产控制大区内个别业务系统或其功能模块（或子系统）需使用公用通信网络、无线通信网络以及处于非可控状态下的网络设备与终端等进行通信，其安全防护水平低于生产控制大区内其他系统时，应设立安全接入区。

十一、综合防护

综合防护是指结合国家信息安全等级保护工作的相关要求对电力监控系统从主机、网络设备、恶意代码防范、应用安全控制、审计、备份及容灾等多个层面进行信息安全防护的过程。

十二、电力监控系统安全保护等级

第一级，信息系统受到破坏后，会对公民、法人和其他组织的合法权益造成伤害，但不损害国家安全、社会秩序和公共利益。

第二级，信息系统受到破坏后，会对公民、法人和其他组织的合法权益产生严重伤害，或者对社会秩序和公共利益造成损害，但不损害国家安全。

第三级，信息系统受到破坏后，会对社会秩序和公共利益造成严重损害，或者对国家安全造成损害。

第四级，信息系统受到破坏后，会对社会秩序和公共利益造成特别严重损害，或者对国家安全造成严重损害。

十三、等级测评

测评机构依据国家网络安全等级保护制度规定，按照有关管理规范和技术标准，对非涉及国家秘密的网络安全等级保护状况进行检测评估的活动。

十四、安全防护评估

电力监控系统安全防护评估有形式安全评估、上线安全评估、自评估和检查评估四种工作形式。

（1）型式安全评估是电力监控系统设计、开发完成后，系统供应商自行组织或委托评估机构对系统进行的安全评估。

（2）上线安全评估是电力监控系统投运前及发生重大变更时，运行单位自行组织或委托评估机构对系统进行的安全评估。

（3）自评估是运行单位对本单位电力监控系统组织实施的安全评估，以及调度机构在调度管辖范围内各运行单位自评估结果基础上，对调管范围内电力监控系统组织实施的安全评估。

（4）检查评估是由国家能源局及其派出机构组织或委托安全评估机构对电力行业监控系统进行的具有强制性的安全评估。

第二节　电力监控系统特性及安全防护原则

一、电力监控系统特性

1. 可靠性

电力监控系统的可靠稳定运行是确保电力生产安全的基础，安全防护措施应融入生产控制业务中，减少中间环节，提高电力监控系统的可靠性。

2. 实时性

电力监控系统从过程数据的实时采集、传输到控制指令的下达执行，周期短，安全措施应适应电力监控系统的实时性，保证系统正常运行。

3. 安全性

电力监控系统大量采用计算机及通信技术，应在确保电力生产过程安全的同时，确保系统及网络安全，能够抵御网络安全威胁。

4. 分布性

电力监控系统具有实时闭环控制的特性，采集、传输、控制等业务模块采用地理或空间位置上的分散布置方式，生产过程的实时性越高分布性越强，网络安全防护应适应其分布性。

5. 系统性

电力监控系统在时间上具有时变性和连续性，在空间上具有分布参数和分布处理的特性，在技术上涉及技术领域和设备系统较多，在管理上涉及业务部门和层级较多，对系统性要求很高，网络安全防护具有很强的系统性。

二、电力监控系统面临的网络安全威胁及安全防护原则

（一）电力监控系统面临的网络安全威胁

电力监控系统面临的主要网络安全威胁有黑客入侵（有组织的黑客团体对电力监控系统

进行恶意攻击、窃取数据，破坏电力监控系统及电力系统的正常运行）、旁路控制（非授权者对发电厂、变电站发送非法控制命令，导致电力系统事故，甚至系统瓦解）、完整性破坏（非授权修改电力监控系统配置、程序、控制命令；非授权修改电力市场交易中的敏感数据）、越权操作（超越已授权限进行非法操作）、无意或有意行为（无意或有意地泄漏口令等敏感信息，或不谨慎地配置访问控制规则等）、拦截篡改（拦截或篡改调度数据广域网传输中的控制命令、参数设置、交易报价等敏感数据）、非法用户（非授权用户使用计算机或网络资源）、信息泄露（口令、证书等）、网络欺骗（Web 服务欺骗攻击、IP 欺骗攻击等）、身份伪装（入侵者伪装合法身份，进入电力监控系统）、拒绝服务攻击（向电力调度数据网络或通信网关发送大量雪崩数据，造成网络或监控系统瘫痪）、窃听（黑客在调度数据网或专线信道上搭线窃听明文传输的敏感信息，为后续攻击做准备）等。

（二）电力监控系统安全防护基本原则

电力监控系统各业务系统严格执行国家发展改革委 2014 年 14 号令《电力监控系统安全防护规定》，贯彻落实国家网络安全等级保护制度，遵循"安全分区、网络专用、横向隔离、纵向认证、综合防护"原则；在建设规划方面，落实网络安全与信息化工作同步规划、同步建设、同步运行的"三同步"原则。

第三节　电力监控系统安全防护技术

一、安全分区

（一）分区原则

按照国家发展改革委 2014 年 14 号令《电力监控系统安全防护规定》，将电力监控系统内部基于计算机和网络技术的业务系统，划分为生产控制大区和管理信息大区。按照业务系统的重要性和对生产系统的影响程度将生产控制大区分为控制区（安全区Ⅰ）和非控制区（安全区Ⅱ），重点保护生产控制以及直接影响电力生产（机组运行）的系统。

根据业务系统或其功能模块的实时性、使用者、主要功能、设备使用场所、各业务系统的相互关系、广域网通信方式以及对生产的影响程度等，按照如下规则将业务系统置于相应的安全区。

（1）应当尽可能将业务系统完整置于一个安全区内。当业务系统的某些功能模块与此业务系统不属于同一个安全分区内时，可以将其功能模块分置于相应的安全区中，经过部署安全接入区进行通信。

（2）不允许把应当属于高安全等级区域的业务系统或其功能模块迁移到低安全等级区域，但允许把属于低安全等级区域的业务系统或其功能模块放置于高安全等级区域。

（3）对不存在外部网络联系的孤立业务系统，其安全分区无特殊要求，但需遵守所在安全区的防护要求。

（4）根据业务系统实际情况，在满足总体安全要求的前提下，可以简化安全区的设置，但是应当避免形成不同安全区的纵向交叉连接。

（二）控制区（安全区Ⅰ）

控制区中的业务系统或其功能模块（或子系统）是电力生产的重要环节，直接实现对生产的实时监控，是安全防护的重点和核心。使用电力调度数据网的实时子网或专用通道进行数据传输的业务系统、实时控制系统、有实时控制功能的业务模块以及未来有实时控制功能的业务系统应当置于控制区。

（三）非控制区（安全区Ⅱ）

非控制区中的业务系统或其功能模块（或子系统）是电力生产的必要环节，在线运行但不具备控制功能，与控制区的业务系统或其功能模块联系紧密。使用电力调度数据网的非实时子网进行数据传输的业务系统应划分为非控制区。

（四）管理信息大区

管理信息大区内部在不影响生产控制大区安全的前提下，可以根据各电力企业的具体情况划分安全区。

电力监控系统各业务系统安全区域划分示例如表 12-1-1 所示，图 12-1-1 为集控计算机监控系统网络拓扑图示例。

表 12-1-1　　　　　　　　**电力监控系统各业务化系统安全区域划分示例**

序号	生产控制大区		管理信息大区	
	控制区（安全区Ⅰ）	非控制区（安全区Ⅱ）		
1	计算机监控系统（包括梯级调度监控系统、自动发电控制模块、自动电压控制模块等）	水情水调自动化系统（包括梯级水库调度自动化系统）	区域分公司版业务决策管理系统	电力生产信息管理系统
2	调度自动化系统（实时）	调度自动化系统（非实时）	辅助决策系统	
3	调速系统（包括一次调频）	水文预报系统	调度业务管理系统	
4	励磁系统（包括 PSS）	电能量计量管理系统	大坝安全监测系统	
5	相量测量装置（PMU）	故障录波系统	门户系统	
6	五防系统[①]	电力市场报价	仿真培训	
7	继电保护	主设备状态在线监测系统	工业电视	
8	火灾报警系统	水力发电一体化优化调度系统	信息发布系统	
9	—	—	检修管理	
10	—	—	气象信息	
11	—	—	防汛信息	
12	—	—	应急指挥系统	

注　本表为业务化系统安全区域划分示例，各电厂根据自身实际按照安全区划分原则进行安全分区。

[①] 防止误分、合断路器；防止带负荷分、合隔离开关；防止带电挂（合）接地线；防止带接地线合断路器；防止误入带电间隔。

二、网络专用

电力调度数据网是与生产控制大区相连接的专用网络，承载电力实时控制、在线生产交易等业务。发电企业端的电力调度数据网应当在专用通道上使用独立的网络设备组网，在物理层面上实现与电力企业其他数据网及外部公共信息网的安全隔离。发电企业端的电力调度数据网应当划分为逻辑隔离的实时子网和非实时子网，分别连接控制区和非控制区。

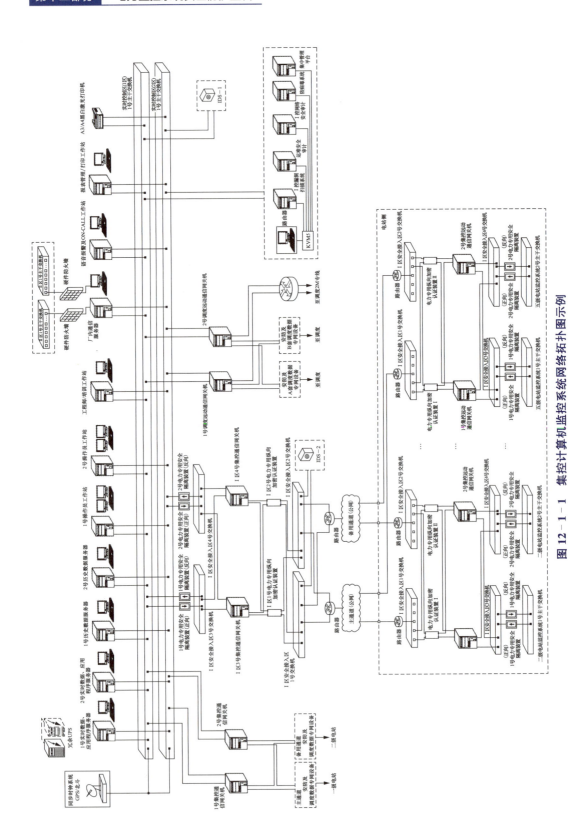

图 12—1—1 集控计算机监控系统网络网络拓扑图示例

若生产控制大区内个别业务系统或其功能模块（或子系统）需使用公用通信网络、无线通信网络以及处于非可控状态下的网络设备与终端等进行通信，其安全防护水平低于生产控制大区内其他系统时，应设立安全接入区。安全接入区不是独立分区，与生产控制大区相连时，应当采用电力专用横向单向安全隔离装置进行集中互联，如图 12-1-2 所示。

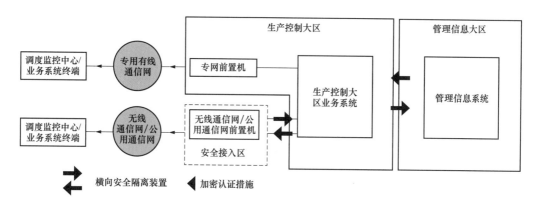

图 12-1-2　安全接入区的典型安全防护框架结构示意图

三、横向隔离

横向隔离是电力监控系统安全防护体系的横向防线，应当采用不同强度的安全设备隔离各安全区，在生产控制大区与管理信息大区之间必须部署经国家指定部门检测认证的电力专用横向单向安全隔离装置，隔离强度应当接近或达到物理隔离。生产控制大区内部的安全区之间应当采用具有访问控制功能的网络设备、安全可靠的硬件防火墙或者相当功能的设施，实现逻辑隔离。防火墙的功能、性能、电磁兼容性必须经过国家相关部门的认证和测试。生产控制大区控制区和非控制区之间有条件时可采用电力专用横向单向安全隔离装置实现物理隔离。

（一）生产控制大区与管理信息大区边界防护

生产控制大区与管理信息大区之间连接的拓扑结构如图 12-1-3 所示。

（二）控制区（安全区Ⅰ）与非控制区（安全区Ⅱ）边界安全防护

控制区与非控制之间应当采用具有访问控制功能的网络设备、安全可靠的硬件防火墙或者相当功能的设备，实现逻辑隔离、报文过滤、访问控制等功能，所选设备的功能、性能、电磁兼容性必须经过国家相关部门的认证和测试。

（三）同一安全区系统间安全防护

属同一安全区的各业务系统之间，根据需要可以采取一定强度的逻辑访问控制措施，如防火墙、VLAN 等。

四、纵向加密认证

纵向加密认证是电力监控系统安全防护体系的纵向防线。发电厂生产控制大区与调度数据网的纵向连接处应当设置经过国家指定部门检测认证的电力专用纵向加密认证装置，实现双向身份认证、数据加密和访问控制。

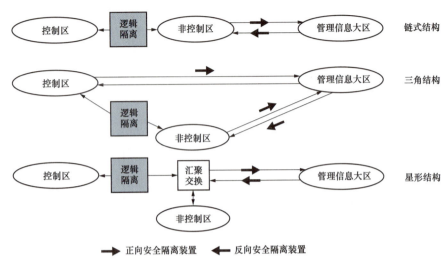

图 12‑1‑3　生产控制大区与管理信息大区之间连接的拓扑结构

五、综合防护

综合防护是结合国家信息安全等级保护工作的相关要求对电力监控系统从主机、网络设备、恶意代码防范、应用安全控制、审计、备份及容灾等多个层面进行信息安全防护的过程。

（一）物理和环境安全

机房和生产场地应选择在具有防震、防风和防雨等能力的建筑内，应采用有效防水、防潮、防火、防静电、防雷击、防盗窃、防破坏措施，应避免设在建筑物的顶层或地下室。应在机房供电线路上配置稳压器和过电压防护设备，设置冗余或并行的电力电缆线路为计算机系统供电，应提供短期的备用电力供应，至少满足设备在断电情况下的正常运行要求。应配置电子门禁系统以加强物理访问控制，应设置具有存储功能的视频监控系统，应对关键设备实施电磁屏蔽。

（二）网络和通信安全

生产控制大区可以统一部署一套网络入侵检测系统，设置合理的检测规则，检测发现隐藏于流经网络边界正常信息流中的入侵行为，分析潜在威胁并进行安全审计。

生产控制大区数据通信的七层协议均应采用相应安全措施，物理层应与其他网络实行物理隔离，在链路层应合理划分 VLAN，在网络层应设置安全路由和虚拟专网，在传输层应设置加密隧道，在会话层应采用安全认证，在表示层应有数据加密，在应用层应采用数字证书和安全标签进行身份论证。

应在非控制区（控制区Ⅱ）部署厂级生产安全监测平台，实时监测电力监控系统的主机、网络设备、安全设备运行状态和日志采集，进行集中化的性能状态监控、日志分析及安全事件的集中展示。

（三）设备和计算安全

关键应用系统的主服务器，以及网络边界处的通信网关机、Web 服务器等，应当使用安全加固的操作系统，加固方式包括安全配置、安全补丁、采用专用软件强化操作系统访问控制能力以及配置安全的应用程序等，其中配置的更改和补丁的安装应当经过测试。

非控制区的网络设备与安全设备应当进行身份鉴别、访问权限控制、会话控制等安全配置加固，可以应用电力调度数字证书，在网络设备和安全设备实现支持 HTTPS 协议的纵向安全 Web 服务，能够对浏览器客户端访问进行身份认证及加密传输。

控制设备自身应实现相应级别安全通用要求提出的身份鉴别、访问控制和安全审计等设备和计算方面的安全要求，如受条件所限无法实现，应由其上位控制或管理设备实现同等功能或通过管理手段控制，应在经过充分测试评估后，在不影响系统安全稳定运行的情况下对控制设备进行补丁更新、固件更新等工作，应关闭或拆除控制设备的软盘驱动、光盘驱动、USB 接口、串行口等，确需保留的必须通过相关的技术措施实施严格的监控管理，应使用专用设备和专用软件对控制设备进行更新，应保证控制设备在上线前经过安全性检测，确保控制设备中不存在恶意代码程序等。

（四）应用和数据安全

业务系统应当采用用户数字证书技术，对用户登录应用系统、访问系统资源等操作进行身份认证，提供登录失败处理功能，根据身份与权限进行访问控制，并且对操作行为进行安全审计。在故障发生时，应能够继续提供一部分功能，确保能够实施必要的措施；应自动保存易失性数据和所有状态，保证系统能够进行恢复。

（五）安全审计

生产控制大区的监控系统应当具备安全审计功能，能够对操作系统、数据库、业务应用的重要操作进行记录、分析，及时发现各种违规行为以及病毒和黑客的攻击行为。特别对于远程用户登录到本地系统中的操作行为，应该进行安全审计。可以采用安全审计功能对网络运行日志、操作系统运行日志、数据库访问日志、业务应用系统运行日志、安全设施运行日志等进行集中收集、自动分析。

（六）专用安全产品的管理

安全防护工作中涉及使用横向单向安全隔离装置、纵向加密认证装置、防火墙、入侵检测系统等专用安全产品的，应当按照国家有关要求做好保密工作，禁止关键技术和设备的扩散。

1. 电力专用横向单向隔离装置

（1）正向隔离装置。用于安全区 Ⅰ/安全区 Ⅱ 到管理信息大区的单向数据传递，实现两个安全区之间的非网络方式的安全的数据交换，并且保证安全隔离装置内外两个处理系统不同时连通；单 bit 返回，即返回数据为 1 个字节，且必须是 0x00 或 0xFF；透明工作方式，虚拟主机 IP 地址、隐藏 MAC 地址；基于 MAC、IP、传输协议、传输端口以及通信方向的综合报文过滤与访问控制；支持 NAT；防止穿透性 TCP 连接，即禁止内网、外网的两个应用网关之间直接建立 TCP 连接，应将内外两个应用网关之间的 TCP 连接分解成内外两个应用网关分别到隔离装置内外两个网卡的两个 TCP 虚拟连接。隔离装置内外两个网卡在装置内部是非网络连接，且只允许以物理方式实现数据单向传输。

（2）反向隔离装置。用于管理信息大区到安全区 Ⅰ/安全区 Ⅱ 的单向数据传递，基于 MAC、IP、传输协议、传输端口一级通信方向的综合报文过滤与访问控制；隔离装置内外两个网卡在装置内部是非网络连接，且只允许以物理方式实现数据单向传输；单比特（bit）返回，即返回数据为 1 个字节，且必须是 0x00 或 0xFF；支持 NAT；传输要求符合 CIM -

E 格式的文本文件；进行签名验证，并对数据进行内容过滤、有效性检查等处理等。

2. 电力专用纵向加密装置

（1）位于电力控制系统的内部局域网与电力调度数据网络的路由器之间，用于安全区Ⅰ/安全区Ⅱ的广域网边界保护，可为本地安全区Ⅰ/安全区Ⅱ提供一个网络屏障，同时为上下级控制系统之间的广域网通信提供认证与加密服务，实现数据传输的机密性、完整性保护。

（2）在两台网络密码机之间建立一条虚拟的安全隧道，用户数据通过密码机建立的安全隧道进行安全的网络传输，除了对原有 IP 包进行封装外，还要对原有 IP 包（包括用户数据、TCP/UDP 协议头、IP 包头）进行加密，保障数据在网络上传输的机密性，支持 SM2 加密算法，支持基于 IP 地址、协议、端口的网络访问控制，并与加密机制分离，独立工作。

（3）支持无网络地址的工作模式，借用其他网络设备的网络地址进行密钥协商和加解密，防止非法用户窃取加密机密钥等。

3. 入侵检测装置

入侵检测装置应提供覆盖广泛的攻击特征库，可针对网络病毒、蠕虫、间谍软件、木马后门、扫描检测、暴力破解等恶意流量进行检测和阻断；支持基于 SCADA 等工业控制协议的相关漏洞攻击检测与防护，支持工业控制指令的监测，支持自定义监测能力，实现对特定工业控制指令进行监测；支持对沙箱设备的配置，支持将攻击日志按照攻击阶段进行分析，展示攻击逻辑模型及每级事件关联的目标；具有对网络攻击的归类（要求攻击事件分级，事件按源地址、目标地址、协议等的分类）检索功能；支持 NTP 协议，能够与时间服务器进行时间同步等。

4. 漏洞扫描系统

对扫描对象的安全脆弱性进行全面检查，检查内容包括缺少的安全补丁、词典中可猜测的口令、操作系统内部是否有黑客程序驻留、不安全的服务配置等。为确保网络的保密性，系统应能够检测到网络中存在的网络监听设备，具有丰富的漏洞检查列表，内置漏洞库涵盖当前系统常见的漏洞和攻击特征，漏洞库兼容 CNCVE、CVE 和 BUGTRAQ 标准；支持分布式扫描，可定义扫描端口范围、扫描对象范围、扫描策略，提供扫描授权机制，在授权许可范围内进行单机扫描、分组扫描和全部扫描；应适应用户在不同网络带宽环境，具有可配置的多主机、多线程扫描能力，采用渐进式多线程任务调度技术；在扫描的过程中不对目标系统产生破坏性影响，即扫描结束后目标系统不会被改动或破坏，扫描结束后目标系统不会出现死机或者停机现象，扫描过程中应保持目标系统的可用性；提供漏洞验证功能，对扫描出来的重要漏洞能够模拟黑客行为进行漏洞风险展示等。

5. 安全审计系统

安全审计系统应对安全区Ⅰ/安全区Ⅱ的安全设备、网络设备等的运行工况和日志告警进行集中统一的监控管理，实时接收各类业务系统、网络系统和安全产品［防火墙、IDS（入侵检测系统）、防病毒系统、路由器、隔离装置、交换机、业务主机、机房设施等］的安全事件信息，能对上述信息进行集中存储、查询；系统支持网络（TCP、UDP）、串口等多种通信方式，采用 SYSLOG（系统日志或系统记录）、SNMP（简单网络管理协议）和定制接口等方式采集不同格式的日志信息和告警信息；能按照既定规则对接收的安全事件信息进行分析，发生设备异常及异常的安全事件时，能自动检测并告警，能自动执行预定义处理动作，如通过发送手机短信向管理员告警，并存储在后台数据库系统中供事后分析处理。

安全审计系统应具备完善的报警检测规则定义机制，能自定义事件信息处理规则，能过滤误报事件信息，能智能识别真假报警事件。安全审计系统应通过图形界面定制事件信息处理规则，并可灵活地嵌入定制的事件处理程序，支持对调度数据网络设备的链路通断的状态和设备运行状态的自动监测，判断状态变化并产生告警，持多种安全维度的态势感知（如入侵态势、僵木蠕态势、系统漏洞态势）等。

6. 防恶意代码系统

防恶意代码系统应支持白名单，能对终端外设（USB 口设备、光驱、网卡）进行管理（如禁用等），对终端设备的端口进行启用、禁用；具有智能防火墙和传统防火墙，能够全面抵御外界攻击；提供实时和定时检测、清除恶意代码功能，实时检测和清除来自各种途径的各类恶意代码和特洛伊木马等黑客程序。对来自 Internet、E－mail 或是光盘、软盘、移动存储、网络等各种入口渠道的宏病毒、特洛伊木马、黑客程序和有害程序等全面进行实时监控；动态行为检测必须包括进程操作行为、文件操作行为、系统配置操作行为、网络通信行为等；具有恶意代码自动隔离功能，对无法清除恶意代码的被感染文件，防（杀）恶意代码软件能够自动隔离感染文件，并在用户许可的情况下传送至防（杀）恶意代码软件生产商；隔离系统不能将本地染毒文件隔离到其他计算机或服务器，以防止隔离的文件被未经授权的人员查看；边界防御可识别、分析常见的 PE 类文件、文档类文件、压缩类文件、图片文件，并能生成相应的分析报告。

7. 主机加固

具有数字签名认证机制，具备账号管理、口令质量控制、文件的访问控制、防止程序非法终止、程序自动权限设置、Setuid 控制——特权程序控制、网络控制服务、登录服务控制、入侵响应－系统 IPS（入侵防御系统）、程序自身保护（Self－Security）功能，具有独立、完整的日志系统，并提供设置、查询和审计工具；提供堆栈溢出保护功能，以抵御常见的缓冲区溢出攻击。具有主机 IPS 功能，能够识别入侵行为或违反安全策略的操作，并自动做出阻断、报警等响应等。

8. 硬件防火墙

支持 IPSEC VPN 功能、SSL VPN 功能、入侵防御、防病毒、QoS 及应用识别控制功能，支持对 HTTP、FTP、SMTP、POP3、IMAP 协议的应用进行病毒扫描和过滤；提供基于状态检测的细粒度访问控制功能；可实现静态或自动的 IP/MAC 具有完善的地址转换能力，可以支持正向、反向地址/端口转换、双向地址转换等绑定；可以识别并阻断常见的网络攻击行为；采用基于流引擎的病毒扫描机制；支持 NAT 穿越；严格遵循 RFC 国际标准等。

9. 网络安全在线监测装置

按照设备自身感知、监测装置分布采集、管理平台统一管控的原则，构建网络安全管理的感知、采集、管控三层逻辑结构。实现网络安全在线实时监视、告警、分析、审计、核查等功能的集成；实现对集控、厂站控等监控系统相关设备网络安全数据的采集，以及与管理平台的通信和交互；实现服务器、工作站、交换机、纵向加密、正/反向隔离等设备自身可信计算和网络安全数据的感知及上报，并具体执行安全核查等。

使用的横向单向安全隔离装置、纵向加密认证装置、防火墙、入侵检测系统等专用安全产品，应当按照国家有关要求做好保密工作，禁止关键技术和设备的扩散。

（七）备用与容灾系统

电力监控系统应当能够对关键业务的数据进行备份，关键主机设备、网络设备、关键部件及控制区的业务系统（应用）应当进行相应的冗余配置；应建立电力监控系统恢复机制，支撑系统故障的快速处理和恢复，保障电力监控系统业务的连续性。

（八）恶意代码防范

恶意代码防范应能够及时更新特征码，查看查杀记录。恶意代码更新文件的安装应当经过测试，更新过程应严格遵循相关安全管理规定，禁止直接通过因特网在线更新。禁止生产控制大区与管理信息大区共用一套防恶意代码管理服务器。对不适宜部署恶意代码防护的系统，可通过部署白名单软件进行安全防护。应先在测试环境中进行充分测试，确保对业务系统无影响后方可实施。对列入白名单内的软件进程应该遵循最小化原则。

第二章

电力监控系统监督管理

第一节　电力监控系统监督概述

电力监控系统安全防护工作应坚持"安全分区、网络专用、横向隔离、纵向认证、综合防护"的原则，防止水力发电企业电力监控系统故障、瘫痪、失控，抵御恶意代码、病毒入侵等对电力监控系统的攻击和侵害，以及防止由此导致的水力发电企业系统事故和其他事故，保障电力监控系统的安全，并按照统一标准和分级管理的原则，实行从规划设计、制造、监造、安装调试、试运、运行维护、检修、技改、停备的全过程、全方位技术监督。电力监控系统安全防护监督依靠科技进步，采用和推广成熟、行之有效的新技术、新方法、新设备、新材料，不断提高电力监控系统安全防护技术监督专业水平。

第二节　监督网络、职责及制度

一、监督体系

电力监控系统安全防护监督工作坚持"统一领导、分级管理、专业监督"。发电企业成立以主管生产（基建）的副总经理或总工程师为组长的技术监督领导小组。生产副总经理、基建副总经理和总工程师是各自不同范围内本单位技术监督和技术管理的第一负责人，生产技术部门（基建管理部门）监督主管（专责）履行全厂管理职能。发电企业各专业主管（专责）履行本专业的监督职能。

二、监督职责

（一）主管生产副经理或总工程师的职责

（1）领导企业电力监控系统安全防护监督工作，落实电力监控系统安全防护监督责任制；贯彻上级有关电力监控系统安全防护监督的各项规章制度和要求；审批本企业电力监控系统安全防护监督实施细则。

（2）审批电力监控系统安全防护监督工作规划、计划。

（3）组织落实运行、检修、技改、定期监测、试验等工作中的电力监控系统安全防护监督要求。

（4）安排召开电力监控系统安全防护监督工作会议，检查、总结、考核本企业电力监控系统安全防护监督工作。

（5）组织分析本企业电力监控系统安全防护监督存在的问题，采取措施，提高电力监控系统安全防护监督工作效果和水平。

(二) 电力监控系统安全防护监督专责工程师职责

(1) 认真贯彻执行上级有关电力监控系统安全防护监督的各项规章制度和要求，组织编写本企业的电力监控系统安全防护监督实施细则和相关措施。

(2) 组织编写电力监控系统安全防护监督工作规划、计划。

(3) 检查与督促本企业各部门电力监控系统安全防护监督执行情况，并给予必要的技术指导，保证其质量；定期总结电力监控系统安全防护专业的技术监督完成情况，发现问题及时分析处理，重大问题及时上报。

(4) 组织进行电力监控系统安全防护专业技术攻关，解决技术难题；认真审核本专业提交的异动申请、异动报告。

(5) 将电力监控系统安全防护监督任务与指标分解落实到各有关部门及班组，做好组织协调工作。

(6) 参加本企业新建、扩建、改建工程有关电力监控系统安全防护部分的设计审查、设备选型、监造、出厂验收、安装调试、试生产等过程中的技术监督和质量验收工作。

(7) 组织开展本企业电力监控系统定级备案、等级保护测评及安全防护评估工作，并制定整改计划，督促整改。

(8) 定期召开电力监控系统安全防护监督工作会议；分析、总结、汇总本企业电力监控系统安全防护监督工作情况，指导电力监控系统安全防护监督工作。

(9) 按要求及时报送各类电力监控系统安全防护监督报表、报告。

(10) 分析本企业电力监控系统安全防护监督存在的问题，采取措施，提高技术监督工作效果和水平。

三、监督制度

(1) 生产监控及其基础支撑系统运行、维护及检修规程。

(2) 现场巡回检查制度。

(3) 生产监控及其基础支撑系统及设备缺陷和事故统计管理制度。

(4) 门禁管理、人员管理、权限管理、访问控制管理制度。

(5) 恶意代码安全防护、审计、用户口令秘钥及数字证书、数据及系统备份管理制度。

(6) 电力监控系统安全防护评估、信息安全等级保护测评管理规定。

(7) 电力监控系统安全的联合防护和应急预案。

(8) 计算机软件管理制度。

(9) 通信、信息机房管理制度。

(10) 技术资料、图纸管理制度。

(11) 备品备件管理制度等。

四、技术档案及资料

发电企业应结合本单位情况建立至少包括以下涉及电力建设和生产全过程的通信、电力监控系统及设备清册和技术档案，并努力做到档案管理规范化、微机化。

(1) 电力监控系统清册、等级保护定级表、生产控制大区分区表、网络拓扑结构图。

(2) 工程设计资料、设备验收报告、原始测试数据、故障分析报告、日常安全检查和测试报告、设备停（复）役审批报告、季度统计分析报告等。

（3）设备及系统技术图纸和资料。

（4）网络拓扑图。

（5）系统软件和应用软件备份。

（6）运行日志。

（7）备品备件管理档案等。

第三节　监督范围、重要指标及告警管理

一、监督范围

（1）生产控制大区的电力监控系统包括用于监视和控制电力生产及供应过程的、基于计算机及网络技术的业务系统及智能设备。

（2）作为基础支撑的通信及数据网络，包括网络基础设施、网络体系结构、网络交换、网络接口、传输与接入、网络管理、网络工程等。

（3）电力监控系统安全防护装置及系统包括软硬件防火墙、加密装置、物理隔离装置、主机加固、审计、网络安全监测装置、入侵检测（防护）装置、防病毒和恶意代码软件等。

二、监督主要内容

（一）设计、升级改造、建设监督

（1）新建、扩建及技术改造的工程应委托具备相应设计资质的工程设计单位进行设计，委托单位应向设计单位提出明确的设计要求，规划设计方案和选型配置方案应符合上级单位及本单位的信息化整体规划、技术政策、选型配置原则及相关标准规范等的要求，并向有关的勘察设计、施工、监理等单位提供与建设工程有关的原始资料。

（2）设计单位应建立、健全工程设计的质量保证体系，落实质量责任制，严格按工程建设强制性标准进行设计，设计文件应准确、完整，并达到国家规定的设计深度，按照设计规程提出合理、可行的设计报告和相关资料。设计（含图纸）及其变更必须经设计人员签字和盖章。

（3）应对新建、扩建及技改工程的技术性、可靠性、合理性等方面对设计方案进行全面、深入的审查，审查意见应得到主管部门的认可。设计文件未经审查和正式批准，不得使用。

（4）新建、扩建及技改工程的系统设备选型必须符合国家、行业和企业标准，满足设计要求，且不得任意更改。设备合同应严谨、有效。设备应进行出厂验收，对运行后不易检验设备可进行设备监造。

（5）新建、扩建及技术改造工程应委托具备相应施工资质的施工单位进行施工。施工单位及其人员必须按设计文件和施工规范施工，严格执行工程强制性标准，不得擅自修改设计。发现设计有误或不合理，应及时向建设单位提出意见和建议。

（6）应及时了解掌握工程进展情况，对影响工程质量、违规等问题，应及时向施工、监

理等单位提出具体要求。设计单位应参与工程质量问题分析，并对因设计造成的质量问题，提出相应的技术处理意见。

（7）新建、扩建及技术改造工程应委托具备相应监理资质的单位进行施工监理。监理单位应按监理规划及监理细则实施监理，必须严格执行通信工程强制性标准，建立、健全完善的监理资料：包括监理委托书、监理规划、监理细则、监理日志、监理周（月）报、监理总结等。

（8）应按照工程验收程序对设备技术性能、测试数据、施工质量、工程资料等进行严格审查。如发现设备质量不符合技术要求应提出意见。

（9）建立健全系统建设改造全过程的技术监督制度，加强现场的技术监督，确保系统建设与升级改造的质量。对质量不符合规定的设备，以及不符合系统安全要求的设备，电力监控系统技术监督管理部门有权行使安全否决权。

（10）新建、扩建、改造、升级的系统正式投运前必须经过严格的测评和安全评估并合格后才能投运，监督系统移交的完整性和科学性，确保在运系统的安全稳定及新系统的顺利投运。

（二）系统入网监督

（1）系统所用设备实行入网管理，投入运行的系统设备应符合相关国家标准、行业标准及集团公司相应的技术运行管理规定。

（2）新产品入网必须具有国家或相关部分颁发的入网许可证，应经有资质的质量检验中心确认其技术性能指标符合有关规定，并经运行评价证实其性能及质量满足有关标准和规定的要求，方能入网运行。

（3）凡属运行中的安全防护设备、通信设备、网络管理系统、软件或数据库等作重大修改前，均应经过技术论证，提出书面改进方案，经主管领导批准和上报上级管理部门，并经确认后方可实施。

（4）技术改进后的设备和软件应经过试运行，验收合格后方可正式投入运行，同时提交技术报告。

（5）凡属国家、电网公司、集团公司明令停止（或停止使用）的，实际运行中出现问题且无解决措施的，不满足相应反事故措施要求的产品，经测评不合格或拒绝合理测评的产品，禁止入网运行。

（6）符合入网条件且首次入网运行的系统、大批量采购的设备，运行或使用部门应及时填写质量跟踪表，定期报告上级管理部门。

（三）系统运行、维护与检修监督

（1）系统投运后，运行部门应及时编制该系统的运行规程、备份方案和应急预案，并报送电力监控系统技术监督管理部门备案。备份方案和应急预案应定期组织演练，不断修改完善。

（2）建立完整、准确的技术档案。技术档案包括工程设计资料、设备验收报告、原始测试数据、故障分析报告、日常安全检查和测试报告、设备停（复）役审批报告、季度统计分析报告、设备和备品备件管理档案等。

（3）应建立设备停（复）役审批和检修制度。检修工作分为年、月计划检修和临时检修，检修工作必须以检修工作票的形式，按照申请、审批、完工的程序执行。

（4）应具备完整的规章制度，具有设备使用说明书、图纸，系统和设备连接图，设备检修技术导则，设备运行日志，设备检修记录，电路运行方式，检修工作票以及设备、工具、仪表、备品备件管理台账。

（5）应实行运行维护岗位责任制和设备专人负责制，具备相应的设备运行管理制度。

（6）运行人员应定期对所辖设备进行检测和巡视，发现问题及时解决，并上报主管部门。运行人员应在上岗前进行业务培训，并通过考核。

（7）应对运行设备实行动态管理。在设备投运时建立起设备技术档案，编制相应设备的检测技术导则。

（8）定期对设备形态、技术指标等进行检测，并将有关问题和分析记录存档。

（9）应建立完备的系统备份机制，并对备份系统和所备数据的可靠性定期进行检查。

（10）关键业务系统运行维护操作必须事先填写工作票，应急预案和安全措施内容应详细，并由专人校审，同意后方可进行操作；操作应有记录，操作结束后应恢复安全措施，并向运行人员说明。

（11）系统发生缺陷时，要按照缺陷管理规定和流程填报缺陷记录单并及时进行处理。认真组织事后分析，重大故障报告和故障定期分析报告应报上级管理部门。

（12）加强对运行中的系统设备及运行环境状态的跟踪分析，及时进行安全性和可靠性评估；对存在隐患或长期服役不能满足安全运行要求的设备，提出有关建议，逐年按计划淘汰、更换，促进技术进步，提高设备的运行水平和完好率。

（四）电力监控系统安全防护内容

（1）逐步建立电力监控系统网络安全防护体系，主要包括基础设施安全、体系结构安全、系统本体安全、可信安全免疫、安全应急措施、全面安全管理等，形成多维栅格状架构，并随着技术进步不断动态发展、完善。

（2）根据电力监控系统的业务特性和业务模块的重要程度，遵循国家信息安全等级保护的要求，准确划分安全等级，合理划分安全区域，重点保护生产控制系统核心业务的安全。

（3）电力监控系统应采用专用的局域网络（LAN）和广域网络（WAN），与外部因特网和企业管理信息网络之间进行物理层面的安全隔离；在与本级其他业务系统相连的横向边界，以及上下级电力监控系统相连的纵向边界，应部署高强度的网络安全防护设施，并对数据通信的七层协议采用相应安全措施，形成立体多道安全防线。

（4）应将安全防护技术融入电力监控系统的采集、传输、控制等各个环节各业务模块，融入电力监控系统的设计研发和运行维护；应将网络安全管理融入电力安全生产管理体系，对全体人员、全部设备、全生命周期进行全方位的安全管理。

（5）电力监控系统安全直接影响电网安全，应全面加强网络安全风险管控，保障电力监控系统安全，确保电力系统安全稳定经济运行。

三、电力监控系统安全防护监督主要监督指标

（1）通信设备运行率不小于 99.9％。

（2）安全防护设备可用率不小于 100％。

（3）关键业务主机系统瘫痪死机 0 次。

四、告警

监督告警分一般告警和重要告警，见表12-2-1、表12-2-2。一般告警是指技术监督指标超出合格范围，需要引起重视，但不至于短期内造成重要设备损坏、停机、系统不稳定，且可以通过加强运行维护，缩短监视检测周期等临时措施，安全风险在可承受范围内的问题。重要告警是指一般告警问题存在劣化现象且劣化速度超出有关标准规程范围或有关标准规程及反措要求立即处理的，以及采取临时措施后，设备受损、负荷减供、环境污染的风险预测处于不可承受范围的问题。

表 12-2-1　　　　　　　　　　　　一 般 告 警

序号	一般告警项目
1	通信设备运行率低于98%
2	安全防护设备可用率低于99.9%
3	关键业务主机系统出现1次瘫痪死机
4	应用软件及硬件设备密码规则及管理不满足要求
5	未定期对关键业务的数据与系统进行备份
6	恶意代码防范、入侵检测、安全审计、安全加固等措施未落实，服务器、工作站、网络设备空闲端口未关闭
7	未对用户登录、操作等行为进行记录，未实现发送、接收数据的抗抵赖
8	机房环境及物理防护不满足要求

表 12-2-2　　　　　　　　　　　　重 要 告 警

序号	重要告警项目
1	通信设备运行率低于85%
2	安全防护设备可用率低于99.5%
3	关键业务主机系统出现多次瘫痪死机
4	未按照要求定期对电力监控系统安全防护开展安全评估工作
5	未按照"安全分区、网络专用、横向隔离、纵向认证、综合防护"基本原则落实安全防护措施，存在跨区互联、违规外联、远程运维等现象

第四节　定　期　工　作

为规范电力监控系统安全防护监督定期工作范围、周期及频次，从日常运行、检修监督、技术改造监督、优化提升及事故分析等方面制定技术监督定期工作标准，详见表12-2-3。

表 12-2-3　　　　电力监控系统安全防护监督定期工作

序号	工作类型	周期（时间要求）	工作内容
1	日常运行监督	每年	开展电力监控系统安全评估
		每年	三级系统开展等级保护测评
		每两年	二级系统开展等级保护自查或由符合相应条件的测评机构进行测评

序号	工作类型	周期（时间要求）	工作内容
1	日常运行监督	每年初	通信网络本年度运行方式编制
		每年	通信设备及网络性能测试、冗余设备及网络切换；电网调度业务范围的通信设备及网络，按调度要求开展相应工作
		每年	检查机房防雷、接地、屏蔽，通信设备除尘、蓄电池充放电试验等
		每年/系统升级	重要业务信息、系统数据及软件系统定期备份
		每年/新入职	通信、信息系统关键岗位人员安全培训，签署保密协议
		季度	统计关键业务主机系统瘫痪次数，并分析原因
		季度	统计通信电路运行率、行政交换机运行率、调度交换机运行率、通信电源运行率等指标
		季度/必要时	主机加固、升级和更新恶意代码库
2	检修监督	随主设备检修计划	通信设备检查、除尘、试验
		随主设备检修计划	通信设备及网络性能测试
		随主设备检修计划	通信电源检查、蓄电池充放电试验
3	技术改造监督	技术改造前	电力监控系统网络安全方案审查，并进行安全评估
		技术改造前	硬件和软件维护、升级人员，咨询人员以及辅助人员等第三方人员签署安全责任书和保密协议
		技术改造中	对第三方人员必须进入或进行逻辑访问的要进行审计
		技术改造后	对系统进行功能及性能试验，验收评估
4	优化提升及事故分析	及时	建立电力监控系统、安全防护产品等设备台账，建立基本配置信息数据库，包括网络拓扑结构、各个设备安装的软件组件、软件组件的版本和补丁信息、各个设备或软件组件的配置参数等。加强安全事件管理和应急预案管理，并每年至少演练一次

第五节　安　全　管　理

一、电力监控系统安全管理

电力监控系统安全管理是对一个组织机构中电力监控系统的生存周期全过程实施符合安全等级责任要求的管理，包括落实安全管理机构及安全管理人员，明确角色与职责，制定安全规划；开发安全策略；实施风险管理；制定业务持续性计划和灾难恢复计划；选择与实施安全措施；保证配置、变更的正确与安全；进行安全审计；保证维护支持；进行监控、检查，处理安全事件；安全意识与安全教育；人员安全管理等。

二、安全管理规章制度

（一）安全管理规章制度分类

根据机构的总体安全策略和业务应用需求制定信息系统安全管理的规程和制度，主要分为基本的安全管理制度、较完整的安全管理制度、体系化的安全管理制度、强制保护的安全管理制度和专控保护的安全管理制度，安全管理规章制度的内容应根据不同安全等级选择其中一项。

（二）安全管理规章制度内容

1. 基本的安全管理制度

基本的安全管理制度应包括网络安全管理规定、系统安全管理规定、数据安全管理规定、防病毒规定、机房安全管理规定以及相关的操作规程等。

2. 较完整的安全管理制度

在基本的安全管理制度的基础上，应增加设备使用管理规定、人员安全管理规定、安全审计管理规定、用户管理规定、风险管理规定、信息分类分级管理规定、安全事件报告规定、事故处理规定、应急管理规定和灾难恢复管理规定等。

3. 体系化的安全管理制度

在较完整的安全管理制度的基础上，应制定全面的安全管理规定，主要包括：

（1）机房、主机设备、网络设施、物理设施分类标记等系统资源安全管理规定。

（2）安全配置、系统分发和操作、系统文档、测试和脆弱性评估、系统信息安全备份和相关的操作规程等系统和数据库方面的安全管理规定。

（3）网络连接检查评估、网络使用授权、网络检测、网络设施（设备和协议）变更控制和相关的操作规程等方面的网络安全管理规定。

（4）应用安全评估、应用系统使用授权、应用系统配置管理、应用系统文档管理和相关的操作规程等方面的应用安全管理规定。

（5）人员安全管理、安全意识与安全技术教育、操作安全、操作系统和数据库安全、系统运行记录、病毒防护、系统维护、网络互联、安全审计、安全事件报告、事故处理、应急管理、灾难恢复和相关的操作规程等方面的运行安全管理规定。

（6）信息分类标记、涉密信息管理、文档管理、存储介质管理、信息披露与发布审批管理、第三方访问控制和相关的操作规程等方面的信息安全管理规定等。

4. 强制保护的安全管理制度

在体系化的安全管理制度的基础上，应增加信息保密标识与管理规定、密码使用管理规定、安全事件例行评估和报告规定、关键控制措施定期测试规定等。

5. 专控保护的安全管理制度

在强制保护的安全管理制度的基础上，应增加安全管理审计监督规定等。

（三）安全管理规章制度的制定

1. 基本的安全管理制度制定

基本的安全管理制度制定应由安全管理人员负责制定信息系统安全管理制度，并以文档形式表述，由分管信息安全工作的负责人审批发布。

2. 较完整的安全管理制度制定

较完整的安全管理制度制定应由信息安全职能部门负责制定信息系统安全管理制度，并以文档形式表述，由分管信息安全工作的负责人审批，按照有关文档管理程序发布。

3. 体系化的安全管理制度制定

体系化的安全管理制度制定应由信息安全职能部门负责制定信息系统安全管理制度，并以文档形式表述经信息安全领导小组讨论通过，由信息安全领导小组负责人审批发布，应注明发布范围并有收发文登记。

4. 强制保护的安全管理制度制定

强制保护的安全管理制度制定应由信息安全职能部门指派专人负责制定信息系统安全管理制度，并以文档形式表述，经信息安全领导小组讨论通过，由信息安全领导小组负责人审批发布；信息系统安全管理制度文档的发布应注明密级，对涉密的信息系统安全管理制度的制定应在相应范围内进行。

5. 专控保护的安全管理制度制定

专控保护的安全管理制度制定在强制保护的安全管理制度制定的基础上，必要时应征求组织机构的保密管理部门的意见或者共同制定。

（四）策略与制度文档的评审和修订

1. 基本的评审和修订

基本的评审和修订应由分管信息安全的负责人和安全管理人员负责文档的评审和修订；应通过所记录的安全事故的性质、数量以及影响检查策略和制度的有效性，评价安全管理措施对成本及应用效率的影响，以及技术变化对安全管理的影响；经评审，对存在不足或需要改进的策略和制度应进行修订，并按规定程序发布。

2. 较完整的评审和修订

较完整的评审和修订应由分管信息安全的负责人和信息安全职能部门负责文档的评审和修订；应定期或阶段性审查策略和制度存在的缺陷，并在发生重大安全事故、出现新的漏洞以及机构或技术基础结构发生变更时，对策略和制度进行相应的评审和修订；对评审后需要修订的策略和制度文档，应明确指定人员限期完成并按规定发布。

3. 体系化的评审和修订

体系化的评审和修订应由信息安全领导小组和信息安全职能部门负责文档的评审和修订；应对安全策略和制度的有效性进行程序化、周期性评审，并保留必要的评审记录和依据；每个策略和制度文档应有相应责任人，根据明确规定的评审和修订程序对策略进行维护。

4. 强制保护的评审和修订

强制保护的评审和修订应由信息安全领导小组和信息安全职能部门的专门人员负责文档的评审和修订，必要时可征求信息安全监管职能部门的意见；应对安全策略和制度的有效性进行程序化、周期性评审，并保留必要的评审记录和依据；每个策略和制度文档应有相应责任人，根据明确规定的评审和修订程序对策略进行维护；对涉密的信息安全策略、规章制度和相关的操作规程文档的评审和修订应在相应范围内进行。

5. 专控保护的评审和修订

专控保护的评审和修订在强制保护的评审和修订的基础上，必要时可请组织机构的保密管理部门参加文档的评审和修订，应征求国家指定的专门部门或机构的意见；应对安全策略和制度的有效性及时进行专项的评审，并保留必要的评审记录和依据。

（五）策路与制度文档的保管

1. 指定专人保管

对策略和制度文档，以及相关的操作规程文档，应指定专人保管。

2. 借阅审批和登记

在指定专人保管的基础上，借阅策略和制度文档，以及相关的操作规程文档，应有相应级别负责人审批和登记。

3. 限定借阅范围

在借阅审批和登记的基础上，借阅策略和制度文档，以及相关的操作规程文档，应限定借阅范围，并经过相应级别负责人审批和登记。

4. 全面严格保管

在限定借阅范围的基础上，对涉密的策略和制度文档，以及相关的操作规程文档的保管应按照有关涉密文档管理规定进行；对保管的文档以及借阅的记录定期进行检查。

5. 专控保护的管理

在全面严格保管的基础上，应与相关业务部门协商制定专项控制的管理措施。

三、机构和人员管理

（一）安全管理机构

在组织机构中应建立安全管理机构，不同安全等级的安全管理机构应满足配备安全管理人员、建立安全职能部门、成立安全领导小组、主要负责人出任领导、建立信息安全保密管理部门中的一项。

1. 建立安全管理机构

（1）配备安全管理人员。管理层中应有一人分管信息系统安全工作，并为信息系统的安全管理配备专职或兼职的安全管理人员。

（2）建立安全职能部门。在配备安全管理人员的基础上，应建立管理信息系统安全工作的职能部门或者明确指定职能部门兼管信息安全工作，作为该部门的关键职责之一。

（3）成立安全领导小组。在建立安全职能部门的基础上，应在管理层成立信息系统安全管理委员会或信息系统安全领导小组（以下统称信息安全领导小组），对覆盖全国或跨地区的组织机构，应在总部和下级单位建立各级信息系统安全领导小组，在基层至少要有一位专职的安全管理人员负责信息系统安全工作。

（4）主要负责人出任领导。在成立安全领导小组的基础上，应由组织机构的主要负责人出任信息系统安全领导小组负责人。

（5）建立信息安全保密管理部门。在主要负责人出任领导的基础上，应建立信息系统安全保密监督管理的职能部门，或对原有保密部门明确信息安全保密管理责任，加强对信息系统安全管理重要过程和管理人员的保密监督管理。

2. 信息安全领导小组

（1）安全管理的领导职能。根据国家和行业有关信息安全的政策、法律和法规，批准机构信息系统的安全策略和发展规划；确定各有关部门在信息系统安全工作中的职责，领导安全工作的实施；监督安全措施的执行，并对重要安全事件的处理进行决策；指导和检查信息系统安全职能部门及应急处理小组的各项工作；建设和完善信息系统安全的集中控管的组织体系和管理机制。

（2）保密监督的管理职能。在履行安全管理的领导职能的基础上，对保密管理部门进行有关信息系统安全保密监督管理方面的指导和检查。

3. 信息安全职能部门

信息安全职能部门在信息系统安全领导小组领导下，负责本组织机构信息系统安全的具体工作，至少应行使基本的安全管理职能和集中的安全管理职能之一。

（1）基本的安全管理职能。根据国家和行业有关信息安全的政策法规，起草组织机构信息系统的安全策略和发展规划；管理机构信息系统安全日常事务，检查和指导下级单位信息系统安全工作；负责安全措施的实施或组织实施，组织并参加对安全重要事件的处理；监控信息系统安全总体状况，提出安全分析报告；指导和检查各部门和下级单位信息系统安全人员及要害岗位人员的信息系统安全工作；应与有关部门共同组成应急处理小组或协助有关部门建立应急处理小组实施相关应急处理工作。

（2）集中的安全管理职能。在基本的安全管理职能的基础上，管理信息系统安全机制集中管理机构的各项工作，实现信息系统安全的集中控制管理；完成信息系统安全领导小组交办的工作，并向领导小组报告机构的信息系统安全工作。

（二）人员管理

1. 安全管理人员配备

对安全管理人员配备的管理，不同安全等级应有选择地满足配备兼职安全管理人员、安全管理人员的兼职限制、配备专职安全管理人员和关键部位配备安全管理人员其中一项。

（1）配备兼职安全管理人员。安全管理人员可以由网络管理人员兼任。

（2）安全管理人员的兼职限制。安全管理人员不能兼任网络管理人员、系统管理员、数据库管理员等。

（3）配备专职安全管理人员。安全管理人员不可兼任，属于专职人员，应具有安全管理工作权限和能力。

（4）关键部位的安全管理人员。在配备专职安全管理人员的基础上，安全管理人员还应按照机要人员条件配备。

2. 关键岗位人员管理

对信息系统关键岗位人员的管理，不同安全等级应满足基本要求、兼职和轮岗要求、权限分散要求、多人共管要求和全面控制要求的一项或多项。

（1）基本要求。应对安全管理员、系统管理员、数据库管理员、网络管理员、重要业务开发人员、系统维护人员、重要业务应用操作人员等信息系统关键岗位人员进行统一管理；允许一人多岗，但业务应用操作人员不能由其他关键岗位人员兼任；关键岗位人员应定期接受安全培训，加强安全意识和风险防范意识。

（2）兼职和轮岗要求。业务开发人员和系统维护人员不能兼任或担负安全管理员、系统管理员、数据库管理员、网络管理员、重要业务应用操作人员等岗位或工作；必要时关键岗位人员应采取定期轮岗制度。

（3）权限分散要求。在兼职和轮岗要求的基础上，应坚持关键岗位人员"权限分散、不得交叉覆盖"的原则，系统管理员、数据库管理员、网络管理员不能相互兼任岗位或工作。

（4）多人共管要求。在权限分散要求的基础上，关键岗位人员处理重要事务或操作时，应保持两人同时在场，关键事务应多人共管。

（5）全面控制要求。在多人共管要求的基础上，应采取对内部人员全面控制的安全保证措施，对所有岗位工作人员实施全面安全管理。

3. 人员录用管理

对人员录用的管理，不同安全等级应有选择地满足人员录用的基本要求、审查与考核、内部选拔和人员的可靠性中要求的一项。

（1）人员录用的基本要求。对应聘者进行审查，确认其具有基本的专业技术水平，接受过安全意识教育和培训，能够掌握安全管理基本知识；对信息系统关键岗位的人员还应注重思想品质方面的考察。

（2）人员的审查与考核。在人员录用基本要求的基础上，应由单位人事部门进行人员背景、资质审查，技能考核等，合格者还要签署保密协议方可上岗；安全管理人员应具有基本的系统安全风险分析和评估能力。

（3）人员的内部选拔。在人员审查与考核的基础上，重要区域或部位的安全管理人员一般可从内部符合条件人员选拔，应做到认真负责和保守秘密。

（4）人员的可靠性。在人员可靠性的基础上，关键区域或部位的安全管理人员应选用实践证明精干、内行忠实、可靠的人员，必要时可按机要人员条件配备。

4. 人员离岗

对人员离岗的管理，不同安全等级应有选择地满足离岗的基本要求、调离后的保密要求、离岗的审计要求、关键部位人员的离岗要求中的一项。

（1）离岗的基本要求。立即中止被解雇的、退休的、辞职的或其他原因离开的人员的所有访问权限；收回所有相关证件、徽章、密钥、访问控制标记等；收回机构提供的设备等。

（2）调离后的保密要求。在离岗基本要求的基础上，管理层和信息系统关键岗位人员调离岗位，必须经单位人事部门严格办理调离手续，承诺其调离后的保密要求。

（3）离岗的审计要求。在调离后保密要求的基础上，涉及组织机构管理层和信息系统关键岗位的人员调离单位，必须进行离岗安全审查，在规定的脱密期限后，方可调离。

（4）关键部位人员的离岗要求。在离岗审计要求的基础上，关键部位的信息系统安全管理人员离岗，应按照机要人员管理办法办理。

5. 人员考核与审查

对人员考核与审查的管理，不同安全等级应有选择地满足定期的人员考核、定期的人员审查、管理有效性的审查、全面严格的审查要求中的一项。

（1）定期的人员考核。应定期对各个岗位的人员进行不同侧重的安全认知和安全技能的考核，作为人员是否适合当前岗位的参考。

（2）定期的人员审查。在定期人员考核的基础上，对关键岗位人员，应定期进行审查，如发现其违反安全规定应控制使用。

（3）管理有效性的审查。在定期人员审查的基础上，对关键岗位人员的工作，应通过例行考核进行审查，保证安全管理的有效性，并保留审查结果。

（4）全面严格的审查。在管理有效性审查的基础上，对所有安全岗位人员的工作，应通过全面考核进行审查，如发现其违反安全规定，应采取必要的应对措施。

6. 第三方人员管理

对第三方人员的管理，不同安全等级应有选择地满足基本管理要求、重要区域管理要求、关键区域管理要求中的一项。

（1）基本管理要求。应对硬件和软件维护人员、咨询人员、临时性的短期职位人员，以及辅助人员和外部服务人员等第三方人员签署包括不同安全责任的合同书或保密协议；规定各类人员的活动范围，进入计算机房需要得到批准，并有专人负责；第三方人员必须进行逻辑访问时，应划定范围并经过负责人批准，必要时应有人监督或陪同。

（2）重要区域管理要求。在重要区域，第三方人员必须进入或进行逻辑访问（包括近程访问和远程访问等）均应有书面申请、批准和过程记录，并有专人全程监督或陪同；进行逻辑访问应使用专门设置的临时用户，并进行审计。

（3）关键区域管理要求。在关键区域，一般不允许第三方人员进入或进行逻辑访问；如确有必要，除有书面申请外，可采取由机构内部人员带为操作的方式，对结果进行必要的过滤后再提供第三方人员，并进行审计；必要时对上述过程进行风险评估和记录备案，并对相应风险采取必要的安全补救措施。

（三）教育和培训

信息安全教育包括信息安全意识的培养教育和安全技术培训，不同安全等级应有选择地满足以下要求的一项。

（1）应知应会要求。应让信息系统相关员工知晓信息的敏感性和信息安全的重要性，认识其自身的责任和安全违例会受到纪律惩罚，以及应掌握的信息安全基本知识和技能等。

（2）有计划培训。在应知应会要求的基础上，应制定并实施安全教育和培训计划，培养信息系统各类人员安全意识，并提供对安全政策和操作规程的认知教育和训练等。

（3）针对不同岗位培训。在有计划培训的基础上，针对不同岗位，制定不同的专业培训计划，包括安全知识、安全技术、安全标准、安全要求、法律责任和业务控制措施等。

（4）按人员资质要求培训。在针对不同岗位培训的基础上，对所有工作人员的安全资质进行定期检查和评估，使相应的安全教育成为组织机构工作计划的一部分。

（5）培养安全意识的自觉性。在按人员资质要求培训的基础上，对所有工作人员进行相应的安全资质管理，并使安全意识成为所有工作人员的自觉存在。

四、环境和资源管理

（一）环境安全管理

1. 环境安全管理要求

对环境安全管理，不同安全等级应有选择地满足环境安全的基本要求、较完整的制度化管理、安全区域标记管理、安全区域隔离和监视、安全保障的持续改善要求中的一项。

（1）环境安全的基本要求。应配置物理环境安全的责任部门和管理人员；建立有关物理环境安全方面的规章制度；物理安全方面应达到 GB/T 20271《信息安全技术 信息系统通用安全技术要求》中的有关要求。

（2）较完整的制度化管理。在环境安全基本要求的基础上，应对物理环境划分不同保护等级的安全区域进行管理；应制定对物理安全设施进行检验、配置、安装、运行的有关制度和保障措施；实行关键物理设施的登记制度；物理安全方面应达到 GB/T 20271《信息安全技术 信息系统通用安全技术要求》中的有关要求。

（3）安全区域标记管理。在较完整的制度化管理的基础上，应对物理环境中所有安全区域进行标记管理，包括不同安全保护等级的办公区域、机房、介质库房等；介质库房的管理可以参照同等级的机房的要求；物理安全方面应达到 GB/T 20271《信息安全技术 信息系统通用安全技术要求》中的有关要求。

（4）安全区域隔离和监视。在安全区域标记管理的基础上，应实施不同保护等级安全区域的隔离管理；出入人员应经过相应级别的授权并有监控措施；对重要安全区域的活动应实时监视和记录；物理安全方面应达到 GB/T 20271《信息安全技术　信息系统通用安全技术要求》中的有关要求。

（5）安全保障的持续改善。在安全区域隔离和监视的基础上，应对物理安全保障定期进行监督、检查和不断改进，实现持续改善；物理安全方面应达到 GB/T 20271《信息安全技术　信息系统通用安全技术要求》中的有关要求。

2. 机房安全管理要求

对机房安全管理，不同安全等级应有选择地满足基本要求、加强对来访人员的控制、增强门禁控制手段、使用视频监控和专职警卫、采取防止电磁泄漏保护中的一项。

（1）机房安全管理的基本要求。应明确机房安全管理的责任人，机房出入应由指定人员负责，未经允许的人员不准进入机房；获准进入机房的来访人员，其活动范围应受到限制，并由接待人员陪同；机房钥匙由专人管理，未经批准，不准任何人私自复制机房钥匙或服务器开机钥匙；没有指定管理人员的明确准许，任何记录介质、文件材料及各种被保护品均不准带出机房，与工作无关的物品均不准带入机房；机房内严禁吸烟及带入火种和水源。

（2）加强对来访人员的控制。在机房安全管理基本要求的基础上，要求所有来访人员应经过正式批准，登记记录应妥善保存以备查；获准进入机房的来访人员，一般应禁止携带个人计算机等电子设备进入机房，其活动范围和操作行为应受到限制，并有机房接待人员负责和陪同。

（3）增强门禁控制手段。在加强对来访人员控制的基础上，任何进出机房的人员应经过门禁设施的监控和记录，应有防止绕过门禁设施的手段；门禁系统的电子记录应妥善保存以备查；进入机房的人员应佩戴相应证件；未经批准，禁止任何物理访问；未经批准，禁止任何人移动计算机相关设备或带离机房。

（4）使用视频监控和专职警卫。在增强门禁控制手段的基础上机房所在地应有专职警卫，通道和入口处应设置视频监控点，24h 值班监视；所有来访人员的登记记录、门禁系统的电子记录以及监视录像记录应妥善保存以备查；禁止携带移动电话、电子记事本等具有移动互连功能的个人物品进入机房。

（5）采取防止电磁泄漏保护。在使用视频监控和专职警卫的基础上，对需要防止电磁泄漏的计算机设备配备电磁干扰设备，在被保护的计算机设备工作时电磁干扰设备不准关机；必要时可以使用屏蔽机房。屏蔽机房应随时关闭屏蔽门；不得在屏蔽墙上打钉钻孔，不得在波导管以外或不经过过滤器对屏蔽机房内外连接任何线缆；应经常测试屏蔽机房的泄漏情况并进行必要的维护。

（二）资源管理

1. 资产清单管理

对资产清单的管理，不同安全等级应有选择地满足一般资产清单管理、详细的资产清单管理、业务应用系统清单管理中要求的一项。

（1）一般资产清单。应编制并维护与信息系统相关的资产清单，至少包括表格之类的信息资产（应用数据、系统数据、安全数据等数据库和数据文档、系统文件用户手册、培训资料、操作和支持程序持续性计划、备用系统安排、存档信息）、软件资产（应用软件、系统软件、开发工具和实用程序）、有形资产（计算机设备、通信设备、磁媒体、其他技术装备等）应用业务相关资产（由信息系统控制的或与信息系统密切相关的应用业务的各类资产，由于信息系统或信息的泄露或破坏，这些资产会受到相应的损坏）、服务（计算和通信服务，通用设备如供暖、照明、供电和空调等）。

（2）详细的资产清单。在一般资产清单管理的基础上，应清晰识别每项资产的拥有权、责任人、安全分类以及资产所在的位置等。

（3）业务应用系统清单。在详细的资产清单管理的基础上，应清晰识别业务应用系统资产的拥有权、责任人、安全分类以及资产所在的位置等；必要时应该包括主要业务应用系统处理流程和数据流的描述，以及业务应用系统用户分类说明。

2. 资产的分类与标识要求

对资产的分类与标识，不同安全等级应有选择地满足资产标识、资产分类管理、资产体系架构管理中的一项。

（1）资产标识。应根据资产的价值/重要性对资产进行标识，以便可以基于资产的价值选择保护措施和进行资产管理等相关工作。

（2）资产分类管理。在资产标识管理的基础上，应对信息资产进行分类管理，对信息系统内分属不同业务范围的各类信息，按其对安全性的不同要求分类加以标识。对于信息资产，通常信息系统数据可以分为系统数据和用户数据两类，其重要性一般与其所在的系统或子系统的安全保护等级相关。用户数据的重要性还应考虑自身保密性分类，如国家秘密信息（秘密、机密、绝密信息）、其他秘密信息（受国家法律保护的商业秘密和个人隐私信息）、专有信息（国家或组织机构内部共享内部受限、内部专控信息以及公民个人专有信息）、公开信息（国家公开共享的信息、组织机构公开共享的信息、公民个人可公开共享的信息；组织机构应根据业务应用的具体情况进行分类分级和标识，纳入规范化管理），不同安全等级的信息应当本着"知所必需、用所必需、共享必需、公开必需、互联通信必需"的策略进行访问控制和信息交换管理。

（3）资产体系架构。在资产分类管理的基础上，以业务应用为主线，用体系架构的方法描述信息资产；资产体系架构不是简单的资产清单，而是通过对各个资产之间有机的联系和关系的结构性描述。

3. 介质管理

对介质管理，不同安全等级应有选择地满足介质管理基本要求、异地存放要求、完整性检查的要求、加密存储的要求、高强度加密存储的要求中的一项。

（1）介质管理基本要求。对脱机存放的各类介质（包括信息资产和软件资产的介质）进行控制和保护，以防止被盗、被毁、被修改以及信息的非法泄露；介质的归档和查询应有记录，对存档介质的目录清单应定期盘点；介质应储放在安全的环境中防止损坏；对于需要送出维修或销毁的介质，应防止信息的非法泄露。

（2）介质异地存放要求。在介质管理基本要求的基础上，根据所承载的数据和软件的重要程度对介质进行标识和分类，存放在由专人管理的介质库中，防止被盗被毁以及信息的非法泄露，对存储保密性要求较高的信息的介质，其借阅、拷贝、传输须经相应级别的领导批准后方可执行，并登记在册；存储介质的销毁必须经批准并按指定方式进行，不得自行销毁；介质应保留 2 个以上的副本，而且要求介质异地存储，存储地的环境要求和管理方法应与本地相同。

（3）完整性检查的要求。在介质异地存放要求的基础上，对重要介质的数据和软件必要时可以加密存储；对重要的信息介质的借阅拷贝、分发传递须经相应级别的领导的书面审批后方可执行，并各种处理过程应登记在册，介质的分发传递采取保护措施；对于需要送出维修或销毁的介质，应首先删除信息，再重复写操作进行覆盖，防止数据恢复和信息泄露；需要带出工作环境的介质，其信息应受到保护；对存放在介质库中的介质应定期进行完整性和可用性检查，确认其数据或软件没有受到损坏或丢失。

（4）加密存储的要求。在完整性检查要求的基础上，对介质中的重要数据必须使用加密技术或数据隐藏技术进行存储；介质的保存和分发传递应有严格的规定并进行登记；介质受损但无法执行删除操作的，必须销毁；介质销毁在经主管领导审批后应由两人完成，一人执行销毁一人负责监销，销毁过程应记录。

（5）高强度加密存储的要求。在加密存储要求的基础上，对极为重要数据的介质应该使用高强度的加密技术或数据隐藏技术进行存储，并对有关密钥和数据隐藏处理程序严格保管。

4. 设备管理要求

对设备管理要求，不同安全等级应有选择地满足申报和审批要求、系统化管理、建立资产管理信息登记机制中的一项。

（1）申报和审批要求。对于信息系统的各种软硬件设备的选型、采购、发放或领用，使用者应提出申请，报经相应领导审批，才可以实施；设备的选型、采购、使用和保管应明确责任人。

（2）系统化管理。在申报和审批要求的基础上，要求设备有专人负责，实行分类管理；通过对资产清单的管理，记录资产的状况和资产使用、转移、废弃及其授权过程，保证设备的完好率。

（3）建立资产管理信息登记机制。在系统化管理的基础上，对各种资产进行全面管理，提高资产安全性和使用效率；建立资产管理登记系统，提供资产分类标识、授权与访问控制、变更管理、系统安全审计等功能，为整个系统提供基础技术支撑。

五、运行和维护管理

（一）用户管理

1. 用户分类管理

对用户分类管理，不同安全等级应有选择地满足用户分类清单、特权用户管理、重要业务用户管理、关键部位用户管理中的一项。

（1）用户分类清单。应按审查和批准的用户分类清单建立用户和分配权限。用户分类清单应包括信息系统的所有用户的清单，以及各类用户的权限；用户权限发生变化时应及时更改用户清单内容；必要时可以对有关用户开启审计功能。

用户分类清单应包括系统用户（系统管理员、网络管理员、数据库管理员和系统运行操作员等特权用户）、普通用户（OA 和各种业务应用系统的用户）、外部客户用户（组织机构的信息系统对外服务的客户用户)、临时用户(指系统维护测试和第三方人员使用的用户)。

(2)特权用户管理。在用户分类清单管理的基础上,应对信息系统的所有特权用户列出清单,说明各个特权用户的权限,以及特权用户的责任人员和授权记录;定期检查特权用户的实际分配权限是否与特权用户清单符合;对特权用户开启审计功能。

(3)重要业务用户管理。在特权用户管理的基础上,应对信息系统的所有重要业务用户列出清单,说明各个用户的权限,以及用户的责任人员和授权记录;定期检查重要业务用户的实际分配权限是否与用户清单符合;对重要业务用户开启审计功能。

(4)关键部位用户管理。在重要业务用户管理的基础上,应对关键部位用户采取逐一审批和授权的程序,并记录备案;定期检查这些用户的实际分配权限是否与授权符合,对这些用户开启审计功能。

2.系统用户要求

对系统用户,不同安全等级应有选择地满足最小授权要求、责任到人要求、监督性保护要求中的一项。

(1)最小授权要求。系统用户应由信息系统的主管领导指定,授权应以满足其工作需要的最小权限为原则;系统用户应接受审计。

(2)责任到人要求。在最小授权要求的基础上,对重要信息系统的系统用户,应进行人员的严格审查,符合要求的人员才能给予授权;对系统用户应能区分责任到个人,不应以部门或组作为责任人。

(3)监督性保护要求。在责任到人要求的基础上,在关键信息系统中,对系统用户的授权操作,必须有两人在场,并经双重认可后方可操作;操作过程应自动产生不可更改的审计日志。

3.普通用户要求

对普通用户,不同安全等级应有选择地满足基本要求、处理敏感信息的要求、重要业务应用的要求中的一项。

(1)普通用户的基本要求。应保护好口令等身份鉴别信息;发现系统的漏洞、滥用或违背安全行为应及时报告;不应透露与组织机构有关的非公开信息;不应故意进行违规的操作。

(2)处理敏感信息的要求。在普通用户基本要求的基础上,不应在不符合敏感信息保护要求的系统中保存和处理高敏感度的信息;不应使用各种非正版软件和不可信的自由软件。

(3)重要业务应用的要求。在处理敏感信息要求的基础上,应在系统规定的权限内进行操作,必要时某些重要操作应得到批准;用户应保管好自己的身份鉴别信息载体,不得转借他人。

4.机构外部用户要求

对机构外部用户,不同安全等级应有选择地满足一般要求、外部特定用户要求、外部用户的限制要求中的一项。

(1)外部用户一般要求。应对外部用户明确说明使用者的责任、义务和风险,并要求提供合法使用的声明;外部用户应保护口令等身份鉴别信息;外部用户只能是应用层的用户。

(2)外部特定用户要求。在外部用户一般要求的基础上,可对特定外部用户提供专用通信通道、端口、特定的应用或数据协议,以及专用设备等。

（3）外部用户的限制。在外部特定用户要求的基础上，在关键部位，一般不允许设置外部用户。

5. 临时用户要求

对临时用户，不同安全等级应有选择地满足临时用户的设置与删除、临时用户的审计、临时用户的限制中的一项。

（1）临时用户的设置与删除。临时用户的设置和期限必须经过审批，使用完毕或到期应及时删除，设置与删除均应记录备案。

（2）临时用户的审计。在临时用户设置与删除的基础上，对主要部位的临时用户应进行审计，并在删除前进行风险评估。

（3）临时用户的限制。在临时用户审计的基础上，在关键部位，一般不允许设置临时用户。

（二）运行操作管理

1. 服务器操作管理

对服务器操作的管理，不同安全等级应有选择地满足基本要求、日志文件和监控管理、配置文件管理要求中的一项。

（1）服务器操作管理基本要求。对服务器的操作应由授权的系统管理员实施；应按操作规程实现服务器的启动/停止、加电/断电等操作；维护服务器的运行环境及配置和服务设定。

（2）日志文件和监控管理。在服务器操作管理基本要求的基础上，加强日志文件管理和监控管理。日志管理包括对操作系统、数据库系统以及业务系统等日志的管理和维护；监控管理包括监控系统性能，如监测 CPU（中央处理器）和内存的利用率、检测进程运行及磁盘使用情况等。

（3）配置文件管理。在日志文件和监控管理的基础上，加强配置文件管理，包括服务器的系统配置和服务设定的配置文件的管理，定期对系统安全性进行有效性评估和检查，及时发现系统的新增缺陷或漏洞。

2. 终端计算机操作管理

对终端计算机操作的管理，不同安全等级应有选择地满足基本要求、重要部位的终端计算机管理、关键部位的终端计算机管理要求中的一项。

（1）终端计算机操作管理基本要求。用户在使用自己的终端计算机时，应设置开机、屏幕保护、目录共享口令；非组织机构配备的终端计算机未获批准，不能在办公场所使用；及时安装经过许可的软件和补丁程序，不得自行安装及使用其他软件和自由下载软件；未获批准，严禁使用 Modem 拨号、无线网卡等方式或另辟通路接入其他网络。

（2）重要部位的终端计算机管理。在终端计算机操作管理基本要求的基础上，应有措施防止终端计算机机箱私自开启，如需拆机箱应在获得批准后由相关管理部门执行；接入保密性较高的业务系统的终端计算机不得直接接入低级别系统或网络。

（3）关键部位的终端计算机管理。在重要部位终端计算机管理的基础上，终端计算机必须启用两个及两个以上身份鉴别技术的组合来进行身份鉴别；终端计算机应采用低辐射设备；每个终端计算机的管理必须由专人负责，如果多人共用一个终端计算机，应保证各人只能以自己的身份登录，并采用身份鉴别机制。

3.便携机操作管理

对便携机操作的管理，不同安全等级应有选择地满足基本要求、远程操作的限制、重要应用的便携机的管理、有涉及国家秘密数据的便携机的管理要求中的一项。

（1）便携机操作管理的基本要求。便携机需设置开机口令和屏保口令，因工作岗位变动不再需要使用便携机时，应及时办理资产转移或清退手续，并删除机内的敏感数据；在本地之外网络接入过的便携机，需要接入本地网络前应进行必要的安全检查。

（2）便携机远程操作的限制。在便携机操作管理基本要求的基础上，在机构内使用的便携机，未获批准，严禁使用 Modem 拨号、无线网卡等方式接入其他网络。

（3）重要应用的便携机的管理。在便携机远程操作限制的基础上，在重要区域使用的便携机必须启用两个及两个以上身份鉴别技术的组合来进行身份鉴别；便携机离开重要区域时不应存储相关敏感或涉及国家秘密数据，必须带出时应经过有关领导批准并记录在案。

（4）有涉及国家秘密数据的便携机的管理。在重要应用便携机的管理的基础上，要求采用低辐射便携机；便携机在系统外使用时，没有足够强度安全措施不应使用 Modem 拨号或无线网卡等方式接入网络；机内的涉及国家秘密数据应采用一定强度的加密储存或采用隐藏技术，以减小便携机丢失所造成的损失；必要时应对便携机采取物理保护措施。

4.网络及安全设备操作管理

对网络及安全设备操作的管理，不同安全等级应有选择地满足基本要求、策略配置及检查、安全机制集中管理控制要求中的一项。

（1）网络及安全设备操作基本要求。对网络及安全设备的操作应由授权的系统管理员实施；应按操作规程实现网络设备和安全设备的接入/断开、启动/停止、加电/断电等操作；维护网络和安全设备的运行环境及配置和服务设定。

（2）策略配置及检查。在网络及安全设备操作基本要求的基础上，管理员应按照安全策略要求进行网络及设备配置；应定期检查实际配置与安全策略要求的符合性。

（3）安全机制集中管理控制。在策略配置及检查的基础上，应通过安全管理控制平台等设施对网络及安全设备的安全机制进行统一控制、统一管理、统一策略，保障网络正常运行。

5.业务应用操作管理

对业务应用操作的管理，不同安全等级应有选择地满足操作程序和权限控制、操作的限制、操作的监督要求中的一项。

（1）业务应用操作程序和权限控制。业务应用系统应按要求对操作人员进行身份鉴别，应能够以菜单等方式限制操作人员的访问权限；操作程序应形成正式文档，需要进行改动时应得到管理层授权；这些操作步骤应指明具体执行每个作业的指令，至少包括指定需要处理和使用的信息，明确操作步骤，包括与其他系统的相互依赖性、操作起始和结束的时间，说明处理错误或其他异常情况的指令，系统出现故障时进行重新启动和恢复的措施，以及在出现意外的操作或技术问题时需要技术支持的联系方法。

（2）业务应用操作的限制。在业务应用操作程序和权限控制的基础上，对重要的业务应用操作应根据特别许可的权限执行；业务应用操作应进行审计。

（3）业务应用操作的监督。在业务应用操作的限制基础上，关键的业务应用操作应有 2 人同时在场或同时操作，并对操作过程进行记录。

（三）运行维护管理

1. 日常运行安全管理

对日常运行安全管理，不同安全等级应有选择地满足系统运行的基本安全管理、制度化管理、风险控制、安全审计、全面安全管理要求中的一项。

（1）系统运行的基本安全管理。应通过正式授权程序委派专人负责系统运行的安全管理，建立运行值班等有关安全规章制度；正确实施为信息系统可靠运行而采取的各种检测、监控、审计、分析、备份及容错等方法和措施；对运行安全进行监督检查，明确各个岗位人员对信息系统各类资源的安全责任，明确信息系统安全管理人员和普通用户对信息系统资源的访问权限；对信息系统中数据管理应保证技术上能够达到 GB/T 20271《信息安全技术　信息系统通用安全技术要求》中的有关要求。

（2）系统运行的制度化管理。在系统运行的基本安全管理的基础上，应按风险管理计划和操作规程定期对信息系统的运行进行风险分析与评估，并向管理层提交正式的风险分析报告。为此应实行系统运行的制度化管理，包括以下内容。

1）对病毒防护系统的使用制定管理规定。

2）制定应用软件安全管理规章制度，应用软件的采购应经过批准，对应用软件的安全性应进行调查，未经验证的软件不得运行。

3）对应用软件的使用采取授权管理，没有得到许可的用户不得安装、调试、运行、卸载应用软件，并对应用软件的使用进行审计。

4）制定外部服务方对信息系统访问的安全制度，对外部服务方访问进行评估，采取安全措施对访问实施控制，与外部服务方签署安全保密合同，并要求有关合同不违背总的安全策略。

5）安全管理负责人应会同信息系统应用各方制定应急计划和灾难恢复计划，以及实施规程，并进行必要验证、实际演练和技术培训。

6）对所需外部资源的应急计划要与有关各方签署正式合同，合同中应规定服务质量，并包括安全责任和保密条款。

7）制定安全事件处理规程，保证在短时间内能够对安全事件进行处理。

8）制定信息系统的数据备份制度，要求指定专人负责备份管理，保证信息系统自动备份和人工备份的准确性、可用性。

9）制定有关变更控制制度，保证变更后的信息系统能满足既定的安全目标。

10）制定运行安全管理检查制度，定期或不定期对所有计划和制度执行情况进行监督检查，并对安全策略和管理计划进行修订。

11）接受上级或国家有关部门对信息系统安全工作的监督和检查。

12）根据组织机构和信息系统出现的各种变化及时修订完善各种规章制度。建立严格的运行过程管理文档，其中包括责任书、授权书、许可证、各类策略文档、事故报告处理文档、安全配置文档、系统各类日志等，并保证文档的一致性。

13）对信息系统中数据管理应保证技术上能够达到 GB/T 20271《信息安全技术　信息系统通用安全技术要求》中的有关要求。

（3）系统运行的风险控制。在系统运行制度化管理的基础上，使用规范的方法对信息系统运行的有关方面进行风险控制，包括要求对关键岗位的人员实施严格的背景调查和管理控制，切实落实最小授权原则和分权制衡原则，关键安全事务要求双人共管；对外部服务方实施严格的访问控制，对其访问实施监视，并定期对外部服务方访问的风险进行分析和评估；要求有专人负责应急计划和灾难恢复计划的管理工作，保证应急计划和灾难恢复计划有效执行；要求系统中的关键设备和数据采取可靠的备份措施；要求保证各方面安全事务管理的一致性；对信息系统中数据管理应保证技术上能够达到 GB/T 20271《信息安全技术　信息系统通用安全技术要求》中的有关要求。

（4）系统运行的安全审计。在系统运行风险控制的基础上，应建立风险管理质量管理体系文件，并对系统运行管理过程实施独立的审计，保证安全管理过程的有效性；信息系统生存周期各个阶段的安全管理工作应有明确的目标、明确的职责，实施独立的审计；应对病毒防护管理制度实施定期和不定期的检查；应对外部服务方每次访问信息系统的风险进行控制，实施独立的审计；定期对应急计划和灾难恢复计划的管理工作进行评估；对使用单位的安全策略、安全计划等安全事务的一致性进行检查和评估；对信息系统中数据管理应保证技术上能够达到 GB/T 20271《信息安全技术　信息系统通用安全技术要求》中的有关要求。

（5）系统运行的全面安全管理。在系统运行安全审计的基础上，应将风险管理作为机构业务管理的组成部分，对风险管理活动和信息系统生存周期各个阶段的安全实施全面管理；应制定全面的应急计划和灾难恢复计划管理细则，并通过持续评估，保证应急计划和灾难恢复计划的有效性；应对所有变更进行安全评估，保证变更控制计划的不断完善；对信息系统中数据管理应保证技术上能够达到 GB/T 20271《信息安全技术　信息系统通用安全技术要求》中的有关要求。

2. 软件、硬件维护管理

对软件、硬件维护的管理，不同安全等级应有选择地满足软件、硬件维护的责任，涉外维修的要求，可监督的维修过程，强制性的维修管理要求中的一项。

（1）软件、硬件维护的责任。应明确信息系统的软件、硬件维护的人员和责任，规定维护的时限，以及设备更新和替换的管理办法；制定有关软件、硬件维修的制度。

（2）涉外维修的要求。在软件、硬件维护责任的基础上，对需要外出维修的设备，应经过审批，磁盘数据应进行删除，外部维修人员进入机房维修，应经过审批，并有专人负责陪同。

（3）可监督的维修过程。在涉外维修的要求基础上，应对重要区域的数据和软件系统进行必要的保护，防止因维修造成破坏和泄露；应对维修过程及有关现象记录备案。

（4）强制性的维修管理。在可监督的维修过程基础上，一般不应允许外部维修人员进入关键区域；应根据维修方案和风险评估的结果确定维修方式，可采用更新设备的方法解决。

3. 外部服务方访问管理

对外部服务方访问管理，不同安全等级应有选择地满足外部服务方访问的审批控制、制度化管理、风险评估、强制管理要求中的一项。

（1）外部服务方访问的审批控制。对外部服务方访问的要求，应经过相应的申报和审批程序。

（2）外部服务方访问的制度化管理。在外部服务方访问审批控制的基础上，应对外部服务方访问建立相应的安全管理制度，签署保密合同。

（3）外部服务方访问的风险评估。在外部服务方访问制度化管理的基础上，应对外部服务方访问进行风险分析和评估，实施严格控制和监视。

（4）外部服务方访问的强制管理。在外部服务方访问风险评估的基础上，在重要安全区域，应对外部服务方每次访问进行风险控制，必要时应对外部服务方的访问进行限制。

（四）外包服务管理

1. 外包服务合同

对由组织机构外部服务商承担完成的外包服务，应签署正式的书面合同，至少包括以下内容。

（1）对符合法律要求的说明，如数据保护法规；对外包服务的风险的说明，包括风险的来源、具体风险描述和风险的影响，明确如何维护并检测组织的业务资产的完整性和保密性。

（2）对外包服务合同各方的安全责任界定，应确保外包合同中的参与方（包括转包商）都了解各自的安全责任。

（3）对控制安全风险应采用的控制措施的说明，包括物理和逻辑两个方面，应明确使用何种物理和逻辑控制措施，限制授权用户对组织的敏感业务信息的访问，以及为外包出去的设备提供何种级别的物理安全保护。

（4）对外包服务风险发生时应采取措施的说明，如在发生灾难事故时，应如何维护服务的可用性；对外包服务的期限、中止的条件和善后处理的事宜以及由此产生责任问题的说明。

（5）对审计人员权限的说明。

2. 外包服务商

对外包服务商，不同安全等级应有选择地满足外包服务商的基本要求、在既定的范围内选择外包服务商、外包服务的限制要求中的一项。

（1）外包服务商的基本要求。应选择具有相应服务资质并信誉好的外包服务商。

（2）在既定的范围内选择外包服务商。对较为重要的业务应用，应在行业认可或者是经过上级主管部门批准的范围内选择具有相应服务资质并信誉好的可信的外包服务商。

（3）外包服务的限制要求。关键的或涉密的业务应用，一般不应采用外包服务方式。

3. 外包服务的运行管理

外包服务的运行管理不同安全等级应有选择地满足外包服务的监控、评估要求中的一项。

（1）外包服务的监控。对外包服务的业务应用系统运行的安全状况应进行监控和检查，出现问题应遵照合同规定及时处理和报告。

（2）外包服务的评估。在外包服务监控的基础上，对外包服务的业务应用系统运行的安全状况应定期进行评估，当出现重大安全问题或隐患时应进行重新评估，提出改进意见，直至停止外包服务。

（五）有关安全机制保障

1. 身份鉴别机制管理要求

对身份鉴别机制的管理，不同安全等级应有选择地满足身份鉴别机制管理基本要求、身份鉴别机制增强要求、身份鉴别和认证系统的管理维护、身份鉴别和认证管理的强制保护、身份鉴别和认证管理的专项管理要求中的一项。

（1）身份鉴别机制管理基本要求。对网络、操作系统、数据库系统等系统管理员和应用系统管理员以及普通用户，应明确使用和保护身份鉴别机制的责任，指定安全管理人员定期进行检查，对身份鉴别机制的管理应保证 GB/T 20271《信息安全技术　信息系统通用安全技术要求》中所采用的安全技术能达到其应有的安全性要求。

（2）身份鉴别机制增强要求。在身份鉴别机制管理基本要求的基础上，应采用不可伪造的鉴别信息进行身份鉴别，鉴别信息应进行相应的保护，对身份鉴别机制的管理应保证 GB/T 20271《信息安全技术　信息系统通用安全技术要求》中所采用的安全技术能达到其应有的安全性要求。

（3）身份鉴别和认证系统的管理维护在身份鉴别机制增强要求的基础上，应采用有关身份鉴别和认证系统的管理维护措施，对身份鉴别机制的管理应保证 GB/T 20271《信息安全技术　信息系统通用安全技术要求》中所采用的安全技术能达到其应有的安全性要求。

（4）身份鉴别和认证管理的强制保护。在身份鉴别和认证系统管理维护的基础上，应采用多鉴别机制进行身份鉴别，操作过程需要留有操作记录和审批记录，必要时应两人以上在场才能进行，对身份鉴别机制的管理应保证 GB/T 20271《信息安全技术　信息系统通用安全技术要求》中所采用的安全技术能达到其应有的安全性要求。

（5）身份鉴别和认证管理的专项管理。在身份鉴别和认证管理强制保护的基础上，与相关业务部门共同制定专项管理措施；对身份鉴别机制的管理应保证 GB/T 20271《信息安全技术　信息系统通用安全技术要求》中所采用的安全技术能达到其应有的安全性要求。

2. 访问控制机制管理要求

对访问控制机制的管理，不同安全等级应有选择地满足自主访问控制机制的管理、自主访问控制审计管理、强制访问控制的管理、访问控制的监控管理、访问控制的专项控制要求中的一项。

（1）自主访问控制机制的管理。应根据自主访问控制机制的要求，由授权用户为主、客体设置相应访问的参数。

（2）自主访问控制审计管理。在自主访问控制机制管理的基础上，应将自主访问控制与审计密切结合，实现对自主访问控制过程的审计，使访问者必须为自己的行为负责；并保证最高管理层对自主访问控制管理的掌握。

（3）强制访问控制的管理。在自主访问控制审计管理的基础上，应将强制访问控制与审计密切结合，实现对强制访问控制过程的审计，根据强制访问控制机制的要求，由授权的安全管理人员通过专用方式为主、客体设置标记信息；可采用集中式、分布式和混合式等基本的访问控制管理模式，对分布在信息系统的不同计算机系统上实施同一安全策略的访问控制机制，设置一致的主、客体标记信息；应根据信息系统的安全需求，确定实施系统级、应用级、用户级的审计跟踪。

（4）访问控制的监控管理。在强制访问控制管理的基础上，对访问控制进行监控管理，对系统、用户或环境进行持续性检查，对实时性强的活动加强监控，包括每日或每周对审计跟踪（如有关非法登录尝试）的检查；注意保护和检查审计跟踪数据，以及用于审计跟踪分析的工具。

（5）访问控制的专项控制。在访问控制监控管理的基础上，应具有严格的用户授权与访问控制措施，对访问控制机制的设置进行专项审批，并由独立的安全管理人员对网络、系统和应用等方面的访问控制机制进行独立的有效性评估和检查。

3. 系统安全管理要求

对操作系统和数据库管理系统的安全管理不同安全等级应有选择地满足基本要求、基于审计的系统安全管理、基于标记的系统安全管理、基于强制的系统安全管理、基于专控的系统安全管理要求中的一项。

(1) 系统安全管理基本要求。应对不同安全级别的操作系统和数据库管理系统按其安全技术和机制的不同要求实施相应的安全管理，并通过正式授权程序委派专人负责系统安全管理；建立系统安全配置、备份等安全管理规章制度，按规章制度的要求进行正确的系统安全配置、备份等操作，及时进行补丁升级。

(2) 基于审计的系统安全管理。在系统安全管理基本要求的基础上，应对系统进行日常安全管理，包括对用户安全使用进行指导和审计等，依据操作规程确定审计事件、审计内容、审计归档、审计报告，对授权用户应采用相应身份鉴别机制进行鉴别，并遵照规定的登录规程登录系统和使用许可的资源；对系统工具的使用进行授权管理和审计，对系统的安全弱点和漏洞进行控制；依据变更控制规程对系统的变更进行控制，及时对系统资源和系统文档进行安全备份。

(3) 基于标记的系统安全管理。在基于审计的系统安全管理的基础上，应根据访问控制安全策略的要求，全面考虑和统一设置、维护用户，以及主、客体的标记信息；设置和维护标记信息的操作应由授权的系统安全员通过系统提供的安全员操作界面实施；对可能危及系统安全的系统工具进行严格的控制；制定严格的变更控制制度，保证变更不影响应用系统的可用性、安全性，保证变更过程的有效性、可审计性和可恢复性；对操作系统资源和系统文档进行标记、安全备份，并制定、实施应急安全计划。

(4) 基于强制的系统安全管理。在基于标记的系统安全管理的基础上，应按系统内置角色强制指定系统安全管理责任人，保证系统管理过程的可审计性，定期对操作系统安全性进行评估。

(5) 基于专控的系统安全管理。在基于强制的系统安全管理的基础上，应保证系统的安全管理工作在多方在场并签署责任书情况下进行，使用经过验证的系统软件，确保使用者熟悉系统的操作流程，并对操作人员的操作过程实施监视。

4. 网络安全管理要求

对网络系统的安全管理，不同安全等级应有选择地满足网络安全管理基本要求、基于规程的网络安全管理、基于标记的网络安全管理、基于强制监督的网络安全管理、基于专控的网络安全管理要求中的一项。

(1) 网络安全管理基本要求。应对不同安全级别的网络按其安全技术和机制的不同要求实施相应的安全管理，并通过正式授权程序指定网络安全管理人员，制定有关网络系统安全管理和配置的规定，保证安全管理人员按相应规定对网络进行安全管理。

(2) 基于规程的网络安全管理。在网络安全管理基本要求的基础上，应满足以下要求。

1) 按有关规程对网络安全进行定期评估，不断完善网络安全策略，建立、健全网络安全管理规章制度，包括制定使用网络和网络服务的策略。

2) 依据总体安全方针和策略制定允许提供的网络服务，制定网络访问许可和授权管理制度，保证信息系统网络连接和服务的安全技术正确实施。

3）制定网络安全教育和培训计划，保证信息系统的各类用户熟知自己在网络安全方面的安全责任和安全规程。

4）建立网络访问授权制度，保证经过授权的用户才能在指定终端使用指定的安全措施，按设定的可审计路由访问许可的网络服务。

5）对安全区域外部移动用户的网络访问实施严格的审批制度，实施用户安全认证和审计技术措施，保证网络连接的可靠性、保密性，保证用户对外部连接的安全性负责。

6）定义与外部网络连接的接口边界，建立安全规范，定期对外部网络连接接口的安全进行评估，对通过外部连接的可信信息系统之间的网络信息提供加密服务，有关加密设备和算法的使用按国家有关规定执行。

7）对外进行公共服务的信息系统，应采取严格的安全措施实施访问控制，保证外部用户对服务的访问得到控制和审计，并保证外部用户对特定服务的访问不危及内部信息系统的安全，对外传输的数据和信息要经过审查，防止内部人员通过内外网的边界泄露敏感信息。

8）对可能从内部网络向外发起的连接资源（如 Modem 拨号接入 Internet）实施严格控制，建立连接资源使用授权制度，建立检查制度，防止信息系统使用未经许可和授权的连接资源。

9）不同安全保护等级的信息系统网络之间的连接按访问控制策略实施可审计的安全措施，如使用防火墙、安全路由器等，实现必要的网络隔离。

10）保证网络安全措施的日常管理责任到人，并对网络安全措施的使用进行审计。按网络设施和网络服务变更控制制度执行网络配置变更控制；建立网络安全事件、事故报告处理流程，保证事件和事故处理过程的可审计性；对网络连接、网络安全措施、网络设备及操作规程定期进行安全检查和评估，提交正式的网络安全报告；信息系统的关键网络设备设施应有必要的备份。

（3）基于标记的网络安全管理。在基于规程的网络安全管理的基础上，针对网络安全措施的使用建立严格的审计、标记制度，保证安全措施配有具体责任人负责网络安全措施的日常管理；指定网络安全审计人员，负责安全事件的标记管理、网络安全事件的审计；对审计活动进行控制，保证网络设施或审计工具提供的审计记录完整性和可用性；对可用性要求高的网络指定专人进行不间断的监控，并能及时处理安全事故。

（4）基于强制监督的网络安全管理。在基于标记的网络安全管理的基础上，建立独立的安全审计，对网络服务、网络安全策略、安全控制措施进行有效性检查和监督；保证网络安全管理人员达到相应的资质；信息系统网络之间的连接应使用可信路径。

（5）基于专控的网络安全管理。在基于强制监督的网络安全管理的基础上，要求至少有两名以上的网络安全管理人员实施网络安全管理事务，并保证网络安全管理本身的安全风险得到控制；信息系统网络之间的连接严格控制在可信的物理环境范围内。

5. 应用系统安全管理要求

对应用系统安全管理，不同安全等级应有选择地满足基本要求、基于操作规程的应用系统安全管理、基于标记的应用系统安全管理、基于强制的应用系统安全管、基于专控的应用系统安全管理要求中的一项。

（1）应用系统安全管理基本要求。应对不同安全级别的应用系统按其安全技术和机制的不同要求实施相应的安全管理，通过正式授权程序委派专人负责应用系统的安全管理，明确管理范围、管理事务、管理规程，以及应用系统软件的安全配置、备份等安全工作；结合业务需求制定相关规章制度，并严格按照规章制度的要求实施应用系统安全管理。

（2）基于操作规程的应用系统安全管理。在应用系统安全管理基本要求的基础上，应制定并落实应用系统的安全操作规程，包括指定信息安全管理人员依据信息安全操作规程，负责信息的分类管理和发布；对任何可能超越系统或应用程序控制的实用程序和系统软件都应得到正式的授权和许可，并对使用情况进行登记。

保证对应用系统信息或软件的访问不影响其他信息系统共享信息的安全性；应用系统的内部用户，包括支持人员，应按照规定的程序办理授权许可，并根据信息的敏感程度签署安全协议，保证应用系统数据的保密性、完整性和可用性；指定专人负责应用系统的审计工作，保证审计日志的准确性、完整性和可用性；组织有关人员定期或不定期对应用系统的安全性进行审查，并根据应用系统的变更或风险变化提交正式的报告，提出安全建议；对应用系统关键岗位的工作人员实施资质管理，保证人员的可靠性和可用性；制定切实可用的应用系统及数据的备份计划和应急计划，并由专人负责落实和管理；制定应用软件安全管理规章制度，包括应用软件的开发和使用等管理。

（3）基于标记的应用系统安全管理。在基于操作规程的应用系统安全管理的基础上，应对应用软件的使用采取授权、标记管理制度；未授权用户不得安装、调试、运行、卸载应用软件，并对应用软件的使用进行审计；定期或不定期对应用系统的安全性进行评估，并根据应用系统的变更或风险变化提交正式的评估报告，提出安全建议，修订、完善有关安全管理制度和规程；应用系统的开发人员不得从事应用系统日常运行和安全审计工作；操作系统的管理人员不得参与应用系统的安全配置管理和应用管理。

（4）基于强制的应用系统安全管理。在基于标记的应用系统安全管理的基础上，要求建立独立的应用安全审计，对应用系统的总体安全策略、应用系统安全措施的设计、部署、维护和运行管理进行检查；审计人员仅实施审计工作，不参与系统的其他任务，确保授权用户范围内的使用，防止信息的泄露。

（5）基于专控的应用系统安全管理。在基于强制的应用系统安全管理的基础上，应对应用系统的安全状态实施周期更短的审计、检查和操作过程监督，并保证对应用系统的安全措施能适应安全环境的变化；应与应用系统主管部门共同制定专项安全措施。

6. 病毒防护管理要求

对病毒防护管理，不同安全等级应有选择地满足基本要求、基于制度化的病毒防护管理、基于集中实施的病毒防护管理、基于监督检查的病毒防护管理要求中的一项。

（1）病毒防护管理基本要求。通过正式授权程序对病毒防护委派专人负责检查网络和主机的病毒检测并保存记录；使用外部移动存储设备之前应进行病毒检查；要求从不信任网络上所接收的文件或邮件，在使用前应首先检查是否有病毒；及时升级防病毒软件；对病毒安全状况定期进行总结汇报。

（2）基于制度化的病毒防护管理。在病毒防护管理基本要求的基础上，制定并执行病毒防护系统使用管理、应用软件使用授权安全管理等有关制度；检查网络内计算机病毒库的升级情况并进行记录；对非在线的内部计算机设备及其他移动存储设备，以及外来或新增计算机做到入网前进行杀毒和补丁检测。

（3）基于集中实施的病毒防护管理。在基于制度化的病毒防护管理的基础上，实行整体网络统一策略、定期统一升级、统一控制，紧急情况下增加升级次数；对检测或截获的各种高风险病毒进行及时分析处理，提供相应的报表和总结汇报；采取对系统所有终端有效防范病毒或恶意代码引入的措施。

（4）基于监督检查的病毒防护管理。在基于集中实施的病毒防护管理的基础上，针对病毒防护管理制度执行情况，以及病毒防护的安全情况，进行定期或不定期检查。

7. 密码管理要求

对密码管理，不同安全等级应有选择地满足密码算法和密钥管理、以密码为基础的安全机制的管理要求中的一项。

（1）密码算法和密钥管理。应按国家密码主管部门的规定，对信息系统中使用的密码算法和密钥进行管理；应按国家有关法律法规要求，对信息系统中包含密码的软件、硬件信息处理模块的进、出口进行管理；按国家密码主管部门的规定，对密码算法和密钥实施分等级管理；所有密码的基础设施，包括对称密码、非对称密码、摘要算法、调度数字证书和安全标签等，应符合国家有关规定，并通过国家有关机构的检测认证。

（2）以密码为基础的安全机制的管理。在密码算法和密钥管理的基础上，应对信息系统中以密码为基础的安全机制实施分等级管理。加强密码管理，特别要对电力监控系统相关设备及系统的开发单位或供应商内部使用缺省用户的密码加强管理；定期更新用户密码，用户密码策略符合要求。一旦密码保管者调离岗位，新的密码保管者必须立刻更新密码或者删除这个用户名。电力监控系统中商用密码产品的配备、使用和管理等，应当执行国家商用密码管理的有关规定。

六、业务连续性管理

（一）备份与恢复

1. 数据备份与恢复

对数据备份和恢复，不同安全等级应有选择地满足数据备份的内容和周期要求、备份介质及其恢复的检查要求、备份和恢复措施的强化管理、关键备份和恢复的操作过程监督中的一项。

（1）数据备份的内容和周期要求。应明确说明需定期备份重要业务信息、系统数据及软件等内容和备份周期；确定重要业务信息的保存期以及其他需要保存的归档拷贝的保存期；采用离线备份或在线备份方案，定期进行数据增量备份；可使用手工或软件产品进行备份和恢复；对数据备份和恢复的管理应保证 GB/T 20271《信息安全技术　信息系统通用安全技术要求》中所采用的安全技术能达到其应有的安全性要求。

（2）备份介质及其恢复的检查要求。在数据备份的内容和周期要求的基础上，应进行数据和局部系统备份；定期检查备份介质，保证在紧急情况时可以使用；定期检查及测试恢复程序，确保在预定的时间内正确恢复；根据数据的重要程度和更新频率设定备份周期；指定专人负责数据备份和恢复，并同时保存几个版本的备份；对数据备份和恢复的管理应保证 GB/T 20271《信息安全技术　信息系统通用安全技术要求》中所采用的安全技术能达到其应有的安全性要求。

（3）备份和恢复措施的强化管理。在备份介质及其恢复的检查要求的基础上，必要时应采用热备份方式保存数据，同时定期进行数据增量备份和应用环境的离线全备份；分别指定专人负责不同方式的数据备份和恢复，并保存必要的操作记录；对数据备份和恢复的管理应保证 GB/T 20271《信息安全技术　信息系统通用安全技术要求》中所采用的安全技术能达到其应有的安全性要求。

（4）关键备份和恢复的操作过程监督。在备份和恢复措施的强化管理的基础上，根据数据实时性和其他安全要求，采用本地或远地备份方式，制定适当的备份和恢复方式以及操作程序，必要时对备份后的数据采取加密或数据隐藏处理，操作时要求两名工作人员在场并登记备案；对数据备份和恢复的管理应保证 GB/T 20271《信息安全技术　信息系统通用安全技术要求》中所采用的安全技术能达到其应有的安全性要求。

2. 设备和系统的备份与冗余

对设备和系统的备份与冗余，不同安全等级应有选择地满足设备备份要求、系统热备份与冗余要求、系统远地备份要求中的一项。

（1）设备备份要求。应实现设备备份与容错；指定专人定期维护和检查备份设备的状况，确保需要接入系统时能够正常运行，并根据实际需求限定备份设备接入的时间。

（2）系统热备份与冗余要求。在设备备份要求的基础上，应实现系统热备份与冗余，并指定专人定期维护和检查热备份和冗余设备的运行状况，定期进行切换试验，确保需要时能正常运行；根据实际需求限定系统热备份和冗余设备切换的时间。

（3）系统远地备份要求。在系统热备份与冗余要求的基础上，选择远离市区的地方或其他城市，建立系统远地备份中心，确保主系统在遭到破坏中断运行时，远地系统能替代主系统运行，保证信息系统所支持的业务系统能按照需要继续运行。

（二）安全事件处理

1. 安全事件划分

对安全事件划分，不同安全等级应有选择地满足安全事件内容和划分、安全事件处置制度、安全事件管理程序要求中的一项。

（1）安全事件内容和划分。安全事件是指信息系统五个层面（包括物理、网络、主机、应用、数据及备份恢复层面）所发生的危害性情况，包括事故、故障病毒、黑客攻击性活动犯罪活动信息战等，通常可能包括（但不限于）不可抗拒的事件、设备故障事件、病毒爆发事件、外部网络入侵事件、内部信息安全事件、内部误用和误操作等事件。安全事件的处置需要贯穿整个安全管理的全过程，应依据安全事件对信息系统的破坏程度、所造成的社会影响及涉及的范围，确定具体信息系统安全事件处置等级的划分原则。

（2）安全事件处置制度。在安全事件内容和划分的基础上，建立信息安全事件分等级响应、处置的制度；根据不同安全保护等级的信息系统中发生的各类事件制定相应的处置预案，确定事件响应和处置的范围、程度及适用的管理制度等；信息安全事件发生后，按预案分等级进行响应和处置；在发现或怀疑系统或服务出现安全漏洞或受到威胁时，应按照安全事件处置要求处理。

（3）安全事件管理程序。在安全事件处置制度的基础上，应明确安全事件管理责任，制定相关程序，应考虑以下要求：针对各种可能发生的安全事件制定相应的处理预案；注意分析和鉴定事件产生的原因，制定防止再次发生的补救措施；收集审计记录和类似证据，包括内部问题分析，用作与可能违反合同或违反规章制度的证据；严格控制恢复过程和人员，只有明确确定身份和获得授权的人员才允许访问正在使用的系统和数据，详细记录采取的所有紧急措施，及时报告有关部门，并进行有序的审查，以最小的延误代价确认业务系统和控制的完整性；对发生的安全事件的类型、规模和损失进行量化和监控；用来分析重复发生的或影响很大的事故或故障，改进控制措施，降低事故发生的频率和损失；对安全事件的有关管理、执行责任或责任范围进行划分和追究，使得没有人在其责任范围内所犯的错误能够逃脱检查。

2. 安全事件报告和响应

对安全事件报告和响应，不同安全等级应有选择地满足安全事件报告和处理程序、安全隐患报告和防范措施、强化安全事件处理的责任要求中的一项。

（1）安全事件报告和处理程序。信息安全事件实行分等级响应、处置的制度；安全事件应尽快通过适当的管理渠道报告，制定正式的报告程序和事故响应程序；使所有员工知道报告安全事件程序和责任；信息安全事件发生后，根据其危害和发生的部位，迅速确定事件等级，并根据等级启动相应的响应和处置预案；事件处理后应有相应的反馈程序。

（2）安全隐患报告和防范措施。在安全事件报告和处理程序的基础上，增加对安全弱点和可疑事件进行报告；告知员工未经许可测试弱点属于滥用系统；对于还不能确定为事故或者入侵的可疑事件应报告；对于所有安全事件的报告应记录在案，归档留存。

（3）强化安全事件处理的责任。在安全隐患报告和防范措施的基础上，要求安全管理机构或职能部门负责接报安全事件报告，并及时进行处理，注意记录事件处理过程；对于重要区域或业务应用发生的安全事件，应注意控制事件的影响；追究安全事件发生的技术原因和管理责任，写出处理报告，并进行必要的评估。

（三）应急处理

1. 应急处理和灾难恢复

对应急处理和灾难恢复，不同安全等级应有选择地满足应急处理的基本要求、应急处理的制度化要求、应急处理的检查要求、应急处理的强制保护要求、应急处理的持续改进要求中的一项。

（1）应急处理的基本要求。应对信息系统的应急处理有明确的要求，制定具体的应急处理措施；安全管理人员应协助分管领导落实应急处理措施。

（2）应急处理的制度化要求。在应急处理基本要求的基础上，应制定总体应急计划和灾难恢复计划并由应急处理小组负责落实；制定针对关键应用系统和支持系统的应急计划和灾难恢复计划并进行测试；对计划涉及人员进行培训，保证这些人员具有相应执行能力；与应急需要外部有关单位应签订合同；制定安全事件处理制度；制定系统信息和文档备份制度等。

（3）应急处理的检查要求。在应急处理制度化要求的基础上，信息安全领导小组应有人负责或指定专人负责应急计划和实施恢复计划管理工作；信息系统安全机制集中管理机构应协助应急处理小组负责具体落实；检查或验证应急计划和灾难恢复计划，保证应急计划和灾难恢复计划能够有效执行。

（4）应急处理的强制保护要求。在应急处理检查要求的基础上，针对应急计划和灾难恢复计划实施进行独立审计；针对应急计划和灾难恢复计划进行定期评估，不断改进和完善。

（5）应急处理的持续改进要求。在应急处理强制保护要求的基础上，制定包括全面管理细则的应急计划和灾难恢复计划，基于应急计划和灾难恢复计划和安全策略进行可验证的操作过程监督。

2. 应急计划

（1）应急计划框架。应急计划框架包括制定应急计划策略，明确制定应急计划所需的职权和相应的管理部门；进行业务影响分析，识别关键信息系统和部件，确定优先次序；确定防御性控制，减小系统中断的影响，提高系统的可用性；注意采取措施，减少应急计划生存周期费用；制定恢复策略，确保系统可以在中断后快速和有效地恢复；制定信息系统应急计划，包括恢复受损系统所需的指导方针和规程；计划测试、培训和演练，发现计划的不足，培训技术人员；计划维护，有规律地更新适应系统发展；制定灾难备份计划，以及启动方式。

（2）应急计划的实施保障。对应急计划的实施保障，不同安全等级应有选择地满足应急计划的责任要求、能力要求、系统化管理、监督措施、持续改进中的一项。

1）应急计划的责任要求。应对明确应急计划的组织和实施人员，使其知道在应急计划实施过程中各自的责任。

2）应急计划的能力要求。在应急计划责任要求的基础上，对系统相关的人员进行培训，知道如何以及何时使用应急计划中的控制手段及恢复策略，保证执行应急计划应具有的能力。

3）应急计划的系统化管理。在应急计划能力要求的基础上，进行系统化管理用于实施和维护整个组织的应急计划体系，并记录计划实施过程；确保应急计划的执行有足够资源的保证。

4）应急计划的监督措施。在应急计划系统化管理的基础上，从风险评估开始，考虑所有的运行管理过程，识别可能引起业务过程中断的事件，应有业务资源和业务过程管理者的参与和监督。

5）应急计划的持续改进。在应急计划持续改进的基础上，应针对计划的正确性和完整性进行定期检查，在计划发生重大变化时应立即检查；根据业务应用的重要程度的不同，不断对计划内容和规程进行评估和完善。

七、生存周期管理

（一）规划和立项管理

1. 系统规划要求

对系统规划要求，不同安全等级至少应满足系统建设和发展计划、信息系统安全策略规划、信息系统安全建设规划要求中的一项或多项。

（1）系统建设和发展计划。组织机构信息系统的管理者应对信息系统的建设和改造，以及近期和远期的发展制定工作计划，并应得到组织机构管理层的批准。

（2）信息系统安全策略规划。在系统建设和发展计划的基础上，应制定安全策略规划并得到组织机构管理层的批准；安全策略规划主要包括信息系统的总体安全策略、安全保障体系的安全技术框架和安全管理策略等；能够为信息系统安全保障体系的规划、建设和改造提供依据，使管理者和使用者都了解信息系统安全防护的基本原则和策略，知道应采用的各种技术和管理措施对抗各种威胁。

（3）信息系统安全建设规划。在信息系统安全策略规划的基础上，在安全策略规划的指导下，制定安全建设和安全改造的规划，并应得到组织机构管理层的批准；在统一规划引导下，通过调整网络结构、添加保护措施和改造应用系统等，达到信息安全保障系统建设的要求，保证信息系统的正常运行和组织机构的业务稳定发展。

2. 系统需求的提出

对系统需求的提出，不同安全等级至少应满足业务应用的需求、系统安全的需求、系统规划的需求中的一项或多项。

（1）业务应用的需求。信息系统应用部门或业务部门需要开发新的业务应用系统或更改已运行的业务应用系统时，应分析该新业务将会产生的经济效益和社会效益，确定其重要性，并以书面形式提出申请。

（2）系统安全的需求。在业务应用需求的基础上，信息系统的安全管理职能部门应根据信息系统的安全状况和存在隐患的分析，以及信息安全评估结果等提出加强系统安全的具体需求，并以书面形式提出申请。安全需求的分析和说明包括（但不限于）组织机构的业务特点和需求、威胁、脆弱性和风险的说明、安全的要求和保护目标等。

（3）系统规划的需求。在系统安全需求的基础上，信息系统的管理者应根据信息系统安全建设规划的要求，提出当前应进行安全建设和安全改造的具体需求，并以书面形式提出申请。

3. 系统开发的立项

对系统开发的立项，不同安全等级至少应满足系统开发立项的基本要求、可行性论证要求、系统安全性评价要求中的一项或多项。

（1）系统开发立项的基本要求。接到系统需求的书面申请，必须经过主管领导的审批，或者经过管理层的讨论批准，才能正式立项。

（2）可行性论证要求。对于规模较大的项目，接到系统需求的书面申请，必须组织有关部门负责人和有关安全技术专家进行可行性论证，通过论证后由主管领导审批，或者经过管理层的讨论批准，才能正式立项。

（3）系统安全性评价要求。在可行性论证要求的基础上，对于重要的项目，接到系统需求的书面申请，必须组织有关部门负责人和有关安全技术专家进行项目安全性评价，在确认项目安全性符合要求后由主管领导审批，或者经过管理层的讨论批准，才能正式立项。

（二）建设过程管理

1. 建设项目准备

对建设项目准备，不同安全等级至少应满足确定项目负责人、制定项目实施计划、制定监理管理制度中的一项或多项。

（1）确定项目负责人。对信息系统建设和改造项目应明确指定项目负责人，监督和管理项目的全过程。

（2）制定项目实施计划。在确定项目负责人的基础上，应制定详细的项目实施计划，作为项目管理过程的依据。

（3）制定监理管理制度。在制定项目实施计划的基础上，要求将安全工程项目过程有效程序化；建立工程实施监理管理制度；应明确指定项目实施监理负责人。

2. 工程项目外包要求

对工程项目外包要求，不同安全等级至少应满足具有服务资质的厂商、可信的具有服务资质的厂商、对项目的保护和控制程序、工程项目外包的限制要求中的一项或多项。

（1）具有服务资质的厂商。对信息系统工程项目外包，应选择具有服务资质的信誉较好的厂商，要求其已获得国家主管部门的资质认证并取得许可证书能有效实施安全工程过程、有成功的实施案例。

（2）可信的具有服务资质的厂商。在具有服务资质的基础上，对重要的信息系统工程项目外包，应在主管部门指定或特定范围内选择具有服务资质的信誉较好的厂商，并应经实践证明是安全可靠的厂商。

（3）对项目的保护和控制程序。在可信的具有服务资质的基础上，对应废止和暂停的项目，要确保相关的系统设计、文档、代码等的安全；对应销毁过程要进行安全控制；还应制定控制程序对项目进行保护，包括代码的所有权和知识产权；软件开发过程的质量控制要求；代码质量检测要求；在安装之前进行测试，以检测特洛伊代码。

（4）工程项目外包的限制。在对项目保护和控制程序的基础上，对于安全保护等级较高的信息系统工程项目，一般不应采取工程项目外包方式。

3. 自行开发环境控制

对自行开发环境控制，不同安全等级至少应满足开发环境与运行环境物理分开、系统开发文档和软件包的控制、对程序资源库的控制、系统开发保密性的控制要求中的一项或多项。

（1）开发环境与运行环境物理分开。对自行开发信息系统的建设和改造项目时，应明确要求开发环境与实际运行环境做到物理分开，建立完全独立的两个环境；开发及测试活动也应尽可能分开。

（2）系统开发文档和软件包的控制。在开发环境与运行环境物理分开的基础上，系统开发文档应当受到保护和控制；必要时，经管理层的批准，才允许使用系统开发文档；系统开发文档的访问在物理或逻辑上应当予以控制；一般不鼓励对非自行开发的软件包进行修改，必须改动时应注意内置的控制措施和整合过程被损害的风险；由于软件的改动对将来的维护带来影响；应保留原始软件，并在完全一样的复制件上进行改动；所有的改动应经过充分的测试并形成文件，以便必要时用于将来的软件升级。

（3）对程序资源库的控制。在系统开发文档和软件包控制的基础上，为了减少计算机程序被破坏的可能性，应严格控制对程序资源库的访问；程序资源库不应被保存在运行系统中；技术开发人员不应具有对程序资源库不受限制的访问权；程序资源库的更新和向程序员发布的程序资源应经授权；应保留程序的所有版本，程序清单应被保存在一个安全的环境中；应保存对所有程序资源库访问的审计记录。

（4）系统开发保密性的控制。在对程序资源库控制的基础上，对于安全保护等级较高的信息系统建设项目及涉密项目，应对开发全过程采取相应的保密措施，对参与开发的有关人员进行保密教育和管理。

4. 安全产品使用要求

信息安全产品包括构成信息系统安全保护功能的信息技术硬件、软件、固件设备，以及安全检查、检测验证工具等，应按安全等级标准要求进行设计开发和检测验证；三级以上安全产品实行定点生产备案和出口实行审批制度；信息系统使用的信息安全产品应按照相应的安全保护等级的要求选择相应等级的产品。

5. 建设项目测试验收

对建设项目测试验收要求，不同安全等级至少应满足功能和性能测试要求、安全性测试要求、进一步的验收要求中的一项或多项。

（1）功能和性能测试要求。应明确对信息系统建设和改造项目进行功能及性能测试，保证信息系统建设项目的可用性；进行必要的安全性测试；应指定项目测试验收负责人。

（2）安全性测试要求。在功能和性能测试要求的基础上，应明确信息系统建设和改造项目的安全系统需要再进行安全测试验收，并规定安全测试验收负责人；测试验收前，应制定测试和接收标准，并在接收前对系统进行测试；管理者应确保新系统的接收要求和标准被清晰定义并文档化；对安全系统的测试至少包括对组成系统的所有部件进行安全性测试、对系统进行集成性安全测试、对业务应用进行安全测试等。

（3）进一步的验收要求。在安全性测试要求的基础上，在信息系统建设和改造项目验收时至少还应考虑：性能和计算机容量的要求；错误恢复和重启程序，以及应急计划；制定并测试日常的操作程序以达到规定的标准；实施经同意的安全控制措施；有效的指南程序；已经考虑了新系统对组织机构的整体安全产生影响的证据；操作和使用新系统的培训。

（三）系统启用和终止管理

1. 新系统启用管理

对新的信息系统或子系统、信息系统设备启用的管理，不同安全等级至少应满足新系统启用的申报和审批、启用前的试运行、安全评估、运行的审计跟踪中的一项或多项。

（1）新系统启用的申报和审批。在新的信息系统或子系统、信息系统设备在启用以前，应经过正式测试验收，由使用者或管理者提出申请，经过相应领导审批才能正式投入使用，具体程序按照有关主管部门的规定执行。

（2）新系统启用前的试运行。在新系统启用申报和审批的基础上，应进行一定期限的试运行，并得到相应领导和技术负责人认可才能正式投入使用，并形成文档备案。

（3）新系统安全评估。在新系统启用前试运行的基础上，组织有关管理者、技术负责人、用户和安全专家，对新的信息系统或子系统、信息系统设备的试运行进行专项安全评估，得到认可并形成文档备案才能正式投入使用。

（4）新系统运行的审计跟踪。在新系统安全评估的基础上，在任何新的信息系统或子系统、信息系统设备正式投入使用的一定时间内，应进行审计跟踪，定期对审计结果做出风险评价，对安全进行确认以决定是否能够继续运行，并形成文档备案。

2. 终止运行管理

对现有信息系统或子系统、信息系统设备终止运行管理，不同安全等级至少应满足终止运行的申报和审批、终止运行的信息保护、终止运行的安全保护中的一项或多项。

（1）终止运行的申报和审批。任何现有信息系统或子系统、信息系统设备需要终止运行时，应由使用者或管理者提出申请并说明原因及采取的保护措施，经过相应领导审批才能正式终止运行，具体程序按照有关主管部门的规定执行。

（2）终止运行的信息保护。在终止运行申报和审批的基础上，在任何新的信息系统或子系统、信息系统设备需要终止运行以前，应进行必要数据和软件备份，对终止运行的设备进行数据清除，并得到相应领导和技术负责人认可才能正式终止运行，并形成文档备案。

（3）终止运行的安全保护。在终止运行信息保护的基础上，应采取必要的安全措施，并进行数据和软件备份，对终止运行的设备进行不可恢复的数据清除，如果存储设备损坏则必须采取销毁措施，在得到相应领导和技术负责人认可后才能正式终止运行，并形成文档备案。

第三章

等 级 保 护

第一节 等 级 保 护 原 则

一、等级保护基本要求

电力监控系统安全等级保护的核心是对保护对象划分等级、按标准进行建设、管理和监督。安全等级保护原则及实施过程应满足 GB/T 25058《信息安全技术　网络安全等级保护实施指南》、GB/T 37138《电力监控系统安全等级保护实施指南》的相关要求。

二、基本原则

(一) 自主保护原则

等级保护对象运营、使用单位及其主管部门按照国家相关法规和标准，自主确定等级保护对象的安全保护等级，自行组织实施安全保护。

(二) 重点保护原则

根据等级保护对象的重要程度、业务特点，通过划分不同安全保护等级的等级保护对象，实现不同强度的安全保护，集中资源，优先保护涉及核心业务或关键信息资产的等级保护对象。

(三) 同步建设原则

等级保护对象在新建、改建、扩建时应同步规划和设计安全方案，投入一定比例的资金建设网络安全设施，保障网络安全与信息化建设相适应。

(四) 动态调整原则

应跟踪定级对象的变化情况，调整安全保护措施。由于定级对象的应用类型、范围等条件的变化及其他原因，安全保护等级需要变更的，应根据等级保护的管理规范和技术标准的要求，重新确定定级对象的安全保护等级，根据其安全保护等级的调整情况，重新实施安全保护。

三、特定原则

(一) 结构优先原则

电力监控系统安全防护应坚持"安全分区、网络专用、横向隔离、纵向认证、综合防护"的总体原则，以结构安全为防护重点，通过优化结构，强化边界防护，实施纵深防御。

(二) 联合防护原则

根据电力监控系统在厂网两端的特点和安全保护等级需求，应采用统一分类定级，同步完善厂网两端电力监控系统的安全防护，通过划分统一的安全区，实现厂网两端边界之间的隔离、认证及统一监视。

（三）安全可控原则

关键装置（如电力专用横向单向隔离装置、电力专用纵向加密认证装置）应经国家有关机构安全检测认证。电力监控系统在设备选型及配置时，不应选用经国家相关管理部门检测认定并经电力行业主管（监管）部门通报存在漏洞和风险的系统及设备，生产控制大区除安全接入区外不应选用具有无线通信功能的设备，电力监控系统在新建、改建、扩建时宜进行安全性测试。

（四）立体防御原则

电力监控系统网络安全防护应逐步建立包括基础设施安全、体系结构安全、系统本体安全、可信安全免疫、安全应急措施、全面安全管理等措施形成的多维栅格状立体防护体系。

第二节　角　色　与　职　责

一、电力监控系统运行单位职责

（1）电力监控系统运行单位负责依照国家及电力行业网络安全等级保护的管理规范和技术标准，确定电力监控系统的安全保护等级，并在规定的时间内向当地设区的市级以上公安机关备案。

（2）按照国家及电力行业网络安全等级保护管理规范和技术标准进行电力监控系统安全保护的规划设计。

（3）使用符合国家及电力行业有关规定，满足电力监控系统安全保护等级需求的信息技术产品和网络安全产品，开展电力监控系统安全建设或者整改工作。

（4）制定、落实各项安全管理制度，定期对电力监控系统的安全状况、安全保护制度及相应措施的落实情况进行自查，选择符合国家及电力行业相关规定的等级测评机构，定期进行等级测评和安全防护评估。

（5）制定不同等级信息安全事件的响应处置预案，对电力监控系统的信息安全事件分等级进行应急处置，并定期开展应急演练。

（6）按照网络与信息安全通报制度的规定，建立健全本单位信息通报机制，开展信息安全通报预警工作，及时向电力行业主管（监管）部门、属地监管机构报告有关情况。

（7）加强信息安全从业人员考核和管理，从业人员定期接受相应的政策规范和专业技能培训，并经培训合格后上岗。

二、电力调度机构职责

（1）电力调度机构负责直接调度范围内的下一级电力调度机构、变电站、发电厂涉网部分的电力监控系统安全防护的技术监督。

（2）电力调度机构、发电厂、变电站等运行单位的电力监控系统安全防护实施方案应在经本企业的上级专业管理部门和信息安全管理部门审阅后报相应电力调度机构审核，方案实施完成后应由上述机构验收。

（3）接入电力调度数据网络的设备和应用系统，其接入技术方案和安全防护措施应经直接负责的电力调度机构同意。

（4）建立健全电力监控系统安全的联合防护和应急机制，制定应急预案。电力调度机构负责统一指挥调度范围内的电力监控系统安全应急处置。

三、电力监控系统安全服务机构职责

根据电力监控系统运行单位的委托，依照国家及电力监控系统安全等级保护的管理规范和技术标准，协助电力监控系统运行单位完成等级保护建设及整改工作，包括电力监控系统的安全保护等级确定、安全要求分析、安全总体规划、安全建设和安全改造实施、服务支撑平台提供等。

四、电力监控系统安全等级测评机构职责

（1）安全等级测评机构根据电力监控系统运行单位的委托，协助电力企业按照国家及电力行业网络安全等级保护的管理规范和技术标准，对已经完成等级保护建设的电力监控系统进行等级测评及安全防护评估，按要求对测评报告进行评审和备案。

（2）对信息安全产品供应商提供的产品进行安全测评，安全等级测评机构应履行相应的义务，包括遵守国家有关法律法规和技术标准，提供安全、客观、公正的检测评估服务，保证测评的质量和效果。

（3）保守在测评活动中知悉的国家秘密、商业秘密、业务敏感数据和个人隐私，防范测评风险。

（4）对测评人员进行安全保密教育，与其签订安全保密责任书，规定应履行的安全保密义务和承担的法律责任，并负责检查落实。

（5）安全等级测评机构可根据信息系统运行单位安全保障需求，提供信息安全咨询、应急保障、安全运行维护、安全监理等服务。

五、电力监控系统安全产品供应商职责

（1）负责按照国家及电力监控系统安全等级保护的管理规范和技术标准，开发符合等级保护相关要求的网络安全产品，接受安全测评。

（2）按照国家有关要求销售网络安全产品并提供相关服务。

（3）除应做好上述工作外，还应以合同条款或者保密协议的方式保证其所提供的设备及系统符合政策法规的要求，在设备及系统的全生命周期内对其负责，并按照国家有关要求做好保密工作，防范关键技术和设备的扩散。

六、电力监控系统供应商职责

（1）应按照电力监控系统安全等级保护的管理规范和技术标准，开发符合等级保护相关要求的电力监控系统，不得设置恶意程序，并按照等级保护相关要求对所开发的电力监控系统进行部署，并提供相关服务。一旦发现其产品和服务存在安全缺陷、漏洞等风险时，应立即采取补救措施按照规定及时告知用户并向有关主管部门报告。

（2）应为其产品、服务持续提供安全维护；在规定的期限内，不得终止提供安全维护电力监控系统供应商提供的产品、服务具有数据采集功能的，应将所采集的数据类型和需求向运行单位说明，并取得同意后方可实施。

（3）在设备选型及配置时，不应选用经国家相关管理部门检测认定并经电力行业主管（监管）部门通报存在漏洞和风险的系统及设备；对于已投入运行的系统及设备，应按照电力行业主管（监管）部门的要求及时配合运行单位进行整改。

七、电力监控系统设计单位职责

电力监控系统设计单位规划设计管理信息系统、电力监控系统、智能设备、通信及数据网络时，应明确系统的安全保护需求，设计合理的安全总体方案，制定安全实施计划，负责安全建设工程的技术支撑。在设计过程中，应充分考虑系统整体结构方面与电力监控系统安全防护原则的一致性，与 GB/T 22239《信息安全技术　网络安全等级保护基本要求》及行业基本要求在技术类各安全层面、控制点、要求项的一致性。

八、主管部门职责

负责依照国家网络安全等级保护的管理规范和技术标准，督促、检查和指导本行业、本部分或者本地区等级保护对象运营、使用单位的网络安全等级保护工作。

第三节　等级保护实施

根据电力监控系统监管实际，电力监控系统实施等级保护的基本活动流程如图 12‑3‑1 所示。

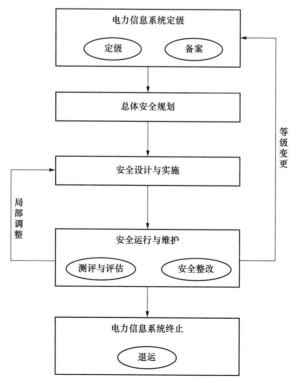

图 12‑3‑1　电力监控系统实施等级保护的基本活动流程

在安全运行与维护阶段，电力监控系统因需求变化等原因导致局部调整，而其安全保护等级并未改变，应从安全运行与维护阶段进入安全设计与实施阶段，重新设计、调整和实施安全措施，确保满足等级保护的要求；当电力监控系统发生重大变更导致安全保护等级变化时，应从安全运行与维护阶段进入等级保护对象定级与备案阶段，重新开始一轮网络安全等级保护的实施过程。

第四节　定　级　与　备　案

一、定级与备案阶段的流程

电力监控系统运行单位应按照国家和行业有关标准和管理规范，确定所管辖电力监控系统的安全保护等级，组织专家评审，经本企业的上级信息安全管理部门或组织审核、批准后，报公安机关备案，获取《信息系统安全等级保护备案证明》，主管部门有备案要求的，应将定级备案结果报送备案。

对于新建电力监控系统，第二级及以上电力监控系统，按照国家及行业有关要求（原则上在系统投入运行后 30 日内），电力监控系统运行单位到公安机关办理备案手续。

对于在运电力监控系统，按照国家及行业有关要求（原则上在安全保护等级确定后 30 日内），第二级及以上电力监控系统运行单位到公安机关办理备案手续。

二、定级对象分析

（一）电力监控系统分析

1. 分析活动的目标

通过收集了解有关电力监控系统的信息，并对信息进行综合分析和整理，分析运行单位的主要社会功能/职能及作用，确定履行主要社会功能/职能所依赖的电力监控系统，整理电力监控系统处理的业务及服务范围，最后依据分析和整理的内容，依据电力行业定级指导意见，形成单位内电力监控系统的总体描述性文档。

2. 参与角色

参与角色为运行单位、电力监控系统安全服务机构。

3. 活动内容

（1）识别单位的基本信息。调查了解电力监控系统所属单位的业务范围和类型、所在电力供应环节、单机容量、总装机容量、供热机组容量和服务范围、电压等级、涉网范围、所占电网负荷比例、地理位置、生产产值、上级主管部门等信息，明确单位在保障国家安全、经济发展、社会秩序、公共服务等方面发挥的重要作用。

（2）识别单位的电力监控系统基本信息。了解电力监控系统业务功能、控制对象、业务流程、业务连续性要求、生产厂商以及其他基本情况，分析电力监控系统类别属于管理信息系统还是电力监控系统。

（3）识别电力监控系统的管理框架。了解电力监控系统的组织管理结构、管理策略、责任部门、部门设置和部门在业务运行中的作用、岗位职责等，明确等级保护对象的安全责任主体。

（4）识别电力监控系统的网络及设备部署。了解电力监控系统的物理环境、网络拓扑结构和硬件设备的部署和设备公用情况，明确电力监控系统的边界。

（5）识别电力监控系统处理的信息资产。了解电力监控系统处理的信息资产的类型，这些信息资产在机密性、完整性和可用性等方面的重要性程度。

（6）识别电力监控系统处理的信息资产。对收集的信息进行整理、分析，形成对电力监控系统的总体描述文件。

（二）定级对象确定

1. 目标

依据电力监控系统总体描述文件，在综合分析的基础上对电力监控系统进行合理分解，确定所含的定级对象及套数。

2. 参与角色

参与角色为电力监控系统运行单位、电力监控系统安全服务机构。

3. 活动内容

（1）划分方法的选择。以管理机构、业务类型、物理位置、所属安全区域等因素，确定电力监控系统的对象分解原则。

（2）识别等级保护，实施安全责任主体。当电力监控系统运行单位和业主单位隶属单位统一且具有唯一运行单位时，可以电力监控系统运行单位作为定级实施主体，如发电机组运行班组、电网调度自动化处室等。当电力监控系统业主单位委托隶属于不同垂直管理关系的运行单位代管运行时，可以电力监控系统业主单位作为定级实施主体，运行单位协助开展定级工作。当两个及以上由不同运行单位运行但属于同一上级业务管理部门时，可以上级业务管理部门作为安全责任主体。

（3）识别定级备案系统的基本特征。作为定级对象的电力监控系统应是由计算机软硬件、计算机网络、处理的信息、提供的服务以及相关的人员等构成的一个人机系统。单个装置或设施不具备定级备案系统特征。

（4）识别电力监控系统承载的业务应用。作为定级对象的电力监控系统应该承载比较"单一的"的业务应用，或者承载"相对独立的"的业务应用。"单一"的业务应用是指该业务应用的业务流程独立，不依赖于其他业务应用，同时与其他业务应用没有数据交换，并且独享各种信息处理设备；"相对独立"的业务应用是指该业务应用的业务流程相对独立，不依赖于其他业务应用就能完成主要业务流程，同时与其他业务应用只有少量数据交换，相对独享某些信息处理设备。对于承担"单一"业务应用的系统，可以直接确定为定级对象；对于承担多个业务应用的系统，应通过判定各类业务应用是否"相对独立"，将整个电力监控系统划分为"相对独立"的多个部分，每个部分作为一个定级对象。应避免将业务应用中的功能模块认为是一个业务应用。对于多个业务系统其流程存在大量交叉，业务数据存在大量交换或者业务应用共享大量设备等情况，也应避免将业务系统强行"相对独立"，可以将两个或多个业务系统涉及的组件作为一个集合，确定为一个定级对象。原则上电力企业不同管理机构（本部、网、省、地、县）管理控制下相对独立的电力监控系统应分开作为不同的定级对象。

（5）识别电力监控系统安全保护定级对象安全区域。应遵从安全分区原则，尽量避免将不同安全区的系统作为同一个定级对象，运行单位应根据电力行业管理方式、业务特点、部署方式等要素在各安全区内自主定级。

（6）识别需整合的定级备案系统。具有相同安全防护属性的同一安全区域业务子系统，可以整合为一个整体定级对象。

（7）定级对象详细描述。活动输出为电力监控系统定级对象详细描述文件。

三、安全保护等级确定

（一）定级、审核和批准

1. 定级对象安全保护等级初步确定

根据国家有关管理规范、行业/领域定级指导意见（若有则作为依据）以及定级方法，运营、使用单位对每个定级对象确定初步的安全保护等级。原则上管理信息系统业务信息安全等级不低于系统服务安全等级；电力监控系统服务安全等级不低于业务信息安全等级；云计算和大数据平台定级可在信息系统定级结果上递增一级。

2. 定级结果评审

运营、使用单位初步确定了安全保护等级后，对于安全保护等级初步确定为第二级及以上的，定级对象的网络运营者需组织信息安全专家和业务专家对定级结果的合理性进行评审，并出具专家评审意见。

3. 定级结果审核、批准

运营、使用单位初步确定了安全保护等级后，有明确主管部门的，应将初步定级结果上报行业/领域主管部门或上级主管部门进行审核、批准。行业/领域主管部门或上级主管部门应对初步定级结果的合理性进行审核，出具审核意见。运营、使用单位应定期自查等级保护对象等级变化情况以及新建系统定级情况，并及时上报主管部门进行审核、批准。

（二）形成定级报告

对等级保护对象的总体描述文档、详细描述文件、定级结果等内容进行整理，形成文件化的定级结果报告。定级结果报告可以包含单位信息化现状概述、管理模式、定级对象列表、每个定级对象的概述、每个定级对象的边界、每个定级对象的设备部署、每个定级对象支撑的业务应用、定级对象列表、安全保护等级以及保护要求组合等内容。

（三）定级结果备案

1. 备案材料整理

运营、使用单位在等级保护对象建设之初根据其将要承载的业务信息及系统服务的重要性确定等级保护对象的安全保护等级，并针对备案材料的要求，整理、填写备案材料。

2. 备案材料提交

根据等级保护管理部门的要求办理定级备案手续，提交备案材料（新建等级保护对象可在等级测评实施完毕补充提交等级测评报告）；等级保护管理部门接收备案材料，出具备案证明。

（四）等级变更

当等级保护对象所处理的业务信息和系统服务范围发生变化，可能导致业务信息安全或系统服务安全受到破坏后的受侵害客体和对客体的侵害程度发生变化时，需根据 GB/T 37138《电力信息系统安全等级保护实施指南》、GB/T 25058《信息安全技术　网络安全等级保护实施指南》重新确定定级对象、安全保护等级以及定级备案。

第五节 等 级 测 评

一、等级测评主要过程

通过电力监控系统安全等级测评机构对已经完成等级保护建设的电力监控系统进行等级测评,确保等级保护对象的安全保护措施符合相应等级的安全要求以及国家和行业对电力监控系统安全防护的相关要求。等级测评包括测评机构选择、测评准备、方案编制、现场测评、分析及报告编制等主要过程。

二、测评机构选择

(一) 测评机构选择原则

测评机构选择依据全国等级保护测评机构推荐目录,国家及行业政策文件,测评机构相关资质证书,并从行业要求、服务能力、安全风险、服务内容互斥等方面进行分析,选择合适的电力监控系统安全等级测评机构。

(二) 行业要求分析

由于电力监控系统的特殊性,在选择测评机构时应优先考虑具备行业等级测评经验、符合行业政策要求的测评机构。

(三) 服务能力分析

从影响电力监控系统、业务安全性等关键要素层面分析测评机构服务能力,根据国家及行业标准相关要求,选择最佳测评机构,这些要素可能包括测评机构的基本情况、企业资质和人员资质、信誉、技术力量和行业经验、内部控制和管理能力、持续经营状况、服务水平及人员配备情况等。

(四) 安全风险分析

在选择测评机构时,需要识别其测评可能产生的风险,防止测评次生风险。测评次生风险包括(但不限于)以下几点。

(1) 测评机构可能的泄密行为。

(2) 测评机构服务能力及行业系统特性了解不够导致误操作。

(3) 物理和系统访问越权、信息资料丢失。

(4) 测评机构企业资质不全,人员资质管理不善,口碑、业绩不良等引发测评质量问题。

(5) 测评机构以往服务项目案例未覆盖本类系统测评导致的经验不足等。

(五) 服务内容互斥分析

在选择服务商时,需要识别测评机构提供的服务与之前或后续提供的服务之间没有互斥性。承担等级测评服务的机构不应同时提供安全建设、安全防护整改等服务。活动输出为含保密条款的委托测评协议书或合同(保密条款也可以保密协议形式单独签署)。

三、测评准备

(一) 项目启动

测评机构组建等级测评项目组,测评人员签署保密承诺书,获取运行单位及被测系统的基本情况，从基本资料、人员、计划安排等方面为整个等级测评项目的实施做基本准备。

（二）信息收集和分析

测评机构通过查阅被测系统已有资料或使用调查表格的方式，了解整个系统的构成和保护情况，为编写测评方案和开展现场测评工作奠定基础。

（三）工具和表单准备

测评项目组成员在进行现场测评之前，应熟悉与被测系统相关的各种组件、调试测评工具，准备各种表单等。

四、方案编制

（一）测评指标确定

根据已经了解到的被测系统定级结果，确定本次测评的测评指标。

（二）测评对象确定

根据已经了解到的被测系统信息，分析整个被测系统及其涉及的业务应用系统，按照相关国家标准根据测评指标选取测评对象。

（三）测评工具接入点确定

根据已经确定的测评对象分析确定需要进行工具测试的测评对象，选择测试路径，确定测试工具的接入点。

（四）测评内容确定

把各层面上的测评指标结合到具体测评对象上，并说明具体的测评方法，确定现场测评的具体实施内容，即单项测评内容。

（五）测评指导书开发

根据单项测评内容确定测评活动，包括测评指标、测评方法、测评实施和结果判定等四部分，编制测评指导书。

（六）测评方案编制

根据委托测评协议书和填好的调研表格，提取项目来源、测评委托单位整体信息化建设情况及被测系统与单位其他系统之间的连接情况等，将测评活动所依据的标准进行罗列，估算现场测评工作量，编制工作安排情况和具体测评计划，汇总上述内容及方案编制活动的其他任务获取的内容，形成测评方案文稿。

（七）应急预案编制

根据测评范围界定的电力监控系统，测评机构在运行单位的配合下编制测评风险应急预案。

五、现场测评

（一）现场测评准备

运行单位签署现场测评授权书，召开测评现场首次会。测评机构介绍测评工作，交流测评信息，进一步明确测评计划和方案中的内容，说明测评过程中具体的实施工作内容、测评时间安排等。测评双方确认现场测评需要的各种资源，包括测评委托单位的配合人员和需要提供的测评条件等，确认被测系统已备份过系统及数据。

（二）现场测评和结果记录

（1）测评人员与被测系统有关人员（个人/群体）进行交流、讨论等，获取相关证据，了解有关信息，形成完整过程文档记录，并妥善保管。

（2）检查 GB/T 22239《信息安全技术 网络安全等级保护基本要求》中规定的应具有的制度、策略、操作规程等文档是否齐备。检查是否有完整的制度执行情况记录，如机房出入登记记录、电子记录、高等级系统的关键设备的使用登记记录等。

（3）根据测评结果记录表格内容，利用上机验证的方式检查应用系统、主机系统、数据库系统以及网络设备的配置是否正确，是否与文档、相关设备和部件保持一致，对文档审核的内容进行核实（包括日志审计等）。

（4）根据测评指导书，利用技术工具对系统进行测试，包括基于网络探测和基于主机审计的漏洞扫描、渗透性测试、性能测试、入侵检测和协议分析等，备份测试结果。

（5）根据被测系统的实际情况，测评人员到系统运行现场通过实地观察人员行为、技术设施和物理环境状况判断人员的安全意识、业务操作、管理程序和系统物理环境等方面的安全情况，测评其是否达到了相应等级的安全要求。

（6）在对电力监控系统进行测评时，运行单位能够提供备用设备搭建临时模拟测试环境的，优先考虑模拟真实系统的结构、配置、数据、业务流程，以保证测评最大程度接近真实情况。

（7）对位于生产控制大区内的电力监控系统在无法搭建模拟测试环境的情况下，原则上不采用工具进行测评，而是采用人工进行测评。

现场测评人员应遵守电力监控系统的相关操作章程，以防止敏感信息泄露和确保及时处理意外事件。

（8）对直接涉及电力生产的电力监控系统的测评工作，应避开电力生产敏感期。

（9）测评实施中，为防止发生影响电力监控系统运行的安全事件，应根据测评对象的不同采取相应的风险控制手段。

（三）结果确认和资料归还

运行单位召开测评现场结束会，测评双方对测评过程中发现的问题进行现场确认。测评机构归还测评过程中借阅的所有文档资料，并由测评委托单位文档资料提供者签字确认。活动输出为测评结果记录、现场测评中发现的问题汇总。

六、分析与报告编制

（一）参与角色

根据现场测评结果和 GB/T 22239《信息安全技术 网络安全等级保护基本要求》的有关要求，通过单项测评结果判定、整体测评和风险分析等方法，找出整个系统的安全保护现状与相应等级的保护要求之间的差距，并分析这些差距导致被测系统面临的风险，从而给出等级测评结论，形成测评报告文本。参与角色为电力监控系统运行单位和电力监控系统安全等级测评机构。

（二）单项测评结果判定

针对测评指标中的单个测评项，结合具体测评对象，客观、准确地分析测评证据，形成初步单项测评结果。

（三）整体测评

针对单项测评结果的不符合项，采取逐条判定的方法，从安全控制点、安全控制点间和层面间出发考虑给出整体测评的具体结果。

（四）风险分析

测评人员依据等级保护的相关规范和标准，采用风险分析的方法分析等级测评结果中存在的安全问题可能对被测系统安全造成的影响。

（五）等级测评结论形成

测评人员在测评结果汇总的基础上，找出系统保护现状与等级保护基本要求之间的差距，并形成等级测评结论。经测评，电力监控系统存在违反结构优先原则的，测评机构在测评报告中的等级测评结论应为不符合。

（六）测评报告编制

测评人员整理前面几项任务的输出/产品，编制测评报告相应部分。测评报告应包括但不局限于以下内容：概述、被测系统描述、测评对象说明、测评指标说明、测评内容和方法说明、单项测评、整体测评、测评结果汇总、风险分析和评价、等级测评结论、整改建议等。

第四章

安全防护评估与整改

第一节 评估形式选择

一、评估要求

通过电力监控系统安全评估机构对已经完成等级保护建设的电力监控系统进行安全评估，确保等级保护对象的安全保护措施符合相应等级的安全要求以及国家和行业对电力监控系统安全防护的相关要求。管理信息系统安全评估参见 GB/T 20984《信息安全技术 信息安全风险评估规范》，电力监控系统安全评估参见电力监控系统安全防护评估规范和 GB/T 38318《电力监控系统网络安全评估指南》。电力监控系统安全防护第三方评估应与电力监控系统信息安全等级测评工作同步进行，一次测评分别出具等级保护测评报告及电力监控系统安全防护评估报告。安全评估包括评估工作形式选择、评估机构选择、评估准备、现场评估、分析与报告编制等主要过程。

二、评估周期

电力监控系统运行单位、电力调度机构、主管部门根据国家及行业政策文件、管辖范围内电力监控系统所在的生命周期、安全保护级别等要素分析评估周期和评估形式。电力监控系统运行单位对本单位安全保护等级为第三级或第四级的电力监控系统定期组织开展自评估工作，评估周期原则上不超过一年；对安全保护等级为第二级的电力监控系统定期组织开展自评估工作，评估周期原则上不超过两年。

三、评估形式选择

1. 系统运行单位

系统运行单位在安全保护等级为第三级或第四级的电力监控系统投运前或发生重大变更时，委托电力监控系统评估机构进行线上安全评估；安全保护等级为第二级的电力监控系统可自行组织开展线上安全评估。

2. 系统安全供应商

系统安全供应商在安全保护等级为第三级或第四级的电力监控系统设计、开发完成后，委托电力监控系统评估机构进行型式安全评估；对安全保护等级为第二级的电力监控系统自行组织开展形式安全评估。

3. 电力调度机构

电力调度机构在定期收集、汇总调管范围内各运行单位自评估结果的基础上，自行组织或委托评估机构开展调管范围内电力监控系统的自评估工作，省级以上调度机构的自评估周期最长不超过三年，地级及以下调度机构自评估周期最长不超过两年。

4. 主管部门

主管部门根据实际情况对各运行单位的电力监控系统或调度机构调管范围内的电力监控系统组织开展检查评估。

第二节　评估过程及报告编制

一、评估准备

(一) 成立评估工作组

组建安全评估项目组，获取运行单位及被评估系统的基本情况，从基本资料、人员、计划安排等方面为整个安全评估项目的实施做基本准备。

(二) 确定评估范围

召开评估组工作会议确定评估范围，评估范围包括代表被评估系统的所有关键资产。评估范围确定后，运行单位管理人员根据选定的内容进行资料的准备工作。

(三) 评估工具准备

评估项目组根据收到的评估资料，进行评估工具的准备。

(四) 准备应急措施

评估项目组在运行单位的配合下制定应急预案，确保在发生紧急事件时不对电力监控系统正常运行产生大的影响。

二、现场评估

(一) 参与角色

参与角色为电力监控系统运行单位、评估机构。

(二) 评估内容

1. 资产评估

评估人员依据电力监控系统安全防护总体方案和国家等级保护相关要求对电力监控系统的评估对象进行资产识别和赋值，确定其在电力生产过程中的重要性。

2. 威胁评估

根据电力监控系统的运行环境确定面临的威胁来源，通过技术手段、统计数据和经验判断来确定威胁的严重程度和发生的频率，对威胁进行识别和赋值。

3. 脆弱性评估

识别资产本身的漏洞，分析发现管理方面的缺陷，综合评价该资产或资产组（系统）的脆弱性，对脆弱性进行识别和赋值。

4. 安全防护措施确认

对已有安全防护措施进行识别，确定防护措施是否发挥了应有的作用。

三、分析与报告编制

(一) 数据整理

将资产调查、威胁分析、脆弱性分析中采集到的数据按照风险计算的要求，进行分析和整理。

（二）风险计算

采用矩阵法或相乘法，根据资产价值、资产面临的威胁和存在的脆弱性赋值等情况对资产面临的风险进行分析和计算。

（三）风险决策

在风险排序的基础上，分析各种风险要素、评估系统的实际情况和计算消除或降低风险所需的成本，并在此基础上决定对风险采取接受、消除或转移等处理方式。

（四）安全建议

根据风险决策提出的风险处理计划，结合资产面临的威胁和存在的脆弱性，经过统计归纳形成安全解决方案建议。

（五）评估报告编制

评估人员整理前面几项任务的输出/产品，编制评估报告相应部分。评估报告应包括但不局限于以下内容：概述、评估对象描述、资产识别与赋值、威胁分析、脆弱性分析、安全措施有效性分析、风险计算和分析、安全风险整改建议等。

第三节 安全防护整改

一、整改方案制定

（一）安全防护整改立项

1. 安全防护整改策略

根据等级测评、安全评估、安全自查以及监督检查的结果确定安全防护整改策略。如果涉及安全保护等级的变化，则应进入安全保护等级保护实施的一个新的循环过程；如果安全保护等级不变，但是调整内容较多、涉及范围较大，则应对安全防护整改项目进行立项，重新开始安全实施/实现过程，参考 GB/T 25058《信息安全技术　网络安全等级保护实施指南》；如果调整内容较小，则可以直接进行安全防护整改。

2. 确定整改优先级

（1）整改因不满足"安全分区、网络专用、横向隔离、纵向认证"原则导致的安全问题，强化边界防护。

（2）配置等较易整改的技术问题，尽快整改。

（3）整改周期长、难度大的安全问题，制定长期整改计划，按照整体设计、逐步实施的原则进行。

（4）对于行业普遍存在的、整改难度较大的系列安全问题，可在行业主管部门的指导下，联合行业内其他单位共同选出典型单位，进行试点实施，形成经典案例，确认无误后实施整改。管理类安全问题应尽快整改，完善管理制度体系。

3. 明确整改配合单位

（1）技术类安全问题，应联合设计单位、开发单位、供应商以及其他运行单位共同进行，并在上级主管部门的指导下进行。

（2）系统运营单位在针对评估或测评所发现的问题进行安全防护整改时，从开发单位、设备供应商获得技术支持有难度的，应由上级主管部门或行业主管部门统一规划部署，以合适的方式督促系统和设备原厂提供商支持、配合系统单位的安全加固整改，有效落实网络安全防护整改措施。

（二）制定安全防护整改方案

确定安全防护整改的工作方法、工作内容、人员分工、时间计划等，制定安全防护整改方案。小范围内的安全改进，如安全加固、配置加强、系统补丁、管理措施落实等也需制定安全防护整改方案控制整改次生风险；大范围的改进，如系统安全重新设计等需纳入技术改造项目。整改时间计划应综合考虑业务运行周期及特点，所有整改工作应以不影响生产运行为前提条件。应对整改措施的有效性和可行性进行评估。

（三）安全防护整改方案审核

依据行业相关要求，电力调度机构、发电厂、变电站等运行单位的电力监控系统安全防护整改方案经本企业的上级专业管理部门和信息安全管理部门以及相应电力调度机构审核通过后再实施。

二、安全防护整改实施

1. 安全防护整改实施控制

在安全防护整改方案实施过程中，应对实施质量、风险服务、变更、进度和文档等方面的工作进行监督控制和科学管理，保证系统整改处于等级保护制度所要求的框架内，整改实施过程中应做好保密措施，具体内容见 GB/T 25058《信息安全技术　网络安全等级保护实施指南》。

2. 技术措施整改实施

依据整改方案落实技术整改，如安全加固、配置加强、系统补丁等。技术措施整改实施首先在测试环境中测试和验证通过后，再部署到实际生产环境中，并尽量选择大小修期间、停机状态进行，避免对生产过程造成影响。

3. 配套技术文件和管理制度的修订

安全防护整改技术实施完成之后，应调整和修订各类相关的技术文件和管理制度，保证原有电力监控系统安全防护体系的完整性和一致性。

4. 管理措施整改实施

管理类安全问题的整改可与技术类安全问题的整改同步进行，确保尽快完善管理制度体系，并实现技术措施和管理措施相互促进、相互弥补。

三、安全防护整改验收

检验安全防护整改实施是否严格按照安全防护整改方案进行，是否实现了预计的功能、性能和安全性，是否确保原有的技术措施和管理措施与各项补充的安全措施一致有效地工作，保证电力监控系统的正常运行。安全防护整改验收应先由等级测评机构出具测评、评估报告，作为验收技术依据，再邀请主管部门以及其他相关单位参与。根据验收结果，出具安全防护整改验收报告。

第五章

典型问题及案例

第一节 典型问题

电力监控系统安全防护主要的典型问题见表 12-5-1。

表 12-5-1　　　　　　　　电力监控系统安全防护主要的典型问题

序号	问题类别	问题描述	防范措施
1	安全分区	无业务系统清册或者台账、无生产控制大区网络拓扑图、无安全分区表	建立完善的业务系统清册和画出生产控制大区网络拓扑图，按照安全分区原则正确分区，建立安全分区表
		有些业务系统没有分区新投运的业务系统未能及时分区	
		把应当属于高安全等级区域的业务系统或其功能模块分到低安全等级区域	
2	网络专用	未使用电力调度专用网；使用公用通信网络，未采取安全防护措施	使用公用通信网络的，应当设立安全接入区
3	横向隔离	在生产控制大区与管理信息大区之间没有部署电力专用横向单向安全隔离装置；水情测报系统与管理信息大区之间没有部署反向单向安全隔离装置；生产控制大区内各系统之间没有部署防火墙或其他安全防护装置	正确部署安全防护产品，包括电力专用横向单向安全隔离装置、防火墙或其他安全防护装置；确保所有安全防护产品都有国家认证的销售许可证；建立安全防护产品清册和完善生产监控大区网络拓扑图
		部署安装的安全防护产品没有经过国家相关部门的认证和测试	
		第三方安全防护等级低于生产控制大区内其他系统时未设置安全接入区；安全接入区与生产控制大区相连时，未部署电力专用横向单向安全隔离装置	
4	纵向认证	没有部署电力专用的纵向加密认证装置或加密认证网关	整改措施符合电网调度要求；部署纵向加密认证装置或加密认证网关，确保所有纵向加密认证产品都有国家认证的销售许可证；正确配置纵向加密认证装置或加密认证网关；完善生产监控大区网络拓扑图和安全防护产品清册
		部署安装的纵向加密认证产品没有经过国家相关部门的认证和测试	
		纵向加密认证设备配置不完善，如未设置源地址、目的地址、服务端口等关键属性值；密通率未达到100%，部分加密设备不支持 SM2 加密算法等	
5	综合防护	未定级、未备案	按照 GB/T 37138《电力监控系统安全等级保护实施指南》规定的流程操作；备案后，当地公安机关会出具《信息系统安全等级保护备案证明》；等级3的系统每年选择具有电力行业信息安全等级测评资格的机构进行等保测评工作，并获得等保测评报告
		未正确定级	
		未进行等保测评，等级3系统未每年做一次等保测评	

第二节　案　　例

【案例1】　某电厂电力调度数据网违规外联事件

一、事件经过

2018年3月28日11：45，某省电力调度控制中心内网安全监视平台出现大量告警，且告警数量在急剧增加。经分析确认，告警信息为某电厂省调接入网非实时纵向加密认证装置拦截的不符合安全策略的非法访问，发出非法访问的源地址为站内风功率预测服务器，观察一段时间后发现告警数量在不断增加并无减少迹象。省电力调度控制中心按照网络安全防护应急处置措施，要求现场立即断开风功率预测服务器与调度数据网及站内电力监控系统的全部物理连接，告警信息消失。从11：45—14：51断网，平台共收到告警信息数量为326554条。

二、原因分析

事件发生后，省电力调度控制中心派技术人员进行现场调查，发现该站生产控制大区功率预测服务器主备机全部绕过横向单向隔离装置跨区互联，且运行维护厂家从互联网连接到气象服务器对功率预测服务器进行远程运行维护，互联网入口防火墙、安全Ⅰ区和安全Ⅱ区之间防火墙策略没有进行最小化配置，操作系统未加固，网络接线混乱，拓扑结构没有按照分层分区要求进行部署。对气象服务器、功率预测服务器主备机系统日志进行分析，导致本次网络安全事件的原因为厂家对功率预测服务器进行远程运行维护，开启了文件共享等功能。该站长期将电力监控系统生产控制大区裸露于公网，给电网安全运行带来极大安全隐患，暴露出其运行维护单位对电力监控系统安全防护重要性认识不足、对当前国家网络安全形势认识不清、对网络攻击产生的巨大破坏存在侥幸心理等诸多问题。

三、暴露问题

（一）安全防护管理不到位

未严格按照《中华人民共和国网络安全法》履行相关职责，未按照国家发展改革委《电力监控系统安全防护规定》和国家能源局《电力监控系统安全防护总体方案和评估规范》落实安全防护措施，对近几年安全防护技术监督核查出来的问题未完成整改，未落实上级调度机构网络安全防护相关要求，安全意识淡薄，安全管理流于形式。

（二）安全防护实施方案未落实

现场电力监控系统安全防护实施方案虽然通过了调度审核，但现场并没有按照方案落实安全防护措施。无视新设备接入管理要求，擅自更改现场网络连接，变更网络结构，且变更前没有及时向调度机构备案，变更后没有进行现场验收和安全评估，导致发生跨区互连、违规外联等严重安全隐患。

（三）边界防护措施未落实

未按照"安全分区、横向隔离"基本原则落实安全防护措施，场站内各业务系统分区混乱，生产控制大区与管理信息大区之间的横向单向隔离装置被人为旁路。整改措施落实不到位，表现在防火墙安全策略未配置或配置不规范，各业务系统 IP 地址划分在同一网段进行直连互通，不同分区之间的横向隔离和访问控制措施形同虚设。

（四）运行维护风险管控水平薄弱

站内运行维护人员专业技能欠缺，对本站网络结构、设备运行等情况不熟悉；系统建设和日常运行维护过度依赖厂商，放任技术支撑厂家长期进行远程运行维护，退役设备拆除不彻底，账户管理不规范，恶意代码防范、入侵检测、安全审计、安全加固等措施未落实，服务器、工作站、网络设备空闲端口未关闭。

四、防范措施

（1）按照本次暴露出的问题进行认真分析梳理，查找网络安全管理中存在的问题，健全管理制度，完善工作体系，落实人员责任，强化日常运行维护安全管控，有针对性制定保证网络安全的措施，确保类似事件不再发生。

（2）对公司所辖全部厂站开展网络安全防护自查工作，针对本次暴露的问题"举一反三"，对照近两年调控机构的规定及要求、现场检查整改通知单、等级保护测评整改建议等，从基础设施、系统本体、体系结构、安全管理、应急措施五个方面全面梳理所辖厂站电力监控系统安全防护的问题和隐患，制定整改计划和方案，立即完成整改。

（3）检查所辖全部厂站是否按照调度机构已审核签字的安全防护方案落实技术及管理措施，特别要核查网络拓扑结构、安全设备清单是否与现场实际一致。重新修编各场站及集控中心电力监控系统安全防护实施方案并上报调度机构审核。

（4）梳理公司所辖全部厂站生产控制大区 Windows 操作系统主机，按照省电力调控中心下发的《Windows 操作系统安全加固指导手册》进行加固并出具加固报告。制定计划，落实项目，将非安全操作系统更换为安全操作系统。将电场功率预测系统本次全部更换为安全操作系统，部署完成后经调度机构验收合格后重新接入。

【案例 2】 某电厂生产控制大区病毒感染事件

一、事件过程

2017 年 8 月 15 日，某厂发生了生产大区、管理大区等信息安全事件，相继监控系统和 PLC（可编程逻辑控制器）系统部分工控机出现重启或蓝屏现象。经对全厂控制系统的服务器、工程师站、历史站、接口机、操作员站进行扫描，发现病毒文件 tasksche.exe、mssecsvc.exe、qeriuwjhrf 存在于计算机 C：\ Windows 目录下，且病毒程序执行时间和 8 月 15 日晚计算机蓝屏死机时间吻合。

二、原因分析

（一）事件原因
分析认为本次事件由于病毒感染引起。

（二）病毒行为分析
目前该病毒分别在电厂安全Ⅰ区、安全Ⅱ区、管理大区发现均有主机感染"变种勒索病毒"，文件信息如下：

病毒文件为 mssecsvc.exe；大小为 3723264 字节；

MD5：0C694193CEAC8BFB016491FFB534EB7C。

该病毒变种样本据确认最早在互联网发现于 2017 年 6 月 2 日，感染后会释放文件 C：\windows\mssecsvc.exe、C：\windows\qeriuwjhrf、C：\windows\tasksche.exe，开启服务并运行，但由于变种版本只会通过 445 端口感染其他主机，出现间断性攻击主机、蓝屏、死机、重启，影响生产控制系统运行，释放的加密程序文件 tasksche.exe，经分析为文件包压缩异常，无法运行加密程序，变成真正的"勒索病毒"，因此没有导致更严重的生产系统数据加密的问题发生（包括生产资料、逻辑文件、数据库加强等）。

（三）病毒体分析

分别对 mssecsvc.exe、tasksche.exe 和 qeriuwjhrf 病毒文件进行反汇编分析与测试。得到以下结论：

mssecsvc.exe 创建服务 mssecsvc2.0，释放病毒文件 tasksche.exe 和 qeriuwjhrf 文件并启动 exe 文件，mssecsvc2.0 服务函数中执行感染功能，执行完毕后等待 24h 退出，启动 mssecsvc.exe，再循环向局域网的随机 ip 发送 SMB 漏洞利用代码。

通过对其中发送的 SMB 包进行分析，此次病毒发行者正是利用了 2016 年盗用美国国家安全局（NSA）自主设计的 Windows 系统黑客工具 Eternalblue。

经过对多方求证和数据重组分析得出，明确该病毒使用 ms17－010 漏洞进行了传播，一旦某台 Windows 系统主机中毒，相邻的存在漏洞的网络主机都会被其主动攻击，整个网络都可能被感染该蠕虫病毒，受害感染主机数量最终将呈几何级的增长。其完整攻击流程如下：该病毒攻击流程是在反汇编过程中，发现其主传播文件 mssecsvc.exe，其中释放出的 tasksche.exe 为破损文件，无法正常执行病毒程序，故此次病毒无法完成最关键动作，无法加密文件以达到勒索的目的。因此，在本次安全事故中，并未造成实质性、灾害性的破坏的安全事件。

（四）事件调查

影响范围涉及生产大区、管理大区。

生产大区情况：攻击除非 Windows 操作系统之外的Ⅰ、Ⅱ区几乎所有的特定版本的 Windows 主机，包括监控系统（Windows 操作系统）、各接口机、数据平台，由于各区域通过接口机感染，导致各接口机隔离生产系统相互交叉感染，导致病毒全面大爆发，现场确认第一次主机攻击于 2017 年 8 月 15 日 21：20 左右进行。

管理大区情况：目前在办公区域员工计算机发现 1 台主机（生产管理系统）感染"勒索病毒变种"，感染时间在 2017 年 8 月 15 日 23：11，与病毒样本为生产区同一版本，该主机未打补丁及病毒库，发现多个木马病毒感染的情况。

由于外网 IPS 许可过期且无日志记录，内网无入侵检测设备，无法排除最早感染源。

分析该"勒索病毒变种"感染自身行为特点、生产大区与管理大区存在感染同一病毒的情况，分析原因如下。

1. 直接攻击原因分析

（1）通过移动存储介质感染和通过网络感染（这种可能性比较高）。

（2）感染病毒的主机与生产大区主机存在（临时）网络交叉，这种情况可能性比较低（只有已配置特定双网卡情况下才会发生，直连网络不可达，现场排查唯一的双网卡是值长办公主机，但是与调度管理信息大区非同时连接）。

（3）感染病毒的电厂内部、工控厂家运行维护笔记本电脑，及生产区计算机在管理区维护后接入生产大区网络，这种情况可能性比较高。

2. 可能性高攻击路径原因分析

（1）外部人员运行维护笔记本电脑同时/非同时接入生产大区与管理大区网络，并感染生产大区与管理大区主机，或内部人员运行维护笔记本电脑及近期维护工业控制系统主机。

（2）接入过管理大区办公网的运行维护笔记本电脑又接入生产大区，或接入过管理大区办公网的维护工业控制系统主机又接入生产大区。

三、暴露问题

（一）安全防护管理不到位

未严格按照《中华人民共和国网络安全法》履行相关职责，未按照国家发展改革委《电力监控系统安全防护规定》和国家能源局《电力监控系统安全防护总体方案和评估规范》落实安全防护措施。

（二）运行维护风险管控水平薄弱

站内运行维护人员专业技能欠缺，网络安全意识薄弱，对本站网络结构、设备运行等情况不熟悉；系统建设、日常运行维护及账户管理不规范，接入设备安全管控不到位。

（三）安全防护措施不到位

恶意代码防范、入侵检测、安全审计、安全加固等措施落实不到位，高风险端口未关闭或禁用。

四、防范措施

1. 切断网络连接

切断一切网络连接，停止系统服务里的传播服务 mssecsvc2.0，及时删除 C：\ Windows \ mssecsvc. exe、C：\ Windows \ tasksche. exe 和 C：\ Windows \ qeriuwjhrf 病毒源文件；根据不同系统版本分别安装 ms17 - 010 安全补丁程序。

2. 区域防护

控制区和非控制区内部系统应该进行区域之间的加强访问控制，应实现控制区和非控制区内部实现逻辑隔离，防火墙应该支持端口级，实施后可以限制在区域范围内。

3. 网络行为审计

部署管理大区及生产大区各部署入侵检测系统，实施后快速定位网络攻击爆发的源头。

4. 边界安全提升

加强管理区主机补丁升级、防病毒统一管理（部署终端安全软件）；生产区边界非操作员站（如接口机）开启本地防火墙策略、补丁等即可以防护本次攻击，也可以考虑安全防护软件，实施后，管理区可以避免感染、快速定位主机爆发的源头；生产区主机边界如接口机有一定防护能力。

5. 移动运行维护管控

加强内部及外部人员的笔记本电脑技术安全管控，采用网络隔离设备防止网络攻击或专用工业控制运行维护笔记本电脑接入。

6. 主机安全提升

加强移动介质的管理，通过设置 BIOS（基本输入输出系统）、注册表参数禁用 U 盘或者采用安防系统隔离 U 盘，控制系统程序、数据备份采用光盘形式；控制系统工业控制机禁止使用 USB 口或者拆除不必要的 USB 口，防止移动设备等通过 USB 口接入网络内；检查各控制系统正常运行时计算机需开启的服务和端口，关闭不必要的服务和端口。定期对控制系统主机进行安全加固等。

【案例 3】　某电厂系统跨区互联感染病毒造成甩负荷事故

一、事件过程

某 1 水力发电厂装机 6 台机组，10 月 13 日，500kV 一回线路检修，1～4 号机组运行，5、6 号机组停运。11：30，机组总出力为 1014MW，突然计算机监控系统操作员站和返回屏无任何实时数据显示，计算机监控系统死机。经现场检查 1～4 号机组出口开关均在合闸位置，总出力降至 120MW，1～4 号机组调速器均有小故障信号，电厂瞬时甩负荷 894MW，系统频率由 50.05Hz 急剧下降至 49.069Hz。11：31，系统主调频电厂某 2 水力发电厂 4 台机组中的 1、4 号机组解列，系统频率深幅下降，最低频率为 48.928Hz。某 1 水力发电厂临时安全控制系统的就地低频减负荷装置（定值为 49.2Hz、0.3s）切除负荷 217MW，低频率减负荷装置基本一轮（定值为 49.0Hz、0.3s）和特一轮（定值为 49.0Hz、20s）动作切除负荷 363.3MW，紧急事故拉闸限电 264MW，区域电网共损失负荷 854.3MW。11：46，系统频率恢复至 49.8Hz，低频率运行 911s；11：58，停电负荷全部送出；13：15，区域电网恢复正常方式运行。

二、原因分析

（1）某 1 水力发电厂开发的 MIS（管理信息系统）在没有采取任何网络安全措施的情况下直接接入计算机监控系统。在系统瘫痪前，报警信息繁多，网络与节点连接失去信号的报警信息超过 40 条之多，计算机监控系统 CPU 过载死机。

（2）某 1 水力发电厂的 500kV 主接线为 3/2 接线，考虑机组零起升压开机方式，设计由计算机监控系统采集 500kV 各 GIS 开关位置信号，进行逻辑判断后，给出机组在 500kV GIS 开关侧的并网信号，与发电机组出口开关合闸位置信号组成与门，然后送至调速系统，由于监控系统失灵，所以调速系统无法从监控系统获得 GIS 开关的并网信号，调速系统瞬时返回至空载，自动关闭导叶，造成机组甩负荷。

（3）某 2 水力发电厂将有严重功能缺陷的 1、4 号机组调速系统投入运行，事故发生时，调速系统无法实现最大功率限制，机组有功严重上限，发电机定子反时限过电流保护动作跳闸。

三、暴露问题

（1）某 1 水力发电厂调速系统的设计存在明显的不合理性，调速器的工作状态完全依赖于计算机监控系统。

（2）某 1 水力发电厂计算机监控系统与厂内 MIS 系统直接连接，未采取任何隔离措施，存在严重的计算机网络安全问题。

（3）某 2 水力发电厂机组调速器在功能改造和运行管理上存在重大缺陷，调速器在无最大功率限制的情况下投入运行，直接威胁机组和电网的安全运行。

四、防范措施

（1）加强内部及外部人员的笔记本电脑技术安全管控，采用网络隔离设备防止网络攻击或专用工业控制运行维护笔记本电脑接入。

（2）加强移动介质的管理，通过设置 BIOS、注册表参数禁用 U 盘或者采用安防系统隔离 U 盘，控制系统程序、数据备份采用光盘形式。

（3）检查各控制系统正常运行时计算机需开启的服务和端口，关闭不必要的服务和端口。定期对控制系统主机进行补丁升级等。

（4）大容量发电机组的调速系统、励磁系统和计算机监控系统等二次控制系统的性能应列入技术监督重点项目。

（5）提高发电设备的可用率和可靠性。

附录　电力监控系统安全防护监督标准

1. GB 4943.1《信息技术设备　安全　第 1 部分：通用要求》

2. GB 4943.23《信息技术设备　安全　第 23 部分：大型数据存储设备》

3. GB 17859《计算机信息系统安全保护等级划分准则》

4. GB/T 14394《计算机软件可靠性和可维护性管理》

5. GB/T 15532《计算机软件测试规范》

6. GB/T 18336《信息技术　安全技术　信息技术安全评估准则》（所有部分）

7. GB/T 18700.2《远动设备和系统　第 6 部分：与 ISO 标准和 ITU－T 建设兼容的远运协议　第 802 篇：TASE.2 对象模型》

8. GB/T 20009《信息安全技术　数据库管理系统安全评估准则》

9. GB/T 20269《信息安全技术　信息系统安全管理要求》

10. GB/T 20270《信息安全技术　网络基础安全技术要求》

11. GB/T 20271《信息安全技术　信息系统安全通用技术要求》

12. GB/T 20272《信息安全技术　操作系统安全技术要求》

13. GB/T 20273《信息安全技术　数据库管理系统安全技术要求》

14. GB/T 20282《信息安全技术　信息系统安全工程管理要求》

15. GB/T 20984《信息安全技术　信息安全风险评估规范》

16. GB/T 20985.1《信息技术　安全技术　信息安全事件管理　第 1 部分：事件管理原理》

17. GB/Z 20986《信息安全技术　信息安全事件分类分级指南》

18. GB/T 20988《信息安全技术　信息系统灾难恢复规范》

19. GB/T 21028《信息安全技术　服务器安全技术要求》

20. GB/T 21050《信息安全技术　网络交换机安全技术要求》

21. GB/T 21052《信息安全技术　信息系统物理安全技术要求》

22. GB/T 22239《信息安全技术　网络安全等级保护基本要求》

23. GB/T 22240《信息安全技术　网络安全等级保护定级指南》

24. GB/T 25058《信息安全技术　网络安全等级保护实施指南》

25. GB/T 25070《信息安全技术　网络安全等级保护安全设计技术要求》

26. GB/T 28448《信息安全技术　网络安全等级保护测评要求》

27. GB/T 28449《信息安全技术　网络安全等级保护测评过程指南》

28. GB/T 30976.1《工业控制系统信息安全　第 1 部分：评估规范》

29. GB/T 30976.2《工业控制系统信息安全　第 2 部分：验收规范》

30. GB/T 31464《电网运行准则》

31. GB/T 36047《电力监控系统安全检查规范》

32. GB/T 36572《电力监控系统网络安全防护导则》

33. GB/T 37138《电力监控系统安全等级保护实施指南》

34. GB/T 38138《电力监控系统网络安全评估指南》

35. GB/T 50611《电子工程防静电设计规范》

36. GB 50174《数据中心设计规范》

37. NB/T 35042《水力发电厂通信设计规范》

38. DL/T 321《水力发电厂计算机监控系统与厂内设备及系统通信技术规定》

39. DL/T 544《电力通信运行管理规程》

40. DL/T 545《电力系统微波通信运行管理规程》

41. DL/T 546《电力线载波通信运行管理规程》

42. DL/T 547《电力系统光纤通信运行管理规程》

43. DL/T 548《电力系统通信过电压防护规程》

44. DL/T 634.5101《远动设备及系统　第 5 - 101 部分：传输规约基本远动任务配套标准》

45. DL/T 634.5104《远动设备及系统　第 5 - 104 部分：传输规约采用标准传输协议集的 IEC 60870 - 5 - 101 网络访问》

46. DL/T 634.56《远动设备及系统　第 5 - 6 部分：IEC 60870 - 5 配套标准一致性测试导则》

47. DL/T 798《电力系统卫星通信运行管理规定》

48. DL/T 860.7410《电力自动化通信网络和系统　第 7 - 410 部分：基本通信结构 水力发电厂监视与控制用通信》

49. DL/T 1033.9《电力行业词汇　第 9 部分：电网调度》

50. DL/T 1455《电力系统控制类软件安全性及其测评技术要求》

51. DL/T 5002《地区电网调度自动化设计规程》

52. DL/T 5003《电力系统调度自动化设计规程》

53. DL/T 5344《电力光纤通信工程验收规范》

54. DL/Z 981《电力系统控制及其通信数据和通信安全》

55. GA/T 681《信息安全技术　网关安全技术要求》

56. GA/T 685《信息安全技术　交换机安全评估准则》

57. GA/T 708《信息安全技术　信息系统安全等级保护体系框架》

58. GA/T 709《信息安全技术　信息系统安全等级保护基本模型》

59. GA/T 710《信息安全技术　信息系统安全等级保护基本配置》

参 考 文 献

[1] 全国人大常委会办公厅. 中华人民共和国网络安全法［M］. 北京：中国民主法制出版社，2016.

[2] 杨合庆. 中华人民共和国网络安全法 释义［M］. 北京：中国民主法制出版社，2016.

[3] 国家发展和改革委员会. 电力监控系统安全防护规定［M］. 杭州：浙江人民出版社，2014.

[4] 国家能源局. 防止电力生产事故的二十五项重点要求及编制释义［M］. 北京：中国电力出版社，2016.

[5] 郭象吉. 电力监控系统安全防护技术概论［M］. 北京：中国电力出版社，2020.

[6] 国家电力调度控制中心. 电力监控系统网络安全防护培训教材［M］. 北京：中国电力出版社. 2017.

[7] 张剑，万里冰，钱伟中. 信息安全技术［M］. 成都：电子科技大学出版社，2015.

[8] 国家工业信息安全发展研究中心. 工业控制系统信息安全防护指引［M］. 北京：电子工业出版社，2018.

[9] 杨云，吴文勤，张曦，等. 智能电网工控安全及其防护技术［M］. 北京：科学出版社，2018.

[10] 张剑. 工业控制系统网络安全［M］. 成都：电子科技大学出版社，2017.

[11] 谢善益，梁智强. 电力二次系统安全防护设备技术［M］. 北京：中国电力出版社，2012.